HANDBOOK OF
WHALES, DOLPHINS,
AND PORPOISES
OF THE WORLD

HANDBOOK OF WHALES, DOLPHINS, AND PORPOISES OF THE WORLD

이 세상의
모든
고래 이야기

지은이 마크 카워다인

삽화 마틴 캠

추가 삽화 레베카 로빈슨 · 토니 로벳

옮긴이 엄성수

알에이치코리아

차 례

이 책 사용법

종의 이름들

여기서는 현재 인정되고 있는 각 종species의 통상적인 이름, 즉 통칭이 영어로 표기된다. 달리 쓰이는 대체 이름들도 많은데(일부는 통칭이고, 일부는 드물게 쓰이는 이름 또는 지역적인 이름이며, 일부는 역사적인 이름임), 그 이름들도 모두 다룬다. 다만 영어 외에 다른 언어로 된 이름들은 다루지 않는데, 그건 순전히 그럴 공간적 여유가 없기 때문이다(각 종은 거의 모든 언어에서 다른 이름으로 불리고 있어서 그걸 다 합치면 그 수가 엄청남). 각 종의 통칭은 달라지기도 하지만 학명(이탤릭체로 표기됨)은 단 하나뿐이다. 종의 이름을 처음 발표한 명명자의 이름도 제시한다. 만일 어떤 종이 처음 정해졌던 속genus이 아니라 새로운 속으로 바뀌게 될 경우 Linnaeu, 1758 식으로 명명자의 이름과 명명 연도를 괄호 안에 넣어 제시한다. 만일 괄호 안에 넣어 제시하지 않는다면, 그 종은 여전히 처음 정해진 속에 속해 있는 것이다. 각 종의 다양한 통칭과 학명의 유래 그리고 그 의미에 대한 정보도 제시한다.

분류 및 세부 분류

다음에 살펴볼 것은 종의 분류 체계와 해양포유동물학회에서 권하는 종 및 아종subspecies(생물 분류학상 종의 하위 단계-옮긴이)의 학명들(단, 난쟁이망치고래는 예외로, 이 고래는 별개의 종으로 공식 인정될 것으로 예측됨)에 관한 목록이다. 권위 있는 이 목록은 매년 업데이트되고 있다. 그런데 이 목록은 끊임없이 새로운 정보가 나타남에 따라 종들이 서로 합쳐지거나 분리되면서 계속 바뀌고 있다. 이처럼 각 종의 분류는 얼마든지 바뀔 수 있으며, 그래서 각 종의 분류 체계에 대한 주들이 배경 정보로 다뤄지고 있다.

크기

이 책에 실린 고래 종의 실루엣 그림들은 인간 다이버(모든 인간의 실루엣 그림은 1.8m를 나타냄)의 크기와 비교한 성인 고래의 크기를 나타낸다. L=몸길이length, WT=몸무게weight. 다 자란 성체 수컷, 다 자란 성체 암컷, 새끼의 크기가 제시되며, 그에 덧붙여 현재까지 기록된 최고의 몸길이와 몸무게도 제시된다. 모든 치수는 미터법(길이의 단위를 m, 질량의 단위를 kg으로 표기하고 십진법을 사용하는 도량형법-옮긴이)으로 표기되지만, 야드-파운드법(길이에 yard, 질량에 pound를 쓰는 도량형법. 주로 영국과 미국에서 사용-옮긴이)을 선호하는 사람들을 위해 책 끝에 환산표를 첨부했다.

요점 정리

고래의 중요한 특징들을 쉽게 알 수 있도록 축약어들도 제시한다. 고래의 분포와 크기 그리고 중요한 물리적 특징 및 행동상의 특징 등 고래의 정확한 분류에 필요한 주요 특징들을 한눈에 알아볼 수 있게 하기 위함이다. 작음(3m 이하), 중간(4~10m), 큼(11~15m), 아주 큼(15m 이상) 등 크기는 순전히 고래의 몸집을 기준으로 정한 것이다.

삽화

각 종의 주요 삽화는 대개 옆면 모습을 보여주고 있다(수컷과 암컷의 모습이 다를 경우 따로 삽화를 넣었음). 그 외에 반대쪽 옆면 모습(다를 경우), 위쪽과 아래쪽 모습을 보여주는 삽화들도 있고, 아종이나 지역적 차이, 나이 차이 등을 보여주는 삽화들도 있으며, 등지느러미, 부리, 가슴지느러미 등을 자세히 보여주는 삽화들도 있다. 각 삽화에는 간단한 설명이 붙어 있어, 종 분류에 필요한 주요 특징들과 기타 다른 흥미로운 사실들을 보여준다. 참고로 이 책 20페이지에 있는 〈고래 부위명〉을 보면 고래의 각 부위별 명칭을 알 수 있다. 또한 이 책에는 뒤에서 본 분수공의 모양 및 크기(큰 종들의 경우)와 전형적인 잠수 동작을 보여주는 삽화들도 있다.

비슷한 종들

어떤 종들이 서로 비슷하며 그래서 분류하는 데 어려움을 줄 수 있는지를 알아두는 게 도움이 된다. 그래서 그런 종들을 구분하는 방법을 간단히 제시하고 있다.

분포

고래 분포도는 각 종의 잘 알려진 또는 추정되는 서식지 범위를 보여준다. 그런데 대개의 경우 관련 정보가 별로 없어, 분포도를 그리는 일은 조각이 몇 개 또는 많이 사라진 상태에서 조각 그림을 맞추는 일과 비슷하다. 곧이어 각 종의 분포와 관련해 알려진 사실들은 무엇인지 그리고 그 사실들이 우리가 알고 있는 것과 어떻게 다른지 자세히 설명하고 있으며, 각 종이 살고 있는 서식지와 주로 활동하는 수심(각 종은 분포 범위 내에서 적절한 서식지와 수심에서만 나타남), 이동 및 기타 움직임, 분포 지역 외 발견 기록 등에 대해서도 설명하고 있다.

행동

고래들의 브리칭breaching(수면 위로 점프하는 것-옮긴이), 롭테일링lobtailing(꼬리지느러미로 수면을 내려치는 것-옮긴이), 배들에 대한 반응 같은 행동들은 고래 분류의 중요한 단서가 될 수 있는데, 그 자세한 내용이 이 행동 부분에서 다뤄진다. 그러나 고래의 행동들은 개체에 따라, 지역에 따라, 그리고 또 계절 및 다른 여러 요인들에 따라 달라질 수 있다는 걸 잊지 말아야 한다.

이빨

고래의 이빨 수는 대개 각 열(예를 들면 위턱에 두 줄, 아래턱에 두 줄) 당 몇 개로 나타낸다. 그러나 여기선 알기 쉽게 위턱 이빨 전체와 아래턱 이빨 전체의 수로 나타낸다. 고래 수염판은 위턱에만 있으며, 이 책에 나오는 수치는 수염판 전체 수를 나타낸다.

먹이와 먹이활동

이 부분에서는 고래가 주로 먹는 먹이의 종들, 고래의 먹이활동, 잠수 깊이와 횟수(현재까지의 최고 기록과 함께) 등을 간단히 설명한다.

일대기

이 부분에서는 다 자란 성체 수컷과 암컷의 나이(예를 들어 수컷의 경우 처음 짝짓기에 성공한 나이, 암컷의 경우 첫 새끼를 낳은 나이), 짝짓기 방식, 번식 행동, 임신 기간, 번식 간격, 젖 떼는 나이, 평균 수명(현재까지 기록된 가장 긴 수명과 함께) 등을 간단히 다룬다.

집단 규모와 구조

고래가 무리 지어 다니는 방식은 개체들에 따라 또 지역과 계절에 따라 아주 다르지만, 여기서는 일반적으로 관측되는 집단의 규모와 구조를 다루며 또한 변동성에 대한 추가 정보도 다룬다. 그리고 각 집단의 사회 조직에 대해서도 자세히 다룬다.

포식자들

killer whale이라 불리는 범고래와 대형 상어들은 가장 잘 알려진 바다의 포식자들인데, 포식자로 불리는 각 고래 종과 다른 포식자 고래들에 대한 보다 구체적인 정보들을 제시한다.

사진 식별

이 부분에는 과학자들이 한 개체와 다른 개체의 차이를 확인하기 위해 사진으로 찍은 고래의 주요 특징들이 나와 있다.

개체 수

고래의 개체 수를 파악하는 건 아주 어려운 일로 알려져 있으며, 그 추정치 또한 정확도 면에서 많은 차이가 있다(물론 일부 추정치들은 다른 추정치들보다 최근 것임). 대부분의 개체 수 추정치들은 조심해서 봐야 하지만, 여기서는 알려진 추정치들을 제공해 각 종이 얼마나 많은지에 대한 가이드 역할을 해준다.

종의 보존

여기서는 고래 보존과 관련된 역사적인 문제와 현재의 문제들을 다룬다. 지구 온난화 문제는 각 종의 보존 문제들에 포함시키지 않는데, 그건 지구 온난화 문제가 정도는 다르지만 결국 모든 종의 보존 문제에 영향을 미칠 거라 추정되기 때문이다(예측하기가 아주 어려운 일이긴 하지만). 각 종에 대해선 세계자연보전연맹IUCN의 종 보존 현황(그 해의 평가와 함께)이 주어진다. 이는

멸종 위기 종에 대한 세계자연보전연맹의 공식적인 현황으로, 멸종위기 종으로 구분되고 있는 종들에 대한 가장 권위 있고 객관적이며 종합적인 현황이기도 하다. 멸종위기 종들은 다음과 같이 크게 8개 범주로 나뉜다. 1) 절멸Extinct(마지막 개체가 죽었다는 걸 의심할 합리적 근거가 없는 상태), 2) 야생 절멸Extinct in the Wild(야생에서는 절멸한 상태로 인위적인 보호 구역 내에서만 생존하는 상태), 3) 위급Critically Endangered(야생에서 극단적으로 높은 멸종 위기에 처한 상태), 4) 위기Endangered(야생에서 매우 높은 멸종 위기에 처한 상태), 5) 취약Vulnerable(야생에서 높은 멸종 위기에 처한 상태), 6) 준위협Near Threatened(장래에 멸종 위기 범주에 속할 가능성이 높은 상태), 7) 최소 관심Least Concern(아직은 멸종 위기 범주에 속하지 않은 상태), 8) 정보 부족Data Deficient(멸종 위기 평가를 할 정보가 부족한 상태). 9번째 범주는 미평가Not Evaluated로, 아직 평가가 되지 않은 종에 해당한다.

소리

고래들이 내는 소리의 경우 고래의 모든 종이 아닌 일부 종(주로 수염고래)에 대해서만 설명할 것이다. 이 역시 순전히 그럴만한 공간적 여유가 없기 때문이다.

참고 문헌과 출처

이 책 집필을 위한 조사 과정에서 수없이 많은 과학 논문들을 참고했으나, 그 출처를 다 밝힐 공간적 여유는 없다. 그러나 일반적인 참고 문헌들과 추가 정보의 출처는 이 책 말미에 밝혔다.

종 식별 과정에서 힘든 점들

바다에서 고래와 돌고래 그리고 알락고래들을 식별하는 건 엄청난 만족감을 주는 일이기도 하지만 더없이 어려운 도전일 수도 있다. 사실 그건 너무 힘든 일이어서, 세계적인 고래 전문가들조차 자신이 마주치는 모든 고래 종을 식별하진 못한다. 그래서 공식적인 조사에선 고래를 목격하고도 '식별 불능'으로 기록되는 경우가 많다.

따라서 고래의 종을 식별할 때는 바다에서 새로운 고래를 마주칠 때마다 고래의 주요 특징 14가지를 체크해 가며 해당 사항이 없는 종들을 하나하나 제거해 나가는 비교적 간단한 방법을 사용하는 게 요령이다. 그러나 이 14가지 특징을 다 확인해 볼 수 있는 경우란 흔치 않으며, 또한 한 가지 특징만 가지고 확실한 식별을 하기는 쉽지 않다. 가장 좋은 방법은 확실한 결론을 내리기에 앞서 최대한 많은 정보를 끌어모으는 것이다.

1. 지리적 위치: 이 세상에서 모든 고래 종이 모여 살고 있는 걸로 보고된 곳은 단 한 곳도 없다. 사실 10여 종 이상이 살고 있는 걸로 보고된 곳도 그리 많지 않다. 그래서 지리적 위치는 가능성의 수를 줄이는 데 바로 도움이 된다.

2. 서식지: 치타들이 정글 속보다는 탁 트인 평원 지역에 살고 눈표범들이 습지보다는 산악 지역을 더 좋아하듯, 대부분의 고래와 돌고래 그리고 알락돌고래들은 특정 바다나 민물 서식지에 적응해 살고 있다. 이런 관점에서, 항해용 지도들은 놀랄 만큼 유용한 고래 종 식별 수단이 될 수 있다. 그러니까 수중 지형을 잘 알면 얼핏 보기에 밍크고래(보통 대륙붕 지역에서 발견됨)와 비슷한 북방병코고래(주로 해저 협곡이나 깊은 근해에서 발견됨)를 구분하는 데 도움이 될 수 있는 것이다.

3. 크기: 배의 길이나 지나가는 새 또는 물속에 있는 어떤 물체와 직접 비교해 볼 수 없는 한, 바다에서 고래의 정확한 크기를 재기란 쉽지 않다. 한 번에 고래의 일부 부위(예들 들어 머리 끝부분이나 등 부분)만 보게 될 수도 있다는 걸 잊지 말라. 큰 종이라고 해서 꼭 작은 종들보다 더 많은 부위를 보여주는 게 아니므로, 드러난 부위의 크기만 보고 현혹될 가능성이 많다. 그래서 다음과 같이 단순한 네 가지 범주로 판단하는 게 도움이 된다. 작음(3m 이하), 중간(4~10m), 큼(11~15m), 아주 큼(15m 이상).

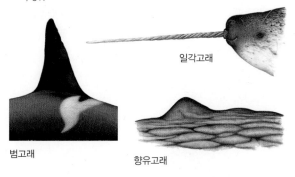

일각고래

범고래

향유고래

4. 특이한 특징들: 어떤 고래들은 아주 특이한 특징들을 갖고 있어, 바로 식별하는 데 도움이 될 수도 있다. 그런 특징들로는 일각고래 수컷의 유난히 긴 엄니, 범고래 수컷의 거대한 등지느러미, 향유고래의 쭈글쭈글한 피부 등을 꼽을 수 있다.

5. 등지느러미: 등지느러미의 크기와 모양과 위치는 종에 따라 크게 다르며, 그래서 종을 식별하는 데 특히 유용하다. 지느러미의 독특한 색이나 무늬를 보는 것도 잊지 말라.

안경돌고래

태평양흰줄무늬돌고래

난쟁이부리고래

작음(3m 이하)-바키타돌고래

중간(4~10m)-민부리고래

큼(11~15m)-브라이드고래

아주 큼(15m 이상)-대왕고래

6. **가슴지느러미**: 가슴지느러미의 길이와 색깔, 모양은 물론 가슴
지느러미가 있는 몸의 위치도 고래 종에 따라 아주 다르다. 늘
그걸 알아볼 수 있는 건 아니지만, 가슴지느러미는 일부 종들
을 식별하는 데는 유용할 수 있다. 예를 들어 혹등고래의 경우
가슴지느러미를 보면 금방 알 수 있다.

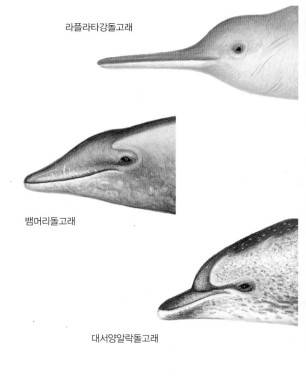

라플라타강돌고래

뱀머리돌고래

대서양알락돌고래

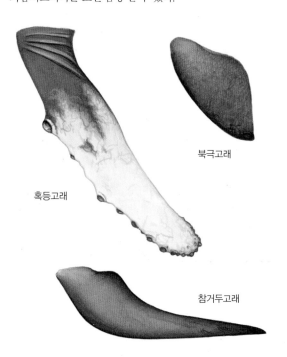

혹등고래

북극고래

참거두고래

7. **몸 모양**: 고래와 돌고래 그리고 알락돌고래는 대개 몸 전체를
노출하지 않는다. 그러나 때론 일부 특징만 보고도 종 식별이
가능하다. 예를 들어 몸이 땅딸막한가 아니면 늘씬한가만 보고
도. 때론 멜론melon(멜론처럼 동그랗게 볼록 튀어 나와 있는 앞
이마 부분 – 옮긴이)의 모양만 보고도 종을 구분할 수 있다.

8. **부리**: 눈에 띄는 부리가 있느냐 없느냐는 특히 이빨고래과 고
래를 식별하는 데 큰 도움이 되는 특징이다. 대체로 강돌고래
류, 부리고래류 그리고 바다 돌고래류의 절반 정도가 눈에 띄
는 부리를 갖고 있고, 알락돌고래, 흰돌고래, 일각고래, 범고래
등과 그 나머지 바다 돌고래류는 그런 부리를 갖고 있지 않다.
종에 따라 부리의 길이도 천차만별이다. 그리고 혹 머리 꼭대
기부터 코끝까지가 매끄럽게 빠져 있는지(예를 들자면 뱀머리
돌고래처럼) 아니면 눈에 띄는 주름이 있는지(대서양알락고
래처럼) 잘 살펴보도록 하라.

데라니야갈라부리고래

난쟁이향유고래

오무라고래

9. 색깔과 무늬: 많은 고래들은 놀라울 만큼 그 색이 다채로우며 몸의 줄무늬나 눈 주변의 안경 같은 뚜렷한 무늬들을 갖고 있다. 그러나 바다에서는 고래 색깔이 물의 투명도나 빛의 상태에 따라 달라지며, 태양을 마주하고 보면 고래들은 원래보다 훨씬 더 진하게 보일 수 있다는 걸 잊지 말라.

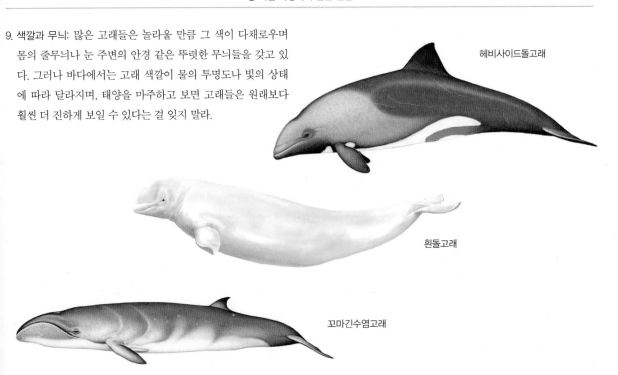

헤비사이드돌고래

흰돌고래

꼬마긴수염고래

10. 꼬리: 꼬리는 보다 큰 고래들을 식별하는 데 중요한 역할을 할 수 있다. 어떤 종들은 꼬리를 공중 높이 들어 올린 뒤 잠수를 하지만 어떤 종들은 그러지 않아, 그것만으로도 종을 구분할 수 있다. 꼬리의 모양을 확인하는 것도 도움이 된다. 그러니 꼬리에 뭔가 눈에 띄는 특징이 없는지, 또 꼬리 끝부분이 V자로 갈라지지 않았는지 잘 살펴보도록 하라.

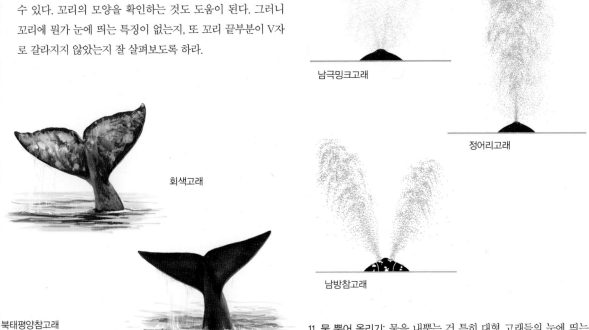

남극밍크고래

정어리고래

남방참고래

회색고래

북태평양참고래

향유고래

11. 물 뿜어 올리기: 물을 내뿜는 건 특히 대형 고래들의 눈에 띄는 특징이다. 물을 뿜어 올리는 동작은 그 높이와 모양 그리고 가시성이 고래 종에 따라 다르며, 그래서 특히 바람이 잔 날 종 식별에 아주 큰 도움이 될 수 있다. 그러나 비가 오거나 바람이 부는 날에는 물을 내뿜어도 그 모양이 변형될 수 있고 개체에 따라 차이가 날 수도 있으며 깊이 잠수한 뒤 처음 물을 내뿜을 땐 그 어느 때보다 강하게 내뿜기 때문에, 물을 내뿜는 동작을 식별하는 건 쉬운 일이 아니다. 하지만 경험 많은 관찰자들은 상당히 먼 거리에서도 물을 뿜어 올리는 동작만 보고 종을 구분하는 경우가 많다.

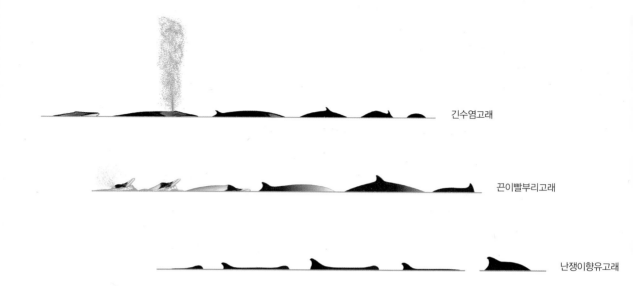

긴수염고래

끈이빨부리고래

난쟁이향유고래

12. **잠수 동작**: 많은 고래 종들이 잠수 동작에서 놀랄 정도로 다른 특징을 갖고 있다. 그러니까 어느 정도의 각도로 수면에 머리를 들이미는지, 그때 머리와 부리(만일 부리가 있다면)가 얼마나 많이 보이는지, 등지느러미와 분수공이 동시에 보이는지, 잠수를 하면서 고래 등이 휘어지는지(그리고 얼마나 많이 휘어지는지) 아니면 고래 등이 수면 아래로 잠기기만 하는지, 숨 쉬러 수면 위로 나오는 시간 간격이 어느 정도인지, 물속 깊이 잠수하기 전에 몇 번이나 숨을 쉬는지 등에서 차이가 있는 것이다.

13. **행동**: 어떤 고래 종들은 다른 종들에 비해 수면에서 더 활발히 움직이며, 그래서 그 독특한 행동들이 종을 식별하는 데 도움이 되기도 한다. 예를 들면 수면 위로 뛰어올랐는가 아니면 그 행동이 아주 아리송했는가? 배를 향해 보이는 반응 역시 종 식별에 도움이 될 수 있다. 예를 들어 큰돌고래는 배와 나란히 달리거나 뱃머리에서 파도타기를 하며 놀기도 하지만, 대서양흑등고래는 대체로 몸을 사려 뱃머리 파도타기를 하지 않는다.

스피너돌고래

14. **집단 규모**: 어떤 고래 종들은 대규모로 몰려다니는 걸 좋아하지만, 또 어떤 종들은 혼자 지내거나 소규모로 몰려다녀서 함께 있는 고래들의 수를 보면 종 식별에 도움이 된다. 그런데 고래의 집단 규모를 추산하는 게 어렵다고 알려져 있는데, 그건 고래들

이 계속 이동하는 데다가 수시로 방향을 바꾸며, 그 수를 셀 때 일부가 수면 아래로 숨어버릴 수 있기 때문이다. 특히 대규모로 활발히 움직이는 돌고래들의 경우 그 규모를 추산하는 게 힘들어서 대개 실제보다 적게 추산된다.

어떤 특이한 고래나 돌고래 또는 알락돌고래가 아주 분명히 보이지 않을 때 종종 어림짐작으로 종 식별을 하고 싶을 수 있다. 그러나 장기적으로 진정한 전문가가 되려면 종을 식별하기 위해 많은 노력을 해야 하며, 그래야 고래 종을 정확히 식별하고 난 뒤의 그 뿌듯한 만족감을 즐길 수 있게 된다. 물론 보다 정확한 종 식별이 불가능할 경우에는 일단 '확인되지 않은 돌고래', '확인되지 않은 고래' 또는 '확인되지 않은 부리고래' 식으로 기록하는 것도 괜찮다. 그러나 그 당시 그 고래에 대해 자세히 메모해 놓는다면, 며칠 또는 몇 주, 몇 달, 심지어 몇 년 뒤 같은 종을 다시 보게 될 때 '확인되지 않은'으로 기록했던 고래 종을 확실히 식별할 수 있게 될 수도 있다.

고래 종 식별은 연습을 통해 더 쉬워진다. 시간이 지나면, 어떤 고래를 볼 때 머릿속에서 불이 번쩍 켜지게 되며, 그 고래의 외견상 특징으로(또는 전반적인 느낌으로) 그 고래가 어떤 고래인지 미루어 짐작할 수 있게 되는 것이다. 흘깃 보기만 해도 그야말로 본능적으로 어떤 느낌 같은 게 오는 것이다.

고래들이 예측 불가능하다는 것도 고래들을 보는 즐거움의 일부이다. 고래 견학 여행에서 절대로 '절대'라는 말은 하지 말라. 고래 분포도에 특정 지역에선 특정 고래 종을 볼 수 없다고 되어 있다고 해서, 그 종이 그 지역에서 절대 나타나지 말란 법은 없기 때문이다. 또한 고래 견학 여행 안내서에 어떤 고래 종이 꼬리를 들어 올리지 않는다고 되어 있다고 해서, 어떤 종이 당신이 탄 배 근처에서 꼬리를 하늘 높이 들어 올려 사람들이 틀렸다는 걸 입증해 보이지 말란 법은 없다.

14개 고래과들에 대한 개요

현재까지 확인된 고래와 돌고래 그리고 알락돌고래(아직 공식적으로 인정되지 않은 난쟁이망치고래 포함)는 총 90종이며, 이들은 14개 고래과(그중 한 종, 즉 양쯔강돌고래는 현재 멸종된 걸로 추정)에 속한다. 그러나 계속 새로운 종들이 발견되거나 기존의 종들에서 분리되거나 2종 이상이 합쳐져 한 종이 되고 있어, 그 정확한 수는 계속 변하고 있다.

이 90종의 고래들은 고래목Cetacea('고래목'은 아직 생물 분류가 검토 중으로, 등급이 내려올 수도 있지만)에 속하는데, Cetacea는 '고래'를 뜻하는 라틴어 cetus 또는 cetos와 그리스어 ketos에서 온 말이다. 고래목 고래들은 많은 공통점을 갖고 있다. 몸통이 유선형이고 앞 지느러미발이 납작하며 뒷다리가 없고(종종 그 흔적은 있지만) 꼬리지느러미에 뼈가 없으며, 두개골이 가늘고 길며 머리 꼭대기에 콧구멍이 있고 등지느러미가 있으며(일부 종들에서는 부차적인 걸로 사라졌지만), 지방층이 두껍고 내부 생식 기관이 있다.

오늘날 고래목은 수염고래아목mysticete과 이빨고래아목odontocete(아직 생물 분류가 검토 중이지만, 전통적으로 목의 아래 등급인 수염고래소목들로 여겨짐)으로 나뉜다.

수염고래아목 – 혹등고래

수염고래아목
수염고래들 또는 긴수염고래들(총 14종으로, 4개 과와 6개 속에 속함)

수염고래아목을 가리키는 mysticete는 '수염moustache'을 뜻하는 그리스어 mystakos와 '거대한 물고기' 또는 '바다 괴물'(수염판들이 나 있다는 뜻에서 사실상 '수염 달린 고래')을 뜻하는 그리스어 ketos에서 온 말로 보여진다. 이 고래들은 이빨 대신 아주 촘촘한 수백 개의 수염판들 즉, '고래수염들'이 나 있는데, 이는 빗처럼 촘촘한 구조물들로 위턱에 달려 있다. 일종의 거대한 체인 이 수염판들은 작은 먹이들을 대량으로 여과 섭식filter-feeding(물속에 떠 다니는 먹이들을 걸러서 먹는 것-옮긴이)하는 데 쓰인다. 여과 섭식은 지구상에서 가장 큰 일부 동물들이 가장 작은 일부 동물들을 먹을 때 쓰는 효율적인 먹이활동 방식이다. 수염고래아목 고래들은 대개 많은 이빨고래아목 고래들보다 얕은 바다에서 먹이활동을 한다. 또한 분수공blowhole(고래 머리 꼭대기의 숨구멍-옮긴이)이 2개이며 대칭적인 두개골을 갖고 있다. 그리고 이빨고래아목 고래들과는 달리 멜론이 없으며, 그래서 반향정위echolocation(돌고래나 박쥐 등이 자신이 낸 소리의 반향

음파로 위치를 측정하는 것-옮긴이) 능력도 없다(이들도 일종의 음파 탐지 기능을 이용해 대양 분지를 돌아다니거나 북극고래 같은 경우 얼음 밑을 돌아다닌다는 제한된 증거는 있지만). 그러나 의사소통이나 의사 표시를 위해 노래를 부르거나 다른 소리를 내는 능력은 잘 발달되어 있다. 대부분의 수염고래아목 고래들은 몸집이 크고(암컷이 수컷보다 더 크게 자람) 오래 살며, 대개 매년 떼를 지어 수온이 따뜻한 겨울 번식지와 수온이 찬 여름 번식지 사이를 남북으로 이동한다. 또한 대개 이빨고래아목 고래들보다 작은 무리를 지어 살며 사회 조직도 더 단순하다.

이빨고래아목 – 범고래

이빨고래아목
이빨고래들(총 76종으로, 10개 과와 34개 속에 속함)

이빨고래아목을 가리키는 odontocete는 '이빨'을 뜻하는 그리스어 odous 또는 odontos에 '거대한 물고기' 또는 '바다 괴물'(사실상 '이빨이 있는 고래')을 뜻하는 그리스어 ketos가 붙어 생긴 말이다. 이빨고래아목 고래들은 고래수염이 아닌 이빨이 나 있는 게 특징이다. 이들의 이빨은 그 수는 아주 다르지만 모양은 거의 같으며, 일부 종들(또는 일부 암컷 또는 수컷)의 경우 그렇지 않고, 일부 종들의 경우 그 모양이 특이하며 부러지거나 닳기도 한다. 또한 일부 종들의 경우 주로 오징어를 먹고 사는 쪽으로 진화하면서 이빨 수가 다시 줄어들었다. 이빨고래아목 고래들은 개별 먹이(주로 물고기와 오징어, 그러나 때론 큰 갑각류나 바다 포유류 등)를 쫓아가 잡아 삼키며, 대개 수염고래아목 고래들에 비해 더 깊은 바다에서 먹이활동을 한다. 이들은 초승달 모양의 분수공(3개 종을 제외하곤 열린 쪽이 앞으로 향해 있음)이 하나씩 있으며 비대칭적인 두개골을 갖고 있다. 멜론이라고 불리는 불룩 튀어 나온 이마의 지방 부위는 대개(전부는 아니더라도) 반향정위를 위해 각종 소리를 집중시키고 조절하는 데 사용되는 걸로 보여지고 있다. 대부분의 이빨고래아목 고래들은 몸집이 작거나 중간 크기이며(향유고래는 특별한 예외여서, 수컷의 경우 최소 19m 길이까지 자람) 암컷과 수컷의 차이가 크다(일부 종들의 경우 수컷이 암컷보다 훨씬 크며, 또 일부 종들의 경우 암컷이 수컷보다 더 큼). 또한 수명도 10년에서 200년 이상까지 종에 따라 아주 큰 차이가 난다. 이들은 또 대개 대부분의 수염고래아목 고래들보다 큰 무리를 지어 살며 사회 조직도 더 복잡하다.

archaeocete 즉, 고대고래아목이라 불리는 세 번째 고래 집단은 수백만 년 전에 멸종됐다. 고래목 진화 과정 중 초창기 양서류 단계에 살았던 이 원시 고래 집단은 오늘날의 모든 수염고래아목 고래들과 이빨고래아목 고래들의 조상이다. 이들은 약 5,500만 년 전부터 3,400만 년 전 지질 시대인 에오세Eocene epoch에 살았다. 현재 학계에서 공식으로 인정된 고대고래아목은 파키케투스과Pakicetidae(4속), 암불로케투스과Ambulocetidae(3속), 레밍케투스과Remingtonocetidae(5속), 프로토케투스과Protocetidae(16속), 바실로사우루스과Basilosauridae(11속), 케케노돈아과Kekenodontidae(1속) 등 총 6개 과이다.

14개 고래과들

긴수염고래과─북대서양참고래

긴수염고래과
참고래와 북극고래(총 4종으로, 참고래속, 대왕고래속 2개 속에 속함)

참고래 3종과 대왕고래 한 종이 눈에 띈다. 이들은 몸집이 크고 퉁퉁하며 머리가 거대하고(몸통 길이의 3분의 1에 이름) 입이 아치형으로 튼튼하며 등지느러미가 없고 긴수염고래(수염고래과에 속함) 특유의 목의 홈이나 주름이 없다. 입을 다물 경우 거대한 아랫입술에 덮이는 수염판들은 모든 고래 중에 가장 길다. 또한 이들은 대개 먹이를 향해 돌진하기보다는 입을 벌린 채 천천히 헤엄치면서 수면 또는 수면 근처에 있는 먹이들을 걷어내듯 섭식한다. 머리 윗부분에 경결callosity(두껍고 불규칙한 석회질 피부 부분들─옮긴이)이 있는 고래목은 참고래 3종뿐이다. 그리고 참고래 한 종은 남반구에서, 참고래 2종과 북극고래 한 종은 북반구에서 발견되는 등, 온대 수역과 극지 수역에서 발견된다. 이 4종의 긴수염고래과 고래들은 모두 무분별한 상업적 남획에 희생되어 어느 순간부터 모두 멸종 위기를 맞고 있다. 현재 북대서양참고래들과 남태평양참고래들은 세계에서 가장 심각한 멸종 위기에 빠져 있는 긴수염고래과 고래들이다.

꼬마긴수염고래과─꼬마긴수염고래

꼬마긴수염고래과
꼬마긴수염고래(단 한 종으로, 꼬마긴수염고래속에 속함)

꼬마긴수염고래는 수염고래류 중 가장 작은 고래로, 알려진 바가 별로 없다. 온대 지방과 남반구 아극 지방에 살고 있으며, 몇 가

지 점에서 수염고래과(긴수염고래)와 긴수염고래과(참고래, 북극고래)의 중간쯤 되는 고래다. 날씬한 몸에, 적당히 굽은 머리 앞부분, 몸길이 전체의 4분의 1 정도밖에 안 되는 머리, 등의 3분의 2쯤 되는 지점에 나 있는 짧은 갈고리 모양의 등지느러미, 목 밑이 살짝 파인 것 등이 특징이다. 최근 발견된 증거에 의하면, 이 꼬마긴수염고래는 이미 멸종된 것으로 알려진 수염고래인 케토테리데과의 일종일 수도 있다고 한다.

귀신고래과─회색고래

귀신고래과
회색고래(단 한 종으로, 귀신고래속에 속함)

회색고래는 몇 가지 점에서 수염고래과(긴수염고래)와 긴수염고래과(참고래, 북극고래)의 중간쯤 되는 고래로, 적당히 땅딸막한 몸과 살짝 굽은 이마, 등지느러미 대신 나 있는 등의 혹(꼬리 바로 앞부분인 꼬리자루의 등 쪽으로 일련의 작은 혹들 또는 마디들이 이어져 있음), 2개에서 7개까지(보통 2~3개) 있는 목의 홈이 특징이다. 회색고래 성체의 몸에는 대개 여기저기 따개비와 고래이들이 들러붙어 있다. 한때는 북대서양과 북태평양에서 모두 발견됐지만, 지난 몇 백 년간 북대서양에 사는 회색고래들은 멸종됐다.

수염고래과─대왕고래

수염고래과
긴수염고래(총 8종으로, 대왕고래속, 혹등고래속 2개 속에 속함)

긴수염고래를 뜻하는 rorqual은 '주름이 있는 고래'라는 뜻을 가진 노르웨이어 rørkval에서 온 것이다. 이는 수염고래과에 속한 고래들은 전부 턱부터 배꼽까지 많고 적은 수의 주름들 또는 목의 홈들이 길게 나 있다는 데서 생겨난 것으로(엄밀하게 말해, rorqual이란 말은 상당히 다르게 생긴 혹등고래에게 써선 안 되지만), 그 주름들은 입을 크게 벌려 엄청난 양의 먹이와 물을 들이마실 때 늘어나게 된다. 이 수염고래과 고래들은 아래위의 턱을 아주 넓게(일부 종들의 경우 90도 이상) 벌릴 수 있어 대개 빠른 속도로 먹이를 먹을 수 있다. 이들의 수염판 길이는 중간 정도이다. 대부분 크고 날씬한 몸을 갖고 있으며(혹등고래는 좀 더 땅딸막하지만), 모든 종들이 수컷보다는 암컷이 조금 더 크다. 긴수염고래나 귀신고래과 고래들과는 달리 등지느러미가 있는데, 그 크기나 모양은 종에 따라 다르며 등 중간 뒤쪽에 나 있다. 지구상에서 가장 큰 동물(대왕고래)에서부터 가장 몸이 길고 가장

복잡한 노래를 부르는 고래(혹등고래), 가장 최근에 발견된 고래(오무라고래)에 이르기까지, 수염고래과에는 다양한 고래들이 속해 있다. 수염고래과 고래들은 거의 다 수온이 따뜻한 겨울 번식지와 수온이 찬 여름 번식지 사이를 오가며 남북으로 장거리 이동을 한다.

향고래과-향유고래

향고래과
향유고래(단 한 종으로, 향고래속에 속함)

sperm whale, 즉 향유고래는 향고래과의 유일한 종으로, 그 이름은 고래기름이 가득 들어 있는 spermaceti organ(뇌유 기관)이라는 커다란 기관에서 따온 것이다. 뇌유 기관은 크게 변형된 이 고래의 머릿속 한 근육 '케이스' 안에 들어 있다. spermaceti는 문자 그대로 sperm of the whale(고래의 정액)의 뜻인데, 이는 고래를 잡던 사람들이 뇌유 기관의 기능을 잘못 이해했거나 고래기름을 정액으로 봤던 데서 비롯된 잘못이 아닌가 싶다. 뇌유 기관과 그 관련 구조들은 주로 향유고래의 극히 강력한 반향정위 기능과 관련된 걸로 보여진다. 향유고래의 이런 독특한 특성을 가진 또 다른 고래는 난쟁이향유고래와 꼬마향유고래(이 두 고래는 한때 향고래과에 속했으나 지금은 꼬마향고래과에 속해 있음)밖에 없다.

거의 사각형에 가까운 거대한 머리, 좁고 툭 튀어나온 아래턱, 등 아래쪽에 있는 혹(그 아래로 꼬리 바로 위쪽까지 일련의 돌기들 또는 무딘 톱니 모양의 돌기들이 나 있음), 쭈글쭈글한 피부 등은 놓치기 힘든 향유고래의 특징이다. 이빨고래과 고래들 가운데 가장 몸집이 큰 향유고래는 모든 고래 중에서도 암수 간의 차이가 가장 큰 고래에 속해, 성체 수컷은 성체 암컷에 비해 훨씬 더 크고 무겁다. 허먼 멜빌Herman Melville의 유명한 소설 『모비 딕Moby Dick』 때문에 향유고래는 거의 고래의 대명사가 되어버렸다.

꼬마향고래과-꼬마향유고래

꼬마향고래과
난쟁이향유고래와 꼬마향유고래(총 2종으로, 꼬마향고래속에 속함)

몸이 더 크고 더 널리 알려진 향유고래와 마찬가지로, 꼬마향고래과에 속한 이 두 고래 역시 머릿속에 뇌유 기관이 들어 있다. 이 3종 모두 심해를 더 좋아해 거기에서 주로 오징어를 잡아먹고 살며, 물이 제법 깊은 해안 가까이에서만 볼 수 있다. 그러나 이런 공통점들이 있고 또 모두 한때 향고래과에 속했었다는 사실에

도 불구하고, 이 고래들은 서로 그리 비슷하지 않다. 꼬마향고래과에 속한 난쟁이향유고래와 꼬마향유고래는 머리가 몸 크기에 비해 훨씬 작고, 등지느러미는 비교적 더 크며, 분수공은(향유고래의 경우와 달리) 머리 앞쪽에 위치해 있지 않다. 난쟁이향유고래와 꼬마향유고래는 놀라거나 스트레스를 받을 때 '오징어 전술'을 택한다. 소장 속 한 주머니에서 붉은 갈색 액체를 내뿜어 물속에 뿌연 구름을 피움으로써 몸을 감추거나 포식자의 관심을 흐트러뜨리는 것이다. 또한 아래턱이 튀어나와 있고 머리 양쪽에 아가미 비슷한 무늬들이 있으며 길고 날카로운 이빨들이 나 있어, 이 두 작은 고래들은 서 있을 때 종종 상어로 오인되기도 한다. 그건 일종의 위장 전술로 포식자들을 피하기 위한 걸로 보인다.

일각고래과-일각고래

일각고래과
일각고래와 흰돌고래(총 2종으로, 일각고래속, 흰돌고래속 2개 속에 속함)

'이빨 1개'라는 뜻을 가진 Monodontidae(일각고래과)란 이름은 일각고래의 유난히 긴 엄니에서 유래된 것이다. 그래서 이빨이 40개까지 되는 흰돌고래의 경우 일각고래과라는 이름은 적절한 이름이 못 된다. 그러나 2종 모두 이빨이 섭식 활동에 중요한 역할을 하는 것 같지 않고, 특히 흰돌고래의 경우 나이가 들면서 이빨들이 다 닳아 잇몸이 다 드러나게 되기도 한다. 일각고래과 고래들은 북반구의 고위도 지역들에(흰돌고래는 아북극 지역에, 일각고래는 캐나다 북극권 지역에) 살고 있으며, 둘 다 종종 얼음 밀집 지역에서 발견된다. 또한 이 두 고래는 모두 중간 크기의 이빨고래과 고래로, 땅딸막한 몸에 볼록한 머리, 넓고 둥근 가슴지느러미, 등지느러미가 아닌 통통하고 길다란 등 돌기(얼음 사이에서 살기 위한 적응임)가 특징이다. 이 고래들은 주로 무리를 이루며 살고, 소집단으로 함께 돌아다니는 경우가 많다. 이들의 두개골은 옆에서 볼 때 특이할 정도로 평평하다.

부리고래과
부리고래(총 22~23종으로, 이빨부리고래속, 쿠비에부리고래속, 병코고래속, 부리고래속, 셰퍼드부리고래속, 열대병코고래속 등 6개 속에 속함)

부리고래과는 참돌고래과에 이어 두 번째로 많은 고래과이며, 특히 부리고래과속 중 하나인 이빨부리고래속은 단연 가장 많은 고래속이다. 그러나 부리고래들은 모든 많은 고래들 중 가장 덜 알려진 고래로, 일부는 산 채로 발견되는 적이 없고 주로 폐사된 상태로만 발견되고 있으며, 또 일부는 아주 드물게만 발견되고, 대부분은 연안 심해에서 오랜 시간을 보내 아예 눈에 띄질 않는다. 크기가 중간에서 대형에 이르는 이 부리고래들은 일부는 아주 제한된 지역에서만 발견되는 듯하나, 대부분은 전 세계, 그러니까

부리고래과-페린부리고래

모든 대양들과 극지방에서 열대지방에 이르는 모든 곳에서 발견된다.

방추형 몸, 등의 3분의 2 지점쯤에 있는 비교적 작은 등지느러미, 다양한 모양과 크기의 아주 특이한 부리, V자 모양의 목의 홈, 중간 홈이 별로 눈에 띄지 않는 꼬리 뒷부분, 잠수 중 항력drag(어떤 물체가 유체 속을 운동할 때 운동 방향과 반대로 물체에 미치는 유체의 저항력-옮긴이)을 줄이기 위해 몸 양쪽 옆의 살짝 파인 곳('가슴지느러미 주머니'라 함)에 나 있는 짧은 가슴지느러미 등, 부리고래들은 공통점들이 많다.

그러나 가장 눈에 띄는 건 이 고래들의 이빨이다. 대부분의 수컷 부리고래들은 이빨이 심하게 퇴화되어 아래턱에 한두 개가 나 있고 위턱에는 하나도 없으며, 대부분의 암컷들은 아예 나 있는 이빨이 없다. 이들은 먹이를 먹을 땐 이빨을 쓰지 않지만(주로 오징어를 먹으며, 훅 빨아들여 먹음), 서로 싸울 땐 이빨을 쓴다(그래서 종종 수컷들이 여기저기 상처가 있음). 그러나 약간의 예외도 있어, 아르누부리고래와 망치고래의 경우 암수 모두 밖으로 노출된 이빨이 있고, 셰퍼드부리고래의 경우 암수 모두 가는 이빨들이 길게 나 있다. 수컷들의 이빨 수와 위치, 크기, 모양은 부리고래과 고래들을 식별하는 데 가장 중요한 단서가 된다. 그러나 대부분의 종이 너무 비슷하게 생겨 성체 암컷과 어린 고래들의 경우 종 식별이 사실상 불가능하다.

부리고래과의 학명인 Ziphiidae는 '황새치swordfish'를 뜻하는 라틴어 xiphias 또는 '검sword'(많은 종의 머리 앞부분이 검처럼 길고 끝이 날카롭다는 의미에서)을 뜻하는 그리스어 xiphos에서 잘못 유래된 것으로 보인다.

참돌고래과-칠레돌고래

참돌고래과
대양돌고래(총 37종으로, 범고래속, 거두고래속, 범고래붙이속, 들고양이고래속, 고양이고래속, 강거두고래속, 병코돌고래속, 중국흰돌고래속, 뱀머리돌고래속, 낫돌고래속, 큰머리돌고래속, 남방큰돌고래속, 알락돌고래속, 빈부리참돌고래속, 샛돌고래속, 고추돌고래속, 흑백돌고래속 등 17개 속에 속함)

참돌고래과는 그 수가 가장 많은 데다가 형태 및 분류학상 가장 다양한 고래과 고래들이다. 실제로 워낙 많은 다른 종들이 속해

있다 해서 예전엔 '분류학상 쓰레기통'이라 불리기도 했다. 모든 대양돌고래들(일부 강돌고래들 포함)과 이른바 '블랙피시blackfish'(외형상 비슷한 참돌고래과의 6개 종, 즉 범고래, 범고래붙이, 난쟁이범고래, 고양이고래, 들쇠고래, 참거두고래를 가리키는 구어체 용어)가 참돌고래과에 속한다. 색깔은 아주 큰 차이들이 있으며, 크기는 1.2m에서 9.8m까지 나가고, 이빨 수는 14개 이하에서부터 240개 이상에 이른다. 일부 예외도 있지만, 대부분의 참돌고래과 고래들은 뚜렷이 식별되는 부리가 있고 등 중간쯤에 눈에 띄는 등지느러미(지느러미 모양은 종에 따라 또 개체에 따라 아주 다르지만)가 있다. 또한 이들은 여러 가지 면에서 알락돌고래들과는 달라, 특히 이빨이 원뿔 모양이며(삽 모양이 아니라), 떼지어 다니는 걸 더 좋아해 복잡한 그리고 때론 아주 큰 사회 집단을 이루며 산다. 먹이 공급 및 기타 다른 지역 여건들에 따라 아주 먼 거리까지 이동하기도 하지만, 규칙적으로 먼 거리를 이동하는 경우는 거의 없다.

인도강돌고래과-남아시아강돌고래

인도강돌고래과
남아시아강돌고래(단 한 종이며, 인도강돌고래속에 속함)

최근에 확인된 4종의 강돌고래는 아시아와 남아메리카의 규모가 큰 강 수계에 산다. 남아시아강돌고래는 이름과는 달리 전적으로 강 고래는 아니며, 강에 사는 유일한 고래목 고래도 아니다. 이들은 많은 공통점들(좁고 길다란 부리, 시력이 안 좋은 작은 눈 등)을 갖고 있고 대체로 비슷한 서식지들에 살고 있지만, 서로 긴밀한 관련은 없으며 각 종은 서로 다른 고래과에 속한다. Platanistidae('납작한' 또는 '넓은'을 뜻하는 그리스어 platanistes에서 온 말임) 즉, 인도강돌고래과에 속하는 고래는 갠지스강돌고래(또는 '수수susu')와 인더스강돌고래(또는 '브후란bhulan')다. 인도강돌고래는 원래 2종으로 여겨졌다가 현재 한 종으로 분류되고 있으나, 최근의 연구 결과 그 DNA 및 두개골 형태에 상당한 차이가 발견되고 있어 어쩌면 다시 또 2종으로 나뉠지도 모른다. 남아시아의 일부 강에 살고 있는 남아시아강돌고래는 거의 앞을 보지 못해 주로 반향정위에 의존해 이동을 하고 먹이를 찾는다.

아마존강돌고래과
아마존강돌고래(단 한 종으로, 아마존강돌고래속에 속함)

현재 확인된 아마존강돌고래과는 아마존강돌고래(또는 보토boto나 핑크돌고래) 한 종뿐이지만, 개체들 간에 형태 및 유전적 측면에서 차이가 있어 앞으로 두세 가지 이상의 아종으로 나뉠 가능성도 있다. 아마존강돌고래는 느리지만 방향 전환에 능한 돌고래여서, 연중 많은 시간을 북남아메리카의 그 넓고도 복잡한 지역

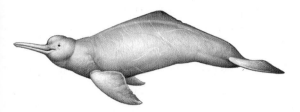

아마존강돌고래과-아마존강돌고래

쇠돌고래과-까치돌고래

내 나무들과 물에 잠긴 숲의 나무뿌리들 사이를 누비고 다닌다. 강돌고래들 중 가장 큰 아마존강돌고래는 밝은 분홍빛을 띠는 경우가 많다.

양쯔강돌고래과-양쯔강돌고래

양쯔강돌고래과
양쯔강돌고래(단 한 종으로, 양쯔강돌고래속에 속함)

양쯔강돌고래과의 유일한 종인 양쯔강돌고래(또는 바이지baiji)는 2007년에 '기능적으로 멸종된' 것으로 발표됐다. 마지막으로 목격이 확인된 건 2002년이고 그 이후에는 목격이 확인된 바 없어, 거의 의심할 여지 없이 인간의 활동으로 멸종된 것으로 알려진 최초의 고래 종이 되었다. 전 인류의 약 10%가 모여 사는 지역인 중국 양쯔강(길이 1,700km)이 주요 서식지였다.

라플라타강돌고래과-라플라타강돌고래

라플라타강돌고래과
라플라타강돌고래(단 한 종으로, 라플라타강돌고래속에 속함)

라플라타강돌고래과의 유일한 종인 라플라타강돌고래는 강보다는 바닷물이 육지로 유입되는 강어귀와 연안 바다 서식지에 사는 강 고래 중 유일무이한 종이다. 강돌고래 중 가장 작은 고래이자 모든 고래들 중 가장 작은 고래이기도 하다. 라플라타강돌고래는 극단적으로 긴(비례상 모든 고래 중 가장 긴) 부리를 갖고 있으며 삼각형 모양의 낮은 등지느러미가 나 있다. 이 고래는 남아메리카의 중부 동해안 일대에서 살고 있다.

쇠돌고래과
알락돌고래(총 7종으로, 상괭이속, 까치돌고래속, 쇠돌고래속 등 3개 속에 속함)

porpoise, 즉 '알락돌고래'는 대체로 특히 북아메리카 지역에서 작은 고래를 뜻할 때 일반적으로 쓰는 용어이다. 그러나 정확히 말하자면, 그건 작고 다소 땅딸막하며 일반적으로 겁이 많은 쇠돌고래과의 이 알락돌고래를 일컫는 말이다(쇠돌고래과, 즉 Phocoenidae는 '돌고래'를 뜻하는 라틴어 *phocaena* 또는 그리스어 *phokaina*의 변형임). 알락돌고래는 길이가 2.5m도 안 되며, 다른 많은 바다 돌고래들과는 달리 재주부리기를 잘 못하기 때문에 무시되는 경우가 많다. 까치돌고래의 경우 숨을 쉬기 위해 수면 위로 올라올 때 확실히 물을 뿜어대고 뱃머리에서 파도타기도 해 예외지만, 알락돌고래들은 대개 등지느러미와 등의 일부만 흘깃 보인다. 대부분의 경우 알락돌고래를 보려면 인내심과 어느 정도의 운이 필요하다.

알락돌고래는 여러 면에서 돌고래와는 달라, 특히 이빨이 삽 모양이며(원뿔 모양이 아니라), 많은 돌고래의 특징인 눈에 띄는 부리도 없고, 대체로 집단생활을 하지 않고 혼자 살거나 소집단을 이루고 산다. 또한 북반구와 남반구 모두의 원양 지역, 해안 지역, 강 지역 서식지에서 발견되지만, 서식지가 중복되는 경우란 거의 없어 어디에서도 2종 이상의 알락돌고래가 함께 살진 않는다. 그래서 서식 지역만 봐도 종을 식별하는 데 도움이 될 수 있다. 멸종 위기 상태 중 '위급' 상태에 처한 바키타돌고래도 쇠돌고래과에 속하는데, 이 바키타돌고래들은 해양 포유동물 종들 가운데 가장 작은 지역을 서식지로 삼고 있다.

바다에서의 관찰에 필요한 정보

해상 상태 확인하기

'해상 상태'란 바다의 상태를 등급으로 나누어 분류한 것이다. 흰 파도가 없거나 거의 없을 경우, 3등급 이하의 해상 상태가 고래를 관찰하기에 가장 좋다. 바다 상태의 등급이 올라갈수록 파도와 물보라 때문에 물체를 보는 게 점점 더 어려워진다.

해상 상태	공식 용어	예보 설명	상세 설명
0	Calm	고요	거울 같은 바다
1	Calm	실바람	잔잔한 파문, 파도마루나 흰 파도 없음
2	Smooth	남실바람	작은 잔물결, 유리 같은 파도마루, 흰 파도 없음
3	Smooth	산들바람	큰 잔물결, 파도마루가 부서지기 시작, 흰 파도가 조금씩 흩어짐
4	Slight	건들바람	작은 파도, 꽤 잦은 흰 파도
5	Moderate	흔들바람	중간, 보다 긴 파도, 많은 흰 파도, 약간의 물보라
6	Rough	된바람	큰 파도, 많은 흰 파도, 잦은 물보라
7	Very Rough	센바람	바닷물이 올라감, 부서지는 파도의 흰 거품들이 연이어 몰아침
8	High	강풍	중간 높이의 파도, 파도마루의 끝부분들이 깨짐, 흰 거품들이 연이어 몰아침
9	Very High	강한 강풍	높은 파도, 자욱한 흰 거품들, 파도마루가 무너짐, 파도가 휘몰아침, 바다가 구르기 시작, 물보라가 시야에 영향을 줄 수도 있음
10	Very High	폭풍	아주 길고도 높은 파도에 긴 파도마루, 자욱한 흰 거품 때문에 바다가 온통 하얗게 변함
11	Phenomenal	왕바람	엄청나게 높은 파도, 바다가 흰 거품들로 뒤덮임, 파도마루가 몰아치면서 거품이 일고 시야가 가려짐
12	Phenomenal	허리케인	하늘이 거품과 물보라 천지임, 물보라 때문에 바다가 완전히 하얘짐, 시야가 심하게 가려짐

바람 차트 읽기

바람은 바람 속도와 바람 방향을 가리키는 편리한 수단인 '바람 미늘들wind barbs'을 사용해 일기도 상에 나타난다. 바람 미늘들은 바람이 불어오는 방향(북쪽이 늘 위쪽임)을 가리킨다. 또한 바람 미늘들은 바람 속도를 노트knot로 보여준다. 짧은 미늘은 5노트이며, 긴 미늘은 10노트이다. 그리고 그 미늘 값을 다 더하면 바람 속도가 된다(예를 들어 긴 미늘 1개와 짧은 미늘 1개 값을 더해 15노트가 되는 것). 만일 바람 미늘이 하나도 없다면 바람 속도는 2노트 미만이며, 깃발(또는 삼각형) 하나는 50노트의 속도를 나타낸다.

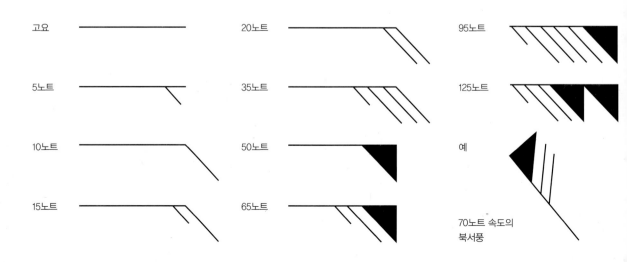

고요	20노트	95노트
5노트	35노트	125노트
10노트	50노트	예
15노트	65노트	70노트 속도의 북서풍

대양저의 단면

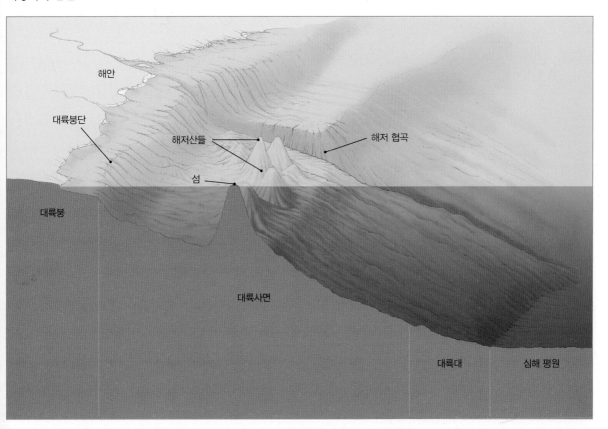

기후대들

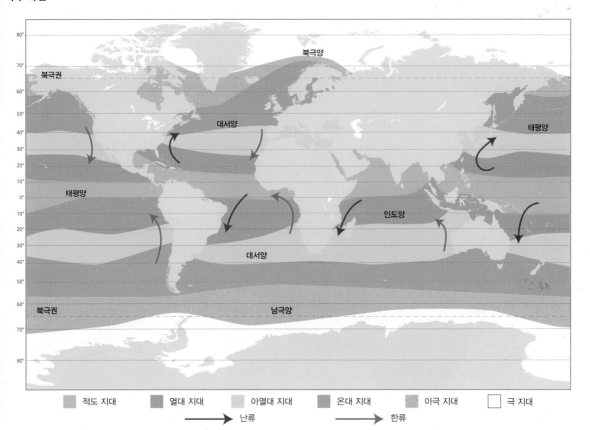

고래 부위명

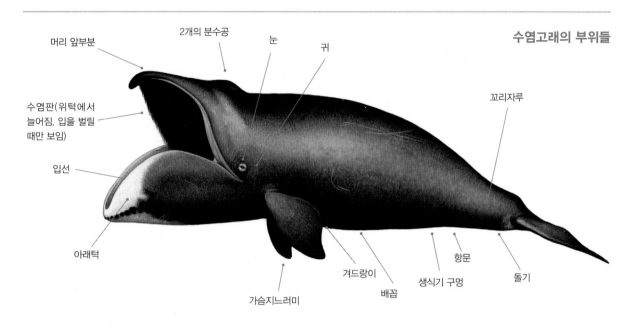

머리 앞부분
2개의 분수공
눈
귀
꼬리자루
수염판(위턱에서 늘어짐. 입을 벌릴 때만 보임)
입선
아래턱
가슴지느러미
겨드랑이
배꼽
생식기 구멍
항문
돌기

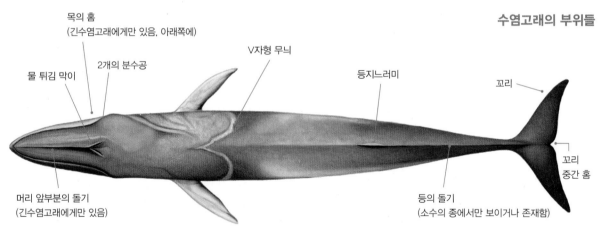

목의 홈
(긴수염고래에게만 있음, 아래쪽에)
V자형 무늬
등지느러미
물 튀김 막이
2개의 분수공
꼬리
머리 앞부분의 돌기
(긴수염고래에게만 있음)
등의 돌기
(소수의 종에서만 보이거나 존재함)
꼬리 중간 홈

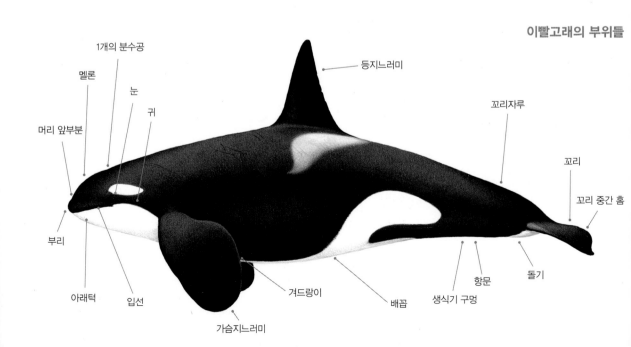

1개의 분수공
멜론
눈
귀
등지느러미
꼬리자루
머리 앞부분
꼬리
꼬리 중간 홈
부리
아래턱
입선
겨드랑이
배꼽
생식기 구멍
항문
돌기
가슴지느러미

이빨고래의 부위명

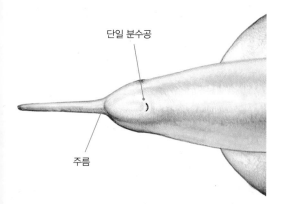

단일 분수공

주름

등지느러미

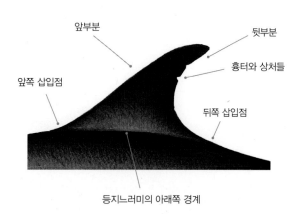

앞부분

뒷부분

흉터와 상처들

앞쪽 삽입점

뒤쪽 삽입점

등지느러미의 아래쪽 경계

고래의 암수 구분

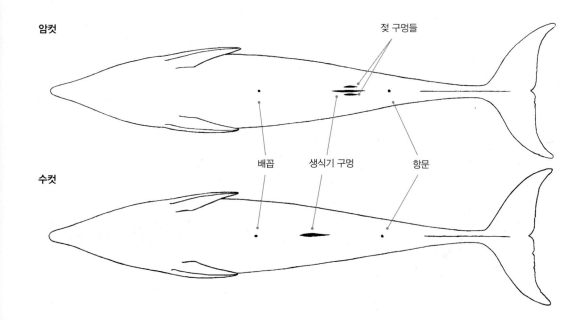

암컷

젖 구멍들

배꼽 생식기 구멍 항문

수컷

고래 뼈대의 부위명

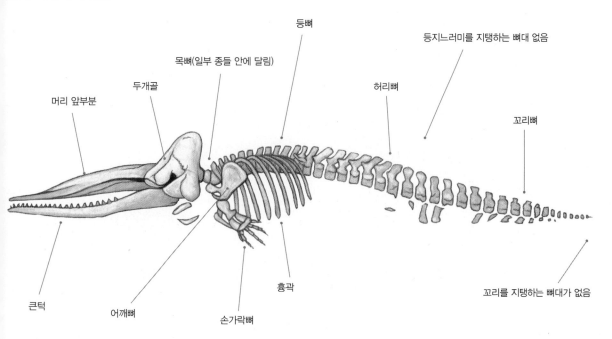

등뼈

목뼈(일부 종들 안에 달림)

등지느러미를 지탱하는 뼈대 없음

두개골

허리뼈

머리 앞부분

꼬리뼈

큰턱

어깨뼈

손가락뼈

흉곽

꼬리를 지탱하는 뼈대가 없음

따개비에서 고래이까지

고래에 붙어사는 외부 기생충들과 기타 다른 생물들에 대해 알아보자.

따개비

따개비barnacle는 성체가 된 뒤 내내 다양한 무생물과 생물에 붙어사는 갑각류이다. 이들은 열대지방에서 극지방 그리고 해안에서 심해에 이르는 모든 곳에서 발견된다. 따개비는 그 종류가 1,000종이 넘지만, 고래에 붙어사는 따개비는 8종뿐이다. 그 따개비들은 거대한 수염고래과 고래들에 대거 붙어살지만, 일부 이빨고래과 고래들에도 붙어산다.

따개비는 사실 기생 동물은 아닌데, 그건 이들이 숙주인 고래에게서 영양분을 취하지도 않고 감염이나 염증을 일으키지도 않는 걸로 보이기 때문이다. 이들은 공짜로 숙주에 붙어 돌아다니면서, 플랑크톤plankton(물속에 떠다니는 작은 생물들, 즉 부유생물들을 통칭하는 말-옮긴이)을 먹이로 섭취한다. 그러나 몸에 따개비가 잔뜩 붙으면 항력이 생겨 헤엄 효율이 떨어지며 짜증을 유발할 수도 있다. 그러나 어떤 경우 따개비는 고래들에게 도움이 되기도 한다. 예를 들어 혹등고래의 경우 다른 수컷들과 경쟁을 벌이거나 뱀상어 또는 범고래붙이 등의 공격을 받아 싸울 때 따개비로 덮인 가슴지느러미를 무기로 사용한다. 대부분의 따개비는 암수 모두의 생식기를 갖춘 자웅동체 동물이며, 그 라이프 사이클에 대개 자유 유영을 하는 6단계가 포함된다. 그리고 그 마지막 유충 단계에서 정착할 곳을 찾아 몸에서 분비되는 특수한 시멘트로 숙주의 몸에 자신을 고정시킨다. 고래 몸에 들러붙은 따개비의 번식기는 숙주의 번식기와 비슷한 걸로 추정된다.

고래 따개비는 다음과 같이 크게 세 종류로 나뉜다.

고랑따개비 Cryptolepas rhachianecti

고랑따개비: 3속에 속한 총 4종이 고래 몸에 붙어산다. 1) 코로눌라 디아데마Coronula diadema(대부분의 혹등고래들에게서 대규모로 발견되는데 한 혹등고래당 450kg 정도가 붙어살며, 다른 몇몇 수염고래들과 향유고래들에게선 아주 소규모로 발견됨). 2) 코로눌라 레기나에Coronula reginae(마찬가지로 혹등고래들에게서 흔히 발견되며, 대왕고래와 참고래, 정어리고래, 향유고래들에게서도 아주 소규모로 발견됨). 3) 크립토레파스 라치아넥티Cryptolepas rhachianecti(대부분의 회색고래들에게서 대규모로 발견

됨). 4) 케토피루스 콤플라나투스Cetopirus complanatus(주로 참고래들에게서 발견됨). 오크나무 열매acorn of oak tree를 닮았다고 해서 acron barnacle(고랑따개비)라는 이름이 붙은 이 따개비들은 봉분처럼 생겼으며, 주로 고래의 머리와 가슴지느러미, 꼬리에서 발견된다.

토끼귀따개비 Conchoderma auritum는 혹등고래 가슴지느러미에 붙어 있는 고랑따개비에 붙어산다.

자루따개비, 거위따개비 또는 거위목따개비: 단 한 속에 속한 2종이 고래 몸에 붙어산다(레파스Lepas 종과 폴리세페스Pollicepes 종 따개비들이 고래에 붙어산다는 기록들도 있지만). 자루따개비는 직접 고래의 피부에 붙기보다는 다른 따개비들에 붙는 경우가 많아 그 표면이 딱딱해야 한다. 토끼귀따개비는 전 세계에서 흔히 볼 수 있고 주로 혹등고래에 붙어살며(혹등고래 그 자체가 아니라 주로 고랑따개비에 붙어서), 대왕고래와 참고래, 향유고래 몸에서도 아주 소규모로 발견된다. 자루따개비는 지름 7cm까지 자라며, 종종 부리고래 성체 수컷의 이빨에 붙기도 하고, 수염고래에 붙어살기도 한다. 지름이 3.5mm도 안 돼 자루따개비보다 훨씬 작은 따개비인 콘코데르마 비르가툼Conchoderma virgatum은 주로 열대지방과 아열대지방에서 발견된다. 또한 주로 유목이나 배의 선체 같은 무생물에 붙어살지만, 바다뱀이나 개복치 또는 일부 바다 포유동물들(드물게 수염고래 포함)에 붙어살기도 한다. 그리고 또 가끔은 직접 고래 피부에 붙기도 하지만, 보통은 기생하는 요각류나 고래이에 붙어산다.

유사자루따개비: 2속에 속한 총 2종이 고래 몸에 붙어산다. 1) 제노발라누스 글로비시피티스Xenobalanus globicipitis는 그 겉모습이 자루따개비를 닮은 특이한 따개비다(일탈적인 유사 자루가 발달되었음). 벌레처럼 생긴 이 특이한 검은색 동물은 그 길이가 5cm까지 자라며, 전 세계의 열대·아열대·온대 바다에서 적어도 고래 34종의 꼬리 뒷날과 등지느러미, 가슴지느러미에 붙어산다. 때론 고래의 머리 앞부분은 물론 수염판과 이빨에도 붙어산다. 유사자루따개비들은 보다 몸집이 큰 수염고래들에 대규모로 붙어살지만, 범고래와 큰돌고래, 인도-태평양상괭이 그리고 다른

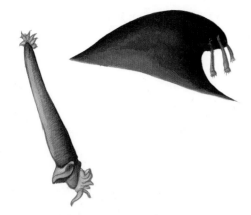

유사자루따개비(제노발라누스 글로비시피티스)

많은 고래 종들에게서 발견되기도 한다. 1마리만 있을 수도 있고 100마리가 몰려 있을 수도 있다. 이들은 다양한 깊이까지 고래 피부 속을 파고들며, 일단 숙주 속에 몸을 붙이면 움직이질 않는다. 2) 투비시넬라 마조르*Tubicinella major*는 남방참고래의 경결에서 발견되는데, 제노발라누스 글로비시피티스는 눈에 띌 정도로 고래 몸 밖으로 튀어나와 있지만, 투비시넬라 마조르는 고래 피부 속 워낙 깊이 파고들어 끝부분만 튀어나와 먹이활동을 한다.

빨판상어

빨판상어remoras(영어로 suckerfish 또는 diskfish라고도 함)는 주로 세계 각지의 열대 바다와 따뜻한 온대 바다에서 발견된다. 단면 모양이 기다랗고 둥근 이 빨판상어들은 머리 위에 있는 평평한 타원형 빨판(그 때문에 몸이 뒤집혀 있는 것처럼 보임)을 이용해 고래나 바다소목, 상어, 바다거북과 기타 다른 큰 바다 물체(배와 잠수함 그리고 가끔은 인간 다이버들까지 포함)에 들러붙는다. 변형된 등지느러미인 이들의 빨판은 베네시안 블라인드 판들처럼 생겼으며, 그 판들이 들어 올려지면서 강력한 진공 상태가 되어 숙주의 몸에 들러붙을 수 있게 된다. 또한 스피닐spinule이라 불리는 이빨 모양의 돌기들이 있어 미끄러지지 않는다. 이들의 빨판은 워낙 효율성이 높아, 빨판상어가 미세 조정할 경우 숙주의 몸에서 떨어지지 않고 잽싸게 미끄러지듯 이동할 수도 있다(물론 빨판상어들은 자유 유영도 할 수 있음).
고래들에 들러붙는 덕에 빨판상어들은 무임승차를 할 수 있고, 포식자들로부터 보호받을 수 있으며, 수컷과 암컷이 만나는 표면을 확보할 수 있고, 아가미 위로 빠른 물살을 맞을 수 있다(이들은 정지된 물에선 살지 못함). 이들은 주로 흐르는 물에 떠 있는

요각류copepod(물에 떠서 플랑크톤 생활을 하는 부유성 갑각류-옮긴이)를 먹고 살며, 동물성 플랑크톤과 넥톤nekton(보다 작은 유영동물들-옮긴이)은 물론 숙주가 먹다 남긴 찌꺼기들과 벗겨진 고래 피부와 고래 똥도 먹는다. 빨판상어들은 고래 몸에 일시적인 흔적은 남길 수 있어도 상처는 입히지 않아서, 이들로 인해 고래가 해를 입는 경우는 거의 없다. 그러나 적어도 일부 스피너돌고래와 범열대알락돌고래 그리고 큰돌고래들의 경우 지속적인 해를 입기도 하며(주로 등지느러미 바로 아래쪽 피부가 벗겨져서), 잘못하면 감염이 될 수도 있다. 또한 이 빨판상어들로 인해 유체역학적 측면에서 항력이 생겨나(빨판상어들은 고래들의 유영 효율성을 떨어뜨려 '유체역학적 기생 동물'이라 불리기도 함) 귀찮고 거추장스러울 수도 있다. 고래들이 빨판상어들이 몸에 기생하는 걸 왜 대체로 용인하는지는 아직 알 수 없지만(알려지지 않은 이점들이 있을 수도 있음), 일부 돌고래 종들은 몸에 붙은 빨판상어들을 서로 입으로 물어 떼내기도 하며, 물 위로 솟아오르면서 빙빙 돌아 불편한 빨판상어들을 떼내기도 한다.

돌고래 몸에 들러붙은 빨판상어(레모라 아우스트랄리스) 성체

빨판상어과에는 총 8종이 있는데, 그중 단 한 종만 수시로 고래 몸에 들러붙는 걸로 알려져 있다. 그러니까 레모라 아우스트랄리스(예전의 레밀레기아 아우스트랄리스*Remilegia australis*)라는 빨판상어 종은 고래 몸에만 붙어산다(고래 몸에서 떨어질 경우 지나가는 다른 바다 동물이나 물체에 붙어 있다가 마음에 드는 숙주가 근처를 지나갈 때 다시 거기에 들러붙음). 몸이 밝은 하늘색인 이 빨판상어들은 세계 각지의 따뜻한 원양 해역에서 발견되며, 몸길이가 62cm까지 자란다. 이들의 크기가 제각각인 것은 서로 성장 단계가 다르기 때문인 걸로 보인다(어쩌면 먹는 게 달라서. 그러니까 대왕고래에 붙어사는 작은 개체들은 벗겨진 고래 피부를 먹고 사는 새끼 빨판상어들이며, 참돌고래에 붙어사는 보

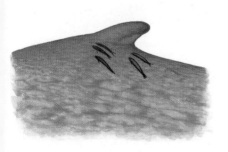

빨판상어(레모라 아우스트랄리스)

대왕고래 몸에 들러붙은 빨판상어
(레모라 아우스트랄리스 *Remora australis*) 새끼들

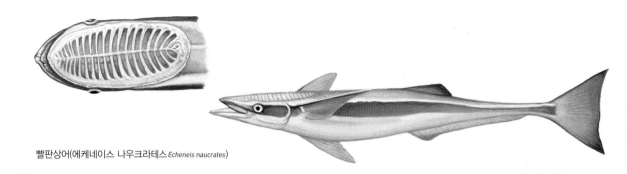

빨판상어(에케네이스 나우크라테스Echeneis naucrates)

다 큰 개체들은 보다 큰 먹이를 먹고 사는 보다 나이 든 빨판상어들인 것임). 에케네이스 나우크라테스라는 빨판상어 종은 몸길이가 90cm 정도까지 자라며 주로 큰돌고래 몸에서 발견되지만, 다른 고래들 몸에서 발견되기도 한다(현장에서는 그 식별이 쉽지 않음).

빨판상어 유충들은 플랑크톤들이 떠다니는 층에서 자유 유형을 하지 않으며, 대신 빨판이 발달하기 전까진 고래들의 수염판에 매달려 산다.

철성장어

철성장어는 턱 없는 연골어류 원시 종인 무악류Agnatha(위아래 턱이 발달하지 않은 고생대 전기의 초기 어류—옮긴이)에 속한다. 이들은 장어처럼 생긴 데다 비늘이 없고 물고기 지느러미 한 쌍과 턱이 있으며, 입 주변에 원반 형태의 빨판이 나 있는데, 입보다 더 큰 그 빨판 안에는 뿔같이 날카로운 이빨들이 빙 둘러가며 나 있다. 이들은 운 없는 숙주들에 들러붙어 거친 혀를 이용해 동물의 살을 쓸어내 그 피와 체액을 빨아 먹는다. 그리고 거머리들처럼 항응고제를 뿜어 피가 엉기지 않고 더 빨리 흐르게 한다. 철성장어들은 바다에서 여러 해를 보낸 뒤 먹는 걸 중단한 채 민물 쪽으로 이동해 알을 낳는다.

철성장어는 총 43종이 있으며, 몸길이가 15cm에서 1.2m로 자라며, 세계 각지(아프리카 제외) 연안의 냉온대 바닷물에 산다. 그중 32종은 늘 민물에서 살며, 18종은 다른 데 기생해 산다. 철성장어와 고래의 관계에 대해선 자세히 밝혀진 바가 거의 없으나, 특히 북태평양에서 발견되는 태평양 철성장어 람페트라 트리덴타타Lampetra tridentata(예전의 엔토스페누스 트리덴타투스

Entosphenus tridentatus)와 철성장어 종들이 가장 많이 모여 사는 북대서양에서 발견되는 철성장어 페트로미존 마리누스Petromyzon marinus는 고래들을 공격하는 걸로 알려져 있다.

쿠키커터상어

여송연처럼 생긴 이 쿠키커터상어cookiecutter shark는 가시줄상어과에 속하는 기괴한 상어이다. 몸길이가 최대 50cm 정도밖에 안 되지만, 아래턱에 톱니 같은 커다란 이빨들이 나 있고 위턱에는 못 같은 작은 이빨들이 나 있어 다른 포유동물들에게 위협적인 존재다. 쿠키커터상어라는 이름은 고래를 비롯한 물개, 듀공, 참치, 상어 등(2003년에는 하와이에서 인간을 공격한 경우도 확인된 바 있음) 다양한 바다 동물들의 살을 쿠키커터로 도려낸 것처럼 깨끗하고 둥글게 씹어 먹는 끔찍한 습관 때문에 붙은 것이다. 숨어 있다가 상대를 공격하는 이 포식자는 눈이 아주 커 캄캄한 심연 속에서 더 잘 보며, 먼저 공격 대상에게 다가가 입술을 대고 곧 갈고리 같은 윗 이빨들과 비교적 거대한 아래 이빨들로 살을 덥썩 문 뒤 몸을 빙빙 돌려 살점을 뜯어낸다. 그러고 나면 공격 대상의 몸에 가로세로 약 10cm, 깊이 약 4cm의 타원형 또는 원형 구멍(보통은 그보다 좁고 그 보다 얕음)이 생겨난다.

쿠키커터상어는 대개 낮에는 깊은 물속(때론 수심 3.5km까지)에서 지내며, 밤이 되면 먹이를 찾아 수면 근처로 떠올라온다. 쿠키커터상어들은 배와 몸 여기저기에 발광 기관들이 있으며, 그것들로 포식자들을 공격할 수 있을 만큼 가까이 유인해 오히려 자신의 먹잇감으로 만든다.

현재까지 알려진 쿠키커터상어는 다음과 같은 3종이다. 1) 가장 고래를 자주 공격하는 걸로 보여지는 작은이빨쿠키커터상어인 이

태평양 철성장어(람페트라 트리덴타타)

북대서양 철성장어(페트로미존 마리누스)

작은이빨쿠키커터상어(이시스티우스 브라실리엔시스)

시스티우스 브라실리엔시스*Isistius brasiliensis*. 2) 드물게 발견되는 큰이빨쿠키커터상어인 이시스티우스 플루토두스*Isistius plutodus*. 3) 알려진 바가 별로 없는 남중국쿠키커터상어인 이시스티우스 라비아리스*Isistius labialis*. 작은이빨쿠키커터상어는 낮에는 적어도 수심 1,000m에서 발견되며, 밤이면 수면 근처로 이동하는 걸로 보여진다(고래를 공격하는 것도 거의 이때임). 흔히 북위 20도에서 남위 20도 사이(때론 북위 35도에서 남위 35도 사이)의 온대 바다와 열대 바다에 살며, 그래서 특정 시점에 보다 따뜻한 바다에 사는 고래들이 이 작은이빨쿠키커터상어들에 물어뜯겨 여기저기 눈에 띄는 타원형 또는 둥근 상처가 보인다(연중 내내 보다 찬 바다에 사는 고래 종들은 대체로 이 상어들에게 물어뜯긴 상처들이 없음).

그간 쿠키커터상어들에게 물어뜯긴 상처(철성장어에게 입은 상처보다 훨씬 깊음)가 보인 고래 종은 최소 49종이 넘는 걸로 보고되고 있다. 이런 상처들은 해롭고 또 고통스럽지만, 보통 그로 인해 죽음에 이르진 않는다(쿠키커터상어가 어린 고래를 공격하거나 위벽을 물어뜯는 경우는 예외로 죽음에 이르기도 함). 이런 상처들이 치유되는 데 수개월이 걸릴 수 있지만, 그 흉터는 여러 해 동안(또는 평생) 사라지지 않을 수도 있다. 쿠키커터상어는 이처럼 독특한 '히트 앤 런' 식 먹이활동을 할 뿐 아니라 자유 유영 중인 오징어나 작은 물고기들 또는 갑각류들을 잡아먹기도 한다.

고래이

고래이whale louse들은 단각류amphipod라 불리는 갑각류목에 속하며, 또한 모두 키아미다에Cyamidae(정확한 이름은 '키아미드 단각류cyamid amphipod')과이다. 고래이들은 사실 '이'(이는 곤충임)가 아닌데, 1800년대에 생김새나 움직임이 인간에게 들러붙는 이 같다고 생각한 포경업자들에 의해 이라고 잘못 이름 붙여진 것이다.

고래들의 몸에는 7개 속에 속하는 총 28종의 고래이들이 살고 있는 걸로 확인되었다. 키아무스*Cyamus*(14종), 이소키아무스*Isocyamus*(5종), 네오키아무스*Neocyamus*(한 종), 플라티키아무스*Platycyamus*(2종), 오르키노키아무스*Orcinocyamus*(한 종), 스쿠토키아무스*Scutocyamus*(2종), 신키아무스*Syncyamus*(3종). 이 고래이들은 대개 수염고래아목이나 이빨고래아목을 숙주로 삼는다. 그런데 또 고래이들의 일부 종들은 오로지 한 종의 고래에만 기생한다. 예를 들어 키아무스는 혹등고래에만 기생하며(이 종이 남방참고래에 기생한 경우가 한 건 있었지만), 키아무스 스캄모니와

키아무스 케슬레리, 키아무스 에스크리크티는 회색고래에만 기생하고, 키아무스 카토돈티스는 중간 크기의 향유고래와 큰 향유고래 수컷에만 기생하며, 네오키아무스 피세테리스는 향유고래 암컷과 작은 크기의 향유고래 수컷에만 기생한다. 이 고래이들은 대개 자신이 태어난 고래의 몸에서 평생을 지내지만, 일부 고래이들은 자신들끼리 서로 직접 닿게 될 때 위험을 무릅쓰고 다른 고래로 옮겨가기도 한다. 한 고래의 몸에는 7,500마리의 고래이가 기생할 수 있다(몸에 예외적으로 많은 고래이가 있을 경우 그 고래는 건강이 안 좋다고 진단을 내릴 수 있음).

길이가 3mm에서 30mm(대개 암컷이 수컷보다 좀 더 넓고 짤막함)밖에 안 되는 고래이들은 유충 시절에도 자유 유영을 하지 않으며, 극도로 날카롭고 뒤쪽으로 휜 발톱들로 단단히 꼭 들러붙은 채 오로지 숙주의 몸에서 평생을 산다. 또한 이들은 머리가 작고 몸이 납작하며, 바닷물 속으로 휘말려 들어가지 않으려면 피난처가 필요하고, 숙주의 몸에서 떨어지면 끝장이다. 고래이들은 또 수염고래의 배 쪽 깊은 홈들이나 참고래의 경결 또는 회색고래 머리에 붙은 따개비들 사이 같이 물 흐름이 약한 곳에 모여 산다. 그리고 암컷 고래이들에게는 육아낭, 즉 새끼 주머니가 있어서, 알들이나 유충들 또는 어린 고래이들이 직접 고래 피부에 들러붙을 수 있을 만큼 클 때까지 보호막 역할을 해준다.

고래이의 몸 구조

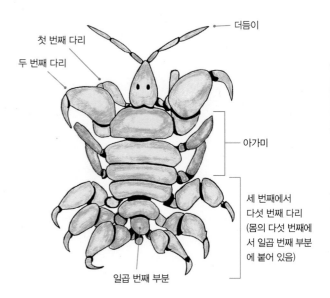

더듬이
첫 번째 다리
두 번째 다리
아가미
세 번째에서 다섯 번째 다리 (몸의 다섯 번째에서 일곱 번째 부분에 붙어 있음)
일곱 번째 부분

고래이의 종류와 그 고래이들의 알려진 숙주들

키아무스 발라에노프테라에 *Cyamus balaenopterae*	커먼밍크고래, 대왕고래, 참고래	
키아무스 부피스*Cyamus boopis*	혹등고래, 브라질의 한 남방참고래의 몸에서도 발견된 걸로 기록	
키아무스 케티*Cyamus ceti*	북극고래, 회색고래	
키아무스 에라티쿠스*Cyamus erraticus*	남방참고래, 북대서양참고래, 북태평양참고래	
키아무스 그라킬리스*Cyamus gracilis*	남방참고래, 북대서양참고래, 북태평양참고래	
키아무스 오발리스*Cyamus ovalis*	남방참고래, 북대서양참고래, 북태평양참고래	
키아무스 에스크리크티*Cyamus eschrichtii*	회색고래	
키아무스 케슬레리*Cyamus kessleri*	회색고래	
키아무스 스캄모니*Cyamus scammoni*	회색고래	
키아무스 카토돈티스*Cyamus catodontis*	향유고래(중간 크기와 큰 수컷만)	
키아무스 메소루브라에돈 *Cyamus mesorubraedon*	향유고래	
키아무스 노도수스*Cyamus nodosus*	일각고래, 흰돌고래	
키아무스 모노돈티스*Cyamus monodontis*	일각고래, 흰돌고래	
키아무스 오루브라에돈 *Cyamus orubraedon*	망치고래	
이소키아무스 안타르크티센시스 *Isocyamus antarcticensis*	범고래	
이소키아무스 델토르란키움 *Isocyamus deltobranchium*	범고래, 참거두고래, 들쇠고래	
이소키아무스 델피니*Isocyamus delphinii*	범고래붙이, 고양이고래, 들쇠고래, 참거두고래, 큰코돌고래, 참돌고래, 뱀머리돌고래, 제르베부리고래, 흰부리돌고래, 쥐돌고래	
이소키아무스 인도파세투스 *Isocyamus indopacetus*	롱맨부리고래	
이소키아무스 코기아에 *Isocyamus kogiae*	꼬마향유고래	

네오키아무스 피세테리스 *Neocyamus physeteris*	향유고래(암컷과 작은 수컷들), 까치돌고래	
오르키노키아무스 오르키니 *Orcinocyamus orcini*	범고래	
플라티키아무스 플라비스쿠타투스 *Platycyamus flaviscutatus*	망치고래	
플라티키아무스 톰프소니 *Platycyamus thompsoni*	북방병코고래, 남방병코고래, 그레이부리고래	
스쿠토키아무스 안티포덴시스 *Scutocyamus antipodensis*	헥터돌고래, 더스키돌고래	
스쿠토키아무스 파르부스 *Scutocyamus parvus*	흰부리돌고래	
신키아무스 아에쿠우스 *Syncyamus aequus*	줄무늬돌고래, 스피너돌고래, 참돌고래, 큰돌고래	
신키아무스 일헤우센시스 *Syncyamus ilheusensis*	들쇠고래, 고양이고래, 클리멘돌고래	
신키아무스 프세우도르카에 *Syncyamus pseudorcae*	범고래붙이, 클리멘돌고래	

키아미드들은 벗겨진 고래 피부(그리고 박테리아와 조류 같이 고래 피부에 붙어 있는 다른 먹이들 포함)와 손상된 고래 조직들을 먹는다. 이들은 대개 기생 동물로 여겨지지만, 보다 정확히 말하자면 청소를 해주는 공생 동물이다. 그리고 또 이들은 일부 물고기들(번식기에 종종 회색고래를 따라다니는 정어리과 물고기 등)에게 잡아먹힌다.

규조류
많은 고래 종들은 피부 여기저기에 종종 규조류diatom라 불리는 미세한 단세포 조류들이 얇은 막처럼 들러붙어 노란색이나 갈색, 녹색 또는 오렌지색을 띠는 경우가 있다. 바다에서 아주 중요한 1차 생산자primary producer(광합성에 의해 무기물에서 유기물을 생산하는 식물-옮긴이)에 해당되는 규조류는 그 종 수가 수만에서 수십만에 이를 정도로 많지만, 그간 그중 단 4개 속에 속하는 소수의 종들만 고래 피부에서 발견됐다. 찬물에 사는 베네텔라 세티콜라Bennettella ceticola(예전의 코코네이스Cocconeis)는 특히 수염고래와 범고래들에게서 가장 흔히 발견되는 규조류로, 그 고래들이 남북극 해역에 오래 머물 때 몸에 잔뜩 들러붙으며, 독립적인 생활을 하는 게 발견된 적은 없다.
남극에서는 규조류 층이 형성되는 데 대략 한 달이 걸려, 규조류가 어느 정도 덮였는지를 보면 해당 고래가 그 지역에 얼마나 머

물렀는지를 미루어 알 수 있다. 대개 고래들은 계속해서 피부가 벗겨지고 새로 나지만(각종 상처와 화상 등을 치유하기 위해 필요함), 규조류가 덮인 걸 보면 찬물에선 고래 피부가 벗겨져 새로 나는 일이 없다는 걸 알 수 있다(아마 열손실을 줄이기 위해). 실제로 남극 범고래들의 경우 빠른 속도로 열대 바다로 이동하며, 거기에서 피부 조직이 새로 나며 규조류 막이 떨어져 나가는 걸로 보인다. 왕복 여행에 걸리는 시간은 대략 5~7주이며, 남극 범고래들이 남극의 찬물로 되돌아올 때면 그 피부가 훨씬 더 깨끗해 보인다. 그게 아니라면, 아마 규조류 층이 너무 두꺼워져 큰 항력을 일으키게 될 것이고, 그 결과 고래들의 움직임 또한 굼떠질 것이다. (규조류는 배들한테도 큰 골칫거리여서 배의 속도를 5%까지 떨어뜨리며, 그래서 배들에는 오염 방지 페인트를 바른다.)

혹등고래의 꼬리에 붙은 규조류

고래 종 한눈에 구분하기

뱃머리에서 파도타기를 하는 돌고래들과 알락돌고래들

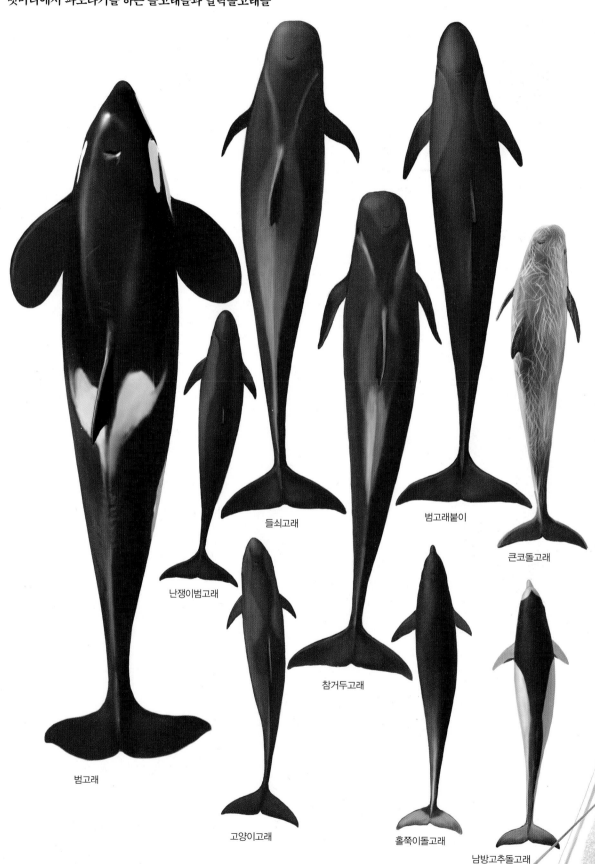

들쇠고래

범고래붙이

큰코돌고래

난쟁이범고래

참거두고래

범고래

고양이고래

홀쭉이돌고래

남방고추돌고래

뱀머리돌고래

남방큰돌고래

대서양알락돌고래

클리멘돌고래

줄무늬돌고래

큰돌고래

범열대알락돌고래

스피너돌고래

참돌고래

흰부리돌고래

더스키돌고래

프레이저돌고래

까치돌고래

쥐돌고래

대서양흰줄무늬돌고래

모래시계돌고래

칠레돌고래

헥터돌고래

태평양흰줄무늬돌고래

필돌고래

머리코돌고래

헤비사이드돌고래

꼬리로 구분하기

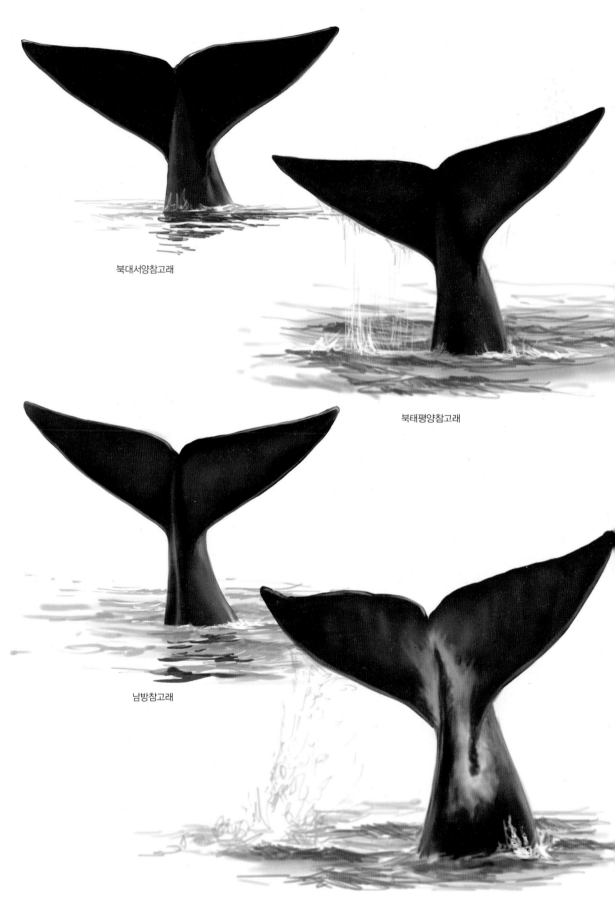

북대서양참고래

북태평양참고래

남방참고래

북극고래

대왕고래

회색고래

혹등고래

범고래

향유고래

물 뿜어 올리는 걸 보고 구분하기

고래가 얼마나 높이 또 얼마나 세게 물을 뿜어 올리는가 하는 건, 각 개체의 크기, 수면으로 올라오는 시기, 기온, 빛의 질과 바람의 상황 등 여러 요소에 따라 달라진다. 따라서 고래가 뿜어 올리는 물은 거의 보이지 않을 수도 있고 드라마틱할 정도로 높이 올라갈 수도 있다는 걸 명심할 필요가 있다. 실제로 과거에는 고래가 뿜어 올리는 물의 높이가 아주 과소평가 됐었는데, 그건 특히 고래가 뿜어 올리는 물이 대개 바다나 하늘을 배경으로 잘 보이지 않기 때문이다.

다음 삽화들은 고래가 오랜 시간 잠수한 뒤 처음 수면 위로 올라와(그러니까 이상적인 상황에서) 물을 뿜어 올리는 걸 고래 뒤쪽에서 잡은 모습으로, 여기 보이는 물의 높이들이 최대 높이는 아니다. 고래들이 다 눈에 띄게 확실히 물을 뿜어 올리는 건 아니지만, 여기 소개한 삽화들을 보면 고래 종을 식별하는 데 더없이 큰 도움이 될 것이다.

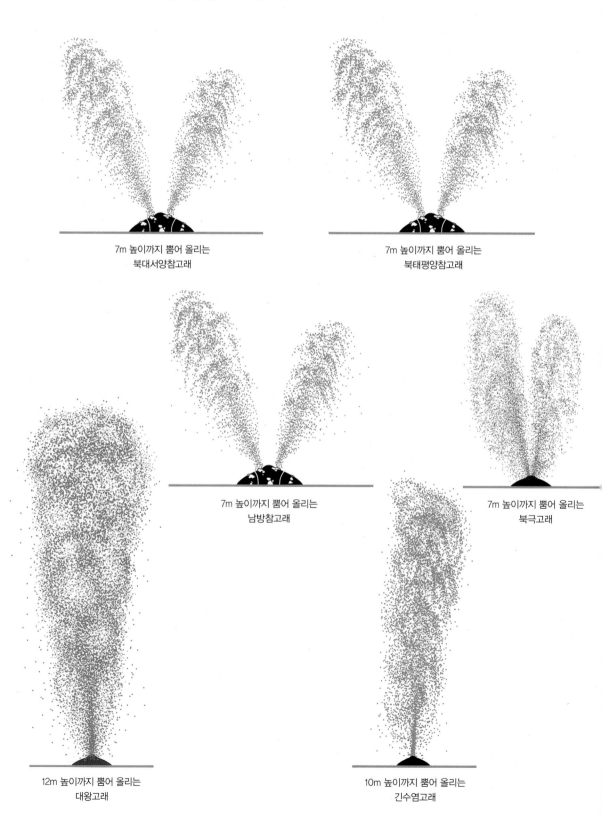

7m 높이까지 뿜어 올리는
북대서양참고래

7m 높이까지 뿜어 올리는
북태평양참고래

7m 높이까지 뿜어 올리는
남방참고래

7m 높이까지 뿜어 올리는
북극고래

12m 높이까지 뿜어 올리는
대왕고래

10m 높이까지 뿜어 올리는
긴수염고래

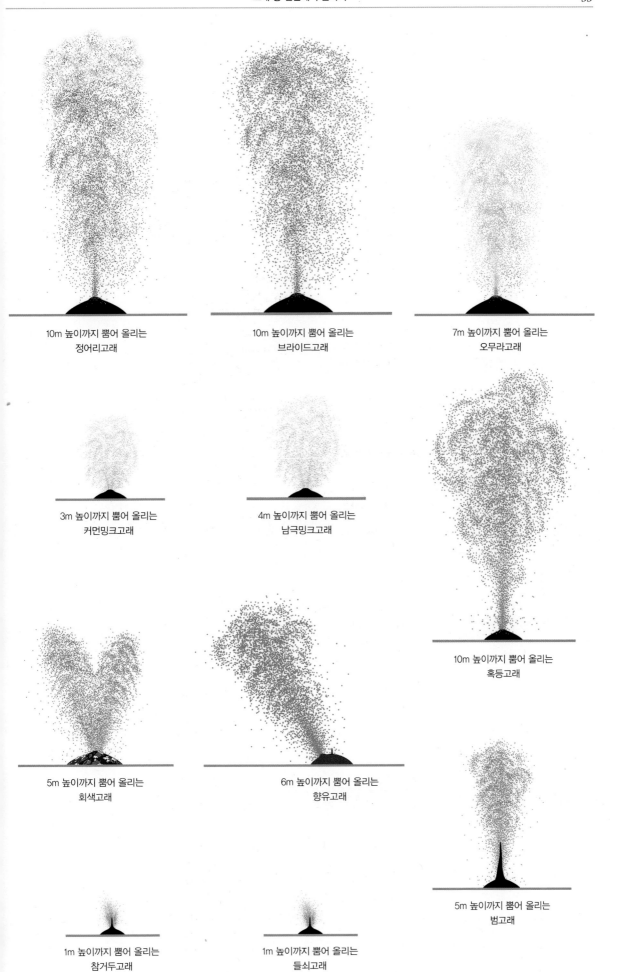

10m 높이까지 뿜어 올리는
정어리고래

10m 높이까지 뿜어 올리는
브라이드고래

7m 높이까지 뿜어 올리는
오무라고래

3m 높이까지 뿜어 올리는
커먼밍크고래

4m 높이까지 뿜어 올리는
남극밍크고래

10m 높이까지 뿜어 올리는
혹등고래

5m 높이까지 뿜어 올리는
회색고래

6m 높이까지 뿜어 올리는
향유고래

5m 높이까지 뿜어 올리는
범고래

1m 높이까지 뿜어 올리는
참거두고래

1m 높이까지 뿜어 올리는
들쇠고래

고래 종 한눈에 구분하기: 북대서양

(카리브해, 멕시코만, 지중해, 흑해, 발트해 포함)

주의: 여기 소개하는 많은 고래 종들은 이 광범위한 지역 내에서 활동 범위가 아주 제한되어 있으나, 그렇다고 해서 이 종들이 평소의 서식지 밖 다른 지역에서 발견되는 경우가 없는 건 아니다. 해당 지역 내에서의 고래 종들 간의 상대적 크기(수컷 평균 길이)는 여기서 보는 것과 똑같다.

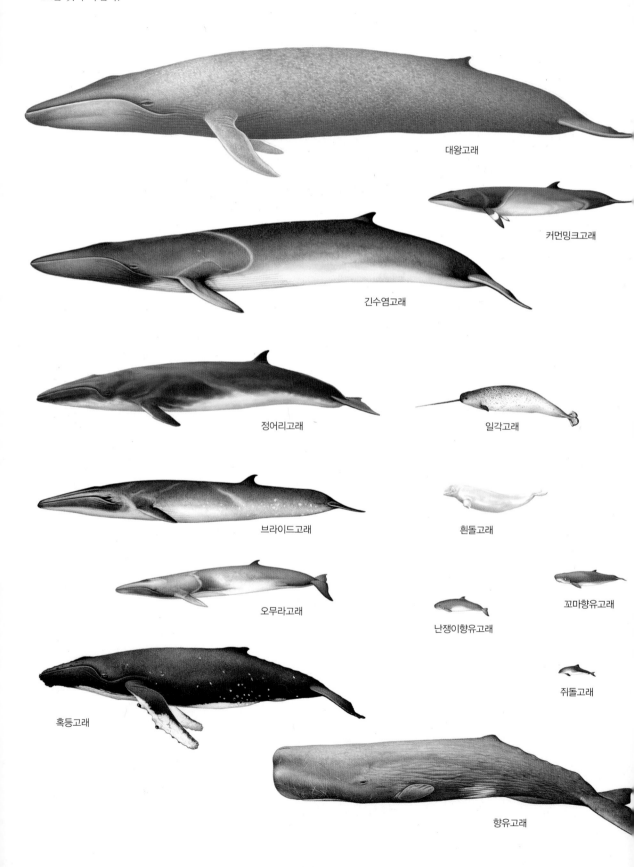

대왕고래

커먼밍크고래

긴수염고래

정어리고래

일각고래

브라이드고래

흰돌고래

오무라고래

꼬마향유고래

난쟁이향유고래

쥐돌고래

혹등고래

향유고래

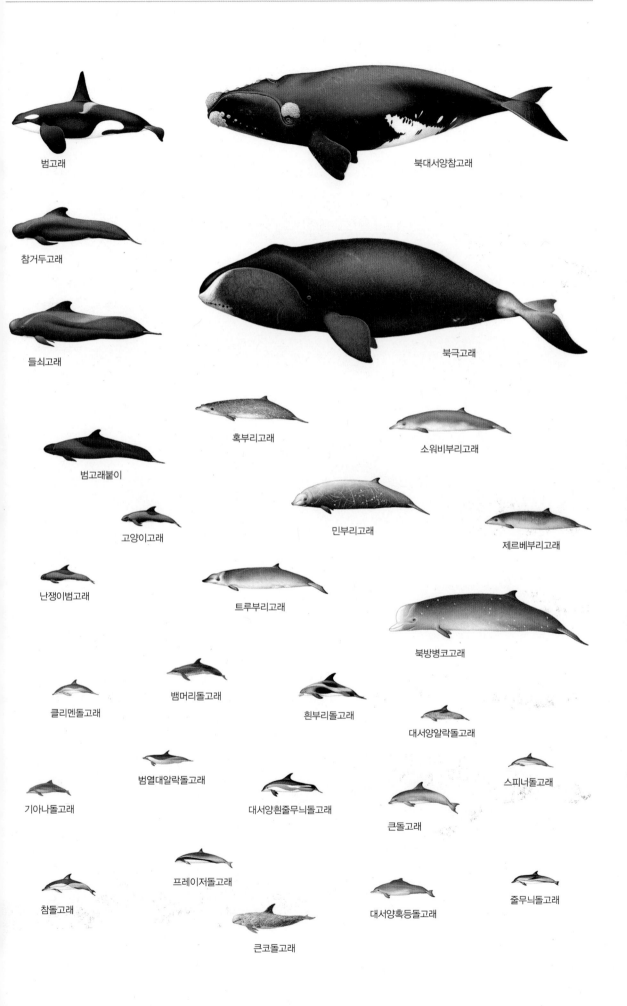

범고래

북대서양참고래

참거두고래

들쇠고래

북극고래

혹부리고래

소워비부리고래

범고래붙이

민부리고래

고양이고래

제르베부리고래

난쟁이범고래

트루부리고래

북방병코고래

뱀머리돌고래

클리멘돌고래

흰부리돌고래

대서양알락돌고래

범열대알락돌고래

스피너돌고래

기아나돌고래

대서양흰줄무늬돌고래

큰돌고래

프레이저돌고래

줄무늬돌고래

참돌고래

대서양혹등돌고래

큰코돌고래

고래 종 한눈에 구분하기: 남대서양

주의: 여기 소개하는 많은 고래 종들은 이 광범위한 지역 내에서 활동 범위가 아주 제한되어 있으나, 그렇다고 해서 이 종들이 평소의 서식지 밖 다른 지역에서 발견되는 경우가 없는 건 아니다. 해당 지역 내에서의 고래 종들 간의 상대적 크기(수컷 평균 길이)는 여기서 보는 것과 똑같다.

대왕고래

난쟁이밍크고래

긴수염고래

라플라타강돌고래

정어리고래

남극밍크고래

버마이스터돌고래

꼬마긴수염고래

안경돌고래

브라이드고래

오무라고래

남방참고래

혹등고래

꼬마향유고래

난쟁이향유고래

향유고래

남방병코고래

아르누부리고래

범고래

셰퍼드부리고래

그레이부리고래

헥터부리고래

앤드류부리고래

참거두고래

스페이드이빨고래

들쇠고래

끈이빨부리고래

트루부리고래

혹부리고래

범고래붙이

스피너돌고래

민부리고래

제르베부리고래

고양이고래

모래시계돌고래

남방고추돌고래

난쟁이범고래

큰코돌고래

머리코돌고래

필돌고래

뱀머리돌고래

헤비사이드돌고래

클리멘돌고래

더스키돌고래

칠레돌고래

범열대알락돌고래

기아나돌고래

대서양알락돌고래

큰돌고래

참돌고래

프레이저돌고래

대서양혹등돌고래

줄무늬돌고래

고래 종 한눈에 구분하기: 북태평양

(칼리포르니아만, 알래스카만, 베링해, 오호츠크해, 동해, 필리핀해, 서해, 동중국해, 남중국해 포함)

주의: 여기 소개하는 많은 고래 종들은 이 광범위한 지역 내에서 활동 범위가 아주 제한되어 있으나, 그렇다고 해서 이 종들이 평소의 서식지 밖 다른 지역에서 발견되는 경우가 없는 건 아니다. 해당 지역 내에서의 고래 종들 간의 상대적 크기(수컷 평균 길이)는 여기서 보는 것과 똑같다.

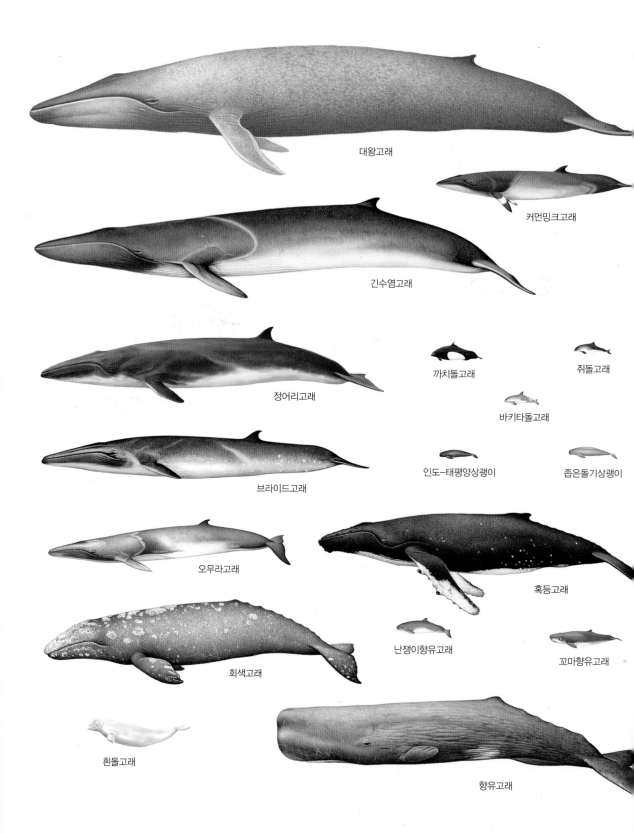

대왕고래

커먼밍크고래

긴수염고래

정어리고래

까치돌고래

쥐돌고래

바키타돌고래

브라이드고래

인도-태평양상괭이

좁은돌기상괭이

오무라고래

혹등고래

회색고래

난쟁이향유고래

꼬마향유고래

흰돌고래

향유고래

북태평양참고래

민부리고래

범고래

북극고래

고양이고래

망치고래

들쇠고래

난쟁이범고래

범고래붙이

혹부리고래

난쟁이망치고래

페린부리고래

허브부리고래

은행이빨부리고래

큰이빨부리고래

페루부리고래

데라니야갈라부리고래

큰코돌고래

인도-태평양혹등돌고래

롱맨부리고래

뱀머리돌고래

큰돌고래

이라와디돌고래

남방큰돌고래

범열대알락돌고래

스피너돌고래

줄무늬돌고래

참돌고래

프레이저돌고래

태평양흰줄무늬돌고래

홀쭉이돌고래

고래 종 한눈에 구분하기: 남태평양

주의: 여기 소개하는 많은 고래 종들은 이 광범위한 지역 내에서 활동 범위가 아주 제한되어 있으나, 그렇다고 해서 이 종들이 평소의 서식지 밖 다른 지역에서 발견되는 경우가 없는 건 아니다. 해당 지역 내에서의 고래 종들 간의 상대적 크기(수컷 평균 길이)는 여기서 보는 것과 똑같다.

오무라고래

대왕고래

난쟁이밍크고래

긴수염고래

정어리고래

남극밍크고래

인도-태평양상괭이

버마이스터돌고래

꼬마긴수염고래

안경돌고래

브라이드고래

남방참고래

혹등고래

꼬마향유고래

난쟁이향유고래

향유고래

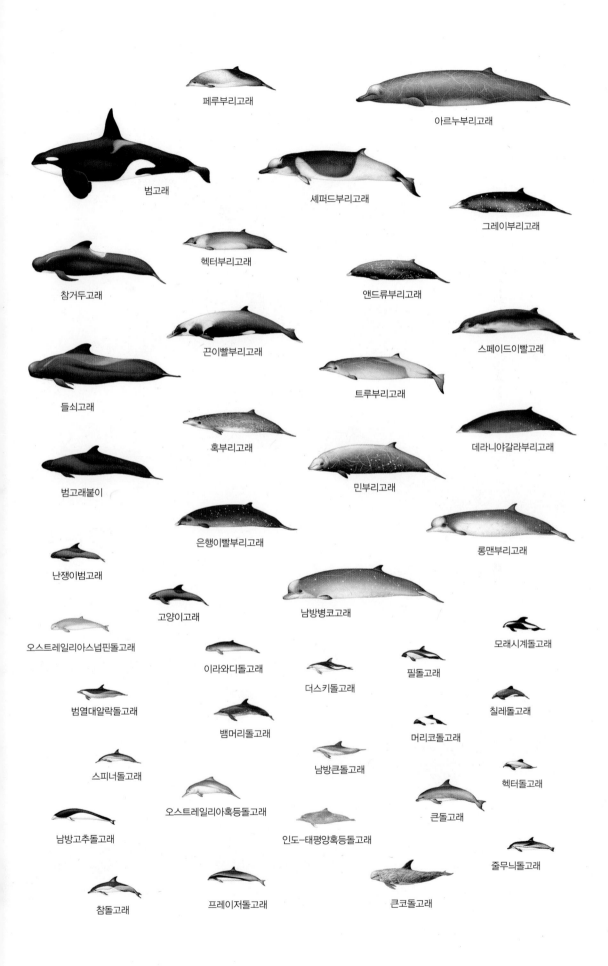

페루부리고래

아르누부리고래

범고래

셰퍼드부리고래

그레이부리고래

헥터부리고래

앤드류부리고래

참거두고래

끈이빨부리고래

스페이드이빨고래

들쇠고래

트루부리고래

혹부리고래

데라니야갈라부리고래

범고래붙이

민부리고래

은행이빨부리고래

롱맨부리고래

난쟁이범고래

고양이고래

남방병코고래

오스트레일리아스넙핀돌고래

모래시계돌고래

이라와디돌고래

더스키돌고래

필돌고래

범열대알락돌고래

칠레돌고래

뱀머리돌고래

머리코돌고래

스피너돌고래

남방큰돌고래

헥터돌고래

오스트레일리아혹등돌고래

큰돌고래

남방고추돌고래

인도-태평양혹등돌고래

줄무늬돌고래

참돌고래

프레이저돌고래

큰코돌고래

고래 종 한눈에 구분하기: 인도양

(모잠비크 해협, 홍해, 페르시안만, 아라비아해, 벵골만 포함)

주의: 여기 소개하는 많은 고래 종들은 이 광범위한 지역 내에서 활동 범위가 아주 제한되어 있으나, 그렇다고 해서 이 종들이 평소의 서식지 밖 다른 지역에서 발견되는 경우가 없는 건 아니다. 해당 지역 내에서의 고래 종들 간의 상대적 크기(수컷 평균 길이)는 여기서 보는 것과 똑같다.

대왕고래

이라와디돌고래

난쟁이밍크고래

긴수염고래

오스트레일리아스넙핀돌고래

정어리고래

남극밍크고래

오무라고래

브라이드고래

꼬마긴수염고래

남방참고래

꼬마향유고래

혹등고래

난쟁이향유고래

향유고래

은행이빨부리고래

아르누부리고래

범고래

셰퍼드부리고래

그레이부리고래

헥터부리고래

앤드류부리고래

참거두고래

끈이빨부리고래

스페이드이빨고래

들쇠고래

트루부리고래

데라니야갈라부리고래

혹부리고래

범고래붙이

민부리고래

인도-태평양상괭이

롱맨부리고래

난쟁이범고래

안경돌고래

고양이고래

남방병코고래

남방고추돌고래

뱀머리돌고래

머리코돌고래

모래시계돌고래

범열대알락돌고래

인도-태평양혹등돌고래

인도양혹등돌고래

더스키돌고래

스피너돌고래

오스트레일리아혹등돌고래

남방큰돌고래

큰돌고래

줄무늬돌고래

참돌고래

프레이저돌고래

큰코돌고래

고래 종 한눈에 구분하기: 북극양

(그린란드해, 바렌츠해, 백해, 카라해, 랍테프해, 동시베리아해, 추크치해, 보퍼트해, 데이비스 해협, 배핀만, 허드슨만 포함)

주의: 여기 소개하는 많은 고래 종들은 이 광범위한 지역 내에서 활동 범위가 아주 제한되어 있으나, 그렇다고 해서 이 종들이 평소의 서식지 밖 다른 지역에서 발견되는 경우가 없는 건 아니다. 해당 지역 내에서의 고래 종들 간의 상대적 크기(수컷 평균 길이)는 여기서 보는 것과 똑같다.

대왕고래

쥐돌고래

커먼밍크고래

긴수염고래

흰돌고래

정어리고래

혹등고래

소워비부리고래

일각고래

회색고래

북방병코고래

큰돌고래

범고래

망치고래

참거두고래

향유고래

북극고래

흰부리돌고래

대서양흰줄무늬돌고래

고래 종 한눈에 구분하기: 남극양

(웨들해와 로스해 포함)

주의: 여기 소개하는 많은 고래 종들은 이 광범위한 지역 내에서 활동 범위가 아주 제한되어 있으나, 그렇다고 해서 이 종들이 평소의 서식지 밖 다른 지역에서 발견되는 경우가 없는 건 아니다. 해당 지역 내에서의 고래 종들 간의 상대적 크기(수컷 평균 길이)는 여기서 보는 것과 똑같다.

향유고래

아르누부리고래

남방참고래

민부리고래

남방병코고래

꼬마긴수염고래

안경돌고래

남극밍크고래

혹등고래

난쟁이밍크고래

그레이부리고래

정어리고래

끈이빨부리고래

참거두고래

긴수염고래

남방고추돌고래

머리코돌고래

범고래

대왕고래

모래시계돌고래

필돌고래

북대서양참고래 North Atlantic right whale

학명 유발라에나 슬라키아리스 *Eubalaena glacialis*   (Müller, 1776)

북대서양참고래는 세상에서 가장 면밀히 연구되었으며 가장 심각한 멸종 위기에 빠진 고래 중 하나로, 몇 안 되는 오늘날의 북대서양참고래들은 거의 1,000년간 이어져 온 상업적인 목적의 사냥에도 불구하고 살아남은 고래들이다. 그리고 이들에 대한 사냥은 중단됐지만, 북대서양참고래들은 지금 인간이 만들어낸 또 다른 위협들에 직면해 있으며, 거의 멸종 위기 직전에 와 있는 걸로 널리 알려져 있다.

분류: 긴수염고래과 수염고래아목

일반적인 이름: 북대서양참고래는 영어로 North Atlantic right whale 인데, 이 고래들에게 right whale 즉, '참고래'라는 이름이 붙은 유래에 대해선 두 가지 설이 있다. 우선 옛날 영국 포경업자들이 사냥하기에 '좋은 right'(즉 correct) 고래라는 의미(이 고래들은 가까운 연안에 모습을 드러냈고 천천히 돌아다녀 돛이나 노로 움직이는 작은 배로도 잡기 쉬웠으며 고래기름과 고래수염이라는 아주 귀한 제품의 보고였음)에서 right whale이란 이름을 붙였다는 통설이 있다. 그러나 1800년대 중반에 과학자들은 right의 의미를 true(진정한) 또는 proper(적절한) 정도로 받아들였다(즉 고래들의 전형적인 특징들을 보여준다는 의미에서).

다른 이름들: Atlantic right whale 또는 northern right whale. 역사적으로 black right whale, black whale, Biscayan right whale, nordcaper 등으로도 불렸다.

학명: '옳은' 또는 '진정한'을 뜻하는 그리스어 *eu*와 고래를 뜻하는 라틴어 *balaena*가 합쳐져서 *Eubalaena*. 뒤에 붙은 *glacialis*는 '얼음의 icy' 또는 '얼은 frozen'을 뜻하는 라틴어에서 온 것이다(용어 발생지는 노르웨이 북부 노스케이프).

세부 분류: 현재 따로 인정된 아종들은 없지만, 과거 북대서양 동쪽과 서쪽 지역에 살던 고래들은 원래 2종으로 인정됐었다. 2000년에 북태평양참고래에서 공식적으로 둘로 갈라졌는데, 그건 두 고래 종과 그 고래들 간에 유전적인 차이들이 있었기 때문이다(결국 북태평양참고래와 북대서양참고래 이 2종은 과거에는 northern right whale 즉, Eubalaena glacialis 한 종으로 묶여 있었던 것).

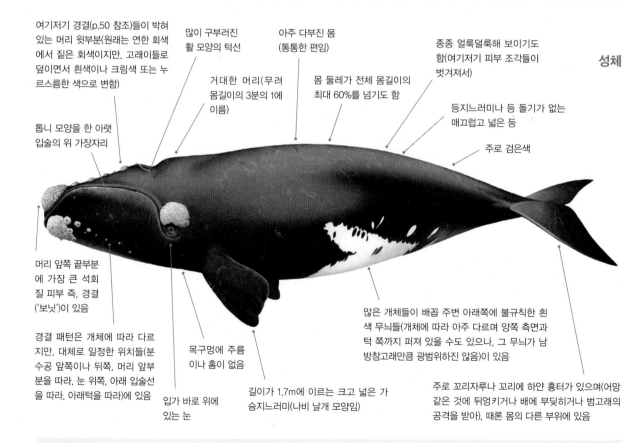

성체

여기저기 경결(p.50 참조)들이 박혀 있는 머리 윗부분(원래는 연한 회색에서 짙은 회색이지만, 고래이들로 덮이면서 흰색이나 크림색 또는 누르스름한 색으로 변함)

많이 구부러진 활 모양의 턱선

아주 다부진 몸 (통통한 편임)

종종 얼룩덜룩해 보이기도 함(여기저기 피부 조각들이 벗겨져서)

거대한 머리(무려 몸길이의 3분의 1에 이름)

몸 둘레가 전체 몸길이의 최대 60%를 넘기도 함

등지느러미나 등 돌기가 없는 매끄럽고 넓은 등

톱니 모양을 한 아랫입술의 위 가장자리

주로 검은색

머리 앞쪽 끝부분에 가장 큰 석회질 피부 즉, 경결('보닛')이 있음

경결 패턴은 개체에 따라 다르지만, 대체로 일정한 위치들(분수공 앞쪽이나 뒤쪽, 머리 앞부분을 따라, 눈 위쪽, 아래 입술선을 따라, 아래턱을 따라)에 있음

목구멍에 주름이나 홈이 없음

입가 바로 위에 있는 눈

길이가 1.7m에 이르는 크고 넓은 가슴지느러미(나비 날개 모양임)

많은 개체들이 배꼽 주변 아래쪽에 불규칙한 흰색 무늬들(개체에 따라 아주 다르며 양쪽 측면과 턱 쪽까지 퍼져 있을 수도 있으나, 그 무늬가 남방참고래만큼 광범위하지는 않음)이 있음

주로 꼬리자루나 꼬리에 하얀 흉터가 있으며(어망 같은 것에 뒤엉키거나 배에 부딪치거나 범고래의 공격을 받아), 때론 몸의 다른 부위에 있음

요점 정리

- 북대서양
- 특대 사이즈
- 아주 다부진 몸
- 주로 검은색
- 등지느러미나 돌기가 없는 매끄러운 등
- 수면에 있을 때 옆에서 보면 몸이 거의 보이지 않음
- 옅은 색 경결들로 덮인 거대한 머리
- 아주 굽은 턱선
- 목구멍에 주름이나 홈이 없음
- V자 형태의 물 내뿜기
- 노 모양의 넓은 직사각형 가슴지느러미

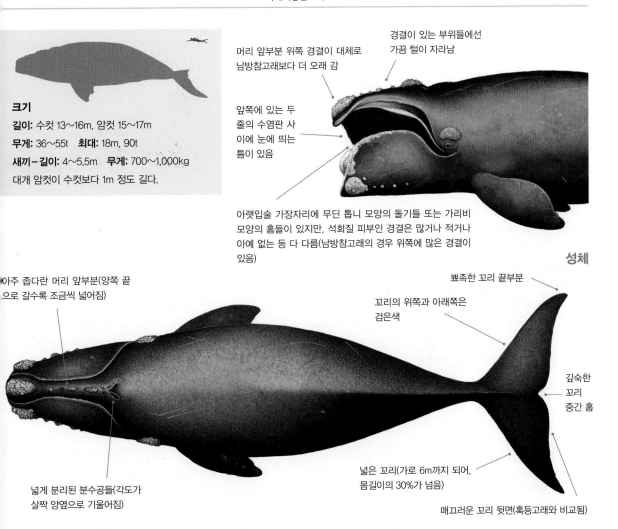

크기

길이: 수컷 13~16m, 암컷 15~17m

무게: 36~55t **최대:** 18m, 90t

새끼 – 길이: 4~5.5m **무게:** 700~1,000kg

대개 암컷이 수컷보다 1m 정도 길다.

머리 앞부분 위쪽 경결이 대체로 남방참고래보다 더 오래 감

경결이 있는 부위들에선 가끔 털이 자라남

앞쪽에 있는 두 줄의 수염판 사이에 눈에 띄는 틈이 있음

아랫입술 가장자리에 무딘 톱니 모양의 돌기들 또는 가리비 모양의 홈들이 있지만, 석회질 피부인 경결은 많거나 적거나 아예 없는 등 다 다름(남방참고래의 경우 위쪽에 많은 경결이 있음)

성체

아주 좁다란 머리 앞부분(양쪽 끝으로 갈수록 조금씩 넓어짐)

뾰족한 꼬리 끝부분

꼬리의 위쪽과 아래쪽은 검은색

깊숙한 꼬리 중간 홈

넓게 분리된 분수공들(각도가 살짝 양옆으로 기울어짐)

넓은 꼬리(가로 6m까지 되어, 몸길이의 30%가 넘음)

매끄러운 꼬리 뒷면(혹등고래와 비교됨)

비슷한 종들

북대서양참고래는 몸이 크고 경결들이 있으며 입선이 활처럼 굽어 있고 등지느러미가 없으며 주로 검은색을 띠고 물을 V자로 내뿜는 등, 같은 서식지 내 다른 모든 대형 고래들과 구분이 된다. 보다 북쪽에 사는 북극고래와 비슷하지만, 분포 측면에선 사실 중복되는 부분이 없다. 혹등고래도 물을 V자로 내뿜기 때문에 멀리서 보면 혹등고래와 혼동될 가능성도 있다(혹등고래의 뭉툭한 등지느러미와 긴 가슴지느러미 그리고 흰색과 검은색이 섞인 꼬리 아래쪽 무늬들을 보라). 북대서양참고래의 경우 잠수 동작 역시 다른 대형 고래들과 아주 다르다. 북반구의 참고래 2종을 바

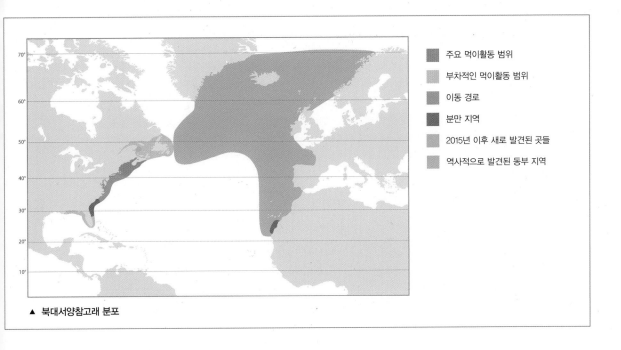

주요 먹이활동 범위

부차적인 먹이활동 범위

이동 경로

분만 지역

2015년 이후 새로 발견된 곳들

역사적으로 발견된 동부 지역

▲ 북대서양참고래 분포

갓 태어난 새끼의 경우 머리와 머리 앞부분
에 매끄러운 연회색 부위들이 있음(이곳들
에 경결들이 생겨남)

새끼

생후 몇 개월간 연회색
부위들이 진해지고 거
칠어짐(생후 7~10개월
까지는 경결들이 완전히
자라지 않고 고래이들도
서식하지 않음)

꼬리

다에서 보면 거의 구분이 안 가겠지만, 살고 있는 서식지들이 중
복되진 않는다.

분포

역사적으로 북대서양 양안에 대체로 서로 독립된 생활을 하던
2종이 있었다. 그러나 동쪽에 살던 종들은 기능적으로 멸종된 것

으로 여겨진다. 1960년 이후 10여 마리도 안 되는 고래들이 발
견되었는데, 이는 서쪽에서 넘어간 고래들일 가능성이 있다(아니
면 아직 생존해 있던 고래들이거나). 서쪽에 사는 북대서양참고
래들은 기동성이 아주 좋지만, 임신한 암컷들과 소수의 다른 고
래들만 예측 가능한 계절별 이동을 한다. 또한 얕은 분지와 대륙
붕의 비교적 더 깊은 바다들을 비롯한 온대 및 아극 지대 바다에
서 주로 발견된다.

동쪽의 고래들

역사적으로 북대서양참고래들은 서사하라 연안의 잘 알려진 번
식지인 신트라만에서부터 서브리튼섬 연안의 비스케이만, 아이
슬란드 주변 그리고 노르웨이해부터 노르웨이 북부의 노스케이
프의 번식지들에 분포해 있었던 걸로 보여진다. 또한 포경 관련
기록들에 따르면, 이 고래들은 이 지역들의 해안을 따라 이동한
것 같다. 최근에도 아이슬란드 연안의 북대서양 서부, 노르웨이
북부, 아조레스 제도 등지에서 이 고래들이 재발견된 걸로 확인

잠수 동작

- 거대한 머리를 수면 위로 내밀면서 물을 뿜어 올린다(오랜 잠수 후 수면 위로 떠오르면서 물이 거의 없는 데서 머리를 들어 올림).
- 매끄럽고 널찍하면서 별 특징이 없는 등을 내보이면서 머리가 수면 밑으로 사라진다.
- 오랜 잠수 전 마지막 물 뿜기를 하며, 이후 머리를 물 밖으로 훨씬 더 높이 들어 올리면서 숨을 깊이 들이마신다.
- 머리를 물속에 밀어 넣으면서 등이 가파른 각도로 휘어진다.
- 꼬리를 치켜 올리며 잠수하기 전까지 약 10~30초 간격으로 연속 4회에서 6회 정도 물을 뿜어 올린다.
- 깊이 잠수하기 전에 꼬리를 아주 높이 치켜올린다.

물 뿜어 올리기

- V자 모양으로 자욱하게 물을 뿜어 올린다(앞이나 뒤에서 보면 V자, 옆에서 보면 타원형).
- 물 높이는 7m까지 도달한다(아주 다를 수도 있음).
- 물 높이는 종종 비대칭적이다.
- 회색고래나 혹등고래(이 고래들은 맨 아래쪽부터 V자 모양이 됨)에 비해 V자가 아래쪽에서 보다 넓게 벌어진다.
- 바람이 불어 물이 흩어지면 잘 보이지 않을 수도 있다(몸이 물속에 워낙 낮게 있어도).

되어, 적어도 일부 고래들은 폭넓은 지역에서 살고 있는 걸로(아니면 현재 확인되지 않은 중요한 서식지들이 존재할 수도 있는 걸로) 보인다.

서쪽의 고래들

전체의 3분의 2에 달하는 고래들이 여름에 먹이를 먹는 잘 알려진 중요한 지역들은 다음 6개 지역, 즉 그레이트 사우스 해협(코드곶의 남동쪽), 조던 해저 분지(메인만의 북쪽), 조지스 해저 분지(조지스 뱅크의 북동쪽 끝 일대), 코드곶과 매사추세츠만, 펀디만 하부(메인주와 노바스코샤주 사이) 그리고 로즈웨이 해분(노바스코샤주에서 50km 남쪽에 있는 스코티안 셸프)이다. 전통적으로 대부분의 고래들은 봄에 남쪽 지역들에서 먹이를 먹다가 여름과 가을이면 펀디만과 로즈웨이 해분으로 이동했지만, 최근 들어서는 그 이동 패턴을 예측하기가 더 힘들어졌다. 바닷물이 따뜻해짐에 따라 고래들이 먹이를 찾아 북쪽으로 내몰린 게 아닌가 짐작된다. 여름철에 먹이를 따라 지역을 옮기는 건 흔한 일로, 경우에 따라 그 이동 범위가 2,000km를 넘기기도 한다.

그렇다면 그 나머지 3분의 1의 고래들은 어디에서 먹이를 먹는 걸까? 그건 불분명하지만, 해안 일대가 아닐까 싶다. 지난 25년간 대부분의 북아메리카 해안 지대를 면밀히 조사해봤지만 그 외에는 먹이를 취할 적당한 장소가 없었기 때문이다. 일부 고래들은 8개월에서 9개월간(2011년 이후 그 기간이 늘고 있지만) 세인트로렌스만, 데이비스 해협과 덴마크 해협 그리고 드물게 뉴펀들랜드에서도 발견되고 있다. 19세기 포경이 성행했던 그린란드 남부 동쪽 지역들 근처에서 최근 음향 탐지 조사 결과 탐지되기도 했으나, 그 정확한 수와 종은 알려지지 않았다.

11월과 12월에는 임신한 암컷 고래들이(때론 약간의 어린 고래들과 임신하지 않은 암컷들 포함)이 북아메리카의 동쪽 해안선을 따라 남하해 잘 알려진 분만 장소, 즉 플로리다주 남부와 조지아주 남부 사이(주로 서배나와 세인트 어거스틴 사이)의 비교적 안전하고 얕은 연안 해역으로 이동한다. 적어도 일부 개체들의 경우 분만 장소들이 북쪽으로 더 나아가 노스캐롤라이나주 케이프피어까지, 그리고 가끔은 서쪽으로 더 나아가 멕시코만까지 확대되는 걸로 추정된다. 이 고래들은 3월과 4월이 되면 먹이를 찾아

다시 북쪽으로 되돌아온다. 그러나 대부분의 고래들(대부분의 어린 고래들과 성체 수컷 고래들 포함)은 이런 분만 장소들로 이동하지 않으며, 겨울을 어디서 나는지 그 범위는 알려지지 않았다. 그러나 2000년대 초에는 겨울철(11월부터 1월까지)에 중앙 메인만에서 북대서양참고래들이 지속적으로 발견됐는데, 거기에서 짝짓기를 한 걸로 추정된다. 비록 제한적인 증거이긴 하나, 다른 고래들이 로즈웨이 해분에 모였다는 증거도 있다. 그러나 계절에 따른 이 같은 이동은 오래 지속되지 않았다.

행동

일반적으로 고래들은 수면 위에서 천천히 움직이고 오랜 기간 쉰다. 그러나 북대서양참고래들은 흔히 브리칭(수면 위로 점프를 하는 것-옮긴이), 스파이호핑spyhopping(머리를 수면 위로 꼿꼿이 세우고 주변을 둘러보는 것-옮긴이), 롭테일링(꼬리지느러미로 수면을 내려치는 것-옮긴이), 플리퍼슬래핑flipper-slapping(가슴지느러미로 수면을 내려치는 것-옮긴이) 등을 하며 수면 위에서 적극적인 행동들을 한다. 이들은 배가 나타나도 경계심을 거의 또는 전혀 보이지 않으며 호기심도 많고 접근하기도 쉽다.

수염판

- 수염판이 205~270개다(위턱 한쪽에).
- 길고 가는 수염판들은 그 길이가 평균 2~2.8m이며 회갈색이나 검은색을 띤다(그 가장자리에는 아주 섬세한 회색빛 털들이 있어 작은 먹이를 먹을 때 씀).

일대기

성적 성숙: 암컷은 7~10년, 수컷은 적어도 15년간은 번식을 하지 않는다.

짝짓기: 짝짓기는 1년 내내 이루어지지만, 겨울 번식기 외의 시간은 서로 사회생활을 하는 시간(아니면 암컷들이 잠재적인 짝짓기 상대를 고르는 시간)으로 보인다. 구애할 때는 평균 5마리에서 20마리의 수컷들이 수면에서 떼를 지어 이런저런 적극적인 행동들을 한다(대개 암컷 1~2마리와 많은 수컷들이 몇 시간 동안 빙글빙글 몸을 굴리고 물을 첨벙임). 그리고 수컷들 간에 심한 싸움은 거의 일어나지 않는데(암컷에게 다가가기 위해 적극적으로 계속 서로 몸을 밀기는 하지만), 이는 암컷의 몸속에서 정자 경쟁 sperm competition(복수의 수컷들이 1마리의 암컷과 교미하는 경우 암컷의 생식 기관 내에서 벌어지는 정자들 간의 치열한 경쟁-옮긴이)이 벌어지기 때문인 걸로

짐작된다. 참고래의 고환은 그 어떤 동물들보다 커, 각 고환의 길이가 2m, 무게가 525kg에 달한다(이는 정자 경쟁이 벌어질 거라는 또 다른 증거이기도 함).

임신: 12~13개월로 추정.

분만: 분만 간격은 점점 길어지는 걸로 보여, 1983년에서 1992년까지는 평균 3.3년이었고, 1993년에서 2003년까지는 평균 5년(길 때는 5.8년), 2004년에서 2005년까지는 평균 3.4년, 2015년에는 5.5년, 2017년에는 10.2년이었다. 그리고 겨울에(11월 말부터 3월 초까지. 매년 1월이 절정) 새끼 1마리가 태어난다.

젖떼기: 대개 10개월에서 12개월 후에(8~17개월까지).

수명: 알려지지 않았으나, 최상의 여건 속에서 적어도 70~85년까지 사는 걸로 추정되나, 오늘날에는 눈에 띌 정도로 짧아졌다(약 35년. 주로 배에 부딪히거나 어망 같은 것에 뒤엉켜서).

먹이와 먹이활동

먹이: 주로 칼라누스류 갑각류(특히 길이 약 2~3mm의 칼라누스 핀마치쿠스)를 먹지만, 보다 작은 요각류, 단각류, 크릴새우, 익족류pteropod(아주 작은 플랑크톤성 달팽이), 애벌레 단계의 따개비 등 다른 작은 무척추동물들도 먹는다.

먹이활동: 보통 약 시속 5km의 속도로 헤엄치며 훑어 먹듯 먹이를 먹는다(수면에서 또는 수면 근처에서 입을 벌린 채 먹이들이 몰려 있는 곳을 천천히 헤엄치며, 그런 뒤 가끔씩 입을 다물어 물을 뿜어내고 먹이들은 삼킴). 또한 물속 깊은 데서(200m까지) 여과 섭식을 하기도 하는데, 이 경우 효과적인 먹이활동을 위해 극도로 밀집된 동물성 플랑크톤zooplankton(식물성 플랑크톤이나 일부 박테리아를 먹이로 삼는 플랑크톤-옮긴이)들을 탐지해 먹는다. 대부분의 먹이활동은 늦겨울에서 늦가을 사이에 이루어지지만, 겨울 중순에 계속되기도 한다. 일반적으로 먹이활동을 하

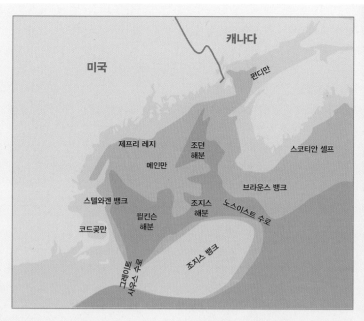

면서 주변의 다른 고래들과 협력한다는 증거는 없으나, 코드곶만에서 조직적인 집단 여과 섭식 장면이 목격된 적이 있다. 겨울 번식지들에서는 먹이활동을 하지 않는다.

잠수 깊이: 이들은 종종 수면 위 또는 수면 근처에서 발견된다. 대륙붕 일대 먹이활동 장소들에서는 해저 근처까지 쉽게 내려가며, 보통 200m 이상, 최대 적어도 300m까지 내려간다.

잠수 시간: 바다 깊은 데서 먹이활동을 할 때는 보통 10~20분 동안, 최대 40분 동안 잠수한다.

집단 규모와 구조

보통 1~2마리씩 다니며, 가끔 12마리까지 느슨한 집단을 이룬다. 일시적으로 먹이가 풍부한 장소들에서나 집단 번식을 할 때는 훨씬 더 많은 고래들이 모이기도 한다. 그러나 그런 경우에는 단 며칠 사이에 집단으로 그 장소를 떠난다.

경결

경결은 고래 머리 여기저기 드문드문 나는 털 주변에 생겨나는 불규칙적이고 두터운 굳은 조직으로, 참고래들에서만 발견된다. callosity는 많은 동물 종들에게 자연스레 생겨나는 굳은살인 캘러스callus와 비슷하다는 데서 붙여진 이름이다. 여기저기 울퉁불퉁하게 생겨나는 경결은 촉감이 딱딱한 고무 같으며, 멀리서 보면 약간 따개비 비슷하다. 경결 조직은 원래 옅은 회색과 짙은 회색인데, 이후 수천 마리의 크림빛 흰색 또는 노르스름한 키아미드 크루스타세안스cyamid crustaceans 즉, '고래이'(p.25 참조)들의 서식지가 되면서 그 색깔이 모호해진다. 고래의 경결은 인간의 얼굴에 나는 털들과 대략 비슷한 곳들에 생겨나, 눈 위(인간의 눈썹)에, 머리 앞부분을 따라, 분수공과 코끝 사이(인간의 수염)에 그리고 아랫입술과 턱의 가장자리를 따라(인간의 턱수염) 생겨

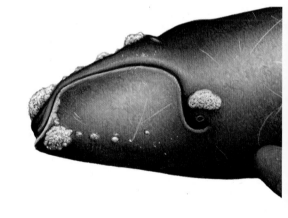

난다. 경결의 높이는 고래가 살아 있는 동안 계속 바뀔 수 있지만(위로 자라며 되풀이해서 떨어져 나감), 그 전반적인 크기와 얼굴상의 위치는 그대로이다. 결국 경결의 모양과 크기는 연구원들이 참고래와 다른 고래를 구분하는 데 도움이 되는 '지문' 내지 '구분 가능한 얼굴' 역할을 한다. 각 털의 뿌리는 신경이 통하지만, 경결의 기능 자체는 아직 알려진 게 없다. 경결이 고래이들을 끌어들이기 위해 생겨나는 것이라는 설도 있다. 고래이들은 뒷다리로 서서 요각류를 잡는데, 그게 고래에게 일종의 신호를 주어 요각류들이 밀집된 장소로 갈 수 있게 해준다는 것.

고래이

참고래들의 몸에는 3종의 키아미드 크루스타세안스 즉, '고래이'들이 붙어 다닌다. 그중 2종은 참고래들에게서만 발견되고, 키아무스 오발리스 한 종은 향유고래들에게서도 발견된다. 최근에 밝혀진 유전학적 증거에 따르면 이 고래이 3종은 총 9종으로 나뉘

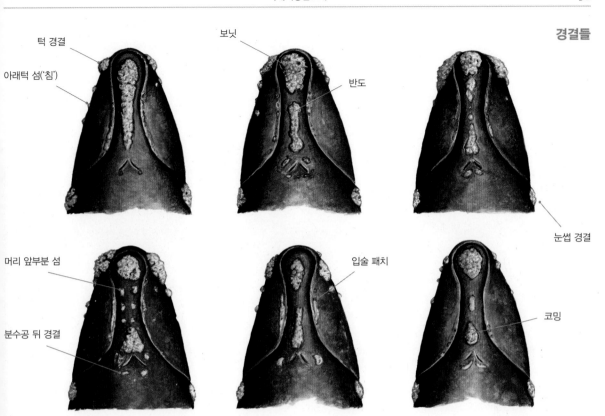

경결들

턱 경결

보닛

아래턱 섬('침')

반도

눈썹 경결

머리 앞부분 섬

입술 패치

코밍

분수공 뒤 경결

어야 하는데, 그건 북대서양과 북태평양 그리고 남반구의 숙주들에 붙어사는 고래이들이 확연히 다르기 때문이다. 고래이는 경결들 사이에서 생겨나며, 고래 몸의 어느 곳이든 주름들이 있는 곳에 흔하다.

키아무스 그라킬리스

길이 6mm
주로 노란색
대개 고래 1마리당 500마리
주로 솟아 오른 경결 조직들 사이의 구멍과
홈들에 서식함

키아무스 에라티쿠스

길이 12~15mm
주로 오렌지색
대개 고래 1마리당 2,000마리
주로 생식기 및 젖 구멍들 안의 매끄러운
피부와 상처 부위들에 밀집해 서식함
또한 어린 고래들의 머리 여기저기(아직 경결 조직이 없는 곳들)
에서도 발견됨(생후 2개월 후쯤이면 사라짐)

키아무스 오발리스

길이 12~15mm
주로 흰색
대개 고래 1마리당 5,000마리
cm²당 평균 고래이 성체 1마리의 밀도로
경결들에 밀집해 서식함(그래서 원래의 경결 색깔이 옅어짐)

포식자들

범고래들은 잘 알려진 포식자들이지만 서식지가 많이 중복되진 않는다. 북대서양참고래들은 범고래들을 상대로 꼬리로 때리거나 머리로 들이받는 등(머리에 난 거친 경결들이 무기로 쓰일 수도 있음) 적극적으로 스스로를 지키려 한다(이들은 '도망가는' 종이라기보다는 '싸우는' 종임). 백상아리나 뱀상어, 청상아리, 황소상어 같은 대형 상어들이 가끔 번식지의 새끼 고래나 보호받지 못하는 어린 고래 또는 힘을 못 쓰는(예를 들어 어망 같은 것에 뒤엉켜) 성체 고래를 공격한다는 증거도 있다.

사진 식별

주로 머리에 생겨난 경결 패턴들(북대서양참고래의 특징)을 보고 식별한다. 경결 패턴들은 입체적이어서 어떤 각도에서 찍은 사진이라도 종을 식별하는 데 도움이 된다. 경결 색깔은 고래 몸에 서식하는 고래이들에 의해 결정되기 때문에 종종 고래이들이 이동하면 경결 색깔도 변하지만, 고래를 연구하는 사람들은 그런 변화까지 알 수 있다. 경결 패턴들 외에 몸과 머리와 꼬리에 난 독특한 흉터와 무늬들, 배에 난 흰 무늬들, 아랫입술의 위 가장자리에 있는 무딘 톱니 모양의 돌기들(아직 경결이 완전히 생겨나지 않은 새끼 고래들의 경우 특히 중요)을 보고도 종 식별이 가능하다.

개체 수

북대서양참고래들은 한때 북대서양 양안에서 흔히 볼 수 있었지만, 지금은 세계에서 가장 심각한 멸종 위기에 빠진 대형 고래들 중 하나이다. 종 보존 작업 이후 그 수가 1930년대 중반에 100마리 미만에서 1990년에 270마리로 서서히 늘었고, 2010년에

483마리로 정점을 찍었다. 그러나 그 이후 줄기 시작해 가장 최근인 2018년에 그 추정치가 약 432마리가 되었다. 그중 번식 가능한 성체 암컷 수는 100마리밖에 안 된다. 그리고 2000년부터 2010년 사이에는 매년 평균 24마리의 새끼들이 태어났지만, 2010년 이후 번식률은 40% 가까이 떨어졌다. 2017년과 2018년 번식철엔 사상 처음 새끼 고래가 1마리도 태어나지 않았으나(조사팀들이 잘못 조사한 게 아니라면), 2019년에는 적어도 7마리가 태어났다.

종의 보존

세계자연보전연맹의 종 보존 현황: '위기' 상태(2017년). 만일 별도로 분류한다면, 동쪽에 사는 고래들은 '위급', '절멸 가능' 상태에 속함. 북대서양참고래는 상업적인 사냥의 표적이 된 최초의 고래종으로, 멀리 11세기에 이미 비스케이만의 한 바스크인 어장에서 사냥되기 시작했으며, 20세기 들어서까지 계속됐다. 초기에 얼마나 많은 고래들이 죽었는지는 알 방법이 없으나, 1634년부터 1950년까지 북대서양 서부 지역에서만 5,500마리에서 1만 1,000마리가 죽은 걸로 추정된다. 1881년부터 1924년까지 브리튼섬과 아이슬란드 일대에서 적어도 120마리가 잡혔다. 마지막으로 1967년 마데이라섬 근처에서 어미 고래와 새끼 고래 한 쌍이 잡히고 같이 있던 1마리는 놓쳤다는 기록이 있다. 1935년 북대서양참고래의 종 보존이 시작될 때쯤(그 후에도 일부 고래 사냥이 계속됐지만), 동쪽의 고래들은 기능적으로 멸종되었고, 살아남은 서쪽 고래들의 수는 100마리도 되지 않았다.

오늘날 가장 큰 두 가지 위협은 배와의 충돌과 어망 같은 것에 뒤엉키는 것으로, 1970년 이후 기록된 북대서양참고래의 죽음 중 절반 이상은 이 두 가지 이유 때문이었다. 어망에 뒤엉켜 죽는 일은 점점 늘어, 북대서양참고래들의 거의 85%가 적어도 한 번은 어망에 뒤엉킨 적이 있는 걸로 밝혀졌다. 북대서양참고래 죽음의 주범은 미국 뉴잉글랜드 지역의 바닷가재 업계이지만(메인만에는 300만 개의 바닷가재 통발들이 설치된 걸로 추산되며, 보다 새롭고 강력한 밧줄들 때문에 더 많은 고래들이 죽어나가고 있음), 캐나다 쪽 바다에서의 게잡이 산업도 또 다른 주범이다. 2009년 이후 죽은 고래 전체의 58%(이는 2000년부터 2008년까지의 25%에 비해 크게 오른 것임)는 어망에 뒤엉켜 죽은 고래들이었으며, 심지어 살아남은 고래들도 수년간 고통을 받았으며 성체 암컷들의 경우 번식률이 떨어졌다.

북대서양참고래들은 특히 배와의 충돌에 취약한데, 그건 이들이 몸집이 크고 느린 데다 수면 근처에서 먹이활동을 하고 눈에 잘 안 띄며(등지느러미가 없어서), 더욱이 배들이 다니는 주요 항로에 모여 살기 때문이다. 배와의 충돌 사고를 줄이기 위해 캐나다와 미국 양국에서 다양한 완화 조치를 도입했지만, 이는 여전히 큰 문제다.

2017년 여름과 가을에는 적어도 17마리(연간 평균은 3.8마리)의 북대서양참고래가 죽어 전례 없이 많은 수가 죽었는데, 조사 결과 그 대부분이 배와 충돌하고 어망에 뒤엉켜 죽은 것이었다. 그 외의 다른 위협들로는 낮은 유전적 변이성, 영양실조, 화학물질 오염, 생물 독소, 소음 공해, 배와의 충돌, 변덕스러운 환경 조

▲ 북대서양참고래들은 종종 수면 위에서 활발한 행동들을 한다. 특히 수면 위로 점프를 많이 한다.

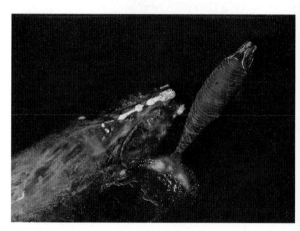

▲ 조지아주 제킬섬 동쪽 16km 지점에서 찍은 어미 고래와 새끼 고래.

건 등을 꼽을 수 있다.

현재 상황이 워낙 심각해 북대서양참고래는 20년 이내에 기능적으로(번식 측면에서) 멸종 상태에 이를 수도 있다.

소리

북대서양참고래는 다양한 저주파 소리를 통해 온갖 감정들을 표현한다. 그 소리들로 사회적 의사소통을 하는 걸로 보인다. 가장 흔한 소리는 모든 나이의 암수컷 고래들이 내는 전형적인 소리인 '업콜upcall'로 약 1~2초간 지속되며 장거리에서 서로 연락할 때 내는 소리로 보여진다. 최근의 연구에 따르면, 이 업콜의 미세한 차이만으로도 각 개체를 식별하는 게 가능하다고 한다. '다운콜downcall'은 덜 흔한 소리로, 음이 잠깐 내려가다가 업콜처럼 다시 주파수가 올라가는 소리다. 수면 위에서 활동하는 고래들 사이에서 기록된 가장 흔한 소리는 '스크림 콜scream call'로, 0.5초에서 2.8초간 지속되며 관심의 초점이 된 암컷 고래가 내는 소리로 보여진다. 마치 커다란 총소리 같은 '건샷 콜gunshot call'은 혼자 있는 수컷 고래 성체가 내는 소리로, 다른 수컷들에게 경고를 보

▲ 대서양흰줄무늬돌고래들과 함께 있는 북대서양참고래.

내거나 암컷들을 끌어들이는 역할을 하는 걸로 보인다. 최근 연구에 따르면, 막 태어난 새끼 고래들과 함께 있는 암컷 고래들도 조용한 '건샷 콜'을 내는데, 이는 심한 스트레스와 불안감을 나타내는 소리로 보인다. 그렇지 않은 경우 어미 고래와 새끼 고래 쌍은 생후 6주 동안 대개 조용한데, 그건 포식자들을 피하거나 최대한 음파 탐지에 걸리지 않게 하거나 다른 고래들로부터 방해받지 않기 위해서인 걸로 보인다.

▲ 수면 근처에서 동물성 플랑크톤이 밀집된 곳에서 입을 벌린 채 여과 섭식 중인 북대서양참고래.

북태평양참고래 North Pacific right whale

학명 유발라에나 자포니카 *Eubalaena japonica*

(Lacépède, 1818)

1874년 고래잡이 어선 선장이자 동식물학자인 찰스 스캐먼Charles Scammon은 수면 위 여기저기에 북태평양참고래들이 끝이 안 보일 만큼 흩어져 있다는 말을 했다. 그러나 상업 포경이 워낙 극성을 부리면서 모든 대형 고래들은 그 수가 놀랄 만큼 극적으로 또 빠른 속도로 줄어갔다.

분류: 긴수염고래과 수염고래아목

일반적인 이름: 북태평양참고래는 영어로 North Pacific right whale 인데, 이 고래들에게 right whale 즉, '참고래'라는 이름이 붙은 유래 에 대해선 두 가지 설이 있다. 우선 옛날 영국 포경업자들이 사냥하 기에 '좋은right'(즉 correct) 고래라는 의미(이 고래들은 가까운 연안 에 모습을 드러냈고 천천히 돌아다녀 돛이나 노로 움직이는 작은 배 로도 잡기 쉬웠으며 고래기름과 고래수염이라는 아주 귀한 제품의 보고였음)에서 right whale이란 이름을 붙였다는 통설이 있다. 그러 나 1800년대 중반에 과학자들은 right의 의미를 true(진정한) 또는 proper(적절한) 정도로 받아들였다(즉 고래들의 전형적인 특징들을 보여준다는 의미에서).

다른 이름들: Pacific right whale. 역사적으로 northern right whale,

black right whale, black whale이라고도 불렸다.

학명: '옳은' 또는 '진정한'을 뜻하는 그리스어 *eu*와 고래를 뜻하는 라틴어 *balaena*가 합쳐져서 *Eubalaena*. 뒤에 붙은 *japonica*는 '일 본의Japanese'를 뜻하는 라틴어 *japonicus*에서 온 것이다(용어 발생 지는 일본).

세부 분류: 현재 따로 인정된 아종들은 없지만, 과거 북대서양 동쪽과 서쪽 지역에 살던 고래들은 원래 2종으로 인정됐었다. 2000년에 북 대서양참고래에서 공식적으로 둘로 갈라졌는데, 그건 두 고래 종과 그 고래들이 간에 유전적인 차이들이 있었기 때문이다(결국 북태평양 참고래와 북대서양참고래 이 2종은 과거에는 northern right whale 즉, *Eubalaena glacialis* 한 종으로 묶여 있었던 것임). 북태평양참고래 는 북대서양 종들보다는 남쪽에 사는 참고래들에 보다 더 가깝다.

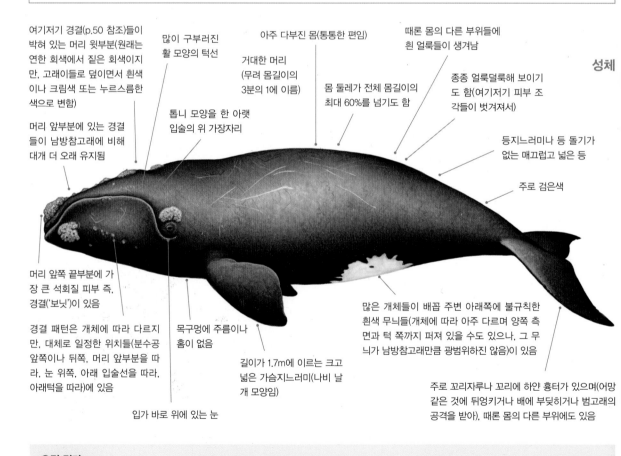

여기저기 경결(p.50 참조)들이 박혀 있는 머리 윗부분(원래는 연한 회색에서 짙은 회색이지 만, 고래이들로 덮이면서 흰색 이나 크림색 또는 누르스름한 색으로 변함)

머리 앞부분에 있는 경결 들이 남방참고래에 비해 대개 더 오래 유지됨

머리 앞쪽 끝부분에 가 장 큰 석회질 피부 즉, 경결('보닛')이 있음

경결 패턴은 개체에 따라 다르지 만, 대체로 일정한 위치들(분수공 앞쪽이나 뒤쪽, 머리 앞부분을 따 라, 눈 위쪽, 아래 입술선을 따라, 아래턱을 따라)에 있음

많이 구부러진 활 모양의 턱선

톱니 모양을 한 아랫 입술의 위 가장자리

목구멍에 주름이나 홈이 없음

길이가 1.7m에 이르는 크고 넓은 가슴지느러미(나비 날 개 모양임)

입가 바로 위에 있는 눈

아주 다부진 몸(통통한 편임)

거대한 머리 (무려 몸길이의 3분의 1에 이름)

몸 둘레가 전체 몸길이의 최대 60%를 넘기도 함

때론 몸의 다른 부위들에 흰 얼룩들이 생겨남

종종 얼룩덜룩해 보이기 도 함(여기저기 피부 조 각들이 벗겨져서)

성체

등지느러미나 등 돌기가 없는 매끄럽고 넓은 등

주로 검은색

많은 개체들이 배꼽 주변 아래쪽에 불규칙한 흰색 무늬들(개체에 따라 아주 다르며 양쪽 측 면과 턱 쪽까지 퍼져 있을 수도 있으나, 그 무 늬가 남방참고래만큼 광범위하진 않음)이 있음

주로 꼬리자루나 꼬리에 하얀 흉터가 있으며(어망 같은 것에 뒤엉키거나 배에 부딪히거나 범고래의 공격을 받아), 때론 몸의 다른 부위에도 있음

요점 정리

- 북태평양 북부
- 특대 사이즈
- 아주 다부진 몸
- 주로 검은색

- 등지느러미나 돌기가 없는 매끄러운 등
- 수면에 있을 때 옆에서 보면 몸이 거의 안 보임
- 옅은 색 경결들로 덮인 거대한 머리

- 아주 굽은 턱선
- 목구멍에 주름이나 홈 없음
- V자 형태의 물 내뿜기
- 노 모양의 넓은 직사각형 가슴지느러미

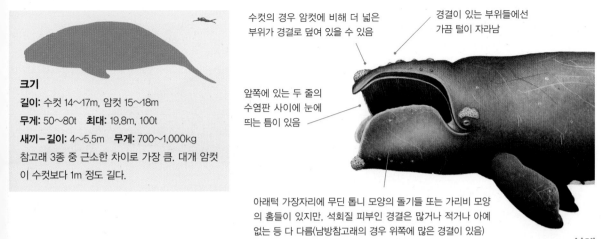

수컷의 경우 암컷에 비해 더 넓은 부위가 경결로 덮여 있을 수 있음

경결이 있는 부위들에선 가끔 털이 자라남

앞쪽에 있는 두 줄의 수염판 사이에 눈에 띄는 틈이 있음

아래턱 가장자리에 무딘 톱니 모양의 돌기들 또는 가리비 모양의 홈들이 있지만, 석회질 피부인 경결은 많거나 적거나 아예 없는 등 다 다름(남방참고래의 경우 위쪽에 많은 경결이 있음)

성체

크기

길이: 수컷 14~17m, 암컷 15~18m

무게: 50~80t **최대:** 19.8m, 100t

새끼-길이: 4~5.5m **무게:** 700~1,000kg

참고래 3종 중 근소한 차이로 가장 큼. 대개 암컷이 수컷보다 1m 정도 길다.

아주 좁다란 머리 앞부분(양쪽 끝으로 갈수록 조금씩 넓어짐)

꼬리의 위쪽과 아래쪽은 검은색

뾰족한 꼬리 끝부분

깊숙한 꼬리 중간 홈

넓게 분리된 분수공들(각도가 살짝 양옆으로 기울어짐)

넓은 꼬리(가로 6m까지 되어, 몸길이의 30%가 넘음)

매끄러운 꼬리 뒷면(혹등고래와 비교됨)

비슷한 종들

북태평양참고래는 몸이 크고 입선이 굽어 있으며 등지느러미가 없고 주로 검은색을 띠며 물을 V자로 내뿜는 등, 같은 지역 내 다른 모든 대형 고래들(단, 북극고래는 예외. 분포 면에서 중복되는 게 거의 없지만, 북극고래는 대개 얼음과 더 밀접한 관련이 있음)과 구분된다. 가까이서 보면 경결들이 있으며 머리나 꼬리자루에 흰색 무늬가 없는 게 특징이다. 그러나 멀리서 보면 회색고래(얼룩덜룩한 회색과 관절 같은 것들이 있는 등의 혹을 보라)나 혹등고래(뭉툭한 등지느러미와 긴 가슴지느러미 그리고 흰색과 검은색이 섞인 꼬리 아래쪽 무늬를 보라)와 혼동될 가능성도 있다. 참고래와 혹등고래들은 그간 서로 어울리는 장면이 목격되어 왔다. 북태평양참고래의 경우 잠수 동작 역시 다른 대형 고래들과 아주 다르다. 북반구의 참고래 2종을 바다에서 보면 거의 구분이 안 가겠지만, 살고 있는 서식지들이 중복되진 않는다.

분포

여름에는 주로 북위 40도 북태평양 일대의 냉온대 바다에서 흔히 볼 수 있었고, 겨울에는 적어도 북위 30도까지 남하했다. 그러나 현재 북태평양참고래는 이전 서식 범위의 일부만 차지하고 있다. 이 고래들은 주로 두 곳에서 발견되는 걸로 나타나고 있다. 우선 북태평양 서쪽에서 수백 마리가 발견되며, 특히 오호츠크해 일대에 집중되어 있다. 또 한 곳은 북태평양 동쪽으로, 단

■ 주요 서식 범위 ■ 자주 발견되는 지역들

▲ 북태평양참고래 분포

갓 태어난 새끼의 경우 머리와 머리 앞부분에 매끄러운 연회색 부위들이 있음(이곳들에 경결들이 생겨남)

생후 몇 개월간 연회색 부위들이 진해지고 거칠어짐(생후 7~10개월간은 경결들이 완전히 자라지 않고 고래이들도 서식하지 않음)

새끼

꼬리

지 수십 마리만 발견되며 특히 베링해와 알래스카만에 집중되어 있다. 또한 여름에는 북위 40도에서 60도 사이의 번식지들에서 지내다가 겨울이 되면 북위 20도에서 30도 사이(어쩌면 그보다 훨씬 더 남쪽)에 있는 걸로 추정되는 번식지들로 이동하는 걸로 보인다. 번식지들은 아직 그 위치가 확실치 않지만, 북대서양참

고래들보다는 더 뭍에서 먼 바다인 듯하다. 지난 20년간 이들이 가장 많이 발견된 곳은 베링해 남동쪽(그런데 사실 이곳은 가장 많은 조사가 이루어진 지역이기도 함)이었다. 최근 몇 년간 그 외의 장소에서 발견된 사례들은 다음과 같다. 1979년 3월과 1996년 4월에 하와이 마우이, 1996년 2월에 멕시코 바하칼리포르니아, 2013년 6월과 2013년 10월에 캐나다 브리티시컬럼비아, 2017년 4월에 캘리포니아 라 호야, 2017년 5월에 캘리포니아 채널 제도 부근 등. 북태평양참고래들과 북대서양참고래들과 남방참고래들은 북극 얼음과 따뜻한 적도 바닷물에 의해 분리되어 있어, 이 세 고래 종 사이에는 수백만 년간 교류가 없었던 걸로 추정된다.

서쪽의 고래들

고래잡이 기록들에 따르면, 과거 여름철의 주요 번식지들은 오호츠크해(사할린섬과 캄차카 반도 사이), 쿠릴 열도와 코만도르스키예 제도 일대, 캄차카 반도의 동쪽 해안 일대, 북위 40도 북쪽

잠수 동작

- 거대한 머리를 수면 위로 내밀면서 물을 뿜어 올린다(오랜 잠수 후 수면 위로 떠오르면서 물이 거의 없는 데서 머리를 들어 올림).
- 매끄럽고 널찍하면서 별 특징이 없는 등을 내보이면서 머리가 수면 밑으로 사라진다.
- 오랜 잠수 전 마지막 물 뿜기를 하며, 이후 머리를 물 밖으로 훨씬 더 높이 들어 올리면서 숨을 깊이 들이마신다.
- 머리를 물속에 밀어 넣으면서 등이 가파른 각도로 휘어진다.
- 꼬리를 치켜 올리며 잠수하기 전까지 약 10~30초 간격으로 연속 4회에서 6회 정도 물을 뿜어 올린다.
- 깊이 잠수하기 전에 꼬리를 아주 높이 치켜올린다.

물 뿜어 올리기

- V자 모양으로 자욱하게 물을 뿜어 올린다(앞이나 뒤에서 보면 V자, 옆에서 보면 타원형).
- 물 높이는 7m까지 도달한다(아주 다를 수도 있음).
- 물 높이는 종종 비대칭적이다.
- 회색고래나 혹등고래(이 고래들은 맨 아래쪽부터 V자 모양이 됨)에 비해 V자가 아래쪽에서 보다 넓게 벌어진다.
- 바람이 불어 물이 흩어지면 잘 보이지 않을 수도 있다(몸이 물속에 워낙 낮게 있어도).

먹이와 먹이활동

먹이: 주로 칼라노이드 요각류(길이 약 5~10mm의 갑각류)를 먹지만, 보다 작은 요각류, 단각류, 크릴새우, 익족류 pteropod(아주 작은 플랑크톤성 달팽이), 애벌레 단계의 따개비 등 다른 작은 무척추동물들도 먹는다.

먹이활동: 보통 약 시속 5km의 속도로 헤엄치며 훑어 먹듯 먹이를 먹는다(수면에서 또는 수면 근처에서 입을 벌린 채 먹이들이 몰려 있는 곳을 천천히 헤엄치며, 그런 뒤 가끔씩 입을 다물어 물을 밖으로 뿜어냄). 또한 물속 깊은 곳(300m까지)에서 여과 섭식을 하기도 하는데, 이때 물은 앞쪽에 있는 수염판들 틈새로 빠져나간다. 북태평양참고래의 경우 적어도 한 차례 먹이를 공격해 먹는 게 관측됐으며, 겨울 번식지들에서는 먹이활동을 하지 않는다.

잠수 깊이: 이들은 종종 수면 위 또는 수면 근처에서 발견된다. 북대서양참고래들보다 더 깊은 물속까지 들어가는 것 같지만(연안 바다에선 더 깊이 들어감) 구체적인 데이터는 없다. 또한 이들은 빠른 속도로 수면 아래 300m까지 내려가 밀집된 동물성 플랑크톤들을 먹는 걸로 알려져 있으며, 머리에 진흙을 묻힌 채 수면 위로 떠오르는 게 목격되기도 한다(동물성 플랑크톤 층까지 내려가기 위해 해저 바로 위에서 거꾸로 헤엄쳐 내려갔기 때문인 듯).

잠수 시간: 바다 깊은 데서 먹이활동을 할 때는 보통 10~20분간 잠수한다.

베링해 중앙 등지였다. 이 지역들은 지금까지도 중요한 여름 서식지들로 여겨지고 있다. 가을이면 서식지가 적어도 북위 30도와 어떤 경우 북위 25도까지 남쪽으로 내려왔다. 겨울 서식 장소들(특히 번식을 위한)로는 류큐 제도와 황해(한반도의 서쪽), 대만 해협, 오가사와라 제도 등이 손꼽힌다. 이 고래들의 현재 번식지들은 수수께끼로 남아 있다(최근 오가사와라 제도에서 예외 사례들이 관측되긴 했지만, 이들은 겨울엔 서로 흩어져 따로 다닌다는 기록들이 있음). 북태평양참고래들은 북대서양참고래들과는 달리 겨울철에 연안에서 번식한다는 증거가 없어, 해안에서 떨어진 외해에서 번식하는 게 아닌가 추정된다.

역사적으로 북태평양 서쪽에서 2종의 참고래들이 일본 섬들에 의해 분리된 채 따로 발견됐다는 기록들이 있다. '동해 쪽 고래들'은 일본 서쪽 해안을 따라 오호츠크해의 여름 서식지들에서 일본 남쪽에 있는 확인되지 않은 겨울 서식지들 사이를 왔다 갔다 했다. 그리고 '태평양 쪽 고래들'은 일본의 동쪽 해안을 따라 쿠릴 열도 일대 및 베링해 서쪽 여름 서식지들과 확인되지 않은(어쩌면 같을 수도 있는) 겨울 서식지들 사이를 왔다 갔다 했다. 1994년부터 2013년까지 홋카이도(일본) 동쪽 외해와 쿠릴 열도(러시아) 지역에서 대형 고래들에 대한 조사가 행해졌는데, 그 결과 참고래는 55회 발견됐으며 그중 10회에서는 성체 암컷들과 새끼들도 발견됐다.

동쪽의 고래들

고래잡이 기록들에 따르면, 북태평양참고래들의 여름철 주요 먹이활동 장소는 베링해 동쪽과 북위 40도 북쪽의 알래스카만 지역이었다. 그리고 가을이면 남하해 알려지지 않은 겨울 서식지들로 이동했다. 1990년대 이후 동쪽의 고래들은 여름에는 주로 두 지역에서 집중적으로 발견됐다. 그중 하나는 베링해 남동쪽, 브리스틀만 서쪽, 알래스카(약 북위 57~59도)로, 이 지역에서 고래들은 대륙붕 중간의 비교적 얕은 바다(수심 약 70m)를 서식지로 택했다. 고래가 덜 많았던 다른 한 지역은 알래스카만 내 코디액 섬 남쪽의 대륙붕과 경사지였다. 동쪽 고래들의 겨울 서식지들은 불분명하다(번식은 주로 해안 일대에서 이루어지는 걸로 추정됨).

행동

최근 몇십 년간 살아 있는 북태평양참고래들이 직접 목격된 적은 별로 없다. 이들은 보통 천천히 움직이며 오랜 기간 수면 위에서 휴식을 취한다. 그러나 브리칭, 스파이호핑, 롭테일링, 폴리퍼슬래핑 등 활발한 행동들을 하는 것도 목격된 바 있다. 배들이 나타나도 거의 또는 전혀 피하려 하지 않으며 호기심이 많고 접근하기도 쉽다. 그러나 포경이 성행하면서 점점 접근하는 게 어려워졌고, 그래서 일부 개체들의 경우 배들에 아주 예민할 수도 있다.

수염판

- 수염판이 205~270개다(위턱 한쪽에).
- 길고 가는 수염판들은 그 길이가 평균 2~2.8m이며 회갈색이나 검은색을 띤다(그 가장자리에는 아주 섬세한 회색빛 털들이 있어 작은 먹이를 먹을 때 씀).

집단 규모와 구조

보통 1~2마리씩 다니나, 일시적으로 먹이가 풍부한 장소들 또는

일대기

성적 성숙: 암컷은 9~10년으로 추정(가끔은 5년). 수컷들의 경우 아직 알려진 게 없다.

짝짓기: 알려진 게 별로 없음(북대서양참고래 참조). 짝짓기는 1년 내내 이루어지지만, 겨울 번식기 외의 시간은 서로 사회생활을 하는 시간이다. 구애할 때는 20마리 넘는 수컷들이 수면에서 떼를 지어 이런저런 적극적인 행동들을 하기도 한다(대개 암컷 1마리에 많은 수컷들). 수컷들 간에 심한 싸움은 거의 일어나지 않는데, 이는 암컷의 몸속에서 정자 경쟁이 일어나기 때문인 걸로 추정된다(암컷들은 여러 수컷들과 짝짓기를 해, 가장 많은 정자를 배출하는 수컷들이 가장 번식에 성공할 가능성이 높음). 참고래의 고환은 그 어떤 동물보다 커, 각 고환의 길이가 2m, 무게가 525kg에 달한다.

임신: 12~13개월로 추정.

분만: 분만 간격은 3년(때론 2~5년)이며, 겨울에 새끼 1마리가 태어난다.

젖떼기: 대개 10~12개월 후에(최소 8개월, 최대 17개월).

수명: 알려지지 않았으나, 적어도 70년은 사는 걸로 추정.

번식지에서는 30마리 이상이 모이기도 한다.

포식자들

포식자들은 범고래와 큰 상어들(주로 새끼 고래들과 따로 떨어진 어린 고래들을 공격)일 가능성이 높다. 북태평양참고래들은 범고래들이 공격해 올 때 도망가기보다는 꼬리로 때리거나 머리로 들이받는 등(머리에 난 거친 경결들이 무기로 쓰일 수도 있음) 적극적으로 스스로를 지키려 한다.

사진 식별

주로 머리에 생겨난 경결 패턴들(각 개체마다 독특함)을 보고 식별한다. 경결 패턴들은 입체적이어서 어떤 각도에서 찍은 사진이라도 종을 식별하는 데 도움이 된다. 경결 패턴들 외에 몸과 머리와 꼬리에 난 독특한 흉터나 무늬들은 물론 아랫입술의 위 가장자리에 있는 무딘 톱니 모양의 돌기들(그 패턴들이 독특함)을 보고도 종 식별이 가능하다.

개체 수

자세한 기록은 전혀 남아 있지 않지만, 포경이 성행하기 전에는 개체 수가 적어도 3만 마리는 됐던 걸로 보여진다. 현재의 개체 수는 북태평양 서쪽 지역에 약 400마리, 북태평양 동쪽 지역에 약 30마리(주로 수컷들)인 걸로 추정된다. 개체 수 추세는 확실히 알려진 바가 없으며, 최근 몇 년 사이에 새로운 새끼들을 목격했다는 기록도 없고 개체 수가 눈에 띄게 회복됐다는 증거도 없다.

종의 보존

세계자연보전연맹의 종 보존 현황: '위기' 상태(2017년). 북태평양 북동 지역의 고래들은 '위급' 상태(2017년). 10세기 때 주로 해안에서 활동하던 일본 포경업자들에 의해 처음 사냥되기 시작했다. 유럽인들과 미국인들에 의한 대규모 포경은 1835년부터 시작됐다. 그리고 채 14년도 안 돼 북태평양과 그 인근 바다들에서 2만 1,000마리에서 3만 마리 정도 되는 참고래들이 살육됐다. 동쪽에 살던 참고래들은 그 수가 워낙 급격히 줄어들어 포경업자들이 표적을 다른 종들로 돌릴 정도였다. 1935년 이후 법적인 종 보존 정책들이 시행됐으나 불법 포경은 1970년대까지도 계속됐다. 가장 최근 집계에 따르면, 구 소련 포경업자들에 의해 681마리에서 765마리의 북태평양참고래들이 불법 포획됐고, 그 결과 가까스로 살아남았던 동쪽 고래들은 아예 씨가 마르게 된 걸로 보여진다. 기록으로 남은 마지막 상업적 포경은 1977년 황해에서 이루어진 중국인들의 포경이었다. 또 다른 위협은 어망에 뒤엉켜 죽는 경우로, 그런 일들은 주로 일본, 러시아, 한국 등지에서 발생한다. 오호츠크해에서의 유전 개발도 또 다른 위협이다. 배와의 충돌로 인한 죽음은 아직 보고되지 않고 있으나, 특히 유미

▲ 1996년 2월 20일, 멕시코 바하칼리포르니아주 남단에서 목격된 북태평양참고래.

▲ 알래스카 브리스틀만 서쪽 베링해에서 사진 촬영된 북태평양참고래. 아래턱 주변에 나 있는 많은 경결들을 보라(북태평양참고래에겐 드문 일임).

막 수로와 베링해를 지나다니는 배들이 많아지고 있어 이 역시 위협이 될 가능성이 높다. 적어도 북태평양 동쪽 지역에서 개체 수가 회복될 가능성은 아주 희박하다.

소리

북태평양참고래는 다양한 저주파 소리를 통해 온갖 감정들을 표현한다. 그 소리로 사회적 의사소통을 하는 걸로 보인다. 가장 흔한 소리는 총소리 같은 '건샷 콜'. 혼자 있는 다 큰 수컷 고래가 내는 소리로, 다른 수컷들에게 경고를 보내거나 암컷들을 끌어들이는 역할을 하는 걸로 보인다. 또 다른 흔한 소리는 모든 나이의 암수컷 고래들이 내는 전형적인 '업콜'로 약 1~2초간 지속되며, 장거리에서 서로 연락할 때 내는 소리로 보여진다. 최근의 연구에 따르면, 이 업콜의 미세한 차이만으로도 각 개체를 식별하는 게 가능하다고 한다. 2016년에 두 달간 베링해 북부에 있는 한 음파 관측소에서 탐지된 '건샷 콜' 횟수는 총 1만 5,575회, '업콜' 횟수는 총 139회였다. '다운콜'은 덜 흔한 소리로, 음이 잠깐 내려가다가 업콜처럼 다시 올라가는 소리다. 수면 위에서 활동하는 고래들 사이에서 기록된 가장 흔한 소리는 '스크림 콜'로, 0.5초에서 2.8초간 지속되며 관심의 초점이 된 암컷 고래가 내는 소리로 보여진다. 최근 연구에 따르면, 막 태어난 새끼 고래들과 함께 있는 암컷 고래들도 조용한 '건샷 콜'을 내는데, 이는 심한 스트레스와 불안감을 나타내는 소리로 보인다. 그렇지 않은 경우 어미 고래와 새끼 고래 쌍은 생후 6주 동안 대개 조용히 지낸다. 북태평양참고래는 노래를 부르는 걸로 알려진 최초의 참고래 종이기도 하다. 7월부터 1월 사이에 베링해 남동쪽 지역에서 네 종류

의 다른 노래들이 청취된 걸로 기록되어 있다. 각 노래는 주로 건샷 콜로 이루어진 후렴구 3개까지로 되어 있으며, 내려가는 음과 일종의 신음 소리, 저주파 맥동음 등도 들린다. 노래를 부르는 건 모두 수컷들이며, 그 노래들은 시간이 지나도 바뀌지 않는 걸로 보인다. 그 노래들은 번식과 관련된 것으로 추정된다.

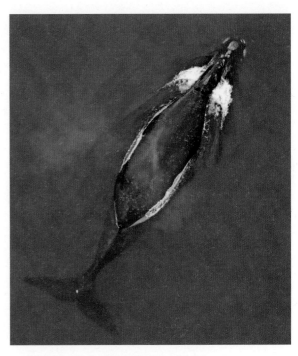

▲ 베링해에서 어렵게 포착한 북태평양참고래의 모습.

남방참고래 Southern right whale

학명 유발라에나 아우스트랄리스 *Eubalaena australis*   (Desmoulins, 1822)

남방참고래는 세계에서 가장 잘 알려진 대형 고래 중 하나다. 아르헨티나 발데스 자연보호 구역에선 1971년 이후 계속 고래에 대한 연구가 진행 중이다. 그 연구는 세상에 알려진 대형 고래들의 삶을 추적·관찰하는 최장기 연구 중 하나다. 포경으로 인한 참상을 회복하려면 아직 멀었지만, 이 남방참고래들은 북방의 두 친척들, 그러니까 북대서양참고래들과 북태평양참고래들에 비해선 그리 심각한 멸종 위기에 직면해 있진 않다.

분류: 긴수염고래과 수염고래아목

일반적인 이름: 남방참고래는 영어로 Southern right whale인데, 이 고래들에게 right whale 즉, '참고래'라는 이름이 붙은 유래에 대해선 두 가지 설이 있다. 우선 옛날 영국 포경업자들이 사냥하기에 '좋은'(즉 correct) 고래라는 의미에서(이 고래들은 가까운 연안에 모습을 드러냈고 천천히 돌아다녀 돛이나 노로 움직이는 작은 배로도 잡기 쉬웠으며 고래기름과 고래수염이라는 아주 귀한 제품의 보고였음) right whale이란 이름을 붙였다는 통설이 있다. 그러나 1800년대 중반에 과학자들은 right의 의미를 true(진정한) 또는 proper(적절한) 정도로 받아들였다(즉 고래들의 전형적인 특징들을 갖고 있다는 의미에서).

다른 이름들: Great right whale, black right whale 등.

학명: '옳은' 또는 '진정한'을 뜻하는 그리스어 *eu*와 '고래'를 뜻하는 라틴어 *balaena*가 합쳐져서 *Eubalaena*. 뒤에 붙은 *australis*는 '남쪽'을 뜻하는 라틴어 *australis*에서 온 것이다.

세부 분류: 현재 따로 인정된 아종들은 없지만, 과거 북대서양 동쪽과 서쪽 지역에 살던 고래들은 원래 2종으로 인정됐었다. 2000년에 북태평양참고래에서 공식적으로 둘로 갈라졌는데, 그건 두 고래 종과 그 고래들 간에 유전적인 차이들이 있었기 때문이다(결국 북태평양참고래와 남방참고래 이 2종은 과거에는 northern right whale 즉, *Eubalaena glacialis* 한 종으로 묶여 있었던 것임).

경결 패턴은 개체에 따라 다르지만, 대체로 일정한 위치들(분수공 앞쪽이나 뒤쪽, 머리 앞부분을 따라, 눈 위쪽, 아랫입술선을 따라, 아래턱을 따라)에 있음

머리 위 여기저기에 거친 피부(경결)들이 있으며, 원래 연한 회색에서 짙은 회색이지만, 고래이들로 덮이면서 흰색이나 크림색 또는 누르스름한 색으로 변함

많이 구부러진 활 모양의 턱선

거대한 머리(몸길이의 무려 약 25~33%에 달함)

아주 다부진 몸(통통한 편임)

몸둘레가 전체 몸길이의 최대 60%를 넘기도 함

일부 개체들은 다른 형태의 흰 무늬들이 있음

약 3~6%의 개체들은 등에 밝게 빛나는 흰색 또는 옅은 회색 무늬들이 있음(북쪽 참고래들이 그런 경우는 드묾)

종종 얼룩덜룩해 보이기도 함(여기저기 피부 조각들이 벗겨져서)

등지느러미나 등 돌기가 없는 매끄럽고 넓은 등

주로 검은색

성체

머리 앞쪽 끝부분에 가장 큰 경결('보닛')이 있음

입가 바로 위에 있는 눈(눈 위엔 커다란 경결이 있음)

간혹 아랫입술 위쪽 가장자리에 경결들이 있음(북쪽의 참고래들과 비교됨)

목구멍에 주름이나 홈이 없음

길이가 1.7m에 이르는 크고 넓은 가슴지느러미

많은 개체의 배꼽 주변 아래쪽에 불규칙한 흰색 무늬들(개체에 따라 아주 다르며 양쪽 측면과 턱 쪽까지 퍼져 있을 수도 있으나, 일반적으로 그 무늬가 북쪽 참고래들보다 더 광범위함)이 있음

흰색 무늬들의 크기와 모양은 시간이 지나도 변하지 않음

요점 정리

- 찬 온대 남반구
- 특대 사이즈
- 아주 다부진 몸
- 주로 검은색(몸 아래쪽은 서로 다른 흰색 무늬)
- 등지느러미나 돌기가 없는 매끄러운 등
- 목구멍에 주름이나 홈이 없음
- 수면에 있을 때 옆에서 보면 몸이 거의 안 보임
- 옅은 색 경결들로 덮인 거대한 머리
- 아주 굽은 턱선
- V자 형태의 물 내뿜기
- 수면 위에서 자주 아주 활발한 행동들을 함

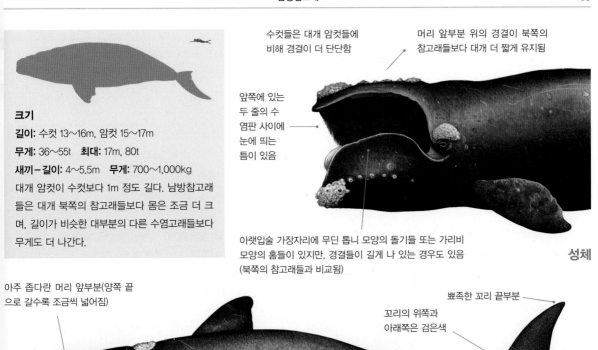

크기

길이: 수컷 13~16m, 암컷 15~17m
무게: 36~55t **최대:** 17m, 80t
새끼-길이: 4~5.5m **무게:** 700~1,000kg

대개 암컷이 수컷보다 1m 정도 길다. 남방참고래들은 대개 북쪽의 참고래들보다 몸은 조금 더 크며, 길이가 비슷한 대부분의 다른 수염고래들보다 무게도 더 나간다.

수컷들은 대개 암컷들에 비해 경결이 더 단단함

머리 앞부분 위의 경결이 북쪽의 참고래들보다 대개 더 짧게 유지됨

앞쪽에 있는 두 줄의 수염판 사이에 눈에 띄는 틈이 있음

아랫입술 가장자리에 무딘 톱니 모양의 돌기들 또는 가리비 모양의 홈들이 있지만, 경결들이 길게 나 있는 경우도 있음 (북쪽의 참고래들과 비교됨)

성체

아주 좁다란 머리 앞부분(양쪽 끝으로 갈수록 조금씩 넓어짐)

뾰족한 꼬리 끝부분

꼬리의 위쪽과 아래쪽은 검은색

깊숙한 꼬리 중간 홈

넓게 분리된 분수공들(각도가 살짝 양옆으로 기울어짐)

넓은 꼬리(가로 6m까지 되어, 몸길이의 30%가 넘음)

매끄러운 꼬리 뒷면(혹등고래와 비교됨)

비슷한 종들

남방참고래는 몸이 크고 경결들이 있으며 입선이 활처럼 굽어 있고 등지느러미가 없으며 주로 검은색을 띄고 물을 V자로 내뿜는 등, 같은 지역 내 다른 모든 대형 고래들과 구분이 된다. 혹등고래도 물을 V자로 내뿜어 멀리서 보면 서로 혼동될 가능성도 있다 (혹등고래의 뭉특한 등지느러미와 긴 가슴지느러미 그리고 흰색과 검은색이 섞인 꼬리 아래쪽 무늬들을 보라). 북대서양참고래들이나 북태평양참고래들과는 중복되는 부분이 없다.

분포

남방참고래들은 전 세계 남반구에서는 남위 약 20도와 60도(때론 남아메리카 동서 해안에서 남위 16도, 남극 반도를 따라 적어도 남위 65도) 사이에서 서식 중이다. 또한 저위도 해안 지역의 겨울 번식지들(주로 5월에서 12월까지. 정확한 시기는 지역별로 다름)과 해안 일대의 고위도 번식지들 사이를 왔다 갔다 한다. 그리고 그간 참고래에 대한 연구는 주로 그 번식지들을 중심으로 이루어졌다. 남아프리카공화국에서 위성 위치 추적 장치가 부착된 한 참고래는 남대서양의 번식지들까지 무려 8,200km를 이동하기도 했다. 현재 남방참고래들은 북대서양참고래들이나 북태

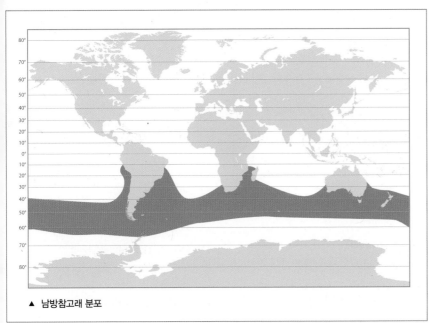

▲ 남방참고래 분포

평양참고래들과는 교류가 거의 또는 전혀 없다(고래이 DNA 연구들에 따르면, 지난 100만 년에서 200만 년 사이에 적어도 1마리 이상의 남방참고래가 태평양에서 적도를 넘었을 걸로 보이지만).

겨울 번식기가 되면 남방참고래들은 주로 분만하기 좋은 모래 바닥이 있는 근해 지역의 안전하면서도 얕은 바다나 만을 찾는다(포식자인 범고래나 대형 상어들을 피하기 위해서인 듯). 남방참고래들이 주로 짝짓기를 하고 분만을 하는 지역들은 다음과 같다.

아프리카 남부

서쪽으로는 세인트헬레나만에서 동쪽으로는 포트엘리자베스에 이르는 주로 아프리카 남부 지역에 서식하며, 그 외에 나미비아(때론 앙골라 남부까지)와 모잠비크는 물론 마다가스카르 동부 지역에도 소수가 서식함. 소수지만 트리스탄다쿠냐 제도 일대에서도 발견됨.

남아메리카 남부

주로 아르헨티나(특히 발데스 반도)에서 남쪽으로 비글 해협까지. 그 외에 브라질 남부에서도 발견되며, 아주 소수이지만 우루과이와 페루 그리고 칠레에서도 발견됨.

오스트레일리아

주로 웨스턴오스트레일리아주(적어도 북쪽으로 엑스머스까지)와 사우스오스트레일리아주(대개는 웨스턴오스트레일리아의 루윈곶 사이) 그리고 태즈메이니아(특히 남동부 해안 일대)의 남부 해안 지대를 따라 서식함. 두 지역(남서부·중남부 그리고 남동부·동부)에 집중적으로 몰려 사는 것으로 추정됨.

뉴질랜드의 아남극 섬들

주로 뉴질랜드 오클랜드와 캠벨 제도 일대. 이곳들은 남태평양에 남은 몇 안 되는 번식지들이다. 역사적으로 원래 뉴질랜드 본토 북쪽과 남쪽 섬들 주변에 겨울 번식지들이 있었으나, 19세기와 20세기 들어 고래잡이가 성행하면서 거의 지난 40여 년간(1928~1963년) 남방참고래는 관측된 적이 없다. 그러나 1988년 이후에는 매년 관측되고 있으며, 2003년부터 2010년 사이에는 어미 고래와 새끼 고래도 28쌍이 관측됐다.

남방참고래들은 같은 대륙 일대의 번식지들 사이에선 어느 정도 교류가 있으나(예를 들어 브라질 고래들 중 13~15%는 격년으로 아르헨티나에서도 발견되었음), 다른 대륙들 간에는 교류가 거의 없는 걸로 보인다.

먹이활동은 주로 해안 일대, 그러니까 주로 남위 40도의 남극해 중부 남쪽에서 이루어지며, 일부 개체들의 활동 범위는 총빙pack ice(바다 위를 떠다니는 얼음들이 모여서 된 거대한 얼음덩어리 - 옮긴이)의 가장자리에까지 이른다. 구체적인 먹이활동 지역들은 포클랜드 제도, 사우스조지아섬, 샤그 록스 그리고 남극 반도 등이다.

피부 패턴들

남방참고래들은 다음과 같은 다섯 가지 색깔을 띠고 있는 걸로 알려져 있다.

1. '검은색' 또는 '야생 타입'

태어날 때 몸 전체가 거의 검은색이지만, 배 쪽에 뾰족뾰족한 흰색 무늬들이 나 있다. 그리고 그런 상태가 평생 유지된다.

2. '흰색 추가'

태어날 때 몸 전체가 거의 검은색이지만, 배는 물론 등 쪽에도 뾰족뾰족한 흰색 무늬들이 나 있다. 그리고 그런 상태가 평생 유지된다.

잠수 동작

- 거대한 머리를 수면 위로 내밀면서 물을 뿜어 올린다(오랜 잠수 후 수면 위로 떠오르면서 물이 거의 없는 데서 머리를 들어 올림).
- 매끄럽고 널찍하면서 별 특징이 없는 등을 내보이면서 머리가 수면 밑으로 사라진다.
- 머리를 물속에 밀어 넣으면서 등이 가파른 각도로 휘어진다.
- 깊이 잠수하기 전에 꼬리를 아주 높이 치켜올린다.
- 번식지에서는 종종 수면에서 아무 동작 없이 가만히 있는다.

물 뿜어 올리기

- V자 모양으로 자욱하게 물을 뿜어 올린다(앞이나 뒤에서 보면 V자, 옆에서 보면 타원형).
- 물 높이는 7m까지 도달한다(아주 다를 수도 있음).
- 물 높이는 종종 비대칭적이다.
- 회색고래나 흑등고래(이 고래들은 맨 아래쪽부터 V자 모양이 됨)에 비해 V자가 아래쪽에서 보다 넓게 벌어진다.
- 바람이 불어 물이 흩어지면 잘 보이지 않을 수도 있다(몸이 물속에 깊이 잠겨 있어도).

등 피부 패턴들

'검은색' 또는 '야생 타입'

'흰색 추가'

'회색 변색'

'부분 회색 변색'

'흰색 추가에 부분 회색 변색'

3. '회색 변색'(예전엔 '부분 색소 결핍'으로 알려졌었음)

태어날 때 몸 전체가 거의 흰색이지만 분수공 뒤쪽과 등 전체의 양 측면 여기저기에 검은 점들이 생겨난다(눈이 분홍색이 아니어서 색소결핍증은 아님). 흰 피부는 나이를 먹으면서 점점 진해져 옅은 회색이나 옅은 갈색을 띠지만, 검은 점들은 그대로 유지된다.

4. '부분 회색 변색'(예전엔 '회색빛'으로 알려졌었음)

태어날 때 몸 전체가 거의 검은색이지만, 등 전체 양 측면 여기저기에 흰 점들이 생겨난다. 그리고 나이를 먹으면서 흰 점들이 점점 진해져 옅은 회색이나 옅은 갈색을 띤다. 성체가 되면 '부분

회색 변색'이 '회색 변색'과 비슷해지지만 전체 색깔은 정반대가 된다.

5. '흰색 추가에 부분 회색 변색'

'부분 회색 변색' 고래들과 마찬가지로 등 쪽에 뾰족뾰족한 흰색 무늬들이 생겨난다.

북반구 참고래들의 경우 이같은 다섯 가지 색깔이 있다고 알려져 있지 않다. 이같이 변칙적인 흰색 고래들이 비교적 흔한 종은 남방참고래뿐이다.

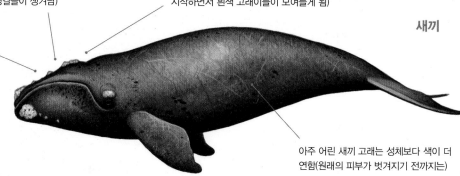

갓 태어난 새끼의 경우 머리와 머리 앞부분에 매끄러운 연회색 둥근 부위들이 있음(이 곳들에 경결들이 생겨남)

새끼 고래가 생후 2개월쯤 되면 여기저기 잔뜩 모여 있던 오렌지색 고래이들이 사라짐(그리고 경결 조직이 나타나기 시작하면서 흰색 고래이들이 모여들게 됨)

새끼

연한 회색 부위들이 점점 짙어지고 거칠어지기 시작해 생후 3개월쯤 되면 경결 조직들로 변함(생후 7~10개월까지는 경결들이 완전히 자라지 않고 고래이들도 서식하지 않음)

아주 어린 새끼 고래는 성체보다 색이 더 연함(원래의 피부가 벗겨지기 전까지는)

꼬리

항해

거꾸로 박고 꼬리를 수면 위로 내민 채 항해한다. 남방참고래들은 접촉하는 행동(다른 참고래를 건들고 문지르는 등)도 아주 흔히 한다. 물속에서 뭔가 물체들을 장난스레 찌르고 부딪히고 밀어대는 행동을 잘하고 배가 나타나도 거의 또는 전혀 피하지 않으며 호기심도 많고 접근하기도 쉽다.

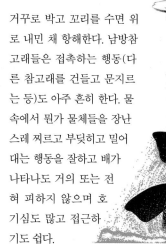

행동

일반적으로 참고래들은 수면 위에서 천천히 움직이고 오랜 기간 쉰다. 그러나 남방참고래들은 반복해서 브리칭과 스파이호핑, 롭테일링, 플리퍼슬래핑 등의 행동들을 하며 수면 위에서 아주 빨리 움직이기도 한다. 또한 북반구의 참고래들과는 달리, 남방참고래들은 머리를 물속에 박고 돛을 올리듯 꼬리를 수면 위로 내밀어 바람의 힘으로 짧은 거리를 가며, 그러다 몸을 바로 세웠다가 다시 머리를 물속에 박고 가는 등 특이한 '항해'를 한다. 특히 브라질의 아브롤호스 군도에서는 한 번에 몇 분간 물속에 머리를

일대기

성적 성숙: 암컷은 7~12년(대개 첫 새끼 고래를 낳는 건 9~10년 후. 수컷들의 경우 아직 알려진 게 없음).

짝짓기: 짝짓기는 1년 내내 이루어지지만, 겨울 번식기 외의 시간은 서로 사회생활을 하는 시간(아니면 암컷들이 잠재적인 짝짓기 상대를 고르는 시간)으로 보인다. 구애할 때는 평균 5~20마리의 수컷들이 암컷의 소리에 반응하면서 떼를 지어 수면 위에서 이런저런 적극적인 행동을 한다(대개 암컷 1~2마리와 많은 수컷들이 몇 시간 동안 빙글빙글 몸을 굴리고 물을 첨벙임). 또한 수컷들은 어미 고래와 새끼 고래 쌍이나 어린 암컷 고래에게 다가가기도 하며, 그럴 경우 암컷들은 피하려 한다. 수컷들 간에 심한 싸움은 거의 일어나지 않는데(암컷에게 다가가기 위해 적극적으로 계속 서로 몸을 밀기는 하지만), 이는 암컷의 몸속에서 정자 경쟁이 일어나기 때문인 걸로 추정된다(암컷은 여러 수컷들과 짝짓기를 해, 가장 많은 정자를 배출하는 수컷들이 가장 번식에 성공할 가능성이 높음). 참고래의 고환은 그 어떤 동물보다 커, 각 고환의 길이가 2m, 무게가 525kg에 달한다(이는 정자 경쟁이 벌어질 거라는 또 다른 증거이기도 함).

임신: 12~13개월로 추정.

분만: 분만 간격은 3.2~3.4년이며(2~4년까지. 가끔 먹이가 얼마 없을 때는 5년), 6~10월 사이에(특히 8월 말이 절정) 새끼 1마리가 태어난다.

젖떼기: 대개 10개월에서 12개월 후에(7~14개월까지).

수명: 알려지지 않았으나, 최상의 여건 속에서 적어도 70년은 사는 걸로 추정된다.

먹이와 먹이활동

먹이: 주로 동물성 플랑크톤(예를 들어 남위 40도 북쪽의 칼라누스 프로핀쿠우스, 플레우로맘마 로부스타), 크릴새우, 특히 남위 50도 남쪽의 남극 크릴새우. 그 외에 스코앗 랍스터(무니다 종), 어린 원양 게류, 갑각류 새우, 익족류(아주 작은 플랑크톤성 달팽이), 애벌레 단계의 따개비 등 다른 작은 무척추동물들도 먹는다. 먹을 수 있는 먹이의 종류가 아주 한정되어 있으나, 그 먹이들이 아주 많이 몰려 있어 먹이활동은 용이하다.

먹이활동: 보통 약 시속 5km의 속도로 헤엄치며 훑어 먹듯 먹이를 먹는다(수면 근처에서 나 적당히 깊은 데서 입을 벌린 채 먹이들이 몰려 있는 곳을 천천히 헤엄치며, 그런 뒤 가끔씩 입을 다물어 물을 뿜어내고 먹이들은 삼킴). 겨울 번식지들에서는(때론 봄에 플랑크톤이 많은 데서도) 먹이활동을 거의 하지 않는다.

잠수 깊이: 종종 수면 또는 수면 근처에 머물거나 살짝 잠수하지만, 때론 200m 넘게 내려가며, 적어도 최대 300m까지 내려간다.

잠수 시간: 먹이활동을 할 때는 보통 10~20분 동안 잠수한다. 최장 기록은 50분.

수염판

- 수염판이 200~270개(평균 222개)이다(위턱 한쪽에).
- 길고 가는 수염판들은 그 길이가 평균 2~2.8m이며 회갈색이나 검은색을 띤다(그 가장자리에는 아주 섬세한 회색 및 검은색 털들이 있어 작은 먹이를 먹을 때 씀).

집단 규모와 구조

보통 1~2마리씩 다니며(번식지나 먹이가 풍부한 장소들에서는 예외), 가끔 12마리까지 느슨한 집단을 이룬다. 그러나 일시적으로 먹이가 풍부한 장소들에선 또는 집단 번식을 할 때는 최대 100마리까지 훨씬 더 많은 고래들이 모이기도 한다.

경결

북대서양참고래 편 참조(p.50).

고래이와 따개비

고래이의 경우 북대서양참고래 편 참조(p.50). 브라질에서 발견된 한 남방참고래의 몸에 키아무스 부피스(혹등고래에만 기생하는 걸로 알려져 있음)가 달라붙어 있었다는 기록도 있다. 남방참고래들의 경결 안에선 따개비의 일종인 투비니켈라*Tubinicella*도 서식한다.

포식자들

특히 연안 외해에서 남방참고래 성체들에겐 범고래들이 잘 알려진 포식자들이다. 참고래들은 범고래들을 상대로 꼬리로 때리거나 머리로 들이받는 등(머리에 난 거친 경결들이 무기로 쓰일 수도 있음) 적극적으로 스스로를 지키려 한다(이들은 '도망가는' 종이라기보다는 '싸우는' 종임). 백상아리나 다른 대형 상어들도 가끔 번식 장소의 새끼 고래나 보호받지 못하는 어린 고래 또는 병

▲ 남방참고래가 눈에 띄는 V자 물 뿜기를 하고 있다.

들거나 상처 입은 성체 고래를 공격한다는 증거도 있다. 아르헨티나에선 켈프갈매기들이 살아 있는 고래들의 등에서 피부나 지방을 쪼아 먹기도 한다(곧 나올 '종의 보존' 항목 참조).

사진 식별

주로 머리에 생겨난 경결 패턴들(각 개체마다 독특함)을 보고 식별한다. 경결 패턴들은 입체적이어서 어떤 각도에서 찍은 사진이라도 종을 식별하는 데 도움이 된다. 경결 패턴들 외에 몸과 머리와 꼬리에 난 독특한 흉터와 무늬들, 등과 배에 난 흰색 및 회색 무늬들 그리고 아랫입술의 위 가장자리에 있는 무딘 톱니 모양의 돌기들(독특한 가장자리 패턴들)을 보고도 종 식별이 가능하다.

개체 수

가장 최근에 집계된 남방참고래의 수는 아르헨티나에 4,006마리(2010년), 남아프리카공화국에 3,612마리(2008년), 오스트레일리아 루인곶과 케두나 사이에 2,900마리(2009) 그리고 뉴질랜드 오클랜드 제도에 적어도 2,306마리(2009년) 등, 적어도 총 1만 2,800마리로 추정된다. 이 수치는 1997년의 추정치 약 7,600마리(아르헨티나 2,577마리, 남아프리카공화국 3,104마리, 오스트레일리아 1,197마리 포함)에서 크게 늘어난 것이다. 2018년에는 남아프리카공화국에서 암컷 고래와 새끼 고래 536쌍(2015년의 249쌍, 2016년의 55쌍, 2017년의 183쌍과 비교)이 발견됐다. 매년 약 6~7.6%씩(약 10~12마다 2배씩) 늘어나는 걸로 보여, 현재 총 고래 수는 2만 5,000에서 3만 마리쯤 될 걸로 추정됨. 그러나 적어도 아르헨티나에서는 증가율이 둔화

되고 있는 걸로 보인다. 칠레와 페루에는 번식이 가능한 성체들이 50마리가 채 안 될 걸로 추정되며, 그 수는 회복될 가능성도 없는 듯하다. 고래잡이가 성행하기 전인 1770년만 해도 총 고래 수가 5만 5,000마리에서 7만 마리에 달했던 걸로 추정된다.

종의 보존

세계자연보전연맹의 종 보존 현황: '최소 관심' 상태(2017년). 칠레와 페루의 고래들은 '위급' 상태에 속함(2017년). 1770년대부터 1970년대 초까지의 극심한 상업적 포경으로 약 11만 4,000마리(남대서양에서 약 6만 3,000마리, 남태평양에서 약 3만 8,000마리 그리고 인도양에서 약 1만 3,000마리)가 살육됐다. 그렇게 개체 수가 급감하면서 고래 남획 이전의 0.5% 수준으로 떨어진 것이다. 1935년부터 상업적 포경이 공식적으로 금지됐으나, 구소련이 1960년대에 주로 아르헨티나 발데스 반도 일대에서 최소 3,300마리의 참고래를 더 불법 포획했다. 전면적인 포경 금지 조치가 시행된 이후 개체 수는 다시 회복되고 있는 걸로 보여진다.

현재 이들의 생명을 위협하는 건 배에 충돌하거나 어망에 뒤엉키는 것인데, 그래도 북대서양참고래들에 비해서는 그 위험도가 비교적 낮다. 서식지 교란, 해상 운송으로 인한 소음 공해, 먹이 감소(크릴새우 남획과 남극 빙하 감소로 인한 크릴새우 감소로 인한) 역시 남방참고래들의 생명을 위협하고 있다. 영국 남극조사British Antarctic Survey에 따르면, 해수면 온도가 섭씨 1도 올라갈 경우, 세기말에 이르러 스코샤해의 바이오매스biomass(일정한 지역 내에 생존하는 생물의 총량-옮긴이) 및 크릴새우의 양이 적어

▲ 남아프리카공화국에서 포착된 은백색의 '회색 변색' 남방참고래.

▲ 남방참고래의 활처럼 굽어 있는 아래턱.

▲ 어미 고래와 새끼 고래('야생 타입').

도 95% 줄어들 걸로 예측된다.

그간 아르헨티나 발데스 반도 일대에선 상당히 많은 새끼 고래들이 죽어 나갔다(2003년부터 2015년 사이에 737마리). 그걸 설명해주는 한 가지 이유가 켈프갈매기들의 기생이다. 켈프갈매기들이 살아 있는 남방참고래들, 특히 어미 고래와 새끼 고래들의 등 피부나 지방을 쪼아 먹음으로써 광범위한 부위에 부상을 입히는 것이다. 그런 공격은 1972년에 처음 보고된 이후 계속 늘어왔으며, 켈프갈매기들이 이제 새끼 고래들을 주 표적으로 삼으면서 새끼 고래들에게 만성적인 스트레스를 안겨주고 있는 것.

그래도 장기적인 관점에서 볼 때 남방참고래들은 북반구의 참고래들에 비해 생존 가능성이 훨씬 높다. 그러나 아르헨티나 일대에서의 높은 번식 성공률과 사우스조지아섬 일대 먹이활동 지역들의 해수면 온도 사이에는 직접적인 상관관계가 있는 걸로 보여지며, 그래서 지구 온난화 현상으로 인해 남방참고래들의 평균 분만율은 더 떨어질 걸로 예상된다.

소리

남방참고래들은 온갖 감정들이 담긴 다양한 저주파 소리(대개는 500Hz 이하)를 낸다. 그 소리들은 독립된 개체들 간의 각종 사회적 신호, 위협 또는 공격 신호, 접촉 소리 등, 다양한 기능들을 갖고 있는 걸로 보여진다. 고래들이 내는 다양한 소리들에 대해 좀 더 자세히 알고 싶다면 북대서양참고래 편(p.52)을 참조하라.

▲ 아르헨티나 바다에서 '항해' 중인 남방참고래. 일종의 장난 같은 행동으로 보여진다.

북극고래 Bowhead whale

학명 발라에나 미스티케투스 *Balaena mysticetus*   (Linnaeus, 1758)

북극에서만 발견되는 유일한 대형 고래인 북극고래(머리가 활 모양이어서 '활머리고래'라고도 함-옮긴이)는 그 추운 북극 지역에서의 삶에 잘 적응하고 있다. 지방층이 두터워 28cm까지 되며, 60cm 두께의 얼음을 깨 숨구멍을 만들 수 있어 다른 그 어떤 수염고래과 고래보다 더 높은 위도에서도 살 수 있다.

분류: 긴수염고래과 수염고래아목
일반적인 이름: 북극고래는 영어로 bowhead whale로, 이는 위턱이 거대한 활처럼 굽어져 있다는 데서 붙은 이름이다.
다른 이름들: Greenland/Arctic whale, Greenland/Arctic right whale 등.

학명: '고래'를 뜻하는 라틴어 *balaena*에 '수염 난 고래'(수염판 때문에)를 뜻하는 그리스어 *mystakos*와 라틴어 *cetus*가 합쳐져 생겨난 이름이다.
세부 분류: 현재 따로 인정된 아종은 없다(북극고래는 네 종류가 있지만).

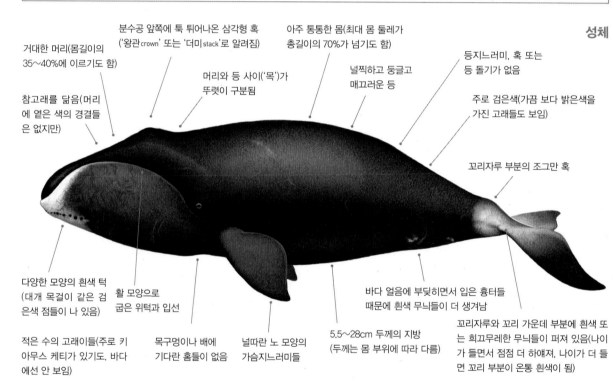

성체

거대한 머리(몸길이의 35~40%에 이르기도 함)

분수공 앞쪽에 툭 튀어나온 삼각형 혹 ('왕관crown' 또는 '더미stack'로 알려짐)

아주 통통한 몸(최대 몸 둘레가 총길이의 70%가 넘기도 함)

등지느러미, 혹 또는 등 돌기가 없음

참고래를 닮음(머리에 옅은 색의 경결들은 없지만)

머리와 등 사이('목')가 뚜렷이 구분됨

널찍하고 둥글고 매끄러운 등

주로 검은색(가끔 보다 밝은색을 가진 고래들도 보임)

꼬리자루 부분의 조그만 혹

다양한 모양의 흰색 턱 (대개 목걸이 같은 검은색 점들이 나 있음)

활 모양으로 굽은 위턱과 입선

목구멍이나 배에 기다란 홈들이 없음

널따란 노 모양의 가슴지느러미들

5.5~28cm 두께의 지방 (두께는 몸 부위에 따라 다름)

바다 얼음에 부딪히면서 입은 흉터들 때문에 흰색 무늬들이 더 생겨남

꼬리자루와 꼬리 가운데 부분에 흰색 또는 희끄무레한 무늬들이 퍼져 있음(나이가 들면서 점점 더 하얘져, 나이가 더 들면 꼬리 부분이 온통 흰색이 됨)

적은 수의 고래이들이(주로 키아무스 케티가 있기도. 바다에선 안 보임)

탈피한 성체

보다 밝은 회색 (종종 짙은 얼룩들도 있음)

요점 정리

- 북극과 아북극
- 특대 사이즈
- 주로 검은색

- 등지느러미가 없음
- 거대한 머리
- V자 형태의 물 내뿜기

- 옆에서 보면 두 개의 혹이 눈에 띔
- 경결이나 따개비들이 없음

크기
길이: 수컷 14~17m, 암컷 16~18m
무게: 60~90t　　**최대:** 19.8m, 107t
새끼 – 길이: 4~4.5m(최대 5.2m)
무게: 900kg. 대개 암컷이 수컷보다 1m 정도 길다.

좁은 머리 앞부분

넓게 벌어진 분수공

뾰족한 꼬리 끝부분

성체

깊은 홈

길이가 7m까지 되는
넓은 삼각형 꼬리

가장자리가 매끄럽고 얇고
오목한 꼬리 뒷부분

비슷한 종들

북극고래는 등지느러미가 없고 주로 검은색을 띠고 있어 북극권 지역으로 들어가는 다른 모든 대형 고래들과 구분이 된다. 북대서양참고래와 북태평양참고래의 경우 생긴 건 북극고래와 비슷하지만 살고 있는 서식지가 중복되진 않으며 얼음과 관계가 거의 없고 몸 여기저기에 경결들이 있는 게 또 다르다.

분포

북극고래들은 주로 북위 54도에서 85도 사이의 북극 및 아북극 지역에 산다(북극고래는 이 지역에서만 사는 유일한 수염고래과

고래임). 이들의 삶은 거대한 얼음덩어리인 총빙과 밀접한 관련이 있어, 여름에는 북극권 지역으로 이동하고 겨울에는 빙산면ice-edge(얼음의 가장자리-옮긴이)이 이동함에 따라(북극고래들은 얼지 않은 얼음 근처에서 사는 것으로 보여짐) 남쪽으로 내려오는 등 계절에 따라 이동을 한다. 그러니까 먹이가 풍부한 지역들을 찾아 먼 거리를(하루에 200km까지) 여행하는 걸로 추정되는 것이다. 또한 주로 육지에서 먼바다에서 발견되지만, 연안에서 발견되기도 한다. 성별에 따라 사는 지역이 분리되어, 그린란드 디스코만의 북극고래들 78%는 새끼 고래들이 없는 성체 암컷들이고(물론 성체 수컷들도 있어, 번식지로 보여지지만), 프린

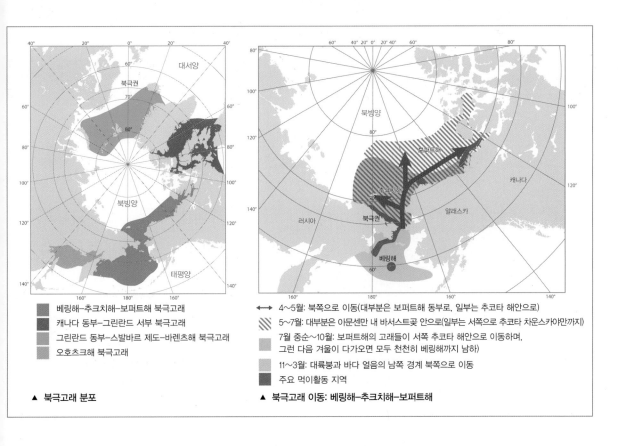

베링해–추크치해–보퍼트해 북극고래
캐나다 동부–그린란드 서부 북극고래
그린란드 동부–스발바르 제도–바렌츠해 북극고래
오호츠크해 북극고래

▲ 북극고래 분포

4~5월: 북쪽으로 이동(대부분은 보퍼트해 동부로, 일부는 추코타 해안으로)
5~7월: 대부분은 아문센만 내 바서스트곶 안으로(일부는 서쪽으로 추코타 차운스카야만까지)
7월 중순~10월: 보퍼트해의 고래들이 서쪽 추코타 해안으로 이동하며, 그런 다음 겨울이 다가오면 모두 천천히 베링해까지 남하)
11~3월: 대륙붕과 바다 얼음의 남쪽 경계 북쪽으로 이동
주요 먹이활동 지역

▲ 북극고래 이동: 베링해–추크치해–보퍼트해

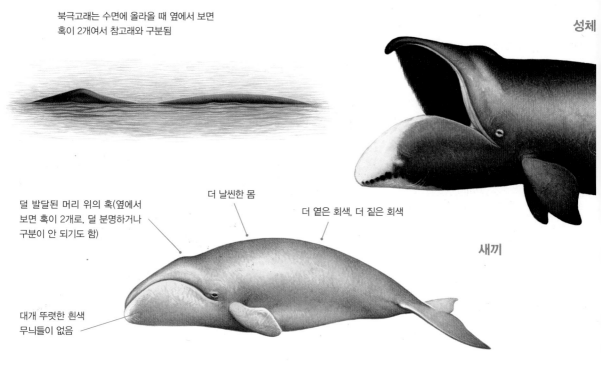

북극고래는 수면에 올라올 때 옆에서 보면
혹이 2개여서 참고래와 구분됨

성체

덜 발달된 머리 위의 혹(옆에서
보면 혹이 2개로, 덜 분명하거나
구분이 안 되기도 함)

더 날씬한 몸

더 옅은 회색, 더 짙은 회색

새끼

대개 뚜렷한 흰색
무늬들이 없음

꼬리

스 리젠트만과 부시아만, 폭스 해분, 허드슨만 북서부 지역의 고
래들은 주로 어미 고래와 새끼 고래 쌍들과 아직 다 자라지 못한
어린 고래들이며, 배핀만의 고래들은 주로 성체 수컷들과 휴식
중이거나 임신 중인 암컷들이다.

주요 종들

현재 인정을 받는 북극고래는 다음과 같이 총 4종이다(주로 살고
있는 지역에 따라 분류해서). 1) 베링해-추크치해-보퍼트해(알
래스카, 캐나다, 러시아) 북극고래, 2) 오호츠크해 북극고래(러시
아), 3) 캐나다 동부-그린란드 서부 북극고래(과거에는 허드슨

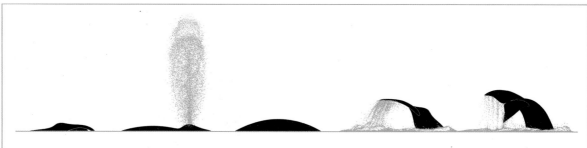

잠수 동작

- 깊이 잠수한 뒤에는 대개 머리와 분수공이 먼저 수면 위로 올라온다(대개 몸이 수평선에서 30도 정도 기욺).
- 얕게 잠수한 뒤에는 대개 머리와 몸이 거의 동시에 수면 위로 올라온다.
- 수면 위로 올라와 옆에서 보면 2개의 혹이 눈에 띈다.
- 깊이 잠수할 때는 꼬리를 하늘 높이 치켜든다.
- 멀리 이동할 때는 대개 10분에서 20분간 잠수를 하고 그런 다음 2~3분간 수면 위로 올라와
  여러 차례 숨을 쉰다.

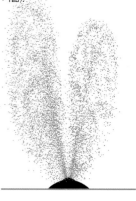

물 뿜어 올리기

- V자 모양으로 자욱하게 물을 뿜어 올린다(높이가 최대 7m, 대개 5m)(아주 다를 수도 있음).
- 물 높이는 대개 다르다.   · 물 높이는 종종 비대칭적이다.
- 옆에서 보거나 바람 불 때 보면 물을 하나만 뿜어 올리는 것 같을 수도 있다.

먹이와 먹이활동

먹이: 다양한 먹이를 먹지만(100종이 넘는 걸로 알려져 있음) 작은 또는 중간 크기의(대개 그 길이가 3~30mm인) 갑각류를 먹으며, 특히 요각류와 크릴새우류를 즐겨 먹으며, 보리새우도 먹는다.

먹이활동: 수면에서 해저에 이르는 모든 수심층은 물론 얼음 밑과 개빙 구역open water(떠다니는 얼음이 수면의 10분의 1 이하인 구역─옮긴이)에서도(입을 벌린 채 천천히 헤엄치면서 수면에 모여 있는 먹이를 훑어 먹듯 먹음) 먹이활동을 하며, 대개 혼자 먹이활동을 하지만 먹이가 많은 데서는 14마리까지 편대를 이뤄(V자로) 그 일대를 싹쓸이하기도 한다. 입을 벌린 채 훑어 먹기를 할 때는 수면에 30분 이상 머물기도 하며, 1년 내내 먹이활동을 한다(겨울에는 덜 빈번히).

잠수 깊이: 먹이활동을 할 때는 종종 수심 30m 이내에 머문다(지역, 계절, 행동에 따라 다름). 그러나 겨울에는 그리고 또 멀리 이동할 때는 더 깊이 잠수한다. 최고 깊이로 잠수한 기록은 487m와 582m(2003년과 2011년 그린란드 서부에서).

잠수 시간: 보통은 1~20분(어떤 행동을 하느냐에 따라. 보퍼트해에서 먹이활동을 하기 위해 잠수할 때는 평균 3.4~12.1분). 개빙 구역이 아닌 두터운 얼음 구역 밑에서는 대개 더 오래 잠수한다. 자연 상태에서 기록된 최장 잠수 시간은 61분(작살을 쏘거나 포경선에 쫓길 때는 80분).

만-폭스 해분, 캐나다 북극고래와 배핀만-데이비스 해협, 캐나다, 그린란드 북극고래 이렇게 2종으로 분류됐음) 그리고 4) 그린란드 동부-스발바르 제도-바렌츠해(그린란드, 노르웨이, 러시아) 북극고래. 최근에 나온 증거들에 따르면, 베링해-추크치해-보퍼트해 북극고래들과 캐나다 동부-그린란드 서부 북극고래들이 제한된 범위 내에서 서로 섞이는 경우가 있다고 하는데, 그건 북서 항로Northwest Passage의 얼음이 줄어들기 때문으로 추정된다.

이동

베링해-추크치해-보퍼트해

11~3월: 베링해 북부(대륙붕과 바다 얼음의 남쪽 경계를 넘어 남쪽으로 캄차카 반도 북쪽의 카라긴스키섬과 알래스카의 세인트매튜섬까지). 4~6월: 대부분이 베링해에서 북쪽으로 이동해 보퍼트해 동부까지(비교적 알래스카 해안에 가까이 붙어서) 그리고 러시아 추코타 해안을 따라 서쪽으로 조금 꺾어 차운스카야만까지. 6~8월: 보퍼트해 동부, 특히 캐나다 아문센만 내 바서스트곶 지역(소수의 북극고래들은 여름 내내 추크치해의 러시아 지역에 머묾). 8월 말~10월: 캐나다 포퍼트해의 고래들이 알래스카 해안을 따라 배로곶까지 이동한 뒤 추크치해를 건너 추코타 해안으로 가, 겨울이 다가오면 시베리아 해안을 따라 천천히 남쪽으로 이동해 베링해로 들어간다.

캐나다 동부-그린란드 서부

그린란드 서부 2~6월(주로 3월): 그린란드 디스코만에서 배핀만을 건너 5월 말에 캐나다 북부로 들어감. 6~10월 중순: 일부 개체들은 배핀섬 동쪽 및 북쪽 해안 일대에서 여름을 보내고, 일부는 랭커스터 해협과 프린스 리젠트만으로 들어감. 10월 중순: 남쪽으로 이동하기 시작. 11~2월: 허드슨 해협과 허드슨만 북부(여기에서 캐나다 북극고래들에 합류함). 2월 말: 다시 배핀만을 건너 그린란드로 이동함.

캐나다 3~9월: 폭스 해분, 허드슨만 북부, 배핀섬 동쪽 해안의 좁고 깊은 후미와 캐나다 북극권 지역. 10~2월: 허드슨 해협과 허드슨만 북쪽 지역(여기에서 그린란드 북극고래들이 합류함), 컴벌랜드 해협 입구 일대, 노스 워터 폴리냐(배핀만 북단).

그린란드 동부-스발바르 제도-바렌츠해

2015년부터 2018년까지 행해진 스발바르 제도에 대한 조사에 따르면, 여름이면 상당수(200마리 이상)의 북극고래들이 프람 해협(그린란드와 스발바르 제도 사이)에 모여든다. 증거가 많지는 않으나, 여름이면 그린란드 북동부의 노스 이스트 워터 폴리냐와 그린란드 북동부의 일명 '남부 포경 지역'과 훨씬 더 동쪽인 러시아의 프란츠 요제프 제도에도 북극고래들이 모여든다. 겨울 서식지들에 대해선 알려진 바가 거의 없으나, 적어도 일부 북극고래들은 겨울에 프람 해협에서 발견된다.

오호츠크해

봄에는 북동부의 셸리호프만 내 기지긴만과 펜지나만(최근에는 6월 이후에는 관측된 적 없음). 여름에는 주로 서부의 사할린스키만 내 샨타르스키예 제도 남쪽 바다. 겨울에는 오호츠크해 일대의 폴리냐polynya(해빙들 사이에 바닷물이 노출된 곳─옮긴이). 오호츠크해 북극고래들이 오호츠크해를 떠난다는 증거는 없음.

행동

보통은 신중하게 천천히(대개 시속 3~6km 속도로) 헤엄치지만, 시속 21km의 속도를 내기도 한다. 북극고래들은 가끔 수면에서 브리칭이나 플리퍼슬래핑, 롭테일링, 스파이호핑 등 다양한 행동들을 하며 물속에선 어떤 물체를 만나면 가만히 쳐다보거나 장난을 치기도 한다. 브리칭을 할 때는 몸의 60% 가까이가 수면 위로 뛰어오르며 떨어질 때는 대개 등이나 옆면이 물에 닿는다. 통나무 등의 물체들을 가지고 장난을 치기도 한다. 배가 나타나도 잘 달아나지 않으며 떠다니는 얼음 위에 서 있는 사람들을 빤히 쳐다보기도 한다. 얼음 밑으로 헤엄치기도 하며 거대한 머리의 솟은 부위로 60cm 두께의 얼음을 깨 숨구멍을 만들기도 한다. 가

일대기
성적 성숙: 암컷과 수컷 모두 18~31년.
짝짓기: 알려진 게 별로 없지만, 3~4월에 짝짓기하는 걸로 추정(짝짓기는 어떤 계절에든 이루어질 수 있음). 짝짓기 형태는 수컷-암컷 한 쌍 또는 한 암컷에 여러 수컷들(암컷은 수컷 모두와 짝짓기를 함). 수컷들은 짝짓기 기간 중 서로 협력하기도 함.
임신: 13~14개월.

분만: 3~4년 간격으로 4월 말에서 6월 초 사이에 새끼 1마리가 태어남(대개 봄이 되어 북쪽으로 이동하기 직전이나 이동 중에).
젖떼기: 9~12개월 후에(그러나 3~6개월 더 어미 고래 곁에 있기도 함).
수명: 적어도 100년(기록으로 남은 최장수 북극고래의 수명은 211년. 지구상에서 가장 오래 산 동물들 중 하나로 추정됨).

끔 흰돌고래나 일각고래들과 어울리는 모습이 관측되기도 한다. 겨울 행동에 대해선 알려진 게 별로 없는데, 그건 겨울엔 얼음 상태 및 극지방의 어둠 때문에 관찰하기가 힘들기 때문이다.

수염판

- 수염판이 230~360개이다(위턱 한쪽에).
- 수염판은 그 길이가 4m(최대 5.2m)까지 자라 고래들의 수염판들 중 가장 길다. 짙은 회색에서 갈색이 섞인 검은색(대개 그 가장자리는 색이 더 옅음).

집단 규모와 구조

북극고래는 대개 혼자 다니지만, 가끔 2~3마리씩(많게는 14마리까지) 모여 다니는 게 목격되기도 한다. 먹이가 많은 지역이나 이동 시기에는 60마리까지 느슨한 무리를 이루어 다니기도 한다. 여름에는 북극고래 집단이 성별이나 나이에 따라 분리되기도 한다. 어미 고래와 새끼 고래 관계 외에는 사회적 관계가 안정화되어 있진 않지만(서로 간의 관계가 대개 몇 시간밖에 안 가며 드물게 며칠이 감), 멀리서도 각종 소리들이 들려, 북극고래들 사이에 느슨한 집단 구조가 있을 걸로 추정된다.

포식자들

주요 포식자들은 범고래들이다. 북극고래 성체들의 10%에게서 범고래들에게 공격받은 흔적들이 발견되며, 새끼 고래와 젖을 뗀 어린 고래는 그냥 희생된다. 북극고래들이 바다 얼음과 관련이 많은 건 어쩌면 북극의 바다 얼음을 멀리하려 하는 범고래들을 따돌리기 위한 한 방법일지도 모른다. 그러나 지구 온난화로 북극 얼음이 눈에 띄게 줄어들고 있어 어쩌면 범고래들에게 희생될 가능성이 더 커질 수도 있다. 오호츠크해의 한 범고래 무리는 샨타르스키예 제도 일대에서 어린 북극고래들을 사냥하는 데 특화되어 있는 걸로 알려져 있다. 그런데 가끔은 북극고래들이 달아나지 않고 덤비기도 한다.

사진 식별

북극고래는 턱과 몸 아래쪽과 꼬리자루 그리고

▲ 북극고래의 수염판

꼬리에 나 있는 특이한 흰색 무늬들과 등에 나 있는 흉터들로 금방 식별할 수 있다.

개체 수

현재 최대 추정치는 약 2만 5,000마리로, 베링해-추크치해-보퍼트해에 가장 많이 몰려 있다. 포경이 성행하기 전에는 7만 1,000마리에서 11만 3,000마리 정도 됐던 걸로 추정된다. 북극고래 수는 지난 10년에서 15년 사이에 크게 늘었다(주로 베링해-추크치해-보퍼트해에서 크게 늘었으며, 최근 들어서는 캐나다 동부-그린란드 서부 지역에서도 늘었음). 각 지역별 구체적인 추정치는 다음과 같다. 베링해-추크치해-보퍼트해 지역: 약 1만 9,000마리(2017년). 1980년대 말 이후 매년 평균 3.7%씩 늘었음. 포경이 성행하기 전의 개체 수는 약 1만 마리에서 2만 마리 사이로 추정. 캐나다 동부-그린란드 서부 지역: 약 7,700마리(디스코만의 약 1,600마리 포함). 포경이 성행하기 전의 개체 수는 약 2만 5,000마리로 추정. 오호츠크해 지역: 약 400~500마리. 포경이 성행하기 전의 개체 수는 약 3,000마리로 추정. 그린란드 동부-스발바르 제도-바렌츠해 지역: 약 300~400마리. 최근 개체 수가 회복되는 기미들이 보임(또는 바다 얼음이 줄어들어 다른 지역 고래들의 유입이 늘어나고 있음). 포경이 성행하기 전의 개체 수는 약 3만 3,000마리에서 6만 5,000마리로 추정.

종의 보존

세계자연보전연맹의 종 보존 현황: '최소 관심' 상태(2018년). 오호츠크해 지역 북극고래는 '위기' 상태(2018년). 그린란드 동부-스발바르 제도-바렌츠해 지역 북극고래도 '위기' 상태(2018년). 북극고래는 몸이 크고 수염이 길며 지방이 두껍고 속도가 느리며 성품이 순해 포경업자들의 주요 표적이 되었다. 북대서양에서 상업적인 포경은 1611년에 시작됐으나, 1800년대와 1900년대 초에 가장 성행해 수만 마리가 살육됐다. 1946년에 국제포경위원회IWC가 설립된 이후(캐나다는 가입하지 않았지만) 공식적인 종 보존이 이루어졌다. 현재 국제포경위원회는 미국 알래스카 및 러시아 추코타 원주민들에 한해 2019년부터 2025년까지 특정 연도에 67마리 이내(90% 이상은 알래스카)의 고래만 잡게 하는 등 베링해-추크치해-보퍼트해 지역에서의 제한적인 포경을 허용하고 있다. 캐나다 누나부트준주에서도 아주 소수의 고래들(대개 연간 2~3마리)이 잡히고 있으며, 국제포경위원회는 그린란드 서부 지역에 대해서도 2019년부터 2025년까지 2마리 이내의 고래잡이를 허용하고 있다. 현재 북극고래들에 대한 가장 큰 잠재

턱 변이

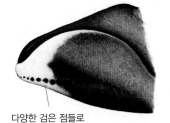

다양한 크기의
흰색 무늬

다양한 검은 점들로
이루어진 '목걸이'

적 위협은 유전 개발로 인한 생태계 교란으로 보여지고 있다. 유전 개발로 인해 먹이활동 효율성이 떨어지고 석유 유출 위험은 더 커질 수 있기 때문. 기후 변화의 파급 효과는 아직 알려진 게 없으나, 북극에서의 선박 운행이 점점 늘고 있어 배와의 충돌 사고와 소음 공해 역시 점점 더 심해질 전망이다. 다른 위협 요인들로는 어망에 뒤엉키는 일, 화학물질 오염, 석유 시추 등을 꼽을 수 있다.

소리

북극고래는 독특한 '업콜'과 '다운콜'(올라가는 주파수와 내려오는 주파수), 크고 복잡한 노래들 등, 아주 다양한 레퍼토리의 소리들을 낸다. 노래들은 종종 '두 가지 음'(같은 고래가 동시에 고주파 음도 내고 저주파 음도 내기 때문)으로 불려지며, 연중 어느 때든(주로 겨울과 5월 중순 이전의 초봄 번식기에) 그리고 또 하루 24시간 어느 때든 들을 수 있다. 그리고 번식철이 끝나갈 때쯤이면 대개 노래들이 더 단순해진다. 노래하는 고래들의 나이, 성별 또는 행동에 대해선 알려진 바가 전혀 없으나 수컷 고래들로 추정되며, 그 노래들은 번식과 관련된 것으로 보여진다. 북극고래의 노래들은 다른 그 어떤 수염고래와 고래의 노래보다 다양하며, 같은 종의 고래들 안에서는 물론이고 계절에 따라 또 해마다 달라진다. 북대서양 북부 프람 해협에서의 한 연구에 따르면 3년 기간 동안 무려 184가지의 멜로디를 들을 수 있었다고 한다. 먹이활동이 왕성한 여름에는 대개 노래를 부르지 않는다. 북극고래들은 보다 높은 주파수의 복잡한 톤들의 소리들도 내는데, 그 소리들은 단순한 형태의 반향정위(총빙 아래나 빙산 주변을 헤쳐 나가기 위한)로 보여진다.

▲ 눈에 띄는 북극고래의 활처럼 굽은 입선.

▲ 보다 옅은 색의 새끼 고래와 함께 있는 북극고래 암컷.

▲ 캐나다 누나부트준주의 북극고래. 검은 점들로 이루어진 '목걸이'를 보라.

▲ 암컷(눈에 띄는 독특한 흰색 턱이 보임).

꼬마긴수염고래 Pygmy right whale

학명 카페레아 마르기나타 *Caperea marginata* (Gray, 1846)

가장 작고 가장 덜 알려진 꼬마긴수염고래과 고래인 꼬마긴수염고래는 바다에서 드물게 관측되지만, 일단 잘 보일 경우 확실히 식별할 수 있다. 꼬마긴수염고래는 영어식 이름이 pygmy right whale로 뒤에 right whale 즉, '참고래'라는 말이 붙지만, 참고래와는 다른 과의 고래로 '진정한' 참고래들 중 하나로 여겨지진 않는다.

분류: 꼬마긴수염고래과 수염고래아목

일반적인 이름: 꼬마긴수염고래는 영어로 pygmy right whale로 뒤에 right whale 즉, '참고래'라는 말이 붙는데, 이는 입선이 참고래와 비슷하지만 그 크기가 작다는 데서 유래된 것이다.

다른 이름들: 없음.

학명: 학명 앞의 *Caperea*는 '주름'(귀뼈의 질감을 가리킴)을 뜻하는 라틴어 *capero*에서 온 것이고, 뒤의 *marginata*는 '가장자리 안에'(옅은 색 고래수염의 진한 가장자리를 가리킴)를 뜻하는 라틴어 *margo*에서 온 것이다.

세부 분류: 현재 따로 인정된 아종은 없음. 새로운 화석 증거들을 보면 이 고래들은 Cetotheriidae, 즉 꼬마긴수염고래과로 옮겨져야 한다.

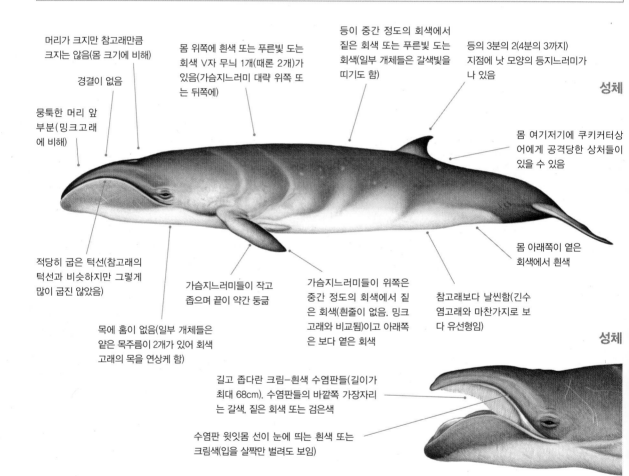

머리가 크지만 참고래만큼 크지는 않음(몸 크기에 비해)

경결이 없음

몸 위쪽에 흰색 또는 푸른빛 도는 회색 V자 무늬 1개(때론 2개)가 있음(가슴지느러미 대략 위쪽 또는 뒤쪽에)

등이 중간 정도의 회색에서 짙은 회색 또는 푸른빛 도는 회색(일부 개체들은 갈색빛을 띠기도 함)

등의 3분의 2(4분의 3까지) 지점에 낫 모양의 등지느러미가 나 있음

성체

뭉툭한 머리 앞부분(밍크고래에 비해)

몸 여기저기에 쿠키커터상어에게 공격당한 상처들이 있을 수 있음

적당히 굽은 턱선(참고래의 턱선과 비슷하지만 그렇게 많이 굽진 않았음)

가슴지느러미들이 작고 좁으며 끝이 약간 둥긂

가슴지느러미들이 위쪽은 중간 정도의 회색에서 짙은 회색(흰줄이 없음. 밍크고래와 비교됨)이고 아래쪽은 보다 옅은 회색

참고래보다 날씬함(긴수염고래와 마찬가지로 보다 유선형임)

몸 아래쪽이 옅은 회색에서 흰색

목에 홈이 없음(일부 개체들은 얕은 목주름이 2개가 있어 회색고래의 목을 연상케 함)

길고 좁다란 크림-흰색 수염판들(길이가 최대 68cm). 수염판들의 바깥쪽 가장자리는 갈색, 짙은 회색 또는 검은색

수염판 윗잇몸 선이 눈에 띄는 흰색 또는 크림색(입을 살짝만 벌려도 보임)

성체

요점 정리

- 남반구의 온대 바다
- 중간 사이즈
- 비교적 큰 머리에 활처럼 굽은 턱선
- 등의 3분의 2 지점에 낫 모양의 등지느러미가 남
- 등에 옅은 색 V자 무늬가 있음
- 물을 뿜는 게 눈에 잘 안 띔
- 수면 위로 오를 때 가끔 물 밖으로 머리를 쑥 내밈

크기

길이: 수컷 5.9~6.1m, 암컷 6.2~6.3m

무게: 2.9~3.4t **최대:** 6.5m, 3.9t

새끼-길이: 1.6~2.2m **무게:** 알 수 없음

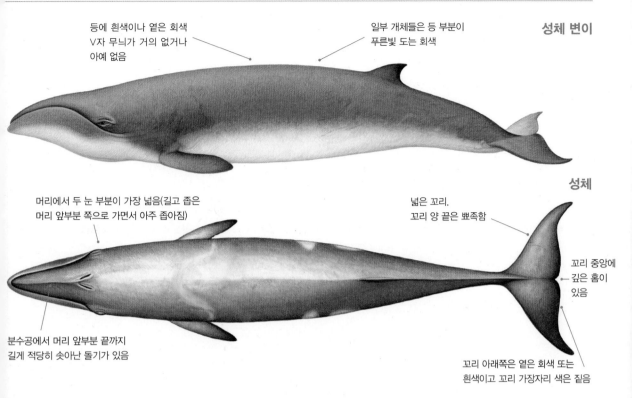

성체 변이

등에 흰색이나 옅은 회색
V자 무늬가 거의 없거나
아예 없음

일부 개체들은 등 부분이
푸른빛 도는 회색

성체

머리에서 두 눈 부분이 가장 넓음(길고 좁은
머리 앞부분 쪽으로 가면서 아주 좁아짐)

넓은 꼬리.
꼬리 양 끝은 뾰족함

꼬리 중앙에
깊은 홈이
있음

분수공에서 머리 앞부분 끝까지
길게 적당히 솟아난 돌기가 있음

꼬리 아래쪽은 옅은 회색 또는
흰색이고 꼬리 가장자리 색은 짙음

비슷한 종들

비슷한 크기의 다른 긴수염고래들, 특히 밍크고래와 혼동하기 쉽다. 그러나 가까이서 보면, 위턱이 보다 뭉툭하고 아래턱이 심하게 굽었으며 흰색 가슴지느러미와 흰색 잇몸 선이 없어(입을 살짝 또는 활짝 벌리면 보임) 식별하는 데 도움이 된다. 또한 멀리서 보면, 꼬마긴수염고래는 물 밖으로 머리를 비스듬히 쑥 내미는 버릇이 있어 식별이 된다. 등과 등지느러미를 보면 부리고래과 고래들과 혼동될 수도 있지만, 머리 모양과 잠수 동작이 판이하게 다르다.

분포

꼬마긴수염고래들은 주로 남반구의 중위도 온대 지역 해안과 대양의 극지 부근에 서식한다. 주로 남위 30도에서 55도 사이에 살고 있으며, 섭씨 5도에서 20도까지의 수온을 좋아한다. 그러나 한류(아프리카 남서부 일대의 벵겔라 해류 같은)가 흐를 경우 남위 19도 지역으로 올라가는 걸로 알려져 있다. 칠레, 아르헨티나, 포클랜드 제도, 크로제 제도, 나미비아, 남아프리카공화국, 뉴질랜드, 오스트레일리아 등지에서 발견된다는 기록들이 있다. 그중 일부 지역들에선 1년 내내 머무는 듯하지만, 다른 지역들에서는 봄과 여름에 해안 쪽으로 이동한다는 증거들도 있다. 일부 개체들의 몸에서 쿠키커터상어들에게 뜯긴 상처나 흉터들이 많은 걸로 보아, 적어도 어느 정도의 시간은 열대 바다나 따뜻한 온대 바다에서 지내는 걸로 추정된다. 또한 증거가 제한되어 있긴 하나, 아열대 수렴대(북동 무역풍과 남동 무역풍의 두 열대 기단이 적도 부근에서 만나 형성되는 전선-옮긴이)는 중요한 먹이활동 지역으로 추정된다. 새끼 고래를 낳고 기르는 장소들은 알려진 게 없지만, 나미비아 해안 일대가 그중 한 곳이 아닌가 보여진다. 대부분의 어린 고래들이 남위 41도 북쪽에서 관측되기 때문이다. 그간 남극 수렴대(남극 해역과 아남극 해역이 이곳을 경계로 수온이 2~3℃ 달라짐-옮긴이)의 남쪽에서 관측되었다고 확인된 적은 없다.

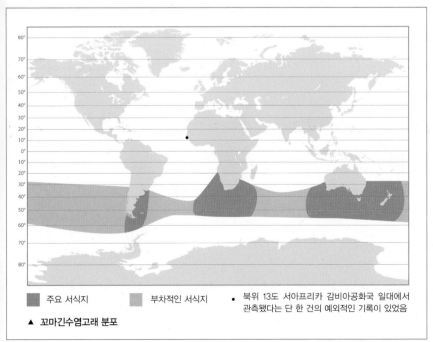

주요 서식지　　부차적인 서식지　　● 북위 13도 서아프리카 감비아공화국 일대에서
관측됐다는 단 한 건의 예외적인 기록이 있었음

▲ 꼬마긴수염고래 분포

새끼

적당히 굽은 턱선(성체의
경우보다는 덜 눈에 띔)

어린 고래들은 성체 고래보다
더 날씬하고 가벼울 수 있음

일대기

성적 성숙: 알려진 바가 없음.

짝짓기: 알려진 바가 없음.

임신: 10~12개월로 추정.

분만: 잘 알려지지 않았지만 새끼는 연중 태어나며, 4월
부터 10월까지 가장 많이 태어난다.

젖떼기: 5개월 후.

수명: 알려진 바가 없음.

행동

바다에서 목격됐다고 확인된 꼬마긴수염고래의 행동은 비교적
적다. 브리칭이나 스파이호핑 또는 롭테일링 등의 행동이 목격됐
다는 기록도 없다. 수면에선 분명 천천히 헤엄치지만, 급가속을
해 속도를 높일 수도 있다(이 경우 뒤쪽으로 눈에 띄는 흔적이 남
음). 또한 다른 고래들과 잘 어울리는 걸로 알려져 있다. 배를 만
났을 때의 반응은 배의 크기에 따라 달라, 작은 배는 아주 가까이
다가가기도 하지만 큰 배는 피하는 경우가 더 많다. 비행기나 배
가 나타날 경우 한데 모여 원을 만든 뒤 시계 반대 방향으로 도는
모습이 관측되기도 했다.

수염판

- 수염판이 213~230개다(위턱 한쪽에).

먹이와 먹이활동

먹이: 요각류와 담수산 요각류, 단각류, 작은 크릴새우 그리고 그
밖의 다른 플랑크톤들도 먹는다.

먹이활동: 훑어 먹듯 먹는다(꿀꺽꿀꺽 삼키기보다는). 위 안에서
새의 날개들이 발견되는 걸 보면 수면에서 먹이활동을 하는 것으
로 추정된다.

잠수 깊이: 깊이 잠수하지는 않는 듯하다(심장과 폐가 작아 오래
잠수하지도 않음).

잠수 시간: 40초~4분.

집단 규모와 구조

해안 가까이에서 관측되는 건 대개 1~2마리지만(종종 어미 고래
와 새끼 고래 쌍), 14마리까지 모여 있는 게 관측된 적도 있다. 연
안에서는 80마리(1992년 웨스턴오스트레일리아 남쪽 590km
지점) 또는 100마리 이상(2007년 오스트레일리아 남서쪽 40km
지점)이 관측됐다는 기록도 있다.

포식자들

알려진 바가 없음. 범고래와 대형 상어들일 걸로 추정.

개체 수

알려진 추정치가 없다. 육지로 밀려온 고래들의 수로 미루어 보
자면 적어도 일부 지역들에서는 아주 흔한 걸로 추정된다.

종의 보존

세계자연보전연맹의 종 보존 현황: '최소 관심' 상태(2018년. 일부
지역에서는 화학물질 오염, 소음 공해, 지구 온난화, 어망에 뒤엉
키는 사고 등이 문제인 듯하다. 꼬마긴수염고래들이 포경업자들
의 표적이 되고 있다는 증거는 없지만(이 고래들을 죽여서 이익
을 보기엔 너무 작은 데다 바다에서 만나게 되는 경우도 드물기
때문), 1935년 이후 국제적인 협약 하에 보호되는 중이다. 남아
프리카공화국, 뉴질랜드, 오스트레일리아 등지 해안에서 조업 중
인 어부들에 의해 종종 의도적으로(또는 우연히) 잡히기도 한다.

잠수 동작

- 눈에 띄지 않게 아주 빨리 수면으로 올라온다(몇 초 이상 수면에 머무는 경우가 드묾).
- 머리를 비스듬히 물 밖으로 내밀곤 한다(가끔은 활처럼 굽은 입선이 보일 정도로).
- 분수공이 사라지기 전에 잠시 등지느러미가 보이기도 한다.
- 잠수할 때는 등이 약간 구부러진다.
- 잠수하기 전에 꼬리를 공중으로 치켜올리지 않는다.

물 뿜어 올리기

- 가끔 물을 뿜어 올리는 게 눈에 잘 띄질 않는다.
- 설사 눈에 띈다 해도, 뿜어 올리는 물이 좁은 원주형 또는 작은 계란형이다.

회색고래 Grey whale

학명 에스크리크티투스 로부스투스 *Eschrichtius robustus* (Lilljeborg, 1861)

회색고래는 타고난 여행자들로, 겨울철 번식 장소들에서 여름철 먹이활동 장소 간의 왕복 거리가 20,000km가 넘는다. 세계에서 가장 많이 관측되는 고래 중 하나인 회색고래는 얼룩덜룩한 회색빛과 등지느러미 대신 난 작은 혹 때문에 바로 식별할 수 있다.

분류: 귀신고래과 수염고래아목

일반적인 이름: 회색고래는 영어로 grey whale로, 그 유래에 대해서는 몇 가지 설이 있다. 그 하나는 몸이 회색(영국 영어로는 grey, 미국 영어로는 gray)이라는 데서 왔다는 설. 이 경우 grey whale과 gray whale 모두 적절한 이름이다. 또 하나는 영국 동물학자 존 에드워드 그레이 John Edward Gray, 1800~1875의 이름에서 왔다는 설. 그는 1864년 이 회색고래의 독특한 면들을 알아보고 1864년 새로운 고래 속으로 등록했다.

다른 이름들: Gray whale, grayback, California gray whale, Pacific gray whale; 역사적으로는 mussel-digger, mud-digger, scrag whale, ripsack, hardhead, devilfish('악마 물고기'라는 이 이름은 사냥을 할 때 아주 포악하다 해서 미국 포경업자들이 붙인 것)라고도 불림.

학명: 학명 앞부분의 *Eschrichtius*는 19세기의 덴마크 동물학자 다니엘 프레드릭 에스크리크트 Daniel Frederick Eschricht, 1798~1863의 이름에서 온 것이고, 뒷부분의 *robustus*는 '강한' 또는 '튼튼한'을 뜻하는 라틴어 *robustus*에서 온 것이다.

세부 분류: 현재 따로 인정된 아종은 없음. 멕시코의 번식 장소들에선 서로 뒤섞인다는 증거도 있지만, 북태평양 동부ENP의 회색고래와 북태평양 서부 회색고래 두 종류로 나눌 수도 있다.

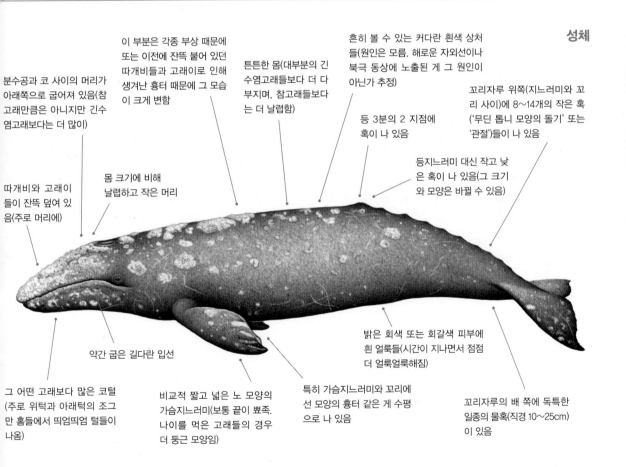

성체

분수공과 코 사이의 머리가 아래쪽으로 굽어져 있음(참고래만큼은 아니지만 긴수염고래보다는 더 많이)

이 부분은 각종 부상 때문에 또는 이전에 잔뜩 붙어 있던 따개비들과 고래이로 인해 생겨난 흉터 때문에 그 모습이 크게 변함

튼튼한 몸(대부분의 긴 수염고래들보다 더 다부지며, 참고래들보다는 더 날렵함)

흔히 볼 수 있는 커다란 흰색 상처들(원인은 모름. 해로운 자외선이나 북극 동상에 노출된 게 그 원인이 아닌가 추정)

등 3분의 2 지점에 혹이 나 있음

꼬리자루 위쪽(지느러미와 꼬리 사이)에 8~14개의 작은 혹('무딘 톱니 모양의 돌기' 또는 '관절')들이 나 있음

등지느러미 대신 작고 낮은 혹이 나 있음(그 크기와 모양은 바뀔 수 있음)

따개비와 고래이들이 잔뜩 덮여 있음(주로 머리에)

몸 크기에 비해 날렵하고 작은 머리

약간 굽은 길다란 입선

밝은 회색 또는 회갈색 피부에 흰 얼룩들(시간이 지나면서 점점 더 얼룩얼룩해짐)

그 어떤 고래보다 많은 코털(주로 위턱과 아래턱의 조그만 홈들에서 띄엄띄엄 털들이 나옴)

비교적 짧고 넓은 노 모양의 가슴지느러미(보통 끝이 뾰족. 나이를 먹은 고래들의 경우 더 둥근 모양임)

특히 가슴지느러미와 꼬리에선 모양의 흉터 같은 게 수평으로 나 있음

꼬리자루의 배 쪽에 독특한 일종의 물혹(직경 10~25cm)이 있음

요점 정리

- 북태평양과 인근 바다의 해안 지역 또는 얕은 물에 서식
- 옅은 회색에서 짙은 회색까지 또는 갈색빛 도는 회색에 흰색 얼룩들
- 대형 사이즈
- 낮은 혹(등지느러미 대신)
- 따개비와 고래이들로 뒤덮인 머리(그리고 몸의 다른 부위들)
- 꼬리자루의 위쪽(지느러미와 꼬리 사이)에 나 있는 작은 혹 또는 관절들
- 자욱하게 내뿜는 물이 낮은 V자 또는 심장 형태임
- 깊이 잠수할 때 종종 꼬리를 치켜올림

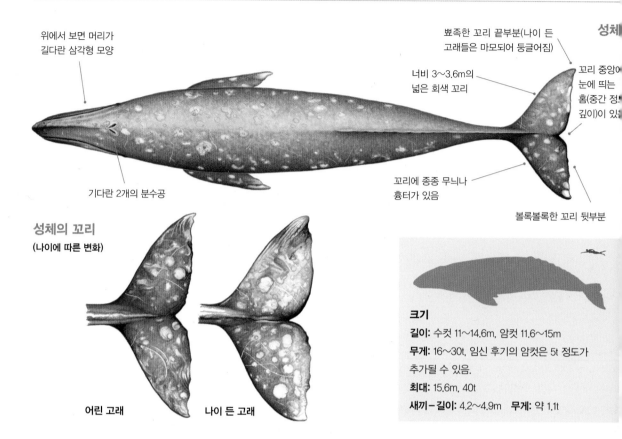

위에서 보면 머리가 길다란 삼각형 모양

뾰족한 꼬리 끝부분(나이 든 고래들은 마모되어 둥글어짐)

성체

너비 3~3.6m의 넓은 회색 꼬리

꼬리 중앙어 눈에 띄는 홈(중간 정! 깊이)이 있!

기다란 2개의 분수공

꼬리에 종종 무늬나 흉터가 있음

볼록볼록한 꼬리 뒷부분

성체의 꼬리
(나이에 따른 변화)

어린 고래   나이 든 고래

크기
길이: 수컷 11~14.6m, 암컷 11.6~15m
무게: 16~30t, 임신 후기의 암컷은 5t 정도가 추가될 수 있음.
최대: 15.6m, 40t
새끼-길이: 4.2~4.9m   **무게:** 약 1.1t

비슷한 종들

가까이서 보면 얼룩덜룩한 회색 몸 때문에 쉽게 구분이 된다. 그러나 멀리서 보면 눈에 띄는 등지느러미가 없어 향유고래, 참고래, 북극고래 같은 다른 대형 고래들과 혼동될 여지가 있다. 그래서 확실히 식별하려면 모양과 색, 물을 뿜어 올리는 모습, 잠수 동작 등을 봐야 한다.

분포

주로 북태평양과 인근 바다들의 얕은 대륙붕 지역에 몰려 산다. 사는 건 해안 지역이지만, 먹이활동은 먹이가 풍부한 해변에서

먼 얕은 대륙붕 일대에서 하며, 멀리 이동할 때는 깊은 바닷속을 헤엄쳐 갈 수 있다. 회색고래들은 크게 두 지역에 모여 사는 것으로 확인됐다(해부학적으로는 두 지역의 회색고래들이 서로 다르게 없지만). 북태평양 동부의 회색고래들은 멕시코 바하칼리포르니아의 겨울 번식 지역들과 베링해-추크치해-보퍼트해의 여름 먹이활동 지역들 사이를 오가며, 북극 얼음이 녹으면 그 범위를 북서쪽으로 더 확대하는 걸로 추정된다. 반면에 북태평양 서부WNP의 회색고래들은 겨울 번식 지역들(남중국해로 추정)과 오호츠크해 및 캄차카 반도 남쪽과 남동쪽의 여름 먹이활동 지역들 사이를 오간다. 겨울 번식철이 되면 이 두 지역의 회색고래들

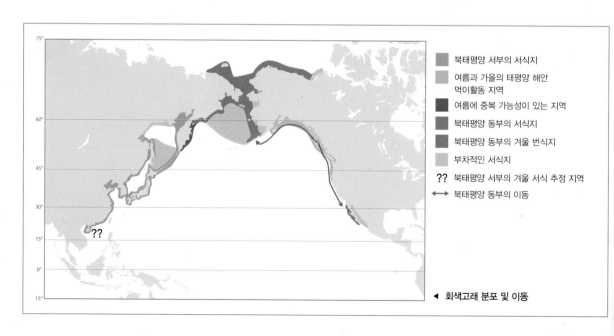

북태평양 서부의 서식지

여름과 가을의 태평양 해안 먹이활동 지역

여름에 중복 가능성이 있는 지역

북태평양 동부의 서식지

북태평양 동부의 겨울 번식지

부차적인 서식지

?? 북태평양 서부의 겨울 서식 추정 지역

↔ 북태평양 동부의 이동

◀ 회색고래 분포 및 이동

여름 먹이활동 추정 지역들 ←→ 이동 추정 경로들
겨울 번식 추정 지역들

▲ 북대서양의 회색고래 역사적 분포 범위(가상의)

안에서 10km 이내의 거리로) 움직인다. 가장 짧은 왕복 여행(멕시코 산이그나시오 석호에서 알래스카 유니막 수로 사이) 거리는 약 1만 2,000km. 그러나 일부 개체들은 훨씬 멀리 이동해, 바다 포유동물의 최장거리 이동 기록을 세운 건 한 회색고래 암컷으로, 러시아 사할린섬에서 멕시코 바하칼리포르니아까지 왕복 2만 2,511km를 이동했다고 한다.

2011년 이후 일부 회색고래들은 충분한 먹이와 에너지를 비축하기 위해 보다 오랜 기간(일부 예외적인 경우들에는 1년 내내) 북극에 남아 있었다는 기록들도 있다. 이는 지구 온난화로 인해 빙하가 줄어들고, 그 결과 회색고래들의 분포와 먹이활동에 변화가 생긴 것으로 추정된다. 바다 얼음이 줄어들면서 최근 몇십 년간 여름철 회색고래의 먹이활동 지역이 특히 더 북쪽으로(북위 71도까지) 확대된 것이다. 현재 동쪽으로는 캐나다 보퍼트해에서, 그리고 서쪽으로는 추크치해의 랭겔섬(그리고 심지어는 동시베리아해)에서도 회색고래들이 흔히 관측되고 있다. 북극해 최남단에서 관측된 회색고래는 2010년 7월 엘살바도르(북위 약 14도) 해변까지 흘러내려갔던 회색고래 성체였다.

태평양 해안 먹이활동 집단

'태평양 해안 먹이활동 집단Pacific Coast Feeding Group'(캐나다) 또는 '태평양 해안 먹이활동 집합Pacific Coast Feeding Aggregation'(미국)으로 알려진 약 200마리의 회색고래들은 멀리 북극까지 이동하지 않으며, 대신 여름과 가을에 캘리포니아 북부와 알래스카 남동부 사이의 해안 지역에서 먹이활동을 한다. 그리고 공식적으로는 5월과 11월 사이에 북위 41도부터 52도까지(일부 고래들은 북위 약 60도의) 지역에서 관측된다. 이 고래들은 다른 동부 회색고래들과 이종교배를 하기도 하지만, 엄연히 다른 집단의 회색고래로 보여진다. 때론 약 10~15마리의 회색고래 집단이 주로 2월부터

이 어느 정도 서로 뒤섞인다는 증거가 있으며(북태평양 동부와 북태평양 서부 양쪽에서 총 54마리의 회색고래가 관측됐다는 기록이 있음), 여름 먹이활동 철이 되면 캄차카 반도 남동쪽과 사할린섬 일대에서 두 지역의 회색고래들이 뒤섞인다는 기록도 있다. 역사적으로 회색고래들은 북대서양에서도 발견됐으며, 남대서양에서 발견됐다는 기록도 한 건 있다(p.82 '예외적인 목격들' 참조).

이동

번식 및 먹이활동 지역들은 폭넓게 분리되어 있으며, 해안을 따라 멀리(위도 50도까지) 이동한다. 북태평양 동부 회색고래들은 북아메리카를 따라 특히 멀리 이동하는데, 대개 해안을 끼고(해

잠수 동작

- 처음 수면 위로 올라올 땐 머리가 분수공에서부터 아래쪽으로 기울어져 보인다(낮은 삼각형 모양이 됨).
- 잠수하기 위해 등이 약간 구부러지면서 조그만 혹들, 즉 관절들이 뚜렷이 보인다.
- 잠수는 대개 짧고 얕게 한다(꼬리를 치켜드는 일은 드묾).
- 깊이 잠수할 때는 꼬리를 하늘 높이 치켜든다.
- 멀리 이동하거나 먹이활동을 할 때는 대개 3~7분간 잠수를 하며, 그런 다음 수면 위로 올라와(수면 위로 떠오르는 시간은 15~30초씩) 3~5회 물을 뿜어 올린다.

물 뿜어 올리기

- 5m까지 자욱하게 물을 뿜어 올린다(아주 다를 수도 있음).
- 뿜어 올리는 물은 앞이나 뒤에서 볼 때 V자 모양, 높고 자욱한 나무 모양 또는 심장 모양(물이 안쪽으로 떨어질 때)이 된다.
- 하나의 자욱한 물기둥처럼 보일 수도 있다.

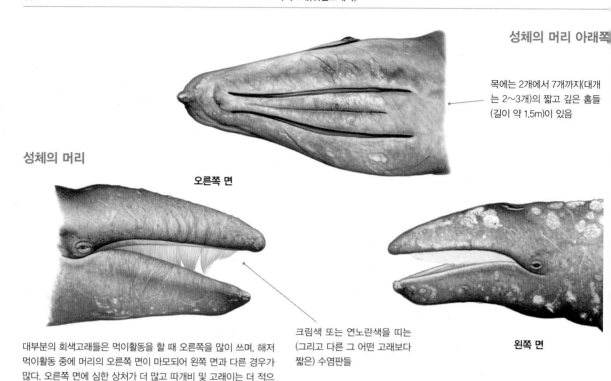

성체의 머리 아래쪽

목에는 2개에서 7개까지(대개
는 2~3개)의 짧고 깊은 홈들
(길이 약 1.5m)이 있음

성체의 머리

오른쪽 면

크림색 또는 연노란색을 띠는
(그리고 다른 그 어떤 고래보다
짧은) 수염판들

왼쪽 면

대부분의 회색고래들은 먹이활동을 할 때 오른쪽을 많이 쓰며, 해저
먹이활동 중에 머리의 오른쪽 면이 마모되어 왼쪽 면과 다른 경우가
많다. 오른쪽 면에 심한 상처가 더 많고 따개비 및 고래이는 더 적으
며 수염판들은 닳아서 더 짧다.

5월 또는 6월까지 미국 워싱턴주 북서부에 있는 퓨젓사운드만에
서 먹이활동을 하기도 한다.

연간 주기(북태평양 동부 회색고래들)

4~11월: 북극의 먹이활동 지역들에 서식.

11~2월: 남쪽으로 이동. 겨울이 되어 바다에 얼음이 얼고 낮 길이
가 짧아지면 고래들이 남쪽으로 향하기 시작한다. 11월 중순부
터 12월 말에 95%의 회색고래들이 유니막 수로를 통해 베링해
를 떠나 알래스카의 알류샨 열도에 도달하며, 다시 거기서 60여
일 만에 멕시코 바하칼리포르니아에 도착한다. 떠나는 것도 순서
가 있어, 분만이 다가온 암컷들이 먼저 떠나고, 다른 모든 성체
고래들과 덜 자란 암컷들이 그 뒤를 따르며, 마지막으로 덜 자란
수컷들이 떠난다. 가장 마지막에 남쪽으로 이동하는 고래들은 가
장 먼저 북쪽으로 되돌아오는 고래들을 접하게 된다. 이동할 때
의 평균 속도는 시속 7~9km이다.

12~4월: 멕시코 바하칼리포르니아의 태평양 해안 일대의 번식
지역들에 서식. 중요한 집단 번식 석호들은 세 곳으로, 스캐몬 석
호(또는 오호 데 리에브레)와 산 이그나시오 석호 그리고 막달레
나만이 바로 그곳이다. 역사적으로는 게레로 니그로 석호가 중
요했지만, 오늘날 그 석호를 이용하는 회색고래는 별로 없다. 한
때 소수의 회색고래들이 멕시코 '본토'의 칼리포르니아만 내 여
러 석호들, 즉 소노라주의 야바로스-티자후이와 시날로아주의
바히아 나바키스테, 바히아 알타타, 바히아 산타 마리아 라 레포
르마를 이용했었다. 고래들이 석호들 안이나 그 주변에서 보내는
시간은 성별과 번식 여건에 따라 달라져, 예를 들어 산 이그나시
오 석호의 경우 번식기의 수컷과 암컷은 평균 7~9일(최대
72일), 어린 새끼들과 함께 있는 암컷들은 28~30일(최대 89일)
을 보낸다.

2~6월 초: 북쪽으로 이동. 출발은 두 단계로 이루어진다. 첫째, 어
미 고래들과 새끼 고래들을 제외한 모든 고래가 출발한다. 이 고
래들은 대개 곶에서 곶으로 향하며 해안선 내 움푹 들어갈 곳들
을 가로질러(그 안으로 들어가지 않고) 나아가고, 평균 이동 속도
는 대략 남쪽으로 이동할 때와 같지만, 여름 먹이활동 지역들에
다가가면서 구체적인 장소를 선택하는 경향이 있다. 둘째, 1~2개
월 후에(그러니까 새끼 고래들이 어느 정도 강해졌을 때) 어미
고래들이 새끼 고래들을 데리고 출발한다. 90%의 여행은 해안
200m 안쪽에서(때론 그 해안의 상당 지역을 둘러싼 해초 바다
들 안쪽에서) 이루어지며, 범고래들의 공격을 피하기 위해 움푹
들어간 곳들을 따라 돌면서(가로지르지 않고) 나아간다. 이들의
평균 이동 속도는 시속 4~5km이며, 대개 5월 말이나 6월에 여
름 먹이활동 지역에 도착한다.

연간 주기(북태평양 서부 회색고래들)

주목: 이는 역사적인 연간 주기이며, 지금도 소수의 서부 회색고
래들(80마리 이내)은 아시아 번식 지역으로 이동한다.

5월 초~12월 중순: 번식 지역들에 서식. 역사적으로 이 고래들은
오호츠크해 북쪽 일대에서 여름 먹이활동을 했지만, 현재는 주로
사할린섬 인근 해안 일대에서(필툰만 인근 해안 지역의 얕은 바
다와 차이포만에서 30~40km 떨어진 보다 깊은 바다에서) 먹이
활동을 하며, 적어도 일부 고래들은 초여름에 캄차카 반도 남쪽
과 남동쪽 일대에서 먹이활동을 한다. 사할린섬 북동쪽 바다의
경우 7월 말이면 그 개체 수가 절정에 이르며, 약 20~30마리의
회색고래들은 12월 중순까지(얼음의 상태에 따라 달라지지만)
그 지역에 그대로 머물기도 한다.

11~2월: 남쪽으로 이동. 현재의 이동 경로는 불확실하다. 역사적
으로는 러시아 동부의 해안과 일본, 한반도 그리고 중국 동부 상

새끼

따개비나 고래이가 없음
(태어난 뒤 곧 어미 고래로부터
옮겨오게 되지만)

100~170개의 코털(성체 고래보다
더 눈에 띔. 특히 위턱과 아래턱 가
장자리에)

덜 얼룩덜룩함(회색, 검은색,
흰색 소용돌이들이 조금 있기도 함)

태어날 때는 성체 고래보다 색이 더
짙음(고르게 짙은 암회색으로 거의 검
은색처럼 보이기도 함)

꼬리

당 부분의 해안이 그 이동 경로에 포함됐었다. 회색고래들은 한 때 한국 일대에서 사냥됐었는데, 특히 12~1월과 3~4월에 절정을 이뤄 그 두 시기에 각기 남쪽과 북쪽으로 이동했을 걸로 추정된다. 그러나 면밀한 조사에도 불구하고, 이 회색고래들이 목격된 게 마지막으로 확인된 건 1977년이었다. 1990년부터 2012년 사이에 일본 바다에서 목격되었거나 폐사된 걸로 기록된 건 15마리뿐이다(3월부터 5월 사이에 가장 많이 목격되어, 그 시기에 특히 혼슈 지역에서 주로 태평양 해안을 따라 북쪽으로 이동했을 걸로 추정됨).

12~4월: 번식 지역들에 서식. 비록 제한된 증거이긴 하나, 역사적

으로 일본의 세토 내해(혼슈섬, 시코쿠섬, 규수섬 사이)에 회색고래 번식지가 있었다는 증거가 있다. 현재의 번식지는 알려지지 않았지만, 남중국해 하이난섬 일대의 해안 바다(알려진 번식지의 남서쪽 끝부분)로 추정된다. 중국 일대에서 관측되는 경우는 드물지만(1933년 이후 24건), 어쨌든 꾸준히 관측되고 있으며, 사실상 현재 황해 북부에서 남쪽으로 하이난 해협에 이르는 해안 일대 전역에서 관측됐다는 기록들이 있다. 북태평양 서부 회색고래들이 동부 회색고래들처럼 해안 석호들을 이용하는지 여부는 알려진 바가 없다. 게다가 사할린섬 일대에서 여름을 나는 일부 회색고래들은 북태평양 동부 회색고래들이 이용하는 지역들로 이동해 겨울을 나서, 지역 내 모든 회색고래들이 같은 번식지를 사용하는 게 아니라는 건 분명해 보인다.

2~5월: 북쪽으로 이동. 현재의 이동 경로는 불확실하다(바로 앞부분 참조).

북대서양 회색고래들

회색고래들은 한때 북대서양 동쪽과 서쪽 모두에서 서식했다(실제로 1861년 스웨덴 동물학자 빌헬름 릴예보르그Wilhelm Lilljeborg는 스웨덴 일대에서 발견된 준화석 뼈대를 가지고 회색고래에 대

먹이와 먹이활동

먹이: 다양한 저서성 생물(바다 밑바닥에서 기어 다니거나 고착해서 사는 동식물—옮긴이)과 플랑크톤을 먹는다. 북쪽 바다에서는 저서성 단각류(아마 그중 가장 중요한 건 길이가 33mm에 이르는 암펠리스카 마크로세파루스 *Ampelisca macrocephalus*)가 주 먹이여서 대개 먹이의 90%에 달한다. 알류샨 열도 남쪽의 먹이활동 지역들에서는 종종 주 먹이가 플랑크톤성 보리새우들이지만, 저서성 단각류와 다른 종들도 먹는다. 사할린섬을 벗어날 경우, 단각류가 모자란 해에서는 주 먹이가 가장 풍부한 저서성 생물들로 바뀐다. 그러니까 상황에 따라 연안에 사는 레드크랩, 크랩 유충, 보리새우, 물고기 알 및 유충, 미끼용 작은 물고기들, 오징어 등을 먹는 것이다. 회색고래가 먹는 걸로 확인된 무척추동물 및 어류는 총 80종이 넘는다. 기후 변화로 북극 생태계가 변하면서 먹이활동 습관이 저서성 생물에서 먼바다 어류들로 바뀌고 있는 걸로 추정된다.

먹이활동: 1년 중 여름에 먹이활동을 가장 많이 하며(약 6개월간 하루에 1~1.3t의 먹이를 먹음), 그런 다음 나머지 기간에는 먹이활동을 하지 않는다. 새끼가 있는 어미 고래들은 상황에 따라 북쪽으로 이동할 때 먹이활동을 하며, 어린 암컷 및 수컷 고래들은 북쪽과 남쪽으로 이동할 때 먹이활동을 한다. 해저에서 천천히 헤엄을 치며 침전물들을 빨아들이며(1.4t에 이르는 혀와 열린 입을 통해 빨아들이고 목의 주름들로 입을 확대시킴), 그중에서 먹이들을 걸러 먹는다. 그리고 머리를 해저와 나란히 하기 위해 대개 오른쪽으로 몸을 돌린다(왼쪽으로 돌리는 회색고래들도 있지만). 회색고래가 먹이활동을 할 때는 몸 뒤로 진흙탕처럼 뿌얀 침전물 자국들이 길게 생겨나 수면 위에서도 뚜렷이 보인다. 회색고래들은 참고래처럼 자유유영 중인 먹이들을 입을 벌려 훑듯 먹든가 긴수염고래들처럼 꿀꺽 삼켜 먹는다.

잠수 깊이: 대개 수심 30~60m에서 먹이활동하는 걸 좋아하지만(잠수 범위는 3~120m. 가장 깊이 잠수한 기록은 수심 170m로 알려짐), 상황에 따라 물 중간 깊이나 수면에서 먹이활동을 하기도 함.

잠수 시간: 이동할 때는 3~7분. 먹이활동을 위해 잠수할 때는 대개 5~8분. 석호에서의 번식기에는 잠수의 50%가 1분 이내. 휴식기에는 약 26분까지.

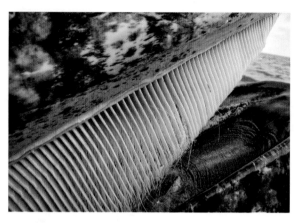

▲ 근접 촬영된 크림색 수염판들의 모습.

▲ 회색고래들은 자주 그리고 가끔은 반복해서 브리칭을 한다.

한 연구를 하기도 했음). 그 회색고래들의 서식 범위와 이동 경로에 대해서는 알려진 게 거의 없지만, 분명히 구분되는 두 종류의 회색고래들이 있었던 것 같다(그 일부는 아이슬란드에서 서로 뒤섞였지만). 그러나 그 고래들은 거의 다 17세기 말 또는 18세기 초에 이르러 멸종됐다(북대서양 서부에서 가장 최근에 준화석이 발견된 건 1650년 무렵이고, 북대서양 서부에서 가장 최근에 발견된 건 1685년 무렵임). 그 이유는 스페인 바스크 지역 및 아이슬란드 포경업자들과 뉴잉글랜드 이주민 포경업자들의 초기 고래 사냥 때문인 걸로(아니면 적어도 그로 인해 멸종이 앞당겨진 걸로) 추정된다. 그러나 지구 온난화로 북북서항로(유럽에서 북아메리카 대륙의 북쪽 해안을 거쳐서 태평양으로 나오는 항로-옮긴이)와 북동항로(유럽에서 동북으로 항해해 북극해로 들어가 태평양과 아시아에 이르는 항로-옮긴이)를 가로막고 있던 얼음 장벽들이 줄어들면서, 이제 태평양에서 서식하던 회색고래들이 꾸준히 대서양으로 들어오는 걸 보는 게 가능해지고 있다. 회색고래들은 결국 새로운 서식지를 만들 수 있게 될 것이다.

예외적인 목격들

그간 주목할 만한 목격이 세 차례에 걸쳐 있었다. 2010년 5월 8일 회색고래 1마리가 텔아비브 인근 이스라엘 해안 근처에서 목격됐고, 다시 5월 30일 바르셀로나 인근 스페인 쪽 지중해에서 목격됐다. 그 고래는 북대서양에서 얼지 않은 북극해(북서항로 또는 북동항로)를 경유해 들어온 게 분명했다. 2013년 5월 4일에는 아프리카 나미비아 월비스만에 전혀 다른 개체가 나타났다.

남반구에서 발견된 걸로 기록된 그 회색고래는 6월 9일까지 거의 매일 목격됐다. 이스라엘 근처에서 발견된 회색고래와 같은 경로로 왔을 수도 있고 아니면 남아메리카 남단을 돌아 남대서양을 가로질러 왔을 수도 있다. 2011년 가을에는 랍테프해 내 뉴시베리아 제도 서쪽 지역에서 2마리가 발견되어, 회색고래의 서식지가 서쪽으로 500km나 확대됐다.

행동

회색고래는 수면에서 가장 활발히 움직이는 대형 고래들 중 하나로, 자주 브리칭을 하고(가끔은 연이어 여러 차례, 예외적으로 40~50차례) 스파이호핑을 하며(두 눈을 수면 위 또는 아래에 둔 상태) 꼬리나 가슴지느러미를 물 밖에서 흔들기도 한다. 또한 파도타기를 하며 '놀기도' 하고, 자갈 해변이나 바위 그리고 심지어 부두나 배에 몸을 문지르기도 하는데, 이는 몸에 기생하는 동물들로 인한 피부 자극을 덜기 위한 것으로 보인다. 호기심이 많아 가끔 배에 다가오기도 한다. 회색고래의 이런 '친근한' 또는 '호기심 어린' 행동은 번식지인 멕시코 석호에서(특히 1972년에 처음 그런 행동이 목격된 걸로 보고된 산 이그나시오 석호에서) 가장 흔히 관측되지만, 다른 곳에서도 관측된다.

수염판

- 수염판이 130~180개다(위턱 한쪽에).
- 수염판은 그 길이가 5~50cm밖에 안 돼 고래들의 수염판들 중 가장 짧고 거칠다.

일대기

성적 성숙: 암컷과 수컷 모두 6~12년(평균 8년).
짝짓기: 주로 11월 말부터 12월까지 암컷의 짧은 발정기(3주) 때(남쪽으로 이동하면서) 또는 40여 일 후 겨울 번식 장소에서 암컷의 두 번째 발정기 때. 짝짓기 방식은 무차별적임(한 암컷이 20~30마리에 이르는 여러 수컷들과 짝짓기를 함), 수컷들 간에 싸움은 없지만(정자 경쟁이 더 중요하기 때문으로 추정) 구애 활동이 열정적인 경우들도 있음(암컷이 앞장서고, 많은 수컷들이 맹렬한 추격전을 벌임).
임신: 12~13.5개월.
분만: 2년마다(특히 서부의 회색고래들은 3년마다. 45마리의 암컷들

중 1마리는 매년 새끼를 가짐). 12월 말에서 2월 중순 사이에 새끼 1마리가 태어남(그중 25~50%는 남쪽으로 이동하고, 나머지는 번식지 석호 안이나 그 주변에 있음). 대부분은 1월 5일부터 2월 15일 사이에 태어남(평균 1월 27일).
젖떼기: 6~9개월 후인 7월이나 8월에(그러나 1~2개월 더 어미 고래 곁에 있다가 여름 먹이활동 지역에서 헤어지기도 함).
수명: 70~80년. 멕시코 바하칼리포르니아주에서의 사진 식별 연구에 따르면, 번식하는 일부 암컷 회색고래의 나이는 적어도 48살임(최고 기록은 76살).

새끼 고래의 성장기

생후 1~10일: 입에서 분수공까지 고르게 짙고 확연한 주름들(태아 주름들). 따개비들은 없음(또는 아주 작은 따개비들). 엄마 고래와 붙어 다님.

생후 2~4주: 주름들이 사라지고 머리에 깊은 홈들이 생겨남. 따개비들(하지만 작은 따개비들)이 나타남. 대개 엄마한테서 1~2m도 안 떨어짐.

생후 4~8주: 눈에 띄게 커짐. 호기심이 많으며 엄마 없이 혼자 배들에게 다가가기도 함(그러나 엄마와 6m 이상 떨어지진 않으려 함).

생후 8주+: 몸이 훨씬 커지고 이제 엄마한테서 50m까지도 떨어짐. 생후 12주쯤 되면 회색과 흰색이 섞인 얼룩덜룩한 회색고래 성체의 특징이 나타남. 한 살 이상 된 고래들의 경우에만 따개비 성체들이 들러붙어 있게 됨.

집단 규모와 구조

회색고래들은 이동 중에 보통 혼자 또는 2~3마리씩 몰려다니지만, 16마리까지 불안정한 집단을 이루기도 한다(모두 비슷한 속도로 같은 방향으로 여행한다는 걸 감안하면 불가피한 일임). 어미와 새끼 고래 쌍들은 따로 이동하는 경향이 있다. 겨울철에 함께 모여 번식도 하는 석호에서는 1,000마리 넘게 모이기도 한다. 여름 먹이활동 지역들에서는 대개 혼자 또는 쌍으로 다니지만, 먹이가 풍부한 지역들에서는 수백 마리가 여기저기 흩어져 있기도 한다. 먹이활동 철이 끝날 때쯤이면 최근에 젖을 뗀 어린 고래들이 12마리 넘게 집단을 이루기도 한다.

▲ 회색고래 성체의 머리에 붙은 따개비와 고래이를 근접 촬영한 것.

따개비와 고래이

회색고래 새끼들은 몸에 기생 동물들이 붙지 않은 채 태어나지만, 자라면서 바로 생겨나게 된다. 회색고래 성체의 몸에는 다른 그 어떤 고래보다 많은 기생 동물들이 붙어 있다. 몸에 붙이고 다니는 고랑따개비(1종)와 고래이(4종)가 평균 180kg이 넘을 정도. 이 따개비들은 회색고래라는 숙주에만 기생하는 걸로 보여지며(포획된 큰돌고래들과 흰돌고래들 그리고 한 야생 범고래의 경우에도 예외적으로 기생했지만), 그 라이프 사이클은 숙주 고래의 라이프 사이클과 일치한다. 이 따개비들은 고래 몸 어디에나 붙지만, 머리 위와 바로 그 뒷부분(물 흐름에 최대한 많이 노출되는 부위임)에 가장 많이 붙는다.

크립톨레파스 라키아넥티 *Cryptolepas rhachianecti*
(고래 따개비)

- 직경이 5.5cm까지(1년 후면 완전히 자람)
- 몸이 낮음(물살에 떨어져 나가지 않기 위해)

키아무스 스캄모니
(회색고래이─회색고래 몸에서만 발견)

- 회색고래 몸에 가장 많이 붙는 가장 큰 고래이
- 수컷은 길이가 2.7cm까지, 암컷은 1.7cm까지 자람
- 흉부 아래쪽에 구부러지고 갈라진 두 쌍의 아가미가 똬리를 틀고 있음

키아무스 케슬레리
(작은 회색고래이─회색고래 몸에서만 발견)

- 쭉 뻗고 갈라지지 않은 두 쌍의 아가미(머리 앞쪽이나 옆쪽으로 돌출되어 다리처럼 보임)
- 수컷은 길이가 1.5cm까지, 암컷은 1cm까지 자람
- 회색고래의 머리와 가슴지느러미에선 거의 발견되지 않음(주로 항문과 생식기 구멍 안에 서식)

키아무스 세티
(회색고래와 북극고래이─북극고래 몸에서도 발견)

- 쭉 뻗고 갈라진 두 쌍의 아가미
- 수컷은 길이가 1.2cm까지, 암컷은 1.1cm까지 자람
- 다른 고래이 종들보다 뒷부분 아래쪽에 작은 '척추들'이 더 많음

키아무스 에스크리크티
(회색고래 몸에서만 발견)

- 수컷은 길이가 1.4cm까지, 암컷은 0.8cm까지 자람

포식자들

'빅스 범고래Bigg's killer whale'(고래학자 마이클 빅Michael Bigg에서 따온 이름─옮긴이)는 매년 전체 회색고래 새끼들의 무려 35%까지 먹어 치우는 걸로 추정된다. 거의 모든 회색고래들이 어느 시점에선가 범고래의 턱 안에 들어간 적이 있었다고 봐도 좋을 정도다(거의 모든 회색고래들의 몸에 나 있는 범고래 이빨 자국 상처가 숨길 수 없는 증거임). 회색고래들의 이동 경로 중에 범고래들의 공격이 가장 잦은 지역은 두 곳인데, 범고래들에게 유리할

수밖에 없는 조건들이 갖춰진 지역들이다. 캘리포니아의 몬터레이만(대개 4월과 5월에)과 알래스카의 유니막 수로(대개 5월과 6월에)가 바로 그 두 곳. 범고래들의 공격이 가장 성공적으로 이루어지는 곳은 유니막 수로 지역으로, 그 무렵이면 회색고래 새끼들은 더 통통해져 있고 어미들은 긴 여행 끝에 지쳐 있게 된다. 포식 행위는 북쪽 먹이활동 지역들에서도 일어난다(주로 6월과 7월에). 먹이활동 철이 오래될수록 회색고래 새끼들은 더 커지고 어미들은 몸 상태가 회복되어 먹이로 삼기가 더 힘들어지기 때문이다. 회색고래들이 남쪽으로 이동할 때는 범고래들의 포식 행위가 줄어드는데, 그건 남쪽으로 향하는 회색고래들이 여름 먹이활동 철이 끝나 이동할 때쯤이면 몸 상태가 훨씬 더 좋아져 있기 때문으로 추정된다. 서부 쪽 회색고래들의 경우 그 어떤 고래 종보다 몸에 범고래의 이빨 자국이 나 있는 경우가 많다(43%). 쿠키커터상어들 역시 살점을 덩어리째 물어뜯는 등 회색고래 포식자들로 알려져 있다. 대형 상어들(특히 백상아리들)은 회색고래의 사체를 뜯어 먹을 뿐 아니라 소수의 새끼 고래들을 죽이기도 한다(미국 오리건주에서는 한 대형 상어가 회색고래 성체를 공격하는 게 목격됐다는 기록도 있음).

사진 식별

모든 회색고래들은 생후 1년이 지나면서 안정되는 몸 양쪽 측면의 타고난(그리고 영구적인) 색 패턴들과 기다란 등 돌기, 흉터의 주름들(시간이 지나면서 변하지만)만 보고도 식별할 수 있다. 꼬리의 아래쪽 역시 식별에 도움이 된다. 고래를 연구하는 사람들은 사진에 찍힌 등지느러미만 봐도 식별할 수 있으며, 눈에 띄는 다른 무늬와 상처들 역시 식별에 도움이 된다.

개체 수

무분별한 포경으로 인해 북태평양 동부의 회색고래 수는 1885년에 1,000~2,000마리 수준 또는 심지어 몇백 마리 수준(당시의 한 추정치에선 160마리)까지 줄었다. 그러나 보호 조치가 취해지면서 그 수는 크게 회복됐다. 가장 최근의 추정치는 2만 6,960마리(2015~2016년)로, 2010~2011년 추산치인 2만 990마리에 비해 5년간 22%가 늘었다(이는 새끼 고래 수가 집계된 1994년 이후 연간 1,000마리 이상의 새끼가 태어나 가장 많은 새끼 고래들이 태어난 사실과도 일치함). 무분별한 포경 이전의 개체 수는 확실치 않지만, 가장 널리 받아들여지는 회색고래 추정치는 1만 5,000마리에서 2만 4,000마리(한 DNA 연구 결과 추정치는 7만 6,000마리에서 11만 8,000마리지만)이다. 2015년 북태평양 서부의 개체 수는 적어도 한 살 넘은 회색고래 기준 100마리도 안 되는 걸로 믿어졌다. 현재 약 132~287마리(이 수치는 2000년대 초 이후 꾸준히 늘고 있음)의 회색고래들(계산 방식에 따라 달라짐)이 오호츠크해와 캄차카 반도 남쪽에서 여름과 가을에 먹이활동을 하고 있으며, 겨울이 오면 그중 상당수가 멕시코 해안 지역들로 이동한다. 무분별한 포경 이전에 북태평양 서부의 회색고래 개체 수는 확실치 않으나, 약 1,500마리에서 1만 마리에 이르는 걸로 추정된다.

종의 보존

세계자연보전연맹의 종 보존 현황: 북태평양 동부의 회색고래들은 '최소 관심' 상태(2018년). 동부 회색고래들은 먹이활동 지역들과 번식 석호들 내에서 그리고 또 이동 중에 벌어지는 무분별한 포경으로 거의 멸종 상태까지 그 수가 줄어들었다. 회색고래는 1946년 이후 완전히 공식적인 보호를 받게 됐다(1960년대에 구소련 포경업자들에 의해 138마리가 불법 포획됐고, 320마리가 조사 목적으로 허가받아 사냥되었지만). 그리고 그 이후 개체 수가 상당히 회복되어 1994년에 멸종 위기 종 목록에서 빠졌다. 국제포경위원회는 현재 한 원주민 부족에 대해 고래 사냥을 허용해, 러시아 극동지역의 추코타족은 최대 연간 140마리까지 잡을 수 있다(2019년부터 2025년까지 7년간). 현재 국제포경위원회는 미국 워싱턴주의 마카 인디언들에 대해서도 연간 5마리라는 보다 작은 규모의 고래 사냥을 허용해주는 걸 고려 중이다(그러나 최근 캐나다 정부는 태평양 연안에 살고 있는 약 200마리의 회색고래들을 멸종 위기 종으로 공포했지만). 결국 2018년에 알래스카에서 1마리가 포획됐다.

북태평양 동부의 회색고래들(이들이 별개의 개체들로 존재한다면)은 세계에서 가장 심각한 멸종 위기 상태에 놓인 고래들 중 하나이다. 이들은 1500년대 말부터 적어도 1966년까지 사냥되었다(이들의 수가 급감한 건 주로 1890년부터 1960년까지 행해진 현대적인 포경 때문이었음. 특히 한국과 일본 일대에서 약 2,000마리의 회색고래가 죽었음).

오늘날 가장 큰 문제는 북극에서 이루어지는 유전 개발(특히 서부 지역의 회색고래들이 걱정임)과 점점 줄어드는 바다 얼음(그 결과 먹이 자원에 복잡하면서도 심각한 타격이 가해지고, 새로 침투해온 다른 고래 종들과 포식자들로 인해 먹이 경쟁이 더 치열해짐)이다. 굶주림은 1999년부터 2001년까지 많은 회색고래들을 죽음으로 내몬 주요 원인들 중 하나로 여겨지고 있는데, 그때 적어도 651마리의 회색고래들이 죽은 걸로 확인됐다(그 결과 동부 회색고래는 대략 1만 6,500마리로 줄어들었음). 어망에 뒤엉키는 것, 가끔 일어나는 불법적인 작살 사냥, 화학약품 및 소음 공해, 연안 개발로 인한 소란, 배와의 충돌 그리고 멕시코 바하칼리포르니아에서 점점 확대 중인 대규모 바다 소금 생산 등도 역시 문제다.

소리

회색고래들은 온갖 감정을 나타내는 소리와 금속성 소음 등 아주 다양한 레퍼토리의 소리를 낸다. 번식이 행해지는 석호들에서는 금속성 소음을 가장 흔히 들을 수 있고 이동 중에는 신음 소리에 가까운 소리를 더 많이 들을 수 있다. 대부분의 소리는 100Hz에서 4kHz(일부 소리는 12kHz까지 올라가지만) 사이의 저주파 소리들로, 연안의 환경에서 들려오는 높은 수준의 배경 소음들을 피하기 위한 것으로 추정된다. 회색고래들은 또 기본적인 반향정위와는 다른 저주파 소리들도 내는데, 그건 장거리 항해를 위한 것이거나 다른 고래와 넓은 지형지물 같이 큰 물체들을 탐지하기 위한 것으로 보여진다.

대왕고래 Blue whale

 학명 발라에놉테라 무스쿨루스 *Balaenoptera musculus* (Linnaeus, 1758)

지구상에 존재한 걸로 알려진 모든 동물 중 가장 큰 동물인 대왕고래는 거의 눈에 잘 띄지 않는다. 그러나 이 거대한 동물을 가까이서 보게 된다면 아마 잊을 수 없을 것이다. 이들은 세계 각지에서 무자비하게 사냥됐으며, 그 결과 그 개체 수가 급격히 줄어 거의 멸종 상태에 이르렀다.

분류: 수염고래과 수염고래아목

일반적인 이름: 대왕고래는 영어로 blue whale로, 이는 피부 색깔이 얼룩덜룩하니 푸른빛이 돈다는 데서 붙은 이름이다.

다른 이름들: Sulphur-bottomed whale 또는 sulphur-bottom(대왕고래의 몸 특히 몸 아래쪽에 형성될 수 있는 규조류 층에서 따온 이름), Sibbald's rorqual(1694년 대왕고래에 대해 처음으로 학술적 설명한 스코틀랜드 동식물학자 로버트 시발드Robert Sibbald의 이름에서 따옴), great blue whale, blue rorqual, great northern rorqual 등.

학명: 학명의 앞부분 *Balaenoptera*는 '고래'를 뜻하는 라틴어 *balaena*에 '날개' 또는 '지느러미'를 뜻하는 그리스어 *pteron*이 합쳐진 것이고, 뒷부분 *musculus*는 '근육의' 또는 '작은 쥐'를 뜻하는 라틴어 *musculosos*에서 온 것임(뛰어난 스웨덴 동식물학자이자 분류학자인 칼 폰 린네Carl von Linnaeus가 의도적으로 두 가지 의미를 갖게

지은 이름인 듯). 1세기 때의 로마 동식물학자였던 플라이니 디 엘더 Pliny the Elder는 *musculus*라는 말을 '이빨은 전혀 없고 대신 입 안에 짧고 뻣뻣한 털들이 나 있는' 물고기(즉, 수염고래처럼)를 가리키는 데 썼다.

세부 분류: 현재 다음과 같은 다섯 가지 아종들이 인정되고 있다(아종으로 봐도 좋은가 하는 건 여전히 논란의 여지가 있지만). 북방대왕고래*B. m. musculus*, 남극대왕고래 또는 '참된'대왕고래*B. m. intermedia*, 북인도양대왕고래*B. m. indica*, 꼬마대왕고래*B. m. brevicauda*(아주 모순되는 어법의 이름이지만), 칠레대왕고래(아직 학명이 정해지지 않음). 처음 두 아종은 겉모습이 비슷하다(유전적으로 다르지만). 또한 세 번째와 네 번째 아종인 *indica*와 *brevicauda*는 같은 아종에 속하는 걸로 봐야 할 수도 있지만, 지리적 분포가 아주 다르며 번식 주기 또한 6개월 차이가 난다.

성체

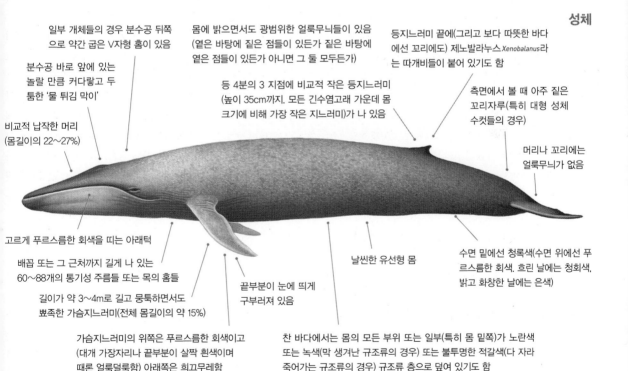

일부 개체들의 경우 분수공 뒤쪽으로 약간 굽은 V자형 홈이 있음

분수공 바로 앞에 있는 놀랄 만큼 커다랗고 두툼한 '물 튀김 막이'

비교적 납작한 머리 (몸길이의 22~27%)

몸에 밝으면서도 광범위한 얼룩무늬들이 있음 (옅은 바탕에 짙은 점들이 있든가 짙은 바탕에 옅은 점들이 있든가 아니면 그 둘 모두든가)

등 4분의 3 지점에 비교적 작은 등지느러미 (높이가 35cm까지. 모든 긴수염고래 가운데 몸 크기에 비해 가장 작은 지느러미)가 나 있음

등지느러미 끝에(그리고 보다 따뜻한 바다에선 꼬리에도) 제노발라누스*Xenobalanus*라는 따개비들이 붙어 있기도 함

측면에서 볼 때 아주 짙은 꼬리자루(특히 대형 성체 수컷들의 경우)

머리나 꼬리에는 얼룩무늬가 없음

고르게 푸르스름한 회색을 띠는 아래턱

배꼽 또는 그 근처까지 길게 나 있는 60~88개의 통기성 주름들 또는 목의 홈들

길이가 약 3~4m로 길고 뭉툭하면서도 뾰족한 가슴지느러미(전체 몸길이의 약 15%)

가슴지느러미의 위쪽은 푸르스름한 회색이고 (대개 가장자리나 끝부분이 살짝 흰색이며 때론 얼룩덜룩함) 아래쪽은 희끄무레함

끝부분이 눈에 띄게 구부러져 있음

날씬한 유선형 몸

찬 바다에서는 몸의 모든 부위 또는 일부(특히 몸 밑쪽)가 노란색 또는 녹색(막 생겨난 규조류의 경우) 또는 불투명한 적갈색(다 자라 죽어가는 규조류의 경우) 규조류 층으로 덮여 있기도 함

수면 밑에선 청록색(수면 위에선 푸르스름한 회색. 흐린 날에는 청회색, 밝고 화창한 날에는 은색)

요점 정리

- 세계 도처에 서식(군데군데 몰려 있지만)
- 특대 사이즈
- 날씬한 유선형 몸
- 얼룩덜룩하면서 푸르스름한 회색
- 물속에서는 청록색(수면에서 봤을 때)
- 등의 4분의 3지점에 나 있는 작은 등지느러미부터 큰 등지느러미
- 눈에 띄는 분수공의 물 튀김 막이
- 아주 짙은 꼬리자루
- 잠수할 때 가끔 꼬리를 공중으로 들어 올림

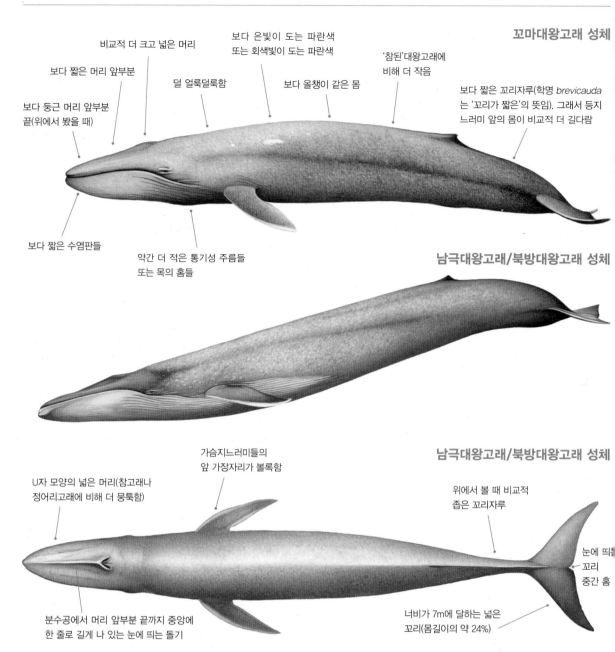

꼬마대왕고래 성체

비교적 더 크고 넓은 머리

보다 짧은 머리 앞부분

보다 은빛이 도는 파란색 또는 회색빛이 도는 파란색

덜 얼룩덜룩함

'참된'대왕고래에 비해 더 작음

보다 올챙이 같은 몸

보다 둥근 머리 앞부분 끝(위에서 봤을 때)

보다 짧은 꼬리자루(학명 brevicauda 는 '꼬리가 짧은'의 뜻임). 그래서 등지 느러미 앞의 몸이 비교적 더 길다람

보다 짧은 수염판들

약간 더 적은 통기성 주름들 또는 목의 홈들

남극대왕고래/북방대왕고래 성체

남극대왕고래/북방대왕고래 성체

가슴지느러미들의 앞 가장자리가 볼록함

U자 모양의 넓은 머리(참고래나 정어리고래에 비해 더 뭉툭함)

위에서 볼 때 비교적 좁은 꼬리자루

눈에 띄는 꼬리 중간 홈

분수공에서 머리 앞부분 끝까지 중앙에 한 줄로 길게 나 있는 눈에 띄는 돌기

너비가 7m에 달하는 넓은 꼬리(몸길이의 약 24%)

비슷한 종들

대왕고래는 가까이서 보면 얼룩덜룩하고 푸르스름한 회색 피부 때문에 쉽게 식별할 수 있으며, 회색고래를 제외하곤 대형 고래 들 중 가장 피부색이 연하다. 그러나 멀리서 보면 긴수염고래나 정어리고래와 혼동할 수도 있다. 거대한 크기가 식별에 도움이 될 수도 있지만, 크기만으로는 구분할 수 없을 수도 있다(긴수염 고래나 정어리고래와 상당히 비슷해서). 물을 뿜어 올리는 높이 와 모양도 식별에 도움이 될 수 있지만(대왕고래의 경우 대체로 물이 더 짙음), 같은 대왕고래들이라도 물을 뿜어 올리는 높이와 모양이 다른 데다, 일부 대형 긴수염고래와 정어리고래들도 예외 적일 만큼 높이 물을 뿜어 올릴 수 있다. 그러나 머리와 등지느러 미 모양, 크기와 위치에 중요한 차이들이 있으며, 많은 대왕고래 들은 꼬리로 수면을 때리지만 참고래나 정어리고래는 사실 전혀 그러지 않는다. 꼬마대왕고래와 '참된'대왕고래와의 차이는 워낙 미묘해, 이상적인 상황 하에서 경험 많은 관찰자들이라면 식별이

가능하겠지만, 그렇지 않은 사람들의 경우 꼬마대왕고래를 '참 된'대왕고래와 구분하는 건 어려울 수 있다. 대왕고래와 긴수염 고래 간의 잡종들은 흔하며, 정어리고래와 대왕고래 간의 잡종 역시 적어도 1마리는 인정된 바 있다.

분포

대왕고래들은 군데군데 모여 살고 있으며 대부분의 적도 바다와 중요한 대양 분지들의 중심 지역들(예를 들어 남대서양 남위 35~45도에 걸쳐 있는 지역들 같은)에서는 찾아보기 힘들며, 열 대 지역 바다들에서부터 남반구 및 북반구의 총빙 가장자리 지역 들에서 관측된다. 대부분의 대왕고래는 이동을 하지만(여름과 초 가을에는 보다 고위도의 풍부한 먹이활동 지역들에 있다가 겨울 에는 보다 저위도의 번식 지역 및 먹이활동 지역들로), 적어도 한 집단의 대왕고래들(북인도양에 서식하는 대왕고래들)은 대개 1년 내내 한 곳에 그대로 머문다. 그리고 대부분의 다른 수염고

크기-북방대왕고래
길이: 수컷 23~26m, 암컷 24~27m　**무게:** 70~135t　**최대:** 28.1m, 150t
새끼-길이: 6~7m　**무게:** 2~3t
암컷이 수컷보다 더 길다(모든 종에 해당).

크기-남극대왕고래
길이: 수컷 24~27m, 암컷 24~29m　**무게:** 75~150t　**최대:** 33.58m, 190t
(여기에서 최대 크기들은 고래 관측소들에서 비표준적인 측정 방식들로
측정된 것임)
새끼-길이: 7~8m　**무게:** 2.7~3.6t

크기-북인도양대왕고래
길이: 수컷 20~22m, 암컷 21~23m　**무게:** 70~95t　**최대:** 24m, 130t

크기-꼬마대왕고래
길이: 수컷 20~22m, 암컷 21~23m　**무게:** 70~95t　**최대:** 24m, 130t
대개 '참된'대왕고래보다 길이가 더 짧지만, 비교적 몸무게는 더 무겁다.

크기-칠레대왕고래
길이: 수컷 22~25m, 암컷 22~25m　**무게:** 알려진 바가 없음　**최대:** 25.6m
크기가 꼬마대왕고래와 북극 대왕고래의 중간쯤 된다.

래들과는 달리, 대왕고래들은 1년 내내 먹이활동을 하며, 먹이가 얼마나 풍부한지에 따라 연중 대부분의 대왕고래 분포가 달라져 어디든 먹이가 풍부한 지역들에서 먹이활동을 한다. 계절별 움직임이 광범위할 수도 있지만 워낙 복잡해 아직은 제대로 이해하기 어렵다.

아직은 어떤 대양의 경우에도 구체적인 번식 지역들이 명확히 밝혀진 바 없지만(아직은 혹등고래나 회색고래 또는 긴수염고래만큼 잘 확인되지 않았음), 열대 및 아열대 바다들이 번식 지역인 걸로 추정된다. 그중 한 곳이 열대 태평양 동부의 코스타리카 돔(또는 파파가요 용승 지역)이며, 또 다른 한 곳이 갈라파고스 제도(칠레 대왕고래들의 번식지)이다. 멕시코 칼리포르니아만은 대왕고래들이 새끼들을 키우는 곳이 확실하며 새끼들을 낳는 곳일 가능성도 있다.

대왕고래들은 대양 분지들을 마음껏 돌아다니는 등 주로 대양에서 서식하며 대륙붕보다 더 깊은 바다와 관련이 깊지만, 일부 대륙붕 및 연안 지역들(멕시코 칼리포르니아만, 미국 캘리포니아만 남부, 캐나다 세인트로렌스만, 아이슬란드 스칼판디만 등)에서도 서식한다. 또한 용승upwelling(심층수가 지형, 바람 등의 원인에 의해 표층수를 제치고 위로 올라오는 현상-옮긴이)이 활발한 가파른 해저 지형지물들이 있는 서식지들을 좋아한다. 서로 다른 대왕고래 아종들, 특히 남반구의 서로 다른 대왕고래 아종들이 공동 서식하는 지역들에 대해선 아직 알려진 게 그리 많지 않다.

북방대왕고래 *B. m. musculus*

북대서양과 북태평양에 서식하는 걸로 인정된 대왕고래 집단은

다음 4종이다.

1. 대서양 북서부 대왕고래: 여름에는 북위 60~70도 데이비스 해협과 배핀만에, 그리고 겨울에는 북위 약 34도 사우스캐롤라이나에 서식. 남쪽으로 버뮤다에서까지 목격되고 있다.

2. 대서양 북동부 대왕고래: 여름에는 북쪽으로 북위 약 80도 바렌츠해와 스발바르 제도(빙산과 맞닿음)에, 그리고 겨울에는 북위 약 15도 모리타니와 카보베르데 제도에 서식. 이는 변화가 많고, 일부 대왕고래들은 여기저기 멀리 돌아다니고(예를 들어 모리타니와 아이슬란드, 아조레스 제도에서 대왕고래 1마리가 사진으로 확인된 적이 있음) 일부는 더 북쪽으로 올라가며 또 일부는 1년 내내 영국 남쪽에 그대로 머문다. 이들은 대개 북극이 급격히 따뜻해져 바다 얼음들이 소실되면서 점점 더 북쪽으로 올라가고 있다(예를 들어 스발바르 제도에서 점점 더 자주 목격되고 있음).

3. 태평양 북동부 대왕고래: 여름에는 북쪽으로 북위 약 55도 알류샨 열도(그러나 대개는 중부 캘리포니아 해안 일대)에, 그리고 겨울에는 북위 약 10도 바하칼리포르니아와 남쪽으로 코스타리카 돔에 서식. 일부 대왕고래들은 1년 내내 중부 캘리포니아 해안 일대에 서식하고, 소수의 대왕고래들은 하와이까지 간다. 한 대왕고래는 코스타리카 돔과 갈라파고스 제도에서 연이어 목격되기도 했다.

4. 태평양 북서부 대왕고래: 여름에는 북위 45~60도 캄차카 반도와 쿠릴 열도, 알류샨 열도 서부에, 그리고 겨울에는 북위 약 27도 일본 남부 지역 보닌 군도 주변에 서식(이 대왕고래들은 과도한 포경으로 그 수가 줄어들었지만).

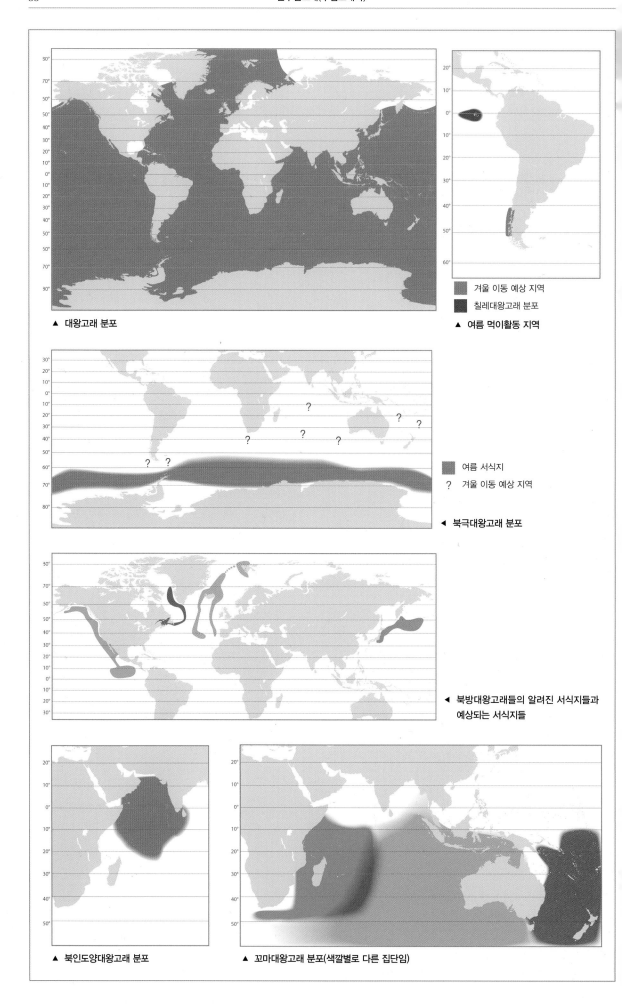

▲ 대왕고래 분포

겨울 이동 예상 지역
칠레대왕고래 분포

▲ 여름 먹이활동 지역

여름 서식지
? 겨울 이동 예상 지역

◀ 북극대왕고래 분포

◀ 북방대왕고래들의 알려진 서식지들과
예상되는 서식지들

▲ 북인도양대왕고래 분포

▲ 꼬마대왕고래 분포(색깔별로 다른 집단임)

남극대왕고래 *B. m. intermedia*

남극대왕고래들은 남반구 여름 및 가을 초(주로 11~3월) 먹이 활동철에 거의 남위 55도 남쪽 북극 주변 바다까지 가는 등 폭넓게 움직인다. 주요 먹이활동 지역들은 남극 수렴대와 남극 총빙 사이이며(일부 개체들은 여름에 저위도와 중위도 지역에 그대로 머물지만), 남반구 여름에는 뉴질랜드 남부 일대에서 이들의 소리가 탐지되기도 한다.

겨울 번식지에 대해선 알려진 바가 없다. 대부분이 중위도에서 저위도 지역으로 보다 북쪽으로 이동하며(주로 5~10월 사이에), 거기에서 보다 밀착된 집단을 이루는 걸로 보여진다. 겨울 예상 서식지들로는 인도양 분지 중앙, 인도양 남부, 열대 태평양 동부, 오스트레일리아 남서부, 뉴질랜드 북부 일대(여기에서 꼬마대왕고래들과 뒤섞일 걸로 추정) 등을 꼽을 수 있다. 역사적으로는 나미비아와 앙골라, 남아프리카공화국 서부 해안 지역이 주요 서식지였지만, 포경에 의해 개체 수가 급감해 오늘날에는 거의 목격되지 않는다(앙골라의 벵겔라 생태계 내에서 6~10월 사이에 소리가 탐지되고는 있지만). 그리고 적어도 일부 남극대왕고래들은 1년 내내 남극 또는 아남극 바다(남극 반도 서쪽 일대, 동남극, 인도양 남부 크로제 제도와 사우스조지아섬 주변 등)에 그대로 머문다. 빙하 가장자리는 남반구 겨울에는 북쪽으로 확대됐다가 남반구 여름이면 다시 남쪽으로 내려오는데, 남극대왕고래들 역시 빙하 가장자리를 따라 북쪽으로 올라갔다 내려오는 걸로 추정된다.

꼬마대왕고래 *B. m. brevicauda*

주로 남위 45도 북쪽 인도양 남서부에서부터 오스트레일리아, 인도네시아, 뉴질랜드까지 폭넓은 지역에서 발견된다. 꼬마대왕고래는 남반구 여름에 남극 수렴대에 의해 남극대왕고래와 분리되어 살지만, 서식지가 중복되는 경우도 있다(실제로 최근 연구에 따르면, 이 두 아종이 크로제 제도 주변에서 동시에 발견되기도 함). 현재 꼬마대왕고래는 다음과 같이 세 집단으로 구분된다(그래서 후에 다른 아종들로 분류될 수도 있음). 인도양 남서부 꼬마대왕고래, 인도양 남동부 꼬마대왕고래 그리고 태평양 남서부 꼬마대왕고래.

인도양 남서부 꼬마대왕고래들은 겨울 서식지들에서 주로 마다가스카르 남쪽 마다가스카르 고원을 지나(아니면 세이셸 군도를 돌고 케냐를 지나) 아남극 지역의 여름 서식지들(남극 수렴대 북쪽)로 이동하는 걸로 보여진다. 그리고 크로제 제도와 허드섬, 케르겔렌섬 주변(먹이활동 지역이 크로제 제도 주변에선 남극대왕고래들과 중복되고, 허드섬과 케르겔렌섬 주변에선 인도양 남동부 대왕고래들과 중복되는 걸로 추정)에서 먹이활동을 하는 걸로 보여진다.

인도양 남동부 꼬마대왕고래들은 여름에는 주로 오스트레일리아 남쪽 아열대 수렴대 등에서 먹이활동을 하며, 그러다 겨울에는 오스트레일리아 남부 및 서부 해안을 따라(도중에 보니 용승 지점과 퍼스 협곡에서 먹이활동을 하면서) 인도네시아 반다해의 겨울 번식지로 이동하는 걸로 추정된다.

알려진 게 별로 없는 태평양 남서부 꼬마대왕고래들은 뉴질랜드와 오스트레일리아 남동쪽에서 발견된다. 1년 내내 뉴질랜드에 머무는데, 주로 사우스타라나키만에 몰려 있는 걸로 보고되고 있다.

북인도양대왕고래 *B. m. indica*

주로 소말리아와 스리랑카 사이의 인도양 북부 저위도 지역에 서식하며, 소수의 고래들은 동쪽 멀리 인도양 밖 방글라데시와 버마 해안까지 떠내려가기도 한다. 또한 이 대왕고래들은 아라비아해에서 혹등고래들과 뒤섞이기도 하며 북반구에서 번식하기도 한다(6개월간 대왕고래들끼리). 북인도양대왕고래들은 주로 적도 북쪽에서 발견되지만, 최근의 음향 탐지 조사 결과 적어도 일부 개체들은 남반구 늦여름과 초가을에 적도 남쪽으로 이동하는 게 밝혀지기도 했다.

이 고래들은 대부분의 다른 대왕고래들에 비하면 분명 이동이 덜 하지만, 계절별로 계절풍에 의한 용승 관련 이동은 있는 걸로 추정된다. 남서 계절풍(5~10월)과 관련해 북반구 여름에 심한 용승이 있을 때, 대부분의 고래는 아라비아해 북서부 소말리아 해안 일대와 아라비아반도에서 먹이활동을 하며, 일부 고래들은 인도 남서부 해안과 스리랑카 서부 해안 일대의 용승 지역들에서 먹이활동을 한다. 이는 북동 계절풍이 부는 기간(12~3월)에는 먹이가 부족해져, 고래들이 먹이가 풍부한 지역들에서 먹이활동을 하기 위해 서로 더 멀리 더 넓게 분산되기 때문인 걸로 추정된다. 이때 고래들이 몰리는 먹이가 많은 지역은 스리랑카 동부 해안과 몰디브 서부 해안 그리고 (적어도 역사적으로는) 파키스탄 인근 인더스 협곡 주변 등이 꼽힌다. 11월부터 1월 사이에는 많은 고래가 몰디브 북부와 스리랑카 남부를 지나 동쪽으로 이동하며, 그러다 4월에서 5월 사이에 다시 서쪽으로 되돌아오는 걸로 보여진다.

적도 부근 인도양 중심부의 환초 디에고가르시아섬 주변에는 1년 내내 대왕고래들이 서식하고 있으며, 소수의 대왕고래는 계절에 따라 적도 가까이 갔다가 다시 적도를 떠나는 걸로 추정된다. 또한 그 고래들은 대개 북인도양대왕고래들이며, 그 외에 약간의 인도양 남서부 대왕고래들과 남극대왕고래들도 있다.

칠레대왕고래(학명이 없는 아종)

여름과 가을(12월 말~5월 초)에 칠레 남부 로스 라고스 북쪽 지역(남위 41도)에서 남쪽으로 이슬라 그란데 디 칠로에와 이슬라 구아포(남위 43.6도)의 외부 해안까지, 그리고 동쪽으로는 코르코바도만(초노스 군도의 북쪽 섬들 일대)까지가 칠레대왕고래들의 주요 먹이활동 지역들로 꼽힌다. 늦가을에는 전체적으로 폭넓게 북쪽으로 이동하며, 적어도 일부 고래들은 적도 일대의 갈라파고스 제도 남쪽 및 서쪽 겨울 번식지들로 이동하는 걸로 추정된다. 칠레 남부에서는 남극대왕고래들도 발견되는 걸로 기록되고 있지만, 그 대부분은 대왕고래의 아종인 칠레대왕고래에 속한다(칠레대왕고래들의 최남단 서식지와 남극대왕고래들의 서식지는 위도 20도의 차이가 나며, 두 집단의 이 대왕고래들은 서로 독특한 소리를 내고 유전적인 측면에서나 크기 측면에서 상당한 차이들이 있음).

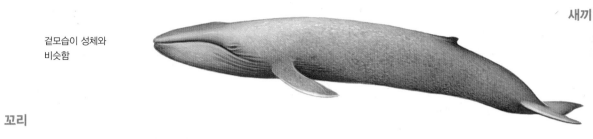

새끼

겉모습이 성체와
비슷함

꼬리

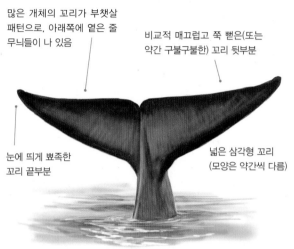

많은 개체의 꼬리가 부챗살
패턴으로, 아래쪽에 옅은 줄
무늬들이 나 있음

비교적 매끄럽고 쭉 뻗은(또는
약간 구불구불한) 꼬리 뒷부분

눈에 띄게 뾰족한
꼬리 끝부분

넓은 삼각형 꼬리
(모양은 약간씩 다름)

행동

일부 대왕고래들(대서양 북서부 및 태평양 북동부 대왕고래들의
약 18%, 멕시코 칼리포르니아만 대왕고래들의 25%, 스리랑카
일대의 대왕고래들의 55%)은 잠수를 할 때 꼬리를 들어 올린다.
평상시의 이동 속도는 시속 3~6km이지만, 포경선이나 범고래들

에게 쫓길 경우 최대 시속 35km까지 속도를 높일 수도 있다(속
도를 아주 높여 달아날 때는 종종 앞쪽으로 많은 양의 물을 밀어
젖히고 뒤로 거대한 물보라를 일으키면서 거의 수면 위를 날다시
피 함). 간혹 대왕고래들(주로 어린 대왕고래들)이 45도 각도로
수면 위로 점프하는 게 목격되기도 한다. 배가 다가올 경우 피하
기도 하고 무관심하기도 하며 호기심을 보이기도 하는 등 그 반
응이 다양하다.

수염판

- 수염판이 260~400개다(위턱 한쪽에).
- 수염판은 검은색이고 폭넓게 나 있으며, 길이는 약 1m이다
  ('참된'대왕고래보다 조금 더 길다. 꼬마대왕고래와 비교됨).

집단 규모와 구조

대개는 혼자 또는 쌍으로 다니지만, 여름에는 일부 지역에서
3~6마리씩 몰려다닌다고 알려져 있다. 마음에 드는 번식 장소들
에서는 50마리 넘게 느슨한 집단을 이뤄 흩어져 있기도 하다.

잠수 동작('참된'대왕고래)

- 완만한 각도를 그리며 서서히 수면 위로 올라온다.
- 머리가 수면 위로 나오자마자 물을 뿜어 올린다.
- 눈에 띄는 분수공 '물 튀김 막이'가 둥근 혹 같이 보인다.
- 거대하고 길고 널따란 등이 금방 눈에 띈다.
- 깊이 잠수하기 전에 종종 등지느러미가 수면 바로 아래 그대로 머문다.
- 깊이 잠수하기 전에 종종 분수공과 '어깨' 부위가 다른 긴수염고래들보다 더 높이 치켜 올려진다.
- 머리가 수면 아래로 내려간 뒤 등지느러미가 보인다.
- 등과 꼬리자루가 구부러진다.
- 많은 개체가 깊이 잠수하기 전에 꼬리를 들어 올린다.

물 뿜어 올리기

- 날렵한 원주 모양의 물을 적어도 12m까지 뿜어 올린다(아주 다를 수도 있음).
- 긴수염고래와 정어리고래보다 더 자욱하고 넓은 물을 뿜어 올린다.

다양한 모양의 등지느러미

아주 다양한 모양의 등지느러미(작은 혹 모양에
서부터 삼각형, 갈고리 모양 등)

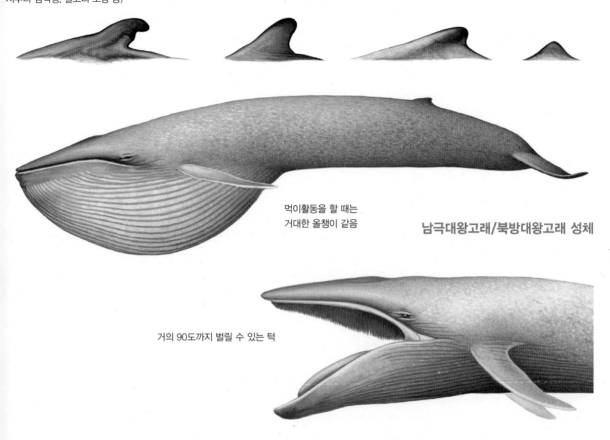

먹이활동을 할 때는
거대한 올챙이 같음

남극대왕고래/북방대왕고래 성체

거의 90도까지 벌릴 수 있는 턱

먹이와 먹이활동

먹이: 주로 2~3cm 길이의 작은 크릴새우류와 기타 다른 갑각류들(요각류, 보리새우, 단각류 등)을 먹으며, 아주 가끔 떼지어 다니는 작은 물고기와 두족류(오징어, 문어처럼 머리에 다리가 발달한 무척추동물–옮긴이)도 먹는다. 북태평양에서는 주로 유파우시아 파시피카*Euphausia pacifica*, 티사노에사 이네르미스*Thysanoessa inermis*, T. 스피니페라*T. spinifera*, T. 론기페스*T. longipes*, 네마토스켈리스 메가롭스*Nematoscelis megalops*, 니크티파네스 심프렉스*Nyctiphanes symplex* 같은 크릴새우류를 먹으며, 캘리포니아 해류 남쪽 지역에선 꽃게나 랍스터 크릴새우 *Pleuroncodes planipes*도 먹고, 가끔 요각류*Calanus spp.*도 먹는다. 북대서양에서는 주로 메가닉티파에네스 노르베기카*Meganyctiphanes norvegica*, 티사노에사 이네르미스*Thysanoessa inermis*, T. 라스칠리*T. raschii*, T. 롱기카우다타*T. longicaudata* 같은 크릴새우류를 먹으며, 가끔 요각류*Temora longicornis*도 먹는다. 남극에서는 주로 유파우시아 수페르바*Euphausia superba*(길이가 6cm까지 자람), E. 발렌티니*E. vallentini*, E. 크리스탈로로피아스*E. crystallorophias*, 니크티파네스 아우스트랄리스*Nyctiphanes australis* 같은 크릴새우류를 먹는다. 그리고 남인도양에서는 주로 유파우시아 발렌티니*Euphausia vallentini* (길이가 1.3~2.8cm까지 자람), E. 레쿠르바*E. recurva* 같은 크릴새우류를 먹는다. 마지막으로 북인도양에서는 주로 새우류를 먹는다.

먹이활동: 대부분의 다른 수염고래들과는 달리 대왕고래는 겨울에 먹이활동을 중단하는 것 같진 않다(번식지에서 계속 먹이활동을 함). 적어도 캘리포니아 일대에서는 주로 낮에 먹이활동을 하지만(밤에는 크릴새우들이 흩어지면서 밀집도가 떨어져 먹이활동 효율성이 낮음), 다른 지역들(예를 들어 세인트로렌스만)에서는 밤에 수면에서 활발한 먹이활동을 한다. 또한 크릴새우가 밀집된 층 밑으로 잠수해 위쪽으로 돌진해 몸을 옆으로 돌리고 입을 크게 벌린 채 천천히 나아가며 입을 닫는다(그 과정에서 무려 65t까지 바닷물을 마심). 보통 약 10초간 돌진하고 약 30초간 입에서 물을 뿜어내며, 보통 한 번 잠수할 때 그런 식으로 6~7회(최대 15회) 돌진하며 먹이활동을 한다. 수면 근처에서 먹이활동을 할 때는 종종 몸을 옆으로 돌리거나 거꾸로 뒤집은 채(한쪽 가슴지느러미나 꼬리 일부를 물 밖으로 내놓고) 천천히 움직인다. 무게 80t의 대왕고래가 생존하려면 하루에 약 150만 칼로리를 섭취해야 하며, 대왕고래 성체의 경우 운이 좋은 날에는 무려 4t의 크릴새우(4,000만 마리의 크릴새우)를 먹기도 한다.

잠수 깊이: 먹이활동을 할 때는 보통 최대 수심 250m까지 잠수하지만, 300m 이상 잠수할 수도 있다(최고 깊이 잠수한 기록은 에콰도르 일대에서 330m, 남캘리포니아만에서 293m). 한낮에는 더 깊이 잠수하며, 오후에는 보다 얕은 수심과 수면 사이를 오가며 일주 수직 운동(하루를 주기로 지속적으로 상하로 이동하는 것–옮긴이)을 하는 먹이들을 좇는다.

잠수 시간: 먹이활동을 할 때는 보통 8~15분간 잠수하지만, 낮에는 20분씩 잠수하는 경우도 많으며, 가끔 30분까지 잠수하기도 한다(최장 잠수 기록은 36분). 또한 대개 잠수를 하면서 15~20초 간격으로 2~6분간 잠깐씩 수면으로 올라온다.

일대기

성적 성숙: 암컷과 수컷 모두 8~10년(최소 5년에서 최대 15년까지). 세인트로렌스만에는 생후 35~40년쯤 된 번식 가능한 암컷 대왕고래들이 여러 마리 있고, 멕시코 칼리포니아만에는 생후 40년쯤 된 번식 가능한 암컷이 최소 2마리가 있는 걸로 알려졌다.

짝짓기: 알려진 게 별로 없지만, 세인트로렌스만에서는 여름부터 가을 사이에 암수컷들이 수시로 눈에 띄며, 때론 그 기간이 5주씩 지속되기도 한다(제3의 고래, 보통 수컷이 다가올 경우 두 번째 수컷이 암컷을 차지하려 하면서 수면에서 7분에서 50분간 활발한 구애 활동을 벌이면서). 코스타리카 돔 주변에선 대왕고래 3마리가 활발한 움직임을 보여 구애 및 짝짓기를 하는 것으로 추정되기도. 짝짓기는 늦가을부터 겨울 내내 이루어진다.

임신: 10~12개월.

분만: 2년마다(가끔은 3년마다) 겨울에 새끼 1마리가 태어남.

젖떼기: 약 6~8개월 후에.

수명: 적어도 65년, 때에 따라선 80~90년(기록으로 남은 최장수 대왕고래의 수명은 110년). 누빈Nubbin이라 불리는 한 수컷 대왕고래는 1970년 캘리포니아 남부에서 나이를 알 수 없는 대왕고래 성체로 목격되어 사진에 찍혔는데, 2017년에 멕시코 칼리포르니아만에서 다시 발견됐다.

포식자들

세계 대부분의 지역에서 실제 범고래가 대왕고래(주로 새끼 및 어린 대왕고래)를 공격하는 경우는 많지 않지만, 어쨌든 자연 상태에서 범고래는 대왕고래의 유일한 포식자다. 그러나 사진으로 확인된 멕시코 칼리포니아만 대왕고래의 약 25%와 오스트레일리아 서부 일대의 꼬마대왕고래들의 42.1%가 꼬리에 범고래들의 이빨 자국이 나 있어 범고래들의 공격이 아주 자주 일어나지만, 그게 성공하는 경우는 흔치 않은 듯하다.

사진 식별

대왕고래들의 얼룩무늬는 영구적인 데다가 각 개체별로 독특해, 고래 연구가들은 사진으로 등지느러미 주변 무늬만 봐도 각 고래를 식별할 수 있다. 또한 많은 대왕고래는 꼬리 아래쪽에 연한 줄무늬가 있어, 그 또한 사진 식별에 도움이 된다.

대왕고래들은 왜 그렇게 큰가?

대왕고래들은 크릴새우를 먹는데, 이 조그만 새우들은 놀랄 만큼 많이(m²당 무려 1,500마리까지) 몰려다니지만, 수백 또는 수천 km씩 떨어져 여기저기 모여 산다. 그런 크릴새우들을 먹이로 삼으려면 아주 먼 거리를 빨리 그리고 효율적으로 이동할 수 있어야 하며(그런데 몸이 커지면 이동에 필요한 에너지가 비교적 줄어듦), 크릴새우 집결지 간의 먼 거리를 움직이려면 한 번에 여러 날, 여러 주 아니면 심지어 여러 달 동안 에너지를 비축할 수 있어야 하고(대왕고래 몸무게의 약 4분의 1이 지방임), 엄청나게 많은 크릴새우를 삼키고도 그걸 소화할 수 있어야 한다(그렇다고 한 번에 몇 마리의 크릴새우만 먹는 건 너무 비효율적일 것임). 그래서 결국 크릴새우의 포식자는 몸이 커 많이 삼키고 여과 섭식을 하는 고래들인 것이다. 게다가 물의 부력 덕에 몸 크기는 아무런 제약이 되지 않는다.

개체 수

5,000마리에서 1만 5,000마리의 성체 고래들이 세계 곳곳에 널리 퍼져 있다. 가장 최근의 대왕고래 서식 추정 지역들은 다음과 같다. 북태평양 동부에 1,650마리, 북태평양 서부에 1,000마리, 남극에 2,280마리, 북대서양에 약 2,990마리, 웨스턴오스트레일리아주에 662~1,754마리, 뉴질랜드에 718마리, 칠레 남부에 570~760마리. 포경이 성행하기 전의 전 세계 대왕고래 개체 수는 남극대왕고래 23만 9,000마리를 포함해 약 30만 마리였다. 현재 북태평양 동부와 북대서양 중앙부 및 동부 그리고 남극에서는 개체 수가 회복되고 있다는 증거들이 있다.

종의 보존

세계자연보전연맹의 종 보존 현황: '위기' 상태(2018년). 남극대왕고래는 위급 상태(2018년). 대왕고래에 대한 상업적 포경은 1860년

▲ 일부(전부가 아니라) 대왕고래들은 깊이 잠수하기에 앞서 꼬리를 들어 올린다.

대에 노르웨이에서 시작됐으며, 20세기 초에는 모든 대양(남극 양 포함)으로 확대됐다. 대왕고래는 몸이 커서 사냥 노력에 비해 마리당 최대 수익이 보장되기 때문에 특히 더 심한 사냥 대상이 되었다.

마지막으로 집계된 희생된 대왕고래 수는 다음과 같다. 남극 바 다에서 남극대왕고래 36만 3,648마리(1970년대 초까지 살아남 은 대왕고래 수 약 360마리로 줄어듦). 북방대왕고래 최소 2만 773마리(북대서양에서 1만 747마리, 북태평양에서 9,773마리). 그 외에 1900년부터 1939년 사이에 희생된 1만 5,762마리의 대 왕고래 가운데 기록되지 않았거나 종 분류가 되지 않은 고래들 포함. 인도양 남부와 태평양 남서부에서 꼬마대왕고래 1만 956마리. 칠레, 페루, 에콰도르에서 5,782마리. 아라비아해에서 1,228마리. 1904년부터 1930년대 말에 가장 많은 수의 대왕고 래들이 희생됨(최고 기록이 세워진 건 1930년부터 1931년 남극 에서 3만 727마리가 희생됨).

이렇듯 개체 수가 급감하는 데도 불구하고, 포경으로부터 대왕고 래를 보호하는 법적 조치는 북대서양에서는 1955년에야 취해졌 고(덴마크와 아이슬란드는 국제포경위원회의 보호 법안에 공식 반대하면서 1960년까지 고래 사냥을 계속했음), 남극해에서는 1965년 그리고 북태평양에서는 1966년에서야 법적 보호 조치가 취해졌다. 그러나 특히 북인도양에서는 불법 포경이 행해져(그중 98%는 구 소련에 의해) 1970년대 초까지 계속됐다. 2018년에 는 아이슬란드의 긴수염고래 포경업자들이 대왕고래와 긴수염고 래 사이에서 태어난 고래(그들의 주장에 따르자면) 2마리를 사 냥했다.

오늘날 대왕고래에 대한 가장 큰 위협은 배와의 충돌(특히 북태 평양의 칠레 해안과 스리랑카 주변 그리고 아라비아해에서의 대 형 화물선 및 유조선들과의 충돌), 어망에 뒤엉키는 일(어망에 뒤 엉키는 게 죽음에 이르는 주요 원인으로 여겨지진 않지만, 지금 도 대왕고래들의 몸에서는 종종 과거에 어망과 기타 어망에 뒤엉 켜 입은 상처들이 관측됨), 화학물질(특히 PCB 즉, 폴리염화바이 페닐) 오염 등이다. 일부 지역에서는 화상도 점점 큰 문제가 되고 있는데, 그것은 자외선 노출 수준이 높아지고 있기 때문이다. 또 한 해상 운송으로 저주파 환경 소음 수준이 점점 높아지고 있어 대왕고래들 간의 소통이 저해될 수도 있고, 석유 및 가스 탐사와 군사용 음파 탐지기로 인한 소음으로 대왕고래들이 서식지를 잃 게 될 수도 있다. 만일 앞으로 남극 크릴새우에 대한 상업적 남획 이 확대되거나 고래 먹이인 크릴새우의 개체 수에 큰 변화가 생 긴다면, 정말 심각한 결과가 초래될 수도 있다.

소리

대왕고래들은 1년 내내 수시로 예외적으로 큰 저주파 소리들(대 개 11~100Hz)을 낸다. 그 소리들 중 일부는 189데시벨에 달해, 그 어떤 동물이 내는 소리보다 큰 소리다. 그리고 최적의 해양 상 황 하에서, 대왕고래는 수백 또는 심지어 수천 km 떨어진 데서 나는 또 다른 대왕고래의 소리도 들을 수 있다.

대왕고래들이 내는 소리는 서로 주고받는 신호음(2마리 이상의 개체들 간에 주고받는 불규칙적인 또는 일정한 음조를 가진 소리

들)과 노래(서로 알아들을 수 있는 패턴과 정연한 순서를 갖고 있 는 반복적인 신호음들로 이루어진 정형화된 소리들)로 구분될 수 있다. 그리고 그 소리들은 길 찾기, 짝짓기 상대 유인, 공격, 먹잇 감 발견 등 다양한 행동들과 관련이 있다. 대왕고래 암컷과 수컷 모두 여러 종류의 신호음들을 내지만, 노래는 수컷들만 부른다.

고래 연구가들은 여태까지 서로 다른 지역에서 들을 수 있는 13종 류의 노래들을 확인했는데, 그중 3개는 북태평양에서, 1개는 북 대서양에서 그리고 적어도 9개는 남반구(인도양의 다양한 지역 포함)에서 들을 수 있다. 일부 노래들은 40년 넘게 일정한 패턴 을 유지해오고 있다. 그리고 대부분의 노래는 먹이활동 지역들 사이를 이동할 때 부르는 것 같은데, 그건 거대한 대왕고래가 뭔 가를 먹을 때는 노래 부를 상황이 못 되기 때문으로 추정된다.

같은 대왕고래 집단 안에서 오가는 신호음들과 노래들은 별 변화 가 없다. 그러니까 같은 지역에 사는 대왕고래들은 같은 빈도로, 같은 기간 동안, 같은 패턴으로 신호음을 내고 노래를 부르는 것 이다. 그러나 한 지역의 신호음과 노래들은 다른 지역에 사는 대 왕고래들의 신호음과 노래들과는 확연히 다르며, 그래서 대왕고 래 한 집단과 다른 집단을 구분하는 데 이용할 수 있다.

예를 들어 북태평양 동부 대왕고래들은 네 종류의 신호음들을 낸다. 가장 흔한 건 이른바 'A와 B 신호음'으로, 오로지 수컷들만 내는 것으로 보여진다. A 신호음은 1초 이내의 간격으로 이어지 는 약 20개의 단조로운 음들이며, B 신호음은 A 신호음 이후 약 10~20초간 이어지거나 종종 약 25초간 이어지는 하향 신호음 (20~16Hz)이다. 이 'A와 B 신호음'은 이동 중인 수컷들이 내는 경우가 많으며, 계속 반복되어 여러 시간 동안 지속되기도 한다. 흔한 신호음 패턴은 ABABAB 또는 ABBBABBB이며, 각 파트와 패턴들 간의 간격은 아주 일정하다. 이런 신호음들은 구애 활동의 일환으로 불려지는 노래로 추정된다. C 신호음은 훨씬 짧으며(간 단한 상향음으로 9~12Hz) 대개 B 신호음 전에 나온다. D 신호 음은 약 2~5초간 이어지는 아주 변화무쌍한 하향음(80~30Hz) 으로 암컷과 수컷 모두가 내며, 어떤 신호음에 대한 맞신호음으 로 보여지고, 먹이활동 기간 사이에 여러 개체들 사이에서 사용 되는 경우가 많다. D 신호음은 보통 우리 인간의 귀에도 들리는 유일한 신호음이기도 하다.

▲ 멕시코 칼리포르니아만에서 포착된 대왕고래 어미와 새끼.

긴수염고래 Fin whale

학명 발라에높테라 피사울루스 *Balaenoptera physalus* (Linnaeus, 1758)

대왕고래에 이어 몸이 두 번째로 긴 고래인 긴수염고래는 가장 빠른 고래 중 하나로, '바다의 그레이하운드greyhound of the sea'라고 불리기도 한다. 대체로 왼쪽은 짙은 색이지만 오른쪽은 흰색으로 아래턱의 양쪽 색이 비대칭인 게 특징이다. 이는 오무라고래와 정어리고래, 난쟁이밍크고래의 특징이기도 하지만, 긴수염고래의 경우가 더 뚜렷하다. 긴수염고래에 대해선 아직 만족할 만한 설명이 이루어지지 못하고 있다.

분류: 수염고래과 수염고래아목

일반적인 이름: 긴수염고래는 영어로 fin whale로, 이는 등지느러미와 꼬리 사이에 길다랗게 날카로운 돌기가 나 있다는 데서 붙은 이름이다(finback이라 하기도 함).

다른 이름들: finback, finner, razorback, common rorqual, herring whale, finfish, northern fin whale, southern fin whale 등.

학명: 학명의 앞부분 *Balaenoptera*는 '고래'를 뜻하는 라틴어 *balaena*에 '날개' 또는 '지느러미'를 뜻하는 그리스어 *pteron*이 합쳐진 것이고, 뒷부분 *physalus*는 '풀무'를 뜻하는 그리스어 *physa*에서 온 것으로 풀무처럼 늘어날 수 있는 목주름들이 있다는 데서 붙여진 이름이다(*physa*가 '자기 몸을 부풀릴 수 있는 두꺼비'를 뜻하는 그

리스어 *phyalis*에서 왔다는 설도 있음).

세부 분류: 현재 인정된 긴수염고래 아종은 북대서양과 북태평양에 서식하는 북방긴수염고래 *B. p. physalus*, 남반구에 서식하는 남방긴수염고래 *B. p. quoyi*, 남아프리카공화국 서해안 일대(남위 약 55도의 남쪽)에 서식하는 꼬마긴수염고래 *B. p. patachonica* 이렇게 3종이다. 북대서양긴수염고래와 북태평양긴수염고래는 다른 아종으로 분리해야 한다는 주장도 있는데, 그건 유전학적 증거들과 몸 비율과 색깔 측면에서의 작은 차이들 그리고 지리학적 측면에서의 서식지 분리 등 때문이다. 서식지가 분리된 아종들은 대개 유전학적으로 여러 가지 차이가 있다.

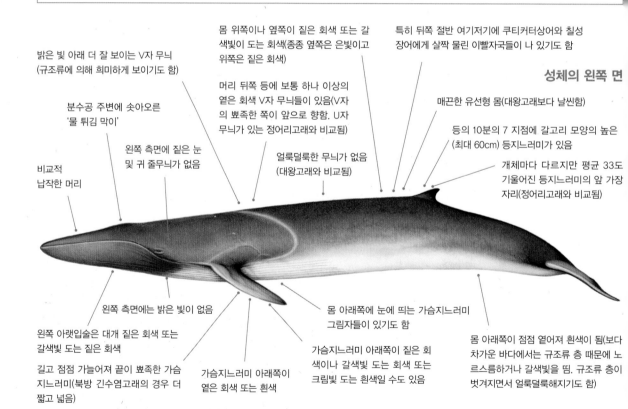

밝은 빛 아래 더 잘 보이는 V자 무늬
(규조류에 의해 희미하게 보이기도 함)

분수공 주변에 솟아오른
'물 튀김 막이'

비교적
납작한 머리

왼쪽 측면에 짙은 눈
및 귀 줄무늬가 없음

몸 위쪽이나 옆쪽이 짙은 회색 또는 갈색빛이 도는 회색(종종 옆쪽은 은빛이고 위쪽은 짙은 회색)

머리 뒤쪽 등에 보통 하나 이상의 옅은 회색 V자 무늬들이 있음(V자의 뾰족한 쪽이 앞으로 향함. U자 무늬가 있는 정어리고래와 비교됨)

얼룩덜룩한 무늬가 없음
(대왕고래와 비교됨)

특히 뒤쪽 절반 여기저기에 쿠티커터상어와 칠성장어에게 살짝 물린 이빨자국들이 나 있기도 함

성체의 왼쪽 면

매끈한 유선형 몸(대왕고래보다 날씬함)

등의 10분의 7 지점에 갈고리 모양의 높은 (최대 60cm) 등지느러미가 있음

개체마다 다르지만 평균 33도 기울어진 등지느러미의 앞 가장 자리(정어리고래와 비교됨)

왼쪽 측면에는 밝은 빛이 없음

왼쪽 아랫입술은 대개 짙은 회색 또는 갈색빛 도는 짙은 회색

길고 점점 가늘어져 끝이 뾰족한 가슴 지느러미(북방 긴수염고래의 경우 더 짧고 넓음)

가슴지느러미 아래쪽이 옅은 회색 또는 흰색

몸 아래쪽에 눈에 띄는 가슴지느러미 그림자들이 있기도 함

가슴지느러미 아래쪽이 짙은 회색이나 갈색빛 도는 회색 또는 크림빛 도는 흰색일 수도 있음

몸 아래쪽이 점점 옅어져 흰색이 됨(보다 차가운 바다에서는 규조류 층 때문에 노르스름하거나 갈색빛을 띰. 규조류 층이 벗겨지면서 얼룩덜룩해지기도 함)

요점 정리

- 세계 곳곳에 서식
- 몸 위쪽이 짙은 회색 또는 갈색빛 도는 회색
- 특대 사이즈
- 등에 옅은 회색 V자 무늬
- 아랫입술 색이 비대칭

- 머리 앞부분에 눈에 띄는 기다란 돌기 한 줄이 있음
- 뒤로 경사진 등지느러미
- 잠수할 때 꼬리를 치켜올리는 경우가 거의 없음
- 혼자 또는 짝지어 또는 소집단으로 움직임

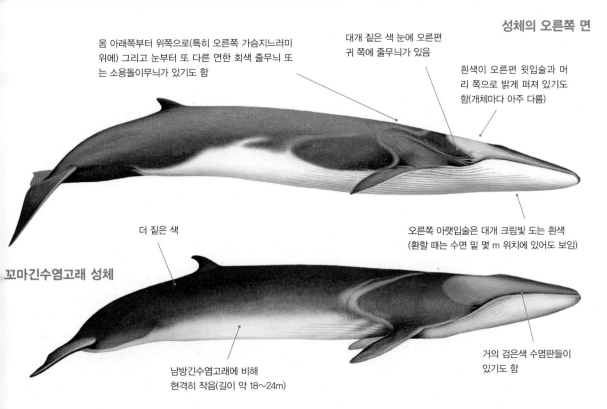

성체의 오른쪽 면

몸 아래쪽부터 위쪽으로(특히 오른쪽 가슴지느러미 위에) 그리고 눈부터 또 다른 연한 회색 줄무늬 또는 소용돌이무늬가 있기도 함

대개 짙은 색 눈에 오른편 귀 쪽에 줄무늬가 있음

흰색이 오른편 윗입술과 머리 쪽으로 밝게 퍼져 있기도 함(개체마다 아주 다름)

더 짙은 색

오른쪽 아랫입술은 대개 크림빛 도는 흰색 (환할 때는 수면 밑 몇 m 위치에 있어도 보임)

꼬마긴수염고래 성체

남방긴수염고래에 비해 현격히 작음(길이 약 18~24m)

거의 검은색 수염판들이 있기도 함

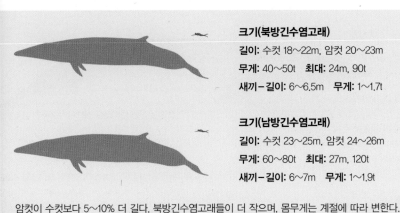

크기(북방긴수염고래)
길이: 수컷 18~22m, 암컷 20~23m
무게: 40~50t **최대:** 24m, 90t
새끼-길이: 6~6.5m **무게:** 1~1.7t

크기(남방긴수염고래)
길이: 수컷 23~25m, 암컷 24~26m
무게: 60~80t **최대:** 27m, 120t
새끼-길이: 6~7m **무게:** 1~1.9t

암컷이 수컷보다 5~10% 더 길다. 북방긴수염고래들이 더 작으며, 몸무게는 계절에 따라 변한다.

비슷한 종들

멀리서 보면 다른 중간 크기의 고래들 및 대형 고래들(대왕고래, 정어리고래, 브라이드고래, 오무라고래 등)과 혼동할 수도 있다. 바다에서는 고래들 간의 상대적 크기를 측정하는 게 어려울 수 있지만, 어쨌든 긴수염고래는 대왕고래를 제외한 그 어떤 고래보다 크다. 우선 멀리서 볼 때 등지느러미 모양과 위치 그리고 잠수 동작(예를 들어 긴수염고래는 대왕고래의 경우보다 물을 뿜어 올린 뒤 등지느러미가 더 빨리 나타나며, 또 대체로 정어리고래보다 꼬리자루가 더 많이 구부러짐)이 눈에 띄게 다르다. 가까이서 볼 경우, 긴수염고래는 머리 앞부분에 중간 높이의 길다란 돌기가 한 줄 나 있다(잔물결 때문에 브라이드고래처럼 기다란 돌기가 세 줄 나 있는 걸로 착각하지 말 것). 또한 긴수염고래는 연한 V자 무늬와 줄무늬들 때문에 오무라고래와 정어리고래 그리고 일부 밍크고래를 제외한 다른 모든 종과 구분된다. 정어리고래는 머리가 약간 구부러진 채 끝 쪽으로 처져 있고, 등지느러미가 높고 꼿꼿하며, 대개 아래턱

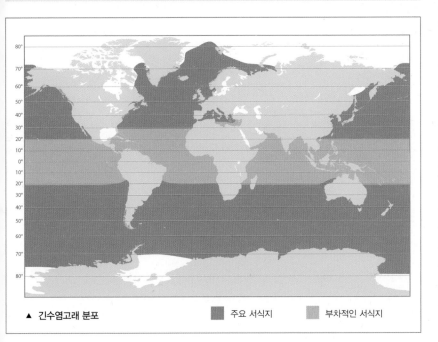

▲ 긴수염고래 분포   ■ 주요 서식지   ■ 부차적인 서식지

끝이 뾰족한 머리 앞부분(대왕고래 보다는 뾰족하지만 정어리고래나 브라이드고래보다는 덜 뾰족함)

날씬한 V자 형태의 머리

위에서 보면 아주 또렷이 보이는 옅은 V자 무늬

길고도 좁은 몸

양옆에서 압축한 듯한 꼬리자루

눈에 꼬리 중간

머리 앞부분에 한 줄로 길게 나 있는 눈에 띄는 돌기(정어리고래만큼 뚜렷하진 않음)

꼬리자루에 나 있는 눈에 띄는 긴 돌기

넓은 꼬리(길이 20m의 몸에서 끝에서 끝까지 최대 5m)

매끄러운 꼬리 뒷부분

성체

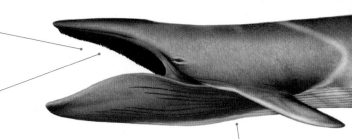

주로 짙은 푸른빛이 도는 회색 또는 거의 검은색에 가까운 수염판들(오른쪽 앞 수염판 20~30%는 예외로, 희끄무레하거나 누르스름함)

가끔 회색 띠들이 나 있거나 가장자리에 누르스름한 흰색, 갈색빛이 도는 회색 또는 황록색 가로선들이 나 있음

세로로 난 50~100개의 세로 목주름들(배꼽 너머까지 뻗어 있음)

새끼

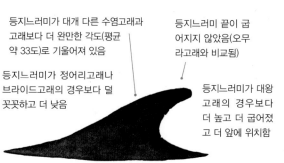

등지느러미

등지느러미가 대개 다른 수염고래과 고래보다 더 완만한 각도(평균 약 33도)로 기울어져 있음

등지느러미가 정어리고래나 브라이드고래의 경우보다 덜 꼿꼿하고 더 낮음

등지느러미 끝이 굽어지지 않았음(오무라고래와 비교됨)

등지느러미가 대왕고래의 경우보다 더 높고 더 굽어졌고 더 앞에 위치함

꼬리가 갈고리 모양, 둥근 모양, 삼각형 모양, 뾰족한 모양 등 다양함(꼬리 끝은 늘 심하게 뒤로 향해 있음)

꼬리

꼬리 아래쪽은 옅은 회색 또는 흰색이며 가장자리는 짙은 회색(수면 위로 치켜 올라가는 경우가 드묾)

색이 비대칭이다. 오무라고래는 몸집이 아주 더 작으며, 등지느러미가 대개 가파른 각도로 나 있고 갈고리 모양이다. 그간 긴수염고래와 대왕고래 사이에 태어난 새끼들도 관측된 바 있는데(새끼를 가진 잡종 암컷 1마리도 관측된 바 있고), 생긴 게 긴수염고래와 대왕고래를 모두 닮아 그 2종 모두와 혼동될 여지가 있다.

분포

긴수염고래는 여름에는 전 세계 냉온대 바다 및 극지방 바다에서, 그리고 또 남반구와 북반구 양쪽의 모든 주요 대양들에서 발견된다. 겨울 번식지는 아열대 바다도 포함되지만 보다 광범위하게 흩어져 있다. 그러나 열대 지역들이나 빙하 가장자리 부근 고위도 지역들에선 거의 발견되지 않는다. 이동 문제는 복잡해, 일부 고래들은 여름에는 먹이활동을 위해 주로 보다 고위도 지역들로 그리고 겨울에는 번식을 위해 저위도 지역들로 이동하지만, 간단한 패턴을 따르진 않으며, 번식지들은 불분명하다(번식지들이 존재한다는 가정 하에). 긴수염고래들이 오래 또는 잠시 머무는 지역들로는 멕시코 칼리포니아만, 미국 알래스카만, 일본 쪽 동중국해가 꼽히며, 그 외에 미국 캘리포니아 남부와 지중해 서부(이곳에서 계절에 따라 북대서양에서 건너오는 긴수염고래들과 뒤섞이는 걸로 보임) 지역도 잠재적인 서식지들로 꼽힌다.

긴수염고래들은 대개 대륙붕 가장자리 근처 바다에 더 많이 몰려 있지만, 수심이 어느 정도 나오는 해안 근처나 대륙붕 전체에서도 자주 발견된다. 또한 보통 지형학적 여건 및 해양학적 여건상 먹이들이 밀집되어 있는 데라면 어디든 수심 200m가 넘는 곳에서(일부 지역에서는 100m) 종종 발견된다.

북대서양에서는 멕시코 만류의 따뜻한 바닷물로 인해 긴수염고래들의 연간 이동 주기가 결정되는 듯하다. 긴수염고래의 이동은 해마다 다르지만, 1년 내내 어느 정도 정해진 서식지들이 있는 걸로 보인다. 해터러스곶(북위 35도)과 카보베르데 제도(북위 14도), 더 북쪽으로 북위 80도 스발바르 제도(바렌츠해로 들어가는 경우는 드물지만), 그리고 북위 69도 데이비스 해협과 배핀만(캐나다 북극 지역으로 들어가는 경우는 드물지만) 등이 바로 예상 서식지들이다.

북태평양에서는 어느 정도의 남북 이동은 있지만, 전반적으로 계절별 이동은 비교적 적은 편이다. 긴수염고래들은 멕시코 바하칼리포르니아 남부와 동중국해로부터 북쪽으로 알래스카만 및 오호츠크해 상당 부분과 베링해까지(1년 내내 베링해 남부에 머묾), 그리고 여름에는 추크치해 북부에(보퍼트해로 들어가는 경우는 드물지만) 서식한다.

남반구에서는 긴수염고래들이 이동을 더 많이 하는 걸로 보인다. 여름에 남대서양과 인도양 남부에서는 주로 남위 40도에서 60도 사이에, 그리고 남태평양에서는 남위 50도와 남극권(남위 66도 30분) 너머 사이에서 서식한다. 전통적인 겨울 서식지로는 칠레 북부와 페루의 서쪽, 브라질 동쪽, 아프리카 서해안 일대, 아프리카 남부, 동아프리카와 마다가스카르 일대, 웨스턴오스트레일리아의 북서부, 코럴해, 피지해와 인근 바다 일대 등이 꼽힌다. 그러나 수십 년간 계속된 상업적 포경으로 인해 긴수염고래들은 이들 중 많은 지역들에서 보기 힘들어졌다.

행동

예외적으로 빨리 헤엄칠 수 있어, 평상시에는 시속 9~15km로 움직이지만 순간적으로 시속 37km까지 올리기도 한다. 수면 위로 점프하는 브리칭은 잘하지 않는다(스트레스를 받을 때는 더 많이 하기도 함). 어떨 때는 대왕고래들과 뒤섞여 지내기도 하고 또 어떨 때는 거두고래나 돌고래들과 어울리기도 한다. 혹등고래나 밍크고래들과 함께 큰 무리를 지어 먹이활동을 하는 것도 종종 볼 수 있다. 대서양흰줄무늬돌고래 등과 무리를 짓기도 한다. 대개 배를 피하지 않고 배에 가까이 다가가지도 않지만, 때론 아주 접근하기 쉬우며 호기심도 많다.

수염판

- 수염판이 260~480개(평균 약 350~390개)이다(위턱 한쪽에).
- 가장 긴 수염판은 약 80cm. 북방 긴수염고래들은 평균적으로 수염판이 조금 더 많다.

집단 규모와 구조

흔히 혼자 다니지만, 종종 2~7마리씩 소집단을 이룬다. 먹이가 많은 지역에서는 수십 마리(예외적인 경우 최대 100마리)씩 느슨하면서도 큰 집단을 이루기도 한다. 고래들 사이에 장기적인 연대감이 형성되는 경우는 드물어(어미-새끼 쌍의 경우는 예외), 집단 구성은 아주 유동적이다(각 개체가 이 집단 저 집단 사이를 오가기도 해서).

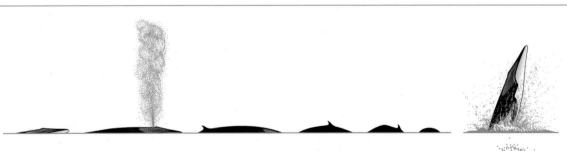

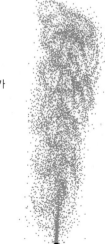

잠수 동작

- 먼저 머리 앞부분의 위쪽 면이 완만한 각도로(깊은 잠수 후에는 더 가파른 각도로) 수면 위로 올라온다.
- 물을 뿜어 올리는 순간 머리 윗부분이 수면 위로 올라온다.
- 몸은 물속에 그대로 낮게 묻혀 있다.
- 등지느러미는 보통 뿜어 올린 물이 사라진 뒤 그 모습을 드러낸다(특히 어린 고래들은 분수공과 등지느러미가 동시에 보이는 경우가 많지만).
- 꼬리자루가 수면 위로 올라오면서(깊이 잠수하기 전에는 더 높이) 눈에 띄는 등의 혹이 보인다.
- 꼬리는 잘 보이지 않는다.

물 뿜어 올리기

- 아주 높다란 원주 모양의 물을 최대 10m까지 뿜어 올린다(아주 다를 수도 있음).
- 대개 정어리고래가 뿜어 올리는 물보다 더 자욱하다.
- 긴수염고래보다 더 높이 물을 뿜어 올리는 건 대왕고래뿐이다(혹등고래와 정어리고래가 뿜어 올리는 물은 그 높이가 비슷한 경우가 많음).

먹이와 먹이활동

먹이: 긴수염고래의 먹이는 상황에 따라, 그리고 지역과 계절 그리고 먹이의 많고 적음에 따라 달라진다. 북반구에서는 주로 크릴새우(특히 북부 크릴새우)와 요각류, 떼지어 다니는 물고기들(청어, 고등어, 대구, 열빙어, 정어리, 까나리, 청대구 등), 일부 작은 오징어 등을 먹는다. 남반구에서는 거의 크릴새우(특히 아남극 크릴새우)만 먹지만, 다른 플랑크톤 갑각류들도 먹는다.

먹이활동: 여름에 집중적으로 먹고(하루에 최대 1t까지), 겨울에는 훨씬 덜 먹으며, 입을 거의 90도로 벌린 채 돌진하듯(때로는 한쪽, 특히 오른쪽으로 몸을 돌려가며) 먹이활동을 한다. 먹이활동을 하면서 서로 협력한다는 증거는 없다.

잠수 깊이: 흔히 수심 100m까지 잠수한다. 리구리아해에서는 종종 180m까지. 최고 잠수 기록은 474m. 일부는 수면에서 먹이활동을 한다.

잠수 시간: 대개 3~10분. 최장 25분.

포식자들

주로 범고래들. 그래서 가슴지느러미와 꼬리 그리고 몸 양옆에 종종 범고래에게 공격당한 상처 자국들이 있다. 다른 긴수염고래과 고래들과 마찬가지로 맞받아 싸우기보다는 '도망가는 종'으로, 빠른 속도와 체력을 주요 도주 전략으로 삼는다.

사진 식별

등지느러미와 흉터 크기 및 모양은 물론 등에 있는 밝은 패턴들과 V자 무늬로 식별 가능하다.

개체 수

현재 약 10만 마리가 넘는 성체들이 있으며, 일부 지역에서는 그 수가 계속 증가 중인 걸로 보여진다. 대략적인 추정치는 북대서양(지중해 포함)에 9만 400마리, 남극에 3만 8,200마리다. 북태평양에는 그리 많지 않을 걸로 추정된다(추정치는 최소 총 9,300마리지만, 실제 수치는 그 몇 배는 될 듯). 북대서양의 대략적인 긴수염고래 수는 다음과 같다. 페로 제도, 동그린란드, 아이슬란드, 노르웨이, 얀마위엔 지역에 5만 3,600마리, 포르투갈, 스페인, 프랑스, 영국 주변에 1만 8,100마리, 동그린란드 일대에 6,400마리, 지중해에 5,000마리, 북아메리카 동쪽 해안과 서그린란드 일대에 7,300마리.

종의 보존

세계자연보전연맹의 종 보존 현황: '취약' 상태. 지중해 긴수염고래는 '취약' 상태. 1860년대 말부터 모든 주요 대양에서 무자비한 고래 사냥이 이루어졌으며, 1935년부터 1970년까지 매년 3만 마리씩 살해되면서 긴수염고래는 전 세계적으로 가장 많이 희생되는 고래가 되었다. 그 결과 북반구에서(북대서양과 북태평양에서 대략 50대 50의 비율로) 14만 7,607마리가 희생됐고, 남반구에서 72만 6,461마리가 희생됐다. 그러다가 북태평양에서는 1976년에, 남극해에서는 1976~1977년에 그리고 북대서양에서는 1987년에 종 보호가 시작됐다. 그리고 지금 일부 개체들은 그 수가 회복되고 있다. 그러나 그 규모는 훨씬 줄어들었지만 지금도 여전히 고래잡이는 진행 중이어서, 서그린란드는 연간 19마리까지 고래잡이를 할 수 있으며(2019년부터 2025년까지 적용되는 국제포경위원회의 원주민 생계형 고래잡이 규정에 따라), 아이슬란드는 2006년 상업적 포경을 재개한 이후 자체적으로 정한 한도인 연간 154마리씩(2018년에 161마리로 상향 조정) 고래를 잡아 그간 거의 1,000마리의 고래를 잡았다. 긴수염고래 사냥은 2016년과 2017년에 잠시 잠잠했으나 2018년에 재개되었으며, 일본의 경우 소위 '연구 목적 포경'이라는 명목 하에 남극에서 소수의 고래를 잡아왔다(2011년 이후에는 고래 사냥이 없었지만). 현재 북태평양에서는 긴수염고래 사냥은 행해지지 않고 있다. 긴수염고래들에 대한 또 다른 위협들로는 어망에 뒤엉키는

▲ 긴수염고래들은 브리칭을 잘하지 않는다.

일대기

성적 성숙: 암컷은 7~8년, 수컷은 5~7년(1930년 이전에는 번식 가능한 고래 나이가 10~12살이었지만, 포경으로 개체 수가 급격히 줄면서 그 나이도 줄었다).

짝짓기: 암컷들을 두고 수컷들 간에 경쟁이 있는 걸로 보여진다. 제한된 증거이긴 하나, 2마리는 짝짓기를 하고 수컷들은 곁에서 구경하는 식으로 3~4마리씩 집단을 이뤄 짝짓기를 한다는 증거도 있다.

임신: 11~11.5개월.

분만: 2년마다(가끔은 3년마다). 북반구에선 주로 11~12월에, 그리고 남반구에선 5~6월에 새끼 1마리가 태어난다. 새끼가 6마리나 됐다는 기록도 있지만, 1마리 넘게 키우는 데 성공한 사례는 알려진 바가 없다.

젖떼기: 6~8개월 후에.

수명: 최대 80~90년(최장수 기록은 114년).

사고(흔하진 않지만 아주 없지는 않음), 먹잇감이 되는 어자원의 남획, 배와의 충돌(모든 대형 고래들 가운데 긴수염고래가 가장 자주 배와 충돌하는 것으로 알려져 있음), 소음 공해(특히 소수의 난쟁이범고래들이, 빈번한 해상 운송 등으로 인한) 그리고 소화되지 않는 미세 플라스틱 조각들 등을 꼽을 수 있다.

소리

약 18~300Hz 범위 안에서 감정을 담은 다양하면서도 아주 큰 저주파 소리들도 내고 보다 높은 주파수의 소리들도 낸다. 가장 잘 알려진 소리는 수컷이 내는 비교적 단순한 노래('20Hz 리듬'으로 알려짐)로, 이 노래는 각기 약 1초씩 지속되는 하향성 저주파 리듬들(23~18Hz)로 이루어진다. 한 노래는 약 7초부터 26초까지 일정한 간격으로 반복되는 한 리듬으로 이루어질 수도 있고, 두세 가지 다른 간격으로 반복되는 리듬들('더블릿'과 '트리플릿'으로 알려짐)로 이루어진다. 노래와 노래 사이에 쉬는 시간은 계산하지 않을 경우, 한 노래가 32.5시간 지속되기도 한다. 긴수염고래의 노래는 그 크기가 186데시벨에 달해 바다에서 나는 생물체의 소리들 가운데 가장 큰 소리에 속하며, 수백 km 밖에서도 들린다. 이 노래는 1년 내내 불려지며, 계절에 따라 다르지만 주로 겨울에 불려진다(그래서 먼 거리에 있는 암컷들을 유인하기 위한 번식용 노래로 추정됨). 고래들의 노래 구조에 차이가 있다는 증거도 있다.

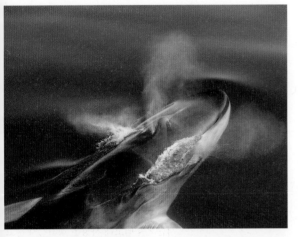

▲ 긴수염고래(그리고 다른 수염고래과 고래)가 숨을 내쉬기 시작할 때, 위로 뿜어 올려지는 물 외에 몸 양쪽에서도 곁가지 물이 나온다.

▲ 긴수염고래의 몸은 매끈한 유선형이다.

▲ 먹이활동 중인 긴수염고래의 모습에서 눈 주변의 짙은 색 줄무늬와 흰색 아래턱(둘 다 오른쪽 특징들임) 그리고 특징적인 V자형 무늬가 분명히 눈에 보인다.

정어리고래 Sei whale

 학명 발라에놉테라 보레알리스 *Balaenoptera borealis*　　　　　　　　　　　Lesson, 1828

베일에 싸여 있는 정어리고래는 고래들 중 세 번째로 긴 고래이지만, 놀랄 만큼 알려진 바가 없다. 과거에 포경 관련 기록과 과학적 분석에서 가끔 브라이드고래(그리고 어쩌면 오무라고래와도)와 혼동됐던 것도 그 때문인 듯하다.

분류: 수염고래과 수염고래아목

일반적인 이름: 정어리고래는 영어로 sei whale인데, 이는 노르웨이어 *seihval*에서 온 것으로, 여기서 sei는 대구류 어종 *seje*에서 온 것이며 *hval*은 '고래'를 뜻한다. *seje*와 정어리고래는 종종 노르웨이 북부 일대에서 동시에 발견됐다(같은 먹이를 먹었기 때문으로 추정됨). sei whale에서 sei는 세이say 또는 사이sigh로 발음된다(노르웨이 어로는 그 중간 음으로 발음됨).

다른 이름들: Coalfish whale, sardine whale, lesser fin whale, pollack whale, Japan finner, northern rorqual, Rudolphi's rorqual (이 이름은 초기에 이 정어리고래를 별개의 고래 종으로 분류한 스웨덴 출신의 동식물학자 칼 아스문드 루돌피 Karl Asmund Rudolphi의 이

름에서 따온 것임).

학명: 학명의 앞부분 *Balaenoptera*는 '고래'를 뜻하는 라틴어 *balaena*에 '날개' 또는 '지느러미'를 뜻하는 그리스어 *pteron*이 합쳐진 것이고, 뒷부분 *borealis*는 '북쪽의'를 뜻하는 라틴어 *borealis*에서 온 것이다.

세부 분류: 현재 일부 전문가들에 의해 북방정어리고래*B. b. borealis*와 남방정어리고래*B. b. schlegelii* 이렇게 두 아종이 인정되고 있다. 현재 이 정어리고래를 구분하는 증거가 충분치는 않지만, 남방정어리고래들이 자라면서 몸이 더 커지는 데다 두 집단의 고래들이 이동하는 계절도 다르다(그래서 두 집단의 고래들이 마주칠 기회도 제한되어 있음).

성체(북방정어리고래)

일부 개체들은 눈 위에 흰 줄무늬가 있음

몸길이의 21~25%인 머리

머리는 다소 굽은 데다가 끝이 약간 처져 있음

가끔 긴수염고래처럼 보다 옅은 V자 무늬가 있음(긴수염고래보다 덜 광범위하며 U자형임. 밝기와 정도가 개체에 따라 아주 다르며, 밝은 데서 더 잘 보임)

눈과 등지느러미 사이에 보다 옅은 붓질 자국 같은 게 있음(개체에 따라 크게 다르며 밝은 데서 더 잘 보임)

몸 위쪽이 짙은 갈색빛 도는 회색임(밝지 않은 데선 푸르스름한 흰색 또는 강철빛 검은색으로 보이기도 함)

몸의 양 측면이 갈색빛 도는 회색

등의 3분의 2 약간 안 되는 지점(다른 긴수염고래과 고래에 비해 더 앞쪽)에 나 있는 비교적 높고 올곧은 등지느러미(평균 55cm)

등지느러미의 앞쪽 각도가 가파름 (대개 약 46도로 긴수염고래의 등지느러미보다 더 가파름)

등지느러미가 가끔 중간쯤에서 위로 3분의 2 지점에서 눈에 띄게 뒤로 굽어 있음(오무라고래와 비교됨. 브라이드고래와는 일부 겹침)

아래쪽 입술 양쪽이 짙은 회색부터 옅은 회색까지(빛의 밝기에 따라 달라지며, 일부 개체들은 긴수염고래의 비대칭성을 살짝 보이기도 함)

목 아래쪽에 비교적 짧은 주름들 32~64개(평균 50개)가 길게 나 있음(긴수염고래과 고래치고는 주름이 짧아 가슴지느러미와 배꼽 중간쯤에서 끝남)

비교적 작고 날씬하고 뾰족한 가슴지느러미(몸길이의 약 9%)

몸 아래쪽이 보다 옅은 갈색빛 도는 회색(가끔은 크림빛 도는 흰색)

매끄러운 유선형 몸

짙은 꼬리자루

쿠키커터상어와 칠성장어에게 물려 여기저기 타원형으로 심하게 패여 있을 수도 있음(특히 뒤쪽 중간쯤에)

요점 정리

- 세계 도처의 아열대 지역 및 아극 지역의 연안
- 대 사이즈
- 날렵한 몸
- 몸 위쪽은 짙고 아래쪽은 옅음
- 몸 양쪽에 옅은 붓질 자국 같은 게 있음
- 긴수염고래같이 V자(U자에 가까운) 무늬가 있기도 함
- 머리 앞부분에 눈에 띄는 긴 돌기가 한 줄 나 있음
- 머리 앞부분이 끝으로 처져 있음
- 높고 올곧은 등지느러미(개체마다 아주 다름)
- 대칭적인 머리 색깔
- 등지느러미와 분수공이 동시에 보이기도 함

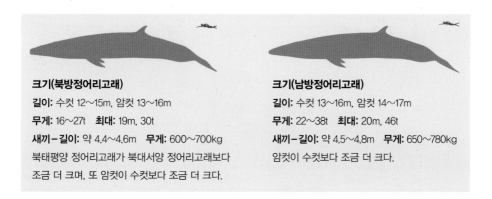

크기(북방정어리고래)
길이: 수컷 12~15m, 암컷 13~16m
무게: 16~27t   **최대:** 19m, 30t
새끼-길이: 약 4.4~4.6m   **무게:** 600~700kg
북태평양 정어리고래가 북대서양 정어리고래보다
조금 더 크며, 또 암컷이 수컷보다 조금 더 크다.

크기(남방정어리고래)
길이: 수컷 13~16m, 암컷 14~17m
무게: 22~38t   **최대:** 20m, 46t
새끼-길이: 약 4.5~4.8m   **무게:** 650~780kg
암컷이 수컷보다 조금 더 크다.

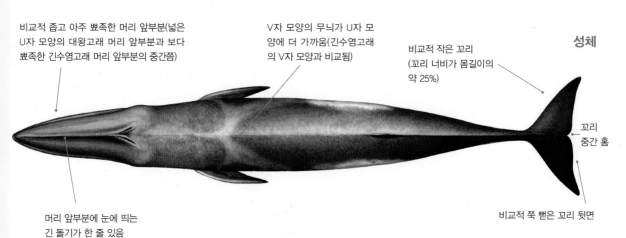

비교적 좁고 아주 뾰족한 머리 앞부분(넓은 U자 모양의 대왕고래 머리 앞부분과 보다 뾰족한 긴수염고래 머리 앞부분의 중간쯤)

V자 모양의 무늬가 U자 모양에 더 가까움(긴수염고래의 V자 모양과 비교됨)

비교적 작은 꼬리 (꼬리 너비가 몸길이의 약 25%)

성체

꼬리 중간 홈

머리 앞부분에 눈에 띄는 긴 돌기가 한 줄 있음

비교적 쭉 뻗은 꼬리 뒷면

비슷한 종들

다른 긴수염고래과 고래들, 특히 보다 작은 긴수염고래나 보다 큰 브라이드고래, 오무라고래, 밍크고래와 혼동할 가능성이 있다. 몸 크기와 색, 등지느러미의 상대적인 높이와 위치, 등지느러미의 각도, 머리 모양, 아랫입술 색의 대칭성 또는 비대칭성, 머리 앞부분에 나 있는 길다란 돌기들의 수, 뿜어 올리는 물의 높이 등을 보면 식별이 가능하다. 정어리고래는 오랫동안 브라이드고래와 구분되지 않았었다(이 2종은 서식지가 중위도 지역에서 서로 겹침). 그러나 정어리고래는 머리 앞부분에 길다란 돌기가 한 줄밖에 없으며(잔물결 때문에 브라이드고래처럼 돌기가 세 줄 나 있는 걸로 착각하지 말 것), 머리가 살짝 굽은 데다가 끝이 약간 처져 있고, 몸 양옆에 '붓질 자국' 같은 무늬가 있으며, 종종 등지느러미에 '연결축'이 있다(이 점에서 브라이드고래와 약간 중복되지만).

분포

남반구와 북반구 양쪽 열대 지역과 극지역에 걸쳐 서식하지만, 중위도 온대 지역에 가장 많이 몰려 산다. 긴수염고래 분포(특히 아열대와 열대 지역의 분포)에 대한 기록은 별로 없으며, 대부분의 정보는 포경 현황에서 나온다. 정어리고래들은 보다 고위도에 위치한 여름 및 가을 먹이활동 지역들(냉온대 바다에서 아극 바다까지의)과 보다 저위도에 위치한 겨울 번식 지역들(따뜻한 온대 지역에서 아열대 지역에 이르는) 사이를 오간다. 또한 다른 일부 긴수염고래과 고래들에 비해 이동 범위가 광범위하지 않으며, 먹이활동 및 번식 지역들이 덜 뚜렷하고, 대개 북쪽

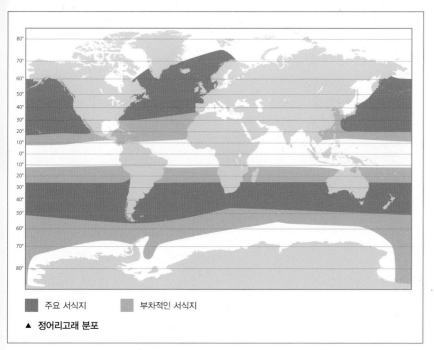

■ 주요 서식지   ■ 부차적인 서식지

▲ 정어리고래 분포

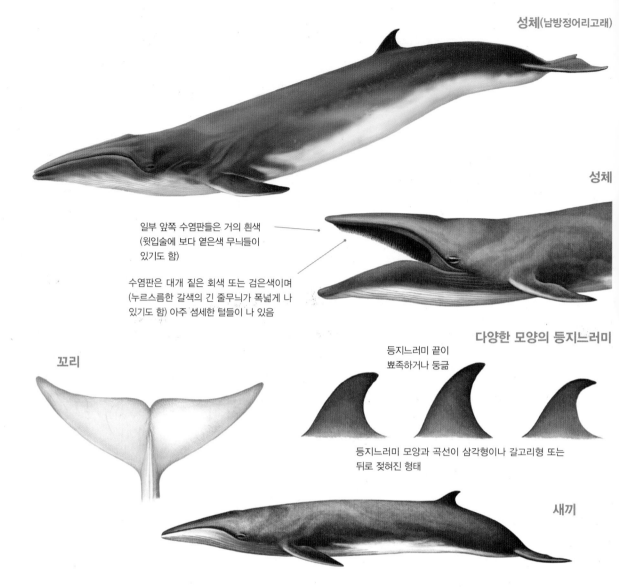

성체(남방정어리고래)

성체

일부 앞쪽 수염판들은 거의 흰색
(윗입술에 보다 옅은색 무늬들이
있기도 함)

수염판은 대개 짙은 회색 또는 검은색이며
(누르스름한 갈색의 긴 줄무늬가 폭넓게 나
있기도 함) 아주 섬세한 털들이 나 있음

다양한 모양의 등지느러미

등지느러미 끝이
뾰족하거나 둥글

꼬리

등지느러미 모양과 곡선이 삼각형이나 갈고리형 또는
뒤로 젖혀진 형태

새끼

잠수 동작

- 완만한 각도를 그리며 수면 위로 올라온다.
- 대개 머리 앞쪽 끝부분이 수면 위로 나오면서 물을 뿜어 올린다.
- 분수공과 등지느러미가 종종(항상은 아니고) 동시에 보인다(이는 밍크고래나 종종 어린 긴수염고래
  및 브라이드고래와도 비슷한 특징임).
- 수면 밑으로 가라앉는 경향이 있다(깊이 잠수할 때는 가끔 구부러지기도 하지만 등은 비교적 평평하게 유지함).
- 등지느러미가 맨 마지막에 사라진다.
- 아주 드물게 꼬리를 치켜올린다.
- 잠수했다가 수면 위로 오를 때 종종 그 동작이 예상 가능하며(숨을 쉬러 나올 때 20~30초간
  눈에 잘 보이는 상태로 수면 바로 밑에 머묾) 수면 위에 종종 길다란 꼬리 흔적을 남긴다.
  그러나 가끔은 수면 위로 올라오는 동작이 예측 불가능하고 불규칙하기도 하다.

물 뿜어 올리기

- 무성한 원주 모양의 물을 최대 9~10m 높이까지 뿜어 올린다(아주 다를 수도 있음. 대개 3~5m 높이까지).
- 일반적으로 긴수염고래가 뿜어 올리는 물보다 널리 분산된다.

먹이와 먹이활동

먹이: 정어리고래들은 지역에 따라 다른 먹이를 먹으며, 주로 아주 작은 요각류와 크릴새우류를 먹지만, 단각류와 오징어는 물론 떼지어 다니는 어종(까나리, 열빙어, 새알고기, 멸치, 청어, 꽁치, 샛비늘치 등)을 먹기도 한다. 북대서양에선 칼로리 함량이 가장 높은 탈피 주기 후반에 먼 바다에 사는 요각류(특히 *Calanus spp*)를 즐겨 먹고, 포클랜드 제도 주위에선 주로 랍스터 크릴새우*Munida gregaria*를 먹으며, 일부 지역에선 특히 수면 근처에서 먹이활동을 할 때 많은 바닷새들이 모여들기도 한다.

먹이활동: 정어리고래는 수염고래과 고래들 중 독특하게도 두 가지 형태로 먹이활동을 한다. 주로 참고래처럼 수면에서 '훑어 먹는' 기술을 쓰지만, 가끔 다른 긴수염고래과 고래처럼 '돌진하며 삼키는' 기술을 쓰기도 하는 것이다. 그리고 먹이들의 수직 이동에 맞춰 낮에는 보다 깊은 물에서 그리고 밤에는 보다 얕은 물에서 먹이활동을 한다. 또한 대부분의 먹이활동은 여름에 이루어진다(겨울에도 먹이활동은 하지만 먹는 양이 적음). 먹이가 특정 지역에 충분히 밀집되어 있을 경우 여러 주 동안 거기에 머물기도 한다. 서로 협력해서 먹이활동을 한다는 보고는 없다.

잠수 깊이: 먹이의 수직 이동에 따라 달라진다. 일본이 얻은 제한된 정보에 따르면, 잠수 깊이는 밤에는 평균 수심 약 10~12m, 낮에는 약 16~19m다.

잠수 시간: 먹이활동 지역에서는 대개 20~30초 넘게 수면에 머물면서 1~3회에 걸쳐 숨쉬기를 하며, 그런 다음 최장 13분까지 보다 오랜 잠수를 한다.

이나 남쪽으로 멀리 이동하지 않는다. 다른 긴수염고래과 고래들에 비해 이동 범위 예측이 더 어려운 것이다. 수년간 수시로 발견되던 지역들에서 갑자기 자취를 감추기도 하고, 수년간(또는 심지어 수십 년간) 관측되지 않던 지역들에서 갑자기 모습을 드러내기도 하는 식이다. 그래서 정어리고래들이 급증하는 해들을 '정어리고래 해들sei whale years' 또는 '쇄도 해들invasion years'이라 하기도 한다. 10일간 4,100km(포르투갈 아조레스 제도에서 캐나다 래브라도해까지)를 이동한 정어리고래도 있었다.

정어리고래는 일반적으로 연안 바다와 대륙붕 가장자리 일대 및 그 너머에 사는, 그리고 특히 바닷속 산이나 산등성이같이 복잡한 해저 지형이 있는 지역들에 사는 고래 종으로 여겨진다. 그러나 일부 지역들(예를 들어 칠레와 포클랜드 제도)에서는 수시로 대륙붕 안쪽으로도 들어오며, 내륙의 작은 만과 해협 같이 비교적 수심이 얕은(40m 이내의) 바다와 해안 근처에서도 발견된다. 그리고 해수면 온도가 섭씨 8~18도(가끔은 최대 25도) 정도 되는 지역을 좋아한다.

북태평양에서 정어리고래는 여름에는 주로 북위 40도 북쪽(서쪽으로는 북위 62도 러시아 추코타 일대까지)에서, 그리고 동쪽으로는 북위 59도 미국 알래스카만 안에서 서식한다. 겨울에는 보다 폭넓게 분산되는 되는 걸로 추정되지만, 자세한 건 알려진 바가 거의 없다. 다만 서쪽으로는 일본 오가사와라 제도(북위 27도)에서도 발견되고, 동쪽으로는 멕시코 레비야히헤도 제도(북위 18도)에서도 발견되는 걸로 보고되고 있다. 무분별한 고래잡이 이후 북태평양 동부에서는 정어리고래를 보기가 더 힘들어졌다.

북대서양에서 정어리고래는 여름에는 주로 북위 44도 지역에 서

식하지만, 동쪽으로는 북위 79도 지역에서도 발견되고 서쪽으로는 적어도 북위 67도 지역에서도 발견되고 있다는 기록들이 있다. 겨울 서식지들에 대해선 알려진 바가 별로 없지만, 그간 북위 19도 아프리카 모리타니 일대에서 정어리고래 떼를 봤다는 보고가 있었다. 카리브해와 멕시코만에서 발견됐다는 보고들도 있었지만 십중팔구 브라이드고래들을 잘못 본 걸로 추정된다. 북대서양 동부에선 과도한 고래잡이 이후 더 드물어졌으며, 이따금 지중해에만 그 모습을 드러내곤 한다. 인도양 북부에는 전혀 없는 걸로 추정된다.

또한 정어리고래는 주로 남극 수렴대 북쪽에 머물고 남위 30도와 50도 사이의 찬 온대 먹이활동 지역들에 가장 많이 몰려 살지만, 여름이면 남극 반도(남위 68도 서쪽 면)까지 내려가는 등 남극해 전역에서 발견된다. 겨울 서식지들에 대해선 알려진 바가 별로 없으며, 포경 관련 기록들에서는 정어리고래와 브라이드고래를 혼동하는 경우가 아주 많다. 그러나 적어도 적도 부근 아프리카 가봉 캡 로페즈에서 정어리고래 1마리가 목격됐다는 믿을 만한 기록이 있다(그래서 열대 지역이 북쪽 한계인 걸로 추정됨).

행동

정어리고래는 긴수염고래과 고래들 가운데 가장 빠른 고래들 중 하나여서 여름에는 적어도 시속 25km의 속도로(일부 포경 관련 기록들에 따르면 순간적으로 시속 50km의 속도로) 헤엄을 칠 수 있으며, 평상시의 속도는 보통 시속 3.7~7.4km이다. 수면 위로 점프하는 브리칭을 잘하지 않으며, 브리칭을 할 경우 대개 완만한 각도로 해 배로 수면을 치는 걸로 끝난다.

포클랜드 제도에서는 필돌고래들과 어울리는 모습이 관측되기도

일대기

성적 성숙: 암컷과 수컷 모두 약 8년(1935년 이전에는 번식 가능한 것이 생후 약 11년 후였으나, 포경으로 개체 수가 급감한 이후 2~3년 줄었음).

짝짓기: 북반구에서는 10~2월(11~12월에 절정), 남반구에서는 4~8월(6~7월에 절정).

임신: 10.5~12.5개월.

분만: 2~3년마다(보통은 2년마다) 겨울 중순에 새끼 1마리가 태어난다. 몸이 서로 붙은 접착 쌍동이도 한 건 있었다.

젖떼기: 6~8개월 후에.

수명: 50~60년으로 추정(기록으로 남은 최장수 정어리고래의 수명은 74년).

▲ 먹이활동 중인 정어리고래를 하늘에서 내려다본 것. 유난히 긴 유선형 몸이 보인다.

한다. 대부분의 정어리고래들은 배가 나타나면 피하거나 무관심 하지만, 일부는 호기심을 보이며 반복해서 다가오거나 배와 나란 히 헤엄을 치기도 한다.

수염판
- 수염판이 219~402개(평균 약 350개)이다(위턱 한쪽에).
- 수염판이 약 80cm로 고래들 중에 가장 길며, 대개 다른 긴수 염고래과 고래들보다 좁다.

집단 규모와 구조
장소와 계절에 따라 다르지만, 종종 혼자 다니기도 하고 2~5마 리씩 작은 집단을 이루기도 한다. 이동할 땐 보다 큰 집단을 이뤄 함께 움직이며 먹이가 풍부한 지역에서는 수십 마리의 고래들이 느슨한 집단을 이루기도 한다. 사회적 집단생활로 보이는 장면들 이 목격되기도 하고, 빠른 속도로 추격전을 벌이거나 꼬리자루를 수면 위로 내놓고 옆으로 누운 상태로 헤엄치는 등 구애 활동을 하는 모습이 목격되기도 한다.

포식자들
주요 포식자들은 범고래들이어서, 많은 정어리고래들의 몸에 범 고래 공격으로 입은 상처가 보인다. 대형 상어들이 새끼 정어리 고래들을 잡아먹기도 한다.

사진 식별
등지느러미에 나 있는 흉터와 무늬들, 쿠키커터상어에게 물린 상 처 자국들 그리고 범고래 이빨자국 같은 특징들로 사진 식별이 가능하다.

개체 수
정확한 총 추정치도 없고 최근의 지역별 통계 수치도 거의 없지

만, 적어도 8만 마리는 될 걸로 예상된다. 그중 약 3만 5,000마리 는 북태평양에, 최소 1만 2,000마리는 북대서양에 그리고 3만 7,000마리는 남반구에 살고 있는 걸로 추정된다.

종의 보존
세계자연보전연맹의 종 보존 현황: '위기' 상태(2018년). 상업적 포 경에 의한 정어리고래 남획은 1800년대 말쯤 되어서야 시작됐다 (정어리고래들은 워낙 빨라 현대적인 포경 기술들이 출현하기 전 까지는 잘 잡지 못했음). 1950년대부터 1970대 사이에는 보다 큰 고래인 대왕고래와 긴수염고래들이 급감하면서 정어리고래 사냥 이 절정에 달했다. 그 당시 죽은 정어리고래 수는 대략 다음과 같 다. 북대서양에서 1만 4,000마리(불특정 대형 고래 약 3만 마리 중 일부도 포함해야), 북태평양에서 7만 4,000마리 그리고 남반구에 서 20만 4,589마리(1964~1965년 시즌에 죽은 걸로 기록된 정어 리고래 1만 7,721마리 포함). 그 결과 전체적으로 정어리고래 수는 무려 80%나 줄어들었다. 그러자 국제포경위원회는 북태평양에서 는 1975년에, 남반구에서는 1979년에 그리고 북대서양에서는 1986년에 정어리고래들에 대한 포경 일시 중지 조치를 취했다. 그 러나 아이슬란드는 1986년부터 1988년 사이에(포경 일시 중지 조 치에 반대하면서) 70마리를 잡았고, 일본은 소위 '조사 목적으로 허용된' 자체 할당 몫이라는 명목으로 태평양 북서쪽 지역에서 2004년부터 2013년 사이에 연간 100마리씩, 2013년부터 2016년 사이에 연간 90마리씩 그리고 2019년 국제포경위원회를 탈퇴할 때까지 134마리를 잡았다. 일본은 2019년 6월에 일본 일대의 바 다에서 상업적 포경을 재개해 연간 25마리씩 사냥을 했다. 정어리 고래들은 주로 연안 지역들에 서식해 어느 정도 인간들로부터 안 전지지만, 배와의 충돌이나 어망에 뒤엉키는 사고, 소음 공해 등의 위협은 여전하다. 2015년 3월 칠레 남부에서 최소 343마리의 정 어리고래들이 집단 폐사되는 기이한 일이 있었는데, 그건 유해 조 류의 급증(엘리뇨 현상과 관련된)으로 인한 사고로 추정된다.

▲ 정어리고래 어미와 새끼. 긴수염고래와 오무라고래들에게서도 볼 수 있는 연한 V자 무늬가 선명하다.

소리

정어리고래들은 주로 1kHz 이하의 저주파 소리들을 낸다. 남극해에서는 주파수가 100~600Hz이고 지속 시간이 1.5초인 신호음과 주파수가 100~400Hz이고 지속 시간이 1초인 신호음을 내기도 하며, 지속 시간이 1.3초인 하향 신호음(주파수 39~21Hz)을 내기도 한다. 이들의 하향 신호음은 북대서양(82~34Hz. 지속 시간 1.4초)과 북태평양(39~21Hz. 지속 시간 1.3초. 5~25초라는 일정한 간격으로 되풀이됨)에서도 들을 수 있다. 이 하향 신호음은 넓게 퍼져 있는 정어리고래들 간의 접촉 신호음으로 추정된다. 정어리고래들은 이런 소리들을 대개 낮에 낸다.

▲ 정어리고래가 그 특유의 완만한 각도로 수면 위로 올라오고 있다.

▲ 고래가 뿜어 올리는 물의 높이는 잘못 볼 여지가 있고 과소평가하기도 쉽다. 뒷배경이 적절히 어두운 상태에서 보면, 정어리고래가 10m 높이까지 물을 뿜어 올리는 건 일도 아니다.

브라이드고래 Bryde's whale

학명 학명 : 발라에놉테라 에데니 *Balaenoptera edeni*   Anderson, 1879

브라이드고래는 대형 수염고래과 고래들 가운데 가장 덜 알려진 고래들 중 하나이며, 종과 아종 분류가 복잡해 아직 분류 문제가 완전히 해결되지 못한 상태이다. 이들은 모두 한 가지 공통된 특징을 갖고 있는데, 그건 머리 앞부분에 길다란 돌기가 세 줄(다른 수염고래류는 모두 한 줄) 나 있다는 것이다.

분류: 수염고래과 수염고래아목

일반적인 이름: 브라이드고래는 영어로 Bryde's whale인데, 이는 노르웨이 영사이자 선구적인 포경업자였던 요한 브라이드Johan Bryde, 1858~1925의 이름에서 따온 것이다. 요한 브라이드는 1909년 남아프리카공화국 더반에 최초의 현대적인 포경 기지를 세우는 데 일조했다. Bryde's는 '브루두스'로 발음된다.

다른 이름들: tropical whale. 아종들의 일반적인 이름들은 고래 분류 참조.

학명: 학명의 앞부분 *Balaenoptera*는 '고래'를 뜻하는 라틴어 *balaena*에 '날개' 또는 '지느러미'를 뜻하는 그리스어 *pteron*이 합쳐진 것이고, 뒷부분 *edeni*는 버마 경찰국장 애쉴리 이든Ashley Eden을 기리기 위한 것이다. 이든은 1871년 버마의 한 해변으로 떠밀려온 정어리고래 사체를 잘 확보해 주었고, 그 결과 존 앤더슨John Anderson이 이 정어리고래를 Bryde's whale이라고 명명할 수 있게 되었다.

세부 분류: 브라이드고래의 경우 종 분류 문제가 아직 완전히 해결되지 않았다. 현재 다음과 같이 두 가지 아종이 인정되고 있다. 그 하나는 보다 몸이 크고 먼바다에 사는 브라이드고래*B. e. brydei*로, 이들은 대형 브라이드고래나 먼바다 브레이드고래 또는 일반적인 브라이드고래로 알려져 있기도 하다. 또 하나는 보다 작고 주로 해안에 사는 브라이드고래*B. e. edeni*로, 이들은 Eden's whale 또는 소형 브라이드고래로 알려져 있기도 하다. 이 두 아종의 브라이드고래들은 유전학적·형태학적으로 아주 다를 뿐 아니라 서식지도 아주 달라, 완전히 다른 2종으로 분류될 가능성이 있으며, 그럴 경우 각기 브라이드고래Bryde's whale와 이든고래Eden's whale로 불릴 가능성이 있다. 게다가 멕시코만 북부에 서식하는 브라이드고래들 역시 완전히 또 다른 브라이드고래들이어서, 이들 역시 브라이드고래의 또 다른 아종 또는 또 다른 종이 될 가능성이 있다. 현재 오무라고래로 알려진 고래들은 한때 '꼬마 브라이드고래pygmy Bryde's whale'로 잘못 불렸으나, 2003년에 새로운 종으로 분류됐다(원래는 여러 브라이드고래들의 하나로 여겨졌었음).

성체

머리 앞부분에 눈에 띄는 길다란 돌기가 세 줄 나 있음(일부 개체들의 경우 제대로 나지 않지만)

몸 위쪽(때론 목의 홈들과 가슴지느러미까지 포함)이 비교적 고르게 짙은 회색 또는 갈색빛 도는 검은색이지만, 빛의 상태에 따라 갈색이나 황금색으로 보이기도 함

등의 3분의 2 또는 4분의 3 지점에 갈고리 모양의 높은 등지느러미(최대 46cm)가 있음(크기와 모양은 다양함)

몸길이의 24~26%인 머리

매끄러운 유선형 몸

등에 등지느러미가 가파른 각도로 솟아 있음(대개 정어리고래보다는 덜 올곧고, 긴수염고래보다는 뒤로 덜 경사져 있음)

비교적 평평한 머리 앞부분

아랫입술이 대개 고르게 짙은 회색 또는 푸르스름한 검은색(대칭적이지 않음. 긴수염고래나 오무라고래와 비교됨)

짙은 회색 또는 푸르스름한 검은색 가슴지느러미(양쪽 모두)

몸 아래쪽이 누르스름한 흰색이나 크림빛 도는 흰색(핑크빛이 살짝 또는 심하게 돌기도 함)

쿠키커터상어에게 물린 옅은 타원형 상처 자국들이 여기저기(특히 뒤쪽 중간에) 심하게 있을 수 있음(해안에 사는 고래들에겐 드물고 먼바다에 사는 고래들에겐 더 흔함)

아래쪽에 길다란 목주름이 40~70개 있음(대개 배꼽에 이르거나 배꼽을 지나갈 정도로 길다람. 정어리고래와 비교됨)

비교적 날씬하고 뾰족한 가슴지느러미(몸길이의 약 8~10%)

짙은 위쪽과 옅은 아래쪽 사이의 경계선이 뚜렷함

요점 정리

- 세계 도처의 열대 지역과 따뜻한 온대 지역의 바다에 서식
- 대 사이즈
- 매끄러운 유선형 몸
- 위쪽은 고르게 짙은 회색, 아래쪽은 보다 옅은 회색
- 목 부분에 가끔 핑크빛이 돔
- 머리 앞부분에 평행을 달리는 긴 돌기가 세 줄 있음
- 등의 3분의 2 또는 4분의 3 지점에 갈고리 모양의 높은 등지느러미
- 대개 분수공이 물에 잠긴 후에 등지느러미가 보임
- 대칭적인 아랫입술 색깔
- 대개 잠수를 할 때 등과 꼬리자루가 구부러짐

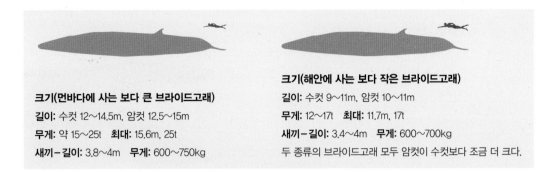

크기(먼바다에 사는 보다 큰 브라이드고래)
길이: 수컷 12~14.5m, 암컷 12.5~15m
무게: 약 15~25t   **최대:** 15.6m, 25t
새끼-길이: 3.8~4m   **무게:** 600~750kg

크기(해안에 사는 보다 작은 브라이드고래)
길이: 수컷 9~11m, 암컷 10~11m
무게: 12~17t   **최대:** 11.7m, 17t
새끼-길이: 3.4~4m   **무게:** 600~700kg
두 종류의 브라이드고래 모두 암컷이 수컷보다 조금 더 크다.

성체

중간에 눈에 띄는 긴 돌기(분수공에서부터 머리 앞부분 끝에 이르는)가 있음

중간 돌기 양옆에 보다 짧은 두 줄의 보조 돌기들이 있음(일부 개체들은 제대로 나지 않기도 함)

세 줄의 돌기들이 늘 눈에 쉽게 띄는 건 아님(특히 머리 앞부분 위로 물결이 지나갈 때)

비교적 좁으면서 아주 뾰족한 V자 모양의 머리 앞부분(U자에 가까운 대왕고래의 머리 앞부분과 보다 뾰족한 긴수염고래의 머리 앞부분의 중간쯤)

꼬리 중간 홈

비교적 넓은 꼬리(너비가 몸길이의 약 23~24%임)

비슷한 종들

머리 앞부분에 세 줄의 길다란 돌기가 뚜렷이 보일 경우, 브라이드고래라는 걸 금방 식별할 수 있다(일부 오무라고래들도 길다란 중앙 돌기 양옆에 흐릿한 돌기 두 줄이 있을 수 있으므로, 잔물결 때문에 길다란 돌기 한 줄을 세 줄처럼 보는 착각을 하지 않게 조심할 것). 오랫동안 브라이드고래들은 정어리고래들과 구분되지 않았었다(더욱이 2종은 서식지가 중위도 지역에서 중복되어 구분하기가 쉽지 않음). 그러나 정어리고래는 머리 앞부분 가운데에 길다란 돌기가 한 줄밖에 없고, 머리가 끝이 처진 게 약간 굽은 형태이며, 몸 양쪽에 '붓질 자국' 같은 게 있다. 정어리고래의 경우 등지느러미에 '연결축'이 있다는 특징이 있다(이 점에서 브라이드고래와 약간 겹치지만). 브라이드고래는 멀리서 보면 정어리고래, 긴수염고래, 오무라고래, 밍크고래와 혼동될 여지가 있다. 몸 크기와 색(브라이드고래의 색은 보다 고름), 등지느러미의 상대적 높이와 위치, 각도, 머리 모양, 아랫입술 색의 대칭성 또는 비대칭성, 뿜어 올리는 물의 높이와 모양 등을 보면 이 비슷한 고래들을 식별하는 데 도움이 된다. 그러나 브라이드고래는 이처럼 복잡하고 다양한 면을 갖고 있어, 그 크기나 서식 장소 등이 유용한 단서가 될 수는 있을지언정 현장에서 바로 식별하는 건 불가능한 것까진 아니라 해도 극도로 어렵다.

분포

브라이드고래는 대략 북위 40도에서 남위 40도 사이에 걸쳐 있는 대서양, 태평양, 인도양 열대 지역 및 아열대 지역 그리고 일부 따뜻한 온대 지역 등 세계 도처에 서식한다. 주로 먹이가 아주 풍부한 섭씨 16도 이상의 따뜻한 물속에 모여 산다. 또한 홍해와 페르시아만 같이 한 쪽이 트인 일부 내해 같은 곳들에서도 발견되지만, 지중해에서는 발견되지

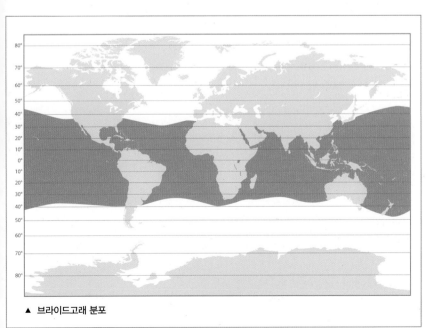

▲ 브라이드고래 분포

성체

보통 250~280개, 최대 365개(제대로 발달되지
못한 많은 수염판들 포함)의 수염판이 있음

가장 긴 수염판은
길이 약 50cm

수염판들은 대개 입의 앞부분 4분의 1에서 3분의 1까지는
누르스름한 흰색 또는 크림빛 흰색이며, 가끔 입의 뒷부분
4분의 3에서 3분의 2까지는 (특히 바깥쪽은) 좀 더 짙은
청회색 또는 짙은 회색

수염판이 이든고래의
수염판보다 더 가늘기도 함

일부 개체들은 목과 수염판의 색이 비대칭적

새끼

꼬리

다양한 모양의 등지느러미

등지느러미 끝부분은
대개 뾰족함

갈고리 모양의 등지느러미
높이와 힘은 다양함

가끔은 끝이 갈고리
모양

꼬리의 아래쪽은 대개
크림빛 흰색

일부 개체들의 등지느러미는 중간에서 3분의 2 높이에서 뒤로 살짝 구부러져
있기도 함(오무라고래와 비교됨. 정어리고래의 경우처럼 분명하진 않음).

잠수 동작

- 완만한 각도를 그리며 수면 위로 올라온다.
- 대개 머리 앞쪽 끝부분이 먼저 수면 위로 올라온다.
- 머리 앞부분(그리고 종종 입선)이 잠깐 보인다.
- 대개 분수공이 물속에 잠긴 뒤 등지느러미가 보인다(특히 어린 고래들의 경우 가끔 분수공이 물속에 잠기는 것과 동시에 보임).
- 깊이 잠수하기에 앞서 등이 굽는 경향이 있다(정어리고래와 비교됨).
- 대개 등지느러미가 사라진 후 크게 구부러진 꼬리자루가 보인다.
- 꼬리를 들어 올리지 않는다.
- 멀리 이동할 때는 등이나 등지느러미를 거의 드러내지 않은 채 대개 물속에서 물을 뿜어 올리며,
  몇 분간 사라졌다가 다시 같은 행동을 반복한다.
- 수면 위로 올라오는 동작이 종종 예측 불가능하며 불규칙할 수도 있다.
- 수면 위에 숨길 수 없는 꼬리 흔적을 남기지 않는 경우가 많다(정어리고래와 비교됨).

물 뿜어 올리기

- 무성한 원주 모양의 물을 최대 9~10m 높이까지(아주 다를 수도 있음. 가끔은 겨우 3~4m 높이까지)
  뿜어 올린다.
- 가끔 물속에서 숨을 내쉬며, 그런 다음 거의 또는 아예 보이지 않게 물을 뿜어 올리며
  수면 위로 올라온다(특히 범고래들이나 배가 너무 가까이 다가와 놀랐을 때).

먹이와 먹이활동

먹이: 주로 떼 지어 몰려다니는 작은 어종들(정어리, 멸치, 고등어, 청어, 샛비늘치 등)은 물론 오징어, 크릴새우, 먼바다 꽃게 등도 먹으며, 그 외에 다른 동물성 플랑크톤들도 먹는다. 좋아하는 먹이가 따로 있는 편이지만, 먹이의 가용성 및 지리적 위치, 계절, 연도에 따라 먹이 선호도가 달라지는 등 대개 그때그때 상황에 맞춰 먹이활동을 한다.

먹이활동: 아주 다양한 먹이활동 기법들을 구사해, 적극적으로 돌진해 먹이를 삼키기도 하고(그 바람에 종종 많은 바닷새들이나 다른 먼바다 포식자들을 끌어들이기도 함) 참고래들처럼 수면에서 훑어 먹듯 먹이를 먹기도 하며, 거품망을 이용해 먹이를 한 곳으로 모는 장면이 목격되기도 한다. 타이만에서는 떼 지어 다니는 어종들을 상대로 이른바 '덫 먹이활동trap-feeding' 또는 '선헤엄 먹이활동tread-water feeding' 같이 수동적인 먹이활동 기법(수면에서 입을 크게 벌린 채 몇 초간 거의 수직으로 몸을 세워 먹이들이 헤엄쳐서 또는 휘말려서 입안으로 들어가게 한 뒤, 머리를 들어 올리면서 입을 닫는 먹이활동 방법)을 사용한다. 또한 뉴질랜드에서는 이른바 '턱 때리기chin-slaps' 기법을 사용해 동물성 플랑크톤 먹이들을 끌어모은 뒤 그 속으로 돌진해 들어간다.

잠수 깊이: 종종 수면 또는 수면 근처에서 먹이활동을 한다. 최대 수심 300m에서.

잠수 시간: 5~15분. 최장 20분.

않는다. 그리고 어떤 브라이드고래 아종인가에 따라 먼바다에서도 살고 해안 지역에서도 산다.

적어도 먼바다에 사는 일부 브라이드고래들이 겨울에는 저위도 지역들로 비교적 짧은 이동을 하고 여름에는 중위도 지역들로 이동하긴 하지만, 남북으로 멀리까지 이동한다고 알려져 있지는 않다. 그 외의 브라이드고래들, 중위도 해안 지역들에 사는 브라이드고래들은 1년 내내 먹이가 풍부한 바다(예를 들어 멕시코 칼리포르니아만, 뉴질랜드 하우라키만, 타이만 등)에 그대로 머문다.

브라이드고래 아종들

현재 이른바 '브라이드고래 집단Bryde's whale complex'에 속하는 아종 또는 종은 둘 또는 셋이며, 이들의 정확한 종 분류를 둘러싼 논란은 지금도 계속되고 있다. 특히 이든고래Eden's whale와 브라이드고래 간에는 약간의 공통점이 있다.

이든고래

북위 40도에서 남위 40도 사이 인도양 북부 및 태평양 서부에서만 볼 수 있는 브라이드고래의 한 종류이다. 유전학적 연구들에 따르면, 오만, 방글라데시, 인도 남동쪽 해안 일대, 스리랑카 근처, 인도네시아 팔라우 수기(이상 인도양 북부), 그리고 일본 남서부에서 남동쪽으로 멀리 적어도 오스트레일리아 뉴사우스웨일스 중부 해안까지에서도(이상 태평양 서부) 이 이든고래들이 발견된다. 대서양에서 발견되었다는 확인된 기록은 없다. 이든고래들은 주로 해안 지역(해안 아주 가까운 데서 발견됐다는 기록들도 있음)과 대륙붕 지역에 서식하며, 연안에서 발견됐다는 기록은 없다. 또한 1년 내내 자신들의 서식지에 머무는 걸로 보이며, 장거리 이동을 한다는 증거는 없다.

대형 브라이드고래

주로 (반드시는 아니더라도) 북위 20도에서 남위 20도 사이, 태평양과 대서양, 카리브해 그리고 인도양의 열대 및 아열대 지역 등 세계 도처에 서식한다. 유전학적 연구에 따르면, 대형 브라이드고래는 태평양 북서부는 물론 남태평양의 피지 남쪽, 뉴질랜드, 페루 일대 그리고 인도양 동부의 자바 남쪽, 인도양 북부의 스리랑카, 오만, 그리고 몰디브 일대, 남아프리카공화국 일대, 카

리브해 그리고 대서양에도 서식한다. 대서양에 사는 모든 브라이드고래들은 이 대형 브라이드고래인 걸로 보여진다. 주로 해안에서 떨어진 먼바다에 살지만, 과거에 생각했던 것보다 더 세계 여러 곳에서 살고 있어, 일부 해안 지역들도 서식지로 삼고 있는 걸로 보인다(예를 들어 뉴질랜드 하우라키만에 계속 머무는 브라이드고래들의 주 서식지는 해안 지역임). 먼바다에 사는 일부 브라이드고래들은 이동을 하는 걸로 알려져 있지만, 그 이동도 수염고래와 고래치고는 비교적 짧은 이동(대개 위도 20~30도 정도의 이동)인 걸로 추정된다. 해안에 사는 고래들은 1년 내내 서식지에 그대로 머무는 경향이 있다. 최근에 행해진 유전학적 연구들에 따르면, 남아프리카공화국 일대에서 발견되는 브라이드고래들 중 이동을 하는 먼바다 고래들과 서식지에 머무는 해안 고래들은 크기도 다르고 좋아하는 먹이도 다르지만 전부 다 이 대형 브라이드고래다.

멕시코만 브라이드고래

이 고래들은 1년 내내 멕시코만 북부 내 좁은 지역에 머무는 브라이드고래들이다. 역사적인 포경 관련 기록들을 보면, 이들은 한때 멕시코만의 더 넓은 지역에 서식했으나, 오늘날에는 주로 길다란 플로리다주 일대, 그러니까 디소토 협곡이라고 알려진 수심 100~300m의 대륙붕 지역에서 발견된다. 현재의 개체 수 추정치는 33~44마리에 불과하다. 이 소수의 고래들 사이에선 유전적 다양성이 거의 없지만, 이 고래들은 유전학적 측면에서 전 세계의 다른 모든 브라이드고래들과는 구분된다. 크기도 달라, 해안으로 떠내려온 14마리의 고래들을 측정해 본 결과 이든고래와

일대기

성적 성숙: 암컷과 수컷 모두 6~11년.

짝짓기: 알려진 바가 없음.

임신: 11~12개월.

분만: 2년마다(보통은 3년마다). 연중 새끼 1마리가 태어남. 특히 봄(해안 고래들)과 겨울(먼바다 고래들)에 가장 많이 태어나는 걸로 추정됨.

젖떼기: 6개월 후에.

수명: 최소 40~50년으로 추정.

▲ 브라이드고래가 수면 위로 점프하는 드문 장면.

대형 브라이드고래의 중간 정도 크기다. 게다가 이들이 내는 소리는 세계 다른 지역의 브라이드고래들이 내는 소리들과 일치하는 면도 있지만 구분되는 면도 있다. 결론적으로 이 고래들은 진화론적 측면에서 다른 집단에 속하며, 따라서 별개의 아종 또는 종 분류가 필요할 듯하다(그렇게 될 경우 멕시코만 브라이드고래들은 세계에서 가장 큰 멸종 위기에 처한 수염고래과 고래가 됨). 또한 이 고래들 중 극히 일부가 종종 북대서양으로 잘못 들어간다는 증거도 있다.

행동

가끔 수면 위로 뛰어오르는 브리칭(대개 수직으로 물 위로 나옴)을 하며, 또 때론 연이어 여러 차례(예외적인 경우이긴 하나 일본 오가타 일대에서는 70차례) 브리칭을 하기도 한다. 먹이활동을 할 때는 대개 물속과 수면 모두에서 갑자기 방향을 튼다. 배를 만날 경우 도망을 가거나 무관심하며 때론 호기심을 보이기도 한다.

집단 규모와 구조

일반적으로 혼자 다니지만 때론 2~3마리씩 소집단으로 움직이며, 먹이가 풍부한 지역에서는 가끔 10~20마리씩 느슨한 집단을 이루기도 한다.

포식자들

잘 알려진 포식자는 범고래다. 대형 상어들이 새끼들을 잡아먹기도 한다.

사진 식별

주로 등지느러미에 나 있는 흉터와 무늬들을 보고, 그리고 또 때론 쿠키커터상어에게 물린 상처 자국들(먼바다에 사는 고래들의 경우) 그리고 범고래 이빨 자국 같은 다른 특징들로 사진 식별이 가능하다.

개체 수

전 세계적인 개체 수 추정치는 없다. 또한 식별에 어려움도 있었

▲ 브라이드고래의 매끈하고 균일하게 어두운 몸통.

▲ 타이만에서 '덫 먹이활동' 중인 이든고래.

다(그래서 예전 조사들에서는 브라이드고래, 오무라고래, 정어리고래 등과 혼동됐음). 대략적인 추정치는 5만 마리에서 10만 마리 사이쯤 된다. 그러나 브라이드고래가 여러 종으로 분류되게 된다면 이런 대략적인 추정치조차 별 의미가 없게 될 것이다.

종의 보존

세계자연보전연맹의 종 보존 현황: '최소 관심' 상태(2017년). 브라이드고래들은 몸이 작은 데다 고래기름 수확도 적고 고래사냥이 행해지는 대부분의 차가운 바다에 서식하지 않아 다른 대형 고래들만큼 집중적으로 사냥된 적은 없다. 게다가 1972년 전까지만 해도, 포경 관련 통계들에서 브라이드고래와 정어리고래는 구분되지 않았지만, 경우에 따라선 서식지 위치와 연중 발견 시간대에 따라 종을 추정하는 게 가능했다. 1900년부터 1999년 사이에

북반구에선 브라이드고래들이 총 1만 4,049마리가 사냥됐고 남반구에선 7,913마리가 사냥된 걸로 추정된다. 국제포경위원회가 1986년 상업적인 포경에 대한 일시 중지 조치를 취한 이래, 일본은 북태평양 서부에서 계속 브라이드고래들을 사냥했고, 1986년부터 2016년 사이에는 브라이드고래 1,368마리(이른바 '조사 목적으로 허용된 포경' 명목으로 734마리, 상업적인 포경 할당에 따라 634마리)를 사냥했다. 일본은 2019년 국제포경위원회를 탈퇴한 이후 자체 할당에 따라 매년 150마리씩 사냥하고 있다. 일부 브라이드고래들은 필리핀의 몇몇 지역에서 사냥됐으며, 1997년에 포경 금지 조치가 취해졌다(불법적인 고래 사냥은 소규모로 계속되고 있겠지만). 또한 매년 인도네시아 라마케라에서는 여전히 작은 수염고래들이 최대 5마리(아마 이든고래나 오무라고래, 남극밍크고래 또는 난쟁이밍크고래겠지만)까지 사냥되고 있다. 포경 외에 다른 위협들로는 어망에 뒤엉키는 사고, 서식지 변화, 배와의 충돌, 오일 오염, 농지 유출수, 소음 공해(탄성파 탐사와 군사용 음파 탐지로 인한) 등을 꼽을 수 있다.

소리

브라이드고래들은 다른 수염고래류들이 내는 소리들과 비슷한, 짤막하면서도 큰 저주파 소리들을 내는 걸로 알려져 있다. 그런데 그 소리들은 적어도 서식하는 지역은 물론 집단 규모에 따라 주파수, 지속 시간, 강약, 일정한 하모니의 유무 등에서 차이가 있다. 대부분의 브라이드고래 소리들은 그 주파수가 60Hz 이하이고, 지속 시간이 0.25초에서 수 초이며, 확장된 순서들에 따라 만들어진다. 또한 한 고래가 동시에 두 가지 종류의 소리를 낼 수 있으며, 그 소리들이 서로 다른 고래들 사이에 오가게 된다.

▲ 머리 위의 긴 돌기 세 줄이 이 고래가 브라이드고래라는 걸 확인시켜주고 있다.

오무라고래 Omura's whale

학명 발라에놉테라 오무라이 *Balaenoptera omurai*   Wada, Oishi and Yamada, 2003

오무라고래는 수염고래과 고래들 가운데 가장 최근에 별개의 종으로 분류된 고래다. 발라에놉테라 오무라이라는 학명은 2003년에 지어졌으며, 처음에는 단 9마리의 표본들과 바다에서 가끔씩 목격된 고래들을 토대로 이런저런 지식들을 얻게 됐다. 그러나 이 날씬한 열대 고래에 대한 우리의 지식은 지난 몇 년 사이에 아주 많이 늘어났다.

분류: 수염고래과 수염고래아목

일반적인 이름: 오무라고래는 영어로 Omura's whale로, 일본의 저명한 고래 연구학자 히데오 오무라Hideo Omura, 1906~1993의 이름에서 따온 것이다.

다른 이름들: 보다 오래된 고래 관련 문헌에서는 종종 Bryde's whale, pygmy Bryde's whale, dwarf Bryde's whale, dwarf fin whale 등

으로 불렸다.

학명: 학명의 앞부분 *Balaenoptera*는 '고래'를 뜻하는 라틴어 *balaena*에 '날개' 또는 '지느러미'를 뜻하는 그리스어 *pteron*이 합쳐진 것이다. 뒷부분 *omurai*는 위의 '일반적인 이름' 부분 참조.

세부 분류: 현재 따로 인정된 아종은 없다.

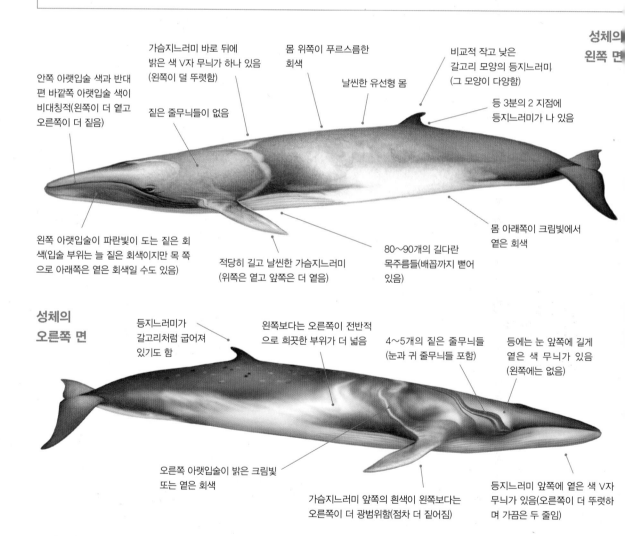

성체의 왼쪽 면

안쪽 아랫입술 색과 반대편 바깥쪽 아랫입술 색이 비대칭적(왼쪽이 더 옅고 오른쪽이 더 짙음)

가슴지느러미 바로 뒤에 밝은 색 V자 무늬가 하나 있음(왼쪽이 덜 뚜렷함)

짙은 줄무늬들이 없음

몸 위쪽이 푸르스름한 회색

날씬한 유선형 몸

비교적 작고 낮은 갈고리 모양의 등지느러미 (그 모양이 다양함)

등 3분의 2 지점에 등지느러미가 나 있음

왼쪽 아랫입술이 파란빛이 도는 짙은 회색(입술 부위는 늘 짙은 회색이지만 목 쪽으로 아래쪽은 옅은 회색일 수도 있음)

적당히 길고 날씬한 가슴지느러미(위쪽은 옅고 앞쪽은 더 옅음)

80~90개의 길다란 목주름들(배꼽까지 뻗어 있음)

몸 아래쪽이 크림빛에서 옅은 회색

성체의 오른쪽 면

등지느러미가 갈고리처럼 굽어져 있기도 함

왼쪽보다는 오른쪽이 전반적으로 희끗한 부위가 더 넓음

4~5개의 짙은 줄무늬들 (눈과 귀 줄무늬들 포함)

등에는 눈 앞쪽에 길게 옅은 색 무늬가 있음 (왼쪽에는 없음)

오른쪽 아랫입술이 밝은 크림빛 또는 옅은 회색

가슴지느러미 앞쪽의 흰색이 왼쪽보다는 오른쪽이 더 광범위함(점차 더 짙어짐)

등지느러미 앞쪽에 옅은 색 V자 무늬가 있음(오른쪽이 더 뚜렷하며 가끔은 두 줄임)

요점 정리

- 주로 인도-태평양 지역(대서양 포함)에 서식
- 해안 근처의 얕은 열대 및 아열대 바다에 서식
- 대 사이즈
- 눈에 띌 정도로 한쪽은 짙고 한쪽은 옅음
- 비대칭적인 아랫입술 색

- 비교적 작고 낮은 갈고리 모양의 등지느러미
- 몸 색깔이 긴수염고래와 비슷함
- 머리 앞부분에 눈에 띄는 긴 돌기가 한 줄 나 있음
- 혼자 있거나 느슨한 소집단을 이룸

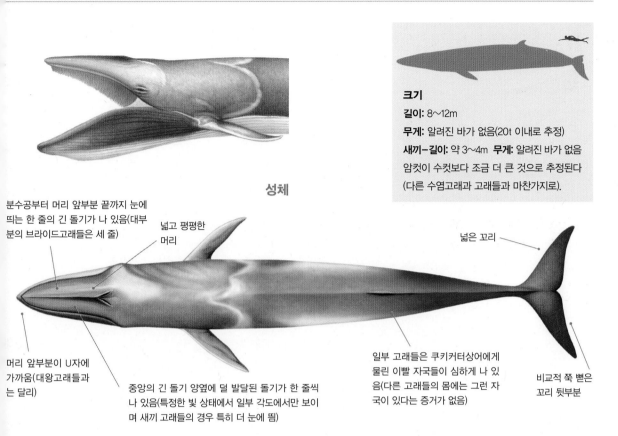

크기
길이: 8∼12m
무게: 알려진 바가 없음(20t 이내로 추정)
새끼−길이: 약 3∼4m　**무게:** 알려진 바가 없음
암컷이 수컷보다 조금 더 큰 것으로 추정된다
(다른 수염고래과 고래들과 마찬가지로).

성체

분수공부터 머리 앞부분 끝까지 눈에 띄는 한 줄의 긴 돌기가 나 있음(대부분의 브라이드고래들은 세 줄)

넓고 평평한 머리

넓은 꼬리

머리 앞부분이 U자에 가까움(대왕고래들과는 달리)

중앙의 긴 돌기 양옆에 덜 발달된 돌기가 한 줄씩 나 있음(특정한 빛 상태에서 일부 각도에서만 보이며 새끼 고래들의 경우 특히 더 눈에 띔)

일부 고래들은 쿠키커터상어에게 물린 이빨 자국들이 심하게 나 있음(다른 고래들의 몸에는 그런 자국이 있다는 증거가 없음)

비교적 쭉 뻗은 꼬리 뒷부분

비슷한 종들

브라이드고래, 정어리고래, 밍크고래, 작은 긴수염고래들과 혼동될 여지가 있다. 우선 브라이드고래는 머리 앞부분에 길다란 돌기가 한 줄이 아니라 세 줄이 나 있다(일부 오무라고래들은 중앙 돌기 양옆에 한 줄씩 덜 발달된 돌기가 있어, 머리에 잔물결이 일면 돌기들로 잘못 볼 수 있음). 또한 정어리고래는 대개 더 크고 위턱이 대개 아래쪽으로 처져 있으며 등지느러미가 더 높고 덜 굽어 있다. 그리고 밍크고래는 대개 오무라고래보다 약간 작고 가슴지느러미에 흰색 띠들이 있으며 머리도 더 뾰족하고, 수면

위로 올라올 때 그 머리가 더 가파른 각도를 그린다. 그러나 작은 긴수염고래의 경우, 복잡한 색 패턴과 V자 무늬, 비대칭적인 아래턱 색(오른쪽은 옅고 왼쪽은 짙음) 등 때문에 정말 혼동하기 쉽다. 따라서 등지느러미를 잘 봐야 한다. 오무라고래는 대개 작은 긴수염고래에 비해 등지느러미가 각도가 더 가파른 데다 더 심한 갈고리 모양을 한 경우가 많다.

분포

오무라고래의 분포에 대해선 알려진 것도 제한적이며 그마저도 아직 불분명하다. 그러나 계속 더 많은 개체가 발견되다 보면 현재 추정하는 것보다 서식지가 더 광범위할 걸로 예상된다. 현재까지는 주로 적도 양쪽 인도−태평양 지역에서 발견되었지만, 대서양에서도 발견되었다는 세 차례의 기록이 있다. 포경으로 죽었거나 해변에 좌초된 표본들 그리고 오무라고래로 확인됐거나 추정되는 표본들까지 감안하면, 오무라고래는 현재까지 21개 지역에서 발견되고 있다. 광범위한 조사에도 불구하고 태평양 동부에서는 아직 발견되었다는 기록이 없어, 그 지역에는 서식하지 않는 걸로 추정된다. 대서양 양안에서는 최근 세 지역, 그러니까 아프리카 모르타니의 촛보울과 브라질의 성 베드로 앤 성

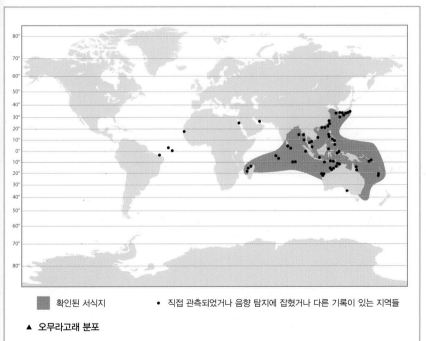

확인된 서식지　　　　● 직접 관측되었거나 음향 탐지에 잡혔거나 다른 기록이 있는 지역들

▲ 오무라고래 분포

꼬리

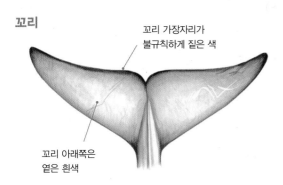

꼬리 가장자리가
불규칙하게 짙은 색

꼬리 아래쪽은
옅은 흰색

**다양한 모양의
등지느러미**

등지느러미 앞쪽으로 점점 기울어짐

종종 갈고리 모양
(개체에 따라 다름)

뒤로 젖혀진 모양

등지느러미가 긴수염고래(보다 기울
어짐)와 브라이드고래 및 정어리고래
(보다 올곧음)의 중간쯤

등지느러미가 대개 더 심한 갈고리
모양(그러나 개체마다 달라 거의
삼각형에 가깝기도 함)

바울 군도 그리고 브라질 북동부의 페켐 해변에서 발견되었다는 기록이 있어 특히 관심을 끄는데, 그건 오무라고래의 서식지가 예상보다 더 광범위할 수 있다는 걸 보여주기 때문이다. 오무라고래는 서식지가 일정치 않을 수도 있으나, 정황상 대서양에서도 발견될 수 있다는 추측도 해볼 수 있다. 그렇다 해도 수시로 발견될 수 있을지는 확실치 않다. 오무라고래는 이동을 하지 않고 주로 특정 서식지에 머문다고 보여지기 때문이다. 오무라고래가 발견된 일본 일대 바다(북위 34도)와 사우스오스트레일리아 지역(남위 34도)이 현재까지 알려진 최북단과 최남단 서식지이며, 오스트레일리아 지역에선 더 이상 볼 수 없을 걸로 예상된다. 오무라고래가 발견됐다고 기록된 곳은 모두 북위 35도에서 남위 35도 사이이며, 그중 83%는 북위 23.5도에서 남위 23.5도 사이의 열대 지역이다. 그 외의 지역에서 발견됐다고 기록된 '작은 브라이드고래들'이 이 오무라고래들이라는 건 입증되지 않았다. 더욱이 오무라고래들은 장거리 이동을 하지 않는 걸로 알려져 있으니까.

마다가스카르 북서부 지역에 대한 연구에 따르면, 오무라고래들은 해수면 온도가 섭씨 27.4도에서 30.2도쯤 되는 얕은 바다(주로 수심 10~25m. 그러나 가끔은 수심 4m에서 202m까지)를 좋아한다. 그 지역에선 오직 대륙붕 지역에서만, 그리고 대륙붕단 continental shelf break(대륙붕이 끝나고 대륙사면이 시작되는 경계-옮긴이)에서 대략 10~12km 이내의 지역에서만 서식하며, 대륙붕에서 한참 떨어진 깊은 바다나 아주 얕은 해안 또는 만은 피한다. 솔로몬해와 코코스 제도 그리고 대서양 중앙 해령(바다 산맥-옮긴이)의 보다 깊은 바다에서도 서식한다는 증거가 있는데, 이는 다른 지역들(또는 1년 중 특정한 시기)에서도 마찬가지일 걸로 추정된다.

행동

오무라고래의 행동, 잠수 동작, 집단 규모와 구조, 소리 등에 대한 몇 가지 정보는 2014년부터 마다가스카르 남서부 지역의 몇 안 되는 오무라고래들을 관측한 끝에 얻은 것이다. 이들은 가끔 수면 위로 점프하며, 수면에서 먹이를 향해 돌진할 땐 수시로 몸을 돌려 가슴지느러미와 꼬리가 수면 위로 다 드러난다.

새로운 고래의 발견

오무라고래는 여러 해 동안 브라이드고래 가운데 작은 편에 속하는 일명 '꼬마 브라이드고래'로 믿어졌다. 그러나 형태학적(특히 두개골 형태가)으로도 브라이드고래와 크게 다르며, 유전학적으로도 브라이드고래나 정어리고래보다 훨씬 일찍 나머지 수염고래과 고래들과 다르다는 게 확인했다. 오무라고래는 표본 9마리를 통해 새로운 종으로 분류됐다. 그중 8마리는 일본 포경업자들에 의해 사냥됐고(6마리는 1976년 솔로몬 제도 근처에서, 2마리는 1978년 코코스 제도 근처에서. 최근에 와서야 보관된 세포 조직을 검사해 오무라고래로 확인됨), 나머지 1마리는 1998년 일본 바다 남부 쓰노시마섬 근처에서 어선과 충돌해 죽었다. 일본에서 죽은 그 고래(길이 11.03m의 암컷 성체)가 오무라고래의 기준 표본이다.

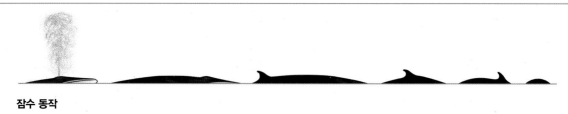

잠수 동작
- 비교적 완만한 각도를 그리며 머리가 수면 위로 올라온다.
- 대개 머리와 분수공이 물속에 잠기면서 바로 등지느러미가 보인다.
- 등이 부드럽게 굽는다.   • 등지느러미가 뚜렷하게 보인다.
- 잠수를 하면서 꼬리를 들어 올리지 않는다.

물 뿜어 올리기
- 물이 널리 퍼지고 자욱하지만 눈에 잘 띄지 않음(물 높이는 개체에 따라 크게 다름).

먹이와 먹이활동

먹이: 주로 크릴새우(특히 *Euphausia diomedeae*와 *Pseudeuphausia latifrons*)와 아주 작은(아직 확인된 바가 없음) 동물성 플랑크톤 그리고 물고기알을 먹는다.

먹이활동: 수면에선 종종 돌진하듯 먹이활동을 한다. 고래상어들이 많은 지역에서 먹이활동을 하는 것도 목격됨(서로 같은 먹이를 먹는 걸로 추정).

잠수 깊이: 알려진 바가 없지만, 대개 수심 100m 이내인 걸로 추정된다.

잠수 시간: 알려진 바가 없음.

수염판

- 수염판은 180~210개다(위턱 한쪽에).
- 다른 그 어떤 브라이드고래 종보다 수염판이 적고, 가장 긴 수염판은 23~28cm이다.

집단 규모와 구조

일반적으로 혼자 또는 어미와 새끼가 함께, 또는 일시적으로(10분 이내) 성체 2마리가 짝을 이뤄 다니며, 최대 6마리가 서로 몇 m에서 수백 m 떨어진 상태로 느슨한 집단을 이루기도 한다.

포식자들

알려진 바가 없다.

사진 식별

등지느러미 모양, 흉터와 무늬들, 몸 오른쪽의 밝은 무늬, 몸 양쪽의 V자형 색 패턴들 같은 특징들로 사진 식별이 가능하다.

개체 수

전 세계적인 개체 수 추정치는 없다.

종의 보존

세계자연보전연맹의 종 보존 현황: '정보 부족' 상태(2017년). 사실 오무라고래의 종 보존 현황이나 각종 위협들에 대해선 알려진 바가 없다. 상업적인 포경에 희생됐던 건 거의 분명하며(브라이드고래로 오인되어), 적어도 8마리는 1970년대에 솔로몬 제도와 코코스 제도 근처에서 브라이드고래에 대한 '조사 목적의 포경'이라는 명목 아래 일본 포경업자들에 의해 사냥됐다. 일부 증거에 따르면 필리핀 보홀해에서도 상당수의 오무라고래들이 필리핀 포경업자들에 의해 사냥되고 있는데, 이는 인도네시아에서도 마찬가지이며 다른 지역에서도 사냥되고 있을 가능성이 높다. 일본과 타이, 한국, 스리랑카 등에서도 최소 8마리의 오무라고래들이 어망에 휘감겨 익사한 걸로 알려져 있는데, 얕은 바다에 서식한다는 걸 감안할 때 이 고래들이 의도하지 않은 어획물로 전락할 가능성은 얼마든지 있다. 이들에 대한 또 다른 잠재적 위협으로는 배와의 충돌, 소음 공해(상업적 해상 운송으로 인한 소음 공해 등), 유전 탐사를 위한 탄성파 탐사 등을 꼽을 수 있다.

소리

오무라고래는 소리를 아주 많이 낸다. 지속 시간이 길고, 큰 노래가 특징적인데, 특히 그 노래가 매번 비슷한 데다가 독특하면서도 일관성이 있어 그 패턴만으로도 식별 가능하다. 평균 지속 시간이 8~9초쯤 되는 오무라고래의 저주파(사람이 들을 수 있는 주파수 아래의) 노래는 2~3분 간격으로 리드미컬하게 반복되고 또 여러 시간 동안 중단되지 않고 계속되며, 한 고래가 반복해서 계속 부르는 걸로 보여진다. 가끔은 여러 고래들이 함께 '합창'을 하기도 한다. 이 노래는 혹등고래의 경우와 마찬가지로 번식을 위한 것으로, 수컷들만 부르는 걸로 추정된다. 마다가스카르와 호주 북서부 그리고 차고스 제도에서 1년 내내 들을 수 있다.

일대기

성적 성숙: 알려진 바가 없음.

짝짓기: 알려진 바가 없음.

임신: 약 12개월로 추정.

분만: 알려진 바가 없음. 연중 새끼 1마리가 태어나는 걸로 추정되지만, 그 증거는 아주 제한적임.

젖떼기: 알려진 바가 없음.

수명: 6마리의 오무라고래 표본들을 살펴 본 결과, 최대 수명이 수컷은 38년, 암컷은 29년.

▲ 인도네시아 라자암팟 제도에서 공중 촬영된 오무라고래 어미와 새끼 한 쌍(극도로 잡기 힘든 장면).

커먼밍크고래 Common minke whale

학명 발라에놉테라 아쿠토로스트라타 *Balaenoptera acutorostrata*　　　Lacépède, 1804

커먼밍크고래는 긴수염고래 가운데 가장 작은 고래이며, 모든 수염고래 가운데 두 번째로(꼬마긴수염고래 다음으로) 작은 고래다. 그리고 커먼밍크고래는 크게 세 종류, 즉 북대서양밍크고래, 북태평양밍크고래, 남반구밍크고래로 나뉜다.

분류: 수염고래과 수염고래아목

일반적인 이름: 커먼밍크고래는 영어로 Common minke whale 또는 northern minke whale인데, 여기서 Common(일반적인) 또는 nothern(북방의)은 남극밍크고래와 구분하기 위해 쓰인 말이다. 'minke'는 노르웨이 해운업자 스벤트 포인Svend Foyn('현대 포경의 창안자'로 불림) 밑에서 일한 19세기 독일 노동자 마인케Meincke의 이름에서 따온 것이라고 알려져 있다. 마인케는 허구한 날 밍크고래를 대왕고래로 잘못 봤고, 그래서 사람들이 그를 놀리는 의미로 일반 고래보다 작은 모든 고래들을 '마인케의 고래'라고 불렀으며, 이후 Meincke의 발음과 철자가 조금 바뀌어 minke가 되었다는 것. minke의 영어식 발음은 '밍키'다.

다른 이름들: Lesser rorqual, little piked whale, pikehead, lesser finback, sharp-headed finner, little finner(그 외에 이 세 이름을 합쳐 만들어진 이름들); northern minke whale(북반구에 사는 커먼밍크고래가 두 종류여서); '악취 나는 밍크stinky minke'(입 냄새가 고약하다 해서), '섹시한 밍크slinky minke'(수면 위로 오를 때의 움직임이 묘하다 해서)라는 별명도 있다.

학명: 학명의 앞부분 *Balaenoptera*는 '고래'를 뜻하는 라틴어 *balaena*에 '날개' 또는 '지느러미'를 뜻하는 그리스어 *pteron*이 합쳐진 것이고, 뒷부분 *acutorostrata*는 '날카로운'을 뜻하는 라틴어 *acutus*에 '부리가 ~한'의 뜻을 가진 라틴어 *rostrata*가 합쳐진 것이다(결국 머리 앞부분이 날카롭다는 의미).

세부 분류: 현재 다음과 같은 세 가지 커먼밍크고래 아종이 인정되고 있다. 북대서양밍크고래 *B. a. acutorostrata*, 북태평양밍크고래 *B. a. scammoni*, 난쟁이밍크고래(가끔 white-shouldered minke whale이라고도 함. 아직 정해진 아종 이름 없음).

커먼밍크고래 성체

가슴지느러미 뒤쪽의 길고 옅은 어깨 줄무늬(대개 앞 가장자리가 뚜렷함)가 뒤로 이어져 V자 모양이 되기도 함(반대쪽과 대충 대칭이 됨)

몸길이의 22~23%인 머리

흰색 어깨 패치가 없음(난쟁이밍크고래와 비교됨)

날카롭게 뾰족하면서 납작한 머리 앞부분

몸 양쪽과 등에 붓으로 칠한 듯한 옅은 회색빛이 있음

몸 위쪽이 짙은 회색이나 갈색빛 도는 회색 또는 거무스름한 색

등의 3분의 2 조금 못 되는 지점에 비교적 높은 갈고리 모양의 등지느러미가 있음(모양은 다양함)

등지느러미 끝이 갈고리처럼 굽어 있기도 함

등이나 배에 눈에 띄는 용골들이 있음

아래쪽에 비교적 짧은 50~70개의 목주름이 있음(가슴지느러미와 배꼽 사이에서 끝남)

가슴지느러미 중간에 경계가 뚜렷한 밝은 흰색 띠가 있음(수면 바로 아래 있을 때 분명히 보이기도 함)

날씬하고 뾰족한 가슴지느러미(몸길이의 약 12%)

뾰족한 가슴지느러미 끝

몸 아래쪽이 흰색 또는 크림빛 도는 흰색(움직일 때면 분홍빛이 돌기도)

비교적 매끄러운 유선형 몸

쿠키커터상어에게 물린 원형 또는 타원형 자국들이 있기도 함

요점 정리

- 세계 도처의 열대 지역에서부터 극지역까지
- 중간 사이즈
- 위쪽은 짙은 회색, 갈색빛 도는 회색 또는 거무스름한 색, 아래쪽은 흰색
- 몸 양쪽과 등에 다양한 모양의 보다 옅은 회색 무늬들이 있음
- 수면 위로 오를 때 날카롭게 뾰족한 머리 앞부분이 먼저 떠오름
- 머리 앞부분에 긴 돌기가 한 줄 있음
- 등의 3분의 2 지점에 비교적 높은 갈고리 모양의 등지느러미가 있음
- 가슴지느러미에 독특한 밝은 흰색 띠가 있음
- 뿜어 올리는 물이 흐릿하거나 아예 보이지 않음

커먼밍크고래 성체

머리 앞부분에 눈에 띄는
긴 돌기가 한 줄 있음

등에 대충 대칭이 되는
V자 무늬가 있음

꼬리
중간 홈

머리 앞부분이 좁고
뾰족한 V자 모양

양쪽 가슴지느러미에 눈에 띄는
흰 띠가 있음(개체에 따라 다름)

비교적 작은 꼬리
(꼬리 너비가 몸길
이의 약 23~28%)

매끄러운 꼬리
뒷부분

커먼밍크고래 성체의 가슴지느러미

가슴지느러미의 흰색 띠는 크기와
모양이 개체에 따라 다름

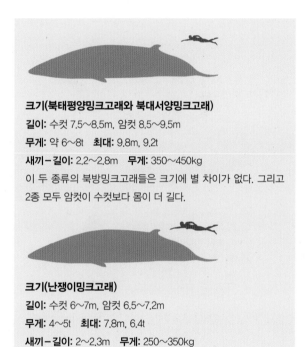

크기(북태평양밍크고래와 북대서양밍크고래)
길이: 수컷 7.5~8.5m, 암컷 8.5~9.5m
무게: 약 6~8t   최대: 9.8m, 9.2t
새끼-길이: 2.2~2.8m   무게: 350~450kg
이 두 종류의 북방밍크고래들은 크기에 별 차이가 없다. 그리고
2종 모두 암컷이 수컷보다 몸이 더 길다.

비슷한 종들

몸이 더 작은 데다가 머리 모양이 유난히 뾰족하고 가슴지느러미
에 흰 띠가 있으며 뿜어 올리는 물이 흐릿하거나 아예 보이질 않
아, 형태가 비슷한 다른 긴수염고래들과의 식별이 비교적 쉽다.
적어도 남반구 여름에는 난쟁이밍크고래와 남극밍크고래의 서식
지가 중복되는 데다 멀리서 보면 서로 비슷하다. 그러나 난쟁이
밍크고래의 경우 남극밍크고래보다 2m 정도 몸길이가 짧으며
가슴지느러미에 뚜렷한 흰 띠가 있고 어깨에 무늬들이 있고(남
극밍크고래는 둘 다 없음) 목 부분에 대칭이 되는 짙은 회색 무늬
들이 있다. 멀리서 보면 꼬마긴수염고래나 일부 부리고래과 고래

크기(난쟁이밍크고래)
길이: 수컷 6~7m, 암컷 6.5~7.2m
무게: 4~5t   최대: 7.8m, 6.4t
새끼-길이: 2~2.3m   무게: 250~350kg

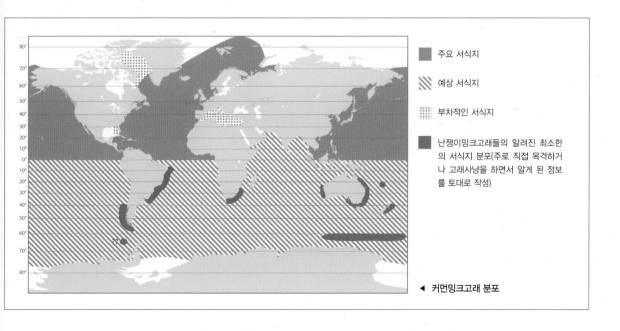

주요 서식지

예상 서식지

부차적인 서식지

난쟁이밍크고래들의 알려진 최소한
의 서식지 분포(주로 직접 목격하거
나 고래사냥을 하면서 알게 된 정보
를 토대로 작성)

◀ 커먼밍크고래 분포

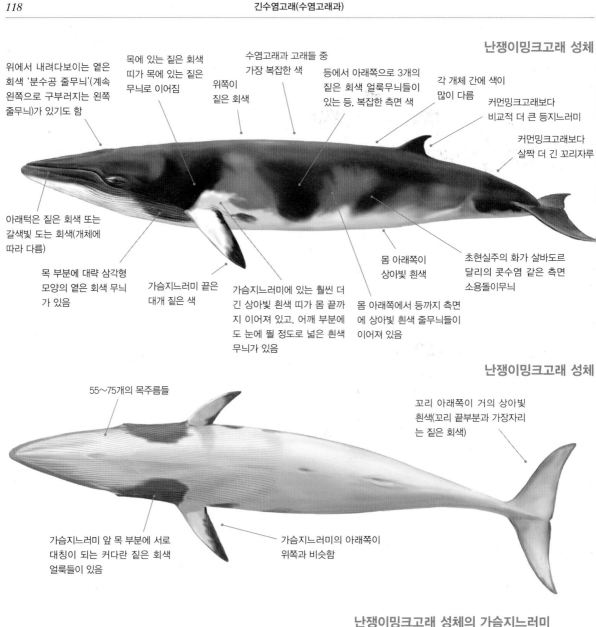

난쟁이밍크고래 성체

위에서 내려다보이는 옅은 회색 '분수공 줄무늬'(계속 왼쪽으로 구부러지는 왼쪽 줄무늬)가 있기도 함

목에 있는 짙은 회색 띠가 목에 있는 짙은 무늬로 이어짐

위쪽이 짙은 회색

수염고래과 고래들 중 가장 복잡한 색

등에서 아래쪽으로 3개의 짙은 회색 얼룩무늬들이 있는 등, 복잡한 측면 색

각 개체 간에 색이 많이 다름

커먼밍크고래보다 비교적 더 큰 등지느러미

커먼밍크고래보다 살짝 더 긴 꼬리자루

아래턱은 짙은 회색 또는 갈색빛 도는 회색(개체에 따라 다름)

목 부분에 대략 삼각형 모양의 옅은 회색 무늬가 있음

가슴지느러미 끝은 대개 짙은 색

가슴지느러미에 있는 훨씬 더 긴 상아빛 흰색 띠가 몸 끝까지 이어져 있고, 어깨 부분에도 눈에 띌 정도로 넓은 흰색 무늬가 있음

몸 아래쪽에서 등까지 측면에 상아빛 흰색 줄무늬들이 이어져 있음

몸 아래쪽이 상아빛 흰색

초현실주의 화가 살바도르 달리의 콧수염 같은 측면 소용돌이무늬

난쟁이밍크고래 성체

55~75개의 목주름들

꼬리 아래쪽이 거의 상아빛 흰색(꼬리 끝부분과 가장자리는 짙은 회색)

가슴지느러미 앞 목 부분에 서로 대칭이 되는 커다란 짙은 회색 얼룩들이 있음

가슴지느러미의 아래쪽이 위쪽과 비슷함

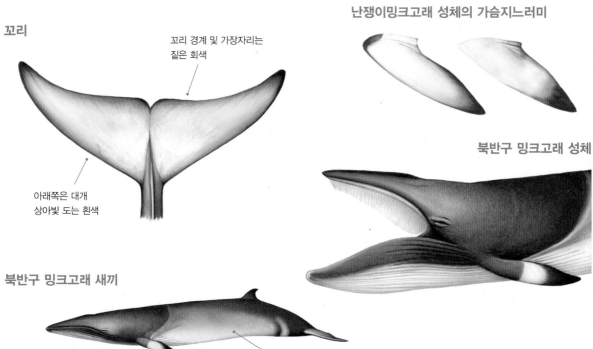

난쟁이밍크고래 성체의 가슴지느러미

꼬리

꼬리 경계 및 가장자리는 짙은 회색

아래쪽은 대개 상아빛 도는 흰색

북반구 밍크고래 성체

북반구 밍크고래 새끼

개체에 따라 색이 크게 다름

들과 혼동될 수도 있지만, 머리 모양과 색이 완전히 다르다. 커먼밍크고래와 남극밍크고래 사이에서 태어난 혼혈 밍크고래들에 대한 보고들도 있어, 그 2종의 밍크고래들 사이에서도 새끼가 생겨날 수 있다는 증거가 되고 있다.

분포(북반구 밍크고래)

북대서양밍크고래는 여름에는 북위 약 80도 지역까지 서식지에 포함되어 멀리 북쪽으로 배핀만, 덴마크 해협, 스발바르 제도, 프란츠 요제프 제도, 노바야제믈랴 제도 등지에서도 발견된다. 그러나 겨울 서식지는 북대서양 남부로 추정될 뿐 그 이상 알려진 게 없다. 이들의 서식지는 서쪽으로는 최소 카리브해와 바하마까지, 그리고 동쪽으로는 서아프리카 세네갈과 카보베르데 제도에 이르는 걸로 추정된다. 카나리아 제도(북위 28도)에서는 1년 내내 발견되지만, 아조레스 제도와 멕시코만에서는 드물게 발견되며, 지중해는 어쩌다 한 번씩 찾는 걸로 알려져 있다.

북태평양밍크고래의 서식지는 여름에는 적어도 북위 70도 지역까지 포함되어 멀리 추크치해에서도 발견된다. 그러나 북대서양밍크고래와 마찬가지로 겨울 서식지는 북태평양 남부로 추정될 뿐 그 이상 알려진 바가 없다. 이들의 서식지는 최소 북위 15도 남중국해와 필리핀해 그리고 멕시코 바하칼리포르니아 남부에 이른다. 하와이 일대에서도 서식하지만 목격되는 경우가 드물다.

북반구 밍크고래들의 이동에 대해선 다른 몇몇 수염고래들 경우와 마찬가지로 제대로 알려진 게 없다. 다만 서식지가 대체로 고위도의 여름 먹이활동 지역들에서 저위도의 겨울 번식 지역들로 이동하는 걸로 보인다(일부 개체들은 1년 내내 냉온대 지역들에 그대로 머물지만). 북반구 밍크고래들은 여름에는 주로 냉온대 지역 및 극지역 바다에 모여 살며, 거기에서 부빙ice floe(바다에 떠다니는 얼음덩어리-옮긴이)과 빙호polynya(얼음에 둘러싸인 극지방의 직사각형 해면-옮긴이)가 펼쳐진 지역들까지 파고드는 걸로 알려져 있다. 또한 이들은 여름에 다른 어떤 긴수염고래보다 자주 해안 지역들에 모습을 드러내어, 큰 만과 작은 만은 물론 피오르드 지역과 일부 큰 강(캐나다 세인트로렌스강 같은)까지 들어간다. 그런데 겨울에는 이들을 목격하는 게 흔치 않아, 겨울이 되어 저위도 지역에 있을 때는 주로 먼바다에 있는 게 아닌가 추정된다.

북반구 밍크고래들 중 일부, 그러니까 스코틀랜드 뮬섬과 미국 워싱턴주의 산후안 제도 일대에 사는 고래들은 장소에 대한 애착이 강해 매년 먹이활동을 하러 특정 장소들로 되돌아온다. 또한 일부 고래들은 아예 서식지가 특정 장소를 벗어나지 않는다(이는 수염고래 특유의 현상일 수도 있음).

분포(남반구 밍크고래)

난쟁이밍크고래는 남반구에서만 발견되며, 세계 곳곳에 서식할 수도 있고 그렇지 않을 수도 있다(이들의 서식지에 대해선 알려진 게 별로 없는데, 그건 남반구 밍크고래들이 최근까지도 한 종으로 취급됐었기 때문임).

난쟁이밍크고래는 남아프리카공화국, 모잠비크 남부, 오스트레일리아, 뉴질랜드(북섬과 남섬), 뉴칼레도니아, 남아메리카 대륙의 동쪽 해안(브라질 북부에서 아르헨티나 북부까지) 그리고 칠레 파타고니아 등의 해안 지역과 먼바다 지역 모두에서 발견된다. 1년 중 상당 기간 동안(3월부터 12월까지) 이 지역들에서 발견되고 있지만, 적어도 일부 고래들은 이동을 하는 것으로 보여

잠수 동작

- 약 20~40도로 눈에 띄는 각도를 그리며 수면 위로 올라온다.
- 대개 머리 앞부분 끝이 눈에 띌 만큼 먼저 수면 위로 올라온다.
- 물을 뿜어 올리면서 빠른 속도로 앞으로 나아간다.
- 대개 분수공과 등지느러미가 동시에 보이거나(이는 남극밍크고래, 일부 정어리고래, 어린 브라이드고래, 어린 긴수염고래들과 같은 특징임) 분수공이 물에 잠긴 뒤 바로 등지느러미가 보인다.
- 대개 깊이 잠수하기에 앞서 등이 구부러지고 꼬리자루가 아주 높이 들어 올려진다.
- 꼬리를 들어 올리지 않는다.
- 대개 수면 위로 올라오는 동작이 짧고 불규칙하다(그래서 한 차례 또는 몇 차례 수면 위로 올라와도 그 동작을 놓치기 쉬움).

물 뿜어 올리기

- 물이 널리 분산되면서 똑바로(원주 모양보다는 무성한 모양으로) 3m까지 올라간다 (물 높이는 개체마다 아주 다름).
- 다른 대형 고래들이 뿜어 올리는 물보다 눈에 덜 띈다(때론 아예 보이지도 않음).

먹이와 먹이활동

먹이: 북반구 밍크고래는 떼지어 다니는 다양한 작은 물고기들(까나리, 연어, 열빙어, 대구, 고등어, 검정대구, 작은청어, 명태, 청어, 해덕, 멸치, 꽁치, 바늘치 등)과 무척추동물들(크릴새우류, 요각류 등)을 먹이로 삼는다. 그리고 먹이는 장소, 먹이의 유무, 계절, 년도 등에 따라 달라진다. 난쟁이밍크고래는 특히 바늘치를 즐겨 먹지만, 상황에 따라 다른 물고기도 먹고 가끔 크릴새우도 먹는다.

먹이활동: 먹이활동은 먹이 대상과 위치 등에 따라 크게 달라진다. 이 밍크고래들은 먹이들을 가둘 때는 원이나 타원형, 나선형, 8자, 쌍곡선 등을 그리며, 머리로 받거나 물속에서 물을 내뿜기도 한다. 먹이를 집어삼킬 때는 거꾸로 곤두박질치거나 비스듬하게 또는 옆으로 또는 수직으로 돌진한다.

잠수 깊이: 대개 수면 또는 수면 근처에서 먹이활동을 한다. 난쟁이밍크고래는 수심 20~40m에서 관측된다.

잠수 시간: 북반구 밍크고래는 대개 3~10분. 최장 20분. 난쟁이밍크고래는 12분 30초까지.

진다. 세계에서 난쟁이밍크고래들의 집산지로 예측 가능하다고 알려진 지역은 단 한 곳, 오스트레일리아 그레이트 배리어 리프 북부 일대(주로 6~7월 사이에)뿐이다. 지금까지 확인된 난쟁이밍크고래 최북단 서식지는 남위 2도 브라질 동부 해안 일대에서부터 남위 11도 태평양 서부 오스트레일리아 일대까지다.

여름에 아남극 지역에서 커먼밍크고래들의 서식지는 부분적으로 남극밍크고래들의 서식지와 중복된다. 또한 아남극 지역에선 12월과 3월 사이에 주로 뉴질랜드와 오스트레일리아 남부 지역(남위 55도와 남위 60도 사이. 남위 65도 지역에서 목격됐다는 기록도 있음)에서 목격되고 있는데, 이는 커먼밍크고래들에 대한 조사가 주로 그 지역에서 이루어졌기 때문인 듯하다. 또한 남아프리카와 남아메리카 남쪽 아남극 지역에서 목격되는 경우도 있지만, 인도양 북부 지역에서 목격됐다는 기록은 없다.

행동

가끔 브리칭(몸이 완전히 물 위에 뜨기도)을 하며 머리를 수면 위로 올려 꼿꼿이 서서 주변을 둘러보기도 한다(얼음으로 덮인 지역에선 자주 머리를 수면 위로 올려 주변을 살핌). 그러나 꼬리나 가슴지느러미로 수면을 내려치는 행동은 거의 하지 않는다. 아이슬란드와 세인트로렌스만 그리고 오스트레일리아 북동부 등 일부 지역에서는 배에 큰 호기심을 보여, 한 번에 몇 분 또는 몇 시간 동안 정지해 있는 배 주변을 맴돌거나 움직이는 배를 따라다니기도 한다. 그러나 그 외의 지역에서는 접근하기가 어려울 수도 있다.

성체의 수염판

- 북태평양밍크고래는 수염판이 231~290개, 북대서양밍크고래는 270~325개, 그리고 난쟁이밍크고래는 200~300개다.
- 가장 긴 수염판은 약 21cm이다. 북반구 밍크고래들은 대개 수염판이 흰색, 크림색 또는 누르스름한 색이며, 난쟁이밍크고래들은 수염판의 약 절반은 뒤쪽이 짙은 회색 또는 갈색이다(좁고 짙은 가장자리 때문에). 그리고 모든 아종들의 수염판 색은 대칭적이다.

집단 규모와 구조

대개 혼자 다니고 가끔 2~3마리씩 다니기도 하지만, 먹이가 풍부한 곳에선 일시적으로 더 많은 고래들이 모이기도 한다. 사회 조직은 복잡해 보이며, 나이와 성별 그리고 번식 능력에 따른 차별 같은 게 있다는 증거도 있다.

포식자들

중요한 포식자는 범고래들이다(밍크고래들은 다른 그 어떤 수염고래과 고래들보다 몸이 더 작기 때문에 더 취약함). 시속 15~30km의 속도로 진행되는 범고래와 밍크고래의 추격전은 가끔 1시간 이상 계속되기도 한다. 순간적으로 치고 나가는 속도는 범고래가 더 빠르지만, 지구력은 밍크고래 성체들이 더 좋기 때문이다. 그러나 너무 해변 가까운 데 모여 있어 달리 피할 데가 없는 상황에선 보통 쉽게 제압당한다. 대형 상어들(뱀상어와 백상아리 같은) 역시 밍크고래 새끼는 물론 난쟁이밍크고래 성체까지 잡아먹는다.

사진 식별

다른 몇몇 수염고래들과 식별하는 게 쉽진 않지만, 등지느러미 뒷부분에 있는 홈들, 등지느러미의 모양, 몸의 색깔 그리고 그 외의 다른 특이한 무늬와 상처들(정확한 건 개체에 따라 다르지만)로 식별이 가능하다. 다양한 색 패턴들은 특히 난쟁이밍크고래들을 식별하는 데 도움이 된다.

개체 수

정확한 개체 수 추정치는 없지만, 커먼밍크고래 성체는 최소 20만 마리는 된다. 지역별로 보면, 북대서양의 경우 대서양 북동부 지역에 9만 마리, 북대서양 중심부에 4만 8,000마리(아이슬란드 대륙붕과 페로 제도 대륙붕의 2만 8,000마리 포함), 캐나다와 미국 동부 해안 지역 일대에 2만 3,300마리, 서그린란드에 1만 7,000마리 등이다. 북태평양의 경우 그 추정치가 더 적어, 일본 북부 일대 및 오호츠크해에 2만 5,000마리, 동해 연안 지역과 일본의 태평양 해안 지역에 4,500마리, 미국과 캐나다 브리티시컬럼비아주 서부 해안 일대에 1,160마리, 베링해 중심부와 남동부 지역에 2,000마리 등이다. 그 외에 그레이트 배리어 리프 북

일대기

성적 성숙: 암컷은 약 6~8년, 수컷은 약 5~8년.

짝짓기: 알려진 바가 없음.

임신: 약 10~11개월.

분만: 매년(때론 한 해 걸러). 연중 새끼 1마리가 태어남(계절별 정점이 있음).

젖떼기: 4~6개월 후에.

수명: 최소 50년으로 추정(최장수 기록은 약 60년).

▲ 오스트레일리아에서 발견된 난쟁이밍크고래.

부 지역 일대에도 약 342~789마리, 알류샨 열도와 알래스카만 북부 해안 지역에도 1,230마리가 있다.

종의 보존

세계자연보전연맹의 종 보존 현황: '최소 관심' 상태(2018년). 커먼밍크고래는 1930년대 전까지만 해도 상업적인 포경을 하기엔 너무 작은 고래로 여겨졌다. 그러나 대형 고래들의 수가 급감하면서 이 고래들에 대한 포경이 더 기승을 부리게 된다. 1930년부터 1999년 사이에 북반구에서 죽은 커먼밍크고래는 총 16만 6,342마리로 알려져 있다. 난쟁이밍크고래의 경우 일부는 남아프리카공화국 해안에서 활동하는 포경업자들에 의해 희생됐고, 또 일부는 남극밍크고래에 대한 대대적인 상업적 포경으로 덩달아 희생되기도 했지만, 난쟁이밍크고래만을 상대로 대규모 포경이 행해진 적은 없었다.

오늘날 커먼밍크고래는 국제포경위원회의 포경 일시 중지 조치에도 불구하고 북대서양에서는 노르웨이와 아이슬란드에 의해, 그리고 북태평양에서는 일본에 의해 상업적 포경의 주요 표적이 되고 있다(남극해에서의 남극밍크고래 포경 참조). 그 결과 커먼밍크고래는 최근 몇 년간 연평균 970마리씩 희생됐으며, 2014년부터 2016년까지 북대서양에서는 노르웨이에 의해 연평균 662마리, 아이슬란드에 의해 130마리, 그리고 북태평양에서는 일본에 의해 178마리가 희생됐다. 국제포경위원회의 원주민 고래잡이 할당에 따라, 지금도 서그린란드에서는 매년 최대 164마리가 사냥되고 있으며, 동그린란드 해안 지역에서는 매년 최대 20마리가 사냥되고 있다. 일부 난쟁이밍크고래들의 몸에서는 일부 남태평양 섬 국가들에서 사용되는 전통적인 작살에 맞은 상처들이 보인다.

밍크고래들을 위협하는 또 다른 요소들로는 어망에 뒤엉키는 사고, 각종 오염, 배와의 충돌, 서식지 교란, 소음 공해(선박 운행과 탄성파 탐사, 군사용 음파 탐지 등으로 인한) 등을 꼽을 수 있다.

소리

커먼밍크고래들은 많은 지역에서 소리를 내지 않고 조용히 있지만(아마 고래 사냥을 하는 범고래들에게 탐지될 가능성을 줄이기 위해), 다른 지역들에서는 다양한 소리들을 내는 듯하다. 그 소리들로는 북대서양밍크고래들의 하향식 저주파 소리, 북태평양밍크고래들의 각종 시끄러운 소리들을 꼽을 수 있다.

난쟁이밍크고래들은 '스타 워즈Star Wars' 소리로 알려진 크고 복잡하며 정형화된(주파수가 50Hz에서 9.4kHz 사이를 오가는) 소리를 내는 걸로 유명하다. 일종의 기계음처럼 느껴지는 그 소리는 빠른 속도의 세 가지 펄스와 보다 길게 끄는 여운이 규칙적으로 반복되는 게 특징이다. 밍크고래들의 소리가 이렇게 복잡한 이유들 중 하나는 이들이 서로 다른 두 가지 소리를 동시에 내기 때문이다. 커먼밍크고래들이 왜 '스타 워즈' 소리를 내는지에 대해선 아직 알려진 바가 없다.

▲ 커먼밍크고래는 상당히 자주 수면 위로 점프한다.

남극밍크고래 Antarctic minke whale

학명 발라에놉테라 보나에렌시스 *Balaenoptera bonaerensis*   Burmeister, 1867

남극밍크고래는 1998년에 조금 더 작은 커먼밍크고래로부터 공식 분리되면서(2종은 실제 470~750만 년 전에 이미 분리된 걸로 보여지지만) 새로운 고래 종으로 발표됐다. 이 고래들은 이름에 밍크고래라는 말이 들어감에도 불구하고 사실 정어리고래나 브라이드고래와 더 밀접한 관련이 있다.

분류: 수염고래과 수염고래아목

일반적인 이름: 남극밍크고래는 남극 대륙 일대의 찬 물에서 서식하기 때문에 앞에 '남극'이란 말이 들어가고, 그 뒤의 'minke'는 노르웨이 해운업자 스벤트 포인Svend Foyn('현대 포경의 창안자'로 불림) 밑에서 일한 19세기 독일 노동자 마인케Meincke의 이름에서 따온 것이라고 알려져 있다. 마인케는 허구한 날 밍크고래를 대왕고래로 잘못 봤고, 그래서 사람들이 그를 놀리는 의미로 일반 고래보다 작은 모든 고래들을 '마인케의 고래'라고 불렀으며, 이후 Meincke의 발음과

철자가 조금 바뀌어 minke가 되었다는 것. minke의 영어식 발음은 '밍키'다.

다른 이름들: Southern minke whale.

학명: 학명의 앞부분 *Balaenoptera*는 '고래'를 뜻하는 라틴어 *balaena*에 '날개' 또는 '지느러미'를 뜻하는 그리스어 *pteron*이 합쳐진 것이고, 뒷부분 *bonaerensis*는 이 고래의 기준 표준이 발견된 아르헨티나 부에노스아이레스에서 온 것이다.

세부 분류: 현재 따로 인정된 아종은 없다.

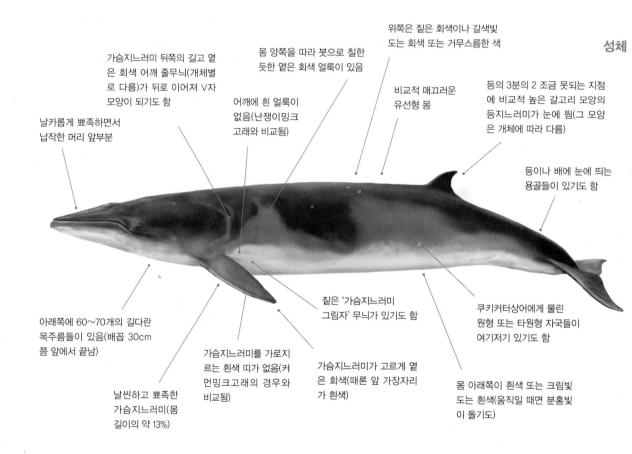

위쪽은 짙은 회색이나 갈색빛 도는 회색 또는 거무스름한 색

성체

가슴지느러미 뒤쪽의 길고 옅은 회색 어깨 줄무늬(개체별로 다름)가 뒤로 이어져 V자 모양이 되기도 함

몸 양쪽을 따라 붓으로 칠한 듯한 옅은 회색 얼룩이 있음

비교적 매끄러운 유선형 몸

등의 3분의 2 조금 못되는 지점에 비교적 높은 갈고리 모양의 등지느러미가 눈에 띔(그 모양은 개체에 따라 다름)

날카롭게 뾰족하면서 납작한 머리 앞부분

어깨에 흰 얼룩이 없음(난쟁이밍크고래와 비교됨)

등이나 배에 눈에 띄는 용골들이 있기도 함

아래쪽에 60~70개의 길다란 목주름들이 있음(배꼽 30cm쯤 앞에서 끝남)

짙은 '가슴지느러미 그림자' 무늬가 있기도 함

쿠키커터상어에게 물린 원형 또는 타원형 자국들이 여기저기 있기도 함

가슴지느러미를 가로지르는 흰색 띠가 없음(커먼밍크고래의 경우와 비교됨)

가슴지느러미가 고르게 옅은 회색(때론 앞 가장자리가 흰색)

몸 아래쪽이 흰색 또는 크림빛 도는 흰색(움직일 때면 분홍빛이 돌기도)

날씬하고 뾰족한 가슴지느러미(몸 길이의 약 13%)

요점 정리

- 열대 지역에서 남반구의 극지역에 걸쳐서 서식
- 중간 사이즈
- 위쪽은 짙은 회색, 갈색빛 도는 회색 또는 거무스름한 색, 아래쪽은 흰색
- 몸 양쪽과 등에 다양한 모양의 보다 옅은 회색 무늬들이 있음
- 몸에 규조류가 붙어 얼룩얼룩한 황토색을 띨 수도 있음
- 수면 위로 오를 때 뾰족한 머리 앞부분이 먼저 떠오름
- 머리 앞부분에 긴 돌기가 한 줄 있음
- 등의 3분의 2 지점에 높은 갈고리 모양의 등지느러미가 있음
- 등에 옅은 회색 V자 모양이 있음(가슴지느러미 부분쯤에)
- 가슴지느러미가 옅은 회색(흰색 띠는 없음)
- 고위도 지역에선 뿜어 올리는 물이 뚜렷하게 보임

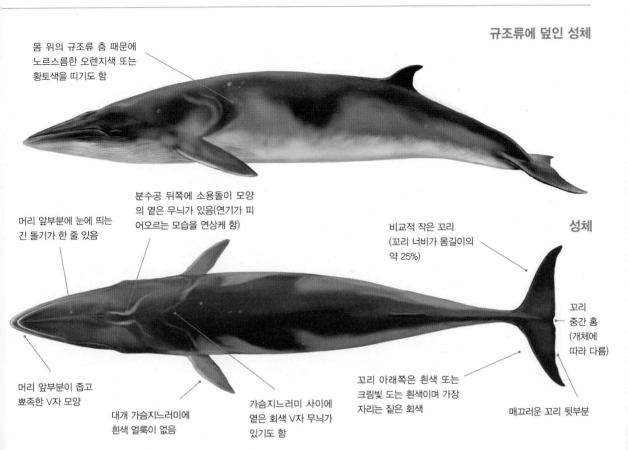

규조류에 덮인 성체

몸 위의 규조류 층 때문에 노르스름한 오렌지색 또는 황토색을 띠기도 함

분수공 뒤쪽에 소용돌이 모양의 옅은 무늬가 있음(연기가 피어오르는 모습을 연상케 함)

머리 앞부분에 눈에 띄는 긴 돌기가 한 줄 있음

비교적 작은 꼬리 (꼬리 너비가 몸길이의 약 25%)

성체

꼬리 중간 홈 (개체에 따라 다름)

머리 앞부분이 좁고 뾰족한 V자 모양

대개 가슴지느러미에 흰색 얼룩이 없음

가슴지느러미 사이에 옅은 회색 V자 무늬가 있기도 함

꼬리 아래쪽은 흰색 또는 크림빛 도는 흰색이며 가장자리는 짙은 회색

매끄러운 꼬리 뒷부분

비슷한 종들

보다 작은 크기, 유난히 뾰족한 머리 모양, 색 패턴, 보다 빠른 움직임 때문에 생긴 게 비슷한 다른 긴수염고래과 고래들과 비교적 쉽게 구분할 수 있다. 적어도 남반구 여름에는 남극밍크고래와 난쟁이밍크고래는 서식지도 일부 겹치며 멀리서 보면 비슷하다. 남극밍크고래는 난쟁이밍크고래보다 몸길이가 약 2m 더 길고, 가슴지느러미에 눈에 띄는 흰색 무늬가 없고 어깨에 얼룩도 없으며 목에 짙은 회색 얼룩도 없다(이 모든 건 난쟁이밍크고래에게만 있음). 또한 남극밍크고래는 멀리서 볼 때 꼬마긴수염고래나 일부 부리고래과 고래들과 혼동할 여지가 있지만, 머리 모양과 색이 완전히 다르다. 남극밍크고래와 커먼밍크고래 사이에 태어난 혼혈 밍크고래가 목격됐다는 보고들도 있어, 그 2종 사이에 새끼가 태어날 가능성을 입증해 주고 있다.

분포

남극밍크고래는 주로 남위 약 7도, 그러니까 남반구의 열대 지방에서 남극 대륙 근처 사이에 서식한다. 또한 극지방은 물론 해안 근처나 먼바다에서도 발견된다. 그런데 예외적으로 남대서양의 네 지역, 즉 남아메리카 대서양 해안의 수리남, 기니만의 토고, 멕시코만 북부의 루이지애나, 북극권 북부 얀마웬섬 일대에서도 발견됐다는 기록이 있다. 또한 스발바르 제도에서 남극밍크고래와

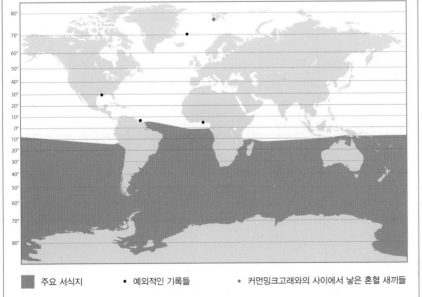

크기
길이: 수컷 8~9m, 암컷 8.5~9.5m
무게: 약 7~9t　최대: 10.7m, 11t
새끼 – 길이: 2.6~2.8m　무게: 350~500kg
암컷이 수컷보다 몸이 더 길다.

■ 주요 서식지　　● 예외적인 기록들　　● 커먼밍크고래와의 사이에서 낳은 혼혈 새끼들

▲ 남극밍크고래 분포

성체

성체의 등지느러미 변이

대부분의 등지느러미는 끝이 뾰족함

커먼밍크고래 사이에서 태어난 혼혈 밍크고래 2마리가 확인됐다는 기록도 있다.

남극밍크고래는 남반구 여름에 남위 60도의 남쪽(남극 순환 해류 남쪽) 지역에 가장 많이 몰려 살며, 최소 남위 78도 로스해에서도 목격되는 걸로 알려져 있다. 또한 얼음 가장자리 근처에서 가장 많이 발견되며, 긴수염고래과 고래들 가운데 가장 얼음과 가깝게 지내는 고래로 보여진다(그래서 얼음이 얼지 않는 지역에서는 보기 힘듦). 남극밍크고래는 얼음 가장자리에서부터 얼음 안쪽으로 수백 킬로 들어간 지역(심지어 거의 100% 얼음으로 덮인 지역)에서도 발견되고, 대개 앞서가는 동료 고래를 따라가며 숨을 쉴 때는 얼음이 녹아 있는 빙호들을 이용한다. 때론 뾰족하고 튼튼한 머리 앞부분으로 새로 형성된 얼음이나 약한 얼음을 들이받아 숨 쉴 구멍을 만든다. 남극밍크고래의 밀집도는 대륙붕 가장자리에서 멀어지면서 낮아지며, 남극대륙의 웨들해와 로스해의 일부 지역들에서 가장 높은 걸로 알려져 있다. 또한 여름에는 아남극 지역에서 난쟁이밍크고래들과 서식지가 일부 겹치기

잠수 동작

- 얼음 주변에서 보다 천천히 그리고 보다 여유롭게 움직인다.
- 약 20~40도로 눈에 띄는 각도를 그리며 수면 위로 올라온다.
- 뾰족한 머리 앞부분이 눈에 띌 만큼 먼저 수면 위로 올라온다.
- 물을 뿜어 올리면서 빠른 속도로 앞으로 나아간다.
- 대개 분수공과 등지느러미가 동시에 보이거나(이는 커먼밍크고래, 일부 정어리고래, 어린 브라이드고래, 어린 긴수염고래들과 같은 특징임) 분수공이 물에 잠긴 뒤 바로 등지느러미가 보인다.
- 대개 깊이 잠수하기에 앞서 등이 구부러지고 꼬리자루가 아주 높이 들어 올려진다.
- 꼬리를 들어 올리지 않는다.

물 뿜어 올리기

- 물이 널리 분산되면서 똑바로(원주 모양보다는 무성한 모양으로) 3.5~4m까지 올라간다 (물 높이는 개체마다 아주 다름).
- 대개 커먼밍크고래가 뿜어 올리는 물보다 더 눈에 잘 띄지만 개체에 따라 아주 다르다 (보다 차가운 남극 지역에서 눈에 잘 띄며, 저위도 지역에선 보이지 않을 수도 있음).

새끼

성체의 가슴지느러미 모양

경계 부분의 옅은 회색과
흰색이 다름

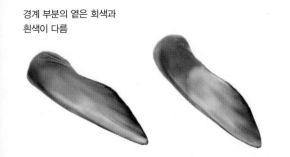

도 하지만, 역시 극지역에 가장 많이 서식하는 걸로 알려져 있다. 다른 일부 수염고래과 고래들의 경우도 그렇지만, 남극밍크고래들의 이동에 대해서도 제대로 알려진 게 없다. 많은 남극밍크고래들은 남극에서 겨울을 나는 걸로 보이지만, 일부는 고위도 먹이활동 지역들을 떠나 저위도 겨울 번식지들로 이동하는 걸로 추정된다. 새끼는 거의 남극 수렴대 북쪽에서 낳는 걸로 보인다. 남극밍크고래의 번식지는 대략 남위 10도부터 남위 30도 사이(그리고 동경 170도와 서경 100도 사이)의 태평양 지역, 칠레 이스터섬의 서쪽, 오스트레일리아 북동쪽과 동쪽 일대, 남아프리카공화국 서쪽 일대와 브라질 북동쪽 해안 일대 등으로 추정된다. 꼬리표를 붙인 남극밍크고래 3마리가 겨울에 남극을 떠나 온대 바다에 도달한 적도 있으나, 유전학과 음향 탐지 기술을 통해 최근에 얻은 증거에 따르면 열대 및 온대 지역이 남극밍크고래들의 주요 목적지라는 추정은 이론의 여지가 많다. 그런데 흥미롭게도, 남극대륙의 웨들해 동부와 웨스턴오스트레일리아 일대에서 남극밍크고래가 내는 다양한 소리들을 겨울과 봄에 동시에 들을 수 있어, 이들의 서식지가 그만큼 폭넓거나 아니면 일부는 계절별로 이동을 하고 또 일부는 1년 내내 남극 지역에 머문다는 추정을 할 수 있게 해준다.

행동

매우 자주 수면 위로 점프를 하며(몸이 완전히 물 위에 뜨기도 함) 머리를 수면 위로 올려 꼿꼿이 서서 주변을 둘러보는 등 다양한 수면 위 행동을 한다. 얼음이 빽빽이 들어찬 지역에서는 자주 머리를 물 밖으로 내 숨을 쉰다. 주변에 배가 있을 경우 도망을 가거나 관심을 두지 않거나 호기심을 보이기도 하며, 먹이활동을 할 때는 보다 접근하기 쉬운 편이다. 특히 몸집이 보다 작은 남극 반도 주변의 고래들은 호기심을 보이며 친근한 행동을 하는 경향이 있어, 단단한 고무보트와 카약에 가까이 다가오는 일이 많다.

성체의 수염판

- 수염판이 261~359개(위턱 한쪽에)이다.
- 가장 긴 수염판은 약 31cm이며, 수염판 색은 비대칭적이다. 대부분의 수염판은 검은색이나, 왼쪽의 첫 수염판 몇 개와 오른쪽 수염판의 첫 3분의 1은 예외로 누르스름한 흰색이다.

집단 규모와 구조

여름 먹이활동 지역들에서는 대개 혼자 다니거나 2~6마리씩 집단을 이루며, 50마리에 가까운 큰 집단은 보기 드물지만 남극 반도 주변에서 가끔 큰 집단도 목격된다(먹이활동 및 사회활동인 걸로 추정). 그러나 겨울철에 보다 따뜻한 바다에서는 2~5마리 정도의 집단을 흔히 볼 수 있다. 남대서양 서부 지역에서는 수컷 1마리에 암컷 2마리 또는 수컷 2마리에 암컷 3마리 이상의 집단이 목격된다는 기록도 있다. 또한 나이와 성별 그리고 번식 능력에 따른 차별 같은 게 있는 걸로 추정된다.

포식자들

중요한 포식자는 역시 범고래들이다. 한 추정치에 따르면, 남극해에서 남극밍크고래들은 타입 A 남극 범고래(p.280 참조)들이 즐겨 먹는 먹이의 무려 85%를 차지한다.

먹이와 먹이활동

먹이: 여름철 먼바다의 번식 장소들에서는 주 먹이가 남극 크릴새우*Euphausia superba*이며, 해안 대륙붕 지역(예를 들어 로스해)에서는 보다 작은 크릴새우 *E. crystallorophias*와 *E. spinifera*이다. 남극밍크고래는 얼음 밑에서 크릴새우를 잡아먹는 것으로 알려져 있으며, 가끔 단각류 *Themisto gaudichaudi*와 남극 실버피시도 먹는다.

먹이활동: 먹이들이 잔뜩 몰려 있는 곳으로 돌진을 한다(종종 한쪽 옆으로 몸을 돌림). 남반구 여름에 가장 먹이활동이 활발한 것으로 추정되나, 알려진 바가 거의 없다. 먹이활동을 하면서 서로 협력한다는 증거는 없지만, 남극 반도 주변에선 집단적으로 먹이활동을 하는 모습이 관측되기도 한다. 돌진하면서 먹이를 먹을 때는 한 번 잠수할 때마다 22~24회 반복한다.

잠수 깊이: 수심 150m까지 잠수하나 먹이활동은 보통 수심 100m 범위 안에서 이루어진다. 낮과 밤에 먹이들이 상하로 이동하게 되면 잠수 깊이 또한 같이 달라지게 된다.

잠수 시간: 대개 1~5분. 최장 약 15분. 깊이 잠수할 때마다 대개 수면 위로 2~15회 올라온다.

일대기
성적 성숙: 암컷은 약 7~8년, 수컷은 약 8년(상업적인 포경이 시작되기 전에는 다른 수염고래류의 밀집도가 더 높아 이 나이대가 더 높았을 걸로 추정).
짝짓기: 성적으로 문란한 짝짓기 방식으로 추정됨(수컷과 암컷 모두 다수의 짝짓기를 함).

임신: 약 10개월.
분만: 1~2년마다 새끼 1마리가 태어남(계절별 정점은 5~8월).
젖떼기: 4~6개월 후에. 젖을 뗀 새끼가 최대 2년 정도 더 어미 고래 곁에 머물기도 함.
수명: 최소 50년으로 추정(최장수 기록은 73년).

사진 식별

다른 몇몇 수염고래들과 구분하는 게 쉽진 않지만, 등지느러미 뒷부분에 있는 홈들, 등지느러미의 모양, 몸의 색깔 그리고 그 외의 다른 특이한 무늬와 상처들로 식별이 가능하다.

개체 수

정확한 추정치가 없고 현재 그 수가 어느 정도인지에 대해서도 논란이 있지만, 분명 수십만 마리는 된다. 국제포경위원회의 조사에 따르면, 전체적으로 1985/1986년부터 1990/1991년까지 72만 마리에서 1992/1993년에서 2003/2004년까지 51만 5,000마리로 30% 줄었다. 그러나 이 수치들이 조사 방법을 둘러싼 문제, 매년 얼음 상태가 달라지는 문제(이는 남극밍크고래 추정치에 영향을 줌), 실제 개체 수 감소 등을 제대로 반영했는지는 분명치 않다. 현재 남극 반도 서부 일대에는 약 1,544마리의 남극밍크고래가 있는 걸로 추정된다.

종의 보존

세계자연보전연맹의 종 보존 현황: '준위협' 상태(2018년). 밍크고래들은 너무 작아 상업적 포경에는 적합지 않은 걸로 여겨졌었으나, 1970년대 초에 이르러선 가공 설비까지 갖춘 남극 대형 포경선들이 밍크고래들을 새로운 표적으로 삼기 시작했다(보다 큰 고래들의 수가 급감하면서). 1967년부터 1999년 사이에 남극에서 죽은 걸로 보고된 밍크고래 수는 총 11만 6,395마리였다. 1964년부터 1985년 사이에 브라질 일대의 겨울 번식지에서 추가로 1만 4,600마리가, 그리고 남아프리카공화국 일대에서 1,113마리가 더 죽었다. 1985/1986년 남극 포경 시즌부터 모든 상업적 포경이 금지됐으나, 일본은 이른바 '조사 목적의 포경'(전 세계의 과학자들은 허울 좋은 상업적 포경일 뿐이라고 경멸하고 있지만)을 계속했다. 2015년부터 2018년까지 연간 평균 335마리의 남극밍크고래들이 사냥됐다. 일본은 2019년 국제포경위원회 탈퇴를 결정했으며, 그 결과 이제 일본의 '배타적 경제 수역'에서는 '조사 목적의 포경'이 중단되고 상업적 포경이 시작될 전망이다(2019년에는 연간 52마리가 사냥됐음).

남극밍크고래들을 위협하는 또 다른 요소들로는 어망에 뒤엉키는 사고, 배와의 충돌, 각종 오염, 서식지 교란, 소음 공해(선박 운행과 탄성파 탐사, 군사용 음파 탐지 등으로 인한) 등을 꼽을 수 있다. 지구 온난화 문제 또한 특별한 관심사다. 금세기에 남극해 얼음이 대폭 줄어들 걸로 예상되며, 그로 인해 남극밍크고래들의

▲ 남극밍크고래 1마리가 남극 반도 근처에서 수면 위에 올라와 있다.

▲ 이 사진에서는 남극밍크고래의 뾰족하고 납작한 머리 앞부분이 뚜렷이 보인다.

먹이 생태계에 큰 변화가 일거나 먹이가 급감할 것이기 때문이다.

소리

남극밍크고래들이 내는 소리들에 대해선 알려진 바가 별로 없다. 그런데 1960년대 이후 남극해에서 잠수함 승무원들과 수동 음향 청음기들에 포착된 의문의 소리인 일명 '바이오-덕bio-duck'(오리 소리를 연상케 하는 면이 있다고 해서 생겨난 말-옮긴이)이 최근에 이 남극밍크고래들이 내는 소리라는 게 밝혀졌다. 이 소리는 주로 남반구 여름에 남극해에서 들을 수 있으나, 웨스턴오스트레일리아 일대에서 녹음된 적도 있다. 바이오-덕은 3~12회의 하향성 펄스(50~300Hz)들로 이루어진 아주 정형화된 소리로, 약 3.1초 간격으로 이어지며, 이 기본적인 패턴을 중심으로 다양한 변화들이 주어진다. 또한 남극밍크고래들은 130~60Hz의 단일 펄스로 이루어진 하향성 저주파 소리도 낸다. 한 연구에 따르면 남극밍크고래들은 바다 위를 떠다니는 거대한 얼음 덩어리인 총빙 안에 있을 때 수면 위로 올라오기 직전 또는 직후에 이런 소리들을 내는데, 사회활동을 위한 소리들이거나 아니면 서로 간격을 유지하고 연락을 취하기 위한 소리들로 추정된다.

▲ 보다 작은 남극밍크고래들은 좀 더 친근한 행동을 한다.

혹등고래 Humpback whale

학명 메갑테라 노바에안글리아에 *Megaptera novaeangliae*   (Borowski, 1781)

멋들어진 점프, 꼬리나 가슴지느러미로 수면 내리치기, 복잡하고 듣기 좋은 노래, 놀랄 만큼 긴 가슴지느러미 등으로 유명한 혹등고래는 가장 친숙하고 잘 알려진 대형 고래들 중 하나이다. 꼬리 아래쪽에 있는 검은색과 흰색 얼룩들 때문에 금방 종 식별이 가능하며, 고래 연구가들은 한눈에 개체를 구분할 수 있다.

분류: 수염고래과 수염고래아목
일반적인 이름: 잠수할 때 눈에 띄게 등을 구부리는 경향이 있는 데다가 등의 '혹hump' 위에 등지느러미가 있어 humpback whale 즉, 혹등고래라 한다.
다른 이름들: hump-backed whale, hunchback whale 등.
학명: 학명의 앞부분 *Megaptera*는 '큰' 또는 '거대한'을 뜻하는 그리스어 *mega*에 '날개'(긴 가슴지느러미를 가리킴)를 뜻하는 그리스어 *pteron*이 합쳐진 것이고, 뒷부분 *novaeangliae*는 뉴잉글랜드에 해당하는 프랑스어 *baleine de la Nouvelle Angleterre*의 라틴어 어원인데, 이는 *novaeangliae*가 1781년 뉴잉글랜드에서 발견된 표본

고래에서 따온 이름이기 때문이다.
세부 분류: 현재 북대서양혹등고래 *M. n. novaeangliae*, 북태평양혹등고래 *M. n. kuzira*, 남방혹등고래 *M. n. australis* 이렇게 세 가지 아종이 확인되고 있다. 현재 아라비아해혹등고래 *M. n. indica*(세계에서 유전학적으로 가장 뚜렷한 혹등고래로 믿어지고 있음)가 네 번째 혹등고래 아종으로 제안된 상태이다. 그리고 분자 구조학적 연구에 따르면, 혹등고래는 진화 계통상 뚜렷한 종이 아닌 걸로 보인다(즉, 다른 긴수염고래과 고래들로부터 분리해 별개의 속으로 지정하는 게 적절하지 않을 수도 있다는 얘기임).

북반구 혹등고래 성체 수컷

머리 윗부분과 아래턱 상당 부분에 22~64개의 작은 혹(영어로 tubercle이라 함)들이 있음

머리 앞부분, 입술, 목 주변에 대개 고랑따개비들이 붙어 있음

몸 여기저기에 따개비와 고래이들이 붙어 있는 경우가 많음

다부진 몸

몸 위쪽과 양옆이 짙은 회색에서 검은색임(일부 개체들은 중간 회색)

두툼한 혹(개체에 따라 모양과 크기가 다름) 위에 등지느러미가 나 있음

등의 3분의 2 조금 더 되는 지점에 낮고 넓은 등지느러미(최대 높이 30cm)가 있음

등지느러미가 개체에 따라 아주 다름(작은 것, 뭉툭한 것, 높은 것, 갈고리 같은 것 등)

턱 끝('컷워터cutwater'로 알려짐)에 고랑따개비들이 눈에 띌 정도로 붙어 있음

목에 14~35개의 길다란 홈들이 나 있음(배꼽까지 또는 그 너머까지)

남반구 혹등고래들에 비해 몸 아래쪽 흰색 부위가 덜 광범위함

비교적 좁은 꼬리자루

꼬리 아랫부분이 검은색–흰색

아래턱에 흰색 원형 흉터들이 있음(고랑따개비들이 떨어질 때 생긴 흉터들)

가슴지느러미가 최대 길이는 5m(몸길이의 23~33%), 최대 무게는 1t임

몸 아래쪽 색이 검은색, 흰색, 얼룩덜룩한 검은색–흰색 등 다양함(개체별로 또 집단별로 달라, 북대서양혹등고래는 보다 하얗고 북태평양혹등고래는 덜 하얌)

가슴지느러미 앞 가장자리 덕에 항력은 줄고 양력과 기동성은 더 좋아짐

가슴지느러미 앞 가장자리에 조그만 혹들(유독 눈에 띄는 혹이 두 개여서 가슴지느러미가 3등분됨)이 있으며, 종종 고랑따개비들로 덮여 있음

요점 정리

- 세계 곳곳에 서식
- 대 사이즈
- 몸 위쪽이 주로 짙은 회색 또는 검은색
- 몸 위쪽에 다양한 흰색 얼룩들이 있음
- 다부진 몸
- 등의 혹(개체마다 다름) 위에 조그만 등지느러미가 나 있음
- 유난히 길다란 흰색(또는 검은색–흰색) 가슴지느러미
- 머리 위에 눈에 띄는 작은 혹들이 있음
- 잠수할 때 등이 많이 구부러짐
- 깊이 잠수할 때 대개 꼬리를 치켜올림
- 꼬리 아래쪽에 다양한(개체마다 다름) 검은색과 흰색 얼룩이 있음

남반구 혹등고래 성체

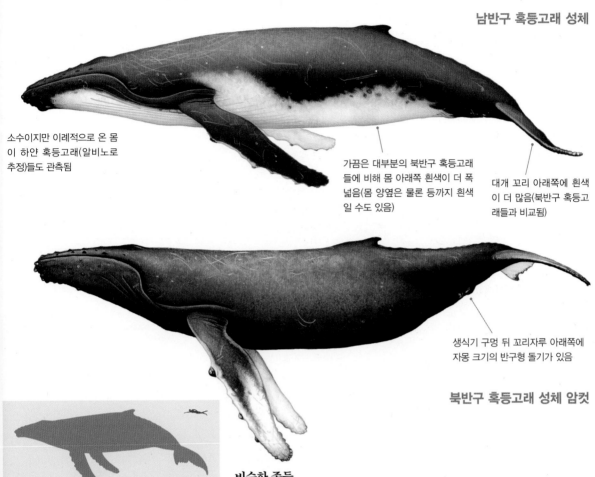

소수이지만 이례적으로 온 몸이 하얀 혹등고래(알비노로 추정)들도 관측됨

가끔은 대부분의 북반구 혹등고래들에 비해 몸 아래쪽 흰색이 더 폭넓음(몸 양옆은 물론 등까지 흰색일 수도 있음)

대개 꼬리 아래쪽에 흰색이 더 많음(북반구 혹등고래들과 비교됨)

생식기 구멍 뒤 꼬리자루 아래쪽에 자몽 크기의 반구형 돌기가 있음

북반구 혹등고래 성체 암컷

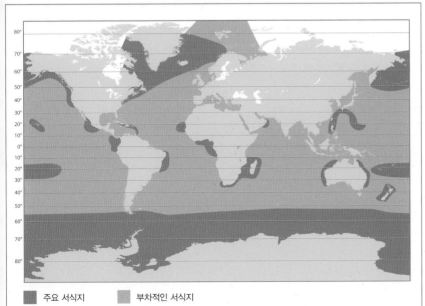

크기

길이: 수컷 11~15m, 암컷 12~16m
무게: 약 25~35t **최대:** 18.6m(과거에는 그랬으나 오늘날에는 16m가 넘는 경우가 드묾), 40t
새끼 – 길이: 4~4.6m **무게:** 0.6~1t
대개 성체 암컷이 수컷보다 몸이 1~1.5m 더 길다.

비슷한 종들

가까운 데서 보면, 혹등고래는 아주 긴 가슴지느러미, 머리와 턱에 나 있는 많은 혹들 그리고 눈에 띄는 혹 위에 난 등지느러미 덕에 쉽게 식별 가능하다. 그런데 멀리서 보면, 잠수할 때 대개 꼬리를 치켜올리고 등지느러미가 작거나 아예 없는 다른 대형 고래들, 특히 회색고래와 참고래, 향유고래와 혼동할 여지가 있다. 식별 가능한 특징들도 많지만, 이 고래들은 모두 꼬리 모양과 패턴이 아주 다르다. 우선 회색고래는 몸의 색이 훨씬 더 옅고, 참고래는 등지느러미가 없으며, 향유고래는 물을 뿜어 올리는 모양이 독특하다(물이 머리 왼쪽 구석 앞쪽에서 나옴).

분포

전 세계적으로 중위도 및 고위도 여름 먹이활동 지역들과 저위도 겨울 번식 장소들(여기에서 짝짓기를 하고 새끼를 낳음) 사이를 이동한다. 여름에는 주로 해안 및 대륙붕 지역과 먼바다에 서식한다. 또한 대양의 섬들 주변, 연안 해산들, 암초 지역 등에서 새끼를 낳으며 대부분의 혹등고래들은 수심이 깊은 대양을 통해 이동한다. 혹등고래들이 지중해에서 목격되는 경우는 드물며, 역사적으로 거기에 대거 서식했었다는 증거 또한 없다. 겨울에는 중위도와 고위도 지역, 그러니까 캐나다 브리

주요 서식지   부차적인 서식지

▲ 혹등고래 분포

▲ 북대서양혹등고래

주요 번식 지역들

주요 먹이활동 지역들

— 먹이활동 지역들과 번식 지역 간의 주요 연결로들(꼭 이동 경로들은 아닐 수도 있음)

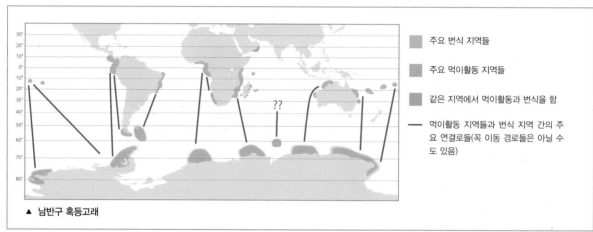

▲ 남반구 혹등고래

주요 번식 지역들

주요 먹이활동 지역들

같은 지역에서 먹이활동과 번식을 함

— 먹이활동 지역들과 번식 지역 간의 주요 연결로들(꼭 이동 경로들은 아닐 수도 있음)

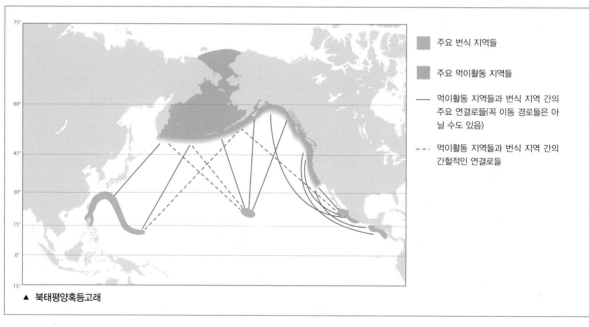

▲ 북태평양혹등고래

주요 번식 지역들

주요 먹이활동 지역들

— 먹이활동 지역들과 번식 지역 간의 주요 연결로들(꼭 이동 경로들은 아닐 수도 있음)

--- 먹이활동 지역들과 번식 지역 간의 간헐적인 연결로들

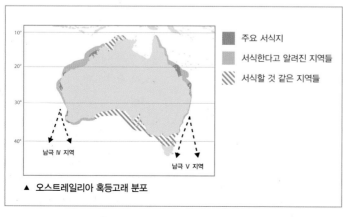

▲ 오스트레일리아 혹등고래 분포

주요 서식지

서식한다고 알려진 지역들

서식할 것 같은 지역들

남극 Ⅳ 지역

남극 Ⅴ 지역

티시컬럼비아주, 노르웨이, 아이슬란드 등지에서 상당수의 혹등고래들이 관측되지만, 그 고래들이 정말 그 지역들에서 겨울을 나는 건지 아니면 단순히 아주 늦게 이동 중인 건지는 확실치 않다. 현재 일부 혹등고래들은 기후 변화에 대처해 보다 고위도 극지역들(바다 얼음의 급감으로 인해 먹이활동 기간이 더 길어지고 있기도 함)로 서식지를 확대 중이다.

현재 남극 반도를 떠나 아메리칸 사모아까지 갔다가 다시 되돌아온(왕복 1만 8,840km) 것이 혹등고래의 최장 거리 이동 기록으로 알려져 있다. 중앙아메리카 일대에 있는 자신들의 번식 지역들에서 남극 일대의 먹이활동 지역들로 이동한 7마리의 혹등고래들은 북위 11도 코스타리카 일대에서부터 남극 반도까지 편도로 최소 8,461km 거리를 이동했다. 남반구 여름에 남반구 혹등고래들에 의해 이용되는 코스타리카 번식 지역의 경우 북반구 겨울에 북태평양혹등고래들에 의해 이용되기도 한다(이 두 집단의 혹등고래들이 같은 시간대에 같은 지역에 서식하는지는 분명치 않음).

아라비아해(오만 해안을 따라 주로 마시라만과 쿠리아 무리아 제도 주변 지역에, 그러면서 또 아덴만에서 벵골만 남서부에 이르는 지역까지)에 고립된 약 89마리의 혹등고래들은 특이하게도 한 군데 계속 머문다. 계절풍의 영향으로 여름에 먹이가 풍부해져 고래들이 1년 내내 열대와 아열대 지역에 머물게 되는 것이다.

겨울 번식지 분포

혹등고래의 겨울 번식지로 알려진 데는 14개 지역이고 겨울 번식지로 짐작되는 데는 2개 지역이다. 그중 2개 지역(짐작되는 한 지역 추가)은 북대서양에 있고, 4개 지역(짐작되는 한 지역 추가)은 북태평양에, 7개 지역은 남반구에 그리고 1개 지역은 아라비아해에 있다. 그리고 그 지역들은 모두 북위 30도에서 남위 40도 사이에 위치해 있으며, 주로 위도 약 20도 주변에 몰려 있다. 또한 그 지역들은 대개 따뜻하며, 비교적 수심이 얕으며(200m 이내) 훨씬 깊은 바다에 둘러싸여 있다. 특히 어미와 새끼 고래 쌍들은 얕은(일부 바다는 수심 20m 이내) 바다를 아주 좋아하는 걸로 보여진다. 혹등고래들이 좋아하는 번식 장소들의 해수 온도는 섭씨 25도(위도와 관계없이 고래 집단에 따라 섭씨 21.1도에서부터 28.3도까지)이다. 여름이면 여러 지역에 흩어져 먹이활동을 하던 혹등고래들은 겨울이면 같은 번식 장소들에 모여 서로 뒤섞이게 된다.(그 결과 서로 짝을 찾을 기회가 커지고 유전적 다양성도 커짐). 혹등고래들은 자신이 태어난 번식 지역에 대한 애착이 커, 번식 지역들이 서로 뒤바뀔 가능성은 낮다.

여름 먹이활동 지역 분포

혹등고래들은 대개 자기 어미들이 사용하던 번식 지역들로 되돌아가기 때문에 번식 지역들이 바뀌는 경우는 거의 없다. 이들이 선호하는 서식지는 대륙붕단, 용승 지역, 해저 해협, 해양 전선oceanic front(해양에서 수평적으로 해수 특성이 급격히 변하는 부분-옮긴이), 동안경계류eastern boundary current(대양의 동안을 따라 고위도에서 저위도로 흐르는 해류-옮긴이), 빙산면 등이다. 또한 남반구에서 먹이활동이 이루어지는 지역은 바다 얼음 가장자리 지역들과 깊은 관련이 있는 경우가 많다. 혹등고래들이 선호하는 먹이활동 지역들의 해수 온도는 대개 섭씨 14도 아래이다.

북대서양

대부분의 북대서양혹등고래들은 서인도 제도에서, 그러니까 주로 많은 카리브해 섬들의 대양쪽 지역에서 번식을 한다. 대안틸리스 제도 지역(쿠바, 아이티, 도미니카공화국, 푸에르토리코)과 소앤틸리스 제도 지역(버진 제도에서 동쪽과 남쪽으로 트리니다드와 토바고에 이르는 호상 열도) 그리고 베네수엘라 북부가 북

대서양혹등고래들의 주요 번식지들이다. 가장 즐겨 찾는 번식지는 도미니카공화국 북부 해안 지역과 실버 뱅크, 나비다드 뱅크, 무슈와 뱅크 근해의 산호초 지역이다.

역사적인 포경 관련 기록들에 따르면, 포르투갈령 카보베르데 제도(어쩌면 세네갈과 서사하라의 대륙붕 지역까지) 역시 또 다른 북대서양혹등고래들의 번식지로, 포경이 시작되기 전까지만 해도 약 4,000마리가 살았던 걸로 추정된다. 그러나 오늘날 이 지역에 살고 있는 혹등고래는 별로 없어, 북대서양 동부에 서식하는 걸로 알려진(그리고 알려진 게 거의 없는 서인도제도의) 혹등고래들보다 훨씬 적은 걸로 보여진다.

북대서양혹등고래들의 주요 먹이활동 지역은 메인만 지역, 세인트로렌스만 지역, 래브라도와 뉴펀들랜드 지역, 그린란드 서부 지역, 아이슬란드 지역, 노르웨이 북부 지역(바렌츠해 포함) 이렇게 여섯 곳이다. 이 번식 지역들에 사는 혹등고래들은 모두 서인도제도에서도 관측되고 있으나, 보다 동쪽에 위치한 먹이활동 지역들(아이슬란드와 노르웨이 북부 주변)에 사는 혹등고래들은 서인도제도에서 덜 자주 관측되고 있다(조사가 덜 활발한 계절에 뒤늦게 서인도제도에 오기 때문인 걸로 추정). 동쪽에 사는 북대서양혹등고래들 중 일부는 카보베르데 제도에서도(그간 노르웨이의 베어섬과 아이슬란드 주변에서 몇 차례의 짝짓기가 있었음) 번식을 하는 걸로 추정되지만, 대부분은 열대 대서양 동부의 미확인된 지역에서 번식을 하는 걸로 추정되며, 유전학적 증거 역시 제3의 번식지가 있으리란 걸 보여주고 있다.

버뮤다 제도와 아조레스 제도는 북대서양혹등고래들이 이동 중에 잠시 머무는 지역들로 보여진다.

북태평양

북태평양에서 혹등고래의 번식지로 알려져 있거나 번식지로 짐작되는 데는 다음과 같이 6개 지역이다.

1. 주요 하와이 섬들. 이 혹등고래들의 약 절반은 브리티시컬럼비아 북부와 알래스카 남동부 해안 지역에서 먹이활동을 하며, 그 나머지 절반은 주로 알래스카만 북부와 베링해에서 먹이활동을 한다.
2. 멕시코 본토. 주로 캘리포니아 일대에서 먹이활동을 한다.
3. 레비야히헤도 제도. 주로 캘리포니아주 북부에서부터 알래스카 사이에서 먹이활동을 하며, 일부는 멀리 북쪽으로 알류샨 열도와 코만도르스키예 제도까지 이동한다.
4. 중앙아메리카 멕시코 남부와 과테말라에서 코스타리카에 이르는 태평양 연안. 이 혹등고래들은 거의 전적으로 캘리포니아와 오리건 먼바다에서 먹이활동을 하며, 소수의 혹등고래들은 멀리 북쪽으로 미국과 캐나다 국경 지대까지 이동한다.
5. 일본 남부(주로 오키나와 제도)에서 대만과 필리핀 북부, 그리고 남쪽으로 마리아나 제도와 마샬 제도까지. 이 혹등고래들은 주로 캄차카 반도 동부 해안 지역에서 먹이활동을 하지만, 그 외에 베링해와 코만도르스키예 제도, 알류샨 열도 서부 그리고 멀리 북쪽으로 추크치해와 보퍼트해(추크치해와 보퍼트해 혹등고래들의 이동 목적지는 불분명함)에 이르는 광범위한 지역에서도 먹이활동을 한다. 소수의 혹등고래들은 알래스카만과

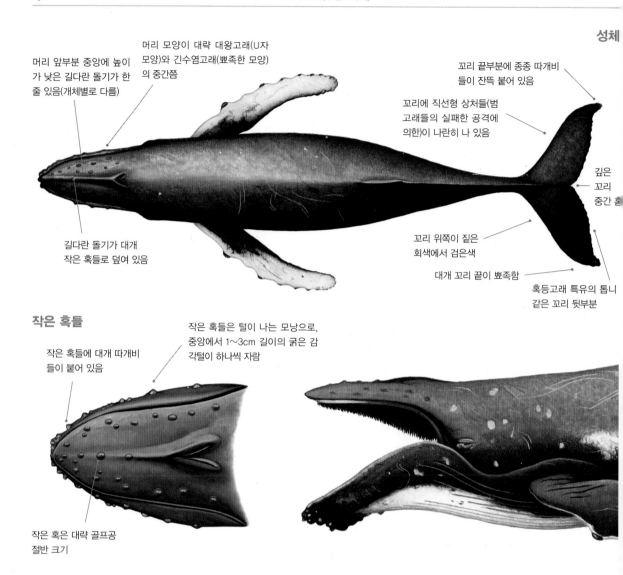

성체

머리 앞부분 중앙에 높이가 낮은 길다란 돌기가 한 줄 있음(개체별로 다름)

머리 모양이 대략 대왕고래(U자 모양)와 긴수염고래(뾰족한 모양)의 중간쯤

꼬리 끝부분에 종종 따개비들이 잔뜩 붙어 있음

꼬리에 직선형 상처들(범고래들의 실패한 공격에 의한)이 나란히 나 있음

깊은 꼬리 중간 홈

길다란 돌기가 대개 작은 혹들로 덮여 있음

꼬리 위쪽이 짙은 회색에서 검은색

대개 꼬리 끝이 뾰족함

혹등고래 특유의 톱니 같은 꼬리 뒷부분

작은 혹들

작은 혹들에 대개 따개비들이 붙어 있음

작은 혹들은 털이 나는 모낭으로, 중앙에서 1~3cm 길이의 굵은 감각털이 하나씩 자람

작은 혹은 대략 골프공 절반 크기

브리티시컬럼비아 북부 지역까지 이동하기도 한다.

6. 북태평양 서부의 아직 알려지지 않은 다른 번식지(북서 하와이 제도로 추정). 이는 알려진 그 어떤 고래 번식지와도 관련이 없는 알류샨 열도 주변 및 극동 러시아 지역에서 혹등고래들이 목격되는 데다가 오키나와-필리핀 번식지의 혹등고래들 사이에 중요한 유전학적 차이들이 있기 때문에 생겨난 추론이다.

바하칼리포르니아와 오가사와라 제도의 경우 중요한 이동 목적지로 보여지진 않지만 잠시 경유하는 지역들일 가능성이 높다.

남반구

남반구에는 번식지가 다른 7개의 혹등고래 집단이 있으며, 이들은 남극해 지역(국제포경위원회에 의해 남극 I 지역부터 VI 지역까지로 명명된 6개 지역)으로 이동해 먹이활동을 한다.

1. 중앙아메리카와 남아메리카의 태평양 쪽 해안 지역. 콜롬비아에 가장 밀집되어 있지만, 코스타리카의 파파가요만에서 에콰도르의 과야킬만에 이르는 지역(갈라파고스 제도 포함)에도 서식하며, 멀리 남쪽으로 페루 북부까지 이동하기도 한다. 이 혹등고래들은 남극 I 지역Antarctic Area I에서 먹이활동을 한다.

페루 북부, 에콰도르, 콜롬비아의 혹등고래들은 주로 남극 반도 서부에서, 북쪽 번식 지역의 혹등고래들은 주로 푸에고 군도에서 먹이활동을 한다(파나마와 남극 반도 사이에서도 짝짓기가 목격되고 있음).

2. 브라질의 대서양 연안, 나탈(남위 3도)과 카부프리우(남위 23도) 사이 지역. 특히 아브롤호스 군도(남위 16도 40분~남위 19도 30분) 주변에 밀집되어 있음. 이 서식지 분포는 혹등고래 개체 수가 회복되면서 점점 더 확대되고 있는 걸로 나타나고 있다. 이 혹등고래들은 남극 II 지역 스코샤해(사우스조지아 제도와 사우스 샌드위치 제도 포함) 일대에서 먹이활동을 한다.

3. 남서 아프리카, 앙골라 북부와 토고 사이(어쩌면 가나까지) 그리고 주로 기니만 주변에 집결. 이 혹등고래들은 남위 18도 나미비아와 남아프리카공화국 일대 바다와 남극 III 지역에서 먹이활동을 한다.

4. 남동 아프리카와 마다가스카르, 남아프리카 동부 연안, 모잠비크, 탄자니아, 케냐 남부, 세이셸 남부 주변, 레위니옹 서부 해안, 코모로 제도와 마다가스카르. 이 혹등고래들은 남극 III 지역에서 먹이활동을 한다.

5. 북서 오스트레일리아. 분만지는 낭갈루 리프 일대와 북쪽으로

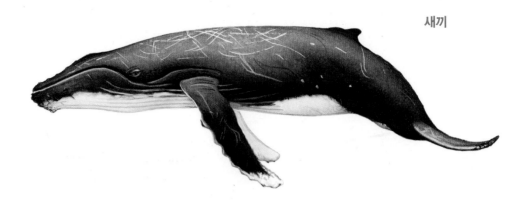

새끼

다양한 모양의 가슴지느러미

북대서양, 북태평양혹등고래 타입 1(3마리 중 1마리) 그리고 남극 반도의 혹등고래-아래쪽은 흰색, 위쪽은 거의 흰색(검은색 부분은 개체별로 다름)

꼬리

북태평양혹등고래 타입 2-아래쪽은 흰색, 위쪽은 거의 검은색 (3마리 중 2마리)

웨스턴오스트레일리아 혹등고래-아래쪽은 흰색, 위쪽은 거의 검은색(흰색 부분은 개체별로 다름)

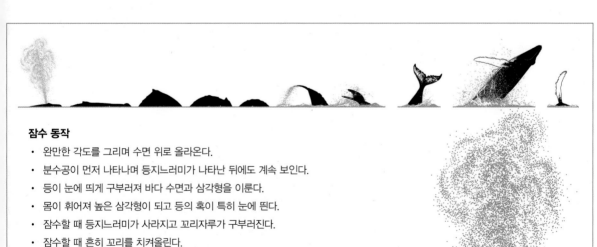

잠수 동작

- 완만한 각도를 그리며 수면 위로 올라온다.
- 분수공이 먼저 나타나며 등지느러미가 나타난 뒤에도 계속 보인다.
- 등이 눈에 띄게 구부러져 바다 수면과 삼각형을 이룬다.
- 몸이 휘어져 높은 삼각형이 되고 등의 혹이 특히 눈에 띈다.
- 잠수할 때 등지느러미가 사라지고 꼬리자루가 구부러진다.
- 잠수할 때 흔히 꼬리를 치켜올린다.

물 뿜어 올리기

- 다른 그 어떤 대형 고래보다 다양한 모양으로 물을 뿜어 올린다(기둥 모양으로 자욱하게 또는 아주 자주 V자 모양으로).
- 대개 기둥 모양으로 높이 물을 뿜어 올린다(끝부분이 더 자욱해지기도 함). 최대 10m까지(물 높이는 때에 따라 아주 달라, 가끔은 4~5m).

킴벌리 지역까지. 현재 서식지가 웨스턴오스트레일리아 해안 지역까지 확대되고 있음. 이 혹등고래들은 남극 IV 지역에서 먹이활동을 한다.

6. 북동 오스트레일리아. 이 혹등고래들은 남극 V 지역에서 먹이활동을 한다.

7. 오세아니아. 아메리칸 사모아, 사모아, 바누아투, 피지, 니우에, 쿡 제도, 뉴칼레도니아, 통가, 프랑스령 폴리네시아, 노퍽섬을 비롯한 남태평양 섬들. 드물긴 하지만 키리바시, 솔로몬 제도, 나우루, 월리스와 푸투나섬, 투발루, 토켈라우, 핏케언 제도에도 가끔 모습을 드러낸다(이는 조사 덕분일 수도 있음). 이 혹등고래들은 남극 V, VI 지역(남극 반도 서부 포함)에서 먹이활동을 한다.

행동

혹등고래들은 그 어떤 대형 고래보다 더 수면에서 활발히 움직이며 아마 곡예도 더 많이 부릴 것이다. 이들은 수시로 수면 위로 점프를 하며 가슴지느러미와 꼬리로 수면을 내려치는 행동도 자주 한다. 옆이나 뒤로 누워 가슴지느러미 한 쪽 또는 두 쪽을 공중에 들어올리기도 한다. 혹등고래들은 그런 행동들을 1년 내내 그리고 다양한 상황에서 하는데, 그 행동들은 다양한 기능들(서로 간의 커뮤니케이션, 짝짓기 상대 유인, 기생 동물들 제거, 먹잇감 몰기, 흥분 또는 짜증 표현 그리고 심지어 놀이)을 갖고 있는 걸로 추정된다. 먹이활동 지역과 번식 지역에서 모든 나이대의 암컷과 수컷들이 혼자 또는 소집단을 이뤄 어쩌다 한 번 또는 연이어 여러 번 수면 위로 점프를 한다. 종종 완벽한 점프를 해 몸 전체가 수면 위로 떠오르기도 한다. 새끼들은(그리고 때론 나이든 고래들도) 물속에서 각종 물체를 갖고 놀기도 한다.

혹등고래들은 가끔 번식지에서 참고래, 긴수염고래, 들쇠고래, 뱀머리돌고래, 큰돌고래 같은 다른 고래들과 어울리기도 한다. 남방큰돌고래와 큰돌고래들은 종종 혹등고래들을 상대로 장난을 치거나 괴롭힌다(장난치는 건지 괴롭히는 건지는 구분하기 어려울 수 있음). 고래들은 경쟁 상대인 다른 고래들을 만나면 몸으로 밀어내거나 하는데, 혹등고래들은 종종 자신을 귀찮게 하는 돌고래들을 머리로 밀어 올려 물 밖으로 내몬다.

또한 혹등고래들은 포유동물들을 잡아먹는 범고래들이 다른 혹등고래나 심지어 다른 종의 바다동물(회색고래, 밍크고래, 까치돌고래, 큰바다사자, 캘리포니아바다사자, 웨들바다표범, 게잡이바다표범, 전점박이물범, 북방코끼리물범, 개복치 등)을 공격할 때 그걸 가로막는 걸로 알려져 있다. 이는 일종의 집단 공격 행위로 보여지는데, 어쨌든 그 덕에 범고래에게 쫓기던 먹잇감은 잡아먹히는 걸 피할 수 있게 된다(물론 그런 행동이 종을 초월한 이타주의에서 나오는 것일 수도 있지만).

혹등고래들은 일반적으로 배를 전혀 두려워하지 않아, 종종(특히 어린 혹등고래들의 경우) 아주 큰 호기심을 보인다.

수염판

- 수염판이 270~400개다(위턱 한쪽에).
- 수염판은 짙은 회색 또는 검은색이며, 종종 옆으로 길게 흰색 또는 갈색빛 도는 흰색 줄무늬들이 나 있다(맨 앞쪽 수염판들은 색이 옅기도 함). 수염판의 최대 길이는 85~107cm이다.

거품 포획망 만들기

일부 혹등고래들은 떼지어 몰려다니는 청어나 다른 작은 물고기들을 잡기 위해 서로 협력해 거품으로 직경이 최대 45m에 달하는 거대한 원형 포획망들을 만든다. 이런 행동은 알래스카 남동 지역에서 가장 흔히 볼 수 있으며, 보다 드물긴 하지만 세계의 다른 지역들에서도 볼 수 있다. 거품 포획망을 만드는 집단에 속한 혹등고래들은 수컷들이나 암컷들(또는 둘 다 모두)이며, 수컷이나 암컷 중 어느 쪽이든 리더 역할을 할 수 있다. 이 협동 작전에는 모든 혹등고래들이 참여해야 하는 건 아니며 융통성이 있는 듯하다(종종 다른 집단의 혹등고래들이 하루나 이틀 이 협동 작전에 참여하기도 하며, 일부 혹등고래들은 잠수할 때 이 먹이활동 집단에서 저 먹이활동 집단으로 옮겨 다니기도 함).

어쨌든 거품 포획망을 만드는 건 팀워크가 필요한 일이며(적게는 몇 마리, 많게는 24마리까지 협동 작전을 벌임), 적어도 일부 사례들에서 혹등고래들은 협동 작전 중 각기 다른 역할을 맡고 또 각기 다른 위치를 선호한다. 예를 들어 알래스카 남동부 지역에선 적어도 혹등고래 1마리가 깊은 데 모여 있는 청어들을 겁주어 위로 올려보내기 위해 크고 무서운 소리를 내는 역할을 맡는다(먹이활동 중 이런 소리를 내는 건 혹등고래들 사이에 널리

▲ 알래스카 남동부 지역에서 힘을 합쳐 거품 포획망을 만들고 있는 많은 혹등고래들.

먹이와 먹이활동

먹이: 크릴새우류(*Euphausia, Thysanoessa, Meganyctiphanes* 포함). 떼지어 다니는 다양한 물고기들(청어, 까나리, 명태, 고등어, 정어리, 멸치, 열빙어 등). 드물게 오징어. 일부 보리새우, 요각류, 해저 단각류(어쩌면 다른 먹이를 먹다가 부수적으로). 북반구에서는 다양한 먹이들(지역적으로 선호하는 먹이는 있지만). 남반구에서는 남극 크릴새우 *Euphausia superba*가 주요 먹이다.

먹이활동: 다양한 기법들을 활용해 꿀꺽 삼키는 방식으로도 돌진하는(입을 크게 벌리고 먹이가 밀집된 곳으로 돌진하는) 방식으로도 먹이활동을 한다. 대형 고래들 중에선 유일하게 거품 포획망(커다란 거품들로 이루어진 원형 포획망)이나 거품 구름(한 번 또는 여러 번 만들어내는 작은 거품들)을 이용해 떼 지어 다니는 물고기들을 한곳으로 모은다(혼자 또는 집단으로). 혹등고래는 또 각자 정해진 역할을 하며 집단적으로(먹이가 클수록 집단 규모도 커짐) 먹이활동을 하는 몇 안 되는 수염고래 종 가운데 하나다. 그 외의 다른 먹이활동 기법들(각 기법은 한 지역 또는 일부 지역에서만 쓰이는 경우가 많음)로는 이른바 'flick-feeding'(수면에서 거꾸로 선 채 한 번 또는 여러 번 반복해서 꼬리로 물을 첨벙대며, 그러다 수면 위로 올라서 입을 벌린 채 물이 출렁이는 곳 가장자리로 돌진해 크릴새우들을 잡는 것), 'lobtail-feeding'(떼지어 다니는 물고기들 위 수면을 꼬리로 내려친 뒤 잠수를 해 거품막을 뿜는 것), 'trap-feeding'(최근에 밴쿠버섬과 오스트레일리아 남서부 지역 일대에서 점점 더 자주 목격되는 먹이활동 기법. 수면에서 입을 크게 벌린 채 가슴지느러미를 이용해 먹이들을 trap, 즉 '함정'으로 몰아넣는 것. 분산된 작은 집단의 먹이들을 잡기 위해 만들어낸 혁신적인 먹이활동 기법으로 추정됨) 등을 꼽을 수 있다. 혹등고래들은 겨울 번식지에서는 먹이활동을 거의 또는 전혀 하지 않지만, 이동 중에는 경우에 따라 먹이활동을 한다.

잠수 깊이: 여름 먹이활동 지역에선 먹이들의 주야간 이동 주기에 따라 움직인다(낮에는 더 깊이 잠수하고 밤에는 더 낮게 잠수함). 대부분 수심 120m 위쪽(거품 포획망을 만들 때는 수심 25m 위쪽)에서 먹이활동을 하지만, 적어도 수심 400m(남극 반도 일대에서 여름 먹이활동 시즌에는 보통 수심 300m)까지 잠수할 수 있다. 번식 지역들에서는 대개 낮게 잠수를 하지만, 하와이 해저 일대의 일부 혹등고래들은 약 170m까지 잠수한다.

잠수 시간: 계절과 장소에 따라 그리고 어떤 행동을 하느냐에 따라 달라진다. 잠수해 노래할 때는 최대 20분, 번식 지역들에서 잠수해 쉴 때는 15~30분, 잠수해 먹이활동을 할 때는 대개 3~10분(최대 15분). 최장 잠수 시간은 약 40분이다.

전파되어 최근엔 브리티시컬럼비아 북부에서도 들을 수 있음). 또 다른 고래(어쩌면 같은 고래일 수도 있지만)는 거품을 내뿜는 역할을 맡는다. 커다란 원형 거품들을 만들어 먹이들을 가두는 포획망으로 쓰는 것. 한편 협동 작전에 참여하는 다른 고래들은 몸으로 직접 물고기들을 몰아(가슴지느러미의 아래쪽 흰색 부분을 점멸등처럼 사용해 놀란 청어들을 원하는 방향으로 모는 걸로 추정) '거품 포획망' 안에 집어넣는 역할을 맡는다. 거품들은 수면에 닿힌 원 모양 또는 '9'자 모양(혼자 움직이는 고래들은 종종 '9'자 모양을 만듦)으로 나타나며, 준비가 끝나면 모든 고래들이 입을 크게 벌린 채 빠른 속도로 솟구쳐 오르며 '거품 포획망' 안에 모인 물고기들을 집어삼킨다. 가끔은 입을 벌린 채 수면 위까지 올라오기도 한다.

일부 혹등고래 집단들은 몇 분 간격으로 거품 포획망 작전을 마무리하면서 12시간 넘게 계속 이런 식의 먹이활동을 벌이며, 또 이런 협동 작전에 참여하는 2~3마리의 핵심 고래 집단들 중 일부는 여름 내내 또는 1년 내내 함께 먹이활동을 벌이기도 한다.

경쟁을 벌이거나 떠들거나 수면에서 활발히 움직이는 고래 집단들

혹등고래 수컷들은 비교적 적은 암컷들을 놓고 경쟁을 벌여야 한다. 이는 번식지에서의 유효 성비(일정 시점에서 수정 가능한 암컷과 성적 기능이 활발한 수컷의 평균 비율-옮긴이)가 수컷 2~3마리 대 암컷 1마리의 비율(이는 혹등고래 전체 수컷·암컷 성비와도 일치하는 성비지만, 그렇다고 해서 모든 암컷들이 한 시즌에만 수정이 가능한 게 아니며 수컷들이 그만큼 오래 저위도에 머무는 것도 아님)이기 때문이다.

번식지의 혹등고래 암컷 곁에는 흔히(암컷 자신의 선택으로 또는 자신의 선택과 무관하게) 적어도 1마리의 수컷이 동행하는데,

이때 수컷은 대개 암컷에게서 몸길이 이내의 거리를 유지하며(바짝 뒤, 조금 옆에서), 가끔은 숨쉬기 및 잠수 패턴까지 암컷에 맞춘다. 이 '주요 호위병'은 자신의 위치를 지키기 위해 모든 도전자들을 상대로 치열한 경쟁을 벌인다. 모든 수컷들이 적극적인 도전자는 아니지만, 이렇게 '치열한' 또는 '떠들썩한' 경쟁에는 무려 10여 마리의 수컷들이 참여하기도 한다. 암컷의 몸집이 클수록 대개 더 많은 호위병들이 붙는다. 이렇게 치열하며 떠들썩한 경쟁은 몇 분 동안 또는 몇 시간 동안 계속되며, 그 과정에서 열정적으로 돌진하기, 꼬리로 수면 내려치기, 가슴지느러미로 수면 내려치기, 거품 포획망 내뿜기, 머리 들어올리기, 턱을 열었다 닫았다 하기, 머리로 들이받기, 수면 위로 점프하기, 맹렬한 추격전 벌이기 등 많은 행동들을 한다. 혹등고래들은 이런 집단 행동들로 인해 부상을 입는 경우도 많다.

일부 증거에 따르면, 혹등고래 암컷들은 꼬리나 가슴지느러미로 수면을 내려치는 소리로 수컷들에게 자신의 존재를 알리는 걸로 보여진다. 집단이 형성되면, 대개 암컷이 앞장서 모든 행동을 이끌지만, 때론 모든 행동의 중심에 위치하기도 한다. 그러면 수컷들은 자신이 하던 일을 멈춘 뒤 그 경쟁 대열에 합류해 수 km를 이동한다(그러면서 서로 경쟁 중인 수컷들이 내는 온갖 시끄러운 소리를 듣게 됨). 이 경쟁 집단은 시간이 지나면서 그 규모가 더 커지기도 하고 줄기도 하지만, 주요 호위병은 자신의 자리를 지키면서 점점 더 거칠어지게 된다. 대부분의 행동들은 주요 호위병과 다른 2~3마리 도전자들 사이에서 벌어진다. 그리고 도전자들은 주요 호위병을 물리치고 암컷에게 다가가기 위해 일시적으로 서로 협력하기도 하지만, 대개 주요 호위병 외의 다른 수컷들은 암컷 주변을 맴돌며 따라간다. 그리고 어린 고래들이 그 대열에 같이 합류해 어른 고래들의 행동을 관찰하거나 흉내 내기도 한다. 또한 주요 호위병은 자기 자리를 지키기도 하고 다른 수컷

일대기

성적 성숙: 수컷과 암컷 모두 4~11년(개체에 따라 다름), 남반구의 혹등고래들은 9~11년. 북대서양혹등고래들보다는 북태평양혹등고래들이 눈에 띄게 늦다.

짝짓기: 수컷들은 암컷과 짝짓기를 하기 위해 치열한 경쟁을 벌인다. 번식에 필요한 행동들은 이동과 함께 시작해 이동과 함께 끝나지만(북쪽과 남쪽에서), 겨울 번식기에 그 절정을 이룬다. 암컷들은 겨울에 여러 차례 발정기를 거치며 그러다 임신을 한다. 산후 발정기는 수시로 일어난다(그래서 수컷들은 번식기 때 암컷-새끼 쌍 곁을 지킴).
임신: 11~11.5개월.

분만: 2년마다. 때론 3년마다 또는 매년. 드물게 4~5년마다. 겨울에 새끼 1마리가 태어난다(1년 중 다른 때에는 새끼가 태어나는 경우가 드물다고 알려져 있음). 포경업자들에게 죽은 임신한 암컷들의 몸에 쌍둥이 태아들이 있었다는 기록도 있다(그러나 살아 있는 쌍둥이 새끼를 봤다는 기록은 없음).

젖떼기: 10~12개월 후에(생후 6개월 정도 되면 독립적인 먹이활동을 시작함). 대개 가을 이동 시기에 또는 번식지에서 어미의 곁을 떠난다.

수명: 최소 50년, 어쩌면 약 75년(나이를 재는 방법이 정확하다는 전제하에 최장수 기록은 95년).

들 중 1마리로 대체되기도 한다. 이 모든 행동의 최종 목표는 암컷이 발정기에 들어갈 때 가장 가까운 데 있으면서 짝짓기할 준비를 하는 것으로 추정되지만, 실제로 짝짓기하는 장면을 목격하는 경우는 극히 드물다.

집단 규모와 구조(겨울 번식 지역들)

대개 혼자 또는 소집단을 이뤄 움직이며, 집단은 다음과 같이 크게 일곱 가지로 나뉜다.

1. 노래하는 고래: 대개 외톨이 수컷(다른 수컷이나 새끼가 있는 암컷 또는 새끼가 없는 암컷이 동반할 수도 있음). 이들은 노래를 부르면서 정지해 있을 수도 있고 이동할 수도 있다.

2. 수컷 호위병을 대동한 성체 암컷: 겨울 번식 철의 전반기에 가장 흔히 볼 수 있다. 고래 연구가들은 이런 쌍을 breath-holders 즉 '숨을 참는 고래들'이라 부르는데, 그건 이 고래들이 한 번에 최대 30분씩 잠수를 하기 때문이다. 이들은 하루 또는 이틀간 함께하며, 수컷은 자기 자리를 지키기 위해 다른 수컷들과 경쟁을 벌인다.

3. 서로 경쟁을 벌이거나 수면에서 활발히 움직이는 수컷들: 여러 수컷들이 암컷(확인된 사실은 아니지만 발정기 상태의)을 따르며 서로 주요 호위병 자리를 차지하기 위해 경쟁을 벌인다. 때론 주변에서 새끼 고래들이 지켜보고 있고, 암컷에게 새끼가 있을 수도 있고 없을 수도 있다.

4. 다른 고래들과 함께 이동하는 외톨이(노래하지 않는) 고래들.

5. 어린 고래들 집단.

6. 어미-새끼 쌍: 때론 해안 지역의 얕은 물에서 다른 어미-새끼 쌍들을 적극적으로 피해 다니는 게 목격되기도 함. 번식기 초반에는 어린 고래(그 전해에 어미 고래에게서 태어난)가 따라다니기도 함.

7. 어미-새끼 쌍과 수컷 호위병: 어미-새끼 쌍들을 만날 때 그중 약 83%에서 수컷 호위병이 목격된다(암컷은 산후 발정기 상태일 가능성이 있음). 이 3마리의 고래 집단은 번식기가 끝날 무렵에 가장 흔히 눈에 띈다. 일부 고래 연구가들의 추측에 따르면, 어미 고래는 수컷 호위병을 '고용된 총잡이'로 받아들이는 걸 수도 있다. 많은 수컷들에 시달리는 것보다는 그게 더 나을 테니까. 호위병이 새끼 고래를 포식자들로부터 지켜줄 수도 있을 테고.

집단 규모와 구조(여름 먹이활동 지역들)

다음과 같이 다섯 가지 주요 집단으로 나뉜다.

1. 혹등고래 1마리(수컷 또는 암컷) 아니면 암수컷 한 쌍(번식철 내내 함께 있을 수도 있음).

2. 혹등고래 어미-새끼 쌍.

3. 규모가 작고 대개 일시적인 혹등고래 먹이활동 집단(참여하는 혹등고래 수는 계속 변화하는 먹이와 먹이 집단 크기에 따라 달라짐). 메인만 혹등고래 같은 일부 먹이활동 집단은 보다 안정감이 있어 먹이활동 시즌 거의 내내 제자리에 머물 수도 있다(서로 별다른 친족 관계가 있는 걸로 보여지진 않지만).

4. 최대 24마리에 이르는 보다 큰 규모의 먹이활동 혹등고래 집단(거품 포획망을 뿜어냄으로써 먹이를 몰아 잡기 위해 서로 협동 작전을 펼침).

5. 최대 200마리에 달하는 초대형 규모의 집단. 주로 크릴새우류와 갯가재*Pterygosquilla armata*를 먹이로 삼는다. 최근에 아프리카 남서부 일대의 벵겔라 용승 지역 내에서 목격되기도 했다(이 지역에 먹잇감이 잔뜩 몰려들어 혹등고래 수가 늘어난 결과인 걸로 추정됨). 그러나 이는 잘 통합 조정된 집단이라기보다는 먹이 때문에 일시적으로 생겨난 집단으로, 주로 봄에 남쪽으로 이동하는 과정에서 생겨난다.

집단 규모와 구조(이동 중)

대개 규모가 작고 유동적인 집단으로, 혹등고래들이 정기적으로 모였다 흩어진다.

포식자들

중요한 포식자는 역시 범고래들이다. 혹등고래들의 몸에는 범고래들의 이빨 자국이 많으며, 무려 혹등고래들의 3분의 1이 최소한 번은 범고래들에게 물린 적이 있다는 걸 보여준다. 특히 범고래 이빨 자국이 많은 걸로 보고된 혹등고래들의 서식지는 뉴질랜드(37%)와 뉴칼레도니아(31.3%) 그리고 멕시코(40%)이다. 북태평양의 경우 평균 15%이고, 북대서양의 경우 평균 2.7%에서 17.4% 사이다. 범고래들이 공격하는 혹등고래는 거의 다 새끼들(특히 생후 1년간)과 어린 고래들이다. 드물게 혹등고래 성체를 공격하기도 하지만, 혹등고래 성체는 강력한 꼬리와 긴 가슴지느러미(잔뜩 붙은 따개비들이 손에 끼는 금속 무기처럼 가공할 무기가 되어줌)를 이용해 범고래들을 퇴치한다. 뱀상어를 비롯한

▲ 혹등고래의 눈에 띄는 물 뿜어 올리기 장면.

▲ 북극 노르웨이에서 꼬리로 수면을 때리고 있는 혹등고래.

대형 상어들이 병들거나 다친 새끼 혹등고래나 어린 혹등고래를 공격해 죽이는 장면이 목격된 경우들도 있다. 상어들은 가끔 혹등고래 성체를 공격하기도 한다(상어들이 건강한 혹등고래 사냥에 성공하는 장면이 목격된 적은 없지만). 하와이에선 범고래붙이들이 가끔 어린 혹등고래 새끼들을 공격하기도 한다.

사진 식별

혹등고래의 경우 꼬리 아래쪽 상처와 특유의 검은색-흰색 무늬들, 톱니 모양으로 생긴 꼬리 뒷부분 가장자리 때문에 금방 식별이 가능하다. 등지느러미의 모양과 크기 그리고 상처들 역시 혹등고래 개체들을 식별하는 데 도움이 된다. 지난 40여 년간 전 세계에서 수십만 마리의 고래들이 혹등고래로 확인되었으며, 지난 40년 넘게 일부 혹등고래들은 이렇게 꼬리와 등지느러미를 보고 다른 종들과 식별됐다.

개체 수

혹등고래들은 전 세계에 최소 14만 마리, 어쩌면 그보다 더 많을 걸로 추정된다(포경 때문에 한때 1만 마리 이하로 역대 최저치까지 떨어졌던 것에 비하면 크게 늘어난 것임). 혹등고래 개체 수에 대한 가장 최근 추정치에는 다음 추정치들이 포함된다. 남반구에 약 9만 7,000마리(중앙아메리카와 남아메리카 태평양 해안 지역에 6,500마리)(2006년), 브라질 대서양 해안 지역에 1만 6,410마리(2008년), 아프리카 남서부 지역에 7,100마리, 아프리카 남동부 지역과 마다가스카르에 1만 3,500마리(2003~2004년), 웨스턴오스트레일리아에 2만 8,800마리(2012년), 그리고 오스트레일리아 동부 지역에 2만 4,500마리(2015년). 그 외에 북태평양에도 약 2만 1,808마리(2006년)의 혹등고래가 있고, 북대서양에도 약 2만 마리가 있는 걸로 추정된다. 북대서양의 경우 그린란드, 아이슬란드, 페로 제도 일대에 1만 5,247마리(2015년) 그리고 아라비아해에 89마리(2015년)가 있다.

다양한 모양의 꼬리

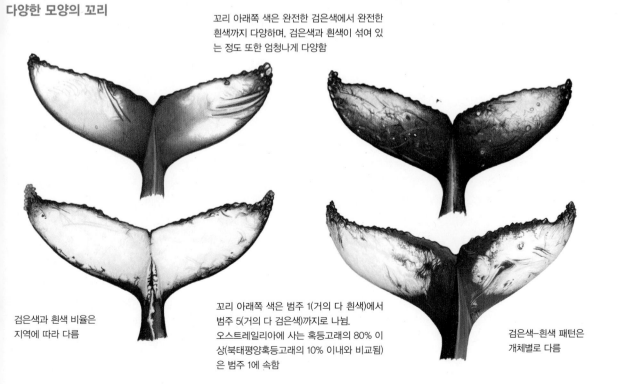

꼬리 아래쪽 색은 완전한 검은색에서 완전한 흰색까지 다양하며, 검은색과 흰색이 섞여 있는 정도 또한 엄청나게 다양함

검은색과 흰색 비율은 지역에 따라 다름

꼬리 아래쪽 색은 범주 1(거의 다 흰색)에서 범주 5(거의 다 검은색)까지로 나뉨. 오스트레일리아에 사는 혹등고래의 80% 이상(북태평양혹등고래의 10% 이내와 비교됨)은 범주 1에 속함

검은색-흰색 패턴은 개체별로 다름

▲ 혹등고래들은 모든 대형 고래들 중 가장 뛰어난 곡예사들에 속한다.

혹등고래들의 수는 매년 3.1%에서부터 무려 11.8%(이론상 한 종의 증가 비율로는 최대임)까지 증가하고 있는데, 이는 그간 전 세계적인 추세였다. 따라서 혹등고래의 현재 개체 수는 예상보다 훨씬 더 많을 수도 있다. 예를 들어 하와이에서는 혹등고래 수가 1980~1983년의 1,400마리에서 2005~2006년에는 1만 마리로 늘어, 이론상 매년 계속 5~6%씩 늘었다는 얘기이며, 현재는 2만 1,000마리까지 늘었으리라는 추론이 가능하다.

종의 보존

세계자연보전연맹의 종 보존 현황: '최소 관심' 상태(2018년). 아라비아해의 혹등고래들은 '위기' 상태. 17세기 이후 모든 주요 대양의 해안 및 먼바다 지역에서 상업적인 포경이 행해졌다. 그 과정에서 남반구에선 21만 5,848마리, 북반구에선 3만 3,585마리의 혹등고래들이 살육됐다. 일부 지역에선 무려 95% 이상이 줄어드는 등, 많은 지역에서 혹등고래들의 씨가 말라갔다. 혹등고래에 대한 상업적 포경은 1955년(북대서양)과 1963년(남반구) 그리고 1966년(북태평양)에 공식적으로 종료됐다. 그러나 1948년부터 1973년 사이에 4만 8,000마리가 넘는 혹등고래들이 주로 구소련에 의해 불법적으로 사냥됐다. 그러나 그린란드(매년 최대 10마리)와 세인트빈센트 그레나딘의 카리비아해 섬들 중 베키아 섬(2019~2025년에는 연간 최대 4마리. 2018년에는 0마리)에서는 지금도 원주민들에 의한 소규모 포경이 행해지고 있다. 그러나 상업적인 포경이 끝난 이후 거의 모든 지역의 혹등고래 수가 눈에 띄게 늘어나고 있다.

오늘날 혹등고래들에 대한 가장 큰 위협은 어망에 뒤엉키는 문제이다. 다른 위협으로는 물고기 남획, 소음 공해, 배와의 충돌, 유전 개발, 연안 서식지 파괴 및 교란 등을 꼽을 수 있다.

소리

혹등고래들은 번식지와 먹이활동 지역에서 그리고 또 이동 중에 각종 노래와 먹이활동 관련 소리, 사회활동 관련 소리 등 아주 다양한 소리들을 낸다. 여름 번식 지역들에서 또 이동 중에 암컷과 수컷 모두 특정 기능들(어떤 경우들에는 특정한 사회 집단에만 국한)을 가진 걸로 보이는 소리들을 낸다. 예를 들어 어미와 새끼는 아주 조용한 소리(일명 'wops'라고 함)를 주고받는데, 그건 범고래들의 관심을 끌지 않으려는 의도로 추정된다. 수컷과 암컷을 불문하고 모든 나이대의 혹등고래들은 보다 일반적인 의사소통 목적의 소리(일명 'thwops'라고 함)를 주고받으며, 다 함께 집단을 이룰 때는 꿀꿀거리듯 계속 이어지는 소리(일명 'grunt trains'라고 함)를 주고받는다.

혹등고래 수컷들은 동물 왕국에서 가장 길고 가장 복잡한 노래들을 부른다(남극 지역에서 암컷 2마리가 먹이활동을 위한 잠수 중에 노래 비슷한 소리를 냈다는 보고는 있었으나, 아직까지 암컷도 노래를 부른다는 기록은 없음). 수컷들이 노래를 부르기 시작하는 건 번식 가능한 나이가 됐을 때쯤부터인 걸로 추정된다. 노래는 1년 중 어느 때든 들을 수 있지만, 혹등고래들이 먹이활동 지역을 떠나는 늦가을에 가장 많이 들을 수 있다. 또한 혹등고래의 노래는 이동 중에도 계속되며 겨울 번식지에서 절정을 이루고 봄에 줄어들기 시작한다. 노래를 부르는 혹등고래들은 대개 물속에서 머리는 밑으로, 꼬리는 위로 그리고 꼬리 끝부분은 수면

▲ 혹등고래 머리 앞부분의 작은 혹들이 싸움 중에 떨어져 피가 나고 있다.

7~15m 아래쪽에 둔 채(일부 번식지에서는 꼬리를 수면 위에 내민 채) 약 45도 각도로 꼼짝 않는다. 각 노래는 보통 10~20분간 이어지며 계속해서 반복된다(노래 하나를 끝낸 뒤에는 숨을 쉬러 수면 위로 올라옴). 그리고 노래는 몇 시간 동안 계속 이어지기도 한다. 또한 혹등고래의 노래들은 다양한 주파수(20Hz에서 24kHz까지)로 불려지며, 최소 몇십 km 떨어진 거리에서 들리기도 한다.

혹등고래 수컷은 대개 다른 수컷이 합류할 때까지 밤낮으로 혼자 노래를 부른다(아니면 노래를 그만두고 지나가는 혹등고래 집단에 합류하기도 함). 이 같은 상호작용들은 대개 고래들이 흩어지기 전까지 몇 분간 이어지며(새로운 혹등고래 집단에 합류한 수컷은 노래 부르는 수컷 곁에 암컷이 있는지를 확인한 뒤 암컷이 없을 경우 바로 떠나는 걸로 추정됨), 그런 경우 수컷들이 공격성을 띄는 경우는 드물다(수면 위로 점프하거나 꼬리 또는 가슴지느러미로 수면을 내려치거나 하는 등, 수면에서 다양한 행동들은 하지만). 때론 혹등고래 암수 2마리가 보다 오랜 시간 함께하며,

그러다 다른 수컷들이 합류하면서 집단을 이루기도 한다.

한 지역에 모여 사는 혹등고래들은 모두 아주 조직적이고 판에 박힌 똑같은 노래를 부르지만, 특이하게도 즉흥적으로 노래를 부르기도 해 노래는 끊임없이 진화한다. 한 수컷이 노래의 몇 가지 음을 바꾸면 대개 나머지 수컷들 모두 그 바뀐 음들을 받아들이며, 그래서 어떤 시점에서든 모두 계속 변화되는 노래의 같은 버전을 부르게 된다. 노래가 얼마나 변화되느냐 하는 건 지역마다 다르나, 이 같은 문화적 전파에 의해 한 노래가 완전히 변하는 데는 2년에서 5년 정도가 걸리기도 한다. 그리고 다음 번식 철이 오면 혹등고래들은 대개 바로 전에 떠났던 번식지로 되돌아간다. 또한 세계의 다른 지역들에 서식 중인 혹등고래들은 아주 다른 노래들을 부른다.

혹등고래들이 노래를 부르는 이유에 대해선 추측이 무성하다. 가장 중요한 설은 다음과 같이 네 가지다. 첫째, 노래는 암컷을 위한 세레나데라는 설(그러나 암컷들이 노래를 부르는 특정 수컷들에게 마음을 준다는 증거는 없음). 둘째, 노래를 통해 수컷 대 수컷의 상호관계가 결정되거나 촉진된다는 설. 그러니까 노래 부르는 수컷들을 찾아 나서는 건 거의 늘 그 시각 노래를 부르지 않고 있던 다른 독신 수컷들인데, 그건 서로 연합해 암컷과 짝짓기할 가능성을 높이기 위해서 또는 노래 부르는 걸 방해하거나 자신이 우위를 차지하기 위해서라는 것. 셋째, 수컷들이 자신의 지위를 과시하기 위해서라는 설(그러려면 다른 수컷들이 부르는 노래와 확실한 차별화가 되어야 하는데, 실은 그렇지 않음). 넷째, 수컷들이 노래를 부르는 건 성적 과시 목적으로 자신들의 무리 속으로(각 수컷을 향해서가 아니라) 암컷을 끌어들이기 위해서라는 설. 그러니까 수컷들이 함께 노래하는 게 암컷의 마음을 끄는 데 더 유리하다는 것이다. 물론, 어쩌면 이 설들 중 몇 가지 또는 모두가 혹등고래들이 노래를 부르는 이유일 수도 있다.

▲ 유난히 긴 가슴지느러미는 혹등고래의 중요한 특징이다.

향유고래 Sperm whale

학명 피세테르 마크로셉하울루스 *Physeter macrocephalus*   Linnaeus, 1758

이빨고래목 고래들 가운데 가장 큰 고래인 향유고래는 미국 소설가 허먼 멜빌의 소설 『모비 딕』으로 잘 알려진 고래로, 평생을 심해에서 사는 걸로 알려져 있다. 또한 향유고래는 극단적인 면이 많은 동물이다. 우선 모든 고래들 가운데 수컷과 암컷의 몸 크기가 가장 다르며, 지구상에서 뇌가 가장 크고, 다른 그 어떤 고래보다 더 깊이 더 오래 잠수한다.

분류: 향고래과 이빨고래아목

일반적인 이름: 향유고래는 영어로 sperm whale(sperm은 '정액'이란 뜻임–옮긴이)인데, 머리에 들어 있는 '향유'(spermaceti oil 또는 sperm oil) 때문에 붙은 이름이다(참고로 향유는 생긴 게 정액 비슷하다. 또한 향유를 뜻하는 spermaceti oil에서 *spermaceti*는 '고래의 정액'이란 뜻임).

다른 이름들: cachalot 또는 great sperm whale.

학명: 학명의 앞부분 *Physeter*는 '부는 것'(blower. blowhole 즉 '숨

구멍'을 가리킴)을 뜻하는 그리스어 *physeter*에서 온 것이며, 뒷부분 *macrocephalus*는 '큰' 또는 '긴'을 뜻하는 그리스어 *makros*에 '머리'를 뜻하는 그리스어 *kephale*가 합쳐진 것이다.

세부 분류: 현재 따로 인정된 아종은 없음. 또한 *Physeter macrocephalus*라는 학명에 대해선 한때 논란의 여지가 많았으나(*Physter macrocephalus*라고 해야 하는지 *Physter catodon*이라고 해야 하는지를 놓고), 현재는 *Physter macrocephalus*가 거의 보편적인 학명으로 쓰이고 있다.

성체 수컷

머리 앞부분 그리고 왼쪽에 분수공이 하나 있음

머리 표면이 매끄러움(주름이 없음)

일부 성체 수컷들은 머리 부분에 흰색 무늬들이 있음

균형이 안 맞을 만큼 크고 네모난 머리(전체 몸길이의 25~36%)

머리와 몸통 사이에 뚜렷한 주름이 나타날 수 있음(특히 몸이 더 큰 수컷들은 뇌유 기관이 부어오른 걸로 보이기도)

주로 짙은 회색(때론 푸르스름한 짙은 회색. 밝은 햇빛 속에선 갈색빛 도는 짙은 회색으로 보이기도)

낮고 두툼한 등지느러미에 대개 둥근 혹

등의 3분의 2 지점에(암컷은 조금 더 뒤쪽에) 등지느러미가 있음

어린 향유고래들의 약 30%는 등지느러미에 대략 흰색 또는 누르스름한 굳은살이 있음

등지느러미를 따라(또는 등지느러미 뒤에) 일련의 큰 혹(때론 관절 또는 돌기라 부름)들이 있음

대개 위턱이 아래턱 끝 쪽에 돌출되어 있음

아래로 처진 좁은 아래턱(옆에서 보면 거의 보이지 않음)

윗입술과 아래턱 그리고 입 안쪽이 종종 흰색 또는 크림빛 도는 흰색

목에 짧고 깊은 홈 2~10개가 나 있음(나이가 들수록 희미해짐)

향유고래 성체들의 경우 다른 향유고래 수컷이나 두족류 먹이로 인해 생긴 흰색 자국과 상처들이 흔함(특히 머리에)

몸 가까이 붙은 짧고 넓은 주걱 모양의 가슴지느러미

눈 뒤쪽의 몸 대부분이 큰 주름들로 덮여 있음

몸 아래쪽에 흰색 얼룩들이 있기도 함

항문 뒤에 눈에 띄는 용골이 있기도 함

꼬리 양옆이 모두 짙은 색

꼬리의 피부가 매끄러움(주름이 없음)

요점 정리

- 전 세계의 얼지 않는 깊은 대양에 서식
- 대 사이즈에서 특대 사이즈까지
- 주로 짙은 회색
- 거대한 사각형 머리
- 굵고 낮고 둥근 등지느러미
- 등지느러미부터 꼬리까지 혹들이 나 있음
- 말린 자두처럼 주름진 피부
- 앞쪽과 왼쪽으로 뿜어져 올라가는 물
- 수면에서 종종 가만히 있음(또는 천천히 헤엄을 침)
- 잠수할 때 대개 꼬리가 올라감

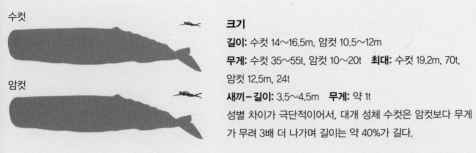

크기
길이: 수컷 14~16.5m, 암컷 10.5~12m
무게: 수컷 35~55t, 암컷 10~20t **최대:** 수컷 19.2m, 70t, 암컷 12.5m, 24t
새끼-길이: 3.5~4.5m **무게:** 약 1t
성별 차이가 극단적이어서, 대개 성체 수컷은 암컷보다 무게가 무려 3배 더 나가며 길이는 약 40%가 길다.

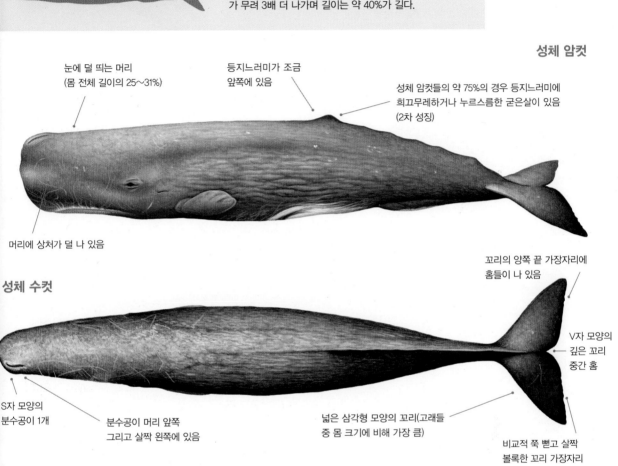

성체 암컷

눈에 덜 띄는 머리 (몸 전체 길이의 25~31%)

등지느러미가 조금 앞쪽에 있음

성체 암컷들의 약 75%의 경우 등지느러미에 희끄무레하거나 누르스름한 굳은살이 있음 (2차 성징)

머리에 상처가 덜 나 있음

성체 수컷

S자 모양의 분수공이 1개

분수공이 머리 앞쪽 그리고 살짝 왼쪽에 있음

넓은 삼각형 모양의 꼬리(고래들 중 몸 크기에 비해 가장 큼)

꼬리의 양쪽 끝 가장자리에 홈들이 나 있음

V자 모양의 깊은 꼬리 중간 홈

비교적 쭉 뻗고 살짝 볼록한 꼬리 가장자리

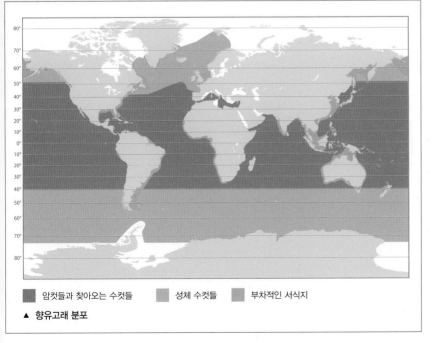

■ 암컷들과 찾아오는 수컷들　■ 성체 수컷들　■ 부차적인 서식지
▲ 향유고래 분포

비슷한 종들

다른 고래들과 혼동될 가능성이 별로 없다. 바람이 없는 날 멀리서 보면, 독특한 각도로 뿜어 올리는 물만으로도 식별 가능하다. 바람 부는 날에는 일부 대형 수염고래과 고래들이 뿜어 올리는 물과 비슷해 보일 수 있지만, 향유고래의 경우 머리의 훨씬 뒤쪽에서 물이 뿜어져 올라간다. 향유고래는 잠수 동작 또한 독특해, 수면 위에 오른 뒤 호흡을 가다듬으면서 가만히 있거나 천천히 앞으로 나아간다(비슷한 크기의 수염고래과 고래들 중 어떤 고래도 그러지 않음). 또한 가까이서 보면, 향유고래 특유의 네모난 머리와 둥근 혹 같이 생긴 등지느러미 그리고 아주 앞부

성체 수컷

위턱에 작은 이빨 흔적들이 있음(이빨이 잇몸을 뚫고 나오는 경우가 거의 없음)

몸과 거의 직각이 될 정도로 아래턱을 벌릴 수 있음

아래턱이 위턱보다 훨씬 더 좁음

꼬리

새끼

성체처럼 짙은 회색

입선이 비교적 짧음

태어날 때부터 피부 전체에 주름이 있음(머리와 가슴지느러미 피부는 나이가 들면서 매끄러워짐)

상처가 거의 또는 전혀 없음

아주 길다란 꼬리

분 왼쪽에 위치한 1개짜리 분수공 때문에 못 알아볼 수가 없다.

분포

향유고래는 서식지가 가장 광범위한(범고래 다음으로) 해양 포유동물 중 하나다. 열대 지역에서 얼음이 떠다니는 북반구와 남반구 극지역에 이르는 전 세계 모든 대양의 깊은 수심에서 발견된다. 지중해나 멕시코만, 카리브해, 동해, 캘리포니아만 같이 사방이 다 막히지 않은 지역의 깊은 수심에서도 발견되지만, 사방이 다 막힌 지역이나 사방이 다 막히지 않은 상태에서 입구 쪽이 얕은 지역(예를 들어 흑해, 홍해, 페르시아만 등)에선 발견되지 않는다.

향유고래들은 일반적으로 먹이가 많은 지역, 영양이 풍부한 저온의 하층수가 표층 해수를 제치고 올라오는 용승 지역 그리고 미국 포경업자들이 'ground'라고 부르는 지역들에서 더 많이 발견되지만, 사르가소해처럼 먹이가 별로 없는 듯한 지역들에서도 발견된다. 또한 향유고래들은 가파른 대륙붕 가장자리, 해저 협곡 지역 등 해양학적 특성상 먹이가 몰려들 여지가 많은 지역들을 더 좋아한다. 먹이가 얼마나 풍부한가에 따라 매일 매일의 이동이 결정되어, 먹이가 풍부할 때는 10~20km, 먹이가 부족할 때는 90~100km를 이동한다. 그리고 먹이가 풍부한 지역의 경우, 사방 수백 km 안에 향유고래 수백 마리 또는 수천 마리가 서식하기도 한다.

향유고래 수컷과 암컷들은 성체가 된 이후 거의 대부분의 세월을 서로 철저히 분리되어 보내기 때문에 지구상의 그 어떤 동물보다 지역에 따른 심한 성적 차이를 보이게 된다.

암컷들과 어린 수컷들의 분포

향유고래 암컷과 어린 수컷들은 대개 1년 내내 적도에서부터 남위 40도 남반구까지, 또 적도에서부터 북위 50도 북반구까지의 (때론 더 높이 북태평양까지의) 열대 지역, 아열대 지역 그리고 따뜻한 온대 지역에 머문다. 서식지는 해수면 온도가 대략 섭씨 15도 이상인 지역들이다. 일부 지역에서는 여름에 더 높은 위도로 이동하지만, 특정한 이동 경로들이나 시기를 따르지는 않는 걸로 추정된다(먹이가 풍부한 지역을 따라 유목민들처럼 움직이는 걸로 보임). 향유고래 암컷들은 종으로 또 횡으로 최대 약 1,500km까지 이동하며, 대개 자신들의 활동 범위 내에서 1년에 약 3만 5,000km(수컷들에 비해 훨씬 짧은 거리임)를 이동한다. 또한 대개 육지로부터 멀리 떨어진 수심 약 1,000m 이상 되는 바다에 서식하지만, 종종 대양에 있는 섬들(깊은 대양저에서 솟아오른) 주변에서 발견되기도 하며, 멕시코 칼리포르니아만에서는 수심 300m 이내의 바다에서 자주 목격되기도 한다. 태어나서 쭉 함께한 집단에서 떠난 어린 수컷들은 점차 보다 높은 위도로 이동하며, 나이가 들고 몸이 더 커질수록 점점 더 높은 위도로 이동한다.

성체 수컷들의 분포

몸집이 큰 향유고래 성체 수컷들은 대개 수심 300m가 넘는 바다에 산다(종종 암컷들보다 얕은 바다에 살기도 함). 또한 해수면 온도가 섭씨 0도에 이를 만큼 찬 바다에서 발견되지만, 미국 뉴욕주의 롱아일랜드 일대, 캐나다 노바스코샤주, 북극권 같은 일부 지역들에서는 수심 200m 이내의 바다에서도 종종 발견되며, 또한 해안에 가까운 해저 협곡같이 수심이 그리 깊지 않은 지역에서 발견되기도 한다. 수컷들은 삶의 상당 부분을 먹이가 풍부한 위도 40도 위쪽에서 보내며, 자신들의 활동 범위 최북단 및 최남단 지역까지, 그리고 가끔은 얼음이 널려 있는 극지방 가장자리 근처까지 나아간다. 몸집이 가장 큰 수컷들은 대개 가장 높은 위도의 먹이활동 지역들에서 활동한다. 그러나 이따금 짝짓기를 하기 위해 수온이 따뜻한 번식 지역들로 되돌아오기도 한다(그 시기는 알려져 있지 않으며, 매년은 아닌 걸로 추정됨). 또한 향유고래 수컷들은 암컷 가족들 사이를 왔다갔다하며, 대개 서로 몇 분 또는 몇 시간 이상 함께하지 않는데, 짝짓기를 할 수 있는 암컷들을 찾기 위해 그러는 게 아닌가 추측된다. 수컷들이 짝짓기를 하기 위해 얼마나 자주 자신이 태어난 지역으로 되돌아오는지에 대해선 알려진 바가 없다. 수컷들은 서식지가 광범위해, 때론 대양 분지 전체를 가로질러 이동하고 또 때론 한 대양 분지에서 다른 대양 분지로 이동한다.

행동

향유고래들은 먹이활동(모든 시간의 약 75%)을 하든가 아니면 휴식을 취하거나 사회활동을 하든가 주로 두 가지 중 하나를 한다. 먹이활동을 할 때는 반복해서 깊이 잠수를 한다. 가족 단위로 1km 이상 넓게 흩어져서 한동안 잠수를 하며 그런 다음 수면 위로 올라와 숨을 쉰 뒤 다시 잠수를 하는 것. 성체 수컷들은 대개 혼자서 먹이활동을 한다.

반면에 오후에는 종종 휴식을 취하거나 사회활동을 하는데, 그럴 때는 암컷과 새끼들이 수면이나 수면 근처에서 시간을 보낸다. 이 기간 중에 하는 행동은 아주 다양하다. 간혹 몇 시간씩 한데 모여 아무것도 않고 조용히 누워 휴식을 취하기도 하고, 이런저런 소리들을 내며 훨씬 더 활발히 움직이기도 하며, 계속 몸을 뒤집으며 서로 몸을 대기도 하고, 수면 위로 뛰어오르는 브리칭을 하거나 꼬리로 수면을 내려치는 롭테일링을 하기도 한다. 몸집이 큰 수컷들 역시 수면에 가만히 누워 있거나 암컷들과 집단을 이루고 있을 경우 사회활동을 하기도 한다.

브리칭을 할 때는 대개 20도에서 60도 각도로 물 위로 솟구치며, 종종 공중에서 빙빙 돈 뒤 몸 옆쪽으로 떨어진다(늘 그러는 건 아니지만). 브리칭은 향유고래들이 집단을 이루거나 흩어질 때 그리고 먹이활동과 먹이활동 사이에 가장 흔히 하는 행동으로 대개 연이어서 행해진다. 그리고 가족이 없는 성체 수컷들보다는 암컷들이 더 자주 브리칭을 한다.

또한 향유고래들은 근처에 고래 관찰선이나 연구선이 있을 경우 천천히 수면 위로 떠올라 주변을 둘러보는 스파이호핑을 하기도 한다. 향유고래 암컷들은 번식철을 맞아 주변에 성체 수컷들이 있을 때 더 자주 스파이호핑을 한다. 또한 범고래들의 소리가 들릴 때에도 마치 위협의 근원을 찾으려는 듯 스파이호핑을 한다.

향유고래들은 또 '드리프트-다이빙drift-diving'이라는 독특한 행동도 한다. 수면 바로 아래에서 머리를 위 또는 아래로 향한 채 똑바로 서서 가만히 있는 것이다. 한 조사에서 향유고래들은 0.7∼31.5분 동안 그런 행동을 했다. 배가 다가가도 별 반응이 없어 잠을 자는 걸로, 그러니까 보다 효율적인 '양반구 수면bihemispheric sleep'(뇌의 양쪽 반구가 동시에 쉬는 것-옮긴이)을 취하는 걸로 추정된다. 다른 이빨고래아목 고래들은 한 번에 뇌의 한쪽 반구만 잠을 잔다. 향유고래의 이런 행동은 하루 중 늦은 시각, 즉 오

잠수 동작

- 잠수와 잠수 사이에 수면으로 올라와(천천히 앞으로 나가든가 드물게 가만히 있기도 함) 약 7∼10분간 숨을 쉬고 대개 10∼15초마다 (암컷과 어린 고래) 또는 15∼20초마다(수컷) 물을 뿜어 올린다.
- 수면에 있을 때는 여러 마리가 같은 방향을 향해 함께 모여 있다.
- 깊이 잠수하기 전에는 최대한 숨을 쉬기 위해 머리를 물 밖으로 더 높이 내민다.
- 몸을 똑바로 펴고 등은 구부린다.
- 일시적으로 수면 아래로 내려간다.
- 다시 모습을 드러내고 속도를 올려 앞으로 나아간다.
- 마지막 숨을 쉰다.
- 등이 물 밖으로 높이 올라갈 만큼 구부려 둥근 혹과 작은 돌기들이 보인다.
- 꼬리를 물 밖으로 높이 치켜올린다(상황에 따라 그러지 않을 때도 있음).
- 수직으로 내려간다.
- 가끔 배변을 해 몸 뒤쪽 물속에서 커다란 구름 같은 게 일어난다.

물 뿜어 올리기

- 앞을 향해 왼쪽으로 자욱하게 또는 뻐끔뻐끔 물을 뿜어 올린다.
- 뿜어 올리는 물의 높이는 최대 6m이다(물 높이는 개체별로 아주 다름).

먹이와 먹이활동

먹이: 주로 심해에 사는 오징어(대왕오징어와 점보오징어 등 25종 이상)와 심해에 사는 중간 크기의 물고기와 대형 물고기(특히 도치와 연어) 60종 이상. 수컷은 암컷보다 같은 어종 중에서도 더 큰 물고기들을 먹이로 삼아 경골어류, 상어, 가오리 등을 주로 잡아먹는다. 암컷은 24시간 당 평균 약 750마리(먹이활동을 위해 잠수할 때마다 평균 37마리)의 오징어를 먹고, 수컷은 약 350마리의 오징어를 먹는다. 향유고래들은 종종 문어, 갑각류(게, 가재, 새우 등), 해파리 외 다른 해양 생물들을 먹기도 한다.

먹이활동: 잠수 깊이보다 최소 200m 더 깊은 바다에서 먹이활동을 하지만, 해저에서 먹이활동을 한다는 증거도 있다. 향유고래들이 먹이를 잡는 세세한 방법에 대해선 알려진 바가 없다(쭉 흡입해 입 안에 집어넣을 걸로 추정). 최근 연구에 따르면, 강력한 소리로 충격을 주는 방식을 쓰진 않는 듯하다. 일부 지역의 향유고래 수컷들은 흑담비와 마설가자미(북태평양), 검정가자미, 대서양넙치, 대서양대구, 그린란드대구(북대서양), 메로(남극해) 등을 먹이로 삼는다.

잠수 깊이: 향유고래는 심해 잠수부로 유명하다. 성체 암컷은 대개 수심 200~1,200m까지 잠수해 먹이활동을 하며, 성체 수컷은 수심 400m도 안 되는 물속에서(때론 수심 2,000m 이상 잠수하지만) 먹이활동을 한다. 가장 깊이 잠수한 기록은 2,035m이다. 1969년 남아프리카공화국 일대의 수심 3,193m 지점에서 잡힌 한 대형 향유고래 수컷의 위에선 해저에 사는 상어 *Scymnodon spp.*가 발견되었는데, 이는 향유고래가 수심 3,000m도 더 되는 데까지 잠수한다는 강력한 증거였다. 향유고래들은 뭔가 방해를 받을 경우 수심 50m에서 300m 정도의 얕은 데까지 잠수하기도 한다.

잠수 시간: 주로 먹이활동을 할 때는 30~50분간(최저 15분에서 최장 60분간) 잠수를 한다. 가장 오래 잠수한 기록은 138분(1983년 카리브해의 한 향유고래 수컷이 기록함)이다.

후 6시와 자정 사이에 가장 자주 관측된다.

향유고래는 일반적으로 배를 의식하지 않지만, 배가 너무 빨리 또는 너무 가까이 다가올 경우 일찌감치 잠수해버리기도 한다. 어린 향유고래들은 종종 호기심을 갖고 배 쪽으로 가까이 다가와 빤히 쳐다보기도 한다. 그러나 향유고래들이 포경선들을 침몰시켰다는 이야기들이 종종 전해지며, 1820년에 적도 인근 태평양에서 포경선 에섹스Essex호를 침몰시킨 이야기는 특히 유명하다(허먼 멜빌의 『모비 딕』은 그 이야기에서 영감을 받아 쓰여진 것임).

이빨

위쪽 0개

아래쪽 36~52개

원뿔 형태인 향유고래의 이빨들은 어린 고래의 뾰족한 이빨들에서부터 나이 든 고래의 둥글고 뭉툭한 이빨들에 이르기까지 그 모양이 다양하다. 향유고래의 경우 먹이활동을 하는 데 이빨은 필요한 것 같지 않다(어느 정도 나이가 들 때까진 이빨이 나지 않아, 건강한 향유고래들을 잡아 보면 대개 이빨이 부러졌거나 아예 없으며 심지어 아래턱까지 부러져 있음). 향유고래가 입을 다물 경우, 이빨들은 위턱의 텅 빈 구멍들에 딱 맞게 들어간다(위턱에는 이빨 흔적들만 있거나 설사 이빨이 난다 해도 제대로 자라지 않음).

집단 규모와 구조

향유고래들의 사회적 집단은 다음과 같이 크게 다섯 종류의 집단으로 이루어져 있다.

1. 가족 단위 집단 또는 양육 집단. 약 10마리의 암컷과 그 새끼들로 구성되며 대개 수십 년간 안정적으로 유지된다. 암컷들은 새끼를 기르고 먹이를 찾고 포식자들로부터 스스로를 지키는 일을 서로 돕기 위해 늘 다른 암컷들과 함께하며, 살아 있는 동안 대부분의 시간을 같은 집단 안에서 보낸다. 북대서양에서는

가족 단위 집단에 속한 모든 고래들이 대개 한 어미로부터 나와 서로 가까운 혈육 관계이기도 하다. 그러나 북태평양에서는 한 가족 단위 집단 안에 둘 이상의 어미 고래가 있어, 각 고래는 가끔 그 어미들이 이끄는 소집단들 사이에 왔다 갔다 하기도 한다. 먹이활동을 할 때면 고래들이 서로 멀리 떨어져(때론 2~3km씩 떨어지기도) 가족 단위 집단을 구분 짓는 게 어려울 수도 있다.

2. 임시로 결합된 집단. 둘 이상의 가족 단위 집단들로 이루어져, 서로 같은 언어를 쓴다(따라서 같은 소리 집단에 속함). 북태평양에서 흔히 볼 수 있는 집단이지만, 북대서양에서는 보기 힘들다. 이 집단에 속한 고래들은 몇 시간, 며칠 또는 몇 개월 동안 약 20~40마리가 결합된 집단 형태로 함께 움직인다.

3. 많은 가족 단위 집단들로 이루어진 대집단. 수백 또는 수천 마리의 암컷들과 그 새끼들로 이루어진 이 대집단은 대양 분지 대부분에 걸쳐 폭넓게 퍼져 살기도 한다. 이들은 식별 가능한 일련의 독특한 소리들, 독특한 움직임, 독특한 먹이활동, 독특한 사회 행동 등 독특한 집단 문화를 갖고 있다. 같은 바다에서 둘 또는 그 이상의 대집단들이 같이 살기도 하지만, 가족 단위 집단들은 자신이 속한 대집단 내 다른 가족 단위 집단들하고만 함께 산다.

4. 독신 수컷 집단. 어린 향유고래 수컷들은 번식 가능한 나이(4살부터 21살. 보통은 10대 중반)가 되면 자신이 속한 가족 단위 집단을 떠난다. 그러나 아직 짝짓기할 권리를 갖고 있지 못해, 다른 어린 수컷들을(대개 대략 같은 크기와 나이대의) 함께 느슨한 형태의 집단을 이룬다.

5. 혼자 움직이는 성체 수컷들. 독신 수컷 집단에 속한 수컷들은 보다 높은 위도로 이동하고, 그 과정에서 집단 규모가 점점 줄어들게 되며, 그러다 20대 후반이 넘어 몸집이 최대한 커지면 대개 혼자 움직이게 된다. 그리고 이 수컷 고래들은 대개 서로를 피한다(그러나 향유고래 성체 수컷 여러 마리가 함께 해변으로 떠밀려 좌초하는 걸 보면, 향유고래 수컷들의 사회적

▲ 수백 또는 수천 마리로 이루어진 향유고래 대집단의 일부.

행동에 대해선 아직 모르는 게 많은 듯하다).

포식자들

범고래들이 향유고래들을 공격하기도 하지만, 자신보다 몸이 더 크고 더 공격적인 수컷보다는 주로 암컷과 새끼들을 노린다(암컷들이 영양분이 비교적 풍부하지 못한 따뜻한 바다에 그대로 머무는 것도 어쩌면 범고래들로부터의 위협이 그만큼 줄어들기 때문인지도 모름). 공격을 받을 경우, 향유고래 암컷들은 수면에서 두 가지 원형 대형 가운데 한 가지를 택한다. 즉, 머리들을 안쪽으로 모으고 꼬리들을 바퀴살들처럼 밖으로 내미는 일명 '마거리트marguerite'(데이지 모양) 대형, '로제트rosette'(장미 모양) 대형 또는 '마차 바퀴wagon wheel' 대형을 취하거나, 공격자들을 마주 보는 '머리들 밖으로 내밀기heads-out' 대형을 취하는 것이다. 두 대형 모두 어린 새끼들과 상처를 입은 성체 암컷들을 원 중앙에 넣

어 공격자들로부터 보호한다. 가족 단위 집단에 속한 다른 고래가 공격받을 경우 암컷들은 위험을 무릅쓰고 그 고래를 돕는다. 범고래들의 공격을 알리는 걸로 보여지는 동료 고래의 경고 소리에 다른 향유고래들이 멀리서부터 달려와 단체로 범고래들에 맞선 경우도 있다. 포경업자들은 다친 동료들의 곁을 지키려 하는 향유고래들의 이 같은 습성을 이용해, 한 집단에 속한 모든 향유고래들을 죽이기도 한다.

향유고래들은 아주 이따금 공격을 당하며 둥근머리돌고래를 비롯한 다른 이빨고래아목 고래들로부터 시달리기도 하지만, 목숨까지 잃는 경우는 드문 걸로 보여진다. 이론상으로는 대형 상어들 역시 향유고래 새끼들의 잠재적 포식자가 될 수 있다.

사진 식별

잠수할 때 꼬리 부분, 특히 꼬리 뒷부분의 특징들을 보면 식별이

일대기

성적 성숙: 암컷은 9～10년(최소 7년부터 최고 13년), 수컷은 18～21년(그러나 적어도 20대 후반이 되기 전까지는 적극적으로 번식에 임하지 않으며, 대개 약 40～50년이 되어서야 번식을 함). 생후 40년이 지나서 새끼를 낳는 암컷은 아주 드물다.

짝짓기: 일부다처제. 성체 수컷은 짝짓기할 암컷을 찾아 돌아다니는데, 세세한 부분들에 대해선 아직 밝혀진 바 없음. 수컷들은 암컷을 놓고 서로 싸움(그러나 암컷의 선택 또한 중요할 수 있음).

임신: 14～16개월.

분만: 4～6년마다(지역과 나이에 따라 달라짐. 나이 든 암컷들의 경

우 약 15년마다 출산율이 떨어짐) 여름 또는 가을에 새끼 1마리가 태어남. 암컷들은 자신들의 사회 집단 안에서 집단으로 새끼들을(심지어 직접 낳지 않은 새끼들까지) 돌보며 새끼들을 더 잘 돌보기 위해 잠수를 할 때도 시차를 둠.

젖떼기: 최소 2년 후에(개체에 따라 아주 다름. 향유고래는 한 살이 되기 전에 고형 먹이를 먹기도 하지만, 최소 7.5살인 암컷의 위와 13살이 된 수컷의 위에서도 어미 젖이 발견됨). 젖이 분비되는 기간은 어미의 나이에 따라 늘어나기도 함.

수명: 최소 60～70년, 어쩌면 더 오래. 최장수 기록은 77년.

가능하다. 그 특징들은 나이가 들면서 조금씩 늘어나지만, 시간이 지나도 비교적 변함이 없다. 또한 향유고래 새끼들은 잠수할 때 대개 꼬리를 치켜올리지 않아, 등지느러미의 특징들을 보고 식별한다.

개체 수

전 세계의 향유고래 수는 대략 36만 마리로 추산된다. 향유고래 밀집도가 가장 높은 곳은 대서양 북서 지역 대륙붕 가장자리와 멕시코 만류 사이고, 밀집도가 가장 낮은 곳은 남극 지역으로 보여진다. 그러니까 가장 개체 수가 많은 대형 고래들 중 하나인 것이다(집중적인 남획에도 불구하고 다른 수염고래과 고래 수준까지 급감하진 않은 것임). 그러나 향유고래의 현재 개체 수는 포경이 성행하기 전의 추정치 110만 마리의 10분의 1 정도밖에 안 된다. 그리고 현재 개체 수가 회복 중인지는 밝혀지지 않은 상태다. 향유고래는 원래 출산율이 낮기 때문에, 가장 이상적인 조건들 하에서도 개체 수 최대 증가율이 매년 1% 정도일 걸로 추산된다.

뇌유 기관

향유고래 머리의 대부분을 차지하는 뇌유 기관 집합체는 세계에서 가장 강력한 천연 수중음파탐지 시스템 내지 반향정위 시스템이다. 뇌유 기관 집합체는 복잡하고 부드러운 구조물들로 이루어져 있으며, 심하게 변형된 향유고래의 비대칭적인 머릿속 아래턱 위, 두개골 앞쪽에 자리잡고 있다. 뇌유 기관 집합체는 뇌유 기관

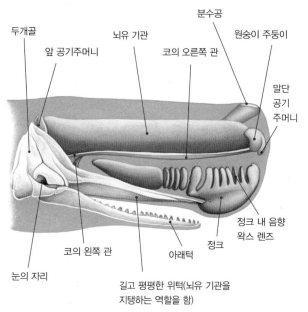

두개골
앞 공기주머니
뇌유 기관
분수공
코의 오른쪽 관
원숭이 주둥이
말단 공기 주머니
정크 내 음향 왁스 렌즈
정크
아래턱
코의 왼쪽 관
눈의 자리
길고 평평한 위턱(뇌유 기관을 지탱하는 역할을 함)

그 자체에 지배되고 있지만, 그 안에 다른 여러 묘한 구조물들, 즉 이른바 '정크junk'라는 부위, 다양한 공기주머니들과 관들 그리고 museau de singe 즉 '원숭이 주둥이monkey muzzle'(초창기 프랑스 생물학자들의 눈에는 원숭이 주둥이처럼 보였던 듯)도 포함되어 있다.

초창기에 사람들은 뇌유 기관이 파성퇴battering ram(과거 성벽을 부수는 데 쓰던 나무 기둥같이 생긴 무기-옮긴이)나 압축 질소

흡수 장치 또는 부력 조절 장치로 쓰인다고 믿었다. 그러나 보다 최근에 행해진 연구들에 따르면, 뇌유 기관은 주로 극히 강력한 지향성 소리를 만들고 집중시켜 발산하는 일을 하는 걸로 보여진다. 수컷들의 뇌유 기관은 음향 탐지 기능도 있는 걸로 추정된다. 수컷들의 뇌유 기관은 암컷들에 비해 상당히 더 크다. 어쨌든 수컷들이 훨씬 더 큰 걸 감안하면, 수컷들이 내는 소리 역시 훨씬 더 강력할 걸로 추정된다.

포경업자들에 의해 알려진 바에 따르면, 뇌유 기관은 그 자체 길이가 최대 5m에 이르며 그 모양이 통과 원뿔 중간쯤 되는 타원형이고 거친 근육막으로 둘러싸여 있다. 또한 뇌유 기관은 향유고래기름(거의 다른 모든 이빨고래아목 고래들의 멜론 안에서 발견되는 기름과는 화학 성분 자체가 다름)이라는 액체 왁스에 흠뻑 젖은 흰색 해면 조직으로 이루어져 있다. 뇌유 기관과 위턱 사이에는 있는 '정크' 부위 역시 향유고래기름에 흠뻑 젖어 있다. 처음에 '원숭이 주둥이'(강한 결합조직으로 만들어진 한 쌍의 '음입술phonic lips')를 통해 지나가는 공기에 의해 소리의 파동이 만들어진다고 보았다. 그 음 입술이 열렸다 닫히면서 향유고래 특유의 소리들이 만들어지는 것이다. 그 소리들은 다시 뇌유 기관을 지나, 뇌유 기관 집합체 끝에 있는 공기로 가득 찬 주머니(말단 공기주머니)에서 반사된다. 대부분의 그 소리들은 다시 정크로 되돌아가 20여 개의 음향 렌즈들을 통과하면서 증폭되며, 거기에서 바닷속으로 퍼져나간다. 그리고 나머지 소리들은 뇌유 기관을 따라 추가로 더 왔다 갔다 하다가 다시 정크로 되돌아가 바닷속으로 퍼져나간다. 따라서 각 소리는 죽 이어진 일련의 파동들로 들리게 된다.

그리고 뇌유 기관의 존재 때문에 향유고래 두개골의 나머지 부위들과 공기가 흐르는 관들은 상당히 비대칭적인 구조를 띠게 된다. 특히 콧속 양쪽 관들이 크게 변형되어, 왼쪽 관은 분수공에서 폐와 원숭이 주둥이로 향하게 되고 오른쪽 관은 호흡과는 아무 상관 없는 폐쇄된 조직(한쪽 끝은 공기주머니에 연결되고 또 한쪽 끝은 원숭이 주둥이에 연결된)이 된다. 겉에서 봤을 때 가장 눈에 띄는 비대칭적인 부위는 머리 앞부분 왼쪽에 나 있는 분수공이다.

용연향

향유고래들의 몸에서는 가끔 용연향ambergris(향유고래의 장에서 배출되는 물질로 귀한 향료 재료임. 앰버그리스라고도 함-옮긴이)이라 불리는 귀한 회색 물질이 나온다. 원래 왁스처럼 촉촉한 물질이나 공기에 노출되면 건조해져 부서지기 쉬우며, 기분 좋은 향이 난다. 용연향은 주로 암브레인ambrein(콜레스테롤 비슷한 지방질 물질-옮긴이)으로 이루어져 있으며, 향유고래의 소장으로 들어간 소화되지 않는 오징어 부리들을 중심으로 만들어진다(그리고 향유고래가 토할 때 넘어옴). 용연향 조각들은 무게가 최대 635kg이나 되지만 물에 뜬다. '고래 황금whale gold'이라 불리기도 하는 용연향은 한때 가장 귀한 고래 부산물로 여겨졌었다. 용연향은 죽은 향유고래들 중 겨우 1%의 몸에서만 발견되며, 처음에는 약으로 쓰이다가 그 이후 향수의 원료로 쓰였다.

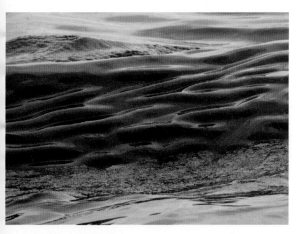

▲ 향유고래의 피부에는 눈에 띄는 주름들이 나 있다.

종의 보존

세계자연보전연맹의 종 보존 현황: '취약' 상태(2018년). 지중해 아종은 '위기' 상태(2006년). 향유고래들은 크게 두 차례에 걸친 대대적인 규모의 상업적 포경에 의해 희생됐다. 그중 하나는 주로 1712년부터 1880년 사이에 돛으로 움직이는 갑판 없는 작은 배를 타고 행해진 휴대용 작살에 의한 포경이었고(이 포경의 극적이고 위험한 상황들은 허먼 멜빌의 걸작 소설 『모비 딕』에 잘 묘사되어 있음), 또 다른 하나는 주로 1946년부터 1980년대 말까지 행해진 현대적인 포경이었다. 향유고래 사냥의 주요 목적은 향유고래 기름으로, 이는 그간 촛불용으로 만들어진 기름들 가운데 가장 밝고 깨끗하게 타는 기름이었을 뿐 아니라(사람들은 향유고래 기름으로 수십 년간 세상의 상당 부분을 밝혔음), 산업용 윤활유로도 쓰였다.

19세기에 전 세계에서 죽은 향유고래 수는 27만 1,000마리, 20세기에 죽은 향유고래 수는 76만 1,000마리로 추산된다. 무려 총 100만 마리가 넘는 향유고래들이 죽은 것이다. 향유고래에 대한 상업적 포경은 1986년 국제포경위원회의 포경 일시 중지 조치로 사실상 끝이 났다. 그러나 일본은 소위 '조사 목적의' 포경이란 미명 아래 1986년에 200마리, 1987년에 188마리를 사냥했고, 그런 다음 2000년부터 2013년까지 매년 최대 10마리씩 사냥했다. 또한 소규모 어업 분야에서는 1987년 포르투갈 아조레스 제도에서 3마리의 향유고래가 사냥됐으며, 인도네시아 렘바타섬에서는 라마레라족에 의해 매년 평균 20마리(2007년의

▲ 향유고래들은 같이 몰려다니며 같은 방향을 향하는 게 특징이다.

51마리부터 2012년의 6마리까지)의 향유고래가 사냥되고 있다. 향유고래들, 특히 새끼를 데리고 있는 암컷들, 아직 덜 자란 수컷들 그리고 가끔은 성체 수컷들은 집단 폐사되는 경우가 많다. 그 이유는 아직 알려지지 않았지만(당혹스럽게도 폐사된 향유고래들의 대부분이 건강함), 사회적 유대감이 워낙 강해 1마리가 해변으로 오면 다른 고래들도 따라오기 때문이 아닌가 싶다.

현재 향유고래들을 위협하는 문제들로는 해양 폐기물들(비닐봉지 등), 배와의 충돌, 어망에 뒤엉키는 사고, 남획으로 인한 먹이의 감소, 소음 공해(해상 운송, 군사용 음파 탐지, 폭발물, 유전 탐사 등으로 인한), 화학물질 오염, 서식지 상실 및 감소 등을 꼽을 수 있다. 지중해 향유고래들은 공해상에서의 황새치 및 참치 잡이용 유망, 배와의 충돌 등의 이유로 점차 줄어들고 있는 걸로 추정된다.

소리

향유고래들이 내는 소리들은 거의 다 딱딱거리는 시끄러운 저주파(5kHz에서 25kHz 사이의) '클릭' 음이지만, 가끔 비교적 조용한 소리를 내기도 한다. 고래 연구가들은 그간 다섯 종류의 클릭음, 즉 '일반적인 클릭regular click' 음, '삐걱 클릭creak' 음, '표면 삐걱surface creak' 음, '코다 클릭codas' 음, '느린 클릭slow click' 음을 구분해냈는데, 이 음들은 먹이활동을 하거나 방향을 탐지하거나 서로 커뮤니케이션을 할 때 등등 다양한 용도로 사용된다.

'일반적인 클릭' 음은 향유고래들이 가장 흔히 내는 소리다. 극히 시끄러운 이 음은 고래들이 방향을 잡고 먹이 위치를 파악하기 위한 반향정위용 음이다. 0.5초에서 1초라는 일정한 간격을 두고 이어지는 이 클릭 음은 최대 16km 밖에서도 들리는데, 향유고래들은 대개 잠수해 있는 동안 최소 80%의 시간 동안 이 음을 낸다. '삐걱 클릭' 음을 가장 쉽게 설명하자면 가속 클릭 음이다. 간격이 좁은 이 클릭 음은 녹슨 문을 열 때 나는 소리 비슷하다. 6km 밖에서도 들리는 이 음은 단거리 수중 음파를 내는 데 쓰이며, 먹이활동과 관련된 것으로 추정된다.

'표면 클릭' 음은 더 짧으며 간격도 일정하다. 향유고래들이 물속에 있는 물체들의 위치를 파악하는 용도로 내는 음인 듯하다.

'코다 클릭' 음은 아주 정형화된 패턴(대개 0.2~2초 동안 3~20회의 클릭 음)을 가진 클릭 음이다. 향유고래 암컷 집단에게서 가장 흔히 들을 수 있는 음으로, 서로 사회생활을 할 때나 잠수 직후에 내며, 다른 클릭 음들에 비해 방향성과 힘이 덜하다. 이 클릭 음은 클릭 수와 클릭 간의 간격에 그 특징이 있다. 각 향유고래는 동일한 코다 레퍼토리를 사용하거나 아니면 같은 소리 집단이 쓰는 '방언들'을 사용한다. 음향 신분증이나 다름없는 이 코다 클릭 음은 같은 집단에 속한 다른 고래들에게서 문화적으로 물려받는 음으로 추정된다. 대형 향유고래 수컷들은 이 코다 클릭 음을 거의 내지 않는다.

'느린 클릭' 음은 주로 또는 전적으로 대형 향유고래 수컷들이 특히 번식지에서 낸다. 극도로 시끄러운 이 음은 무려 60km 밖에서도 들을 수 있다. 이 음은 6~8초 간격으로 반복되며 용도는 분명치 않지만, 다른 수컷들과 경쟁을 벌이거나 암컷을 유혹하는 상황에서 과시용으로 사용되는 걸로 추정된다.

꼬마향유고래 Pygmy sperm whale

학명 코기아 브레비켑스 *Kogia breviceps*

(Blainville, 1838)

꼬마향유고래pygmy sperm whale와 난쟁이향유고래dwarf sperm whale는 대개 머리 위쪽과 등(등지느러미까지)만 내놓은 채 수면 위를 떠다닌다. 바다가 고요한 때가 아니면 보기가 아주 힘들며, 2종 모두 보게 되더라도 잠시 볼 수 있을 뿐이다.

분류: 꼬마향고래과 이빨고래아목

일반적인 이름: 꼬마향유고래는 영어로 pygmy sperm whale로, 뇌유 기관이 있는 작은 향유고래를 연상케 하는 이름이다.

다른 이름들: lesser cachalot, short-headed cachalot, lesser sperm whale, short-headed sperm whale 등.

학명: 이 고래에 *Kogia*(이 속을 명명한 그레이Gray는 왜 또는 어디에서 *Kogia*란 이름을 따왔는지 설명한 적이 없음)란 학명이 붙은 이유와 관련해 두 가지 설이 있다. 하나는 1800년대 초에 지중해에서 이 고래를 관측한 터키의 동식물학자 코기아 에펜디Cogia Effendi의 이름

에서 따왔다는 설. 또 다른 설은 영어 단어 codger('천한 또는 인색한 노인'의 의미)를 라틴어화했다는 것. 학명의 뒷부분 *breviceps*는 '짧은'을 뜻하는 라틴어 *brevis*에 '머리'를 뜻하는 라틴어 *cepitis*가 합쳐진 것이다.

세부 분류: 현재 따로 인정된 아종은 없음. 처음에 꼬마향유고래와 난쟁이향유고래는 별개의 2종으로 분류됐으나 이후 하나로 합쳐졌으며(꼬마향유고래에 같은 학명 *Kogia breviceps*를 붙여서), 1966년에 다시 별개의 종으로 분류됐다.

성체

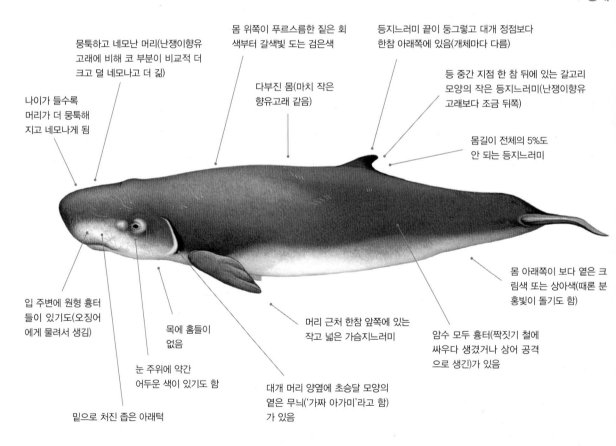

뭉툭하고 네모난 머리(난쟁이향유고래에 비해 코 부분이 비교적 더 크고 덜 네모나고 더 깊)

몸 위쪽이 푸르스름한 짙은 회색부터 갈색빛 도는 검은색

등지느러미 끝이 둥그렇고 대개 정점보다 한참 아래쪽에 있음(개체마다 다름)

다부진 몸(마치 작은 향유고래 같음)

등 중간 지점 한 참 뒤에 있는 갈고리 모양의 작은 등지느러미(난쟁이향유고래보다 조금 뒤쪽)

나이가 들수록 머리가 더 뭉툭해지고 네모나게 됨

몸길이 전체의 5%도 안 되는 등지느러미

입 주변에 원형 흉터들이 있기도 함(오징어에게 물려서 생김)

목에 홈들이 없음

눈 주위에 약간 어두운 색이 있기도 함

머리 근처 한참 앞쪽에 있는 작고 넓은 가슴지느러미

몸 아래쪽이 보다 옅은 크림색 또는 상아색(때론 분홍빛이 돌기도 함)

암수 모두 흉터(짝짓기 철에 싸우다 생겼거나 상어 공격으로 생긴)가 있음

밑으로 처진 좁은 아래턱

대개 머리 양옆에 초승달 모양의 옅은 무늬('가짜 아가미'라고 함)가 있음

요점 정리

- 전 세계의 깊은 열대 바다와 따뜻한 온대 바다에 서식
- 소 사이즈
- 바다에서는 대개 짙은 회색으로 보임
- 뭉툭한 사각형 머리
- 난쟁이향유고래보다 조금 뒤쪽에 갈고리 모양의 작은 등지느러미가 있음
- 잠수와 잠수 사이에 수면 위에 가만히 떠 있음
- 이동을 할 때 등이 눈에 띄게 불룩함

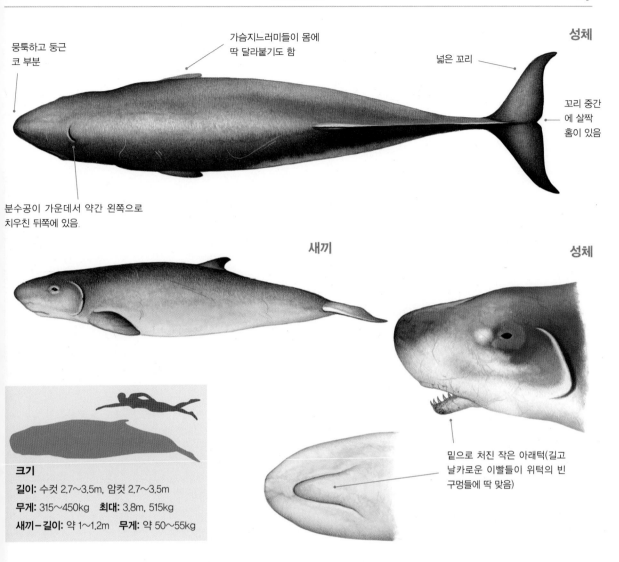

뭉툭하고 둥근
코 부분

가슴지느러미들이 몸에
딱 달라붙기도 함

성체

넓은 꼬리

꼬리 중간
에 살짝
홈이 있음

분수공이 가운데서 약간 왼쪽으로
치우친 뒤쪽에 있음.

새끼   성체

밑으로 처진 작은 아래턱(길고
날카로운 이빨들이 위턱의 빈
구멍들에 딱 맞음)

크기
길이: 수컷 2.7~3.5m, 암컷 2.7~3.5m
무게: 315~450kg **최대:** 3.8m, 515kg
새끼 – 길이: 약 1~1.2m **무게:** 약 50~55kg

비슷한 종들

꼬마향유고래는 바다에서 난쟁이향유고래와 구분하기 어렵지만, 여건만 좋다면 구분할 수 있다. 둘 중 조금 더 큰 꼬마향유고래는 몸 뒤쪽에 보다 작고 낮으면서 보다 둥근 등지느러미가 나 있으며, 머리가 비교적 훨씬 더 크며 등이 눈에 띄게 부풀어 있다.

분포

꼬마향유고래들은 대서양과 태평양 그리고 인도양 등 전 세계의 열대 지역에서부터 온대 지역에 걸쳐 분포해 있다. 그리고 대개 대륙붕 외곽 지역과 그 너머 그리고 특히 대륙사면 continental slope(대륙붕과 심해저 사이의 급경사면-옮긴이) 위 지역과 그 일대에 서식한다. 북대서양에서는 오로지 멕시코 만류 일대에서만 발견된다. 또한 꼬마향유고래들은 난쟁이향유고래들에 비해 보다 온화한 바다와 비교적 수심이 더 깊은 먼 바다를 좋아한다. 이들이 장거리 이동을 한다는 증거는 없다. 그리고 현재 대부분의 정보는 해변에 좌초된 꼬마향유고래들을 통해 얻고 있다.

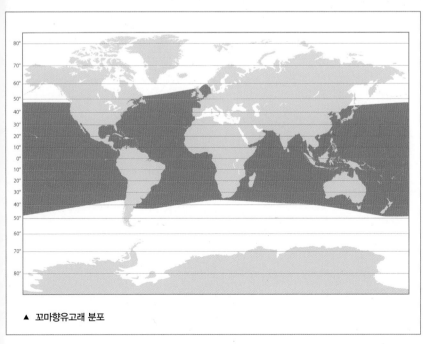

▲ 꼬마향유고래 분포

보다 뭉툭하고
네모난 머리

보다 많은 몸의 흉터들

나이 든 성체

보다 많은 입 주변의
흉터들

행동

꼬마향유고래는 아주 고요한 바다가 아니면 보기 힘들다. 수면 위로 떠오르는 패턴은 예측하기 어려우며, 워낙 겁이 많은 데다 감정을 잘 드러내지 않아 가까이 다가가기 힘들다. 공중 곡예를 하는 일은 극히 드물지만, 어쩌다 한 번씩 수면 위로 점프를 하긴 한다(떨어질 때 대개 꼬리가 먼저 수면에 닿음). 잠수와 잠수 사이에는 대개 머리 위쪽과 등 그리고 등지느러미만 드러내고 꼬리는 물 아래로 늘어뜨린 채 꼼짝하지 않고 수면 위에 떠 있다(그래서 멀리서 보면 떠다니는 나무 같음). 그리고 먹이활동 중에 놀라거나 위협을 느낄 때 소장 안의 주머니에서 적갈색 액체를 분비한다. 그러면 그 액체가 물속에서 불투명한 구름 같이 퍼져 포식자로부터 몸을 숨기거나 포식자의 주의를 분산시키게 된다. 꼬마향유고래들과 난쟁이향유고래 또는 다른 고래들 간에 상호교류가 있다는 증거는 없다.

이빨

위쪽 0개
아래쪽 20~32개

집단 규모와 구조

꼬마향유고래들은 대개 혼자 다니지만, 나이 및 성별 구성에 따라 6마리씩 몰려다니기도 한다. 해변으로 떠내려온 꼬마향유고래들을 봐도 대개 1마리다(최대 기록은 수컷 1마리, 암컷 2마리 그렇게 3마리였음).

포식자들

대형 상어들의 공격을 받아 몸 여기저기에 흉터가 있는 경우가 아주 많다, 물린 등의 상처 위치를 보면, 상어가 물려고 할 때 방어하기 위해(보다 취약한 부위인 배를 지키기 위해) 몸을 돌린다

몸의 윤곽 비교

꼬마향유고래

- 이동 중에는 눈에 띌 만큼 등(분수공과 등지느러미 사이)이 둥글게 불룩함
- 비교적 큰 머리 뒤에 뚜렷한 '목'이 있음
- 조금 더 뒤쪽에 보다 작고 둥근 등지느러미가 있음
- 꼬마향유고래가 몸을 굴려 시야에서 사라질 때 가끔 등지느러미가 안 보임

난쟁이향유고래

- 물속에 있을 때 꼬마향유고래보다 몸이 더 평평해(눈에 띄게 볼록한 부분이 없어) 뒤집힌 서핑보드 같아 보임
- 대개 물속에서 더 낮게 떠 있음
- 보다 크고 뾰족한 등지느러미가 보다 앞쪽에 있음
- 등지느러미가 큰돌고래의 등지느러미와 비슷함

잠수 동작

- 천천히 수면으로 올라온다.
- 뿜어 올리는 물이 잘 보이지 않는다.
- 수면 위에서 같은 위치에 꼼짝하지 않고 떠 있다(멜론 앞부분부터 등지느러미까지가 보이는 상태로).
- 대개 수직으로 잠수하며 사라지지만, (특히 깜짝 놀랄 경우) 등을 조금 구부린 채 앞쪽으로 구르기도 한다.
- 수면 위로 꼬리를 드러내지 않는다.

먹이와 먹이활동

먹이: 주로 심해에 사는 오징어를 먹지만, 물고기와 새우도 먹는다. 난쟁이향유고래보다 더 다양하고 더 큰 먹이를 먹는다.

먹이활동: 주로 해저와 그 근처에서 먹이활동을 한다. 해부학적 구조상 강력한 흡입력을 통해 먹이를 먹는 듯하다.

잠수 깊이: 알려진 바는 없으나, 난쟁이향유고래보다 더 깊은 데서 먹이활동을 하는 걸로 추정된다.

잠수 시간: 12~15분(한정된 증거에 따름). 최장 잠수 기록은 18분.

는 걸 짐작할 수 있다(꼬마향유고래의 아랫배 부분의 지방 안에는 상어의 목숨을 끊어버릴 수도 있는 애벌레 상태의 촌충들이 잔뜩 몰려 있음에도 불구하고 말이다). 꼬마향유고래가 범고래의 먹이가 됐다는 기록 또한 얼마든지 있다.

개체 수

전체적인 개체 수 추정치는 없으나, 일부 지역들(미국 플로리다 주, 남아프리카공화국, 뉴질랜드 등)에서 좌초된 고래들이 자주 목격되는 걸 보면 눈에 잘 안 띄는 것치곤 실제 개체 수가 더 많은 듯하다. 아주 대략적인 추측을 해보자면, 현재 꼬마향유고래와 난쟁이향유고래는 열대 태평양 동부에 15만 마리, 북대서양 서부 지역에 395마리가 있는 걸로 추정된다. 2002년의 한 조사에 따르면, 하와이에도 7,000마리 이상이 있는 걸로 추산됐다(그러나 2010년 조사 기간 중에는 살아 있는 고래는 전혀 목격되지 않았음).

종의 보존

세계자연보전연맹의 종 보존 현황: '정보 부족' 상태(2008년). 정기적으로 대량 사냥됐다는 기록은 없지만, 꼬마향유고래들은 카리브해의 세인트빈센트섬과 일본, 대만, 스리랑카, 인도네시아 등지에서 작살로 소규모로 사냥당해왔다. 그리고 현재 꼬마향유고래들이 비닐 가방과 풍선 같은 해양 쓰레기들을 삼켜 문제가 되는 일이 점점 더 많아지고 있다(그 결과 치명적인 장폐색을 일으키게 됨). 또한 비교적 소수의 꼬마향유고래들이 어업 활동 중 의도치 않게 잡히고 있으며, 수면 위에 꼼짝하지 않고 있는 습관 때문에 가끔 배와 충돌하는 사고를 당하기도 한다. 꼬마향유고래들은 소음 공해(군사용 음파 탐지, 탄성파 탐사 등에 의한)에 취약한 걸로 알려져 있기도 하다.

일대기

성적 성숙: 암컷은 5년, 수컷은 2.5~5년.

짝짓기: 수컷끼리 직접 싸우기도 하지만, 번식에 성공하려면 정자 경쟁이 중요할 수도 있다.

임신: 9~12개월.

분만: 1~2년마다 여름에(남아프리카공화국에서는 12~3월에) 새끼 1마리가 태어남.

젖떼기: 6~12년 후.

수명: 약 22년(최장수 기록은 23년).

▲ 꼬마향유고래 2마리가 수면 위에서 가만히 떠 있다.

난쟁이향유고래 Dwarf sperm whale

학명 코기아 시마 *Kogia sima*

(Owen, 1866)

난쟁이향유고래와 꼬마향유고래는 이빨이 길고 날카로우며 아래턱이 밑으로 처져 있고 머리 양쪽에 아가미 모양의 무늬들이 있어 해변으로 떠밀려왔을 때 상어로 착각하는 경우가 많다. 겉모습이 상어를 닮은 건 포식자들을 피하기 위한 게 아닌가 싶다.

분류: 꼬마향고래과 이빨고래아목

일반적인 이름: 난쟁이향유고래는 영어로 dwarf sperm whale로, 흔히 향유고래를 닮은 작은 고래로 불린다.

다른 이름들: Owen's pygmy whale 또는 snub-nosed cachalot.

학명: 이 고래에 *Kogia*(이 속을 명명한 그레이는 왜 또는 어디에서 *Kogia*란 이름을 따왔는지 설명한 적이 없음)란 학명이 붙은 이유와 관련해 두 가지 설이 있다. 하나는 1800년대 초에 지중해에서 이 고래를 관측한 터키의 동식물학자 코기아 에펜디의 이름에서 따왔다는 설. 또 다른 설은 영어 단어 codger('천한 또는 인색한 노인'의

의미)를 라틴어화했다는 것. 학명의 뒷부분 *sima*(예전에는 *simus*)는 '들창코의'를 뜻하는 라틴어 *sima* 또는 그리스어 *simos*에서 온 것이다.

세부 분류: 현재 따로 인정된 아종은 없음. 그러나 최근에 행해진 유전학적 연구들에 따라 어쩌면 대서양 난쟁이향유고래와 인도 · 태평양 난쟁이향유고래 이렇게 2종으로 분류될지도 모르겠다. 꼬마향유고래와 난쟁이향유고래는 원래 별개의 2종으로 분류됐으나 이후 하나로 합쳐졌으며(꼬마향유고래에 같은 학명 *Kogia breviceps*를 붙여서), 1966년에 다시 별개의 종으로 분류됐다.

성체

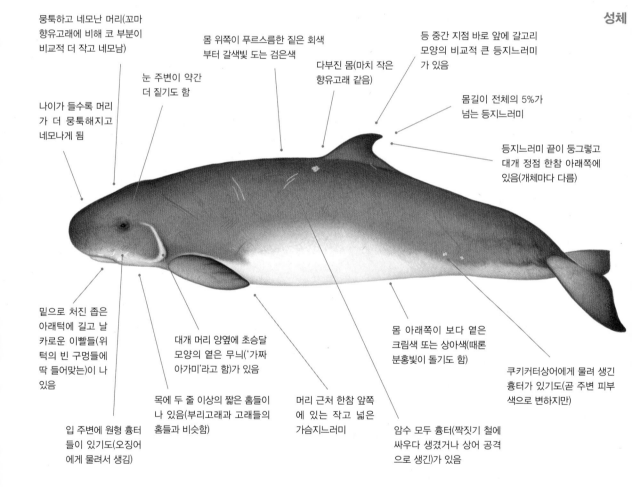

뭉툭하고 네모난 머리(꼬마향고래에 비해 코 부분이 비교적 더 작고 네모남)

눈 주변이 약간 더 짙기도 함

나이가 들수록 머리가 더 뭉툭해지고 네모나게 됨

몸 위쪽이 푸르스름한 짙은 회색부터 갈색빛 도는 검은색

다부진 몸(마치 작은 향유고래 같음)

등 중간 지점 바로 앞에 갈고리 모양의 비교적 큰 등지느러미가 있음

몸길이 전체의 5%가 넘는 등지느러미

등지느러미 끝이 둥글고 대개 정점 한참 아래쪽에 있음(개체마다 다름)

밑으로 처진 좁은 아래턱에 길고 날카로운 이빨들(위턱의 빈 구멍들에 딱 들어맞는)이 나 있음

대개 머리 양옆에 초승달 모양의 옅은 무늬('가짜 아가미'라고 함)가 있음

몸 아래쪽이 보다 옅은 크림색 또는 상아색(때론 분홍빛이 돌기도 함)

쿠키커터상어에게 물려 생긴 흉터가 있기도(곧 주변 피부색으로 변하지만)

입 주변에 원형 흉터들이 있기도(오징어에게 물려서 생김)

목에 두 줄 이상의 짧은 홈들이 나 있음(부리고래과 고래들의 홈들과 비슷함)

머리 근처 한참 앞쪽에 있는 작고 넓은 가슴지느러미

암수 모두 흉터(짝짓기 철에 싸우다 생겼거나 상어 공격으로 생긴)가 있음

요점 정리

- 전 세계의 깊은 열대 바다와 따뜻한 온대 바다에 서식
- 소 사이즈
- 바다에서는 대개 짙은 회색으로 보임
- 뭉툭하고 네모난 머리
- 꼬마향유고래보다 조금 앞쪽에 갈고리 모양의 높고 뾰족한 등지느러미가 있음
- 잠수와 잠수 사이에 수면 위에 가만히 떠 있음
- 이동할 때 등이 평평해 보임

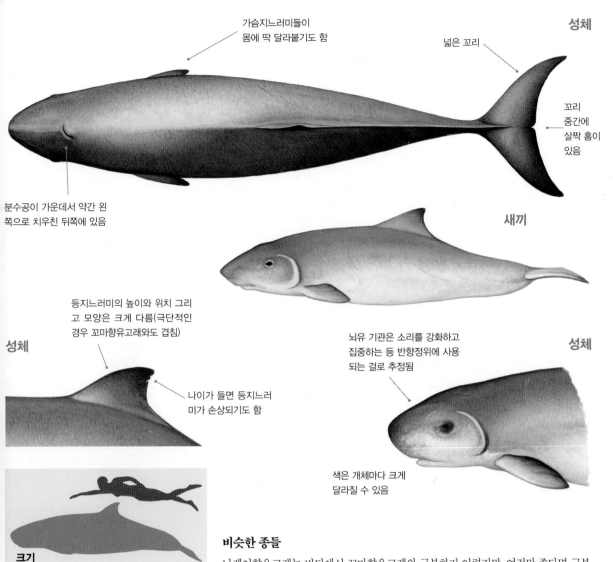

성체

가슴지느러미들이 몸에 딱 달라붙기도 함

넓은 꼬리

꼬리 중간에 살짝 홈이 있음

분수공이 가운데서 약간 왼쪽으로 치우친 뒤쪽에 있음

새끼

등지느러미의 높이와 위치 그리고 모양은 크게 다름(극단적인 경우 꼬마향유고래와도 겹침)

성체

나이가 들면 등지느러미가 손상되기도 함

뇌유 기관은 소리를 강화하고 집중하는 등 반향정위에 사용되는 걸로 추정됨

성체

색은 개체마다 크게 달라질 수 있음

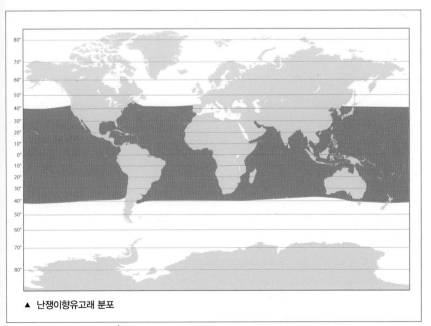

크기
길이: 수컷 2.1~2.4m, 암컷 2.1~2.4m
무게: 135~270kg **최대:** 2.7m, 303kg
새끼−길이: 약 0.9~1.1m **무게:** 약 40~50kg

비슷한 종들

난쟁이향유고래는 바다에서 꼬마향유고래와 구분하기 어렵지만, 여건만 좋다면 구분할 수 있다. 둘 중 몸이 조금 더 작은 난쟁이향유고래는 보다 몸 앞쪽에 보다 크고 높으면서 보다 올곧고 뾰족한 등지느러미가 나 있으며, 머리가 비교적 훨씬 더 작으며 물속에 있을 때 몸 모양이 더 평평하며(등이 부풀어 있지 않아서), 이동할 때면 뒤집힌 서핑보드 같아 보인다. 그리고 난쟁이향유고래의 전체적인 모습은 꼬마향유고래보다는 돌고래에 더 가까워 보인다.

분포

난쟁이향유고래들은 대서양과 태평양 그리고 인도양 등 전 세계의 열대 지역에서부터 온대 지역에 걸쳐 분포해 있다. 그리고 대개 대륙붕 위쪽 또는 그 근처 깊은 바다에 서식한다. 북대서양에서는 오로지 멕시코 만류 일대에서만 발견된다. 또한 난쟁이향유고래들은 꼬마향유고래들에 비해 따뜻한 열대 바다와 비교적 수심이 얕은 바다를 좋아하며(그래서 가끔 해변 일대에서도 발견

▲ 난쟁이향유고래 분포

됨), 더 멀리 높은 위도 지역들까지는 가지 않는 걸로 추정된다. 난쟁이향유고래들이 장거리 이동을 한다는 증거는 없으나, 일부 난쟁이향유고래들은 계절별로 이동을 하기도 한다(예를 들어 여름에는 바하마 주변의 더 깊은 바다로 이동하는데, 상어들을 피하기 위함인 걸로 추정됨). 현재 대부분의 정보는 해변에 좌초된 난쟁이향유고래들을 통해 얻고 있다.

행동

난쟁이향유고래는 아주 고요한 바다가 아니면 보기 힘들다. 수면 위로 떠오르는 패턴은 예측하기 어려우며, 넓은 개인 공간을 중시해 가까이 다가가는 걸 잘 허용하지 않는다. 공중 곡예를 하는 일은 극히 드물지만, 어쩌다 한 번씩 수면 위로 점프를 하긴 한다(떨어질 때 대개 꼬리가 먼저 수면에 닿음). 잠수와 잠수 사이에는 대개 머리 위쪽과 등 그리고 등지느러미만 드러내고 꼬리는 물 아래로 늘어뜨린 채 꼼짝하지 않고 수면 위에 떠 있다(그래서 멀리서 보면 떠다니는 나무 같음). 그리고 먹이활동 중 놀라거나 위협을 느낄 때 소장 안의 주머니에서 적갈색 액체를 분비한다. 그러면 그 액체가 물속에서 불투명한 구름 같이 퍼져 포식자로부터 몸을 숨기거나 포식자의 주의를 분산시키게 된다. 난쟁이향유고래들과 꼬마향유고래 또는 다른 고래들 간에 상호 교류가 있다는 증거는 없다.

이빨

위쪽 0~6개

아래쪽 14~26개

집단 규모와 구조

난쟁이향유고래들은 대개 혼자 다니지만, 나이 및 성별 구성에 따라 12마리(최대 기록은 16마리)씩 몰려다니기도 한다. 집단 규모는 지역 위치와 계절에 따라 달라진다(예를 들어 바하마 지역에서 여름에는 1~8마리, 겨울에는 1~12마리, 하와이에선 평균 2.7마리). 그리고 대개 난쟁이향유고래 1마리가 모습을 드러낼 경우 수백 m 근처에 다른 난쟁이향유고래들이 있다. 해변으로 떠내려온 난쟁이향유고래들은 대개 1마리다(최대 기록은 어린 고래 4마리로, 수컷 1마리, 암컷 3마리였음).

포식자들

대형 상어들의 공격을 받아 몸 여기저기에 흉터가 있는 경우가 아주 많다. 물린 등의 상처 위치를 보면, 상어가 물려고 할 때 방어하기 위해(보다 취약한 부위인 배를 지키기 위해) 몸을 돌린다는 걸 짐작할 수 있다(꼬마향유고래의 아랫배 부분의 지방 안에는 상어의 목숨을 끊어버릴 수도 있는 애벌레 상태의 촌충들이 잔뜩 몰려 있음에도 불구하고 말이다). 난쟁이향유고래가 범고래의 먹이가 됐다는 기록 또한 얼마든지 있다.

사진 식별

사진 식별이 어렵지만 가능은 하다. 거의 모든 성체 고래들의 등지느러미가 모양이 독특하거나 손상되어 있기 때문이다.

몸의 윤곽 비교

꼬마향유고래
- 이동 중에는 눈에 띌 만큼 등(분수공과 등지느러미 사이)이 둥글게 불룩함
- 비교적 큰 머리 뒤에 뚜렷한 '목'이 있음
- 조금 더 뒤쪽에 보다 작고 둥근 등지느러미가 있음
- 꼬마향유고래가 몸을 굴려 시야에서 사라질 때 가끔 등지느러미가 안 보임

난쟁이향유고래
- 물속에 있을 때 꼬마향유고래보다 몸이 더 평평해(눈에 띄게 볼록한 부분이 없어) 뒤집힌 서핑보드 같아 보임
- 대개 물속에서 더 낮게 떠 있음
- 보다 크고 뾰족한 등지느러미가 보다 앞쪽에 있음
- 등지느러미가 큰돌고래의 등지느러미와 비슷함

잠수 동작
- 천천히 수면으로 올라온다.
- 뿜어 올리는 물이 잘 보이지 않는다.
- 수면 위에서 같은 위치에 꼼짝하지 않고 떠 있는다(멜론 앞부분부터 등지느러미까지가 보이는 상태로).
- 대개 수직으로 잠수하며 사라지지만, (특히 깜짝 놀랄 경우) 등을 조금 구부린 채 앞쪽으로 구르기도 한다.
- 수면 위로 꼬리를 드러내지 않는다.

먹이와 먹이활동

먹이: 주로 중간 정도의 수심이나 심해에 사는 오징어를 먹지만, 물고기와 새우도 먹는다. 그리고 꼬마향유고래에 비해 덜 다양하고 더 작은 먹이를 먹는다.

먹이활동: 주로 해저와 그 근처에서 먹이활동을 한다. 해부학적 구조상 강력한 흡입력을 통해 먹이를 먹는 듯하다.

잠수 깊이: 알려진 바는 없으나, 꼬마향유고래보다는 더 얕은 데(수심 약 600~12,000m)서 먹이활동을 하는 걸로 추정된다.

잠수 시간: 7~15분(최장 30분까지 가능한 걸로 추정됨). 잠수와 잠수 사이에 수면에서 1~3분 휴식.

개체 수

전체 개체 수 추정치는 없으나, 일부 지역들에서 좌초된 고래들이 자주 목격되는 걸 보면 눈에 잘 안 띄는 것에 비해 실제 개체수는 더 많은 듯하다. 아주 대략적인 추측을 해보자면, 현재 난쟁이향유고래와 꼬마향유고래는 열대 태평양 동부에 15만 마리, 북대서양 서부 지역에 395마리가 있는 걸로 추정된다. 2002년에 행해진 한 조사에 따르면, 하와이에도 1만 9,000마리 이상이 있는 걸로 추산됐다.

종의 보존

세계자연보전연맹의 종 보존 현황: '정보 부족' 상태(2008년). 정기적으로 대량 사냥됐다는 기록은 없지만, 난쟁이향유고래들은 카리브해의 세인트빈센트섬과 일본, 대만, 스리랑카, 인도네시아 등지에서 작살로 소규모로 사냥되어 왔다. 그리고 현재 난쟁이향유고래들이 비닐가방과 풍선 같은 해양 쓰레기들을 삼켜 문제가 되는 일이 점점 더 많아지고 있다(그 결과 치명적인 장폐색을 일으키게 됨). 또한 비교적 소수의 난쟁이향유고래들이 어업 활동 중 의도치 않게 잡히고 있으며, 수면 위에 꼼짝 않고 있는 습관 때문에 가끔 배와 충돌하는 사고를 당하기도 한다. 난쟁이향유고래들은 소음 공해(군사용 음파 탐지, 탄성파 탐사 등에 의한)에 취약한 걸로 알려져 있다.

일대기

성적 성숙: 암컷은 4.5~5년, 수컷은 2.5~3년.

짝짓기: 수컷끼리 직접 싸우기도 하지만, 번식에 성공하려면 정자 경쟁이 중요할 수도 있다.

임신: 9~12개월.

분만: 1~2년마다 여름에(남아프리카공화국에서는 12~3월에) 새끼 1마리가 태어남.

젖떼기: 6~12년 후.

수명: 약 22년(최장수 기록은 22년).

▲ 2마리의 난쟁이향유고래. 1마리는 수면에서 이동 중이고 또 1마리는 이제 막 몸을 구부려 잠수 중이다.

일각고래 Narwhal

학명 모노돈 모노케로스 *Monodon monoceros*

Linnaeus, 1758

일각고래들은 바다에서 보기가 쉽지 않다. 또한 주로 캐나다의 외진 북극권 지역에 살며, 1년 중 반을 얼음이 많은 총빙 지역의 어두운 곳에서 보낸다. 그러나 일각고래들은 이동 패턴이 예측 가능하며, 수컷들의 경우 유난히 긴 나선형 뿔(정확히 말하자면 엄니)이 나 있어 한눈에 알아볼 수 있다.

분류: 일각고래과 이빨고래아목

일반적인 이름: 일각고래는 영어로 narwhal로, '시체'를 뜻하는 고대 노르드어 *nar*에 '고래'를 뜻하는 *hval*이 합쳐진 것이다. 문자 그대로 '시체 고래'라는 뜻으로, 피부색이 떠다니는 시체를 연상케 한다는 데서 붙게 된 이름이다(실제로 일각고래는 수면 위에 죽은 듯 가만히 떠 있는 경우가 많음).

다른 이름들: Narwhale, unicorn whale, sea unicorn, horned whale 등.

학명: 이 고래의 학명 *Monodon monoceros*는 '하나'를 뜻하는 그리스어 *monos*에 '이빨'을 뜻하는 그리스어 *odon* 그리고 '뿔corn' 또는 유니콘unicorn을 뜻하는 그리스어 *keros*가 합쳐진 것으로, '1개의 이빨을 가진 일각수' 또는 '한 이빨, 한 뿔'을 의미한다.

세부 분류: 현재 따로 인정된 아종은 없음. 유전학적 차이와 지리적 고립 정도에 따라 현재 총 11~12개의 일각고래 집단(그린란드 동부 일각고래와 그린란드 북동부 일각고래를 다른 집단으로 분류하느냐 마느냐에 따라 11개 집단도 되고 12개 집단도 됨)이 인정되고 있다.

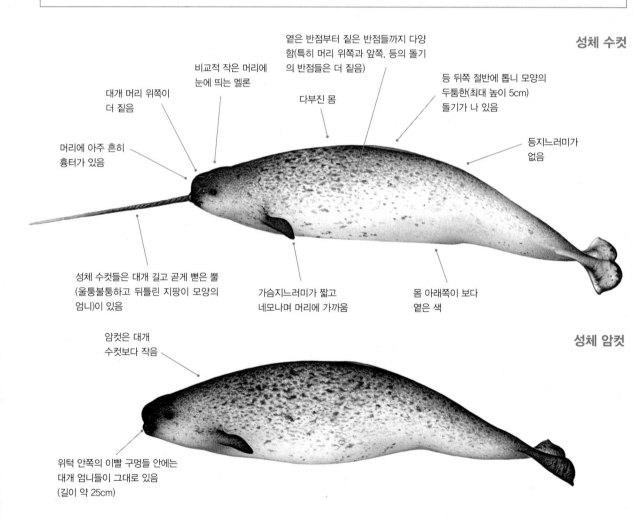

성체 수컷

옅은 반점부터 짙은 반점들까지 다양함(특히 머리 위쪽과 앞쪽, 등의 돌기의 반점들은 더 짙음)

비교적 작은 머리에 눈에 띄는 멜론

대개 머리 위쪽이 더 짙음

다부진 몸

등 뒤쪽 절반에 톱니 모양의 두툼한(최대 높이 5cm) 돌기가 나 있음

머리에 아주 흔히 흉터가 있음

등지느러미가 없음

성체 수컷들은 대개 길고 곧게 뻗은 뿔(울퉁불퉁하고 뒤틀린 지팡이 모양의 엄니)이 있음

가슴지느러미가 짧고 네모나며 머리에 가까움

몸 아래쪽이 보다 옅은 색

성체 암컷

암컷은 대개 수컷보다 작음

위턱 안쪽의 이빨 구멍들 안에는 대개 엄니들이 그대로 있음 (길이 약 25cm)

요점 정리

- 북극권 지역에 서식
- 소 사이즈에서 중간 사이즈까지
- 수컷은 긴 엄니가 있음
- 비교적 작고 볼록한 머리
- 부리가 작거나 아예 없음
- 등지느러미가 없음(그러나 등에 약간의 돌기는 있음)
- 옅은 반점에서 짙은 반점까지 다양한 반점이 있음

나이 든 성체 수컷

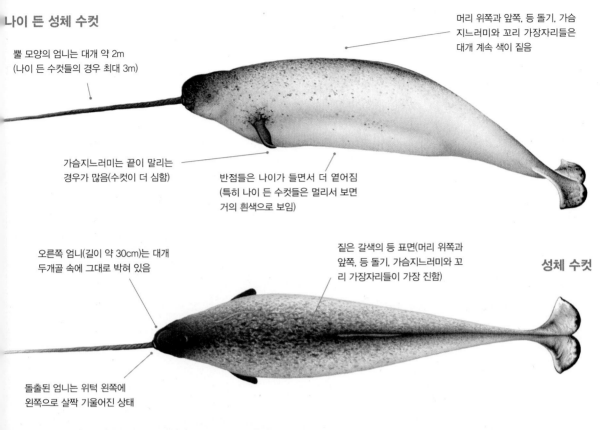

뿔 모양의 엄니는 대개 약 2m
(나이 든 수컷들의 경우 최대 3m)

머리 위쪽과 앞쪽, 등 돌기, 가슴
지느러미와 꼬리 가장자리들은
대개 계속 색이 짙음

가슴지느러미는 끝이 말리는
경우가 많음(수컷이 더 심함)

반점들은 나이가 들면서 더 옅어짐
(특히 나이 든 수컷들은 멀리서 보면
거의 흰색으로 보임)

오른쪽 엄니(길이 약 30cm)는 대개
두개골 속에 그대로 박혀 있음

짙은 갈색의 등 표면(머리 위쪽과
앞쪽, 등 돌기, 가슴지느러미와 꼬
리 가장자리들이 가장 진함)

성체 수컷

돌출된 엄니는 위턱 왼쪽에
왼쪽으로 살짝 기울어진 상태

크기
길이: 수컷 4.3~4.8m(최대 3m인 엄니는 제외),
암컷 3.7~4.2m
무게: 700~1,650kg **최대:** 5m, 1,800kg
새끼 – 길이: 1.5~1.7m **무게:** 약 80kg

비슷한 종들

흰돌고래beluga는 일각고래와 크기도 비슷하고 서식지도 중복되는 유일한 고래목
고래로, 멀리서 보면 일각고래 암컷이나 어린 고래 또는 나이 든 수컷과 혼동될 수
도 있다(만일 엄니가 보이지 않는다면). 일각고래의 반점들 또한 흰돌고래와 구
분하는 데 도움이 될 것이다. 어린 흰돌고래와 일각고래는 둘 다 회색이며 생긴
것도 비슷하다. 그린란드 서부에서 발견된 한 고래의 두개골은 일각고래와 흰돌
고래 사이에서 나온 혼혈로, '날루가narluga'(narwhal과 beluga의 합성어–옮긴
이)라 불린다. 수면 위에서 몸을 굴리는 고리무늬물범ringed seal 역시 얼핏 보면
일각고래와 비슷하다.

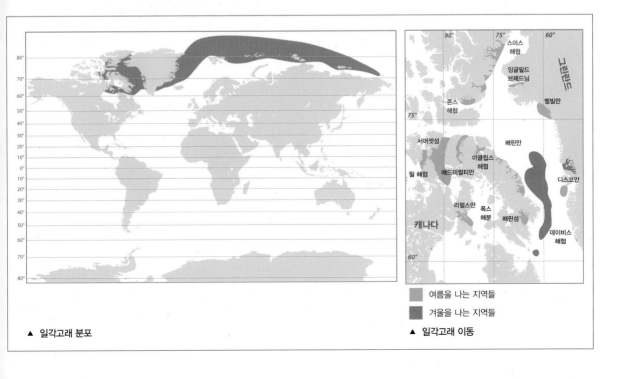

■ 여름을 나는 지역들
■ 겨울을 나는 지역들

▲ 일각고래 분포

▲ 일각고래 이동

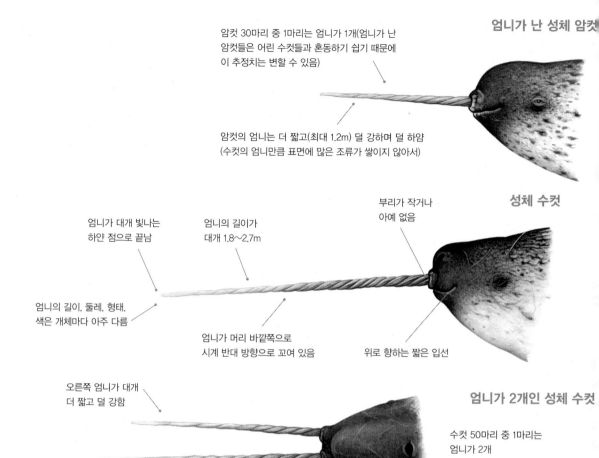

엄니가 난 성체 암컷

암컷 30마리 중 1마리는 엄니가 1개(엄니 난
암컷들은 어린 수컷들과 혼동하기 쉽기 때문에
이 추정치는 변할 수 있음)

암컷의 엄니는 더 짧고(최대 1.2m) 덜 강하며 덜 하얌
(수컷의 엄니만큼 표면에 많은 조류가 쌓이지 않아서)

성체 수컷

엄니가 대개 빛나는
하얀 점으로 끝남

엄니의 길이가
대개 1.8~2.7m

부리가 작거나
아예 없음

엄니의 길이, 둘레, 형태,
색은 개체마다 아주 다름

엄니가 머리 바깥쪽으로
시계 반대 방향으로 꼬여 있음

위로 향하는 짧은 입선

오른쪽 엄니가 대개
더 짧고 덜 강함

엄니가 2개인 성체 수컷

수컷 50마리 중 1마리는
엄니가 2개

엄니가 2개인 암컷이
관측됐다는 기록(1684년)도 있음

성체 수컷의 꼬리 윗부분

특히 나이 든 수컷의 아주 볼록한
꼬리 뒷부분(거꾸로 본 모습)

깊은 꼬리 중간 홈

꼬리 끝이 위로 구부
러지기도(특히 나이
든 수컷의 경우)

성체 암컷의 꼬리 윗부분

덜 볼록하고 훨씬 평평한 꼬리
뒷부분(돌고래와 더 비슷함)

오목한 앞
가장자리

대개 꼬리의
위쪽이 더 진한 색

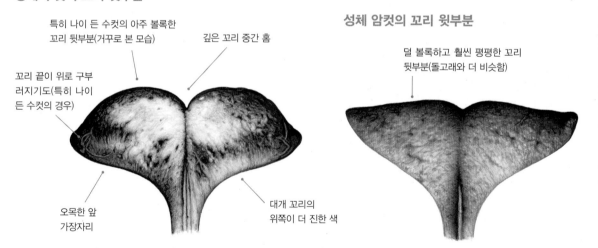

잠수 동작

- 물을 뿜어 올리는 게 보이긴 하지만 눈에 잘 안 띈다(바다가 고요한 날 가까이서 보면 불 뿜어 올리는 소리가 잘 들림).
- 종종(늘 그런 건 아니고) 수컷의 엄니가 수면 위로 드러난다(대개는 잠시).
- 아니면 수면 바로 아래에서 엄니의 모습이 살짝 보이기도 한다.
- 수면 위에 떠 있을 때 목의 잘록한 부분이 눈에 띈다.
- 깊이 잠수하기 전에 꼬리를 치켜올리기도 한다.

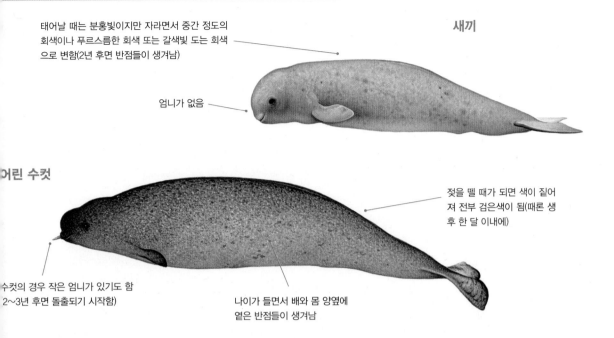

태어날 때는 분홍빛이지만 자라면서 중간 정도의 회색이나 푸르스름한 회색 또는 갈색빛 도는 회색으로 변함(2년 후면 반점들이 생겨남)

새끼

엄니가 없음

어린 수컷

젖을 뗄 때가 되면 색이 짙어져 전부 검은색이 됨(때론 생후 한 달 이내에)

수컷의 경우 작은 엄니가 있기도 함 2~3년 후면 돌출되기 시작함)

나이가 들면서 배와 몸 양옆에 옅은 반점들이 생겨남

분포

일각고래는 주로 북극의 대서양 방면(북위 60~85도. 가장 흔히 발견되는 건 북위 70~80도)에 서식한다. 가끔 낙오된 일각고래들이 태평양 방면에서 발견되기도 한다. 스발바르 제도와 캐나다 북극, 알래스카, 북극권 남부에서는 비교적 드물게 발견된다. 일각고래들의 서식지는 그린란드에 의해 분리되어, 겨울과 여름에는 서식지가 무려 2,000km까지 벌어진다. 또한 일각고래들은 북대서양에서는 뉴펀들랜드와 영국, 독일, 벨기에, 네덜란드 등지에서, 그리고 북태평양에서는 멀리 남쪽으로 알래스카반도와 코만도르스키예 제도에서도 발견된다.

겨울의 분포: 일각고래들이 겨울을 나는 곳들은 대개 연안 대륙사면 일대의 얼음 덮인 깊은 지역들이다. 일각고래처럼 그렇게 얼음이 많은 지역에 사는 고래는 몇 안 된다. 모든 일각고래들의 3분의 2는 배핀만과 데이비스 해협(배핀섬과 그린란드 사이)에서는 얼음이 많은 연안 지역(특히 북부와 남부)의 깊은 물속에서 겨울을 나며, 그린란드 동부의 일각고래들은 그린란드해의 깊은 바다에서 겨울을 난다. 일각고래들은 개빙 구역open water(떠다니는 얼음이 수면의 10분의 1 이하인 구역-옮긴이)이 3%도 안 되며 늘 어둡고 영하 40도까지 내려가는 겨울 서식지(이 연안 겨울 서식지들은 대개 먹이 자원이 풍부함)에서 6개월을 보낸다. 일부 지역에서는 군데군데 일명 '얼음 함정ice entrapment'들이 있어, 수백 마리의 일각고래들이 바다 얼음 사이의 작은 구멍들에 갇혀 죽음을 맞기도 한다.

여름의 분포: 일각고래들은 매년 캐나다 북극, 그린란드 서부 및 동부, 스발바르 제도, 러시아 북극권 지역 북동부 지역의 얼음이 얼지 않은 만과 피오르드 등에서 여름 두 달을 난다. 때론 빙하 가장자리 지역들 역시 중요한 여름 서식지들이다. 일각고래들은 깊은 물을 좋아하지만, 범고래들의 공격을 받을 경우 얕은 물로 들어가기도 한다.

이동

봄에는 얼음이 녹고 가을에는 다시 얼기 때문에, 일각고래의 여름 서식지와 겨울 서식지로의 이동은 충분히 예측 가능하다. 그리고 많은 지역에서 일각고래들은 매년 정확히 같은 시기에 특정 갑과 만과 피오르드를 지난다. 이동은 편도 기준으로 약 2개월간 계속된다. 5월과 6월에는 배핀만과 데이비스 해협의 일각고래들이 북쪽과 동쪽으로 그린란드 서부로 이동하거나 아니면 북쪽과 서쪽으로 캐나다로(거기에서 이클립스 해협, 랭커스터 해협, 존

먹이와 먹이활동

먹이: 물고기(특히 그린란드 큰 넙치, 북극 대구, 북극 등가시치, 극지 대구, 그레나디어, 열빙어), 오징어(특히 심해에 사는 작은 오징어 *Gonatus spp*), 새우(특히 심해에 사는 새우). 먹이는 서식 지역과 계절에 따라 달라짐.

먹이활동: 주로 겨울(11~3월)에 먹이활동을 하고, 여름(7~9월)에는 먹이활동을 아주 조금하거나 아예 하지 않으며, 봄과 가을에는 얼음 밑에서 먹이활동을 한다. 지역과 계절에 따라 먹이활동 지역이 수심 깊은 곳이나 해저 근처 또는 수심 위쪽으로 달라진다. 먹이는 입으로 빨아들여 통째로 삼키는 걸로 추정된다. 그리고 먹이 사냥을 하면서 서로 협력한다는 증거는 없다.

잠수 깊이: 여름에는 13m에서 850m까지(대개 수심 50m 이내까지) 잠수하고, 겨울에는 훨씬 더 깊은 곳까지 잠수한다(대개 하루에 18~25회 최소 수심 800m까지 잠수해 3시간 넘게 보내며, 6개월간 매일 이런 패턴을 반복함). 겨울에는 잠수할 때 절반 이상 수심 1,500m까지 잠수하며 가장 깊이 잠수한 기록은 수심 1,800m이다. 잠수하면서 바로 머리가 아래쪽으로 향하며 잠수한 뒤 상당 시간 동안 그 상태를 유지한다(특히 해저 부근에서).

잠수 시간: 대개 7~20분간, 가장 오래 잠수한 기록은 25분.

아종	여름	겨울	가장 최근의 추정 개체 수
허드슨만 북부	허드슨만 북서부(특히 리펄스만과 사우스햄프턴섬	허드슨 해협 동부	12,485마리. 안정적
서머셋섬	서머셋섬 지역	배핀만	49,768마리. 증가 중
애드미럴티만	애드미럴티만 지역	배핀만	35,043마리. 안정적
이클립스 해협	이클립스 해협	배핀만	10,489마리. 추세 모름
배핀섬 동부	컴벌랜드 해협과 배핀섬 해안 일대 북쪽	데이비스 해협 북부	17,555마리. 추세 모름
존스 해협	데번섬과 엘즈미어섬 사이, 그리고 엘즈미어섬 서부의 피오르드	알려지지 않음	12,694마리. 추세 모름
스미스 해협	엘즈미어섬 남동 해안	알려지지 않음	16,360마리. 추세 모름
잉글필드 브레드닝	잉글필드 브레드닝	알려지지 않음	8,368마리. 안정적
멜빌만	멜빌만 지역	배핀만 남부	3,091마리. 안정적
동그린란드 (북동부 제외)	주로 북위 64~72도 (북위 81도에서도 발견)	그린란드섬과 프람 해협	6,583마리. 추세 모름
스발바르–프란츠 요제프 랜드	주로 스발바르 제도 서부와 북부, 그리고 러시아 북극권 북서부	알려지지 않음	스발바르 제도에 최소 837마리. 추세 모름

▲ 일각고래 아종들의 서식지와 개체 수

스 해협 등으로 들어가는 입구의 고착빙 가장자리에 모임) 이동하며, 9월 중순부터 10월 중순 사이에는 남쪽으로 이동한다(그래서 11월 중순 무렵에 배핀만 중앙으로 되돌아옴). 캐나다 이클립스 해협과 그린란드 서부 멜빌만에서 여름을 난 일각고래들은 배핀만 서부와 데이비스 해협 북부로 이동하며, 캐나다 서머셋섬의 일각고래들은 일각고래들이 더 많이 밀집된 배핀만 북부로 이동한다. 일각고래들이 이 두 서식지를 바꾸는 경우는 극히 드물다.

행동

수면 위로 점프하거나 빠른 속도로 헤엄치는 경우는 별로 없으나, 가끔 스파이호핑과 먹이를 향한 돌진은 한다. 또한 종종 머리 윗부분과 등을 드러낸 채 이동을 하며, 사회활동을 하면서 종종 수면에서 몸을 굴리기도 한다. 파도가 일렁이는 거친 바다에서는 수면에서 시간을 덜 보낸다. 수컷들은 엄니를 공중에 내놓고 흔들기도 하고 다른 일각고래 등에 올린 채 쉬기도 한다. 일각고래들은 깊이 잠수하기에 앞서 종종 바로 얼음 가장자리를 향해 헤엄쳐 가며, 그런 다음 5~30m쯤 간 뒤 꼬리를 치켜올린다. 얼음 아래서도(등지느러미가 없는 건 이런 상황에 적응하기 위해서인

듯) 쉽게 길을 찾아가고 수 km를 이동한 뒤 숨을 쉬기 위해 수면 위로 올라가거나 몇 cm 두께의 얼음을 깨고(머리나 등으로) 수면 위로 올라간다. 일각고래의 이동을 가로막은 유일한 장애물은 금간 데가 없는 고착빙fast ice(해안이나 땅에 고착되어 깨지지 않은 단단한 바다 얼음–옮긴이)이다. 일각고래들은 종종 북극고래들과 어울리거나, 드물게 흰돌고래들과 뒤섞이기도 한다. 배를 피하거나 조심하는 편이지만(특히 포경이 행해지는 곳에서는), 적어도 캐나다에서는 떠다니는 얼음이나 해변에 서 있는 사람들에게 별 신경을 쓰지 않는다.

이빨

위쪽 2개
아래쪽 0개
태아 상태의 일각고래는 이빨이 날 자리가 16개(12개는 위턱에, 4개는 아래턱에) 있으나 12개는 사라지고 2개는 흔적만 남고 2개는 그대로 남아 돌출된 엄니 또는 돌출되지 않은 엄니가 된다.

창 시합

엄니가 서로 부딪히는 소리는 마치 드럼 스틱이 부딪히는 소리 같다.

집단 규모와 구조

대부분의 일각고래 집단은 보통 2마리에서 10마리(최소 1마리에서 최대 50마리)의 고래들로 구성된다. 대부분의 집단은 암컷과 수컷 중 한 쪽만으로 이루어져 있다. 그러니까 집단에 속한 모든 일각고래들이 수컷들이든가 아니면 새끼가 있는 암컷들인 것이다. 그 집단이 얼마나 오래 지속되는지 또는 고래들 간에 지속적인 사회적 유대감이 있는지 알려진 바가 없지만, 집단 구성은 고래들이 어떤 활동을 하는지 또 먹이가 얼마나 풍부한지에 따라 달라질 것으로 추정된다. 때론 많은 일각고래들이 최대 600개의 집단을 이룰 정도로 여기저기 대거 몰려 있는 경우도 있는데, 각 집단에는 나이대가 다른 일각고래 암수 수백 또는 수천 마리가 포함되기도 한다.

포식자들

일각고래의 포식자들은 범고래와 북극곰들이다. 원래 북극권 지역에서는 범고래들이 바다 얼음 때문에 움직이기 어려웠으나, 기후 변화로 인해 이미 아극 지역들에 더 오래 더 광범위한 접근이 가능해지고 있어, 머지않아 일각고래들에게 더 큰 위협이 될 것으로 예상된다. 범고래들이 다가올 경우 일각고래들은 움직이는 속도를 늦춰 서로 더 가까이 모인 뒤 해변에 가까운 보다 얕은 바다로(거기가 더 안전한 것으로 추정됨) 이동한다. 그리고 공격을 받을 경우 널리 퍼져 공격 장소에서 멀리 벗어난다. 북극곰들은 일각고래들이 부빙 가장자리에 있을 때나 얼음 곳곳에 있는 숨쉴 수 있는 작은 구멍들에 갇혔을 때 사냥에 나선다. 아직 어리거나 상처를 입은 일각고래들 역시 그린란드 상어나 바다코끼리들의 공격을 받기도 한다.

사진 식별

등지느러미에 있는 흉터들(91%의 일각고래들의 몸에서 발견되며 시간이 지나도 비교적 그대로 유지됨)과 다른 부위의 상처 및 색깔 패턴들을 보면 식별 가능하다(이런 특징들은 세월이 지나면서 변화되므로 단기적인 연구에 더 유용함).

개체 수

전 세계의 일각고래 개체 수는 그린란드 북서부 및 러시아 북극권 지역(이 지역의 경우 추정치조차 없음)의 일각고래들을 제외하고 약 17만 마리다.

종의 보존

세계자연보전연맹의 종 보존 현황: '최소 관심' 상태(2017년). 일각고래는 수천 년 동안 그린란드와 캐나다의 이뉴잇족에 의해 사냥되어져 오고 있다. 비타민 C가 풍부한 '묵툭muktuk'(피부와 거기에 붙은 지방. 생으로 먹거나 절이거나 삶아서 먹음. maqtaq이나 mattak 또는 mukmuq로 표기하기도 함)이 아주 귀한 대접을 받으며(북극 주민들은 신선한 과일과 야채를 먹기 힘들기 때문에), 그 고기는 종종 개 먹이로 쓰인다. 일각고래의 엄니(통째로 또는 조각된 형태로)는 국제적인 거래에 제약이 많음에도 불구하고 국내외에서 지금도 높은 가격에 거래된다. 2011년과 2015년 사이에 캐나다에서는 매년 평균 620마리의 일각고래들이 공식적으로 사냥됐고(라이플총으로 쏴서), 그린란드 서부에서는 약 300마리의 일각고래가(주로 카약을 타고 전통적인 작살을 이용해), 그린란드 동부에서는 60마리 조금 넘는 일각고래가 사냥됐다(라이플총으로 쏴서). 1987년에서 2009년 사이에는 4,923건의 일각고래 엄니 거래가 보고됐으나, 이 수치는 과소평가된 걸로 보여진다. 대부분의 서식지에서 일각고래 사냥이 금지되고 있음에도 불구하고(계속 유지되기도 하고 그렇지 않기도 하지만), 그게 제대로 지켜지고 있는지는 의문이다. 일각고래에 대한 가장 큰 위협은 상당수의(그러나 그 수는 알려지진 않음) 충돌 사고로 죽는 것이다(실종된 일각고래 수는 계산되지 않음). 캐나다 북극권에 사는 많은 일각고래들은 총알로 입은 상처들이 있다. 일각고래를 위협하는 또 다른 문제는 먹이 어종들(특히 그린란드 큰넙치)의 남획이다. 또한 일각고래는 꼭 필요한 바다 얼음 서식지의 감소와 포식자들 및 먹이 분포에 영향을 주는 기후 변화에 가장 예민한 해양 포유동물 중 하나이기도 하다. 그리고 또 지구 온난화로 인해 북극권 지역이 보다 많은 인간의 상업적 활동들(유전 개발과 상업적 해상 운송 등)에 노출되고 있어, 일각고래들의 서식지는 계속 더 줄어들 전망이다.

일대기

성적 성숙: 암컷은 6~7년, 수컷은 8~9년.

짝짓기: 연안 총빙 지역 겨울 번식지에서 3~4월에. 일부다처제(수컷들이 여러 암컷들과 짝짓기를 함).

임신: 13~16개월(대개 14~15개월).

분만: 평균 2~3년마다. 대개 5월 말부터 8월 사이에 북쪽으로 이동하는 중에(바다 얼음이 녹는 시기와 일치함) 새끼 1마리가 태어남. 새끼 2마리를 데리고 다니는 암컷들이 관측됐다는 기록도 있음.

젖떼기: 12~20년 후에(그러나 더 오래 어미 곁에 있기도 함. 어미가 다시 새끼를 낳으려 할 때까지 어미 곁에 머무는 것일 수도 있음).

수명: 최소 50년(최장수 기록은 그린란드 서부에서 죽은 한 일각고래 암컷, 115년).

▲ 성체 고래들은 종종(언제나는 아니지만) 깊이 잠수를 하려 할 때 꼬리를 치켜올린다.

▲ 수컷의 경우 깊이 잠수하기 전에 엄니가 수면 위로 드러난다.

▲ 일각고래는 깊은 잠수를 하고 난 뒤 몇 분간 수면 위에 가만히 있으면서 심호흡을 한 뒤 다시 잠수한다. 목 부분이 눈에 띄게 오목한 것에 주목하라.

▲ 일각고래가 수면에 있을 때 멜론 앞의 물에 뚜렷한 줄이 하나 있어 엄니가 수면 아래 감춰져 있음에도 불구하고 존재가 드러난다.

▲ 작은 엄니가 난 어린 일각고래.

일각고래 엄니 생물학

수컷(그리고 암컷 30마리 중 1마리)의 속이 빈 엄니는 일각고래에게서만 볼 수 있는 특징이다. 엄니는 왼쪽 위 송곳니로부터(일부 참고 문헌에서 얘기하듯 앞니로부터가 아니라) 생겨난다. 일각고래가 생후 2~3년쯤 됐을 때 돌출되며, 입술을 뚫고 나가 시계 반대 방향으로 최대 길이 3m까지도 자라지만, 보통은 약 2m까지, 그리고 무게 약 10kg까지 자란다. 엄니는 놀랄 만큼 유연

해, 부러지지 않고 어느 방향으로든 30cm 정도 구부러질 수 있다.

일각고래 엄니의 용도에 대해선 논란이 분분하다. 창처럼 물고기를 꿰거나 해저를 뒤져 먹이를 찾거나 얼음을 뚫거나 먹이를 감지하는 등의 용도로 쓰인다는, 확인이 안 된 설들도 있었다. 또 다른 근거 없는 설은 엄니가 감각 기관의 연장으로 바닷물의 염도 변화를 탐지하는(어둠 속에서 얼음 구멍들을 찾기 위해) 용도

로 쓰인다는 것. 먹이활동에 쓰일 가능성도 있다. 캐나다 누나부트에서 촬영된 영상을 보면, 그곳 일각고래들은 엄니를 휙휙 휘둘러 북극 대구를 기절시킨 뒤 다시 엄니를 이용해 그 대구가 입속으로 들어가게 이끈다. 그러나 대부분의 암컷들에겐 엄니가 없기 때문에(그러면서도 실제 더 오래 삶), 엄니가 하루하루의 생존에 꼭 필요한 건 아니라는 게 분명해 보인다. 그리고 대부분의 증거에 따르면, 일각고래의 엄니는 수사슴의 뿔처럼 이차 성징 역할을 한다. 그러니까 수컷들이 엄니를 사회적 계급을 정하고 암컷들의 마음을 사는 수단으로 이용하는 것이다. 실제로 일각고래 암컷들은 대개 더 긴 엄니를 가진 수컷들과 짝짓기를 한다(실제로 엄니 길이는 고환 크기와도 관련이 있음). 엄니가 겨울 짝짓기철에 공격 무기로 사용되는 듯하다는 걸 확인시켜주는 증거도 있다. 짝짓기 철에 성체 수컷들이 엄니가 부러지고 머리에 큰 상처를 입는 사고를 많이 당하기 때문이다.

일각고래의 엄니는 일각수 신화의 근원이기도 하다. 중세 시대의 사람들은 '일각수 뿔'에 마법 같은 만병통치 효험이 있다고 생각했고, 그래서 일각수 뿔은 같은 무게의 금보다 몇 배 더 귀하게

여겨졌다(그 결과 일각고래에 대한 지식은 엄니 가격을 높이려는 엄니 상인들에 의해 교묘하게 조작됐음).

소리

일각고래들은 두 종류의 다른 소리를 낸다. 반향정위를 위한 소리(19~48kHz)와 사회생활을 위한 소리(300Hz부터 18kHz)가 바로 그것. 그리고 고래들 가운데 가장 방향성이 뛰어난 반향정위 음파를 내보내는 고래로 알려져 있다. 그건 아마 음파가 바다 얼음에 부딪혀 되돌아오는 걸 줄이기 위해서가 아닌가 추정된다. 일각고래들은 특히 이동 중 서로 커뮤니케이션을 하면서 딱딱거리는 클릭 음, 문 두드리는 듯한 음, 막대기로 울타리를 훑고 지나가는 듯한 음, 끼익하며 문 열리는 듯한 음 등 온갖 요란한 음들로 이루어진 교향곡을 연주해댄다. 또한 각 집단별로 자신들만의 고유한 사투리를 갖고 있으며, 심지어 각 개체도 자신만의 소리를 내는 걸로 보여진다. 암컷들 역시 새끼들과의 커뮤니케이션을 위해 신음 소리 같은 저주파 소리를 낸다.

▲ 엄니는 늘 고래의 관점에서 볼 때 시계 반대 방향으로 나선형을 그리며 뻗어 있다.

흰돌고래 Beluga whale

`학명` 델피납테루스 레우카스 *Delphinapterus leucas*   (Pallas, 1776)

고대의 선원들은 이 옅은 흰색 벨루가 즉, 흰돌고래를 '바다 카나리아sea canary'라고 불렀는데, 그건 이 고래들이 다양한 레퍼토리의 소리들을 냈기 때문이다. 수면에서 내려다보면 마치 유령처럼 빛이 나 다른 종과 혼동할 여지가 거의 없다.

분류: 일각고래과 이빨고래아목

일반적인 이름: 흰돌고래는 영어로 beluga 또는 beluga whale로, 이는 '흰색'을 뜻하는 러시아어 beloye 또는 belyi에서 온 것이다.

다른 이름들: white whale. 역사적으로는 sea canary라고도 불렸다.

학명: 이 고래의 학명 앞부분 *Delphinapterus*는 '돌고래'를 뜻하는 라틴어 *delphinus*에 '지느러미가 없는'을 뜻하는 라틴어 *apterus*가

합쳐진 것이며, 학명 뒷부분 *leucas*는 '흰색'을 뜻하는 라틴어 *leukos*에서 온 것이다.

세부 분류: 현재 따로 인정된 아종은 없다. 현재 21개의 흰돌고래 집단이 인정되고 있으며, 일부 집단들은 고유의 생태형ecotype(서로 다른 서식지 환경 조건에 대한 반응을 기초로 구분한 품종—옮긴이)을 띠고 있다.

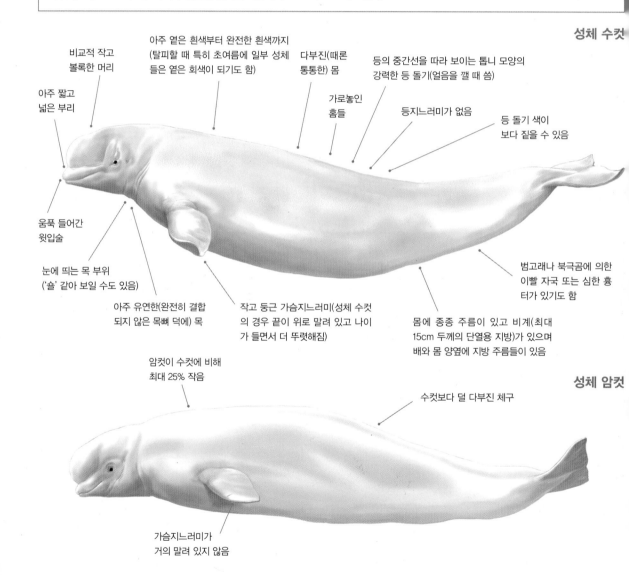

성체 수컷

- 비교적 작고 볼록한 머리
- 아주 짧고 넓은 부리
- 아주 옅은 흰색부터 완전한 흰색까지 (탈피할 때 특히 초여름에 일부 성체들은 옅은 회색이 되기도 함)
- 다부진(때론 통통한) 몸
- 등의 중간선을 따라 보이는 톱니 모양의 강력한 등 돌기(얼음을 깰 때 씀)
- 가로놓인 홈들
- 등지느러미가 없음
- 등 돌기 색이 보다 짙을 수 있음
- 움푹 들어간 윗입술
- 눈에 띄는 목 부위 ('숄' 같아 보일 수도 있음)
- 아주 유연한(완전히 결합되지 않은 목뼈 덕에) 목
- 작고 둥근 가슴지느러미(성체 수컷의 경우 끝이 위로 말려 있고 나이가 들면서 더 뚜렷해짐)
- 범고래나 북극곰에 의한 이빨 자국 또는 심한 흉터가 있기도 함
- 몸에 종종 주름이 있고 비계(최대 15cm 두께의 단열용 지방)가 있으며 배와 몸 양옆에 지방 주름들이 있음
- 암컷이 수컷에 비해 최대 25% 작음
- 수컷보다 덜 다부진 체구

성체 암컷

- 가슴지느러미가 거의 말려 있지 않음

요점 정리

- 북극 및 아북극 지역에 서식
- 소 사이즈에서 중간 사이즈까지
- 아주 옅은 흰색에서 아주 흰색, 옅은 회색 또는 누르스름한 색. 반점은 없음
- 다부진 몸
- 작고 볼록한 머리
- 등지느러미가 없음
- 수면에서 가끔 눈에 띄게 천천히 몸을 돌리는 동작을 함

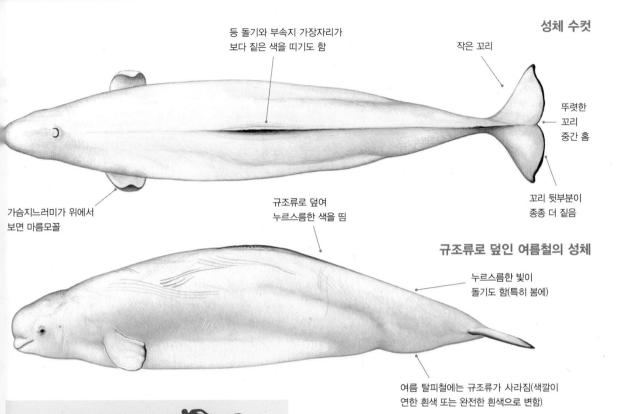

성체 수컷

등 돌기와 부속지 가장자리가
보다 짙은 색을 띠기도 함

작은 꼬리

뚜렷한
꼬리
중간 홈

가슴지느러미가 위에서
보면 마름모꼴

규조류로 덮여
누르스름한 색을 띰

꼬리 뒷부분이
종종 더 짙음

규조류로 덮인 여름철의 성체

누르스름한 빛이
돌기도 함(특히 봄에)

여름 탈피철에는 규조류가 사라짐(색깔이
연한 흰색 또는 완전한 흰색으로 변함)

크기

길이: 수컷 3.7~4.8m, 암컷 3.0~3.9m

무게: 500~1,300kg **최대:** 5.5m, 1.9t

새끼─길이: 1.5~1.6m **무게:** 약 80~100kg

몸 크기는 고래 집단들 사이에 큰 차이가 있어, 그린란드 서부와 오호츠크해의 흰돌고래들이 가장 크고 퀘벡 북부와 허드슨만의 흰돌고래들이 가장 작으며, 일반적으로 아북극 지역보다는 북극의 흰돌고래들이 더 크다.

비슷한 종들

비슷한 크기의 고래들 가운데 흰돌고래와 서식지가 중복되는 건 일각고래뿐이다. 또한 암컷들(일각고래의 반점들이 둘을 구분하는 데 도움이 됨)과 어린 고래들(어린 일각고래와 흰돌고래는 둘 다 회색이고 생긴 것도 비슷하지만 성체가 되면 비슷해짐) 그리고 나이 든 수컷들(멀리서 보면 둘 다 아주 흰색으로 보일 수 있지만, 엄니를 보면 금방 구분이 됨)의 경우 특히 더 혼동되기 쉽다. 웨스트 그린란드에서 발견된 한 고래의 두개골을 보니 그 고래는 일각고래와 흰돌고래 사이에 태어난 혼혈 고래였고, '날루가'라 불린다. 나이 든 큰코돌고래 역시 거의 흰색을 띠기도 하지만(흉터들 때문에), 서식지가 훨씬 더 남쪽이며 등에 높은 등지느러미가 있다.

분포

벨루가 즉, 흰돌고래들은 북위 14도부터 북위 82도 사이의 북극 및 아북극 지역의 찬 바닷물에 서식한다. 강과 바다가 만나는 어귀, 연안 지역(수심 1~3m밖에 안 되는), 대륙붕, 깊은 대양 분지, 개빙 구역, 얼음이 듬성듬성 있는 지역(대개 얼음이 빽빽한 지역은 피하지만, 겨울은 대개 얼음에 둘러싸인 빙호에서 낢) 등, 흰돌고래 서식지는 아주 다양하다. 심지어 강 위로 헤엄쳐 가기도 한다. 그리고 알래스카와 캐나다 북부, 그

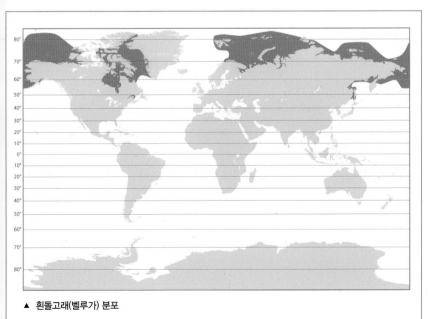

▲ 흰돌고래(벨루가) 분포

성체의 얼굴 표정들

입술과 멜론의 모양이 바뀔 수 있음
(그래서 얼굴 표정이 다채롭게 바뀌
는 걸로 보임)

새끼

태어날 땐 고르게 크림빛 연한 회색
이지만 곧 더 짙은 회색(또는 분홍빛
갈색)으로 바뀜

작은 부리가
있기도 함

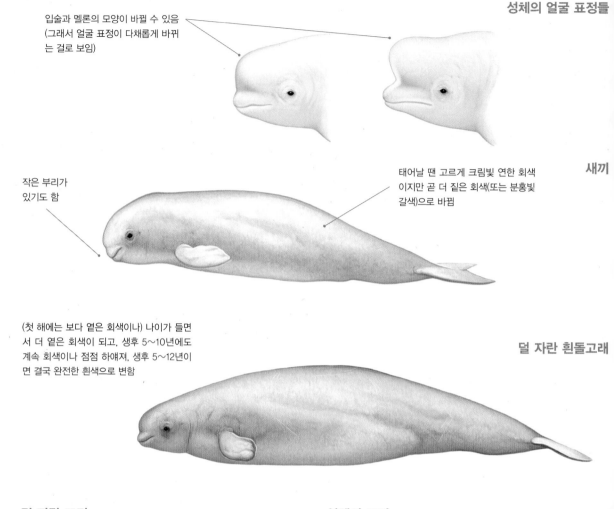

덜 자란 흰돌고래

(첫 해에는 보다 옅은 회색이나) 나이가 들면
서 더 옅은 회색이 되고, 생후 5~10년에도
계속 회색이나 점점 하얘져, 생후 5~12년이
면 결국 완전한 흰색으로 변함

덜 자란 꼬리

꼬리 뒷부분이 대개 똑바름

성체의 꼬리

나이가 들면서 꼬리
뒷부분이 더 볼록해짐

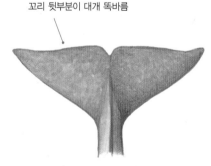

자라면서 꼬리
모양이 바뀜

잠수 동작
- 천천히 몸을 굴리면서 헤엄을 친다(수면 위로 흰색 활모양이 드러난 뒤 점점 커졌다가 줄어들면서 사라짐).
- 특별히 시선을 끄는 특징이 없다.
- 종종 흰색 몸이 어두운 바다와 대조된다(그러나 흰 물결이나 떠다니는 얼음과 구분하기 힘들 수 있음).
- 때론 꼬리가 완만한 각도로 수면 위에 드러난다.
- 뿜어 올리는 물이 낮고 뿌연 게 흐릿하다(그래서 종종 안 보임).

▲ 캐나다 노스웨스트 준주의 얕은 근해에 수백 마리의 흰돌고래들이 탈피를 하기 위해 모여 있다.

린란드 서부 지역의 흰돌고래들은 얼음 가장자리를 따라 여름 서식지에서 겨울 서식지 사이에서 광범위한 이동을 하며, 백해(러시아)와 스발바르 제도(노르웨이), 쿡만(알래스카) 지역의 흰돌고래들은 여름을 해안 지역에서 난 뒤 겨울이면 해안에서 떨어진 지역으로 이동한다(촘촘한 고착빙을 피하기 위해). 캐나다의 세인트로렌스강 어귀에는 1년 내내 그곳에 머무는 고립된 흰돌고래 집단이 있는데, 이들은 거의 1년에 한 번씩 멀리 남쪽으로 뉴펀들랜드 지역까지 이동한다고 한다. 그린란드 동부 지역에서는 흰돌고래를 보기 어렵다.

흰돌고래들은 여름에 연례 행사 같은 탈피를 하기 위해 또는 범고래들의 공격을 피하기 위해 수심이 얕은 근해로 몰려드는 경우가 많다. 보다 따뜻하고 염도가 낮은 물에 있으면 죽은 피부를 벗겨내고 새로운 피부가 돋아나게 하는 데 도움이 되는 데다, 따뜻한 물에 있으면 새끼들에게도 좋기 때문이다. 또한 흰돌고래들은 매년 자신들이 태어난 곳으로 되돌아가는 경향이 있다. 캐나다 북부에서 여름을 나는 많은 흰돌고래들이 겨울은 노스 워터 폴리냐North Water Polynya(배핀만 북구 지역의 바다 얼음으로 둘러싸인 넓은 개빙 구역)에서 나는데, 10월에 그곳에 도착해 폴리냐 주변 얼음이 해체되는 5월이나 6월에 떠난다. 흰돌고래들의 약 3분의 1은 그린란드 서부 지역(해안에서 100km 떨어진 지역 또는 마니촉만과 디스코만 사이 해안 일대의 개빙 구역 또는 움직이는 게 가능한 총빙 지역)에서 겨울을 난다. 그리고 스발바르 제도 흰돌고래와 러시아 흰돌고래들은 대개 스발바르·프란츠 요제프 제도와 노바야 제믈랴 사이의 지역에서 겨울을 난다.

행동

흰돌고래들은 브리칭 같은 공중 곡예는 잘 하지 않지만, 머리를 수면 위로 내밀고 주변을 살핀다거나 꼬리나 가슴지느러미로 수면을 내려치는 등의 행동은 한다. 머리를 옆으로 돌릴 수도 있는데(목뼈가 완전히 결합되지 않아 목이 보다 유연해서), 이는 고래들에게서 흔히 볼 수 없는 특징이다. 흰돌고래들은 얕은 물을 별로 두려워하지 않는다(그래서 해변에 좌초되어도 기다렸다가 다음 조류를 타고 다시 바다로 떠내려가려 한다. 물론 북극곰에게 먼저 발견되지 않는다는 전제하에). 종종 배에 호기심을 보이며, 스노클링이나 다이빙을 하는 사람에게 다가오는 경우도 많다. 일부 흰돌고래 집단들은 규칙적인 먹이활동 및 휴식을 취한다. 종종 북극고래들과 어울리기는 하나, 일각고래 무리와 뒤섞이는 일은 드물다. 매년 해저에 몸을 문질러 피부를 벗겨내는 탈피를 하는데, 이 역시 고래들에게서 흔히 볼 수 없는 특징이다.

이빨

위쪽 16~20개
아래쪽 16~20개
이빨이 심하게 닳는 경우가 많아, 나이 든 흰돌고래들은 잇몸이 드러나기도 한다.

집단 규모와 구조

대개 5~20마리씩 집단을 이룬다(큰 흰돌고래 성체들은 혼자 다니는 경우도 많음). 그리고 많은 집단이 모여 수백 마리의 무리 또는 1,000마리 이상의 무리를 이루기도 하는데, 나이와 성별에 따라 서로 나뉘기도 하고 뒤섞이기도 한다. 또한 집단 구조는 각 흰돌고래가 자유롭게 왔다 갔다 하는 등(어미와 새끼 쌍은 제외) 유동적인 편이다. 흰돌고래 사회는 복잡미묘하며, 집단 구성원들끼리 서로를 알아보는 걸로 추정된다.

▲ 얼음 구멍에 갇힌(얼음이 녹은 바다로 갈 수 없어) 흰돌고래들. 이 고래들은 북극곰의 공격을 받을 가능성이 아주 높다.

포식자들

흰돌고래의 주요 포식자는 범고래들과 북극곰들(특히 얼음 구멍에 갇히거나 좌초되었을 때)이다. 그린란드 상어들과 바다코끼리들 역시 어리거나 상처를 입은 흰돌고래들을 먹이로 삼는다.

사진 식별

타고난 특징들과 몸의 흉터로 식별 가능하다.

개체 수

흰돌고래의 개체 수는 총 20만이 넘을 것으로 추정된다(서식지들의 상당 부분은 아직 제대로 조사되지 못했지만). 가장 최근에 조사된 지역별 개체 수 추정치는 다음과 같다. 캐나다 허드슨만(제임스만 포함) 약 6만 8,900마리(온타리오 해안 지역의 고래들은 제외), 캐나다 서머셋섬 약 2만 1,200마리, 캐나다 컴벌랜드 해협 약 1,150마리, 캐나다 세인트로렌스강 약 900마리, 알래스카 브리스톨만 약 2,900마리, 알래스카 쿡만 약 330마리, 추크치해 동부와 보퍼트해 동부 약 2만 800마리, 러시아 오호츠크해 약

1만 2,200마리, 베링해 동부 약 7,000마리, 러시아 백해 약 5,600마리, 아나디르만 약 3,000마리. 스발바르 제도의 흰돌고래 전체 개체 수에 대한 추정치는 없지만, 몇 마리에서 수백 마리는 가끔 보이고, 드물게 수천 마리도 보인다.

종의 보존

세계자연보전연맹의 종 보존 현황: '최소 관심' 상태(2017년). 쿡만 지역의 흰돌고래들은 '위급' 상태(2006년). 현재 인정되고 있는 21개 흰돌고래 집단 중 적어도 일부 흰돌고래들의 개체 수와 그 증감 추세는 매우 불확실하다. 물론 지금은 중단됐지만, 20세기에는 많은 서식지들에서 주로 러시아인들과 유럽인들에 의해 흰돌고래 피부를 노린(대개 무두질을 해 가죽으로 사용하려고) 대규모 상업적 포경이 행해졌다. 인간들의 소비를 위해 행해지는 포경은 현재 흰돌고래들을 위협하는 가장 큰 문제이며, 특히 캐나다와 그린란드 지역에서는 개체 수가 줄어들어 얼마 되지도 않는 흰돌고래들을 계속 사냥하는 것에 대한 우려가 심각하다. 현재 포경으로 희생되는 흰돌고래의 수는 지역에 따라 다르지만 연

먹이와 먹이활동

먹이: 지역과 계절적 요인에 따라 달라지지만, 수면에서 해저에 이르는 다양한 수심층에 사는 먹이를 먹는다. 주로 연어나 청어, 그린란드 큰넙치, 바다빙어, 북극 및 극 대구와 열빙어 같은 물고기들을 먹지만, 오징어나 문어, 새우, 게, 조개, 홍합은 물론 각종 해양 벌레와 큰 동물성 플랑크톤도 먹는다.

먹이활동: 먹이는 유연한 입술을 이용해 입안으로 빨아들여 삼킨다. 먹이활동을 할 때 서로 협력한다는 증거도 있지만(오호츠크해에서는 3~5마리씩 집단을 이뤄 바다빙어를 사냥함), 대개는 혼자(심지어 집단 안에서도) 사냥을 한다.

잠수 깊이: 주로 수심 300~600m. 그러나 때론 수심 800m(최고 기록은 수심 956m) 밑까지 내려간다. 또한 종종 해저까지 내려가기도 한다.

잠수 시간: 9~18분간(먹이활동을 위한 잠수는 대개 18~20분). 가장 오래 잠수한 기록은 25분이며, 겨울에는 평균적으로 더 오래 잠수한다.

간 10마리에서 수백 마리 수준 이내이다. 흰돌고래들을 위협하는 또 다른 문제들로는 어망에 뒤엉키는 사고, 남획, 서식지 교란 및 변화(예를 들어 수력 발전 댐 건설 같은), 유전 개발, 채굴, 지구 온난화, 화학물질 오염 등을 꼽을 수 있다. 특히 캐나다 세인트로렌스강의 흰돌고래들은 세계에서 가장 심한 오염 피해를 입은 해양 포유동물들에 속한다. 지금도 러시아에서는 흰돌고래들이 계속 생포되고 있는데, 이는 세계 각지의 해양 수족관에 제공하기 위한 것이다.

소리

흰돌고래들은 두 종류의 다른 소리를 낸다. 반향정위를 위한 소리와 사회생활을 위한 소리가 바로 그것. 또한 이들은 그 어떤 고래들보다 다양한 레퍼토리의 소리들을 내며, 그 소리들은 가끔 물 위나 배의 선체에서도 들린다. 현재까지 확인된 소리만도 무려 약 50가지에 이른다. 그 소리들은 지역에 따라 어느 정도 차이가 있지만, 서로 다른 집단의 흰돌고래들이 다른 '방언'을 사용하는지는 분명치 않다. 또한 흰돌고래들은 개체별로도 나름대로 고유한 소리들을 내며, 멀리 떨어진 다른 개체들과도 서로 소리를 주고받는 걸로 알려져 있다. 생포된 흰돌고래들은 사람 목소리를 흉내 내기도 한다.

일대기

성적 성숙: 암컷은 5∼7년, 수컷은 7∼9년(일부 수컷들은 생후 몇 년 후까지도 사회적으로 성숙되지 못하지만).

짝짓기: 지역에 따라 다르지만, 일반적으로는 겨울 서식지들에서 또는 2∼5월에 이동하면서 짝짓기를 함.

임신: 12∼15개월.

분만: 2∼4년(대개 3년)마다. 4월부터 5월 사이에(흰돌고래 집단에 따라서는 뒤늦게 9월에) 새끼 1마리가 태어남. 쌍둥이는 드묾. 새끼는 어미의 꼬리자루에 올라타기도 함.

젖떼기: 6개월에서 2년 후에(생후 1년 후에 고형 먹이를 먹음). 새끼는 4∼5년 동안 어미 곁에 머물기도 함.

수명: 최소 30년(최장수 기록은 80년).

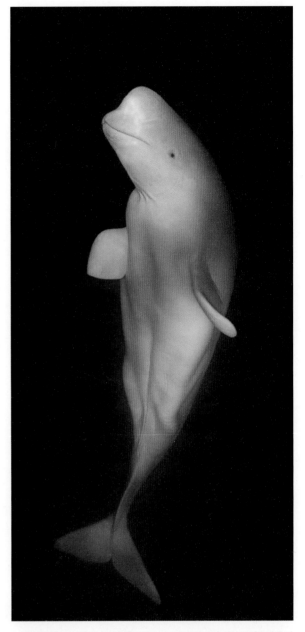

▲ 흰돌고래는 아주 큰 호기심을 보이기도 해, 가끔 물속에서 사람들에게 다가오곤 한다.

▲ 러시아 극동 지역의 아나디리강에서 수면에 떠오른 흰돌고래.

망치고래 Baird's beaked whale

학명 베라르디우스 바이르디 *Berardius bairdii*　　　　　Stejneger, 1883

모든 부리고래과 고래들 가운데 가장 몸이 큰 망치고래는 아르누부리고래와 놀랄만큼 비슷하다(망치고래가 조금 더 크지만). 과거에는 이 두 고래를 분리하는 것에 논란이 있었으나, 최근에 실시된 유전학적 연구들에 따르면 망치고래와 아르누부리고래는 완전히 다른 종이라는 쪽으로 결론 나는 듯하다. 망치고래는 상업적인 목적으로 사냥되어 온 몇 안 되는 부리고래과 고래들 중 하나다.

분류: 부리고래과 이빨고래아목

일반적인 이름: 망치고래는 영어로 Baird's beaked whale로, 유명한 미국 동식물학자로 스미소니언 박물관 2대 관장이기도 한 스펜서 풀러턴 베어드Spencer Fullerton Baird, 1823~1887에서 따온 것이다(스펜서 풀러턴 베어드는 1882년 베링해 코만도르스키예 제도에서 망치고래 표본을 발견한 레온하르트 헤스 스테츠네거Leonhard Hess Stejneger의 동료이기도 함).

다른 이름들: Giant bottlenose whale, North Pacific bottlenose whale, four-toothed whale, northern fourtooth whale 등(그 외 이 이름들을 뒤섞어 만든 다양한 이름).

학명: 이 고래 학명의 앞부분 *Berardius*는 1846년 뉴질랜드에서 프랑스까지 아르누부리고래의 표본을 실어 나른 프랑스 선박 '르 랑Le Rhin'의 선장 오귀스트 베르나르Auguste Berard에서, 그리고 학명의 뒷부분 *bairdii*는 스펜서 풀러턴 베어드의 Baird에서 따온 것이다.

세부 분류: 망치고래의 난쟁이 버전(p.179 참조)은 머잖은 미래에 새로운 종으로 분류될 가능성이 높다(유전학적 증거에 따르면 아르누부리고래와 더 밀접한 관련이 있는 듯하지만). 동쪽의 망치고래들과 서쪽의 망치고래들 간에는 이동이 없는 걸로 추정되지만, 알려진 별개의 정보는 없다.

성체 수컷

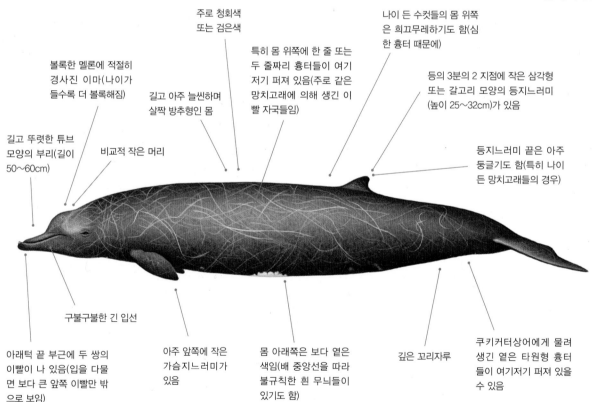

주로 청회색 또는 검은색

볼록한 멜론에 적절히 경사진 이마(나이가 들수록 더 볼록해짐)

특히 몸 위쪽에 한 줄 또는 두 줄짜리 흉터들이 여기저기 퍼져 있음(주로 같은 망치고래에 의해 생긴 이빨 자국들임)

나이 든 수컷들의 몸 위쪽은 희끄무레하기도 함(심한 흉터 때문에)

길고 아주 늘씬하며 살짝 방추형인 몸

등의 3분의 2 지점에 작은 삼각형 또는 갈고리 모양의 등지느러미(높이 25~32cm)가 있음

길고 뚜렷한 튜브 모양의 부리(길이 50~60cm)

비교적 작은 머리

등지느러미 끝은 아주 둥글기도 함(특히 나이 든 망치고래들의 경우)

구불구불한 긴 입선

아래턱 끝 부근에 두 쌍의 이빨이 나 있음(입을 다물면 보다 큰 앞쪽 이빨만 밖으로 보임)

아주 앞쪽에 작은 가슴지느러미가 있음

몸 아래쪽은 보다 옅은 색임(배 중앙선을 따라 불규칙한 흰 무늬들이 있기도 함)

깊은 꼬리자루

쿠키커터상어에게 물려 생긴 옅은 타원형 흉터들이 여기저기 퍼져 있을 수 있음

요점 정리

- 북태평양 북부의 차가운 연해
- 주로 짙은 색이며 심한 흉터들이 있음
- 중간 크기에서 큰 크기
- 볼록한 멜론
- 길고 가느다란 부리
- 아래턱 끝에 눈에 띄는 이빨이 2개 있음
- 등 뒤쪽 3분의 2 지점에 작고 둥근 등지느러미가 있음
- 서로 바싹 붙어서 떼지어 일제히 수면 위로 올라옴

성체 암컷

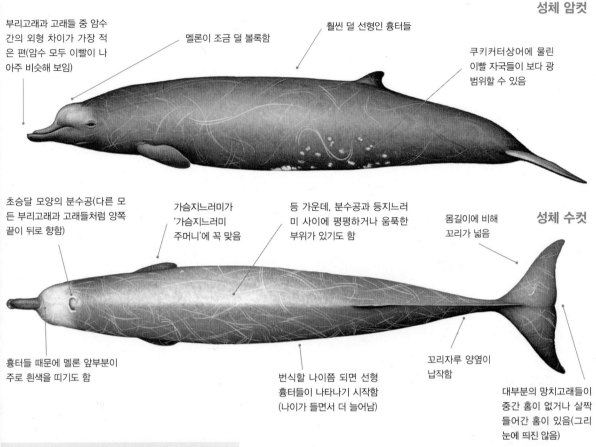

부리고래과 고래들 중 암수 간의 외형 차이가 가장 적은 편(암수 모두 이빨이 나 아주 비슷해 보임)

멜론이 조금 덜 볼록함

훨씬 덜 선형인 흉터들

쿠키커터상어에 물린 이빨 자국들이 보다 광범위할 수 있음

성체 수컷

초승달 모양의 분수공(다른 모든 부리고래과 고래들처럼 양쪽 끝이 뒤로 향함)

가슴지느러미가 '가슴지느러미 주머니'에 꼭 맞음

등 가운데, 분수공과 등지느러미 사이에 평평하거나 움푹한 부위가 있기도 함

몸길이에 비해 꼬리가 넓음

흉터들 때문에 멜론 앞부분이 주로 흰색을 띠기도 함

번식할 나이쯤 되면 선형 흉터들이 나타나기 시작함 (나이가 들면서 더 늘어남)

꼬리자루 양옆이 납작함

대부분의 망치고래들이 중간 홈이 없거나 살짝 들어간 홈이 있음(그리 눈에 띄진 않음)

크기

길이: 수컷 9.1~10.7m, 암컷 9.8~11.1m
무게: 8~12t **최대:** 13m, 12.8t
새끼-길이: 4.5~4.9m **무게:** 미상
암컷이 수컷보다 조금 더 크다. 동해에 사는 망치고래들은 대개 60~70cm 작다.

비슷한 종들

망치고래는 머리와 등지느러미 모양은 물론 이빨 위치도 독특한 데다 물을 뿜어 올리는 모습도 뚜렷하며 유난히 바싹 붙어 몰려다니는 등, 북태평양에서 가장 식별하기 쉬운 부리고래과 고래들 중 하나다. 또한 지역 내 다른 그 어떤 부리고래과 고래들(민부리고래, 허브부리고래, 혹부리고래, 난쟁이부리고래, 페린부리고래, 큰이빨부리고래, 롱맨부리고래)보다 몸이 훨씬 더 크다. 일부 환경에선 멀리서 볼 때 밍크고래와 혼동될 수도 있지만 겉모습과 행동에서 큰 차이가 있다. 밍크고래에 비해 망치고래는 물을 뿜어 올리는 모습이 더 눈에 띄고 수면에 더 자주 떠 있으며 혼자 다니는 게 목격되는 경우가 드물다. 멀리 떨어져서 볼 때, 수면에 모여 있는 망치고래 집단은 향유고래 집단과 비슷해 보일 수도 있고, 이동하는 망치고래 집단은 참고래 집단과 혼동될 수도 있다.

분포

망치고래들은 여름에는 북위 약 30도와 62도 사이, 북태평양 북부와 동해, 오호츠크해 및 베링해 일대의 깊고 차가운 연안 지역부터 아극 지역에 걸쳐 서식한다. 겨울철 분포에 대해선 알려진 바가 없다. 망치고래들은 태평양 동쪽의 경우 멀리 남쪽으로 멕시코 칼리포르니아만 남부

▲ 망치고래 분포

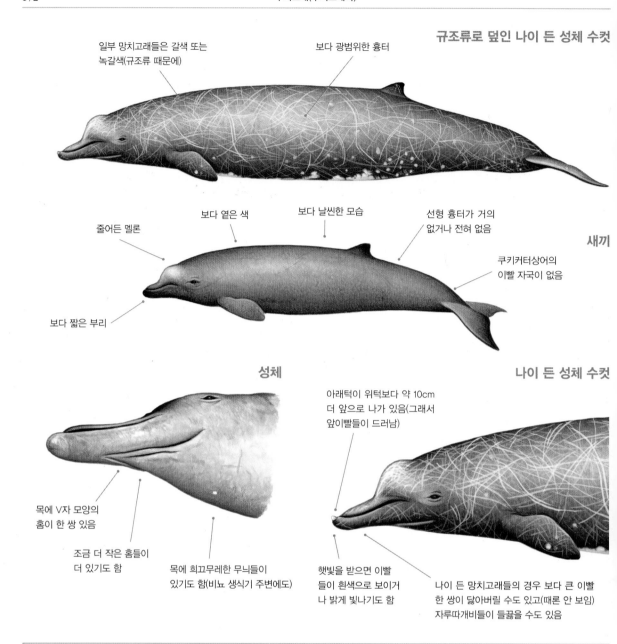

규조류로 덮인 나이 든 성체 수컷

일부 망치고래들은 갈색 또는
녹갈색(규조류 때문에)

보다 광범위한 흉터

줄어든 멜론

보다 옅은 색

보다 날씬한 모습

선형 흉터가 거의
없거나 전혀 없음

새끼

쿠키커터상어의
이빨 자국이 없음

보다 짧은 부리

성체

나이 든 성체 수컷

목에 V자 모양의
홈이 한 쌍 있음

조금 더 작은 홈들이
더 있기도 함

목에 희끄무레한 무늬들이
있기도 함(비뇨 생식기 주변에도)

아래턱이 위턱보다 약 10cm
더 앞으로 나가 있음(그래서
앞이빨들이 드러남)

햇빛을 받으면 이빨
들이 흰색으로 보이거
나 밝게 빛나기도 함

나이 든 망치고래들의 경우 보다 큰 이빨
한 쌍이 닳아버릴 수도 있고(때론 안 보임)
자루따개비들이 들끓을 수도 있음

잠수 동작

- 대개 바싹 붙어서 몰려다니며, 일시에 모두 수면으로 올라온다.
- 완만한 각도로 떠올라 수면 위에 있을 때 부리와 멜론이 보이기도 한다.
- 몸이 아주 길게 드러난다.
- 천천히 헤엄치면서 계속 물을 뿜어 올린다(그래서 멀리서도 쉽게 식별 가능함).
- 등지느러미가 드러나면서 바로 작은 돔형 머리가 사라진다.
- 등을 살짝 구부리면서 얕게 몸을 굴린다(깊이 잠수하기 전에는 몸을 더 구부림).
- 깊이 잠수하기 전에 꼬리를 치켜올리는 경우가 드물다.

물 뿜어 올리기

- 강하고 낮게 뻐끔뻐끔 또는 별다른 모양 없이 뿜어 올린다(최대 약 2m 높이까지). 고요한 날에는 아주 잘 보인다(그러나 대개 빨리 사라짐).
- 가끔 약간 앞쪽으로 기울게 뿜어 올린다.

먹이와 먹이활동

먹이: 육지에서 먼바다와 해저에 사는 각종 물고기(고등어, 정어리, 대구, 꽁치, 새끼 대구, 그레나디어, 볼락, 홍어 등)와 오징어 그리고 문어를 잡아먹는다. 먹이는 지역별로 다름(일본 태평양 연안의 경우 먹이의 82%는 물고기, 오호츠크해 남부의 경우 오징어, 문어 같은 두족류가 87%). 일부 갑각류도 먹는다.

먹이활동: 가끔(늘 그런 건 아니지만) 먹이활동을 위해 해저까지 내려간다.

잠수 깊이: 보통 깊이 잠수를 해 수심 1,000m 아래까지 내려간다. 최고 깊이 내려간 기록은 수심 1,777m(일본)이지만 더 깊이 내려갈 수도 있을 걸로 추정된다.

잠수 시간: 최장 잠수 기록은 67분(일본의 태평양 연안)이며, 입증되진 않았지만 2시간 동안 잠수했다는 보고도 있다. 베링섬 망치고래들은 대개 수 분(최대 10분)간 수면 위로 올라온 뒤 20~40분간 잠수를 한다. 일본 태평양 연안의 망치고래들은 이틀간 추적 관찰해본 결과 나름대로 뚜렷한 잠수 패턴을 갖고 있는 듯하다. 그러니까 먼저 깊이 잠수를 하며(평균 45분간 수심 1,400~1,700m 그리고 평균 수심 1,566m), 이어서 2~3시간 동안 5~7차례 중간 정도 깊이의 잠수를 하고(20~30분간 수심 200~70m 그리고 평균 수심 379m), 이어서 80~200분간 수면이나 수면 근처에서 휴식을 한 뒤(그 사이에 평균 20m의 얕은 잠수들도 함) 다시 깊은 잠수를 한다. 깊은 잠수를 할 때는 해저까지 내려가며(먹이가 풍부한 수심층을 찾아), 중간 정도의 깊이의 잠수를 할 때는 먹이가 가장 밀집된 곳들을 뒤진다.

(이 만에서 발견되는 경우는 드물지만)의 라파스 지역(북위 24도)에서도 발견되고, 태평양 서쪽의 경우 남쪽으로 일본의 규슈 지역(북위 약 33도)에서도 발견된다는 기록이 있다. 북쪽 경계는 베링해의 비교적 얕은 바다인 걸로 추정되지만, 멀리 북쪽으로 미국 알래스카의 알류샨 열도(북위 약 55도)와 러시아 추크치 반도의 나바린곶에서도 발견된다. 태평양 중심부의 남쪽 경계는 불분명하다. 망치고래들은 대부분의 지역에서 이동을 하며 그 정점은 계절별로 다른 걸로 보인다(예를 들어 5~6월은 코만드로스키예 제도 일대, 8~11월에는 그 정점이 덜 뚜렷하며, 여름과 가을에는 북아메리카 서부 해안 일대), 망치고래들은 겨울에는 대륙사면을 떠나 보다 깊은 바다로 이동하며, 적어도 일정 시간은 아열대 및 열대 지역에서 보내는 걸로 보여진다(망치고래들의 몸에 쿠키커터상어의 이빨 자국들이 많은 걸 보면 보다 따뜻한 바다로 장거리 이동을 하는 걸로 보이나, 아직은 자세히 알려진 바가 없음). 오호츠크해(떠다니는 얼음 사이의 좁은 간격들을 비롯해 수심 500m의 얕은 바다에서)와 동해 전역에서는 1년 내내 발견된다. 또한 망치고래들은 수심이 1,000~3,000m인 대륙사면 바다는 물론, 해저 협곡과 해저 산맥, 해저산들같이 지형이 복잡한 지역들도 좋아하며, 가끔은 대륙붕 가장자리 지역에서도 발견된다. 깊은 바다가 해안선과 만나는 해안 일대(베링해의 베링섬 남서부 해안 일대 같은) 지역에서 발견되기도 한다.

행동

망치고래들은 공중 곡예를 적당히 한다. 가끔 수면 위로 점프도 하고 옆으로 떨어지기도 하며 섬프하면서 낮은 활모양을 만들기도 하고, 특히 집단을 이룰 땐 서로 다른 고래 위로 점프하기도 하며 반복해서 수면 위로 점프하기도 한다. 머리를 수면 위로 내밀어 주변을 둘러보기도 하고 가슴지느러미나 꼬리로 수면을 내려치기도 한다. 또한 수면에서 배를 위로 향하거나 몸을 옆으로 눕히거나 몸을 굴려 꼬리의 한쪽 끝만 드러내기도 한다(그래서 멀리서 보면 범고래의 등지느러미 같아 보일 수도 있음). 배에 대한 반응도 제각각이어서, 경계가 심해 접근하기 힘들 수도 있지만, 배에 무관심하거나 아니면 호기심을 보이기도 한다. 일본 포경업자들은 망치고래를 작살 사냥을 하기 가장 위험한 고래들 중

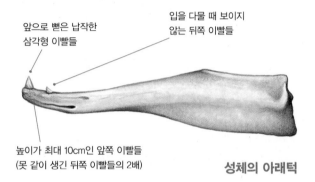

앞으로 뻗은 납작한 삼각형 이빨들

입을 다물 때 보이지 않는 뒤쪽 이빨들

높이가 최대 10cm인 앞쪽 이빨들 (못 같이 생긴 뒤쪽 이빨들의 2배)

성체의 아래턱

하나로 보는데, 그건 작살에 맞은 망치고래가 놀랄 만큼 빠른 속도로 곤두박질칠 수 있기 때문이다(작살을 맞은 한 망치고래는 작살줄을 900m까지 끌고 내려간 적도 있음).

이빨

위쪽 0개
아래쪽 4개

집단 규모와 구조

대개 3~20마리씩 몰려다니지만 일부 지역에선 다르다(일본에선 평균 7마리, 코만도르스키예 제도에서는 8마리). 간혹 최대 50마리까지 몰려다닌다. 그리고 암수 간에 약간의 차이가 있을 수 있다. 코만도르스키예 제도에서 실시한 연구들에 따르면, 그곳 망

일대기

성적 성숙: 암컷은 10~15년, 수컷은 6~11년. 육체적으로 성숙해지는 데 약 20년이 걸림.

짝짓기: 흉터들로 미루어 보건대, 수컷들 간에 흔히 치열한 싸움이 벌어지는 듯함.

임신: 약 17개월(해양 포유동물들 중 가장 긺).

분만: 2~4년마다 늦겨울부터 초봄 사이에 새끼 1마리가 태어남.

젖떼기: 6개월 이내로 추정.

수명: 암컷은 약 50~55년, 수컷은 80~85년(최장수 기록은 암컷 54년, 수컷 84년).

치고래들은 다음과 같이 세 집단으로 나뉜다. 모두 수컷인 집단(평균 8마리), 수컷과 암컷이 섞인 집단(평균 15마리) 그리고 암컷이 새끼와 어린 고래들을 키우는 중인 집단(평균 6마리). 2006년에 멕시코 바하칼리포르니아주 라파스 근처에 좌초된 11마리의 망치고래들은 모두 수컷들이었다. 일부 망치고래들 사이에는 적어도 6년까지 지속될 만큼 공고한 유대관계가 있으나, 많은 망치고래들의 경우 사회적 동료들에 대한 특별한 애착 같은 건 보이지 않는다. 그러나 심하게 상처를 입은 망치고래들(특히 나이 든 수컷들)은 공고한 유대관계를 형성하는 경향이 있다. 암수가 뒤섞인 보다 규모가 큰 망치고래 집단들은 보다 작고, 보다 공고한 집단들이 일시적으로 모인 집단인 경우가 많다. 예를 들어 코만도르스키예 제도에서는 그런 집단들이 종종 보이는데, 그 고래들은 수백 m를 함께 이동하면서 이런저런 사회적 활동들을 한다. 혼자 다니는 고래는 드물다. 또한 망치고래 집단들은 워낙 가까이 붙어서 몰려다녀, 서로 신체적 접촉도 있을 걸로 추정된다.

포식자들

범고래들이 유일한 포식자들일 가능성이 높다. 그래서 이들의 꼬리와 가슴지느러미에는 범고래들의 공격을 받아 생긴 상처들이 흔하다(일본 고래잡이 기지에서 검사한 망치고래의 무려 40%는 몸에 범고래들한테 물린 이빨 자국들이 선명하게 나 있었음).

사진 식별

몸의 흉터들(같은 망치고래끼리 싸웠거나 범고래들의 공격을 받았거나 쿠키커터상어에게 물려 생긴)과 등지느러미에 나 있는 홈들로 식별 가능하다.

개체 수

망치고래 전체 개체 수 추정치는 없으나 지역별 추정치는 다음과 같다. 일본의 태평양 연안에 5,029마리, 동해 동쪽에 1,260마리, 오호츠크해 남부에 660마리, 캘리포니아와 오리건 그리고 워싱턴주 연안(해안에서 550km까지)에 850마리.

종의 보존

세계자연보전연맹의 종 보존 현황: '정보 부족' 상태(2008년). 과거에는 소수의 망치고래들이 구소련과 캐나다 그리고 미국(미국에서는 1915년부터 1966년 사이에 100마리 이내)에 의해 사냥됐었다. 일본인들의 망치고래 사냥은 1600년대 초부터 시작됐으며, 제2차 세계대전 이후 절정을 이뤄 1952년에는 한 해에 322마리가 사냥되어 최고 기록을 세웠고 1987년 이후에 1,000마리 이상이 사냥됐다. 현재 일본 정부는 연간 66마리의 사냥을 허용하고 있는데, 그중 52마리는 태평양 연안에서, 10마리는 동해에서, 4마리는 오호츠크해에서 사냥되고 있으며, 망치고래 고기는 식용으로 판매되고 있다. 망치고래들을 위협하는 또 다른 문제로는 어망, 특히 유망에 뒤엉켜 잡히는 사고, 소음 공해(특히 군사용 음파 탐지와 탄성파 탐사로 인한), 배와의 충돌, 플라스틱 쓰레기 흡입 등을 꼽을 수 있다. 일본에서 죽은 고래들의 고기와 지방에는 높은 수준의 수은과 폴리염화바이페닐 그리고 다른 오염 물질들이 함유되어 있다.

▲ 망치고래들은 흔히 아주 가까이 붙어 다니며, 종종 일시에 수면 위로 올라와 물을 뿜어 올린다. 몸에 난 심한 흉터들과 볼록한 머리에 주목하라.

아르누부리고래 Arnoux's beaked whale

학명 베라르디우스 아르눅시 *Berardius arnuxii*   Duvernoy, 1851

비교적 많은 연구가 이루어진 망치고래와 아주 닮았음에도 불구하고, 북태평양에서 멀리 떨어진 지역에 살고 있는 아르누부리고래에 대해선 알려진 게 별로 없다. 두 고래 모두 몇 가지 이유로 부리고래과 고래들 중에선 특이하다. 우선 암컷과 수컷 모두 4개의 이빨이 난다. 또한 외형상 암수 간의 차이가 거의 없다. 그리고 수컷이 암컷보다 훨씬 오래 사는 듯하다.

분류: 부리고래과 이빨고래아목

일반적인 이름: 아르누부리고래는 영어로 Arnoux's beaked whale로, 1846년 망치고래 표본을 발견해(뉴질랜드 아카로아 근처 해변에서) 그 두개골을 파리 자연사박물관에 기증한 프랑스 외과의사 루이 쥘 아르누Louis Jules Arnoux, 1814~1867의 이름에서 따온 것이다.

다른 이름들: Southern beaked whale, four-toothed whale, giant bottlenose whale, New Zealand beaked whale, southern porpoise whale 등(그 외 이 이름들을 뒤섞어 만든 다양한 이름들).

학명: 이 고래 학명의 앞부분 *Berardius*는 1846년 뉴질랜드에서 프랑스까지 아르누부리고래의 표본을 실어 나른 프랑스 선박 '르 랭Le Rhin'의 선장 오귀스트 베르나르Auguste Berard에서 따온 것이며, 학명의 뒷부분 *arnuxii*는 외과의사 Louis Jules Arnoux의 이름에서 따온 것이다(학명을 정할 때 Arnoux에서 실수로 o가 빠졌는데, 동물 명명법의 원칙에 따라 처음에 등록된 철자가 지금까지 그대로 유지되고 있음).

세부 분류: 현재 따로 인정된 아종은 없다. 아르누부리고래와 망치고래 간의 형태학적 차이에 대해선 알려진 바가 없다(아르누부리고래가 몸이 조금 더 작으며, 외견상 차이가 없어 보이는 건 그만큼 표본이 부족하기 때문일 수도 있음). 그리고 과거에는 아르누부리고래와 망치고래를 다른 종으로 분류하는 것에 대해 의문이 있었으나, 최근의 연구에 따르면 이 둘은 유전학적으로 분명 다른 종이다.

성체

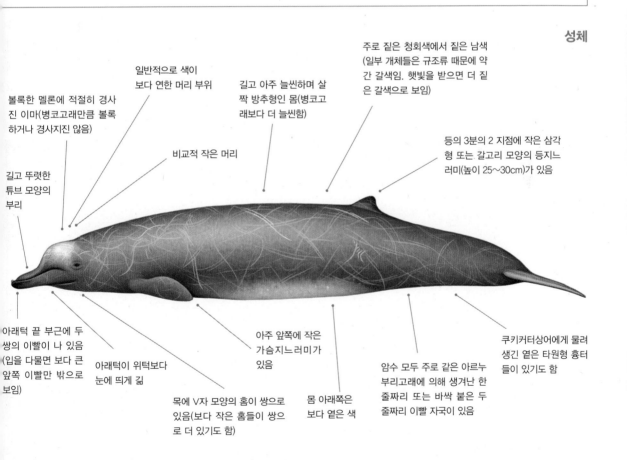

볼록한 멜론에 적절히 경사진 이마(병코고래만큼 볼록하거나 경사지진 않음)

일반적으로 색이 보다 연한 머리 부위

길고 아주 늘씬하며 살짝 방추형인 몸(병코고래보다 더 늘씬함)

주로 짙은 청회색에서 짙은 남색(일부 개체들은 규조류 때문에 약간 갈색임. 햇빛을 받으면 더 짙은 갈색으로 보임)

비교적 작은 머리

등의 3분의 2 지점에 작은 삼각형 또는 갈고리 모양의 등지느러미(높이 25~30cm)가 있음

길고 뚜렷한 튜브 모양의 부리

아래턱 끝 부근에 두 쌍의 이빨이 나 있음(입을 다물면 보다 큰 앞쪽 이빨만 밖으로 보임)

아래턱이 위턱보다 눈에 띄게 깊

목에 V자 모양의 홈이 쌍으로 있음(보다 작은 홈들이 쌍으로 더 있기도 함)

아주 앞쪽에 작은 가슴지느러미가 있음

몸 아래쪽은 보다 옅은 색

암수 모두 주로 같은 아르누부리고래에 의해 생겨난 한 줄짜리 또는 바싹 붙은 두 줄짜리 이빨 자국이 있음

쿠키커터상어에게 물려 생긴 옅은 타원형 흉터들이 있기도 함

요점 정리

- 주로 아남극 및 남극 지역의 차가운 연안 바다에 서식
- 청회색에서 연한 갈색이며 심한 흉터들이 있음
- 중간 크기
- 볼록한 멜론
- 길고 가느다란 부리
- 아래턱 끝에 눈에 띄는 이빨이 2개 있음
- 등 뒤쪽 3분의 2 지점에 작고 둥근 등지느러미가 있음
- 서로 바싹 붙어서 일제히 수면 위로 올라옴

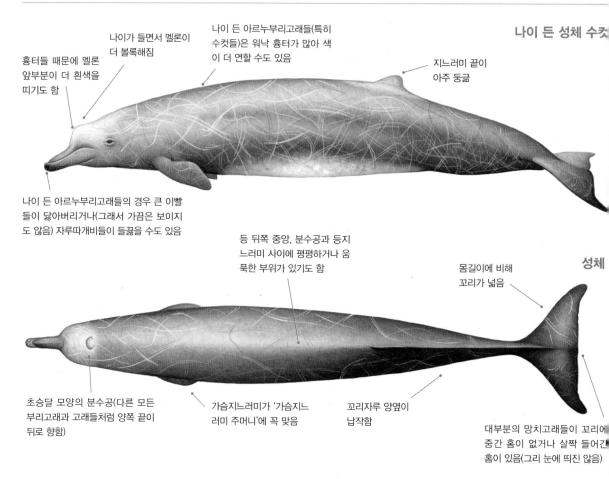

나이가 들면서 멜론이
더 볼록해짐

흉터들 때문에 멜론
앞부분이 더 흰색을
띠기도 함

나이 든 아르누부리고래들(특히
수컷들)은 워낙 흉터가 많아 색
이 더 연할 수도 있음

지느러미 끝이
아주 둥긂

나이 든 성체 수컷

나이 든 아르누부리고래들의 경우 큰 이빨
들이 닳아버리거나(그래서 가끔은 보이지
도 않음) 자루따개비들이 들끓을 수도 있음

등 뒤쪽 중앙, 분수공과 등지
느러미 사이에 평평하거나 움
푹한 부위가 있기도 함

몸길이에 비해
꼬리가 넓음

성체

초승달 모양의 분수공(다른 모든
부리고래과 고래들처럼 양쪽 끝이
뒤로 향함)

가슴지느러미가 '가슴지느
러미 주머니'에 꼭 맞음

꼬리자루 양옆이
납작함

대부분의 망치고래들이 꼬리에
중간 홈이 없거나 살짝 들어간
홈이 있음(그리 눈에 띄진 않음)

크기
길이: 수컷 8~9.3m, 암컷 8~9.3m
무게: 약 6~7t　**최대:** 9.8m, 10t
새끼 – 길이: 약 4~4.6m　**무게:** 미상

비슷한 종들

아르누부리고래와 남방병코고래는 생긴 게 비슷한 데다가 서식지의 상당 부분까지
겹쳐 혼동될 여지가 많다. 그러나 자세히 보면, 색과 흉터의 수, 등지느러미 크기, 머
리 모양, 부리 길이 등 다른 점들이 많다. 이빨들도 아르누부리고래가 더 눈에 띈다
(만일 멀리서도 보인다면, 아르누부리고래일 가능성이 높음). 멀리서 볼 경우 일부 환
경에선 밍크고래와 혼동될 여지도 있지만, 외견상 차이들이 많은 데다 아르누부리고
래는 혼자 다니는 경우가 거의 없다. 멀리 떨어져서 볼 경우, 수면 위에 모여 있는 아
르누부리고래 집단은 처음엔 향유고래 집단과 비슷해 보일 수도 있다.

분포

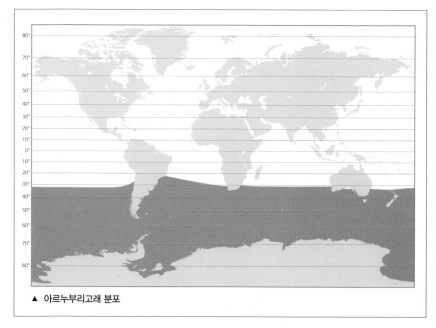

▲ 아르누부리고래 분포

육지에서 떨어진 깊은 냉온대 및 극
지방 바다에 서식하며, 남태평양에
서는 남위 40도와 77도 사이에서
가장 많이 서식한다(남태평양에선
남위 34도 지역에서도 발견되고 멀
리 북쪽으론 남위 24도 남대서양 지
역에서도 발견된다는 기록도 있지
만). 좌초된 아르누부리고래들의 대
부분이 발견되는 곳은 뉴질랜드 일
대다. 아르누부리고래들의 경우 여
름에는 뉴질랜드의 태즈먼해와 쿡
해협 그리고 티에라 델 푸에고 제도
와 남극 반도 사이에서 비교적 자주
발견된다. 또한 바다 얼음 상태에 잘
적응해, 종종 얼음 가장자리 근처와

새끼

줄어든 멜론

보다 옅은 색

보다 날씬한 모습

선형 흉터가 거의 없거나 전혀 없음

보다 짧은 부리

쿠키커터상어의 이빨 자국이 없음

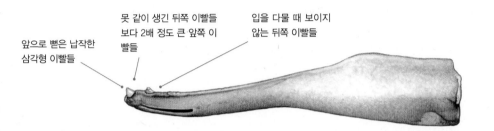

성체의 아래턱

앞으로 뻗은 납작한 삼각형 이빨들

못 같이 생긴 뒤쪽 이빨들 보다 2배 정도 큰 앞쪽 이 빨들

입을 다물 때 보이지 않는 뒤쪽 이빨들

얼음으로 뒤덮인 넓은 지역들에서 발견되기도 한다. 대개는 대륙 경사 위나 그 너머의 보다 깊은 바다에 서식하지만, 남극 반도의 서쪽 일대에선 보다 해안에 가까운 바다에 서식하기도 한다. 남극 반도 서쪽에는 수심이 깊은 해협과 협곡들이 많은데, 수심 700~800m 되는 곳들에서 발견되는 것이다.

다. 또한 머리를 수면 위로 내밀어 주변을 둘러보거나 꼬리나 가슴지느러미로 수면을 내려치기도 한다. 배에 대한 반응은 다양하다. 경계가 심해 접근하기 힘들 수도 있지만 배에 무관심하거나 아니면 호기심을 보이기도 한다. 최근 몇 년간 남극에선 탐험 유람선들과 여러 차례 근거리에서 마주치기도 했다.

행동

아르누부리고래들은 아주 자주 수면 위로 점프를 하며, 그럴 때면 몸길이의 약 5분의 4 정도가 거의 수직으로 수면 위로 떠오른

이빨

위쪽 0개
아래쪽 4개

잠수 동작

- 대개 바싹 붙어서 몰려다니며, 일시에 모두 수면으로 올라온다.
- 완만한 각도로 떠올라 종종 수면 위에 부리와 멜론이 드러나기도 한다.
- 몸이 아주 길게 드러난다.
- 멜론 윗부분과 곧은 등을 드러낸 채 천천히 수면 위를 돌아다닌다.
- 등지느러미가 드러나면서 바로 작은 돔형 머리가 사라진다.
- 등을 살짝 구부리면서 얕게 몸을 굴린다(깊이 잠수하기 전에는 몸을 더 구부림).
- 천천히 이동하거나 헤엄칠 때, 머리와 부리를 물 밖으로 내밀기도 하며 그런 뒤 물 아래로 잠수한다.
- 깊이 잠수하기 전에 꼬리를 치켜올리는 경우가 드물다.

물 뿜어 올리기

- 강하고 낮게 뻐끔뻐끔 또는 별다른 모양 없이 뿜어 올린다(최대 약 2m 높이까지). 고요한 날에는 아주 잘 보인다(그러나 대개 빨리 사라짐).
- 가끔 약간 앞쪽으로 기울게 물을 뿜어 올린다.
- 천천히 헤엄치면서 계속 물을 뿜어 올린다(멀리서 봐도 쉽게 식별 가능함).

먹이와 먹이활동

먹이: 심해 오징어(어쩌면 일부 심해 물고기들도).

먹이활동: 가끔(늘 그런 건 아니지만) 먹이활동을 위해 해저까지 내려가는 걸로 추정된다. 먹이를 먹을 때는 입으로 흡입하는 형태로.

잠수 깊이: 보통 수심 500m 더 밑에까지(어쩌면 수심 3,000m까지) 잠수한다.

잠수 시간: 대개 15~25분(깊이 잠수한 뒤에는 약 5~15분간 수면에 머묾). 최장 기록은 70분. 남극에서 고래 연구가들이 추적·관찰한 한 아르누부리고래 집단은 수중에서 무려 1시간 넘게 6km 이상을 이동했다.

집단 규모와 구조

대개 6~15마리씩 집단을 이룬다. 보다 작은 여러 집단들이 일정 기간 동안 서로 합쳐지기도 한다. 남극에서 연구진이 약 80마리의 아르누부리고래 집단을 추적 관찰한 일이 있는데, 그 집단은 결국 몇 시간 후에 8~15마리의 소집단으로 나뉘어 드문드문 얼음이 떠 있는 바다로 흩어져 갔다.

포식자들

범고래들이 유일한 포식자들일 가능성이 높다. 그래서 이들의 꼬리와 가슴지느러미에는 범고래들의 공격을 받아 생긴 상처들이 흔하다.

사진 식별

몸의 흉터들(같은 아르누부리고래끼리 싸웠거나 범고래들의 공격을 받았거나 쿠키커터상어에게 물려 생긴)과 등지느러미에 나 있는 홈들로 식별 가능하다.

개체 수

아르누부리고래 전체 개체 수 추정치는 없다. 그리고 남방병코고래들과 서식지가 겹치는 경우는 흔치 않은 걸로 보여진다.

종의 보존

세계자연보전연맹의 종 보존 현황: '정보 부족' 상태(2008년). 망치고래들을 위협하는 중요한 문제들로는 어망(특히 유망)에 뒤엉켜 잡히는 사고, 소음 공해(특히 군사용 음파 탐지와 탄성파 탐사로 인한), 배와의 충돌, 플라스틱 쓰레기 흡입 등을 꼽을 수 있다.

일대기
알려진 바가 거의 없으나, 망치고래와 비슷할 것으로 추정된다.

▲ 아르누부리고래들은 아주 자주 수면 위로 점프를 한다.

난쟁이망치고래 Dwarf baird's beaked whale 또는 카라수 Karasu

학명 현재 새로운 분류 제안 중 : 망치고래 종으로

일본의 포경업자들은 전통적으로 망치고래를 비교적 흔히 볼 수 있는 '청회색' 망치고래(p.170 참조)와 보다 보기 어렵고 작은 '검은색' 망치고래 이렇게 두 종류로 구분해 왔다. 그리고 아직 이름도 정해지지 않은 검은색 망치고래를 새로운 종으로 분류해야 한다는 생각은 오래전부터 있어 왔다.

분류: 부리고래과 이빨고래아목

일반적인 이름: 현재 난쟁이망치고래dwarf Baird's beaked whale, 검은망치고래black Baird's beaked whale, 카라수karasu라는 세 가지 이름이 제시되고 있는 중이다.

다른 이름들: 일본인들은 이 새로운 종을 카라수('까마귀'라는 뜻. 검은색이어서) 또는 쿠로-스치(검은망치고래)라 부르고 있다.

학명: 새로운 종은 아직 분류학자들에 의해 인정받지도 못했고 새로운 이름이 붙여지지도 않았다. 모든 걸 고려할 때 새로운 종은 부리고래속(망치고래가 속함)에 속할 걸로 보이나, 어쨌든 학명은 여전히 고려 중이다. 일부 고래 연구가들은 베라르디우스 베린기아에*Berardius beringiae*라는 학명을 제안해왔는데, 학명 뒷부분의 *beringiae*는

새로운 종이 발견된 베링해에서 따온 것이다(그런데 사실 새로운 종의 거의 절반은 베링해 밖에서 발견되어, 이는 적절한 학명이 아닐 수도 있음).

세부 분류: 제한적인 유전학적 증거에 따르면, 이 새로운 종은 망치고래보다는 아르누부리고래와 더 밀접한 관련이 있다(이는 곧 북반구 고래들과 남반구 고래들은 애초부터 종이 달라 북반구에서는 난쟁이망치고래의 조상들이 그리고 남반구에는 아르누부리고래의 조상들이 생겨났고, 그런 다음 남반구 고래들이 북반구로 확산됐으며, 그 결과 망치고래가 생겨났다는 걸 의미함). 현재 난쟁이망치고래의 아종들에 대한 정보는 없다.

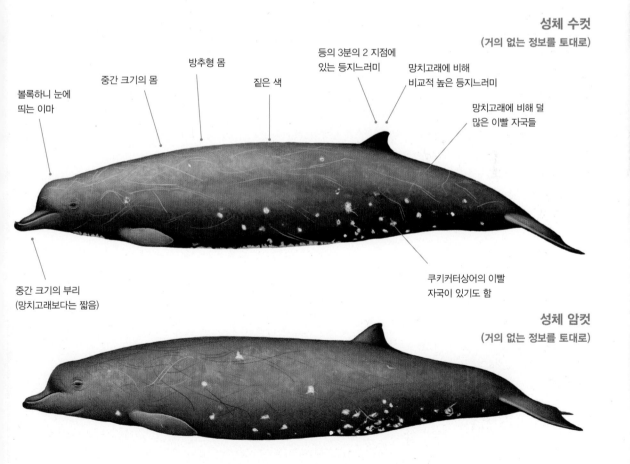

성체 수컷
(거의 없는 정보를 토대로)

- 등의 3분의 2 지점에 있는 등지느러미
- 망치고래에 비해 비교적 높은 등지느러미
- 망치고래에 비해 덜 많은 이빨 자국들
- 짙은 색
- 방추형 몸
- 중간 크기의 몸
- 볼록하니 눈에 띄는 이마
- 중간 크기의 부리 (망치고래보다는 짧음)
- 쿠키커터상어의 이빨 자국이 있기도 함

성체 암컷
(거의 없는 정보를 토대로)

요점 정리
- 북태평양의 냉온대 바다와 아북극 바다에 서식
- 중간 크기(길이가 망치고래의 60~70%)
- 몸이 거의 검은색
- 망치고래에 비해 흉터가 적음
- 등 뒤쪽 3분의 2 지점에 망치고래에 비해 비교적 더 높은 등지느러미가 있음

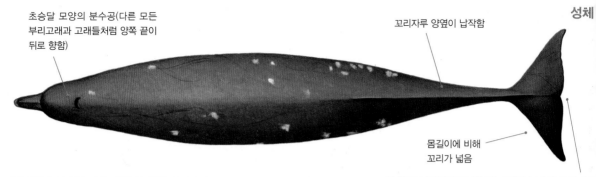

초승달 모양의 분수공(다른 모든 부리고래과 고래들처럼 양쪽 끝이 뒤로 향함)

꼬리자루 양옆이 납작함

성체

몸길이에 비해 꼬리가 넓음

대부분의 난쟁이망치고래들이 꼬리에 중간 홈이 없거나 살짝 들어간 홈이 있음(그리 눈에 띄진 않음)

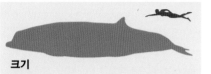

크기

길이: 수컷 6.6~7.3m(2마리의 성체 표본을 토대로), 암컷 미상

무게: 미상. 약 2~3t으로 추정

새끼-길이: 미상 **무게:** 미상

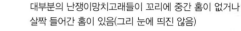

다양한 모양의 등지느러미

추정되는 새로운 종

사람들이 망치고래의 새로운 종이 존재한다는 생각을 한 지는 70년도 넘었다. 일본 포경업자들로부터 얻은 부수적인 증거 외에 표본이 될 만한 죽은 고래도 8마리 있는데, 그중 3마리(더 있겠지만 확인되지는 않았음)는 일본 홋카이도 북부 근처 오호츠크해에서 발견됐고, 5마리는 알래스카에서(3마리는 알류샨 열도 동쪽에서, 1마리는 프리빌로프 제도에서 또 1마리는 베링해 남동쪽에서) 발견됐다. 그런데 놀랍게도 그중 1마리의 뼈대는 알류샨 열도의 우나라스카 고등학교 체육관 안에 매달린 채 발견됐고, 또 다른 1마리의 두개골은 1948년 알류샨 열도에서 수집되어 여러 해 동안 아무도 모른 채 스미소니언박물관 안에 보관됐다. 확인된 건 아니지만, 북한에서 5마리가 발견됐다는 보고도 있

다. 이 표본들에 대한 최근 DNA 연구 결과에 따르면, 이들과 망치고래 사이에는 중요한 차이가 있으며, 사실 망치고래와 아르누부리고래 사이의 차이보다 더 큰 차이가 있다. 그러니까 검은색 망치고래는 새로운 종으로 인정될 만큼 기존의 망치고래와는 큰 차이가 있는 것이다. 베링해 내 러시아의 코만도르스키예 제도에서 발견된 고래 두개골(1883년에는 원래 베라르디우스 베가에 *Berardius vegae*라는 학명의 새로운 종으로 설명됐었음)에 대한 조사는 아직도 마무리되지 않았다.

비슷한 종들

이 새로운 종은 망치고래와 혼동될 여지가 아주 많지만, 크기가 망치고래의 3분의 2이며 색이 훨씬 더 짙고 이빨 자국들도 더 적다.

• 확인된 표본 8개가 발견된 지역들

▲ 난쟁이망치고래 분포

쿠나시르스키 해협

분포

북태평양의 냉온대 및 아북극 바다에 서식하지만, 그 서식 범위는 이 넓은 지역 내에 아주 한정되어 있는 걸로 추정된다. 샘플이 아주 적긴 하지만, 현재 알려진 것들은 모두 오호츠크해 남단(일본 북부)에서부터 베링해(주로 알래스카 내 알류샨 열도 동부)까지의 지역에서만 얻은 것들이다. 일본 포경업자들에 따르면, 이 난쟁이망치고래 집단들은 4월부터 6월 사이에 오호츠크해 내 홋카이도 북단 일대의 쿠나시르스키 해협(이곳이 난쟁이망치고래들이 수시로 발견되는 유일한 장소임)에서 반복해서 발견되고 있다. 몸에 쿠키커터상어들의 이빨 자국들이 있는 걸

먹이와 먹이활동
정보가 전혀 없지만, 다른 부리고래과 고래들과 마찬가지로 깊은 곳으로 잠수해 먹이활동을 할 걸로 추정된다.

로 보아, 적어도 일부 개체들은 1년 중 일정 기간 동안 남쪽으로 열대 지역까지 이동하는 걸로 추정된다(보다 남쪽의 보다 따뜻한 바다에서 상당 시간을 보내는 것일 수도 있음). 어떤 서식지를 선호하는지에 대해선 알려진 바가 거의 없다. 수심 500m가 넘는 바다를(주로 육지에서 먼바다. 그러나 어쩌면 수심이 어느 정도 되는 해안 근처의 바다도) 좋아할 걸로 예상되나, 보다 얕은 해안 지역의 바다에서 발견된다는 보고들도 있다.

행동
여지껏 그 어떤 과학자도 살아 있는 난쟁이망치고래를 확인한 적이 없는데, 그건 정보도 부족한 데다가 이 종을 식별하는 게 쉽지 않기 때문이다. 다른 부리고래과 고래들의 경우와 마찬가지로, 이 고래 역시 육지에서 조금 떨어진 바다에서 발견되며 수면에서 시간을 보내는 경우가 거의 없다. 홋카이도 아바시리시 오호츠크해 해안의 일본 포경업자들은 난쟁이망치고래들의 경우 작살을 쏠 수 있는 거리 이내로 접근하는 게 어렵다고 말한다.

일대기
알려진 바가 없음.

이빨
위쪽 0개
아래쪽 4개
수컷과 암컷 모두 이빨이 나는 걸로 추정된다(망치고래와 마찬가지로).

집단 규모와 구조
정보가 없으나, 일본 포경업자들에 따르면 '소집단'을 이룬다고 한다.

포식자들
정보가 없으나, 가끔 범고래들이 포식자들인 것으로 추정된다.

개체 수
전 세계적인 개체 수 추정치는 없다. 제한된 증거에 따르면, 비교적 희귀한 종인 듯하다(아니면 적어도 보다 쉽게 관찰되는 대륙사면과 해저 협곡들을 잘 찾지 않는 듯함).

종의 보존
세계자연보전연맹의 종 보존 현황: '미평가' 상태. 난쟁이망치고래는 상업적 포경의 표적이 된 단 세 종류의 부리고래과 고래들 중 하나라는 명예 아닌 명예를 얻었는데, 아직도 일본 포경업계의 표적이 되고 있는 걸로 보여진다.

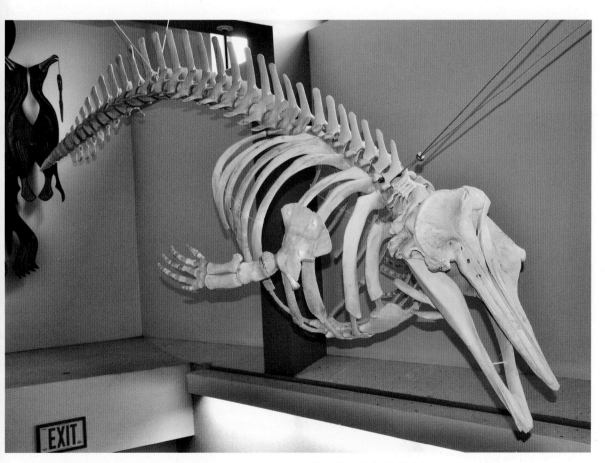

▲ 세상에 알려진 유일한 난쟁이망치고래의 뼈대. 알류샨 열도 내 우나라스카 고등학교 체육관 안에 걸려 있던 것.

민부리고래 Cuvier's beaked whale

학명 지피우스 카비로스트리스 *Ziphius cavirostris*   G. Cuvier, 1823

민부리고래는 여전히 알려진 바가 별로 없지만, 그래도 그중 가장 자주 관찰되고 가장 쉽게 식별 가능하며 가장 널리 분포된 부리고래과 고래들 중 하나다. 모든 바다 포유동물들 가운데 가장 깊이 잠수하며 두 번째로 오래 잠수한 기록을 가진 고래이기도 하다.

분류: 부리고래과 이빨고래아목

일반적인 이름: 민부리고래는 영어로 Cuvier's beaked whale로, 1804년 프랑스 프로방스에서 발견된 불완전한 두개골을 가지고 처음 이 고래를 새로운 종으로 알아본 프랑스 해부학자 조르즈 퀴비에 Georges Cuvier, 1769~1832의 이름에서 따온 것이다. 머리 윤곽이 거위의 부리를 연상케 한다고 해서 goose-beaked whale 또는 goosebeak whale이라 하기도 한다.

다른 이름들: goose-beaked whale 또는 goosebeak whale.

학명: 이 고래 학명의 앞부분 *Ziphius*는 '황새치swordfish'를 뜻하는 라틴어 *xiphias* 또는 '검sword'을 뜻하는 그리스어 *xiphos*를 잘못 쓴 이름이다. 그리고 학명의 뒷부분 *cavirostris*는 '움푹 들어간' 또는 '오목한'을 뜻하는 라틴어 *cavum*에 '부리'를 뜻하는 *rostrum*이 합쳐진 것이다(분수공 앞에 있는 두개골의 움푹 들어간 홈을 가리키는 것임).

세부 분류: 현재 따로 인정된 아종은 없다. 유전학적으로 볼 때 지중해에서나 볼 수 있는 고래 종이다.

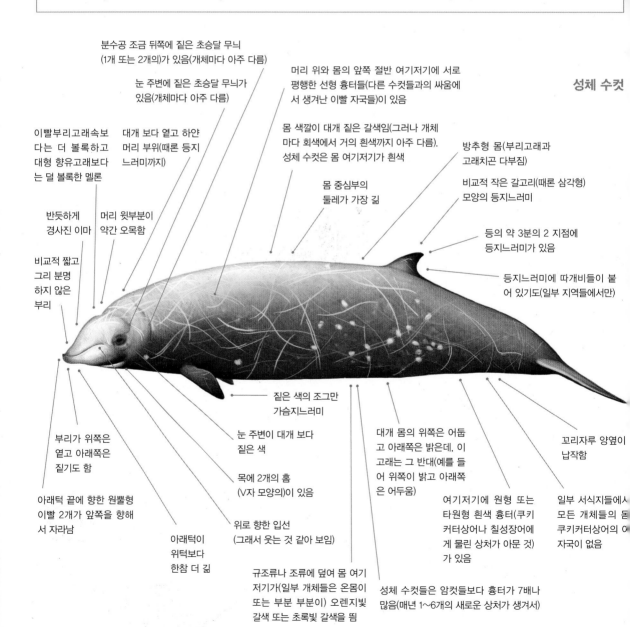

분수공 조금 뒤쪽에 짙은 초승달 무늬(1개 또는 2개의)가 있음(개체마다 아주 다름)

눈 주변에 짙은 초승달 무늬가 있음(개체마다 아주 다름)

머리 위와 몸의 앞쪽 절반 여기저기에 서로 평행한 선형 흉터들(다른 수컷들과의 싸움에서 생겨난 이빨 자국들)이 있음

성체 수컷

이빨부리고래속보다는 더 볼록하고 대형 향유고래보다는 덜 볼록한 멜론

대개 보다 옅고 하얀 머리 부위(때론 등지느러미까지)

몸 색깔이 대개 짙은 갈색임(그러나 개체마다 회색에서 거의 흰색까지 아주 다름). 성체 수컷은 몸 여기저기가 흰색

방추형 몸(부리고래과 고래치곤 다부짐)

반듯하게 경사진 이마

머리 윗부분이 약간 오목함

몸 중심부의 둘레가 가장 깊

비교적 작은 갈고리(때론 삼각형) 모양의 등지느러미

비교적 짧고 그리 분명하지 않은 부리

등의 약 3분의 2 지점에 등지느러미가 있음

등지느러미에 따개비들이 붙어 있기도(일부 지역들에서만)

부리가 위쪽은 옅고 아래쪽은 짙기도 함

짙은 색의 조그만 가슴지느러미

눈 주변이 대개 보다 짙은 색

대개 몸의 위쪽은 어둡고 아래쪽은 밝은데, 이 고래는 그 반대(예를 들어 위쪽이 밝고 아래쪽은 어두움)

꼬리자루 양옆이 납작함

아래턱 끝에 향한 원뿔형 이빨 2개가 앞쪽을 향해서 자라남

목에 2개의 홈(V자 모양의)이 있음

여기저기에 원형 또는 타원형 흰색 흉터(쿠키커터상어나 칠성장어에게 물린 상처가 아문 것)가 있음

일부 서식지들에서 모든 개체들의 돔 쿠키커터상어의 이 자국이 없음

아래턱이 위턱보다 한참 더 깊

위로 향한 입선(그래서 웃는 것 같아 보임)

규조류나 조류에 덮여 몸 여기저기가(일부 개체들은 온몸이 또는 부분 부분이) 오렌지빛 갈색 또는 초록빛 갈색을 띰

성체 수컷들은 암컷들보다 흉터가 7배나 많음(매년 1~6개의 새로운 상처가 생겨서)

요점 정리

- 북극권 및 남극 지역을 제외한 세계 곳곳에서 서식함
- 청회색에서부터 갈색과 흰색까지, 색이 아주 다양함
- 온몸이 쿠키커터상어에게 물려 생긴 원형 및 타원형 흰색 상처들로 덮여 있기도 함(일부 지역에서만. 예를 들어 대서양 북서부 지역에선 그런 상처를 보기 드묾)
- 선형 상처들도 많음(특히 수컷의 경우)

- 중간 크기
- 반듯하게 경사진 이마에 비교적 짧은 부리
- 위로 향한 입선(그래서 웃는 것 같아 보임)
- 수컷의 아래턱 끝에는 원뿔형 이빨 2개가 앞쪽을 향해 뻗어 있음
- 등의 약 3분의 2 지점에 등지느러미가 있음

성체 암컷

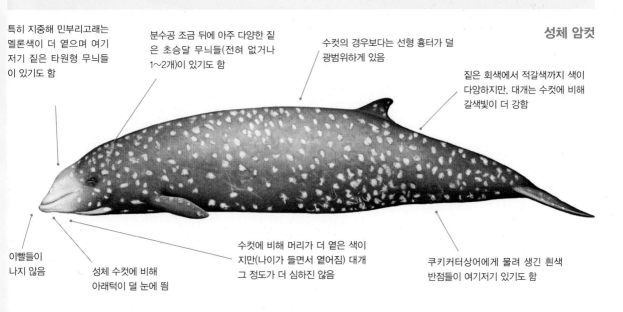

특히 지중해 민부리고래는 멜론색이 더 옅으며 여기저기 짙은 타원형 무늬들이 있기도 함

분수공 조금 뒤에 아주 다양한 짙은 초승달 무늬들(전혀 없거나 1~2개)이 있기도 함

수컷의 경우보다는 선형 흉터가 덜 광범위하게 있음

짙은 회색에서 적갈색까지 색이 다양하지만, 대개는 수컷에 비해 갈색빛이 더 강함

이빨들이 나지 않음

성체 수컷에 비해 아래턱이 덜 눈에 띔

수컷에 비해 머리가 더 옅은 색이지만(나이가 들면서 옅어짐) 대개 그 정도가 더 심하진 않음

쿠키커터상어에게 물려 생긴 흰색 반점들이 여기저기 있기도 함

크기

길이: 수컷 5.3~6m, 암컷 5.5~6m
무게: 2.2~2.9t   **최대:** 8.4m, 3t
새끼 - 길이: 2.3~2.8m   **무게:** 250~300kg

비슷한 종들

비교적 식별하기 쉽지만, 다른 부리고래과 고래들과 혼동될 여지는 있다. 그러나 가까이에서 보면, 머리 모양이 독특한 데다 머리 주변과 등지느러미 앞쪽이 보다 옅어(특히 나이 든 수컷의 경우) 식별이 가능하다. 머리가 보이지 않을 때는 넓은 반구형 등과 수면에서 몸을 구부리는 방식을 눈여겨보면 된다(혹부리고래의 경우 대개 보다 완만한 각도로 수면 위로 떠오르고 잠수함). 민부리고래의 경우 등지느러미가 물 위에 드러날 때 그 머리와 분수공은 대개 물속에 잠겨 있다(그러나 혹부리고래의 경우 등지느러미와 분수공이 동시에 물 위로 드러남). 가시성이 떨어질 때, 민부리고래는 색이 아주 옅은 큰코돌고래(등지느러미가 더 큼)와 혼동될 여지가 있으며, 아주 흰색을 띠는 나이 든 민부리고래는 흰돌고래(등지느러미가 없음)와 혼동될 여지가 있다.

분포

민부리고래들은 위도가 아주 높은 지역과 수심 200m 이내의 얕은 지역에선 발견되지 않지만, 세계 곳곳의 찬 극지대 바다 및 따뜻한 열대 바다에 폭넓게 분포되어 있다. 또한 멕시코만과 카리브해, 오호츠크해, 칼리포르니아만, 지중해 등 여러 폐쇄해enclosed sea(대부분이 육지로 둘러싸이고 좁은 출구에 의해 다른 해양에 연결된 바다-옮긴이)들에서도 발견된다. 또한 이들은 지중해에서

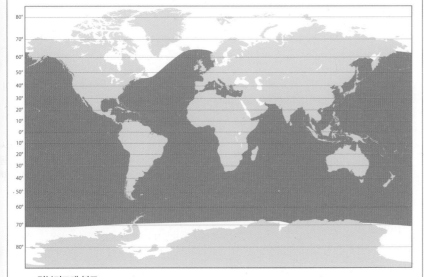

▲ 민부리고래 분포

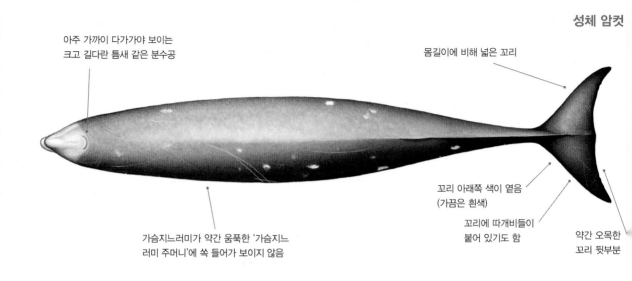

성체 암컷

아주 가까이 다가가야 보이는 크고 길다란 틈새 같은 분수공

몸길이에 비해 넓은 꼬리

꼬리 아래쪽 색이 옅음 (가끔은 흰색)

꼬리에 따개비들이 붙어 있기도 함

약간 오목한 꼬리 뒷부분

가슴지느러미가 약간 움푹한 '가슴지느러미 주머니'에 쏙 들어가 보이지 않음

나이 든 수컷

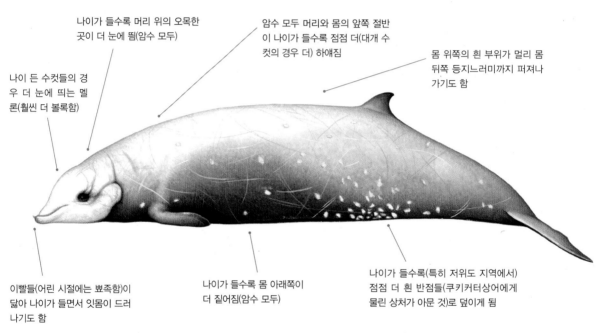

나이가 들수록 머리 위의 오목한 곳이 더 눈에 띔(암수 모두)

암수 모두 머리와 몸의 앞쪽 절반이 나이가 들수록 점점 더(대개 수컷의 경우 더) 하얘짐

몸 위쪽의 흰 부위가 멀리 몸 뒤쪽 등지느러미까지 퍼져나가기도 함

나이 든 수컷들의 경우 더 눈에 띄는 멜론(훨씬 더 볼록함)

이빨들(어린 시절에는 뾰족함)이 닳아 나이가 들면서 잇몸이 드러나기도 함

나이가 들수록 몸 아래쪽이 더 짙어짐(암수 모두)

나이가 들수록(특히 저위도 지역에서) 점점 더 흰 반점들(쿠키커터상어에게 물린 상처가 아문 것)로 덮이게 됨

잠수 동작
- 수면에 올라올 때 종종 부리가 드러난다.
- 빨리 헤엄칠 때 또는 오래 잠수하기 직전에 머리 전체와 몸의 일부가 드러나기도 한다.
- 등지느러미가 물 밖으로 드러날 때 머리와 분수공은 대개 물속에 잠긴다.
- 일부 지역(대서양 북서부는 제외)에선 깊이 잠수하기 전에 가끔 꼬리를 치켜올린다.

물 뿜어 올리기
- 대개 약 1m 높이까지 자욱하게 뿜어 올리는데, 그때 물이 살짝 앞을 향해 왼쪽으로 나아간다(그러나 대개 눈에 잘 띄지 않거나 아예 보이지 않음).

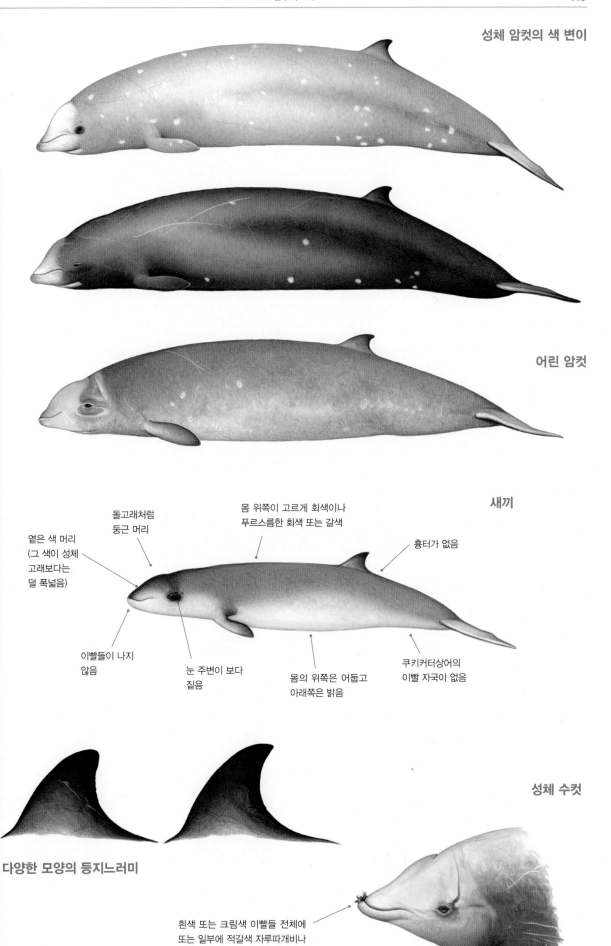

성체 암컷의 색 변이

어린 암컷

새끼

돌고래처럼
둥근 머리

몸 위쪽이 고르게 회색이나
푸르스름한 회색 또는 갈색

옅은 색 머리
(그 색이 성체
고래보다는
덜 폭넓음)

흉터가 없음

이빨들이 나지
않음

눈 주변이 보다
짙음

몸의 위쪽은 어둡고
아래쪽은 밝음

쿠키커터상어의
이빨 자국이 없음

성체 수컷

다양한 모양의 등지느러미

흰색 또는 크림색 이빨들 전체에
또는 일부에 적갈색 자루따개비나
자주빛 도는 갈색 자루따개비들로
덮여 있기도 함

먹이와 먹이활동

먹이: 주로 심해 오징어. 일부 서식지에서는 심해 물고기나 갑각류도 먹는 듯.

먹이활동: 대부분의 먹이활동은 해저 또는 그 근처에서(가끔은 그 위에서도) 이루어진다. 먹이는 입으로 흡입해 먹는 걸로 추정된다(목에 홈이 두 줄 있어 늘였다 줄였다 하면서 먹이를 흡입할 수 있음). 그래서 턱이 없음에도 불구하고 생존에 필요한 먹이활동을 할 수 있는 걸로 보임.

잠수 깊이: 민부리고래는 해양 포유동물들 가운데 가장 깊이 잠수한 기록을 갖고 있는데(캘리포니아 남부 일대에서 수심 2,992m까지 잠수함으로써), 그 기록은 남방코끼리물범(수심 2,388m)이 갖고 있었다. 민부리고래는 1년 내내 낮이고 밤이고 쉬지 않고 계속 60분간 수심 1,000m 아래까지 잠수할 수 있으며(평생의 약 67%를 수심 1,000m도 더 되는 바다에서 보내는 걸로 추정됨), 어쩌면 생리학적으로 훨씬 더 깊이 잠수할 수 있는 능력을 갖고 있는 걸로 추정된다. 또한 민부리고래는 먹이활동을 하는 동안 해저 근처에서 많은 시간을 보내는 걸로 알려져 있다.

잠수 시간: 먹이활동을 위해 약 60분 간격으로 평균 약 60분간 잠수하며, 먹이활동을 하지 않을 때는 약 12분간 잠수하는 걸로 알려져 있다. 대서양 북서부에 사는 민부리고래들은 먹이활동을 위해 더 오래 잠수하며 그 사이에 약 네 차례 보다 짧은 잠수(각 20~30분간)를 하는 걸로 보여진다. 또한 민부리고래는 해양 포유동물들 가운데 향유고래에 이어 두 번째로 오랜 잠수(캘리포니아 남부 일대에서 137.5분) 기록을 갖고 있다.

흔히 발견되는 유일한 부리고래과 고래로, 연구 결과에 따르면 지중해에서도 특히 알보란해, 리구리아해, 티레니아해, 아드리아해 남부, 헬레닉 해구 등지에 밀집되어 있다. 민부리고래들은 대륙사면이나 그 근처의 보다 깊은 바다 또는 해저 지형이 복잡한 대양을 좋아하며, 특히 대륙붕 가장자리의 협곡들이나 대양의 섬들 또는 해저 산들 주변을 좋아하는 걸로 추정된다. 또한 대개 수심 1,000m가 넘는 바다에서 목격되며, 그간 광범위한 연구가 행해진 하와이 일대 바다에서는 수심 1,500m에서 3,500m 지점에서 가장 흔히 목격된다. 그리고 일부 서식지들에서는 계절별로 이동한다는 증거가 있으나, 그 외의 지역들에서는 늘 그 자리를 지키며, 적어도 일부 지역들에서는 수컷들보다는 암컷들이 더 오랜 기간 그 자리를 지키는 걸로 보인다.

특이점들

민부리고래는 일본에선 '아카보-쿠지라' 즉, '아기 얼굴 고래'로 알려져 있는데, 그건 이 고래가 입은 작은 데다 눈은 크고 짙기 때문인 듯하다.

행동

민부리고래들은 가끔 수면 위로 점프를 한다. 일부 지역에선 종종 꼬리로 수면을 내려치는 게 관찰되는데, 특히 집단 중에 수컷이 1마리 이상 있을 때 더 그렇다. 대개 어떤 소음이든 인간이 내

▲ 민부리고래 성체 암컷. 하와이 코나에서 발견된 늘 같은 지역에 머무는 민부리고래들 중 하나.

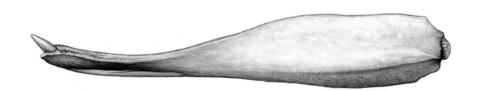

성체 수컷의 아래턱

는 소음에는 아주 민감해 잽싸게 도망가며, 일반적으로 배가 다가오면 피하지만 일부 지역에선 호기심을 보이기도 한다. 또한 일부 서식지들에서는 해변에 좌초되는 일이 비교적 흔하다. 그리고 공격적인 대상을 만날 땐 머리로 들이받는 걸로 알려져 있다(대서양 북서부 지역에선 그러지 않지만).

이빨

위쪽 0개
아래쪽 2개
이빨은 수컷들만 나며 보통 그 길이가 8cm(턱뼈 속에 묻힌 이빨까지 포함해서)이다. 암컷의 이빨은 보다 가늘고 끝이 뾰족하지만, 밖으로 나오진 않는다. 드물지만 주요 이빨 2개 뒤에 제2의 이빨 2개가 나는 경우도 있다. 가끔은 잇몸 안에 조그만 이빨 흔적들이 보인다.

집단 규모와 구조

대개 1마리에서 4마리 사이에 유동적인 소집단(평균 집단 규모가 서든 캘리포니아만 민부리고래들은 2.4마리, 하와이 민부리고래들은 2.1마리, 미국 서부 해안 일대 민부리고래들은 1.8마리임)을 이루며 최대 25마리의 집단도 이루지만, 10마리 이상의 집단은 보기 힘들다. 그리고 보다 큰 집단에는 대개 성체 수컷 2마리에 성체 암컷 2~3마리와 새끼들이 포함된다. 혼자 다니는 민부리고래들은 대개 나이 든 수컷들이다. 민부리고래들은 다른 종의 고래들과의 교류가 거의 없다.

포식자들

뱀상어, 대백상어 그리고 다른 대형 상어들. 범고래들 역시 가끔 민부리고래들을 먹이로 삼는다.

사진 식별

쿠키커터상어들(민부리고래들은 특히 이 상어들의 공격에 취약한 듯한데, 그건 몸 색깔이 옅어 물속에 있을 때 잘 보이기 때문으로 추정됨)에게 물린 흰 상처 자국들을 보고 식별이 가능하다.

개체 수

민부리고래는 전 세계의 개체 수를 알아내려고 노력해 잠정적으로 10만 마리 이상의 추정치가 나온 유일한 부리고래 종이다. 가장 최근에 나온 각 지역별 추정치는 다음과 같다. 북대서양 서부에 6,500마리, 지중해에 5,800마리, 캘리포니아 일대에 4,500마리, 하와이 일대에 725마리 그리고 멕시코만 북부 일대에 100마리 미만.

종의 보존

세계자연보전연맹의 종 보존 현황: '최소 관심' 상태(2008년). 지중해 민부리고래는 '취약' 상태. 민부리고래는 다른 그 어떤 종의 고래보다 군사용 음파 탐지의 충격에 예민한 걸로 보여진다. 군사용 고강도 음파 탐지로 인해 그간 그리스, 카나리아 제도, 스코틀랜드와 아일랜드, 아프리카 해안 일대, 바하마 그리고 괌 일대에서 이례적일 만큼 많은 민부리고래들이 좌초된 상태로 발견되었다. 현재 미국 서해안 일대에선 알 수 없는 원인들로 민부리고래 수가 줄어들고 있다는 증거도 있다. 또한 일본을 비롯한 카리브해, 칠레, 페루, 인도네시아, 대만 등지에선 소수의 민부리고래들이 망치고래 포경업자들에 의해 사냥되고 있다. 민부리고래들이 해양 쓰레기를 흡입하는 것도 큰 문제로, 현재 민부리고래들의 위 속에선 자주 플라스틱 쓰레기가 발견되고 있다(예를 들어 2019년 필리핀에 좌초된 한 민부리고래의 위에선 무려 40kg의 플라스틱 쓰레기가 나왔음). 일부 지역들에서는 심해 유망을 비롯한 각종 어망에 뒤엉키는 사고 역시 문제다.

소리

민부리고래들은 주로 수심 500m 아래에서 위치 파악을 위해 각종 소리를 낸다. 수면 근처에선 소리를 내지 않는 걸로 보여지는데, 잠재적인 포식자들에게 자신의 위치를 알리지 않기 위해서가 아닌가 추정된다. 민부리고래들은 대양 분지들에서 먹이활동을 할 때 반향정위를 위해 독특한 소리들을 낸다.

일대기

성적 성숙: 암컷과 수컷 모두 7~11년.

짝짓기: 알려진 바가 거의 없음. 수컷들의 몸에 흉터가 많은 걸로 보아 암컷과 짝짓기를 하기 위해 수컷들끼리 이빨을 이용해 싸우는 듯함. 물론 정자 경쟁이 중요할 수도 있다.

임신: 약 12개월.

분만: 2~3년 마다로 추정. 연중(열대가 아닌 온대 지역에서 봄에 절정) 새끼 1마리가 태어남.

젖떼기: 적어도 1년 후에(새끼가 2년 넘게 어미 곁을 떠나지 않기도 함).

수명: 최대 60년으로 추정.

북방병코고래 Northern bottlenose whale

학명 히페루돈 암풀라투스 *Hyperoodon ampullatus*　　　　　　　　　　　　　　(Forster, 1770)

북방병코고래는 북대서양에서 가장 큰 부리고래 종이며, 부리고래과에서 가장 잘 알려진 고래들 중 하나이자 대규모 포경의 표적이 된 소수의 부리고래과 고래들 중 하나이기도 하다. 수컷과 암컷은 머리 모양이 워낙 달라, 초기 해부학자들은 수컷과 암컷을 다른 종의 고래로 보기도 했었다.

분류: 부리고래과 이빨고래아목

일반적인 이름: 북방병코고래는 영어로 northern bottlenose whale로, 여기서 'northern'은 이 고래들이 북반구에 살고 있기 때문에, 그리고 'bottlenose'는 뭉툭한 병 모양의 부리 때문에 붙은 것이다.

다른 이름들: northern bottle-nosed whale, bottlehead, flathead, steephead, common bottlenose whale, North Atlantic bottlenose whale 등.

학명: 이 고래 학명의 앞부분 *Hyperoodon*는 '입천장'을 뜻하는 고대 그리스어 *hyperoon*에 '이빨'을 뜻하는 그리스어 *odon*이 붙은 것이다(입천장에 난 작은 뼈 주름들을 가리키는 말로 애초부터 이빨로 잘못 본 것임). 학명의 뒷부분 *ampullatus*는 '물병flask'을 뜻하는 라틴어 *ampulla*에 '소유'를 뜻하는 라틴어 접미사 *atus*가 붙은 것이다(북방병코고래의 둥근 멜론과 좁다란 코가 로마 시대의 물병을 떠올리게 한다는 데서).

세부 분류: 현재 따로 인정된 아종은 없다.

성체 수컷

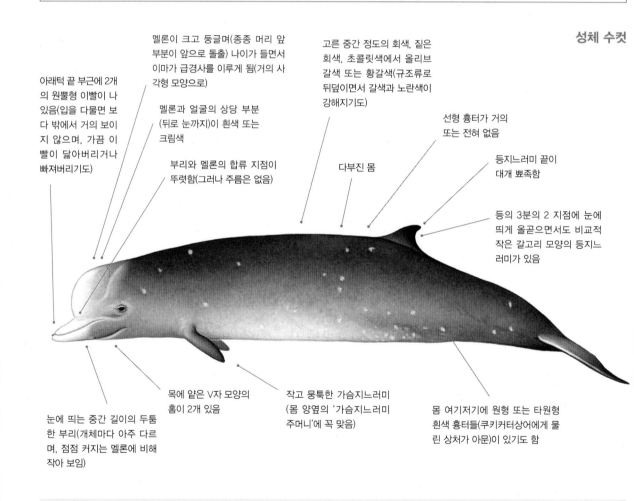

멜론이 크고 둥글며(종종 머리 앞부분이 앞으로 돌출) 나이가 들면서 이마가 급경사를 이루게 됨(거의 사각형 모양으로)

멜론과 얼굴의 상당 부분(뒤로 눈까지)이 흰색 또는 크림색

부리와 멜론의 합류 지점이 뚜렷함(그러나 주름은 없음)

아래턱 끝 부근에 2개의 원뿔형 이빨이 나 있음(입을 다물면 보다 밖에서 거의 보이지 않으며, 가끔 이빨이 닳아버리거나 빠져버리기도)

고른 중간 정도의 회색, 짙은 회색, 초콜릿색에서 올리브 갈색 또는 황갈색(규조류로 뒤덮이면서 갈색과 노란색이 강해지기도)

선형 흉터가 거의 또는 전혀 없음

다부진 몸

등지느러미 끝이 대개 뾰족함

등의 3분의 2 지점에 눈에 띄게 올곧으면서도 비교적 작은 갈고리 모양의 등지느러미가 있음

눈에 띄는 중간 길이의 두툼한 부리(개체마다 아주 다르며, 점점 커지는 멜론에 비해 작아 보임)

목에 얕은 V자 모양의 홈이 2개 있음

작고 뭉툭한 가슴지느러미(몸 양옆의 '가슴지느러미 주머니'에 꼭 맞음)

몸 여기저기에 원형 또는 타원형 흰색 흉터들(쿠키커터상어에게 물린 상처가 아문)이 있기도 함

요점 정리

- 북대서양의 차고 깊은 바다에 서식
- 중간 크기(지역 내 다른 부리고래과 고래들보다는 큼)
- 회색, 황갈색 또는 갈색
- 크고 네모나면서도 볼록한 흰색 또는 크림색 멜론
- 눈에 잘 띄는 중간 길이의 두툼한 부리
- 등의 3분의 2 지점에 눈에 띄는 갈고리 모양의 등지느러미가 나 있음
- 상처가 거의 없거나 전혀 없음
- 수컷의 이빨들은 분명히 보이지 않음
- 호기심이 많아 가끔 서 있는 배에 다가오기도 함

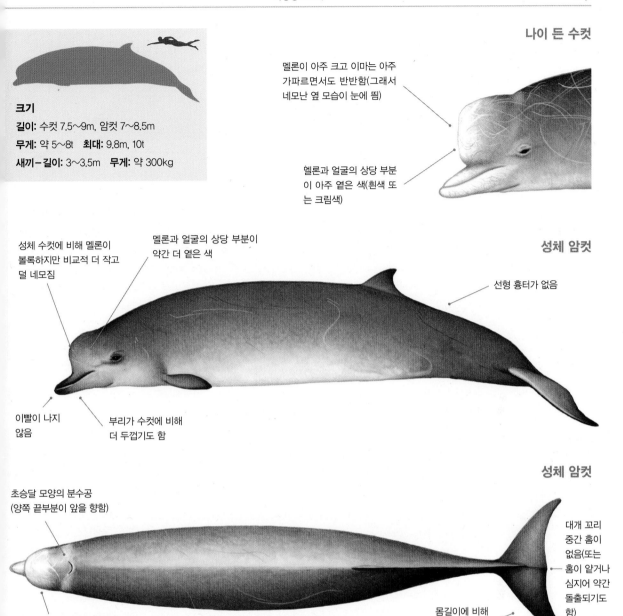

크기

길이: 수컷 7.5~9m, 암컷 7~8.5m

무게: 약 5~8t **최대:** 9.8m, 10t

새끼─길이: 3~3.5m **무게:** 약 300kg

나이 든 수컷

멜론이 아주 크고 이마는 아주 가파르면서도 반반함(그래서 네모난 옆 모습이 눈에 띔)

멜론과 얼굴의 상당 부분이 아주 옅은 색(흰색 또는 크림색)

성체 수컷에 비해 멜론이 볼록하지만 비교적 더 작고 덜 네모짐

멜론과 얼굴의 상당 부분이 약간 더 옅은 색

성체 암컷

선형 흉터가 없음

이빨이 나지 않음

부리가 수컷에 비해 더 두껍기도 함

성체 암컷

초승달 모양의 분수공 (양쪽 끝부분이 앞을 향함)

대개 꼬리 중간 홈이 없음(또는 홈이 얕거나 심지어 약간 돌출되기도 함)

몸길이에 비해 넓은 꼬리

흰색 또는 크림색 멜론 (옅은 색이 분수공 바로 뒤까지 확대됨)

▲ 북방병코고래 분포(수심 500m가 넘는 바다)

비슷한 종들

몸이 더 큰 데다가 머리 모양, 부리 및 몸 색도 눈에 띄게 달라 서식지가 중복되는 대부분의 다른 부리고래과 고래들(혹부리고래, 소위비부리고래, 제르베부리고래, 트루부리고래, 민부리고래 등)과 식별 가능하다. 참거두고래와 혼동될 여지가 있지만, 색과 부리 그리고 등지느러미의 크기와 모양과 위치가 다 다르다. 또한 멀리서 보면 등지느러미의 모양과 위치가 커먼밍크고래와 아주 비슷하지만, 머리 모양이 전혀 다르다.

분포

북대서양의 찬 온대 및 북극 바다에 서식하며, 얼음 가장자리 지역에서부터 북위 약 17도 사이에도 서식한다. 북위 약 55도 남쪽에선 보기 힘들지만, 캐나다 노바스코샤주 핼리팍스의 대서양쪽 해안에서 200km 남동쪽에 위치한 걸리라는 해저 협곡에 사는 북방병코고래는 예외다. 북방병코고래들은 북대서양 서부의 경

성체 수컷(회색)

더 짙은 색(나이가 들면서 점점 더 옅어지고 갈색에 가까워짐)

새끼

종종 눈 주위가 짙음

덜 발달된 멜론(성체 고래들에 비해 훨씬 덜 볼록함)

옅은 색 머리

비교적 더 짧고 뭉툭한 부리

몸 아래쪽이 더 옅음

우 배핀만 남부와 그린란드 남부에서부터 노바스코샤에 걸쳐 서식하며, 가끔 멀리 남쪽으로 노스캐롤라이나주에서도 발견된다는 기록들도 있다. 또한 북대서양 동부의 경우 스발바르 제도에서 아조레스 제도까지에서 발견되며, 멀리 남쪽으로 카보베르데 제도에서도 발견된다(비스케이만 남쪽에서 발견되는 일은 비교적 드묾). 노바야 제믈랴 제도 주변에서 발견됐다는 확인된 기록은 없지만, 바렌츠해 서쪽에서 발견됐다는 기록은 있다. 일반적으로 세인트로렌스만이나 허드슨만, 바렌츠해 또는 지중해 같은 폐쇄해들에서는 발견되지 않는다(1880년 이후 그 지역들에서 발견된 걸로 알려진 북방병코고래는 2마리뿐임).

포경 관련 기록들에 따르면, 북방병코고래들이 서식할 만한 주요 지역들은 다음과 같이 여섯 곳이다. 1) 스코틀랜드 대륙붕의 동쪽 가장자리 지역, 2) 래브라도 북부에서 배핀해 남부까지의 지역, 3) 페로 제도와 아이슬란드, 그린란드 동부, 얀마옌섬 사이의 지역, 4) 스발바르 제도의 남서부 지역, 5) 노르웨이 북부 안데네스 지역 일대, 6) 노르웨이 서부 뫼레 지역 일대. 요즘 북방병코고래들은 아이슬란드와 얀마옌섬 사이 스코틀랜드 대륙붕의 동

쪽 가장자리 지역 일대와 페로 제도 북쪽 지역에서 자주 눈에 띈다. 그러나. 노르웨이 북부 일대에서는 별로 눈에 띄지 않는다.

계절에 따른 북방병코고래들의 남북 간 이동이나 해안 지역과 먼바다 간 이동이 있는지는 확실치 않다. 그러나 1년 내내 북방병코고래들이 발견되는 일부 지역들에서는 이동이 계절에 따라 절정에 이르며(예를 들어 노르웨이해에서는 4~6월에, 페로 제도에서는 8~9월에), 또 다른 일부 지역들에서는 1년 내내 한 곳에 머문다(예를 들어 걸리와 그 인근 해저 협곡들에서는 북방병코고래들이 약 200km² 지역 안에서만 서식함).

또한 북방병코고래들은 대개 수심 500m가 넘는 대륙사면 일대에 서식한다. 또한 대륙사면에서 길을 잃는 일은 드물며(해저 협곡들 안쪽은 예외), 대륙사면 가장자리나 대양 섬들, 해저 산들 같이 해저 지형이 복잡한 지역들을 좋아한다. 가끔은 얼음이 깨진 지역으로 들어가기도 하지만, 보통은 떠다니는 부빙이 수면의 10분의 1 이하인 개방 구역으로 들어간다.

북태평양 북부에 사는 북방병코고래들에 대해 알고 싶으면 망치고래 항목을 참고하라.

잠수 동작

· 수면 위로 올라오면서 먼저 멜론이 보이고 그다음에 부리 위쪽이 보인다.

· 머리와 몸을 살짝 들어 올리기도 한다.

· 몸을 앞으로 굴리면서, 머리와 등과 등지느러미가 동시에 보이기도 한다.

· 깊이 잠수하기 전에 몸이 많이 구부러진다.

· 꼬리를 치켜올리는 경우는 드물다.

물 뿜어 올리기

· 물을 낮게(1~2m) 뻐끔뻐끔 뿜어 올리며, 가끔은 또렷이 보이고, 물이 앞쪽으로 기운다.

먹이와 먹이활동

먹이: 주로 심해 오징어(특히 북부 서식 지역들에선 *Gonatus fabricii*, 스코틀랜드 대륙붕 지역에선 *Gonatus steenstrupi* 종).

먹이활동: 대부분의 먹이활동은 수심이 깊은 해저 또는 그 근처에서 이루어지는 걸로 추정되며, 먹이를 먹을 때는 입으로 흡입하는 방식을 쓴다.

잠수 깊이: 보통 수심 800m 더 밑에까지(한 연구에 따르면 평균 수심 1,065m까지) 잠수한다.

잠수 시간: 대개 30~40분. 최장 기록은 94분이나 2시간 동안도 잠수할 수 있는 걸로 추정된다. 오랜 시간 잠수한 뒤 대개 10분 이상 수면 위에 머문다. 수시로 물을 뿜어 올리며, 여러 시간 동안 수면 근처에 머무는 걸로 보여진다.

행동

수컷들은 커다랗고 볼록한(두개골 위쪽 표면 양옆에 있는 커다랗고 밀도 높은 뼈로 인해 이마가 납작함) 머리를 이용해 서로 들이받는 걸로 보여진다. 수면 위에서 쉴 때는 모든 나이대의 암수가 45도 각도로 서 있으며, 멜론과 부리 전체가 수면 위로 드러난다. 수면 위로 점프를 하거나 꼬리로 수면을 내려치는 일이 드물지 않다. 종종 대서양 양안에 좌초된다. 부상당한 동료들을 따라 해변까지 오는 걸로 알려져 있어, 포경업자들은 그런 점을 이용해 집단 전체를 잡으려 했었다. 가끔 배들과 아주 큰 배들에도 큰 호기심을 보여, 서 있는 배들 가까이 다가가거나 한동안 그 주면을 맴돌기도 한다. 모터나 발전기 소리 같이 익숙치 않은 소리들에 끌리는 걸로 보인다.

성체 수컷의 아래턱

아래턱 끝에 이빨이 2개 난다
(앞으로 기울어진 상태로)

이빨

위쪽 0개

아래쪽 2개

이빨들은 수컷들만 난다(최대 5cm까지). 때론 두 번째 이빨 쌍이 잇몸에 덮여 있다(첫 번째 이빨 쌍 뒤에). 위턱 또는 아래턱 잇몸 속에 10~20개의 작은 이빨의 흔적들이 있기도 하다.

집단 규모와 구조

대개 1~10마리씩 집단을 이루며, 20마리 이상 모이는 경우는 드물다. 집단 규모는 지역에 따라 달라, 페로 제도에서는 1~7마리(평균 2마리), 걸리 해저 협곡에서는 1~14마리(평균 3마리)씩 집단을 이룬다. 북방병코고래 집단은 나이와 암수 차이에 따라 달라져, 수컷들만의 집단, 암수 혼합 집단, 성체 암컷과 어린 고래들로 이루어진 집단 등으로 나뉜다. 암컷들은 느슨하면서도 유동적인 집단을 이루는 걸로 보이나, 수컷들 쌍은 짧게는 1~2일에서 길게는 몇 년까지 이어진다(그 이유에 대해선 알려진 바가 없음).

포식자들

노르웨이 포경업자들에 따르면 북방병코고래들은 범고래들의 공격을 받기도 하지만, 깊은 데까지 잠수하는 능력 덕에 그 공격을 피할 수 있는 걸로 보인다.

사진 식별

대개 등지느러미 뒷부분의 모양과 등에 있는 원래의 무늬들(반점들, 흉터 또는 각종 홈들)을 보고 식별이 가능하다. 암수를 구분하려면 주로 멜론 모양을 보면 된다.

개체 수

1880년대 들어와 집중적인 포경이 시작되기 전까지만 해도 10만 마리 정도 됐던 걸로 추정되나, 1970년대에 포경이 끝난 뒤에는 수만 마리 수준으로 줄어들었다. 지역별 개체 수는 대서양 북동부 지역에 약 2만 마리, 캐나다 노바스코샤주 걸리 해저 협곡에 약 140마리로 추정된다.

종의 보존

세계자연보전연맹의 종 보존 현황: '정보 부족' 상태(2008년). 주로 1880부터 1920년 그리고 1937년부터 1973년 사이에 모든 서식지에서 무분별한 포경이 행해져 약 6만 5,000마리가 희생됐다. 대부분은 노르웨이인들에 의해 사냥됐지만, 캐나다 및 영국인들은 물론 페로 제도 사람들에 의해서도 희생됐다. 주로 북방병코고래의 머리에 들어 있는 고래 기름과 고래 지방 오일 그리고 동물 사료용 고기를 얻기 위해서였다. 현재 일부 지역의 개체 수는 여전히 회복 중이다. 북방병코고래들은 페로 제도에서 행해진 고래 사냥으로 수 세기 동안 기회가 있을 때마다 사냥되어, 1584년부터 1993년 사이에 811마리가 사냥됐다. 북방병코고래 사냥은 1986년에 금지됐으나, 그 이후에도 매년 1~2마리는 사냥되고 있다. 현재 북방병코고래들에게 가장 큰 위협이 되고 있는 두 가지 문제는 어망에 뒤엉키는 사고와 소음 공해(해상 운송, 탄성파 탐사, 군사용 음파 탐지 등으로 인한)이다. 그 외의 다른 문제들로는 배와의 충돌, 오염 물질 공해(특히 얼음이 녹아내리면서 증가하고 있는 북극의 산업화로 인한) 등을 꼽을 수 있다.

일대기

성적 성숙: 암컷은 8~13년, 수컷은 7~11년.

짝짓기: 수컷들은 짝짓기를 하기 위해 서로 공격적인 행동을 할 때 이빨 대신 머리 박치기를 사용한다.

임신: 약 12개월.

분만: 2~3년마다 봄과 여름에 새끼 1마리가 태어남(지역별로 절정기가 있음).

젖떼기: 적어도 12개월 후에.

수명: 25~40년으로 추정(최장수 기록은 암컷 27년, 수컷 37년).

남방병코고래 Southern bottlenose whale

학명　히페루돈 플라니프론스 *Hyperoodon planifrons*　　　　　　　　　　　　　　Flower, 1882

남방병코고래는 북방병코고래보다 몸이 조금 더 크다는 것 외엔 알려진 게 별로 없으며(2종은 함께 항온대 종에 속함) 상업적인 대규모 고래 사냥을 당한 적이 없다.

분류: 부리고래과 이빨고래아목

일반적인 이름: 남방병코고래는 영어로 southern bottlenose whale 로, 여기서 'southern'은 이 고래들이 남반구에 살고 있기 때문에, 그리고 'bottlenose'는 뭉툭한 병 모양의 부리 때문에 붙은 것이다.

다른 이름들: Antarctic bottlenosed whale, Antarctic bottle-nosed whale, bottlehead, flathead, steephead, Pacific beaked whale, Flower's bottlenose whale 등.

학명: 이 고래 학명의 앞부분 *Hyperoodon*는 '입천장'을 뜻하는 고대 그리스어 *hyperoon*에 '이빨'을 뜻하는 그리스어 *odon*이 붙은 것이다(입천장에 난 작은 뼈 주름들을 가리키는 말로 애초부터 이빨로 잘못 본 것임). 학명의 뒷부분 *planifrons*는 '평형한'을 뜻하는 라틴어 *planus*에 '앞쪽'을 뜻하는 라틴어 *frons*가 붙은 것이다(남방병코고래의 특이한 이마를 가리키는 것임).

세부 분류: 현재 따로 인정된 아종은 없다.

성체 수컷

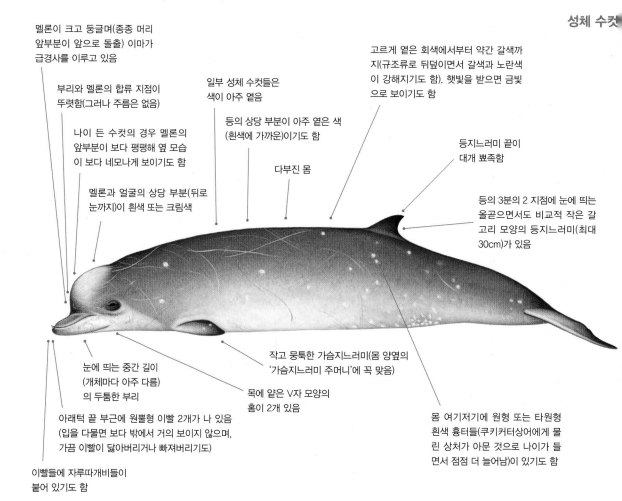

멜론이 크고 둥글며(종종 머리 앞부분이 앞으로 돌출) 이마가 급경사를 이루고 있음

부리와 멜론의 합류 지점이 뚜렷함(그러나 주름은 없음)

나이 든 수컷의 경우 멜론의 앞부분이 보다 평평해 옆 모습이 보다 네모나게 보이기도 함

멜론과 얼굴의 상당 부분(뒤로 눈까지)이 흰색 또는 크림색

일부 성체 수컷들은 색이 아주 옅음

등의 상당 부분이 아주 옅은 색 (흰색에 가까운)이기도 함

다부진 몸

고르게 옅은 회색에서부터 약간 갈색까지(규조류로 뒤덮이면서 갈색과 노란색이 강해지기도 함). 햇빛을 받으면 금빛으로 보이기도 함

등지느러미 끝이 대개 뾰족함

등의 3분의 2 지점에 눈에 띄는 올곧으면서도 비교적 작은 갈고리 모양의 등지느러미(최대 30cm)가 있음

눈에 띄는 중간 길이 (개체마다 아주 다름)의 두툼한 부리

작고 뭉툭한 가슴지느러미(몸 양옆의 '가슴지느러미 주머니'에 꼭 맞음)

목에 옅은 V자 모양의 홈이 2개 있음

아래턱 끝 부근에 원뿔형 이빨 2개가 나 있음 (입을 다물면 보다 밖에서 거의 보이지 않으며, 가끔 이빨이 닳아버리거나 빠져버리기도)

이빨들에 자루따개비들이 붙어 있기도 함

몸 여기저기에 원형 또는 타원형 흰색 흉터들(쿠키커터상어에게 물린 상처가 아문 것으로 나이가 들면서 점점 더 늘어남)이 있기도 함

요점 정리

- 남반구의 냉온대 및 남극 바다에 서식
- 중간 크기
- 특히 수컷들의 경우 멜론이 아주 크고 볼록함 (가끔 흰색 또는 크림색)
- 고르게 옅은 회색에서 옅은 갈색까지

- 눈에 잘 띄는 중간 길이의 두툼한 부리
- 등의 3분의 2 지점에 눈에 띄는 갈고리 모양의 등지느러미가 나 있음
- 선형 흉터가 여기저기 많음
- 분명히 보이는 이빨들이 없음

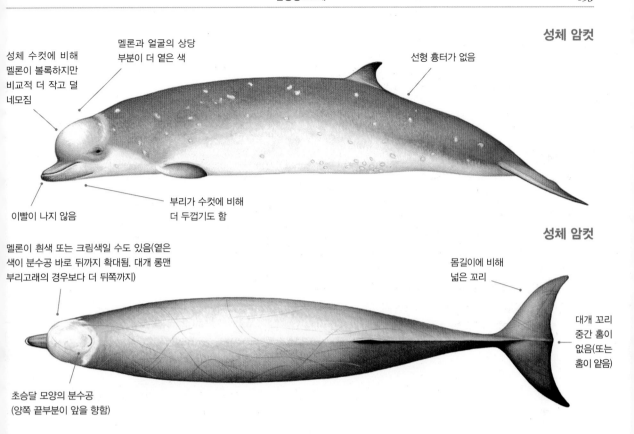

성체 암컷

성체 수컷에 비해 멜론이 볼록하지만 비교적 더 작고 덜 네모짐

멜론과 얼굴의 상당 부분이 더 옅은 색

선형 흉터가 없음

이빨이 나지 않음

부리가 수컷에 비해 더 두껍기도 함

성체 암컷

멜론이 흰색 또는 크림색일 수도 있음(옅은 색이 분수공 바로 뒤까지 확대됨. 대개 롱맨부리고래의 경우보다 더 뒤쪽까지)

몸길이에 비해 넓은 꼬리

대개 꼬리 중간 홈이 없음(또는 홈이 얕음)

초승달 모양의 분수공 (양쪽 끝부분이 앞을 향함)

크기

길이: 수컷 6~7m, 암컷 6.5~7.5m
무게: 약 6~7.5t   **최대:** 7.8m
새끼-길이: 2~3m   **무게:** 미상
북방병코고래와는 대조적으로, 남방병코고래는 암컷이 수컷보다 더 크기도 함(표본 크기는 작지만).

▲ 남방병코고래 분포

비슷한 종들

남방병코고래는 아르누부리고래와 가장 혼동하기 쉬운데, 그건 아르누부리고래가 대체로 몸 모양이 비슷한 데다가 서식지도 많이 겹치기 때문이다. 그러나 자세히 보면 상당한 차이들이 있다. 남방병코고래가 몸 색깔이 더 옅고 흉터도 더 적으며 멜론이 더 볼록하고 옅으며 부리가 더 짧고 등지느러미가 더 우뚝하고 더 굽어져 있다. 그리고 이빨은 아르누부리고래가 더 눈에 띈다(만일 멀리서 이빨이 더 분명히 보인다면 아르누부리고래일 것임). 민부리고래와도 혼동할 여지가 있지만, 몸 크기와 머리 모양 및 색이 다르다. 롱맨부리고래는 예전에 열대 병코고래 종으로 여겨졌을 정도로 남방병코고래와 아주 비슷하지만, 서식지는 거의 겹치지 않는다. 어쨌든 2종을 식별하려면 가까이 다가가 봐야 한다. 남방병코고래는 커먼밍크고래나 남극밍크고래와도 혼동하기 쉬운데, 그건 등지느러미의 모양과 위치가 아주 비슷하기 때문이다. 그러나 머리 모양이 완전히 다르다.

분포

남방병코고래는 남반구에서는 냉온대 및 남극 바다에서 꾸준히 발견되는 걸로 알려져 있다. 남위 약 57도에서 남위 70도 사이에서 주로 발견되며, 남대서양과 인도양 동부에서는 남위 58도와 남위 62도 사이에서 집중적으로 발견된다. 가끔은 멀

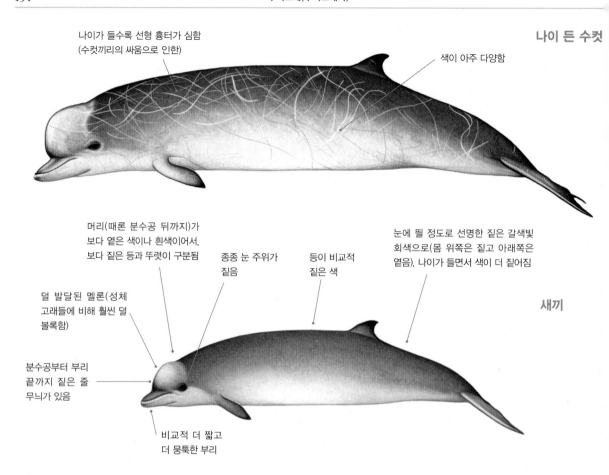

나이 든 수컷

나이가 들수록 선형 흉터가 심함
(수컷끼리의 싸움으로 인한)

색이 아주 다양함

머리(때론 분수공 뒤까지)가
보다 옅은 색이나 흰색이어서,
보다 짙은 등과 뚜렷이 구분됨

종종 눈 주위가
짙음

등이 비교적
짙은 색

눈에 띌 정도로 선명한 짙은 갈색빛
회색으로(몸 위쪽은 짙고 아래쪽은
옅음), 나이가 들면서 색이 더 짙어짐

새끼

덜 발달된 멜론(성체
고래들에 비해 훨씬 덜
볼록함)

분수공부터 부리
끝까지 짙은 줄
무늬가 있음

비교적 더 짧고
더 뭉툭한 부리

리 북쪽으로 남위 30도쯤 되는 남아메리카, 아프리카, 오스트레일리아, 뉴질랜드 해안 지역들에서도 발견된다. 겨울-여름에 북쪽-남쪽으로 서식지를 옮겨, 적어도 1,000km는 이동하는 걸로 알려져 있다. 여름에는 가장 흔히 발견되는 얼음 가장자리에서 120km 이내의 지역에서 주로 발견된다. 주로 수심 1,000m가 넘는 바다에 서식하며, 해저 협곡이나 대륙붕 가장자리, 대양 섬들, 해저산들처럼 해저 지형이 복잡한 지역들을 더 좋아하는 걸로 보여진다. 또한 남방병코고래들은 남극 순환 해류의 남쪽 경계 지역과 깊은 관련을 맺고 있다.

행동

종종 수면 위로 점프를 하거나(가끔은 빠른 속도로 연이어 여러 차례씩) 꼬리로 수면을 내려치는 등 공중 곡예를 한다. 그리고 북방병코고래들과는 달리, 남방병코고래 수컷들은 서로 싸울 때 머리 박치기보다는 이빨을 이용하는 듯하다.

이빨

위쪽 0개
아래쪽 2개

잠수 동작
- 수면 위로 올라오면서 먼저 멜론이 보이고 그다음에 부리 위쪽이 보인다.
- 머리와 몸을 살짝 들어 올리기도 한다.
- 몸을 앞으로 굴리면서, 머리와 등과 등지느러미가 동시에 보이기도 한다.
- 깊이 잠수하기 전에 몸이 많이 구부러진다.
- 꼬리를 치켜올리는 경우는 드물다.

물 뿜어 올리기
- 물을 낮게(1~2m) 뻐끔뻐끔 뿜어 올리며, 가끔은 또렷이 보이고, 물이 앞쪽으로 기운다.

먹이와 먹이활동

먹이: 주로 심해 오징어. 가끔은 물고기(특히 메로). 일부 지역들에선 갑각류도 먹는 걸로 추정된다.

먹이활동: 같은 먹이들을 놓고 향유고래들과 경쟁을 하는 걸로 추정된다(병코고래들이 더 작은 먹이들을 먹고).

잠수 깊이와 잠수 시간: 알려진 바가 없으나, 북방병코고래들과 비슷할 걸로 추정된다.

아래턱 끝에 이빨이 2개 남
(앞으로 기울어진 상태로)

성체 수컷의 아래턱

이빨들은 수컷들만 난다(최대 5cm까지). 때론 두 번째 이빨 쌍이 잇몸에 덮여 있다(첫 번째 이빨 쌍 뒤에). 그리고 드문 일이긴 하나, 위턱 또는 아래턱 잇몸 속에 10~20개의 작은 이빨 흔적들이 있기도 하다.

집단 규모와 구조
대개 1~5마리씩 모여 다니며 10마리 이내의 집단을 이루지만, 가끔 최대 25마리까지 몰려 다니는 게 관측되기도 한다. 집단이 어떤 식으로 구성되는지에 대해선 아직 알려진 바가 없다.

▲ 남방병코고래들은 자주 수면 위로 점프를 한다.

포식자들
범고래들이 포식자들일 걸로 추정되지만, 관련 정보는 거의 없다.

개체 수
남반구의 여름에 남극 수렴대 이남 지역에서는 대략 60만 마리의 부리고래 종들이(그 대부분은 남방병코고래들로 보이며) 서식하는 걸로 추정되는데, 이는 과소평가된 추정치일 가능성이

높다. 남방병코고래는 남극 지역에서 가장 흔히 발견되고 또 가장 많을 걸로 추정되는 부리고래 종이다.

종의 보존
세계자연보전연맹의 종 보존 현황: '최소 관심' 상태(2008년). 남방병코고래들은 대규모로 상업적인 고래 사냥을 당한 적이 없다. 일부 남방병코고래들이 우연히 유망이나 기타 어망들에 뒤엉키는 사고로 붙잡히긴 하지만, 그 정확한 수는 알 길이 없다. 남방병코고래들을 위협하는 또 다른 문제들로는 먹이 종들의 남획과 소음 공해(해상 운송, 탄성파 탐사, 군사용 음파 탐지 등으로 인한)를 꼽을 수 있다.

일대기
남방병코고래들의 일대기에 대해선 알려진 바가 별로 없으나, 북방병코고래들의 경우와 비슷할 걸로 추정된다. 남아프리카공화국에선 봄과 여름에 가장 많은 새끼들이 태어난다.

▲ 수컷끼리의 싸움으로 인해 생긴 많은 선형 흉터들.

셰퍼드부리고래 Shepherd's beaked whale

학명 타스마케투스 셰페르디 *Tasmacetus shepherdi*   Oliver, 1937

셰퍼드부리고래는 알려진 게 가장 적은 편이지만 특징이 가장 뚜렷한 고래 종들 중 하나이며, 수컷과 암컷과 새끼들이 모두 대조적인 색 패턴을 갖고 있다. 제 기능을 하는 이빨들이 잔뜩 난 유일한 부리고래 종이기도 하다.

분류: 부리고래과 이빨고래아목

일반적인 이름: 셰퍼드부리고래는 영어로 Shepherd's beaked whale로, 이 고래의 표본을 입수했던 뉴질랜드 알렉산더 박물관 (현재 왕거누이 지역 박물관) 관장으로 조지 셰퍼드George Shepherd, 1872~1946의 이름에서 따온 것이다.

다른 이름들: Tasman whale 또는 Tasman beaked whale.

학명: 이 고래 학명의 앞부분 *Tasmacetus*는 태즈먼해를 뜻하는 Tasma에 '고래'를 뜻하는 그리스어 *ketos* 또는 라틴어 *cetus*에서 온 *cetus*가 붙은 것이다. 그리고 학명의 뒷부분 *shepherdi*는 셰퍼드부리고래 표본을 수집한 George Shepherd의 이름에서 온 것이다.

세부 분류: 현재 따로 인정된 아종은 없다.

성체 수컷

볼록하고 옅은 멜론(메소플로돈트 종보다는 더 눈에 띄고, 베라르디우스 종과 히페루돈 종보다는 덜 눈에 띔. 열대병코고래와 비슷함)

가슴지느러미 위에 20~30cm 너비의 독특한 옅은 색 '어깨 무늬'가 있으며, 그 무늬가 몸 아래쪽부터 등 뒤까지 이어져 있음(수면에 떠 있을 때 종종 이 무늬 끝부분이 보임)

몸 위쪽과 양옆에는 분수 공 근처에서 등지느러미 중간 부분까지 짙은 갈색 빛 도는 회색 무늬가 있음 (색은 빛 조건과 행동에 따라 달라지기도 함)

한 줄 또는 두 줄짜리 선형 흉터가 있기도 함(다른 수컷들과의 싸움이나 집단 내 사회활동에서 생긴 걸로 추정됨)

등의 3분의 2 지점에 조그만 등지느러미(높이 30~35cm)가 있으며 그 모양이 변화되기도 함(대개 갈고리형이지만 일부는 삼각형에 가까움)

가파른 이마 (부리와 분명히 구분됨)

눈 주변이 짙은 갈색빛 도는 회색(복면 쓴 것 같아 보임)

방추형 몸

등지느러미는 대개 짙은 갈색빛 회색이지만 두 가지 색(앞쪽은 짙은 갈색빛 도는 회색, 뒤쪽은 옅은 회색 또는 갈색빛 도는 회색. 등지느러미 부분에서는 짙은 색과 옅은 색이 만남)인 경우도 많음

아래턱 끝에 큰 이빨 2개가 앞으로 돌출되어 있음(바다에선 거의 보이지 않음)

길고 짙은 갈색빛 도는 회색 부리(돌고래 비슷함. 나이가 들면서 더 길어짐)

목에 얇은 홈이 두 줄 있음

부리가 메소플로돈 종보다 뾰족함(아래턱이 살짝 돌출되고)

작은 가슴지느러미

옅은 색과 짙은 색이 강한 대조를 이룸(그러나 구분선이 선명하진 않음)

몸 아래쪽은 대개 크림빛 도는 흰색이거나 옅은 회갈색

꼬리자루 부분이 눈에 띄게 옅음

쿠키커터상어들에게 물려서 생긴 흉터들이 있기도 함

요점 정리

- 수심이 깊고 차가운 남반구의 온대 바다에 서식
- 중간 크기(메소플로돈 종보다는 큼)
- 볼록한 옅은 색 멜론에 가파른 이마
- 대조적인 짙은 갈색빛 도는 회색 무늬에 더 옅은 회색 또는 갈색빛 도는 회색 꼬리자루
- 눈 위에 복면 같은 짙은 무늬가 있음
- 수면 위에 있을 때 종종 옅은 '어깨 무늬' 윗부분의 보임
- 등지느러미가 종종 두 가지 색(앞쪽은 짙고 뒤쪽은 옅음)
- 대개 아주 긴밀한 소집단을 이룸

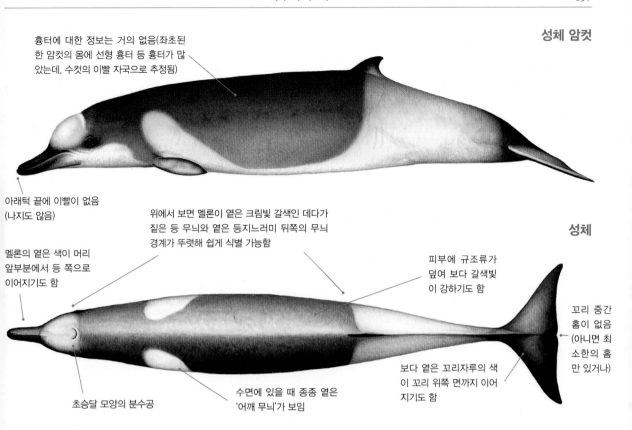

성체 암컷

흉터에 대한 정보는 거의 없음(좌초된 한 암컷의 몸에 선형 흉터 등 흉터가 많 있는데, 수컷의 이빨 자국으로 추정됨)

아래턱 끝에 이빨이 없음 (나지도 않음)

멜론의 옅은 색이 머리 앞부분에서 등 쪽으로 이어지기도 함

위에서 보면 멜론이 옅은 크림빛 갈색인 데다가 짙은 등 무늬와 옅은 등지느러미 뒤쪽의 무늬 경계가 뚜렷해 쉽게 식별 가능함

피부에 규조류가 덮여 보다 갈색빛 이 강하기도 함

성체

꼬리 중간 홈이 없음 (아니면 최 소한의 홈 만 있거나)

초승달 모양의 분수공

수면에 있을 때 종종 옅은 '어깨 무늬'가 보임

보다 옅은 꼬리자루의 색 이 꼬리 위쪽 면까지 이어 지기도 함

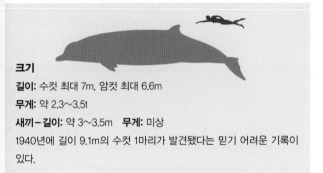

크기

길이: 수컷 최대 7m, 암컷 최대 6.6m
무게: 약 2.3~3.5t
새끼−길이: 약 3~3.5m　무게: 미상
1940년에 길이 9.1m의 수컷 1마리가 발견됐다는 믿기 어려운 기록이 있다.

예상 서식지(제한된 목격담과 좌초된 고래들을 토대로 추정)

▲ 셰퍼드부리고래 분포

비슷한 종들

검증을 위해 사진 자료가 필요하긴 하지만, 셰퍼드부리고래는 독특한 색 패턴 때문에 비교적 쉽게 식별 가능한 부리고래 종 이다. 대부분의 메소플로돈 종보다 몸이 크며, 멜론이 더 가파 르고 더 볼록하다. 또한 멜론이 아르누부리고래나 남방병코고 래의 멜론보다 덜 눈에 띄고 짙은 무늬와 옅은 무늬가 몸의 위아래로(대략 등지느러미를 중심으로) 명확히 구분되며 수 면에 있을 때보다 옅은 어깨 무늬 꼭대기가 보여 얼마든지 식 별 가능하다. 셰퍼드부리고래의 멜론색과 모양은 롱맨부리고 래의 멜론과 비슷하지만, 서식지는 서로 거의 또는 전혀 겹치지 않는 걸 로 추정된다(그리고 몸 색깔은 아주 다름).

분포

남반구의 깊은 냉온대 바다는 물론 극지 부근에서도 서식하는 걸로 추 정된다. 또한 50마리 이내의 좌초된 고래들과 바다에서 목격된 20여 마 리의 고래들로 미루어 짐작하건대, 주로 남위 30도와 남위 46도 사이 의 바다에서 서식하는 걸로 추정된 다. 2008년 웨스턴오스트레일리아 샤크만(남위 약 26도)에 좌초된 걸 로 기록된 셰퍼드부리고래가 가장 북단에서 발견된 개체다. 그러나 남 위 33도 38분 이북에서 산 채로 발

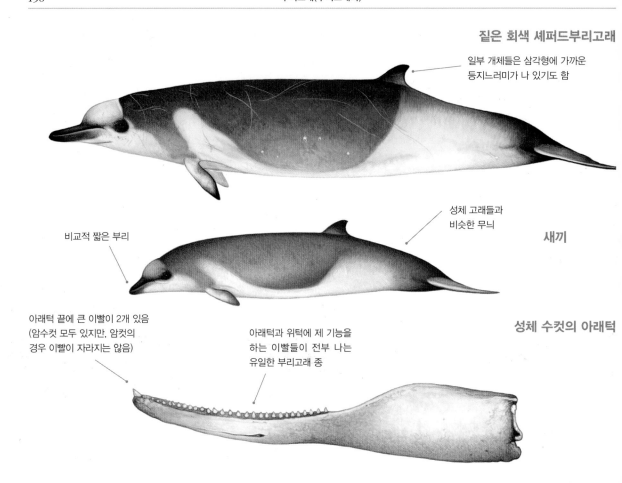

짙은 회색 셰퍼드부리고래

일부 개체들은 삼각형에 가까운
등지느러미가 나 있기도 함

성체 고래들과
비슷한 무늬

새끼

비교적 짧은 부리

아래턱 끝에 큰 이빨이 2개 있음
(암수컷 모두 있지만, 암컷의
경우 이빨이 자라지는 않음)

아래턱과 위턱에 제 기능을
하는 이빨들이 전부 나는
유일한 부리고래 종

성체 수컷의 아래턱

견된 경우는 없다. 좌초됐다는 고래들은 대부분 뉴질랜드(채텀 제도 포함)에서 발견되지만, 오스트레일리아, 트리스탄다쿠냐 제도, 아르헨티나, 칠레 일대의 후안페르난데스 제도 등에서도 발견됐다는 기록들이 있다. 또한 셰퍼드부리고래의 주요 서식지로 확인된 곳은 뉴질랜드와 오스트레일리아 남부(태즈메이니아 남부 포함)이며, 사우스조지아섬 근처의 쉐그록스섬과 트리스탄다쿠냐 제도에서 발견됐다는 기록들도 있다. 셰퍼드부리고래들이 남아프리카공화국 일대에 좌초됐다거나 세이셸에서 발견됐다는 보고는 현재 사실이 아닌 것으로 보여진다. 2008년부터 2017년까지 오스트레일리아 남부와 뉴질랜드에서 진행된 해양 포유동

물 조사와 현장 조사를 통해 배 안에서 13차례 그리고 비행기 안에서 5차례 셰퍼드부리고래들을 관찰했으며, 그 결과 바다에서 살아가는 이 고래들에 대해 정말 많은 걸 알게 됐다. 대부분의 셰퍼드부리고래들은 수심 310m가 넘는(대개 훨씬 더 깊은) 대륙 사면의 바다 중간 또는 그 위에 또는 해저 협곡들 안에 모여 있었다. 좁은 대륙붕이 있는 지역에서는 해변 근처의 깊은 바다에서도 종종 관측된다. 오스트레일리아와 뉴질랜드에서는 평균 수심 1,208m 되는 데서 관측됐다. 그리고 수심 2,000m가 넘는 데(3,940m)서 관측된 셰퍼드부리고래는 단 1마리였다.

잠수 동작

- 대개 부리가 수면 위로 오르락내리락하며(수면과 나란히) 나아가지만 수면 밖으로 완전히 올라오기도 한다(대개 약 30~40도 각도로).
- 대개 물을 뿜어 올리고 난 뒤 수면 아래에 머물러 있다.
- 대개 깊이 잠수하기 전에 몸이 거의 구부러지지 않는다.
- 꼬리를 치켜올리는 경우는 드물다.

물 뿜어 올리기

- 물을 낮게(1~2m) 뻐끔뻐끔 뿜어 올리며 물이 앞으로 기울기도 한다(종종 상당히 먼 거리에서도 보임).

먹이와 먹이활동

알려진 게 거의 없지만, 물고기(특히 등가시치), 오징어, 게 등을 먹는 걸로 추정된다. 그리고 마주칠 기회가 제한되어 있으나, 잠수 시간은 5~15분이고 잠수한 뒤 4~17분 정도 수면 위에 머무는 걸로 보인다(9~13초마다 물을 뿜어 올림).

행동

알려진 바가 아주 적다. 일부 셰퍼드부리고래들은 수면 위로 점프하고 꼬리로 수면을 내려치며 머리를 수면 위로 내밀어 주변을 둘러보기도 한다. 그리고 집단에 속한 개체들은 대개 함께 수면 위로 오르고 함께 잠수를 하며, 한 번에 몇 분씩 적절한 거리를 유지한 채 헤엄을 친다. 이동을 하지 않을 때는 보통 잠수한 데서 100~150m 이내 거리에 있는 물 위로 되돌아간다. 주변에 배가 있을 때 피한다는 증거는 없으며, 가끔은 배 가까이 접근하는 걸로 알려져 있다.

이빨

위쪽 34~42개
아래쪽 36~56개
셰퍼드부리고래는 암수 모두 아래턱과 위턱에 제 기능을 하는 이빨들이 전부 나는 유일한 부리고래 종이다.

집단 규모와 구조

관련 정보가 거의 없지만, 믿을 만한 관측들에 따르면, 집단 규모는 대개 2마리에서 12마리까지며 평균 규모는 5.4마리(가장 흔한 건 3~6마리)다. 집단 내 개체들은 대개 서로 가까이 붙어 수면 위로 오른다.

포식자들

알려진 바는 없으나, 범고래들과 대형 상어들이 포식자들일 걸로 추정된다. 그러나 범고래들이 공격한다는 구체적인 증거는 없고 그냥 셰퍼드부리고래의 먹이를 훔쳐 먹는 것 같다는 보고들도 있다.

사진 식별

셰퍼드부리고래들은 다양한 너비의 옅은 '어깨 무늬'(몸 아래쪽 가슴지느러미 위에서 뒤로 약 2분의 1에서 3분의 2 지점까지 이어짐)를 보면 식별이 가능하다. 몸의 무늬들이 범고래들의 무늬와 비슷한 데가 있다. 그리고 등지느러미의 모양과 색, 꼬리 뒷부분의 홈들, 흉터들을 보고 식별할 수도 있다.

개체 수

전반적인 개체 수는 추정할 수가 없다. 그러나 다른 부리고래 종들과 마찬가지로, 원래부터 개체 수가 적을 수도 있다.

종의 보존

세계자연보전연맹의 종 보존 현황: '정보 부족' 상태(2008년). 셰퍼드부리고래들을 직접 사냥했다는 기록은 없다. 유망driftnet(고기의 통로인 수류에 치는 그물-옮긴이)이나 자망gillnet(물속에 옆으로 쳐놓아 물고기가 지나가다 그물코에 걸리도록 한 그물-옮긴이)으로 다른 물고기를 잡다가 우연히 잡힐 가능성은 있으나, 구체적인 관련 정보는 없다. 다른 부리고래 종들과 마찬가지로, 이 고래들을 위협하는 문제들로는 플라스틱 쓰레기 흡입과 소음 공해(탄성파 탐사, 군사용 음파 탐지 등으로 인한)를 꼽을 수 있을 것 같다.

일대기

사실상 알려진 바가 전혀 없음. 한 성체 수컷의 수명이 23년으로 측정된 적은 있다.

▲ 뉴질랜드 카이코우라 일대에서 사진 촬영된 셰퍼드부리고래. 이 고래 특유의 옅은 '어깨 무늬'와 옅고 볼록한 멜론에 주목할 것.

롱맨부리고래 Longman's beaked whale

학명 인도파케투스 파키피쿠스 *Indopacetus pacificus*   (Longman, 1926)

롱맨부리고래는 가장 오래 베일 속에 가려져 있던 고래 종들 중 하나였다. 2003년까지만 해도 이 고래의 존재를 입증하는 건 비바람에 씻긴 두개골 2개뿐이었다. 하나는 1882년에 오스트레일리아 해변에서 발견됐고, 또 하나는 1955년 소말리아의 한 비료 공장 바닥에서 발견됐다. 그러나 현재는 살아 있는 롱맨부리고래들이 열대 인도-태평양 지역 여기저기에서 비교적 자주 관측되고 있는 중이며, 적어도 20여 마리는 해변에 좌초된 채 발견되기도 했다.

분류: 부리고래과 이빨고래아목

일반적인 이름: 롱맨부리고래는 영어로 Longman's beaked whale 이다. 오스트레일리아 퀸즐랜드주 매카이시의 한 해변에서 발견된 두개골에서 처음 이 새로운 종의 존재를 발견한 퀸즐랜드박물관 관장 헤르버 알버트 롱맨Herber Albert Longman, 1880~1954의 이름에서 따온 것이다.

다른 이름들: Indo-Pacific beaked whale 또는 tropical bottlenose whale.

학명: 이 고래 학명의 앞부분 *Indopacetus*는 '인도의'를 뜻하는 라틴어 *indicu*에 '태평양'을 뜻하는 라틴어 *pacificus*와 '고래'를 뜻하는 라틴어 *cetus*가 붙은 것이다. 그리고 학명의 뒷부분 *pacificus*는 표본이 발견된 장소 이름에서 따온 것이다.

세부 분류: 원래는 이빨부리고래속으로 분류됐으나, 형태학적 연구 (후에 유전학으로 확인) 결과 독자적인 속으로 분류되어야 한다는 게 입증됐다. 현재 따로 인정된 아종은 없다.

성체 수컷

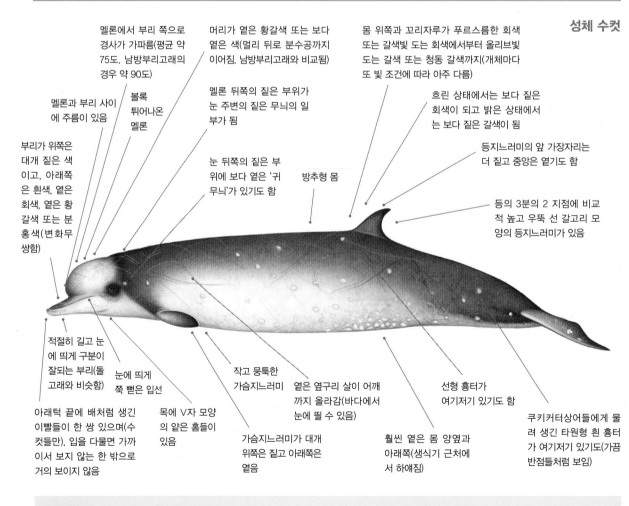

멜론에서 부리 쪽으로 경사가 가파름(평균 약 75도. 남방부리고래의 경우 약 90도)

머리가 옅은 황갈색 또는 보다 옅은 색(멀리 뒤로 분수공까지 이어짐. 남방부리고래와 비교됨)

몸 위쪽과 꼬리자루가 푸르스름한 회색 또는 갈색빛 도는 회색에서부터 올리브빛 도는 갈색 또는 청동 갈색까지(개체마다 또 빛 조건에 따라 아주 다름)

멜론과 부리 사이에 주름이 있음

볼록 튀어나온 멜론

멜론 뒤쪽의 짙은 부위가 눈 주변의 짙은 무늬의 일부가 됨

흐린 상태에서는 보다 짙은 회색이 되고 밝은 상태에서는 보다 짙은 갈색이 됨

부리가 위쪽은 대개 짙은 색이고, 아래쪽은 흰색, 옅은 회색, 옅은 황갈색 또는 분홍색(변화무쌍함)

눈 뒤쪽의 짙은 부위에 보다 옅은 '귀 무늬'가 있기도 함

방추형 몸

등지느러미의 앞 가장자리는 더 짙고 중앙은 옅기도 함

등의 3분의 2 지점에 비교적 높고 우뚝 선 갈고리 모양의 등지느러미가 있음

적절히 길고 눈에 띄게 구분이 잘되는 부리(돌고래와 비슷함)

눈에 띄게 쭉 뻗은 입선

작고 뭉툭한 가슴지느러미

옅은 옆구리 살이 어깨까지 올라감(바다에서 눈에 띌 수 있음)

선형 흉터가 여기저기 있기도 함

아래턱 끝에 배처럼 생긴 이빨들이 한 쌍 있으며(수컷들만), 입을 다물면 가까이서 보지 않는 한 밖으로 거의 보이지 않음

목에 V자 모양의 얕은 홈이 있음

가슴지느러미가 대개 위쪽은 짙고 아래쪽은 옅음

훨씬 옅은 몸 양옆과 아래쪽(생식기 근처에서 하얘짐)

쿠키커터상어들에게 물려 생긴 타원형 흰 흉터가 여기저기 있기도(가끔 반점들처럼 보임)

요점 정리

- 인도-태평양 지역의 따뜻한 바다에 서식
- 중간 크기
- 방추형 몸
- 눈에 띄게 볼록 튀어나온 옅은 색 멜론
- 눈에 띄게 잘 구분되는 부리
- 갈고리 모양의 등지느러미(돌고래와 비슷함)
- 등지느러미가 등의 3분의 2 지점에 있음
- 기상 조건에 따라 몸 색깔이 달라짐

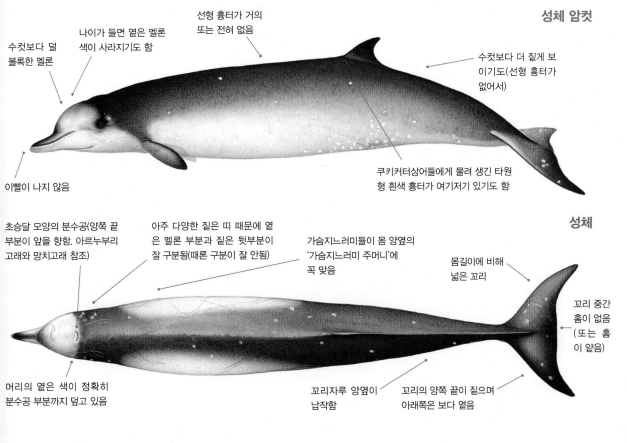

성체 암컷

수컷보다 덜 볼록한 멜론

나이가 들면 옅은 멜론 색이 사라지기도 함

선형 흉터가 거의 또는 전혀 없음

수컷보다 더 짙게 보이기도(선형 흉터가 없어서)

이빨이 나지 않음

쿠키커터상어들에게 물려 생긴 타원형 흰색 흉터가 여기저기 있기도 함

성체

초승달 모양의 분수공(양쪽 끝부분이 앞을 향함. 아르누부리고래와 망치고래 참조)

아주 다양한 짙은 띠 때문에 옅은 멜론 부분과 짙은 뒷부분이 잘 구분됨(때론 구분이 잘 안됨)

가슴지느러미들이 몸 양옆의 '가슴지느러미 주머니'에 꼭 맞음

몸길이에 비해 넓은 꼬리

꼬리 중간 홈이 없음 (또는 홈이 얕음)

머리의 옅은 색이 정확히 분수공 부분까지 덮고 있음

꼬리자루 양옆이 납작함

꼬리의 양쪽 끝이 짙으며 아래쪽은 보다 옅음

크기

길이: 5.7~6.5m(몇 마리의 길이 측정을 토대로)

무게: 약 6~7.5t(추정)　　**최대:** 약 9m(바다에서 관측한 것과 두개골 측정을 통한 추론을 토대로)

새끼 – 길이: 약 3m　　**무게:** 약 230kg

▲ 롱맨부리고래 분포

비슷한 종들

롱맨부리고래는 커다란 몸과 볼록 튀어 오른 멜론, 눈에 띄는 부리, 높게 우뚝 선 등지느러미 때문에 같은 지역 내 대부분의 다른 부리고래 종들과 구분이 된다. 서식지가 살짝 겹치는 남방병코고래와 혼동될 가능성이 가장 높다(그래서 역사적으로 열대 바다에서 발견된 이른바 롱맨부리고래들은 사실 남방병코고래인 경우가 많았음). 그러나 이마의 경사도, 옅은 색의 범위, 미묘하게 다른 등지느러미 모양 등으로 식별 가능하다. 게다가 롱맨부리고래는 대개 보다 큰 집단을 이룬다. 멀리서 보면 민부리고래와 구분하기 어려울 수도 있으나, 머리와 부리 모양 그리고 물에 떠 있는 모습을 보면 식별 가능하다.

분포

롱맨부리고래의 서식지들에 대해선 알려진 바가 별로 없으나, 열대 인도-태평양 지역에 광범위하게 퍼져 있는 걸로 보여진다. 또한 서식지는 서부 지역에 더 많은 걸로 보이며, 특히 몰디브 일대에서 흔히(바다에서 평균 21일에 한 번꼴. 참고로 태평양에서는 200일에 한 번꼴) 발견된다. 대서양에서는 발견됐다는 기록이 없다. 수면 온도가 섭씨 21~31도 사이인 지역에서 발견되는 경향이 있으며, 대부분이 섭씨 26도가 넘는

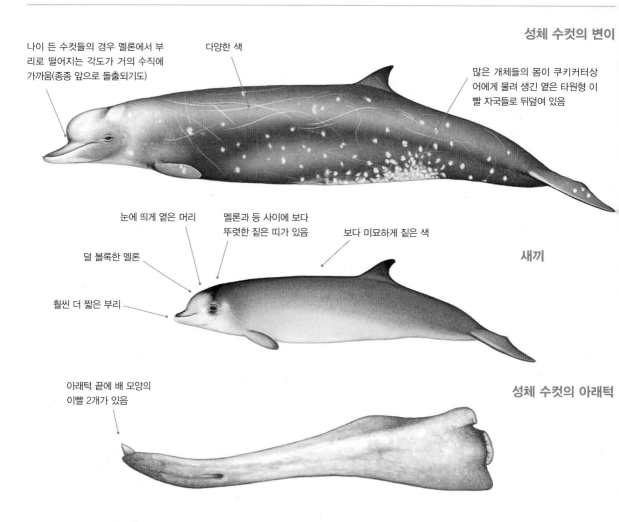

성체 수컷의 변이

나이 든 수컷들의 경우 멜론에서 부리로 떨어지는 각도가 거의 수직에 가까움(종종 앞으로 돌출되기도)

다양한 색

많은 개체들의 몸이 쿠키커터상어에게 물려 생긴 옅은 타원형 이빨 자국들로 뒤덮여 있음

새끼

눈에 띄게 옅은 머리

멜론과 등 사이에 보다 뚜렷한 짙은 띠가 있음

보다 미묘하게 짙은 색

덜 볼록한 멜론

훨씬 더 짧은 부리

성체 수컷의 아래턱

아래턱 끝에 배 모양의 이빨 2개가 있음

따뜻한 물속에 산다. 남아프리카공화국의 아굴라스 해류 같은 난류를 따라 더 남쪽이나 북쪽으로 이동하기도 한다. 또한 대개 수심 250~2,500m의 지형이 가파른 지역 위나 그 근처에서 발견된다. 그리고 롱맨부리고래의 표본들은 오스트레일리아, 소말리아, 남아프리카공화국, 케냐, 몰디브, 스리랑카, 안다만 제도와 인도 본토, 미얀마, 필리핀, 대만, 일본, 중국, 뉴칼레도니아와 하와이 등지에서 온 것들이다.

행동

들쇠고래나 병코고래 또는 스피너돌고래들과 함께 어울리는 걸로 알려져 있다. 수면 위로 점프하는 모습도 관측된 바 있다. 보다 규모가 큰 롱맨부리고래 집단들은 대개 수면에서 더 활발히 움직이며, 근처에 배가 있으면 무시하거나 접근한다. 많은 롱맨부리고래들은 물밑에서 더 적은 시간을 보내며, 종종 머리를 수면 위로 들어 올린다.

잠수 동작
· 대부분의 다른 부리고래 종들보다 더 빨리 그리고 더 '공격적으로' 헤엄친다.
· 빨리 수면 위로 오를 땐 자욱한 물보라와 함께 머리와 부리가 물 밖으로 아주 높이 나간다.
· 천천히 수면 위로 오를 땐 머리가 물 밖으로 나가지 않으며 종종 충격파에 가려 보이지 않는다.
· 긴 등이 보인다.
· 대개 등지느러미가 나타난 뒤 멜론이 사라진다.
· 오래 잠수하기 전에 등이 약간 구부려진다(민부리고래와 비교됨).

물 뿜어 올리기
· 물을 낮지만 아주 눈에 띌 만큼 자욱하게 뿜어 올리며 물이 앞으로 살짝 기울기도 한다.

먹이와 먹이활동

먹이: 주로 심해 오징어를 먹지만 일부 물고기들도 먹는 걸로 추정된다.

먹이활동: 알려진 바가 없음.

잠수 깊이: 알려진 바가 없으나, 깊은 곳까지 잠수하는 걸로 추정된다.

잠수 시간: 인도양 서부 지역에선 평균 23분(최소 11분부터 최대 33분까지). 물속에 있는 한 롱맨부리고래를 음향 장비로 추적해본 결과 45분까지 잠수해 있었다(수면 위로 오르기 전에 접촉이 끊어짐).

이빨

위쪽 0개

아래쪽 2개

암컷들은 이빨이 나지 않는다.

집단 규모와 구조

1~100마리씩 서로 바싹 붙어 집단을 이루며, 평균 18.5마리씩 모인다. 집단 규모는 지역마다 달라, 인도양 서부에서는 약 7마리, 열대 태평양 동부에서는 약 9마리, 열대 태평양 서부에서는 약 29마리다. 하와이 일대에서의 집단 규모는 18마리에서 110마리까지다. 롱맨부리고래는 대규모 집단을 이루는 단 세 종의 부리고래과 고래들 가운데 하나이기도 하다.

일대기

사실상 알려진 바가 없다. 새끼는 가을과 여름에(남아프리카에서는 9~12월에) 단 1마리가 태어나는 걸로 추정된다. 제한된 샘플들에 따르면, 수명은 최소 20년(최장수 기록은 암컷은 21~22년, 수컷은 24~25년)이다.

포식자들

알려진 바가 없으나, 범고래와 대형 상어들이 중요한 포식자들일 걸로 추정된다.

사진 식별

쿠키커터상어들의 이빨 자국 흉터로 식별 가능하다.

개체 수

알려진 바가 없으나, 특별히 흔히 볼 수 있는 것 같지는 않다. 아주 대략적인 추정치에 따르자면, 하와이 일대에 약 4,600마리, 북태평양 동부에 약 300마리가 서식한다.

종의 보존

세계자연보전연맹의 종 보존 현황: '정보 부족' 상태(2008년). 롱맨부리고래들을 위협하는 문제들에 대해선 알려진 바가 거의 없다. 또한 직접적이거나 정기적인 남획이 있다는 얘기도 없다. 그러나 그간 스리랑카와 파키스탄에서 어망에 뒤엉키는 사고가 여러 차례 있어, 특히 자망이 문제가 되는 걸로 보인다. 그 밖의 다른 잠재적 위협으로는 소음 공해(특히 군사용 음파 탐지나 탄성파 탐사로 인한)와 플라스틱 쓰레기 흡입을 꼽을 수 있다.

▲ 몰디브 근해에서 천천히 수면 위로 오르고 있는 롱맨부리고래.

페린부리고래 Perrin's beaked whale

학명 메소플로돈 페르리니 *Mesoplodon perrini*   Dalebout, Mead, Baker & van Helden, 2002

2002년에 공식적으로 페린부리고래로 명명된 이 고래는 가장 덜 알려진 부리고래 종들 중 하나다(모든 정보는 몇 안 되는 좌초된 고래들을 통해 나온 것임). 캘리포니아 남부 지역의 부리고래로 알려진 이 고래는 페루부리고래와 가장 밀접한 관련이 있다.

분류: 부리고래과 이빨고래아목

일반적인 이름: 페린부리고래는 영어로 Perrin's beaked whale로, 이 고래의 표본 둘을 수집했던 유명한 미국 고래 연구가인 W.F. 페린W.F.Perrin 박사의 이름에서 따온 것이다.

다른 이름들: California beaked whale.

학명: 이 고래 학명의 앞부분 *Mesoplodon*은 '중간'을 뜻하는 그리스어 *mesos*에 '무기'를 뜻하는 그리스어 *hopla*와 '이빨'을 뜻하는 그리스어 *odon*이 붙은 것이다(턱 중앙에 이빨이라는 무기가 있다는 의미에서). 그리고 학명의 뒷부분 *perrini*는 W.F. Perrin의 이름에서 따온 것이다.

세부 분류: 현재 따로 인정된 아종은 없다.

성체 수컷
(거의 없는 정보를 토대로)

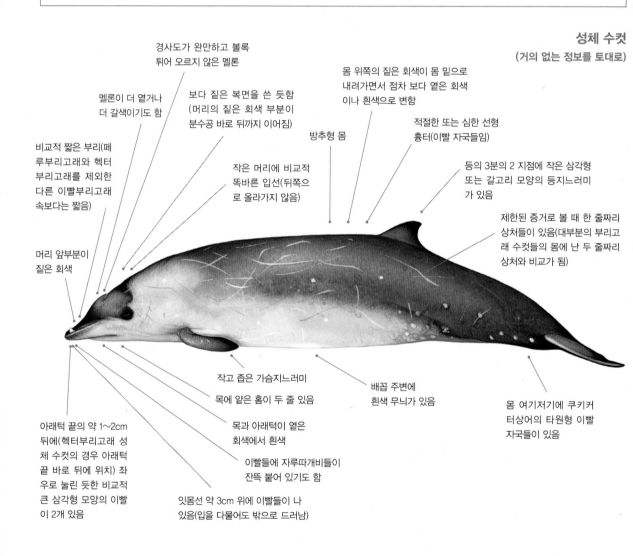

- 경사도가 완만하고 볼록 튀어 오르지 않은 멜론
- 멜론이 더 옅거나 더 갈색이기도 함
- 보다 짙은 복면을 쓴 듯함 (머리의 짙은 회색 부분이 분수공 바로 뒤까지 이어짐)
- 몸 위쪽의 짙은 회색이 몸 밑으로 내려가면서 점차 보다 옅은 회색 이나 흰색으로 변함
- 적절한 또는 심한 선형 흉터(이빨 자국들임)
- 방추형 몸
- 비교적 짧은 부리(페루부리고래와 헥터부리고래를 제외한 다른 이빨부리고래 속보다는 짧음)
- 작은 머리에 비교적 똑바른 입선(뒤쪽으로 올라가지 않음)
- 등의 3분의 2 지점에 작은 삼각형 또는 갈고리 모양의 등지느러미 가 있음
- 제한된 증거로 볼 때 한 줄짜리 상처들이 있음(대부분의 부리고래 수컷들의 몸에 난 두 줄짜리 상처와 비교가 됨)
- 머리 앞부분이 짙은 회색
- 작고 좁은 가슴지느러미
- 목에 얕은 홈이 두 줄 있음
- 배꼽 주변에 흰색 무늬가 있음
- 몸 여기저기에 쿠키커터상어의 타원형 이빨 자국들이 있음
- 아래턱 끝의 약 1~2cm 뒤에(헥터부리고래 성체 수컷의 경우 아래턱 끝 바로 뒤에 위치) 좌우로 눌린 듯한 비교적 큰 삼각형 모양의 이빨이 2개 있음
- 목과 아래턱이 옅은 회색에서 흰색
- 이빨들에 자루개비들이 잔뜩 붙어 있기도 함
- 잇몸선 약 3cm 위에 이빨들이 나 있음(입을 다물어도 밖으로 드러남)

요점 정리

- 북태평양 동부에 서식
- 작은 크기에서 중간 크기까지
- 별 특징 없이 대체로 몸 위쪽은 진하고 아래쪽은 옅음
- 등의 3분의 2 지점에 작은 삼각형 또는 갈고리 모양의 등지느러미가 있음

- 보다 짙은 복면을 쓴 듯한 모습
- 가까이서 보면 아래턱 끝 부근에 커다란 삼각형 모양의 이빨이 2개 보이기도 함
- 여름에 캘리포니아 남부 일대에서 작은 부리고래를 찾다 보면 베일에 싸인 이 고래를 만날 가능성이 가장 높음

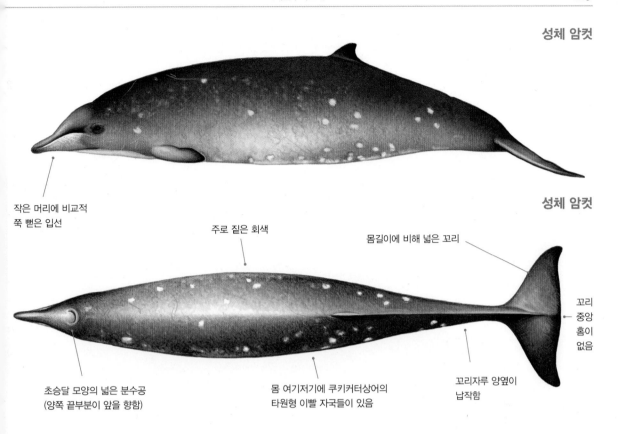

성체 암컷

성체 암컷

작은 머리에 비교적
쭉 뻗은 입선

주로 짙은 회색

몸길이에 비해 넓은 꼬리

꼬리
중앙
홈이
없음

초승달 모양의 넓은 분수공
(양쪽 끝부분이 앞을 향함)

몸 여기저기에 쿠키커터상어의
타원형 이빨 자국들이 있음

꼬리자루 양옆이
납작함

크기

길이: 수컷 3.9m, 암컷 4.3~4.4m
무게: 약 900kg 최대: 4.53m
새끼− 길이: 약 2~2.1m 무게: 미상
(아주 소수의 표본들을 토대로 한 추정)

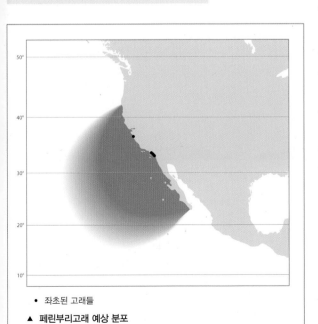

● 좌초된 고래들

▲ 페린부리고래 예상 분포

비슷한 종들

정보가 워낙 없기 때문에, 바다에서 페린부리고래를 확실하게 식별한다는 건 불가능
할 수도 있다. 그러나 몸이 작아, 페루부리고래를 제외한 북반구의 다른 모든 부리고
래 종들과 구분하는 데 도움이 될 수도 있다. 또한 페린부리고래는 수컷의 흰색 무늬,
쭉 뻗은 입선, 아래턱 끝부분에 있는 이빨들(가까운 데서는 보임) 때문에도 식별이 가
능하다. 그러나 암컷들과 어린 고래들은 따로 놓고 볼 경우 다른 이빨부리고래속과
구분하는 게 거의 불가능할 수도 있다.

분포

현재 페린부리고래는 오직 캘리포니아 남부에서 서식 중인 걸
로 알려져 있다. 그러나 토리 파인스 주립 자연보호 구역(북위
32도 55분. 샌디에이고 바로 북쪽)에서부터 북쪽으로 몬테레
이만 피셔맨스 워프(북위 36도 37분)에 이르는 지역에서도 좌
초된 페린부리고래들이 발견되고 있다. 수심 1,000m가 넘는
바다(주로 육지에서 떨어진 먼바다 또는 수심이 어느 정도 되
는 해변 가까운 바다)에서도 살고 있을 가능성이 있다. 2011년
부터 2015년 사이에 캘리포니아 일대에서 진행된 고래 연구에
따르면, 그 지역에서 들려온 한 부리고래의 소리들이 페린부리
고래의 소리였던 걸로 보여진다. 페린부리고래들이 어떤 서식
지들을 좋아하는지에 대해선 알려진 바가 없으나, 수심 500m
가 넘는 바다를 좋아하는 걸로 추정된다.

행동

페린부리고래는 그간 바다에서 확실히 확인된 적이 없으며, 그
래서 이들의 행동에 대해서도 알려진 바가 없다(1976년 7월과

더 옅은 무늬가
있기도 함

더 날씬한 몸

더 짙은 복면 모습
(성체 고래들처럼)

몸 아래쪽이 옅은 회색
에서 짙은 회색까지

새끼

부리가 성체 고래들
보다 짧고 뭉툭함

가슴지느러미 위쪽이 중간
회색에서 짙은 회색까지(아
래쪽은 흰색)

몸의 아래쪽과 위쪽
사이에 들쑥날쑥한
무늬가 있음

아래쪽이 흰색

좌초된 한 새끼 고래에서
쿠키커터상어 이빨 자국이
발견됐었음

꼬리(아래쪽 면)

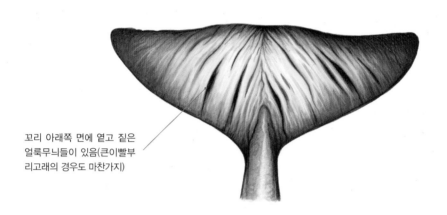

꼬리 아래쪽 면에 옅고 짙은
얼룩무늬들이 있음(큰이빨부
리고래의 경우도 마찬가지)

1978년 9월 이렇게 두 차례에 걸쳐 캘리포니아 남부 일대에서 정체불명의 작은 부리고래 쌍들이 목격됐고, 당시에는 잠정적으로 헥터부리고래들로 확인됐으나, 그 고래들이 페린부리고래들이었을 가능성도 있음). 아마 눈에 띄는 특별한 행동도 없어 바다 상태가 고요한 때가 아니면 알아보기도 힘들기 때문일 것이다. 성체 수컷의 몸에 있는 선형 흉터가 그나마 알려진 페린부리고래의 유일한 특징인데, 그건 다른 부리고래 종들과 마찬가지로 수컷들 간에 공격적인 행동이 있었기 때문이 아닌가 추정된다. 그런데 다른 부리고래 종들의 경우 보통 이빨 자국들이 두 줄씩 나 있는 데 반해, 페린부리고래의 경우 단 한 줄의 이빨 자국들만 나 있다.

이빨

위쪽 0개

아래쪽 2개

수컷의 경우만 옆으로 눌린 이빨들이 돌출되어 있다(암컷에게도 비슷한 이빨이 있지만, 돌출되지는 않음). 노출된 이빨 부분은 대략 이등변 삼각형 비슷하며, 길이는 최대 64mm이다.

잠수 동작(추측)

· 완만한 각도로 수면 위로 올라오며, 그때 머리 위쪽(때론 머리 앞부분 위쪽도)과 등이 보이기도 한다.

· 잠수하기 전에 등이 약간 구부러진다.

· 꼬리를 보이지 않는다.

· 수면에서 시간을 잘 보내지 않는 듯하다.

물 뿜어 올리기(추측)

· 물을 뿜어 올리는 게 또렷하지 않다.

먹이와 먹이활동

사실상 아무 정보도 없지만, 위의 내용물을 통해 얻은 아주 제한된 증거에 따르면 주로 중간 정도 깊이나 심해에 사는 오징어들은 물론, 심해 물고기와 새우들도 먹는 듯하다. 그리고 먹이활동은 주로 수심 500m가 넘는 데서 하는 듯하다.

성체 수컷의 아래턱

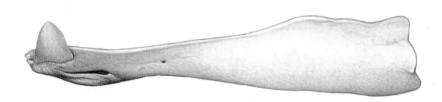

집단 규모와 구조

관련 정보가 없다.

새로운 종의 발견

처음 발견된 걸로 기록된 페린부리고래 표본은 1975년 캘리포니아주 샌디에이고 북쪽 50km 지점에 있는 한 해변으로 떠내려온 죽은 새끼 수컷 고래였다. 불행히도 그 고래는 한 차량에 치여 상태가 안 좋았다. 6일 뒤 같은 해변에 이번엔 심하게 부패된 성체 암컷(먼저 발견된 새끼 고래의 어미로 추정되며, 그 당시에 알려진 유일한 페린부리고래 암컷이었음)의 사체가 떠내려왔다. 그 뒤 1978년에는 미국 뉴멕시코주 칼즈배드 인근의 한 해변에서 성체 수컷 1마리가 발견됐다. 1979년 9월에는 샌디에이고시 경계 내 토리 파인스 주립 자연보호 구역의 해변으로 네 번째 표본(이번에는 어린 수컷)이 떠내려왔다. 다섯 번째 표본(수컷)은 1997년 몬테레이만 피셔맨스 워프에서 발견됐다. 이 고래들은 여러 해 동안 북반구에서 처음 발견된 헥터부리고래로 잠정 기록됐는데, 그 당시에는 헥터부리고래 역시 알려진 표본이 6개밖에 되지 못했다. 그러다가 1997년에 미토콘드리아 DNA 서열 결정법(작은 조직 샘플들을 가지고 부리고래 종을 확인하는 데 도움이 됨)을 사용하는 새로운 연구 기법을 통해, 캘리포니아 일대에서 발견된 고래들이 새로운 종에 속한다는 결론이 내려졌다. 그 고래들이 페린부리고래로 공식 명명된 건 2002년이었다. 그 이후 발견된 페린부리고래는 2013년 캘리포니아 남부 베니스 비치에 산채로 좌초됐던 길이 4.25짜리 암컷 1마리뿐이다(그 고래는 과학자들이 도착하기 전에 죽었지만 상태는 양호했음).

포식자들

범고래들과 대형 상어들이 포식자들일 걸로 추정된다.

개체 수

전 세계의 페린부리고래 개체 수에 대한 추정치는 아직 없다.

종의 보존

세계자연보전연맹의 종 보존 현황: '정보 부족' 상태(2008년). 페린부리고래들을 위협하는 문제들에 대한 정보는 거의 없으나, 일부 정보는 추측 가능하다. 바다 깊이 잠수하는 다른 부리고래 종들과 마찬가지로, 페린부리고래 역시 특히 탄성파 탐사와 군사용 음파 탐지 등으로 인한 소음 공해에 취약할 걸로 짐작된다. 그리고 아마 플라스틱 쓰레기 흡입 역시 문제가 될 수 있을 것이다(베니스 비치에서 발견된 암컷의 위 속에는 파란색 모노필라멘트 덩어리가 들어 있었음). 페린부리고래를 직접 사냥한다는 얘기는 알려진 게 없으며, 다른 물고기들을 잡다 의도치 않게 종종 잡힌다는 증거도 없다.

일대기

알려진 바가 없음. 처음 발견된 페린부리고래 새끼는 길이 2.1m 되는 수컷으로, 아직 젖도 떼기 전이었던 걸로 짐작됐다. 후에 좌초된 페린부리고래들 중 1마리는 덜 성숙된 2.45m짜리 고래로, 태어난 지 1년쯤 된 듯했으며, 그 위 속에서 오징어 1마리가 나와, 젖을 뗐거나 이제 막 뗄 참이었던 걸로 짐작됐다. 발견된 페린부리고래들 중 성체 2마리는 죽었을 때 9살쯤 됐을 걸로 짐작됐다. 이 고래들이 5월과 9월 사이에 주로 발견되고 있는 게 무슨 의미가 있는 건지에 대해선 알려진 바가 없다.

페루부리고래 Peruvian beaked whale

학명 메소플로돈 페루비아누스 *Mesoplodon peruvianus*   Reyes, Mead & Van Waerebeek, 1991

1991년에 공식으로 명명된 페루부리고래 또는 꼬마부리고래는 부리고래 종들 가운데 가장 작은 고래다. 이 고래에 대해선 알려진 게 너무 적다. 여러 해 동안 주로 페루에서 그 표본들이 발견됐으나, 최근에는 멕시코 칼리포르니아만 등지에서도 살아 있는 페루부리고래들이 발견되고 있다.

분류: 부리고래과 이빨고래아목

일반적인 이름: 페루부리고래는 영어로 Peruvian beaked whale로, 페루에서 발견됐다고 해서 붙은 이름이다. 실제로 페루 일대 바다에서 흔히 발견되고 있다.

다른 이름들: pygmy beaked whale 또는 lesser beaked whale(다른 이빨부리고래속 부리고래들에 비해 작다는 의미에서). 과거에는 이름이 없던 종으로, 흔히 '이빨부리고래속 종 A'로 알려져 있었다.

학명: 이 고래 학명의 앞부분 *Mesoplodon*은 '중간'을 뜻하는 그리스어 *mesos*에 '무기'를 뜻하는 그리스어 *hopla*와 '이빨'을 뜻하는 그리스어 *odon*이 붙은 것이다(턱 중앙에 이빨이라는 무기가 있다는 의미에서). 그리고 학명의 뒷부분 *Peruvianus*는 '페루에 속하는'의 뜻을 가진 라틴어 축약어 *peruvianus*에서 온 것이다.

세부 분류: 현재 따로 인정된 아종은 없다.

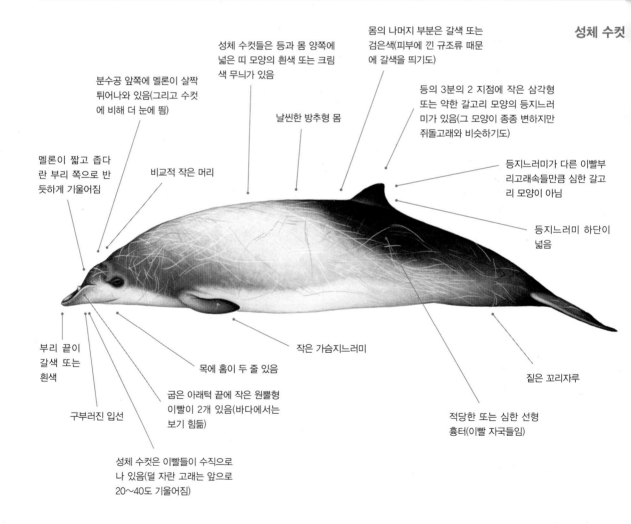

성체 수컷

- 몸의 나머지 부분은 갈색 또는 검은색(피부에 긴 규조류 때문에 갈색을 띠기도)
- 성체 수컷들은 등과 몸 양쪽에 넓은 띠 모양의 흰색 또는 크림색 무늬가 있음
- 분수공 앞쪽에 멜론이 살짝 튀어나와 있음(그리고 수컷에 비해 더 눈에 띔)
- 날씬한 방추형 몸
- 등의 3분의 2 지점에 작은 삼각형 또는 약한 갈고리 모양의 등지느러미가 있음(그 모양이 종종 변하지만 쥐돌고래와 비슷하기도)
- 멜론이 짧고 좁다란 부리 쪽으로 반듯하게 기울어짐
- 비교적 작은 머리
- 등지느러미가 다른 이빨부리고래속들만큼 심한 갈고리 모양이 아님
- 등지느러미 하단이 넓음
- 부리 끝이 갈색 또는 흰색
- 목에 홈이 두 줄 있음
- 작은 가슴지느러미
- 굽은 아래턱 끝에 작은 원뿔형 이빨이 2개 있음(바다에서는 보기 힘듦)
- 구부러진 입선
- 적당한 또는 심한 선형 흉터(이빨 자국들임)
- 짙은 꼬리자루
- 성체 수컷은 이빨들이 수직으로 나 있음(덜 자란 고래는 앞으로 20~40도 기울어짐)

요점 정리

- 주로 태평양 동부의 따뜻한 바다에 서식
- 작은 크기
- 소집단을 이룸
- 성체 수컷은 등과 몸 양옆에 넓은 흰색 무늬가 있음
- 등지느러미가 대체로 작고 하단이 넓으며 대략 삼각형 모양
- 바다가 고요한 상태가 아니면 알아보기 힘듦
- 오랜 잠수 후에 수면 위로 떠오름
- 수컷의 이빨들은 바다에서 잘 보이지 않음

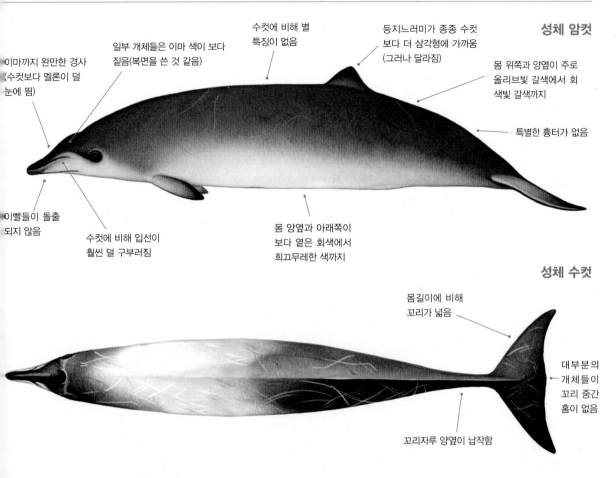

성체 암컷

수컷에 비해 별 특징이 없음

등지느러미가 종종 수컷 보다 더 삼각형에 가까움 (그러나 달라짐)

일부 개체들은 이마 색이 보다 짙음(복면을 쓴 것 같음)

이마까지 완만한 경사 (수컷보다 멜론이 덜 눈에 띔)

몸 위쪽과 양옆이 주로 올리브빛 갈색에서 회 색빛 갈색까지

특별한 흉터가 없음

이빨들이 돌출 되지 않음

수컷에 비해 입선이 훨씬 덜 구부러짐

몸 양옆과 아래쪽이 보다 옅은 회색에서 희끄무레한 색까지

성체 수컷

몸길이에 비해 꼬리가 넓음

대부분의 개체들이 꼬리 중간 홈이 없음

꼬리자루 양옆이 납작함

크기

길이: 수컷 3.4∼3.9m, 암컷 3.4∼3.6m

무게: 미상 **최대:** 4.1m

새끼–길이: 약 1.6m **무게:** 미상

비슷한 종들

페루부리고래의 경우 특이하게도 성체 수컷의 등과 몸 양옆에 띠 모양의 흰색 무늬가 있어, 바다에서 다른 고래들과 구분하기 쉽다. 암컷들과 덜 자란 어린 고래들의 경우 따로 볼 때는 다른 이빨부리고래속 고래들과 구분하는 게 거의 불가능하지만, 비교적 작은 몸, 보다 삼각형에 가까운 등지느러미, 제한된 서식지 등으로 어느 정도는 구분 가능하다.

분포

처음에는 주로 페루 어항들에 내려지는 막 잡은 페루부리고래 표본들로 그 분포를 추 정했다. 그러나 최근 몇 년간 페루부리고 래들은 열대 태평양 동부와 아열대 지역 에서 가장 자주 관찰되는 이빨부리고래속 고래가 되었다. 또한 이들은 바다 수면 온 도가 섭씨 27.5도가 넘는 가장 따뜻한 지 역인 이른바 '동태평양의 따뜻한 풀Eastern Pacific Warm Pool'지역에서 가장 집중적으 로 관찰되고 있다. 살아 있는 페루부리고 래들이 가장 많이 관찰되는 곳은 멕시코 칼리포르니아만 남부 지역이다. 최북단에 서 발견된 걸로 기록된 페루부리고래는 2001년 1월에 미국 캘리포니아주 모스 랜딩(북위 36도 47분)에 살아 있는 상태 로 좌초됐던 암컷이다. 최남단에서 발견된 걸로 기록된 또 다른 페루부리고래는 1995년 5월 칠레(북위 29도 17분)의 중

(뉴질랜드 남섬에 좌초된 고래 1마리 추가)

▲ 페루부리고래 분포

단순히 몸 위쪽은 짙고
아래쪽은 옅음

새끼

입선이 거의 구부
러지지 않음

다양한 모습의 등지느러미

성체 수컷의 아래턱

북부에 좌초됐던 고래이다. 페루부리고래들은 주로 깊은 대양에서 발견되지만, 수심이 충분할 경우(500m 이상) 해안 가까운 데서도 발견된다. 태평양 동부에서 발견된 유일한 페루부리고래는 1991년 뉴질랜드 남섬의 카이코우라 근처에 좌초됐던 수컷뿐이다. 그 고래는 현재 일부 사람들에 의해 일종의 떠돌이 고래 정도로 여겨지기도 하지만, 페루부리고래의 서식지가 생각보다 훨씬 넓을 수 있다는 걸 보여주는 사례일 수도 있다. 이들의 이동이나 움직임에 대해선 알려진 바가 없다.

행동

일반적으로 페루부리고래는 바다가 고요한 상태가 아니면 목격하기조차 어렵다. 대개 집단을 이뤄 15~30분 정도 잠수를 하며, 어느 정도 거리를 간 뒤 수면 위로 올라와 대여섯 번 숨을 쉰 뒤 다시 잠수를 한다. 작은 배들에게 아주 가까이(잠시지만) 다가간다고 알려져 있기도 하지만, 대개는 일정 거리를 유지한다. 수면 위에서 점프를 하고 꼬리로 수면을 내려치는 등의 행동을 한다고 알려져 있지만, 그런 모습을 볼 기회는 드물다.

이빨

위쪽 0개
아래쪽 2개
이빨은 수컷들만 난다. 길이는 31~65mm.

집단 규모와 구조

주로 2~5마리씩(때론 1~8마리씩) 집단을 이룬다. 그리고 그 집단들은 대개 여러 나이대의 고래들과 암수 고래들이 뒤섞인다.

포식자들

알려진 바가 없으나, 범고래와 대형 상어들이 중요한 포식자들일 걸로 추정된다.

개체 수

전 세계적인 고래 수에 대해선 추산조차 없으나, 한정된 범위 안에서 어느 정도 흔할 걸로 보여진다.

잠수 동작
- 완만한 각도로 수면 위로 올라오며, 그때 머리와 등 윗부분이 보인다(때론 부리의 상당 부분도).
- 잠수하기 전에 등이 약간 구부려진다.

물 뿜어 올리기
- 뿜어 올리는 물이 또렷하지 않아 잘 보이지 않는다.

먹이와 먹이활동

먹이: 제한된 증거들에 따르면, 주로 중간 정도의 수심에 사는 물고기와 심해 물고기를 먹지만, 심해 오징어와 새우도 먹는 걸로 추정된다.

먹이활동: 알려진 바가 없음.

잠수 깊이: 수심 500m 아래쪽에서 먹이활동을 하는 걸로 추정된다.

잠수 시간: 대개 15~30분(제한된 관찰을 토대로 한 추정).

종의 보존

세계자연보전연맹의 종 보존 현황: '정보 부족' 상태(2008년). 페루부리고래들을 위협하는 문제들에 대해선 알려진 바가 거의 없으나, 많은 걸 추론해 볼 수는 있다. 그간 페루부리고래라고 확인된 표본들 중 상당수는 상어와 다른 대형 물고기들을 잡기 위해 페루 해안 일대에 설치한 자망에 걸려 죽은 고래들이어서, 이는 분명 문제다. 새치billfish(꽁치, 갈치 등 주둥이가 긴 물고기의 총칭-옮긴이)와 참치를 잡기 위해 심해에 설치하는 자망에 걸리는 것도 심각한 문제일 수 있다. 또한 심해 잠수를 즐기는 다른 부리고래 종들과 마찬가지로, 페루부리고래 역시 소음 공해(특히 군사용 음파 탐지나 탄성파 탐사로 인한)에 취약할 것으로 보인다. 페루부리고래들이 플라스틱 쓰레기를 흡입했다는 기록들도 있는데, 그로 인해 결국 죽을 수도 있다.

일대기

알려진 바가 없다.

▲ 등과 몸 양쪽에 띠처럼 둘러쳐진 독특한 흰색 무늬를 드러낸 성체 수컷 페루부리고래.

▲ 별 특징 없는 색을 드러낸 성체 암컷.

데라니야갈라부리고래 Deraniyagala's beaked whale

학명 메소플로돈 호타우라 *Mesoplodon hotaula*　　　　　　　　　　　　　　Deraniyagala, 1963

현재 11마리의 검증된 표본 고래들과 바다에서 잠시 목격된 소수의 고래들에서 얻은 정보가 전부다. 알려진 게 별로 없는 이 부리고래 종은 1963년 스리랑카에서 그 표본이 발견됨으로써 처음 그 존재가 밝혀졌다. 여러 해 동안 은행이빨부리고래와 같은 종으로 여겨졌으나, 2014년에 별개의 종으로 공식 인정되었다.

분류: 부리고래과 이빨고래아목

일반적인 이름: 데라니야갈라부리고래는 영어로 Deraniyagala's beaked whale로, 이 고래 종을 처음 수집해 세상에 발표한 당시 실론(스리랑카의 옛 이름—옮긴이) 국립박물관 관장이었던 파울루스 데라니야갈라Paulus Deraniyagala의 이름에서 따온 것이다.

다른 이름들: Atoll beaked whale(이 종이 atoll, 즉 산호섬들 외의 장소들에서도 발견되면서 요즘에는 잘 쓰지 않는 이름임).

학명: 이 고래 학명의 앞부분 *Mesoplodon*은 '중간'을 뜻하는 그리스어 *mesos*에 '무기'를 뜻하는 그리스어 *hopla*와 '이빨'을 뜻하는 그리스어 *odon*이 붙은 것이다(턱 중앙에 이빨이라는 무기가 있다는 의미에서). 그리고 학명의 뒷부분 *hotaula*는 '부리'를 뜻하는 스리랑카 공용어 씽할라어 *hota*에 '뾰족한'을 뜻하는 *ula*가 붙은 것이다. 온 것이다.

세부 분류: 현재 따로 인정된 아종은 없다.

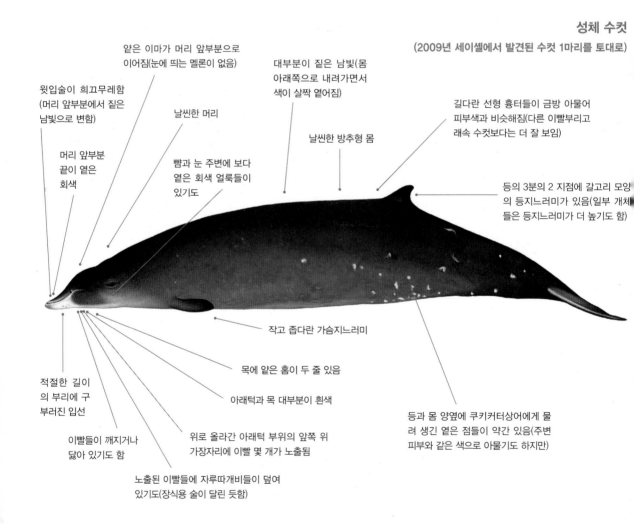

성체 수컷
(2009년 세이셸에서 발견된 수컷 1마리를 토대로)

얕은 이마가 머리 앞부분으로 이어짐(눈에 띄는 멜론이 없음)

대부분이 짙은 남빛(몸 아래쪽으로 내려가면서 색이 살짝 옅어짐)

윗입술이 희끄무레함 (머리 앞부분에서 짙은 남빛으로 변함)

날씬한 머리

날씬한 방추형 몸

길다란 선형 흉터들이 금방 아물어 피부색과 비슷해짐(다른 이빨부리고래속 수컷보다는 더 잘 보임)

머리 앞부분 끝이 옅은 회색

뺨과 눈 주변에 보다 옅은 회색 얼룩들이 있기도

등의 3분의 2 지점에 갈고리 모양의 등지느러미가 있음(일부 개체들은 등지느러미가 더 높기도 함)

작고 좁다란 가슴지느러미

목에 얕은 홈이 두 줄 있음

적절한 길이의 부리에 구부러진 입선

아래턱과 목 대부분이 흰색

등과 몸 양옆에 쿠키커터상어에게 물려 생긴 옅은 점들이 약간 있음(주변 피부와 같은 색으로 아물기도 하지만)

이빨들이 깨지거나 닳아 있기도 함

위로 올라간 아래턱 부위의 앞쪽 위 가장자리에 이빨 몇 개가 노출됨

노출된 이빨들에 자루따개비들이 덮여 있기도(장식용 술이 달린 듯함)

요점 정리

- 열대 인도양과 태평양 서부 지역에 서식
- 작은 크기에서 중간 크기
- 대부분은 짙은 색이며 아래턱과 목 부분은 옅은 색
- 길다란 선형 흉터가 없기도 함

- 등의 3분의 2 지점에 갈고리 모양의 눈에 띄는 등지느러미가 있음
- 적절히 구부러진 입선 끝부분에 이빨이 보임
- 이빨들에 자루따개비들이 덮여 있기도 함

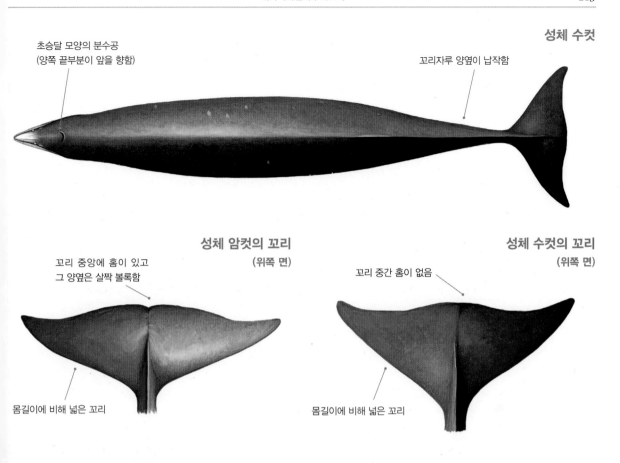

성체 수컷

초승달 모양의 분수공
(양쪽 끝부분이 앞을 향함)

꼬리자루 양옆이 납작함

성체 암컷의 꼬리
(위쪽 면)

꼬리 중앙에 홈이 있고
그 양옆은 살짝 볼록함

몸길이에 비해 넓은 꼬리

성체 수컷의 꼬리
(위쪽 면)

꼬리 중간 홈이 없음

몸길이에 비해 넓은 꼬리

크기
길이: 수컷 3.9~4.3m, 암컷 4.5~4.8m
무게: 미상 **최대:** 미상
새끼 - 길이: 미상 **무게:** 미상

비슷한 종들

확실한 종 구분을 하려면 보통 DNA 증거가 필요하다. 또한 비슷하게 생긴 은행이빨부리고래와의 두개골 및 이빨 형태 차이는 전문가들이나 구분 가능하다. 데라니야갈라부리고래는 은행이빨부리고래는 물론 색이 짙은 망치고래와도(그리고 열대 바다에 사는 다른 그 어떤 이빨부리고래속 고래와도) 혼동될 여지가 많다. 데라니야갈라부리고래는 아래턱 끝이 회색이고 턱과 목이 흰색이지만, 은행이빨부리고래는 아래턱 끝이 흰색이고 턱과 목은 회색빛 도는 갈색이다. 관련 정보가 거의 없지만, 다 자문 쿠키커터상어의 이빨 자국 색으로도 구분 가능해, 은행이빨부리고래의 경우 흰색이지만 데라니야갈라부리고래의 경우 주변 피부와 같은 색이다.

분포

현재 여기저기 넓은 지역에서 좌초되고 있고 또 인도-태평양 지역에서 목격되고 있는 소수의 고래들을 통해 얻은 정보가 전부다. 데라니야갈라부리고래는 인도양의 열대 지역들은 물론 적어도 태평양의 일부 지역들에서도 발견되고 있다. 어떤 서식지를 좋아하는지에 대해선 알려진 바가 거의 없지만, 주로 수심 500m가 넘는 지역들에(육지에서 떨어진 먼바다 지역은 물론 수심이 어느 정도 되는 해안 근처 지역에도) 서식할 걸로 추정된다. 베일에 싸인 이 고래 종을 만날 가능성이 가

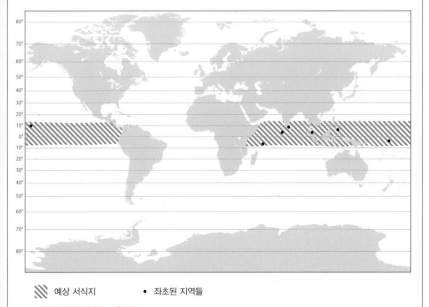

예상 서식지 • 좌초된 지역들

▲ 데라니야갈라부리고래 분포

등지느러미 변이

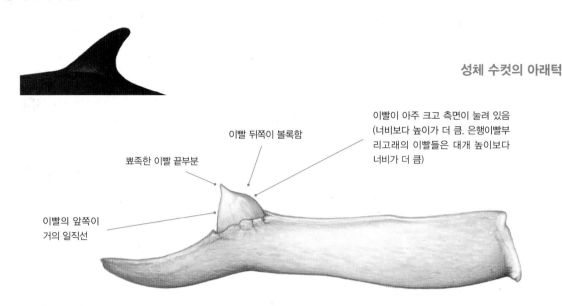

성체 수컷의 아래턱

이빨 뒤쪽이 볼록함

뾰족한 이빨 끝부분

이빨이 아주 크고 측면이 눌려 있음 (너비보다 높이가 더 큼. 은행이빨부리고래의 이빨들은 대개 높이보다 너비가 더 큼)

이빨의 앞쪽이 거의 일직선

장 높은 곳은 중앙 태평양의 팔미라 환초(하와이 남서쪽)나 타비테우에아 환초(카리바시공화국) 그리고 인도양의 몰디브 일대이다.

새로운 종의 명명

첫 번째 데라니야갈라부리고래 표본은 1963년 1월 26일 스리랑카 라트말라나 해변(스리랑카의 수도 콜롬보 남쪽 약 8km에 위치)으로 떠내려온 암컷 고래 사체였다. 당시 실론국립박물관 관장이었던 파울루스 데라니야갈라는 그 고래가 독특한 종이라 주장하면서 메소플로돈 호타우라*Mesoplodon hotaula*라 불렀다. 그리고 그 표본이 새로운 종인가를 놓고 반세기 넘게 논란이 있었으나, 최근에 이루어진 DNA 분석 결과 데라니야갈라의 주장이 옳았다는 게 입증됐다.

두 번째 데라니야갈라부리고래 표본은 첫 번째 표본 이후 40년 만인 2003년에 태평양 중서부의 키리바시공화국 길버트 제도 내 타비테우에아 환초에서 발견된 수컷 고래였다. 그 이후 다음과 같이 총 9마리의 데라니야갈라부리고래 표본이 확인됐다. 그러니까 2005년 라인 제도 내 팔미라 환초에서 확실한 암컷 1마리와 암컷으로 짐작되는 고래 1마리 그리고 수컷 1마리가 발견됐고, 2007년 몰디브의 훌후드후프라우 환초에서 수컷 1마리, 2009년 세이셸 내 데로시섬에서 수컷 1마리, 2012년 필리핀 콤포스텔라 밸리주 마코에서 암컷 1마리와 그 새끼 1마리(새끼는 아직 살아 있어 바다로 돌려보냄) 그리고 2013년 키리바시공화국의 길버트 제도에서 최소 1마리가 발견됐으며, 1954년 말레이시아에서 수집된 1마리(영국 국립자연사박물관에 보존 중) 역시 현재 데라니야갈라부리고래로 인정되고 있다. 그 외에 열대에서 발견된 다른 고래들도 데라니야갈라부리고래일 가능성이 있으나, 그걸 확인하기 위해선 DNA 검사와 두개골 및 이빨 형태에 대한 추가 검사가 필요할 것이다.

타비테우에아 환초에서 발견된 데라니야갈라부리고래 표본은 특히 흥미로운데, 그건 종을 확인하는 데 쓰인 조직 샘플(말린 고기)이 섬 주민들이 연회에서 먹다 남은 걸 선물한 것이기 때문이다. 그 고래는 2002년 10월에 얕은 석호로 들어왔다가 해변에 좌초된 7마리의 고래들 중 1마리를 잡아 죽인 것이었다. 섬 주민들에 따르면 그런 일이 매년 여러 차례 일어났다고 한다. 섬 주민들은 그 고래들을 '긴 고래들'(길이 약 4.6~6.1m)이라 불렀다.

그간 데라니야갈라부리고래들로 추정되는 고래들을 살아 있는 상태에서 관찰해 과학적인 기록까지 남긴 지역은 단 한 곳, 팔미라 환초 일대(북위 05도 50분, 서경 162도 06분)뿐이다. 그 인근 킹맨 환초에서도 부리고래 종들에 대한 음향 탐지 조사가 행해졌는데(4개월간 추적 관찰하면서 매일 여러 차례), 그 고래들 역시 데라니야갈라부리고래들일 걸로 보여진다.

행동

사실상 알려진 바가 없다. 중앙 태평양의 팔미라 환초에서 데라니야갈라부리고래로 추정되는 고래들이 여러 차례 관찰됐는데, 그중 두 차례에서는 몸이 완전히 수면 위에 뜰 정도로 점프하는 모습이 관찰됐다. 두 수컷 표본은 이빨들이 부러져 있어, 이들이 수컷 간의 싸움에서 이빨을 무기로 쓰는 걸로 추정된다.

이빨

위쪽 0개

아래쪽 2개

이빨은 수컷들만 난다. 높이는 10cm, 너비는 9cm(참고로 은행이빨부리고래의 경우 길이보다는 너비가 더 큼).

집단 규모와 구조

데라니야갈라부리고래로 추정되는 이빨부리고래속 고래들은 대부분 쌍(적어도 어미-새끼 고래 두 쌍)을 지어 다녔으며, 집단 규모는 평균 2.2마리(2마리에서 3마리까지)였다.

먹이와 먹이활동

먹이: 다른 이빨부리고래속 고래들과 마찬가지로 주로 오징어를 먹지만 심해 물고기들도 먹는 걸로 추정된다.

먹이활동: 알려진 바가 없음.

잠수 깊이: 알려진 바가 없음.

잠수 시간: 알려진 바가 없음.

개체 수

알려진 바가 없다. 지금까지 별다른 기록이 없는 걸로 보아, 흔히 볼 수 있는 종은 아닌 거로 추정된다(다만 킹맨 환초 지역에서의 음향 탐지 조사 결과, 적어도 그 지역에는 상당수의 데라니야갈라부리고래들이 모여 있는 걸로 보여짐).

종의 보존

세계자연보전연맹의 종 보존 현황: '정보 부족' 상태(2018년). 데라니야갈라부리고래들을 위협하는 문제들에 대해선 알려진 바가 거의 없으나, 몇 가지 추정은 가능하다. 우선 키리바시 공화국의 33개 환초들 중 적어도 한 곳(길버트 제도)에서만 현지 주민들에 의해 발견되는 경우들이 있는 걸로 알려져 있다. 어업 활동 중에 의도치 않게 잡혔다는 보고는 없으나, 어망과 주낙longline(긴 낚싯줄에 많은 낚싯바늘을 매달아 고기를 잡는 것-옮긴이)에 걸리는 사고를 당할 가능성은 높을 듯하다.

일대기

알려진 바가 없다. 필리핀에서 발견된 데라니야갈라부리고래 암컷은 길이가 2.4m인 새끼와 함께였다.

▲ 귀한 사진. 이 데라니야갈라부리고래 소집단은 2017년 11월에 몰디브 일대의 바다에서 관찰됐다.

그레이부리고래 Gray's beaked whale

학명 메소플로돈 그래이 *Mesoplodon grayi*

von Haast, 1876

그레이부리고래는 여전히 바다에서 보기 힘들지만, 그래도 이 고래 종에 대한 우리의 지식은 최근 몇 년 사이에 상당히 많아졌다. 그러나 좌초되는 경우가 아주 흔해, 그 개체 수가 꽤 많을 걸로 추정된다. 2001년에 그레이부리고래 어미와 새끼가 거의 5일간 뉴질랜드 북섬 마후랑이 항구에 머문 적이 있는데, 그건 아주 예외적인 경우로 덕분에 고래 연구가들이 이 고래 종을 면밀히 관찰해 볼 수 있었다.

분류: 부리고래과 이빨고래아목

일반적인 이름: 그레이부리고래는 영어로 Gray's beaked whale로, 영국 동물학자 존 에드워드 그레이John Edward Gray, 1800~1875의 이름에서 따온 것이다. 그를 기리기 위해 Gray란 이름이 붙은 다른 고래 종도 여럿이며, 그가 직접 명명한 고래 종도 여럿이다.

다른 이름들: Scamperdown beaked whale, southern beaked whale, Haast's beaked whale, small-toothed beaked whale 등.

학명: 이 고래 학명의 앞부분 *Mesoplodon*은 '중간'을 뜻하는 그리스어 *mesos*에 '무기'를 뜻하는 그리스어 *hopla*와 '이빨'을 뜻하는 그리스어 *odon*이 붙은 것이다(턱 중앙에 이빨이라는 무기가 있다는 의미에서). 그리고 학명의 뒷부분 *grayi*는 John Edward Gray에서 따온 것이다.

세부 분류: 현재 따로 인정된 아종은 없다. 이 고래들을 새로운 단형 monotypic(한 분류군 안에 하위 분류군이 하나뿐인 것—옮긴이) 속인 *Oulodon* 속에 넣자는 제안을 별다른 지지를 받지 못했다.

성체 수컷

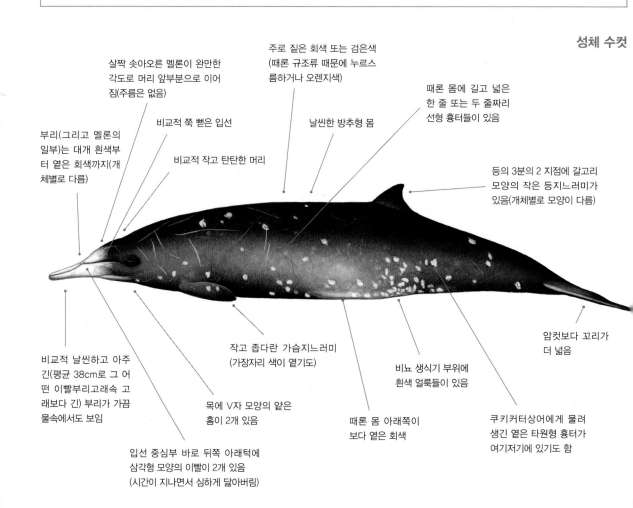

살짝 솟아오른 멜론이 완만한 각도로 머리 앞부분으로 이어짐(주름은 없음)

주로 짙은 회색 또는 검은색(때론 규조류 때문에 누르스름하거나 오렌지색)

때론 몸에 길고 넓은 한 줄 또는 두 줄짜리 선형 흉터들이 있음

비교적 쭉 뻗은 입선

날씬한 방추형 몸

부리(그리고 멜론의 일부)는 대개 흰색부터 옅은 회색까지(개체별로 다름)

비교적 작고 탄탄한 머리

등의 3분의 2 지점에 갈고리 모양의 작은 등지느러미가 있음(개체별로 모양이 다름)

비교적 날씬하고 아주 긴(평균 38cm로 그 어떤 이빨부리고래속 고래보다 긴) 부리가 가끔 물속에서도 보임

작고 좁다란 가슴지느러미(가장자리 색이 옅기도)

비뇨 생식기 부위에 흰색 얼룩들이 있음

암컷보다 꼬리가 더 넓음

입선 중심부 바로 뒤쪽 아래턱에 삼각형 모양의 이빨이 2개 있음(시간이 지나면서 심하게 닳아버림)

목에 V자 모양의 얕은 홈이 2개 있음

때론 몸 아래쪽이 보다 옅은 회색

쿠키커터상어에게 물려 생긴 옅은 타원형 흉터가 여기저기에 있기도 함

요점 정리

- 남반구의 온대 바다에 서식
- 중간 크기
- 방추형 몸
- 비교적 작은 머리
- 길고 날씬한 부리(흰색에서 옅은 회색까지)
- 수면에 있을 때 부리가 45도 각도로 물 위로 나옴
- 아래턱 양쪽 중앙에 삼각형 모양의 작은 이빨들이 있음
- 소집단을 이루는 걸로 추정됨

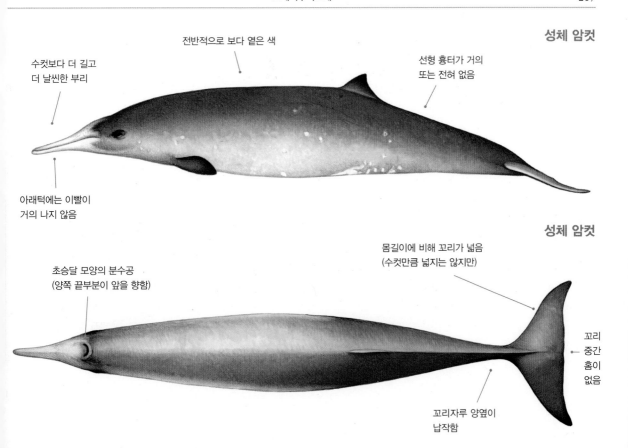

성체 암컷

수컷보다 더 길고 더 날씬한 부리

전반적으로 보다 옅은 색

선형 흉터가 거의 또는 전혀 없음

아래턱에는 이빨이 거의 나지 않음

성체 암컷

몸길이에 비해 꼬리가 넓음 (수컷만큼 넓지는 않지만)

초승달 모양의 분수공 (양쪽 끝부분이 앞을 향함)

꼬리 중간 홈이 없음

꼬리자루 양옆이 납작함

크기

길이: 수컷 4.7∼5.2m, 암컷 4.5∼5.3m
무게: 0.9∼1.1t **최대:** 6m, 약 1.5t
새끼 – 길이: 2.1∼2.4m **무게:** 미상

비슷한 종들

같은 지역 내 다른 이빨부리고래속 고래들(앤드류부리고래, 혹부리고래, 트루부리고래, 은행이빨부리고래, 스페이드이빨부리고래, 끈이빨부리고래 그리고 특히 비슷한 헥터부리고래 등)과 혼동할 여지가 많다. 그레이부리고래와 헥터부리고래는 아래턱 중간의 납작한 이빨들(헥터부리고래의 경우 아래턱 끝의 이빨들)과 한 줄짜리(헥터부리고래의 경우 두 줄짜리) 이빨 자국들을 보면 구분 가능하다. 또한 가까이서 보면, 다른 고래들의 경우 그레이부리고래의 아주 길고 날씬한 흰색 부리와 비교적 쭉 뻗은 입선으로 구분 가능하다.

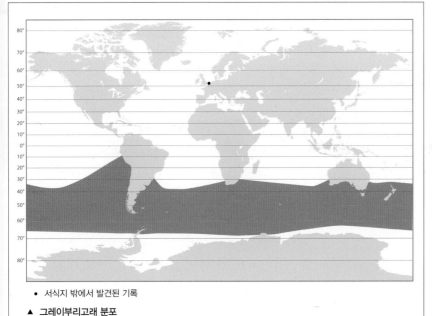

• 서식지 밖에서 발견된 기록

▲ 그레이부리고래 분포

분포

그레이부리고래들은 남반구의 온대 연안 바다 내 극지방에 서식하며, 남위 30도 남쪽에서 가장 흔히 발견된다. 남극과 아남극 바다에서도 종종 발견되며, 여름철에는 남극 반도 근처와 대륙의 해안 지역들 그리고 심지어 바다 얼음 사이에서도 그 모습을 볼 수 있다. 또한 흔히 뉴질랜드 해안 일대(부리고래 종 고래들이 가장 많이 좌초되는 게 이곳임)에 좌초되지만, 오스트레일리아의 사우스오스트레일리아주와 빅토리아주, 남아프리카공화국, 아르헨티나, 칠레, 페루, 포클랜드 제도 등에도 상당수의 그레이부리고래들이 좌초된다. 그레이부리고래들은 뉴질랜드의 북섬과

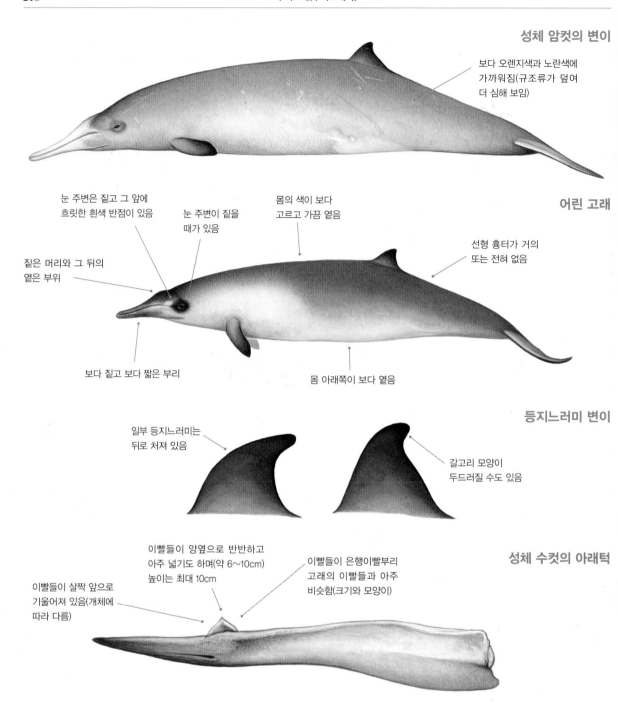

성체 암컷의 변이

보다 오렌지색과 노란색에
가까워짐(규조류가 덮여
더 심해 보임)

어린 고래

눈 주변은 짙고 그 앞에
흐릿한 흰색 반점이 있음

눈 주변이 짙을
때가 있음

몸의 색이 보다
고르고 가끔 옅음

선형 흉터가 거의
또는 전혀 없음

짙은 머리와 그 뒤의
옅은 부위

보다 짙고 보다 짧은 부리

몸 아래쪽이 보다 옅음

등지느러미 변이

일부 등지느러미는
뒤로 처져 있음

갈고리 모양이
두드러질 수도 있음

성체 수컷의 아래턱

이빨들이 양옆으로 반반하고
아주 넓기도 하며(약 6~10cm)
높이는 최대 10cm

이빨들이 은행이빨부리
고래의 이빨들과 아주
비슷함(크기와 모양이)

이빨들이 살짝 앞으로
기울어져 있음(개체에
따라 다름)

잠수 동작

- 종종 45도 각도로 수면 위로 올라와 긴 흰색 부리를 물 밖으로 내민다.
- 수면 위에서 천천히 움직인다.
- 몸을 조용히 구르면서 등지느러미가 보인다.
- 깊이 잠수하기 전에 보통 꼬리를 치켜올리지 않는다.

물 뿜어 올리기

- 뿜어 올리는 물이 낮고 사방으로 분산된다.

먹이와 먹이활동

알려진 바가 거의 없다. 주로 심해에 사는 작은 오징어와 물고기들을 주로 먹으며, 수심 500m 아래쪽에서 먹이활동을 하는 걸로 추정된다.

채텀 제도 사이의 지역에도 자주 좌초된다. 1927년에는 네덜란드의 카이트다인 해변에 그레이부리고래 암컷 1마리가 좌초됐는데, 이는 북반구에서 발견된 유일한 경우로 의심할 여지 없이 자신의 서식지를 벗어난 예외적인 경우였다. 그레이부리고래는 주로 대륙붕 가장자리 일대 또는 그 너머 수심 200m가 넘는 물속에서 관찰되지만, 해안 지역의 얕은 바다에서도 관찰된다(대개 여름-가을에. 이렇게 계절에 따라 해안 지역으로 이동하는 건 새끼를 낳거나 기르기 위해서라고 추정됨). 또한 해저 지형이 복잡한 지역들에 가장 많이 모여 사는 걸로 추정된다.

행동

그레이부리고래들은 그간 수면 위로 점프를 하고(대개 완만한 각도로. 가끔은 완전히 물 위에 뜨게) 머리를 물 위로 내밀어 주변을 살피며 꼬리와 가슴지느러미로 수면을 내려치는 등의 모습이 관찰됐다. 빠른 속도로 헤엄칠 때면 아치 형태로 낮게 뛰어올라 수면 위를 떠다니기도 한다.

이빨

위쪽 34~44개

아래쪽 2개

이빨부리고래속 고래치고는 특이하게, 성체 암컷과 수컷 모두 위턱 양쪽에 아주 작은 이빨들을(한쪽에 17~22개씩) 있는데, 그 이빨들은 길이가 1cm도 채 안 되며, 잇몸 위로 몇 mm만 돌출되거나 전혀 돌출되지 않는다. 이빨들은 입 뒤쪽에 있으며, 수컷의 경우 아래턱의 이빨 한 쌍과 대략 같은 위치에 난다. 그리고 암수 모두 엄니들 앞쪽에는 이빨들이 없다. 암컷의 경우 아래쪽에 이빨이 나는 경우는 드물다.

집단 규모와 구조

대개 혼자 또는 쌍으로 목격되며, 최대 5마리까지 비교적 소집단을 이룬다는 보고들도 있다. 20년 넘게 뉴질랜드에 좌초됐던 그레이부리고래 113마리를 연구해 본 결과, 57마리는 혼자였고 나머지 56마리는 평균 3.4마리의 집단 19개에 포함되어 있었다. 함께 좌초된 그레이부리고래 성체들은 서로 아무 관련이 없었다. 그러나 대규모로 좌초된 경우도 몇 차례(1874년 뉴질랜드 채텀 제도에 28마리가 좌초된 걸 포함해) 있어, 이 고래들이 다른 이빨부리고래속 고래들보다 더 집단생활을 하는 게 아닌가 추정된다.

포식자들

알려진 바가 없다. 상어들에게 물렸다는 증거들은 있다. 범고래들이 포식자들일 가능성이 있고 오스트레일리아에선 실제 부리고래 종들을 사냥하는 게 분명하지만, 범고래들이 그레이부리고래를 사냥했다는 검증된 기록은 없다.

개체 수

알려진 바가 없다. 그러나 그간 확인된 유전자 증거들과 서식지에서 발견된 많은 기록으로 미루어볼 때, 개체 수가 많을 걸로 추정된다.

종의 보존

세계자연보전연맹의 종 보존 현황: '정보 부족' 상태(2008년). 그레이부리고래들을 위협하는 것들에 대해선 알려진 바가 거의 없으나, 어망에 뒤엉키는 사고가 가장 큰 위협으로 추정된다. 또한 다른 부리고래 종들과 마찬가지로, 플라스틱 쓰레기 흡입과 소음 공해(특히 군사용 음파 탐지나 탄성파 탐사로 인한)에도 많은 영향을 받는 걸로 추정된다. 그리고 심각한 남획이 있었다는 얘기는 없다.

일대기

사실상 알려진 바가 없다. 남반구 봄과 여름(11~2월)에 새끼 1마리가 태어나는 걸로 추정된다.

▲ 남극해의 드레이크 해협에서 촬영된 그레이부리고래 성체 수컷. 여기저기 흉터가 많다.

은행이빨부리고래 Ginkgo-toothed beaked whale

학명 메소플로돈 깅코덴스 *Mesoplodon ginkgodens*　　　　　　　Nishiwaki and Kamiya, 1958

그간 여러 차례 목격됐을 수도 있지만, 바다에서 살아 있는 은행이빨부리고래가 목격됐다는 확인된 기록은 없다. 여기저기 광범위한 지역에 좌초된 은행이빨부리고래와 생포된 은행이빨부리고래가 30마리도 안 되지만, 그걸 토대로 짐작하건대 태평양과 인도양 전 지역에 퍼져 있는 걸로 보인다.

분류: 부리고래과 이빨고래아목

일반적인 이름: 은행이빨부리고래는 영어로 Ginkgo-toothed beaked whale로, 일본어 '긴쿄銀杏'('은행'이란 뜻—옮긴이)에서 온 것이다. 옆에서 보면, 이빨이 부채처럼 생긴 일본 은행나무 잎을 닮았다는 데서 붙은 이름이다(1957년에 이 종의 표본이 된 성체 수컷 1마리가 발견됐음).

다른 이름들: Japanese beaked whale 또는 ginkgo-toothed whale.

학명: 이 고래 학명의 앞부분 *Mesoplodon*은 '중간'을 뜻하는 그리스어 *mesos*에 '무기'를 뜻하는 그리스어 *hopla*와 '이빨'을 뜻하는 그리스어 *odon*이 붙은 것이다(턱 중앙에 이빨이라는 무기가 있다는 의미에서). 그리고 학명의 뒷부분 *ginkgodens*는 '*ginko*'(은행나무)의 뜻을 가진 *ginkgo*에 '이빨'을 뜻하는 라틴어 *dens*가 붙은 것이다('은행나무 잎 모양의 이빨을 가진'의 의미에서).

세부 분류: 현재 따로 인정된 아종은 없다. 여러 해 동안 은행이빨부리고래는 데라니야갈라부리고래와 같은 종으로 여겨졌으나, 데라니야갈라부리고래는 2014년에 공식적으로 별개의 종으로 인정됐다.

성체 수컷

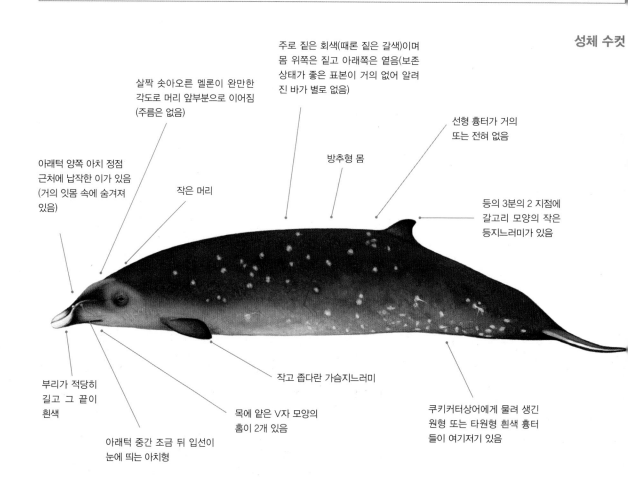

주로 짙은 회색(때론 짙은 갈색)이며 몸 위쪽은 짙고 아래쪽은 옅음(보존 상태가 좋은 표본이 거의 없어 알려진 바가 별로 없음)

살짝 솟아오른 멜론이 완만한 각도로 머리 앞부분으로 이어짐 (주름은 없음)

선형 흉터가 거의 또는 전혀 없음

방추형 몸

아래턱 양쪽 아치 정점 근처에 납작한 이가 있음 (거의 잇몸 속에 숨겨져 있음)

작은 머리

등의 3분의 2 지점에 갈고리 모양의 작은 등지느러미가 있음

부리가 적당히 길고 그 끝이 흰색

작고 좁다란 가슴지느러미

목에 얕은 V자 모양의 홈이 2개 있음

아래턱 중간 조금 뒤 입선이 눈에 띄는 아치형

쿠키커터상어에게 물려 생긴 원형 또는 타원형 흰색 흉터들이 여기저기 있음

요점 정리

- 태평양과 인도양의 열대 및 온대 바다에 서식
- 중간 크기
- 선형 흉터가 거의 또는 전혀 없음
- 부리가 적당히 길고 그 끝이 흰색
- 살짝 볼록한 멜론에 완만하게 경사진 이마
- 아래턱 중간 약간 뒤쪽 입선이 눈에 띄게 굽어 있음
- 아래턱 양쪽 아치 정점 근처에 넓은 이가 나 있음
- 등의 3분의 2 지점에 갈고리 모양의 작은 등지느러미가 있음

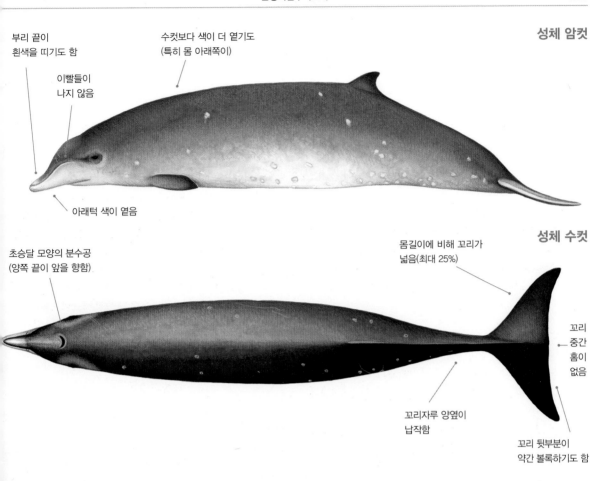

성체 암컷

부리 끝이
흰색을 띠기도 함

수컷보다 색이 더 옅기도
(특히 몸 아래쪽이)

이빨들이
나지 않음

아래턱 색이 옅음

성체 수컷

초승달 모양의 분수공
(양쪽 끝이 앞을 향함)

몸길이에 비해 꼬리가
넓음(최대 25%)

꼬리
중간
홈이
없음

꼬리자루 양옆이
납작함

꼬리 뒷부분이
약간 볼록하기도 함

크기
길이: 수컷 4.7~5.3m, 암컷 4.7~5.3m
무게: 약 1~1.5t   **최대:** 5.3m, 2t
새끼 – 길이: 2~2.5m   **무게:** 미상

비슷한 종들

데라니야갈라부리고래, 허브부리고래, 혹부리고래(또는 이빨만 본다면 그레이부리고래도 포함) 같이 서식지가 겹치는 다른 이빨부리고래속 고래들과 혼동될 가능성이 많다. 추가 정보가 없을 경우 바다에서 식별하는 건 쉽지 않을 것이다. 다만 대부분의 다른 부리고래 종 수컷들의 특징인 눈에 띄는 흰색 선형 흉터들이 없다는 게 유용한 단서가 될 수 있을 듯. 또한 데라니야갈라부리고래의 경우 아래턱 끝이 회색이고 턱과 목이 흰색인 데 반해, 은행이빨부리고래는 아래턱 끝이 흰색이고 턱과 목이 희색 빛 도는 갈색이다. 허브부리고래의 경우 수컷들이 특유의 흰색 '모자'를 쓰고 있는 데다 부리도 흰색이어서 금방 구분 가능하다. 또한 혹부리고래 성체의 경우 수컷들이 아래턱이 더 높은 아치형인 데다 머리도 더 평평하다. 그러나 암컷과 어린 은행이빨부리고래들만으로는 다른 이빨부리고래속 고래들과 구분하는 게 쉽지 않을 것이다.

분포

관련 기록이 많지 않은 데다가 최근까지만 해도 은행이빨부리고래와 데라니야갈라부리고래 간 종 분류상의 혼란이 있었기 때문에, 아직 정확한 분포는 알 수가 없다. 그간의 관측 기록들에 따르면, 은행이빨부

■ 예상 서식지   • 좌초된 지역들

▲ 은행이빨부리고래 분포

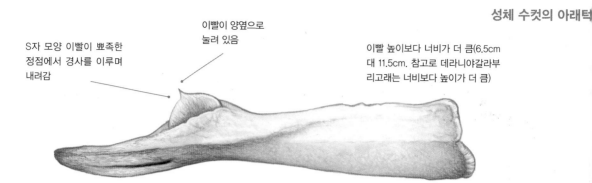

성체 수컷의 아래턱

S자 모양 이빨이 뾰족한 정점에서 경사를 이루며 내려감

이빨이 양옆으로 눌려 있음

이빨 높이보다 너비가 더 큼(6.5cm 대 11.5cm. 참고로 데라니야갈라부리고래는 너비보다 높이가 더 큼)

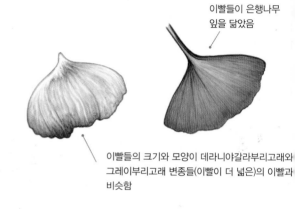

이빨들이 은행나무 잎을 닮았음

이빨들의 크기와 모양이 데라니야갈라부리고래와 그레이부리고래 변종들을(이빨이 더 넓은)의 이빨과 비슷함

리고래들은 태평양과 인도양(인도양에서 발견된 고래들은 대개 데라니야갈라부리고래이지만) 도처에 폭넓게 퍼져 살고 있으며, 태평양 서부에 가장 많이 몰려 살고 있는 걸로 추정된다. 또한 주로 수심이 깊은 열대 및 온대 바다에 서식하며, 해저 지형이 복잡한 지역들에서 더 흔히 볼 수 있는 걸로 보여진다.

은행이빨부리고래라고 확인된 고래들(1957년 도쿄 근처에서 발견된 표본을 포함해 모두 7마리) 중 상당수는 일본 일대에 좌초되어 쿠로시오 해류와 관련이 있는 걸로 추정되며, 1마리는 야마가타현에 좌초되어 일본 근처 바다에서 살았던 걸로 추정된다. 그러나 은행이빨부리고래는 그 외에 중국 랴오닝성(1마리), 대만(4마리), 미국 캘리포니아 남부 델마(1마리), 갈라파고스 제도(1마리), 인도네시아 말라카 해협(1마리), 미크로네시아 폰페이섬(1마리. 한때 괌으로 잘못 알려졌었음), 오스트레일리아(빅토리아주 1마리, 뉴사우스웨일즈주 4마리), 뉴질랜드(5마리), 몰디브(1마리, 이빨 1개가 몰디브의 수도 말레 국립박물관에 보존 중임)에도 좌초됐다. 필리핀에도 좌초됐다는 기록이 있으나, 검증되진 못했다.

음향 탐지 조사 결과 고래들의 반향정위 신호음들이 잡혔는데, 이는 하와이 남서쪽 300km쯤에 위치한 크로스 해저산 주변에서부터 미국령 카우아이섬의 코나 일대와 북서 하와이 제도의 필 환초 및 헤르메스 환초에 이르는 광범위한 지역에 흩어진 은행이빨부리고래들이 내는 신호음들로 보여진다.

행동

아직 바다에서 살아 있는 은행이빨부리고래들이 관측됐다는 확인된 기록은 없으며, 그래서 이 고래들의 행동에 대한 정보도 없다. 대부분의 다른 부리고래 종 고래들의 경우와는 달리 은행이빨부리고래 수컷들의 몸에는 선형 흉터들이 없는데, 이는 같은 수컷들 간의 싸움이 없어서라기보다는 잇몸 위에 노출된 이빨이 몇 되지 않아서라고 보여진다.

먹이와 먹이활동

알려진 바가 거의 없다. 다른 부리고래 종 고래들과 마찬가지로, 주로 심해 오징어와 일부 물고기들을 먹고 수심 200m가 넘는 데서 먹이활동을 하고 있을 걸로 추정된다.

이빨(수컷)

위쪽 0개
아래쪽 2개

집단 규모와 구조

알려진 바가 없다.

포식자들

알려진 바가 없으나, 범고래와 대형 상어들이 중요한 포식자들일 걸로 추정된다.

개체 수

알려진 바가 없다. 관측 기록이 적은 걸로 보아 흔치 않을 걸로 추정된다.

종의 보존

세계자연보전연맹의 종 보존 현황: '정보 부족' 상태(2008년). 자망을 비롯한 어망들에 뒤엉키는 사고가 가장 큰 위협으로 추정된다. 심해에 설치된 자망에 몇 마리가 잡혔고 대만에서는 적어도 2마리가 주낙에 걸렸다는 기록이 있다. 그리고 다른 부리고래 종들과 마찬가지로, 플라스틱 쓰레기 흡입과 소음 공해(특히 군사용 음파 탐지나 탄성파 탐사로 인한)에 취약할 것으로 보인다. 또한 가끔 일본과 대만 포경업자들에 의해 잡히고 있는 걸로 알려져 있다.

일대기

알려진 바가 없다.

헥터부리고래 Hector's beaked whale

 메소플로돈 헥토리 *Mesoplodon hectori*   (Gray, 1871)

헥터부리고래는 좌초된 단 몇십 마리의 고래와 바다에서 관측이 확인된 1마리에서 얻은 정보가 전부여서, 가장 알려진 게 없는 고래 종들 중 하나다.

분류: 부리고래과 이빨고래아목

일반적인 이름: 헥터부리고래는 영어로 Hector's beaked whale로, 뉴질랜드 웰링턴에 있는 식민지박물관의 창립 관장인 제임스 헥터 James Hector, 1834~1907의 이름에서 따온 것이다.

다른 이름들: New Zealand beaked whale 또는 skew-beaked whale('삐딱한 부리고래'의 뜻. 두개골이 심하게 비대칭적이라는 의미에서).

학명: 이 고래 학명의 앞부분 *Mesoplodon*은 '중간'을 뜻하는 그리스어 *mesos*에 '무기'를 뜻하는 그리스어 *hopla*에 '이빨'을 뜻하는 그리스어 *odon*이 붙은 것이다(턱 중앙에 이빨이라는 무기가 있다는 의미에서). 그리고 학명의 뒷부분 *hectori*는 James Hector의 이름에서 온 것이다.

세부 분류: 현재 따로 인정된 아종은 없다.

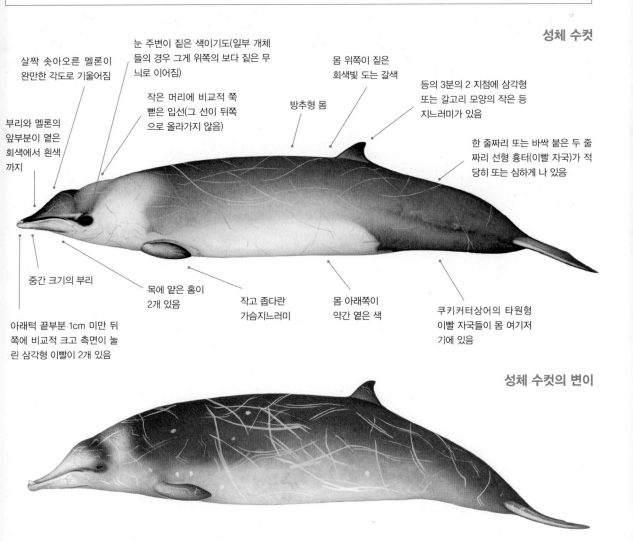

성체 수컷

- 살짝 솟아오른 멜론이 완만한 각도로 기울어짐
- 눈 주변이 짙은 색이기도(일부 개체들의 경우 그게 위쪽의 보다 짙은 무늬로 이어짐)
- 작은 머리에 비교적 쭉 뻗은 입선(그 선이 뒤쪽으로 올라가지 않음)
- 몸 위쪽이 짙은 회색빛 도는 갈색
- 방추형 몸
- 등의 3분의 2 지점에 삼각형 또는 갈고리 모양의 작은 등지느러미가 있음
- 부리와 멜론의 앞부분이 옅은 회색에서 흰색까지
- 한 줄짜리 또는 바싹 붙은 두 줄짜리 선형 흉터(이빨 자국)가 적당히 또는 심하게 나 있음
- 중간 크기의 부리
- 목에 얕은 홈이 2개 있음
- 작고 좁다란 가슴지느러미
- 몸 아래쪽이 약간 옅은 색
- 쿠키커터상어의 타원형 이빨 자국들이 몸 여기저기에 있음
- 아래턱 끝부분 1cm 미만 뒤쪽에 비교적 크고 측면이 눌린 삼각형 이빨이 2개 있음

성체 수컷의 변이

요점 정리

- 남반구의 온대 바다에 서식
- 작은 크기부터 중간 크기
- 등의 3분의 2 지점에 삼각형 모양의 작은 등지느러미가 있음
- 부리와 멜론의 앞부분이 옅은 회색에서 흰색까지
- 완만하게 기울어진 멜론
- 적당한 흉터부터 심한 흉터까지
- 아래턱 끝부분에 측면이 눌린 삼각형 모양의 이빨들이 나 있음

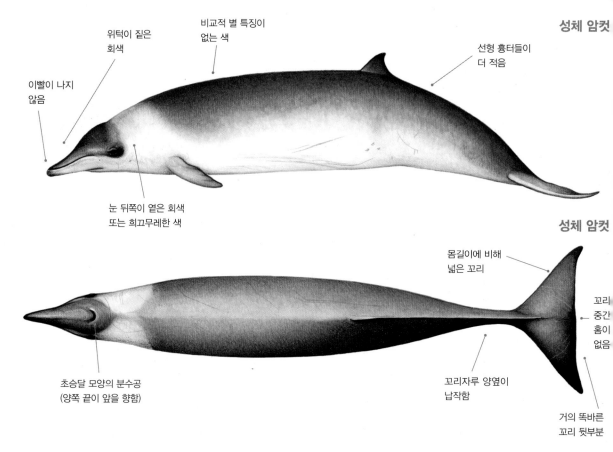

성체 암컷

이빨이 나지
않음

위턱이 짙은
회색

비교적 별 특징이
없는 색

선형 흉터들이
더 적음

눈 뒤쪽이 옅은 회색
또는 희끄무레한 색

성체 암컷

몸길이에 비해
넓은 꼬리

꼬리
중간
홈이
없음

초승달 모양의 분수공
(양쪽 끝이 앞을 향함)

꼬리자루 양옆이
납작함

거의 똑바른
꼬리 뒷부분

크기

길이: 수컷 4~4.3m, 암컷 4~4.4m
무게: 약 900kg **최대:** 4.5m, 약 1t
새끼 − 길이: 1.8~2.1m **무게:** 미상

비슷한 종들

앤드류부리고래와 혹부리고래, 은행이빨부리고래, 트루부리고래, 끈이빨부리고래, 스페이드이빨고래 그리고 특히 비슷하게 부리가 흰색인 그레이부리고래 등, 같은 서식지 내 다른 이빨부리고래속 고래들과 혼동될 여지가 많다. 암컷과 어린 고래들은 바다에선 아마 다른 부리고래들과 구분하기 힘들 것이다. 그레이부리고래와 구분하려면 아래턱 끝(그레이부리고래의 경우 중간)의 납작한 이빨들과 바싹 붙은 두 줄(그레이부리고래의 경우 한 줄)짜리 이빨 자국들을 보면 된다. 페린부리고래와는 사실상 구분이 안 되지만(DNA 검사 방법 외에는), 2종은 아예 서로 다른 반구에 살고 있다.

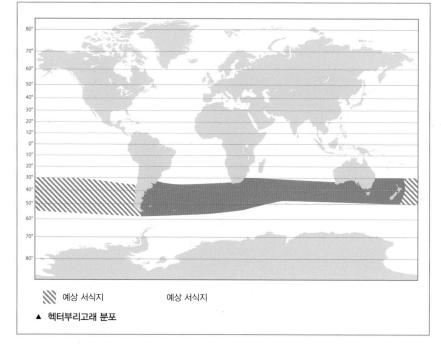

예상 서식지   예상 서식지

▲ 헥터부리고래 분포

분포

헥터부리고래들은 남위 32도와 남위 55도 사이의 차가운 남반구 바다에 서식한다. 이 고래들이 좌초되는 곳은 주로 뉴질랜드와 오스트레일리아 남부(태즈메이니아주 포함), 남아메리카 남부(브라질, 우루과이, 아르헨티나, 포클랜드 제도) 대서양 쪽 해안 그리고 남아프리카공화국이다. 그 외에 칠레 남부의 티에라델푸에고 제도 내 나바리노섬에도 좌초된다. 뉴질랜드와 남아메리카 태평양 해안 사이에서 발견됐다는 기록은 없는데, 이는 실제 서식지가 단절됐기 때문일 수도 있고 관련 자료가 부족해서일 수도 있다. 또한 헥터부리고래들은(다른 부리고래 종 고

먹이와 먹이활동

사실상 알려진 바가 없다. 그러나 주로 심해 오징어(물고기들과 무척추동물들도)를 먹는 걸로 추정된다. 살아 있는 헥터부리고래들의 확인된 최장 잠수 시간은 4분으로 알려져 있으나, 실제의 최장 잠수 시간은 훨씬 더 길 것으로 보여진다.

성체 수컷의 아래턱

래들과 마찬가지로) 주로 대륙붕 가장자리 너머의 깊은 바다에 살고 있는 걸로 추정된다. 이 고래들은 대개 12월부터 4월 사이에 뉴질랜드에 좌초되어, 주로 여름철에 해안 일대에서 이동하는 게 아닌가 추측된다. 1975년부터 1979년 사이에 캘리포니아 남부에 좌초됐던 고래 4마리는 북반구에서 발견된 최초의 헥터부리고래들로 보여졌으나, 실은 페린부리고래들이었던 걸로 알려져 있다.

행동

헥터부리들의 행동에 대해 우리가 알고 있는 것들은 주로 좌초된 고래들을 통해 알게 된 것들이다. 바다에서 살아 있는 상태로 관찰된 유일한 헥터부리고래는 1999년 오스트레일리아 남서부 해안에서 약 50m 떨어진 얕은 바다(헥터부리고래의 일반적인 서식지는 분명 아니었음)에서 관찰된 3m 길이의 건강해 보이는 고래였는데, 당시 그 고래는 연구선 근처에서 여러 차례 수면 위로 점프를 했다. 그리고 2주 동안 그 지역에 머문 뒤 사라졌다.

이빨(수컷)

위쪽 0개
아래쪽 2개

2016년 남호주박물관은 한 어린 헥터부리고래 암컷에 대한 부검을 실시했는데, 그 고래는 과거에 보지 못한 작은 '송곳니' 한 쌍이 나 있었고, 그 밑에는 헥터부리고래 특유의 삼각형 모양의 이빨이 2개 있었다(암컷은 이빨이 나지 않지만). 그렇게 '추가' 이빨들이 난 건 일종의 격세 유전atavism(어떤 형질이 세대를 걸러 다시 나타나는 것-옮긴이)인 걸로 추정됐다.

일대기

알려진 바가 없다. 여름에 새끼 1마리가 태어나는 걸로 추정된다(아주 제한된 증거를 토대로).

집단 규모와 구조

알려진 바가 없으나, 소집단을 이루는 걸로 추정된다.

개체 수

아직 전 세계적인 개체 수 추정치는 나온 적이 없다. 대부분의 서식지에서 발견되는 경우가 아주 드문데, 그건 이 헥터부리고래들에 대한 연구가 워낙 부족한 데다 바다에서 식별하기도 힘들기 때문인 걸로 보인다. 좌초된 고래들에 대한 기록을 보면, 뉴질랜드 일대에 비교적 흔한 걸로 추정된다.

종의 보존

세계자연보전연맹의 종 보존 현황: '정보 부족' 상태(2008년). 헥터부리고래들을 위협하는 문제들에 대한 정보는 거의 없으나, 몇 가지 사실을 추론해 볼 수는 있다. 바다 깊이 잠수하는 다른 부리고래 종들과 마찬가지로, 소음 공해(특히 군사용 음파 탐지나 탄성파 탐사로 인한)에 취약할 것으로 보인다. 플라스틱 쓰레기 흡입 역시 문제일 걸로 추정된다. 헥터부리고래를 직접 사냥한다는 얘기는 알려진 바가 없으며(1800년대에 뉴질랜드에서 1마리가 잡히기는 했지만), 다른 물고기를 잡다가 의도치 않게 잡히는 경우가 자주 있다는 증거도 없다.

▲ 바다에서 찍힌 헥터부리고래의 너무도 드문 사진. 웨스턴오스트레일리아 해변 근처에서 발견된 어린 암컷이다.

허브부리고래 Hubbs' beaked whale

학명 메소플로돈 칼허브시 *Mesoplodon carlhubbsi* Moore, 1963

북태평양에서 발견됐다는 허브부리고래의 수가 60마리(바다에서 직접 목격됐다는 믿을 만한 경우는 몇 안 되고 대부분이 좌초된 경우임)도 안 되어, 이 고래 종에 대해선 알려진 바가 거의 없다. 멀리 떨어진 남극해의 찬 바다에 살고 있는 앤드류부리고래와 놀랄 만큼 비슷하다.

분류: 부리고래과 이빨고래아목

일반적인 이름: 허브부리고래는 영어로 Hubbs' beaked whale로, 1945년에 이 고래 표본을 수집한 유명한 해양 생물학자 칼 L. 허브스Carl L. Hubbs, 1894~1979의 이름에서 따온 것이다(후에 조셉 커티스 무어Joseph Curtis Moore가 칼 L. 허브스를 기리는 뜻에서 허브부리고래로 명명). 캘리포니아 스크립스해양연구소에 몸담고 있던 칼 L. 허브스와 다른 동료들이 그 고래를 통째로 보전했으며, 그러다 제2차 세계대전 중에 그 고래의 고기를 먹었다(육류 배급 조치의 일환으로).

다른 이름들: Arch–beaked whale.

학명: 이 고래 학명의 앞부분 *Mesoplodon*은 '중간'을 뜻하는 그리스어 *mesos*에 '무기'를 뜻하는 그리스어 *hopla*와 '이빨'을 뜻하는 그리스어 *odon*이 붙은 것이다(턱 중앙에 이빨이라는 무기가 있다는 의미에서). 그리고 학명의 뒷부분 *carlhubbsi*는 Carl L. Hubbs의 이름에서 따온 것이다.

세부 분류: 예전에는 일부 사람들에 의해 앤드류부리고래의 아종으로 여겨졌으나, 최근에 행해진 유전자 검사 결과 별개의 종으로 인정됐다. 현재 따로 인정된 아종은 없다.

성체 수컷

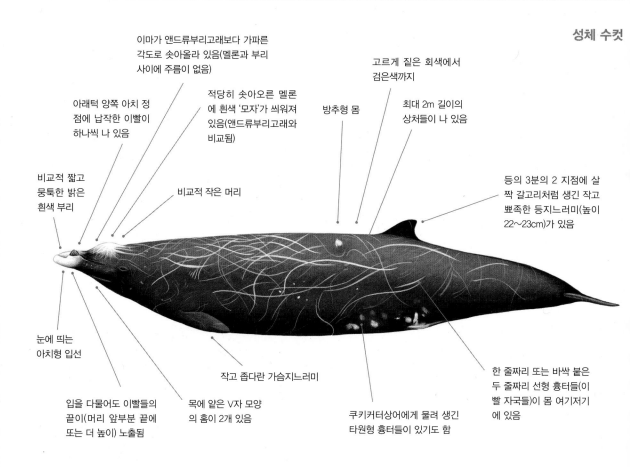

이마가 앤드류부리고래보다 가파른 각도로 솟아올라 있음(멜론과 부리 사이에 주름이 없음)

고르게 짙은 회색에서 검은색까지

아래턱 양쪽 아치 정점에 납작한 이빨이 하나씩 나 있음

적당히 솟아오른 멜론에 흰색 '모자'가 씌워져 있음(앤드류부리고래와 비교됨)

방추형 몸

최대 2m 길이의 상처들이 나 있음

비교적 짧고 뭉툭한 밝은 흰색 부리

비교적 작은 머리

등의 3분의 2 지점에 살짝 갈고리처럼 생긴 작고 뾰족한 등지느러미(높이 22~23cm)가 있음

눈에 띄는 아치형 입선

입을 다물어도 이빨들의 끝이(머리 앞부분 끝에 또는 더 높이) 노출됨

목에 얕은 V자 모양의 홈이 2개 있음

작고 좁다란 가슴지느러미

쿠키커터상어에게 물려 생긴 타원형 흉터들이 있기도 함

한 줄짜리 또는 바싹 붙은 두 줄짜리 선형 흉터들(이빨 자국들)이 몸 여기저기에 있음

요점 정리

- 북태평양의 차가운 온대 바다에 서식
- 중간 크기
- 고르게 짙은 색
- 밝은 흰색 '모자'와 부리
- 심한 상처 자국들
- 등의 3분의 2 지점에 갈고리 모양의 작은 등지느러미가 있음
- 아치형 아래턱에 엄니가 2개 나 있음

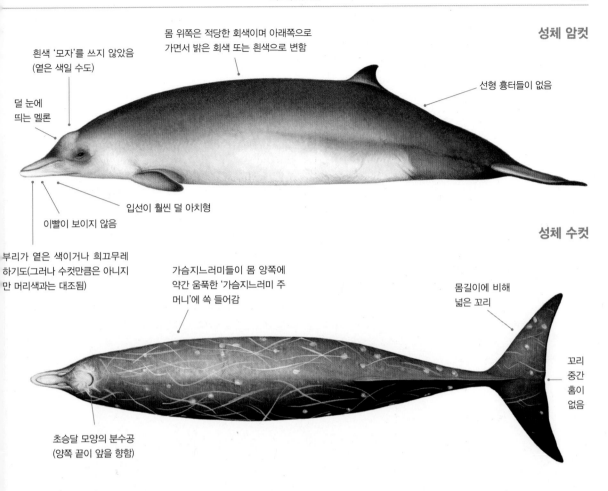

성체 암컷

몸 위쪽은 적당한 회색이며 아래쪽으로 가면서 밝은 회색 또는 흰색으로 변함

흰색 '모자'를 쓰지 않았음 (옅은 색일 수도)

선형 흉터들이 없음

덜 눈에 띄는 멜론

입선이 훨씬 덜 아치형

이빨이 보이지 않음

성체 수컷

부리가 옅은 색이거나 희끄무레 하기도(그러나 수컷만큼은 아니지만 머리색과는 대조됨)

가슴지느러미들이 몸 양쪽에 약간 움푹한 '가슴지느러미 주머니'에 쏙 들어감

몸길이에 비해 넓은 꼬리

꼬리 중간 홈이 없음

초승달 모양의 분수공 (양쪽 끝이 앞을 향함)

크기
길이: 4.7~5.3m　무게: 약 1~1.5t
새끼－길이: 약 1.7~2.3m　무게: 미상

비슷한 종들

성체 수컷은 대부분의 다른 부리고래 종들에 비해 구분하는 게 더 쉽다. 망치고래나 민부리고래, 큰이빨부리고래, 은행이빨부리고래, 페린부리고래, 롱맨부리고래, 혹부리고래와 서로 다른 관점에서 서식지가 겹치지만, 흰색 부리와 멜론 위에 쓴 흰색 '모자' 그리고 커다란 엄니 때문에 그 고래들과 구분하는 게 가능하다. 그 외에 부리 길이와 이빨 위치, 입선 등도 구분하는 데 도움이 된다. 생긴 게 앤드류부리고래와 비슷하지만(그래서 예전에는 허브부리고래를 앤드류부리고래로 잘못 보는 경우들이 있었음), 서식지가 겹치진 않는다. 암컷과 어린 고래들의 경우 경험 많은 고래 관찰자가 아니라면 바다에서 다른 고래 종들과 구분하는 게 어려울 수 있다.

분포

허브부리고래의 분포는 주로 좌초된 고래들을 통해 알게 된 것으로, 북태평양의 깊은 연안 온대 바다를 좋아하는 걸로 알려져 있다. 이 고래들은 북위 32도 42분(미국 캘리포니아주의 산클레멘테섬)과 북위 54도 18분(캐나다 브리티시컬럼비아주의 프린스 루퍼트) 사이에서 남쪽으로 흐르는 차가운 캘리포니아 해류를 따라 대개 북아메리카 서부

▲ 허브부리고래 분포

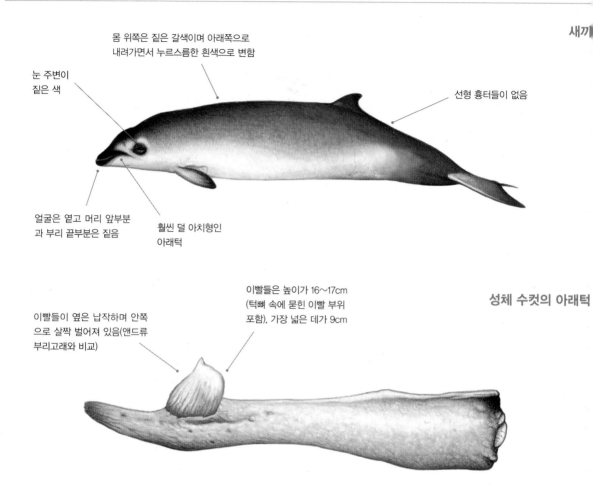

새끼

몸 위쪽은 짙은 갈색이며 아래쪽으로
내려가면서 누르스름한 흰색으로 변함

눈 주변이
짙은 색

선형 흉터들이 없음

얼굴은 옅고 머리 앞부분
과 부리 끝부분은 짙음

훨씬 덜 아치형인
아래턱

성체 수컷의 아래턱

이빨들은 높이가 16~17cm
(턱뼈 속에 묻힌 이빨 부위
포함), 가장 넓은 데가 9cm

이빨들이 옆은 납작하며 안쪽
으로 살짝 벌어져 있음(앤드류
부리고래와 비교)

지역 일대에 좌초된다. 허브부리고래는 북위 35도 01분(혼슈 스루가만 내 누마즈)와 북위 43도 19분(홋카이도 네무로) 사이 일본 태평양쪽 해안 지역 쪽에도 좌초되는데, 이 경우 북쪽으로 흐르는 따뜻한 바닷물인 쿠로시오 해류와 남쪽으로 흐르는 차가운 바닷물인 오야시오 해류의 합류 지점과 관련 있는 걸로 추정된다. 허브부리고래들이 주로 좌초되는 곳에는 대륙처럼 광대한 땅이 없어 허브고래들은 북태평양 중앙 지역에는 좌초되지 않으며, 허브부리고래들이 태평양 동부와 서부 양쪽을 오갈 수도 있다. 그러나 태평양 중앙에 좌초된 걸로 기록된 허브부리고래가 1마리뿐(북위 43도, 서경 163도의 공해상에서 지역에서 유망에 걸려 잡힘)이며 알류샨 열도나 하와이에서는 좌초된 기록이 없다는 사실을 생각하면, 태평양 동부와 서부의 허브부리고래들이 서로 완전히 독립된 삶을 살고 있을 수도 있다. 또한 허브부리고래들은 수심 200m 이상 되는 바다에만 사는 걸로 추정된다.

행동

그간 바다에서 목격된 고래가 허브부리고래로 확인된 경우는 몇 안 된다. 1994년 7월 26일 미국 오리건주 일대 바다에서는 기상여건이 더없이 좋은 상태에서 확실히 허브부리고래들로 보이는 두 고래 집단(각기 2마리와 5마리)이 목격됐다. 1997년에는 일본 혼슈의 스루가만에서 허브부리고래 1마리가 잠시 목격됐다. 그리고 2005년에는 미국 워싱턴주 일대의 바다에서 고래 조사

잠수 동작
· 부리와 머리 위의 흰색 '모자'가 보인다(수면 위로 오르면서 머리를 물 밖으로 들어 올렸다는 보고도 있었음).
· 등 아래쪽과 등지느러미가 나타나면서 머리가 사라진다.
· 잠수를 할 때 몸이 살짝 구부러진다.
· 꼬리는 보이지 않을 수도 있다.

물 뿜어 올리기
· 뿜어 올리는 물이 또렷하게 보이지 않는다.

먹이와 먹이활동

먹이: 제한된 증거들에 따르면, 주로 심해 오징어(*Gonatus, Onychoteuthis, Octopateuthis, Histioteuthis, Mastigoteuthis* 등)를 먹지만 심해 물고기(샛비늘치, 태평양 바이퍼피시 등)도 먹는 듯하다.

먹이활동: 입을 벌려 먹이를 흡입해 통째 삼키는 방식을 취하는 걸로 추정됨.

잠수 깊이: 수심 500∼3,000m 지점까지 잠수하는 걸로 추정됨.

잠수 시간: 알려진 바가 없으나, 최대 1시간 정도일 걸로 추정됨.

중에 허브부리고래로 보이는 고래 1마리가 목격됐다. 1989년에는 미국 샌프란시스코 오션 비치에서 어린 허브부리고래 4마리가 살아 있는 상태로 좌초됐고, 한 해양 수족관 측에 의해 '구출'됐으나 2주 후에 죽었다.

이빨

위쪽 0개
아래쪽 2개
이빨은 수컷들만 난다.

집단 규모와 구조

관련 정보가 거의 없으나, 1마리에서 5마리씩 집단을 이루는 걸로 보인다.

포식자들

알려진 바가 없으나, 범고래와 대형 상어들이 중요한 포식자들일 걸로 추정된다.

개체 수

알려진 바가 없다. 목격하기가 어려운 걸로 보아 개체 수가 몇 안 되는 걸로 보이나, 다른이빨부리고래 종들처럼 단지 바다에서 눈에 잘 띄지 않아 목격이 되지 않는 게 아닌가 싶기도 하다. 그리고 금세기에 들어와 북아메리카 해변에 좌초되는 허브부리고래 수는 줄어들고 있는 걸로 보인다.

종의 보존

세계자연보전연맹의 종 보존 현황: '정보 부족' 상태(2008년). 허브부리고래들은 가끔 일본의 소규모 고래 포경업자들에 의해 붙잡히며, 그 고래들에게서 나온 고래 고기 상품들이 시장에서 팔리는 일이 종종 있다. 다른 물고기를 잡다가 본의 아니게 잡히는 경우도 많은 듯하다. 1990년에서 1995년 사이에 미국 캘리포니아 주 일대 바다에서 허브부리고래 5마리가 황새치와 환도상어를 잡기 위해 쳐 놓은 유망에 잡히기도 했으나, 1997년에 음향 경고 장치 설치가 의무화된 이후에는 허브부리고래가 어망에 걸려 잡혔다는 기록은 없다. 또한 다른 부리고래 종들과 마찬가지로, 허브부리고래들을 위협하는 문제들 역시 소음 공해(특히 군사용 음파 탐지나 탄성파 탐사로 인한)와 플라스틱 쓰레기 흡입 그리고 기후 변화(이는 보다 선선한 바닷물에 사는 모든 북태평양 부리고래 종들에게 비교적 더 큰 타격을 줄 가능성이 있는데, 그건 이들이 자신들의 서식지를 쉽게 북쪽으로 옮길 수 없기 때문임)이다.

일대기

성적 성숙: 알려진 바가 없음.

짝짓기: 알려진 바가 거의 없으나, 선형 흉터들이 있는 걸로 보아 짝짓기를 하기 위해 수컷들끼리 싸우는 걸로 보여짐(수평 상태의 선형 흉터들은 이빨 자국으로 추정됨).

임신: 알려진 바가 없음.

분만: 여름(5∼8월)에 새끼 1마리가 태어나는 걸로 추정됨.

젖떼기: 알려진 바가 없음.

수명: 알려진 바가 없음.

혹부리고래 Blainville's beaked whale

학명 메소플로돈 덴시로스트리스 *Mesoplodon densirostris*   (Blainville, 1817)

혹부리고래는 전 세계의 열대 바다에서 가장 흔히 볼 수 있고 또 가장 널리 퍼져 있는 이빨부리고래속 고래다. 아래턱이 아주 심하게 굽어 있으며, 이빨 2개가 한 쌍의 뿔처럼 돌출되어 있고, 머리 앞부분은 그 어떤 동물보다 밀도 높은 뼈로 이루어져 있다.

분류: 부리고래과 이빨고래아목

일반적인 이름: 혹부리고래는 영어로 Blainville's beaked whale로, 18cm 길이의 위 턱뼈를 가지고 이 종이 새로운 종이라는 걸 알아낸 프랑스 동물학자 겸 해부학자 앙리 마리 뒤크로테 드 블랭빌Henri Marie Ducrotay de Blainville, 1770~1850의 이름에서 따온 것이다.

다른 이름들: Dense-beaked whale, tropical beaked whale, cowfish, Atlantic beaked whale 등.

학명: 이 고래 학명의 앞부분 *Mesoplodon*은 '중간'을 뜻하는 그리

스어 *mesos*에 '무기'를 뜻하는 그리스어 *hopla*와 '이빨'을 뜻하는 그리스어 *odon*이 붙은 것이다(턱 중앙에 이빨이라는 무기가 있다는 의미에서). 그리고 학명의 뒷부분 *densirostris*는 '빽빽한' 또는 '두터운'을 뜻하는 라틴어 *densum*에 '부리'를 뜻하는 라틴어 *rostrum*이 합쳐진 것이다(혹부리고래 표본의 위 턱뼈는 코끼리의 상아보다 밀도가 더 높았음).

세부 분류: 현재 따로 인정된 아종은 없다.

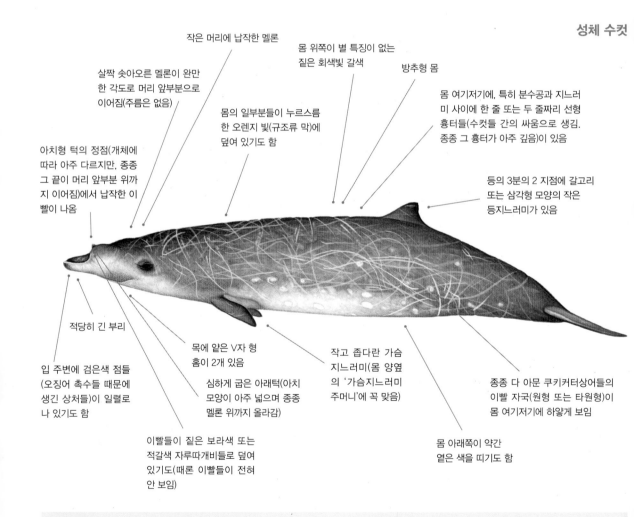

성체 수컷

작은 머리에 납작한 멜론

살짝 솟아오른 멜론이 완만한 각도로 머리 앞부분으로 이어짐(주름은 없음)

몸 위쪽이 별 특징이 없는 짙은 회색빛 갈색

방추형 몸

몸 여기저기에, 특히 분수공과 지느러미 사이에 한 줄 또는 두 줄짜리 선형 흉터들(수컷들 간의 싸움으로 생김. 종종 그 흉터가 아주 깊음)이 있음

몸의 일부분들이 누르스름한 오렌지 빛(규조류 막)에 덮여 있기도 함

아치형 턱의 정점(개체에 따라 아주 다르지만, 종종 그 끝이 머리 앞부분 위까지 이어짐)에서 납작한 이빨이 나옴

등의 3분의 2 지점에 갈고리 또는 삼각형 모양의 작은 등지느러미가 있음

적당히 긴 부리

목에 얕은 V자 형 홈이 2개 있음

작고 좁다란 가슴지느러미(몸 양옆의 '가슴지느러미 주머니'에 꼭 맞음)

입 주변에 검은색 점들(오징어 촉수들 때문에 생긴 상처들)이 일렬로 나 있기도 함

심하게 굽은 아래턱(아치 모양이 아주 넓으며 종종 멜론 위까지 올라감)

종종 다 아문 쿠키커터상어들의 이빨 자국(원형 또는 타원형)이 몸 여기저기에 하얗게 보임

이빨들이 짙은 보라색 또는 적갈색 자루따개비들로 덮여 있기도(때론 이빨들이 전혀 안 보임)

몸 아래쪽이 약간 옅은 색을 띠기도 함

요점 정리

- 전 세계의 열대 바다와 따뜻한 온대 바다에 서식
- 중간 크기
- 대개 별 특징이 없는 회색빛 갈색
- 다 아문 쿠키커터상어 이빨 자국들이 여기저기 있음
- 주로 수평을 이루는 선형 흉터들이 뒤얽혀 있음

- 아치형 턱들에 앞으로 기울어진 납작한 이빨들이 나 있음
- 이빨들에 붙은 자루따개비들이 방울술 같아 보임
- 작은 머리에 납작한 멜론
- 등의 3분의 2 지점에 갈고리 또는 삼각형 모양의 작은 등지느러미가 있음

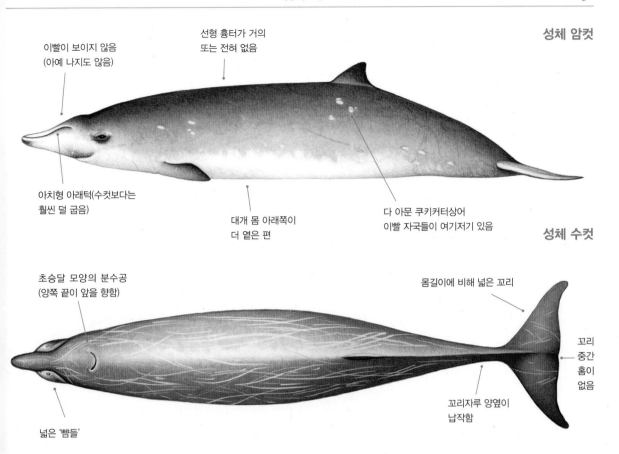

성체 암컷

이빨이 보이지 않음
(아예 나지도 않음)

선형 흉터가 거의
또는 전혀 없음

아치형 아래턱(수컷보다는
훨씬 덜 굽음)

대개 몸 아래쪽이
더 옅은 편

다 아문 쿠키커터상어
이빨 자국들이 여기저기 있음

성체 수컷

초승달 모양의 분수공
(양쪽 끝이 앞을 향함)

몸길이에 비해 넓은 꼬리

꼬리
중간
홈이
없음

꼬리자루 양옆이
납작함

넓은 '뺨들'

크기

길이: 수컷 4.3~4.8m, 암컷 4.3~4.7m
무게: 0.8~1t   **최대:** 4.9m, 1.03t
새끼 – 길이: 약 2~2.5m   **무게:** 약 60kg

▲ 혹부리고래 분포

비슷한 종들

가까이서 볼 경우, 혹부리고래 성체 수컷들은 바다에서 가장 구분하기 쉬운 부리고래과 고래들 중 하나다(암컷과 새끼들은 아치형 턱선을 보면 종을 구분하는 데 도움이 되긴 하지만, 성체 수컷이 곁에 없을 경우 구분하기가 더 어려움). 아래턱이 많이 굽은 다른 부리고래과 고래들 가운데 혹부리고래와 서식지가 겹치는 종(정도 차이는 있지만)들은 오직 큰이빨부리고래(짙은 '후드'와 모양과 위치가 다른 이빨들을 볼 것), 은행이빨부리고래(옅은 색 선형 흉터들이 없음), 허브부리고래(머리에 눈에 띄는 흰색 '모자'를 쓰고 있음), 제르베부리고래(등지느러미에 있는 '호랑이 무늬'를 볼 것), 앤드류부리고래(끝이 흰색인 부리를 볼 것)뿐이다. 보다 높은 아치 모양의 턱과 납작한 멜론은 혹부리고래의 가장 큰 특징이다. 끈 모양의 이빨들이 난 고래들, 끈 모양의 이빨들이 있는 부리에 입선이 쭉 뻗은 고래들 그리고 삽 모양의 이빨이 난 고래들은 전혀 다르다.

민부리고래들과는 서식지가 많이 겹친다. 혹부리고래가 몸이 더 작은 데다(민부리고래들의 몸이 약 20% 더 긺) 머리 모양과 색도 다르고 부리 모양과 이빨 위치도 다르며, 그 외에 다음과 같은 네 가지 측면에서도 다르다. 먼저, 혹부리고래는 수면 위로 오르거나 잠수할 때 완만한 각도를 유지해 수면 위에서 눈에 잘 띄

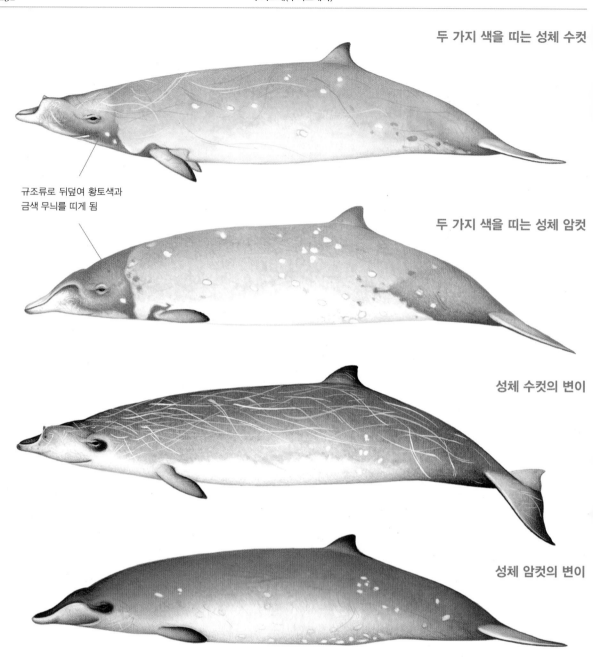

두 가지 색을 띠는 성체 수컷

규조류로 뒤덮여 황토색과
금색 무늬를 띠게 됨

두 가지 색을 띠는 성체 암컷

성체 수컷의 변이

성체 암컷의 변이

잠수 동작

- 수면 위로 오를 때 잠시 부리(때론 머리 전체)가 약 45도 각도로 물 밖으로 올라간다.
- 몸을 똑바로 한 뒤 물을 뿜어 올리면서 잠시 쉬기도 한다.
- 완만한 각도로 앞으로 구르며, 그때 머리 위쪽과 등지느러미 뒤쪽이 보인다(대개 분수공과 등지느러미가 동시에 보임).
- 몸을 살짝 굽혀(수직 잠수를 할 때 더 많이 굽어짐) 앞으로 나가며 잠수할 때 꼬리자루가 보인다.
- 꼬리를 치켜올리는 경우가 드물다.
- 잠수를 할 때는 보통 3～10회씩 보다 짧고 얕은 잠수를 하고, 그 사이에 5～10분간 숨을 쉬며, 이후 더 오래 수면 위에 올라 4～5분
  씩 약 40회 숨을 쉰 뒤, 바로 깊이 잠수해 먹이활동을 한다.

물 뿜어 올리기

- 뿜어 올리는 물이 대개 높이도 낮고 잘 보이지 않으며 앞으로 기운다.

먹이와 먹이활동

먹이: 지역에 따라 다르지만, 대개 심해 오징어와 물고기를 먹는다.

먹이활동: 먹이활동을 위해 밤낮으로 잠수한다. 그리고 적어도 가끔은 해저에서 먹이활동을 하며 입을 벌려 먹이를 흡입하는 방식을 취하는 걸로 보여진다.

잠수 깊이: 수심 50m 위쪽에서 오랜 시간을 보내는 경향이 있으며, 수심 1,000m 아래쪽까지 잠수해 1시간 가까이 있는 경우는 드문 듯하다. 하와이 일대에서 한 성체 암컷이 내내 새끼와 함께 수심 800m까지 잠수했다는 기록이 있다. 최장 기록은 1,599m.

잠수 시간: 대개 20~45분간. 최장 기록은 83.4분이다.

새끼

눈에 띄지 않는 옅은 회색(몸 위쪽은 짙고 아래쪽은 옅음). 갈색 규조류에 덮여 있기도 함

눈 주변이 보다 짙음

적당히 굽은 아래턱(나이가 들면서 수컷은 완전한 아치형이 되며 그 후에 이빨들이 남)

비교적 작은 등지느러미 (그 가장자리는 짙을 수 있음)

보다 짧고 뭉툭한 부리

지 않는다. 또한 혹부리고래는 대개 등지느러미와 분수공이 동시에 수면 밖으로 드러난다(민부리고래는 대개 그렇지 않음). 그리고 앞이나 뒤에서 볼 때 민부리고래는 비교적 등이 평평하지만, 혹부리고래는 보다 볼록 솟아올라 있다. 그리고 또 수면 위에 보이는 몸의 면적과 비교했을 때 혹부리고래의 등지느러미가 더 커 보인다.

혹부리고래는 작은 수염고래, 특히 밍크고래와도 혼동될 여지가 있지만, 밍크고래가 더 크며 잠수할 때도 밍크고래의 등이 훨씬 더 높은 아치형을 이루는 경향이 있다.

분포

혹부리고래들은 북반구와 남반구 양쪽 열대 바다와 따뜻한 온대 바다에 서식한다. 그간 전 세계적으로 361마리(목격된 고래는 386마리)가 좌초되었다고 알려져 있으며, 특히 하와이와 바하마 제도, 카나리아 제도 등 몇 군데 주요 서식지들에서 아주 자주 발견되고 있다. 혹부리고래는 이빨부리고래속 고래들 가운데 가장 열대 바다에 많이 서식하며, 보다 높은 위도에서 발견되는 혹부리고래들은 대개 따뜻한 해류들과 관련이 있다. 또한 이 고래들은 멕시코만, 카리브해, 동해 등 여러 폐쇄해들에서도 발견되지

만, 지중해에서 발견되는 고래는 잘못 들어간 경우로 보여진다. 혹부리고래들은 대륙붕 위 수심 중간 정도 되는 지역들(수심 500~1,500m인 하와이와 바하마 제도 등), 수심이 깊은 해저 협곡들, 해저산들 주변의 경사가 급한 지역들을 좋아하는 걸로 추정된다. 그러나 훨씬 더 깊은 외해(최저 수심 5,000m)는 물론 수심 320m(카나리아 제도에서 발견된 7마리의 평균 수심)의 얕은 바다에서 발견됐다는 기록들도 있다. 연구가 행해져 온 일부 지역들의 혹부리고래들은 자신들이 살고 있는 지역들에 대한 충성도가 아주 높은 걸로 드러났다(그래서 일부 낯익은 혹부리고래들은 10~20년간 계속 같은 지역에서 발견되고 있음).

행동

혹부리고래들의 행동은 다른 이빨부리고래속 고래들에 비해 잘 알려져 있다. 수면 위로 점프하거나 공중 곡예를 하는 경우는 드물다. 다른 종의 고래들과 어울리는 모습이 발견된 적도 거의 없다. 주변에 배가 있을 때의 행동은 그때그때 달라, 일부 지역들에서는 또 일부 경우에는 가까이 다가가 관심을 보이지만 도망가는 행동을 하기도 한다. 수영하는 사람들이 있을 경우 호기심을 보이기도 하지만 대개는 피해 간다.

밀도 높은 부리

혹부리고래의 머리 앞부분은 성숙해가면서 특히, 수컷들의 경우 점점 경직화되어, 모든 동물들 중에 가장 밀도가 높은 뼈로 변화된다. 이 밀도 높은 뼈의 예상 용도는 다음과 같이 세 가지로 추정된다. 첫 번째 추정은 무거운 뼈가 밸러스트ballast(배의 균형을 잡기 위해 바다에 놓는 중량물-옮긴이) 역할을 해 깊이 잠수할 때 에너지 소모를 덜어준다는 것(그러나 이 추정은 수면으로 다시 올라올 때 오히려 에너지 소모가 커지는 문제를 설명해주지 못함). 두 번째 추정은 반향정위로 방향을 잡을 때 소리를 전송하

일대기

성적 성숙: 암컷과 수컷 모두 약 8~10년으로 추정됨(암컷은 생후 약 9~15년이 될 때까지는 새끼를 낳지 않지만).

짝짓기: 수컷들끼리 맹렬히 싸우는 걸로 보여짐.

임신: 약 12개월.

분만: 3~4년마다 새끼 1마리가 태어나는 걸로 추정됨.

젖떼기: 약 12개월 후에. 그러나 새끼들은 2~3간간 어미 곁에 머물기도 함.

수명: 최소 23년. 어쩌면 더 오래 사는 걸로 추정됨.

▲ 혹부리고래가 수면 위로 점프하는 일은 드물지만, 하와이에서 발견된 이 성체 수컷은 반복해서 수면 위로 점프를 했다.

는 데 쓰기 위함이라는 것. 세 번째 추정은 수컷들 간의 싸움에서 두개골에 충격이 오는 걸 막기 위한 일종의 기계적 보강이라는 것. 두개골이 손상되는 걸 막기 위한 것이라는 추정이 가장 적절한 설명 같지만, 이 추정에는 한 가지 문제가 있다. 혹부리고래의 머리 앞부분 뼈는 밀도가 높음에도 불구하고 아주 잘 부서지는 데다 구부러지지도 않아, 골절에 대한 저항력을 키워주기는커녕 정면충돌 시 오히려 더 손상되기 쉽다. 그러나 뼈 구조가 세로 방향으로 촘촘해 다른 각도로 부딪힐 경우 심한 골절을 막는 데 도움이 되는 걸로 보여진다.

이빨
위쪽 0개

아래쪽 2개

이빨은 수컷들만 난다.

집단 규모와 구조
지역에 따라 다르지만 대개 3~7마리씩 집단을 이루며, 하와이와 바하마 제도에서 관찰된 최대 규모의 집단들은 각기 11마리까지로 이루어져 있었다. 물론 2마리씩 짝을 이뤄 또는 혼자 발견되기도 한다. 대부분의 집단은 일부다처제 형태를 취해, 성체 수컷 1마리에 갓 태어난 새끼나 어린 고래들을 데리고 있는 성체 암컷 여러 마리로 이루어진다. 덜 자란 혹부리고래들은 별개의 집단에 머무는 걸로 추정되며, 대개 덜 생산적인 바다에서 발견되는 듯하다. 가끔 성체 수컷이 2마리 이상 포함된 보다 큰 규모의 집단

성체 수컷의 아래턱

이빨들은 높이가 약 15~18cm, 너비가 8~9cm, 깊이는 4.5cm(그러나 대개 잇몸 위 2cm 이내까지만 자람)

아치형 뼈 끝에 납작한 이빨들이 자람(약 45도 앞으로 기울어진 채)

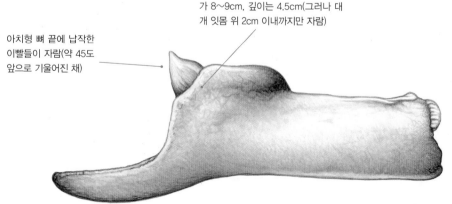

▲ 혹부리고래의 이빨들이 자루따개비들로 덮여 잘 보이지 않는다.

이 발견되기도 하는데, 그런 집단들은 두 집단 이상이 임시로 합친 걸로 추정된다.

포식자들

하와이에서 발견된 한 혹부리고래의 꼬리에는 이빨 자국들이 있어 범고래의 공격을 받은 걸로 추정됐으며, 그간 많은 혹부리고래들의 몸에서 대형 상어들(뱀상어, 갈라파고스상어, 백상아리

등으로 짐작됨)에 물린 이빨 자국들이 보여왔다.

사진 식별

등지느러미에 있는 각종 흠들과 상처들 그리고 몸에 나 있는 독특한 흉터(수컷들끼리의 싸움 또는 쿠키커터상어의 공격에 의한) 패턴들로 식별 가능하다.

개체 수

총 개체 수에 대한 추정치가 나온 건 없으나, 거의 모든 열대 바다에 비교적 흔한 걸로 보인다. 하와이 일대에만 대략 2,100마리가 넘는 걸로 추정된다.

종의 보존

세계자연보전연맹의 종 보존 현황: '정보 부족' 상태(2008년). 알려진 바가 거의 없다. 그러나 필리핀 파밀라칸섬 일대 등에서 혹부리고래 사냥(손으로 던지는 작살 또는 작살총으로 쏘는 작살에 의한)이 행해지고 있다는 기록들이 있다. 유망 어업 중에 뜻하지 않게 잡히는 경우도 있고, 세이셸과 오스트레일리아 서부 일대에서 일본의 참치잡이 어선들에 잡히는 경우도 있다. 혹부리고래들을 위협하는 가장 큰 문제는 탄성파 탐사와 군사용 음파 탐지로 인한 소음 공해로, 많은 혹부리고래들이 바하마 제도와 카나리아 제도에 좌초되는 것도(그리고 적어도 한 번에 여러 날씩 서식지에서 내몰리는 것도) 특히 그 지역들에서 군사용 음파 탐지에 노출되는 경우가 많기 때문인 걸로 알려져 있다. 그 지역들에서는 암컷들이 새끼를 덜 낳기도 한다. 그 외의 다른 위협으로는 플라스틱 쓰레기 흡입을 꼽을 수 있다.

▲ 프랑스령 폴리네시아의 타히티섬에서 촬영된 혹부리고래. 규조류에 뒤덮여 생겨난 금빛 무늬를 주목하라.

소워비부리고래 Sowerby's beaked whale

학명 메소플로돈 비덴스 *Mesoplodon bidens* (Sowerby, 1804)

소워비부리고래는 세상에 알려진 최초의 이빨부리고래속 고래이다. 1800년에 스코틀랜드 북동부 머리만에 이 고래 수컷 1마리가 좌초되었고, 그 두개골은 잘 보존되었다. 그리고 몇 년 후 영국 수채화 화가이자 동식물학자인 제임스 소워비James Sowerby가 살아 있을 때의 온전한 모습을 상상해 그 고래의 그림을 그렸다.

분류: 부리고래과 이빨고래아목

일반적인 이름: 소워비부리고래는 영어로 Sowerby's beaked whale로, 이 고래 종을 처음으로 세상에 알린 제임스 소워비James Sowerby, 1757~1822의 이름에서 따온 것이다.

다른 이름들: North Sea beaked whale 또는 North Atlantic beaked whale.

학명: 이 고래 학명의 앞부분 *Mesoplodon*은 '중간'을 뜻하는 그리

스어 *mesos*에 '무기'를 뜻하는 그리스어 *hopla*와 '이빨'을 뜻하는 그리스어 *odon*이 붙은 것이다(턱 중앙에 이빨이라는 무기가 있다는 의미에서). 그리고 학명의 뒷부분 *bidens*는 '둘'을 뜻하는 라틴어 *bis*에 '이빨'을 뜻하는 라틴어 *dens*가 합쳐진 것이다.

세부 분류: 현재 따로 인정된 아종은 없다. 북대서양 서부에는 색이 보다 옅은 소워비부리고래도 있는 걸로 알려져 있다.

성체 수컷

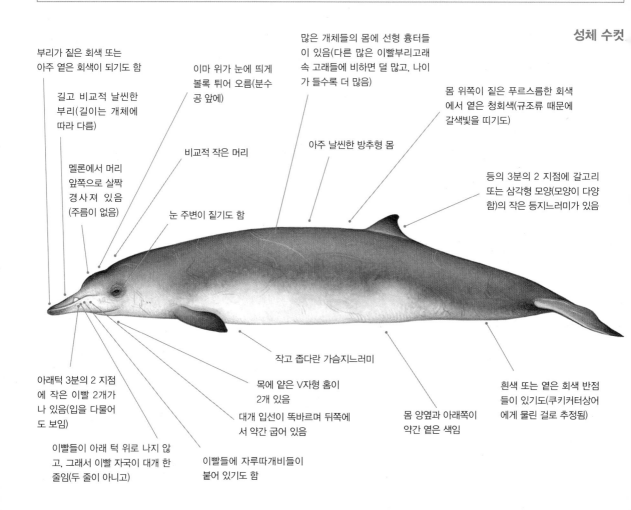

부리가 짙은 회색 또는 아주 옅은 회색이 되기도 함

길고 비교적 날씬한 부리(길이는 개체에 따라 다름)

멜론에서 머리 앞쪽으로 살짝 경사져 있음(주름이 없음)

이마 위가 눈에 띄게 볼록 튀어 오름(분수공 앞에)

비교적 작은 머리

눈 주변이 짙기도 함

많은 개체들의 몸에 선형 흉터들이 있음(다른 많은 이빨부리고래속 고래들에 비하면 덜 많고, 나이가 들수록 더 많음)

아주 날씬한 방추형 몸

몸 위쪽이 짙은 푸르스름한 회색에서 옅은 청회색(규조류 때문에 갈색빛을 띠기도)

등의 3분의 2 지점에 갈고리 또는 삼각형 모양(모양이 다양함)의 작은 등지느러미가 있음

아래턱 3분의 2 지점에 작은 이빨 2개가 나 있음(입을 다물어도 보임)

이빨들이 아래 턱 위로 나지 않고, 그래서 이빨 자국이 대개 한 줄임(두 줄이 아니고)

목에 얕은 V자형 홈이 2개 있음

대개 입선이 똑바르며 뒤쪽에서 약간 굽어 있음

이빨들에 자루따개비들이 붙어 있기도 함

작고 좁다란 가슴지느러미

몸 양옆과 아래쪽이 약간 옅은 색임

흰색 또는 옅은 회색 반점들이 있기도(쿠키커터상어에게 물린 걸로 추정됨)

요점 정리

- 북대서양의 선선한 바다에 서식
- 몸 위쪽은 별 특징이 없는 옅은 회색 또는 짙은 회색, 아래쪽은 보다 옅은 색
- 흰색 선형 흉터들이 있기도 함
- 중간 크기
- 수면 위로 오를 때 길고 날씬한 부리가 보임
- 부리의 3분의 2 지점에 이빨이 2개 나 있음
- 이마 위가 눈에 띄게 볼록 튀어나옴
- 대개 관심 끄는 행동을 하지 않고 관찰하기도 힘듦

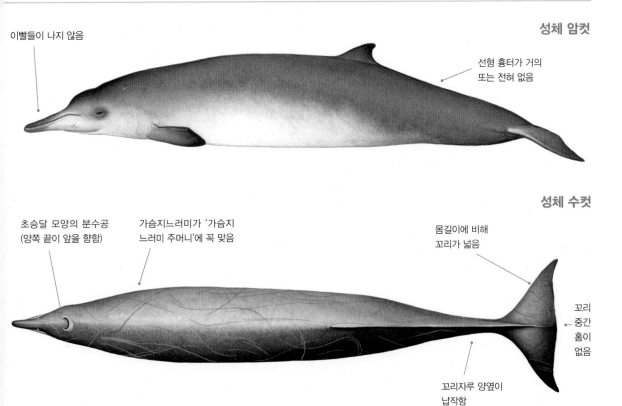

성체 암컷

이빨들이 나지 않음

선형 흉터가 거의
또는 전혀 없음

성체 수컷

초승달 모양의 분수공
(양쪽 끝이 앞을 향함)

가슴지느러미가 '가슴지
느러미 주머니'에 꼭 맞음

몸길이에 비해
꼬리가 넓음

꼬리
중간
홈이
없음

꼬리자루 양옆이
납작함

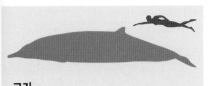

크기
길이: 수컷 4.5~5.5m, 암컷 4.4~5.1m
무게: 1~1.3t   **최대:** 5.5m, 1.5t
새끼-길이: 2.1~2.4m   **무게:** 170~185kg
수컷이 암컷보다 조금 더 크다.

비슷한 종들

가까이서 보지 않을 경우 북대서양에 서식하는 다른 이빨부리고래속 고래들(트루부리고래, 제르베부리고래, 혹부리고래)과 구분하기 어려울 수도 있다. 길고 날씬한 부리(가파른 각도로 수면으로 올라올 때 종종 분명히 보임), 쭉 뻗다가 살짝 굽은 입선, 보다 뒤쪽에 위치한 이빨 등이 식별에 도움이 되는 가장 뚜렷한 특징들이다. 암컷과 어린 새끼들의 경우 바다에서는 제대로 식별하기 어려울 수 있다.

분포

소워비부리고래들은 북대서양 북부의 깊고 차가운 연안 바다에 서식한다(가장 북부에 사는 이빨부리고래속 고래들에 속함). 또한 북대서양 북부에서 훨씬 더 흔한 걸로 보이며, 북유럽(이빨부리고래속 고래들은 여기에 가장 자주 좌초됨) 지역에 가장 많이 모여 있는 것으로 추정된다. 특히 소워비부리고래들은 북해에(일부는 영국해협에) 가장 많이 좌초되는데, 수심 200m도 안 된다는 걸 감안하면 북해가 이들의 평소 서식지는 아닌 것으로 보인다(결국 먹이를 쫓다 낯선 지역으로 들어와 좌초된 것일 수 있음). 그간 스코틀랜드에서만 약 50마리(이는 좌초된 걸로 알려진 모든 소워비부리고래 수의 3분의 1이 넘음)가 좌초됐다. 지중해에 좌초되는 경우는 극히 드물다. 간혹 코트다

• 지중해 발견 기록들   • 서식지 외 발견 기록

▲ 소워비부리고래 분포

성체 수컷의 갈색 변이

등지느러미의 끝이 갈고리 모양일 수도 있고 둥근 모양일 수도 있음

등지느러미 변이

쥐르와 코르시카섬, 사르데냐, 시실리, 그리스, 터키 등지에 좌초되거나 그 지역들에서 발견되기도 하는데, 그게 아주 예외적인 경우들인지 아니면 그 지역들이 이들의 가장 동쪽 서식지인지는 분명치 않다. 가끔 발트해에서도 발견되는데 거기에 상주하는 고래들은 아닌 듯하다.

북대서양 서부에서는 소위비부리고래가 발견됐다는 기록이 별로 없지만, 간혹 북아메리카의 버지니아주와 데이비스 해협 사이에서 발견됐다는 기록이 있다. 그러나 이는 순전히 연구 부족 때문일 수도 있다. 캐나다 노바스코샤주 일대 걸리 해저 협곡의 소위비부리고래 개체 수는 1988년부터 2011년 사이에 21%가 늘었다. 또한 버지니아주 일대 노픽 협곡에서 실시된 최근의 한 음향 조사에서는 소위비부리고래들의 소리가 아주 자주 들렸다. 소위비부리고래들은 노스이스트 수로 근처와 스코틀랜드 대륙붕 동부의 해저 협곡들(걸리, 쇼틀랜드, 홀드먼드)에 모여드는 걸로 알려져 있다. 플로리다주 걸프 코스트 지역에서 뜻하지 않게 발견됐다는 기록도 있다.

소위비부리고래가 좌초됐다는 기록은 대부분 북위 30도 북쪽(가장 남쪽은 북위 28도 50분 카나리아 제도 지역)에서 나오고 있으며, 아조레스 제도와 마데이라 제도 사이의 지역에서도 종종 나오고 있다. 소위비부리고래들은 고위도 극지역(최북단 기록을 세운 것은 북위 71도 20분 노르웨이해 지역)에도 좌초되고 있다. 좌초된 소위비부리고래들이 가장 많이 발견되는 건 북위 50도와 북위 60도 사이다. 아일랜드 서부 해안 지역(각기 북위 55도와 북위 52도)에서 새끼들을 데리고 있는 암컷들이 두 차례(각기 2015년과 2016년) 발견되기도 했다. 소위비부리고래들은 주로 대륙붕 가장자리 너머의 깊은 바다에서 발견되며(제한된 연구에

잠수 동작

- 대개 30~45도 각도로 수면 위로 올라와 부리가 분명히 보인다.
- 멜론과 머리의 상당 부분이 보이기도 한다.
- 숨을 내쉴 때 부리가 다시 물 밑에 잠기기 시작한다.
- 분수공이 사라지면서 등지느러미가 모습을 드러낸다.
- 앞으로 구를 때 등이 굽어지는 경우가 드물다(깊이 잠수하기 전에는 더 높이 구부림).
- 헤엄을 치는 동작이 '조용하고 유유하다'고 표현되는 경우가 많다.

물 뿜어 올리기

- 뿜어 올리는 물이 안 보이거나 눈에 띄지 않으며(낮게 퍼져서) 앞으로 살짝 기운다.

먹이와 먹이활동

먹이: 이빨부리고래속 고래치고는 특이하게 주로 수심이 중간 정도 되는 또는 깊은 바다에 사는 작은 물고기들(대서양 대구, 헤이크, 샛비늘치 등)을 먹고, 일부 오징어들도 먹는다.

먹이활동: 알려진 바가 없다.

잠수 깊이: 먹이활동을 위해 주로 수심 400m에서 750m까지 잠수한다.

잠수 시간: 대개 12~28분간 잠수하지만, 약 1시간 동안 잠수할 수도 있는 걸로 추정된다. 또한 깊은 잠수를 하기 전에 총 20초에서 2분간 5회에서 8회 정도 수면 위로 올라오는 걸로 추정된다.

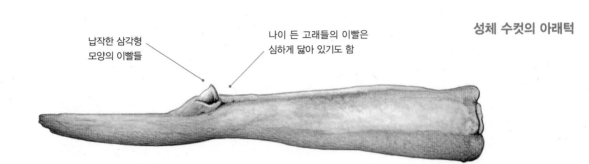

납작한 삼각형 모양의 이빨들

나이 든 고래들의 이빨은 심하게 닳아 있기도 함

성체 수컷의 아래턱

따르면 소워비부리고래들은 수심 450m에서 2,000m에 이르는 바다를 좋아함) 가끔은 해저 지형이 복잡한 지역들에서도 발견된다. 소워비부리고래들은 또 수심이 깊은 해안 근처(대양의 섬들 일대처럼)에 지역에서도 발견된다.

행동

바다에서 목격됐다는 혹부리고래들 중 확인된 건 비교적 드물다. 이들은 대개 몸길이의 2배 이내 거리로 바싹 붙은 소집단 형태로 수면 위에 떠 있다. 또한 수면 위로 점프하거나 꼬리로 수면을 내려치거나 머리를 수면 위로 내밀어 주변을 둘러보는 모습 등이 관찰되곤 한다. 적어도 스코틀랜드 대륙붕 동부 지역에선 북방병코고래들과 어울리는 걸 종종 볼 수 있으며 민부리고래들과 뒤섞이는 모습도 종종 줄 수 있다. 배에 대한 반응은 그때그때 다르다. 대개는 겁을 먹고 피하는 편이지만, 배에 다가오거나 배가 근처에 있어도 무관심한 모습을 보이는 경우들도 있다.

이빨

위쪽 0개

아래쪽 2개

이빨은 수컷들만 난다. 암컷과 수컷 모두 작은 이빨 흔적들은 있지만, 대개 이빨들이 밖으로 나지는 않는다.

집단 규모와 구조

관련 정보가 거의 없지만, 3~10마리씩 집단을 이루는 걸로 추정된다(대서양 양안에서 8~10마리씩 집단을 이루는 게 자주 목격됐다는 기록들도 있음). 그리고 적어도 일부 집단들은 암컷들과 새끼들 또는 어린 고래들 그리고 수컷 1마리 이상으로 이루어지며, 수컷들로만 이루어진 소집단들이 목격되기도 한다. 그간 좌초된 소워비부리고래들은 대게 혼자이거나 어미-새끼 쌍이었지만, 최대 6마리까지 '대거' 좌초됐다는 기록들도 있다.

포식자들

직접적인 증거는 없지만, 범고래와 대형 상어들이 주요 포식자들일 것으로 추정된다.

사진 식별

등지느러미에 있는 눈에 띄는 흠과 상처들로 식별 가능하다.

개체 수

전체 개체 수에 대한 추정치는 나온 게 없다.

종의 보존

세계자연보전연맹의 종 보존 현황: '정보 부족' 상태(2008년)(캐나다 멸종 위기종 보호법 하에서 특별 관심 종으로 지정됐음). 과거에는 캐나다 뉴펀들랜드주, 아이슬란드 그리고 바렌츠해에서 포경업자들에 의해 소수의 소워비부리고래들이 사냥됐었다. 서식지 내 여러 지역들에서 어망(특히 대륙붕 가장자리 지역에 설치된 유망)에 뒤엉켜 죽었다는 기록들도 있었으며, 1989년부터 1998년까지 미국 동부 일대 대륙붕단 지역에서는 24마리의 소워비부리고래들이 유망을 이용한 소규모 원양 어업(이 어업은 이제 금지됐음)에 희생됐다. 소워비부리고래들을 위협하는 또 다른 문제로는 소음 공해(탄성파 탐사와 군사용 음파 탐지로 인한), 배와의 충돌, 플라스틱 쓰레기 흡입 등을 꼽을 수 있다.

일대기

성적 성숙: 약 7년으로 추정됨.

짝짓기: 알려진 바가 거의 없으나, 선형 흉터들로 미루어보아 짝짓기를 위해 수컷들 사이에 싸움이 있는 걸로 추정됨.

임신: 약 12개월.

분만: 봄에 새끼 1마리가 태어나는 걸로 추정됨.

젖떼기: 알려진 바가 없음.

수명: 알려진 바가 없음.

트루부리고래 True's beaked whale

학명 메소플로돈 미루스 *Mesoplodon mirus* True, 1913

트루부리고래에 대해서는 알려진 바가 거의 없으며, 바다에서 목격된 고래가 이 고래로 확인된 경우도 별로 없고, 단지 몇 안 되는 좌초된 고래들을 통해 약간의 정보를 얻고 있을 뿐이다. 특히 북대서양에서는 확신 있게 이 트루부리고래를 식별해 내기가 극도로 어렵다.

분류: 부리고래과 이빨고래아목

일반적인 이름: 트루부리고래는 영어로 True's beaked whale로, 이 종의 표본(1912년 노스캐롤라이나주에 좌초됐음)을 세상에 처음 알린 미국 국립박물관(지금의 스미소니언박물관) 관장 프레더릭 W. 트루Frederick W. True, 1858~1914의 이름에서 따온 것이다.

다른 이름들: Wonderful beaked whale.

학명: 이 고래 학명의 앞부분 *Mesoplodon*은 '중간'을 뜻하는 그리스어 *mesos*에 '무기'를 뜻하는 그리스어 *hopla*와 '이빨'을 뜻하는 그리스어 *odon*이 붙은 것이다(턱 중앙에 이빨이라는 무기가 있다는 의미에서). 그리고 학명의 뒷부분 *mirus*는 '놀라운'을 뜻하는 라틴어 *mirus*에서 따온 것이다.

세부 분류: 형태도 다르고 사는 곳도 전혀 다른(북대서양과 남반구) 두 종류의 트루부리고래들이 어쩌면 별개의 아종 또는 별개의 종으로 인정받게 될 듯하다.

성체 수컷(북대서양 종)

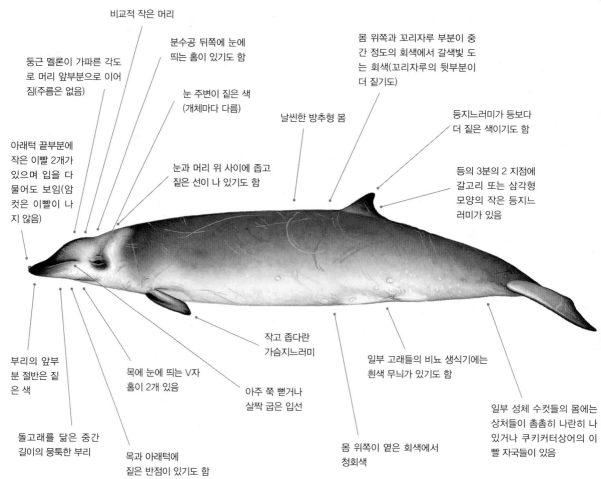

비교적 작은 머리

분수공 뒤쪽에 눈에 띄는 홈이 있기도 함

둥근 멜론이 가파른 각도로 머리 앞부분으로 이어짐(주름은 없음)

눈 주변이 짙은 색 (개체마다 다름)

날씬한 방추형 몸

몸 위쪽과 꼬리자루 부분이 중간 정도의 회색에서 갈색빛 도는 회색(꼬리자루의 뒷부분이 더 짙기도)

등지느러미가 등보다 더 짙은 색이기도 함

아래턱 끝부분에 작은 이빨 2개가 있으며 입을 다 물어도 보임(암컷은 이빨이 나지 않음)

눈과 머리 위 사이에 좁고 짙은 선이 나 있기도 함

등의 3분의 2 지점에 갈고리 또는 삼각형 모양의 작은 등지느러미가 있음

부리의 앞부분 절반은 짙은 색

목에 눈에 띄는 V자 홈이 2개 있음

작고 좁다란 가슴지느러미

아주 쭉 뻗거나 살짝 굽은 입선

일부 고래들의 비뇨 생식기에는 흰색 무늬가 있기도 함

일부 성체 수컷들의 몸에는 상처들이 촘촘히 나란히 나 있거나 쿠키커터상어의 이빨 자국들이 있음

돌고래를 닮은 중간 길이의 뭉툭한 부리

목과 아래턱에 짙은 반점이 있기도 함

몸 위쪽이 옅은 회색에서 청회색

요점 정리

- 북대서양과 남반구에 서식
- 온대의 연안 바다
- 중간 크기
- 둥근 멜론
- 부리가 중간 길이이며 그 끝에 작은 이빨이 2개 있음
- 몸에 상처들이 촘촘히 나란히 나 있음
- 등의 3분의 2 지점에 작은 등지느러미가 있음
- 1~5마리씩 집단을 이룸

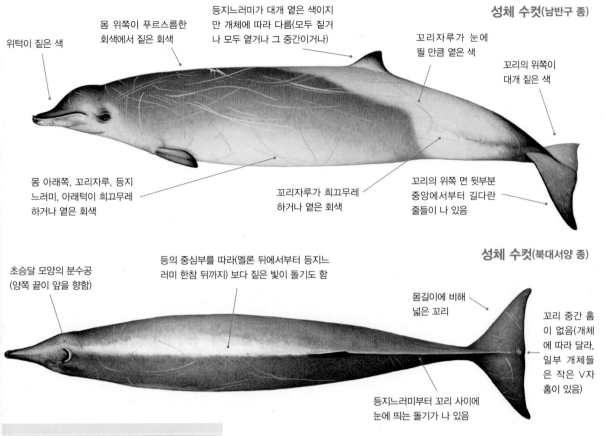

성체 수컷(남반구 종)

위턱이 짙은 색

몸 위쪽이 푸르스름한 회색에서 짙은 회색

등지느러미가 대개 옅은 색이지만 개체에 따라 다름(모두 짙거나 모두 옅거나 그 중간이거나)

꼬리자루가 눈에 띌 만큼 옅은 색

꼬리의 위쪽이 대개 짙은 색

몸 아래쪽, 꼬리자루, 등지느러미, 아래턱이 희끄무레하거나 옅은 회색

꼬리자루가 희끄무레하거나 옅은 회색

꼬리의 위쪽 면 뒷부분 중앙에서부터 길다란 줄들이 나 있음

성체 수컷(북대서양 종)

초승달 모양의 분수공 (양쪽 끝이 앞을 향함)

등의 중심부를 따라(멜론 뒤에서부터 등지느러미 한참 뒤까지) 보다 짙은 빛이 돌기도 함

몸길이에 비해 넓은 꼬리

꼬리 중간 홈이 없음(개체에 따라 달라, 일부 개체들은 작은 V자 홈이 있음)

등지느러미부터 꼬리 사이에 눈에 띄는 돌기가 나 있음

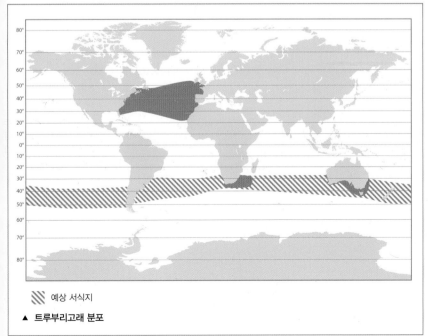

크기
길이: 수컷 4.8~5.3m, 암컷 4.8~5.4m
무게: 1~1.4t   최대: 5.4m, 1.4t
새끼 – 길이: 약 2~2.5m   무게: 미상
암컷이 수컷보다 조금 더 크기도 함.

비슷한 종들

북대서양 트루부리고래들의 경우 민부리고래, 혹부리고래, 소워비부리고래, 제르베부리고래와 서식지가 겹친다(겹치는 정도가 서로 다르지만). 특히 제르베부리고래하고는 구분하는 게 아주 어렵지만, 자세히 보면 트루부리고래는 멜론이 더 눈에 띄고 입선이 쭉 뻗어 있으며 흉터들도 촘촘히 나란히 나 있고, 일부 제르베부리고래는 몸 위쪽에 옅거나 짙은 줄무늬들이 있다. 남반구 트루부리고래들의 경우 적어도 9종의 부리고래들과 서식지가 겹치지만, 그 독특한 색 패턴(꼬리자루와 등지느러미가 희끄무레하거나 옅은 색임) 때문에 보다 쉽게 식별할 수 있다.

분포

트루부리고래들은 주로 수심이 깊고 따뜻한 온대 연해 바다를 더 좋아하며, 다른 이빨부리고래들과 마찬가지로 해저 지형이 복잡한 지역들을 좋아하는 듯하다. 크게 두 트루부리고래 집단이 열대 지역(북위 30도와 남위 30도 사이에서는 거의 발견되지 않음)을 사이에 두고 서로 분리되어 살아간다. 먼저, 북아메리카에서는 서쪽으로는 캐나다 노바스코샤주의 케이프 브레턴섬에서부터 미국 플로리다주의 플래글러 비치 사이에서 발견되고(바하마 제도에서도 1마리가 좌초됐음), 동쪽으로는 적어도 비스케이만 남부에서부터 카나리아 제도와 아조레스 제도

〰〰 예상 서식지

▲ **트루부리고래 분포**

성체 수컷(북대서양 종)

분수공 뒤쪽에서부터 멜론
까지 옅은 무늬나 희끄무
레한 무늬가 있기도 함

카나리아 제도에 좌초된 한 개체
는 멜론과 부리와 턱이 완전히
흰색이었음

가슴지느러미 주머니

다른 이빨부리고래속 고래들처럼 몸 옆에
작은 홈(가슴지느러미 주머니)이 있음

성체 암컷(북대서양 종)

성체 암컷(남반구 종)

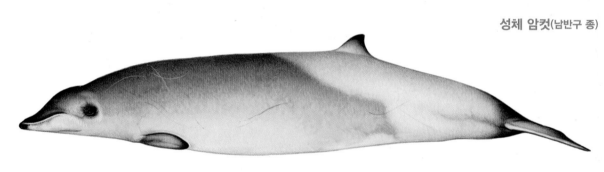

색이 더 옅기도 함

몸 위쪽은 짙고 아래쪽은
보다 옅음(그 패턴이 보다
단순함)

새끼

보다 짧은 부리

잠수 동작

- 수면 위로 비스듬히 올라오며, 그때 부리와 머리가(눈 부위 바로 밑까지) 전부 보이기도 한다.
- 살짝살짝 몸을 굽히며 천천히 앞으로 나아간다.
- 꼬리는 보이지 않는다.

물 뿜어 올리기

- 낮게 원주형 물을 뿜어 올리며 잘 보이지 않는다.

먹이와 먹이활동

먹이: 주로 심해 오징어(*Loligo* 종, *Teuthowenia* 종 등)를 먹지만, 일부 물고기(검은 갈치, 청대구, 그레나디어, 돌대구 등)도 먹는 걸로 추정된다. 아일랜드에 좌초된 트루부리고래 3마리의 경우 먹이 길이가 대개 12cm도 안 됐다(1.1cm부터 110cm까지).

먹이활동: 알려진 바가 없다.

잠수 깊이: 수심 500m 밑까지 내려가는 걸로 추정된다(한 연구에 따르면 트루부리고래들의 주요 먹이들은 수심 200~800m의 바다에 살았음).

잠수 시간: 알려진 바가 없다. 2018년에 최초로 미국 매사추세츠주 케이프 코드에서 320km 떨어진 곳에 사는 한 트루부리고래의 몸에 흡착식 디지털 음향 기록 장치를 부착했었으며, 그 당시에 얻은 12시간분의 관련 자료들을 분석 중이다.

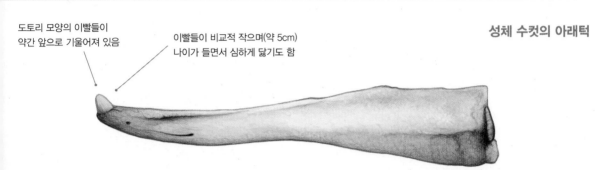

도토리 모양의 이빨들이 약간 앞으로 기울어져 있음

이빨들이 비교적 작으며(약 5cm) 나이가 들면서 심하게 닳기도 함

성체 수컷의 아래턱

사이에서 발견된다(멀리 북쪽으로 스코틀랜드의 아우터 헤브리디스 제도에서 발견됐다는 기록도 있지만). 그간 대부분의 트루부리고래들은 미국에 좌초되고 있지만, 일부 트루부리고래들은 캐나다 노바스코샤주, 버뮤다 제도, 아일랜드, 프랑스, 스페인(본토), 포르투갈(본토), 모로코 등지에도 좌초되고 있다. 남반구에서는 주로 인도양(남아프리카공화국, 모잠비크, 오스트레일리아 남부)에 좌초되고 있지만, 남대서양에서도 1마리가 좌초되고(브라질 상파울루주에) 남태평양에서도 1마리가 좌초됐다(뉴질랜드 남섬의 태즈먼해 방면에)는 기록도 있다.

행동

트루부리고래들의 행동에 대해선 워낙 알려진 게 없어, 야생 상태에서는 다른 종의 고래들과 식별이 잘 안 된다. 수면 위로 힘차게 점프하는 모습이 여러 차례 목격되었는데, 2001년 서유럽 비스케이만에서 한 페리호에서 목격됐을 때는 약 12분간 연이어 24회(20~60초 간격으로)나 수면 위로 점프를 했다고 한다. 당시 그 트루부리고래는 거의 수직(80도 각도)으로 점프한 뒤 옆으로 떨어졌는데, 꼬리는 그대로 물 밑에 있었다고 한다. 2018년 비스케이만에서 다시 목격된 트루부리고래 4마리는 수면 위로 점프도 하고 꼬리로 수면을 내려치기도 했다. 배에 대한 이 고래들의

반응은 서로 달라, 노스캐롤라이나주 일대의 트루부리고래들은 배를 피하지만, 아조레스 제도와 카나리아 제도의 트루부리고래들은 10분씩이나 배들 근처를 어슬렁댔다고 한다.

이빨

위쪽 0개
아래쪽 2개
이빨은 수컷들만 난다.

집단 규모와 구조

대개 1~4마리씩 집단을 이룬다(어쩌다 한 번씩 목격한 바에 따르면).

포식자들

알려진 바가 없다.

개체 수

전체 개체 수에 대한 추정치는 나온 게 없다.

종의 보존

세계자연보전연맹의 종 보존 현황: '정보 부족' 상태(2008년). 관련 정보가 거의 없다. 어망(특히 꽁치, 갈치, 참치를 잡기 위한 유망)에 걸려 죽는 게 가장 큰 위협이나, 플라스틱 쓰레기 흡입과 소음 공해(군사용 음파 탐지와 탄성파 탐사로 인한) 역시 위협으로 추정된다. 현재 트루부리고래들에 대한 사냥이 행해지고 있다는 보고는 없다.

일대기

사실상 알려진 바가 거의 없다. 임신 기간은 약 14~15개월이며, 약 2년마다 새끼 1마리가 태어나는 걸로 추정된다. 한 트루부리고래 암컷이 임신과 동시에 젖이 분비됐다는 기록도 있다.

큰이빨부리고래 Stejneger's beaked whale

학명 메소플로돈 스테즈네게리 *Mesoplodon stejnegeri*

True, 1885

큰이빨부리고래들에 대한 지식은 주로 일본 혼슈 서부 해안 지역과 알래스카 알류샨 열도에 좌초되는 고래들을 통해 습득한 것이며, 이 고래들이 바다에서 살아 있는 상태로 목격되는 경우는 드물다. sabre-toothed beaked whale(검 모양의 이빨이 난 부리고래)로 불리기도 하는 이 고래의 수컷은 엄니처럼 생긴 아주 큰 이빨이 2개 나 있어 싸울 때 사용된다.

분류: 부리고래과 이빨고래아목

일반적인 이름: 큰이빨부리고래는 영어로 Stejneger's beaked whale로, 1893년에 이 종의 표본(캄차카 반도 베링해 해변에서 두개골 형태로 발견됨)을 수집한 뉴질랜드 출신의 동물학자 겸 미국 국립박물관(지금의 스미소니언박물관) 관장 레온하르트 헤스 스테츠네거Leonhard Hess Stejneger, 1851~1943의 이름에서 따온 것이다.

다른 이름들: Bering Sea beaked whale, North Pacific beaked whale, sabre-toothed beaked whale 등.

학명: 이 고래 학명의 앞부분 *Mesoplodon*은 '중간'을 뜻하는 그리스어 *mesos*에 '무기'를 뜻하는 그리스어 *hopla*와 '이빨'을 뜻하는 그리스어 *odon*이 붙은 것이다(턱 중앙에 이빨이라는 무기가 있다는 의미에서). 그리고 학명의 뒷부분 *Stejnegeri*는 Leonhard Hess Stejneger에서 따온 것이다.

세부 분류: 현재 따로 인정된 아종은 없다.

성체 수컷

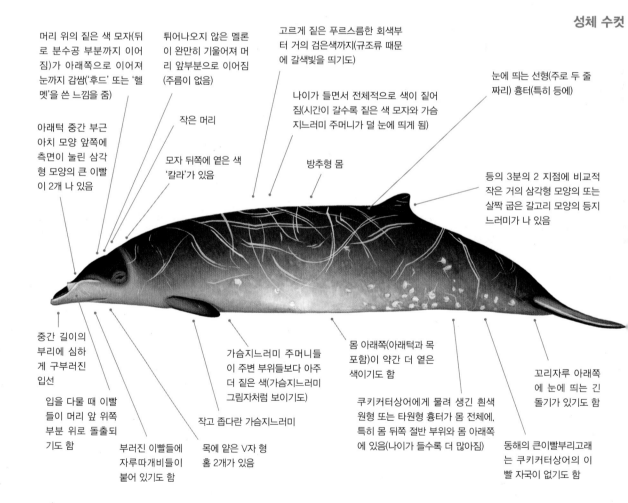

머리 위의 짙은 색 모자(뒤로 분수공 부분까지 이어짐)가 아래쪽으로 이어져 눈까지 감쌈('후드' 또는 '헬멧'을 쓴 느낌을 줌)

튀어나오지 않은 멜론이 완만히 기울어져 머리 앞부분으로 이어짐(주름이 없음)

고르게 짙은 푸르스름한 회색부터 거의 검은색까지(규조류 때문에 갈색빛을 띠기도 함)

눈에 띄는 선형(주로 두 줄짜리) 흉터(특히 등에)

나이가 들면서 전체적으로 색이 짙어짐(시간이 갈수록 짙은 색 모자와 가슴지느러미 주머니가 덜 눈에 띄게 됨)

작은 머리

아래턱 중간 부근 아치 모양 앞쪽에 측면이 눌린 삼각형 모양의 큰 이빨이 2개 나 있음

모자 뒤쪽에 옅은 색 '칼라'가 있음

방추형 몸

등의 3분의 2 지점에 비교적 작은 거의 삼각형 모양의 또는 살짝 굽은 갈고리 모양의 등지느러미가 나 있음

중간 길이의 부리에 심하게 구부러진 입선

입을 다물 때 이빨들이 머리 앞 위쪽 부분 위로 돌출되기도 함

부러진 이빨들에 자루따개비들이 붙어 있기도 함

가슴지느러미 주머니들이 주변 부위들보다 아주 더 짙은 색(가슴지느러미 그림자처럼 보이기도 함)

작고 좁다란 가슴지느러미

목에 얕은 V자 형 홈 2개가 있음

몸 아래쪽(아래턱과 목 포함)이 약간 더 옅은 색이기도 함

쿠키커터상어에게 물려 생긴 흰색 원형 또는 타원형 흉터가 몸 전체에, 특히 몸 뒤쪽 절반 부위와 몸 아래쪽에 있음(나이가 들수록 더 많아짐)

꼬리자루 아래쪽에 눈에 띄는 긴 돌기가 있기도 함

동해의 큰이빨부리고래는 쿠키커터상어의 이빨 자국이 없기도 함

요점 정리

- 북태평양 북부의 차가운 연안 바다에 서식
- 중간 크기
- 방추형 몸
- 짙은 색의 두개골 '모자'를 쓰고 있음
- 완만하게 경사진 이마
- 많이 굽은 입선
- 납작한 큰 이빨 2개가 노출되어 있음
- 서로 소집단을 이룸

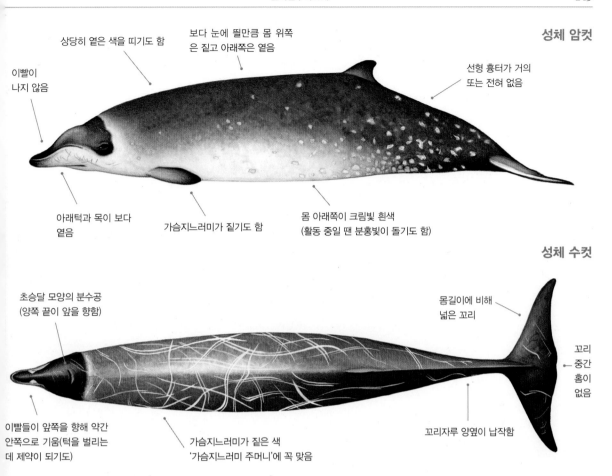

성체 암컷

이빨이 나지 않음

상당히 옅은 색을 띠기도 함

보다 눈에 띌만큼 몸 위쪽은 짙고 아래쪽은 옅음

선형 흉터가 거의 또는 전혀 없음

아래턱과 목이 보다 옅음

가슴지느러미가 짙기도 함

몸 아래쪽이 크림빛 흰색 (활동 중일 땐 분홍빛이 돌기도 함)

성체 수컷

초승달 모양의 분수공 (양쪽 끝이 앞을 향함)

몸길이에 비해 넓은 꼬리

꼬리 중간 홈이 없음

이빨들이 앞쪽을 향해 약간 안쪽으로 기욺(턱을 벌리는 데 제약이 되기도)

가슴지느러미가 짙은 색 '가슴지느러미 주머니'에 꼭 맞음

꼬리자루 양옆이 납작함

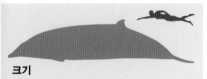

크기
길이: 수컷 4.8~5.7m, 암컷 4.8~5.4m
무게: 1~1.3t **최대:** 6m, 1.6t
새끼 - 길이: 2.1~2.3m **무게:** 약 80kg

비슷한 종들

성체 수컷의 경우 자세히 보면 다른 고래들과의 구분이 가능하다. 그러나 허브부리고래나 혹부리고래와는 혼동될 여지가 아주 많다(2종 모두 서식지가 큰이빨부리고래들의 서식지로 알려진 곳들보다 더 남쪽이지만). 이빨의 모양과 위치, 입선의 모양, 완만하게 경사진 멜론과 짙은 '후드'를 보고 구분하면 된다. 망치고래나 민부리고래와는 서식지가 겹치지만, 망치고래의 경우 부리가 더 크고 길며, 민부리고래의 경우 머리 모양이 독특한 데다 부리도 더 짧아 구분이 된다.

분포

큰이빨부리고래들은 주로 북태평양의 차가운 온대 및 아북극 바다에 서식한다. 주요 서식지는 캘리포니아 북부에서부터 최소 베링해 남부의 코만도르스키예 제도와 프리빌로프 제도 그리고 남쪽으로 동해 남부 지역까지이며, 오호츠크해 남부에서도 발견된다. 큰이빨부리고래들은 알래스카와 동해에서 흔히 발견되는 유일한 이빨부리고래속 고래이기도 하다. 최북단의 경우 베링 해협(북위 약 64도) 내 세인트로렌스섬에 1마리가 좌초됐으며, 최남단의 경우 캘리포니아 남부(북위 약 33도) 카디프에 또 다른 1마리가 좌초됐다는

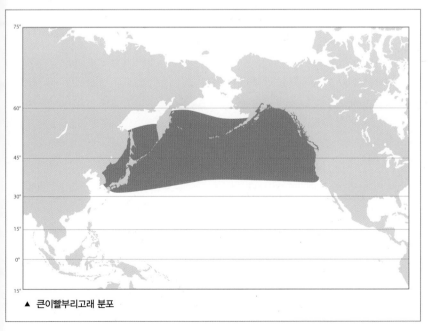

▲ 큰이빨부리고래 분포

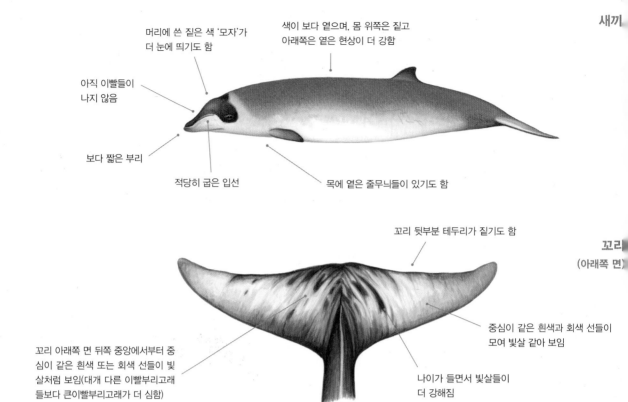

새끼

머리에 쓴 짙은 색 '모자'가 더 눈에 띄기도 함

색이 보다 옅으며, 몸 위쪽은 짙고 아래쪽은 옅은 현상이 더 강함

아직 이빨들이 나지 않음

보다 짧은 부리

적당히 굽은 입선

목에 옅은 줄무늬들이 있기도 함

꼬리
(아래쪽 면)

꼬리 뒷부분 테두리가 짙기도 함

중심이 같은 흰색과 회색 선들이 모여 빛살 같아 보임

꼬리 아래쪽 면 뒤쪽 중앙에서부터 중심이 같은 흰색 또는 회색 선들이 빛살처럼 보임(대개 다른 이빨부리고래들보다 큰이빨부리고래가 더 심함)

나이가 들면서 빛살들이 더 강해짐

기록이 있다. 계절에 따른 좌초 현황을 보면 큰이빨부리고래들이 일부 지역에선 북쪽-남쪽(여름-겨울) 이동을 하는 걸로 추정되며, 동부 쪽 큰이빨부리고래들의 몸에 쿠키커터상어 이빨 자국이 있는 걸 보면 적어도 1년 중 일부 기간 동안은 보다 따뜻한 바다로 이동하는 걸로 추측된다. 또한 일부 증거들에 따르면, 동해와 오호츠크해 남부에는 내내 그 지역에 상주하는 큰이빨부리고래들이 있는 걸로 추측된다. 그리고 큰이빨부리고래들은 해저 지형이 복잡한 지역들을 더 좋아하는 듯하다. 또한 그간 큰이빨부리

고래들이 살아 있는 상태로 발견된 건 거의 다 알래스카의 알류산 해구였으며, 그 고래들은 대륙붕의 가파른 경사로에서 수심 730~1,560m의 알류산 분지로 뚝 떨어지는 지역들과 깊은 관련이 있다.

행동

관련 정보가 거의 없으나, 가끔 수면 위로 점프를 하는 걸로 알려져 있다. 그리고 겁이 많아 접근하기 어려운 걸로 보인다. 또한

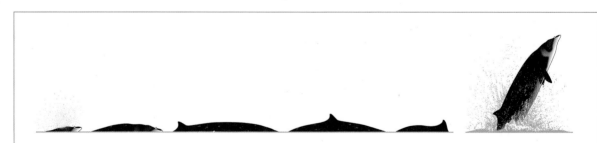

잠수 동작

- 부리의 끝부분이 먼저 수면 위로 올라온다.
- 분수공과 머리 위쪽이 잠시 나타난다.
- 별 특징 없이 머리가 바로 사라지고 등지느러미가 앞으로 구르면서 앞으로 나아간다.
- 등이 살짝 구부러진다.
- 꼬리는 보이지 않는다.
- 대개 5~6차례 얕게 잠수하며, 그다음에 10~15분간 보다 오래 잠수를 한다.

물 뿜어 올리기

- 물을 뿜어 올리는 게 잘 보이지 않는다.

먹이와 먹이활동

먹이: 주로 중심해(수심 200~1,000m의 바다—옮긴이)와 점심해(수심 1,000~3000m의 바다—옮긴이)에 사는 오징어(특히 *Gonatidae* 종과 *Cranchiidae* 종)을 먹으며 일부 물고기(예를 들어 일본 일대에서는 연어)도 먹는다.

먹이활동: 수컷의 입은 겨우 몇 cm만 벌어져 작고 부드러운 먹이만 먹을 수 있으며, 따라서 흡입이 중요한 먹이활동 방식이다.

잠수 깊이: 좋아하는 먹이들로 볼 때 최소 수심 200m까지 잠수하지만, 실은 훨씬 더 깊이 잠수할 수도 있는 걸로 추정된다.

잠수 시간: 최소 15분이며, 실은 훨씬 더 오래 잠수할 수도 있는 걸로 추정된다.

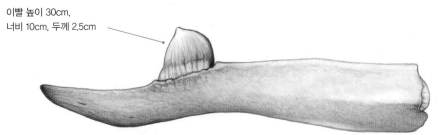

이빨 높이 30cm,
너비 10cm, 두께 2.5cm

성체 수컷의 아래턱

수면에서 각종 소리들을 내는 걸로 알려져 있다.

이빨

위쪽 0개
아래쪽 2개
이빨은 수컷들만 난다.

집단 규모와 구조

대개 2~4마리씩(최저 1마리에서 최대 10마리까지) 집단을 이룬다. 각 집단에는 모든 나이대의 암수 고래들이 포함되지만, 같은 나이대와 성별끼리 따로 모이기도 하는 걸로 추정된다. 1975년부터 1994년 사이에 알래스카에 20여 차례 집단 좌초됐는데, 그중 한 번은 모두 수컷이었고 두 번은 모두 암컷이었으며 그 나머지는 암수가 섞여 있었다. 집단을 이룬 고래들은 수면에서 서로

바싹 붙어 다니며(가끔 몸이 닿거나 거의 닿을 정도로), 대개 다 함께 헤엄도 치고 잠수도 한다.

포식자들

알려진 바가 없지만, 범고래와 상어들이 주요 포식자들일 걸로 짐작된다.

개체 수

전 세계 개체 수에 대한 추정치가 나온 건 없으나, 좌초되거나 목격되는 경우가 드문 걸로 보아 흔치는 않은 듯하다(적어도 알류샨 열도와 동해, 오호츠크해 외의 지역에서는). 일본에만 7,100마리가 서식하는 걸로 추정된다(1998년 기준).

종의 보존

세계자연보전연맹의 종 보존 현황: '정보 부족' 상태(2008년). 어망에 뒤엉키는 사고가 가장 심각한 위협으로 보인다. 그런 사고는 일본에서는 유망과 연어를 잡기 위해 설치된 자망에서, 그리고 북아메리카 서부 해안 일대에선 황새치와 상어를 잡기 위해 설치된 유망에서 가끔 일어난다. 또한 일본에서는 다른 부리고래들과 함께 큰이빨부리고래에 대한 사냥 또한 행해져 왔다. 플라스틱 쓰레기 흡입과 소음 공해(군사용 음파 탐지와 탄성파 탐사로 인한) 역시 큰이빨부리고래들을 위협하는 또 다른 문제로 보여진다. 큰이빨부리고래들은 따뜻해지는 바다 때문에 서식지를 북쪽으로 확대한 걸로 보이나, 아직 북극에서 발견된 적은 없다.

제르베부리고래 Gervais' beaked whale

학명 메소플로돈 유로파에우스 *Mesoplodon europaeus* (Gervais, 1855)

제르베부리고래의 경우 북대서양에서 목격됐다는 기록은 300건이 넘지만 남대서양에서 목격됐다는 기록은 고작 6건밖에 없다. 그중 대부분은 좌초된 경우이고 바다에서 직접 봤다는 기록 중에 믿을 만한 경우는 몇 안 되며, 그래서 수명과 서식지에 대한 정보 또한 드물다.

분류: 부리고래과 이빨고래아목

일반적인 이름: 제르베부리고래는 영어로 Gervais' beaked whale 로, 이 종을 처음 세상에 알린 프랑스 동물학자 겸 해부학자 폴 프랑소아 루이 제르베Paul Francois Louis Gervais, 1816~1879의 이름에서 따온 것이다.

다른 이름들: European beaked whale, Gulf Stream beaked whale, Antillean beaked whale 등.

학명: 이 고래 학명의 앞부분 *Mesoplodon*은 '중간'을 뜻하는 그리스어 *mesos*에 '무기'를 뜻하는 그리스어 *hopla*와 '이빨'을 뜻하는 그리스어 *odon*이 붙은 것이다(턱 중앙에 이빨이라는 무기가 있다는 의미에서). 그리고 학명의 뒷부분 *europaeus*는 '유럽'을 뜻하는 라틴어 *Europaeus*에서 따온 것이다(이 제르베부리고래 표본은 1840년 영국 해협에서 죽은 채 떠다니다 발견됐음).

세부 분류: 현재 따로 인정된 아종은 없다. 남대서양 어센션섬에 좌초된 제르베부리고래들의 이빨들은 북대서양에 좌초된 고래들의 이빨과는 조금 달라, 서로 별개의 아종으로 추정되기도 한다.

성체 수컷

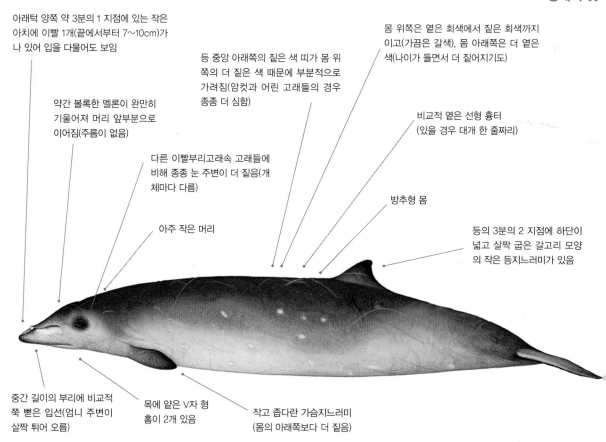

아래턱 양쪽 약 3분의 1 지점에 있는 작은 아치에 이빨 1개가(끝에서부터 7~10cm)가 나 있어 입을 다물어도 보임

약간 볼록한 멜론이 완만히 기울어져 머리 앞부분으로 이어짐(주름이 없음)

다른 이빨부리고래속 고래들에 비해 종종 눈 주변이 더 짙음(개체마다 다름)

아주 작은 머리

등 중앙 아래쪽의 짙은 색 띠가 몸 위쪽의 더 짙은 색 때문에 부분적으로 가려짐(암컷과 어린 고래들의 경우 종종 더 심함)

몸 위쪽은 옅은 회색에서 짙은 회색까지 이고(가끔은 갈색), 몸 아래쪽은 더 옅은 색(나이가 들면서 더 짙어지기도)

비교적 옅은 선형 흉터 (있을 경우 대개 한 줄짜리)

방추형 몸

등의 3분의 2 지점에 하단이 넓고 살짝 굽은 갈고리 모양의 작은 등지느러미가 있음

중간 길이의 부리에 비교적 쭉 뻗은 입선(엄니 주변이 살짝 튀어 오름)

목에 얕은 V자 형 홈이 2개 있음

작고 좁다란 가슴지느러미 (몸의 아래쪽보다 더 짙음)

요점 정리

- 대서양의 열대 바다에서부터 따뜻한 온대 바다에 서식
- 중간 크기
- 몸 위쪽은 옅은 회색에서 짙은 회색까지이고 아래쪽은 보다
- 옅은 색
- 선형 흉터가 거의 또는 전혀 없음
- 아주 작은 머리에 살짝 튀어 오른 멜론
- 눈 주변이 짙은 색
- 중간 길이의 부리
- 아래턱의 3분의 1 지점의 작은 아치에 이빨 2개가 나 있음
- 등의 3분의 2 지점에 작은 등지느러미가 나 있음
- 암컷과 어린 고래들의 몸에 호랑이 같은 줄무늬들이 있기도 함

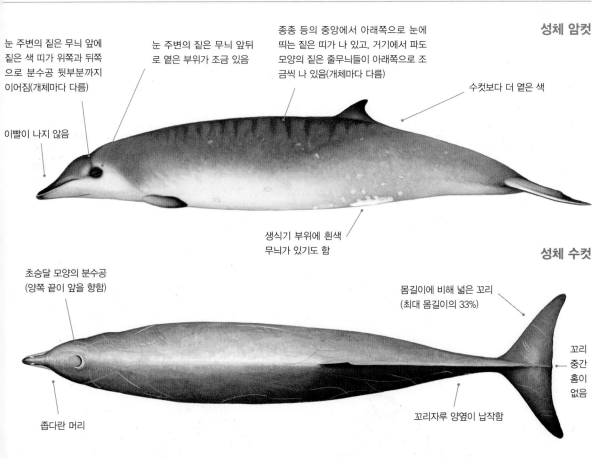

성체 암컷

종종 등의 중앙에서 아래쪽으로 눈에 띄는 짙은 띠가 나 있고, 거기에서 파도 모양의 짙은 줄무늬들이 아래쪽으로 조금씩 나 있음(개체마다 다름)

눈 주변의 짙은 무늬 앞뒤로 옅은 부위가 조금 있음

눈 주변의 짙은 무늬 앞에 짙은 색 띠가 위쪽과 뒤쪽으로 분수공 뒷부분까지 이어짐(개체마다 다름)

이빨이 나지 않음

수컷보다 더 옅은 색

생식기 부위에 흰색 무늬가 있기도 함

성체 수컷

초승달 모양의 분수공 (양쪽 끝이 앞을 향함)

몸길이에 비해 넓은 꼬리 (최대 몸길이의 33%)

꼬리 중간 홈이 없음

좁다란 머리

꼬리자루 양옆이 납작함

크기
길이: 수컷 4.2~4.6m, 암컷 4.2~4.8m
무게: 0.8~1t **최대:** 5.2m, 1.2t
새끼 – 길이: 약 1.7~2.2m **무게:** 약 80kg

비슷한 종들

혹부리고래, 트루부리고래, 소워비부리고래 같은 다른 이빨부리고래속 고래들과 서식지가 겹쳐 그 고래들로부터 이 종을 구분하는 게 어려울 수도 있다. 소워비부리고래의 경우 서식지가 조금 다른 데다가 부리가 길고 날씬하며 이빨들이 보다 뒤쪽에 있어 구분이 가능하다. 혹부리고래의 경우 성체 수컷의 아래턱이 심하게 굽어 있고 이빨들이 크고 납작한 데다가(종종 따개비들로 덮여 있음) 멜론이 비교적 납작하고 대개 몸에 쿠키커터상어들의 이빨 자국들이 많아 구분 가능하다.

제르베부리고래와 트루부리고래는 구분하기가 더 어렵지만, 수컷의 이빨들 위치가 가장 좋은 단서다(트루부리고래의 경우 이빨들이 아래턱 끝에 나 있음). 그리고 그 외에 세 가지 중요한 차이가 있다. 첫째, 머리 모양이 다르다. 트루부리고래의 경우 아주 둥근 멜론이 가파른 각도로 머리 앞부분으로 이어지며 입선이 더 똑바르다. 반면에 제르베부리고래의 경우 덜 볼록한 멜론이 더 완만한 각도로 (거의 사선으로) 머리 앞부분으로 이어진다. 둘째, 트루부리고래 수컷의 몸에는 종종 선형 흉터들(아래턱 끝이나 머리 앞부분 위쪽에 이빨이 2개 돌출된 해양 동물에 의해서만 생겨날 수 있는 흉터들)이 나란히 나 있다. 셋째, 제르베부리고래의 경우 종종 눈에 띄는 등지느러미 띠가 있으며 또 파도 모양의 짙은 줄무늬

50°
40°
30°
20°
10°
0°
10°
20°

■ 알려진 주요 서식지 ■ 예상 서식지 ● 좌초된 지역들

▲ 제르베부리고래 분포

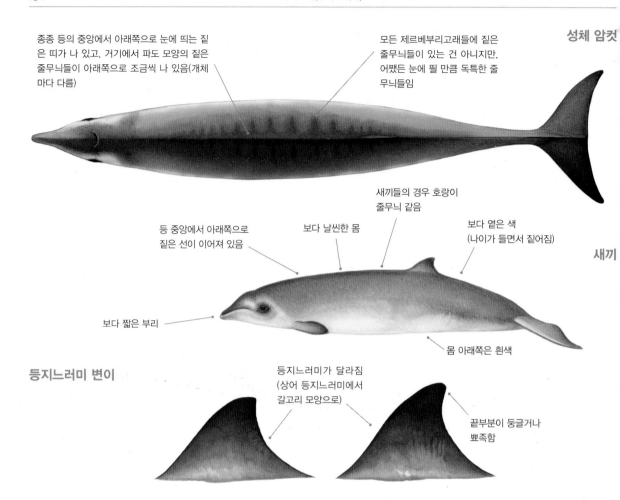

성체 암컷

종종 등의 중앙에서 아래쪽으로 눈에 띄는 짙은 띠가 나 있고, 거기에서 파도 모양의 짙은 줄무늬들이 아래쪽으로 조금씩 나 있음(개체마다 다름)

모든 제르베부리고래들에 짙은 줄무늬들이 있는 건 아니지만, 어쨌든 눈에 띌 만큼 독특한 줄무늬들임

새끼들의 경우 호랑이 줄무늬 같음

새끼

보다 옅은 색 (나이가 들면서 짙어짐)

등 중앙에서 아래쪽으로 짙은 선이 이어져 있음

보다 날씬한 몸

보다 짧은 부리

몸 아래쪽은 흰색

등지느러미 변이

등지느러미가 달라짐 (상어 등지느러미에서 갈고리 모양으로)

끝부분이 둥글거나 뾰족함

들이 수직으로 나 있다.

제르베부리고래들은 서식지가 민부리고래 및 북방병코고래들과도 겹치지만, 그 2종의 고래들이 훨씬 더 크고 더 강건하다.

분포

제르베부리고래들이 발견됐다고 알려진 곳들은 대개 북대서양 서부와 미국 매사추세츠주에서 멕시코 사이(멕시코만, 카리브 제도와 바하마 제도 포함)다. 또한 제르베부리고래들은 미국 남동부 지역에 가장 흔히 좌초되는 부리고래로, 플로리다주와 노스캐롤라이나주에서 발견되는 제르베부리고래들이 전 세계에서 발견되는 모든 제르베부리고래의 40%가 넘는다. 여러 해 동안 북대

서양 동부에서는 제르베부리고래 표본 하나만 발견됐는데, 대부분의 고래 연구가들은 그게 멕시코 만류에 의해 자신의 서식지를 벗어나 길을 잃은 제르베부리고래로 여겼다. 그러나 보다 최근에 북대서양 동부에서 수집한 증거(제르베부리고래 좌초 기록이 총 50회를 넘김)에 따라, 이제 보다 완전한 그림을 그릴 수 있게 되었다. 그 고래들 중 대략 절반(21회의 좌초에서 발견된 24마리)은 카나리아 제도에 좌초됐으나, 그 외에 아일랜드와 프랑스, 스페인, 마데이라 제도, 포르투갈, 아조레스 제도, 카보베르데 제도, 모리타니, 기니-비사우 등지에도 좌초됐다. 지중해에 좌초됐다는 기록도 있었다. 2001년 이탈리아 카스티리온첼로 근처에 제르베부리고래 1마리가 좌초됐던 것.

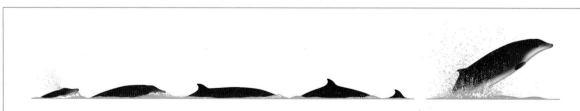

잠수 동작
- 부약 45도 각도로 수면 위로 올라온다.
- 잠시 부리와 머리의 상당 부분이(가끔은 최소 눈 부분이) 보인다.
- 잠시 쉬었다가 몸을 굴려 앞으로 나아간다.
- 등이 구부러지기보다는 대개 수면 아래로 잠긴다.
- 깊이 잠수할 때는 꼬리가 보이지 않는다.

물 뿜어 올리기
- 물을 뿜어 올리는 게 잘 보이지 않는다.

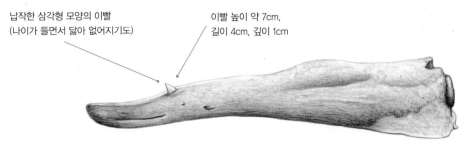

납작한 삼각형 모양의 이빨
(나이가 들면서 닳아 없어지기도)

이빨 높이 약 7cm,
길이 4cm, 깊이 1cm

성체 수컷의 아래턱

먹이와 먹이활동
알려진 바가 거의 없으나, 주로 심해 오징어를 먹고 일부 심해 물고기도 먹는 걸로 추정된다. 좌초된 제르베부리고래의 위 안에서 갑각류 새우가 나왔다는 기록도 있다.

남대서양에서 발견됐다는 제르베부리고래들은 어센션섬에서 3마리가 확인됐고, 나미비아에서 1마리가 확인됐으며 브라질에서 2마리가 확인됐다. 가장 남쪽에서 발견된 제르베부리고래는 브라질 상파울로주 상비센트(남위 23도 58분)에 좌초된 고래였으나, 북대서양의 서식지 위도 범위를 감안하면 서식지가 서쪽으론 적어도 멀리 남쪽 우루과이까지 확대될 수도 있을 듯하다. 제르베부리고래들은 열대 및 아열대의 깊은 바다를 선호하는 걸로 추정되지만, 따뜻한 온대 바다는 물론 차가운 온대 바다에서 발견됐다는 기록들도 있다. 또한 해저 지형이 복잡한 지역들에 더 흔한 걸로 추정된다.

행동
사실상 알려진 바가 전혀 없다. 그리고 그간 살아 있는 채로 좌초된 제르베부리고래들은 짧은 기간 동안 가두어지곤 했다.

일대기
알려진 바가 거의 없다. 12개월 간의 임신 기간 후에 새끼 1마리가 태어나는 걸로 추정된다. 수명은 최소 27년으로 추정되며, 최장수 기록은 48년이다.

이빨(수컷)
위쪽 0개
아래쪽 2개
이빨은 수컷들만 난다.

집단 규모와 구조
제한된 정보에 따르면, 제르베부리고래들은 대개 혼자 발견되거나 최대 5마리의 아주 긴밀한 소집단 상태로 발견된다.

포식자들
알려진 바가 없지만, 범고래와 상어들이 주요 포식자들일 걸로 추정된다.

개체 수
전 세계 개체 수에 대한 추정치가 나온 건 없다. 멕시코만 북부에 총 149마리의 이빨부리고래속 고래들이 좌초된 걸로 추산되나, 이는 제르베부리고래를 비롯한 세 종의 고래들이 합쳐진 수이다. 그리고 그간의 좌초 빈도수를 감안할 때, 제르베부리고래들은 비교적 흔한 걸로 보여진다(적어도 북아메리카 동부 해안 지역에서는).

종의 보존
세계자연보전연맹의 종 보존 현황: '정보 부족' 상태(2008년). 제르베부리고래들을 위협하는 가장 큰 문제는 아마 자망이나 다른 어망들에 뒤엉켜 죽는 일일 것이다. 미국 뉴저지주 일대에서도 제르베부리고래들이 정치망pound net(한 곳에 쳐놓고 고기 떼가 지나가다 걸리도록 한 그물 -옮긴이)에 뒤엉켜 죽는 일이 종종 있어 왔다. 그리고 다른 부리고래들과 마찬가지로 플라스틱 쓰레기 흡입과 소음 공해(군사용 음파 탐지와 탄성파 탐사로 인한) 역시 큰이빨부리고래들을 위협하는 또 다른 문제로 보여진다. 제르베부리고래들을 비롯한 부리고래들이 대거 좌초되는 사고는 그간 여러 차례 있었는데, 그 사고들은 대개 카나리아 제도에서 행해지는 군사 활동들과 관련이 있었다. 현재 제르베부리고래들에 대한 사냥이 행해지고 있다는 보고는 없다.

◀ 노스캐롤라이나주 해터러스곶에서 촬영된 이 고래의 사진에는 눈 주변의 짙은 무늬와 위에서 아래로 나 있는 줄무늬들이 또렷이 보인다.

앤드류부리고래 Andrews' beaked whale

학명 　메소플로돈 보우도이니 *Mesoplodon bowdoini* 　　　　　　　　　　　　Andrews, 1908

앤드류부리고래는 세상의 모든 고래들 가운데 가장 알려진 게 적은 고래에 속한다. 그간 바다에서 목격돼 앤드류부리고래로 확인된 고래는 1마리도 없었으며, 이 고래에 대한 우리의 제한된 지식은 단 48마리의 좌초된 앤드류부리고래들(전부 남반구의 보다 선선한 바다에서 발견됨)로부터 얻은 것이다. 이 고래는 북태평양에서 발견되는 허브부리고래와 놀랄 만큼 비슷하지만, 최근 이루어진 유전자 및 형태 조사에 의해 서로 다른 종이라는 게 입증되었다.

분류: 부리고래과 이빨고래아목

일반적인 이름: 앤드류부리고래는 영어로 Andrews' beaked whale로, 뉴욕시 소재 미국 자연사박물관 포유동물 부관장 로이 채프먼 앤드루스Roy Chapman Andrews, 1884~1960(고비사막 공룡 사냥꾼으로 가장 잘 알려져 있음)의 이름에서 따온 것이다. 이 고래가 새로운 종이라는 결론을 내렸을 때 그는 24세였다.

다른 이름들: splay-toothed(또는 splaytooth) beaked whale, deep-crested(또는 deepcrest) beaked whale, Bowdoin's beaked whale 등.

학명: 이 고래 학명의 앞부분 *Mesoplodon*은 '중간'을 뜻하는 그리스어 *mesos*에 '무기'를 뜻하는 그리스어 *hopla*와 '이빨'을 뜻하는 그리스어 *odon*이 붙은 것이다(턱 중앙에 이빨이라는 무기가 있다는 의미에서). 그리고 학명의 뒷부분 *bowdoini*는 조지 S. 보우도인 George S. Bowdoin, 1833~1913의 이름에서 따온 것이다. 보우도인은 미국 자연사박물관의 신탁 관리자 겸 기부자로, 그 박물관의 고래 소장품을 늘리는 데 기여했다.

세부 분류: 현재 따로 인정된 아종은 없다.

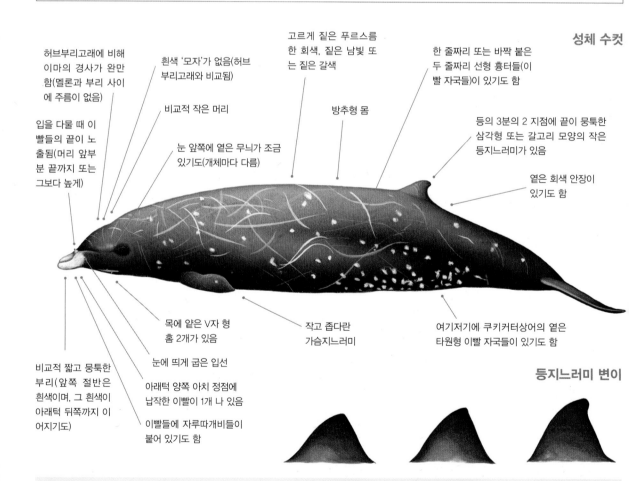

성체 수컷

허브부리고래에 비해 이마의 경사가 완만함(멜론과 부리 사이에 주름이 없음)

입을 다물 때 이빨들의 끝이 노출됨(머리 앞부분 끝까지 또는 그보다 높게)

흰색 '모자'가 없음(허브부리고래와 비교됨)

비교적 작은 머리

눈 앞쪽에 옅은 무늬가 조금 있기도(개체마다 다름)

고르게 짙은 푸르스름한 회색, 짙은 남빛 또는 짙은 갈색

방추형 몸

한 줄짜리 또는 바짝 붙은 두 줄짜리 선형 흉터들(이빨 자국들)이 있기도 함

등의 3분의 2 지점에 끝이 뭉툭한 삼각형 또는 갈고리 모양의 작은 등지느러미가 있음

옅은 회색 안장이 있기도 함

비교적 짧고 뭉툭한 부리(앞쪽 절반은 흰색이며, 그 흰색이 아래턱 뒤쪽까지 이어지기도)

목에 얕은 V자 형 홈 2개가 있음

눈에 띄게 굽은 입선

아래턱 양쪽 아치 정점에 납작한 이빨이 1개 나 있음

이빨들에 자루따개비들이 붙어 있기도 함

작고 좁다란 가슴지느러미

여기저기에 쿠키커터상어의 옅은 타원형 이빨 자국들이 있기도 함

등지느러미 변이

요점 정리

- 남반구의 보다 선선한 바다에 서식
- 작은 크기에서 중간 크기까지
- 고르게 짙은 색
- 부리가 비교적 짧고 무겁고 끝이 흰색
- 심한 상처들이 있음
- 등의 3분의 2 지점에 갈고리 모양의 작은 등지느러미가 나 있음
- 아치형 아래턱에 엄니가 2개 나 있음

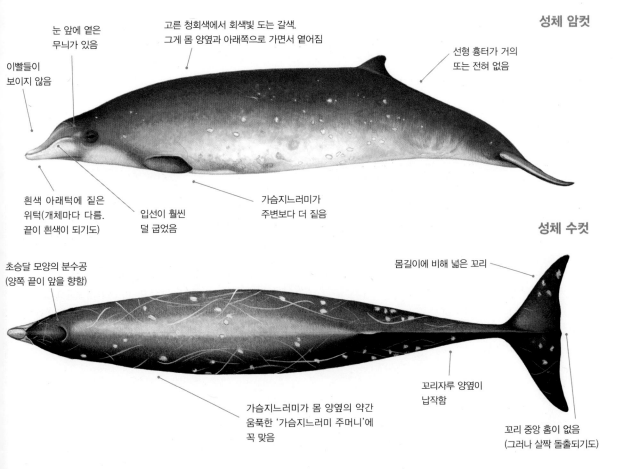

성체 암컷

눈 앞에 옅은 무늬가 있음

고른 청회색에서 회색빛 도는 갈색. 그게 몸 양옆과 아래쪽으로 가면서 옅어짐

선형 흉터가 거의 또는 전혀 없음

이빨들이 보이지 않음

흰색 아래턱에 짙은 위턱(개체마다 다름. 끝이 흰색이 되기도)

입선이 훨씬 덜 굽었음

가슴지느러미가 주변보다 더 짙음

성체 수컷

초승달 모양의 분수공 (양쪽 끝이 앞을 향함)

몸길이에 비해 넓은 꼬리

가슴지느러미가 몸 양옆의 약간 움푹한 '가슴지느러미 주머니'에 꼭 맞음

꼬리자루 양옆이 납작함

꼬리 중앙 홈이 없음 (그러나 살짝 돌출되기도)

크기
길이: 3.9~4.4m
무게: 약 1~1.5t으로 추정
새끼-길이: 약 2.2m   무게: 알려진 바가 없음

비슷한 종들

서식지가 다른 여러 이빨부리고래속 고래들(그레이부리고래, 헥터부리고래, 트루부리고래, 끈이빨부리고래)과 겹치며, 혹부리고래, 은행이빨부리고래와는 덜 겹치고, 스페이드이빨고래와는 겹치는 걸로 추정된다. 특히 혹부리고래와는 구분하는 게 더 힘들 수 있다. 수컷들의 경우 바다에서 가까이서 보면 중간 크기의 부리, 머리에 쓴 흰색 모자, 독특한 엄니들, 입선이 굽은 정도로 식별 가능하다. 그러나 암컷과 어린 고래들의 경우 식별하기가 어려울 수 있다.

분포

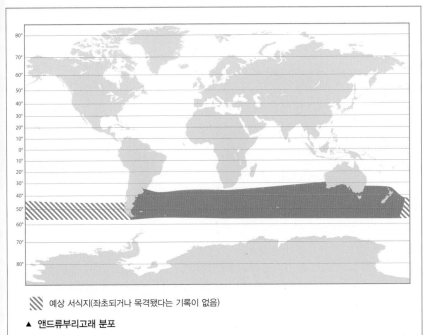

예상 서식지(좌초되거나 목격됐다는 기록이 없음)

▲ 앤드류부리고래 분포

남위 32도와 대략 남극 수렴대 지역 사이의 차가운 온대 및 아북극 바다에 좌초된 48마리의 고래들을 통해 알게 된 정보가 전부다. 최북단에서 확인된 앤드류부리고래는 남위 32도 12분쯤 되는 웨스턴오스트레일리아 버드섬에 좌초됐고, 최남단에서 확인된 앤드류부리고래는 남위 54도 30분쯤 되는 오스트레일리아와 남극 사이 중간의 매쿼리섬에 좌초됐다. 좌초된 다른 대부분의 앤드류부리고래들은 뉴질랜드와 그 주변 섬들(남섬, 스튜어트섬, 채텀섬, 캠벨섬에 21마리) 그리고 오스트레일리아 남부 해안 지역들(웨스턴오스트레일리아, 사우스오스트레

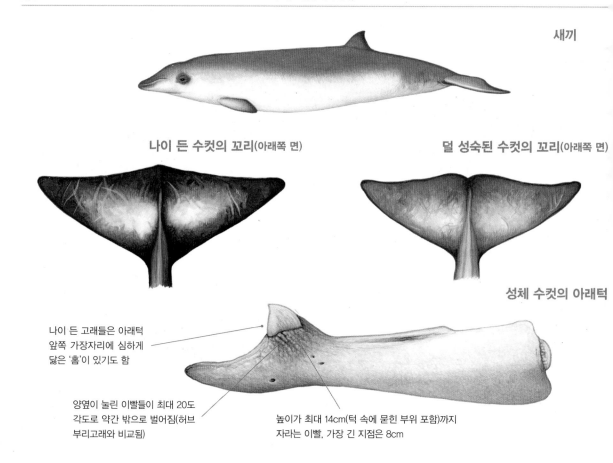

새끼

나이 든 수컷의 꼬리(아래쪽 면)

덜 성숙된 수컷의 꼬리(아래쪽 면)

성체 수컷의 아래턱

나이 든 고래들은 아래턱 앞쪽 가장자리에 심하게 닳은 '홈'이 있기도 함

양옆이 눌린 이빨들이 최대 20도 각도로 약간 밖으로 벌어짐(허브부리고래와 비교됨)

높이가 최대 14cm(턱 속에 묻힌 부위 포함)까지 자라는 이빨, 가장 긴 지점은 8cm

먹이와 먹이활동

먹이: 제한된 증거들에 따르면, 주로 심해 오징어를 먹지만 일부 심해 물고기들도 먹는 걸로 추정된다.

먹이활동: 흡입 방식으로 먹이활동을 하는 걸로 추정된다.

잠수 깊이: 수심 500~3,000m까지 잠수하는 걸로 추정된다.

잠수 시간: 알려진 바가 없으나 최대 1시간 정도는 잠수하는 걸로 추정된다.

일리아, 빅토리아, 뉴사우스웨일스, 태즈메이니아에 20마리)에 좌초됐다. 그 외에 트리스탄다쿠냐섬(2마리), 포클랜드 제도(3마리), 우루과이(1마리), 아르헨티나의 티에라 델 푸에고(1마리)에도 좌초됐다. 따라서 앤드류부리고래가 채텀섬과 남아메리카 서부 해안 사이에서 좌초됐다는 기록은 아직 없어 큰 공백이 있기는 하나(이는 앤드류부리고래의 서식지에 정말 큰 공백이 있다거나 이 지역에 대한 고래 조사가 전반적으로 부족하다는 걸 의미함), 앤드류부리고래들의 서식지는 남반구 극지 부근까지 분포해 있는 걸로 추정된다. 또한 이 고래들은 수심이 깊은 연안 바다를 좋아하는 걸로 추정된다.

이빨

위쪽 0개
아래쪽 2개
이빨은 수컷들만 난다.

집단 규모와 구조

관련 정보가 거의 없지만 1~5마리씩 집단을 이루는 걸로 추정된다.

포식자들

알려진 바가 없지만, 범고래와 상어들이 주요 포식자들일 걸로 보여진다.

개체 수

알려진 바가 없다. 그러나 앤드류부리고래들이 적어도 뉴질랜드와 오스트레일리아 남부 일대에 좌초되는 빈도로 봐서는, 그렇게 드문 종은 아닌 듯하다. 이 고래들은 야생 상태에서 목격하기가 하늘에 별 따기인데, 그건 이 고래들이 워낙 조심성이 많은 데다 제대로 조사된 지역에서 멀리 떨어진 데서 살아 목격하기도 힘들기 때문으로 보인다.

종의 보존

세계자연보전연맹의 종 보존 현황: '정보 부족' 상태(2008년). 앤드류부리고래들에 대한 사냥이 행해지고 있다거나 다른 물고기를 잡다 의도치 않게 잡힌다는 증거는 없으나, 다른 부리고래과 고래들의 경우와 마찬가지로 특히 유망이나 주낙 낚시가 큰 위협일 것으로 추정되며, 소음 공해(군사용 음파 탐지와 탄성파 탐사로 인한)와 플라스틱 쓰레기 흡입 역시 위협일 듯하다.

일대기

알려진 바가 거의 없으나, 몸에 선형 흉터들(입을 악물 때 나란히 만들어지는 이빨 자국들)이 있는 걸로 보아 수컷들 간에 짝짓기를 위한 싸움이 있을 걸로 추정된다. 적어도 뉴질랜드에선 여름과 가을이 번식철이라는 일부 증거들도 있다.

끈이빨부리고래 Strap-toothed beaked whale

학명 메소플로돈 레야디 *Mesoplodon layardii*

Gray, 1865

이빨부리고래과 고래들 중 가장 몸이 큰 끈이빨부리고래는 주로 좌초된 고래들을 통해 잘 알려져 있으나 야생 상태에서 목격되는 경우는 드물다. 성체 수컷의 경우 엄니 2개가 아래턱에서 자라나 위턱을 가로질러 약 45도 각도로 뒤쪽으로 서로 꼬이듯 굽어 있다. 이 엄니들은 먹이활동보다는 싸움에 쓰일 가능성이 더 높아 보이는데, 끈이빨부리고래 수컷은 그 묘한 엄니들 때문에 암컷에 비해 절반 이상 입을 벌리지 못한다.

분류: 부리고래과 이빨고래아목

일반적인 이름: 끈이빨부리고래는 영어로 Strap-toothed beaked whale로, 이는 성체 수컷의 엄니 2개가 마치 입을 묶는 끈 같다는 데서 붙은 이름이다.

다른 이름들: strap-toothed whale, straptooth beaked whale, Layard's beaked whale, long-toothed beaked whale 등.

학명: 이 고래 학명의 앞부분 *Mesoplodon*은 '중간'을 뜻하는 그리스어 *mesos*에 '무기'를 뜻하는 그리스어 *hopla*와 '이빨'을 뜻하는

그리스어 *odon*이 붙은 것이다(턱 중앙에 이빨이라는 무기가 있다는 의미에서). 그리고 학명의 뒷부분 *layardii*는 케이프타운에 있는 남아프리카공화국박물관 관장 에드거 레오폴드 레야드Edgar Leopold Layard, 1824~1900의 이름에서 따온 것이다. 레야드는 1865년에 박물관에 소장되어 있던 끈이빨부리고래 두개골을 그려 영국 동물학자 존 에드워드 그레이에게 보냈고, 그레이는 그 그림을 토대로 끈이빨부리고래 종을 세상에 알렸다.

세부 분류: 현재 따로 인정된 아종은 없다.

성체 수컷

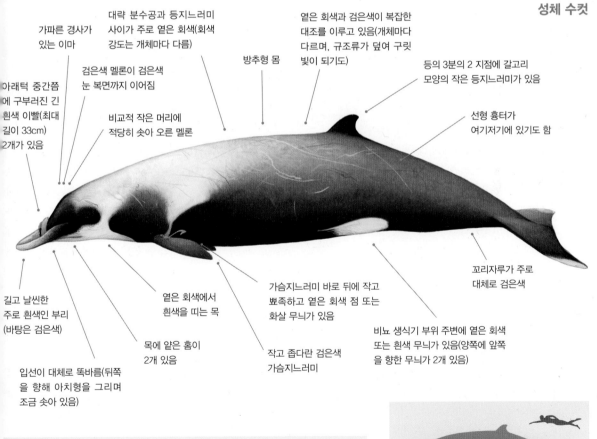

가파른 경사가 있는 이마

검은색 멜론이 검은색 눈 복면까지 이어짐

대략 분수공과 등지느러미 사이가 주로 옅은 회색(회색 강도는 개체마다 다름)

비교적 작은 머리에 적당히 솟아 오른 멜론

방추형 몸

옅은 회색과 검은색이 복잡한 대조를 이루고 있음(개체마다 다르며, 규조류가 덮여 구릿빛이 되기도)

등의 3분의 2 지점에 갈고리 모양의 작은 등지느러미가 있음

선형 흉터가 여기저기에 있기도 함

아래턱 중간쯤에 구부러진 긴 흰색 이빨(최대 길이 33cm) 2개가 있음

길고 날씬한 주로 흰색인 부리 (바탕은 검은색)

입선이 대체로 똑바름(뒤쪽을 향해 아치형을 그리며 조금 솟아 있음)

옅은 회색에서 흰색을 띠는 목

목에 얕은 홈이 2개 있음

가슴지느러미 바로 뒤에 작고 뾰족하고 옅은 회색 점 또는 화살 무늬가 있음

작고 좁다란 검은색 가슴지느러미

비뇨 생식기 부위 주변에 옅은 회색 또는 흰색 무늬가 있음(양쪽에 앞쪽을 향한 무늬가 2개 있음)

꼬리자루가 주로 대체로 검은색

요점 정리

- 남반구의 찬 온대 바다에 서식
- 중간 크기
- 옅은 회색과 검은색이 복잡한 대조를 이루고 있음
- 검은색 멜론과 '복면'
- 주로 흰색인 부리
- 위턱 쪽으로 구부러질 수도 있는 띠 모양의 이빨들

크기

길이: 수컷 5~5.9m, 암컷 5~6.1m

무게: 1.3~2.7t **최대:** 6.2m, 2.8t

새끼−길이: 약 2.2~3m **무게:** 미상

암컷이 수컷보다 5% 정도 더 크다.

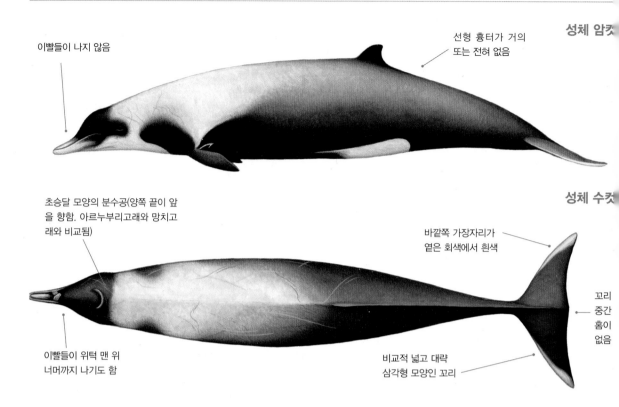

성체 암컷

이빨들이 나지 않음

선형 흉터가 거의
또는 전혀 없음

성체 수컷

초승달 모양의 분수공(양쪽 끝이 앞
을 향함. 아르누부리고래와 망치고
래와 비교됨)

바깥쪽 가장자리가
옅은 회색에서 흰색

이빨들이 위턱 맨 위
너머까지 나기도 함

꼬리
중간
홈이
없음

비교적 넓고 대략
삼각형 모양인 꼬리

비슷한 종들

이빨들이 잘 보인다면 성체 수컷은 다른 부래고래과 고래들과 식
별 가능하다(서식지도 겹치고 이빨 형태도 대략 비슷한 스페이
드이빨고래와는 혼동할 여지가 있지만). 암수 모두의 색 패턴이
독특한 것도 같은 지역 내 다른 이빨부리고래속 고래들(그레이
부리고래, 헥터부리고래, 앤드류부리고래 등)과 구분하는 데 도
움이 될 것이다(그러나 이걸 잊지 말라. 스페이드이빨고래의 외
형에 대해 더 많은 걸 알게 되기 전까지는 2종을 구분하는 건 분
명 어려울 것이다). 만일 곁에 성체 수컷이 없고 새끼들과 어린
고래들만 있다면, 다른 이빨부리고래속 고래들과 구분하는 게 사

실상 불가능하다. 그래서 좌초되어 이미 부패되기 시작한 어린
고래들이나 암컷들의 종을 확인하려면 유전자 검사가 필요한 경
우가 많다.

분포

끈이빨부리고래들은 주로 남위 35도와 남위 60도 사이 남반구의
깊고 차가운 온대 바다에 서식하는 걸로 보여진다. 전 세계적으
로 좌초된 끈이빨부리고래는 190마리가 넘는 걸로 알려져 있는
데, 그중 대략 절반은 오스트레일리아와 뉴질랜드 일대에 서식하
고, 그 나머지는 남아프리카공화국, 나미비아, 사우스조지아섬,
포클랜드 제도, 아르헨티나, 우루과
이, 브라질, 칠레는 물론 매쿼리섬,
허드섬, 맥도널드 제도, 케르겔렌 제
도 등지에도 서식한다. 2011년에는
북위 15도 47분 미얀마 지역에 한
끈이빨부리고래 성체 1마리가 좌초
됐는데, 길을 잘못 들어선 걸로 짐작
된 그 고래는 잘 알려진 서식지에서
5,000km 넘게 북쪽으로 올라갔으
며, 또한 그 이전에 최북단에 좌초된
걸로 알려진 끈이빨부리고래(암컷
으로, 2002년 남위 12도 47분 브라
질 북동부에 좌초)보다 3,000km 더
북쪽으로 올라갔다. 그리고 그간 오
스트레일리아와 뉴질랜드 일대에서
살아 있는 상태로 목격된 끈이빨부
리고래들의 대부분은 수심 2,000m
가 넘는 대륙붕 너머의 바다에 살고

• 예외적인 기록

▲ 끈이빨부리고래 분포

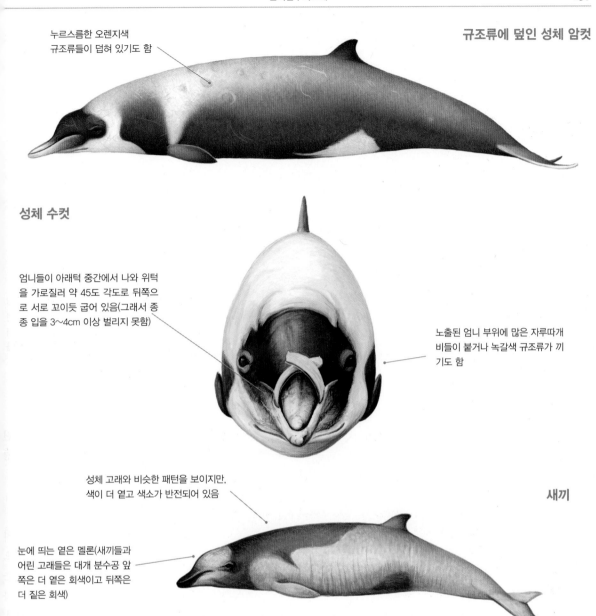

규조류에 덮인 성체 암컷

누르스름한 오렌지색 규조류들이 덮혀 있기도 함

성체 수컷

엄니들이 아래턱 중간에서 나와 위턱을 가로질러 약 45도 각도로 뒤쪽으로 서로 꼬이듯 굽어 있음(그래서 종종 입을 3~4cm 이상 벌리지 못함)

노출된 엄니 부위에 많은 자루따개비들이 붙거나 녹갈색 규조류가 끼기도 함

성체 고래와 비슷한 패턴을 보이지만, 색이 더 옅고 색소가 반전되어 있음

새끼

눈에 띄는 옅은 멜론(새끼들과 어린 고래들은 대개 분수공 앞쪽은 더 옅은 회색이고 뒤쪽은 더 짙은 회색)

있었다. 그리고 해저 지형이 복잡한 지역들에 더 흔한 걸로 보여진다. 또한 늦여름과 가을에는 서식지 북쪽 지역에 더 많은 끈이빨부리고래들이 좌초되고 남아프리카공화국에 좌초된 끈이빨부리고래들의 위 속에서 아남극 지역 오징어가 발견되는 등, 끈이빨부리고래들이 계절에 따라 이동한다는 걸 입증해주는 증거들도 있다.

잠수 동작
- 45도 각도로 수면 위로 올라온다.
- 종종 머리와 부리가 물 밖으로 나간다(성체 수컷의 경우 이빨들이 보임).
- 머리가 물에 잠기기 시작하면서 등지느러미가 나타난다.
- 등을 조금 구부려 몸을 굴리면서 천천히 앞으로 나아간다.
- 꼬리는 보이지 않는다.

물 뿜어 올리기
- 물을 뿜어 올리는 게 잘 보이지 않는다.

먹이와 먹이활동

먹이: 주로 심해 오징어를 먹지만, 일부 물고기와 갑각류 동물들도 먹는 걸로 추정된다. 암컷과 덜 자란 고래들은 수컷보다 더 긴 오징어를 먹지만, 먹이의 무게에는 큰 차이가 없다.

먹이활동: 수컷들의 경우 엄니 때문에 제대로 입도 벌리지도 못하면서 어떻게 먹이를 먹는지 알려진 바가 없으나, 다른 부리고래과 고래들처럼 흡입 방식으로 먹이활동을 하는 걸로 보여진다. 그리고 엄니들은 먹이가 바로 입안으로 들어가게 해주는 가드레일 역할을 하는 걸로 추정된다.

잠수 깊이: 다른 이빨부리고래속 고래들과 마찬가지로, 수심 500m가 넘는 데서 먹이활동을 한다. 끈이빨부리고래들의 위에서 발견된 흡혈오징어는 주로 수심 700~1,500m의 바다에서 발견된다.

잠수 시간: 알려진 바가 없다.

행동

알려진 바가 거의 없으나, 수면 위로 점프하는 게 여러 차례 목격됐다는 기록이 있다. 바다가 고요하고 햇볕이 쨍한 날 수면 위에서 햇볕을 쬐고 있는 게 목격됐다는 기록도 있다. 끈이빨부리고래들은 가까이 접근하기 어려워, 주변에 배가 나타나면 수면 아래로 그대로 천천히 내려가거나 아니면 몸을 옆쪽으로 돌려 잠수를 한다(그래서 사라지면서 한쪽 가슴지느러미가 보임).

이빨(수컷)

위쪽 0개
아래쪽 2개
암컷들은 이빨이 나지 않는다.

집단 규모와 구조

목격된 고래가 끈이빨부리고래로 확인된 경우는 아주 드물지만, 그런 경우 대부분 혼자이거나 암컷-새끼 쌍이거나 아니면 최대 4마리까지의 집단이었다. 웨스턴오스트레일리아 남부 해안에서 잠시 목격된 한 집단은 다양한 나이대의 암수 끈이빨부리고래들이 10여 마리 정도 됐던 듯하다. 2002년 뉴질랜드 북섬에는 4마리로 이루어진 끈이빨부리고래 집단이 좌초됐었고, 2007년 남섬

북부 해안에는 4마리(암컷 2마리와 어린 고래 2마리)로 이루어진 또 다른 끈이빨부리고래 집단이 좌초됐었다.

포식자들

끈이빨부리고래들의 주요 포식자는 범고래들이다(2016년 2월 16일 웨스턴오스트레일리아에서는 7마리의 범고래 떼가 1마리의 끈이빨부리고래 암컷을 공격해 죽이는 게 목격됐었음). 대형 상어들 역시 끈이빨부리고래들을 공격하는 걸로 보여진다.

개체 수

전 세계 개체 수에 대한 추정치가 나온 건 없다. 그러나 다른 부리고래과 고래들과 마찬가지로, 원래부터 개체 수가 적었던 걸로 추정된다. 그러나 좌초되는 고래들 수를 보면, 아주 드문 종은 아닌 듯하다.

종의 보존

세계자연보전연맹의 종 보존 현황: '정보 부족' 상태(2008년). 그간 끈이빨부리고래들에 대한 직접적인 사냥이 행해지고 있다는 기록은 전혀 없었다. 일부의 끈이빨부리고래들이 의도치 않게 유망(또는 자망)에 걸리는 경우들은 있을 수 있겠지만, 구체적인 관련 정보는 없다. 또한 다른 부리고래과 고래들과 마찬가지로, 이 끈이빨부리고래들을 위협하는 문제들 역시 플라스틱 쓰레기 흡입, 소음 공해(군사용 음파 탐지와 탄성파 탐사로 인한) 등일 걸로 추정된다.

성체 수컷의 아래턱

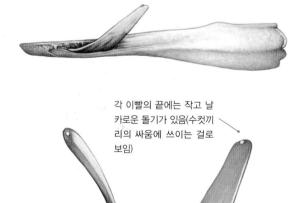

각 이빨의 끝에는 작고 날카로운 돌기가 있음(수컷끼리의 싸움에 쓰이는 걸로 보임)

앞에서 본 것　　　　　　　　　옆에서 본 것

일대기

성적 성숙: 알려진 바가 없음.

짝짓기: 성체 수컷들의 특이한 이빨들은 짝짓기를 하기 위해 수컷들끼리 싸울 때 쓰이는 걸로 보여짐(직접 목격된 적은 없지만).

임신: 약 9~12개월로 추정됨.

분만: 남반구의 봄부터 여름 사이에 새끼 1마리가 태어나는 걸로 추정됨.

젖떼기: 알려진 바가 없음.

수명: 알려진 바가 없음. 아직 번식 기능이 있던 한 암컷은 44살이었음.

스페이드이빨고래 Spade-toothed whale

`학명` 메소플로돈 트라베르시 *Mesoplodon traversii* (Gray, 1874)

스페이드이빨고래는 이 세상의 살아 있는 모든 고래들 가운데, 그리고 모든 대형 포유동물들 가운데 가장 알려진 바가 적은 고래들 중 하나다. 이들이 존재한다는 걸 입증해주는 유일한 증거는 두 차례 좌초된 고래들(어미와 그 새끼 쌍, 그리고 성체 수컷 1마리)과 비바람에 씻긴 두개골 2개 그리고 이빨들이 달린 턱뼈 1개뿐이다. 바다에서 살아 있는 상태로 직접 목격하고 스페이드이빨고래로 확인된 경우는 없다.

분류: 부리고래과 이빨고래아목

일반적인 이름: 스페이드이빨고래는 영어로 Spade-toothed whale로, 수컷의 아래턱에 난 이빨 2개 때문에 붙은 이름이다. 잇몸에서 나온 두 이빨이 19세기 때 포경업자들이 고래들로부터 지방을 벗겨 내는 데 사용한 칼(spade라 알려져 있음)의 직사각형 칼날을 닮았기 때문.

다른 이름들: Spade-toothed beaked whale, Bahamonde's beaked whale(칠레의 해양 생물학자 니발도 바하몬데Nibaldo Bahamonde의 이름을 딴 것으로, 바하몬데는 로빈슨크루소섬에 해양 연구소를 세웠는데, 그 섬은 뉴질랜드 외에 스페이드이빨고래가 발견된 유일한 곳임), Travers' beaked whale 등.

학명: 이 고래 학명의 앞부분 *Mesoplodon*은 '중간'을 뜻하는 그리스어 *mesos*에 '무기'를 뜻하는 그리스어 *hopla*와 '이빨'을 뜻하는 그리스어 *odon*이 붙은 것이다(턱 중앙에 이빨이라는 무기가 있다는 의미에서). 그리고 학명의 뒷부분 *traversii*는 채텀 제도에서 이 스페이드이빨고래 표본을 가지고 돌아온 변호사 겸 동식물학자가 헨리 해머슬리 트레버스Henry Hammersley Travers, 1844~1928의 이름에서 따온 것이다.

세부 분류: 현재 따로 인정된 아종은 없다. 1995년에 한 '새로운' 부리고래 종에게 *Mesoplodon bahamondi*라는 이름을 붙였으나, 후속 연구 결과 그 고래는 스페이드이빨고래로 판명났다(그리고 *Mesoplodon traversii*가 더 타당한 학명으로 여겨졌음).

성체 수컷

- 눈에 띄는 멜론(그레이부리고래보다 더 눈에 띄며, 끈이빨부리고래와 가장 비슷함)
- 방추형 몸
- 몸 위쪽이 짙은 회색 또는 검은색
- 이빨 앞쪽 윗입술이 옅은 회색
- 비교적 작은 머리
- 눈 주변이 짙은 색 (몸 위쪽 짙은 색과 이어짐)
- 등의 3분의 2 지점에 갈고리 모양의 작은 등지느러미가 있음
- 길고 날씬한 부리
- 부리가 짙은 회색 또는 검은색
- 목에 옅은 V자 홈이 2개 있음
- 아래턱 중앙에 하단이 넓은 큰 이빨 2개가 나 있음(또렷이 보일 정도로 큼)
- 뺨에 적당한 회색 얼룩이 있음
- 작고 짙고 좁은 가슴지느러미
- 몸 아래쪽이 더 옅음 (배 위쪽이 더 짙기도)

요점 정리

- 남태평양(그리고 어쩌면 그 외 대양)의 온대 (그리고 어쩌면 아열대) 바다에 서식
- 중간 크기
- 길고 날씬한 부리
- 눈에 띄는 멜론
- 수컷은 아래턱 중앙에 뒤로 기울어진 큰 이빨이 2개 있음
- 등의 3분의 2 지점에 갈고리 모양의 작은 등지느러미가 있음

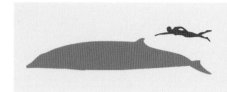

크기
길이: 수컷 5.2m(성체 수컷 1마리로 추정), 암컷 5.3m(성체 암컷 1마리로 추정)
무게: 알려진 바가 없음.
새끼-길이: 알려진 바가 없음. 알려진 유일한 어린 고래의 길이가 3.5m였음

성체 암컷

눈 주변이 짙은 색

수컷보다 단순한 색(몸 위쪽은 짙고 아래쪽은 옅은 현상도 더 단순함)

비슷한 종들

스페이드이빨고래의 겉모습에 대해선 알려진 바가 워낙 없어, 새로운 관련 정보가 더 입수되기 전까지는 아마 바다에서 보고 정확히 식별한다는 건 불가능할 것이다. 서식지는 그레이부리고래나 끈이빨부리고래, 헥터부리고래와 적어도 일부 겹치는데, 이 3종의 부리고래과 고래들은 모두 부리가 길고 날씬하며 흰색이다. 그레이부리고래의 경우 멜론이 덜 볼록한 데다가 이빨들의 끝부분만 노출되어 있다. 끈이빨부리고래의 경우 색이 독특한 데다가 이빨들도 더 길고 좁다랗다. 그리고 헥터부리고래의 경우 이빨들이 아래턱 끝부분 근처에 나 있다.

분포

관련 기록이 너무 적어 관련 정보 또한 거의 없으나, 그간 모든 스페이드이빨고래들은 남위 33도부터 남위 44도 사이의 남태평양 온대 바다에서만 좌초된 상태로 발견됐다. 그러나 사람들의 눈에 띄진 않았지만 다른 데서도 살고 있을 수 있어, 그 서식지가 아열대 바다와 다른 대양들까지 포함될 수도 있다.

2010년 12월 31일에 한 암컷과 어린 수컷(어미와 새끼)이 뉴질랜드 북섬의 오파페 비치(남위 38도)에 좌초된 뒤 결국 죽었다. 2017년 12월 23일에는 스페이드이빨고래 성체 수컷 1마리가 뉴질랜드 북섬의 와이피로만(남위 38도)에서 헤엄치고 있는 게 목격됐으며, 그 후 해변에 좌초되어 곧 죽었다. 이 3마리의 고래를 통해 얻은 정보가 스페이드이빨고래에 대한 정보의 전부다. 이 고래들과는 별개로 스페이드이빨고래 표본은 단 3개다. 먼저 1872년 채텀 제도 내 피트섬(남위 44도)에서 한 스페이드이빨고래 성체 수컷의 아래턱뼈(이빨들이 달려 있는)가 발견됐는데, 그 아래턱뼈는 수집 당시 일부 불완전했지만 보존 상태는 괜찮았다. 그다음 1950년대에 뉴질랜드 북섬의 화이트 아일랜드(남위 37도)에서 아래턱뼈가 없는 스페이드이빨고래의 두개골이 발견됐다. 그리고 또 1986년에 칠레의 후안페르난데스 제도 내 로빈슨크루소섬(남위 33도)에서 또 다시 아래턱뼈가 없는

80°
70°
60°
50°
40°
30°
20°
10°
10°
20°
30°
40°
50°
60°
70°
80°

주요 서식지　　예상 서식지　　• 좌초된 지역들

▲ 스페이드이빨고래 분포

성체 수컷의 아래턱

스페이드 모양의 이빨들이
약 45도 뒤로 기울어져 있음

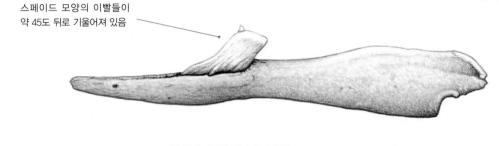

이빨 끝에 커다란 돌기가 나 있음
(나이가 들면서 닳아 없어질 걸로
추정됨)

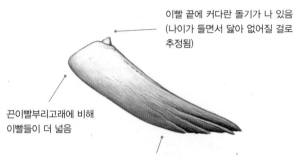

끈이빨부리고래에 비해
이빨들이 더 넓음

끈이빨고래에 비해(표본 1마리의 이
빨 2개를 토대로 추정) 이빨들이 더
높음(약 23~24cm)

먹이와 먹이활동
알려진 바가 거의 없으나, 다른 부리고래과 고래들과 마찬가지로
주로 심해 오징어를 먹고 일부 물고기들도 먹을 걸로 추정된다.

스페이드이빨고래의 두개골이 발견됐다.

행동
바다에서 실제 목격되어 스페이드이빨고래로 확인된 경우는 없
으며, 따라서 그 행동에 대해서도 알려진 바가 없다.

이빨(수컷)
위쪽 0개
아래쪽 2개

집단 규모와 구조
알려진 바가 없다.

포식자들
알려진 바가 없지만, 범고래와 상어들이 주요 포식자들일 걸로
추정된다.

개체 수
알려진 바가 없다. 워낙 관련 기록이 적은 걸로 미루어 보아, 실
제로 개체 수가 아주 적거나 아니면 그저 사람들의 눈에 띄지 않
은 것뿐일 수도 있다(특히 이 고래들이 뉴질랜드와 남아메리카
사이의 깊은 연안에 산다면 더).

종의 보존
세계자연보전연맹의 종 보존 현황: '정보 부족' 상태(2008년). 스페
이드이빨고래들을 위협하는 문제들에 대한 정보는 전혀 없다. 단
지 다른 부리고래과 고래들의 경우와 마찬가지로 플라스틱 쓰레
기 흡입, 어망에 뒤엉키는 사고, 소음 공해(군사용 음파 탐지와
탄성파 탐사로 인한) 등이 이 고래들의 위협일 것으로 추정된다.
이 고래들이 남획되고 있다는 보고는 없다.

일대기
알려진 바가 없다.

범고래 Killer whale 또는 오르카 Orca

학명 오르키누스 오르카 *Orcinus orca*   (Linnaeus, 1758)

2,000년 전에 로마 학자 플라이니 디 엘더Pliny the Elder는 범고래를 '무시무시한 이빨들로 무장된 거대한 살덩어리'라고 설명했다. 심지어 1970년대 초에도, 미 해군 잠수 교본들에서는 범고래를 '극도로 포악하다'면서, 언제든 기회만 되면 인간들을 공격할 것이니 조심하라고 경고했다. 그러나 사실 범고래는 다른 그 어떤 최상위 포식자만큼이나 '킬러'라는 오명을 뒤집어써야 할 이유가 없다.

분류: 참돌고래과 이빨고래아목

일반적인 이름: 범고래는 영어로 killer whale로, 원래는 'whale killer'(고래 킬러. 이 고래들이 자기들보다 더 큰 고래들을 공격하는 걸 목격한 초기 바스크 포경업자들에 의해 지어진 이름)였으나 시간이 지나면서 killer whale로 바뀌었다. 명칭은 whale, 즉 고래지만 실은 dolphin, 즉 돌고래다.

다른 이름들: 오르카(Orca. 흔히 killer whale이라고 함) 또는 블랙피시blackfish(색이 짙은 6종의 참돌고래과 고래들을 지칭하는 일반적인 용어). 역사적으로는 grampus. 다른 생태계에서 쓰이는 별개의 이름들 참조.

학명: 이 고래 학명의 앞부분 *Orcinus*는 고대 로마 신화에서 온 것으로, '죽은 자들의 왕국에 속함'을 뜻한다. 그리고 학명의 뒷부분 *orca*는 '술통 모양'(이 고래의 몸이 술통을 연상시킨다 해서) 또는 '일종의 고래'를 뜻하는 라틴어다.

세부 분류: 현재 임시로 인정된 아종이 둘 있다. 70만 년에서 75만 년 전에 서로 분리된 태평양 북동부 상주 범고래와 태평양 북동부 일시 거주 범고래(현재는 흔히 '빅스 범고래Bigg's killer whale'라고 함)가 바로 그것. 차후 다시 별개의 종으로 분리될 가능성이 있는 범고래들로는 빅스 범고래, 남극 타입 B 범고래, 남극 타입 C 범고래(이 범고래들은 원래 1980년대 초에 구소련 고래 연구가들에 의해 *Orcinus nanus* 종과 *Orcinus glacialis* 종으로 제안됐음)를 꼽을 수 있다. 한편 생태학적으로 달라 상호교배되지 않고(설사 같은 바다에 서식하더라도) 과학적으로 범고래 종 분류가 불확실한 범고래들에 대해서는 '생태형ecotype'이라는 용어가 사용된다.

성체 수컷(상주 종)

유난히 높고 쭉 뻗은 등지느러미(최대 1.8m)

삼각형 등지느러미(크기와 모양은 개체에 따라 크게 다름)

안장 모양의 무늬가 종종 '열려 있음'(짙은 색이 끼어들어서)

눈 위와 뒤쪽에 눈에 띄는 타원형 흰색 무늬가 있음

다부진 방추형 몸

일부 생태형의 경우 등지느러미가 약간 앞쪽으로 기울어져 있기도 함

등지느러미의 뒤쪽 및 밑쪽(안장 무늬)이 옅은 회색 또는 짙은 회색이며 그 모양이 다름

원뿔 모양의 아주 큰 머리에 별로 두드러지지 않는 부리

몸이 대개 아주 새까만 색(남극에선 종종 투톤 회색)

일부 개체들의 경우 안장 무늬가 양 측면으로 비대칭이기도 함

안장 무늬가 종종 없기도 함(특히 열대 범고래들의 경우)

드물게 빨판상어가 붙어 있기도(물어서 떼어내는 걸로 추정됨)

아래턱과 목과 몸 아래쪽이 흰색

타원형 가슴지느러미 유난히 큼(나이가 들면서 2m까지 커짐)

흰색 무늬가 등지느러미 뒤쪽에서 양옆으로 이어짐

몸 크기에 비해 등지느러미와 가슴지느러미와 꼬리가 상당히 큼

검은색과 흰색 간의 경계가 뚜렷함

범고래끼리 장난을 치다가 이빨 자국 흉터가 남기도 함

일부 성숙한 수컷들의 경우 꼬리 뒷부분이 아래쪽으로 굽어 있기도(암컷과 비교됨)

요점 정리

- 전 세계에 서식
- 중간 크기
- 투톤(주로 아주 새까만 색 또는 회색과 흰색)
- 수컷의 경우 유난히 높은 등지느러미
- 암컷과 수컷이 눈에 띄게 다름
- 눈 위쪽과 뒤쪽이 흰색
- 대개 가족끼리 집단을 이룸

성체 수컷(상주 종)

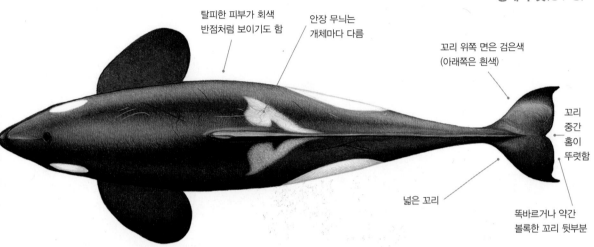

탈피한 피부가 회색 반점처럼 보이기도 함

안장 무늬는 개체마다 다름

꼬리 위쪽 면은 검은색 (아래쪽은 흰색)

꼬리 중간 홈이 뚜렷함

넓은 꼬리

똑바르거나 약간 볼록한 꼬리 뒷부분

크기

길이: 수컷 5.6~9m, 암컷 4.5~7.7m
무게: 1.3~6.6t   **최대:** 9.8m, 10t
새끼 - 길이: 2~2.8m   **무게:** 160~200kg

몸 크기는 생태형들 사이에 큰 차이가 있다. 또한 암컷과 수컷의 모양이 아주 달라, 성체 수컷은 성체 암컷에 비해 최대 17%까지 더 길고 40%까지 더 무겁다.

주요 서식지   부차적인 서식지   특히 많이 집결된 지역들

▲ 범고래 분포(모든 생태형들 포함)

비슷한 종들

다른 종들과 혼동될 가능성이 적지만, 암컷과 어린 고래들의 경우 멀리서 보면 큰코돌고래, 거두고래, 범고래붙이들과 약간 비슷해 보일 수도 있다. 까치돌고래들의 경우 종종 '아기' 범고래로 잘못 보기도 한다.

분포

전 세계에 흩어져(군데군데) 사는 가장 범세계적인 고래다. 범고래들은 모든 대양들과 많은 폐쇄해들(백해, 지중해, 홍해, 페르시아만, 오호츠크해, 황해, 동해, 칼리포니아만, 멕시코만, 세인트로렌스만 등)에서 발견되며, 예외적으로 발트해에서도 발견된 기록이 있지만 흑해에선 발견된 기록이 없다. 또 동시베리아해와 랍테프해에서는 드물게 발견되거나 아예 발견되지 않는다. 또한 범고래는 열대 바다에서부터 극지 바다, 서프대surf zone(부서진 파도가 해안선을 향해 밀려가는 지역-옮긴이)에서부터 공해에 이르는 모든 기온, 모든 수심의 바다에서 발견되지만, 가장 많이 발견되는 지역은 역시

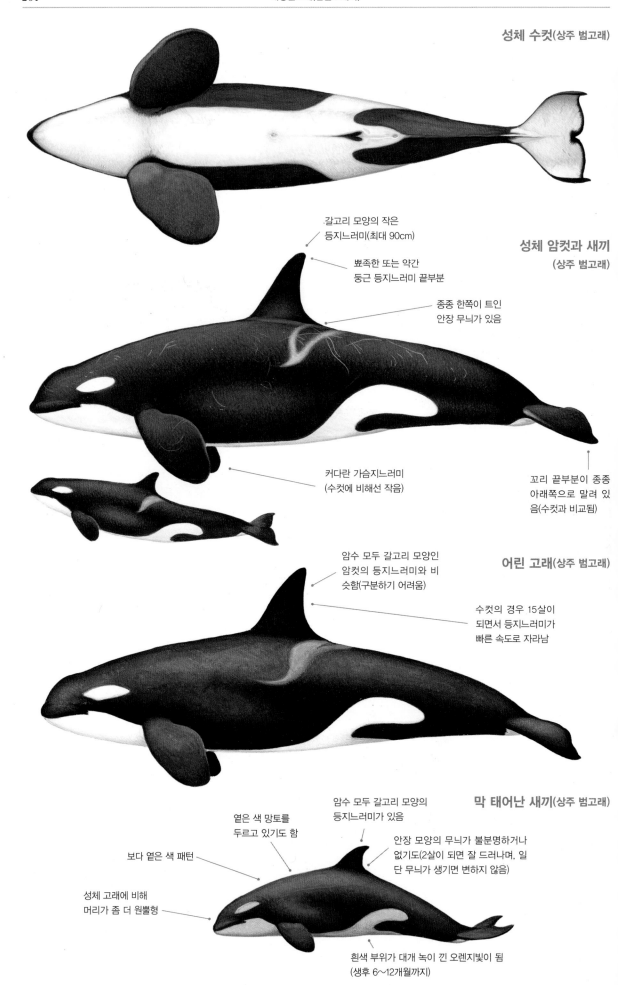

성체 수컷(상주 범고래)

갈고리 모양의 작은
등지느러미(최대 90cm)

뾰족한 또는 약간
둥근 등지느러미 끝부분

종종 한쪽이 트인
안장 무늬가 있음

성체 암컷과 새끼
(상주 범고래)

커다란 가슴지느러미
(수컷에 비해선 작음)

꼬리 끝부분이 종종
아래쪽으로 말려 있
음(수컷과 비교됨)

암수 모두 갈고리 모양인
암컷의 등지느러미와 비
슷함(구분하기 어려움)

어린 고래(상주 범고래)

수컷의 경우 15살이
되면서 등지느러미가
빠른 속도로 자라남

암수 모두 갈고리 모양의
등지느러미가 있음

막 태어난 새끼(상주 범고래)

옅은 색 망토를
두르고 있기도 함

안장 모양의 무늬가 불분명하거나
없기도(2살이 되면 잘 드러나며, 일
단 무늬가 생기면 변하지 않음)

보다 옅은 색 패턴

성체 고래에 비해
머리가 좀 더 원뿔형

흰색 부위가 대개 녹이 낀 오렌지빛이 됨
(생후 6~12개월까지)

수컷의 등지느러미와 안장 무늬 비교

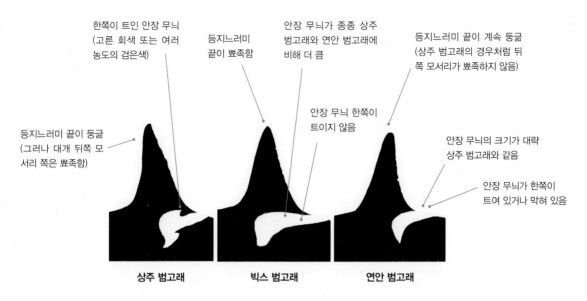

한쪽이 트인 안장 무늬
(고른 회색 또는 여러
농도의 검은색)

등지느러미
끝이 뾰족함

안장 무늬가 종종 상주
범고래와 연안 범고래에
비해 더 큼

등지느러미 끝이 계속 둥긂
(상주 범고래의 경우처럼 뒤
쪽 모서리가 뾰족하지 않음)

안장 무늬 한쪽이
트이지 않음

등지느러미 끝이 둥긂
(그러나 대개 뒤쪽 모
서리 쪽은 뾰족함)

안장 무늬의 크기가 대략
상주 범고래와 같음

안장 무늬가 한쪽이
트여 있거나 막혀 있음

상주 범고래   빅스 범고래   연안 범고래

▲ 야생 상태에서는 등지느러미가 쓰러지는 경우가 드묾(지역별로 아주 다르지만 평균 1% 미만). 그러나 붙잡혀서 갇혀 있을 땐 아주 흔함(등지느러미가 약해지는 건 운동 부족, 스트레스, 외상성 손상, 좋지 못한 건강 때문)

먹이가 풍부한 차가운 온대 바다와 극지 연안 바다이다. 그래서 남위 60도 이남의 남극해에 가장 많이 몰려 산다. 그리고 남극 지역에서는 보통 완전히 얼어붙은 얼음 안쪽 깊숙이 들어가지만, 북극 지역에선 거의 그러지 않는다(지구 온난화로 총빙의 정도와 지속 기간이 줄어들면서 계절에 따라 먹이가 풍부한 지역이 점점 더 북쪽으로 올라가고 있지만). 북위 80도 스발바르 제도에선 목격됐다는 기록이 있다. 범고래들은 널리 퍼져 있지만, 열대 바다와 연안 바다에는 드물다. 적어도 북반구의 일부 범고래들은 먹이를 따라 먼 거리를 이동한다. 또한 적어도 남극 지역의 일부 범고래들은 보다 낮은 위도 지역들로(예를 들어 남극 반도에서 4,500km 떨어진 브라질 일대의 아열대 바다로) 짧은(6~7주) 이동을 하는데, 그건 보다 따뜻한 바다에서 최소한의 열손실 하에 피부 재생을 하기 위한 걸로 추정된다.

잠수 동작

- 성체 수컷의 높이 솟아 오른 등지느러미의 윤곽을 못 볼 수가 없다.
- 대개 등지느러미의 끝이 먼저 수면 위로 올라온다(그다음에 머리 윗부분이 올라오고).

물 뿜어 올리기

- 아주 높은(최대 5m) 원주형 물을 뿜어 올리며, 그 물 끝부분이 자욱하다.
- 물이 약간 앞쪽으로 기울어진다.
- 바람이 불지 않을 때는 아주 분명히 보인다.

먹이와 먹이활동

먹이: 지극히 다양한 먹이(전 세계적으로 약 150종으로 알려져 있음)를 먹는 최상위 포식자이지만, 생태형과 지역에 따라 먹이도 상당히 특화되어 있다. 31종의 고래(반복적인 들이받음에 의해 굴복당하는 대왕고래 포함), 19종의 기각류 동물(해마, 물개, 물범 등), 44종의 경골 어류(연어, 청어, 개복치 등), 22종의 상어와 가오리(백상아리 포함. 캘리포니아, 오스트레일리아, 남아프리카공화국 등에서 목격), 20종의 바닷새(펭귄 포함), 5종의 오징어와 문어, 2종의 바다거북, 2종의 육지 포유동물(섬들 사이를 헤엄치는 시트카 사슴과 쥐)이 범고래의 먹이에 포함된다.

먹이활동: 범고래들은 아주 다양한 먹이활동 전략들을 구사한다. 예를 들어 아르헨티나의 푼타 노르테와 인도양 크로제섬에서는 해변으로 돌진해 물개를 잡아먹는 'beaching' 전략을 구사하며, 남극에서는 파도를 일으켜 부빙 위에 있는 웨들바다표범을 떨어뜨려 잡아먹는 'wave-washing' 전략을, 지브롤터 해협에서는 어선에 잡힌 참다랑어가 지쳐 끌려올 때 기다렸다가 잡아먹는(참치라고도 불리는 참다랑어는 범고래보다 빨라 범고래들이 잡기 힘듦—옮긴이) 'endurance-exhaustion' 전략을, 아이슬란드와 노르웨이에서는 떼 지어 다니는 청어들을 단체로 위협해 공처럼 똘똘 뭉치게 만든 뒤 잡아먹는 'carousel feeding' 전략을 구사하는 것. 범고래들은 공동으로 먹이 사냥을 하는 경우가 많다. 또한 주낙에 걸린 물고기들을 가로채 가기도 한다.

잠수 깊이: 먹이와 지역에 따라 다르다. 가장 오래 잠수한 기록은 1,000m(사우스조지아섬 근처에서)가 넘는데, 실제로는 훨씬 더 깊이 잠수할 수 있을 걸로 추정된다(특히 수컷들의 경우). 동부 북태평양에 상주하는 범고래들은 대개 수심 100m 이내의 바다에서 먹이활동을 한다.

잠수 시간: 먹이와 지역에 따라 다르다. 동부 북태평양에 상주하는 범고래들은 먹이활동을 할 때 2~3분간 잠수하며, 쉴 때는 3~4회 잠깐 얕은 수심까지만 잠수하며, 그다음에 다시 2~3분간 더 오랜 동안 잠수를 한다. 반면에 동부 북태평양에 일시 거주하는 범고래들은 대개 상주하는 범고래들보다 2배 정도 더 오래(어쩌면 10분 이상) 잠수한다. 가장 오래 잠수한 기록은 16분이다.

행동

범고래들은 수면 위에서 아주 활발한 모습을 보이곤 하는데, 서로 사회활동을 하거나 사냥에 성공했을 때 특히 더 그렇다. 종종 수면 위로 점프를 하고 꼬리나 가슴지느러미로 수면을 내려치기도 한다. 스파이호핑(머리와 가슴지느러미가 수면 위로 다 나올 때까지 물 위로 솟아오른 뒤 다시 서서히 물속으로 들어가 모습을 감추는 동작)도 자주 한다. 일부 범고래들의 경우 함께 스파이호핑을 하기도 한다. 가끔 뱃머리에서 파도타기를 하고 (보다 가끔) 배 후미에서 파도타기도 한다. 북태평양 상주 범고래들은 얕은 바다 해변의 매끄러운 조약돌들 위에서 몸을 비벼대기도 한다. 범고래들(상주 범고래들의 50~65%, 일시 거주 범고래들의 80%)은 먹이활동을 할 때는 집단을 이뤄 넓은 바다에 퍼진다. 그리고 쉴 때는 보통 1열 횡대로 나란히 붙어 천천히 헤엄을 치고, 다 함께 일정한 간격으로 잠수를 하고 수면 위로 떠오르며, 수면 위에서 꼼짝하지 않고 쉬기도 한다. 시속 55km까지 속도를 낼 수도 있다. 근처에 배가 있을 때의 반응은 때에 따라 아주 달라,

꼬리

일대기

(다음은 태평양 북동부에 상주하는 범고래들에 대한 연구를 토대로 한 것)

성적 성숙: 암컷은 11~16년(12~14살 때 살아남는 첫 번째 새끼를 낳음), 수컷은 15년(약 21살 때 완전히 성숙한 수컷이 됨. 20살까지는 제대로 번식을 하지 못함).

짝짓기: 소집단이 2개 이상이 모일 때 짝짓기가 이루어지는 걸로 보임(근친 교배 가능성을 줄이기 위한 것으로 추정). 일부 지역들에서는 '초대형 집단'(한 집단에 100마리 이상)이 모일 때 짝짓기가 이루어지는 듯함.

임신: 15~18개월.

분만: 3~8년(종종 2~14년)마다. 태평양 북동부에서는 암컷들이 3년마다 새끼를 낳기도 하지만, 새끼 사망률이 비교적 높아(새끼들이 생후 1년 안에 죽을 가능성이 37~50%임) 살아남는 새끼를 낳는 간격이 평균 약 5년. 연중 새끼 1마리가 태어나지만, 그 정점은 지역에 따라 다름(예를 들어 태평양 북동부에서는 10~3월). 암컷들은 25년간의 번식 가능 기간 중에 3~5마리의 새끼를 낳음.

젖떼기: 1~2년(때론 최대 3년).

수명: 수컷은 수명이 평균 29년(최대 60년), 암컷은 평균 50년(최대 100년 이상). 지역별로 달라, 태평양 남부에 상주하는 범고래들은 수컷 22.1년, 암컷 39.4년이고, 태평양 북부에 상주하는 범고래들은 수컷 36.8년, 암컷 50.1년, 알래스카 남부에 상주하는 범고래들은 수컷 41.2년, 암컷 49.5년, 노르웨이의 범고래들은 수컷 34년, 암컷 43년이다. 그리고 암컷은 약 40살이 되면 번식이 중단된다(암컷은 집단의 생존에 꼭 필요한 정보의 원천이자 리더이기도 함). '그래니Granny'('할머니'라는 뜻—옮긴이)라 불린 태평양 남부에 상주하던 한 범고래 암컷은 1911년에 태어나 2016년(나이 105살)에 죽어 최장수 기록을 가진 범고래로 알려져 있다. 참고로 성장 중인 수컷들의 나이는 HWR 계수, 즉 '등지느러미 높이 대 너비 비율'을 이용해 측정한다.

▲ 범고래 두개골. 이빨 길이가 평균 7~10cm이지만, 최대 13cm까지 자라기도(일부 생태형들의 경우 상어같이 거친 먹이를 먹다가 이빨이 닳아 잇몸선까지 내려앉기도).

피하기도 하고 무관심하기도 하고 상당히 큰 호기심을 보이기도 한다. 어선들을 따라다니는 경우도 많은데, 때론 오랜 기간 따라다닌다(베링해에서 한 범고래 집단은 31일간 무려 1,600km나 한 어선을 따라다녔음).

이빨

위쪽 20~28개

아래쪽 20~28개

입을 다물면, 위턱의 이빨들이 아래턱 이빨들 사이의 공간들에 딱 들어맞게 되어, 먹이를 잡아 무는 데 도움이 된다. 환경이 달라져 유전 형질까지 변한 일부 범고래 생태형들의 경우 이빨이 닳아 평평해져 있기도 하다.

집단 규모와 구조

범고래 생태형에 따라 2마리에서 150마리까지 또는 그 이상이 집단을 이루지만, 대부분의 경우 20마리 이내에서 집단을 이룬다. 그러나 먹이가 모여드는 계절이나 짝짓기 계절에는 일시적으로 더 큰 규모의 집단들이 목격된다. 혼자 다니는 범고래는 거의 늘 수컷이다.

포식자들

범고래의 주요 포식자는 다른 범고래들뿐인 걸로 추정된다. 범고래들이 새끼를 죽이는 게 목격됐다는 기록도 있으며(북태평양에서 한 범고래 성체 수컷과 암컷이 다른 무관한 범고래 암컷이 낳은 새끼를 죽였음) 동족을 잡아먹었다는 기록도 있다.

사진 식별

등지느러미의 크기와 모양과 거기에 있는 흠터들 그리고 안장 무늬의 크기와 모양과 색과 거기에 있는 상처를 보고 다른 고래들과 식별 가능하다. 또한 일부 범고래들은 눈 주변의 무늬와 별 특징 없는 지느러미들과 안장 무늬를 보고도 식별 가능하다. 대부분의 고래 연구가들은 고래의 오른쪽과 왼쪽을 다 찍는다(범고래의 경우 회색 안장 무늬가 비대칭적이기 때문에 혼동을 피하기 위해).

개체 수

전 세계의 범고래 개체 수에 대한 신뢰할 만한 추정치는 없지만, 최소 5만 마리는 넘을 것으로 짐작된다(다른 대양 지역들과 북극에 대한 정보가 별로 없는 데다가 남극의 범고래 개체 수가 과소평가되고 있을 가능성이 높다는 걸 감안하면, 실은 훨씬 더 많을 걸로 보이지만). 어쨌든 범고래들은 먹이가 풍부한 높은 위도의 차가운 바다에서 비교적 많은 수가 발견되고 있다. 가장 최근 추정치에 따르면, 남위 60도 이남의 남극 지역에 약 2만 5,000마리에서 2만 7,000마리(일부 추정치는 이보다 3배 더 많은데, 그건 대부분의 범고래들이 발견하기 힘든 총빙 안쪽에 서식하기 때문)의 범고래가 있을 걸로 짐작된다. 그 외에 많은 범고래들이 발견되고 있는 곳은 극동 러시아의 베링해와 알류샨 열도, 북아메리카 서부 연안, 노르웨이해, 일본 일대 등이다.

소리

범고래들은 아주 많은 소리들을 내는데, 그 소리들은 크게 세 종류로 나뉜다. 반향정위를 위한 클릭 음(방향 및 먹이 탐지를 위한 음), 휘슬whistle 음(수 초간 지속되는 한 가지 톤을 가진 고주파 음으로 단거리 커뮤니케이션을 위한 것으로 추정) 그리고 이른바 펄스 음(다양하면서도 독특한 패턴을 가진 음으로, 저주파 음이며 수십 km에 이르는 보다 장거리 커뮤니케이션을 위한 것으로 추정)이 바로 그것.

상주하는 범고래들의 경우 대부분의 소리들은 먹이활동을 할 때 내며(그러나 먹잇감들은 그 소리들을 듣지 못함), 쉴 때는 그런 소리들을 내는 일이 현저히 줄어든다. 반면에 일시적으로 거주하는 범고래들의 경우 먹이활동을 할 때 대체로 조용하며(포유동물 먹잇감들은 범고래들이 내는 소리들을 들을 수 있음), 반향정위 음들 대신 먹잇감의 위치를 탐지하는 데 필요한 추가 정보들을 제공하는 불규칙하고 수수께끼 같은 클릭 음들을 낸다. 그러나 사냥 중에 그리고 사냥이 성공한 후에는 아주 시끄러운 소리들을 내기도 한다.

상주하는 범고래들은 다른 집단들과 공유하는 소리들은 물론 자기 집단만의 고유한 소리들로 이루어진 독자적인 '방언'을 갖고 있다. 그리고 방언들 간에 유사성이 클수록 그 방언을 쓰는 집단들 간의 관계 또한 그만큼 더 깊다. 반면에 일시 거주하는 범고래들은 갖고 있는 소리의 레퍼토리가 네 가지에서 여섯 가지 정도밖에 안 되며(그중 어느 것도 상주하는 범고래 집단들과 공유되지 않음), 사회 구조 자체가 유동적이기 때문에 각 집단 특유의 방언도 갖고 있지 않다. 연안에 서식하는 범고래 방언에 대해선 알려진 게 거의 없으며, 그 범고래들이 내는 신호음들은 상주하는 범고래들이나 일시 거주하는 범고래들이 내는 신호음들과는 다르다. 그러나 어쨌든 그 범고래들도 자주 소리를 내며 반향정위도 한다(그리고 물고기, 특히 상어를 주로 먹이로 삼음).

아이슬란드와 노르웨이 그리고 스코틀랜드에서 청어를 잡아먹는 범고래들은 오래 지속되는 강력한 저주파 펄스 신호음들을 내는데, 단체로 청어들을 몰아 공처럼 뭉치게 만든 뒤 꼬리로 내려치기 직전에 내는 그 신호음들을 '몰아붙이는 신호음들herding calls'이라 부른다. 그 신호음들은 범고래들이 들을 수 있는 청각 음역에 못 미쳐, 자신들끼리 커뮤니케이션을 하기 위한 신호음들은 아니라는 추정이 가능하다. 그 신호음들은 청어들에게 겁을 주어 서로 똘똘 뭉치게 만드는 역할을 하며, 그 결과 범고래들이 물속에서 청어들을 꼬리로 때릴 때 그 효과가 배가된다.

종의 보존

세계자연보전연맹의 종 보존 현황: '정보 부족Data Deficient' 상태(2017년). 범고래는 몸이 중간 크기여서 기름도 별로 없고 고기도 적게 나와, 상업적인 포경에 희생된 수(1946~1981년에 일본에 의해 연간 43마리, 1935~1979년에 연간 26마리 그리고 1979~1980년에 구소련에 의해 남극 지역에서 916마리 추가)가 비교적 적은 편이다. 범고래 사냥은 1982년 국제포경위원회에 의해 공식적으로 금지됐다. 그리고 그 이후 상업적인 포경이 있다는 보고는 없지만, 그린란드와 카리브해 제도의 일부, 인도네시아, 일본 등지에서는 계속 범고래 사냥이 제대로 보고되고 있지 않다. 범고래들은 어장에 대한 현실적인 위협 또는 인지된 위협 때문에 그리고 범고래가 위험하다는 잘못된 인식 때문에도 박해를 당하고 있다. 노르웨이는 1938년부터 1981년까지 매년 56마리의 범고래들을 죽였다. 주로 지역 어장들을 보호한다는 이유에서였다. 일부 어부들(예를 들어 알래스카의)은 지금도 기회 되는 대로 범고래들을 죽이고 있다. 알래스카는 물론 지중해 서부와 남태평양, 남대서양, 남극해 등지에서는 주낙에 걸린 물고기들을 가로채 가는 범고래들이 점점 더 큰 문제가 되고 있기 때문.

또한 1961년 이후 적어도 148마리(훨씬 더 많은 범고래들이 붙잡히지만 특히 선호되는 범고래들, 그러니까 어린 고래와 수컷들만 해양 수족관 등으로 보내짐)의 범고래들이 전 세계 해양 수족관들에 전시할 목적으로 생포되었다. 1962년부터 1977년 사이에는 캐나다 브리티시컬럼비아주와 미국 워싱턴주에서 적어도 65마리의 범고래들이, 1976년부터 1988년 사이에는 아이슬란드에서 59마리의 범고래들이, 그리고 일본(정확한 수치를 모름)에서 소수의 범고래들이 산 채로 붙잡혔다. 2012년 이후에는 러시아 오호츠크해에서 적어도 21마리의 범고래들이 포획됐는데(2018년에 13마리 이상 붙잡는 것이 허락됨), 그 범고래들은 주로 중국으로 보내지고 있다. 최근 몇 년간은 갇힌 상태에서 더 많은 범고래들이 새로 태어나고 있지만, 산 채로 붙잡는 일은 주기적으로 계속되고 있다. 현재 8개 국가의 15개 해양 공원들에 총 56마리(21마리는 야생에서 붙잡혔고 35마리는 갇힌 상태에서 새로 태어났음)의 범고래들이 갇혀 있다.

범고래들을 위협하는 또 다른 문제들로는 오염(일부 범고래들의 경우 믿기 어려울 만큼 심각한 수준의 폴리염화바이페닐 및 각종 중금속 오염 문제에 직면해 있으며, 대규모 기름 유출 사고들로 인해 많은 범고래들이 죽어 나가고 있음), 소음 공해와 해상 운송을 통한 생태계 교란(일부 지역에서는 고래 관광선 문제 포함)등을 꼽을 수 있다. 먹잇감이 줄어드는 것도 심각한 위협이 될 수 있다(예를 들어 최근 들어 태평양 북동부 지역에선 남획과 산란 지역 축소로 인해 치누크 연어가 감소 중임). 지구 온난화 역시 특히 얼음에 의존해 살아가는 범고래 생태형들에게 타격을 주게 될 전망이다.

범고래 생태형들

범고래의 경우 아주 다양한 에코타입ecotype 즉, '생태형'이 있다. 서로 다른 환경 조건에서 자라 생태적으로 달라진 종들을 뜻한다. 서로 다른 생태형들은 같은 바다에 살고 있더라도 서로 어울리지 않으며, 계절별 분포는 물론 사회 구조, 행동, 좋아하는 먹이와 서식지, 소리 레퍼토리도 다르다. 또한 번식도 자기들끼리 따로 해 유전적으로도 다르다. 또한 겉모습도 달라, 등지느러미 모양, 안장 무늬 색, 눈 주변 무늬의 크기와 모양과 위치, 등 망토 무늬 유무 그리고 전반적인 색의 미묘한 차이를 보고 구분해야 한다.

북반구에서는 상주 범고래 생태형과 빅스 범고래(예전에는 일시 거주 범고래로 알려졌었음) 생태형 그리고 연안 범고래 생태형이 가장 잘 알려져 있으며, 태평양 동북부 지역에 대한 광범위한 연구들을 통해 모든 게 상당 부분 입증되었다. 한때 태평양 동부에도 'LA 범고래 집단'이라 불리는 또 다른 범고래 생태형이 존재할지 모른다는 가설이 제기됐었으나, 1997년 이후 발견된 적이 없다. 북대서양의 경우 모든 게 덜 분명해, 서로 다른 범고래들이 있는 걸로 보이지만, 구체적인 생태형들(실제로 범고래 생태형들이 존재한다면)을 지정하는 문제에 대해선 의견 일치가 이루어지지 않고 있다. 적어도 그중 일부 범고래들은 같은 서식지 안에서 같은 먹이들을 먹고 있을 수도 있지만, 그 비율은 각기 다르다. 그 외에 남극과 그 주변 바다에도 다음과 같은 5종류의 범고래 생태형들이 있는 걸로 알려져 있다. 타입 A, 큰 타입 B(또는 총빙Pack Ice 타입), 작은 타입 B(또는 게라체Gerlache 타입), 타입 C(또는 로스해Ross Sea 타입), 타입 D(또는 아남극Sub-Antarctic 타입). 제한된 증거에 따르면, 그 외에도 더 많은 범고래 생태형들이 있을 수도 있다(적어도 총 40종 이상의 서로 다른 범고래 집단들이 있음). 뉴질랜드에는 약 200마리쯤 되는 새로운 범고래 생태형 집단이 있는 걸로 확인됐는데, 그 범고래들은 주로 가오리와 상어를 잡아먹지만 다른 물고기와 고래들도 잡아먹는다. 중앙 열대 태평양에도 또 다른 범고래 생태형이 있는데, 그 범고래들은 비교적 몸이 작고 다른 생태형들에 비해 암수컷 간의 차이가 덜하며, 혹등고래 같은 대형 고래들과 해머대가리상어와 큰눈환도상어 같은 상어들 그리고 오징어 등 다양한 먹이를 잡아먹는다. 남아프리카공화국에도 여러 다른 범고래 생태형들이 살고 있는데, 그중 일부는 남극에서 온 게 분명해 보인다. 특히 한 범고래 생태형은 기회가 될 때마다 고래에서 기각류(물개 등)와 물고기, 바닷새에 이르는 모든 동물들을 사냥한다. 아르헨티나 발데스 반도 일대에 사는 범고래들은 해변으로 돌진해 물개들을 사냥하는 걸로 아주 잘 알려져 있으나, 칠성상어와 다른 물고기들은 물론 펭귄까지 사냥하는 장면이 목격되기도 했다. 아남극의 매리언섬에는 남방코끼리물범과 아남극물개 그리고 여러 종의 펭귄들을 먹이로 삼는 범고래들이 있는데, 그 범고래들은 현지 주낙에 걸린 비낚치어들을 가로채 가는 게 목격되기도 했다. 북대서양에도 범고래 생태형들이 더 있을 걸로 추정되는데, 캐나다 뉴펀들랜드와 래브라도에 사는 한 범고래 생태형은 다양한 먹이를 잡아먹지만, 특히 밍크고래들을 좋아한다. 연구가 계속 진행되다 보면 추후 또 다른 범고래 생태형들이 나타날 가능성이 높다.

최근 태평양 북동부 지역에서 이루어진 DNA 검사 결과 태평양 북동부의 상주 범고래들과 빅스 범고래들이 약 70만 년에서 75만 년 전에 서로 분리되기 시작했다는 게 밝혀져, 적어도 일부 범고래 생태형들의 경우 종 또는 아종 분리가 있어야 한다는 증거가 늘어나게 됐다. 북반구의 상주 범고래들은 현재 종 분리 후보에 올라 있다.

그러나 범고래들 중에는 일반종generalist species(다양한 환경 조건에서 서식할 수 있고 여러 자원을 이용할 수 있는 종-옮긴이)들도 있을 걸로 보인다. 고위도 지역에 사는 범고래들은 전문종specialist species(특정한 환경 조건에서 서식하거나 특정한 먹이만을 섭취하는 종-옮긴이)이 되어 별개의 범고래 생태형(먹이가 보다 풍부해)이 될 가능성이 높지만, 저위도 지역(먹이가 부족함)에 사는 범고래들은 다양한 먹이를 섭취하며 무엇이든 닥치는 대로 먹는 경향이 있어 결국 별개의 범고래 생태형이 될 가능성이 적다.

범고래의 사회 구조

태평양 북동부 지역의 상주 범고래들에 대한 오랜 연구를 통해, 범고래 사회는 우리에게 알려진 인간 외 포유동물들의 사회 가운데 가장 안정적인 사회에 속한다는 사실이 밝혀졌다. 범고래의 사회에는 다음과 같은 네 단계가 있다.

1. 가장 기본적인 사회 단위는 '모계 집단'('maternal group', 'matrilineal group' 또는 'matriline'. 이전에는 'sub-pod'라 했음)으로, 보통 나이 든 암컷, 그 아들과 딸들 그리고 그 딸들의 자손으로 이루어진다. 모계 집단은 최대 5개 세대들로 이루어지며, 그 세대들은 삶의 전부 또는 대부분을 함께 보낸다. 집단 규모가 17마리에 이르기도 하지만, 보다 일반적인 규모는 5~6마리다. 또한 암컷과 수컷 모두 태어날 때의 집단에서 평생을 살아가며, 태어날 때의 모계 집단을 떠나 장기간 동안 다른 모계 집단에 합류한 경우는 아직 알려져 있지 않다(부모를 잃고 고아가 되는 등 예외적인 경우들을 제외하고는). 한 모계 집단에 속한 범고래들은 함께 이동을 하며, 한 번에 몇 km 이상 또는 몇 시간 이상 떨어져 있는 경우가 드물다.

2. 다음 단계는 '포드pod'(무리 또는 떼 정도의 뜻-옮긴이)이며, 대개 모계 혈통이 같고 서로 밀접한 관련이 있는 모계 집단 3개(1~11개)로 이루어지며, 적어도 50%의 시간을 서로 어울리며 지낸다. 한 포드의 평균 규모는 범고래 18마리(대개 10~25마리. 최소 2마리에서 최대 49마리까지)다. 포드는 모계 집단에 비해서는 덜 안정적이다(그래서 포드에 속한 범고래들은 한 번에 며칠 또는 몇 주씩 따로 여행을 하기도 함). 상주 범고래들은 종종 일시적으로 '슈퍼포드superpod'라는 대규모 집단을 이루기도 하는데, 그 속에는 여러 모계 집단과 포드들이 포함된다.

3. 비슷한 방언들(예를 들어 같은 모계 유산을 이어받은 방언들)을 갖고 있는 포드들이 모이면 '클랜clan'이 된다. 그리고 같은 클랜에 속한 포드들은 함께 여행하는 경우가 드물며 상호교배도 하지 않는다.

4. 수시로 서로 어울리는 포드들이 모이면 '커뮤니티community'가

된다. 그리고 커뮤니티에서는 모계 관련성이나 방언 유사성보다는 범고래들 간의 긴밀감 내지 유대감이 더 중요하다.

이런 사회 조직이 전 세계 다른 지역들에 사는 범고래 생태형들에게는 어느 정도 적용될 수 있는지 확실치 않다. 예를 들어 빅스 범고래(또는 일시 거주 범고래)의 사회 구조는 기본적으로 모계 집단이며, 그 집단은 대개 성체 암컷 1마리와 그 자손들로 이루어진다(그러나 이 경우 조직 구조가 훨씬 더 유동적이어서 암컷과 수컷 자손 모두 오랜 기간 또는 영원히 자신이 속한 집단을 떠날 수도 있음).

범고래는 얼마나 위험한가?

현재까지 알려진 바로, 야생 상태의 범고래들은 결코 사람을 죽인 적이 없다. 1972년에 캘리포니아에서 범고래가 한 서퍼의 다리를 문 적이 있지만, 당시 그 고래는 바로 가버렸고 서퍼는 100바늘을 꿰매는 상처를 입었다. 두 차례의 초기 남극 탐험 중에 미수로 끝난 범고래의 공격이 있었으며, 두 차례 모두 공교롭게도 공격 대상은 모두 사진기자들로, 1911년에 있었던 로버트 F. 스콧Robert F. Scott의 불운한 2차 탐험 때는 허버트 폰팅Herbert Ponting이, 그리고 1915년에 있었던 어니스트 섀클턴Ernest Shackleton의 탐험 때는 프랭크 헐리Frank Hurley가 공격을 당했다. 두 경우 모두 범고래들은 사람들이 서 있는 얇은 얼음을 부수려 했다. 또한 범고래들은 가끔 소형 범선들을 들이받아 침몰시켰으나, 배에 타고 있던 사람들이 크게 다친 적은 없었다. 범고래들이 왜 그런 공격을 하는지에 대해선 알려진 바가 없다. 그러나 갇혀 있는 상태에서는 범고래들이 종종(그리고 이해할 만하지만) 훈련사들을 공격해 때론 죽음에 이르게도 만든다.

▲ 범고래가 뿜어 올리는 물은 최대 5m 높이까지 올라간다.

잘 알려진 북태평양의 범고래 생태형들

상주(또는 물고기를 먹는) 범고래

- 검은색과 흰색이 섞여 있는 '전형적인' 범고래
- 수컷의 등지느러미는 대개 일시 거주 범고래들에 비해 더 둥글며 꼬리 끝은 뾰족함
- 대개 등지느러미 뒷부분에 약간의 이빨 자국과 상처들이 있음
- 수컷의 등지느러미는 앞으로 살짝 기울어 있기도 함(그 정도는 개체에 따라 다름)
- 등지느러미의 끝부분이 대개 등지느러미 하단의 앞쪽 끝에 위치함
- 등지느러미의 뒷부분이 물결 모양(특히 나이 든 수컷들의 경우에)
- 등지느러미의 앞쪽 끝부분이 대개 똑바르거나 약간 오목함
- 안장 무늬의 한쪽이 몹시 벌어져 있고(옅은 회색 안으로 검은색이 상당히 끼어들고 있음) 닫힌 경우는 드묾
- 안장 무늬의 가운데 부분이 등지느러미 중간 넘어 앞까지 이어지는 경우는 드묾
- 뚜렷한 망토 무늬가 없음
- 눈 주변의 흰색 무늬가 중간 크기의 타원형(몸 축과 평행 상태로)

길이: 수컷-6.9m, 암컷-6m, 최대: 7.2m

분포: 주로 알류샨 열도와 알래스카에서부터 캐나다 브리티시컬럼비아주와 미국 워싱턴주를 거쳐 캘리포니아 몬터레이만에 이르는 태평양 북동부 지역에 서식한다. 북태평양의 다른 지역들에도 서식할 걸로 추정된다. 예를 들어 물고기를 먹고 사는 극동 러시아의 범고래들 중 상당수는 겉모습과 행동, 입으로 내는 소리, 유전자 구조 등이 이 생태형과 유사하며(오호츠크해 중앙 지역, 캄차카 반도 남부와 중부 지역, 코만도르스키예 제도와 쿠릴 열도, 베링해 남부가 그 서식지에 포함됨), '타입 R' 범고래 생태형으로 알려져 있다. 이 범고래들은 종종 안전한 해안 수로들에 서식하며, 대륙붕 너머 멀리까지는 가지 않는 걸로 알려져 있다. 여름철의 최대 이동 거리는 대개 200km 이내다.

먹이와 먹이활동: 주로 물고기를 먹는다. 북태평양 동부 지역에서는 주로 연어를 먹지만, 좋아하는 연어는 지역과 계절에 따라 다르다(살리시해에서는 멸종 위기에 처한 치누크 연어. 알래스카만에서는 봄에는 치누크 연어, 초여름에는 흰연어, 늦여름과 가을에는 은연어). 임연수어는 알류샨 열도의 범고래들이 좋아해, 극동 러시아 지역에서 중요한 먹이다. 범고래들은 태평양 넙치와 도버 솔 같이 해저에 사는 물고기들은 물론 오징어도 먹는다. 또한 주낙에 걸린 은대구들(범고래들의 잠수 범위를 벗어난 물고기임)을 가로채기도 한다. 대개 해양 포유동물들은 무시하며, 그래서 그 포유동물들 또한 여간해서는 범고래들을 피하지 않는다.

집단 구조: 바로 앞 페이지를 참조할 것. 태평양 북동부 지역에는 세 종류의 범고래 커뮤니티가 있다. 남부 상주 범고래 커뮤니티, 북부 상주 범고래 커뮤니티, 남부 알래스카 상주 범고래 커뮤니티가 그것.

집단 규모: 범고래 포드는 대개 3개(최소 1개, 최대 11개) 모계 집단으로 이루어지며, 평균적으로 총 18마리(대개 10~25마리이지만, 최소 2마리, 최대 49마리)다.

개체 수: 태평양 북동부 지역의 범고래는 대략 총 1,000마리(남부 상주 범고래 75마리, 북부 상주 범고래 290마리, 알래스카 남부 상주 범고래 약 700마리)며, 극동 러시아에서 사진으로 확인된 범고래 수는 1,600마리가 넘는다(그중 약 절반은 코만도르스키예 제도에 서식).

비고: 해양포유동물학회는 현재 상주 범고래들을 별개의 아종으로 인정하고 있다. 그리고 '상주'라는 용어는 이 범고래들의 이동 패턴들과 장소에 대한 충성심을 묘사하는 데는 다소 부적절하며,

성체 암컷과 새끼(상주 범고래)

그래서 '상주 범고래'는 종종 '물고기를 먹는 범고래'로 불리기도 한다.

빅스(또는 일시 거주) 범고래

- 검은색과 흰색이 섞여 있는 '전형적인' 범고래
- 세 종류의 북태평양 범고래 생태형들 중에서 가장 큼
- 수컷의 등지느러미 끝부분은 상주 범고래들에 비해 더 똑바르고 더 뾰족함
- 대개 등지느러미 뒷부분에 많은 이빨 자국과 상처들이 있음
- 등지느러미의 끝부분이 대개 등지느러미 하단의 중앙쯤에 위치함
- 커다란 안장 무늬가 고른 회색
- 안장 무늬의 한쪽이 늘 닫혀 있음(회색 안에 검은색이 끼어들지 않음)
- 안장 무늬의 가운데 부분이 등지느러미 중간을 넘어 앞까지 이어지는 경우는 드묾
- 뚜렷한 망토 무늬가 없음
- 눈 주변 흰색 무늬가 중간 크기의 타원형(몸 축과 평행 상태로)

길이: 수컷-8m, 암컷-7m, 최대: 9.8m

분포: 주로 베링해에서부터 캐나다 브리티시컬럼비아주와 미국 워싱턴주를 거쳐 멕시코 바하칼리포르니아에 이르는 지역에 서식한다. 북태평양의 다른 지역들에도 서식할 걸로 추정된다. 예를 들어 별로 알려진 바가 없는 고래를 잡아먹는 극동 러시아의 범고래들은 겉모습과 행동, 입으로 내는 소리 등이 이 범고래 생태형과 유사하다. '타입 T' 범고래 생태형으로 알려진 그 범고래들은 주로 오호츠크해와 추코타 연안에서 발견된다. 또한 이 범고래들의 이동 패턴은 계절별로 풍부한 먹이들에 따라 결정되며, 해안 및 연안 바다에 집중된다. 특별히 계절에 따른 서식지 변화는 보이지 않으며, 상주 범고래들보다는 더 폭넓은 이동을 하고, 대개 그 이동이 규칙적이진 못하다(그래서 이동 경로는 예측 불가하거나 아니면 오랫동안 같은 장소에 머묾).

먹이와 먹이활동: 이 범고래들은 주로 포유동물들 중에서도 특히 고래와 기각류 동물(물개 등), 해달 등을 사냥한다. 그러나 좋아하는 먹이는 지역에 따라 달라진다. 또한 헤엄치는 바닷새들을 죽이기도 하며(바닷새의 사체는 대개 먹지 않고 그냥 버리지만), 종종 오징어도 잡아먹는다. 물고기를 잡아먹는지에 대해서는 알

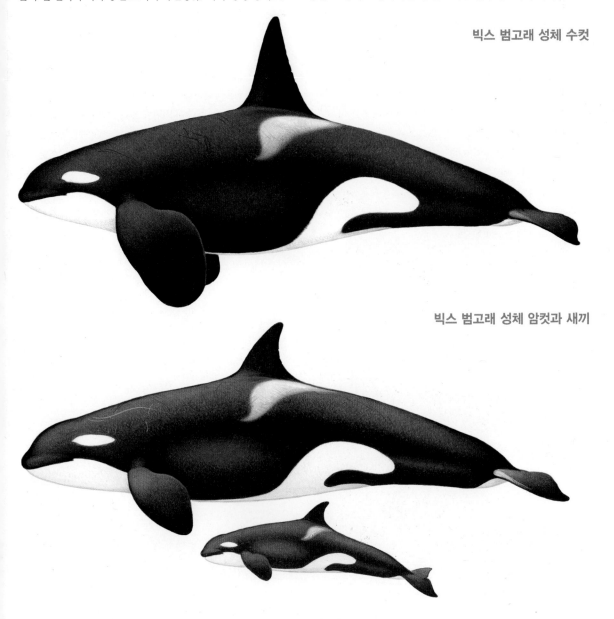

빅스 범고래 성체 수컷

빅스 범고래 성체 암컷과 새끼

려진 바가 없다. 또한 이들은 캘리포니아의 몬터레이만(주로 4~5월)과 알래스카의 알류샨 열도 동부(유니막 수로 포함. 5~6월)에서 회색고래 새끼들을 사냥하는 범고래 생태형이다.

집단 구조: 빅스 범고래들, 즉 일시 거주 범고래들은 상주 범고래들에 비해 더 작은 규모로 덜 안정된 집단을 이루며 산다(이는 빅스 범고래들의 먹이활동 전략에 더 적합한데, 집단 규모가 더 크면 포유류 먹잇감들에게 사전 발각될 확률이 더 높아지기 때문). 또한 이 빅스 범고래들의 자손들은 종종 장기간 동안 또는 영영 자신들의 모계 집단을 떠난다. 암컷은 대개 번식할 나이가 되면 자신의 집단을 떠나 다른 일시 거주 범고래 집단들과 함께 돌아다니며, 그러다 자신의 새끼를 갖게 되면 자신의 원래 집단으로 되돌아오지만 대개 잠시 동안뿐이다. 수컷들은 암컷들에 비해 덜 자주 자기 집단을 떠난다(그리고 맨 먼저 태어난 수컷들만 자기 어미에 대한 높은 충성심을 유지함). 또한 빅스 범고래들은 자신들이 내는 소리에 의해 여러 클랜들로 나뉘지 않는 듯하다. 태평양 북동부 지역의 빅스 범고래들은 알래스카만과 알류샨 열도 및 베링해 커뮤니티, 서부 해안 커뮤니티, AT1(또는 쥬가치) 커뮤니티 이렇게 세 커뮤니티로 이루어져 있다.

집단 규모: 대부분의 집단이 한 어미에 그 자손들(2~6마리)로 이루어진다. 그러나 최근 몇 년 사이에 30마리 넘는 빅스 범고래들이 일시적으로 보다 큰 집단을 이루는 게 목격되기도 했다. 가끔은 혼자 다니는 빅스 범고래들(주로 수컷들)도 보인다.

개체 수: 태평양 북동부 지역의 빅스 범고래는 총 1,000마리(알래스카만 범고래 약 590마리, 서부 해안 범고래 약 500마리)가 넘는다. 그리고 극동 러시아에도 알 수 없는 수(최소 100마리)의 빅스 범고래들이 살고 있는 걸로 추정된다.

비고: 고래 연구가들은 예전에 '일시 거주 범고래transient killer whale'로 불리던 범고래 생태형을 '빅스 범고래'(빅스 범고래라는 이름은 마이클 빅Michael Bigg 박사의 이름에서 따온 것임)로 불려야 한다는 데 의견 일치를 보고 있는데, 그것은 transient(일시적인)란 말이 이 고래들의 장소에 대한 충성심과 이동 패턴들을 설명하는 데 적절치 않기 때문이다. 마이클 빅 박사는 1970년대 초부터 1980년대 말까지 캐나다 브리티시컬럼비아주에서 활동한 선구적이며 예지력 있는 고래 연구가다. 그는 외형적인 특징들을 토대로 한 사진 식별법을 이용해 고래의 종을 구분해 낸 최초의 인물이기도 하다. 그가 세상을 떠난 뒤 20년간 이루어진 연구에서 빅스 범고래를 별개의 종으로 지정해야 한다는 주장을 뒷받침하는 증거들이 대거 나왔다(빅스 범고래는 유전학적으로 가장 다양한 종으로 나뉘는 범고래이기도 함).

▲ 연어를 가지고 노는(입에 물고) 중인 알래스카 남동부 지역의 빅스(또는 일시 거주) 범고래.

연안 범고래

- 검은색과 흰색이 섞여 있는 '전형적인' 범고래
- 타원형 몸이 상주 범고래와 아주 비슷함
- 알려진 세 종류의 북태평양 범고래 생태형들 가운데 가장 작은 범고래
- 등지느러미가 비교적 더 작음
- 수컷의 등지느러미 끝이 둥긂(상주 범고래처럼 모서리가 뾰족하지 않고 빅스 범고래보다 둥긂)
- 대개 상주 범고래보다 등지느러미 뒷부분에 이빨 자국과 상처들이 더 많음
- 쿠키커터상어들에게 물려 생긴 타원형 흉터들이 있기도 함
- 회색 안장 무늬의 크기가 상주 범고래의 경우와 비슷함
- 안장 무늬가 대개 아주 옅음(일부 개체들의 경우 안장 무늬 한쪽이 열려 있지만 대개는 닫혀 있고, 회색 안장 무늬 속으로 검은색이 끼어들지 않음)
- 헤엄을 치면서 수시로 꼬리로 수면을 내려침
- 상주 범고래나 빅스 범고래에 비해 암수 간에 외형 차이가 적음(크기 면에서도 암수가 더 비슷함)
- 성장이 덜 된 상태에서도 이빨 마모가 심함(종종 잇몸 선까지 닳음. 피부가 거친 상어들을 먹기 때문인 걸로 추정). 상주 범고래와 빅스 범고래의 경우 이빨 마모가 그리 심하지 않음

길이: 수컷-6.5m, 암컷-5.5m, 최대: 7.2m

분포: 연안 범고래는 세 종류의 북태평양 범고래 생태형들 가운데 가장 알려진 바가 적다. 서식지는 캘리포니아 남부에서 알래스카 알류샨 열도 동부 사이에 걸쳐 있으며, 그 범위 안에서 광범위한 이동을 한다. 연안 범고래들이 주로 외해에 서식하는지 또는 대륙붕 일대에 서식하는지는 분명치 않다. 그리고 이 범고래들은 드물게 해안 지역을(그리고 가끔은 물이 얕아 안전한 곳을) 찾기도 한다.

먹이와 먹이활동: 경골어류(딱딱한 뼈로 되어 있는 물고기-옮긴이)와 연골어류(뼈가 아닌 연골로 되어 있는 물고기-옮긴이)를 먹으며, 특히 상어(백상아리, 청새리상어, 태평양잠꾸러기상어, 태평양돌발상어 포함)를 즐겨 먹는다. 그 외에 치누크 연어와 태평양 넙치도 먹는 걸로 알려져 있다. 그러나 포유동물을 잡아먹는다는 증거는 없다.

집단 구조: 알려진 바가 별로 없으나, 때론 빅스 범고래들처럼 자신의 모계 집단을 떠나 역동적인 사회생활을 하고, 또 때론 상주 범고래들처럼 보다 큰 집단을 이루는 걸로 보여진다. 어미와 수컷 새끼들이 장기적인 유대 관계를 맺는 모습은 목격되고 있으나, 번식을 하는 암컷들 간에 그런 유대 관계를 맺는 모습이 목격

성체 수컷(연안 범고래)

성체 암컷과 새끼(연안 범고래)

됐다는 기록은 없다.

집단 규모: 대개 집단 규모가 크며(50~100마리 규모의 집단을 이루는 게 드물지 않음), 가끔은(먹이 밀도가 높은 경우로 추정) 일시적으로 200마리 이상이 모여 아주 큰 집단을 이루기도 한다.

개체 수: 태평양 북동부 지역에 약 350~500마리.

비고: 배가 다가올 경우 상주 범고래나 빅스 범고래들에 비해 더 회피하는 편이다(그래서 갑자기 오랜 시간 잠수를 하든가 함).

LA 포드(잠정적인 생태형)

'LA 포드LA Pod'라 불리는 북반구의 비공식적인 범고래 생태형(이들은 샌프란시스코 일대의 파랄론 제도에서부터 남쪽으로 멕시코 코르테즈해에 이르는 지역에 서식함)은 1982년부터 1997년 사이에 로스앤젤레스 일대에서 자주 목격됐다. 그리고

집단 규모는 범고래 13마리부터 15마리 사이였다. 이들은 바다사자와 상어(1997년 파랄론 제도에서 LA 포드 암컷 1마리가 백상아리를 사냥한 장면은 유명함)를 잡아먹는 걸로 알려졌으며, 다른 물고기들도 먹는 걸로 추정됐다. LA 포드는 상주 범고래나 연안 범고래보다 입으로 소리를 덜 냈다. 또한 서식지가 남쪽 멕시코까지 확대된 걸로 추정되나, 여러 행 동안 전혀 목격되지 않고 있다. LA 포드의 특징은 다음과 같다.

- 몸 크기가 작음
- 등지느러미 끝이 둥긂
- 등지느러미에 길다란 홈들이 많음(종종 꼬리 뒷부분에 따개비들이 들러붙어 있기도 함)
- 안장 무늬가 아주 좁고 끝이 막혀 있음

성체 수컷 LA 포드　　　　　성체 암컷 LA 포드

▲ 범고래 생태형들의 눈에 띄는 주요 특징들: 눈 주변 무늬, 등지느러미, 안장 무늬.

인정받은 북대서양의 범고래들

주의: 대서양 북동부 지역의 범고래들을 일반종인 '타입 1 Type 1'과 해양 포유동물 전문종인 '타입 2 Type 2'로 분류하는 건 원래 박물관과 북유럽 바다에 좌초된 범고래 표본들에 적용됐던 것으로, 북대서양에 사는 다양한 범고래들에 적용하기엔 더 이상 적절치 않은 것으로 여겨지고 있다. 북대서양의 경우 세계의 다른 지역들에 비해 범고래 생태형 식별이 더 어려운 데다가 아직도 연구 중인 범고래 집단들이 있고, 또 알려진 다른 범고래 집단들과의 연관성 및 그 생태계가 여전히 밝혀지지 않은 상태이기 때문이다. 그나마 가장 잘 알려진 북대서양 범고래들은 다음과 같다.

여름에 산란하는 청어를 먹는 아이슬란드 범고래

- 검은색과 흰색이 섞여 있는 '전형적인' 범고래
- 서부 해안 커뮤니티의 범고래들보다 몸이 작음
- 태평양 북동부 상주 범고래들과 더 많이 닮았음
- 눈 주변의 무늬가 중간 크기의 타원형 또는 큰 타원형(몸 축과 평행 상태로)
- 눈 주변 흰색 무늬의 앞쪽 끝이 분수공 앞부분에 위치
- 이빨 마모가 심함(종종 잇몸 선까지 닳음)
- 눈에 띄는 눈 주변 무늬
- 닳은 이빨들 때문에 넓은 이빨 자국들이 남음

대서양 북동부의 범고래 성체 수컷
(청어를 먹는 아이슬란드 범고래,
청어를 먹는 노르웨이 범고래,
고등어를 먹는 대서양 북동부 범고래)

대서양 북동부의 범고래 성체 암컷과 새끼
(청어를 먹는 아이슬란드 범고래,
청어를 먹는 노르웨이 범고래,
고등어를 먹는 대서양 북동부 범고래)

길이: 수컷-6.3m, 암컷-5.9m, 최대: 6.6m

분포: 주로 아이슬란드에 서식하지만, 이 지역 범고래들 중 약 5%는 봄과 여름에 스코틀랜드 북동부로(특히 셰틀랜드로 그리고 더 적게는 케이스네스와 오크니로) 이동한다. 그러나 아이슬란드와 노르웨이 간의 이동은 관측되지 않고 있다(여름에 산란하는 아이슬란드 청어들과 봄에 산란하는 노르웨이 청어들은 1970년대 이전까지만 해도 서식지가 겹쳤고 오늘날에도 다시 겹치지만). 그러나 유전학적 분석에 따르면, 이 두 청어 집산지의 범고래들은 한 종이다.

먹이와 먹이활동: 이 범고래들은 주로 떼 지어 다니는 청어를 먹으며, 그래서 아이슬란드 일대의 청어 집산지와 번식지 등을 따라 이동한다. 겨울과 여름에는 떼 지어 다니는 청어들을 공처럼 똘똘 뭉치게 만든 뒤 잡아먹는 'carousel feeding' 전략을 쓰는 게 자주 목격된다. 그리고 그렇게 청어들을 한 곳으로 몰 때는 3~9마리의 범고래들이 서로 협력을 한다. 거대한 청어 떼에서 한 집단을 떼어낸 뒤, 빠른 속도로 빙빙 돌며(거품을 내뿜고 하얗게 빛나는 몸 아래쪽을 내보이고 꼬리로 수면을 내리치는 등) 놀란 청어들을 한 데 몰아 꽁꽁 뭉친 공처럼 만들고, 그런 다음 꼬리로 그 공을 내려쳐 최대한 많은 청어를 기절시키거나 죽여 1마리씩 잡아먹는 것이다. 그리고 이 범고래들의 이빨들이 닳은 걸 보면, 물고기를 통째로 흡입해 먹는 방법을 쓰는 듯하다. 일부 아이슬란드 범고래들은 주로 청어를 먹는 걸로 보이지만, 또 어떤 범고래들은 계절에 따라 또는 기회가 있을 때만 청어를 먹는다. 그리고 아이슬란드 일대의 바다에는 밍크고래와 참거두고래, 흰부리돌고래(이 2종은 스코틀랜드와 아이슬란드 양 지역에서 비포식성 행동을 보여왔다), 쥐돌고래, 잔점박이물범, 회색바다표범, 솜털오리, 각종 물고기(럼프피시, 연어, 대서양 넙치, 검정가자미 등) 그리고 오징어 등 최소 12종류의 다른 범고래 먹이들이 있는 걸로 알려져 있으나, 이 먹이들 중 일부 또는 전부를 청어를 먹는 범고래들이 잡아먹는지는 확실치 않다. 스코틀랜드에서는 범고래들이 청어(연안 지역의)는 물론 잔점박이물범과 회색바다표범(해안 지역의)도 잡아먹으며, 그 외에 쥐돌고래와 수달 그리고 바다쇠오리, 풀마갈매기, 솜털오리 같은 바닷새들도 사냥하는 걸로 알려져 있다. 스코틀랜드 범고래들은 겨울에는 아이슬란드로 돌아오며, 거기에서 1년 내내 거기 머물던 범고래들과 함께 같은 청어들을 먹는다. 이 두 집단의 범고래들은 외형상 뚜렷한 차이가 없으나 유전학적으로는 약간의 차이들이 있다.

집단 구조: 늘 함께하기도 하고(태평양 북동부의 모계 집단들과 비슷하게) 우연히 함께하기도 하는 등, 단기적인 집단과 장기적인 집단 사이에서 다양한 집단 구조를 취한다.

집단 규모: 해양 포유동물들을 사냥할 때는 4~6마리, 해안 가까이에 사는 물고기들을 먹을 때는 6~30마리, 대륙붕 가장자리에서 먹이활동을 할 때는 최대 300마리까지 집단을 이룬다.

개체 수: 아이슬란드 범고래 프로젝트 사진 식별 카탈로그에 따르면, 현재 확인된 범고래 개체 수는 432마리(새끼들 제외)다.

봄에 산란하는 청어를 먹는 노르웨이 범고래

• 청어를 먹는 아이슬란드 범고래들과 눈에 띄는 차이들은 없음

길이: 수컷-6.2m, 암컷-5.5m, 최대: 6.6m

분포: 대부분의 노르웨이 범고래들은 봄에 산란하는 노르웨이 청어들이 움직이는 대로 따라 움직인다. 그 청어들은 봄에는 노르웨이 중부와 로포텐 제도 일대에서 산란을 하고, 여름(4~9월)에는 먹이활동을 위해 노르웨이해 안으로 들어가며, 로포텐 제도 북쪽 지역(일부 청어들은 북위 80도 너머까지 올라감)은 물론 훨씬 더 남쪽 노르웨이 중부 지역과 로포텐 제도 주변에서 겨울을 난다. 그리고 1950년 이후 그 청어들은(따라서 범고래들도) 서로 다른 시기에 서로 다른 6개의 장소에서 겨울을 나고 있다. 현재 그 청어들이 노르웨이와 아이슬란드 사이를 오가는 움직임은 감지되지 않고 있다.

먹이와 먹이활동: 주로 떼 지어 다니는 대서양 청어를 먹으며, 그 외에 고등어, 대구, 연어, 오징어, 쥐돌고래 등도 잡아먹는 걸로 알려져 있다. 잔점박이물범과 회색바다표범을 사냥하는 일부 범고래들도 있는데, 그런 범고래들은 먹잇감들의 번식기 때(잔점박이물범의 경우 6~7월, 회색바다표범의 경우 9~10월) 노르웨이의 노르단, 트롬세, 핀마르크 연안 지역에서 가장 자주 목격된다. 이 범고래들 중 상당수는 수시로 물개도 잡아먹는 걸로 추정된다(전문적으로 물개만 사냥하거나 계절에 따라 물개를 먹이로 삼거나).

집단 구조: 청어를 먹는 노르웨이 범고래들은 생긴 게 청어를 먹는 아이슬란드 범고래들과 비슷하며, 안정적인 소집단의 일원으로 물개를 사냥하는 범고래들은 일시적으로 보다 큰 집단을 이루기도 한다(주로 사회생활을 통해 사냥법을 배우기 위해).

집단 규모: 청어를 먹는 범고래 집단의 규모는 6마리에서 30마리(평균 15마리)까지이며, 물개를 먹는 범고래 집단의 규모는 3마리에서 11마리(평균 5마리)까지다.

개체 수: 청어가 풍부한 시기에는 노르웨이 연안에 최소 1,000마리가 서식하는 걸로 추산된다. 1980년대 말 여름, 보다 광범위한 노르웨이해 지역에서 약 7,000마리로 추산됐다.

비고: 범고래들과 혹등고래들의 겨울 먹이활동 지역들에서는 비포식성 집단들이 형성된다(대개 범고래들이 먹이활동을 시작한 이후 혹등고래들이 합류함).

고등어를 먹는 대서양 북동부 범고래

• 이 범고래들의 경우 청어를 먹는 아일랜드 범고래들이나 노르웨이 범고래들과는 미묘한 차이점이 있음. 예를 들어 눈 주변 무늬가 더 작은 데다가 수컷의 등지느러미 끝(버터 바르는 칼처럼 생김)이 더 둥근 경우가 많음.

• 이빨들이 닳아 있음(흡입식 먹이활동 때문에).

길이: 수컷-6.3m, 암컷-5.9m, 최대: 6.6m

분포: 북해 북부와 아이리시해, 노르웨이해 도처에서부터 북극 지역 안까지 서식한다. 대부분 해안에서 떨어진 데 서식하지만 해안 지역에도 서식한다. 가을 중순부터 늦가을까지는 주로 셰틀랜드, 오크니 제도, 노르웨이 남부 지역에 서식하며, 겨울에는 헤브리디스 제도 서부 지역에, 그리고 늦여름에는 노르웨이해(아이슬란드 포함)에서 북위 72도 지역 걸쳐 서식한다. 늦가을과 겨울(10~1월)에는 범고래 집단이 북해에서 아일랜드 바다로 이동하

는 고등어들을 상대로 먹이활동을 한다. 그러나 이 범고래들이 1년 중 나머지 기간에는 어디로 가는지 또는 이 범고래들이 여름에 노르웨이해에서 고등어를 잡아먹는 그 범고래들의 일부인지에 대해선 아직 밝혀진 바가 없다.

먹이와 먹이활동: 이 범고래들은 주로 고등어를 먹는다(적어도 1년 중 일정 기간 동안. 그러나 1년 내내 고등어를 먹는지 또는 계절에 따라 다른 먹잇감도 먹는지에 대해선 밝혀진 바가 없다). 또한 자주 저인망 어선 주변에서(어선에서 그물을 당길 때 그 가까이 헤엄치면서) 먹이활동을 한다. 노르웨이해에서는 이 범고래 집단들이 청어를 먹는 아이슬란드 범고래나 노르웨이 범고래들처럼 'carousel feeding' 전략을 쓰는 걸로 알려져 있다.

집단 구조: 알려진 바가 별로 없다.

집단 규모: 그간 관찰한 바에 따르면, 노르웨이해에서 먹이활동을 하는 범고래 집단은 그 규모가 1~40마리(평균 8마리)며, 트롤 어선 주변에서 먹이활동을 하는 범고래 집단은 그 규모가 1~70마리(평균 13마리)다. 최대 규모는 200마리다.

개체 수: 노르웨이해에서 행해진 2년간의 조사 과정에선 271마리의 범고래들이 목격됐다. 그러나 매년 재목격되는 범고래 수가 얼마 안 되는 걸 감안하면, 실제 개체 수는 훨씬 더 많을 가능성이 높다.

서부 해안 범고래 커뮤니티

- 검은색과 흰색이 섞여 있는 '전형적인' 범고래
- 주로 청어를 먹고 사는 아일랜드 범고래나 노르웨이 범고래들보다 몸이 더 큼
- 생긴 게 태평양 북동부의 빅스 범고래와 남극 타입 A 범고래와 더 비슷함
- 눈 주변의 무늬가 중간 크기에서 큰 크기의 타원형(뒤쪽 아래로 기울어져 있음)
- 눈 주변 흰색 무늬의 앞쪽 끝이 분수공 뒷부분에 위치
- 이빨이 거의 또는 전혀 마모되지 않음
- 흐릿한 안장 무늬

길이: 수컷-알려진 바가 없음, 암컷-6.1m; 최대: 알려진 바가 없음

분포: 주로 영국과 아일랜드 일대에 서식하며, 서식지가 구체적으로 펨브룩셔와 아이리시해로부터 아일랜드 서부 해안 지역 전체를 따라 북쪽으로 아우터 헤브리디스 제도까지 분포되어 있다. 그러나 스코틀랜드 서부 해안 지역의 범고래들이 가장 잘 알려져 있으며, 그 범고래들이 '서부 해안 범고래'로 불리는 것 또한 그 때문이다.

먹이와 먹이활동: 밝혀진 바가 거의 없으나, 잔점박이물범과 쥐돌고래를 잡아먹는 걸로 알려져 있다.

서부 해안 범고래 커뮤니티의 성체 수컷

서부 해안 범고래 커뮤니티의 암컷과 새끼

집단 구조: 대부분이 2마리 또는 3마리씩 목격된다.

집단 규모: 대개 2~3마리씩 다니지만, 그 수가 너무 적어 확실치는 않다.

개체 수: 2018년에 서부 해안 범고래 커뮤니티에 속한 범고래는 8마리밖에 안 남았었다(근친 교배 증거가 있어, 이 범고래들은 인근의 다른 범고래들과는 전혀 교류가 없는 걸로 추정됨). 그리고 그간 20년 넘게 새끼 범고래들은 목격된 적이 없다.

비고: 영국 일대에는 적어도 다른 두 종류의 범고래 포드들(각기 범고래 27마리, 64마리로 이루어진)이 상주하고 있는 걸로 추정된다. 그 범고래들은 스코틀랜드 셰틀랜드와 오크니에서 1년 내내 목격되고 있으며, 아이슬란드나 노르웨이에서는 목격된 바가 없다. 또한 일부 범고래들은 서부 해안 범고래 커뮤니티에 속한 범고래들의 특성들 중 최소 몇 가지(예를 들면 마모되지 않은 큰 이빨들)는 공유하고 있는 걸로 보이는데, 그 범고래들은 아조레스 제도와 페로 제도 그리고 스발바르 제도에서 목격되곤 한다. 그리고 지난 세기에 북대서양 곳곳에선 크기가 비슷한 많은 범고래들이 포경업자들에 의해 사냥됐는데, 그 범고래들은 보다 널리

확산된 조상 범고래들 중 남은 범고래들인 걸로 추정된다.

참다랑어를 먹는 지브롤터 해협 범고래

- 검은색과 흰색이 섞여 있는 '전형적인' 범고래
- 눈 주변 흰색 무늬가 중간 크기에서 큰 크기까지 타원형(몸축과 평행 상태로)
- 수컷의 등지느러미는 대개 둥글며 꼬리 끝은 뾰족함(태평양 북동부 상주 범고래와 비슷함)
- 안장 무늬가 눈에 띄며 고른 회색이고 한쪽 끝이 닫혀 있음

길이: 수컷-6m, 암컷-5.3m, 최대: 7.3m

분포: 이 범고래들은 스페인 남쪽 카디스만(주로 봄과 여름에)에서부터 지브롤터 해협의 중앙 지역(주로 여름에)에 걸쳐 서식 중이다. 가을과 겨울 중의 이동에 대해선 알려진 바가 거의 없으나, 참다랑어들을 좇아 대서양 동부 지역까지 이동하는 걸로(참다랑어들이 지중해에 있는 자신들의 산란지들을 떠난 뒤에) 추정된다. 이 범고래들은 지중해에서는 자주 목격되지 않는다(2000년 전까지만 해도 가끔 목격됐으나).

**참다랑어를 먹는 지브롤터 해협의
범고래 성체 수컷**

**참다랑어를 먹는 지브롤터 해협의
범고래 성체 암컷**

▲ 참다랑어를 먹는 지브롤터 해협의 범고래.

먹이와 먹이활동: 주로 대서양 참다랑어를 잡아먹는다. 봄에는 한 번에 최대 30분까지 전속력으로 참다랑어들을 쫓아간다(이를 '끈기와 탈진endurance-exhaustion' 기법이라고 함). 또한 여름에는 절반 정도 되는 범고래들(포드 A1과 A2)이 주낙에 걸린 참다랑어들을 낚아채 가는 경우가 많다(최소 1999년 이후로). 이 범고래들이 1년 내내 참다랑어를 주로 먹는지에 대해선 밝혀진 바가 없지만, 적어도 한 포드(D)의 범고래들은 기회가 되면 연안 어종들을 먹이로 삼는다.

집단 구조: 범고래 포드들이 분산되는 장면이 목격된 적은 없지만, 2006년에 한 포드(A)의 범고래들이 두 포드(A1과 A2)로 나뉘었으나 강한 유대 관계는 그대로 유지됐다.

집단 규모: 이들은 5포드(A1, A2, B, C, D)로 나뉘며, 한 포드는 7~15마리의 범고래들로 이루어진다.

개체 수: 30~40마리.

비고: 최근에 행해진 조사에 따르면, 지브롤터 해협의 범고래들과 카나리아 제도의 범고래들 간에는 서로 교류가 없다. 또한 이 두 집단의 범고래들은 번식 방법도 사회생활 방식도 다르며 생태학적으로도 다르다. 그리고 이 범고래들의 주 먹이인 대서양 참다랑어들은 1960년대 이후 그 개체 수가 현저히 줄어들고 있다.

대서양 북서부 범고래

- 검은색과 흰색이 섞여 있는 '전형적인' 범고래
- 눈 주변 흰색 무늬가 중간 크기에서 큰 크기까지 타원형(몸축과 평행 상태로)
- 등지느러미가 대개 둥글며 꼬리 끝은 뾰족함(태평양 북동부 상주 범고래와 비슷함)
- 안장 무늬가 눈에 띄며 고른 회색이고 한쪽 끝이 닫혀 있음

길이: 수컷-6.7m, 암컷-5.5~6.5m, 최대: 알려진 바가 없음

분포: 특히 여름에는 주로 그린란드, 캐나다 래브라도주와 뉴펀들랜드주 북부에 서식하는 걸로 알려져 있다(겨울에는 고래를 관찰하려는 노력이 현저히 줄어들어드는 데다가, 총빙 때문에 래브라도주와 뉴펀들랜드 북부 해안 지역 일대에 서식하는 건 힘들어지는 듯함). 현재 어부들은 육지에서 멀리 떨어진 그랜드 뱅크스(뉴펀들랜드섬 동남쪽의 대륙붕-옮긴이) 일대에서 범고래들이

목격된다는 보고를 하고 있다. 현재 애틀랜틱 캐나다(캐나다 동부에 있는 주-옮긴이) 지역에서 범고래들이 계절별 이동을 한다는 증거는 없다. 그러나 위성 위치 추적 장치를 부착한 채 배핀섬을 떠난 한 범고래(20마리로 이루어진 집단에 속한)를 추적해 보니, 북극 캐나다에서 여름을 난 뒤 래브라도주와 뉴펀들랜드주 외대륙붕을 지나 대서양을 건너 보다 따뜻한 아조레스 제도 부근 바다까지 갔다. 이 범고래들은 스코틀랜드 대륙붕 일대와 세인트로렌스만, 캐나다 노바스코샤주와 뉴브런즈윅주에서는 그리 자주 목격되지 않으며, 미국 동부 지역에서는 거의 목격되지 않는다. 범고래들이 목격되는 곳은 거의 다 수심 200m가 안 되는 비교적 해안 가까운 바다인데, 이는 목격한 사람들이 주로 해안 가까운 데서 관찰했기 때문인 듯하다(육지에서 200km 이상 떨어진 바다, 그러니까 대륙붕 너머 수심 3,000m 이상 되는 바다에서도 혼자 또는 집단으로 움직이는 범고래들이 목격됨).

먹이와 먹이활동: 그린란드와 캐나다 뉴펀들랜드주 및 래브라도주에서는 다양한 물개들(하프바다표범 포함), 다른 고래들(커먼밍크고래, 대서양흰줄무늬돌고래, 흰부리돌고래 그리고 가끔 어린 혹등고래), 각종 물고기들(청어, 고등어, 연어, 대구, 돔발상어 등)을 먹으며 가끔은 바닷새들(큰부리바다오리, 솜털오리 등)도 잡아먹는다. 또한 일부 지역에서는 특정 먹이(예를 들어 그린란드 서부에서는 물고기와 오징어, 문어 같은 두족류, 그리고 그린란드 동부에서는 포유동물들)를 주로 잡아먹는다.

집단 구조: 알려진 바가 없다.

집단 규모: 대개 2~6마리(평균 5마리)씩, 드물게 15마리 이상 그리고 이따금 30마리까지 집단을 이룬다. 그리고 목격되는 범고래들의 4분의 1은 혼자 다닌다. 1970년대에는 고래 사냥을 위해 100마리가 넘는 범고래들이 모여드는 게 목격되기도 했다(먹이 사냥에 보다 작은 범고래 집단들이 많이 모인 것으로 추정됨).

개체 수: 관련 정보가 거의 없지만(그래서 사진 식별 카탈로그들이 만들어졌음), 캐나다 뉴펀들랜드주와 래브라도주 연안에 약 150~200마리가 서식하고 있는 걸로 추정된다.

비고: 세계의 다른 지역들에 비해 대서양 북서부 지역의 범고래들에 대해서는 비교적 알려진 바가 없다. 그 범고래들이 인근 지역들에서 온 다른 범고래들과 어울리는지에 대해서도 알려진 바가 없다.

북극 캐나다: 적어도 여름에는 북극 캐나다 지역에서 목격되는 범고래들의 수가 눈에 띄게 늘어나고 있다. 지구 기온이 상승해 남극 바다 얼음이 녹으면서 예전의 많은 장애물들이 사라져, 범고래들이 예전 같으면 접근하지 못했을 각종 만과 피오르드, 만의 후미까지 들어오게 됐기 때문이다. 이 범고래들은 해양 포유동물들(하프바다표범, 고리무늬물범, 턱수염바다물범, 두건물범, 점박이물범, 일각고래, 흰돌고래, 북극고래 등)만 잡아먹는 걸로 알려져 있다. 그러나 물고기도 먹을 거라는 가능성을 배제할 순 없을 것이다.

남극과 그 주변 바다의 알려진 범고래 생태형들

타입 A(남극 범고래)

- 검은색과 흰색이 섞여 있는 '전형적인' 범고래
- 남극에서 가장 큰 범고래 생태형으로 추정됨(큰 타입 B도 크기가 같을 듯)
- 눈 주변 흰색 무늬가 중간 크기의 타원형 또는 큰 타원형(몸축과 평행 상태로)
- 대개 눈에 띄는 등 망토 무늬가 없음
- 안장 무늬가 갈색빛일 수도 있음
- 안장 무늬가 수컷은 대개 닫혀 있고, 암컷은 살짝 열려 있기도 함
- 흰색 무늬들이 종종 살짝 누르스름한 빛을 띠기도 함(규조류 때문에)
- 검은색 무늬들이 종종 살짝 갈색빛을 띠기도 함(규조류 때문에)

길이: 수컷-7.3m, 암컷-6.4m, 최대: 9.2m

분포: 남반구의 여름에 이 범고래들은 얼음이 없는 남극 바다 주위의 개빙 구역에 서식하며, 가끔 남극 반도 주변에서 목격되기도 한다. 계절별 이동에 대해선 밝혀진 바가 별로 없으나, 적어도 한동안은 남극 대륙을 떠나 보다 따뜻한 저위도 바다로 내려오는 걸로 알려져 있다. 또한 뉴질랜드, 오스트레일리아, 남아프리카공화국, 서아프리카, 칠레 파타고니아 외에 크로제 군도, 케르겔렌 제도, 매쿼리섬에서도 목격되고 있으나, 다른 범고래들이 남극 바다로 이동해 오는지에 대해선 밝혀진 바가 없다. 현재 타입 A 범고래 생태형은 타입 B, C, D 외의 범고래 생태형을 전부 아우르는 광범위한 생태형으로, 결국 한 생태형 이상을 포함하고 있을 걸로 추정된다.

먹이와 먹이활동: 남극 바다에서는 주로 남극밍크고래와 코끼리바다물범을 잡아먹지만, 다른 수염고래과 고래들의 새끼와 다른 물개들도 잡아먹는다. 펭귄들을 쫓아가는 모습이 목격되기도 했다(결국 잡지는 못했지만). 이 범고래들이 남극 바다 이외의 장소에서 무얼 잡아먹는지에 대해선 알려진 바가 없다. 또한 타입 A로 보이는 범고래들이 뉴질랜드에선 가오리, 상어, 기각류 동물들(물개 포함)을, 오스트레일리아에선 고래와 물개, 듀공, 부어(정어리, 고등어, 가다랭이 등 해수면 가까이에서 유영하는 어류-옮긴이)를, 크로제 군도에선 밍크고래, 남방코끼리물범, 펭귄, 물고기를 잡아먹는 걸로 알려져 있다(크로제 군도에선 종종 주낙 어선들에 잡힌 비막치어들을 가로채 가기도 함).

집단 구조: 알려진 바가 없다.

타입 A(남극 범고래) 성체 수컷

타입 A 성체 암컷과 새끼

집단 규모: 10~15마리(최소 1마리에서 최대 38마리).

개체 수: 알려진 바가 없으나, 남극 반도 주변에서 최소 372마리가 사진 식별을 통해 타입 A(남극 범고래)로 확인됐다.

큰 타입 B(총빙 범고래)

- 회색과 흰색(검은색과 흰색이 아니라) 투톤
- 작은 타입 B(게라체 범고래)보다 몸이 더 크고 더 다부짐
- 종종 규조류로 덮여 있음(흰색 부위가 누런색으로, 회색 부위는 갈색빛으로 변함)
- 쿠키커터상어에게 물려 생긴 작은 타원형 상처들이 흔함
- 눈 주변 무늬가 개체마다 다르지만 다른 그 어떤 범고래보다 더 큼(남극 타입 A의 최소 2배)
- 눈 주변 흰색 무늬가 몸 축과 평행
- 안장 무늬 끝부분이 거의 늘 닫혀 있음
- 짙은 회색 망토 무늬(아래쪽 안장 무늬가 확대되면서 좁다란 흰색 경계에 의해 분리되기도 함)가 이마에서 등지느러미 바로 뒤까지 이어짐
- 작은 타입 B(게라체 범고래)와 아주 비슷하게 생겼지만 크기는 그 2배
- 부빙 주위에서 종종 스파이호핑을 함(물개들을 찾기 위해)

길이: 수컷-알려진 바가 없음, 암컷-알려진 바가 없음, 최대: 9m(크기가 게라체 범고래의 최소 2배인 걸로 추정됨).

분포: 이 범고래들은 여름에는 주로 남극 바다에 가까운 총빙 주변, 특히 여기저기 떠다니는 부빙 주변 지역에 서식한다. 남극 반도의 북쪽 절반 지역 일대에서는 잘 목격되지 않으며, 여름에는 고착된 빙하가 녹으면서 서식지가 남쪽으로 내려온다. 겨울 서식지에 대해선 알려진 바가 없다. 1년 중 대부분은 남극 바다에서 보내나, 주기적으로 열대 및 아열대 바다(남위 30~37도)로 잠깐 왕복 여행을 하는 걸로 보인다. 그런 여행을 흔히 '정비 이동 maintenance migration'이라 하는데, 많은 열 손실 없이 피부를 재생하기 위한 과정으로 보여진다. 남극 반도의 범고래들은 북쪽으로 이동해 포클랜드 제도와 아르헨티나 동부로 가 거기에서 다시 우루과이와 브라질로 향한다. 그리고 최근에는 회색과 흰색 투톤 무늬가 있는 범고래들이 열대 바다까지 갔다가 돌아온 것으로 추정된다(피부에 덮여 있던 규조류를 떨어버리고).

먹이와 먹이활동: 주로 웨들바다표범들을 잡아먹으며(대개 여러 마리가 파도를 일으켜 부빙 위에 있는 웨들바다표범을 떨어뜨려 잡는 'wave-washing' 전략을 써서). 게잡이바다표범과 레오파드바다표범은 무시하는 경우가 많다. 이따금 남극밍크고래와 코끼리바다물범도 잡아먹으며, 혹등고래 새끼들도 잡아먹는 걸로

큰 타입 B(총빙 범고래) 성체 수컷

큰 타입 B(총빙 범고래) 성체 암컷과 새끼

규조류에 덮인
큰 타입 B(총빙 범고래) 성체 수컷

규조류에 덮인
큰 타입 B(총빙 범고래) 성체 암컷

▲ 남극의 큰 타입 B(총빙 범고래)들은 주로 웨들바다표범을 잡아먹는데, 이 범고래는 지금 게잡이바다표범들도 먹이가 될 수 있나 보기 위해 스파이호핑 중이다.

보여진다.

집단 구조: 알려진 바가 없다.

집단 규모: 대개 10마리 이내.

개체 수: 알려진 바가 없다.

작은 타입 B(게라체 범고래)

- 회색과 흰색(검은색과 흰색이 아니라) 투톤
- 큰 타입 B(총빙 범고래)보다 몸이 더 작고 날씬함
- 종종 규조류로 덮여 있음(흰색 부위가 누런색으로, 회색 부위는 갈색빛으로 변함)
- 쿠키커터상어에게 물려 생긴 작은 타원형 상처들이 흔함
- 눈 주변 무늬가 개체마다 다르지만 다른 그 어떤 범고래보다(총빙 범고래는 제외) 더 큼
- 눈 주변 흰색 무늬가 총빙 범고래보다 더 좁음
- 눈 주변 흰색 무늬가 몸 축과 평행이거나 몸 축보다 약간 비스듬함
- 안장 무늬 끝부분이 대개(항상은 아니고) 닫혀 있음
- 등에 짙은 회색 망토 무늬가 있으며(눈에 잘 띄진 않지만), 그 게 눈 주변 흰색 무늬 바로 앞에서부터 뒤로 등지느러미까지 뻗은 뒤 안장 무늬의 아래쪽 앞 가장자리까지 이어짐
- 큰 타입 B(총빙 범고래)와 아주 비슷하게 생겼지만 크기는 그 절반

길이: 수컷-알려진 바가 없음, 암컷-알려진 바가 없음, 최대: 7m(크기가 총빙 범고래의 절반 정도인 걸로 추정됨)

분포: 남극 반도(서쪽 면과 웨들해 서부)에 주로 서식하는 걸로 알려져 있으며, 겔라쉐 해협과 남극 해협이 주요 집결지다. 대개 개빙 구역에서 먹이활동을 하며(총빙 지역은 피하고), 펭귄 군락지 근처에서도 종종 먹이활동을 한다. 또한 1년 중 상당 기간을 남극 대륙에서 보내며, 주기적으로 열대와 아열대 바다(남위 30~37도)로 잠깐(6~7주간) 왕복 여행을 하는 걸로 추정된다. 그런 여행을 흔히 '정비 이동'이라 하는데, 많은 열 손실 없이 피부를 재생하기 위한 과정으로 보여진다. 최근에는 회색과 흰색 투톤 무늬가 있는 범고래들이 열대 바다까지 갔다가 온 것으로 추정된다(피부에 덮여 있던 규조류를 떨어버리고).

먹이와 먹이활동: 이 범고래들은 펭귄, 특히 젠투펭귄과 턱끈펭귄을 주로 먹는 걸로 관측됐지만(가슴 근육만 먹고 그 나머지는 버

작은 타입 B(게라체 범고래) 성체 수컷

작은 타입 B(게라체 범고래) 성체 암컷과 새끼

규조류에 덮인
작은 타입 B(게라체 범고래) 성체 수컷

림), 대양저 근처에서 잡은 물고기도(어쩌면 오징어도) 먹는 걸로 추정된다(이 범고래들은 해저까지 잠수할 수 있기 때문).
집단 구조: 알려진 바가 없다.
집단 규모: 종종 50마리 이상.
개체 수: 알려진 바가 없다.

타입 C(로스해 범고래)

- 회색과 흰색(검은색과 흰색이 아니라) 투톤
- 종종 규조류로 덮여 있음(흰색 부위가 노란색이나 오렌지색으로, 검은색과 회색 부위는 갈색빛으로 변함)
- 쿠키커터상어에게 물려 생긴 작은 타원형 상처들이 흔함
- 알려진 범고래 생태형들 가운데 가장 작음
- 등에 있는 짙은 회색 망토 무늬가 대개 잘 보이며(종종 안장 무늬에서 생겨난 좁다란 흰색 경계로 뚜렷이 구분이 됨)
- 작고 좁다랗고 성긴 눈 주변 무늬(몸 축을 향해 45도 각도로 비스듬함)

- 안장 무늬 끝부분이 대개 닫혀 있고 아주 눈에 띔
길이: 수컷-5.6m, 암컷-5.2m, 최대: 6.1m, 무게는 이 범고래들을 먹잇감으로 삼을 걸로 추정되는 타입 A와 타입 B(총빙 범고래)에 비해 여러 배 적게 나간다.
분포: 동남극의 범고래들로부터 얻은 정보가 전부로, 주로 로스해에 서식하지만 서쪽으로 아델리 랜드 해안를 따라 윌크스 랜드 해안까지도 서식하며, 멀리 서쪽 프리즈만에도 그보다 적은 수의 범고래들이 서식하는 걸로 추정된다. 또한 맥머도만에서도 흔히 목격된다. 타입 C 범고래들은 총빙 및 빙호 지역은 물론 개빙 구역에서 수 km 떨어진 고착빙 지역에서도 살고 있다. 1년 중 대부분의 기간을 남극 대륙에서 보내지만(겨울에는 바다 얼음 지역에서도 목격되고 있음), 몸에 쿠키커터상어의 이빨 자국들이 있는 데다 뉴질랜드와 오스트레일리아 일대에서도 목격되는 걸 감안하면, 적어도 일부 범고래들은 열대 및 아열대 바다로 이동하는 걸로 보인다. 또한 겨울에는 뉴질랜드(북쪽으로 베이 오브 아일랜즈는 물론)와 오스트레일리아 남동부에서도 목격된다.

타입 C(로스해 범고래) 성체 수컷

먹이와 먹이활동: 주로 물고기를 먹는 걸로 알려져 있으며, 길이가 2m쯤 되는 남극 메로(그러나 현재 메로의 개체 수가 상업적인 어업으로 인해 줄어들고 있음), 훨씬 더 작은 다른 2종의 남극 빙어 그리고 아주 풍부한(그러나 아주 작은) 남극 실버피시가 주요 먹잇감들이다. 제한된 증거에 따르면, 펭귄들을 사냥하기도 한다. 보통 수심 200m에서 400m까지 잠수하며, 가장 깊이 잠수할 때는 적어도 수심 700m까지 잠수한다.

집단 구조: 알려진 바가 없다.

집단 규모: 10~120마리(최대 200마리). 집단 규모는 최근 몇 년간 계속 줄어들고 있는 걸로 나타나고 있다(현재 평균 집단 규모는 약 14마리).

개체 수: 알려진 바가 없으나, 매년 맥머도만의 평균 개체 수는 약 470마리로 추산된다.

타입 C(로스해 범고래) 성체 암컷과 새끼

▲ 대서양 타입 C 즉, 로스해 범고래들. 지금까지 알려진 범고래 생태형들 중 가장 작다.

타입 D(아남극 범고래)

- 검은색과 흰색이 섞여 있는 '전형적인' 범고래
- 눈 주변의 아주 작은 독특한 흰색 무늬(몸 축과 평행) 덕에 식별하기 쉬움(때론 그런 무늬가 없음)
- 다른 범고래들과 달리 눈에 띄게 볼록한 멜론(일부 개체들은 거두고래와 더 비슷해 보임)
- 수컷의 등지느러미가 비교적 짧고 좁으며 눈에 띄게 뒤로 젖혀져 있고 끝이 아주 뾰족함(다른 남극 생태형들보다 더 굽어 있고 더 뾰족함)
- 등지느러미의 크기와 모양이 암수 간에 뚜렷이 다름(다른 범고래 생태형들처럼)
- 적당히 눈에 띄는 안장 무늬
- 눈에 잘 띄지 않는 등 망토 무늬
- 다른 범고래 생태형들과는 달리, 규조류 때문에 노란색 또는 갈색을 띠지 않음

길이: 수컷-알려진 바가 없음, 암컷-알려진 바가 없음, 최대: 7.3m

분포: 남위 40도에서 남위 60도 사이, 아남극 바다 근처에 서식하며, 때론 섬들 주변에 서식하기도 한다. 처음 확인된 타입 D 범고래들은 1955년 뉴질랜드 파라파라우무에 좌초된 17마리의 범고래들이었다. 2004년에는 인도양 남서부의 크로제 군도 근처 바다에서 살아 있는 타입 D 범고래들이 처음 목격됐다. 그 이후 지금까지 남극해 북쪽 끝부분(크로제 군도, 사우스조지아섬, 뉴질랜드 아남극섬들 포함)에서 살아 있는 타입 D 범고래 25마리 정도가 목격됐으며, 현재는 드레이크 해협 지역과 또 포클랜드 제도와 사우스조지아섬 사이 지역에서 거의 매년 목격되고 있다.

먹이와 먹이활동: 알려진 바가 거의 없으나, 분명히 물고기들도 잡아먹는 듯하다(크로제 군도와 칠레 일대에서는 주낙에 걸린 메로들을 가로채 가기도 함).

집단 구조: 알려진 바가 없다.

집단 규모: 9~35마리. 평균 18마리(관련 정보가 거의 없는 상황에서 나온 수치)다.

개체 수: 알려진 바가 없다.

비고: 타입 D 범고래들은 가장 눈에 띄는 범고래 생태형으로, 극도로 작은 눈 주변의 흰색 무늬로(때론 없음) 금방 식별 가능하다.

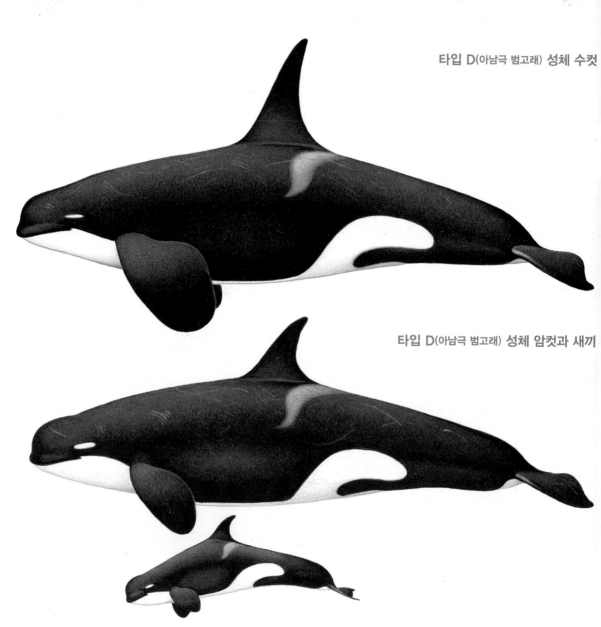

타입 D(아남극 범고래) 성체 수컷

타입 D(아남극 범고래) 성체 암컷과 새끼

▲ 남극 범고래 생태형들 가운데 가장 알려진 게 적은 타입 D 범고래.

▲ 덜 성숙된 타입 D 범고래가 남아메리카와 남극 사이에 있는 드레이크 해협에서 수면 위에 올라와 있다.

들쇠고래 Short-finned pilot whale

학명 글로비케팔라 마크로린쿠스 *Globicephala macrorhynchus*   Gray, 184(

들쇠고래는 바다에서 아주 눈에 띄는 고래이긴 하지만, 가장 가까운 친척인 참거두고래와는 구분하는 게 사실상 불가능하다(2종을 구분
할 수 있는 가장 큰 특징은 가슴지느러미의 길이와 모양에 미묘한 차이가 있다는 것). 그리고 2종 모두 크기와 겉모습은 암컷과 수컷 간
에 아주 큰 차이가 있다.

분류: 참돌고래과 이빨고래아목

일반적인 이름: 들쇠고래는 영어로 short-finned pilot whale('짧은
가슴지느러미 거두고래'의 의미로, 'short-finned'는 가슴지느러미
가 짧다는 데서 온 것이고, 'pilot'(여기선 '안내인'의 의미)는 이 범고
래 집단을 이끄는 리더 고래가 있는데 설사 죽음에 이르는 길이라
하더라도 늘 그 리더를 따라간다는 초창기의 학설에서 온 것이다.

다른 이름들: shortfin pilot whale, Pacific pilot whale, pothead(멜
론이 볼록하다는 데서), blackfish(이름에 whale 즉, '고래'가 들어가
는 검은색 돌고래과 고래 6종을 비공식적으로 일컫는 이름) 등.

학명: 이 고래 학명의 앞부분 *Globicephala*는 '구', '둥근'을 뜻하는
라틴어 *globus*에 '머리'(볼록 튀어나온 멜론을 가리킴)를 뜻하는 그리
스어 *kephale*가 합쳐진 것이다. 그리고 학명의 뒷부분 *macrorhyn-
chus*는 '커다란'을 뜻하는 그리스어 *makros*에 '주둥이' 또는 '부리'
를 뜻하는 그리스어 *rhynchos*가 합쳐진 것이다.

세부 분류: 현재 별도로 인정된 아종은 없으나, 아직 종 분류가 확정
되지 않은 세 종류의 들쇠고래들이 있다는 유전학적 증거는 있다.

그중 한 종류는 대서양에 서식하는 들쇠고래들이고 다른 두 종류는
태평양과 인도양에 서식하는 들쇠고래들이다. 몸 크기와 멜론 모양,
안장 무늬의 밝음, 이빨 개수, 입으로 내는 소리의 레퍼토리, 일대기,
유전자 등이 다른 두 종류의 들쇠고래들은 일본 북부 일대를 흐르는
보다 차가운 오야시오 해류에서 처음 관측됐고(이 들쇠고래들을 '시
호 타입'이라 함), 그다음엔 일본 남부 일대를 흐르는 보다 따뜻한 쿠
로시오 해류에서 목격됐다(이 들쇠고래들을 '나이사 타입'이라 함).
이 들쇠고래들은 현재 보다 광범위한 지역에 서식하는 걸로 믿어진
다. 시호 타입의 들쇠고래들은 태평양 동부 지역 전역에서 목격되고,
나이사 타입의 들쇠고래들은 나머지 서식지 전역에서 목격되며, 동
태평양 장벽East Pacific Barrier에 의해 분리된 이 들쇠고래들은 서로 다
른 두 아종으로 추정된다. 나이사 타입의 들쇠고래들은 다시 또 두
종류로 나뉘어, 하나는 대서양에 서식하는 들쇠고래들(대서양 타입)
이고, 다른 하나는 태평양 서부와 중심부에 서식하는 들쇠고래들이
다(이 두 종류의 들쇠고래들은 남아프리카공화국 일대의 벵겔라 장
벽Benguela Barrier에 의해 분리된다).

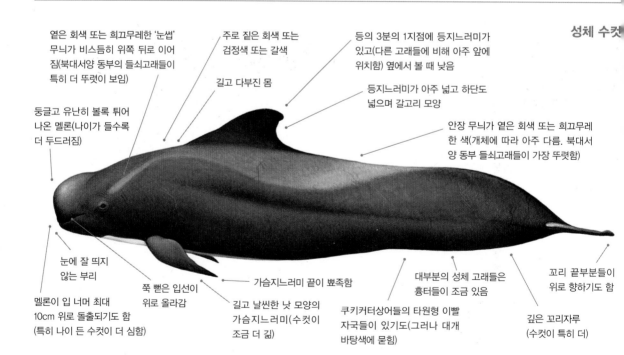

옅은 회색 또는 희끄무레한 '눈썹'
무늬가 비스듬히 위쪽 뒤로 이어
짐(북대서양 동부의 들쇠고래들이
특히 더 뚜렷이 보임)

주로 짙은 회색 또는
검정색 또는 갈색

길고 다부진 몸

등의 3분의 1지점에 등지느러미가
있고(다른 고래들에 비해 아주 앞에
위치함) 옆에서 볼 때 낮음

등지느러미가 아주 넓고 하단도
넓으며 갈고리 모양

성체 수컷

둥글고 유난히 볼록 튀어
나온 멜론(나이가 들수록
더 두드러짐)

안장 무늬가 옅은 회색 또는 희끄무레
한 색(개체에 따라 아주 다름. 북대서
양 동부 들쇠고래들이 가장 뚜렷함)

눈에 잘 띄지
않는 부리

멜론이 입 너머 최대
10cm 위로 돌출되기도 함
(특히 나이 든 수컷이 더 심함)

쭉 뻗은 입선이
위로 올라감

가슴지느러미 끝이 뾰족함

길고 날씬한 낫 모양의
가슴지느러미(수컷이
조금 더 깊)

대부분의 성체 고래들은
흉터들이 조금 있음

쿠키커터상어들의 타원형 이빨
자국들이 있기도(그러나 대개
바탕색에 묻힘)

꼬리 끝부분들이
위로 향하기도 함

깊은 꼬리자루
(수컷이 특히 더)

요점 정리

- 전 세계의 따뜻한 바다에 서식
- 중간 크기
- 검은색이나 거무스름한 색 또는 옅은 갈색
- 볼록하고 둥근 멜론
- 잘 눈에 띄지 않는 부리
- 하단이 넓고 뒤로 젖혀진 등지느러미가 아주 앞쪽에 있음
- 소집단부터 대집단까지 다양함

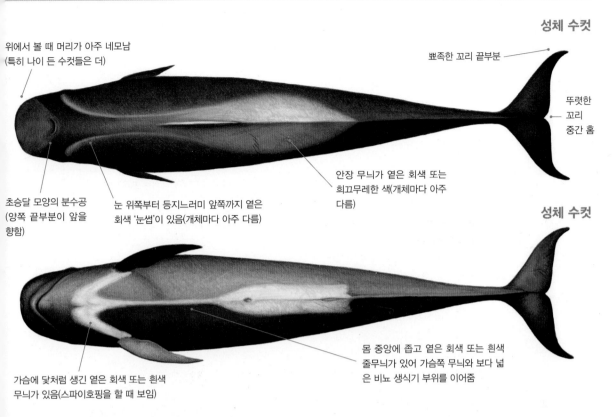

성체 수컷

위에서 볼 때 머리가 아주 네모남 (특히 나이 든 수컷들은 더)

뽀족한 꼬리 끝부분

뚜렷한 꼬리 중간 홈

안장 무늬가 옅은 회색 또는 희끄무레한 색(개체마다 아주 다름)

초승달 모양의 분수공 (양쪽 끝부분이 앞을 향함)

눈 위쪽부터 등지느러미 앞쪽까지 옅은 회색 '눈썹'이 있음(개체마다 아주 다름)

성체 수컷

가슴에 닻처럼 생긴 옅은 회색 또는 흰색 무늬가 있음(스파이호핑을 할 때 보임)

몸 중앙에 좁고 옅은 회색 또는 흰색 줄무늬가 있어 가슴쪽 무늬와 보다 넓은 비뇨 생식기 부위를 이어줌

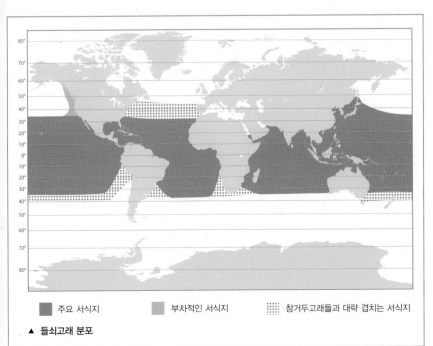

크기

길이: 수컷 4.2~7.3m, 암컷 3.2~5.1m
무게: 1~3.5t   **최대:** 7.3m, 3.6t
새끼 — 길이: 1.4~1.9m   **무게:** 40~85kg
대개 수컷이 암컷보다 최대 1.1m 더 길다.

비슷한 종들

들쇠고래들의 서식지는 참거두고래들의 서식지와 일부 겹친다. 2종은 형태상 별 차이가 없어(가슴지느러미의 길이와 모양, 두개골 모양과 이빨 수 정도만 조금 다름) 바다에서 보더라도 구분하기가(가슴지느러미가 분명히 보이지 않는 한) 어렵다. 연구 결과에 따르면, 대서양 북서부에 서식하는 이 두 고래 종은 경험 많은 관찰자들이라면 구분 가능하다. 특히 참거두고래는 대개 색이 더 짙으며, 안장 무늬가 있는 경우 등지느러미 뒤쪽에 뚜렷한 경계가 있다(그러나 들쇠고래들은 늘 안장 무늬가 있으며, 그 경계가 뚜렷하지 않음). 그 외에 가슴지느러미와 두개골 모양 역시 확실히 달라, 들쇠고래들은 두개골이 더 짧고 넓지만 참거두고래들은 두개골이 더 좁다. 또한 대서양에서는 이 2종의 고래들 간에 짝짓기가 이뤄져 잡종이 태어난다는 증거가 있다. 보다 따뜻한 서식지에 사는 들쇠고래들은 범고래붙이들과 혼동할 여지가 있는데, 범고래붙이들의 경우 머리가 끝으로 갈수록 더 뾰족해지고, 가슴지느러미가 더 눈에 띄며, 등지느러미가 더 날씬하고 똑바르며 몸의 더 뒤쪽에 위치해 있다. 그리고 또 가둬 키우는 들쇠고래들의 경우 큰돌고래들과 짝짓기를 해 잡종이 태어나기도 한다.

분포

들쇠고래들은 전 세계의 깊은 열대 및 아열대 바다와 따뜻한 온대 바다에 폭넓게 퍼져 서식한다. 그러나 북위 50도 이북과 남위 40도 이남에는 대개 서식하지 않는다. 또한 들쇠고래들은 홍해 남부에서는 발견되

■ 주요 서식지   ■ 부차적인 서식지   ░ 참거두고래들과 대략 겹치는 서식지

▲ 들쇠고래 분포

지만 지중해(참거두고래들은 이곳에 상주하지만)에서는 발견되지 않으며 페르시아만에서도 발견됐다고 보고된 적이 없다. 그리고 어떤 들쇠고래들은 일부 지역들(예를 들어 하와이 열도 일대. 일부 지역들은 1980년대 말 이후 고래 연구가들에 의해 알려짐)에 장기간 상주하지만, 또 어떤 들쇠고래들은 장거리 이동(각 개체가 최대 월 2,400km를 이동)을 한 뒤 좋아하는 지역들로 되돌아온다. 또한 일부 지역에서는 계절에 따라 해안-연안 이동(겨울/초봄-여름/가을 이동)을 하는데, 이는 계절에 따른 오징어들의 산란회유(물고기가 알을 낳아 새끼를 기르기 좋은 곳으로 이동하는 일-옮긴이)와 관련이 있다. 들쇠고래들은 또 대륙붕단 지역, 대륙붕 및 섬의 경사진 지역, 해저산 및 산맥 같이 해저 지형

성체 수컷

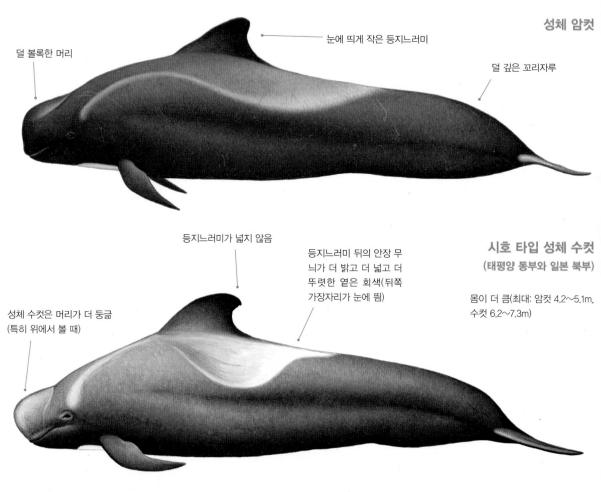

나이가 들면 머리가 보다 볼록해지고 앞쪽이 눈에 띄게 납작해짐(특히 북태평양 서부와 중심부 지역에서)

성체 암컷

덜 볼록한 머리

눈에 띄게 작은 등지느러미

덜 깊은 꼬리자루

등지느러미가 넓지 않음

등지느러미 뒤의 안장 무늬가 더 밝고 더 넓고 더 뚜렷한 옅은 회색(뒤쪽 가장자리가 눈에 띔)

시호 타입 성체 수컷
(태평양 동부와 일본 북부)

몸이 더 큼(최대: 암컷 4.2~5.1m, 수컷 6.2~7.3m)

성체 수컷은 머리가 더 둥긂(특히 위에서 볼 때)

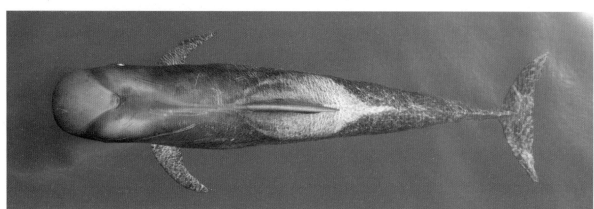

▲ 북태평양 동부에서 촬영된 들쇠고래(시호 타입).

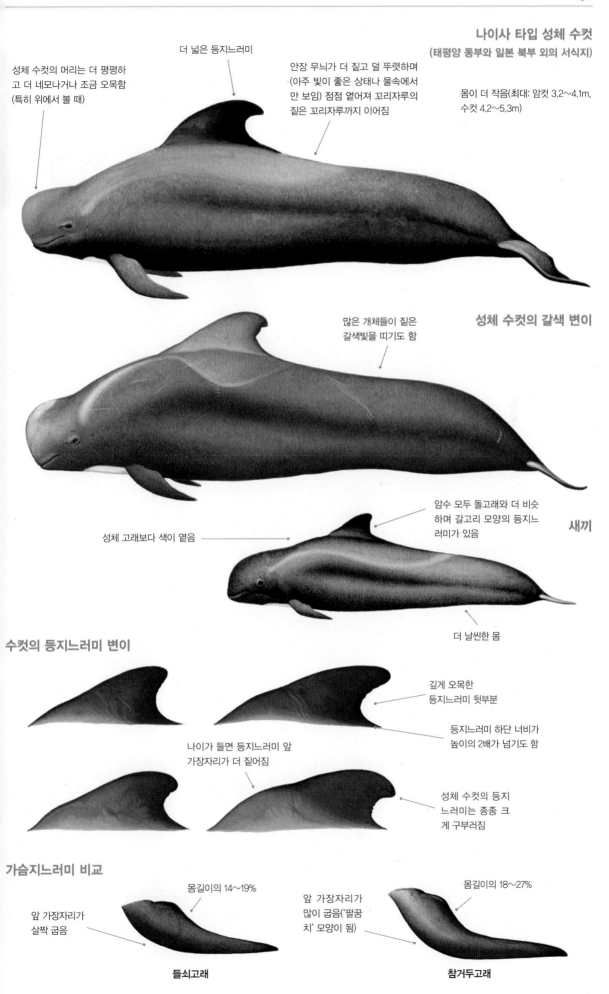

나이사 타입 성체 수컷
(태평양 동부와 일본 북부 외의 서식지)

몸이 더 작음(최대: 암컷 3.2~4.1m,
수컷 4.2~5.3m)

더 넓은 등지느러미

안장 무늬가 더 짙고 덜 뚜렷하며
(아주 빛이 좋은 상태나 물속에서
만 보임) 점점 옅어져 꼬리자루의
짙은 꼬리자루까지 이어짐

성체 수컷의 머리는 더 평평하
고 더 네모나거나 조금 오목함
(특히 위에서 볼 때)

성체 수컷의 갈색 변이

많은 개체들이 짙은
갈색빛을 띠기도 함

새끼

암수 모두 돌고래와 더 비슷
하며 갈고리 모양의 등지느
러미가 있음

성체 고래보다 색이 옅음

더 날씬한 몸

수컷의 등지느러미 변이

깊게 오목한
등지느러미 뒷부분

등지느러미 하단 너비가
높이의 2배가 넘기도 함

나이가 들면 등지느러미 앞
가장자리가 더 짙어짐

성체 수컷의 등지
느러미는 종종 크
게 구부러짐

가슴지느러미 비교

몸길이의 14~19%

앞 가장자리가
살짝 굽음

들쇠고래

앞 가장자리가
많이 굽음('팔꿈
치' 모양이 됨)

몸길이의 18~27%

참거두고래

이 복잡한 지역들을 좋아하며, 깊은 대양 환경에서 보다 얕은 곳에 많이 모여 지낸다. 그리고 수심이 어느 정도 되는 해안 지역에도 서식한다. 하와이에서는 수심 324m에서 4,400m 사이의 바다에서 발견되지만, 수심 500m에서 3,000m 사이에서 가장 많이 발견된다.

행동

혹등고래, 향유고래, 민부리고래, 고양이고래, 난쟁이범고래, 범고래붙이, 알락돌고래, 뱀머리돌고래, 큰돌고래 등 다른 여러 종의 고래들과 어울리는 게 종종 목격된다. 들쇠고래들은 다른 고래들을 향해 공격적인 행동을 하며 심지어 더 큰 고래들까지 공격하려 한다. 그러나 거꾸로 고양이고래 같이 더 작은 고래들한테 공격당하기도 하며, 그런 경우 들쇠고래가 당하는 경우가 많다. 가끔은 장완흉상어들이 들쇠고래들을 따라다니며, 들쇠고래들이 놓치거나 버린 먹잇감들을 먹는다(아니면 고래들을 따라다니며 깊은 바닷속 먹잇감들을 찾는다). 들쇠고래들은 참거두고래들에 비해 공중곡예를 더 많이 해, 가끔(보다 작은 돌고래들만큼 자주는 아니지만) 수면 위로 점프를 하고 스파이호핑을 하며 꼬리로 수면을 내려치기도 한다. 또한 하루 중 많은 시간을 수면에서 쉰다.

들쇠고래의 경우 수컷이 몸도 더 크고 다른 부위들도 더 큰데, 그건 과시용이거나 짝짓기 성공률을 높이기 위한 걸로 보인다. 물론 범고래와 상어들의 공격으로부터 자기 집단을 지키는 데 도움이 될 수도 있을 것이다. 들쇠고래들은 또 거의 다른 그 어떤 고래보다(참거두고래는 빼고) 여러 마리가 한 번에 좌초되는 일이 많은데, 그건 들쇠고래들 간에 그만큼 깊은 유대감이 형성되어 있기 때문인 걸로 추정된다. 들쇠고래들은 같은 집단에서 어떤 고래가 죽으면 같이 슬퍼하며, 새끼 고래가 죽으면 몇 시간 또는 며칠씩 데리고 다니기도 한다.

배에 대한 반응은 지역에 따라 달라, 천천히 움직이는 배에 다가가기도 하고 아예 관심을 보이지 않기도 한다(배가 너무 빠른 속도로 다가오지 않는다면). 드물게 뱃머리에서 파도타기를 하며 놀기도 한다. 수영하는 사람이 있으면, 대개 무시하거나 그 사람을 피해 잠수한다(예외적으로 하와이에서 두 차례의 사고가 있었다. 1992년에는 들쇠고래 성체 수컷 1마리가 수영하는 여성을 물고 10~12m 아래로 끌고 갔다가 수면 위로 되돌려 보내는 일이 있었다. 또한 2003년에는 한 어린 들쇠고래가 프리 다이빙을 즐기던 세 사람에게 다가가 집적대며 문 일이 있었다).

이빨

위쪽 14~18개
아래쪽 14~18개

집단 규모와 구조

들쇠고래들은 아주 사회적인 동물들로, 범고래들과 비슷한(안정감은 떨어지지만) 모계 집단을 이루며(암컷들이 직계 친족들로 모계 사회를 이룬 채) 살아간다. 집단 규모는 대개 15~50마리(하와이 섬들 일대에서는 평균 18마리, 마데이라섬 일대에서는 평균 15마리)며, 그 집단에는 모든 나이대의 암수 고래들이 포함된다(대개 성체 암컷들이 더 많지만). 들쇠고래들은 평생 그 같은 가족 집단을 유지한다. 수컷들은 서로 분리된 가족 집단들이 일시적으로 모이는 시기에 짝짓기를 한다. 여러 가족 집단들이 모여 보다 큰 집단(들쇠고래 포드 또는 들쇠고래 떼)을 이루는데, 그 규모는 대개 30~90마리(최대 수백 마리)다. 혼자 다니는 게 목격되는 경우는 드물다(그러나 성체 수컷들은 종종 혼자 다니는 모습이 목격됨).

포식자들

증거는 없으나, 범고래와 대형 상어들이 포식자들일 것으로 추정된다. 들쇠고래들은 몸에 흉터가 거의 없어, 들쇠고래들에 대한

잠수 동작

- 아주 여유로운 잠수 동작을 취한다.
- 머리가 수면 위로 비교적 높이 올라간다(가끔 눈이 보임).
- 바다가 고요할 경우 움직일 때 앞쪽에 뚜렷한 파문이 인다.
- 등지느러미와 등의 상단 부분이 분명하게 보인다.
- 꼬리자루가 눈에 띄게 휘어진다.
- 꼬리가 수면 위로 올라간 뒤 깊이 잠수하는 경우가 많다.
- 대개 여러 마리가 수면에서 서로 가까이 붙어 다닌다.
- 수면에 뜬 상태로 이동을 하기도 한다.
- 종종 수면 위로 점프를 하고 스파이호핑도 한다.

물 뿜어 올리기

- 뚜렷한 모양이 없는 물을 강하고 낮게(최대 약 1m) 뿜어 올린다. 잠잠한 날씨에 아주 잘 보인다(그러나 대개 금방 사라짐).

먹이와 먹이활동

먹이: 주로 오징어(특히 마켓 스퀴드, 유러피언 플라잉 스퀴드, 글래스 스퀴드, 커먼 암 스퀴드, 클로살 스퀴드, 일부 지역에서는 대왕오징어), 일부 문어 그리고 중간 수심 또는 깊은 수심에 사는 물고기들을 먹는다.

먹이활동: 빠른 속도로 먹이를 향해 돌진해 머리로 들이받아 기절시킨 뒤 흡입하는 기술을 쓴다.

잠수 깊이: 먹이활동을 할 때 1,000m 넘게 잠수하기도 하지만, 잠수 깊이는 지역과 시간대에 따라 크게 달라진다. 제한된 증거에 따르면, 일부 지역에선 밤에 얕은 바다에서 먹이활동을 하고 낮에는 보다 깊이 잠수해 심해에서 먹이활동을 한다(예를 들어 하와이에서는 대개 밤엔 300~500m 수심에서, 낮엔 700~1,000m 수심에서 먹이활동을 함). 카나리아 제도에서는 낮과 밤에 모두 깊이 잠수한다(최고 깊이 잠수한 기록은 1,552m).

잠수 시간: 대개 12~15분(가끔 20분. 성별, 크기, 행동 종류에 따라 다름). 최장 기록은 27분(하와이에서).

공격이 드물거나 오직 새끼들(새끼들은 공격을 받을 경우 대개 치명상을 입음)에만 국한된 게 아닌가 싶다.

사진 식별

등지느러미와 등에 있는 각종 흉터와 표식들, 등지느러미의 높이와 모양, 피부 손상 등으로 식별 가능하다. 안장 무늬(혹시 있을 경우)의 모양 또한 종 식별에 도움이 될 수 있다.

개체 수

전 세계 개체 수 추정치는 없으나, 대략적인 지역별 추정치는 다음과 같다. 태평양 동부 열대 지역에 58만 9,000마리, 일본 일대에 거의 6만 마리(나이사 타입 5만 3,609마리와 시호 타입 4,321마리 포함), 북태평양 서부에 2만 1,500마리, 하와이 일대에 1만 9,000마리에서 2만 마리, 필리핀 술루해에 7,700마리, 멕시코만에 최소 2,400마리, 미국 서부 해안 지역에 836마리, 지브롤터 해협에 150마리.

종의 보존

세계자연보전연맹의 종 보존 현황: '최소 관심' 상태(2018년). 들쇠고래들은 세계의 많은 지역에서 수세기 동안 사냥되었으며, 지금도 일본과 카리브해의 소앤틸리스 제도, 필리핀, 인도네시아, 스리랑카 등지에서 여전히 작살과 포경선에 의해 사냥되고 있다. 특히 일본과 카리브해에서는 연간 100마리 이상씩 가장 많은 들쇠고래들이 잡히고 있다. 또한 북태평양에서는 황새치와 상어들을 잡기 위해 설치한 유망에 들쇠고래가 걸리는 경우가 많다. 정확한 수는 알려지지 않았으나, 최소 1,000~2,000마리는 될 것으로 보인다. 많은 지역들에서는 원양 주낙의 미끼나 그 주낙에 걸린 물고기를 가로채려다 대신 잡히기도 한다(또는 물고기를 가로챈 보복으로 사살되기도 함). 미국이나 일본에선 공개 전시용과 연구용으로 사냥되기도 한다. 최상위 포식자들 중 하나인 들쇠고래는 해양 먹이 사슬을 통해 많은 먹이들을 먹게 되며, 그로 인해 몸속에 온갖 중금속들과 유기염소가 축적된다. 들쇠고래들은 수면 위에서 꼼짝하지 않고 쉬는 편이어서 배와 충돌하는 사고도 종종 일어난다. 일부 지역들에서는 상업적인 해상 운송, 각종 해양 공사, 탄성파 탐사, 군사용 음파 탐지 등으로 인한 소음 공해 또한 큰 위협이다. 먹잇감 어류들에 대한 남획 또한 위협일 수 있다.

소리

들쇠고래들은 먹이활동과 자신들끼리의 커뮤니케이션에 복잡한 레퍼토리의 소리들을 사용한다. 위치를 파악하고 먹이를 찾는 반향정위를 위해서는 물론이고, 먹이활동(이를 위해선 서로 계속 연락하는 게 필요함)과 자신들끼리의 커뮤니케이션을 위해서도 각종 소리와 신호음들을 내는 것이다. 대개 적극적인 활동을 할 때는 보다 복잡한 소리들을 내고 덜 적극적인 활동을 할 때는 보다 단순한 소리들을 낸다. 그리고 그 소리들의 주파수는 참거두고래들이 내는 소리들의 주파수가 더 높고(평균 7.9kHz) 더 폭넓다. 또한 들쇠고래 모계 집단들은 각기 독특한 소리들(범고래들의 집단들이 내는 특유의 '방언'과 비슷함)을 내며 심지어 각 개체도 독특한 소리를 낸다.

일대기

성적 성숙: 암컷은 8~9년, 수컷은 13~17년(수컷은 생후 7년이 되기 전까지는 제대로 짝짓기를 하지 못함).

짝짓기: 다부다처제로 추정된다(수컷들과 암컷들 모두 짝짓기 파트너가 여럿임). 그리고 수컷들은 짝짓기를 위해 가족 집단들 사이를 왔다 갔다 한다.

임신: 14~16개월.

분만: 3~5년마다. 그리고 나이 든 암컷들의 경우 최대 8년마다(암컷은 평생 평균 4~5마리의 새끼를 낳음). 연중 어느 때든 새끼 1마리가 태어나는데, 남반구 들쇠고래들은 특히 봄과 가을에 가장 많이 태어나고, 북반구 들쇠고래들은 가을과 겨울에 가장 많이 태어난다(하와이와 일본 남부 일대에서는 7~11월 사이에 태어나며, 특히 가을에 가장 많이 태어남).

젖떼기: 2~3년 또는 그보다 더 오랜 시간 뒤(그러나 번식 이후에 암컷은 마지막 낳은 새끼에게 계속 젖을 먹임. 암컷 새끼에겐 최대 7년간, 수컷 새끼에겐 15년간). 새끼들은 생후 약 6개월 후부터 고형 먹이를 먹을 수 있다.

수명: 암컷은 최소 60년, 수컷은 35~40년(최장수 기록은 수컷 46년, 암컷 63년). 암컷은 35~40살쯤 되었을 때 폐경기를 지난다(이는 범고래들과 비슷). 나이가 들어 더 이상 번식을 하지 않는 암컷들은 새끼들을 돌보거나 생태학적 지혜를 전수하는 역할을 한다.

참거두고래 Long-finned pilot whale

학명 글로비케팔라 멜라스 *Globicephala melas*   (Traill, 1809)

경험이 많은 고래 관찰자라면, 등지느러미만 보고도 참거두고래의 성별과 대략적인 나이를 알 수 있다. 등지느러미는 자라면서 모양이 달라지며, 암컷과 수컷 간에도 아주 다르다. 참거두고래 성체 수컷의 등지느러미는 다른 고래들의 등지느러미와는 달리, 옆에서 봤을 때 그 높이가 낮고 그 하단이 유난히 넓다(하단 너비가 등지느러미 높이의 2배가 넘기도 함).

분류: 참돌고래과 이빨고래아목

일반적인 이름: 참거두고래는 영어로 long-finned pilot whale('긴 가슴지느러미 거두고래'의 의미)로, 'long-finned'는 가슴지느러미가 길다는 데서 온 것이고, 'pilot'(여기선 '안내인'의 의미)은 이 범고래 집단을 이끄는 리더 고래가 있는데 설사 죽음에 이르는 길이라 하더라도 늘 그 리더를 따라간다는 초창기의 학설에서 온 것이다.

다른 이름들: Longfin pilot whale, Atlantic pilot whale, northern pilot whale, caaing whale, pothead(멜론이 볼록하다는 데서), blackfish(이름에 whale 즉, '고래'가 들어가는 검은색 돌고래와 고래 6종을 비공식적으로 일컫는 이름) 등.

학명: 이 고래 학명의 앞부분 *Globicephala*는 '구', '둥근'을 뜻하는 라틴어 *globus*에 '머리'(볼록 튀어나온 멜론을 가리킴)를 뜻하는 그

리스어 *kephale*가 합쳐진 것이다. 그리고 학명의 뒷부분 *melas*는 '검은색'을 뜻하는 그리스어 *melas*에서 온 것이다.

세부 분류: 현재 인정된 아종은 다음과 같이 3종이다. 북대서양참거두고래(글로비케팔라 멜라스 멜라스G. m. melas), 남방참거두고래(글로비케팔라 멜라스 에드와디G.m. edwardii), 북태평양참거두고래로 알려진 동해의 이름 없는 아종(현재는 멸종됨). 현재 이 참거두고래들을 현존하는 2종으로 분류하자는 주장이 힘을 받고 있는 상태다. 지방산 등 다른 생태학적 특징들은 물론 형태학상 다른 특징들도 있어, 북방 아종들은 대서양 북동부 생태형과 대서양 북서부의 생태형이라는 두 종류의 참거두고래 생태형들로 나뉠 수도 있다(나선형 환류에 의해 지리적 구분이 생긴 걸로 추정됨).

북대서양참거두고래 성체 수컷

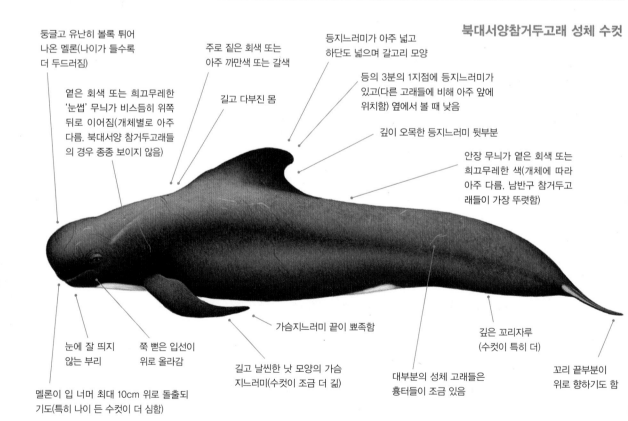

둥글고 유난히 볼록 튀어나온 멜론(나이가 들수록 더 두드러짐)

옅은 회색 또는 희끄무레한 '눈썹' 무늬가 비스듬히 위쪽 뒤로 이어짐(개체별로 아주 다름. 북대서양 참거두고래들의 경우 종종 보이지 않음)

주로 짙은 회색 또는 아주 까만색 또는 갈색

길고 다부진 몸

등지느러미가 아주 넓고 하단도 넓으며 갈고리 모양

등의 3분의 1지점에 등지느러미가 있고(다른 고래들에 비해 아주 앞에 위치함) 옆에서 볼 때 낮음

깊이 오목한 등지느러미 뒷부분

안장 무늬가 옅은 회색 또는 희끄무레한 색(개체에 따라 아주 다름. 남반구 참거두고래들이 가장 뚜렷함)

가슴지느러미 끝이 뾰족함

눈에 잘 띄지 않는 부리

쪽 뻗은 입선이 위로 올라감

길고 날씬한 낫 모양의 가슴지느러미(수컷이 조금 더 깊)

대부분의 성체 고래들은 흉터들이 조금 있음

깊은 꼬리자루 (수컷이 특히 더)

꼬리 끝부분이 위로 향하기도 함

멜론이 입 너머 최대 10cm 위로 돌출되기도 함(특히 나이 든 수컷이 더 심함)

요점 정리

- 북대서양과 남반구의 차가운 바다에 서식
- 중간 크기
- 검은색이나 거무스름한 색 또는 옅은 갈색
- 볼록하고 둥근 멜론
- 잘 눈에 띄지 않는 부리
- 하단이 넓고 뒤로 젖혀진 등지느러미가 아주 앞쪽에 있음
- 소집단부터 대집단까지 다양함

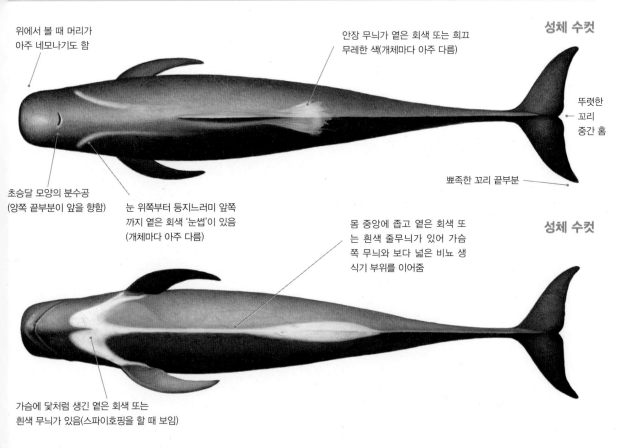

위에서 볼 때 머리가 아주 네모나기도 함

안장 무늬가 옅은 회색 또는 희고 무레한 색(개체마다 아주 다름)

성체 수컷

뚜렷한 꼬리 중간 홈

초승달 모양의 분수공 (양쪽 끝부분이 앞을 향함)

눈 위쪽부터 등지느러미 앞쪽까지 옅은 회색 '눈썹'이 있음 (개체마다 아주 다름)

뽀족한 꼬리 끝부분

몸 중앙에 좁고 옅은 회색 또는 흰색 줄무늬가 있어 가슴쪽 무늬와 보다 넓은 비뇨 생식기 부위를 이어줌

성체 수컷

가슴에 닻처럼 생긴 옅은 회색 또는 흰색 무늬가 있음(스파이호핑을 할 때 보임)

크기

길이: 수컷 4~6.7m, 암컷 3.8~5.7m
무게: 1.3~2.3t   **최대:** 6.7m, 2.3t
새끼-길이: 1.7~1.8m   **무게:** 약 75~80kg
수컷이 암컷보다 최대 1m 정도 더 길다.

비슷한 종들

참거두고래들의 서식지는 들쇠고래들의 서식지와 일부 겹친다. 그리고 2종 간의 형태상 차이(가슴지느러미 길이와 모양, 두개골 모양, 이빨 수 등의 차이)는 아주 미미해 바다에서 직접 보고 2종을 구분하기란(가슴지느러미를 제대로 보지 않는 한) 쉽지 않다. 특히 가슴지느러미와 두개골 모양은 2종을 확실히 구분할 수 있는 유일한 특징들로, 두개골의 경우 참거두고래는 보다 좁은데 반해 들쇠고래는 보다 짧고 넓다. 그리고 대서양 북동부 지역에선 이 2종 간에 교배가 일어난다는 증거들이 있다. 또한 보다 따뜻한 서식 지역들에서는 범고래붙이와 혼동할 여지가 있으나, 범고래붙이의 경우 머리가 갈수록 뽀족해지며 등지느러미가 보다 날씬하고 곧으며 보다 몸 뒤쪽에 위치해 있다.

분포

현존하는 두 참거두고래 아종들은 북대서양과 남반구의 깊고 차가운 온대 바다에서 아극지 바다에 이르는 광범위한 지역에 퍼져 살고 있으며, 넓은 열대 지역에 의해 분리되고 있다. 북대서양참거두고래들의 경우 그 서식지가 대략 북회귀선보다 더 남쪽까지 내려가진 않으며, 서쪽으로는 북위 65도까지 또 동쪽으로는 북위 75도까지 올라간다. 또한 북대

들쇠고래들과 대략 겹치는 서식지

▲ **참거두고래 분포**

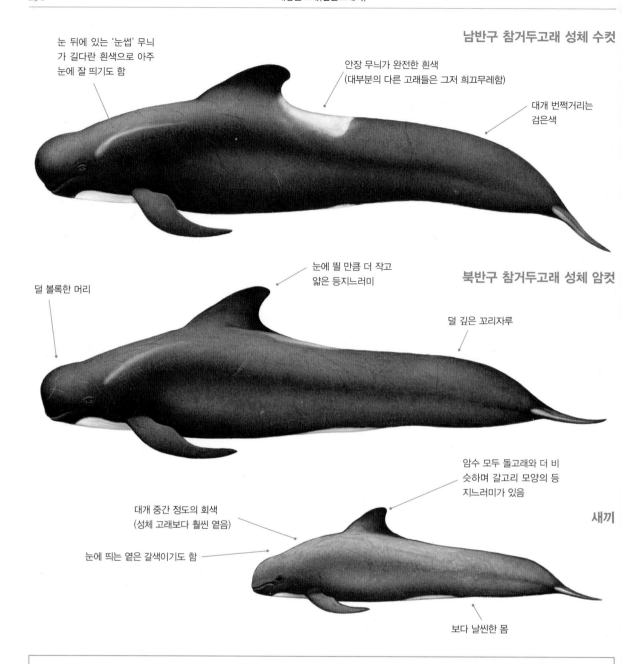

눈 뒤에 있는 '눈썹' 무늬
가 길다란 흰색으로 아주
눈에 잘 띄기도 함

남반구 참거두고래 성체 수컷

안장 무늬가 완전한 흰색
(대부분의 다른 고래들은 그저 희끄무레함)

대개 번쩍거리는
검은색

눈에 띌 만큼 더 작고
얇은 등지느러미

북반구 참거두고래 성체 암컷

덜 볼록한 머리

덜 깊은 꼬리자루

암수 모두 돌고래와 더 비
슷하며 갈고리 모양의 등
지느러미가 있음

새끼

대개 중간 정도의 회색
(성체 고래보다 훨씬 옅음)

눈에 띄는 옅은 갈색이기도 함

보다 날씬한 몸

잠수 동작

- 아주 여유로운 잠수 동작을 취한다.
- 머리가 수면 위로 비교적 높이 올라간다(가끔 눈이 보임).
- 바다가 고요할 경우 움직일 때 앞쪽에 뚜렷한 파문이 인다.
- 등지느러미와 등의 상단 부분이 분명하게 보인다.
- 꼬리자루가 눈에 띄게 휘어진다.
- 꼬리가 수면 위로 올라간 뒤 깊이 잠수하는 경우가 많다.
- 대개 여러 마리가 수면에서 서로 가까이 붙어 다닌다.
- 수면에 뜬 상태로 이동을 하기도 한다.
- 종종 스파이호핑을 한다.

물 뿜어 올리기

- 뚜렷한 모양이 없는 물을 강하고 낮게(최대 약 1m) 뿜어 올린다. 잠잠한 날씨에 아주 잘 보인다(그러나 대개 금방 사라짐).

가슴지느러미 비교

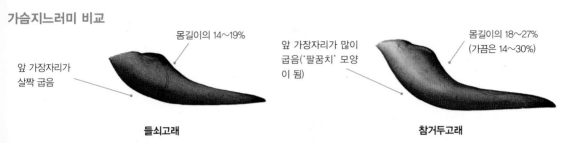

앞 가장자리가
살짝 굽음

몸길이의 14~19%

들쇠고래

앞 가장자리가 많이
굽음('팔꿈치' 모양
이 됨)

몸길이의 18~27%
(가끔은 14~30%)

참거두고래

서양참거두고래들은 세인트로렌스만, 북해, 지중해 서부(특히 알보란해) 그리고 북쪽으론 바렌츠해에서도 발견된다. 반면에 남반구 참거두고래들의 경우 주로 남위 약 30도(남아메리카 서부 해안 일대의 남위 14도) 지역에서부터 남극 수렴대(최하 남위 68도 남태평양 중앙) 지역에 걸쳐 발견된다. 이 고래들은 대륙붕단, 대륙붕과 섬의 경사면 바다 그리고 해저 산과 산맥 같이 해저 지형이 복잡한 지역들을 좋아한다. 반면에 북대서양참거두고래들은 겨울과 봄에는 대륙사면, 또 여름과 가을에는 대륙붕 일대에서 가장 많이 발견되며, 대부분이 수심 2,000m 넘는 물속에서 발견된다. 또한 수심이 어느 정도 되는 해안 지역들 가까이 다가가기도 한다. 그리고 일반적으로 유목민들처럼 이곳저곳 떠돌지만, 대서양 북동부에서처럼 남-북(여름-겨울) 이동을 하기도 한다. 또한 산란을 위한 오징어와 고등어들의 계절별 이동에 맞춰 해안-근해(겨울/초봄-여름/가을) 이동을 하기도 한다. 예전에는 북태평양 서부 지역, 특히 일본에서 12세기의 고래들 것으로 보이는 두개골들이 발견되기도 했지만, 그 고래들은 현재는 멸종된 것으로 보인다(초창기 몰이식 사냥으로 멸종된 걸로 추정).

행동

참거두고래들은 종종 다른 종들의 고래들, 커먼밍크고래, 대서양흰줄무늬돌고래, 큰돌고래 등은 물론 그 밖의 다른 종들과도 어울린다. 지브롤터 해협에선 물고기를 잡아먹는 중인 범고래들을 쫓아내기도 한다. 들쇠고래보다는 공중곡예를 덜 부리는 편이며, 종종 스파이호핑을 하고 꼬리로 수면을 내려치기도 하지만 수면 위로 점프하는 경우는 드물다. 낮에는(특히 먹이활동을 벌인 밤 이후 해 뜰 무렵에는) 대개 수면 위에서 휴식을 취한다.

참거두고래의 경우 수컷이 몸도 더 크고 다른 부위들도 더 큰데, 그건 과시용이거나 짝짓기 성공률을 높이기 위한 걸로 보인다. 물론 범고래와 상어들의 공격으로부터 자기 집단을 지키는 데 도움이 될 수도 있을 것이다. 또 참거두고래들은 다른 그 어떤 고래보다(들쇠고래는 빼고) 여러 마리가 한 번에 좌초되는 일이 많은데, 그건 참거두고래들 간에 그만큼 깊은 유대감이 형성되어 있기 때문인 걸로 추정된다. 참거두고래들은 같은 집단에서 어떤 고래가 죽으면 같이 슬퍼하며, 새끼 고래가 죽으면 몇 시간 또는 며칠씩 데리고 다니기도 한다.

배에 대한 반응은 지역에 따라 달라, 천천히 움직이는 배에 다가

▲ 참거두고래들이 스파이호핑을 할 경우 닻처럼 생긴 가슴의 밝은 무늬가 또렷이 보인다.

먹이와 먹이활동

먹이: 주로 오징어(북방 숏—핀드 스쿼드, 유러피언 플라잉 스쿼드, 암훅 스쿼드, 그레이터 훅드 스쿼드 등)와 다른 두족류들을 잡아먹는다. 특히 북대서양에서는 작은 크기부터 중간 크기의 물고기들(고등어, 대서양 대구, 그린란드 넙치, 청어, 헤이크, 돔발상어 등)을 잡아먹는다. 그러나 이는 장소에 따라 아주 다르다(예를 들어 이베리아에서는 오징어보다 문어를 훨씬 더 많이 잡아먹음).

먹이활동: 대부분의 지역에서는 밤에 깊은 바다에서 먹이활동을 한다.

잠수 깊이: 대부분 수심 30~500m 깊이까지 잠수한다. 최고 깊이 잠수한 기록은 828m(페로 제도에서)이지만, 더 깊이 잠수할 수도 있는 걸로 추정된다.

잠수 시간: 지역과 먹이에 따라 대개 2~12분. 최장 기록은 18분.

가기도 하고 아예 관심을 보이지 않기도 한다(배가 너무 빠른 속도로 다가오지 않는다면). 드물게 뱃머리에서 파도타기를 하며 놀기도 한다.

이빨

위쪽 16~26개
아래쪽 16~26개

집단 규모와 구조

참거두고래들은 아주 사회적인 동물들로, 범고래들과 비슷한(안정감은 떨어지지만) 모계 집단을 이루며(암컷들이 직계 친족들로 모계 사회를 이룬 채) 살아간다. 집단 규모는 대개 8~20마리(북대서양과 지중해에서는 평균 11~14마리)이며, 지역에 따라 크게 다르지만 모든 나이대의 암수 고래들이 포함된다(대개 성체 암컷들이 더 많지만). 참거두고래들은 평생 그 같은 가족 집단을 유지한다. 수컷들은 서로 분리된 가족 집단들이 일시적으로 모이는 시기에 짝짓기를 한다. 여러 가족 집단들이 모여 보다 큰 집단(참거두고래 포드 또는 참거두고래 떼)을 이루는데, 그 규모는 대개 50마리이며, 가끔 100마리(캐나다 대서양 지역에서는 평균 110마리)가 넘으며 간혹 1,200마리가 관측됐다는 기록도 있다.

포식자들

증거는 없으나, 범고래와 대형 상어들이 포식자들일 것으로 추정된다. 참거두고래들은 몸에 흉터가 거의 없어, 참거두고래들에 대한 공격이 드물거나 오직 새끼들(새끼들은 공격 받을 경우 대개 치명상을 입음)에만 국한된 게 아닌가 싶다.

사진 식별

등지느러미와 등에 있는 각종 흉터와 표식들, 등지느러미의 높이와 모양, 피부 손상 등으로 식별 가능하다. 안장 무늬(혹시 있을 경우)의 모양 또한 종 식별에 도움이 될 수 있다.

개체 수

전 세계 개체 수 추정치는 없으나, 대략 100만 마리 정도가 될 걸로 추정된다. 지역별로 추정되는 참거두고래 개체 수는 다음과 같다. 아이슬란드와 페로 제도에 약 59만 마리, 남극 수렴대 이남에 20만 마리(이 수치는 1976~1978년도 것이어서 낡은 수치지만), 캐나다 대서양 지역에 최소 1만 6,000마리, 그린란드 서부 지역에 9,200마리, 그린란드 동부에 258마리, 지브롤터 해협에 200마리 이상. 참거두고래와 들쇠고래는 서식지가 겹치는 데다 식별하기도 어려워, 이 수치들에는 들쇠고래들도 일부 포함되어 있을 걸로 추정된다.

종의 보존

세계자연보전연맹의 종 보존 현황: '최소 관심' 상태(2018년). 참거두고래들은 수세기 동안 스코틀랜드(오크니 제도와 헤브리디스 제도)와 아일랜드, 페로 제도, 노르웨이, 아이슬란드, 그린란드, 케이프코드, 뉴펀들랜드 등 북대서양의 여러 지역에서 사냥되었다. 특히 뉴펀들랜드 지역의 고래 사냥이 가장 극심해, 1947년부터 1971년 사이에 5만 4,000마리가 넘게 죽었고, 1956년에는 1만 마리가 죽어 정점을 찍었다. 이 같은 고래 사냥은 지역 참거두고래 개체 수가 급격히 줄어들면서 중단됐다. 그러나 그린란드에서는 지금도 매년 350마리 정도씩 사냥되고 있다. 가장 큰 논란거리가 되고 있는 페로 제도에서의 몰이식 고래 사냥은 그 역사가 1584년까지 거슬러 올라가는데(그리고 1709년부터 오늘

일대기

성적 성숙: 암컷은 약 8년, 수컷은 약 12년(수컷은 생후 여러 해가 지나기 전까지는 제대로 짝짓기를 하지 못함).

짝짓기: 다부다처제로 추정된다. 그리고 수컷들은 참거두고래들이 잠시 모이는 시기에 가족 집단들 사이를 왔다 갔다 하며 짝짓기를 한다.

임신: 12~16개월.

분만: 3~5년마다. 그리고 봄과 여름(북대서양은 4~9월, 남반구는 10~4월에 새끼 1마리가 태어난다.

젖떼기: 2~3년 또는 그보다 더 오랜 시간 뒤에.

수명: 암컷은 최소 60년, 수컷은 35~45년. 그리고 범고래들과 비슷하게, 암컷은 35~40살쯤 되었을 때 폐경기를 지난다(55살 때 새끼를 가진 암컷도 하나 있었음). 나이가 든 암컷들은 새끼들을 돌보거나 생태학적 지혜를 전수하는 역할을 한다.

날까지 계속되고 있는데), 지난 3세기 동안 약 1,900회의 몰이식 고래 사냥을 통해 무려 25만 마리(2007년부터 2016년 사이에는 연평균 544마리)가 넘는 참거두고래들이 죽었다. 남반구의 참거두고래들은 포클랜드 제도에서 몰이식 고래 사냥을 통해 사냥됐다. 참거두고래들은 서로 유대감이 깊어 몰이식 고래 사냥에 특히 취약하다. 저인망과 주낙은 물론 유망에 뒤엉키는 사고도 자주 겪는다(그렇게 해서 죽는 참거두고래 개체 수는 알 수 없지만). 또한 캐나다 뉴펀들랜드주와 미국 북동부의 대륙붕단, 영국 남서부, 지중해, 프랑스의 대서양 해안, 브라질 남부 등지에서 예기치 않게 잡히는 경우들도 왕왕 있다. 참거두고래들은 들쇠고래들과 마찬가지로 최상위 포식자 중 하나여서 해양 먹이 사슬을 통해 많은 먹이를 먹게 되며, 그로 인해 몸속에 온갖 중금속과 유기염소가 축적된다. 또한 수면 위에서 꼼짝하지 않고 쉬는 편이어서 배와 충돌하는 사고도 종종 일어난다. 그리고 일부 지역들에서는 상업적인 해상 운송, 각종 해양 공사, 탄성파 탐사, 군사용 음파 탐지 등으로 인한 소음 공해 또한 큰 위협이다. 2006년과 2007년에는 지중해에 사는 참거두고래들 사이에 홍역 바이러스가 퍼져 최소 60마리가 죽기도 했다. 먹잇감 어류들에 대한 남획 또한 위협일 수 있다. 그리고 또 공개 전시용과 연구용으로 붙잡히기도 한다.

소리

참거두고래들은 먹이활동과 자신들끼리의 커뮤니케이션에 복잡한 레퍼토리의 소리를 사용한다. 위치를 파악하고 먹이를 찾는 반향정위를 위해서는 물론이고, 먹이활동(이를 위해선 서로 계속 연락하는 게 필요함)과 자신들끼리의 커뮤니케이션을 위해서도 각종 소리와 신호음들을 내는 것이다. 대개 적극적인 활동을 할 때는 보다 복잡한 소리를 내고 덜 적극적인 활동을 할 때는 보다 단순한 소리를 낸다. 그리고 그 소리의 주파수는 들쇠고래들이 내는 소리의 주파수가 더 낮고(평균 4.4kHz) 더 좁다. 또한 참거두고래 모계 집단들은 각기 독특한 소리(범고래들의 집단들이 내는 특유의 '방언'과 비슷함)를 내는 걸로 추정되는데, 현재까지 그런 소리를 내는 게 관측된 건 들쇠고래들뿐이다.

▲ 노르웨이 베스테랄렌 제도 해안 일대에서 발견된 참거두고래 가족 집단.

범고래붙이 False killer whale

학명 슈도르카 크라시덴스 *Pseudorca crassidens*　　　　　　　　　　　　　　(Owen, 1846)

'가짜 범고래false killer whale' 정도의 뜻을 가진 범고래붙이는 이름에 범고래라는 말이 들어가지만, 실은 참돌고래과 돌고래로 분류된다.

분류: 참돌고래과 이빨고래아목

일반적인 이름: 범고래붙이는 영어로 false killer whale로, killer whale 즉, 범고래와 두개골 모양이 비슷하다는 데서 생겨난 이름이다(여기서 false는 '가짜' 정도의 의미).

다른 이름들: pseudorca('수−도르−카' 또는 '슈−도르−카'로 발음됨), false pilot whale, thicktooth grampus, lesser killer whale, blackfish(이름에 whale 즉, '고래'가 들어가는 검은색 돌고래과 고래 6종을 비공식적으로 일컫는 이름) 등.

학명: 이 고래 학명의 앞부분 pseudorca는 '가짜의'를 뜻하는 그리스어 pseudos에 '고래의 한 종류'를 뜻하는 라틴어 orca(그러나 실은 범고래의 학명 orca에서 따온 것임)가 합쳐진 것이다. 그리고 학명의 뒷부분 crassidens는 '두꺼운'을 뜻하는 라틴어 crassuss에 '이빨'을 뜻하는 그리스어 dens가 합쳐진 것이다.

세부 분류: 현재 따로 인정된 아종은 없다. 그러나 최근 하와이에서 실시한 유전자 검사와 사진 식별 그리고 위성 위치추적 장치 조사 등을 통해, 두 종류의 상주 범고래붙이들(하와이 제도와 북서 하와이 제도 일대의 범고래붙이들)과 북태평양 중심부와 동부 연안의 범고래붙이들이 생태학적으로나 유전학적으로 아주 다른 독특한 특징들을 갖고 있다는 게 확인됐다.

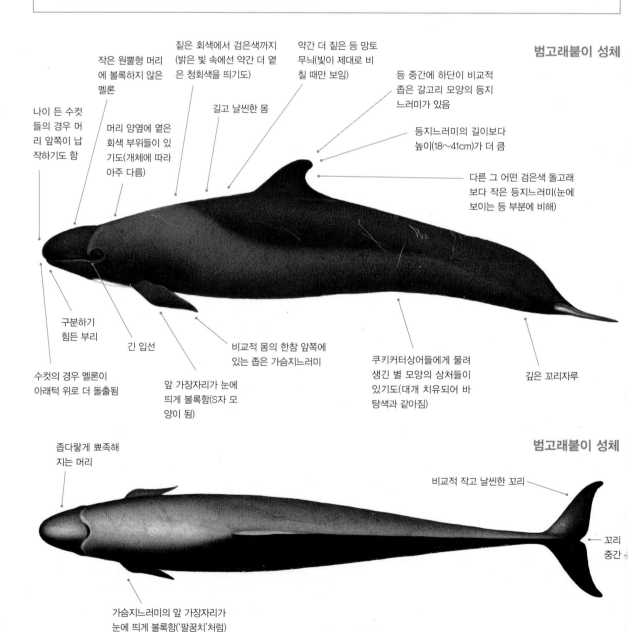

범고래붙이 성체

작은 원뿔형 머리에 볼록하지 않은 멜론

짙은 회색에서 검은색까지(밝은 빛 속에선 약간 더 옅은 청회색을 띠기도)

약간 더 짙은 등 망토 무늬(빛이 제대로 비칠 때만 보임)

등 중간에 하단이 비교적 좁은 갈고리 모양의 등지느러미가 있음

나이 든 수컷들의 경우 머리 앞쪽이 납작하기도 함

머리 양옆에 옅은 회색 부위들이 있기도(개체에 따라 아주 다름)

길고 날씬한 몸

등지느러미의 길이보다 높이(18~41cm)가 더 큼

다른 그 어떤 검은색 돌고래보다 작은 등지느러미(눈에 보이는 등 부분에 비해)

구분하기 힘든 부리

긴 입선

비교적 몸의 한참 앞쪽에 있는 좁은 가슴지느러미

쿠키커터상어들에게 물려 생긴 별 모양의 상처들이 있기도(대개 치유되어 바탕색과 같아짐)

깊은 꼬리자루

수컷의 경우 멜론이 아래턱 위로 더 돌출됨

앞 가장자리가 눈에 띄게 볼록함(S자 모양이 됨)

범고래붙이 성체

좁다랗게 뾰족해지는 머리

비교적 작고 날씬한 꼬리

꼬리 중간

가슴지느러미의 앞 가장자리가 눈에 띄게 볼록함('팔꿈치'처럼)

요점 정리

- 전 세계의 따뜻한(주로 연안의) 바다에 서식
- 중간 크기
- 짙은 회색부터 검은색까지
- 길고 날씬한 몸
- 비교적 하단이 좁은 갈고리 모양의 등지느러미
- 머리는 작은 원뿔형이며 부리는 없음
- 가슴지느러미 앞 가장자리가 눈에 띄게 볼록함
- 종종 활기 넘치는 소집단을 이룸

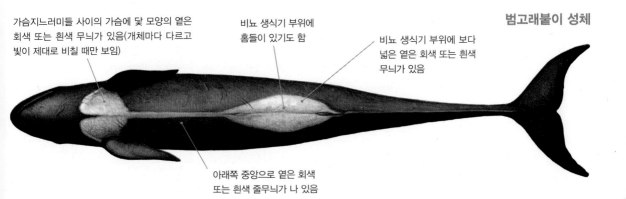

가슴지느러미들 사이의 가슴에 닻 모양의 옅은 회색 또는 흰색 무늬가 있음(개체마다 다르고 빛이 제대로 비칠 때만 보임)

비뇨 생식기 부위에 홈들이 있기도 함

비뇨 생식기 부위에 보다 넓은 옅은 회색 또는 흰색 무늬가 있음

범고래붙이 성체

아래쪽 중앙으로 옅은 회색 또는 흰색 줄무늬가 나 있음

크기

길이: 수컷 4~6m, 암컷 4~5.1m
무게: 1.1~2t
최대: 6.1m, 2.2t
새끼-길이: 1.5~2.1m **무게:** 약 80kg
수컷이 암컷보다 크며, 지역별로도 크기가 다르다(예를 들어 일본과 남아프리카공화국에서는 10~20% 더 큼).

비슷한 종들

다른 검은색 돌고래들과 혼동할 여지가 많다. 범고래붙이는 고양이고래나 난쟁이범고래보다 2배 더 길다. 어린 범고래붙이의 경우 가늘고 긴 머리, 비교적(보이는 등 부위와 비교해) 더 작고 더 둥근 등지느러미, 눈에 띄는 S자 모양의 가슴지느러미 등을 보면 식별 가능하다. 들쇠고래와 참거두고래의 경우 범고래붙이와 크기는 비슷하지만, 머리가 더 크고 볼록하며 등지느러미가 하단이 더 넓고 등의 훨씬 앞쪽에 위치해 있어 식별 가능하다. 멀리서 볼 때는 일부 돌고래들과 혼동될 수도 있다. 등지느러미 모양이 비슷해 보일 수도 있지만, 가까이서 보면 전혀 다르다. 가둬서 키우는 범고래붙이가 큰돌고래와 짝짓기를 해 태어난 잡종이 목격됐다는 기록들도 있다.

분포

전 세계의 열대 바다에서 따뜻한 온대 바다에 걸쳐(북위 약 50도에서 남위 50도 사이) 서식한다. 저위도 지역들에 가장 많이 모여 살고 있고, 북태평양의 북위 약 15도 이북 지역에선 개체 수가 급격히 떨어지며 북태평양 동부 멕시코 이북 지역에선 거의 보이지 않으나, 멕시코만, 칼리포르니아만, 동해 일대, 황해, 티모르해, 아라푸라해 등 한쪽 끝이 반쯤 열린 폐쇄해들에서는 종종 발견된다. 발트해, 영국, 브리티시컬럼비아 같이 보다 차가운 온대 바다에서 발견되는 범고래붙이들은 대개 길을 잃은 예외적인 범고래붙이들로 여겨진다.

범고래붙이들의 이동에 대해서는 관련 정보가 거의 없다. 하와이의 범고래붙이들은 대개 하와이 군도에 대한 애착이 강해 거의 이동하지 않는다(섬들 사이를 오가며 283km쯤 이동하는 개체들도 있지만). 오스트레일리아 노던주에서는 위성 위치

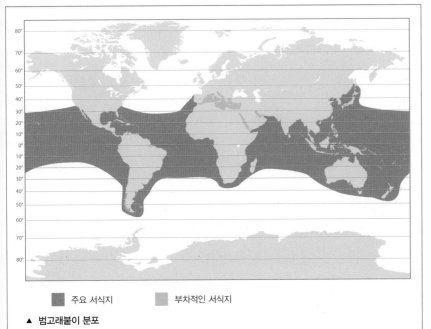

■ 주요 서식지   ■ 부차적인 서식지

▲ 범고래붙이 분포

등지느러미 변이

등지느러미의
모양이 크게 다름

대개 등지느러미
끝이 둥긂

새끼

추적 장치를 부착한 한 범고래붙이가 104일 동안 7,577km를 이동하기도 했다(편도 여행이 아닌 왕복 여행으로).

범고래붙이들은 대개 대륙사면 일대를 비롯한 깊은(수심 1,500m 넘는) 대양에 서식하며, 해안에 가까운 깊은 바다, 특히 대양 섬들 주변에도 서식한다. 그러나 일부 지역들에서는 대륙붕 근처에서 발견되며, 또 일부 범고래붙이들은 해안 지역을 더 좋아해 수심이 얕은 지역들, 특히 코스타리카, 하와이의 주요 섬들, 뉴질랜드의 북섬, 아프리카 서부 지역(가봉과 코트디부아르)에서 발견되기도 한다. 오스트레일리아 북부 티모르해에서는 위성 위치추적 장치를 부착한 범고래붙이 4마리가 거의 5개월간 수심 36m의 바다에서(절대 수심 118m 이상은 들어가지 않고) 시간을 보냈다.

행동

범고래붙이는 활기 넘치고 헤엄치는 속도도 빠른 고래이다. 특히 먹잇감을 공격할 때 종종 수면 위로 뛰어오르며(때론 머리가 아래로 가고 꼬리가 위로 가게 점프를 하며 꼬리 아래쪽으로 먹잇감을 때림), 먹잇감을 입에 물고 점프를 해 공중 높이 집어던지기도 한다. 범고래붙이들은 또 여러 마리가 한꺼번에 집단 좌초되는 경우가 아주 많다(서로 간의 깊은 유대감 때문인 듯). 또한 고양이고래나 참고래, 들쇠고래 등과는 달리, 낮에 꼼짝하지 않고 수면 위에서 휴식을 취하는 경우가 거의 없다. 그리고 또 다른 고래들(특히 뱀머리돌고래나 큰돌고래들은 물론 때로는 스피너돌고래들)과 수시로 어울리며, 특히 큰돌고래들과 오랜 기간(뉴질랜드에서 5년 넘게) 어울리는 모습이 기록되기도 했다. 그러나 범고래붙이들은 종종 다른 종의 고래들을 향해 공격적인 행동을 하기도 한다. 또한 배를 경계하지 않아, 배의 앞뒤에서 파도타기를 하며 노는 경우가 많다. 그리고 고래 관광선들 근처에서 장난을 치거나 활기찬 움직임을 보이기도 한다. 때론 스노클링이나 다이빙을 하는 사람들에게 호기심을 보이며, 물속에 있는 사람들이나 배에 있는 사람들에게 물고기를 주었다는(마치 다른 범고래붙이들에게 먹잇감을 나눠주듯) 기록들도 있다. 1987년에는 '루퍼스Rufus'라 불린 범고래붙이(나중에는 'Willy the Whale'이라 불림)가 밴쿠버섬 서부 해안에 산 상태로 좌초되어, 사람들에 의해 성공적으로 다시 바다로 보내졌으며, 그 후 17년간 브리티시컬럼비아 해안 일대에서 배와 사람들에게 친근한 모습을 보여주었다.

잠수 동작

천천히 헤엄칠 때

- 머리와 멜론이 수면 위로 올라온다(눈이 보이기도).
- 몸을 앞으로 굴리면서 등지느러미가 사라진다(꼬리자루가 크게 휘기도)
- 꼬리는 거의 보이지 않는다.
- 짧고 무성한 물을 뿜어 올린다(가끔 눈에 띔).

빨리 헤엄칠 때

- 몸을 살짝 드러낸 채 수면 위를 떠다니지만, 등지느러미는 거의 보이지 않고 물도 첨벙이지 않는다.
- 빨리 잠수할 때는 꼬리가 보이기도 한다.

먹이와 먹이활동

먹이: 지역에 따라 다르지만 주로 큰 물고기들(연어, 만새기, 황다랑어, 흰날개다랑어, 가다랑어, 황새치, 돛새치, 일본농어 등)을 잡아먹고 오징어도 잡아먹는다. 또한 다른 고래들(주로 열대 태평양 동부 지역에서 참치 잡이용 대형 그물에 걸렸다 풀려나 상처를 입은 알락돌고래와 스피너돌고래들)을 공격해 잡아먹기도 한다(믿기 어렵지만, 하와이에서 혹등고래 새끼를 공격해 죽였다는 보고도 있었음).

먹이활동: 서로 협력해 먹이활동을 하며, 먹이를 나눠 먹기도 한다(실제로 큰돌고래를 잡아먹는 장면들이 목격되기도 함). 또한 갈라파고스 제도에서 범고래붙이들이 향유고래를 공격했다는 기록도 있다(향유고래가 잡은 오징어를 내뱉게 만들어 뺏어 먹은 걸로 보여짐).

잠수 깊이: 대부분 수면 근처에서 먹이활동을 하지만, 해저에서 먹이활동을 하기도 한다. 그런데 사실 수심 1,000m 넘게 잠수할 수 있는 걸로 보여진다.

잠수 시간: 대개 4~6분간 잠수한다. 최장 기록은 18분.

이빨

위쪽 14~22개
아래쪽 16~24개

집단 규모와 구조

지역에 따라 아주 다르나, 범고래붙이 집단 규모는 대개 10마리에서 60마리 사이(드물게 2~100마리)다. 예외적으로 200~400마리에도 이르고, 훨씬 더 규모가 큰 범고래붙이 집단이 보고되기도 한다(최대 규모로 좌초된 고래들의 수는 최소 835마리). 또한 범고래붙이 소집단이 하나 있으면, 그 주변 일대에 또 다른 집단들이 흩어져 있는 경우가 많다. 보다 규모가 작은 집단들(하와이에서 고래 연구가들에 의해 cluster 즉, '무리'로 알려짐)은 주로 가까운 집안 고래들로 모든 나이대의 암수 고래들로 이루어지며, 범고래들의 포드와 비슷하다. 그리고 암컷들은(어쩌면 수컷들도) 늘 자신이 태어난 집단 내에 머무는 걸로 추정된다. 또한 범고래붙이들은 서로 간의 유대감이 아주 높아 15년까지 함께하는 경우도 흔하다. 보다 규모가 큰 집단들(일부 지역에선 많은 고래들이 최장 20km에 걸쳐 퍼져 있기도 함)은 대개 보다 안정된 작은 집단들이 일시적으로 모여 만들어진 집단들이다.

포식자들

범고래들로부터 공격을 당했다는 기록도 있으며(뉴질랜드에서), 이따금 뱀상어나 백상아리 같은 대형 상어들로부터 공격을 당하기도 한다.

일대기

성적 성숙: 암컷은 8~11년, 수컷은 11~19년.
짝짓기: 알려진 바가 없다.
임신: 14~16개월.
분만: 6~7년마다 연중 새끼 1마리가 태어나며, 분만을 가장 많이 하는 시기는 지역에 따라 다르다(하와이 등에서는 늦겨울, 일본에서는 봄부터 초가을).
젖떼기: 생후 18~24개월 후. 25~30살쯤 되면 성장이 멈춘다.
수명: 수명은 60년 정도로 추정되나, 70년 또는 80년일 수도 있다(최장수 기록은 수컷은 58년. 암컷은 63년). 암컷은 약 40~45살 때 폐경기를 지난다(범고래나 들쇠고래, 참거두고래 등과 비슷함).

사진 식별

주로 등지느러미에 있는 각종 흉터와 표식들로 식별한다.

개체 수

전 세계 개체 수 추정치는 없으나, 최상위 포식자로서 원래부터 개체 수가 적다. 최근에 나온 개체 수 추정치는 하와이 지역의 범고래붙이들만 대상으로 한 것으로, 하와이의 주요 섬들 일대에 150~200마리, 하와이 북서 제도 일대에 550~600마리, 먼바다에 1,550마리 정도가 서식하는 걸로 추정된다.

종의 보존

세계자연보전연맹의 종 보존 현황: '준위협' 상태(2018년). 범고래붙이들에 대한 가장 큰 위협은 다른 어종을 잡으려다 의도치 않게 잡히는 경우로, 그런 일이 주로 일어나는 곳은 오스트레일리아 북부, 안다만 제도, 아라비아해, 중국, 브라질 남부 해안, 열대 태평양 동부 지역 등이다. 사냥되는 고래 수가 어느 정도 밝혀진 지역들에서는 그렇게 잡히는 범고래붙이 수가 적지 않아, 중국 해안 지역의 경우 자망과 저인망 어업으로 매년 잡히는 범고래붙이 수가 수백 마리나 된다. 범고래붙이는 또 모든 열대 및 아열대 바다 전역에 설치되어 있는 주낙에 걸려들 가능성이 높다. 그러니까 주낙에 쓰인 미끼나 주낙에 잡힌 먹잇감을 먹으려다 주낙에 걸려드는 것인데, 그렇게 입은 상처는 치명적일 수 있다. 아니면 어부들이 미끼나 먹잇감을 채간 것에 대한 복수로 작살을 쏴 죽이기도 한다. 하와이 일대에서 최근에 이루어진 연구에 따르면, 암컷들이 주낙에 걸려 치명상을 입는 경우가 더 많은 듯하다. 일본에선 1972년부터 2008년 사이에 약 2,643마리의 범고래붙이들이 죽었는데, 그 대부분이 부시리와의 경쟁을 줄이기 위한 과정에서 뜻하지 않게 죽은 경우들이다. 범고래붙이들은 일본과 대만, 인도네시아 그리고 카리브해의 소앤틸리스 제도에서 수시로 직접 사냥되기도 한다. 그리고 과거에는 대만 평후 제도에서 몰이식 고래 사냥의 표적이 되기도 했다. 또한 한국의 지역 시장들에서는 종종 범고래붙이 고기가 팔리기도 한다. 일부 개체들은 산 채로 잡혀(1960년대와 1970년대에는 그 대부분이 하와이에서, 그리고 그 이후에는 일본과 대만에서) 전시 목적으로 해양 수족관들에 팔려나갔다. 그 외에 범고래붙이를 위협하는 또 다른 문제들로는 남획으로 인한 먹잇감의 감소, 플라스틱 쓰레기 흡입, 화학물질 오염(특히 DDT와 PCB 같은 잔류성 유기 오염물질로 인한), 소음 공해(특히 군사용 음파 탐지와 탄성파 탐사로 인한)를 꼽을 수 있다.

난쟁이범고래 Pygmy killer whale

학명 페레사 아테누아타 *Feresa attenuata*

'난쟁이범고래pygmy killer whale'라는 이름에도 불구하고, 이 고래는 참돌고래과 돌고래로 분류된다. 1952년까지만 해도 1827년과 1874년에 수집된 2개의 두개골을 통해 얻은 정보가 이 난쟁이범고래에 대한 정보의 전부였다.

분류: 참돌고래과 이빨고래아목

일반적인 이름: 난쟁이범고래는 영어로 pygmy killer whale로, 몸이 훨씬 큰 범고래와 비슷한 면이 많다는 데서 생겨난 이름이다.

다른 이름들: slender pilot whale, lesser killer whale, slender blackfish(이름에 whale 즉, '고래'가 들어가는 검은색 돌고래과 고래 6종을 비공식적으로 일컫는 이름) 등.

학명: 이 고래 학명의 앞부분 *Feresa*는 '돌고래'를 뜻하는 프랑스어 *feres*에서 온 것이고, 학명의 뒷부분 *attenuata*는 '가는, 줄어든'을 뜻하는 라틴어 *attenuata*에서 온 것이다(두개골 앞부분이 점점 가늘어진다는 데서).

세부 분류: 현재 따로 인정된 아종은 없다.

난쟁이범고래 성체

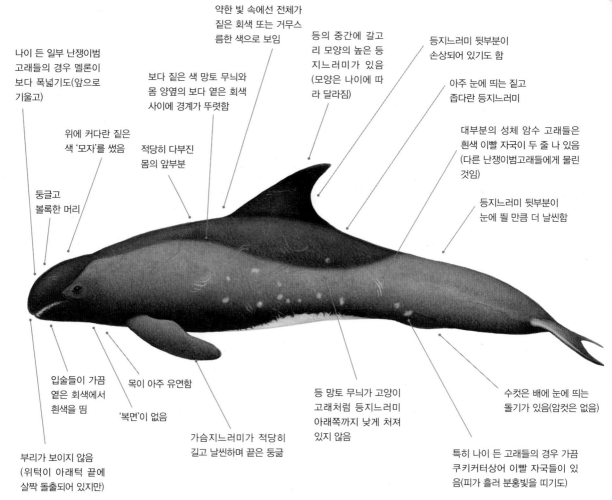

나이 든 일부 난쟁이범고래들의 경우 멜론이 보다 폭넓기도함(앞으로 기울고)

위에 커다란 짙은 색 '모자'를 썼음

둥글고 볼록한 머리

입술들이 가끔 옅은 회색에서 흰색을 띰

부리가 보이지 않음 (위턱이 아래턱 끝에 살짝 돌출되어 있지만)

목이 아주 유연함

'복면'이 없음

가슴지느러미가 적당히 길고 날씬하며 끝은 둥긂

적당히 다부진 몸의 앞부분

보다 짙은 색 망토 무늬와 몸 양옆의 보다 옅은 회색 사이에 경계가 뚜렷함

약한 빛 속에선 전체가 짙은 회색 또는 거무스름한 색으로 보임

등의 중간에 갈고리 모양의 높은 등지느러미가 있음(모양은 나이에 따라 달라짐)

등 망토 무늬가 고양이 고래처럼 등지느러미 아래쪽까지 낮게 처져 있지 않음

등지느러미 뒷부분이 손상되어 있기도 함

아주 눈에 띄는 짙고 좁다란 등지느러미

대부분의 성체 암수 고래들은 흰색 이빨 자국이 두 줄 나 있음(다른 난쟁이범고래들에게 물린 것임)

등지느러미 뒷부분이 눈에 띌 만큼 더 날씬함

수컷은 배에 눈에 띄는 돌기가 있음(암컷은 없음)

특히 나이 든 고래들의 경우 가끔 쿠키커터상어 이빨 자국들이 있음(피가 흘러 분홍빛을 띠기도)

요점 정리

- 전 세계의 열대 및 아열대 바다에 서식
- 작은 크기
- 희미한 빛 아래선 고르게 짙어 보임
- 눈에 띄게 짙은 등 망토 무늬에 '복면'이 없음
- 등의 중간에 비교적 크고 넓은 등지느러미가 있음
- 둥글거나 볼록한 머리
- 대체로 느리고 무기력함
- 대개 50마리 이내의 작은 집단을 이룸

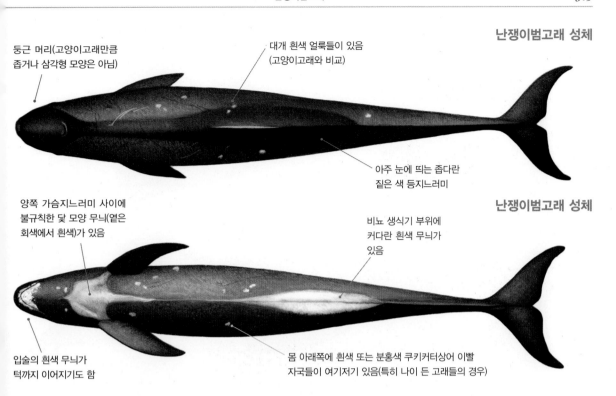

난쟁이범고래 성체

둥근 머리(고양이고래만큼 좁거나 삼각형 모양은 아님)

대개 흰색 얼룩들이 있음 (고양이고래와 비교)

아주 눈에 띄는 좁다란 짙은 색 등지느러미

난쟁이범고래 성체

양쪽 가슴지느러미 사이에 불규칙한 닻 모양 무늬(옅은 회색에서 흰색)가 있음

비뇨 생식기 부위에 커다란 흰색 무늬가 있음

입술의 흰색 무늬가 턱까지 이어지기도 함

몸 아래쪽에 흰색 또는 분홍색 쿠키커터상어 이빨 자국들이 여기저기 있음(특히 나이 든 고래들의 경우)

크기

길이: 수컷 2～2.6m, 암컷 2～2.4m

무게: 110～170kg **최대:** 2.7m, 228kg

새끼－길이: 약 80cm **무게:** 약 15kg

일반적인 영어 이름에 whale(고래)이란 말이 들어가는 고래들 중 가장 작은 고래.

비슷한 종들

바다에서 보면 고양이고래와 구분하기가 쉽지 않다. 난쟁이범고래의 경우 머리가 더 둥글고, 비교적 눈에 띄는 등 망토 무늬가 있으며(등지느러미 밑쪽까지 이어지진 않음), 이빨 자국들이 두 줄로 나 있고, 가슴지느러미 끝이 둥글며, 머리 위에 짙은 색 '모자'를 쓰고 있고, 짙은 색 '복면'이 없다. 이 2종의 고래들은 빛이 제대로 비출 경우 대개 망토 무늬와 머리 모양을 보고 식별 가능하다. 또한 멀리서 보면 행동에도 차이가 있다. 난쟁이범고래들은 헤엄을 더 천천히 치는 등 움직임이 둔하다. 집단 규모도 2종의 식별에 도움이 된다. 집단 규모가 50마리가 안 된다면 난쟁이범고래들일 가능성이 더 높은 것이다.

분포

북위 40도부터 남위 35도 사이의 전 세계 열대 및 아열대 바다에 서식하며, 고양이고래들과 서식지가 거의 정확히 일치한다. 고위도 지역에서 발견됐다는 기록은 드물며, 대개 난류가 유입되는 지역들을 좋아한다. 난쟁이범고래들이 발견되는 것은 주로 수심이 깊은 대륙붕 바다 쪽과 역시 수심이 깊고 맑은 대양 섬들 해안 일대의 바다이다. 다만 하와이는 예외로, 그곳 난쟁이범고래들은 섬의 경사면 일대에 상주한다. 난쟁이범고래들의 이동과 정기적인 움직임 패턴에 대해선 알려진 바가 없으나, 이들은 적어도 자신들의 서식지 중 일부 지역에 1년 내내 상주하는 걸로 보인다. 역사적으로는 지중해와 홍해 그리고 페르시아만에서 발견됐다는 기록들도 있으나, 공식 확인된 적은 없다.

▲ 난쟁이범고래 분포

가슴지느러미 비교

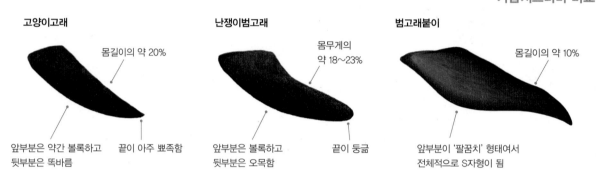

고양이고래

몸길이의 약 20%

앞부분은 약간 볼록하고
뒷부분은 똑바름

끝이 아주 뾰족함

난쟁이범고래

몸무게의
약 18~23%

앞부분은 볼록하고
뒷부분은 오목함

끝이 둥긂

범고래붙이

몸길이의 약 10%

앞부분이 '팔꿈치' 형태여서
전체적으로 S자형이 됨

행동

난쟁이범고래는 알려진 게 가장 적은 돌고래과 고래들 중 하나이다(1980년대 이후에 하와이 일대에서나 연구가 이루어졌음). 우선 발견하는 것 자체가 아주 어려울 수 있다. 그러나 수면 위로 높이 점프하는 등 어쩌다 한 번씩 공중곡예를 한다. 배를 보면 그냥 피하기도 하고(대개 천천히 그리고 조용히 자리를 피함) 호기심을 보이기도 하는 등, 배에 대한 반응은 아주 다양하다. 그래서 50m에서 100m쯤 거리에서 배를 멈춘 채 스파이호핑을 하거나 접근해 오는지 살펴볼 필요가 있다. 난쟁이범고래들은 꼼짝하지 않고 서 있는 배에 호기심을 보이기도 하며, 가끔은 천천히 움직이는 배 앞에서 파도타기를 하며 놀기도 한다. 사로잡혀서 해양수족관에 있을 경우 사육사들과 다른 고래들을 들이박거나 물거나 으르렁거리는 등 아주 공격적인 모습을 보이기도 하며, 수족관 속에 있는 다른 동물들을 죽이기도 한다. 난쟁이범고래들은 특히 대만 일대와 미국 플로리다주 및 조지아주 해안 일대에 집단 좌초되는 경우가 많다. 또한 하루의 대부분을 천천히 돌아다니거나 서로 어울리거나 수면 위에서 꼼짝하지 않고 휴식을 취한다(가끔 등만 드러나고 등지느러미는 거의 물에 잠긴 채 가만히

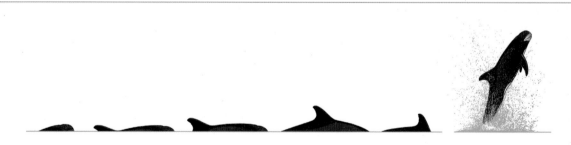

잠수 동작

- 대개 느릿느릿하게 헤엄친다.
- 수면 위에 조용히 그리고 조심스럽게 떠 있으며 잘 움직이지 않는다.
- 수면 위에 계속 낮게 떠 있어 머리 위와 등 그리고 등지느러미가 보인다.
- 잠수를 하면서 부드럽게 몸을 굴린다.
- 꼬리는 잘 보이지 않는다.
- 서로 가까이 붙어 나란히 헤엄친다.

물 뿜어 올리기

- 물을 뿜어 올리는 게 거의 보이지 않는다.

먹이와 먹이활동

먹이: 주로 오징어와 물고기를 먹는다. 태평양 동부 열대 지역에선 다른 돌고래들을 공격해 잡아먹기도 하는 걸로 알려져 있으며, 하와이에서는 어부들의 낚시에 걸린 미끼나 물고기를 가로채 가기도 하는 걸로 보여진다.
먹이활동: 대부분의 먹이활동은 밤에 이루어지는 걸로 추정된다.
잠수 깊이: 깊은 데서 먹이활동을 하는 걸로 보여진다. 예를 들어 하와이에서는 주로 수심 500~3,500m 지점에서 발견된다.
잠수 시간: 알려진 바가 없다.

엎드려 있거나 몸을 한쪽으로 굴러 머리가 일부 또는 완전히 물 밖으로 나오게 하기도 함). 그리고 가끔 들쇠고래 집단과 어울리기도 하고 뱀머리돌고래들과 나란히 뱃머리에서 파도타기를 하는 모습이 목격되기도 한다.

이빨

위쪽 16~22개
아래쪽 22~26개

집단 규모와 구조

짝을 지어 다니거나 수백 마리씩 모여 있는 게 목격되기도 하지만, 대개는 12마리에서 50마리 정도씩 모여 다니며, 하와이 일대에서의 평균적인 집단 규모는 9마리며, 집단 내 유대감은 강하고 오래 지속되는 걸로 보여진다(그러나 서로 깊은 관계가 있는 건지 아니면 단순히 오래 함께하는 건지에 대해선 알려진 바가 없음).

포식자들

대형 상어들과 범고래들이 주요 포식자들일 걸로 추정된다. 또한 등에 이빨 자국들이 있는 걸로 보아, 상어가 물려는 걸 알았을 때 본능적으로 몸을 돌리는 것으로 보여진다(가장 취약한 배를 보호하기 위해).

개체 수

전 세계 개체 수 추정치는 없다. 원래 드문 종일 수도 있고, 아니면 워낙 움직임이 은밀해 잘 눈에 띄지 않는 것일 수도 있다. 대략적인 지역별 개체 수는 다음과 같다. 열대 태평양 동부에 3만 9,000마리(1993년), 멕시코만 북부에 400마리(2006년), 하와이 군도에 3,500마리(2017년).

종의 보존

세계자연보전연맹의 종 보존 현황: '최소 관심' 상태(2017년). 대규모 사냥이 정기적으로 이뤄지고 있진 않으나, 카리브해의 세인트 빈센트와 일본, 대만, 스리랑카, 필리핀, 인도네시아 등지에서 식용 목적으로 또는 다른 물고기 사냥의 미끼용 목적으로 작살 사냥이나 몰이식 사냥을 통해 죽음을 맞고 있다. 비교적 소수이긴 하지만, 다른 어종을 잡으려다 본의 아니게 잡히는 경우들도 있다. 또한 화학물질 오염 및 소음 공해(군사용 음파 탐지와 탄성파 탐사로 인한)는 물론 먹잇감 어종의 남획도 큰 위협인 걸로 보여진다.

일대기

사실상 알려진 바가 전혀 없으나, 새끼는 8~10월에 태어나는 걸로 추정된다(아주 제한된 증거에 따르자면).

▲ 하와이에서 촬영된 난쟁이범고래. 둥근 가슴지느러미에 주목할 것.

고양이고래 Melon-headed whale

학명 페포노케팔라 엘렉트라 *Peponocephala electra* (Gray, 1846)

이름에 돌고래가 아닌 고래란 말이 들어감에도 불구하고, 이 고래들은 참돌고래과에 속한다. 1960년대까지만 해도 뼈대를 통해서만 알려진 고래들이었으나, 오늘날에는 세계의 여러 지역에서 수시로 목격되고 있다.

분류: 참돌고래과 이빨고래아목

일반적인 이름: 고양이고래는 영어로 melon-headed whale로, 머리 모양이 멜론을 닮았다는 데서 생겨난 이름이다.

다른 이름들: Electra dolphin, little killer whale, many-toothed blackfish, little blackfish, Hawaiian blackfish(여기서 blackfish는 이름에 whale 즉, '고래'가 들어가는 검은색 돌고래과 고래 6종을 비공식적으로 일컫는 이름) 등. 때론 학명의 맨 앞부분에서 따온 pep

을 애칭처럼 부르기도 한다.

학명: 이 고래 학명의 앞부분 *Peponocephala*는 '멜론'을 뜻하는 그리스어 *pepon* 또는 '호박'을 뜻하는 라틴어 *pepo*에 '머리'를 뜻하는 그리스어 *kephale*이 합쳐진 것이다. 그리고 학명의 뒷부분 *electra*는 그리스 신화에 나오는 바다의 요정 *Electra* 또는 '호박색'(뼈의 색)을 뜻하는 그리스어 *elektra*에서 온 것이다.

세부 분류: 현재 따로 인정된 아종은 없다.

성체 수컷

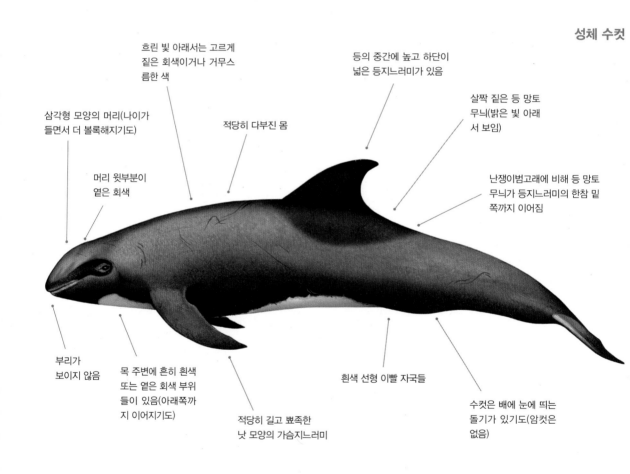

흐린 빛 아래서는 고르게 짙은 회색이거나 거무스름한 색

등의 중간에 높고 하단이 넓은 등지느러미가 있음

살짝 짙은 등 망토 무늬(밝은 빛 아래서 보임)

삼각형 모양의 머리(나이가 들면서 더 볼록해지기도)

적당히 다부진 몸

난쟁이범고래에 비해 등 망토 무늬가 등지느러미의 한참 밑쪽까지 이어짐

머리 윗부분이 옅은 회색

부리가 보이지 않음

목 주변에 흔히 흰색 또는 옅은 회색 부위들이 있음(아래쪽까지 이어지기도)

적당히 길고 뾰족한 낫 모양의 가슴지느러미

흰색 선형 이빨 자국들

수컷은 배에 눈에 띄는 돌기가 있기도(암컷은 없음)

요점 정리

- 전 세계의 열대 및 아열대 바다에 서식
- 작은 크기
- 밝은 빛 아래서는 짙은 등 망토 무늬와 '복면'이 흐릿하게 보임
- 흐린 빛 아래서는 고르게 짙어 보임
- 등의 중간에 높고 하단이 넓은 등지느러미가 있음
- 삼각형 모양의 뾰족한 머리
- 빠른 속도로 헤엄을 치기도 함
- 대개 100마리 이상의 큰 집단을 이룸

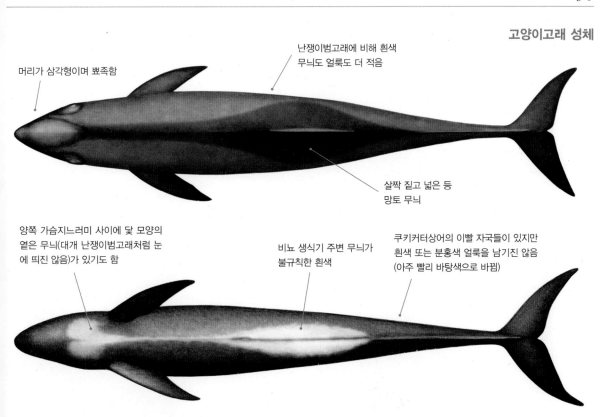

고양이고래 성체

머리가 삼각형이며 뾰족함

난쟁이범고래에 비해 흰색 무늬도 얼룩도 더 적음

살짝 짙고 넓은 등 망토 무늬

양쪽 가슴지느러미 사이에 닻 모양의 옅은 무늬(대개 난쟁이범고래처럼 눈에 띄진 않음)가 있기도 함

비뇨 생식기 주변 무늬가 불규칙한 흰색

쿠키커터상어의 이빨 자국들이 있지만 흰색 또는 분홍색 얼룩을 남기진 않음 (아주 빨리 바탕색으로 바뀜)

크기
길이: 수컷 2.4~2.7m, 암컷 2.3~2.6m
무게: 160~210kg **최대:** 2.8m, 275kg
새끼 – 길이: 1~1.2m **무게:** 약 15kg

비슷한 종들

바다에서 보면 난쟁이범고래와 구분하기가 쉽지 않다. 고양이고래의 경우 머리 모양이 더 뾰족한 삼각형이며, 등 망토 무늬가 비교적 눈에 덜 띄며 등지느러미 한참 아래쪽까지 이어지고, 선형 이빨 자국들이 없으며, 가슴지느러미가 아주 뾰족하고, 머리 윗부분의 옅은 색이며(짙은 색이 아니라), '복면'이 짙다. 2종을 구분하기 위해선 밝은 빛 아래서 망토 무늬와 머리 모양을 보는 게 가장 좋다. 집단 규모도 종 구분에 도움이 된다. 다시 말해, 100마리 이상이 모여 있다면 고양이고래일 가능성이 높은 것.

분포

전 세계의 열대 및 아열대 바다에 서식하며, 난쟁이범고래들과 서식지가 거의 정확히 겹친다. 또한 대개 북위 20도와 남위 20도 사이에서 발견되며, 북위 40도 이북과 남위 35도 이남에서는 거의 발견되지 않는다(드물게 보다 고위도 지역에서 발견되는 경우들은 난류의 유입과 관련이 있음). 고양이고래들이 많이 목격되는 곳은 바다 쪽 대륙붕 가장자리 일대의 깊은 바다와 물이 깊고 깨끗한 대양 섬들의 해안 일대 바다이다. 또한 표층수 증발로 하층의 바닷물이 상승하는 적도 용승 지역을 좋아하는 걸로 추정된다. 고양이고래들의 이동 또는 정기적인 움직임 패턴에 대해선 알려진 바가 없으나, 적어도 서식지 중 일부 지역에 1년 내내 상주하는 걸로 추정된다. 그리고 일부 증거들에 따르면, 낮에는 주로 해안 근처에 머물고(휴식과 사회생활을 위해) 밤에는 먹이활동

▲ 고양이고래 분포

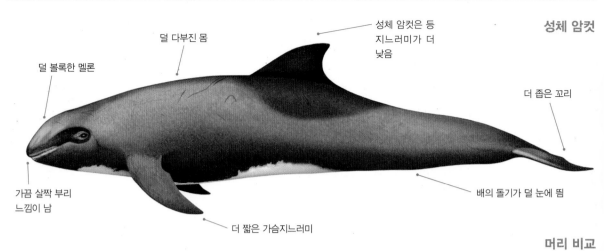

성체 암컷

덜 볼록한 멜론

덜 다부진 몸

성체 암컷은 등지느러미가 더 낮음

더 좁은 꼬리

가끔 살짝 부리 느낌이 남

더 짧은 가슴지느러미

배의 돌기가 덜 눈에 띔

머리 비교

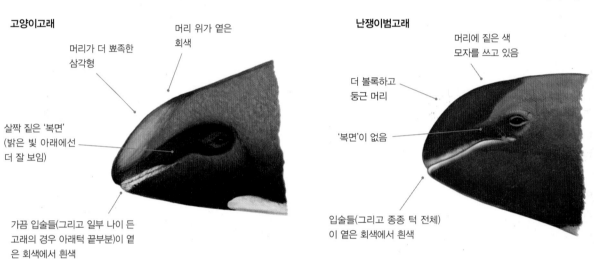

고양이고래

머리가 더 뾰족한 삼각형

머리 위가 옅은 회색

살짝 짙은 '복면' (밝은 빛 아래에선 더 잘 보임)

가끔 입술들(그리고 일부 나이 든 고래의 경우 아래턱 끝부분)이 옅은 회색에서 흰색

난쟁이범고래

머리에 짙은 색 모자를 쓰고 있음

더 볼록하고 둥근 머리

'복면'이 없음

입술들(그리고 종종 턱 전체)이 옅은 회색에서 흰색

등지느러미 변이

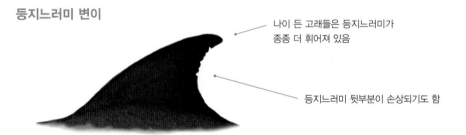

나이 든 고래들은 등지느러미가 종종 더 휘어져 있음

등지느러미 뒷부분이 손상되기도 함

잠수 동작

천천히 헤엄칠 때

- 물을 뿜어 올리는 게 거의 보이지 않는다.
- 몸을 앞으로 굴리면서 등지느러미가 사라진다(꼬리자루가 크게 휘기도 함).
- 꼬리는 거의 보이지 않는다.

빨리 헤엄칠 때

- 물을 뿜어 올리는 게 거의 보이지 않는다.
- 수면 위를 낮게 뛰어오르면서 헤엄을 치며 많은 물보라를 일으킨다.

을 위해 육지에서 떨어진 바다로 나가는 걸로 보인다.

행동

고양이고래들은 대개 큰 집단을 이룬 채 서로 바싹 붙어 빠른 속도로 헤엄을 치며, 갑자기 방향을 바꾸는 것으로 유명하다. 프레이저돌고래들과 어울리는 경우가 많으며, 스피너돌고래, 대서양알락돌고래, 알락돌고래, 큰돌고래, 뱀머리돌고래는 물론 들쇠고래, 혹등고래와 함께 있는 모습도 목격된다. 또한 열대 태평양 동부 지역에 사는 고양이고래들은 다가오는 배가 있으면 대개 달아나지만, 다른 지역의 고양이고래들은 배가 다가오면 그 앞에서 열심히 파도타기를 하기도 한다(가끔은 파도타기를 하려는 다른 고래들을 내쫓기도 함). 수면 위로 점프하거나 스파이호핑을 하는 건 아주 흔한 일로, 특히 자신들끼리 사회활동을 할 때는 더 그렇다. 바다가 잠잠한 날에는 많은 고양이고래들이 수면 위에서 집단적으로 움직이거나 빙빙 돌기도 하는데, 그럴 때면 수면 위로 머리 윗부분과 등 그리고 등지느러미 일부가 드러나며 꼬리는 물속에 늘어지게 된다. 고양이고래들은 집단 좌초되는 일도 비교적 많다. 사로잡혀 해양 수족관 등에서 사육될 경우 사육사들과 다른 고래들을 공격하지만, 야생 상태에서는 대개 물 안에 있는 다이버 등에게 약간 쭈뼛거리며 호기심을 보인다.

이빨

위쪽 40~52개
아래쪽 40~52개

집단 규모와 구조

대개 100마리에서 500마리에 이르는 아주 긴밀한 대규모 집단을 이루며, 예외적으로 2,000마리 규모의 집단이 목격되기도 한다. 하와이에서의 평균 집단 규모는 250마리다. 규모가 큰 집단은 따로 움직이는 하위 집단들로 이루어지며(때론 나이대와 성별에 따라 나뉘기도 함), 그 하위 집단들은 특히 낮에 서로 모여 더 큰 집단을 이룬다.

포식자들

대형 상어들과 범고래들이 주요 포식자들일 걸로 추정된다. 또한

먹이와 먹이활동

먹이: 주로 오징어를 먹지만 작은 물고기와 고래들을 잡아먹기도 한다. 일부 지역들에선 돌고래도 잡아먹는 걸로 추정된다.

먹이활동: 대부분의 먹이활동은 밤에 이루어지는 걸로 추정된다.

잠수 깊이: 대개 수심 1,000m가 넘는 데를 좋아하며(꼭 그런 건 아니지만), 깊은 데서 먹이활동을 한다. 최고 깊이 잠수한 기록은 472m이다.

잠수 시간: 최장 기록은 12분.

등에 이빨 자국들이 있는 걸로 보아, 상어가 물려는 걸 알았을 때 본능적으로 몸을 돌리는 것으로 보여진다(가장 취약한 배를 보호하기 위해).

개체 수

고양이고래의 전 세계 개체 수는 최소 6만 마리로 추정되며, 서식지 내 일부 지역들에서는 비교적 흔히 볼 수 있다. 그리고 각 지역의 대략적인 개체 수 추정치는 다음과 같다. 열대 태평양 동부에 4만 5,000마리(1993년), 멕시코만 북부에 2,250마리(2009년), 필리핀 술루해 동부에 900마리(2006년) 그리고 타논 해협(필리핀 세부와 네그로스섬 사이)에 1,400마리. 하와이에는 두 종류의 고양이고래들이 서식하는 걸로 알려져 있다. 그 하나는 빅 아일랜드 일대에 소규모로 상주하는 고양이고래들(400~500마리)이고, 다른 하나는 보다 규모가 크고 서식지도 보다 광범위한 고양이고래들(8,000마리)이다(2010년).

종의 보존

세계자연보전연맹의 종 보존 현황: '최소 관심' 상태(2008년). 대규모 사냥이 정기적으로 이뤄지고 있진 않으나, 카리브해의 세인트빈센트와 일본, 대만, 스리랑카, 필리핀, 인도네시아 등지에서 식용 목적으로 또는 다른 물고기 사냥 미끼용 목적으로 작살 사냥이나 몰이식 사냥을 통해 죽음을 맞고 있다. 비교적 소수이긴 하지만, 다른 어종을 잡으려다 본의 아니게 잡히는 경우들도 있다. 또한 화학물질 오염 및 소음 공해(군사용 음파 탐지와 탄성파 탐사로 인한)는 물론 먹잇감 어종의 남획도 고양이고래들에겐 중요한 위협인 걸로 보여진다.

일대기

성적 성숙: 제한된 증거에 따르자면 암컷은 약 11.5년, 수컷은 약 15~16.5년.

짝짓기: 알려진 바가 없음.

임신: 약 12~13개월.

분만: 3~4년마다 연중 새끼 1마리가 태어남(위도에 따라 그 정점도 다름).

젖떼기: 1~2년 후로 추정.

수명: 수컷은 최소 22년, 암컷은 30년(최장수 기록은 36년).

▲ 등의 짙은 색 망토 무늬, 흰색 입술, 뾰족한 가슴지느러미를 그대로 드러낸 고양이고래.

큰코돌고래 Risso's dolphin

학명 그람푸스 그리세우스 *Grampus griseus*　　　　　　　　　　　　　(G. Cuvier, 1812)

큰코돌고래는 모든 돌고래들 중에서 가장 흉터가 많은 돌고래이며 또 '돌고래'로 불리는 고래들 중 가장 큰 종이기도 하다. 개체와 나이대 그리고 서식 지역에 따라 색이 엄청 다르며, 그게 이 고래 종의 가장 뚜렷한 특징들 중 하나이기도 하다.

분류: 참돌고래과 이빨고래아목

일반적인 이름: 큰코돌고래는 영어로 Risso's dolphin으로, 이는 이탈리아계 프랑스인 동식물학자 안토니오 리소 Antoine Risso, 1777~1845의 이름에서 따온 것이다. 이 고래 종에 대한 안토니오 리소의 설명을 토대로 훗날 이 종에 대한 조지 퀴비에Georges Cuvier의 공식 설명이 나오게 된다.

다른 이름들: Grampus; grey, mottled or white-headed grampus; grey dolphin 등. 역사적으로는 bosom-headed whale(유방 모양의 머리를 한 고래의 뜻. 이 고래의 멜론 틈새가 유방 사이의 오목한 부분 같다고 해서)이라 불렸다. 보다 옛날 문헌들에서는 범고래도 grampus라 불렸다.

학명: 이 고래 학명의 앞부분 *Grampus*는 원래 '뚱뚱한 물고기' 또는 '아주 큰 물고기'를 뜻하는 중세 라틴어 *crassus piscis*에서 왔으나, 이후 중세 프랑스어 *graundepose*와 중세 영어 grampoys(이 말은 역사적으로 포경업자들에 의해 중간 크기의 모든 이빨고래들에게 적용됐음)로 변화된 걸로 추정된다. 그리고 학명의 뒷부분 *griseus*는 '회색' 아니면 보다 구체적으로 '희끗희끗한' 또는 '회색으로 얼룩진'을 뜻하는 중세 라틴어 *griseus*에서 온 것이다.

세부 분류: 현재 따로 인정된 아종은 없으나, 지중해에 서식하는 큰코돌고래들은 유전학적으로 대서양 동부에 서식하는 큰코돌고래들과 구분된다. 큰코돌고래들은 블랙피시blackfish와 가장 깊은 관련이 있다.

고위도 지역의 성체 수컷

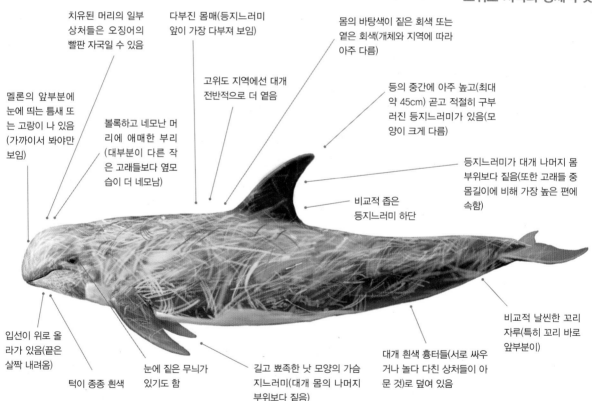

치유된 머리의 일부 상처들은 오징어의 빨판 자국일 수 있음

다부진 몸매(등지느러미 앞이 가장 다부져 보임)

몸의 바탕색이 짙은 회색 또는 옅은 회색(개체와 지역에 따라 아주 다름)

멜론의 앞부분에 눈에 띄는 틈새 또는 고랑이 나 있음(가까이서 봐야만 보임)

볼록하고 네모난 머리에 애매한 부리(대부분이 다른 작은 고래들보다 옆모습이 더 네모남)

고위도 지역에선 대개 전반적으로 더 옅음

등의 중간에 아주 높고(최대 약 45cm) 곧고 적절히 구부러진 등지느러미가 있음(모양이 크게 다름)

등지느러미가 대개 나머지 몸 부위보다 짙음(또한 고래들 중 몸길이에 비해 가장 높은 편에 속함)

비교적 좁은 등지느러미 하단

입선이 위로 올라가 있음(끝은 살짝 내려옴)

턱이 종종 흰색

눈에 짙은 무늬가 있기도 함

길고 뾰족한 낫 모양의 가슴지느러미(대개 몸의 나머지 부위보다 짙음)

대개 흰색 흉터들(서로 싸우거나 놀다 다친 상처들이 아문 것)로 덮여 있음

비교적 날씬한 꼬리자루(특히 꼬리 바로 앞부분이)

요점 정리

- 전 세계의 열대 바다와 선선한 온대 바다에 서식
- 작은 크기
- 다부진 몸
- 틈새가 있는 멜론
- 네모난 머리(옆에서 볼 때)에 불분명한 부리
- 광범위한 선형 흉터
- 한 집단 내에서도 색이 아주 다름
- 나이 든 고래들은 거의 흰색임
- 부속지들이 대개 몸의 다른 부분보다 짙음
- 아주 높고 곧은 등지느러미

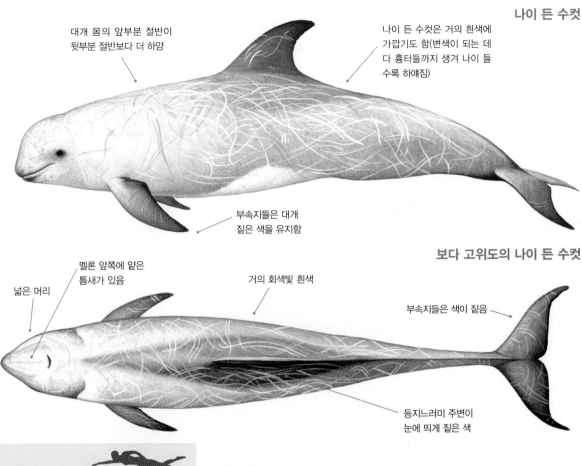

나이 든 수컷

대개 몸의 앞부분 절반이 뒷부분 절반보다 더 하얌

나이 든 수컷은 거의 흰색에 가깝기도 함(변색이 되는 데다 흉터들까지 생겨 나이 들수록 하얘짐)

부속지들은 대개 짙은 색을 유지함

보다 고위도의 나이 든 수컷

넓은 머리

멜론 앞쪽에 얕은 틈새가 있음

거의 회색빛 흰색

부속지들은 색이 짙음

등지느러미 주변이 눈에 띄게 짙은 색

크기

길이: 수컷 2.9~3.8m, 암컷 2.8~3.8m

무게: 300~400kg **최대:** 4.1m, 약 500kg

새끼−길이: 1~1.5m **무게:** 20~30kg

비슷한 종들

가까이서 보면 다른 고래 종들과 구분하는 게 아주 쉽다. 대체로 색이 옅으면서 몸이 작고 머리가 뭉툭한 고래가 큰코돌고래이기 때문이다. 그러나 멀리서 보면 큰돌고래나 고양이고래는 물론 범고래 암컷 및 새끼(유난히 높은 등지느러미 때문에)와도 혼동하기 쉽다. 그러나 몸 여기저기에 있는 옅은 색 흉터와 네모난 머리로 구분이 가능하다. 야생 상태에서든 사육 당하는 상황에서든 큰돌고래와 짝짓기를 해 잡종이 태어났다는 기록들이 있다. 몸 여기저기에 흉터가 있는 건 일부 부리고래과 고래들과도 비슷하지만, 머리와 부리 모양을 보면 구분 가능하다. 색이 짙고 흉터가 거의 없는 어린 큰코돌고래들의 경우 고양이고래나 난쟁이범고래와 혼동할 여지가 있지만, 어린 큰코돌고래는 혼자 다니는 경우가 거의 없다. 가끔 흰돌고래들이 길을 잃고 큰코돌고래의 서식지 남쪽으로 들어오지만, 흰돌고래들은 등지느러미가 없고 몸 전체가 보다 고른 회색 또는 흰색이어서 쉽게 구분된다. 멜론 앞부분에 있는 틈새도 큰코돌고래만의 큰 특징이다.

분포

큰코돌고래들은 남반구와 북반구 양쪽에 폭넓게 퍼져, 북위 약 64도와 남위 46도 사이의 열대 바다에서부터 선선한 온대 바다에 걸쳐 살고

▲ 큰코돌고래 분포

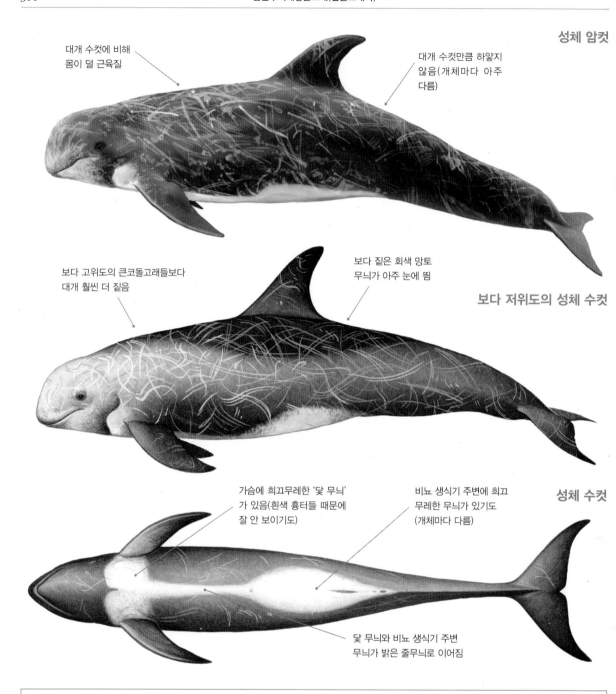

성체 암컷

대개 수컷에 비해 몸이 덜 근육질

대개 수컷만큼 하얗지 않음(개체마다 아주 다름)

보다 고위도의 큰코돌고래들보다 대개 훨씬 더 짙음

보다 짙은 회색 망토 무늬가 아주 눈에 띔

보다 저위도의 성체 수컷

가슴에 희끄무레한 '닻 무늬'가 있음(흰색 흉터들 때문에 잘 안 보이기도)

비뇨 생식기 주변에 희끄무레한 무늬가 있기도 (개체마다 다름)

성체 수컷

닻 무늬와 비뇨 생식기 주변 무늬가 밝은 줄무늬로 이어짐

잠수 동작

- 대개 45도 각도로 서서히 수면 위로 오른다.
- 대개 눈이 수면 위로 드러난다.
- 등이 약간 휘어지면서 높다란 등지느러미가 눈에 띈다.
- 몸을 앞으로 굴릴 때 꼬리자루가 살짝 보인 뒤 사라진다(깊이 잠수하기 전에는 가끔 꼬리자루와 꼬리가 더 많이 보임).
- 집단 내 큰코돌고래들은 종종 동시에 움직이고 동시에 수면 위로 오른다.

물 뿜어 올리기

- 물을 뿜어 올리는 게 잘 보이지 않는다(오랜 잠수 후에 더 잘 보임).

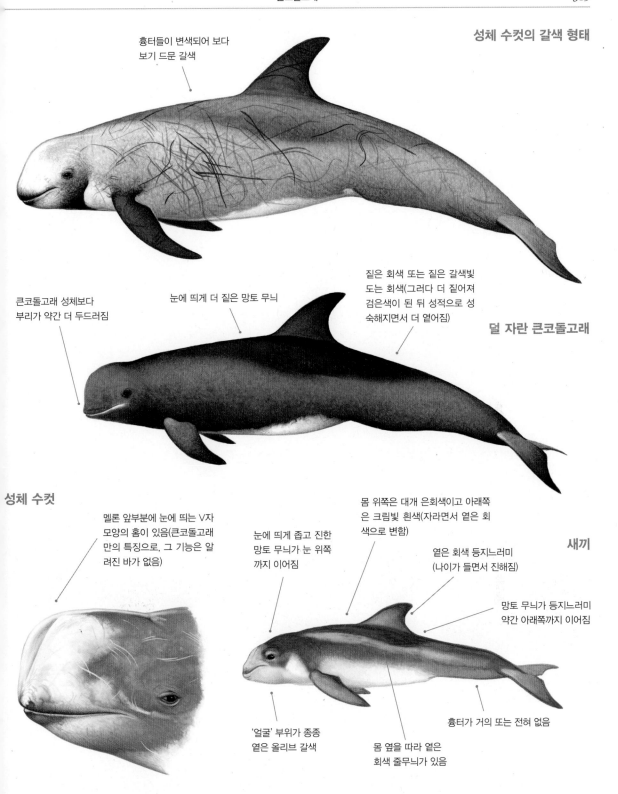

성체 수컷의 갈색 형태

흉터들이 변색되어 보다 보기 드문 갈색

짙은 회색 또는 짙은 갈색빛 도는 회색(그러다 더 짙어져 검은색이 된 뒤 성적으로 성숙해지면서 더 옅어짐)

덜 자란 큰코돌고래

큰코돌고래 성체보다 부리가 약간 더 두드러짐

눈에 띄게 더 짙은 망토 무늬

성체 수컷

멜론 앞부분에 눈에 띄는 V자 모양의 홈이 있음(큰코돌고래만의 특징으로, 그 기능은 알려진 바가 없음)

눈에 띄게 좁고 진한 망토 무늬가 눈 위쪽까지 이어짐

몸 위쪽은 대개 은회색이고 아래쪽은 크림빛 흰색(자라면서 옅은 회색으로 변함)

옅은 회색 등지느러미 (나이가 들면서 진해짐)

새끼

망토 무늬가 등지느러미 약간 아래쪽까지 이어짐

'얼굴' 부위가 종종 옅은 올리브 갈색

몸 옆을 따라 옅은 회색 줄무늬가 있음

흉터가 거의 또는 전혀 없음

있으며, 해안 지역과 대양 지역을 가리지 않고 모든 곳에서 발견된다. 그러나 위도 약 30도에서 40도 사이의 대륙붕 및 대륙사면의 약간 따뜻한 바다를 특히 더 좋아한다. 그러나 고위도 극지역에서는 발견되지 않는다. 또한 멕시코만과 홍해, 북해, 지중해, 칼리포니아만, 동해 같은 많은 반# 폐쇄해들에선 큰코돌고래들이 발견되나, 페르시아만 같이 아주 얕은 바다들에서는 발견되지 않는다(영국 해협 서쪽 지역에선 비교적 흔히 발견되지만).

큰코돌고래들은 섭씨 12도가 넘는 따뜻한 바다를 좋아한다(섭씨 10도 이하의 바다에선 거의 발견되지 않음). 그 결과 일부 지역들에서는 계절에 따른 이동이 있어, 여름에는 스코틀랜드 북부 일대의 먹이활동 지역에 머물다가 겨울이 되면 지중해에 있는 번식지들로 이동한다. 그래서 겨울에 캘리포니아 일대에 나타나는 큰코돌고래 수는 여름과 비교해 약 10배나 더 많은 걸로 추정된다. 또한 큰코돌고래들은 기온이 보다 안정적으로 따뜻한 지역에서 더 많이 발견된다. 그리고 일부 지역에서 장기적으로 나타나는 큰코돌고래의 개체 수 변화는 대양 상태 변화와 산란 중인 오징어들(캘리포니아 남부 일대에는 원래 오징어가 드물었으나 1982년과 1983년의 엘니뇨 현상 이후 흔해졌음)의 이동과 관련

먹이와 먹이활동

먹이: 주로 심해 오징어와 문어를 잡아먹지만, 작은 일부 갑오징어는 물론 드물게는 크릴새우도 잡아먹는다.

먹이활동: 대부분의 먹이활동은 늦은 오후와 밤에 이루어지는 걸로 추정된다(대양 오징어들이 밤에 수면으로 이동하는 걸 이용하는 것임).

잠수 깊이: 종종 수심 50m 이내, 대개 최대 수심 300m까지. 가장 깊이 잠수한 기록은 460m.

잠수 시간: 대개 1~10분간 잠수하며, 그런 다음 1~4분간 수면 위로 오르고(대개 15~20분 간격으로 12회까지 숨을 내쉼). 캘리포니아 일대에서의 연구에 따르면, 큰코돌고래들은 먹이활동을 하기 위해 7~11회 잠수를 하며 한 번에 10분 이상 잠수할 수 있는 걸로 추정된다(입증된 건 아니지만 최장 기록은 30분).

이 있다.

큰코돌고래들은 대륙붕단과 대륙사면 상부 그리고 해저 협곡들의 깊은 바다를 좋아하며, 해저 지형이 가파른 지역들의 깊은 바다(대개 수심 400~1,000m)를 특히 더 좋아한다. 큰코돌고래들은 대륙사면 너머 일부 대양 지역들(열대 태평양 동부 등)에서도 발견되며, 계절에 따라선 갑오징어를 잡아먹기 위해 얕은 해안 지역들(영국 해협의 남서부 등)에도 들어간다. 그 외에 대륙과 대양 섬들 일대에도 일부 서식하는 걸로 추정된다. 또한 일부 증거들에 따르면, 큰코돌고래들은 서식지를 선택할 때 깊은 바다까지 잠수하는 다른 이빨고래아목 고래들과 시간적으로나 공간적으로 겹치는 걸 피하려 한다.

행동

큰코돌고래들은 낮에는 주로 서로 사회활동을 하거나 휴식을 취하거나 아니면 여행을 한다. 사회생활을 할 때는 공중곡예를 활발히 해, 수면 위로 점프를 하고 스파이호핑도 하고(이때 머리 전체와 몸은 물론 가슴지느러미가 드러나기도 함) 머리와 꼬리와 가슴지느러미로 수면을 내려치기도 한다. 몰디브와 탄자니아 해변 일대 그리고 인도양의 또 다른 지역들에서는 머리를 아래쪽으로 향한 채 꼬리를 물 밖으로 높이 치켜올리기도 한다(그 의도에 대해선 알려진 바가 없음). 빠른 속도로 이동할 때(대개 포식자들에게 쫓기거나 스트레스를 심하게 받았을 때) 몸이 살짝 공중에 뜨기도 한다. 큰코돌고래들은 흔히 북방긴수염고래과인 태평양흰줄무늬돌고래, 대서양흰줄무늬돌고래, 참돌고래, 줄무늬돌고래, 프레이저돌고래 같은 돌고래들은 물론 거두고래들과도 어울리며, 이따금 회색고래 같은 대형 수염고래과 고래들과도 어울린다. 큰코돌고래들은 함께 오징어, 문어 같은 두족류들을 먹고 사는 다른 종의 고래들에게 공격적인 행동을 취한다는 기록들도 있다. 또한 일부 지역들에서는 흔히 배 앞뒤에서 파도타기를 하고 배 가까이 다가가기도 하지만, 또 다른 지역들에서는 배에 다가가지 않는다. 특별히 겁이 많다거나 경계심이 많은 건 아니지만, 대개 '개인 공간'을 중시해 천천히 배를 피하는 것이다. '펠로루스 잭Pelorus Jack'이라는 큰코돌고래는 예외로, 그 돌고래는 1888년부터 1912년까지 무려 24년 동안 뉴질랜드 쿡 해협 일대에서 배들을 '호위'하고 다닌 걸로 유명하다.

▲ 한 집단 내에서도 몸 색깔이 서로 아주 다른 건 큰코돌고래들의 특징이다.

▲ 큰코돌고래들은 특히 사회활동 중에 종종 수면 위로 점프를 한다.

이빨

위쪽 0~4개(흔적만 남아 있음-대개 나지 않음)

아래쪽 4~14개

암컷과 수컷 모두 아래턱 앞쪽 근처에 이빨(대개 6~8개)이 있지만, 나이가 들면 닳아 없어진다(또는 없어진다).

집단 규모와 구조

큰코돌고래 집단은 대개 5~30마리 규모이나, 가끔 최대 100마리 규모까지 올라가기도 한다. 특히 캘리포니아 일대에서는 집단 규모가 4,000마리까지 올라갔다는 기록들도 있다. 큰코돌고래 집단은 계층화된 조직 구조를 갖고 있어, 나이와 성별에 따라 평균 3~12마리가 모여 안정된 집단을 이룬다. 수컷들은 아주 안정적인 사회 집단을 형성하며 암컷들은 번식철에 안정적인 양육 집단을 형성한다. 어린 큰코돌고래들은 젖을 뗀 뒤에도 몇 년간 태어날 때 속한 집단 근처에 머물며, 그런 다음 6~8살이 될 때 젊은 독신 집단들을 형성한다.

포식자들

몸에 난 상처들로 보아 상어들과 범고래들이 주요 포식자들일 걸로 추정된다.

사진 식별

큰코돌고래들은 등지느러미의 모양과 장기간 보이는 등지느러미의 흉터 및 홈들, 그리고 몸의 다른 부위에 있는 독특한 흉터들을 보고 식별 가능하다.

개체 수

큰코돌고래의 전 세계 개체 수에 대한 추정치는 없다. 현재의 개체 수는 총 35만 마리로 짐작되나, 이는 실제 총 개체 수의 일부에 지나지 않을 수도 있다. 1991년과 1992년에 캘리포니아 일대에서 행해진 조사들에 따르면, 큰코돌고래 개체 수는 겨울에 훨씬 더 많았다(여름에는 3,980마리인데 반해 겨울에는 3만 2,376마리). 가장 최근에 집계한 지역별 개체 수 추정치는 열대 태평양 동부에 17만 5,800마리, 유럽 대륙붕 지역에 1만 1,069마리, 미국 동부 지역에 1만 8,250마리, 하와이 일대에 7,256마리, 미국 캘리포니아와 오리건 그리고 워싱턴주 일대에 6,336마리, 멕시코만 북부에 1,589마리, 아조레스 제도에 1,250마리, 리구리아해 서부에 70~10마리다.

종의 보존

세계자연보전연맹의 종 보존 현황: '최소 관심' 상태(2018년). 지중해 종은 '정보 부족' 상태(2010년). 큰코돌고래들은 여러 국가에서 식용과 물고기 미끼용 또 비료용으로 사냥됐다. 일본(매년 250~500마리씩)과 페로 제도에서는 지금도 몰이식 사냥으로 잡히고 있다. 또한 스리랑카(매년 최대 1,300마리씩), 카리브해의 세인트빈센트 그레나딘, 대만, 필리핀, 인도네시아에서도 작살과 그물로 죽임을 당하고 있다. 그러나 대부분의 작은 고래들의 고기와 마찬가지로, 큰코돌고래 고기의 경우 수은 함유량이 인간이 섭취하면 안전하지 못할 만큼 높다. 또한 큰코돌고래들은 전 세계적으로 의도치 않게 잡히는 경우가 많으며, 특히 주낙 장비에 취약한 걸로 보인다(황새치를 잡기 위해 하와이 일대에 설치한 주낙에 가장 자주 걸리는 걸로 알려져 있음). 주낙에 매달린 미끼나 오징어를 가로채 간 것에 대한 보복으로 죽임을 당하는 경우도 많다. 깊은 물 속까지 잠수하는 큰코돌고래들은 소음 공해(특히 군사용 음파 탐지와 탄성파 탐사로 인한)에 취약할 것으로 추정된다. 그 외에 각종 오염, 플라스틱 쓰레기 흡입, 여가 활동으로 인한 소란(고래 관광이 극심할 때 제대로 휴식도 취하지 못하고 사회생활도 못하는 걸로 보여짐) 등을 꼽을 수 있다. 과거에는 해양 수족관 등에 전시할 목적으로 생포되기도 했었다.

일대기

성적 성숙: 암컷은 8~10년, 수컷은 10~12년.

짝짓기: 광범위한 흉터는 집단 내 여러 수컷들의 '자질'을 판단하는 척도 중 하나이며, 짝짓기 방식은 난혼이고, 정자 경쟁이 존재하는 걸로 추정된다.

임신: 약 13~14개월.

분만: 2~3년(일부 지역들에서는 최대 4년)마다 연중 새끼 1마리가 태어나며, 지역에 따라 그 정점도 다름(예를 들어 북대서양과 남아프리카공화국에서는 정점이 여름이며, 태평양 서부에서는 여름/가을, 태평양 동부에서는 가을/겨울).

젖떼기: 수컷은 생후 약 12개월 뒤, 암컷은 생후 약 20~24개월 뒤.

수명: 피부 모습 분석에 따르면 40~50년으로 추정된다(이빨 성장층 분석에 따른 최장수 기록은 번식 기능을 가진 한 암컷의 38년).

프레이저돌고래 Fraser's dolphin

학명 라게노델피스 호세이 *Lagenodelphis hosei*

Fraser, 1956

여러 해 동안, 프레이저돌고래에 대한 우리의 지식은 1895년 이전에 보르네오섬 사라왁주의 한 해변에서 발견된 고래 뼈대의 일부로 알게 된 지식이 전부였다. 그 뼈대는 런던에 있는 영국박물관(현재의 자연사박물관)에 팔렸으나, 계속 방치되어 있다가 50년도 더 지나서야 비로소 별개의 고래 종으로 인정받았다. 야생에서 처음 공식 확인된 건 1971년이나, 이제는 세계의 여러 지역에서 아주 익숙한 고래 종이다.

분류: 참돌고래과 이빨고래아목

일반적인 이름: 프레이저돌고래는 영어로 Fraser's dolphin으로, 이는 영국박물관(자연사)의 유명한 고래 연구가로 보르네오의 고래 두개골을 보고 새로운 고래 종을 알아낸 프랜시스 찰스 프레이저 Francis Charles Fraser, 1903~1978의 이름에서 따온 것이다.

다른 이름들: Sarawak dolphin, Bornean dolphin, white-bellied dolphin, shortsnout dolphin, shortsnouted whitebelly dolphin, Hose's dolphin, Fraser's porpoise, white porpoise 등.

학명: 이 고래 학명의 앞부분 *Lagenodelphis*는 *Lagenorhynchus*(낫돌고래속)에 *Delphinus*(돌고래자리)를 합쳐 만들어진 새로운 고

래속 이름으로, 이는 프레이저돌고래 두개골이 두 집단의 형태학적 특징들을 잘 보여준다는 점을 인정하기 위함이다. 그리고 학명의 뒷부분 *hosei*는 보르네오에 살았던 영국 태생의 의사 겸 동식물학자 찰스 E. 호스Charles E. Hose, 1863~1929의 이름에서 따온 것이다. 호스는 (자기 형 어네스트Ernest와 함께) 보르네오섬 사라왁주의 루통강 어귀에서 프레이저돌고래 표본을 발견했다.

세부 분류: 현재 따로 인정된 아종은 없으나, 대서양에 서식하는 프레이저돌고래들이 몸이 더 크고 얼굴에서 항문에 이르는 줄무늬가 더 약하다.

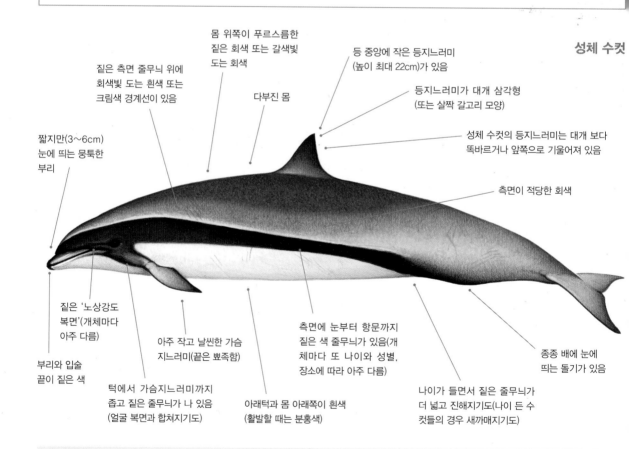

성체 수컷

- 몸 위쪽이 푸르스름한 짙은 회색 또는 갈색빛 도는 회색
- 짙은 측면 줄무늬 위에 회색빛 도는 흰색 또는 크림색 경계선이 있음
- 다부진 몸
- 등 중앙에 작은 등지느러미(높이 최대 22cm)가 있음
- 등지느러미가 대개 삼각형(또는 살짝 갈고리 모양)
- 성체 수컷의 등지느러미는 대개 보다 똑바르거나 앞쪽으로 기울어져 있음
- 측면이 적당한 회색
- 짧지만(3~6cm) 눈에 띄는 뭉툭한 부리
- 짙은 '노상강도 복면'(개체마다 아주 다름)
- 부리와 입술 끝이 짙은 색
- 턱에서 가슴지느러미까지 좁고 짙은 줄무늬가 나 있음(얼굴 복면과 합쳐지기도)
- 아주 작고 날씬한 가슴지느러미(끝은 뾰족함)
- 아래턱과 몸 아래쪽이 흰색(활발할 때는 분홍색)
- 측면에 눈부터 항문까지 짙은 색 줄무늬가 있음(개체마다 또 나이와 성별, 장소에 따라 아주 다름)
- 나이가 들면서 짙은 줄무늬가 더 넓고 진해지기도(나이 든 수컷들의 경우 새까매지기도)
- 종종 배에 눈에 띄는 돌기가 있음

요점 정리

- 전 세계의 깊은 열대 및 아열대 바다에 서식
- 작은 크기
- 다부진 몸
- 짧지만 눈에 띄는 부리
- 수컷은 종종 '노상강도 복면'을 쓰고 있고 측면에 줄무늬가 있음
- 작은 삼각형 등지느러미, 가슴지느러미 그리고 꼬리
- 한 집단 내에서도 각 개체 간에 많은 차이가 있음
- 부속지들이 대개 몸의 다른 부분보다 짙음
- 서로 바싹 붙어 다녀 뒤로 뚜렷한 물보라를 남김

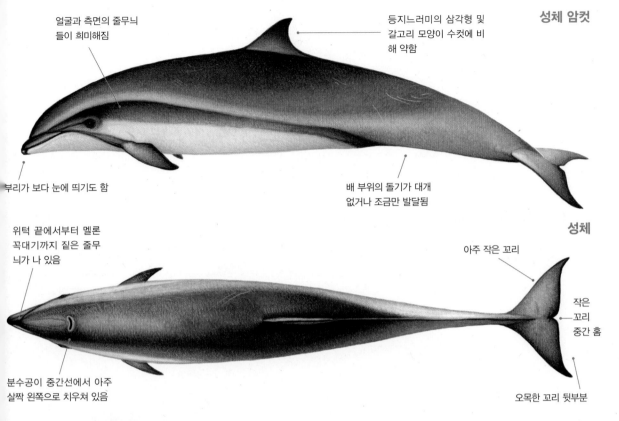

성체 암컷

등지느러미의 삼각형 및 갈고리 모양이 수컷에 비해 약함

얼굴과 측면의 줄무늬들이 희미해짐

부리가 보다 눈에 띄기도 함

배 부위의 돌기가 대개 없거나 조금만 발달됨

성체

위턱 끝에서부터 멜론 꼭대기까지 짙은 줄무늬가 나 있음

아주 작은 꼬리

작은 꼬리 중간 홈

분수공이 중간선에서 아주 살짝 왼쪽으로 치우쳐 있음

오목한 꼬리 뒷부분

크기
길이: 수컷 2.2~2.7m, 암컷 2.1~2.6m
무게: 130~200kg **최대:** 2.7m, 약 209kg
새끼 - 길이: 1~1.1m 무게: 15~20kg
수컷이 암컷보다 크다.

비슷한 종들

다른 고래 종들과 혼동할 가능성이 없다(소수의 프레이저돌고래들이 다른 많은 고래 종들과 뒤섞여 있을 경우 구분하는 게 어려울 수도 있지만). 또한 프레이저돌고래 집단의 경우 멀리서 봐도 금방 알아볼 수 있다(서로 바싹 붙어 있고 뒤에 눈에 띄는 물보라가 생겨서). 또한 어느 정도 규모의 돌고래 집단에서 적어도 일부 개체들은 눈에 띄는 '노상강도 복면'과 몸 옆에 검은 줄무늬가 있을 수 있는데, 예를 들어 줄무늬돌고래의 경우 어깨에 옅은 V자 형 무늬가 있어 프레이저돌고래와 구분된다(프레이저돌고래는 없음).

분포

프레이저돌고래들은 대서양과 태평양과 인도양의 열대, 아열대 바다는 물론 종종 따뜻한 온대 바다(주로 북위 30도에서 남위 30도 사이의)에 서식한다. 간혹 남위 34도쯤 되는 지역(남아프리카공화국 일대를 흐르는 아굴라스 해류 남쪽의 따뜻한 바닷물과 관련이 있음)에도 서식한다. 프레이저돌고래들은 최근에 아조레스 제도(북위 약 38도)와 마데이라 제도(북위 약 33도)에서도 발견되어, 지구의 기후 변화를 그대로 반영하는 살아 있는 지표 역할을 하고 있다. 가끔 오스트레일리아 남동부와 프랑스, 스코틀랜드, 우루과

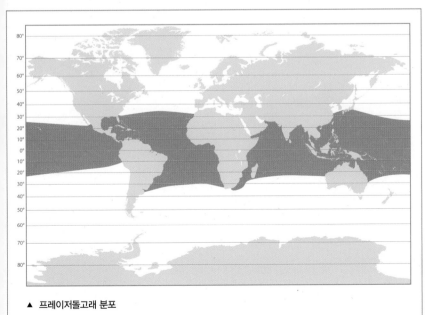

▲ 프레이저돌고래 분포

성체 암컷의 변이

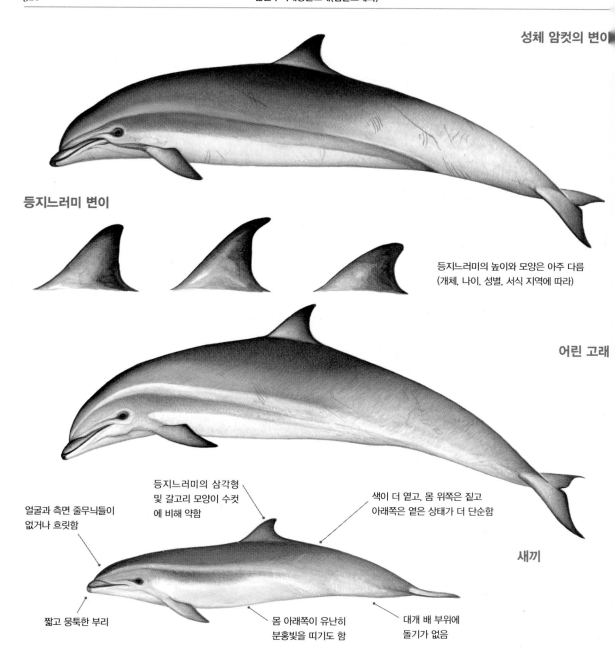

등지느러미 변이

등지느러미의 높이와 모양은 아주 다름
(개체, 나이, 성별, 서식 지역에 따라)

어린 고래

등지느러미의 삼각형
및 갈고리 모양이 수컷
에 비해 약함

색이 더 옅고, 몸 위쪽은 짙고
아래쪽은 옅은 상태가 더 단순함

새끼

얼굴과 측면 줄무늬들이
없거나 흐릿함

짧고 뭉툭한 부리

몸 아래쪽이 유난히
분홍빛을 띠기도 함

대개 배 부위에
돌기가 없음

잠수 동작

천천히 헤엄칠 때

· 물을 뿜어 올리는 게 불분명하다.
· 분수공과 등의 일부와 등지느러미만 수면 위로 드러난다.
· 몸을 앞으로 굴릴 때 등이 살짝 휜다.
· 등지느러미 끝부분이 가장 나중에 사라진다.
· 꼬리를 위로 치켜올리지 않는다.

빨리 헤엄칠 때

기다란 물보라를 일으키며 낮은 각도로 수면 위로 뛰어오른다(집단 규모가 클수록 물보라가 더 커짐).

먹이와 먹이활동

먹이: 주로 중심해에 사는 물고기들(특히 랜턴피시, 해초물고기 등)과 두족류(특히 오징어, 갑오징어 등), 갑각류(게, 가재, 새우 등)를 잡아먹는다. 다른 원양 돌고래들에 비해 깊은 물에 서식하는 보다 큰 먹이들을 잡아먹는다.

먹이활동: 알려진 바가 없다.

잠수 깊이: 수면 근처부터 수심 약 600m까지 잠수한다. 생리학적 연구에 따르면 보다 깊은 물에도 잠수할 수 있을 것으로 보임.

잠수 시간: 알려진 바가 없다.

이에 좌초되기도 하는데, 그건 예외적인 경우들(해양학적인 변화에 의해 일시적으로 따뜻한 바닷물이 유입된 데 따른)로 여겨지고 있다.

주로 수심 1,000m가 넘는 대륙붕 너머 대양을 좋아하며, 수심이 깊은 해안 근처 100m 지역(필리핀, 인도-말레이 군도, 대만, 몰디브, 카리브해의 소앤틸리스 제도 등)까지 다가가기도 하며, 찬 해수가 표층수를 뚫고 올라가는 용승 지역들에서도 발견된다. 가장 흔히 발견되는 지역은 태평양이다. 북대서양에서는 대개 멕시코만과 카리브해(과들루프섬 일대)에서 발견되지만, 바다에서는 북대서양 전역에서 발견된다.

행동

떼를 지어 활발히 그리고 에너지 넘치는 헤엄을 치며, 대개 서로 바짝 붙어 가슴지느러미나 꼬리로 수면을 내려쳐 물보라를 일으키면서 빠른 속도로 이동한다. 그리고 다른 고래 종들, 특히 고양이고래, 들쇠고래, 큰돌고래 등과 한데 어울리는 경우가 많고, 지역에 따라선 큰코돌고래, 스피너돌고래, 알락돌고래 등과도 어울리며, 가끔은 향유고래들과도 어울린다. 또한 비교적 조심스레 수면 위로 낮게 점프하기도 한다. 또한 주변에 배가 나타나면 피하기도 하고 호기심을 보이며 다가가기도 한다. 열대 태평양 동부에서는 배가 나타나면 바짝 긴장을 하며, 그러다 배와의 거리가 50~100m 이내로 좁혀지면 갑자기 방향을 바꿔 빠른 속도로 달아나며, 어느 정도 거리가 멀어져야 비로소 속도를 낮춘다. 멕시코만과 몰디브 같은 지역들에선 잠시지만 뱃머리에서 파도타기를 하기도 한다. 그래서 결국 다른 고래 종들도 뱃머리에서 파도타기를 하게 된다. 집단 좌초를 하는 경우도 많다.

이빨

위쪽 77~88개

아래쪽 68~88개

집단 규모와 구조

대개 40~100마리씩 큰 규모의 집단을 이루지만, 4~15마리 정도의 집단을 이루기도 하며 간혹 2,500마리의 아주 큰 규모의 집단을 이루기도 한다. 평균 집단 규모는 하와이에서는 283마리며, 몰디브에서는 215마리, 카리브해에서는 50~80마리 그리고 멕시코만에서는 15~30마리다.

포식자들

바하마 지역에선 범고래들이 포식자로 알려져 있으며, 다른 지역들에서도 범고래가 주요 포식자일 것으로 추정된다. 그 외에 범고래붙이나 대형 상어들 역시 주요 포식자일 것으로 추정된다.

개체 수

전 세계 개체 수에 대한 추정치는 없으나, 적어도 35만 마리는 될 것으로 보인다. 지역별로는 열대 태평양 동부에 약 28만 9,000마리, 하와이에 5만 1,500마리, 술루해 동부에 1만 3,500마리, 멕시코만 북부에 700마리가 살고 있는 걸로 추정된다. 또한 소앤틸리스 제도, 카리브해, 필리핀 등지에서도 비교적 많은 고래가 발견되고 있다(그 이외의 지역들에선 눈에 띄게 적은 수만 발견됨).

종의 보존

세계자연보전연맹의 종 보존 현황: '최소 관심' 상태(2018년). 그간 인도네시아, 필리핀, 스리랑카, 일본, 대만, 카리브해의 소앤틸리스 제도 등지에서 손에 들고 던지는 작살이나 몰이식 사냥에 의해 죽임을 당했다. 열대 태평양 동부와 필리핀에서는 다른 어종을 잡기 위해 설치한 대형 건착망에 잡히는 경우가 종종 있고, 일본에선 덫 그물에, 남아프리카공화국과 가나, 스리랑카, 아라비아해, 대만, 필리핀, 일본 등지에선 자망과 유망에, 그리고 남아프리카공화국에선 상어 퇴치용 그물들에 걸려드는 경우가 종종 있다. 통계 수치는 나온 게 거의 없으나, 1990년대에는 필리핀의 민다나오섬과 팔라완섬에서 매년 수백 마리가 식용과 미끼용으로 사냥되었다.

일대기

성적 성숙: 암컷은 5~8년, 수컷은 7~10년.

짝짓기: 짝짓기 방식은 난혼으로 추정된다.

임신: 12~13개월.

분만: 2년마다 새끼 1마리가 태어나며, 지역과 계절에 따라 그 정점도 다르다(예를 들어 남아프리카공화국에서는 정점이 여름이며, 일본에서는 봄과 가을이 정점임).

젖떼기: 알려진 바가 없다.

수명: 15년 이상으로 추정된다(최장수 기록은 19년).

대서양흰줄무늬돌고래 Atlantic white-sided dolphin

학명 라게노린쿠스 아쿠투스 *Lagenorhynchus acutus*   (Gray, 1828)

대서양흰줄무늬돌고래는 영어로 Atlantic white-sided dolphin인데, 이처럼 이름에 white-sided란 말이 들어가는 건 사실 적절치 않다. 몸 양옆에 난 밝은 흰색 무늬가 떼 지어 다니는 걸 좋아하는 이 돌고래의 가장 뚜렷한 특징들 중 하나이긴 하지만, 이 돌고래의 무늬들은 대부분의 다른 돌고래들보다 워낙 더 복잡하고 선명하며 다채롭기 때문이다.

분류: 참돌고래과 이빨고래아목

일반적인 이름: 대서양흰줄무늬돌고래는 영어로 Atlantic white-sided dolphin으로, Atlantic은 이 돌고래들이 북대서양 고유의 종이기 때문에, 그리고 white-sided는 몸 양옆에 가늘고 긴 흰색 무늬가 있기 때문에 붙은 것이다.

다른 이름들: Atlantic whiteside dolphin, white-side, springer, jumper(수면 위로 자주 점프를 한다고 해서) skunk porpoise 등. 그리고 모든 낫돌고래속 돌고래들과 마찬가지로 고래 연구가들에 의해 lag(속명에서 온 것)라는 애칭으로 불린다.

학명: 이 고래 학명의 앞부분 *Lagenorhynchus*는 '병' 또는 '실험용 플라스크'를 뜻하는 라틴어 *lagena*에 '부리' 또는 '주둥이'를 뜻하는 라틴어 *rhynchus*가 합쳐진 것이다(부리의 모양을 가리킴). 그리고 학명의 뒷부분 *acutus*는 '날카로운' 또는 '뾰족한'(등지느러미의 모양을 가리킴)을 뜻하는 라틴어 *acutus*에서 온 것이다.

세부 분류: Lagenorhynchus라는 속명은 현재 재고 중이다. 대서양흰줄무늬돌고래는 조만간 독자적인 속명인 Leucopleurus를 부여받게 될 전망이다. 대서양에 서식하는 프레이저돌고래들이 몸이 더 크고 얼굴에서 항문에 이르는 줄무늬가 더 약하다. 현재 따로 인정된 아종은 없다.

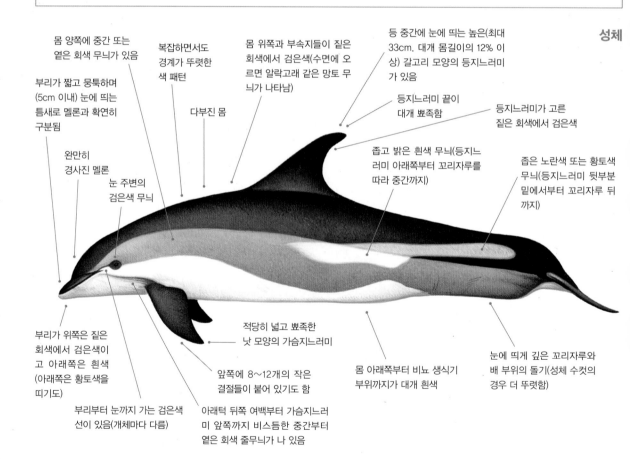

성체

- 몸 양쪽에 중간 또는 옅은 회색 무늬가 있음
- 복잡하면서도 경계가 뚜렷한 색 패턴
- 몸 위쪽과 부속지들이 짙은 회색에서 검은색(수면에 오르면 알락고래 같은 망토 무늬가 나타남)
- 등 중간에 눈에 띄는 높은(최대 33cm. 대개 몸길이의 12% 이상) 갈고리 모양의 등지느러미가 있음
- 부리가 짧고 뭉툭하며(5cm 이내) 눈에 띄는 틈새로 멜론과 확연히 구분됨
- 다부진 몸
- 등지느러미 끝이 대개 뾰족함
- 등지느러미가 고른 짙은 회색에서 검은색
- 완만히 경사진 멜론
- 눈 주변의 검은색 무늬
- 좁고 밝은 흰색 무늬(등지느러미 아래쪽부터 꼬리자루를 따라 중간까지)
- 좁은 노란색 또는 황토색 무늬(등지느러미 뒷부분 밑에서부터 꼬리자루 뒤까지)
- 부리가 위쪽은 짙은 회색에서 검은색이고 아래쪽은 흰색(아래쪽은 황토색을 띠기도)
- 적당히 넓고 뾰족한 낫 모양의 가슴지느러미
- 부리부터 눈까지 가는 검은색 선이 있음(개체마다 다름)
- 앞쪽에 8~12개의 작은 결절들이 붙어 있기도 함
- 아래턱 뒤쪽 여백부터 가슴지느러미 앞쪽까지 비스듬한 중간부터 옅은 회색 줄무늬가 나 있음
- 몸 아래쪽부터 비뇨 생식기 부위까지가 대개 흰색
- 눈에 띄게 깊은 꼬리자루와 배 부위의 돌기(성체 수컷의 경우 더 뚜렷함)

요점 정리

- 북대서양의 차가운 온대 바다에서 아북극 바다에 걸쳐서 서식
- 작은 크기
- 복잡하면서도 경계가 뚜렷한 색 패턴
- 꼬리자루에 노란색 또는 황토색 무늬가 있음
- 몸 양옆에 선명하고 밝은 흰색 무늬가 있음
- 등 중간에 아주 높고 뾰족한 갈고리 모양의 등지느러미가 있음
- 짧고 뭉툭한 부리
- 등과 꼬리자루에 눈에 띄는 돌기가 있음
- 가끔 활발하며 공중곡예도 많이 함

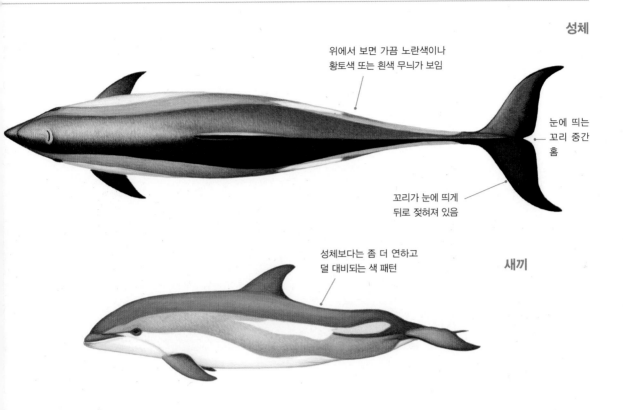

성체

위에서 보면 가끔 노란색이나 황토색 또는 흰색 무늬가 보임

눈에 띄는 꼬리 중간 홈

꼬리가 눈에 띄게 뒤로 젖혀져 있음

성체보다는 좀 더 연하고 덜 대비되는 색 패턴

새끼

크기

길이: 수컷 2.2~2.7m, 암컷 2~2.5m
무게: 170~230kg 최대: 2.8m, 약 235kg
새끼–길이: 1~1.2m 무게: 약 24~30kg

비슷한 종들

대서양흰줄무늬돌고래들은 흰부리돌고래들과 서식지가 거의 일치해(흰부리돌고래들은 보다 북쪽의 더 찬 바닷물에도 서식하지만) 서로 혼동할 여지가 있지만, 대서양흰줄무늬돌고래들의 경우 몸이 더 작고 날씬하며 몸 양쪽과 꼬리자루에 눈에 띄는 노란색 또는 황토색, 흰색 무늬들이 있고 등지느러미 뒤쪽에 흰색 또는 옅은 회색 '안장' 무늬가 없으며 부리의 위쪽이 짙어 구분이 가능하다. 참돌고래들과도 혼동할 여지가 있으나, 참돌고래의 경우 부리가 훨씬 더 길고 날씬하며 전반적인 몸집이 조금 작고 몸 양옆에 독특한 십자 또는 모래시계 무늬가 있다. 측면에 흰색 무늬가 더 많거나 흰색 또는 노란색 또는 황토색 무늬가 없는 대서양흰줄무늬돌고래들도 있다고 알려져 있다.

분포

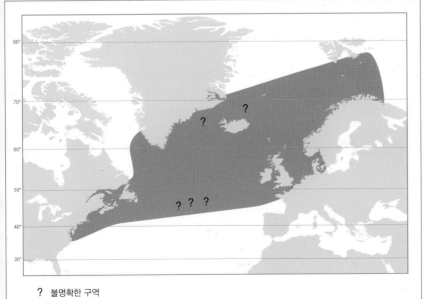

? 불명확한 구역

▲ 대서양흰줄무늬돌고래 분포

대서양흰줄무늬돌고래들은 기온이 섭씨 1도에서 16도(좋아하는 기온은 5~11도) 사이인 북대서양의 차가운 온대 바다와 아북극 바다에 서식한다. 북대서양 서부 서식지는 북위 약 35도 미국 노스캐롤라이나주 일대(주로 메인만 남부의 조지스 뱅크 북부)에서부터 북쪽으로 그린란드 남부(어쩌면 북위 약 70도 그린란드 서부)에 이르며, 어쩌면 멀리 동쪽으로 서경 29도 대서양 중앙해령까지 이르는 걸로 추정된다. 북대서양 동부 서식지는 북위 38도 브리타뉴 일대에서부터 북쪽으로 최소 북위 75도 스발바르 제도 남부 일대에 이른다. 서식지의 최북단이 어디

▲ 대서양흰줄무늬돌고래가 수면으로 오르기 전에 종종 거품들이 인다.

까지 이르는지에 대해선 알려진 바가 없다. 가끔 캐나다의 세인트 로렌스강까지 오르기도 한다. 대서양흰줄무늬돌고래들은 북해에 서도 발견되지만, 발트해 안쪽에서 발견됐다는 기록은 없다(스카 게라크 해협과 카테가트 해협에서는 종종 발견되지만).

대서양흰줄무늬돌고래들은 해저가 높이 솟아오른 대륙붕 외곽 및 대륙사면의 꽤 깊은 바다(대개 수심 100~500m)를 좋아하지 만, 대양 쪽 바다에서도 발견되고 수심이 50m도 안 되는 피오르 드와 작은 만 안으로도 들어간다. 일부 지역들에서는 계절에 따 라 대규모 이동을 하는데, 대개 보다 북위 지역으로 이동하거나 아니면 보다 따뜻한 계절에 해변 가까이로 이동한다.

행동

대서양흰줄무늬돌고래들은 특히 보다 큰 집단을 이루거나 서로 사회활동을 할 때 활기찬 모습을 보이며 공중곡예도 많이 한다. 종종 수면 위로 점프도 하고 이따금씩 꼬리로 수면을 내려치기도

한다. 그리고 대서양흰줄무늬돌고래들의 점프 스타일은 단순한 점프 스타일(몸을 돌리거나 뒤틀지 않고 그대로 점프했다가 매 끈한 포물선을 그리며 다시 물속으로 들어가는 스타일)과 복잡 한 점프 스타일(보다 높이 점프해 공중에서 몸을 돌리거나 뒤트 는 스타일)로 나뉜다. 또한 대형 수염고래과 고래들(특히 긴수염 고래와 혹등고래)과 어울려 먹이활동을 같이 하기도 하며, 때론 참거두고래, 큰돌고래, 흰부리돌고래 등과 어울리기도 한다. 종종 100마리 넘는 대서양흰줄무늬돌고래들이 집단 좌초되는 경우도 있다. 그리고 뱃머리와 후미에서 파도타기 하는 걸 아주 좋아하 며, 수염고래들이 만들어낸 뱃머리 파도를 타기도 한다.

이빨

위쪽 58~80개
아래쪽 62~76개
원뿔 모양의 작은 이빨들이 나 있다.

잠수 동작
- 부리의 상당 부분과 머리(눈도 포함)가 잠시 보인다.
- 노란색 무늬와 흰색 무늬가 동시에 보이기도 한다.
- 등이 심하게 휜다.
- 종종 꼬리로 수면을 내려친다.

물 뿜어 올리기
- 물을 뿜어 올리는 게 눈에 잘 띄질 않는다(수면으로 오르기 전에 종종 거품이 임).

먹이와 먹이활동

먹이: 주로 떼 지어 다니는 작은 물고기(특히 청어, 대구, 고등어, 청대구, 아메리칸카나리, 바다빙어, 실버헤이크 등)와 오징어(특히 북방짧은지느러미오징어) 그리고 새우를 잡아먹는다.

먹이활동: 미국 뉴잉글랜드 일대에서 서로 힘을 합쳐 먹잇감인 까나리들을 수면 쪽으로 몰아 공 모양으로 만든 뒤 잡아먹는 걸로 알려져 있다.

잠수 깊이: 알려진 바가 없으나 아주 얕은 잠수를 하는 걸로 추정된다.

잠수 시간: 대개 1분 미만. 최장 기록은 4분.

집단 규모와 구조

대개 2~10마리 정도 규모의 작지만 안정된 하위 집단들이 모여 30~100마리의 보다 큰 집단을 이룬다. 500마리 규모의 대집단을 이루는 경우도 드물지 않으며, 페로 제도 일대에서는 1,000마리 넘는 대서양흰줄무늬돌고래 집단들이 관찰되기도 한다.

포식자들

관련 정보가 거의 없지만, 범고래와 대형 상어들이 주요 포식자들일 걸로 추정된다.

사진 식별

등지느러미에 있는 각종 흠과 상처들 그리고 몸의 색과 독특한 무늬들로 식별 가능하다.

개체 수

전 세계 개체 수 추정치는 대략 15만 마리에서 30만 마리가 될 걸로 추정된다. 지역별로는 북대서양 서부에 4만 8,819마리, 유럽의 대서양 방면 바다(아이슬란드, 그린란드 또는 스발바르 제도는 제외)에 1만 5,510마리 그리고 캐나다 세인트로렌스만에 1만 1,740마리가 서식하는 걸로 추정된다.

종의 보존

세계자연보전연맹의 종 보존 현황: '최소 관심' 상태(2008년). 역사적으로 특히 캐나다 뉴펀들랜드와 노르웨이에서 몰이식 사냥으로 많은 대서양흰줄무늬돌고래들이 죽임을 당했다. 페로 제도에서는 1872년부터 2009년 사이에 158회의 몰이식 사냥을 통해 9,435마리의 대서양흰줄무늬돌고래들이 죽었으며, 몰이식 사냥은 아직도 계속되고 있다. 현재도 그린란드와 캐나다 동부에서는 기회가 있을 때마다 사냥이 이루어지고 있다. 또한 서식지 내 많은 지역들에서 다른 어종을 잡으려다 의도치 않게 잡히는 경우가 많은데, 특히 아일랜드 남서부 일대에서처럼 고등어를 잡기 위해 설치한 원양 저인망에 걸리는 경우가 많으며(돌고래들은 저인망 뒤에서 먹이활동을 하기 때문에 의도치 않게 잡히는 경우가 더 많음), 그 외에 자망이나 다른 어망들에 잡히는 경우도 많다. 대서양흰줄무늬돌고래들은 중금속 오염과 유기염소 오염에도 취약한 것으로 보인다.

일대기

성적 성숙: 암컷은 6~12년, 수컷은 7~11년.

짝짓기: 알려진 바가 없다.

임신: 약 11개월.

분만: 1~2년마다 새끼 1마리가 태어남. 대서양 서부 지역에선 주로 여름(정점은 6~7월)에, 대서양 동부에선 주로 가을에 새끼를 낳는다.

젖떼기: 생후 18개월 뒤에.

수명: 20~30년으로 추정된다(최장수 기록은 수컷은 22년, 암컷은 27년).

▲ 대서양흰줄무늬돌고래들은 종종 활기차며 공중곡예도 많이 한다.

태평양흰줄무늬돌고래 Pacific white-sided dolphin

학명 라게노린쿠스 오블리쿠이덴스 *Lagenorhynchus obliquidens*

Gill, 1865

태평양흰줄무늬돌고래는 아주 활발하고 에너지 넘치는 고래 종으로, 되풀이해서 수면 위로 높이 점프하며 앞으로, 뒤로, 옆으로 재주넘기를 하는 등 다양한 재주넘기도 하고 제자리에서 빙빙 돌기도 한다. 특히 많은 태평양흰줄무늬돌고래들이 떼 지어 다니며 워낙 많은 물보라를 일으켜, 이 돌고래들의 모습이 보이기 훨씬 전에 먼저 물보라가 보일 정도이다.

분류: 참돌고래과 이빨고래아목

일반적인 이름: 태평양흰줄무늬돌고래는 영어로 Pacific white-sided dolphin으로, Pacific은 이 돌고래들이 북태평양 고유의 종이기 때문에, 그리고 white-sided는 가슴에 크고 옅은 회색 무늬가 있기 때문에 붙은 것이다.

다른 이름들: Pacific whiteside dolphin, Pacific white-striped dolphin, Pacific striped porpoise, white-striped porpoise, hook-finned porpoise 등(그리고 이 이름들을 혼합해 만든 다양한 이름들); 그리고 모든 낫돌고래속 돌고래들과 마찬가지로 고래 연구가들에 의해 lag(속명에서 온 것)라는 애칭으로 불린다.

학명: 이 고래 학명의 앞부분 *Lagenorhynchus*는 '병' 또는 '실험용 플라스크'를 뜻하는 라틴어 *lagena*에 '부리' 또는 '주둥이'를 뜻하는 라틴어 *rhynchus*가 합쳐진 것이다(부리의 모양을 가리킴). 그리고 학명의 뒷부분 obliquidens는 '비스듬한' 또는 '경사진'을 뜻하는 라틴어 *obliquus*에 '이빨들'을 뜻하는 라틴어 *dens*에서 온 것이다(이빨들이 약간 굽었다는 데서).

세부 분류: *Lagenorhynchus*라는 속명은 현재 재고 중이다. 태평양흰줄무늬돌고래는 조만간 독자적인 속명(아마 *Sagmatias*라는 속명)을 부여받게 될 전망이다(어쩌면 그 자매 종인 더스키돌고래와 함께. 태평양흰줄무늬돌고래는 한때 더스키돌고래의 아종으로 잘못 분류됐음). 그리고 현재 따로 인정된 아종은 없으나, 태평양흰줄무늬돌고래들은 지리적으로 여섯 종류(세 종류는 북태평양 동부에, 두 종류는 북태평양 서부에, 그리고 나머지 한 종류는 육지에서 떨어진 바다에 서식)로 나뉘며, 몸길이와 두개골의 특징들이 조금씩 달라 바다에선 잘 구분되지 않는다. 또한 태평양흰줄무늬돌고래들 중에는 몸 전체가 검은색이거나 거의 흰색인(색소결핍증에 걸린 것도 아니면서) 개체들도 있는 등, 보기 드물 만큼 변칙적인 색 패턴들을 가진 개체들도 많다. 가장 흔히 볼 수 있는 태평양흰줄무늬돌고래는 '브라우넬 타입Brownell type'으로, 이는 이 고래 종을 처음 세상에 알린 동물학자 로버트 L. 브라우넬 주니어Robert L. Brownell Jr.의 이름에서 따온 것이다.

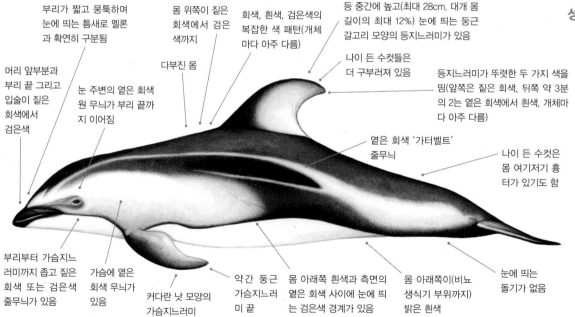

성체

부리가 짧고 뭉툭하며 눈에 띄는 틈새로 멜론과 확연히 구분됨

몸 위쪽이 짙은 회색에서 검은색까지

회색, 흰색, 검은색의 복잡한 색 패턴(개체마다 아주 다름)

등 중간에 높고(최대 28cm. 대개 몸길이의 최대 12%) 눈에 띄는 둥근 갈고리 모양의 등지느러미가 있음

다부진 몸

나이 든 수컷들은 더 구부러져 있음

등지느러미가 뚜렷한 두 가지 색을 띰(앞쪽은 짙은 회색, 뒤쪽 약 3분의 2는 옅은 회색에서 흰색. 개체마다 아주 다름)

머리 앞부분과 부리 끝 그리고 입술이 짙은 회색에서 검은색

눈 주변의 옅은 회색 원 무늬가 부리 끝까지 이어짐

옅은 회색 '가터벨트' 줄무늬

나이 든 수컷은 몸 여기저기 흉터가 있기도 함

부리부터 가슴지느러미까지 좁고 짙은 회색 또는 검은색 줄무늬가 있음

가슴에 옅은 회색 무늬가 있음

커다란 낫 모양의 가슴지느러미

약간 둥근 가슴지느러미 끝

몸 아래쪽 흰색과 측면의 옅은 회색 사이에 눈에 띄는 검은색 경계가 있음

몸 아래쪽이(비뇨생식기 부위까지) 밝은 흰색

눈에 띄는 돌기가 없음

요점 정리

- 북태평양의 차가운 온대 바다에 서식
- 작은 크기
- 등지느러미가 높고 눈에 띄며 놀랄 만큼 뚜렷한 두 가지 색을 띰
- 회색과 흰색과 검은색이 뒤섞여 복잡함
- 몸 아래쪽이 밝은 흰색

- 가슴에 옅은 회색 무늬가 있음
- 등을 따라 옅은 회색 '가터벨트' 줄무늬가 있음
- 짧고 뭉툭한 부리
- 활발하며 곡예에 능함
- 배 가까이 다가가는 경향이 있음

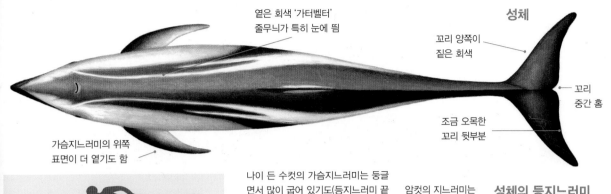

옅은 회색 '가터벨터'
줄무늬가 특히 눈에 띔

성체

꼬리 양쪽이
짙은 회색

꼬리
중간 홈

조금 오목한
꼬리 뒷부분

가슴지느러미의 위쪽
표면이 더 옅기도 함

나이 든 수컷의 가슴지느러미는 둥글
면서 많이 굽어 있기도(등지느러미 끝
이 중간 아래쪽으로 휘기도)

암컷의 지느러미는
대개 덜 굽어 있음

성체의 등지느러미

등지느러미의 모양과 크기 그리고 투톤 패턴은 아주 다름
(나이, 성별 그리고 개체에 따라)

크기

길이: 수컷 1.7~2.5m, 암컷 1.7~2.4m
무게: 90~170kg **최대:** 2.5m, 198kg
새끼 - 길이: 90~110cm **무게:** 약 15kg
북태평양 서부의 태평양흰줄무늬돌고래들은 동부
의 태평양흰줄무늬돌고래들보다 몸길이가 평균
10cm 짧다.

비슷한 종들

멀리서 보면 참돌고래와 혼동할 여지가 있지만, 태평양흰줄무늬
돌고래의 경우 부리 길이도 훨씬 더 짧고 등지느러미와 색 패턴
도 아주 다르다. 또한 빨리 움직일 때는 몸이 좀 더 작은 까치돌
고래와 비슷해 보일 수도 있지만(수면에 이는 물보라도 비슷함),
몸 색깔과 등지느러미 크기 및 모양, 머리 모양, 행동 등을 보면
구분 가능하다(까치돌고래들은 물을 벗어날 만큼 높이 점프하지
않으며 대개 10마리 이내의 소집단을 이룸). 태평양흰줄무늬돌
고래는 더스키돌고래와도 아주 비슷해 보이지만, 서식지가 겹치
지 않아 혼동할 여지가 없다.

분포

태평양흰줄무늬돌고래들은 북태평양과 인근 몇몇 바다들(황해,
동해, 오호츠크해, 베링해 남부, 칼리포니아만 남부 등)의 선선
한 온대 지역 곳곳에서 발견된다. 북태평양 서부에서는 북위 약
27도 중국 남부 동중국해에서부터(더 남쪽 대만 일대에서도 발
견됐다는 얘기들은 착오로 여겨짐) 북쪽으로 북위 약 55도 코만
도르스키예 제도 일대까지에 걸쳐서 서식한다. 또한 북태평양 동
부에서는 북위 약 22도 바하칼리포니아 바로 남쪽에서부터 북
쪽으로 북위 61도 알래스카만까지, 거기서 다시 서쪽으로 알류
샨 열도 내 암치카섬까지에 걸쳐 서식한다. 태평양흰줄무늬돌고
래들이 가장 흔히 발견되는 건 북위 약 35도부터 47도 사이다.
깊은 대양 바다에 폭넓게 퍼져 살지만, 대륙 가장자리의 대륙붕
과 대륙사면의 바다에도 산다. 그리고 대개 해안에서 200km 이
내의 거리에 산다. 해안에 더 가깝고 수심도 더 깊은 연안 바다
(캐나다 브리티시컬럼비아주와 미
국 워싱턴주의 해안 안쪽 해로와 미
국 캘리포니아주 몬터레이만 내 해
저 협곡 등)에서도 발견된다. 또한
계절에 따라 해안-연안 이동 및 북-
남 이동(특히 서식지의 남쪽과 북쪽
지역들에서)이 있는 걸로 추정된다.
특히 태평양 동부 지역에서는 지난
30여 년간 지구 온난화로 수온이 올
라가면서 서식지가 점차 극지방 쪽
으로 확대되고 있는 걸로 보여진다
(그 결과 캐나다와 알래스카 남동부
지역에선 태평양흰줄무늬돌고래 개
체 수가 더 많아지고, 칼리포니아
만 남부 지역에선 개체 수는 물론 집
단 규모도 계속 줄어들고 있음).

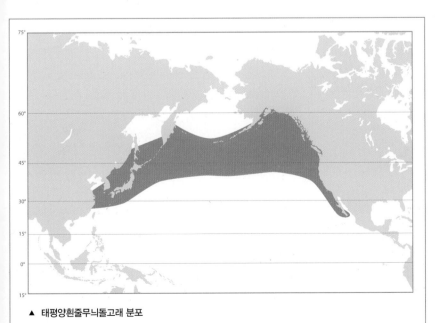

▲ 태평양흰줄무늬돌고래 분포

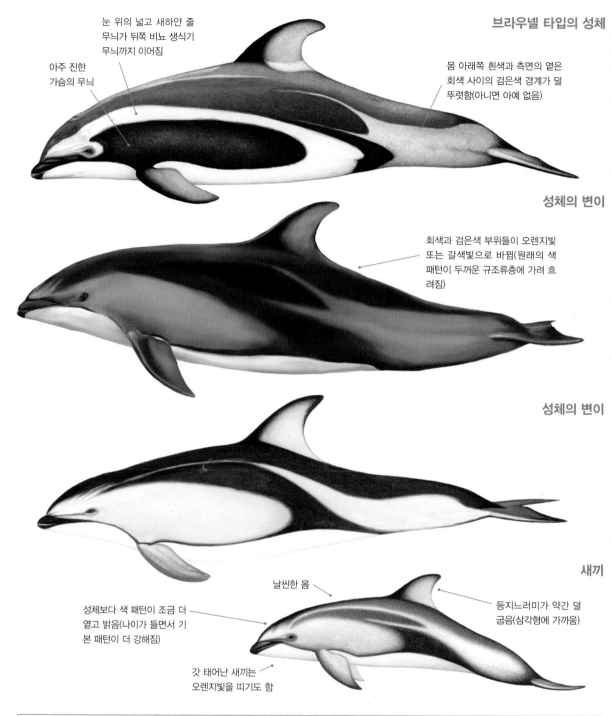

브라우넬 타입의 성체

눈 위의 넓고 새하얀 줄 무늬가 뒤쪽 비뇨 생식기 무늬까지 이어짐

아주 진한 가슴의 무늬

몸 아래쪽 흰색과 측면의 옅은 회색 사이의 검은색 경계가 덜 뚜렷함(아니면 아예 없음)

성체의 변이

회색과 검은색 부위들이 오렌지빛 또는 갈색빛으로 바뀜(원래의 색 패턴이 두꺼운 규조류층에 가려 흐려짐)

성체의 변이

새끼

성체보다 색 패턴이 조금 더 옅고 밝음(나이가 들면서 기본 패턴이 더 강해짐)

날씬한 몸

등지느러미가 약간 덜 굽음(삼각형에 가까움)

갓 태어난 새끼는 오렌지빛을 띠기도 함

잠수 동작

- 대개 아주 빠른 속도로 수면에 오른다.
- 까치돌고래같이 꼬리로 물보라를 일으키기도 한다.
- 머리 위쪽과 등이 거의 동시에 완만한 각도를 이루며 나타난다(더 빨리 다닐 땐 눈도 보임).
- 등이 많이 굽은 채 수면 아래로 떨어진다.
- 몸이 거의 또는 완전히 물 위에 뜬 채 앞으로 나아간다.
- 등지느러미만 드러낸 채(상어처럼) 물살을 가른다.

먹이와 먹이활동

먹이: 기회가 되는 대로 떼 지어 다니는 작은 물고기들(랜턴피시, 태평양메를루사, 북방멸치, 열빙어, 전갱이, 꽁치, 헤이크, 연어, 정어리 등 60종)과 두족류(캘리포니아 마켓 오징어 등 20종)를 잡아먹으며, 일부 지역에선 가끔 새우도 잡아먹는다.

먹이활동: 서로 힘을 합쳐 물고기 떼를 수면 가까이로 몰아 공 모양으로 만든 뒤 잡아먹는다. 먹이를 쫓아갈 땐 시속 28km까지 속도를 내기도 한다.

잠수 깊이: 육지에서 떨어진 먼바다에선 수심 500~1,000m까지 잠수한다. 해안에선 대개 수면 근처에 떼 지어 다니는 먹이들을 노린다.

잠수 시간: 드물게 3분 이상 잠수하기도 하지만 평균 잠수 시간은 24초. 최장 기록은 6.2분.

행동

특히 이동 중에 공중곡예를 많이 하며, 먹이활동을 하거나 서로 사회생활을 할 때는 점프를 더 자주 한다. 수면 위로 점프를 할 때는 몸의 측면이나 배로 수면을 내려치기도 하고 가슴지느러미나 꼬리로 내려치기도 한다. 큰코돌고래와 홀쭉이돌고래 같은 다른 여러 해양 포유동물과 어울리는 모습이 종종 목격되며(특히 일부 홀쭉이돌고래 집단들과는 지속적으로 어울리기도 함), 이따금 혹등고래 등과 함께 캘리포니아바다사자와 바닷새들을 잡아먹기도 한다. 또한 아주 호기심이 많으며(서 있는 배나 다이빙 또는 스노클링을 하는 사람들에게 다가가기도 함), 배의 앞과 뒤에서 파도타기 하는 걸 아주 좋아한다. 작은 쾌속정에서 큰 유람선에 이르는 모든 배들이 파도를 일으킬 때 또는 바다에 자연스레 파도가 일 때, 거의 그 기회를 놓치지 않고 파도타기를 할 정도이다.

이빨

위쪽 46~72개

아래쪽 46~72개

집단 규모와 구조

집단을 이루는 걸 아주 좋아해 대개 100마리까지 모이지만, 이따금 수천 마리까지 모이기도 한다. 또한 큰 집단이 나이와 성별에 따라 하위 집단들로 나뉘기도 한다. 특히 아직 짝짓기 전인 성체 수컷들이 유대 관계가 끈끈한 소집단을 이루는 경우가 많다. 유대 관계는 어떤 행동을 하느냐에 따라 달라, 이동할 때는 대개 서로 긴밀한 대집단을 이뤄 모두 같은 속도로 같은 방향으로 움직이며, 먹이활동이나 사회생활을 할 때는 보다 규모가 작고 느슨한 하위 집단들로 나뉘어 움직인다. 이 태평양흰줄무늬돌고래 집단들은 몇 km씩 흩어져(소집단들 단위로) 있어도 여전히 각종 소리로 연락을 유지한다.

포식자들

범고래들이 중요한 포식자들이다. 빅스 범고래들이 나타나면 잽싸게 도망가지만, 상주형 범고래들이 나타나면 가까이 가거나 함께 어울리기까지 한다(태평양흰줄무늬돌고래들은 빅스 범고래와 상주형 범고래라는 두 생태형을 구분할 수 있음). 캐나다 브리티시컬럼비아의 내륙 수로에서는 범고래들이 돌고래들을 해변으로 몰아 잡아먹곤 했었다(그러나 현재 돌고래들은 그 함정에 빠지지 않는 법을 배운 듯함). 백상아리들도 잘 알려진 포식자들이지만, 다른 대형 상어들에게 잡아먹히기도 한다.

사진 식별

등지느러미 뒤쪽의 상처들, 등지느러미의 모양, 투톤 패턴의 변화 등으로 다른 고래 종들과 식별 가능하다. 고래 연구가들은 퇴색된 돌고래나 브라우넬 타입의 돌고래 등의 특이한 색 패턴을 보고 태평양흰줄무늬돌고래를 식별하기도 한다.

개체 수

전 세계 개체 수 추정치는 없으나 100만 마리는 넘을 걸로 짐작된다. 가장 최근에 집계한 캘리포니아주, 오리건주, 워싱턴주의 추정치는 2만 6,814마리이나, 계절과 연도에 따라(그리고 해양 생태계 변화들에 따라) 변동이 심하다. 2005년에 집계한 캐나다 브리티시컬럼비아주 해안의 태평양흰줄무늬돌고래 수는 2만 5,900마리이다. 태평양흰줄무늬돌고래들은 해당 지역 내에서 가장 많은 원양 돌고래들이다.

종의 보존

세계자연보전연맹의 종 보존 현황: '최소 관심' 상태(2018년). 태평양흰줄무늬돌고래들의 입장에서 역사적으로 가장 큰 위협은 일본과 대만 그리고 한국이 북태평양 중앙 지역과 서부 지역 공해상에 대규모로 설치한 오징어와 연어잡이용 유망들이었다. 1970년대와 1980년대에 약 10만 마리가 사냥을 당했으며, 그러다 1993년에 태평양흰줄무늬돌고래 사냥이 금지됐다. 태평양 동부 지역의 황새치 및 황도상어 잡이 등 다른 어업들로 죽임을 당하는 수는 비교적 적은 편이다. 2007년에 일본은 태평양흰줄무늬돌고래를 사냥해도 좋은 고래 종으로 정했으며, 매년 360마리까지 사냥을 허용하고 있다. 중국 어촌 타이지에서는 지금도 가끔 몰이식 사냥을 한다. 또한 캐나다 브리티시컬럼비아주에서는 수중 음향 교란 장치를 이용한 연어잡이로 인해(지금은 금지됐지만) 태평양흰줄무늬돌고래 수가 줄어들었다.

일대기

성적 성숙: 암컷은 8~11년, 수컷은 9~12년(지역에 따라 다름).

짝짓기: 짝짓기 방식은 난혼이고, 정자 경쟁이 존재하는 걸로 추정된다.

임신: 11~12개월.

분만: 4~5년마다. 지역별로 약간의 차이가 있으나 대개 5~9월에 새끼 1마리가 태어난다.

젖떼기: 생후 8~10개월 뒤에.

수명: 35~45년으로 추정된다(최장수 기록은 수컷이 44년, 암컷은 46년).

더스키돌고래 Dusky dolphin

학명 라게노린쿠스 오브스쿠루스 *Lagenorhynchus obscurus* (Gray, 1828)

더스키돌고래들은 워낙 공중곡예를 즐겨, 큰 집단 내의 일부 더스키돌고래들은 늘 공중에 떠 있을 정도이다. 더스키돌고래는 특히 점프를 아주 높이 하고 공중제비를 잘 도는 걸로 유명하다. 고래 연구가들에 의해 lag라는 애칭으로 불리는 낫돌고래속 돌고래 6종 가운데 가장 많은 연구가 이루어진 돌고래이기도 하다.

분류: 참돌고래과 이빨고래아목

일반적인 이름: 더스키돌고래는 영어로 Dusky dolphin으로, 이때의 dusky는 '어둑어둑한' 정도의 뜻으로 이 고래 종의 짙은 색 부리를 가리킨다.

다른 이름들: Dusky, beakless dolphin, Gray's dusky dolphin 등. 그리고 모든 낫돌고래속 돌고래들과 마찬가지로 고래 연구가들에 의해 lag(속명에서 온 것)라는 애칭으로 불린다.

학명: 이 고래 학명의 앞부분 Lagenorhynchus는 '병' 또는 '실험용 플라스크'를 뜻하는 라틴어 lagena에 '부리' 또는 '주둥이'를 뜻하는 라틴어 rhynchus가 합쳐진 것이다(부리의 모양을 가리킴). 그리고 학명의 뒷부분 obscurus는 '어두운' 또는 '흐릿한'을 뜻하는 라틴어 obscurus에서 온 것이다(부리의 색 또는 크기를 가리킴).

세부 분류: *Lagenorhynchus*라는 속명은 현재 재고 중이며, 더스키돌고래는 조만간 독자적인 속명(아마 *Sagmatias*라는 속명)을 부여받게 될 전망이다. 자매 종인 태평양흰줄무늬돌고래는 한때 더스키돌고래의 아종으로 잘못 분류됐다. 현재 따로 인정된 아종은 다음과 같이 네 종이다(현장에선 구분하기 힘들겠지만). 아르헨티나 더스키돌고래 또는 피츠로이돌고래 *Lagenorhynchus obscurus fitzroy*(찰스 다윈 Charles Darwin이 파타고니아에서 가져온 초창기 표본을 세상에 알린 HMS Beagle 호의 선장 로버트 피츠로이Robert Fitzroy의 이름에서 따옴), 아프리카 더스키돌고래*Lagenorhynchus obscurus obscurus*, 칠레/페루 더스키돌고래*Lagenorhynchus obscurus posidonia*, 뉴질랜드 더스키돌고래(아직 아종 이름이 없으나, *Lagenorhynchus obscurus superciliosis*로 예상).

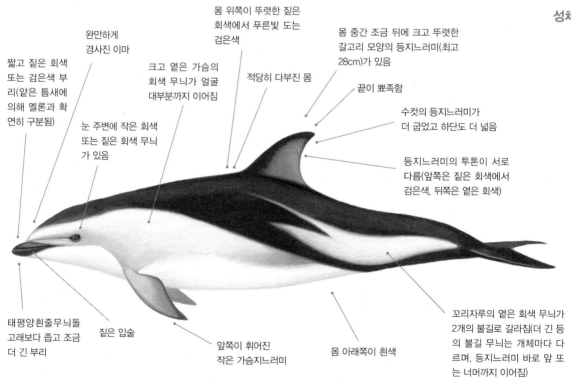

성체

몸 위쪽이 뚜렷한 짙은 회색에서 푸른빛 도는 검은색

완만하게 경사진 이마

몸 중간 조금 뒤에 크고 뚜렷한 갈고리 모양의 등지느러미(최고 28cm)가 있음

짧고 짙은 회색 또는 검은색 부리(얇은 틈새에 의해 멜론과 확연히 구분됨)

크고 옅은 가슴의 회색 무늬가 얼굴 대부분까지 이어짐

적당히 다부진 몸

끝이 뾰족함

눈 주변에 작은 회색 또는 짙은 회색 무늬가 있음

수컷의 등지느러미가 더 굽었고 하단도 더 넓음

등지느러미의 투톤이 서로 다름(앞쪽은 짙은 회색에서 검은색, 뒤쪽은 옅은 회색)

태평양흰줄무늬돌고래보다 좁고 조금 더 긴 부리

짙은 입술

앞쪽이 휘어진 작은 가슴지느러미

몸 아래쪽이 흰색

꼬리자루의 옅은 회색 무늬가 2개의 불길로 갈라짐(더 긴 등의 불길 무늬는 개체마다 다르며, 등지느러미 바로 앞 또는 너머까지 이어짐)

요점 정리

- 남반구의 선선한 온대 바다에 서식
- 작은 크기
- 검은색과 흰색과 회색이 뒤섞여 복잡함
- 옅은 회색 얼굴 및 가슴 무늬
- 몸 양옆에 앞을 향한 2개의 옅은 회색 불길 무늬가 있음
- 몸 아래쪽이 흰색
- 높고 눈에 띄는 두 가지 색의 등지느러미
- 완만하게 경사진 이마
- 짧고 짙은 부리
- 떼 지어 다니는 걸 좋아하며 곡예도 많이 함

좁고 옅은 회색 꼬리자루 불길('가터벨트')
무늬가 몸 중간까지(개체마다 달라, 어떤
개체들은 거의 분수공까지) 이어짐

성체

뚜렷하고
좁은 꼬리
중간 홈

옅은 회색에 가장자리는
짙은 가슴지느러미

오목한 꼬리 뒷부분

보다 날씬한 몸

새끼

보다 옅은 부리

몸 전체 색이 보다 옅고 조
금 더 퇴색됨

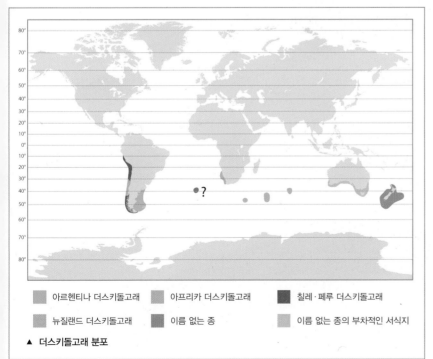

크기

길이: 수컷 1.7~2m, 암컷 1.7~2m
무게: 70~85kg **최대:** 2.1m, 100kg
새끼─길이: 80~100cm **무게:** 약 9~10kg
지역에 따라 크기가 조금씩 다름.

비슷한 종들

남아메리카 남부의 필돌고래들과 서식지가 겹치는 데다 몸 모양과 색이 대체로 비슷
해 가장 혼동하기 쉽다. 더스키돌고래들이 전반적으로 색이 더 옅고 얼굴과 부리도
더 옅으며 가슴 무늬도 더 밝다(아래쪽에 짙은 경계도 없고). 또한 필돌고래들에 비해
집단 규모도 더 크고 대체로 더 에너지가 넘친다. 더스키돌고래들은 생긴 게 태평양
흰줄무늬돌고래들과도 아주 비슷하지만 서식지가 겹치지는 않는다. 참돌고래나 남방
고추돌고래와 짝짓기해 낳은 새끼가 목격됐다는 기록들도 있다.

분포

더스키돌고래들은 남반구의 선선한
온대 바다에 불규칙하게 흩어져 서
식한다. 다음과 같은 일곱 군데 지역
에서 서로 분리된 채 살아가는 걸로
보인다.

1. 뉴질랜드(채텀섬과 캠벨섬 포함). 이
   지역의 더스키돌고래들은 선선한
   사우스랜드 해류 및 캔터베리 해
   류와 관련이 있다.

2. 남아메리카 남부 및 중앙 지역. 남
   위 약 8도 페루 남부에서부터 태
   평양의 케이프 혼까지 그리고 또
   남위 약 36도 대서양 지역(포클랜
   드 제도 포함)까지. 그러나 남위
   약 36도와 남위 46도 사이에 걸
   쳐 있는 칠레 해안 약 1,000km
   지역에는 더스키돌고래 개체 수
   가 눈에 띄게 적다(최근 몇 년 사

아르헨티나 더스키돌고래 아프리카 더스키돌고래 칠레·페루 더스키돌고래

뉴질랜드 더스키돌고래 이름 없는 종 이름 없는 종의 부차적인 서식지

▲ 더스키돌고래 분포

아르헨티나 더스키돌고래(피츠로이돌고래) 성체

아프리카 더스키돌고래 성체

칠레/페루 더스키돌고래

뉴질랜드 더스키돌고래

남방고추돌고래와의 혼혈

이에 그 수가 늘어나고 있다고 하지만). 이 지역의 더스키돌고래들은 서부 해안의 선선한 험볼트 해류 및 동부 해안의 포클랜드(말비나스) 해류와 관련이 있다. 이들의 서식지가 현재 멀리 남쪽으로 남극해까지, 그러니까 최소 남위 60도 지역(남극 수렴대 남쪽)까지 확대되고 있다는 증거들도 있지만, 남극 수렴대 남쪽의 섬들에서 발견됐다는 얘기는 없다.

3. 아프리카 남서부. 남아프리카공화국 폴스만에서부터 앙골라 로비토만까지. 그러나 남위 27도와 남위 30도 사이의 남아프리카공화국/나미비아 국경 지대의 오렌지강 어귀 일대에서는 더스키돌고래 수가 눈에 띄게 줄고 있는데, 그건 차가운 벵겔라 해류와 관련이 있다. 이 돌고래들이 서식하는 앙골라(남위 약 12도)의 최북단은 따뜻한 앙골라 해류와 차가운 벵겔라 해류 간 전선 위치에 의해 결정되는 듯하다.

4. 암스테르담섬과 세인트폴섬. 인도양에 위치한 섬들이다.

5. 프린스에드워드섬과 마리온섬, 크로제 제도. 역시 인도양에 위치한 섬들이다. 케르겔렌섬과 허드섬에도 서식한다는 게 확인된 적은 없다.

6. 트리스탄다쿠냐 제도와 고프섬(주로 고프섬). 남대서양에 위치한 섬들이다. 트리스탄다쿠냐 제도에서 발견됐다는 건 대개 해안에서 100~200km 떨어진 지역에서다.

7. 오스트레일리아 남부(태즈메이니아섬 포함). 가끔 오스트레일리아 바다에서 발견되거나 그 일대에 좌초되는데, 그건 일시적인 현상으로 (뉴질랜드에서 오는 길에) 보인다.

더스키돌고래들은 선선한 용승 지역들 및 차가운 해류와 관련이 깊다. 그리고 주로 해안에 살며, 특히 얕은(대개 수심 500m 이내. 그중에서도 특히 수심 200m 이내의) 바다를 좋아하며, 주로 대륙붕 지역에서 발견된다. 때론 더 깊은 대륙사면에서도 발견되지만, 수심 2,000m 이상에서 발견되는 경우는 드물다. 그리고 섭씨 10~18도 사이의 해수면 온도를 좋아하지만, 더 찬 바다에 들어가기도 한다.

더스키돌고래들은 지역에 따라 그리고 주야 및 계절에 따라 해안 지역과 먼바다 사이를 오간다. 수심 20m도 안 될 정도로 얕은 해안 지역에서는 새끼들이 포함된 더스키돌고래 집단들이 더 흔히 목격되는데, 이는 범고래와 상어들을 피하기 위함으로 보인다. 또한 일부 더스키돌고래들은 여름-겨울에 남-북 이동을 하기도 하지만, 대부분의 더스키돌고래들은 자신들의 서식지를 떠나지 않는 걸로 보여진다.

행동

더스키돌고래들은 공중곡예를 많이 하며 종종 연이어 여러 차례(많을 땐 한 번에 36차례) 수면 위로 높이 점프한다. 점프할 땐 몸이 제대로 된 아치형을 이루며(떨어질 땐 머리 먼저), 몸의 측면이나 배 또는 등으로 수면을 내려쳐 많은 물보라가 일며, 때론 높이 점프해 공중제비를 돌기도 한다. 더스키돌고래들은 또 참돌고래, 남방고추돌고래, 거두고래를 비롯한 다양한 고래 종들과 어울린다. 페루에서는 종종 참돌고래 및 바닷새들과 함께 대규모

잠수 동작
- 천천히 헤엄칠 때는 부리 끝부분이 먼저 수면 위로 올라온다.
- 물을 뿜어 올릴 때 머리 대부분과 눈이 잠시 보인다.
- 머리가 수면 밑으로 들어가면서 등과 등지느러미가 드러난다.
- 꼬리자루가 잘 보이지 않는 경우가 많다.
- 빨리 헤엄칠 때는 몸이 완전히 물속에 잠긴 채 움직인다.
- 등지느러미만 드러낸 채(상어처럼) 물살을 가르기도 한다.

먹이와 먹이활동

먹이: 떼 지어 다니는 다양한 작은 물고기(남방멸치, 페루멸치, 정어리, 헤이크, 스컬핀, 랜턴피시 등)와 오징어(파타고니아 오징어, 점보 플라잉 오징어 등)를 잡아먹는다. 수면은 물론 해저에서도 먹이활동을 하며, 먹이 및 먹이활동 전략들은 시간에 따라 그리고 또 계절과 지역에 따라 크게 달라진다.

먹이활동: 많은 더스키돌고래들이 서로 협력해 떼 지어 다니는 물고기들을 상대로 먹이활동을 하며, 일부 지역들에서는 주로 밤에(깊은 물에 사는 물고기들을), 그리고 또 다른 지역들에서는 낮과 밤 가리지 않고 먹이활동을 한다.

잠수 깊이: 최고 깊이 잠수한 기록은 156m이다.

잠수 시간: 먹이활동을 하지 않을 땐 평균 약 21초간 잠수를 하고, 먹이활동을 할 때는 90초 이상 잠수를 한다.

먹이활동을 벌이기도 한다. 그리고 뉴질랜드 카이코우라 협곡에서는 대개 밤에 깊은 바다에서 랜턴피시와 오징어를 사냥하며 아침과 오후에는 서로 사회활동을 하고 한낮에는 휴식을 취한다. 수심이 얕은 만에서는 이런 흐름이 뒤바뀌어 주로 낮에 떼 지어 몰려다니는 물고기들(정어리 같은)을 사냥한다. 일반적으로 배가 주변에 있으면 호기심을 보이며 다가오고, 종종 뱃머리에서 파도타기를 하기도 한다.

이빨

위쪽 52~78개

아래쪽 52~78개

집단 규모와 구조

더스키돌고래들의 집단 규모와 구조는 계절과 행동, 먹이, 지역 등에 따라 크게 다르지만, 대개 2마리에서 1,000마리까지 또는 그 이상(간혹 2,000마리)이다. 더스키돌고래들은 모였다 흩어졌다를 반복하며 모든 나이대와 암수 개체들이 다 함께 모이는 대집단에서부터 짝짓기와 육아, 먹이활동을 위해 모이는 소집단에 이르기까지, 그 규모와 구조는 늘 변동된다. 뉴질랜드 카이코우라 지역 일대에서 더스키돌고래들은 겨울엔 해안에서 떨어진 바다에 모이며 그 규모가 더 크고(1,000마리 이상), 여름엔 해안 근처에 모이며 그 규모가 더 작다(1,000마리 이하). 그러나 일부 지역들에서는 대개 겨울에는 규모가 더 작고(3~20마리), 여름에는 규모가 더 크다(20~500마리 이상). 장기적으로 더 좋아하거나 기피하는 집단들이 있다는 증거도 있다.

포식자들

일부 지역들(예를 들어 아르헨티나와 뉴질랜드)에서는 범고래들이 가장 위협적인 포식자들이며, 따라서 그 범고래들을 피해 아주 얕은 바다로 들어가곤 한다. 더스키돌고래들은 백상아리, 청새리상어, 청상아리 같은 대형 상어들에게도 사냥당하는 것으로 추정된다. 또한 파타고니아 일대에서 잡힌 칠성상어들의 위 안에

▲ 뉴질랜드 카이코우라에서 촬영된 이 사진에서처럼 더스키돌고래들은 공중곡예에 아주 능할 뿐 아니라 수시로 수면 위로 높이 점프를 한다.

▲ 두 가지 색의 높다란 등지느러미는 더스키돌고래들의 대표적인 특징이다.

서 더스키돌고래들의 사체 일부가 발견되기도 한다.

사진 식별

주로 등지느러미 뒤쪽의 각종 홈 등과 등지느러미의 전반적인 모양 그리고 몸에 나 있는 이빨 자국이나 다른 상처 등으로 식별 가능하다.

개체 수

전 세계 개체 수 추정치는 없으나, 서식지 내 대부분의 지역에 많은 수가 서식하고 있는 걸로 보인다. 대략적인 지역별 개체 수 추정치는 다음과 같다. 뉴질랜드 일대에 1만 2,000마리에서 2만 마리(카이코우라에 서식하는 더스키돌고래 약 2,000마리 포함), 아르헨티나 파타고니아 일대에 최소 6,600마리.

종의 보존

세계자연보전연맹의 종 보존 현황: '정보 부족 상태(2008년). 더스키돌고래들에 대한 가장 큰 위협은 아마 1970년대 초부터 페루 일대에서 시작된 유망과 작살을 이용한 불법적인 고래 사냥일 것이다. 1996년에 공포된 더스키돌고래 사냥 금지에도 불구하고 상어 미끼용으로 매년 약 5,000마리에서 1만 5,000마리가 죽었고 그 외에 또 식용으로 3,000마리가 죽었다. 게다가 지금까지도 한 항구(페루의 살라베리)에서만 매년 700마리 정도가 죽임을 당하고 있는 것으로 추정된다. 칠레와 남아프리카공화국에서도

비교적 소수의 더스키돌고래들이 죽임을 당하고 있는 것으로 보여진다. 또한 다른 어종을 잡기 위한 어망에 더스키돌고래들이 뜻하지 않게 걸리는 경우도 많아(최근에는 그런 기록이 없지만), 서식지 내 거의 모든 국가에서 문제가 되고 있다. 뉴질랜드에 조성된 홍합 양식장들도 더스키돌고래들의 먹이활동에 영향을 주고 서식지를 축소하는 역할을 하는 걸로 보여진다. 일부 지역에서는 더스키돌고래들이 먹이로 삼는 어종의 남획도 문제가 되고 있다.

일대기

성적 성숙: 암컷은 4~6년, 수컷은 4~5년(지역에 따라 다름. 뉴질랜드에서는 첫 번식을 하는 나이가 7~8살임).

짝짓기: 짝짓기 방식은 난혼(암수 모두 짝짓기 상대가 여럿이어서)이며, 정자 경쟁이 존재하고, 수컷과 수컷 간의 싸움은 없는 듯하다(수컷들은 빠른 속도로 암컷을 쫓아가는 과정에서 동맹을 맺기도 하는 걸로 추정됨).

임신: 11~13개월(지역에 따라 다름).

분만: 2~3년마다 새끼 1마리가 태어나며, 새끼가 가장 많이 태어나는 시기는 지역에 따라 다음과 같이 다르다. 페루에서는 8~10월, 뉴질랜드에서는 11~1월, 아르헨티나에서는 11~2월, 남아프리카공화국에서는 1~3월.

젖떼기: 생후 12~18개월 뒤에(지역에 따라 달라. 페루 일대에서는 생후 약 12개월, 뉴질랜드 일대에서는 최소 18개월 뒤에).

수명: 약 25~35년으로 추정된다(최장수 기록은 36년).

모래시계돌고래 Hourglass dolphin

학명 **라게노린쿠스 크루키게르** *Lagenorhynchus cruciger*   (Quoy and Gaimard, 1824)

모래시계돌고래는 특이하게도, 1820년에 바다에서 직접 보고 대충 그린 그림만을 토대로 새로운 종으로 공식 인정되고 발표된 고래 종이다. 이 고래는 특히 드레이크 해협에서 자주 목격되고 있지만, 연구 대상이 될 만한 표본이 거의 없어 모든 돌고래들 가운데 알려진 게 가장 적은 돌고래에 속한다.

분류: 참돌고래과 이빨고래아목

일반적인 이름: 모래시계돌고래는 영어로 Hourglass dolphin으로, 옆으로 난 넓은 흰색 줄무늬가 점점 가늘게 등지느러미 바로 밑쪽까지 이어져, 그 모양이 모래시계를 연상케 한다 해서 생겨난 이름이다.

다른 이름들: springer, southern white-sided dolphin, sea skunk, Wilson's dolphin, cruciger dolphin 등. 그리고 모든 낫돌고래속 돌고래들과 마찬가지로 고래 연구가들에 의해 lag(속명에서 온 것)라는 애칭으로 불린다.

학명: 이 고래 학명의 앞부분 *Lagenorhynchus*는 '병' 또는 '실험용 플라스크'를 뜻하는 라틴어 *lagena*에 '부리' 또는 '주둥이'를 뜻하는 라틴어 *rhynchus*가 합쳐진 것이다(부리의 모양을 가리킴). 그리고 학명의 뒷부분 *cruciger*는 '십자가'를 뜻하는 라틴어 *crucis*에 '운반하다'를 뜻하는 라틴어 *gero*가 합쳐진 것이다(문자 그대로 '십자가를 이고 가는 이' 정도의 뜻. 위에서 보면 몰타 기사 수도회 십자가 휘장을 연상케 하는 검은색 무늬들이 있다 해서).

세부 분류: *Lagenorhynchus*라는 속명은 현재 재고 중이며, 모래시계돌고래는 조만간 독자적인 속명(아마 *Sagmatias*라는 속명)을 부여받게 될 전망이다. 현재 따로 인정된 아종은 없다.

성체 수컷

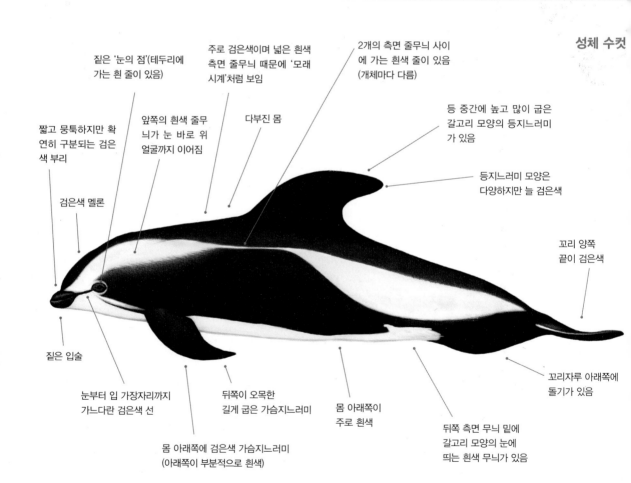

짙은 '눈의 점'(테두리에 가는 흰 줄이 있음)

주로 검은색이며 넓은 흰색 측면 줄무늬 때문에 '모래시계'처럼 보임

2개의 측면 줄무늬 사이에 가는 흰색 줄이 있음 (개체마다 다름)

앞쪽의 흰색 줄무늬가 눈 바로 위 얼굴까지 이어짐

다부진 몸

등 중간에 높고 많이 굽은 갈고리 모양의 등지느러미가 있음

짧고 뭉툭하지만 확연히 구분되는 검은색 부리

검은색 멜론

등지느러미 모양은 다양하지만 늘 검은색

꼬리 양쪽 끝이 검은색

짙은 입술

눈부터 입 가장자리까지 가느다란 검은색 선

뒤쪽이 오목한 길게 굽은 가슴지느러미

몸 아래쪽이 주로 흰색

뒤쪽 측면 무늬 밑에 갈고리 모양의 눈에 띄는 흰색 무늬가 있음

꼬리자루 아래쪽에 돌기가 있음

몸 아래쪽에 검은색 가슴지느러미 (아래쪽이 부분적으로 흰색)

요점 정리

- 아열대 및 열대의 대양 바다에 서식
- 작은 크기
- 검은색과 흰색의 경계가 아주 뚜렷함
- 갈고리 모양의 높다란 검은색 등지느러미
- 빨리 헤엄을 칠 때 펭귄처럼 꼬리가 물 위를 스쳐감
- 뱃머리에서 파도타기하는 걸 아주 좋아함

성체 암컷

일부 개체(암수)들은 몸 양옆에 갈색빛 도는 회색, 검은색, 흰색 무늬들이 있음

꼬리자루 아래쪽에 수컷보다 덜 눈에 띄는 돌기가 있음

성체

크기

길이: 수컷 1.6~1.9m, 암컷 1.4~1.8m
무게: 70~90kg   **최대:** 1.9m, 94kg
새끼–길이: 약 0.9~1.2m
무게: 알려진 바가 없음

비슷한 종들

모래시계돌고래들은 남극 수렴대 남쪽에서 수시로 발견되는 작은 돌고래들 가운데 등지느러미 끝이 뾰족한 유일한 대양돌고래다. 남극 수렴대 위쪽에선 더스키돌고래나 필돌고래와 혼동할 여지가 있으나, 그 돌고래들의 경우 몸에 뚜렷한 검은색-흰색 패턴이 없다. 남방고추돌고래들은 검은색-흰색 패턴이 있고 서식지도 겹치지만, 등지느러미가 없다. 검은색-흰색 패턴이 있는 머리돌코고래들은 주로 해안 지역에 서식한다.

분포

모래시계돌고래들은 북극과 아북극 지역 바다에선 극지 부근에 서식한다. 대부분은 남위 45도와 남위 65도 사이에서 발견되며, 멀리 북쪽으로는 남위 33도 40분 남태평양(칠레의 발파라이소 일대)에서도 그리고 멀리 남쪽으로는 남위 67도 38분 남태평양 지역에서도 발견된다. 일부 지역들에서는 얼음 가장자리 지역 근처에서 발견되며, 남극 수렴대 양쪽에서 발견되기도 한다. 모래시계돌고래들은 또 남극 순환 해류Antarctic Circumpolar Current(남극 대륙 주변을 서에서 동으로 흐르는 해류–옮긴이)와 밀접한 관련이 있으며, 바다가 험한 지역들에서 가장 자주 발견된다. 또한 대개 기온이 섭씨 7도 밑으로 내려가는 바다에서 발견되지만, 해수면 온도가 섭씨 영하 0.3도에서 영상 13.4도에 이르는 지역들에서도 발견된다. 그리고 주로 육지에서 떨어진 깊은 바다에서 발

▲ 모래시계돌고래 분포

선명한 흑–백 패턴의 크기.
모양이 크게 달라지기도 함

성체 수컷의 변이

가끔 색이 퇴색된(색이 부분적으로
바랜) 개체들도 있음

성체 수컷의 변이

잠수 동작
수면 위로 오르는 세 가지 타입이 있다.

천천히 움직이기
* 뿜어 올리는 물이 거의 보이지 않는다.
* 머리 윗부분이 먼저 나타난다.
* 등과 등지느러미가 드러나고 아직 머리도 보인다.
* 머리가 수면 아래로 들어간다.
* 부드럽게 몸을 굴려 잠수한다.
* 꼬리가 보이기도 한다(아니면 가끔 고리로 수면을 내려치기도 함).

빨리 높이 움직이기
* 낮은 각도로 멀리 점프한 뒤 수면 밑에서 빠른 속도로 헤엄친다(물 위를 걷는 펭귄들처럼).

낮게 빨리 움직이기
* 머리 위쪽과 등지느러미만 드러낸 채 수면에 아주 가까운 데서 움직인다.
* 눈에 띄는 큰 물보라(까치돌고래가 일으키는 물보라와 비슷)를 일으킨다.

먹이와 먹이활동

먹이: 작은 물고기와 오징어 그리고 게, 새우 같은 갑각류를 잡아먹는다. 그 외에 랜턴피시, 어린 아르헨티나 헤이크, 바늘에 걸린 오징어, 짧은 꼬리오징어, 파타고니아오징어 등도 잡아먹는 걸로 추정된다(제한적인 샘플들에 따르면).

먹이활동: 가끔은 커다란 슴새, 검은 눈썹의 알바트로스 새 같은 바닷새들과 함께 먹이활동을 하기도 한다.

잠수 깊이: 먹이 선택을 감안하면, 주로 수면에서 먹이활동을 하는 것으로 추정된다.

잠수 시간: 알려진 바가 없다.

등지느러미

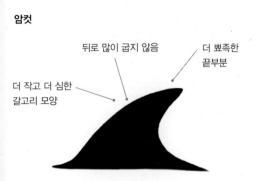

암컷

뒤로 많이 굽지 않음

더 뾰족한 끝부분

더 작고 더 심한 갈고리 모양

수컷

중간쯤 위쪽에서 뒤로 많이 굽음

더 크고 더 심하게 굽어짐

둥근 끝부분

견되지만, 가끔 수심 200m가 안 되는 섬들 근처나 남아메리카 일대와 비글 해협 그리고 남극 대륙에서도 발견된다. 또한 모래시계고래들은 장거리 이동을 한다고 알려져 있지는 않지만, 겨울에는 북쪽으로 아남극 바다나 더 가까운 해안 지역들로 이동하는 걸로 추정된다.

행동

모래시계돌고래들은 종종 참고래들과 어울리며(포경업자들이 모래시계돌고래들을 이용해 참고래들을 찾아낼 정도로), 그리 자주는 아니지만 정어리고래, 밍크고래, 남방병코고래, 아르누부리고래, 범고래, 참거두고래, 남방참고래 등과도 어울린다. 남방참고래들과 함께 여행을 하는 게 목격됐다는 기록도 있다. 대형 고래들 앞에서 파도타기를 즐기기도 한다. 또한 배에 대한 관심이 많아, 가끔은 상당히 먼 거리에서 방향까지 바꿔가며 배로 접근해와 뱃머리에서 열심히 파도타기를 하거나 배 뒤에서 서핑을 즐기면서 30분 이상 머물기도 한다. 모래시계돌고래들은 워낙 갑자기 나타나기 때문에, 슬그머니 뱃머리에서 파도타기를 즐겨도 못보고 지나치기 쉽다. 또한 모래시계돌고래들은 아주 활동적이고 대개 빠른 속도로 헤엄을 치며, 특히 공해상에서 파도타기를 즐긴다. 그리고 또 종종 수면 위로 점프도 하며 공중에서 몸을 빙그르르 돌리기도 하는 걸로 알려져 있다. 새끼들은 아주 보기 힘든데, 그건 아마 거친 바다에서 주목받는 걸 피하려 하거나 어미-새끼 쌍들이 배를 피하기 때문인 걸로 보여진다.

이빨

위쪽 52~68개
아래쪽 54~70개

집단 규모와 구조

주로 1~12마리. 100마리까지 목격됐다는 기록들도 있다.

포식자들

포식자들에 대해선 알려진 바가 없으나, 범고래들과 레오파드바다표범들이 포식자들일 걸로 추정된다. 한 모래시계돌고래의 경우 상어 때문에 생긴 걸로 보여지는 상처가 있었다.

사진 식별

검은색-흰색 패턴의 차이를 보면 종 식별이 가능하다.

개체 수

오래 전에 행해진 두 차례의 설문 조사(1976~1977년과 1987~1988년) 자료에 따르면, 모래시계돌고래들은 여름에 남극 수렴대 남쪽에만 14만 4,300마리가 모인다.

종의 보존

세계자연보전연맹의 종 보존 현황: '최소 관심' 상태(2018년). 모래시계돌고래들의 가장 큰 위협들에 대해선 알려진 바가 없으며, 주요 서식지가 해안에서 멀리 떨어진 대양이기 때문에 사람들과의 접촉이 거의 없다. 어쩌다 뜻하지 않게 어망에 걸리는 경우들은 있어도, 조직적인 사냥에 죽임을 당하고 있다는 얘기는 없다.

일대기

성적 성숙: 알려진 바가 없다.

짝짓기: 짝짓기 방식은 난혼이며, 정자 경쟁이 존재하는 걸로 추정된다.

임신: 약 13개월로 추정된다.

분만: 새끼는 2~3년마다 남반구 여름에(1~2월로 추정) 1마리씩 태어나는 걸로 보여진다.

젖떼기: 알려진 바가 없다.

수명: 알려진 바가 없으나, 25년이 넘을 것으로 추정된다.

흰부리돌고래 White-beaked dolphin

학명 라게노린쿠스 알비로스트리스 *Lagenorhynchus albirostris* (Gray, 1846)

흰부리돌고래란 이름에도 불구하고 이 고래는 흰 부리를 갖고 있지 않으며, 사실 많은 개체들이 아주 짙거나 얼룩얼룩한 부리를 갖고 있다. 그린란드어 이름 aarluarsuk는 '범고래처럼 생긴'의 뜻이다.

분류: 참돌고래과 이빨고래아목

일반적인 이름: 흰부리돌고래는 영어로 white-beaked dolphin으로, 많은 개체의 부리 색 때문에 생겨난 이름이다.

다른 이름들: white-beaked porpoise, white-nosed dolphin, squidhound, jumper, springer 등. 그리고 모든 낫돌고래속 돌고래들과 마찬가지로 고래 연구가들에 의해 lag(속명에서 온 것)라는 애칭으로 불린다.

학명: 이 고래 학명의 앞부분 *Lagenorhynchus*는 '병' 또는 '실험용 플라스크'를 뜻하는 라틴어 *lagena*에 '부리' 또는 '주둥이'를 뜻하는 라틴어 *rhynchus*가 합쳐진 것이다(부리의 모양을 가리킴). 그리고

학명의 뒷부분 *albirostris*는 '흰색'을 뜻하는 라틴어 *albus*에 '부리'를 뜻하는 라틴어 *rostrum*이 합쳐진 것이다.

세부 분류: *Lagenorhynchus*라는 속명은 현재 재고 중이다. 흰부리돌고래는 표준 종(속의 대표가 되는 종—옮긴이)으로, 결국 유일하게 남은 종일 수 있다(그러니까 최근 연구에 따르면, 이 돌고래는 현재 속한 속의 다른 돌고래들보다는 대서양흰줄무늬돌고래에 더 가까움). 현재 따로 인정된 아종은 없으나, 대서양 양안에 서식하는 흰부리돌고래들은 형태학적으로 뚜렷이 구분되며 아마 서로 뒤섞이는 일은 별로 없는 걸로 추정된다.

성체

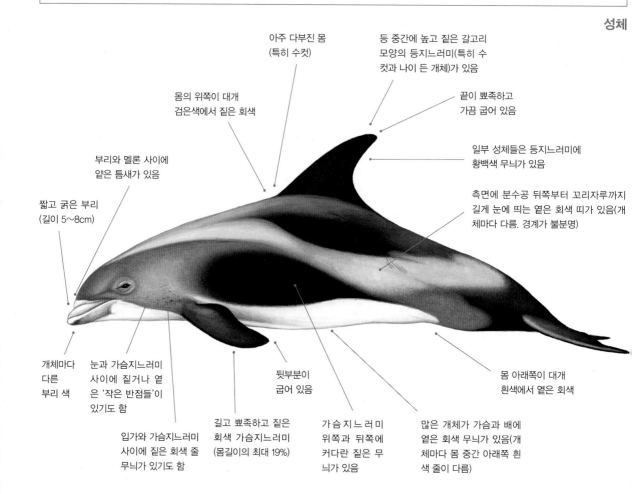

아주 다부진 몸 (특히 수컷)

등 중간에 높고 짙은 갈고리 모양의 등지느러미(특히 수컷과 나이 든 개체)가 있음

몸의 위쪽이 대개 검은색에서 짙은 회색

끝이 뾰족하고 가끔 굽어 있음

일부 성체들은 등지느러미에 황백색 무늬가 있음

부리와 멜론 사이에 얕은 틈새가 있음

측면에 분수공 뒤쪽부터 꼬리자루까지 길게 눈에 띄는 옅은 회색 띠가 있음(개체마다 다름. 경계가 불분명)

짧고 굵은 부리 (길이 5~8cm)

개체마다 다른 부리 색

눈과 가슴지느러미 사이에 짙거나 옅은 '작은 반점들'이 있기도 함

입가와 가슴지느러미 사이에 짙은 회색 줄 무늬가 있기도 함

길고 뾰족하고 짙은 회색 가슴지느러미 (몸길이의 최대 19%)

뒷부분이 굽어 있음

가슴지느러미 위쪽과 뒤쪽에 커다란 짙은 무늬가 있음

많은 개체가 가슴과 배에 옅은 회색 무늬가 있음(개체마다 몸 중간 아래쪽 흰색 줄이 다름)

몸 아래쪽이 대개 흰색에서 옅은 회색

요점 정리

- 북대서양의 차가운 바다에 서식
- 작은 크기
- 회색, 검은색, 흰색이 복잡하게 뒤얽혀 있음(개체마다 다름)
- 측면에 눈에 띄는 긴 옅은 회색 띠가 있음
- 아주 다부진 몸
- 등지느러미 뒤쪽에 회색빛 도는 흰색 '안장'이 있음
- 짧고 굵은 부리(가끔 흰색)
- 높고 짙은 갈고리 모양의 등지느러미

성체

뒤쪽의 옅은 띠가 위쪽의 다른 띠와
이어져 옅은 안장 무늬가 되기도 함

꼬리는 나이에
비례해 자람

꼬리 양쪽은 짙은 회색
(아래쪽엔 흰색 반점들이 있기도)

부리 변이
(아이슬란드에서의 조사를 토대로)

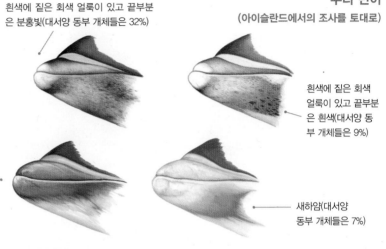

짙은 회색에 끝부분은 흰색
(대서양 동부 개체들은 52%)

흰색에 짙은 회색 얼룩이 있고 끝부분
은 분홍빛(대서양 동부 개체들은 32%)

흰색에 짙은 회색
얼룩이 있고 끝부분
은 흰색(대서양 동
부 개체들은 9%)

잿빛 회색이나 짙은 회색(머리보다
옅음)이며 끝부분에 흰색이나 분홍색
이 없음(특히 대서양 서부 개체들은)

새하얌(대서양
동부 개체들은 7%)

크기
길이: 2.4~3.1m, **무게:** 180~275kg
최대: 3.2m, 354kg
새끼 - 길이: 1.1~1.3m **무게:** 약 40kg
수컷이 암컷보다 조금 더 크다.

비슷한 종들

서식지까지 거의 같은 대서양흰줄무늬돌고래들과 가장 혼동하기 쉽다. 그러나 흰부
리돌고래의 경우 몸이 더 다부지며 노란색 줄무늬가 없고 등지느러미 뒤쪽에 흰색 또
는 옅은 회색 '안장' 무늬가 있으며 대개 부리가 흰색이거나 희끄무레하다.

분포

주로 북대서양의 차가운 온대 바다에서부터 얼음이 없는 극지 바다에 걸쳐 서식한다.
주요 서식지로는 데이비스 해협 남부, 세인트로렌스만, 바렌츠해, 북해 등이 꼽힌다.
그 외에 발트해와 비스케이만은 물론 이베리아 반도 일대에서도 발견되며, 확인된 건
아니나 지중해 서부에서 발견됐다
는 얘기도 더러 있다. 그리고 래브라
도 대륙붕(그린란드 남서부 포함)과
아이슬란드, 스코틀랜드(아이리시해
북부와 북해 북부 포함) 그리고 노
르웨이 북부 해안의 기다란 지역(북
쪽으로 백해로 이어짐) 이렇게 네
지역에 특히 많이 모여 사는 것으로
알려져 있다. 여름에는 스발바르 제
도(적어도 멀리 북쪽으로 북위 약
80도까지)를 자주 찾아가며, 바다
위에 떠다니는 유빙 가장자리 지역
에서도 종종 발견된다. 그리고 섭씨
5도에서 15도 사이의 해수면 온도
를 좋아한다. 주로 수심 200m 안쪽
인 해안의 바다에서 발견되나, 대륙
붕 지역은 물론 그 너머 먼바다에서
발견되기도 한다. 일부 지역들에서

🟦 주요 서식지　　🔷 예상 서식지

▲ 흰부리돌고래 분포

성체의 변이

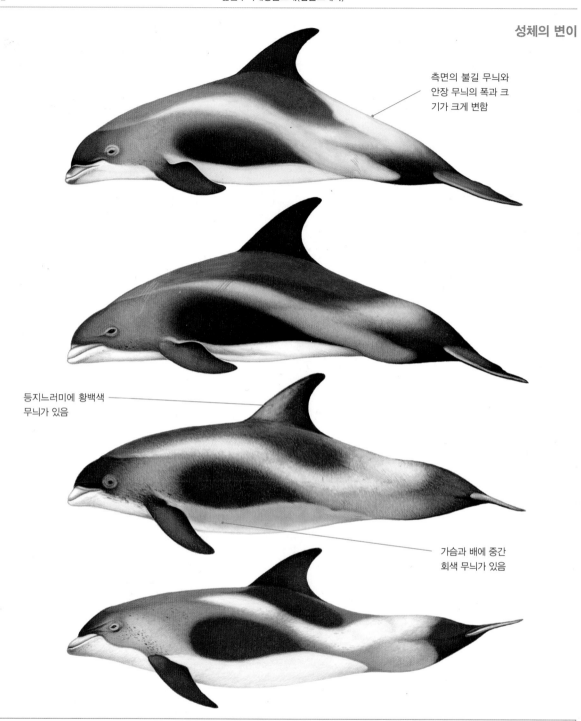

측면의 불길 무늬와
안장 무늬의 폭과 크
기가 크게 변함

등지느러미에 황백색
무늬가 있음

가슴과 배에 중간
회색 무늬가 있음

잠수 동작

빨리 헤엄칠 때

- 빨리 헤엄칠 때 몸이 물 위에 뜨진 않으며, 수면 위에서 몸을 위아래로 움직이며 나아가며 선명한 물보라를 일으킨다.

천천히 헤엄칠 때

- 천천히 헤엄칠 때 흐릿한 물(작고 고운 물보라)을 뿜어 올린다.
- 머리와 등, 부리 위쪽이 수면 위로 드러난다.
- 높은 등지느러미가 나타난다.
- 부드럽게 몸을 굴리며 잠수를 한다.

먹이와 먹이활동

먹이: 주로 대서양대구, 해덕, 대구, 열빙어, 유럽헤이크 등 떼 지어 다니는 원양의 저서성 어종(바닥에 서식하는 어종—옮긴이)을 잡아먹고, 그 외에 오징어, 문어, 저서성 갑각류도 잡아먹는다.

먹이활동: 깊은 물 속에서 혼자 먹이활동을 하기도 하고 힘을 합쳐 물고기들을 수면으로 몰아 잡기도 한다.

잠수 깊이: 알려진 바가 없으나, 아이슬란드에서 한 흰부리돌고래가 45m까지 잠수했다.

잠수 시간: 관련 정보가 거의 없다. 아이슬란드에선 평균 24~28초 잠수하며, 최장 기록은 78초.

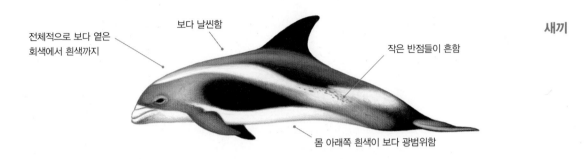

보다 날씬함

전체적으로 보다 옅은 회색에서 흰색까지

작은 반점들이 흔함

새끼

몸 아래쪽 흰색이 보다 광범위함

는 1년 내내 서식하지만, 또 다른(특히 먼 북쪽) 지역들에서는 대개 북-남(여름-겨울) 이동을 한다.

행동

자주 수면 위로 점프하고 다양한 공중곡예를 벌이는 등 곡예 부리는 걸 좋아한다. 또한 긴수염고래나 정어리고래, 흑등고래들과 함께 먹이활동을 하기도 하며(달아나는 물고기들을 쫓는다든가), 참거두고래나 범고래, 큰돌고래, 참돌고래, 큰코돌고래, 대서양흰줄무늬돌고래 등과 함께 있는 모습이 목격되기도 한다. 또한 일부 지역들에서는 아주 보기 힘들 수도 있지만, 또 일부 지역들에서는 멀리서 배 쪽으로 다가와 뱃머리에서 파도타기를 하고 배 뒤에서 점프를 하기도 한다. 흰부리돌고래들은 시속 30km까지 속도를 내기도 한다(평균 속도는 시속 3.5~5km지만).

이빨

위쪽 46~56개
아래쪽 44~56개
아래턱과 위턱의 첫 이빨 3개는 종종 잇몸 안에 숨어 보이지 않는다.

집단 규모와 구조

집단 규모는 대개 5~30마리며, 아이슬란드에서는 평균 9마리, 스발바르 제도에서는 평균 6마리, 덴마크에서는 평균 4~6마리다. 혼자 있는 건 보기 어려우며, 나이와 성별에 따라 집단이 나뉜다는 증거도 있다. 그러나 특히 육지에서 떨어진 먼바다에서는 수백 마리씩 몰려다니기도 하고, 이따금 1,500마리 넘게 몰려다니기도 한다.

포식자들

흰부리돌고래들의 포식자들에 대해선 알려진 바가 없으나, 범고래들과 대형 상어들(특히 백상아리들)이 포식자들일 걸로 추정된다. 스발바르 제도에서는 북극곰들이 얼음 구멍에 갇힌 흰부리돌고래들을 공격해 잡아먹었다는 기록도 있다.

사진 식별

등지느러미 뒤쪽의 흉터와 홈 등은 물론 측면 무늬와 등지느러미 무늬들의 모양, 피부의 환부 등을 보고 식별 가능하다.

개체 수

전 세계적인 개체 수 추정치는 없으나, 적어도 수만 마리는 될 듯하며 어쩌면 수십만 마리에 이를 수도 있다고 추정된다. 지역별 개체 수 추정치는 다음과 같다. 유럽의 대서양 방면 대륙붕에 약 2만 2,700마리, 아이슬란드 해안 지역에 약 3만 1,653마리, 그린란드에 약 2만 7,000마리, 북해에 약 7,856마리, 캐나다 동부 연안 지역에 약 2,000마리.

종의 보존

세계자연보전연맹의 종 보존 현황: '최소 관심' 상태(2018년). 흰부리돌고래들은 역사적으로 노르웨이와 아이슬란드, 페로 제도, 캐나다(래브라도와 뉴펀들랜드)에서 기회가 있을 때마다 사냥되어 주로 식용으로 이용됐다. 지금도 그린란드 남서부에서 직접 사냥되고 있고(연간 40~250마리씩) 캐나다에서도 이따금씩 사냥되고 있지만, 흰부리돌고래들의 입장에서 이는 큰 위협으로 여겨지진 않는다. 그리고 비교적 소수이긴 하나, 서식지 곳곳에서 자망이나 대구 덫, 저인망 등에 뜻하지 않게 잡히는 경우들도 있다. 흰부리돌고래들은 유기염소와 중금속에 아주 취약한 걸로 알려져 있다. 흰부리돌고래들은 소음 공해(탄성과 탐사 등으로 인한)에 특히 취약하다.

일대기

성적 성숙: 암컷은 8~9년, 수컷은 9~10년.
짝짓기: 알려진 바가 없다.
임신: 약 11~12개월.
분만: 새끼는 5~9월에(정점은 6~7월) 1마리씩 태어난다.
젖떼기: 알려진 바가 없다.
수명: 최장수 기록은 39년.

필돌고래 Peale's dolphin

학명 라게노린쿠스 아우스트랄리스 *Lagenorhynchus australis*   (Peale, 1849)

필돌고래는 더스키돌고래나 태평양흰줄무늬돌고래와 비슷하게 몸 전체에 복잡한 무늬들이 있으나, 특유의 짙은 색 얼굴 때문에 쉽게 구분할 수 있다.

분류: 참돌고래과 이빨고래아목

일반적인 이름: 필돌고래는 영어로 Peale's dolphin으로, 이는 1839년 이 종을 처음으로 관찰하고 그림으로 그렸으며 6년 뒤 그 존재를 공식으로 세상에 알린 미국 동식물 연구가이자 화가인 티티안 램지 필Titian Ramsay Peale, 1799~1885의 이름에서 따온 것이다.

다른 이름들: 드물게 black-chinned dolphin, black-faced dolphin, southern white-sided dolphin, plough-share dolphin 등으로도 불림. 그리고 모든 낫돌고래속 돌고래들과 마찬가지로 고래 연구가들에 의해 lag(속명에서 온 것)라는 애칭으로 불린다.

학명: 이 고래 학명의 앞부분 *Lagenorhynchus*는 '병' 또는 '실험용 플라스크'를 뜻하는 라틴어 *lagena*에 '부리' 또는 '주둥이'를 뜻하는 라틴어 *rhynchus*가 합쳐진 것이다(부리의 모양을 가리킴). 그리고 학명의 뒷부분 *australis*는 '남쪽의'를 뜻하는 라틴어 *australis*에서 온 것이다.

세부 분류: *Lagenorhynchus*라는 속명은 현재 재고 중이며, 필돌고래는 다시 *Sagmatias*(이는 이 고래 속의 표준종이 될 전망임)라는 속명으로 지정될 가능성이 높다. 현재 따로 인정된 아종은 없다.

성체

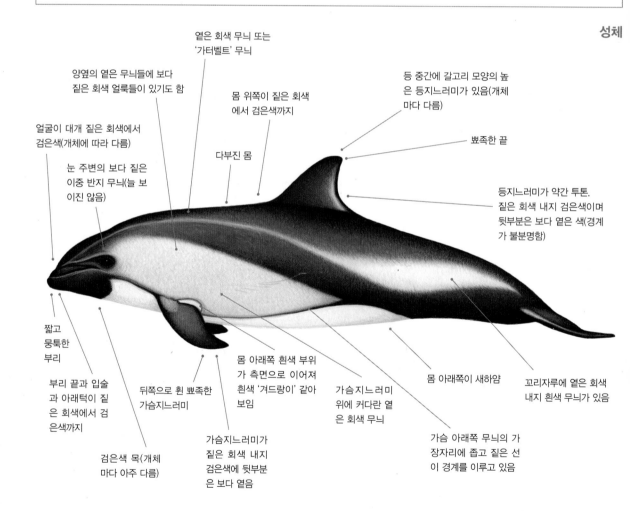

옅은 회색 무늬 또는 '가터벨트' 무늬

양옆의 옅은 무늬들에 보다 짙은 회색 얼룩들이 있기도 함

몸 위쪽이 짙은 회색에서 검은색까지

등 중간에 갈고리 모양의 높은 등지느러미가 있음(개체마다 다름)

얼굴이 대개 짙은 회색에서 검은색(개체에 따라 다름)

다부진 몸

뾰족한 끝

눈 주변의 보다 짙은 이중 반지 무늬(늘 보이진 않음)

등지느러미가 약간 투톤. 짙은 회색 내지 검은색이며 뒷부분은 보다 옅은 색(경계가 불분명함)

짧고 뭉툭한 부리

부리 끝과 입술과 아래턱이 짙은 회색에서 검은색까지

뒤쪽으로 휜 뾰족한 가슴지느러미

몸 아래쪽 흰색 부위가 측면으로 이어져 흰색 '겨드랑이' 같아 보임

가슴지느러미 위에 커다란 옅은 회색 무늬

몸 아래쪽이 새하얌

꼬리자루에 옅은 회색 내지 흰색 무늬가 있음

검은색 목(개체마다 아주 다름)

가슴지느러미가 짙은 회색 내지 검은색에 뒷부분은 보다 옅음

가슴 아래쪽 무늬의 가장자리에 좁고 짙은 선이 경계를 이루고 있음

요점 정리

- 남아메리카 남부의 얕은 바다에 서식
- 종종 해초인 켈프와 서식지가 관련이 있음
- 작은 크기
- 다부진 몸
- 구분이 잘 안 되는 부리
- 회색, 검은색, 흰색이 복잡하게 뒤얽혀 있음
- 짙은 복면 형태의 얼굴
- 갈고리 모양의 높은 등지느러미

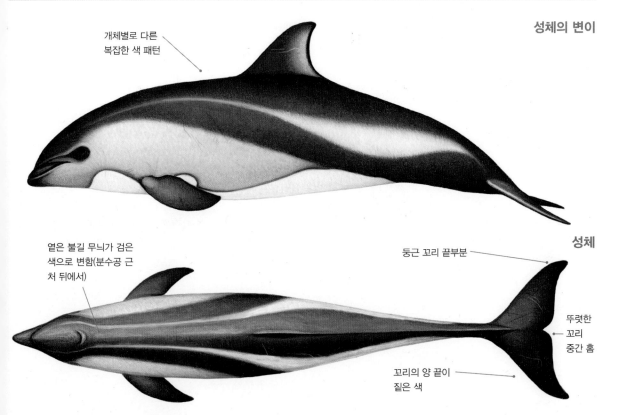

성체의 변이

개체별로 다른 복잡한 색 패턴

둥근 꼬리 끝부분

성체

옅은 불길 무늬가 검은 색으로 변함(분수공 근처 뒤에서)

뚜렷한 꼬리 중간 홈

꼬리의 양 끝이 짙은 색

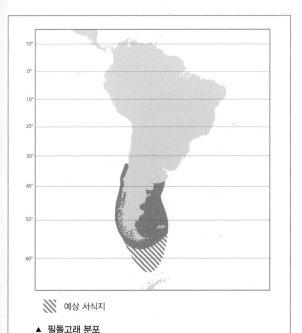

크기
길이: 수컷 1.4~2.2m, 암컷 1.3~2.1m
최대: 115kg
새끼−길이: 1~1.3m **무게:** 알려진 바가 없음

비슷한 종들

서식지가 겹치는 데다가 몸 모양과 색까지 대체로 비슷한 더스키돌고래와 가장 혼동하기 쉽다. 그러나 더스키돌고래보다는 필돌고래가 더 몸이 다부지고 전반적으로 색도 더 짙다. 게다가 가까이서 보면, 필돌고래의 경우 얼굴과 부리가 짙은 색이고 가슴 무늬들도(그 무늬들은 눈에서 끝나며 눈 테두리는 더 짙음) 보다 더 회색빛을 띠어 구분이 가능하다. 또한 필돌고래들은 더스키돌고래들에 비해 집단 규모가 대개 더 작고 행동도 덜 활기차다.

분포

필돌고래들은 남아메리카 남부의 양쪽 해안 일대의 찬 온대 바다와 아극지 바다에 서식한다. 그리고 태평양 방면으로는 남위 33도(칠레 산티아고 근처)에서부터 케이프혼 남쪽 드레이크 해협까지 이르며, 대서양 방면으로는 남위 38도(아르헨티나 부에노스아이레스 남쪽 약 300km)까지 이른다. 또한 필돌고래들은 티에라 델 푸에고와 마젤란 해협, 포클랜드 제도는 물론 나문쿠라(버우드) 뱅크(포클랜드 제도 남쪽 200km)에서도 발견된다. 그 외 칠레 남부의 보다 안전한 만과 해협 그리고 피오르드 입구 지역들은 물론 칠레 북부(칠로에주 북부)와 아르헨티나 서식지 거의 전역의 수심이 얕은 대륙붕 위 파도치는 해안 지역들에서도 발견된다. 필돌고래들의 이동에 대해선 알려진 바가 별로 없으나, 일부 개체들은 같은 지역에 상주하고 또 일부 개체들은 해안-먼바다(여름-겨울) 이동을 하는 걸로 추정된다.

필돌고래들은 가끔 해안에 가까운 지역들, 그러니까 육지에서 보이고 수심이 20m도 안 되는 얕은 바다에서도 발견되지만, 일부 지역들에서는 육지에서 300km나 떨어진 바다에서도 발견된다. 얕은 물을 더 좋아해 수심이 깊을수록 개체 수가 줄어들며, 수심 200m가 넘는 바다에서는 거의 발견되지 않는다. 또한 중요한 서식지로 보여지는 켈프 밭 안이나 그 주변에서 발견되기도 하며, 피

⊞ 예상 서식지

▲ **필돌고래 분포**

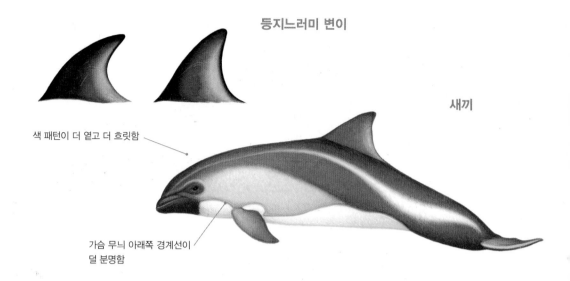

등지느러미 변이

새끼

색 패턴이 더 옅고 더 흐릿함

가슴 무늬 아래쪽 경계선이
덜 분명함

오르드와 해협 입구의 물살이 거센 지역은 물론 섬들 주변에서도
발견된다. 필돌고래들이 주로 발견되는 바다의 해수면 온도는 섭
씨 약 5도에서 15도 사이다.

행동

평소에는 헤엄도 느릿느릿 치는 등 눈에 잘 띄지 않게 천천히 움
직이지만, 그러다 어떤 행동에 들어갈 때는 대개 아주 잽싸다. 그
리고 약 1분 동안 세 차례 잠시 잠수를 한 뒤, 보다 오래 잠수하
는 게 필돌고래들의 전형적인 잠수 패턴이다. 다른 종의 돌고래
들, 특히 머리코돌고래들과 자주 어울리며, 그리 자주는 아니지
만 더스키돌고래나 큰코돌고래들과 어울리기도 한다. 또한 가끔
해안에서 서핑을 즐기며 반복해서 수면 위로 점프를 하기도 한
다. 가끔 머리나 꼬리 또는 가슴지느러미로 수면을 내려치기도
하며, 수면 위로 머리를 내밀고 선 채 스파이호핑을 하기도 한다.
또한 가끔 뱃머리에서 활기차게 파도타기를 하며, 쏜살같이 달리
기도 하고 공중으로 높이 점프를 하기도 한다. 배 뒤에서 파도타
기를 하는 것도 좋아한다.

이빨

위쪽 54~74개
아래쪽 54~72개

집단 규모와 구조

집단 규모는 대개 2~5마리(최근 파타고니아 남부에서 행해진 조
사에 따르면 평균 3.4마리)다. 가끔 그 규모가 30마리에 이르기
도 하고, 드물게 100마리씩 몰려다니는 게 목격되기도 한다. 집
단 규모는 어떤 행동을 하느냐에 따라 달라진다(서로 사회생활
을 할 때는 규모가 더 크고 이동할 때는 규모가 더 작음).

포식자들

필돌고래들의 포식자들에 대해선 알려진 바가 없으나, 범고래들
과 상어들(칠성상어, 백상아리, 태평양잠꾸러기상어, 청상아리
등)이 포식자들일 걸로 추정된다(서식지가 특별히 겹치는 건 아
니지만). 그리고 서식지 남단 지역에서는 레오파드바다표범들이
필돌고래 새끼들을 먹이로 삼기도 하는 것으로 보인다.

잠수 동작

수면 위로 오르는 타입은 다음과 같이 두 가지다.

천천히 헤엄칠 때

- 물을 뿜어 올리는 게 불분명하다.
- 분수공과 등의 일부 그리고 등지느러미만 수면 위로 드러난다.

빨리 헤엄칠 때

- 얼굴 주변에 높이까지 생겨나는 물보라 벽에 가려 모습이 거의 보이지 않는다.
- 무리지어 함께 리드미컬하게 움직이며, 멀리 낮게 점프하거나 높이 점프하기도 한다.

먹이와 먹이활동
먹이: 다양한 물고기와 두족류, 갑각류는 물론 먹장어, 체장메기, 파타고니아 대구, 파타고니아 그레나디어, 남방 붉은 문어, 파타고니아 오징어, 아르헨티나 붉은 새우 등도 잡아먹는다.
먹이활동: 켈프 밭(거기에서 작은 문어들을 잡아먹음)과 공해상에서 먹이활동을 하며, 다른 필돌고래들과 함께 먹잇감들을 에워싸고 몰아 잡는 방식으로 먹이활동을 하기도 한다.
잠수 깊이: 알려진 바가 없으나, 대개 얕은 바다의 해저 근처에서 먹이활동을 한다.
잠수 시간: 평균 28초(최소 3초에서 최대 2분 37초까지).

사진 식별
등지느러미의 모양은 물론 등지느러미와 몸 위쪽에 있는 흉터와 흠 등을 보고 식별 가능하다.

개체 수
전 세계적인 개체 수 추정치는 없으나, 파타고니아 대륙붕 일대(아르헨티나 남부를 따라 약 1,300km)의 개체 수 추정치는 약 2만 마리였다. 그 외에 마젤란 해협에 약 2,400마리, 포클랜드 제도의 해안 지역에 약 1,900마리 그리고 칠로에섬 일대에 약 200마리가 서식하고 있는 걸로 추정된다.

종의 보존
세계자연보전연맹의 종 보존 현황: '최소 관심' 상태(2018년).
1970년대부터 최소 1990년대 초까지 아르헨티나와 칠레 양쪽에서 주로 인간의 식용과 낚시 미끼용(특히 값비싼 킹크랩 낚시 미끼용)으로 사냥됐다. 현재 필돌고래 사냥은 불법이며, 킹크랩 낚시가 쇠퇴한 데다가 새로운 형태의 미끼들이 사용되고 있지만, 필돌고래 사냥은 지금도 어느 정도 계속되고 있다. 현재 필돌고래들에게 가장 큰 위협이 되고 있는 문제는 아마 대규모로 산업화되고 있는 연어 및 홍합 양식업일 것이다. 또한 필돌고래들은 지금 주요 서식지들에서 밀려나고 있으며, 선박 운행으로 생태계를 위협받고 있고, 포식자인 바다사자들을 막으려고 설치한 그물들에 걸려 목숨을 잃고 있다. 뜻하지 않게 자망에 걸려 죽는 것 역시 필돌고래들을 위협하는 문제이다.

일대기
성적 성숙: 알려진 바가 없다.
짝짓기: 알려진 바가 없다.
임신: 10~12개월로 추정된다.
분만: 새끼는 1마리씩 태어난다(10~4월에 가장 많이 태어남).
젖떼기: 알려진 바가 없다.
수명: 최장수 기록은 13년이나, 평균 수명은 훨씬 더 길 걸로 추정된다.

▲ 필돌고래의 중요한 특징은 얼굴색이 짙다는 것. 드레이크 해협에서 배 앞에서 파도타기를 하고 있는 필돌고래.

칠레돌고래 Chilean dolphin

학명 라게노린쿠스 유트로피아 *Lagenorhynchus eutropia*   (Gray, 1846)

칠레돌고래는 주로 남아메리카 남서부 해안 일대의 얕은 바다에서 발견되며, 알려진 바도 별로 없고 흔하지도 않은 듯하다.

분류: 참돌고래과 이빨고래아목
일반적인 이름: 칠레돌고래는 이름 그대로 주로 칠레에서 발견된다 (최근 연구에 따르면 아르헨티나에서도 소수 서식하고 있지만). '블랙 돌핀black dolphin'이라 불리기도 하는데, 죽고 난 뒤 몸 색깔이 점점 짙어져 바로 검은색으로 변하긴 하지만 그건 부적절한 이름이다.
다른 이름들: black dolphin, Chilean black dolphin으로 불리며, 드물게 white−bellied dolphin, piebald dolphin, southern dolphin, eutropia dolphin으로 불리기도 한다.

학명: 이 고래 학명의 앞부분 *Lagenorhynchus*는 '병' 또는 '실험용 플라스크'를 뜻하는 라틴어 *lagena*에 '부리' 또는 '주둥이'를 뜻하는 라틴어 *rhynchus*가 합쳐진 것이다(부리의 모양을 가리킴). 그리고 학명의 뒷부분 *eutropia*는 '다재다능한'을 뜻하는 그리스어 *eutropos*에서 온 것이거나, 아니면 '참된'을 뜻하는 그리스어 *eu*에 '돌기'를 뜻하는 *tropidos*가 합쳐진 것이다(돌출된 두개골을 가리킴).
세부 분류: 현재 따로 인정된 아종은 없다.

성체 수컷

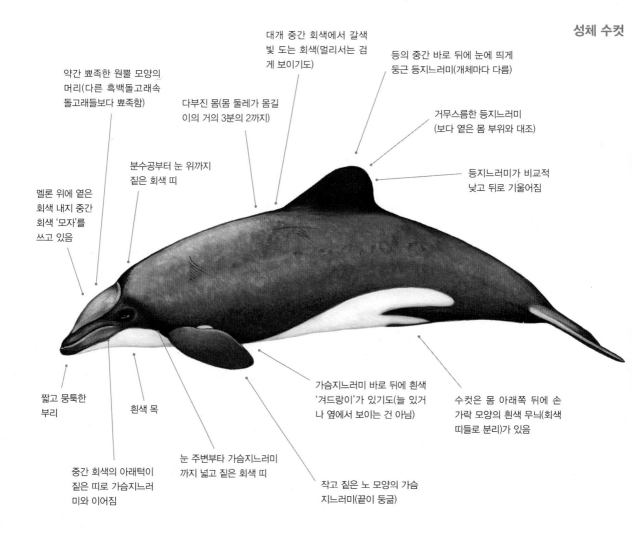

대개 중간 회색에서 갈색 빛 도는 회색(멀리서는 검게 보이기도)

등의 중간 바로 뒤에 눈에 띄게 둥근 등지느러미(개체마다 다름)

약간 뾰족한 원뿔 모양의 머리(다른 흑백돌고래속 돌고래들보다 뾰족함)

다부진 몸(몸 둘레가 몸길이의 거의 3분의 2까지)

거무스름한 등지느러미 (보다 옅은 몸 부위와 대조)

분수공부터 눈 위까지 짙은 회색 띠

멜론 위에 옅은 회색 내지 중간 회색 '모자'를 쓰고 있음

등지느러미가 비교적 낮고 뒤로 기울어짐

짧고 뭉툭한 부리

흰색 목

가슴지느러미 바로 뒤에 흰색 '겨드랑이'가 있기도(늘 있거나 옆에서 보이는 건 아님)

수컷은 몸 아래쪽 뒤에 손가락 모양의 흰색 무늬(회색 띠들로 분리)가 있음

중간 회색의 아래턱이 짙은 띠로 가슴지느러미와 이어짐

눈 주변부타 가슴지느러미까지 넓고 짙은 회색 띠

작고 짙은 노 모양의 가슴지느러미(끝이 둥긂)

요점 정리
- 주로 칠레 중부와 남부에 서식
- 해안의 얕은 바다를 좋아함
- 작은 크기
- 눈에 띄게 색이 짙고 둥근 등지느러미
- 회색과 흰색이 복잡하게 뒤얽혀 있음
- 몸의 아래쪽 뒤에 손가락 모양의 흰색 띠가 있음
- 눈에 잘 띄지 않는 부리
- 대개 소집단을 이룸

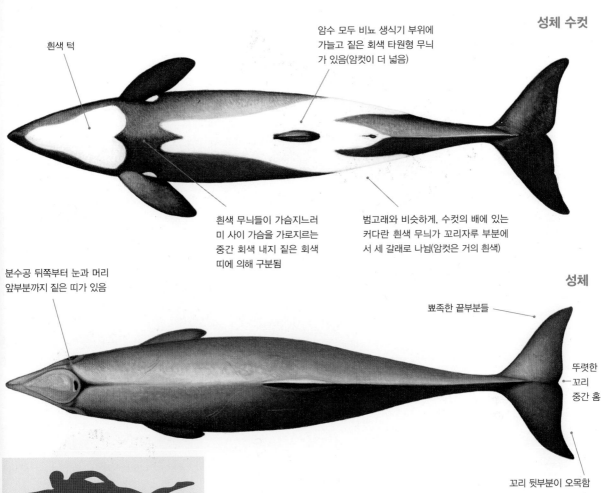

성체 수컷

흰색 턱

암수 모두 비뇨 생식기 부위에 가늘고 짙은 회색 타원형 무늬가 있음(암컷이 더 넓음)

흰색 무늬들이 가슴지느러미 사이 가슴을 가로지르는 중간 회색 내지 짙은 회색 띠에 의해 구분됨

범고래와 비슷하게, 수컷의 배에 있는 커다란 흰색 무늬가 꼬리자루 부분에서 세 갈래로 나뉨(암컷은 거의 흰색)

분수공 뒤쪽부터 눈과 머리 앞부분까지 짙은 띠가 있음

성체

뾰족한 끝부분들

뚜렷한 꼬리 중간 홈

꼬리 뒷부분이 오목함

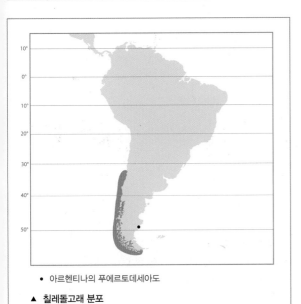

크기
길이: 수컷 1.2~1.7m, 암컷 1.2~1.7m
무게: 30~60kg   최대: 1.7m, 63kg
새끼 – 길이: 약 0.9~1m   무게: 약 8~10kg

비슷한 종들

칠레돌고래들은 마젤란 해협과 티에라 델 푸에고에서 머리코돌고래들과 서식지가 일부 겹치지만, 머리코돌고래들은 눈에 띨 정도로 까맣고(또는 짙은 회색이고) 하얗다. 그리고 아르헨티나의 푸에르토데세아도와 칠레 피오르드 지역들에서는 몸 색깔이 두 돌고래의 중간쯤 되는 칠레돌고래와 머리코돌고래 잡종들이 목격되고 있다. 또한 필돌고래 및 버마이스터돌고래들과도 서식지가 겹치지만, 그 돌고래들은 등지느러미 모양 때문에 멀리서 봐도 식별이 가능하다.

분포

주로 칠레 해안 중부에서 남부에 이르는 2,600km 거리에서 발견되며, 아르헨티나에서도 길 잃은 소수의 칠레돌고래들이 발견된다. 또 마젤란 해협 동쪽 방면과 (그보다는 적지만) 티에라 델 푸에고 서쪽 해안을 포함해, 발파라이소(남위 33도 06분)에서부터 케이프 혼(남위 55도 15분) 근처에 이르는 지역에 서식하는 걸로 알려져 있으며, 가끔 북쪽으로 남위 30도 지역에서도 발견된다. 또한 서식지 내에 골고루 퍼져 살지 않고, 칠레 콘셉시온주 부근 아라우코만 일대와 칠로에섬 일대 그리고 칠레 피오르드 지역들 내 일부 만 등, 특정 지역들에 몰려 사는 경향이 있다. 칠레돌고래들은 대개 해안에서 500m 이내의 거리에서 발견되며, 해안에서 1km 이상 떨어진 곳에서는 잘 발견되지 않는다(해안에서 멀리 떨어진 지역들에 대한 조사가 충분히 이뤄지지 않은 점은 있지만). 칠레돌고래들은 해안 일대, 복잡한 피오르드 지역들, 해협들, 안전한 만들 같이 차갑고 어두우며 얕은 바다는 물론 강어귀와 강(상류 12km까지)에서도 발견된다. 수심 2~15m의 얕은 물을 좋아하며(30m 넘는

• 아르헨티나의 푸에르토데세아도

▲ 칠레돌고래 분포

성체의 변이

색과 무늬들의 대비가
덜 심함

보다 날씬한 몸

새끼

곳은 잘 들어가지 않음), 특히 강 근처나 피오르드 입구 일대의
낮은 제방 위처럼 간만의 차가 심하고 물 흐름이 빠른 지역들을
좋아한다. 서핑을 하기 좋은 지역들에서도 종종 발견된다. 칠레
돌고래들은 이동은 거의 하지 않는 걸로 보이며(대부분의 시간
을 반경 1km라는 좁은 지역 안에서 보냄), 주로 분리된 만과 해
협들 안에서 움직인다. 칠레돌고래들은 비록 소수이긴 하나 비글
해협(아르헨티나와 칠레 사이에 위치)에서도 발견되며, 2009년
이후 가장 가까운 서식지에서 북쪽으로 600km 이상 떨어진 아
르헨티나 푸에르토데세아도(남위 47도 45분)에서 수컷 3마리가
목격되기도 했다.

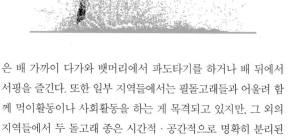

행동

수면 위에서 몸을 위아래로 움직이며 나아가고 때론 수면 위로
높이 점프도 하는 등 아주 활동적이기도 하다. 서식지 남쪽 지역
의 칠레돌고래들은 대개 근처에 배가 있으면 피하는 편이지만
(포물선들에 대한 학습된 반응인 듯), 북쪽 지역의 칠레돌고래들
은 배 가까이 다가와 뱃머리에서 파도타기를 하거나 배 뒤에서
서핑을 즐긴다. 또한 일부 지역들에서는 필돌고래들과 어울려 함
께 먹이활동이나 사회활동을 하는 게 목격되고 있지만, 그 외의
지역들에서 두 돌고래 종은 시간적·공간적으로 명확히 분리된
채 살아간다. 칠레돌고래들은 가끔 바닷새들을 사냥하는 모습이
목격되기도 한다.

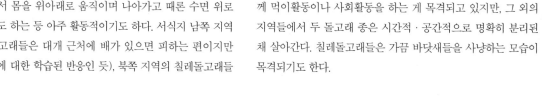

잠수 동작

- 물을 뿜어 올리는 게 눈에 잘 띄지 않는다(가끔은 보임).
- 머리 앞부분 끝이 먼저 나타나고 곧이어 멜론이 나타난다.
- 물속에서 비교적 높이 몸을 굴리면서 둥근 등지느러미가 나타난다.
- 머리가 물에 잠기고 등지느러미가 사라진다.
- 꼬리는 거의 보이지 않는다.
- 수직으로 점프해 대개 머리가 먼저 물로 떨어진다(물보라가 거의 일지 않음).

먹이와 먹이활동

먹이: 떼 지어 다니는 작은 원양 저서성 물고기들(정어리, 멸치, 대구 등)은 물론 오징어, 문어, 갑각류(스코앗 랍스터 포함)를 잡아먹는다. 위 속에서 녹조식물들이 발견되기도 한다(우연히 흡입된 것일 수도 있음).

먹이활동: 서로 협력해 먹이활동을 한다는 증거들이 있다.

잠수 깊이: 30m 이내로 추정된다.

잠수 시간: 대개 3분 이내.

이빨

위쪽 58~68개

아래쪽 58~68개

집단 규모와 구조

집단 규모는 대개 2~3마리(가끔 4~10마리)이며, 종종 15마리까지 모이기도 하고, 특히 북쪽 지역에서는 이따금 50마리까지(여러 소집단이 모인 걸로 추정됨) 모이기도 한다. 예외적인 경우이긴 하나, 칠레 남부 발디비아 북쪽 해안 지역 일대에선 약 400마리까지 모이는 게 목격됐다는 기록들도 있다. 집단 규모는 지역 및 서식지에 따라 다르며, 번식기에는 그 규모가 더 커지는 걸로 보인다.

포식자들

알려진 바가 없으나, 범고래와 상어들(칠성장어, 백상아리, 청상아리 등)이 포식자들일 걸로 추정된다(서식지가 특별히 겹치는 건 아니지만). 그리고 서식지 남단 지역에서는 레오파드바다표범들이 칠레돌고래 새끼들을 먹이로 삼기도 하는 것으로 보인다.

사진 식별

등지느러미 모양과 각종 흉터 등으로 식별 가능하다.

개체 수

전 세계적인 개체 수 추정치는 없다. 개체 수가 얼마 되지 않을 걸로 보이지만(기껏해야 수천 마리), 그렇게 개체 수가 적은 것은 칠레돌고래에 대한 연구가 부족한 데다 경계심이 많아 다가가기 힘들기 때문인 걸로 추정된다. 현재 칠레돌고래 수는 계속 줄고 있는 걸로 보여진다.

종의 보존

세계자연보전연맹의 종 보존 현황: '준위협' 상태(2017년). 서식지의 대부분이 인간의 손길이 닿지 않는 곳들이지만, 그래도 칠레돌고래들을 위협하는 문제들은 있다. 이 돌고래들은 여러 해 동안 식용 및 낚시 미끼용(돈벌이가 되는 킹크랩과 황새치, 록코드 낚시 미끼용)으로 사냥됐다. 1970년대와 1980년대에 매년 수백 마리 내지 수천 마리가 죽임을 당한 걸로 추정된다. 현재 칠레돌고래 사냥은 불법이며, 킹크랩 낚시가 쇠퇴한 데다가 새로운 형태의 미끼들이 사용되고 있지만, 칠레돌고래 사냥은 지금도 어느 정도 계속되고 있다. 현재 칠레돌고래들에게 가장 큰 위협이 되고 있는 문제는 아마 대규모로 산업화되고 있는 연어 및 홍합 양식업일 것이다. 또한 칠레돌고래들은 지금 주요 서식지들에서 밀려나고 있으며, 선박 운행으로 생태계를 위협받고 있고, 포식자인 바다사자들을 막으려고 설치한 그물들에 걸려 목숨을 잃고 있다. 적어도 1962년부터 다른 어종들을 잡으려고 해안에 설치한 자망과 다른 어망들에 뜻하지 않게 칠레돌고래들이 걸려 죽는 경우들이 있는데, 관련된 통계 수치는 별로 없지만, 이 역시 아직 칠레돌고래 서식지 전역에서 일어나고 있는 심각한 문제다.

일대기

성적 성숙: 암컷과 수컷 모두 5~9년.

짝짓기: 알려진 바가 없다.

임신: 10~11개월.

분만: 2년마다(종종 3~4년마다) 남반구 봄에서 늦여름 사이(10~4월)에 새끼 1마리가 태어난다.

젖떼기: 알려진 바가 없다.

수명: 알려진 바가 없으나, 최소 20년은 될 걸로 추정된다(최장수 기록은 19년).

▲ 수면 위에 함께 떠 있는 칠레돌고래 3마리.

머리코돌고래 Commerson's dolphin

학명 케파로린쿠스 커머소니이 *Cephalorhynchus commersonii* (Lacépède, 1804)

머리코돌고래는 세상에서 가장 작은 돌고래 중 하나이다. 서식지 분포도 더없이 이상해, 가장 중요한 서식지는 남아메리카 남부와 포클랜드 제도 주변이지만, 무려 8,500km나 떨어진 인도양의 케르겔렌 제도에도 독립된 별개의 서식지가 있다.

분류: 참돌고래과 이빨고래아목

일반적인 이름: 머리코돌고래는 영어로 Commerson's dolphin으로, 이는 1767년에 마젤란 해협에서 이 종을 관찰한 뒤 세상에 처음 알린 프랑스 내과의사이자 식물학자인 필리베르 코멜슨(Philibert Commerson, 1727~1773)의 이름에서 따온 것이다.

다른 이름들: black-and-white dolphin, piebald dolphin, skunk dolphin, Jacobite; Kerguelen Islands Commerson's dolphin 등.

학명: 이 고래 학명의 앞부분 *Cephalorhynchus*는 '머리'를 뜻하는 그리스어 *kephale*에 '부리' 또는 '주둥이'를 뜻하는 라틴어 *rhynchus*가 합쳐진 것이다(머리에서 부리까지 서서히 경사가 진 것을 가리

킴). 그리고 학명의 뒷부분 *commersonii*는 Philibert Commerson의 이름에서 따온 것이다.

세부 분류: 현재 인정된 아종은 2종으로, 그 하나는 남아메리카 남부에 서식하는 남아메리카 머리코돌고래*C. c. commersonii*이고 다른 하나는 케르겔렌 제도의 프랑스령 남부 및 남극 지역에 서식하는 케르겔렌 제도 머리코돌고래*C.c. kerguelenensis*다. 케르겔렌 제도 아종들은 약 1만 년 전에 소수의 개체에 의해 생겨난 것으로 추정된다. 유전학적으로 또 다른 아종으로는 포클랜드 제도의 머리코돌고래들을 꼽을 수 있는데, 이 돌고래들은 남아메리카 해안 일대에 서식 중이다.

머리코돌고래 성체

기본적으로 흰색이며, 얼굴과 가슴지느러미, 등지느러미, 좁은 망토, 뒤쪽 꼬리자루, 꼬리는 검은색

등의 중간 조금 뒤에 낮고 아주 크고 둥근 등지느러미가 있음(가끔 '미키 마우스 귀' 같다고 얘기됨)

등지느러미가 완만한 각도로 솟아 있고 약간 뒤로 기울어져 있음

완만하게 경사진 이마

원뿔 모양의 머리

다부진 몸

약간 오목한 뒷부분

눈에 띄지 않는 부리

목이 흰색

가슴지느러미가 작고 끝이 둥긂

포클랜드 제도 아종들의 경우 흰색 부위들이 더 짙은 회색

비교적 쭉 뻗은 입선이 눈 쪽으로 기울어짐

가슴지느러미(특히 왼쪽 가슴지느러미) 앞부분의 톱니 모양들이 바다에선 잘 안 보이기도 함(모든 개체에 다 있는 것도 아님)

요점 정리

- 남아메리카 남부와 포클랜드 제도에 서식
- 케르겔렌 제도에도 소수의 머리코돌고래가 서식
- 해안의 얕은 바다를 좋아함
- 작은 크기
- 알락돌고래 비슷하게 생김
- 낮고 둥근 등지느러미
- 검은색과 흰색의 경계가 뚜렷함
- 빠르고 활동적
- 대개 배에 접근해 옴

크기-남아메리카 아종	크기-케르겔렌 제도 아종
길이: 수컷 1.2~1.4m, 암컷 1.3~1.5m	**길이:** 수컷 1.4~1.7m, 암컷 1.5~1.7m
무게: 25~45kg **최대:** 1.5m, 66kg	**무게:** 30~50kg **최대:** 1.74m, 86kg
새끼-길이: 65~75cm **무게:** 4.5~8kg	**새끼-길이:** 65~75cm **무게:** 4.5~7kg
	암컷이 수컷보다 조금 더 크다.

케르겔렌 제도 아종 성체

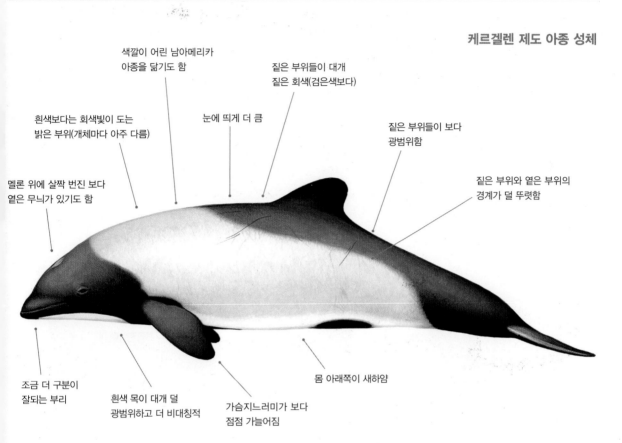

색깔이 어린 남아메리카 아종을 닮기도 함

짙은 부위들이 대개 짙은 회색(검은색보다)

흰색보다는 회색빛이 도는 밝은 부위(개체마다 아주 다름)

눈에 띄게 더 큼

짙은 부위들이 보다 광범위함

멜론 위에 살짝 번진 보다 옅은 무늬가 있기도 함

짙은 부위와 옅은 부위의 경계가 덜 뚜렷함

조금 더 구분이 잘되는 부리

흰색 목이 대개 덜 광범위하고 더 비대칭적

가슴지느러미가 보다 점점 가늘어짐

몸 아래쪽이 새하얌

비슷한 종들

멀리서 볼 경우 정도는 다르지만 서식지가 겹치는 칠레돌고래나 버마이스터돌고래, 안경돌고래와 혼동할 여지가 있지만, 머리코돌고래는 경계가 아주 뚜렷한 색 패턴, 측면과 등 부위의 눈에 띄는 기다란 흰색 무늬, 낮고 둥근 등지느러미 때문에 식별이 가능하다. 아르헨티나 푸에르토데세아도와 칠레 피오르드 지역들에서는 색 패턴이 뒤섞여 칠레돌고래와 머리코돌고래의 잡종으로 짐작되는 돌고래들이 발견됐다.

분포-남아메리카 아종

남아메리카 머리코돌고래와 케르겔렌 제도 머리코돌고래들은 워낙 멀리 떨어져 사는 데다 그 사이에 적절한 서식지도 없어, 두 아종 간의 교류는 없을 걸로 추정된다. 남아메리카 머리코돌고래들은 주로 아르헨티나와 칠레 최남단 그리고 포클랜드 제도의 차고 얕은 해안 근처 바다에 서식한다. 서식지의 최북단은 남위 약 41도 30분 대서양 해안(종종 남위 31도 브라질 일대 바다에도)과 남위 약 52도 91분 태평양 해안(최

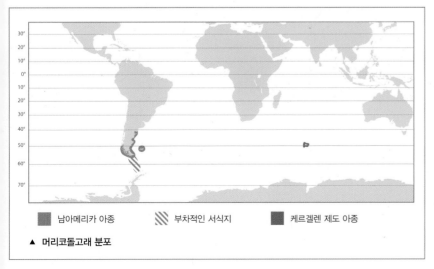

| 남아메리카 아종 | 부차적인 서식지 | 케르겔렌 제도 아종 |

▲ 머리코돌고래 분포

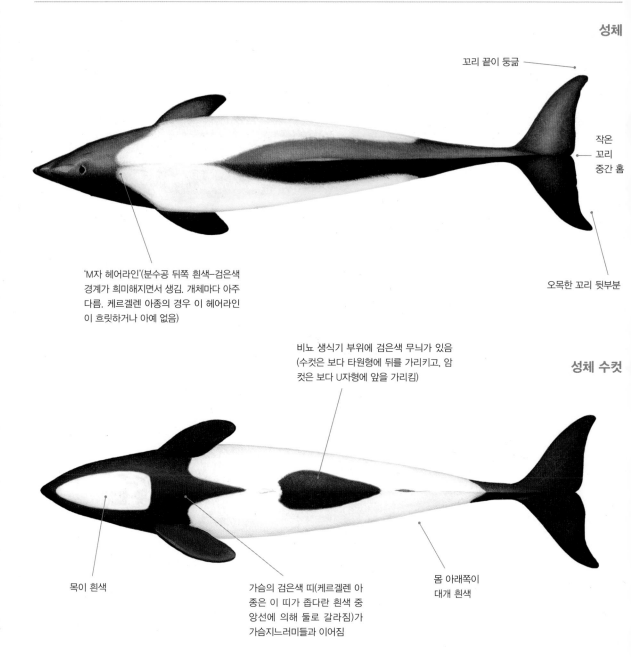

성체

꼬리 끝이 둥긂

작은 꼬리 중간 홈

'M자 헤어라인'(분수공 뒤쪽 흰색−검은색 경계가 희미해지면서 생김. 개체마다 아주 다름. 케르겔렌 아종의 경우 이 헤어라인이 흐릿하거나 아예 없음)

오목한 꼬리 뒷부분

비뇨 생식기 부위에 검은색 무늬가 있음 (수컷은 보다 타원형에 뒤를 가리키고, 암컷은 보다 U자형에 앞을 가리킴)

성체 수컷

목이 흰색

가슴의 검은색 띠(케르겔렌 아종은 이 띠가 좁다란 흰색 중앙선에 의해 둘로 갈라짐)가 가슴지느러미들과 이어짐

몸 아래쪽이 대개 흰색

잠수 동작

천천히 헤엄칠 때

· 넓게 퍼지면서 살짝 뿜어져 올라가는 물이 가끔 아주 추운 상태에서 보인다.

· 앞으로 천천히 몸을 굴리면서 등지느러미가 드러난다.

· 머리가 잠기면서 등지느러미가 사라진다.

빨리 헤엄칠 때

· 수평으로 낮게 점프해 물 위를 살짝 떠 간다.

'M자 헤어라인' 변이

등지느러미 변이

등지느러미 모양이
아주 크게 변함

새끼

생후 약 4~6개월(파타고니아에
선 생후 1년 이상)이면 회색 부위
들이 흰색으로 변함

약한 회색 및
검은색

옅은 부위와 짙은 부위의
대비가 덜 눈에 띔

어린 남아메리카 아종은
케르겔렌 아종 성체와 비슷함

근에는 마젤란 해협에서 북쪽으로 약 1,200km 떨어진 칠레 피오르드 지역들에서도 1마리가 발견됐음)까지다. 서식지의 최남단은 케이프혼(남위 55도 15분) 너머 그리고 가끔 드레이크 해협을 지나 사우스셰틀랜드 제도(남위 61도 50분) 바로 북쪽까지다. 전반적인 개체 수는 서식지의 남쪽 지역들로 갈수록 많아지지만, 최북단과 최남단 지역에서는 뚝 떨어진다. 머리코돌고래는 아르헨티나에서는 발데스 반도와 티에라 델 푸에고 사이에서 특히 많이 발견되며, 칠레에서는 주로 마젤란 해협과 세노 알미란타즈고, 세노 오트웨이, 피츠로이 해협 같은 인근 해협들에서 발견된다. 입증되진 않았지만, 사우스조지아섬에서 발견된다는 기록도 있다. 머리코돌고래들은 피오르드와 좁은 해협, 만, 항구, 강어귀 같이 안전한 장소들은 물론 간만의 차가 크거나 강한 해류가 흐르는 지역들을 좋아한다. 또한 육지가 보이는 수심 200m 이내의 초록빛 바다에서는 거의 늘 발견된다(때론 파도가 몰아치는 수심 1m 정도의 얕은 해안 바다에서도 발견됨). 가끔은 조수를 따라 해안으로 다가가기도 한다. 특히 여름에는 가끔 서핑 지역에서도 발견되며, 특히 물 흐름이 거센 해안 근처 지역들과

켈프가 무성한 지역들을 좋아한다. 파타고니아에서는 강 상류 24km 지점에서 발견된 적도 있다. 또한 남아메리카 머리코돌고래들은 해수면 온도가 섭씨 4~16도인 지역들을 좋아한다.

장거리 이동을 한다고 알려져 있지는 않다(최장거리 이동 기록은 약 300km). 두 아종 모두 계절별로 먹잇감들을 따라 또는 여름철의 보다 높은 해수면 온도를 피해 서식지를 옮기는 걸로 보인다(보다 추운 겨울철에는 먼바다로, 여름에는 해안 지역으로).

분포-케르겔렌 제도 아종

케르겔렌 제도의 머리코돌고래들은 서식지가 섬들 근처로 제한되며, 주로 남위 48도 30분과 남위 49도 45분 사이 개빙 구역들과 켈프가 무성한 해안선 일대 그리고 작은 섬들 사이의 안전한 지역들에 서식한다. 또한 해수면 온도가 섭씨 1~8도인 지역들을 좋아한다. 그리고 여름에는 반쯤 폐쇄된 모르비앙만(프랑스령 그랑드테르섬 동부 해안)에서 가장 많이 발견되지만 겨울에는 만 밖으로 빠져나간다. 그 외에 북동부와 남부 해안 일대의 다른 만들과 피오르드들에서도 발견된다. 최근 남아프리카공화국 케이

먹이와 먹이활동

먹이: 상황에 따라 달라지나, 대개 다양한 물고기와 오징어, 문어, 작은 갑각류, 해양 벌레들과 다른 해저 무척추동물들을 잡아먹는다. 그러나 케르겔렌 제도 아종들의 먹이는 보다 제한되어 있어, 대개 물고기(특히 빙어)를 잡아먹는다.

먹이활동: 혼자 해저와 켈프 밭 그리고 간만의 차가 있는 지역에서 먹이활동을 하기도 하고, 여러 마리가 협력해 떼 지어 다니는 먹잇감들을 수면 또는 해안 지역으로 몰아(아니면 정박 중인 배들이나 바위투성이 해안, 방파제 같은 장애물을 이용해) 잡기도 한다. 제비갈매기들이 먹이활동 중인 머리코돌고래 집단을 따라다니는 경우가 많다(그래서 제비갈매기들이 모여 있는 걸 보면 머리코돌고래 집단이 있다는 걸 알 수 있음).

잠수 깊이: 알려진 바가 없다.

잠수 시간: 대개 20~30초(잠수와 잠수 사이에 2~3회 수면 위로 올라감).

프타운 남쪽에서도 발견됐다고 하는데, 그 머리코돌고래는 길을 잃은 예외적인 경우로 보인다.

행동

머리코돌고래는 겉모습이 알락돌고래와 비슷하며, 하는 행동이 영락없는 돌고래다. 빠르고 활동적이며 장난기도 많지만, 서핑은 물론 달려오는 큰 파도를 향해 돌진하는 것도 좋아하며, 종종 물 속에서 몸을 뒤집은 채 헤엄을 치거나 옆으로 빙빙 돌기도 한다. 바닷새들 밑으로 떠올라 살살 밀기도 한다. 배들에 아주 큰 호기심을 보여, 배의 앞이나 뒤에서 파도타기를 즐기며, 가끔 배 밑에서 8자를 그리며 헤엄치거나 수면 위로 점프를 하기도 한다(일부 돌고래들만큼 공중곡예를 좋아하는 것 같진 않지만 종종 반복해서). 특히 필돌고래들과 잘 어울리는 걸로 알려져 있으며, 그 외에 칠레돌고래나 버마이스터돌고래, 남아메리카바다사자들과도 어울린다. 일부 지역들에서는 꼼짝하지 않고 물 위에 떠 있거나 몸을 까딱까딱하는 모습이 목격되기도 하는데, 특히 바다가 잔잔한 날 흔히 볼 수 있다.

이빨

위쪽 56~70개

아래쪽 56~70개

집단 규모와 구조

대개 1~10마리 정도씩 모이나, 때론 15마리까지도 모인다. 100마리 이상 모여 있는 게 목격되기도 하지만, 그런 집단은 곧(10~30분 만에) 흩어진다. 북쪽 지역에서는 혼자 다니거나 2~4마리씩 소집단을 이루는 경우가 더 많고, 남쪽에서는 보다 큰 집단을 이루는 경우가 더 많다.

포식자들

범고래들이 가장 위협적인 포식자들일 걸로 추정된다(머리코돌고래들은 범고래들이 있을 경우 곧 피하는 행동을 함). 대형 상어들도 포식자들이며, 최남단 지역에서는 레오파드바다표범들이 머리코돌고래의 새끼들을 먹이로 삼기도 할 걸로 추정된다.

▲ 포클랜드 제도에서 서핑을 즐기고 있는 머리코돌고래들.

▲ 머리코돌고래들은 종종 물속에서 몸을 뒤집은 채 헤엄치거나 옆으로 빙빙 돌기도 한다.

사진 식별

적어도 남아메리카 머리코돌고래의 경우 등지느러미의 각종 홈, 등지느러미와 등의 흉터, 검은색 M자 헤어라인, 색 패턴의 차이 등으로 식별 가능하다. 케르겔렌 제도의 머리코돌고래는 M자 헤어라인이 덜 뚜렷하다.

개체 수

전 세계적인 개체 수 추정치는 없으나, *Cephalorhynchus* 종이 가장 많은 것으로 추정된다. 지역별로는 아르헨티나(해안선에서부터 등심선 100m쯤 되는 지역까지 그리고 남위 43도에서 55도 사이)에 약 4만 마리가 살고 있으며, 아르헨티나 파타고니아 대륙붕 일대에도 약 2만 2,000마리가 살고 있을 걸로 보여진다. 케르겔렌 제도의 개체 수는 알 수 없으나, 그 수가 많지 않을 것으로 추정된다. 2013년에 모르비앙만의 개체 수는 대략 69마리에서 13마리가 더 많거나 적은 정도였다.

종의 보존

세계자연보전연맹의 종 보존 현황: '최소 관심' 상태(2017년). *kerguelensis* 아종에 대해선 별도로 조사된 바가 없다. 그리고 1970년대부터 적어도 1990년도 초까지 아르헨티나와 칠레에서 주로 식용과 미끼(특히 돈벌이가 되는 킹크랩 잡이용) 용도로 사냥되었다. 현재 머리코돌고래 사냥은 불법이며(외딴 지역들에서 행해지는 불법 사냥을 막는 건 사실상 불가능) 킹크랩 잡이도 줄

어들고 있지만, 새로운 어종의 미끼용으로 쓰이기도 해 어느 정도의 불법 사냥은 계속되고 있다. 머리코돌고래는 남아메리카 남부 지역에서 가장 많이 각종 어망에 걸려 죽는 고래로, 특히 해안에 설치되는 자망은 물론 삼중망, 원양 저인망, 대형 건착망 등에 취약하다. 먹이 어종의 남획 또한 위협이다. 머리코돌고래들은 종종 재미삼아 사냥되기도 하며 수족관에 전시할 목적으로 생포되기도 한다.

▲ 머리코돌고래들은 눈에 띄는 흰색 및 검은색 무늬와 둥근 등지느러미 때문에 다른 고래와 혼동할 여지가 없다.

일대기

성적 성숙: 암컷은 6~9년, 수컷은 5~9년.
짝짓기: 알려진 바가 없다.
임신: 11~12개월.
분만: 2년마다(종종 3~4년마다) 늦봄에서 여름 사이(11~3월)에 새끼 1마리가 태어나며, 그 정점은 1월 중순이다.

젖떼기: 1~12개월 후.
수명: 약 10~20년으로 추정된다. 야생 상태에서 최장수 기록을 세운 건 산줄리안에서 발견된 한 암컷으로, 고래 연구가들에 의해 1996년 이후 계속 목격되고 있다. 사로잡혀 사육된 한 머리코돌고래의 수명은 26년이었다.

헤비사이드돌고래 Heaviside's dolphin

학명 케파로린쿠스 헤비시디이 *Cephalorhynchus heavisidii* (Gray, 1828)

헤비사이드돌고래는 아프리카 남서부 해안 일대 벵겔라 생태계에 모여 사는 아름답고 작은 돌고래로, 서핑을 좋아해 파도치는 해안 근처에서 자주 볼 수 있다.

분류: 참돌고래과 이빨고래아목
일반적인 이름: 이 돌고래는 원래 하비사이드돌고래Haviside's dolphin로 명명됐어야 하나(1827년 이 고래의 표본을 남아프리카공화국에서 영국까지 실어 나른 영국 동인도회사의 한 선장 이름을 따서), 엉뚱하게도 비슷한 시기에 비고래류 해부학 표본들을 판매한 한 유명한 해군 군의관 캡틴 헤비사이드Captain Heaviside의 이름을 따서 헤비사이드돌고래로 명명되었다. 그리고 일반적인 이름은 학명과 같은 철자를 사용해야 한다는 전통 때문에 하비사이드돌고래가 아닌 헤비사이드돌고래란 잘못된 이름이 계속 쓰이고 있다(명명법 원칙에

따르면 한 번 정해진 학명은 바꿀 수 없음).
다른 이름들: Haviside's dolphin, Benguela dolphin.
학명: 이 고래 학명의 앞부분 *Cephalorhynchus*는 '머리'를 뜻하는 그리스어 *kephale*에 '부리' 또는 '주둥이'를 뜻하는 라틴어 *rhynchus*가 합쳐진 것이다(머리에서 부리까지 서서히 경사가 진 것을 가리킴). 그리고 학명의 뒷부분 *heavisidii*에 대해선 위의 '일반적인 이름' 부분 참고할 것.
세부 분류: 현재 따로 인정된 아종은 없다.

성체

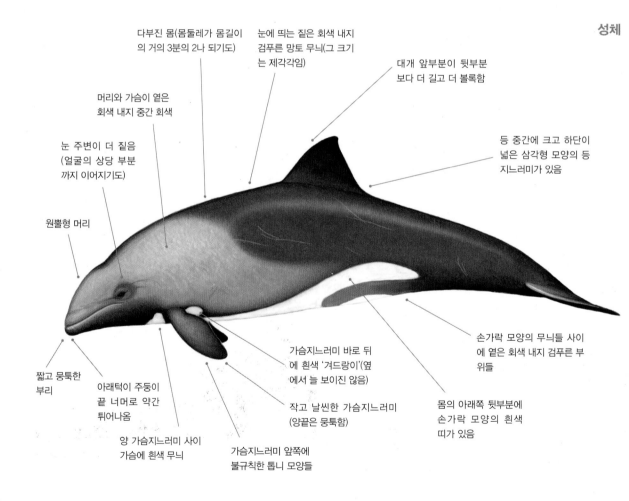

다부진 몸(몸둘레가 몸길이의 거의 3분의 2나 되기도)

눈에 띄는 짙은 회색 내지 검푸른 망토 무늬(그 크기는 제각각임)

대개 앞부분이 뒷부분보다 더 길고 더 볼록함

머리와 가슴이 옅은 회색 내지 중간 회색

눈 주변이 더 짙음(얼굴의 상당 부분까지 이어지기도)

등 중간에 크고 하단이 넓은 삼각형 모양의 등지느러미가 있음

원뿔형 머리

짧고 뭉툭한 부리

아래턱이 주둥이 끝 너머로 약간 튀어나옴

양 가슴지느러미 사이 가슴에 흰색 무늬

가슴지느러미 앞쪽에 불규칙한 톱니 모양들

가슴지느러미 바로 뒤에 흰색 '겨드랑이'(옆에서 늘 보이진 않음)

작고 날씬한 가슴지느러미(양끝은 뭉툭함)

손가락 모양의 무늬들 사이에 옅은 회색 내지 검푸른 부위들

몸의 아래쪽 뒷부분에 손가락 모양의 흰색 띠가 있음

요점 정리

- 아프리카 남서부의 대서양 방면 해안에 서식
- 작은 크기
- 검은색과 회색, 흰색 패턴이 복잡하면서도 경계가 뚜렷함
- 몸의 아래쪽 뒷부분에 손가락 모양의 흰색 띠가 있음
- 등의 중간에 크고 하단이 넓은 삼각형 모양의 등지느러미가 있음
- 눈에 잘 띄지 않는 부리
- 대개 소집단을 이룸
- 아주 활동적임

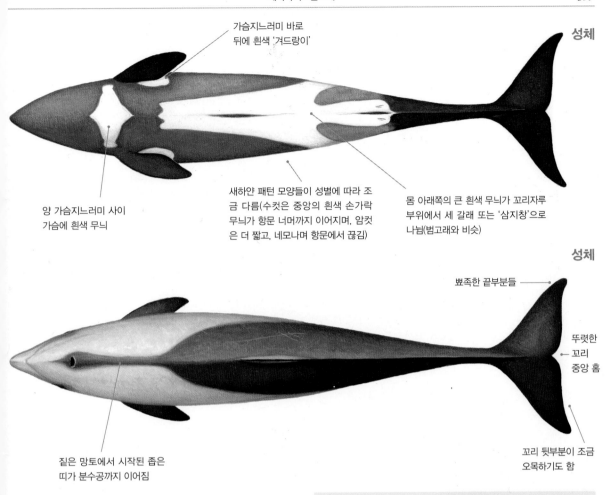

성체

가슴지느러미 바로
뒤에 흰색 '겨드랑이'

양 가슴지느러미 사이
가슴에 흰색 무늬

새하얀 패턴 모양들이 성별에 따라 조
금 다름(수컷은 중앙의 흰색 손가락
무늬가 항문 너머까지 이어지며, 암컷
은 더 짧고, 네모나며 항문에서 끊김)

몸 아래쪽의 큰 흰색 무늬가 꼬리자루
부위에서 세 갈래 또는 '삼지창'으로
나뉨(범고래와 비슷)

성체

뾰족한 끝부분들

뚜렷한
꼬리
중앙 홈

짙은 망토에서 시작된 좁은
띠가 분수공까지 이어짐

꼬리 뒷부분이 조금
오목하기도 함

크기

길이: 1.2~1.7m
무게: 50~75kg
최대: 1.8m, 75kg
새끼 – 길이: 80~85cm
무게: 알려진 바가 없으나 약 10kg으로 추정됨.

비슷한 종들

헤비사이드돌고래들은 몸이 약간 더 큰 더스키돌고래를 비롯한
다른 여러 작은 고래들과 서식지가 겹치지만, 삼각형 모양의 등
지느러미(더스키돌고래는 갈고리 모양)와 아주 눈에 띄는 무늬
들로 구분이 가능하다. 집단 규모 역시 차이가 있다. 헤비사이드
돌고래들은 대개 10마리 이내의 작은 집단을 이루지만 더스키돌
고래들은 집단 규모가 훨씬 더 크다.

분포

앙골라 남부에서부터 나미비아, 남아프리카공화국에 걸쳐 있는
길이 2,500km의 해안선 일대 벵겔라 생태계의 선선한 바다에
국한되어 있다. 최소 남위 16도 30분 앙골라 남부 바이아도스티
그레스 지역(관련 정보가 거의 없지만 더 북쪽까지 포함될 걸로
추정)에서부터 남위 34도 20분 남아프리카공화국 케이프포인트
지역에 걸쳐 서식하고 있다. 케이프포인트 지역 동쪽의 보다 따
뜻한 바다에서 발견되는 헤비사이드돌고래들은 길을 잘못 든 개

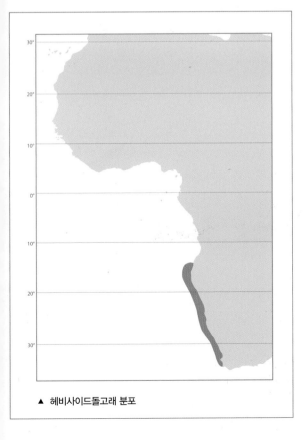

▲ 헤비사이드돌고래 분포

새끼

체들로 보인다. 먹이(특히 대구의 일종인 헤이크)가 얼마나 풍부한가에 따라 헤비사이드돌고래 개체 수가 더 많을 수도 있고 더 적을 수도 있지만, 전반적으로 이 서식지 내에서는 꾸준히 발견된다. 또한 해수면 온도가 섭씨 9도에서 15도 사이인 선선한 벵겔라 해류를 좋아한다. 길이 50~90km 정도 되는 해안 일대의 작은 서식지들에 대한 애착이 크다는 증거도 있다. 이 돌고래들은 대개 수심 100m 이내의 얕은 바다에 머물지만, 가끔은 해안에서 30km 떨어진 바다까지 나가기도 한다(최고 기록은 해안에서 85km 떨어진 바다의 수심 200m까지). 그리고 서식지의 대부분 지역들에서, 오전에는 해안 근처에서 움직이고(휴식을 취하고 사회생활을 하고 상어들을 피하기 위해) 오후에는 해안에서 수 km 떨어진 바다로 나간다(먹이활동을 위해. 먹이들이 밤에는 수면 가까이 이동함). 또한 동틀 녘부터 정오 사이에 해안에 가장 가까이 접근하며, 모래에 덮인 해안이나 큰 파도가 밀려드는 지역(만의 노출된 끝부분)을 좋아한다. 그리고 오후 중반부터 해 질 녘 사이에는 육지에서 가장 멀리 나아간다. 또 케이프타운과 월비스 베이 같이 헤비사이드돌고래가 밀집된 지역들에서 자주 발견된다.

행동

에너지가 넘치며 가끔 아주 활기차다. 서핑을 즐기며, 파도가 칠 때 점프를 하거나 노는 모습이 자주 목격된다. 점프도 다양한 형태로(짝을 지어 또는 소집단을 이뤄 서로 경쟁하듯) 한다. 종종 높이 점프를 해 앞 또는 뒤로 공중제비를 돌며(최대 2m 높이까

지), 떨어지면서 배와 꼬리로 수면을 내려친다. 근처에 배가 있으면 대개 가까이 다가와(특히 해안 근처에서 보다 큰 집단을 이루고 있을 때. 서로 분산되어 있거나 먼바다에서 먹이활동을 할 땐 배로 덜 다가옴) 배 앞이나 뒤에서 종종 파도타기를 즐긴다. 더스키돌고래들과 어울려 집단을 이루는 경우도 많다.

이빨

위쪽 44~56개
아래쪽 44~56개

집단 규모와 구조

집단 규모는 대개 2~3마리(최소 1마리에서 최대 10마리)이지만, 남아프리카공화국의 테이블만이나 나미비아의 디아즈 포인트와 펠리칸 포인트 같이 특히 많은 헤비사이드돌고래들이 모여 있는 일부 지역들에서는 여러 집단들이 모여 100마리에 달하는 보다 큰 집단을 이루기도 한다. 각 개체의 집단 이탈도는 높은 편이다.

포식자들

서식지 내에 범고래들은 드물지만, 가끔 범고래들이 헤비사이드돌고래들을 잡아먹는 게 목격된다. 일부 헤비사이드돌고래들의 경우 몸에 상어에게 물린 이빨 자국들도 있다.

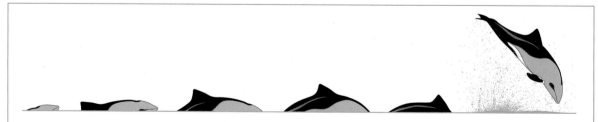

잠수 동작

- 물을 뿜어 올리는 게 눈에 잘 띄지 않는다.
- 머리가 먼저 나타나고 곧이어 등지느러미 끝부분이 나타난다.
- 물속에서 비교적 높이 몸을 굴린다.
- 머리가 물에 잠기고 등지느러미가 사라진다.
- 꼬리는 거의 보이지 않는다.
- 빠른 속도로 헤엄칠 때는 종종 낮은 각도로 수면 위를 스쳐 간다.
- 수직으로 점프해 대개 머리가 먼저 물로 떨어진다(물보라가 거의 일지 않음).

먹이와 먹이활동

먹이: 주로 해저에 사는 원양 물고기를 먹이로 삼지만, 그 외에 대구의 일종인 킹클립, 수염망둥이, 전갱이는 물론 오징어와 문어도 잡아먹는다.

먹이활동: 대개 밤에 먹이활동을 한다.

잠수 깊이: 비교적 얕은 바다(수심 100m 이내)의 해저 또는 해저 근처에서 먹이활동을 한다.

잠수 시간: 알려진 바가 없다.

사진 식별

등지느러미의 홈과 상처로 식별이 가능하지만 쉽지는 않다. 15%에서 30%의 헤비사이드돌고래들만 등지느러미에 식별 가능한 홈과 상처가 있기 때문. 그리고 등지느러미에 상처가 있는 경우가 더 많지만, 대개 한쪽 면에만 있거나 단기간 동안만 있어 식별하는 데 한계가 있다.

개체 수

서식지 남단(테이블만에서부터 램버트만까지 해안선을 따라 390km 지역)의 개체 수 추정치는 6,345마리이다. 남아프리카공화국의 헤비사이드돌고래 개체 수는 이 수의 배가 될 것 같지는 않다. 그리고 나미비아의 월비스 베이와 루데르티즈에는 각기 약 500마리씩 서식 중인 걸로 추정된다.

종의 보존

세계자연보전연맹의 종 보존 현황: '준위협' 상태(2017년). 서식지가 주로 인구 밀도가 낮은 지역들이긴 하나, 서식지 자체가 워낙 한정되어 있는 데다 전부 해안 근처라는 이유 때문에도 종의 보존이 우려된다. 다른 어종을 잡으려고 설치한 어망 등에 뜻하지 않게 걸려 죽는 경우는 많지 않지만, 그래도 그게 가장 큰 위협으로 추정된다. 정확한 수치는 알 수 없으나, 일부 헤비사이드돌고래들이 뜻하지 않게 자망, 대형 건착망, 지인망, 저인망 등에 걸려 죽고 있다. 전갱이들을 잡기 위해 실험적으로 설치 중인 중층 저인망들 역시 잠재적 위협으로 부상하고 있다. 장기적인 기후 변화와 그 잠재적 영향에 의해 벵겔라 생태계가 손상되고 있는 것 역시 또 다른 위협이다. 선박 운행이 점점 늘어나고 있는 게 벵겔라 생태계에 어떤 영향을 미치는지에 대해선 아직 알려진 바가 없다.

소리

헤비사이드돌고래들은 좁은 대역대의 고주파 반향정위 클릭 소리를 낸다. 그리고 다른 많은 돌고래들과 마찬가지로, 이 흑백돌고래속 돌고래들은 휘파람 소리 같은 건 내지 않는다.

일대기

성적 성숙: 암컷은 5~9년, 수컷은 6~9년.

짝짓기: 1년 내내.

임신: 10~11개월.

분만: 2~4년마다(가끔은 매년) 새끼 1마리가 태어나며, 가장 많이 태어나는 때는 남반구 여름(10~1월)이다.

젖떼기: 알려진 바가 없다.

수명: 최장수 기록은 26년.

▲ 헤비사이드돌고래는 삼각형 모양의 등지느러미와 독특한 무늬 때문에 눈에 띈다.

헥터돌고래 Hector's Dolphin

학명 케파로린쿠스 헥토리 *Cephalorhynchus hectori* (Van Bénéden, 1881)

헥터돌고래는 세계에서 가장 작은 돌고래들 중 하나로 뉴질랜드에서만 발견되어, 고래들 가운데 가장 서식지가 제한된 고래에 속한다. 지난 30여 년간 그 개체 수와 서식지가 급격히 줄어들었으며, 두 아종 가운데 하나인 마우이돌고래Maui dolphin는 현재 멸종 위기에 처해 있다.

분류: 참돌고래과 이빨고래아목

일반적인 이름: 이 돌고래는 영어로 Hector's dolphin으로, 이는 스코틀랜드 출신의 과학자 제임스 헥터James Hector, 1834~1907의 이름에서 따온 것이다. 제임스 헥터는 뉴질랜드 웰링턴에 있던 식민지박물관(현재의 테 파파 박물관)의 관장으로, 이 돌고래의 표본(1873년 쿡 해협에서 작살을 맞아 죽은 돌고래)을 세상에 처음 알렸다. 아종인 마우이돌고래의 이름은 테-이카-아-마우이(북섬을 뜻하는 마오리어)에서 따온 것이다.

다른 이름들: New Zealand dolphin, New Zealand white-front dolphin, white-headed dolphin, little pied dolphin 등.

학명: 이 고래 학명의 앞부분 *Cephalorhynchus*는 '머리'를 뜻하는 그리스어 *kephale*에 '부리' 또는 '주둥이'를 뜻하는 라틴어 *rhynchus*가 합쳐진 것이다(머리에서 부리까지 서서히 경사가 진 것을 가리킴). 그리고 학명의 뒷부분 *hectori*는 James Hector라는 이름에서 온 것이다.

세부 분류: 현재 인정된 아종은 남섬헥터돌고래*C. h. hectori*와 마우이돌고래 또는 북섬헥터돌고래*C.h.maui* 이렇게 2종이다. 두 아종은 겉보기엔 같아 보이지만(마우이돌고래가 아주 조금 더 큼), 유전학적으로 차이가 있으며, 서로 교배한다는 증거는 없다. 남섬헥터돌고래는 유전학적으로 또 지리적으로 적어도 다른 네 아종(서쪽 해안 종, 동쪽 해안 종, 북쪽 해안 종, 남쪽 해안 종)으로 나뉜다. 그리고 그 아종들은 다시 소규모 지역 종들로 나뉘는데, 그중 몇 종들은 개체 수가 100마리도 안 된다.

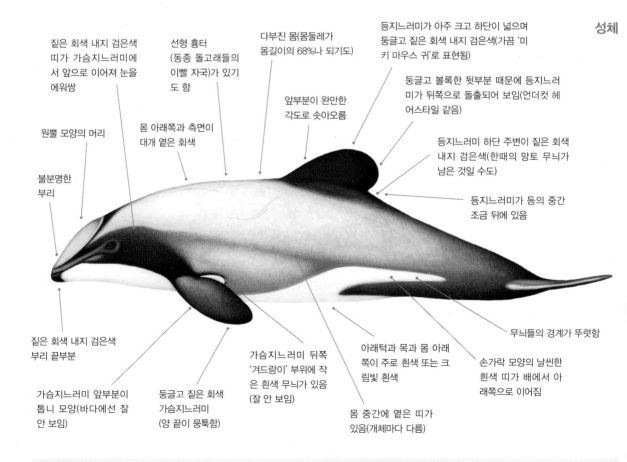

성체

짙은 회색 내지 검은색 띠가 가슴지느러미에서 앞으로 이어져 눈을 에워쌈

선형 흉터 (동종 돌고래들의 이빨 자국)가 있기도 함

다부진 몸(몸둘레가 몸길이의 68%나 되기도)

등지느러미가 아주 크고 하단이 넓으며 둥글고 짙은 회색 내지 검은색(가끔 '미키 마우스 귀'로 표현됨)

앞부분이 완만한 각도로 솟아오름

둥글고 볼록한 뒷부분 때문에 등지느러미가 뒤쪽으로 돌출되어 보임(언더컷 헤어스타일 같음)

원뿔 모양의 머리

몸 아래쪽과 측면이 대개 옅은 회색

등지느러미 하단 주변이 짙은 회색 내지 검은색(한때의 망토 무늬가 남은 것일 수도)

불분명한 부리

등지느러미가 등의 중간 조금 뒤에 있음

짙은 회색 내지 검은색 부리 끝부분

가슴지느러미 앞부분이 톱니 모양(바다에선 잘 안 보임)

둥글고 짙은 회색 가슴지느러미 (양 끝이 뭉툭함)

가슴지느러미 뒤쪽 '겨드랑이' 부위에 작은 흰색 무늬가 있음 (잘 안 보임)

몸 중간에 옅은 띠가 있음(개체마다 다름)

아래턱과 목과 몸 아래쪽이 주로 흰색 또는 크림빛 흰색

손가락 모양의 날씬한 흰색 띠가 배에서 아래쪽으로 이어짐

무늬들의 경계가 뚜렷함

요점 정리

- 뉴질랜드의 얕은 해안 지역에 서식
- 작은 크기
- 주로 옅은 회색에 짙은 부속지들
- 배 부위가 흰색
- 거의 짙은 얼굴
- 둥근 등지느러미가 뒤로 기울어짐
- 대개 소집단을 이룸

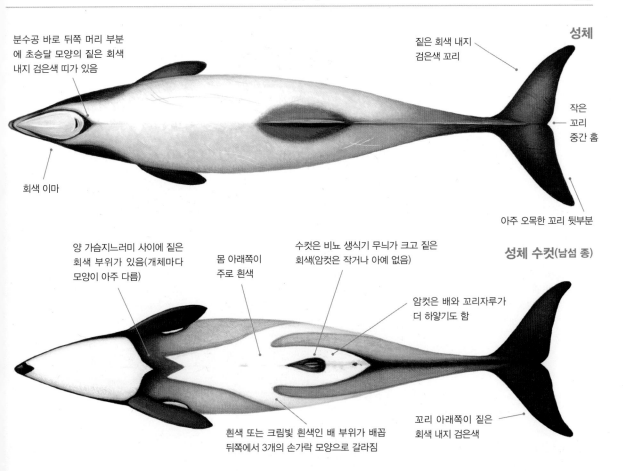

성체

분수공 바로 뒤쪽 머리 부분에 초승달 모양의 짙은 회색 내지 검은색 띠가 있음

짙은 회색 내지 검은색 꼬리

작은 꼬리 중간 홈

회색 이마

아주 오목한 꼬리 뒷부분

성체 수컷(남섬 종)

양 가슴지느러미 사이에 짙은 회색 부위가 있음(개체마다 모양이 아주 다름)

몸 아래쪽이 주로 흰색

수컷은 비뇨 생식기 무늬가 크고 짙은 회색(암컷은 작거나 아예 없음)

암컷은 배와 꼬리자루가 더 하얗기도 함

흰색 또는 크림빛 흰색인 배 부위가 배꼽 뒤쪽에서 3개의 손가락 모양으로 갈라짐

꼬리 아래쪽이 짙은 회색 내지 검은색

비슷한 종들

헥터돌고래는 서식지 내 다른 돌고래들(주로 큰돌고래, 더스키돌고래, 참돌고래)과 구분하기 쉽다. 뉴질랜드에 사는 그 어떤 돌고래 종도 등지느러미가 둥근 종은 없으며, 훨씬 작은 크기, 땅딸막한 몸매, 불분명한 부리(더스키돌고래하고만 비슷함), 독특한 색 패턴 등도 눈에 띄게 다른 점들이다.

북섬

■ 주요 밀집 지역

▨ 고립된 집단들

남섬

■ 가장 많이 모인 지역들

■ 중간 정도 모인 지역들

▨ 고립된 집단들

▲ 헥터돌고래 분포

분포-헥터돌고래

헥터돌고래들은 뉴질랜드 남섬의 동쪽 해안과 서쪽 해안의 중간 지역들 일대에서 가장 흔히 볼 수 있으며, 주로 남위 41도 30분과 남위 44도 30분 사이에서 발견된다. 헥터돌고래들이 가장 자주 발견되는 곳은 동쪽의 경우 뱅크스 반도이고, 서쪽의 경우 그레이마우스와 웨스트포트 지역 사이다. 피오르랜드에선 볼 수 없다. 또한 이 돌고래들은 섭씨 6도에서 22도 사이의 해수면 온도를 좋아한다(가장 밀집된 지역은 섭씨 14도 이상). 대부분의 헥터돌고래들은 해안선에서 약 50km(최고 기록은 106km) 떨어

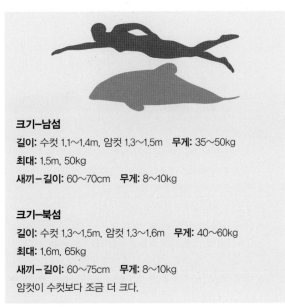

크기-남섬

길이: 수컷 1.1~1.4m, 암컷 1.3~1.5m　무게: 35~50kg

최대: 1.5m, 50kg

새끼-길이: 60~70cm　무게: 8~10kg

크기-북섬

길이: 수컷 1.3~1.5m, 암컷 1.3~1.6m　무게: 40~60kg

최대: 1.6m, 65kg

새끼-길이: 60~75cm　무게: 8~10kg

암컷이 수컷보다 조금 더 크다.

성체 변이

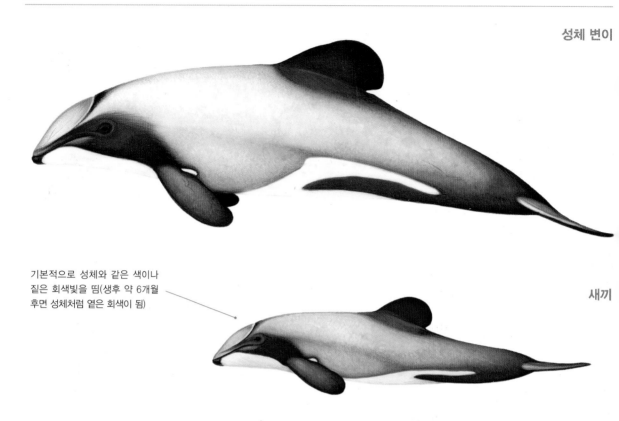

기본적으로 성체와 같은 색이나
짙은 회색빛을 띰(생후 약 6개월
후면 성체처럼 옅은 회색이 됨)

새끼

진 지역에 서식하며, 일부 헥터돌고래들은 20년 넘게 1년 내내 같은 지역에서 재발견되곤 했다. 이 돌고래들이 장거리 이동을 한다는 증거는 없다.

마우이돌고래들은 대개 해안에서 40km 안쪽에 위치한 수심 100m 이내의 바다에 서식한다(두 아종의 서식지는 해안에서의 거리보다는 수심과 더 깊은 관련이 있음). 그런데 이는 지역에 따라 달라, 뉴질랜드 남섬의 서부 해안 쪽에서는 해안에서 약 12km 떨어진 비교적 깊은 바다에, 그리고 동부 해안 쪽에서는 해안에서 약 37km 떨어진 아주 얕은 바다에 주로 서식한다. 또한 보통 서핑 지역 바로 너머나 항구 안쪽 바다에서 발견된다. 대

부분의 지역들에서 여름 중순(12~2월)에는 주로 해안 가까이에 서식하며, 연중 그 나머지 시기에는 서식지의 수심 및 해안에서의 거리가 크게 달라진다.

분포-마우이돌고래

마우이돌고래는 한때 쿡 해협에서부터 나인티 마일 비치에 이르는 북섬 서쪽 해안의 거의 모든 지역에서 발견됐으나, 오늘날에는 남위 36도 30분과 남위 38도 20분 사이의 북섬 북서쪽 약 200km 떨어진 지역에서만 발견된다. 그리고 마누카우 항구에서 포트 와이카토에 이르는 길이 40km 지역에서 비교적 더 많은 마

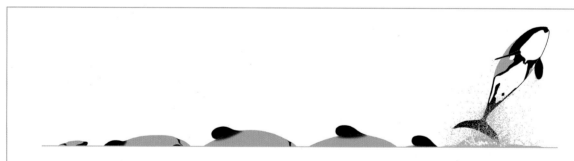

잠수 동작

- 대개 천천히 그리고 여유롭게 수면 위로 올라온다.
- 물을 뿜어 올리는 게 눈에 잘 띄지 않는다.
- 물보라가 거의 또는 전혀 일지 않는다.
- 천천히 몸을 굴리며 앞으로 간다.
- 등지느러미가 수면 아래로 사라진다.
- 먹이활동을 할 땐 대개 약 54초씩 6차례 수면 위로 오르고 약 90초간 오랜 잠수를 한다.
- 사회생활을 할 땐 대개 25~30초마다 수면 위로 오르고 오랜 잠수는 하지 않는다.
- 빨리 이동할 땐 종종 수면 위에 물보라를 일으키며 활발히 움직인다.

먹이와 먹이활동

먹이: 노란눈가숭어, 아후루, 붉은대구, 작은청어, 가자미, 뉴질랜드 샌드 스타게이저, 헥터 랜턴피시 등 다양한 작은(대개 길이가 10cm가 안 되는) 물고기들은 물론 오징어(특히 화살오징어)와 문어도 잡아먹는다. 그리고 먹잇감의 종류는 남섬 서부 해안(4종이 전체 먹잇감의 80%)보다는 동부 해안(8종이 전체 먹잇감의 80%)이 더 다양하다.

먹이활동: 수면에서 해저에 이르는 다양한 수심층에서 먹이활동을 한다. 그리고 해안 근처에 설치된 저인망(많은 돌고래가 잠시 합류했다 떠나는 등, 50마리 정도씩 떼를 지어 여러 시간 동안 저인망 어선을 따라다니면서 그물에 놀란 물고기들을 잡아 먹음)을 따라다니는 경우가 많다.

잠수 깊이: 50m 이상 잠수하는 걸로 추정된다.

잠수 시간: 최장 잠수 기록은 대개 약 90초 이내.

우이돌고래들이 발견된다(최근 이루어진 조사가 거의 이 지역에만 몰렸다는 한계는 있지만). 최근 조사 결과에 따르면, 남섬의 돌고래들이 마우이돌고래 서식지로 들어가는 경우가 가끔 있긴 하나, 이 두 돌고래들의 서식지가 지리적으로 꽤 멀리 떨어져 있는 데다 그 규모 또한 작아 두 종은 유전학적으로 잘 분리되고 있다. 북섬 동부 해안 지역 일대에서도 뉴질랜드 돌고래들이 가끔 그 모습을 드러내지만, 그 돌고래들이 헥터돌고래인지 아니면 마우이돌고래들인지는 아직 분명치 않다.

행동

헥터돌고래들은 공중곡예를 아주 많이 한다. 특히 큰 집단을 이룰 때 서로서로 쫓고 점프를 하고 거품을 쫙 올리고 꼬리로 힘차게 수면을 내려치는 등 아주 활발한 움직임을 보인다(똑바로 또는 몸을 뒤집은 채 헤엄을 치면서). 그리고 2~7마리의 소집단들이 모여 일시적으로 20~50마리의 보다 큰 집단을 이룰 때 그런 움직임들은 한층 더 심해진다. 점프는 '수평' 점프, '수직' 점프, '시끄러운' 점프 이렇게 세 종류가 확인되었다. '수평' 점프는 낮게 멀리 가는 점프로, 대개 빠른 속도로 헤엄치면서 이루어진다. '수직' 점프는 높이 뛰어오르는 분명한 점프로, 머리가 먼저 다시 물에 들어가고 물이 별로 튀지 않는다(이 점프는 대개 사회활동이나 구애와 관련이 있고, 1마리가 점프하면 다른 1마리가 바로 뒤따라 점프하는 등 수컷 1마리와 암컷 1마리에 의해 이루어짐). '시끄러운' 점프는 등이나 몸 앞쪽 또는 옆쪽으로 물에 떨어지는 점프로, 많은 물보라가 일고 아주 시끄러운 소리가 난다(이 점프는 그리 흔한 점프는 아니지만 대개 여러 차례 반복해서 이루어짐). 헥터돌고래들은 스파이호핑도 한다. 특히 날씨가 험한 날 수심이 아주 얕은 일부 지역들에서 서핑을 즐겨, 파도(종종 1m도 안 되는)에 의해 해변으로 밀려가곤 한다. 해초나 다른 물질들을 가지고 노는 것도 좋아한다. 또한 특히 10노트 이하의 속도로 움직이는 작은 배들에 다가가 뱃머리에서 파도 타는 걸 좋아한다(몇백 m 정도 간 뒤 되돌아가는 경우가 많지만). 떠다니는 배 주변을 맴도는 경우도 많다.

▲ 헥터돌고래들은 특히 큰 집단을 이룰 때 공중곡예를 활발히 한다.

일대기
성적 성숙: 암컷은 6~9년, 수컷은 5~9년.
짝짓기: 난혼(암컷과 수컷 모두 짝짓기 상대가 여럿임).
임신: 10~11개월.
분만: 2~3년(가끔은 4년)마다 봄에서 늦여름에(주로 11월 초~2월 중순에) 새끼 1마리가 태어난다.
젖떼기: 적어도 6개월 후에. 새끼들은 2~3년간 어미와 함께한다.
수명: 적어도 18~20년(어쩌면 25년).

이빨

위쪽 48~62개
아래쪽 48~62개

집단 규모와 구조

헥터돌고래 집단 규모는 대개 2~10마리다. 종종 가까운 서식지 내 여러 소집단이 모여 잠시 큰 집단(약 25마리에서 최대 50마리까지)을 이루었다가 10~30분 내에 다시 흩어지며, 그 과정에서 서로 뒤섞여 짝짓기를 하기도 한다. 헥터돌고래 집단들은 가족 개념은 아니며, 성체들이 장기간 함께하는 경우는 드물다. 또한 헥터돌고래들은 나이나 성별에 따라 서로 분리되는 일이 흔하며, 6마리가 안 되는 집단들은 종종 모두 수컷이거나 모두 암컷이거나 모두 새끼들이며, 어미와 어린 새끼들은 혈기 왕성한 수컷들과 분리된 채 살아가는 경우가 많다. 그리고 겨울에는 널리 퍼져 보다 작은 집단들을 형성하는 경향이 있다.

포식자들

대형 상어와 범고래들이 포식자들일 걸로 추정된다.

사진 식별

주로 등지느러미 뒷부분의 각종 홈과 상처들, 몸의 흉터들을 보고 그리고 또 때론 바이러스성 피부병에 의한 얼룩 등을 보고 식별 가능하다(그런 것들은 시간이 지나면서 서서히 변하지만).

개체 수

가장 최근에 추산한 남섬 헥터돌고래 개체 수는 1만 4,849마리(1만 1,923마리에서 1만 8,492마리 사이)로, 그중 약 8,969마리는 뉴질랜드 남섬의 동부 해안에, 약 5,642마리는 서부 해안에 그리고 약 238마리는 남부 해안에 서식한다. 1990년대 말에 행해진 조사에선 남섬 서부와 남부 해안의 헥터돌고래 수는 현저히 줄어들었으나 동부 해안의 헥터돌고래 수는 5배나 늘었다(그것이 당시 사용된 조사 방법들의 차이 때문인지는 아직 불분명함). 예전에 추산한 총 개체 수는 약 7,300마리였다. 현재 남아 있는 마우이돌고래 수는 번식 가능한 암컷 10여 마리를 포함해 63마리밖에 안 된다(이는 2004년의 111마리에서 줄어든 수치임). 1970년대 초에 헥터돌고래 수는 총 5만 마리 정도였다(약 2,000마리의 마우이돌고래들을 포함해서).

▲ 헥터돌고래는 아름다운 무늬들, 뒤로 기울어진 눈에 띄는 둥근 등지느러미, 언더컷 스타일의 등지느러미 뒷부분 때문에 다른 종들과 헛갈릴 일이 없다.

▲ 분수공 뒤에 있는 눈에 띄는 초승달 모양의 띠.

▲ 헥터돌고래들은 대개 천천히 그리고 여유롭게 수면 위로 올라온다.

▲ 집단 규모는 대개 2마리에서 10마리까지다.

종의 보존

세계자연보전연맹의 종 보존 현황: '위기' 상태(2008년). 마우이 아종은 '위급' 상태(2008년). 헥터돌고래들은 개체 수 증가율이 더딘 데다가(인간의 영향을 받지 않는 상태에서 연간 2%를 넘지 않음. 이는 보다 크고 오래 사는 돌고래들의 연간 2~4%와 비교됨) 해안 근처의 바다(인간의 활동이 가장 심한)를 좋아해 두 아종 모두 특히 각종 위협에 취약하다. 헥터돌고래들을 위협하는 가장 큰 문제는 자망(사람들이 낚시 목적으로 또는 상업적인 목적으로 설치한)에 걸리는 것으로, 전체 사망의 60%에 달한다. 자망 설치는 모노필라멘트 플라스틱이 발명된 1970년대 초 이후 급증했다. 저인망은 걸려들 경우 치사율이 높아 자망 만큼이나 위협적이다(저인망의 경우 1일 어획량은 더 낮지만, 뉴질랜드 바다에는 자망보다 저인망이 훨씬 더 많음). 그간 헥터돌고래들에

대한 각종 보호 조치들(면적 4,130km²의 뱅크스 반도 해양 포유동물 보호구역 같은 보호구역들을 지정하는 등의 조치들)이 서서히 취해져, 최근 몇 년 사이엔 사망률이 줄어들었다. 그러나 헥터돌고래들의 서식지 대부분은 보호 구역들 밖에 위치해 있어, 돌고래들을 보호할 수 있는 어업 방식이나 법 집행 등이 더 필요하다. 또한 현재의 사망률 하에서는 헥터돌고래들이 더 이상 살아남을 수 없으며, 따라서 자망이나 저인망 등의 설치로 인한 뜻하지 않은 사망률을 0에 가깝게 줄여야 한다. 그 외에 헥터돌고래들을 위협하는 또 다른 문제들로는 각종 오염과 질병, 선박 운행, 생태계 변화 및 교란(최근 들어 두 아종의 서식지 내에서 행해지는 석유 및 가스 시추를 위한 탄성파 탐사 포함) 등을 꼽을 수 있다.

홀쭉이돌고래 Northern right whale dolphin

학명 리소델피시 보레알리스 *Lissodelphis borealis*

(Peale, 1848)

2종의 고추돌고래들은 얼핏 보면 비슷해 보이지만, 색깔 패턴도 아주 다르고 지리적으로도 아주 멀리 떨어져 산다.

분류: 참돌고래과 이빨고래아목

일반적인 이름: 홀쭉이돌고래의 영어 이름은 Northern right whale dolphin인데, 이는 right whale 즉 참고래처럼 등지느러미가 없다 해서 붙여진 이름이다.

다른 이름들: Pacific right whale porpoise, white-bellied right whale dolphin, snake porpoise 등. 그리고 고래 연구가들에 의해 'lisso'(속명에서 온 것)라는 애칭으로 불린다.

학명: 이 고래 학명의 앞부분 *Lissodelphis*는 '매끄러운'(등지느러미나 등 돌기가 없다는 의미에서)을 뜻하는 그리스어 *lissos*에 '돌고래'를 뜻하는 라틴어 *delphis*가 합쳐진 것이다. 그리고 학명의 뒷부분 *borealis*는 '북쪽의'를 뜻하는 라틴어 *borealis*에서 온 것이다.

세부 분류: 현재 따로 인정된 아종은 없다. 일부 개체들의 경우 '소용돌이' 색 변형이 특징이며(이는 남방고추돌고래와 비슷할 수도 있음), 그 때문에 가끔 아종 *L.b. albiventris*으로 잘못 보기도 한다.

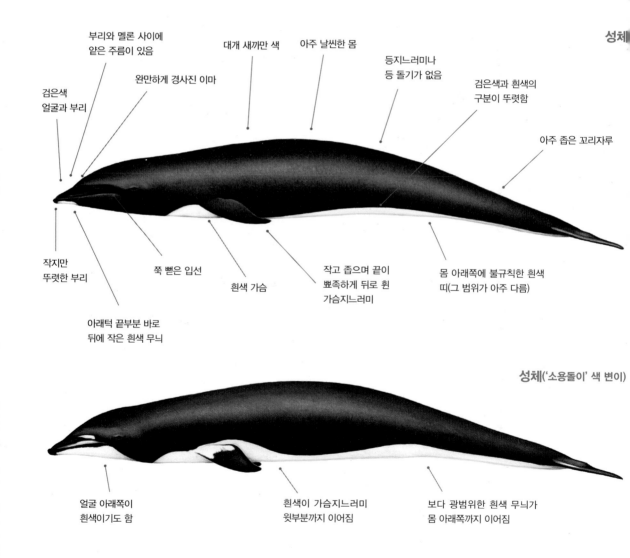

성체

- 부리와 멜론 사이에 얕은 주름이 있음
- 대개 새까만 색
- 아주 날씬한 몸
- 등지느러미나 등 돌기가 없음
- 검은색과 흰색의 구분이 뚜렷함
- 완만하게 경사진 이마
- 검은색 얼굴과 부리
- 아주 좁은 꼬리자루
- 작지만 뚜렷한 부리
- 쭉 뻗은 입선
- 흰색 가슴
- 작고 좁으며 끝이 뾰족하게 뒤로 휜 가슴지느러미
- 몸 아래쪽에 불규칙한 흰색 띠(그 범위가 아주 다름)
- 아래턱 끝부분 바로 뒤에 작은 흰색 무늬

성체('소용돌이' 색 변이)

- 얼굴 아래쪽이 흰색이기도 함
- 흰색이 가슴지느러미 윗부분까지 이어짐
- 보다 광범위한 흰색 무늬가 몸 아래쪽까지 이어짐

요점 정리

- 북태평양의 깊은 온대 바다에 서식
- 작은 크기(바다에선 훨씬 더 작아 보임)
- 등지느러미가 없음
- 주로 검은색이며 몸 아래쪽에 흰색 띠가 있음
- 아주 날씬한 몸
- 작지만 눈에 띄는 부리
- 완만한 각도로 점프함
- 대개 꽤 큰 집단을 이룸

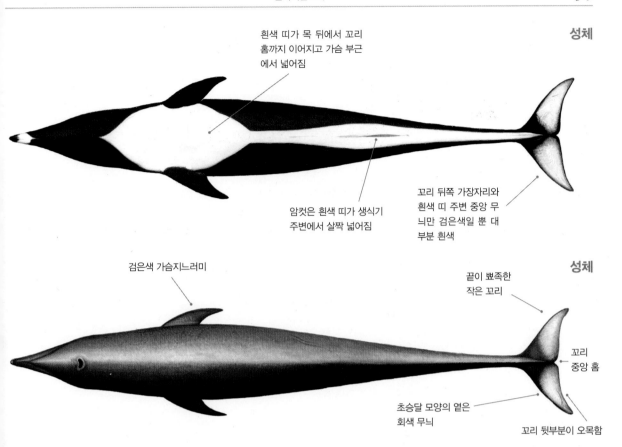

흰색 띠가 목 뒤에서 꼬리 홈까지 이어지고 가슴 부근 에서 넓어짐

성체

암컷은 흰색 띠가 생식기 주변에서 살짝 넓어짐

꼬리 뒤쪽 가장자리와 흰색 띠 주변 중앙 무 늬만 검은색일 뿐 대 부분 흰색

검은색 가슴지느러미

성체

끝이 뾰족한 작은 꼬리

꼬리 중앙 홈

초승달 모양의 옅은 회색 무늬

꼬리 뒷부분이 오목함

크기

길이: 수컷 2.2~2.6m, 암컷 2.1~2.3m
무게: 60~100kg **최대:** 3.1m, 113kg
새끼-길이: 약 0.8~1m **무게:** 알려진 바가 없음
수컷이 암컷보다 더 크다.

비슷한 종들

홀쭉이돌고래들은 서식지 내 작은 돌고래들 가운데 유일하게 등지느러미가 없어 다른 돌고래들과 헛갈릴래야 헛갈릴 수가 없다. 수면 위에서 헤엄치는 걸 멀리서 보면 바다사자와 혼동될 여지는 있다. 몸 전체가 검은색이거나 흰색인 개체들이 목격됐다는 기록들도 있다.

분포

홀쭉이돌고래들은 북태평양의 따뜻한 온대 바다에 서식한다. 그리고 북태평양 동부의 경우 북위 31도에서 북위 50도 사이에, 그리고 서부의 경우 북위 35도에서 북위 51도 사이에 서식한다. 베링해로 들어가는 경우는 거의 없으며(알류샨 열도와 알래스카만에서 길 잃은 홀쭉이돌고래들이 목격됐다는 기록들은 있지만), 동해나 오호츠크해 또는 칼리포르니아만에도 들어가지 않는 것으로 보여진다. 주로 대륙붕 외곽 또는 그 너머의 깊은 대양 바다에 서식하지만 해안 근처의 깊은 바다(해저 협곡 같은)에도 서식하며, 캘리포니아 해류 시스템 내 연안 바다를 특히 좋아하는 걸로 보인다. 가끔 보다 남쪽으로(예를 들어 북위 29도 멕시코 바하칼리포르니아주 일대까지) 이동하는데, 그건 예외적으로 차가운 물이 유입되는 것과 관련이 있다. 또한 홀쭉이돌고래들은 해수면 온

▲ 홀쭉이돌고래 분포

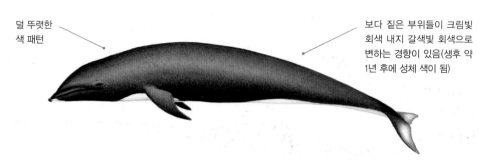

덜 뚜렷한
색 패턴

보다 짙은 부위들이 크림빛
회색 내지 갈색빛 회색으로
변하는 경향이 있음(생후 약
1년 후에 성체 색이 됨)

새끼

도가 섭씨 8도에서 19도 사이인 지역에 가장 많이 몰린다. 이 돌고래들의 이동에 대해선 알려진 바가 별로 없으나, 적어도 일부 지역들에서는 겨울엔 남쪽 해안 근처로 이동하고 여름엔 북쪽 먼 바다로 이동하는 걸로 보인다(좋아하는 온도의 바다에 머물기 위해서인 걸로 추정됨).

행동

홀쭉이돌고래들은 헤엄치는 속도가 빨라 시속 34km까지도 속도를 낼 수 있다. 그리고 종종 최소 14종의 다른 고래 종들과, 특히 태평양흰줄무늬돌고래와 잘 어울리며 들쇠고래 및 큰코돌고래들과도 어울린다. 갑자기 폭발적인 움직임을 보여, 수면 위로 점프하기 같은 공중곡예를 하고 스파이호핑은 물론 점프했다가 배로 떨어지기, 측면이나 꼬리로 수면 내려치기, 열정적인 헤엄치기 같은 행동들을 한다. 배에 대한 반응은 천차만별이어서, 필사적으로 달아나기도 하고 호기심을 보이며 다가가 뱃머리에서 파도를 타기도 한다(특히 태평양흰줄무늬돌고래나 다른 종들이 이미 배에 접근해 있는 상황에서). 겁이 많으며 쉽게 놀라기도 한다.

이빨

위쪽 74~104개
아래쪽 84~108개

집단 규모와 구조

홀쭉이돌고래들은 서로 모이는 걸 아주 좋아해, 보통 100~200마리씩 모이지만, 때론 2,000~3,000마리까지도 모인다. 북태평양 동부의 평균 집단 규모는 110마리이며, 서부의 평균 집단 규모는 200마리다. 혼자 다니는 게 목격되는 경우는 드물다. 각 집단은 대개 V자 대형이나 코러스 라인 대형을 이루며, 눈에 띄는 하위 집단들 없이 서로 아주 밀집된 상태로 다니거나 주 집단 내에 하위 집단이 보다 넓게 퍼진 상태로 다닌다.

포식자들

범고래와 대형 상어들이 포식자들일 걸로 추정된다.

사진 식별

현재로선 가능하지 않다.

개체 수

홀쭉이돌고래 개체 수는 수십만 초반대로 보여진다. 워낙 불확실한 수치이긴 했으나, 1993년에 뽑은 개체 수 추정치는 6만 8,000마리에서 53만 5,000마리 사이였다. 그리고 2008년에서 2014년 사이에 행해진 조사 결과에 따르면, 미국 캘리포니아와 오리건, 워싱턴주 해안 일대의 홀쭉이돌고래 개체 수 추정치는 2만 6,556마리였다.

종의 보존

세계자연보전연맹의 종 보존 현황: '최소 관심' 상태(2018년). 수많은 홀쭉이돌고래들이 북위 약 38도와 북위 46도 사이의 공해상

잠수 동작

빨리 헤엄칠 때

- 수면 위를 튀어 다니거나 낮은 각도로 점프하거나(최대 7m까지) 점프했다가 배로 떨어져 물보라를 일으키는 등 수면 위에서 큰 소란을 피운다.
- 겉모습이 거의 장어 같아 보인다.

천천히 헤엄칠 때

- 숨을 쉬기 위해 수면 위로 살짝(머리 윗부분과 분수공만 드러남) 떠올라 눈에 잘 띄지 않는다.
- 관찰 도중 놓치기가 쉽다.

▲ 소용돌이 색 변이. 흰색 무늬가 가슴지느러미 윗부분까지 이어진 데 주목하라.

에 설치된 대규모 유망에 걸려 목숨을 잃었다. 전반적인 추정치는 없으나, 1980년대 말에 일본과 한국 그리고 대만의 오징어 유망 선단들에 희생된 홀쭉이돌고래 수는 연간 약 1만 5,000마리에서 2만 4,000마리에 이르는 걸로 추산된다. 1993년부터 시행

먹이와 먹이활동

먹이: 주로 물고기(북태평양 중앙부에서는 랜턴피시, 태평양헤이크, 꽁치 등. 특히 랜턴피시의 비중은 전체 물고기 먹잇감 중 89%)를 잡아먹지만 일부 오징어(특히 캘리포니아 남부에선 마켓 오징어)도 잡아먹는다.

먹이활동: 알려진 바가 없다.

잠수 깊이: 200m 이상 잠수할 수 있는 걸로 추정된다.

잠수 시간: 보통 10~75초. 최장 잠수 기록은 6.2분.

된 UN의 홀쭉이돌고래 보호 조치 덕에 위협이 조금 줄긴 했으나, 공해와 배타적 경제 수역 내에서 대형 유망은 여전히 불법 사용 중이다. 그리고 홀쭉이돌고래들이 일본과 러시아의 건착망, 일본의 연어 잡이용 유망, 미국의 진환도상어 및 황새치 잡이용 유망 등에 걸려 목숨을 잃는 일 또한 여전히 일어나고 있다. 홀쭉이돌고래들을 상대로 직접적인 대규모 사냥이 이루어진 적은 없지만, 1940년대 이래 일본에서는 비교적 소수의 홀쭉이돌고래들이 사냥되어 왔다(특히 까치돌고래 작살 사냥 방식으로). 그리고 19세기 중엽에는 미국인 포경업자들이 종종 홀쭉이돌고래들을 사냥했다.

일대기

성적 성숙: 암컷과 수컷 모두 10년.

짝짓기: 알려진 바가 없다.

임신: 약 12개월.

분만: 2년(가끔은 1~3년)마다 여름(정점은 7~8월)에 새끼 1마리가 태어난다.

젖떼기: 알려진 바가 없다.

수명: 25년 이상으로 추정(최장수 기록은 42년).

▲ 홀쭉이돌고래는 서식지 내에서 유일하게 등지느러미가 없는 소형 고래다.

남방고추돌고래 Southern right whale dolphin

학명 리소델피시 페로니이 *Lissodelphis peronii* (Lacépède, 1804)

고위도 지역에 사는 돌고래들은 대개 순전히 검은색이거나 흰색인데, 남방고추돌고래도 예외는 아니다. 검은색-흰색 패턴이 아주 뚜렷하며 몸이 날씬하고 등지느러미가 전혀 없어, 다른 고래들과 구분하기가 쉽다.

분류: 참돌고래과 이빨고래아목

일반적인 이름: 남방고추돌고래의 영어 이름은 Southern right whale dolphin인데, 이는 right whale 즉 참고래처럼 등지느러미가 없다고 해서 붙여진 이름이다.

다른 이름들: Southern right whale porpoise, mealy mouthed porpoise, Peron's dolphin 등.

학명: 이 고래 학명의 앞부분 *Lissodelphis*는 '매끄러운'(등지느러미

나 등 돌기가 없다는 의미에서)을 뜻하는 그리스어 *lissos*에 '돌고래'를 뜻하는 라틴어 *delphis*가 합쳐진 것이다. 그리고 학명의 뒷부분 *peronii*는 '지오그라피Geographe' 호에 승선했던 프랑스 동식물학자 프랑수아 페롱François Peron, 1775~1810의 이름에서 온 것이다. 그는 1802년 오스트레일리아 태즈메이니아 남부에서 이 돌고래들을 처음 목격했다.

세부 분류: 현재 따로 인정된 아종은 없다.

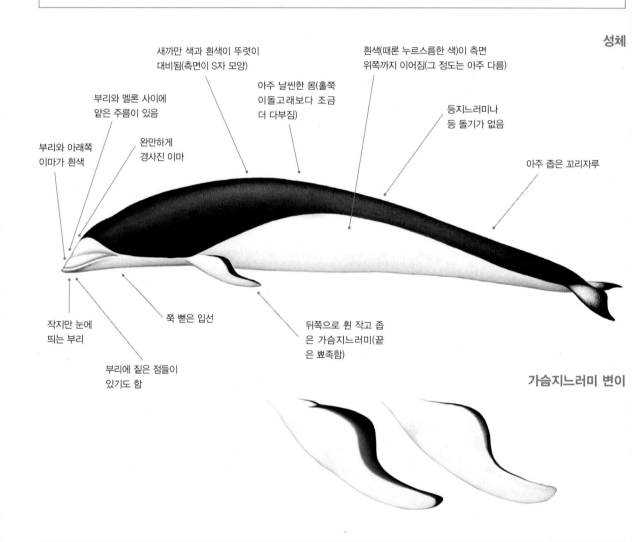

성체

새까만 색과 흰색이 뚜렷이 대비됨(측면이 S자 모양)

흰색(때론 누르스름한 색)이 측면 위쪽까지 이어짐(그 정도는 아주 다름)

부리와 멜론 사이에 얕은 주름이 있음

아주 날씬한 몸(홀쭉이돌고래보다 조금 더 다부짐)

등지느러미나 등 돌기가 없음

부리와 아래쪽 이마가 흰색

완만하게 경사진 이마

아주 좁은 꼬리자루

작지만 눈에 띄는 부리

쭉 뻗은 입선

뒤쪽으로 휜 작고 좁은 가슴지느러미(끝은 뾰족함)

부리에 짙은 점들이 있기도 함

가슴지느러미 변이

요점 정리

- 남반구의 깊고 찬 바다에 서식
- 작은 크기
- 등지느러미가 없음
- 검은색–흰색 패턴이 아주 뚜렷함
- 날씬한 몸
- 작지만 눈에 띄는 부리
- 대개 흰색 얼굴과 부리
- 완만한 각도로 점프함
- 대개 꽤 큰 집단을 이룸

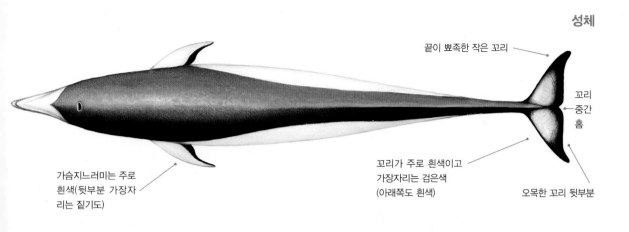

성체

끝이 뾰족한 작은 꼬리

꼬리 중간 홈

가슴지느러미는 주로 흰색(뒷부분 가장자리는 짙기도)

꼬리가 주로 흰색이고 가장자리는 검은색 (아래쪽도 흰색)

오목한 꼬리 뒷부분

보다 짙은 부위들이 크림빛 회색 내지 갈색빛 회색으로 변하는 경향이 있음 (생후 약 1년 후에 성체 색이 됨)

덜 뚜렷한 색 패턴

새끼

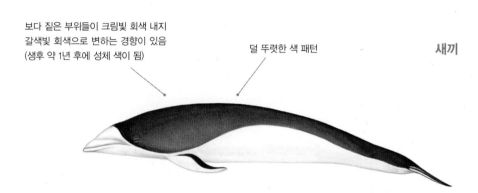

크기

길이: 수컷 2,2~2,9m, **암컷** 2,1~2,6m

무게: 60~100kg **최대:** 3m, 116kg

새끼−길이: 약 1m **무게:** 알려진 바가 없음

수컷이 암컷보다 더 크다.

비슷한 종들

남방고추돌고래들은 서식지 내 작은 돌고래들 가운데 유일하게 등지느러미가 없어 다른 돌고래들과 헷갈릴래야 헷갈릴 수가 없다. 안경돌고래도 몸 위쪽은 새까맣고 아래쪽은 흰색이지만, 눈에 띄는 등지느러미가 있는 데다 몸도 더 땅딸막하다. 멀리서 보면 수면 위를 헤엄치는 바다사자나 물개 또는 심지어 펭귄과도 혼동할 여지가 있다. 온몸이 검은색인 남방고추돌고래를 목격했다는 기록들도 있고, 아르헨티나 일대에선 잡종이 목격됐다는 기록들도 있다.

분포

남방고추돌고래들은 남반구의 선선한 온대 바다에서 아남극 바다에 걸쳐 서식한다. 또한 주로 남위 약 25도에서 남위 61도 사이의 극지 부근에 서식한다. 남방고추돌고래들의 서식지는 대륙들의 서쪽 해안을 따라 멀리 북쪽으로 확대되어(시계 반대 방향으로 흐르는 남반구의 차가운 해류들 때문에) 벵겔라 해류(나미비아의 월비스만)에서는 남위 23도, 그리고 훔볼트 해류(페루의 리마)에서는 남위 12도의 저위도 아열대 지역들까지 서식지에 포함된다. 그리고 남위 약 48도부터 남위 61도(정확한 위치는 시간과 위도에 따라 달라지며, 대개 태평양보다는 대서양에

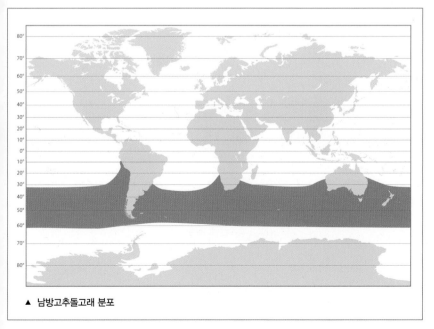

▲ 남방고추돌고래 분포

서 더 북쪽까지 올라감)에 이르는 남극 수렴대가 이 돌고래들의 서식지 남단에 해당된다. 남방고추돌고래들은 칠레 일대와 포클랜드 해류(파타고니아와 포클랜드 제도 사이–옮긴이)에서 그리고 인도양의 서풍 표류West Wind Drift(해양에서 가장 큰 해류인 남극순환해류를 가리킴–옮긴이)에서 가장 많이 서식한다. 그레이트오스트레일리아만, 태즈먼해 그리고 채텀 제도 또한 이 돌고래들의 서식지에 포함된다. 주로 대륙붕 외곽 또는 그 너머의 깊은 대양 바다에 서식하지만, 칠레와 나미비아 그리고 뉴질랜드 일대 같이 수심 200m가 넘는 해안 근처의 바다에도 서식한다. 2018년에는 한 남방고추돌고래 집단이 적어도 17일간 칠레 마젤란 해협의 얕은 바다에 머문 적도 있다.

남방고추돌고래들은 대개 해수면 온도가 섭씨 1도에서 20도 사이인 지역에 서식한다. 이 돌고래들의 이동에 대해선 알려진 바가 별로 없으나, 남아메리카 서부 같은 일부 지역들에서 봄과 여름엔 북쪽 해안 가까운 데로 이동하고, 겨울엔 남쪽 먼바다로 이동한다는 증거가 있다. 반면에 나미비아 일대에 사는 남방고추돌고래들은 1년 내내 그곳에 머무는 걸로 보인다.

행동

남방고추돌고래들은 헤엄치는 속도가 비교적 빨라 시속 25km까지 속도를 낼 수 있다. 또한 갑자기 폭발적인 움직임을 보여, 수면 위로 점프하기 같은 공중곡예를 하고 스파이호핑은 물론 점프했다가 배로 떨어지기, 측면이나 꼬리로 수면 내려치기, 열정적인 헤엄치기 같은 행동들을 한다. 그리고 종종 참거두고래, 더스키돌고래, 모래시계돌고래 등 다른 고래 집단들과도 잘 어울린

다. 배에 대한 반응은 매번 다르지만, 특별히 배에 관심을 보이는 것 같지는 않고 그저 어쩌다 한 번씩 배로 다가가 뱃머리에서 파도타기는 하는 듯하다(이미 배에 도착해 있는 다른 고래 종들과 함께 파도타기 하는 게 더 흔하지만).

이빨

위쪽 78~98개
아래쪽 78~98개

집단 규모와 구조

남방고추돌고래들은 집단을 이루는 걸 아주 좋아해, 보통 수백 마리씩 모이지만, 때론 1,000마리까지 모이며, 칠레에서는 평균 210마리씩 모인다. 이 돌고래들의 집단은 대개 V자 대형이나 코러스 라인 대형을 이루며, 눈에 띄는 하위 집단들 없이 서로 아주 밀집된 상태로 다니거나 주 집단 내에 하위 집단들이 보다 넓게 퍼진 상태로 다닌다.

먹이와 먹이활동

먹이: 주로 물고기(특히 랜턴피시와 눈다랑어)와 오징어를 먹는다. 크릴새우도 먹는 걸로 보여진다.

먹이활동: 알려진 바가 없다.

잠수 깊이: 200m 이상 잠수할 수 있는 걸로 추정된다(주요 먹잇감들이 수심 200~1,000m에 있음).

잠수 시간: 보통 10~75초. 최장 잠수 기록은 6.4분.

잠수 동작

빨리 헤엄칠 때

· 수면 위를 튀어 다니거나 낮은 각도로 점프하거나 점프했다가 배로 떨어져 물보라를 일으키는 등 수면 위에서 큰 소란을 피운다.

· 얼핏 보면 펭귄 같기도 하다.

천천히 헤엄칠 때

· 숨을 쉬기 위해 수면 위로 살짝(머리 윗부분과 분수공만 드러남) 떠올라 눈에 잘 띄지 않는다.

· 관찰 도중 놓치기가 쉽다.

◀ 확연히 구분되는 남방고추돌고래
들의 검은색−흰색 패턴

포식자들

범고래와 대형 상어들이 포식자들일 걸로 추정된다. 1983년 칠레 근해에서 잡힌 길이 1.7m의 파타고니아 메로Patagonian toothfish 의 위에서 남방고추돌고래의 새끼가 나온 적도 있다.

일대기

성적 성숙: 암컷과 수컷 모두 생후 약 10년 후로 추정.

짝짓기: 알려진 바가 없다.

임신: 약 12개월.

분만: 2년(가끔은 1~3년)마다 겨울이나 초봄에 새끼 1마리가 태어난다.

젖떼기: 알려진 바가 없다.

수명: 알려진 바가 없으나, 홀쭉이돌고래와 비슷할 것으로 추정(최장수 기록은 42년).

사진 식별

현재로선 가능하지 않다.

개체 수

알려진 바가 없으나, 서식지 내에서 아주 흔히 목격되는 걸로 보인다.

종의 보존

세계자연보전연맹의 종 보존 현황: '최소 관심' 상태(2018년). 남방고추돌고래들을 상대로 대규모 사냥이 행해지고 있다는 증거는 없다(칠레와 페루에선 지금도 식용 또는 게 미끼용으로 미지수의 남방고추돌고래들이 불법 사냥되고 있지만). 관련 정보가 거의 없긴 하나, 칠레 북부(여기선 특히 황새치를 잡기 위해 설치한 자망이 문제임)와 페루, 아프리카 남부, 사우스오스트레일리아 등지에서는 다른 어종들을 잡기 위해 설치하는 자망이 가장 큰 위협인 듯하다.

▲ 남방고추돌고래 집단은 멀리서 보면 펭귄들로 착각하기 쉽다.

오스트레일리아스넙핀돌고래 Australian snubfin dolphin

[학명] 오르카엘라 헤인소흐니 *Orcaella heinsohni*   Beasley, Robertson and Arnold, 2005

최근까지만 해도 오스트레일리아스넙핀돌고래는 이라와디돌고래의 일종으로 여겨졌으나, 이 2종은 2005년에 서로 다른 종으로 분류됐다(주로 두개골 형태 및 유전학적 차이는 물론 몸의 색, 등지느러미의 높이, 등의 홈 유무 같은 특징들 때문에).

분류: 참돌고래과 이빨고래아목

일반적인 이름: 오스트레일리아스넙핀돌고래의 영어 이름은 Australian snubfin dolphin인데, 이름에 Australian이 들어간 건 오스트레일리아에서 가장 많이 발견되고 또 연구도 가장 많이 됐기 때문이며, snubfin이란 말이 들어간 건 dorsal fin(등지느러미)가 snubby, 즉 땅딸막하기 때문이다.

다른 이름들: 없음.

학명: 이 고래 학명의 앞부분 *Orcaella*는 '고래의 일종'을 뜻하는 라틴어 *orca*에 '작은'을 뜻하는 라틴어 *ella*가 합쳐진 것이다. 그리고 학명의 뒷부분 *heinsohni*는 오스트레일리아 바다에서 처음 이 고래 종을 연구한 오스트레일리아 출신의 선구적인 고래 연구가 조지 헤인손George Heinsohn의 이름에서 따온 것이다.

세부 분류: 현재 따로 인정된 아종은 없다(멀리 떨어져 사는 돌고래들 사이엔 유전학적 측면에서 분명 차이가 있지만).

성체

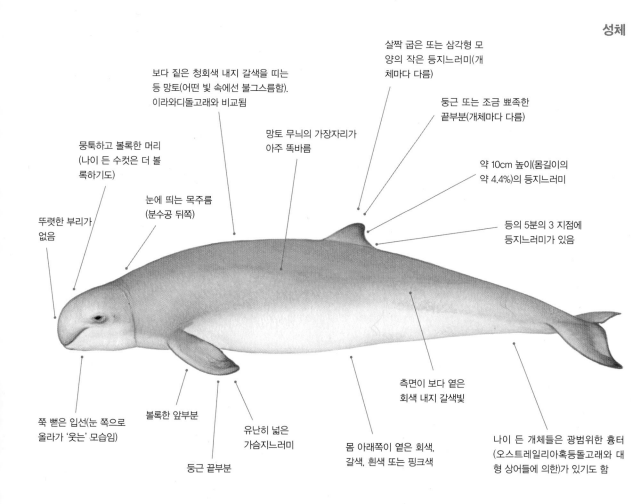

살짝 굽은 또는 삼각형 모양의 작은 등지느러미(개체마다 다름)

둥근 또는 조금 뾰족한 끝부분(개체마다 다름)

보다 짙은 청회색 내지 갈색을 띠는 등 망토(어떤 빛 속에선 불그스름함). 이라와디돌고래와 비교됨

약 10cm 높이(몸길이의 약 4.4%)의 등지느러미

망토 무늬의 가장자리가 아주 똑바름

뭉툭하고 볼록한 머리(나이 든 수컷은 더 볼록하기도)

눈에 띄는 목주름(분수공 뒤쪽)

등의 5분의 3 지점에 등지느러미가 있음

뚜렷한 부리가 없음

쭉 뻗은 입선(눈 쪽으로 올라가 '웃는' 모습임)

볼록한 앞부분

유난히 넓은 가슴지느러미

둥근 끝부분

측면이 보다 옅은 회색 내지 갈색빛

몸 아래쪽이 옅은 회색, 갈색, 흰색 또는 핑크색

나이 든 개체들은 광범위한 흉터(오스트레일리아혹등돌고래와 대형 상어들에 의한)가 있기도 함

요점 정리

- 오스트레일리아 북부와 파푸아뉴기니 남부 해안에 서식
- 작은 크기
- 회색 내지 갈색의 미묘한 쓰리톤
- 볼록한 머리(부리는 없음)
- 등의 중간 뒤쪽에 작은 등지느러미가 있음
- 등에 홈이 없음
- 아리송하니 낮게 수면 위로 떠오름
- 대개 작은 집단들을 이룸

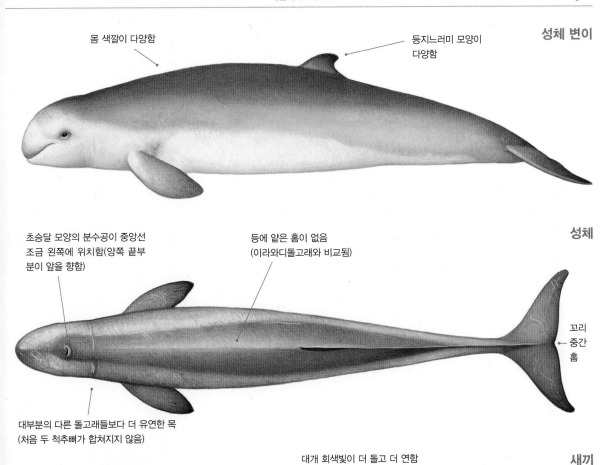

몸 색깔이 다양함

등지느러미 모양이
다양함

초승달 모양의 분수공이 중앙선
조금 왼쪽에 위치함(양쪽 끝부
분이 앞을 향함)

등에 얇은 홈이 없음
(이라와디돌고래와 비교됨)

꼬리
중간
홈

대부분의 다른 돌고래들보다 더 유연한 목
(처음 두 척추뼈가 합쳐지지 않음)

대개 회색빛이 더 돌고 더 연함

크기
길이: 수컷 2.1~2.7m, 암컷 1.9~2.3m
무게: 114~130kg **최대:** 2.7m, 133kg
새끼 – 길이: 약 1m **무게:** 약 10~12kg
수컷이 암컷보다 더 크다.

비슷한 종들

서식지 내 작은 돌고래들 가운데 유일하게 뚜렷한 부리가 없다.
듀공과 혼동할 여지가 있는데, 오스트레일리아스넙핀돌고래에게
는 등지느러미가 있다(듀공에겐 없음). 오스트레일리아스넙핀돌
고래와 이라와디돌고래는 서식지가 같다고 추정되진 않으며, 몸
의 색 패턴으로 구분이 가능하다(오스트레일리아스넙핀돌고래
는 쓰리톤, 이라와디돌고래는 투톤). 또한 오스트레일리아스넙핀
돌고래는 등에 홈이 없고, 이라와디돌고래는 목에 보다 눈에 띄
는 주름이 있다. 그리고 오스트레일리아에서는 오스트레일리아
혹등돌고래와 짝짓기를 해 태어난 잡종이 확인된 바 있다.

분포

서식지에 대한 정보는 별로 없지만, 오스트레일리아스넙핀돌고
래들은 주로 사훌 대륙붕(오스트레일리아 북부 해안에서부터 오
스트레일리아 뉴기니섬까지 이어진 대륙붕의 일부) 일대의 비교
적 안전하면서도 좁고 기다란 얕은 열대 및 아열대 바다에 서식
한다. 또한 이 돌고래들은 오스트레일리아 북부 전역에서 발견되
나, 특히 파푸아뉴기니 남부의 파푸아만 내 키코리 삼각주에 집중

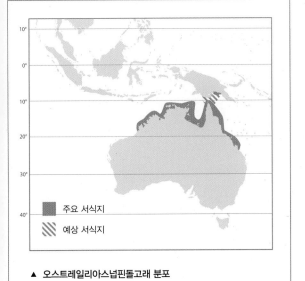

주요 서식지

예상 서식지

▲ 오스트레일리아스넙핀돌고래 분포

되어 있다. 오스트레일리아에서는 웨스턴오스트레일리아의 로벅만에서부터 북동쪽으로 노던주까지, 그리고 남쪽으로 퀸즐랜드 해안을 따라 센트럴 퀸즐랜드의 케펠만까지가 이 돌고래들의 서식지에 포함된다. 파푸아뉴기니에서는 서식지가 모리지오섬에서 동쪽으로 바이무루까지가 오스트레일리아스넙핀돌고래들의 서식지로 알려져 있으며, 이따금씩 푸라리강 상류에서도 발견되곤 한다. 확인된 바는 아니지만, 솔로몬 제도에서도 이 돌고래들이 발견됐다는 기록들이 있다. 또한 이 돌고래들은 장소에 대한 애착이 아주 강해 이동을 거의 하지 않는 걸로 보인다는 증거도 있다(오스트레일리아 북부 해안을 따라 계절별 이동은 좀 하겠지만). 오스트레일리아스넙핀돌고래들은 대개 해안에서 6km 이내의 거리에서 발견되지만, 해안에서 20km 떨어진 얕은 바다(예를 들어 수심이 약 10m밖에 안 되는 오스트레일리아 노던주의 카펜테리아만 바다)에서 발견되기도 한다. 그러나 가장 가까운 강 하구에서 20km 이상 떨어진 곳에선 거의 발견되지 않는다. 그리고 대개 수심 18m 이내의 물에 서식하지만, 일부 개체들은 수심 2m밖에 안 되는 아주 얕은 물까지 들어가기도 한다. 오스트레일리아스넙핀돌고래들은 조수간만의 차가 있는 작은 만 어귀 일대와 맹그로브나무들이 늘어선 안전한 만뿐 아니라 해초가 많은 해저를 가장 좋아하지만, 일부 지역들에서는 준설된 물길들을 활용한다는 보고도 있다. 그리고 이라와디돌고래들의 경우와는 달리, 오스트레일리아스넙핀돌고래들은 조수간만의 차가 있는 보다 큰 일부 강들의 50km 상류에서 발견됐다는 기록들도 있다.

행동

특별히 공중곡예를 많이 하진 않으며, 대개 뭔가 불안하거나 서로 사회생활을 하거나 강한 해류를 거슬러 헤엄칠 때만 낮은 점프를 한다. 가끔 스파이호핑을 하거나 서로 몸을 비비거나 몸을 옆으로 굴리거나 꼬리로 수면을 내려치는 모습이 관찰되기도 한다. 집단을 이루면 갑자기 활기가 넘쳐 장난을 치거나 물보라를 일으키며 점프를 하기도 한다. 먹이활동을 할 때 좁고 기다란 물줄기를 원하는 방향으로 1~2m 정도 세게 내뿜기도 한다(작은 물고기들을 몰기 위한 걸로 추정됨). 가끔 오스트레일리아혹등돌고래나 인도-태평양 큰돌고래들과 어울리는데, 오스트레일리아혹등돌고래들은 때론 공격적이고 때론 성적인 행동을 하지만, 두

▲ 오스트레일리아스넙핀돌고래들은 좁은 물줄기를 원하는 방향으로 2m까지 내뿜기도 한다.

돌고래 종은 먹이활동과 여행을 함께하기도 한다. 오스트레일리아스넙핀돌고래들은 대개 배를 경계해 뱃머리에서 파도타기를 하지 않는 걸로 알려져 있다.

이빨

위쪽 27~42개
아래쪽 29~37개

집단 규모와 구조

대개 2~6마리씩 모이지만, 때론 혼자 다니거나 25마리까지 모이기도 한다. 퀸즐랜드 북동부 지역에선 평균 집단 규모가 5.3마리이며, 웨스턴오스트레일리아의 킴벌리 지역에선 평균 집단 규모가 2~4마리다(지역에 따라 다름). 집단 규모는 유동적이지만, 서로 간의 유대관계는 강하며 오래간다.

포식자들

상어들이 가장 위협적인 포식자들인 걸로 보인다. 최근의 한 조사에선 오스트레일리아스넙핀돌고래의 72%가 몸에 상어 이빨 자국들(그중 절반이상은 뱀상어의 이빨 자국들)이 있었는데, 72%라면 돌고래들 중에서 가장 높은 비율이다.

잠수 동작

- 물을 뿜어 올리는 게 불분명하다(소리는 들림).
- 수면에 올라올 때 물이 거의 안 튀어 눈에 잘 안 띈다.
- 분수공과 몸의 최상단 부위만 보인다.
- 몸을 앞으로 굴리며 잠수할 때 꼬리자루는 거의 또는 전혀 보이지 않는다.
- 등이 살짝 굽거나 미끄러지듯 물 밑으로 내려간다.
- 깊이 잠수하기 전에 가끔 꼬리를 물 밖으로 치켜 올린다.
- 물을 튀기며 수평으로 낮게 점프한다.

먹이와 먹이활동

먹이: 기회가 되는 대로 다양한 물고기(카디날피시, 투스포니, 정어리, 멸치, 벤자리 등)와 오징어(*Uroteuthis spp.*, *Loliolus spp.*, *Sepioteuthis lessoniana* 등), 문어, 갑오징어, 갑각류(새우) 등을 잡아먹는다.

먹이활동: 수면에서 해저에 이르는 다양한 수심층에서 먹이활동을 한다. 먹이를 사냥할 때 서로 협력하며 물고기를 잡기 위해 물총도 쏘는 걸로 알려져 있다(앞 페이지의 '행동' 참조).

잠수 깊이: 알려진 바가 없다.

잠수 시간: 대개 30초에서 3분. 최장 잠수 기록은 12분(불안감을 느낄 때).

사진 식별

등지느러미와 등에 있는 각종 홈과 흉터들 그리고 꼬리를 보고 식별 가능하다.

개체 수

전반적인 개체 수는 알 수 없으나, 다 자란 성체가 1만 마리가 채 안 될 걸로 추정된다. 대개 지역별로 150마리 이내의 소규모 집단 형태로 발견된다. 각 지역별 개체 수 추정치는 다음과 같다. 오스트레일리아 노던주-카펀테리아만 서부 일대에 약 1,000마리, 포트 에싱턴에 136~222마리, 다윈 지역에 19~70마리, 웨스턴오스트레일리아-로벅만에 133마리, 시그넷만에 48~54마리, 퀸즐랜드-클리블랜드만에 64~76마리, 케펠만에 71~80마리.

종의 보존

세계자연보전연맹의 종 보존 현황: '취약' 상태(2017년). '위기' 상태로 변경될 가능성이 있음. 서식지가 해안 근처인 데다가 번식률이 낮아, 자신들을 위협하는 인간의 여러 활동에 특히 취약하다. 많은 지역에서 항구 및 각종 정박 시설 개발, 수경 재배 등에 따른 서식지 감소 및 생태계 교란, 채굴 및 농경 활동, 주거 단지 개발 등에 따른 환경 변화, 늘어나는 선박 운행 등이 중요한 위협들이다. 또한 해안 근처에 설치하는 자망들, 특히 배러먼디와 스래드핀연어를 잡기 위해 작은 만과 강 그리고 얕은 강어귀에 설치하는 자망들에 수시로 걸려들고 있다. 정확한 수치는 별로 없지만, 파푸아뉴기니에서는 놀랄 만큼 많은 오스트레일리아스넙핀돌고래가 이런 식으로 희생되고 있다. 오스트레일리아의 일부 지역들에서는 자망 사용이 금지되거나 엄격히 제한되고 있으나, 그걸 집행하는 게 쉽지 않은 상태다. 1960년대 초부터는 상어들이 수영하는 사람들을 공격할 가능성을 줄이기 위해 퀸즐랜드의 여러 해변에 그물들을 설치했는데, 그게 오스트레일리아스넙핀돌고래들에게 아주 큰 위협이었다. 1992년부터 그물들을 점차 낚시 바늘에 미끼를 단 줄들로 교체했고, 그 결과 오스트레일리아스넙핀돌고래들의 사망률이 줄어들었다(일부 지역들에서는 지금도 여전히 문제지만). 역사적으로는 오스트레일리아의 일부 원주민들에 의한 오스트레일리아스넙핀돌고래 사냥이 있었고, 파푸아뉴기니 남부에서는 지금도 의도적인 사냥이 행해지고 있다는 얘기가 있지만, 그 외에 이 돌고래들에 대한 직접적인 사냥은 없는 걸로 알려져 있다. 오스트레일리아스넙핀돌고래들에 대한 또 다른 위협들로는 먹잇감 어종 감소와 소음 공해, 화학물질 오염, 해양 쓰레기 흡입 등을 꼽을 수 있다.

일대기

성적 성숙: 암컷과 수컷 모두 8~10년.

짝짓기: 알려진 바가 없다.

임신: 약 14개월.

분만: 2~3년(가끔은 5년)마다 새끼 1마리가 태어난다(계절은 모름).

젖떼기: 알려진 바가 없다.

수명: 28~30년으로 추정.

▲ 뭉툭하고 볼록한 머리와 눈에 띄는 목주름은 오스트레일리아스넙핀돌고래의 중요한 특징이다.

이라와디돌고래 Irrawaddy dolphin

학명 오르카엘라 브레비로스트리스 *Orcaella brevirostris* (Owen in Gray, 1866)

이라와디돌고래는 얼핏 보면 등지느러미가 달린 상괭이나 적도 지방에 사는 흰돌고래 같다. '강돌고래'로 분류되지는 않지만 강과 강어귀 그리고 석호에서 발견된다. 최근 몇 년간 서식지와 개체 수가 줄어들어 현재 멸종 위기에 처해 있다.

분류: 참돌고래과 이빨고래아목

일반적인 이름: 이라와디돌고래란 이름은 이라와디강(에이야르와디강으로도 알려져 있음)에서 따온 것으로, 이 돌고래 종의 초창기 표본 중 하나가 그 강 상류 1,450km 지점에서 발견됐다.

다른 이름들: Mahakam River dolphin, pesut 등.

학명: 이 고래 학명의 앞부분 *Orcaella*는 '고래의 일종'을 뜻하는 라틴어 *orca*에 '작은'을 뜻하는 라틴어 *ella*가 합쳐진 것이다. 그리고 학명의 뒷부분 *brevirostris*는 '짧은'을 뜻하는 라틴어 *brevis*에 '부리'를 뜻하는 라틴어 *rostrum*이 합쳐진 것이다.

세부 분류: 현재 따로 인정된 아종은 없다(민물에 사는 아종들이 뚜렷이 다른 특징들을 갖고 있어 새로운 아종 지정이 불가피해 보이지만). *Orcaella*는 최근(2005년)에 주로 두개골 형태와 유전학적 특징들뿐 아니라 몸의 색, 등지느러미 높이, 등의 홈 유무 같은 외적인 특징들 때문에 2종(이라와디 종과 오스트레일리아스넙핀돌고래)으로 나뉘었다.

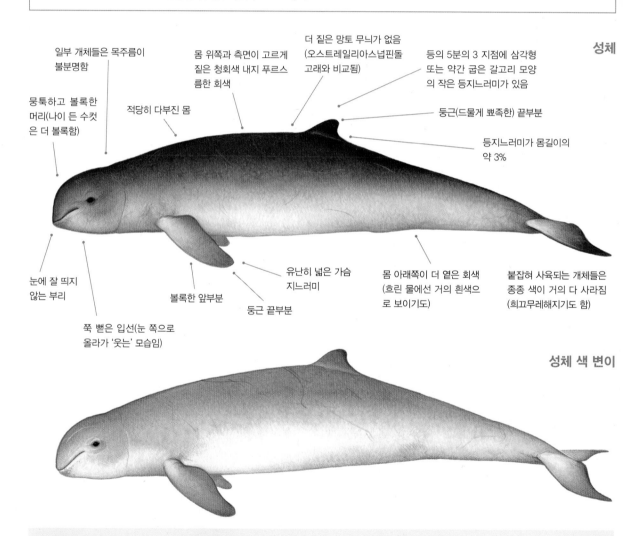

성체

일부 개체들은 목주름이 불분명함

몸 위쪽과 측면이 고르게 짙은 청회색 내지 푸르스름한 회색

더 짙은 망토 무늬가 없음(오스트레일리아스넙핀돌고래와 비교됨)

등의 5분의 3 지점에 삼각형 또는 약간 굽은 갈고리 모양의 작은 등지느러미가 있음

뭉툭하고 볼록한 머리(나이 든 수컷은 더 볼록함)

적당히 다부진 몸

둥근(드물게 뾰족한) 끝부분

등지느러미가 몸길이의 약 3%

눈에 잘 띄지 않는 부리

유난히 넓은 가슴지느러미

몸 아래쪽이 더 옅은 회색(흐린 물에선 거의 흰색으로 보이기도)

붙잡혀 사육되는 개체들은 종종 색이 거의 다 사라짐(희끄무레해지기도 함)

볼록한 앞부분

둥근 끝부분

쭉 뻗은 입선(눈 쪽으로 올라가 '웃는' 모습임)

성체 색 변이

요점 정리

- 열대 및 아열대 인도-태평양 바다에 서식
- 염분 섞인 해안 민물에 서식
- 작은 크기
- 투톤의 회색 패턴
- 볼록한 머리(부리는 없음)
- 등의 중간 뒤쪽에 작은 등지느러미가 있음
- 등에 얕은 홈이 있음
- 아리송하니 낮게 수면 위로 떠오름
- 대개 작은 집단들을 이룸

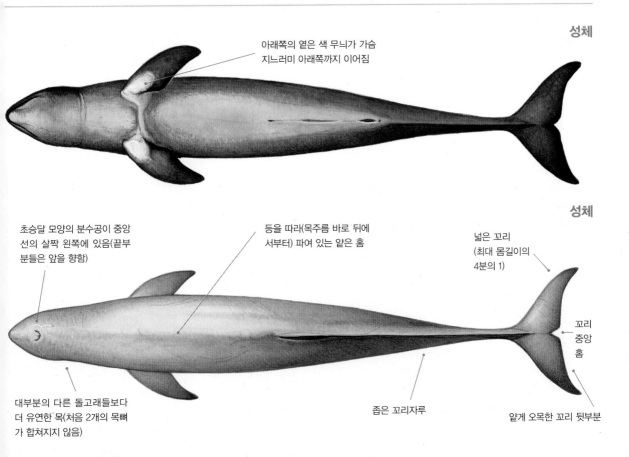

성체

아래쪽의 옅은 색 무늬가 가슴
지느러미 아래쪽까지 이어짐

성체

초승달 모양의 분수공이 중앙
선의 살짝 왼쪽에 있음(끝부
분들은 앞을 향함)

등을 따라(목주름 바로 뒤에
서부터) 파여 있는 얕은 홈

넓은 꼬리
(최대 몸길이의
4분의 1)

꼬리
중앙
홈

대부분의 다른 돌고래들보다
더 유연한 목(처음 2개의 목뼈
가 합쳐지지 않음)

좁은 꼬리자루

얕게 오목한 꼬리 뒷부분

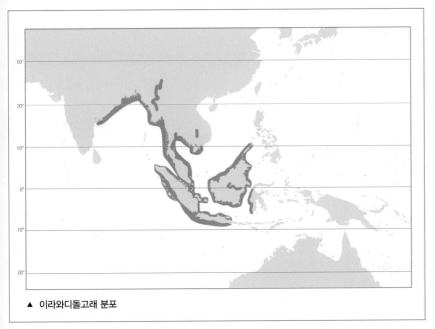

크기
길이: 수컷 1.7~2.7m, 암컷 1.7~2.2m
무게: 115~130kg 최대: 2.8m, 130kg
새끼-길이: 약 1m 무게: 약 10~12kg

비슷한 종들

인도-태평양 상괭이나 듀공과 혼동할 여지가 있으나, 이라와디돌고래에게는 등지느
러미가 있다(다른 2종은 등지느러미가 없음). 순다르반스 지역에선 인도강돌고래와
서식지가 겹치지만, 인도강돌고래에게는 긴 부리가 있다. 이라와디돌고래와 오스트
레일리아스넙핀돌고래는 서식지가 겹치진 않지만(두 돌고래 종은 깊은 대양 바다에
의해 분리되어 있으며, 홍적세 빙하 시대 이전부터 그렇게 분리되어온 걸로 추정됨),
몸의 색 패턴(이라와디돌고래는 투톤, 오스트레일리아스넙핀돌고래는 쓰리톤)으로
식별 가능하다. 또한 이라와디돌고래는 등에 홈이 있고 목주름이 덜 눈에 띈다.

분포

서식지에 대한 정보는 별로 없지만,
이라와디돌고래들은 주로 순다 대
륙붕(동남아시아 대륙붕의 일부) 일
대의 비교적 안전하면서도 얕은 해
안 및 강어귀 민물에 서식한다. 또한
이라와디돌고래들은 남아시아 및
동남아시아 열대 및 아열대 지역 전
역에서 발견되며 특히 염도가 낮은
물을 좋아한다. 비교적 작은 집단들
로 나뉘어 살고 있으며, 서식지 내
긴 해안선 일대에서는 잘 발견되지
않는다(민물 유입이 되지 않거나 지
역적으로 멸종되어). 이라와디돌고
래들은 염분기 있는 세 군데 수역
(타이의 송클라 호수, 인도의 칠리카
호수, 필리핀의 말람파야 해협)과 커

▲ 이라와디돌고래 분포

새끼

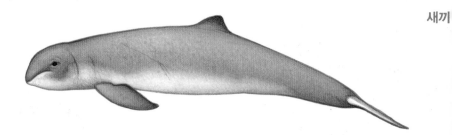

다란 강 세 곳(1. 미얀마의 이라와디강 또는 에이야르와디강. 최대 상류 1,450km 지점까지. 현재는 건기에 만달레이 지역 위 상류 370km 구간. 2. 인도네시아 보르네오 지역의 마하칸강. 최대 상류 560km 지점까지. 현재는 주로 마하칸강 본류 195km 구간. 3. 라오스와 캄보디아의 메콩강. 최대 상류 690km 지점까지. 현재는 주로 라오스-캄보디아 국경 상류의 코네 폭포에 이르는 190km 강 구간)에서 주로 발견된다. 다른 강들의 보다 하류에 있는 지역들(최대 약 86km까지)까지 들어가기도 한다.

해안 지역의 이라와디돌고래들은 대개 해안과 강어귀에서 수 km 이내의 거리에, 그리고 커다란 석호와 맹그로브숲 속에 서식한다. 그리고 지역에 따라 좋아하는 수심이 달라, 인도 칠리카 호수에서는 대개 0.6~2.5m의 수심을, 말레이시아 사라왁주에서는 2~5.4m의 수심을, 말람파야 해협에서는 6m 이내의 수심을, 방글라데시 해안 바다에서는 7.5m의 수심을 그리고 인도네시아 바리크파판만에서는 14.6m의 수심을 좋아한다. 반면에 강 지역의 이라와디돌고래들은 주로 강의 합류 지점들이나 급류 바로 위아래의 비교적 깊은(수심 10~50m의) 웅덩이들에 가장 많이 모여 산다.

일부 개체들의 서식지는 만조 때에는 해안 근처(또는 강 하류)로 이동하고 간조 때에는 해안에서 먼 곳(또는 강 하류)으로 이동한다. 또 일부 지역들에서는 민물 유입의 변화에 따라 계절별로 이동한다. 또한 서식지가 비교적 좁다(수 km 초반대).

행동

특별히 공중곡예를 많이 하진 않으며, 대개 뭔가 불안하거나 서로 사회생활을 하거나 강한 해류를 거슬러 헤엄칠 때만 낮은 점프를 한다. 가끔 스파이호핑을 하거나 서로 몸을 비비거나 꼬리로 수면을 내려치는 모습이 관찰되기도 한다. 주로 먹이활동을 할 때 좁고 기다란 물줄기를 원하는 방향으로 1~2m 정도 세게 내뱉기도 한다(작은 물고기들을 몰기 위한 행동으로 추정됨). 이라와디강(또는 에이야르와디강)에서는 놀랍게도 그물을 던지는 어부들과 함께 먹이활동을 하기도 한다. 그리고 이라와디돌고래들은 대개 배를 경계해 뱃머리에서 파도타기를 하지 않는 걸로 알려져 있다.

이빨

위쪽 16~38개
아래쪽 22~36개
일부 개체들(예를 들어 마하칸강의 돌고래들)의 경우 이빨이 나지 않기도 한다.

집단 규모와 구조

대개 2~6마리씩 모이지만, 집단 규모는 장소에 따라 다르다. 두 집단 이상이 합쳐져 25마리까지 모이기도 하며, 건기에 일부 수심이 깊은 강 웅덩이들에서는 30마리까지 모이기도 한다.

포식자들

확인된 자연 상태에서의 포식자들은 없으나, 대형 상어들이 포식자들일 걸로 추정된다.

사진 식별

등지느러미와 등에 있는 각종 홈과 흉터들 그리고 각종 특징들을 보고 식별 가능하다.

개체 수

전반적인 개체 수는 알 수 없으나, 대개 지역에 따라 10마리에서

잠수 동작

- 물을 뿜어 올리는 게 불분명하다(소리는 가끔 들림).
- 분수공과 몸의 최상단 부위(등지느러미 포함)만 보인다.
- 몸을 앞으로 굴리며 잠수할 때 등이 굽어진다.
- 깊이 잠수하거나 몸을 옆으로 돌릴 때 꼬리를 물 밖으로 치켜올려 한쪽 꼬리가 보이기도 한다.
- 등이 살짝 굽거나 미끄러지듯 물 밑으로 내려간다.
- 물을 튀기며 수평으로 낮게 점프한다.

- 수면에 올라올 때 물이 거의 튀지 않아 눈에 잘 안 띈다.

먹이와 먹이활동

먹이: 다양한 물고기(메기 포함)와 오징어, 문어, 갑오징어, 갑각류 등을 잡아먹는다.

먹이활동: 주로 주행성 먹이활동을 한다. 또한 서로 협력해서 먹이활동을 하는 걸로 알려져 있으며, 물고기들을 사로잡기 위해 물을 세게 내뱉기도 한다.

잠수 깊이: 알려진 바가 없다.

잠수 시간: 대개 30초에서 3분. 최장 잠수 기록은 12분(불안감을 느낄 때).

100마리대 초반의 소집단들을 이룬다. 그런데 아주 예외적인 경우지만, 2007년에 방글라데시의 강어귀에서 5,400마리로 추정되는 이라와디돌고래 집단이 발견되기도 했다. 각 지역별 개체 수 추정치는 다음과 같다. 방글라데시 순도르본 맹그로브숲에 451마리, 타이만 내 뜨랏 해안 일대에 423마리, 말레이시아 사라왁주 쿠칭만에 233마리, 인도 칠리카 호수에 111마리, 캄보디아와 라오스의 메콩강에 80마리, 인도네시아 마하칸강에 77마리, 미얀마 이라와디강(또는 에이야르와디강)에 58~72마리, 캄보디아 코콩에 69마리, 인도네시아 칼리만탄 지역 바리크파판만에 50마리, 필리핀 말람파야 해협에 35마리.

종의 보존

세계자연보전연맹의 종 보존 현황: '위기' 상태(2017년). 인도네시아 마하칸강 아종은 '위급' 상태(2008년). 그리고 서식지가 지리적으로 분리된 다른 아종이 다음과 같이 4종 있다(각 아종의 개체 수는 성체 80마리 이내). 미얀마의 이라와디강 또는 에이야르와디강 아종, 라오스와 캄보디아의 메콩강 아종, 타이의 송클라 호수 아종, 필리핀의 말람파야 해협 아종. 이 돌고래 종은 서식지가 해안 근처의 민물인 데다가 번식률까지 낮아 자신들을 위협하

는 인간의 각종 활동에 특히 취약하다.

다른 어종을 잡으려고 설치하는 소규모 어망, 특히 자망에 걸리는 게 가장 큰 위협이다. 일부 지역들에서는 자망으로 인한 연간 사망률이 9.3%에 달해 생존 자체를 크게 위협받고 있다(인간의 활동으로 인한 위협 없이도 매년 최대 사망률 증가가 3.8%에 달하는 걸로 추정됨). 이라와디강에서 불법적으로 행해지는 전류어법electrofishing(직류 전원의 집어 효과를 이용한 물고기 잡이-옮긴이)도 또 다른 큰 위협이다. 댐 건설 제안과 계획(특히 이라와디강과 메콩강의)들로 인한 서식지 축소 및 악화, 교란, 금이나 모래, 자갈 채굴 및 각종 농경 활동으로 인한 환경 변화, 양식장 건설 및 각종 물고기 덫 설치 등도 큰 위협이다. 이라와디돌고래들은 1970년대에 캄보디아에서 크메르루주 무장 단체에 의해 사냥되었고(그 결과 톨레사프 호수에서는 멸종) 때론 사격 연습용으로 쓰이기도 했으나, 현재 서식지 일부 지역들에서는 현지 주민들에 의해 숭배되고 있다. 타이와 인도네시아, 미얀마에서는 해양 수족관에 전시할 목적으로 생포되어 사육되기도 했으나, 그런 일은 이제 흔하지 않다. 이라와디돌고래들에 대한 또 다른 위협들로는 먹잇감 어종 감소, 공해(석유, 살충제, 산업 폐기물, 석탄 가루 등), 배와의 충돌 등을 꼽을 수 있다.

일대기

성적 성숙: 암컷과 수컷 모두 8~10년.

짝짓기: 활력이 넘치며, 동시에 수면으로 떠오르고, 서로 몸을 밀쳐대며 공격적으로 헤엄을 치며, 그러다가 신체 접촉을 유지하면서 나란히 헤엄을 친다.

임신: 약 14개월.

분만: 2~5년마다 연중 새끼 1마리가 태어나며, 그 정점(몬순철 전에는 가끔 4~6월)은 지역에 따라 다르다.

젖떼기: 약 24개월 후. 생후 6개월부터는 고형 먹이를 먹는다.

수명: 28~30년으로 추정.

▲ 이라와디돌고래들은 서식지가 해안 근처여서 인간의 각종 활동에 특히 취약하다.

뱀머리돌고래 Rough-toothed dolphin

학명 스테노 브레단넨시스 *Steno bredanensis*

(G. Cuvier in Lesson, 1828)

평평하게 경사진 이마를 갖고 있어 가까이서 보면 혼동될 여지가 없는 뱀머리돌고래는 고래보다는 멸종된 어룡(공룡 시대에 살았던 해양 파충류)에 더 가까워 보인다는 말을 들어오고 있다.

분류: 참돌고래과 이빨고래아목

일반적인 이름: 뱀머리돌고래는 영어로 rough-toothed dolphin으로, 이빨에 세로로 주름 같은 것들이 나 있는데 그게 만지면 거칠게 느껴진다 해서 붙여진 이름이다.

다른 이름들: roughtooth dolphin, slopehead, steno 등. 드물게 black porpoise라고도 한다.

학명: 이 고래 학명의 앞부분 *Steno*는 덴마크 과학자 니콜라우스 스테노Nicolaus Steno, 1638~1686의 이름에서 따온 것이거나 아니면 '좁은'(부리가 좁다는 의미)을 뜻하는 그리스어 *stenos*에서 온 것이다. 그리고 학명의 뒷부분 *bredanensis*는 이 고래 종의 표본을 그려서 세상에 알린 네덜란드 화가 J.G.S. 반 브레다J.G.S. van Breda, 1788~1867의 이름에 '~에 속하는'을 뜻하는 라틴어 *ensis*가 합쳐진 것이다.

세부 분류: 현재 따로 인정된 아종은 없다.

성체 수컷

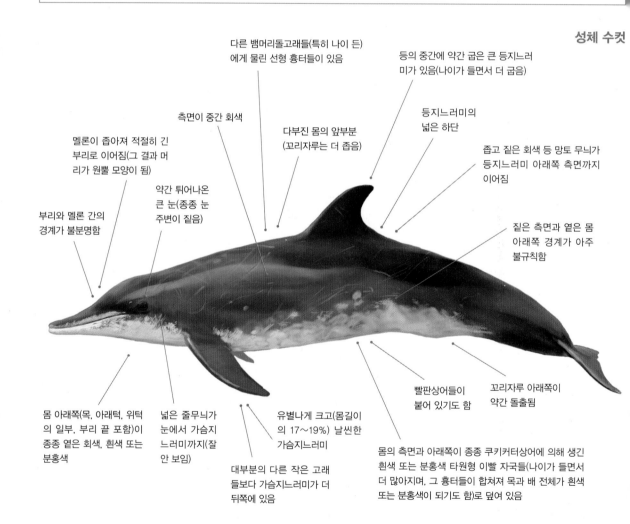

다른 뱀머리돌고래들(특히 나이 든)에게 물린 선형 흉터들이 있음

등의 중간에 약간 굽은 큰 등지느러미가 있음(나이가 들면서 더 굽음)

측면이 중간 회색

다부진 몸의 앞부분(꼬리자루는 더 좁음)

등지느러미의 넓은 하단

멜론이 좁아져 적절히 긴 부리로 이어짐(그 결과 머리가 원뿔 모양이 됨)

좁고 짙은 회색 등 망토 무늬가 등지느러미 아래쪽 측면까지 이어짐

약간 튀어나온 큰 눈(종종 눈 주변이 짙음)

부리와 멜론 간의 경계가 불분명함

짙은 측면과 옅은 몸 아래쪽 경계가 아주 불규칙함

몸 아래쪽(목, 아래턱, 위턱의 일부, 부리 끝 포함)이 종종 옅은 회색, 흰색 또는 분홍색

넓은 줄무늬가 눈에서 가슴지느러미까지(잘 안 보임)

유별나게 크고(몸길이의 17~19%) 날씬한 가슴지느러미

빨판상어들이 붙어 있기도 함

꼬리자루 아래쪽이 약간 돌출됨

대부분의 다른 작은 고래들보다 가슴지느러미가 더 뒤쪽에 있음

몸의 측면과 아래쪽이 종종 쿠키커터상어에 의해 생긴 흰색 또는 분홍색 타원형 이빨 자국들(나이가 들면서 더 많아지며, 그 흉터들이 합쳐져 목과 배 전체가 흰색 또는 분홍색이 되기도 함)로 덮여 있음

요점 정리

- 육지에서 떨어진 열대 및 아열대 바다에 서식
- 작은 크기(그러나 땅딸막함)
- 쓰리톤의 복잡한 색 패턴
- 눈에 띄는 약간 구부러진 등지느러미
- 원뿔 모양의 머리
- 멜론에서 적절히 긴 부리까지 평평한 경사
- 대개 가슴지느러미가 큼
- 분홍색이나 흰색 반점들로 덮여 있기도 함
- 겉모습이 거의 파충류 같음
- 종종 수면 위를 스쳐 지나가듯 이동함

크기
길이: 수컷 2.2~2.7m, 암컷 2.1~2.6m
무게: 90~155kg   **최대:** 2.8m
새끼-길이: 약 1~1.2m   **무게:** 약 15kg
수컷이 암컷보다 조금 더 크다.

성체 암컷

비교적 더 긴 부리

비교적 더 적은 선형 흉터들

꼬리자루 아래쪽의 돌기가
눈에 띄지 않음

성체

등 망토 무늬가 분수공과
등지느러미 사이에서 가장
좁아짐

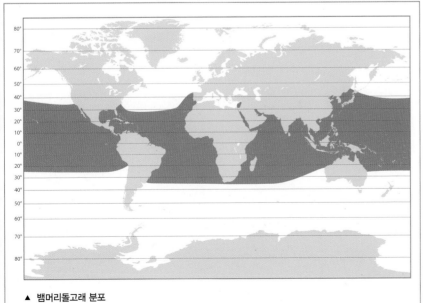

▲ 뱀머리돌고래 분포

비슷한 종들

멀리서 볼 때 큰돌고래들과 혼동할 가능성이 높다. 그러나 이마가 평평하게 경사져 있고 부리의 경계선이 불분명해 아주 쉽게 식별 가능하다. 그 외에 옅은 색 입술과 아래턱, 쿠키커터상어들의 이빨 자국으로 인한 부스럼들로도 식별 가능하다(큰돌고래들의 경우 쿠키커터상어들의 이빨 자국들이 곧 아물어 원래의 회색 바탕에 가까워짐). 생포해 사육 중인 뱀머리돌고래가 큰돌고래와 짝짓기를 해 잡종이 태어났다는 기록들도 있다.

성체 변이

몸의 무늬들이
아주 변화무쌍함

등지느러미가 삼각형에
더 가깝기도 함

색 패턴이 약간 더 옅고 더 약함

새끼

대개 쿠키커터상어의
이빨 자국들이 없음

분포

대서양, 태평양 그리고 인도양의 열대 및 아열대(그리고 일부 따뜻한 온대) 바다에 서식한다. 서식지는 대개 북위 약 40도에서 남위 약 35도 사이다. 또한 홍해와 칼리포르니아만, 멕시코만, 카리브해 등 일부 폐쇄된 바다들에도 서식한다. 지중해에서는 한때 길 잃은 돌고래 정도로 여겨졌으나, 지중해 동쪽 모서리 지역(주로 레반트 분지 내 시칠리아 해협 동쪽 지역)에서는 지금도 소수지만 가끔 뱀머리돌고래들이 발견되고 있다. 이 돌고래들은 대륙붕 너머 깊은(대개 수심 약 1,000m가 넘는) 먼바다를 좋아하며, 경사가 가파른 섬들 주변 외에는 육지에 가까이 다가가진 않는

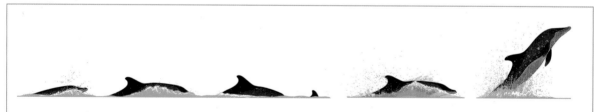

잠수 동작
- 뱀머리돌고래들은 다음과 같은 두 가지 방식으로 수면 위로 떠오른다.

보다 느린 속도
- 아주 은밀히 눈에 띄지 않게 수면 위로 올라온다(등지느러미는 눈에 띄지만).
- 잘 보이지 않게 물을 뿜어 올린다.
- 머리 위와 앞부분이 드러난다.
- 몸이 수면 위로 올라오면서 등의 일부와 등지느러미가 보인다.
- 잠수를 하면서 등이 살짝 굽는다.
- 그 사이에 등지느러미 끝을 드러낸 채 수면 바로 아래에서 헤엄을 치기도 한다.

중간 정도의 속도
- 머리와 턱을 수면 바로 위로 내민 채 튀어올라 눈에 띄는 물보라를 일으킨다(서핑하는 것처럼 보임).

먹이와 먹이활동

먹이: 동갈치와 날치 같은 물고기와 오징어, 문어를 잡아먹는다. 특히 길이 1m가 넘는 만새기를 아주 잘 잡는 걸로 추정된다. 일부 뱀머리돌고래의 위에서 발견되는 해조류는 무심코 흡입한 것으로 보인다.

먹이활동: 가끔 서로 협력해 먹이활동을 한다. 주로 수면 가까이에 있는 먹잇감들을 노리며, 그래서 뱀머리돌고래들이 먹이활동을 하는 곳에는 바닷새들이 모여든다.

잠수 깊이: 특별히 깊이 잠수하는 것 같지는 않다. 가장 깊이 잠수한 기록은 399m(형태상으로는 더 깊이 잠수할 수 있는 걸로 추정되지만)이며, 밤에 더 깊이 잠수한다.

잠수 시간: 지역에 따라 다르다. 하와이에서는 평균 4~7분. 최장 잠수 기록은 15분.

다. 서식지 내 일부 지역들에서는 수심이 깊을수록 더 많은 뱀머리돌고래가 목격된다. 그러나 이 돌고래들은 지중해 동부와 브라질, 서아프리카 등지의 수심 낮은 해안 지역에서도 발견된다. 또한 적어도 일부 대양 섬들에 대한 애착이 아주 강한 걸로 보이나, 장거리 이동에 대해서는 알려진 바가 별로 없다.

행동

아주 무기력하고 비활동적으로 보일 수 있으며 공중곡예도 많이 하진 않지만, 아주 가끔씩 수면 위로 점프를 한다(특별히 높이 점프하진 않지만 가끔 연이어 여러 차례씩). 그 외에 아주 자주 스파이호핑을 하고 꼬리나 가슴지느러미로 수면을 내려치기도 하며 낮은 각도로 아치형을 그리며 점프를 하기도 한다. 또한 서로 어깨를 나란히 한 채 일사불란하게 헤엄을 치는 걸로도 유명하다. 혹등고래나 들쇠고래, 범고래붙이, 고양이고래, 큰돌고래, 알락돌고래, 스피너돌고래, 프레이저돌고래 등 다른 고래들과 어울리는 모습이 자주 목격되기도 한다. 아픈 개체들을 돌본다거나 죽은 개체들을 몇 시간 또는 심지어 며칠씩 떠받치고 다니는 모습이 여러 차례 목격되기도 했다. 그리고 물고기들을 잡아먹기 위해 통나무나 다른 표류물들(또는 집어 장치들)에 큰 관심을 보이는 경우가 많다. 범고래붙이들이 먹던 물고기를 먹는 걸로도 유명하며, 하와이에서는 어부들의 낚시 바늘에 걸린 미끼나 물고기를 가로채 가기도 한다. 배에 대한 반응은 다양해, 도망가기도 하고 아주 큰 관심을 보이기도 한다. 그리고 대부분의 지역에선 한창 먹이활동 중일 때가 아닌 한 접근하기가 아주 쉬운 편이다. 가끔 뱃머리나 배 뒤에서 파도타기를 하며, 천천히 움직이는 배를 계속 따라다니기도 한다.

이빨

위쪽 38~52개
아래쪽 38~56개

집단 규모와 구조

종종 더 작은 집단을 이루거나 혼자 다니는 경우도 있지만, 가장 흔한 집단 규모는 10~20마리이며, 태평양 동부 열대 지역과 대서양 중앙 지역에서는 50마리씩 집단을 이루는 경우도 드물지 않다. 200마리 이상이 목격됐다는 보고들도 있다(하위 집단들이 여럿 모인 걸로 추정됨). 대부분의 다른 돌고래 종에 비해 집단 안정감이 더 크다(좋아하는 개체들끼리 집단을 이룸으로써)는 증거도 있다.

포식자들

알려진 바가 없으나, 범고래와 대형 상어들이 포식자들일 걸로 추정된다(치유된 상처들이 보이지 않는 걸로 보아 대부분의 공격에 목숨을 잃는 걸로 보임).

사진 식별

각 개체는 등지느러미 뒷부분의 홈들과 얼룩무늬 패턴들로 식별 가능하다.

개체 수

총 25만 마리가 넘을 것으로 추정된다. 태평양 동부 열대 지역에 약 14만 6,000마리, 하와이 일대에 7만 2,000마리 이상 그리고 멕시코만 북부에 2,750마리가 서식 중인 걸로 추정된다.

종의 보존

세계자연보전연맹의 종 보존 현황: '최소 관심' 상태(2008년). 뱀머리돌고래들을 위협하는 큰 문제들에 대해선 알려진 바가 없다. 그러나 스리랑카와 대만, 일본, 인도네시아, 솔로몬 제도, 파푸아뉴기니, 세인트빈센트섬과 그레나딘 제도, 서아프리카 그리고 (역사적으로) 남대서양의 세인트 헬레나에서 직접적인 돌고래 사냥에 의해 비교적 소수의 뱀머리돌고래들이 목숨을 잃고 있다. 그리고 브라질, 스리랑카, 대만, 아메리칸 사모아, 아라비아해, 북태평양 먼바다 등지에서 어망 등에 뜻하지 않게 잡히는 것 역시 점점 더 큰 위협이 되고 있다. 해양 수족관에 전시할 목적으로 생포되는 것도 위협이다. 그 밖의 다른 위협들로는 화학제품 오염, 소음 공해, 일부 지역들에서 행해지는 다이너마이트를 이용한 고기잡이, 낚시 바늘에 걸린 미끼와 물고기를 가로챈 것에 대한 보복 등을 꼽을 수 있다.

일대기

성적 성숙: 암컷은 8~10년, 수컷은 5~14년.
짝짓기: 알려진 바가 없다.
임신: 약 12개월로 추정.
분만: 여름에 새끼 1마리가 태어나는 걸로 추정.
젖떼기: 알려진 바가 없다.
수명: 적어도 32~36년(최장수 기록은 48년).

대서양혹등돌고래 Atlantic humpback dolphin

학명 소우사 테우스지이 *Sousa teuszii*   (Kükenthal, 1892)

대서양혹등돌고래들은 이름에 걸맞은 삶을 살고 있다. 우선 유난히 긴 혹 위에 등지느러미가 나 있다. 그리고 아주 드문 돌고래로, 아프리카 서부 해안 일대에 몰려 살고 있으며, 멸종을 막기 위해 즉각적인 조치를 취해야 할 상황이다.

분류: 참돌고래과 이빨고래아목

일반적인 이름: 대서양혹등돌고래는 영어로 Atlantic humpback dolphin으로, 대서양 동부에 주로 서식한다 하여 Atlantic이란 말이 붙었고, 등지느러미 살이 솟아오른 hump 즉, '혹'위에 등지느러미가 있다 하여 humpback 즉, '혹등'이란 말이 붙었다(혹등고래의 등지느러미와 혹을 가진 돌고래라고 보면 됨).

다른 이름들: humpbacked dolphin, Atlantic hump-backed dolphin, West African hump-backed dolphin, Cameroon dolphin, Cameroon river dolphin, Teusz's dolphin(에두아르드 토이츠Eduard Teusz의 이름에서 따옴) 등.

학명: 이 고래 학명의 앞부분 *Sousa*의 의미는 불분명하나, 강돌고래의 인도 방언에서 온 것으로 추정된다(1866년 영국 동물학자 존 에드워드 그레이가 명명함). 그리고 학명의 뒷부분 *teuszii*는 1892년에 이 돌고래의 표본(카메룬 두알라 지역의 워십스만에서 발견된 두개골)을 처음 복구한 독일 동식물학자 에두아르드 토이츠의 이름에서 따온 것이다(잘 알려진 사실이지만, 웬일인지 그 두개골은 상어에 의해 손상된 서아프리카 바다소의 시체와 뒤섞여 있어 그 당시 많은 혼란을 야기했음).

세부 분류: 대서양혹등돌고래의 존재는 2004년 이후 널리 인정받았지만, 이 돌고래의 분류에 대해선 2세기 넘게 많은 논란의 여지가 있었다. 현재 4종이 인정되고 있으며, 벵골만에 서식 중인 돌고래들이 다섯 번째 종일 가능성이 높다. 따로 인정된 아종은 없다(그간 별개의 유전학적 연구나 형태학적 연구는 없었으나, 현장에서 관찰한 바에 따르면 일부 개체 간에는 눈에 보이는 차이점들이 있다).

성체

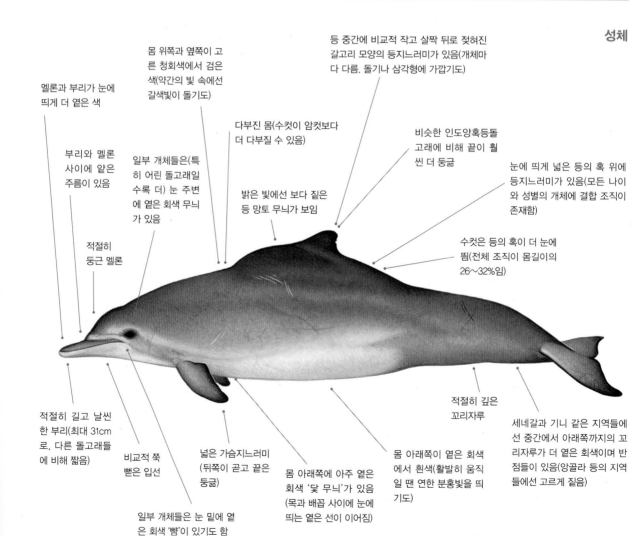

멜론과 부리가 눈에 띄게 더 옅은 색

몸 위쪽과 옆쪽이 고른 청회색에서 검은색(약간의 빛 속에선 갈색빛이 돌기도)

등 중간에 비교적 작고 살짝 뒤로 젖혀진 갈고리 모양의 등지느러미가 있음(개체마다 다름. 돌기나 삼각형에 가깝기도)

다부진 몸(수컷이 암컷보다 더 다부질 수 있음)

비슷한 인도양혹등돌고래에 비해 끝이 훨씬 더 둥긂

부리와 멜론 사이에 얕은 주름이 있음

일부 개체들은(특히 어린 돌고래일수록 더) 눈 주변에 옅은 회색 무늬가 있음

밝은 빛에선 보다 짙은 등 망토 무늬가 보임

눈에 띄게 넓은 등의 혹 위에 등지느러미가 있음(모든 나이와 성별의 개체에 결합 조직이 존재함)

적절히 둥근 멜론

수컷은 등의 혹이 더 눈에 띔(전체 조직이 몸길이의 26~32%임)

적절히 길고 날씬한 부리(최대 31cm로, 다른 돌고래들에 비해 짧음)

비교적 쭉 뻗은 입선

넓은 가슴지느러미(뒤쪽이 곧고 끝이 둥긂)

일부 개체들은 눈 밑에 옅은 회색 '뺨'이 있기도 함

몸 아래쪽에 아주 옅은 회색 '닻 무늬'가 있음(목과 배꼽 사이에 눈에 띄는 옅은 선이 이어짐)

몸 아래쪽이 옅은 회색에서 흰색(활발히 움직일 땐 연한 분홍빛을 띠기도)

적절히 깊은 꼬리자루

세네갈과 기니 같은 지역들에선 중간에서 아래쪽까지의 꼬리자루가 더 옅은 회색이며 반점들이 있음(앙골라 등의 지역들에선 고르게 짙음)

요점 정리

- 서아프리카의 열대 및 아열대 바다에 서식
- 해안 근처의 바다에 서식
- 작은 크기
- 눈에 띄는 기다란 혹 위에 등지느러미가 있음
- 등의 윤곽이 고른 갈색, 회색 또는 검은색을 띔(빛에 따라 다름)

- 다부진 몸에 깊은 꼬리자루
- 수면 위로 오르면 적절히 길고 날씬한 부리가 드러남 대개 가슴 지느러미가 큼
- 종종 배가 근처에 있으면 무관심하거나 경계함

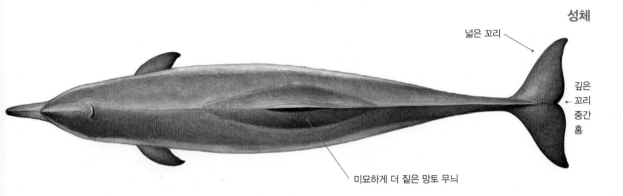

성체

넓은 꼬리

깊은 꼬리 중간 홈

미묘하게 더 짙은 망토 무늬

크기

길이: 2.3~2.8m **무게:** 140~280kg
(인도양혹등돌고래를 기준으로 추정한 것)
최대: (대서양혹등돌고래 기준) 2.85m, 166kg
새끼 - 길이: 약 1m **무게:** 약 10kg
관련 정보가 별로 없지만, 수컷이 암컷보다 조금 더 큰 것으로 추정된다.

비슷한 종들

서식지가 겹치는 큰돌고래와 혼동되기 쉽다(게다가 2종은 서로 어울려 집단을 이루는 경우도 많음). 그러나 대서양혹등돌고래의 경우 부리 길이, 등지느러미 크기와 모양 그리고 눈에 띄는 등의 혹 등을 보면 알 수 있다. 그리고 큰돌고래는 더 크고 더 활동적인 집단을 이루는 경향이 있다. 대서양혹등돌고래는 겉모습이 인도양혹등돌고래와 아주 비슷하나(대서양혹등돌고래의 등지느러미가 더 둥근 편이지만), 2종의 돌고래들은 벵겔라 해류와 관련된 차가운 물에 의해 지리적으로 분리되어 서로 뒤섞이지 않는 걸로 추정된다.

분포

주로 대서양 동부 아프리카 본토 서쪽 해안 근처의 수심이 낮은 열대 및 아열대 바다에 서식한다. 또한 서식지가 서사하라(북위 23도 54분)의 다클라만에서부터 남쪽으로 앙골라 남부(남위 15도 38분)까지 걸쳐 있다. 아프리카에서 13개 지역들이 서식지로 확인됐으나, 6개 지역들(시에라리온, 라이베리아, 코트디부아르, 가나, 적도기니, 콩고민주공화국의 작은 해안 지대)은 아직 예상 서식지에 추가되지 않고 있다. 그런데 이 지역들에서는 대서양혹등돌고래들에 대한 조사가 비교적 제대로 이뤄지지 않았다. 또한 대서양혹등돌고래들은 카보베르데와 상투메 프린시페 같은 먼바다 섬들 주변에서는 발견되지 않고 있다. 또한 서식지들은 군데군데 단절되어 있어, 기다란 해안선 일대에선 대서양혹등돌고래들이 목격됐다는 보고들이 없다. 그런데 이것이 실제 개체 수가 적기 때문인지 아니면 단순히 관련 정보가 부족하기 때문인지는 알기 어렵다. 대서양혹등돌고래들이 주로 발견되는 곳들은 모리타니의 방다르긴, 세네갈의 살룸 삼

▲ 대서양혹등돌고래 분포

눈에 띄는 등의 혹

색이 성체와 비슷함

새끼

등지느러미와 긴 돌기에 희끄무레한 흉터가 있기도 함(특히 아주 눈에 띄는 혹이 있는 개체들의 경우)

등지느러미 변이

각주, 기니비사우의 비자고스 군도와 인접한 본토 해안, 기니의 해안 바다, 가봉 남부와 콩고민주공화국의 해안 바다 등이다. 대서양혹등돌고래들은 서펑 지대, 강어귀, 해협, 개펄과 모래톱, 맹그로브숲, 탁 트인 해안 등, 조수간만의 차가 있고 파도가 치는 서식지나 부드러운 침전물들이 있는 바닥을 좋아하며, 가끔 출렁이는 파도 바로 너머의 해변들을 '순찰'하기도 한다. 주로 수심 20m 이내의 물에서(가끔 3m 정도 되는 얕은 물에서도), 그리고 평균 수심 5m의 물에서 산다. 또한 해안에서 1~2km 이내의 거리에서 살며, 가끔 100m 이내의 거리에서도 산다. 해안에서 13km나 떨어진 비교적 얕은 물에서 발견됐다는 기록도 있다. 그러나 대륙붕 너머의 바다에서 발견됐다는 기록은 없다. 해수면 온도가 섭씨 약 16도에서 32도 정도 되는 곳을 좋아하며, 가끔 조수의 영향이 미치는 강에서 발견되기도 한다(예외적으로 세네갈 살룸강 상류 53km 지점인 푼듄뉴에서 발견된 경우도 있음). 그러나 민물에 사는 별개의 대서양혹등돌고래 종이 있다는 증거는 아직 없다. 장거리 이동을 한다는 얘기는 없으며 제한된 증거에 따르면, 일부 지역들의 대서양혹등돌고래들은 장소에 대한 애착이 아주 강하며, 또 일부 지역들의 대서양혹등돌고래들은 지역

내 이동을 한다.

행동

일반적으로 눈에 잘 띄지 않으며, 대개 조용히 움직이거나 먹이활동을 한다. 대부분의 다른 돌고래들처럼 공중곡예를 많이 하진 않지만, 가끔 수면 위로 점프는 한다(주로 단순히 앞쪽으로 뛰거나 뒤로 돌아 한쪽 옆으로 떨어짐). 서로 사회생활을 할 때는 머리를 물 밖으로 내민 채(스파이호핑을 하면서) 공중에 수직으로 서 있기도 한다. 대서양혹등돌고래들은 큰돌고래들과 어울려 집단을 이루기도 한다. 배에 대한 반응은 다양한데, 보통 조심스레 다가가면 그냥 살짝 피하는 반응을 보인다(대개 배와 15~20m 정도의 '개인 공간'을 유지하며 하던 행동들을 그대로 함). 배의 엔진을 끈다면, 좀 더 가까이 다가가는 것도 가능하다. 그러나 조심성 없이 다가갈 경우, 뿔뿔이 흩어지면서 다이빙을 해 물 밑에서 방향을 바꾼 뒤 어느 정도 떨어진 거리에서 불쑥 다시 모습들을 드러낸다. 뱃머리에서 파도타기는 하지 않는다. 모리타니에서는 큰돌고래들이나 어부들과 힘을 합쳐(가숭어들을 몰아줌으로써) 먹이활동을 했다는 옛 기록들도 있다.

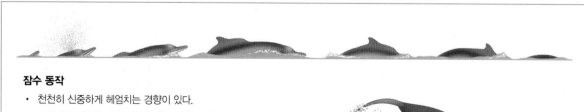

잠수 동작

- 천천히 신중하게 헤엄치는 경향이 있다.
- 수면으로 떠오를 때 부리가(그리고 종종 눈을 포함한 머리의 상당 부분이) 물 밖으로 나온다(때론 45도 각도 이상으로).
- 물을 뿜어 올리는 게 작고 불분명하다.
- 급히 그리고 높이 몸을 굴릴 땐 몸이 휜다(등과 혹, 등지느러미의 상당 부분이 보임).
- 먹이활동을 위해 깊이 잠수할 땐(대개 비교적 깊은 물에서) 종종 꼬리가 수면 위로 올라간다.

먹이와 먹이활동

먹이: 해안 근처와 강어귀, 암초 지역 등에 사는 물고기들(가숭어, 군평선이, 봉고섀드, 도미, 아틀란틱 엠페러, 서아프리카스페이드피시, 정어리, 황강달이, 대서양가다랑어 등)을 잡아먹는다.

먹이활동: 가끔 가숭어들을 한데 모는 등 서로 협력해 먹이활동을 하지만, 바다에 흩어져 각기 따로 먹이활동을 하기도 한다(몇 분간 따로 움직이다가 다시 몇 분간 서로 협력하는 식으로). 꼬리를 치켜올린 채 잠수하는 건, 몰려다니지 않는 해저 또는 암초 지역 물고기를 사냥한다는 뜻이며, 때론 먹잇감을 물가로 내몰아 잡기도 한다.

잠수 깊이: 자세한 정보는 없으나, 대개 20m 이내의 낮은 잠수를 한다.

잠수 시간: 대개 40~60초.

이빨

위쪽 54~64개
아래쪽 52~62개

집단 규모와 구조

집단 규모는 지리적 위치, 서식지, 계절(예를 들어 앙골라에서는 평균 집단 규모가 여름에 훨씬 더 작음), 구조 등에 따라 달라진다. 평균 집단 규모는 1~10마리이지만(관찰 사례들의 65%), 모리타니와 기니비사우 일대에서는 20마리, 세네갈 일대에서는 37마리, 가봉 일대에서는 40마리, 기니만에서는 45마리다. 앙골라 남부의 일부 대서양혹등돌고래 아종들의 경우 개체들 간에 장기적이며 안정적인 유대 관계가 있는 걸로 보이나, 그 외의 지역들에서는 그런 유대 관계가 있는지 알려진 바가 없다.

포식자들

직접적인 증거는 없으나, 대형 상어들이 포식자일 가능성이 높을 걸로 추정된다.

사진 식별

등지느러미 뒷부분의 홈과 상처들 그리고 등지느러미에 나 있는 흉터나 일시적인 표식 등으로 식별 가능하다.

개체 수

전 세계적인 개체 수 추정치는 없으나, 현재 3,000마리도 채 안 되며 그나마 그 수도 계속 줄고 있는 걸로 보인다. 그리고 대부분의 대서양혹등돌고래 아종들은 100마리도 안 되는 걸로 보여진다.

최근에 조사된 정확한 지역별 추정치는 별로 없으나, 세네갈의 살룸 삼각주에 최소 103마리, 기니 북부 리오누네즈의 375km² 지역에 최소 47마리, 그리고 앙골라 남부의 길이 35km의 해안에 10마리가 서식하고 있는 걸로 추정된다.

종의 보존

세계자연보전연맹의 종 보존 현황: '위급' 상태(2017년). 대서양혹등돌고래들은 서식지 전역에서 계속 줄어들고 있는 걸로 추정된다. 이 돌고래들은 해안 가까이에 사는 데다 환경 교란에도 약해, 인간의 각종 활동에 특히 취약하다. 현재 이 돌고래들을 위협하는 가장 큰 문제는 서식지 대부분의 지역에 설치된 어망 등에 뜻하지 않게 걸려드는 것이다. 특히 해안 근처에 설치된 자망에 걸려드는 것이 큰 문제로 보인다. 그 자망들은 주로 돌고래들이 이용하는 해안에서 1km도 안 되는 지역과 만 내부에 설치된다. 대서양혹등돌고래들은 문어잡이용 낚싯줄은 물론 해변의 후릿그물과 각종 통발 등에도 걸려든다. 그리고 적어도 일부 지역에서는 식용(야생 동물 고기 음식 재료)으로 또 상어 미끼용으로 사냥되고 있다. 그 외에 다른 위협들로는 서식지 감소 및 악화(특히 항구 건설과 해안 개발로 인한), 선박과의 충돌, 먹잇감 어종들의 남획, 화학물질 오염, 소음 공해 등을 꼽을 수 있다.

일대기

사실상 알려진 게 전혀 없으나, 인도양혹등돌고래와 가장 비슷할 것으로 추정된다.

▲ 아주 눈에 띄는 등의 혹이 있는 수컷.

▲ 이 개체처럼 목과 아래턱이 보다 옅은 회색이며 '뺨'도 옅은 회색일 수 있다.

인도-태평양혹등돌고래 Indo-Pacific humpback dolphin

학명　소우사 키넨시스 *Sousa chinensis*　　　　　　　　　　　　　　　　　(Osbeck, 1765)

예전에는 남아프리카공화국과 중국 그리고 오스트레일리아에서 발견되는 모든 혹등돌고래들은 인도-태평양혹등돌고래로 분류됐었다. 그러나 2014년에 그 모든 혹등돌고래들이 인도-태평양혹등돌고래, 인도양혹등돌고래, 오스트레일리아혹등돌고래 이렇게 3종으로 구분됐다. 여러 인도-태평양혹등돌고래들의 분류에 대해선 여전히 많은 논란이 있으며, 겉모습에서도 지역별로 많은 차이들이 있으나 아직 제대로 규명되지 못하고 있다.

분류: 참돌고래과 이빨고래아목

일반적인 이름: 인도-태평양혹등돌고래는 영어로 Indo-Pacific humpback dolphin으로, 인도양 동부와 태평양 서부에 주로 서식한다 하여 Indo-Pacific이란 말이 붙었고, 등에 눈에 띄는 긴 혹이 있는 종과 같은 속에 속한다 하여 humpback 즉, '혹등'이란 말이 붙었다.

다른 이름들: Indo-Pacific hump-backed dolphin, Pacific humpback dolphin, Chinese humpback dolphin, Taiwanese humpback dolphin, Chinese white dolphin, Borneo white dolphin, Taiwanese white dolphin, speckled dolphin 등.

학명: 이 고래 학명의 앞부분 *Sousa*의 의미는 불분명하나, 강돌고래의 인도 방언에서 온 것으로 추정된다(원래 1866년 영국 동물학자 존 에드워드 그레이에 의해 *Steno*의 아속으로 분류됨). 그리고 학명의 뒷부분 *chinensis*는 '중국'을 뜻하는 China에 '～에 속하는'을 뜻하는 라틴어 *ensis*가 붙은 것이다.

세부 분류: 혹등돌고래의 분류에 대해선 2세기 넘게 많은 논란이 있었다. 최근에 이루어진 조사로 총 4종이 인정되고 있지만, 방글라데시에 사는 혹등돌고래들의 유전학적 특성들을 감안하고 또 다른 벵골만 혹등돌고래들의 변칙적인 겉모습을 감안한다면, 결국 다섯 번째 혹등돌고래 종(잠정적으로 *Sousa lentiginosa*, 그러나 분류가 명확해지기 전까지는 임시로 *Sousa chinensis*를 포함)이 나올 가능성도 높다. 게다가 말레이시아 본토와 보르네오에 살고 있는 *borneensis* 타입 혹등돌고래의 정확한 분류에 대해서도 논란의 여지가 많다. 또한 대만에는 최근에 인정된 일명 '대만혹등돌고래 *Sousa taiwanensis*'라는 별개의 아종이 존재하며, 다른 모든 인도-태평양혹등돌고래들은 *Sousa c. chinensis*로 여겨지고 있다.

성체(중국, 대만, 홍콩) 수컷

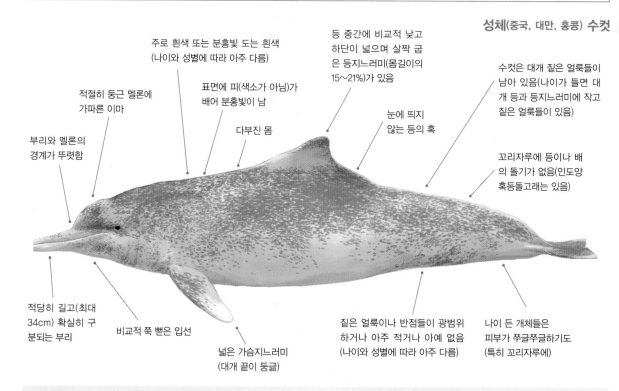

주로 흰색 또는 분홍빛 도는 흰색
(나이와 성별에 따라 아주 다름)

표면에 피(색소가 아님)가 배어 분홍빛이 남

다부진 몸

적절히 둥근 멜론에 가파른 이마

부리와 멜론의 경계가 뚜렷함

등 중간에 비교적 낮고 하단이 넓으며 살짝 굽은 등지느러미(몸길이의 15~21%)가 있음

눈에 띄지 않는 등의 혹

수컷은 대개 짙은 얼룩들이 남아 있음(나이가 들면 대개 등과 등지느러미에 작고 짙은 얼룩들이 있음)

꼬리자루에 등이나 배의 돌기가 없음(인도양 혹등돌고래는 있음)

적당히 길고(최대 34cm) 확실히 구분되는 부리

비교적 쭉 뻗은 입선

넓은 가슴지느러미(대개 끝이 둥긂)

짙은 얼룩이나 반점들이 광범위하거나 아주 적거나 아예 없음(나이와 성별에 따라 아주 다름)

나이 든 개체들은 피부가 쭈글쭈글하기도(특히 꼬리자루에)

요점 정리
- 남아시아와 남동아시아의 열대 및 따뜻한 온대 바다에 서식
- 작은 크기
- 주로 민물 유입구에 가까운 해안 근처의 바다에 서식
- 주로 흰색(종종 분홍빛이 섞임)
- 가끔 짙은 얼룩과 반점들이 있음
- 눈에 띄지 않는 등의 혹
- 등의 중간에 낮고 하단이 넓고 약간 구부러진 갈고리 또는 삼각형 모양의 등지느러미가 있음
- 적당히 길고 잘 구분되는 부리

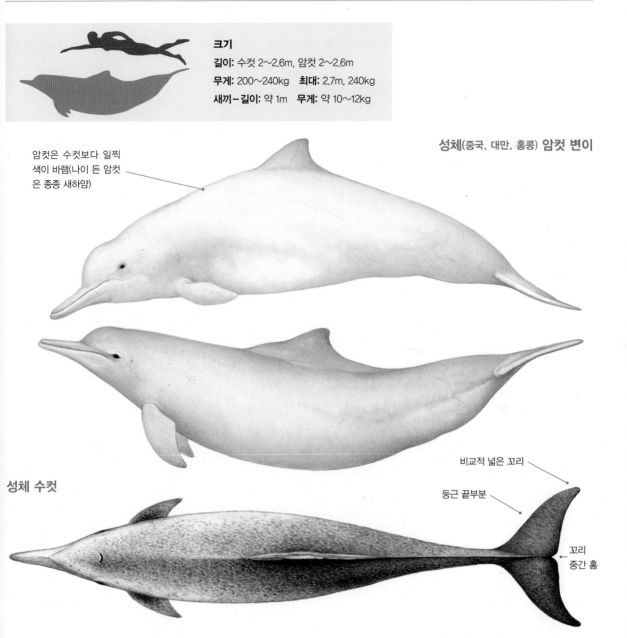

크기

길이: 수컷 2~2.6m, 암컷 2~2.6m
무게: 200~240kg **최대:** 2.7m, 240kg
새끼-길이: 약 1m **무게:** 약 10~12kg

성체(중국, 대만, 홍콩) 암컷 변이

암컷은 수컷보다 일찍 색이 바램(나이 든 암컷은 종종 새하얌)

성체 수컷

비교적 넓은 꼬리

둥근 끝부분

꼬리 중간 홈

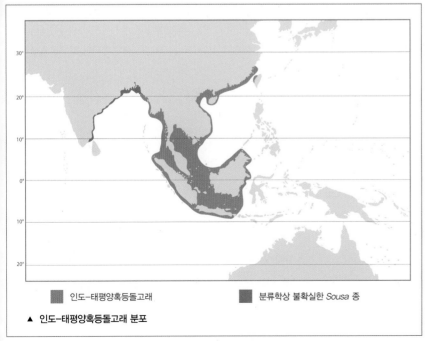

▲ 인도-태평양혹등돌고래 분포

인도-태평양혹등돌고래

분류학상 불확실한 Sousa 종

비슷한 종들

뱅골만에 사는 인도양혹등돌고래(별개의 고래 종으로 최종 분류됨에 따라)와 서식지가 겹치지만, 인도-태평양혹등돌고래는 눈에 띄는 등의 혹이 없는 데다 등지느러미 끝이 둥글고 하단이 더 넓으며, 성체가 됐을 때 색이 훨씬 더 옅어져 식별 가능하다. 또한 큰돌고래와는 색도 다르고(특히 인도-태평양혹등돌고래가 분홍색이 됐을 때) 등지느러미 및 머리 모양도 달라 식별 가능하다.

분포

뱅골만 혹등돌고래들을 어떻게 분류할 건지가 결정되기 전까지 인도-태평양혹등돌고래들의 정확한 서식

성체
(남동아시아 *boreensis* 타입)

등지느러미가 보다 삼각형에 가깝고 훨씬 낮으며 하단도 더 넓음

성체들의 경우 짙은 색이 보다 광범위함

약간 분홍빛을 띠기도 함

대개 몸의 상당 부위에 짙은 반점과 얼룩들이 있음

성체(벵골만 *lentiginosa* 타입)

등지느러미와 몸의 다른 부위들에 분홍색 얼룩들이 있기도 함

등지느러미의 하단이 넓음

인도-태평양혹등돌고래와 인도양혹등돌고래의 특징들을 두루 보임

등의 혹(특히 등지느러미 뒤의)이 증거

아래쪽이 중간 회색

짙은 반점들이 있기도 함

인도양 서부의 개체들에 비해 전반적으로 색이 훨씬 더 연함 (특히 배와 측면이)

새끼

얼룩들이 없음(나이가 들면서 생겨남)

주로 회색(나이가 들면서 옅어짐)

지는 불확실할 전망이다. 이런 관점에서 볼 때, 인도-태평양혹등 돌고래들의 서식지는 동쪽으로는 중국 중부(이 돌고래들이 발견 된 최북단 지역은 양쯔강 어귀 근처임)에서부터 인도-말레이 군 도를 거쳐 적어도 멀리 남쪽으로 인도네시아까지 그리고 서쪽으 로는 미얀마와 방글라데시, 인도 동부의 해안 가장자리 주변까지 이를 것으로 추정된다. 그러나 확인된 서식지는 멀리 서쪽으로 미얀마와 방글라데시 국경까지 확대되며, 거기에서부터 방글라 데시와 인도 동부에 이르는 지역에서 발견되는 혹등돌고래들의

분류는 여전히 불확실하다.

따라서 인도-태평양혹등돌고래 종은 대만(대만 동부 일대의 일 부 해안 지역과 대만 해협 동부 지역), 중국(홍콩과 마카오 포함), 베트남, 캄보디아, 타이, 말레이시아, 싱가포르, 인도네시아, 브루 나이에 서식하고 있는 게 분명하다. 예외적으로 필리핀 남부에서 도 발견된 바 있으나, 그 개체는 해류에 의해 보르네오에서 필리 핀 남부까지 떠내려간 것으로 추정된다.

인도-태평양혹등돌고래들은 주로 해안의 얕은(대개 수심 20~30m

잠수 동작

- 천천히 신중하게 헤엄치는 경향이 있다.
- 수면으로 떠오를 때 부리가(그리고 종종 눈을 포함한 머리의 상당 부분이) 물 밖으로 나온다.
- 물을 뿜어 올리는 게 작고 불분명하다.
- 급히 그리고 높이 몸을 굴릴 땐 몸이 휜다(등과 혹, 등지느러미, 꼬리자루의 상당 부분이 보임).
- 먹이활동을 위해 깊이 잠수할 땐 종종 꼬리가 수면 위로 올라간다.

먹이와 먹이활동

먹이: 해안 근처와 강어귀, 암초 지역 등 다양한 지역에서 물고기들을 잡아먹으며, 일부 지역에서는 오징어, 낙지 같은 두족류와 게, 새우 같은 갑각류도 잡아먹는다. 홍콩 일대에서는 24종의 물고기와 한 종의 두족류를 먹이로 삼는다.

먹이활동: 홍콩에서는 종종 몸에 진흙이 묻은 게 목격되어, 해저에서 먹이활동을 하는 걸로 추정된다. 벵골만에서는 종종 수면으로 거둬 올린 그물에서 떨어지는 물고기들을 받아먹기도 한다.

잠수 깊이: 대개 잠수를 낮게(최대 30m) 한다.

잠수 시간: 대개 40~60초. 최장 기록은 약 5분.

이내의) 바다에서 발견되며, 해안에서 몇 km 이상 떨어지는 경우는 드물다. 물이 어느 정도 얕은 먼 바다에서도 발견된다. 이 돌고래들이 가장 많이 모여 사는 곳은 강어귀 안쪽이나 그 주변이지만, 탁 트인 해안 일대나 바위가 많은 암초, 만 안쪽, 해안 석호와 맹그로브 습지 그리고 모래톱과 진흙 제방이 있는 지역 등에서도 그 모습을 볼 수 있다. 가끔 강 안쪽이나 내륙 수로로도 들어가지만, 상류로 수 km 넘게 들어가는 경우는 드물다(조수의 영향이 있는 지역 안에서만 머묾). 강 하구 간의 기다란 해안선을 따라 종종 개체 수가 적거나 없는 지역들도 있어, 서식지는 불연속적이다. 서식지 패턴은 해안선의 타입에 따라 달라지며, 계절별 이동에 따라 개체 수가 많아지기도 하고 적어지기도 한다.

행동

공중곡예는 적당히 하는 편이며, 수면 위로 점프하거나 곡예사처럼 뛰어오르거나 스파이호핑을 하는 경우도 드물지 않다(특히 번식 활동이 정점에 달할 때). 홍콩에 사는 혹등돌고래들은 저인망(현재 저인망 어업은 불법이지만 계속 행해지고 있음) 뒤에서 먹이활동을 하는 경우가 많다. 배에 대한 반응은 지역에 따라 달라, 예를 들어 홍콩 종들은 혼잡한 선박 운행에 아주 익숙하지만, 다른 지역 종들은 겁을 먹고 경계하기도 한다. 배 앞머리나 뒤에서 파도타기 하는 경우는 드물다.

이빨

위쪽 64~76개
아래쪽 58~76개

집단 규모와 구조

대개 2~6마리씩 모이고 가끔 10마리까지 모이기도 하지만, 일부 지역들에서는 더 큰 집단을 이루기도 한다. 방글라데시에서는 평균 집단 규모가 훨씬 더 크며(평균 19마리. 약 330마리의 집단이 목격됐다는 기록도 있음), 홍콩에서는 30~40마리씩 집단을 이

일대기

성적 성숙: 암컷은 9~10년, 수컷은 12~14년.

짝짓기: 알려진 바가 없음.

임신: 11~12개월.

분만: 3~5년마다. 연중 새끼 1마리가 태어남(대부분의 지역에서 정점은 봄과 여름임).

젖떼기: 2~5년 후에.

수명: 40년은 족히 사는 걸로 추정(최장수 기록은 38년).

루는 게 목격되고 있다(대개 어선들 뒤를 따름). 집단 형태는 지역에 따라 달라, 홍콩에서는 유동적이며, 모잠비크와 대만에서는 보다 안정적이다(연구 노력이 편중된 탓일 수도 있지만).

포식자들

알려진 바는 없으나, 대형 상어들과 범고래들이 포식자일 가능성이 높다(대형 상어도 범고래도 이 혹등돌고래들이 좋아하는 강어귀에는 드물고 그 둘에게 물렸다는 증거도 아주 찾기 힘들지만).

사진 식별

등지느러미 뒷부분의 홈과 상처들, 몸에 있는 반점과 얼룩들의 색 패턴 그리고 등지느러미나 등에 있는 흉터 또는 일시적인 표식 등으로 식별 가능하다.

개체 수

전 세계적인 개체 수 추정치는 없으나, 총 개체 수가 1만 6,000마리를 크게 상회할 것 같지는 않다. 사용 가능한 모든 추정치들을 합하면 5,056마리(또는 방글라데시 종을 포함해 5,692마리)이며, 그 속에는 중국 본토의 4,730마리도 포함된다. 현재까지의 집계 가운데 최대 규모의 혹등돌고래 종은 중국 남부 진주강 어귀의 혹등돌고래 2,637마리(2007년)에 홍콩의 약 82마리(2013년)를 더한 것이다. 가장 연구가 많이 된 혹등돌고래 종은 현재 계속 줄어들고 있는 걸로 보여진다(2010년에 집계된 대만 서부 해안 일대의 혹등돌고래 약 74마리 포함).

종의 보존

세계자연보전연맹의 종 보존 현황: '취약' 상태(2015년). 대만 종은 '위급' 상태(2017년). 서식지가 해변에 가깝다보니 사람들, 특히 아주 많은 어부들과 직접 맞닥뜨리게 될 가능성이 높다. 가장 큰 위협은 각종 어망에 뜻하지 않게 걸려드는 것. 특히 해안 근처에 설치된 자망, 저인망, 후릿그물에 잘 걸려들어, 동부 대만 해협에 사는 혹등돌고래 30% 이상이 어망들로 인한 부상을 입고 있다. 현재 이 혹등돌고래들을 상대로 한 큰 규모의 직접적인 사냥은 없는 걸로 알려져 있다(가뜩이나 적은 대만 종의 입장에서는 소규모의 사냥도 심각한 문제가 되겠지만). 과거에는 해양 수족관 전시용으로 생포됐었다. 이 혹등돌고래들을 위협하는 또 다른 문제들로는 서식지 감소 및 교란(연안 개발, 준설, 수경 재배, 간척 등), 소음 공해, 하구까지의 강물 흐름의 심각한 감소, 미량 금속 및 유기염소 등의 오염, 선박과의 충돌 등을 꼽을 수 있다.

인도양혹등돌고래 Indian Ocean humpback dolphin

학명 소우사 플룸베아 *Sousa plumbea*   (G. Cuvier, 1829)

인도양혹등돌고래들의 분류와 관련해서는 상당한 불확실성이 존재한다. 인도양 서부의 혹등돌고래는 인도양혹등돌고래로 여겨지지만, 인도양 동부(벵골만)의 혹등돌고래는 인도양혹등돌고래와도 다르고, 인도-태평양혹등돌고래와도 다른 전혀 새로운 *Sousa* 종(잠정적으로 *Sousa lentiginosa*)일 수도 있으며, 3종 모두가 혼합된 종일 수도 있는 것이다.

분류: 참돌고래과 이빨고래아목

일반적인 이름: 인도양혹등돌고래는 영어로 Indian Ocean humpback dolphin으로, 주로 인도양에 서식한다 하여 Indian Ocean이란 말이 붙었고, hump 즉, 등지느러미 살이 솟아오른 '혹' 위에 등지느러미가 있다 하여 humpback 즉, '혹등'이란 말이 붙었다(혹등고래의 등지느러미와 혹을 가진 돌고래라고 보면 됨).

다른 이름들: Indian humpback dolphin와 plumbeous dolphin.

학명: 이 고래 학명의 앞부분 *Sousa*의 의미는 불분명하나, 강돌고래의 인도 방언에서 온 것으로 추정된다(원래 1866년 영국 동물학자 존 에드워드 그레이에 의해 *Steno*의 아속으로 분류됨). 그리고 학명의 뒷부분 *plumbea*는 '납빛의' 또는 '무거운'을 뜻하는 라틴어 *plumbea*에서 온 것이다(등의 혹을 가리키는 듯).

세부 분류: 혹등돌고래의 분류에 대해선 2세기 넘게 많은 논란이 있었다. 최근에 이루어진 조사로 현재 총 4종이 인정되고 있지만, 다섯 번째 혹등돌고래 종이 나올 가능성도 높다. 인도양혹등돌고래는 2014년에 별개의 독특한 종으로 인정받았다(과거에는 남아프리카공화국에서부터 오스트레일리아에 걸쳐 서식하는 모든 혹등돌고래들이 *Sousa chinensis* 즉, 인도-태평양혹등돌고래로 분류됐었음). 현재 별도로 인정된 아종은 없으나, 페르시아만에 사는 혹등돌고래들이 난쟁이 형태의 혹등돌고래들일 수도 있다.

성체

머리와 부리, 등의 혹, 등지느러미의 색 또는 흉터가 사라지기도 함(나이, 성별, 지역에 따라 분홍빛이거나 희끄무레함)

고르게 짙은 회색 또는 갈색빛 도는 회색(개체에 따라 다르지만, 벵골만 종보다는 대개 훨씬 더 짙음)

비슷하게 생긴 대서양혹등돌고래보다 끝이 훨씬 더 뾰족함

하단이 넓고 눈에 띄는 등의 혹(나이가 들수록 더 커짐) 위에 등지느러미가 있음(모든 나이대와 암수 모두에게 결합 조직이 존재)

적절히 둥근 멜론에 가파른 이마

다부진 몸

등 중간에 많이 구부러진 작은 등지느러미

수컷은 등의 혹이 더 과장되어(부위 전체가 몸길이의 23~38%) 마치 큰 혹덩어리로 보임

부리와 멜론의 경계가 뚜렷함

특히 수컷은 꼬리자루에 잘 발달된 등 돌기나 배 돌기가 있기도(지역에 따라 다름)

얼룩들이(혹시 있다면) 꼬리자루와 등의 혹 일부에만 있음

길고(최대 38cm) 날씬한 부리가 분홍빛을 띠기도 함

비교적 쭉 뻗은 입선

넓은 가슴지느러미(대개 끝이 둥긂)

배가 약간 더 옅음

깊은 꼬리자루(등과 배에)

요점 정리

- 인도양 서부의 열대 및 따뜻한 온대 바다에 서식
- 작은 크기
- 다부진 몸
- 고르게 짙은 회색 또는 갈색빛 도는 회색
- 색이 약간 옅어지기도 함
- 유별나게 큰 혹 위에 작고 뾰족한 등지느러미가 있음
- 길고 날씬한 부리
- 적당히 둥근 멜론에 가파른 이마

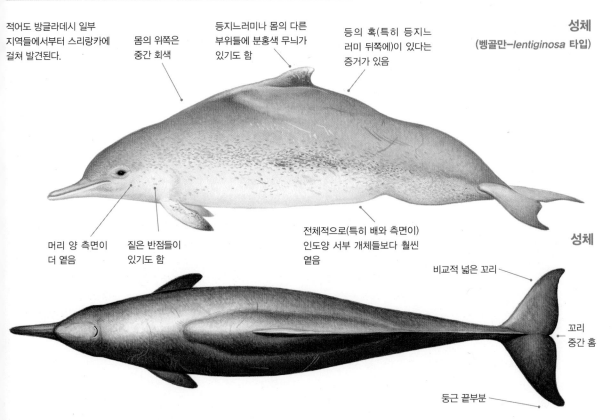

적어도 방글라데시 일부 지역들에서부터 스리랑카에 걸쳐 발견된다.

몸의 위쪽은 중간 회색

등지느러미나 몸의 다른 부위들에 분홍색 무늬가 있기도 함

등의 혹(특히 등지느러미 뒤쪽에)이 있다는 증거가 있음

성체
(벵골만-lentiginosa 타입)

머리 양 측면이 더 옅음

짙은 반점들이 있기도 함

전체적으로(특히 배와 측면이) 인도양 서부 개체들보다 훨씬 옅음

성체

비교적 넓은 꼬리

꼬리 중간 홈

둥근 끝부분

크기

길이: 수컷 1.8~2.7m, 암컷 1.7~2.5m

무게: 200~250kg **최대:** 2.8m, 260kg

새끼-길이: 약 1~1.1m **무게:** 14kg

길이 3m 넘는 종이 목격됐다는 기록들은 사실이 아닌 걸로 추정된다.

비슷한 종들

같은 지역 내 다른 모든 고래들과는 달리, 등에 유난히 큰 혹이 있고 그 위에 작은 등지느러미가 있어 다른 종들과 혼동될 여지가 없다. 벵골만에서는 인도-태평양혹등돌고래들(별개의 다른 종이라는 최종적인 확인에 따라)과 서식지가 일부 겹치기도 하지만, 인도혹등돌고래들은 보다 눈에 띄는 등의 혹, 보다 작고 뾰족한 등지느러미, 성체의 훨씬 더 짙은 색 등으로 식별 가능하다. 인도-태평양혹등돌고래들과 큰돌고래들은 등에 혹이 없고 등지느러미가 훨씬 더 크며 머리 모양도 다르고 부리와 멜론 사이에 더 눈에 띄는 주름이 있다.

분포

벵골만 혹등돌고래들의 분류가 제대로 정리되기 전까지는 아마 정확한 서식지 내지 분포는 알기 어려울 것이다. 그래서 인도양혹등돌고래들의 서식지는 남아프리카공화국의 폴스만에서부터 인도의 남단과 스리랑카 북부까지에 이른다고 추정해볼 수 있다. 그 동쪽(방글라데시, 미얀마, 인도의 동부 해안)의 혹등돌고래들은 인도-태평양혹등돌고래에 속한다(다른 종일 수도 있지만).

인도양혹등돌고래들은 인도양의 열대 바다와 따뜻한 온대 바다(그리고 좁고 기다란 얕은 해안 지역)에서만 발견된다. 이 돌고래들은 아덴만, 홍해, 페르시아만 같이 일부 폐쇄된 바다들과 안다만 제도, 마요트섬, 바자

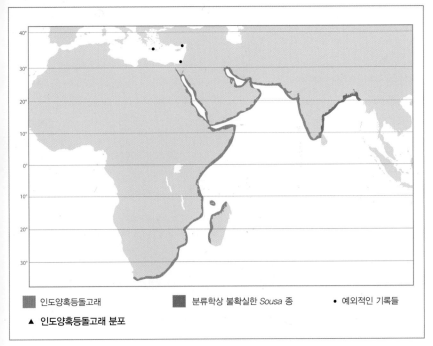

■ 인도양혹등돌고래 ■ 분류학상 불확실한 Sousa 종 • 예외적인 기록들

▲ 인도양혹등돌고래 분포

옅은 회색에서 황백색
(성체보다 옅음)

눈에 띄는 등의 혹
(그러나 성인에 비
해선 작음)

반점들이 없음

새끼

루토 군도, 잔지바르섬 같이 해안에서 떨어진 여러 섬들 주변을 포함해, 23개 국가와 지역들에서 발견되고 있다. 서식지의 상당 부분은 아직 제대로 조사되지 못했지만, 개체 수가 군데군데 줄어드는 등 서식지가 불연속적인 걸로 보인다. 또한 인간의 영향력이 크게 미치는 지역들과 인간에게 노출된 수심 깊은 해안 지대들에서는 발견되지 않고 있다.

그간 지중해에서도 인도양혹등돌고래 3마리가 발견되었다(홍해에서 수에즈 운하를 거쳐 온 것으로 추정됨). 2001년에 이스라엘에서, 2016년에 터키에서 그리고 2017년에 그리스 크레타섬에서 각 1마리씩 발견됐던 것. 그 돌고래들은 길을 잘못든 것으로 추정된다. 크레타섬 북부 해안에 도착한 인도양혹등돌고래는 건강해 보였는데, 그 돌고래는 수에즈 운하 북쪽 끝의 도시 포트사이드로부터 최소 1,000km를 이동했거나, 얕은 해안 바다를 끼고 움직였다면 최대 2,330km를 이동한 걸로 보여진다(그 경우 이 돌고래 종의 최장 이동 기록임).

인도양혹등돌고래들은 특정 장소에 대해 장기적인 충성심을 갖고 있다는 증거가 있지만, 일부 지역들에서는 서식지와 개체 수 측면에서도 계절별로 변화가 있다. 남아프리카공화국의 경우 해안을 따라 형성되는 평균 서식 거리는 120km(최소 30km에서 최대 500km까지)이다. 인도양혹등돌고래들은 또 모래만, 연안 석호, 바위 암초, 강어귀, 맹그로브 습지 같이 안전한 지역들을 좋아한다. 그리고 해안에서 3km 이상 떨어진 바다에서는 거의 발견되지 않으며(가끔 수백 m 떨어진 바다에서만 발견됨), 수심 25m가 넘는 바다에서도 거의 발견되지 않는다(가끔 수심 2m밖에 안 되는 바다에서도 발견됨).

행동

가끔 수면 위로 점프를 하는 등 여러 가지 공중곡예를 한다. 해변을 따라 나란히 가면서 '순찰'도 돈다. 배를 아주 경계하며, 뱃머리에서 파도타기를 하는 경우는 거의 없다. 인도양혹등돌고래 집단에 가까이 다가가면, 대개 뿔뿔이 흩어져 물밑에서 방향을 바꾼 뒤 어느 정도 떨어진 거리에서 불쑥 다시 모습들을 드러낸다.

이빨

위쪽 66~78개
아래쪽 62~74개

집단 규모와 구조

대개 10마리 이내가 모이지만, 일부 지역들에서는 보다 큰 집단을 이루기도 한다(아라비아 바다에서는 30~100마리씩 모이는 것도 드물지 않음). 그리고 대부분의 집단은 암수 모두 그리고 모든 나이대의 돌고래들로 이루어진다. 모잠비크에서는 장기적인 집단 안정성 징후들을 보이지만, 그건 드문 경우로 보인다(다른 지역들에서는 헤어졌다가 만나고 모였다가 흩어지는 경우가 더 흔함).

포식자들

뱀상어, 백상아리, 황소상어는 물론 범고래들이 포식자일 가능성이 높다.

사진 식별

등지느러미와 혹에 있는 자연스러운 흔적들을 보고 식별 가능하다.

잠수 동작

- 천천히 신중하게 헤엄치는 경향이 있다.
- 수면으로 떠오를 때 부리가(그리고 종종 눈을 포함한 머리의 상당 부분이) 물 밖으로 나온다.
- 물을 뿜어 올리는 게 작고 불분명하다.
- 급히 그리고 높이 몸을 굴릴 땐 몸이 휜다(등과 혹, 등지느러미, 꼬리자루의 상당 부분이 보임).
- 먹이활동을 위해 깊이 잠수할 땐 종종 꼬리가 수면 위로 올라간다.

▲ 인도양혹등돌고래들은 주로 얕은 해안 바다에서 발견된다.

먹이와 먹이활동

먹이: 해안 근처와 강어귀, 암초 지역 등 다양한 지역에서 먹이활동을 하며, 일부 지역들에서는 가끔 오징어, 문어, 갑각류도 잡아먹는다.

먹이활동: 주로 얕고 탁한 바다의 해저 근처에서 먹이활동을 한다. 페르시아만과 모잠비크의 바자루토 군도에서는 물고기들을 쫓아 의도적으로 잠시 모래톱 위까지 올라가기도 한다.

잠수 깊이: 대개 잠수를 낮게(최대 25m) 한다.

잠수 시간: 대개 40~60초. 최장 기록은 약 5분.

개체 수

전 세계적인 개체 수 추정치는 없으나, 분명 수만 마리 초반대까지는 못되고 1만 마리도 넘지 못할 걸로 추정된다. 그리고 인도양혹등돌고래들이 특히 많이 모여 있는 곳은 따로 없으며 그 수가 계속 줄고 있는 걸로 보인다. 그간 집계한 지역별 개체 수는 전부 얼마 안 됐다(늘 500마리 이하였고, 가끔은 200마리 이하, 상당수의 경우 100마리 이하). 최근 추정치에 따르면 남아프리카공화국에 약 500마리(1990년대 말에 1,000마리 이하에서 더 줄어듦), 아부다비 일대 바다에 약 700마리(알려진 개체 수 가운데 최대)가 서식하고 있다.

종의 보존

세계자연보전연맹의 종 보존 현황: '위기' 상태(2015년). 인도양혹등돌고래들은 서식지가 해변에 가깝다보니 사람들, 특히 아주 많은 어부들과 직접 맞닥뜨리게 될 가능성이 높다. 가장 큰 위협은 각종 어망들, 특히 해안에 설치된 자망과 저인망에 걸려드는 것. 남아프리카공화국에서는 상어 퇴치 그물에 걸리는 경우도 종종 있다. 조사가 행해진 여러 지역에서 많은 수(예를 들어 탄자니아 펨바에서는 41%)의 혹등돌고래들이 어망 등에 걸려 부상을 입고 있으며, 사망률 또한 꽤 높은 걸로 알려져 있다. 인도에서는 혹등돌고래들이 어망 등을 손상시키고 잡힌 물고기를 가로채 간다는 이유로 보복 살해되기도 한다. 마다가스카르 남서부 지역에서 식용 목적으로 몰이식 사냥이 행해지는 등, 아직도 혹등돌고래들에 대한 직접적인 사냥이 행해지고 있다고 보여진다. 인도 서부 지역에선 혹등돌고래 고기가 판매되고 있다고 한다. 혹등돌고래들을 위협하는 또 다른 문제들로는 서식지 감소 및 교란(준설, 간척, 항구 건설 등), 기름 유출, 유기염소 등의 오염, 선박과의 충돌 등을 꼽을 수 있다.

일대기

성적 성숙: 암컷은 약 10년, 수컷은 12~13년.

짝짓기: 신체적 교감(건들기, 물기, 문지르기 등) 수준이 높아지는 걸로 알 수 있음.

임신: 10~12개월.

분만: 대개 3년마다 연중 새끼 1마리가 태어남(남아프리카공화국에서 정점은 봄 또는 여름).

젖떼기: 2년 후에. 어미-새끼 간의 끈끈한 유대관계는 최소 3~4년간 지속됨.

수명: 40~50년으로 추정.

오스트레일리아혹등돌고래 Australian humpback dolphin

학명 소우사 사후렌시스 *Sousa sahulensis*   Jefferson and Rosenbaum, 2014

2014년 인도-태평양혹등돌고래에서 분리된 오스트레일리아혹등돌고래는 현재 별개의 종으로 인정받고 있으며, 유전학적으로나 형태학적으로 그리고 또 색깔과 서식지 측면에서도 다른 고래 속들과 구분된다.

분류: 참돌고래과 이빨고래아목

일반적인 이름: 오스트레일리아혹등돌고래는 영어로 Australian humpback dolphin으로, 주로 오스트레일리아에 서식하며 대부분의 관련 정보가 그곳 혹등돌고래들에게서 얻은 것이어서 Australian이란 말이 붙었고, 등에 눈에 띄는 기다란 혹이 있는 종들과 같은 고래 속에 속한다 하여 humpback 즉, '혹등'이란 말이 붙었다.

다른 이름들: Hump-backed dolphin 또는 Sahul dolphin.

학명: 이 고래 학명의 앞부분 *Sousa*의 의미는 불분명하나, 강돌고래의 인도 방언에서 온 것으로 추정된다(원래 1866년 영국 동물학자 존 에드워드 그레이에 의해 *Steno*의 아속으로 분류됨). 그리고 학명의 뒷부분 *sahulensis*는 수심이 얕은 사훌대륙붕(오스트레일리아 북부 해안에서부터 뉴기니로 이어지는 대륙붕의 일부)에 주로 서식한다는 데서 온 것이다.

세부 분류: 혹등돌고래의 분류에 대해선 2세기 넘게 많은 논란이 있었다. 최근에 이루어진 조사로 현재 총 4종이 인정되고 있지만, 벵골만 지역에서 다섯 번째 혹등돌고래 종이 나올 가능성도 높다. 현재 별도로 인정된 오스트레일리아혹등돌고래 아종은 없다.

성체 수컷

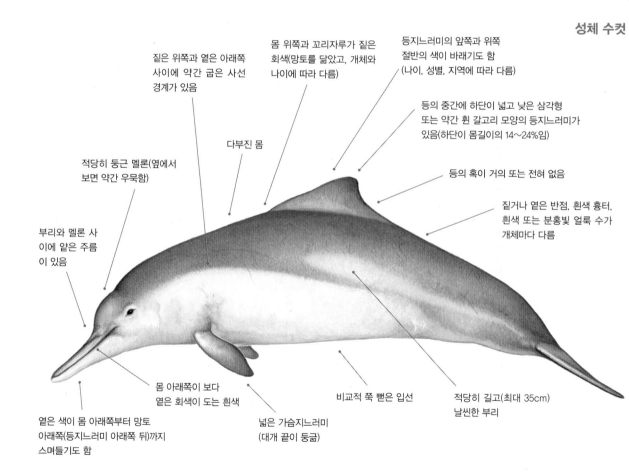

짙은 위쪽과 옅은 아래쪽 사이에 약간 굽은 사선 경계가 있음

몸 위쪽과 꼬리자루가 짙은 회색(망토를 닮았고, 개체와 나이에 따라 다름)

등지느러미의 앞쪽과 위쪽 절반의 색이 바래기도 함 (나이, 성별, 지역에 따라 다름)

다부진 몸

등의 중간에 하단이 넓고 낮은 삼각형 또는 약간 휜 갈고리 모양의 등지느러미가 있음(하단이 몸길이의 14~24%임)

적당히 둥근 멜론(옆에서 보면 약간 우묵함)

등의 혹이 거의 또는 전혀 없음

짙거나 옅은 반점, 흰색 흉터, 흰색 또는 분홍빛 얼룩 수가 개체마다 다름

부리와 멜론 사이에 얕은 주름이 있음

옅은 색이 몸 아래쪽부터 망토 아래쪽(등지느러미 아래쪽 뒤)까지 스며들기도 함

몸 아래쪽이 보다 옅은 회색이 도는 흰색

넓은 가슴지느러미 (대개 끝이 둥긂)

비교적 쭉 뻗은 입선

적당히 길고(최대 35cm) 날씬한 부리

요점 정리

- 오스트레일리아와 뉴기니 남부 해안의 열대 및 아열대 바다에 서식
- 작은 크기
- 다부진 몸
- 폭넓은 투톤 회색
- 사선 모양의 등 망토
- 등의 혹이 거의 또는 전혀 없음
- 하단이 아주 넓고 낮은 등지느러미
- 적당히 길고 날씬한 부리
- 대개 경계심이 많아 가까이 다가가기 힘듦

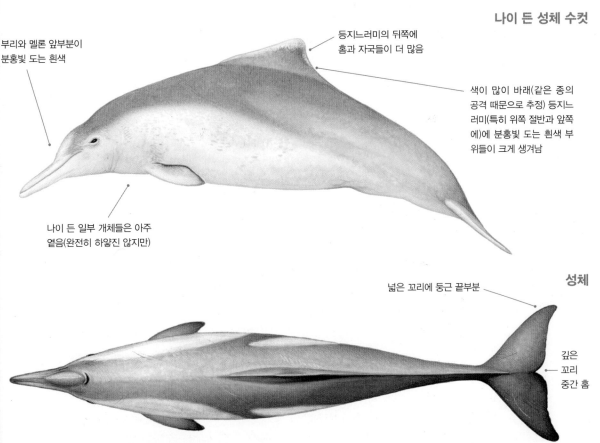

나이 든 성체 수컷

부리와 멜론 앞부분이
분홍빛 도는 흰색

등지느러미의 뒤쪽에
홈과 자국들이 더 많음

색이 많이 바래(같은 종의
공격 때문으로 추정) 등지느
러미(특히 위쪽 절반과 앞쪽
에)에 분홍빛 도는 흰색 부
위들이 크게 생겨남

나이 든 일부 개체들은 아주
옅음(완전히 하얗진 않지만)

성체

넓은 꼬리에 둥근 끝부분

깊은
꼬리
중간 홈

크기
길이: 수컷 2.1~2.6m, 암컷 2~2.6m
무게: 약 240kg 최대: 2.7m
새끼-길이: 약 1m 무게: 약 10~12kg
수컷이 암컷보다 조금 더 크다.

비슷한 종들

오스트레일리아혹등돌고래는 서식지가 겹치는 큰돌고래나 인
도-태평양혹등돌고래와 혼동할 여지가 있다. 그러나 부리 길이,
머리 모양, 등지느러미 모양, 색을 보면 구분이 가능하다. 수면 위
로 오르는 동작 역시 다르다(이를 알려면 이 3종에 대해 잘 알고
있어야 하지만). 오스트레일리아스넙핀돌고래나 참돌고래와도
서식지가 겹치지만, 크기와 전반적인 색 패턴, 머리와 등지느러
미 모양으로 쉽게 구분이 된다. 오스트레일리아 북서부 지역에서
혹등돌고래 수컷과 오스트레일리아스넙핀돌고래 암컷 사이에 태
어난 잡종이 목격됐다는 기록도 있다.

분포

오스트레일리아혹등돌고래들은 주로 오스트레일리아와 뉴기니
남부 해안 지역의 수심 얕은 열대 및 아열대 바다에 서식한다. 그
리고 서쪽으로는 웨스턴오스트레일리아의 샤크만(남위 25도
51분)과 동쪽으로는 퀸즐랜드-뉴사우스웨일즈 국경 지역(남위
31도 27분)에서부터 북쪽으로 뉴기니 남부까지가 그 서식지에
포함된다. 뉴기니에서 행해진 몇 안 되는 조사들에 따르면, 이 오
스트레일리아혹등돌고래들은 주로 서파푸아의 버즈 헤드 시스케
이프(남위 4도 70분)와 파푸아뉴기니의 파푸아만 내 키코리 삼
각주(남위 7도 41분)에서 발견된다. 그 이북에선 어느 정도 발견
되는지 확실치 않다. 웨스턴오스트레일리아의 노스웨스트 케이
프에 특히 많은 오스트레일리아혹등돌고래들이 모여 있는 걸로
보이지만(km²당 약 1마리의 혹등돌고래의 비율로, 가장 높은 비
율임), 서식지 전체적으로는 여기저기 드문드문 모여 있다. 그리

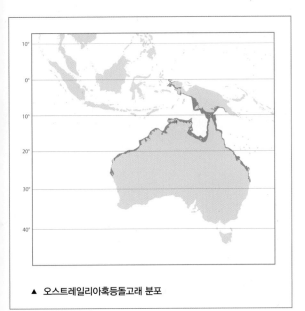

▲ 오스트레일리아혹등돌고래 분포

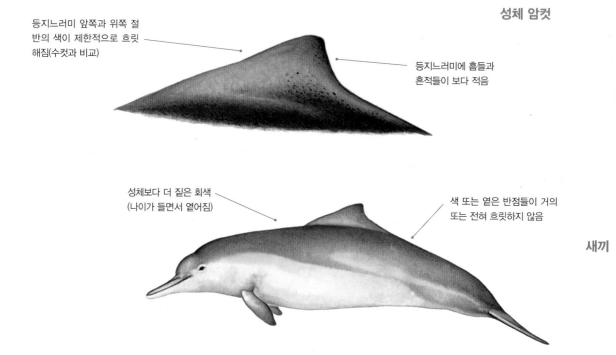

성체 암컷

등지느러미 앞쪽과 위쪽 절반의 색이 제한적으로 흐릿해짐(수컷과 비교)

등지느러미에 흠들과 흔적들이 보다 적음

성체보다 더 짙은 회색 (나이가 들면서 옅어짐)

색 또는 옅은 반점들이 거의 또는 전혀 흐릿하지 않음

새끼

고 대개 해안에서 약 10km 이내의 거리에서(가끔은 해안에 훨씬 더 가까운 데서) 산다. 육지에서 떨어진 먼바다에 대해선 조사 자체가 거의 행해지지 않았지만, 육지에서 56km 떨어진 바다에서(특히 그레이트배리어리프 일대처럼 안전한 바다에서) 발견됐다는 기록도 있다. 좋아하는 수심은 지역에 따라 다르지만, 수심 10m 이내의 바다에서 가장 자주 발견되고 수심 20m가 넘는 바다에선 덜 흔히 발견되며, 종종 수심 1~2m밖에 안 되는 얕은 바다에서 발견되기도 한다. 그러나 오스트레일리아와 뉴기니 사이의 대륙붕 위 깊은 바다(최고 90m)에서도 발견되는지는 불분명하다. 또한 오스트레일리아혹등돌고래들은 주로 작은 만이나 얕은 만, 바닥에 모래가 깔린 강어귀, 조수간만의 차가 있는 큰 강들(최대 상류 50km 지점까지), 암초 지역, 연안 군도, 해초 집결지, 맹그로브숲 그리고 가끔 준설된 해협같이 얕고 안전한 해안 서식지들에서 발견되며, 탁 트이고 긴 해안 지역 일대에선 거의 발견되지 않는다. 특정 장소에 대한 충성도는 지역에 따라 달라,

오스트레일리아 퀸즐랜드의 혹등돌고래들은 아예 그 지역에 상주하며, 다른 지역의 혹등돌고래들은 보다 일시적으로 해당 지역에 머문다. 오스트레일리아혹등돌고래들과 인도-태평양혹등돌고래들의 경계는 대략 '월리스 선Wallace Line'(아시아와 오스트레일리아를 가르는 많은 식물 및 동물들의 생물지리적 경계로, 19세기의 영국 동식물학자 알프레드 러셀 월리스Alfred Russel Wallace에 의해 제안된 것임)과 일치한다.

행동

알려진 바가 별로 없으나, 높이 점프도 하고 공중제비도 도는 등 공중곡예를 적당히 한다. 또한 적어도 오스트레일리아 퀸즐랜드의 모레턴만에서는 종종 저인망 뒤에서 먹이활동을 하며, 가끔은 남방큰돌고래들과 함께 먹이활동을 하기도 한다. 또한 오스트레일리아스넙핀돌고래들과 서로 어울리는 모습이 목격되기도 한다. 수컷들은 주기적으로 해면동물을 입에 물고 다니는데, 그건

잠수 동작
- 천천히 신중하게 헤엄치는 경향이 있다.
- 수면으로 떠오를 때 부리가(그리고 종종 눈을 포함한 머리의 상당 부분이) 물 밖으로 나온다.
- 물을 뿜어 올리는 게 작고 불분명하다.
- 급히 그리고 높이 몸을 굴릴 땐 몸이 휜다(등과 혹, 등지느러미, 꼬리자루의 상당 부분이 보임).
- 먹이활동을 위해 깊이 잠수할 땐 종종 꼬리가 수면 위로 올라간다.
- 가끔 높이 점프를 하거나 공중제비를 돈다.

먹이와 먹이활동
먹이: 주로 해안 근처와 강어귀, 암초 지역에 사는 물고기(군평선이, 이빨주둥치, 황갈달이, 양태, 명태, 멸치, 창꼬치 등)를 잡아먹으며, 드물게 두족류나 갑각류도 잡아먹는다.
먹이활동: 주로 오래 잠수해 해저 근처에서 혼자 먹이활동을 하며, 큰 집단을 이뤄 수면 근처에서 먹이활동을 하기도 한다. 아주 얕은 바다에서도 먹이활동을 하며, 먹이를 쫓아 해변까지 올라갔다가 몸을 뒤틀어 다시 물로 되돌아간다.
잠수 깊이: 자세한 건 알려진 바가 없으나, 주로 잠수를 낮게(대개 20m 이내) 한다.
잠수 시간: 대개 40~60초. 최대 약 5분.

암컷들을 향한 일종의 성적 과시 행동으로 보인다(인간 외의 다른 포유동물이 성적 과시 행동에 물체를 사용하는 건 드문 일임). 일부 큰돌고래들은 해저에서 먹이를 찾을 때 맹독성 가오리나 기타 다른 위험으로부터 자신의 부리를 지키기 위해 해면동물을 사용하기도 한다. 비교적 배는 경계하지만, 그러면서도 저인망 뒤에서 먹이활동은 한다. 또한 뱃머리에서 파도타기 하는 모습은 보기 어렵지만, 일부 지역에서는 아예 배에 무관심하거나 어떤 경우 호기심을 보이기도 한다.

이빨
위쪽 62~70개
아래쪽 62~68개

집단 규모와 구조
대개 1마리에서 5마리(최대 10마리)까지 모이지만, 먹이활동을 할 때, 특히 저인망 어선들을 따라가며 먹이활동을 할 때는 30~35마리까지도 모인다. 집단 구조는 유동적이어서, 그 규모와 구성이 수시로 바뀐다.

포식자들
대형 상어들이 포식자일 가능성이 높으며, 몸에 난 상어 이빨 자국들이 그 증거이다.

일대기
성적 성숙: 암컷은 약 9~10년, 수컷은 12~14년으로 추정.
짝짓기: 신체적 교감(건들기, 물기, 문지르기 등) 수준이 높아지는 걸로 알 수 있으며, 공중곡예도 자주 한다. 성적 과시 행동을 할 때는 성체 수컷들끼리 잠시 짝을 이뤄 합동 작전을 펼치기도 한다.
임신: 10~12개월.
분만: 3년마다 새끼 1마리가 태어남.
젖떼기: 약 2년 후에.
수명: 40년 이상으로 추정. 최장수 기록은 약 52년(2018년 오스트레일리아 씨월드에서 생포).

사진 식별
등지느러미와 등지느러미 뒷부분에 있는 각종 홈과 상처, 흉터 등으로 식별 가능하다.

개체 수
전 세계적인 개체 수 추정치는 없으나, 활용 가능한 자료를 토대로 행해진 최근 조사에 따르면 성체가 1만 마리도 안 될 걸로 추정된다. 몇 안 되는 지역별 최근 개체 수 추정치는 최소 14마리, 최대 207마리지만, 가장 많은 하위 집단도 50마리가 안 된다. 그리고 오스트레일리아혹등돌고래의 전체 개체 수는 계속 줄어들고 있는 걸로 추정된다.

종의 보존
세계자연보전연맹의 종 보존 현황: '취약' 상태(2015년). 오스트레일리아혹등돌고래들은 해안 근처에 서식하는 데다 환경 변화 또는 교란에 민감해 인간의 각종 활동에 특히 취약하다. 이 혹등돌고래들을 위협하는 가장 큰 문제는 해안 근처에 설치하는 어망들, 특히 바라문디와 스레드핀 연어를 잡기 위해 작은 만과 강 그리고 얕은 강어귀에 설치하는 자망에 걸리는 것이다. 오스트레일리아 일부 지역들에서는 자망을 이용한 어업이 금지되어 있거나 엄격하게 규제되고 있으나 현장에서의 법 집행이 쉽지 않다. 1960년대 초부터는 혹시 있을 줄 모르는 해수욕객들에 대한 상어 공격을 막기 위해 오스트레일리아 뉴사우스웨일스와 퀸즐랜드 일대의 여러 해변에 그물을 설치했는데, 오스트레일리아혹등돌고래들이 거기에 걸리는 것도 큰 문제였다. 퀸즐랜드에서는 1992년 이후 그 그물들을 걷어내고 대신 미끼를 단 낚싯줄들을 설치해 사망률이 줄어들었으나, 뉴사우스웨일스에서는 여전히 문제가 계속되고 있다. 뉴기니에서 상어 미끼용으로 쓰기 위해 직접적인 오스트레일리아혹등돌고래 사냥이 행해지고 있다고는 하나, 심각한 수준의 사냥이 행해지고 있다는 얘기는 없다. 그 외에 이 혹등돌고래들을 위협하는 또 다른 문제들로는 서식지 감소 및 악화 또는 교란(항구 및 해양 시설물 건설, 수경 재배, 채굴 및 농경 활동의 변화, 택지 개발, 늘어나는 선박 운행 등)을 꼽을 수 있다. 1960년대와 1970년대에는 해양 수족관 전시를 위해 적어도 8마리가 생포되었으나, 지금은 오스트레일리아 법에 따라 그런 일이 더 이상 허용되지 않고 있다.

큰돌고래 Common bottlenose dolphin

학명 투르시옵스 트룬카투스 *Tursiops truncatus*

(Montagu, 1821)

큰돌고래는 전형적인 돌고래로, 주로 해안에 서식하며 생포돼 사육되는 경우가 많고 미디어에도 자주 나와, 가장 잘 알려진 고래들 중 하나이기도 하다. 그러나 그 크기와 모양, 두개골 형태, 색 등이 지역에 따라 워낙 달라 그 분류를 놓고 여전히 많은 논란이 일고 있다. 지난 여러 해 동안 20종 이상의 큰돌고래들이 새로운 종으로 제안되었으나, 그 가운데 현재 새로운 종으로 인정된 건 단 2종(큰돌고래와 남방큰돌고래)뿐이다. 차후 다른 종들이 새로운 종으로 인정받을 수도 있다.

분류: 참돌고래과 이빨고래아목

일반적인 이름: 큰돌고래는 영어로 commom bottlenose dolphin으로, 여기서 common은 Indo-Pacific bottlenose dolphin 즉, '남방큰돌고래'와 구분하기 위해 붙인 것이다. bottlenose는 부리의 모양이 '병코(뭉툭한 병 모양의 부리)'를 닮았다는 데서 붙인 것.

다른 이름들: bottlenose dolphin, bottle-nosed dolphin, grey porpoise, black porpoise 등.

학명: 이 고래 학명의 앞부분 *Tursiops*는 고래 로마의 플리니 디 엘더Pliny the Elder의 저서 *Natural History IX*에 나오는 '돌고래 같은 물고기'를 뜻하는 라틴어 *tursio*에 '모습'(예를 들어 돌고래의 모습)을 뜻하는 그리스 접미사 *ops*가 붙은 것이다. 그리고 학명의 뒷부분 *truncatus*는 '끝을 자른' 또는 '잘린'을 뜻하는 라틴어 *trunco* 또는 *truncare*에서 온 것이다(아니면 비교적 짧은 부리 또는 큰돌고래 표본의 닳아서 납작해진 이빨들을 가리키는데, 이는 영국 동식물학자 조지 몬터규George Montagu에 의해 이 돌고래 종의 중요한 특징으로 여겨졌음).

세부 분류: 현재 별도로 인정된 큰돌고래 아종은 전 세계의 열대 및 아열대 바다에서 발견되는 큰돌고래 *T. t. truncatus*, 남대서양 서부 해안에서 발견되는 보다 더 큰 종인 라힐레큰돌고래 *T. t. gephyreus* 그리고 흑해와 케르치 해협(그리고 아조프해와 연결된 지역), 터키 해협에서만 발견되는 흑해큰돌고래 *T. t. ponticus* 이렇게 3종이다. 그중 라힐레큰돌고래의 종 분류에 대한 지지가 특히 높다.

2011년에는 부르난큰돌고래 *Tursiops australis*가 새로운 종으로 소개됐고 독특한 색 때문에 별개의 종으로 보이지만, 아직까지 해양포유동물학회로부터 인정을 받지 못하고 있다(관련 자료 및 주장에 대한 보다 철저한 재평가가 필요함). 오스트레일리아 남부와 남동부(태즈메이니아 포함)에서 발견되는 이 종의 이름에 들어가는 *Burrunan*은 '돌고래 같이 큰 바다 물고기'를 뜻하는 오스트레일리아 원주민 말로, '남쪽 타입의 큰돌고래'를 뜻하기도 한다. 북대서양에는 두 종류의 에코 타입 즉, 생태형이 있다. 해안에 사는 보다 작은 큰돌고래와 먼바다에 사는 보다 크고 다부진 큰돌고래가 그것인데, 이 2종은 앞으로 서로 분리될 가능성도 있다(그러나 2종 간의 차이들이 미미한 데다가 장소에 따라서도 다름).

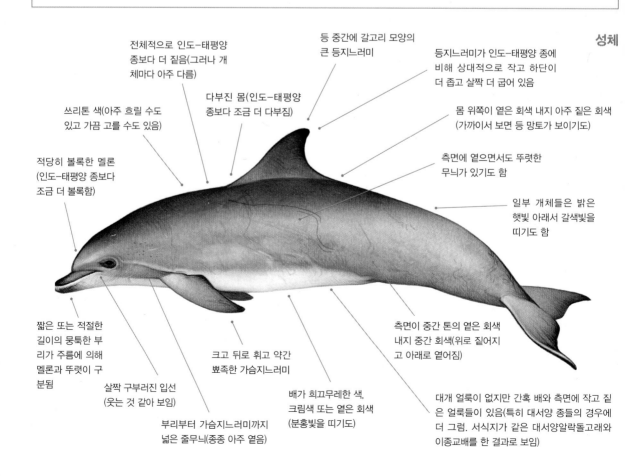

성체

전체적으로 인도-태평양 종보다 더 짙음(그러나 개체마다 아주 다름)

등 중간에 갈고리 모양의 큰 등지느러미

등지느러미가 인도-태평양 종에 비해 상대적으로 작고 하단이 더 좁고 살짝 더 굽어 있음

다부진 몸(인도-태평양 종보다 조금 더 다부짐)

쓰리톤 색(아주 흐릴 수도 있고 가끔 고를 수도 있음)

몸 위쪽이 옅은 회색 내지 아주 짙은 회색(가까이서 보면 등 망토가 보이기도)

적당히 볼록한 멜론(인도-태평양 종보다 조금 더 볼록함)

측면에 옅으면서도 뚜렷한 무늬가 있기도 함

일부 개체들은 밝은 햇빛 아래서 갈색빛을 띠기도 함

짧은 또는 적절한 길이의 뭉툭한 부리가 주름에 의해 멜론과 뚜렷이 구분됨

살짝 구부러진 입선(웃는 것 같아 보임)

크고 뒤로 휘고 약간 뾰족한 가슴지느러미

배가 희끄무레한 색, 크림색 또는 옅은 회색(분홍빛을 띠기도)

부리부터 가슴지느러미까지 넓은 줄무늬(종종 아주 옅음)

측면이 중간 톤의 옅은 회색 내지 중간 회색(위로 짙어지고 아래로 옅어짐)

대개 얼룩이 없지만 간혹 배와 측면에 작고 짙은 얼룩들이 있음(특히 대서양 종들의 경우에 더 그림. 서식지가 같은 대서양알락돌고래와 이종교배를 한 결과로 보임)

요점 정리

- 전 세계의 열대 및 온대 바다에 서식
- 작은 크기
- 다부진 몸
- 짧고 뭉툭한 부리
- 전형적인 돌고래
- 얼핏 보기에 웃는 것 같은 입선
- 쓰리톤 색(연한 색부터 뚜렷한 색까지)
- 드물게 몸 아래쪽에 작고 짙은 얼룩들이 있음
- 연안 바다에서 대개 작은 집단들을 이룸
- 가끔 뱃머리에서 파도타기를 함

성체

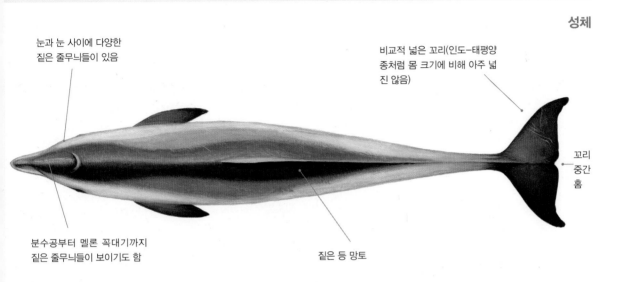

눈과 눈 사이에 다양한 짙은 줄무늬들이 있음

비교적 넓은 꼬리(인도-태평양 종처럼 몸 크기에 비해 아주 넓진 않음)

꼬리 중간 홈

분수공부터 멜론 꼭대기까지 짙은 줄무늬들이 보이기도 함

짙은 등 망토

크기
길이: 수컷 1.9~3.8m, 암컷 1.8~3.5m

무게: 136~600g **최대:** 3.9m, 635kg
새끼 – 길이: 1~1.5m **무게:** 약 15~25kg

각 개체 사이에서도 몸의 크기가 제각각이다(많은 지역에서 몸의 크기는 수온에 반비례하는 걸로 보임). 가장 크고 가장 다부진 개체들은 주로 서식지 최극단 지역들(스코틀랜드 북동 해안과 북대서양 동부 지역 같은)에 살고 있다. 그리고 대개 수컷이 암컷보다 조금 더 크다.

비슷한 종들

지역에 따라 다른 많은 돌고래 종과 혼동할 여지가 있으나, 다른 점들을 하나씩 체크하는 방식으로 쉽게 구분할 수 있다. 대서양알락돌고래는 큰돌고래와 아주 비슷해 보일 수 있으나, 크기와 다부짐의 차이로 구분 가능하다(그 차이가 미묘해 말처럼 쉽진 않지만). 점이 많은 돌고래가 대서양알락돌고래이겠지만, 점이 거의 없는 대서양알락돌고래도 있고 제한적이지만 점이 있는 큰돌고래도 있다. 큰돌고래는 특히 남방큰돌고래와 구분하기가 어려운데, 서식지도 겹치는 데다 겉모습도 거의 비슷하기 때문이다. 차이점이 미세할 수 있지만, 큰돌고래는 대개 몸이 더 크고 더 다부지며, 측면의 무늬가 눈에 덜 띄고, 멜론이 덜 둥글며, 배 쪽에 반점이 거의 또는 전혀 없고, 부리가 약간 더 짧고 더 뭉툭하며, 등지느러미가 더 구부러져 있고 그 하단도 더 좁다. 그리고 적어도 6종의 참돌고래과 돌고래들, 즉 남방큰돌고래, 큰돌고래, 큰코돌고래, 뱀머리돌고래, 들쇠고래, 범고래붙이들이 서로 이종

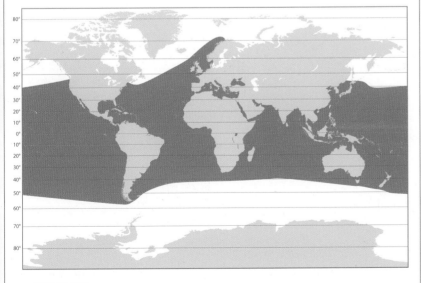

▲ 큰돌고래 분포

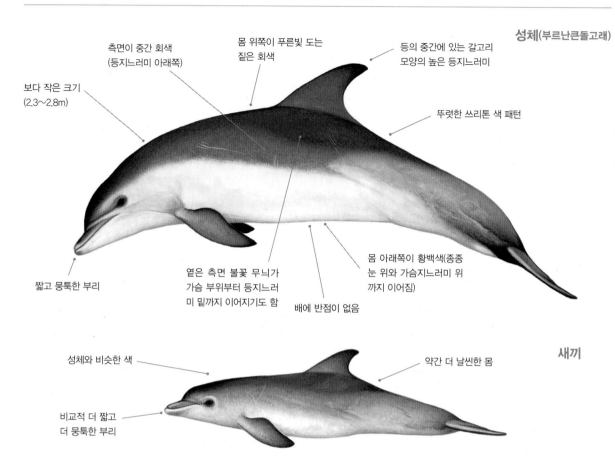

성체(부르난큰돌고래)

측면이 중간 회색
(등지느러미 아래쪽)

몸 위쪽이 푸른빛 도는
짙은 회색

등의 중간에 있는 갈고리
모양의 높은 등지느러미

보다 작은 크기
(2.3~2.8m)

뚜렷한 쓰리톤 색 패턴

짧고 뭉툭한 부리

옅은 측면 불꽃 무늬가
가슴 부위부터 등지느러
미 밑까지 이어지기도 함

배에 반점이 없음

몸 아래쪽이 황백색(종종
눈 위와 가슴지느러미 위
까지 이어짐)

새끼

성체와 비슷한 색

약간 더 날씬한 몸

비교적 더 짧고
더 뭉툭한 부리

교배를 해 잡종을 낳는 걸로 알려져 있다.

분포

전 세계의 열대 및 온대 바다에 폭넓게 퍼져 서식한다. 가장 많이 모여 사는 데는 북위 45도와 남위 45도 사이의 지역이며, 단 유럽 북부는 그 서식지에서 제외된다(영국 주변과 멀리 북쪽으로 북위 62도 페로 제도에는 상당수가 모여 살지만). 그보다는 적은 수이지만, 큰돌고래들은 오호츠크해 남부와 뉴질랜드 남부 그리고 티에라 델 푸에고에서도 발견된다. 그 외에 흑해와 지중해, 북해, 멕시코만, 카리브해, 홍해, 페르시아만, 동해, 칼리포르니아만

같이 일부 폐쇄된 대부분의 바다들에서도 발견된다. 발트해에서 발견되는 큰돌고래들은 길을 잘못 든 걸로 여겨진다.

대부분의 큰돌고래들은 해안의 얕은 바다와 대양의 섬들 주변에서 발견되지만, 대륙붕 가장자리 지역에서도 발견되며, 특히 수심이 깊은 먼바다에 가장 많이 모여 산다. 또한 만과 석호, 해협 안은 물론 항구 주변에서도 자주 발견되며, 잠시지만 과감하게 강을 거슬러 올라가기도 한다. 인도양에서는 남방큰돌고래들이 주로 해안 일대에서 발견되고, 큰돌고래들은 주로 해안에서 떨어진 먼바다에서 발견된다.

해안에 서식하는 큰돌고래들은 대개 이동을 하지 않으며, 여러

잠수 동작

- 천천히 헤엄칠 때는 부리 끝이 먼저 수면 위로 올라온다.
- 물을 뿜어 올릴 때 멜론의 윗부분이(때론 눈이) 잠시 보인다.
- 머리가 수면 밑으로 잠긴다.
- 등과 등지느러미가 잠시 드러난다.
- 대개 꼬리가 거의 보이지 않는다.
- 빠르게 헤엄칠 때는 수면 위로 살짝살짝 튀어 올랐다가 다시 물 밑으로 들어간다.

먹이와 먹이활동

먹이: 모든 걸 두루 다 먹는 종이지만, 집단과 개체에 따라 특히 좋아하는 먹이가 다르다. 다양한 물고기(특히 황강달이, 고등어, 가숭어)와 두족류, 갑각류를 잡아먹으며, 소리를 내는 물고기들이 주요 먹잇감이 된다(위치를 파악하기 쉬워서로 추정). 주로 해저 어종들을 먹지만 일부 원양 어종들도 먹는다. 그리고 터무니없이 큰 먹이도 삼키려고 시도하곤 한다(다 자란 대서양 연어를 삼키는 데 15분이 걸리기도 함).

먹이활동: '빠른 속도로 뒤쫓기', '거품 쏘기'(먹잇감들을 수면으로 몰기 위해 거품을 쏘는 것), '물고기 때리기'(꼬리로 물고기들을 쳐서 물 밖으로 내보내는 것. 가끔 공중에 뜬 먹잇감을 잡기도 함), '좌초시키기'(파도를 일으켜 물고기들을 해변으로 내몬 뒤 잠시 뭍으로 올라가 물고기를 잡는 것), '해초밭 내려치기'(해초밭 등에 숨은 물고기들을 꼬리로 내려쳐 거품을 일으켜 놀라게 해 잡는 것), '진흙 반지 만들기'(돌고래 하나가 빙빙 돌면서 반지 모양의 진흙 벽을 만들면, 다른 돌고래들이 그 반지에서 빠져나오려고 튀어 오르는 물고기들을 공중에서 잡는 것) 등, 먹잇감들과 그 위치에 따라 다양한 먹이활동 기법들을 사용한다. 새우 저인망 어선들을 따라다니며 먹이활동을 하기도 하고(버려진 물고기들을 먹음), 어망 등에 잡힌 물고기를 가로채기도 한다. 모리타니와 브라질에서는 얕은 물에서 그물을 들고 서 있는 어부들 쪽으로 가숭어들을 몰아주기도 한다. 그리고 나이와 성별에 따라 먹이활동을 하는 지역도 달라진다(예를 들어 새끼들이 있는 어미들은 해안 가까운 데서, 어린 돌고래들은 먼바다에서, 그리고 번식을 하지 않는 성체들은 훨씬 더 먼바다에서).

잠수 깊이: 장소와 먹잇감에 따라 크게 달라진다. 주로 수심 70m까지 잠수하지만, 먼바다에선 가끔 수백 m까지 잠수하기도 한다. 최고 기록은 약 1,000m.

잠수 시간: 먼바다에서는 평균 약 1~5분(최장 기록은 13분), 해안 가까운 데서는 대개 30초에서 2분(최대 기록은 8분).

세대에 걸쳐 오랜 기간 특정 지역들에 그대로 머문다. 예를 들어 미국 플로리다주 서부 해안 일대에 상주하는 돌고래들은 거의 반세기 동안 그리고 최소 다섯 세대 넘게 관찰되고 있다. 이 돌고래들은 고향 같은 이 특정 지역 안에서 계절별로 서식지를 옮기는 걸로 추정된다. 서식지 내 극단 지역들의 해안에 사는 일부 개체들은 겨울이면 대개 남쪽으로 내려가는 등(예를 들어 미국의 대서양 방면 해안을 따라) 계절별 이동을 하는 듯하다. 서식지 내 먼바다에 사는 개체들의 이동에 대해선 알려진 바가 더 적으나, 한 조사에 따르면 하루에 평균 33~89km씩 이동을 하는 등 더 먼 거리까지 이동하는 걸로 보인다.

행동

대부분의 시간에 활동적인 편이어서, 수시로 점프를 하고 꼬리로 수면을 내려치며 물 위를 가볍게 튀어 다니기도 하고 서핑을 하며 다른 공중곡예들을 하기도 한다. 해안 근처서든 멀리서든 배 앞이나 뒤에서 파도타기 하는 걸 아주 좋아하며, 파도타기를 하다가 종종 공중으로 뛰어오르기도 한다. 조그만 모터보트에서부터 커다란 대양 화물선이나 유람선에 이르는 모든 배 앞에서 파

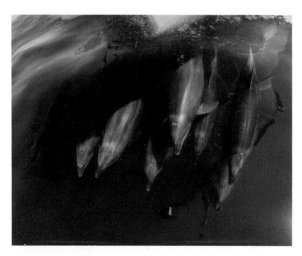

▲ 큰돌고래들은 뱃머리에서 파도타기 하는 걸 아주 좋아한다.

도타기를 하며, 대형 고래들 앞에서 뱃머리 파도타기를 즐기기도 한다.

또한 큰돌고래들은 대서양알락돌고래, 대서양혹등돌고래, 인도-태평양혹등돌고래, 범고래붙이 외 다른 여러 대형 고래 및 돌고래들과(일부 지역들에서는 남방큰돌고래들과도) 자주 어울린다. 때론 혹등고래들과 장난을 치는 모습이 목격되기도 한다. 바하마에서는 대서양알락돌고래들을 상대로, 그리고 브라질 남동부에서는 기아나돌고래들을 상대로 보다 공격적인 모습을 보이기도 한다.

스코틀랜드, 웨일즈 그리고 캘리포니아에서는 쥐돌고래들을 공격해 죽이기도 하는 걸로 알려져 있다. 이는 단순히 어떤 개체 1~2마리의 일탈 행동이 아니라 보다 일반적인 행동이다. 그 이유는 불분명하다. 먹이 경쟁 때문일 수도 있고 먹이활동 방해 때문일 수도 있으며, 테스토스테론 수치가 높아져 큰돌고래 수컷의 공격성이 강화됐기 때문일 수도 있다. 아니면 일종의 싸움 연습일 수도 있고, 객체 지향적인 놀이일 수도 있으며, 큰돌고래들 사이에서 관찰되어져온 새끼 살해와 관련이 있을 수도 있다.

일부 야생 큰돌고래들은 사회 집단의 일원으로서가 아니라 독립된 개체들로서 인간에게 친밀감을 드러내, 항구 근처를 자주 드나든다거나 다른 돌고래들보다 다이빙하는 사람이나 수영하는 사람들 또는 배에 더 큰 관심을 보인다. 어떤 큰돌고래들은 몇 주 또는 몇 달씩 또 어떤 큰돌고래들은 몇 년씩 사람들 가까이 다가온다. 영국과 뉴질랜드는 특히 큰돌고래들이 친근한 모습을 자주 보이는 곳이다.

이빨

위쪽 36~54개
아래쪽 36~54개

집단 규모와 구조

대개 2마리에서 15마리씩 모이지만, 먼바다에서는(특히 열대 태평양 동부와 인도양 서부에서는) 종종 수백 마리까지 모이기도

하며, 1,000마리가 넘는 집단이 발견됐다는 기록들도 있다. 일반적으로 해안에 가까울수록 집단 규모가 더 작아진다(그렇다고 해서 집단 규모가 해안에서 멀어질수록 꼭 커지는 건 아님). 집단 구조는 각양각색이지만, 대개 비교적 유동적이다. 열대 해안 지역에 사는 종들을 조사해 본 결과, 기본적인 사회 집단들(시간이 지나면서 안정되어감)은 대개 양육 집단, 어린 암수 집단, 연대감 높은 성체 수컷 쌍들, 개별적인 성체 수컷 집단 등으로 이루어져 있다. 그러나 예를 들어 스코틀랜드 바다의 경우 연대감 높은 수컷-수컷 쌍이나 양육 집단이 있다는 증거는 없다.

포식자들

주로 상어들, 특히 백상아리, 뱀상어, 황소상어, 더스키상어가 포식자들일 걸로 추정된다. 큰돌고래들이 상어들과 맞닥뜨릴 경우 대개 서로 자제하려 하지만, 큰돌고래들이 부리로 들이받아 상어들을 공격한다는 기록들도 있다. 상어들의 공격에도 불구하고 큰돌고래들의 생존율이 높은 것도 바로 이 때문일 걸로 보여진다(일부 지역들에서는 큰돌고래들의 절반 가까이가 몸에 상어 이빨 자국들이 있음). 그리고 대부분의 흉터는 몸 뒤쪽과 아래쪽에 있는데, 이는 상어들이 뒤쪽이나 아래쪽에서 공격한다는 뜻이기도 하다. 범고래들 역시 가끔은 포식자들일 걸로 추정된다. 그리고 알 수 없는 수의 해안 지역의 큰돌고래들이 노랑가오리 때문에 목숨을 잃는다(맹독성 가시에 찔려서 또는 노랑가오리를 흡입한 뒤에 가시에 주요 장기들이 관통되어서).

사진 식별

등지느러미 뒷부분에 있는 각종 홈과 상처, 등지느러미의 크기와 모양 그리고 기타 다른 특유의 표식과 흉터 등으로 식별 가능하다.

개체 수

전 세계의 대략적인 큰돌고래 개체 수 추정치는 최소 60만 마리다. 그리고 지역별 개체 수 추정치는 다음과 같다. 열대 태평양 동부에 24만 3,500마리, 북태평양 서부에 16만 8,000마리(일본 연안 해역의 3만 7,000마리 포함), 멕시코만 북부에 10만 마리, 북아메리카 동부 해안에 12만 6,000마리, 지중해에 1만 마리대 초, 북대서양 동부에 1만 9,000마리, 하와이 일대 바다에 3,215마리,

북아메리카 서부 해안 일대의 먼바다에 2,000마리.

종의 보존

세계자연보전연맹의 종 보존 현황: '최소 관심' 상태(2008년). 뉴질랜드의 피오르랜드 지역의 개체들은 '위급' 상태(2010년), 지중해의 개체들은 '취약' 상태(2009년) 그리고 흑해의 아종들은 '위기' 상태(2008년).

서식지 내 여러 지역에서 사냥이 행해졌다. 가장 많이 사냥된 곳은 흑해 지역으로, 거기에선 1946년부터 1983년 사이에 적어도 2만 4,000마리에서 2만 8,000마리가 인간의 식용, 기름 및 가죽 제조용으로 죽임을 당했다. 흑해 큰돌고래들에 대한 상업적 포경은 1966년 구소련과 불가리아, 루마니아에 의해 금지됐고, 1983년에는 터키에 의해 금지됐다. 그러나 정도는 다르지만, 페루와 페로 제도, 카리브해, 서아프리카, 일본, 스리랑카, 대만, 인도네시아 등지에서는 지금도 여전히 식용 및 상어 미끼용으로 큰돌고래 사냥이 계속 행해지고 있다.

큰돌고래는 인간에게 생포되어 사육된 최초의 고래 종이었는데, 그건 워낙 적응을 잘하는 데다 훈련시키기도 쉽기 때문이며, 그래서 지금도 가장 많이 사육되는 고래 종이다. 현재 적어도 17개국에서 약 800마리에서 1,000마리의 큰돌고래들이 일반 전시용, 연구용 또는 군사용으로 사육되고 있다. 흑해에서는 1960년대 이후 큰돌고래 1,000마리 이상(이는 생포 중에 죽은 개체들은 제외한 수임)이 생포됐다. 현재 흑해 일대의 모든 나라들에서는 큰돌고래 생포가 금지되고 있어 최근 몇 년 사이에 그 지역에서 생포됐다는 공식 기록은 없다. 그러나 쿠바, 솔로몬 제도, 일본, 중국, 러시아를 비롯한 세계 각 지역에서는 큰돌고래들이 지금도 계속 생포되고 있다.

큰돌고래들은 서식지 내 전 지역에서 자망과 유망, 건착망, 저인망 등 각종 어망과 바늘들을 매단 낚싯줄에 걸려들고 있어, 지금 그것들이 이 돌고래들에게 심각한 위협이 되고 있다. 각종 취미용 낚시 도구들을 흡입하는 것도 또 다른 위협이다. 그 외에 다른 위협들로는 서식지 감소 및 악화 또는 교란(특히 해안에서 이루어지는 각종 개발로 인한), 선박과의 충돌, 환경오염 및 기타 다른 형태의 공해들을 꼽을 수 있다. 일부 지역들에서 별다른 규제도 없이 무책임하게 행해지고 있는 대규모 돌고래 관광(돌고래와 함께 수영하기 체험 행사 포함)도 문제다.

일대기

성적 성숙: 암컷은 5~13년, 수컷은 9~14년.

짝짓기: 열대 지역 해안에 사는 개체들에 대한 조사에 따르면, 수컷들은 서식지 내 전역에서 서로 연합을 해 발정기의 암컷들을 쫓아다닌다(암컷이 자기 집단에서 떨어져 나오면, 수컷들은 그 암컷과 짝짓기를 하기 위해 서로 경쟁하고 싸우는 것). 그리고 수컷들이 암컷들을 쫓는 기간은 여러 주에 이른다. 그러나 다른 지역에서도 큰돌고래들이 이런 행동을 한다는 증거는 없다(짝짓기 방식은 서식지와 지역에 따라 다름). 또한 일부 다른 돌고래들과 마찬가지로, 큰돌고래들 역시 자주(암컷을 임신시킬 가능성이 없을 때에도) 교미를 해 사회적

유대감을 강화하는 걸로 보인다.

임신: 12~12.5개월.

분만: 3~6년마다(가끔은 매년) 연중 새끼 1마리가 태어나며, 계절별 정점은 지역에 따라 다름(대개 봄과 여름 또는 봄과 가을).

젖떼기: 1.5~2년 후에(마지막으로 태어난 새끼는 더 긺). 새끼는 3~6년간 어미와 함께한다(다음 새끼가 태어나면 분리되지만, 일부 개체들은 그 후에도 오래 어미 곁에 머물기도 함).

수명: 암컷은 약 50년, 수컷은 40~50년(최장수 기록은 암컷은 67년, 수컷은 52년). 암컷은 생후 48년까지도 새끼를 낳고 기른다.

남방큰돌고래 Indo-Pacific bottlenose dolphin

학명 투르시옵스 아둔쿠스 *Tursiops aduncus* (Ehrenburg, 1833)

큰돌고래와 생긴 게 조금 비슷한 남방큰돌고래는 2000년에 큰돌고래에서 분리되었으며 웨스턴오스트레일리아의 샤크만에서는 70마리가 넘는 개체들이 해저에서 먹이활동을 할 때 부리에 해양 해면동물을 써서 '장갑' 또는 방패로 활용한다고 알려져 있다.

분류: 참돌고래과 이빨고래아목

일반적인 이름: 남방큰돌고래는 영어로 Indo-Pacific bottlenose dolphin으로, Indo-Pacific 이란 말이 붙은 건 이들이 주로 인도양과 태평양 서부에서 발견되기 때문이며, bottlenose란 말이 붙은 건 부리 모양이 '병코(뭉툭한 병 모양의 부리)'를 닮았기 때문이다.

다른 이름들: Indian Ocean bottlenose dolphin.

학명: 이 고래 학명의 앞부분 *Tursiops*는 고래 로마의 플리니 디 엘더Pliny the Elder의 저서 *Natural History IX*에 나오는 '돌고래 같은 물고기'를 뜻하는 라틴어 *tursio*에 '모습'(예를 들어 돌고래의 모습)을 뜻하는 그리스 접미사 *ops*가 붙은 것이다. 그리고 학명의 뒷부분 *aduncus*는 '갈고리처럼 휜'을 뜻하는 라틴어 *aduncus*에서 온 것이다(1832년에 처음 사용된 이 말은 그 의미가 불확실하나, 갈고리처럼 휜 등지느러미나 살짝 위로 올라간 아래턱을 가리키는 말일 수도 있음).

세부 분류: 현재 별도로 인정된 아종은 없다. 그러나 최근의 유전학적 연구에 따르면, 아프리카 남부의 큰돌고래들(현재 *T. aduncus*로 인정받고 있음)은 *Tursiops* 속의 세 번째 종이 될 것으로 전망된다(현재는 그럴 것 같지 않지만). 또한 웨스턴오스트레일리아 샤크만의 큰돌고래들도 별개의 독립된 종이 될 것으로 전망된다.

성체

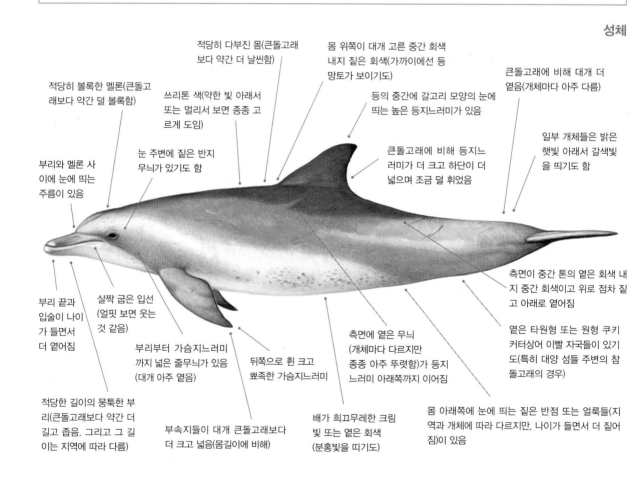

- 적당히 다부진 몸(큰돌고래보다 약간 더 날씬함)
- 몸 위쪽이 대개 고른 중간 회색 내지 짙은 회색(가까이에선 등 망토가 보이기도)
- 큰돌고래에 비해 대개 더 옅음(개체마다 아주 다름)
- 적당히 볼록한 멜론(큰돌고래보다 약간 덜 볼록함)
- 쓰리톤 색(약한 빛 아래서 또는 멀리서 보면 종종 고르게 도임)
- 등의 중간에 갈고리 모양의 눈에 띄는 높은 등지느러미가 있음
- 눈 주변에 짙은 반지 무늬가 있기도 함
- 큰돌고래에 비해 등지느러미가 더 크고 하단이 더 넓으며 조금 덜 휘었음
- 일부 개체들은 밝은 햇빛 아래서 갈색빛을 띠기도 함
- 부리와 멜론 사이에 눈에 띄는 주름이 있음
- 부리 끝과 입술이 나이가 들면서 더 옅어짐
- 살짝 굽은 입선(얼핏 보면 웃는 것 같음)
- 부리부터 가슴지느러미까지 넓은 줄무늬가 있음(대개 아주 옅음)
- 뒤쪽으로 휜 크고 뾰족한 가슴지느러미
- 측면에 옅은 무늬(개체마다 다르지만 종종 아주 뚜렷함)가 등지느러미 아래쪽까지 이어짐
- 측면이 중간 톤의 옅은 회색 내지 중간 회색이고 위로 점차 짙고 아래로 옅어짐
- 옅은 타원형 또는 원형 쿠키커터상어 이빨 자국들이 있기도(특히 대양 섬들 주변의 참돌고래의 경우)
- 적당한 길이의 뭉툭한 부리(큰돌고래보다 약간 더 길고 좁음. 그리고 그 길이는 지역에 따라 다름)
- 부속지들이 대개 큰돌고래보다 더 크고 넓음(몸길이에 비해)
- 배가 희끄무레한 크림빛 또는 옅은 회색(분홍빛을 띠기도)
- 몸 아래쪽에 눈에 띄는 짙은 반점 또는 얼룩들(지역과 개체에 따라 다르지만, 나이가 들면서 더 짙어짐)이 있음

요점 정리

- 인도-태평양의 열대 및 온대 바다에 서식
- 작은 크기
- 적당히 다부진 몸
- 적당한 길이의 뭉툭한 부리
- 얼핏 보기에 웃는 것 같은 입선
- 쓰리톤 색(연한 색부터 뚜렷한 색까지)
- 몸 아래쪽에 짙은 얼룩 내지 반점들이 있음
- 대개 소규모부터 중간 규모까지의 집단
- 가끔 뱃머리에서 파도타기를 함

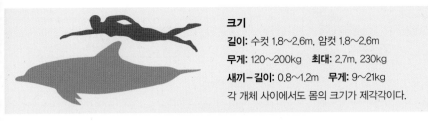

크기
길이: 수컷 1.8~2.6m, 암컷 1.8~2.6m
무게: 120~200kg **최대:** 2.7m, 230kg
새끼 - 길이: 0.8~1.2m **무게:** 9~21kg
각 개체 사이에서도 몸의 크기가 제각각이다.

성체

분수공부터 멜론 꼭대기까지 짙은 줄무늬들이 보이기도 함

짙은 등 망토

비교적 넓은 꼬리

꼬리 중간 홈

비슷한 종들

지역에 따라 다른 많은 돌고래 종들과 혼동할 여지가 있으나, 다른 점들을 하나씩 체크하는 방식으로 쉽게 구분할 수 있다. 그리고 서식지까지 겹치는 데다 겉모습도 아주 비슷한 큰돌고래와 구분하는 게 특히 어려울 수 있다. 차이점들이 미미할 수도 있지만, 대개 남방큰돌고래가 몸은 더 작고 덜 다부지며 색은 더 옅고 망토 무늬는 더 눈에 띈다. 게다가 남방큰돌고래는 측면에 더 뚜렷한 무늬가 있고 멜론이 더 둥글며 배 부위의 반점과 얼룩들이 아주 짙고 부리는 약간 더 길고 덜 뭉툭하며 등지느러미는 덜 굽어 있고 하단은 더 넓다. 생포해 사육되는 경우 남방큰돌고래와 큰돌고래들은 서로 이종교배를 해 많은 새끼를 낳기도 한다.

분포

남방큰돌고래의 서식지는 인도양과 태평양 서부 해안의 열대 및 온대 바다에 광범위하게 퍼져 있으나 불연속적이다. 또한 서쪽으로 남아프리카공화국 남단에서부터 동쪽으로 오스트레일리아 남부와 동부 그리고 뉴칼레도니아섬에 이르는 지역이 이들의 서식지에 해당한다. 그리고 이 남방큰돌고래들은 인도-말레이 군도의 섬들과 반도들 전역에서는 물론 일부 대양 섬들(몰디브, 세이셸, 리유니온, 마다가스카르 등)에서도 발견된다. 일부 선선한 온대 바다(일본 혼슈 중심부의 북부 해안, 중국 북부, 오스트레일리아 남부와 남아프리카공화국 등의)에서도 발견된다. 또한 타이만과 홍해, 페르시아만 같이 일부가 폐쇄된 바다들에서도 발견된다. 남방큰돌고래들은 해수면 온도가 섭씨 18도에서 30도 사이인 지역들을 좋아하는데, 이는 지역과 계절에 따라 크게 달라진다.

남방큰돌고래들은 또 십중팔구 대륙붕 지역 위쪽, 특히 바닥에 모래나 바위가 많은 지역 내 얕은 해안 바다(수심 100m 이내의)와 암초 지역, 해초밭 등에서 발견된다. 또한 대양의 섬들 주변에서도 자주 발견되고, 강어귀 안쪽이나 그 주변에서 가장 많이 발견된다.

대개 한정된 해안 지역 내 서식지 안에서 이동하지 않고 1년 내내 상주하며, 오랜 기간 여러 세대에 걸쳐 고향 같은 특정 지역에만 머문다. 전형적인 서식지는 그 범위가 20m²에서 200m² 정도 된다. 그리고 특히 온대 지역에서는 계절별로 이동한다는 증거가 있으며, 수심이 깊은 대양 바다에서는 종종 수백 km씩 장거리 이동을 한다는 기록들도 있다. 또한 대체로 암컷들보다는 수컷들이 더 광범위한 지역에 걸쳐 서식한다.

행동

남방큰돌고래들은 어느 정도 높이 점프할 수는 있지만, 대개 큰돌고래들에 비해 공중곡예를 덜 부린다. 남방큰돌고래들이 소집단을 이루고 사는 오스트레일리아 남부 포트강 어귀에서는, 생포되어 다른 돌고래들과 함께 '꼬리로 걷기'(수직 상태

▲ 남방큰돌고래 분포

성체 변이

약간 더 날씬한 몸

성체와 비슷한 색

비교적 더 짧고
더 뭉툭한 부리

새끼

짙은 얼룩이나 반점들이 없음
(성적으로 성숙해지면 생겨나기도 함)

로 물 밖에 몸을 내민 채 꼬리로 계속 수면을 치면서 그 자세를 유지하는 것) 훈련을 받았던 한 남방큰돌고래가 재활 훈련을 받고 풀려났는데, 그 후 여러 해 동안 다른 남방돌고래들과 함께 '꼬리로 걷기'를 하는 장면이 목격되기도 했다. 가끔 인도-태평양 혹등돌고래와 스피너돌고래, 참돌고래, 범고래붙이 그리고 다른 참돌고래과 고래들(큰돌고래 포함)과 어울리기도 한다. 그리고 배의 앞뒤에서 파도타기 하는 걸 아주 좋아한다. 오스트레일리아의 몇몇 장소에서는 이 남방큰돌고래들이 얕은 물로 다가와 사람들이 주는 먹이를 받아먹기도 한다.

이빨

위쪽 46~58개
아래쪽 46~58개

집단 규모와 구조

대개 6마리에서부터 60마리 정도씩 모이지만, 가끔 수백 마리씩 모이기도 한다. 일본 주변에서는 100마리 넘게 모이는 경우도 아주 흔하며, 남아프리카공화국에서는 600마리까지 모였다는 기록들도 있다. 집단 규모는 새끼들이 있을 때 더 커지는 경향이 있다. 조직 구조는 비교적 유동적이어서, 각 개체는 매일 다른 개체들과 어울린다. 수컷들은 번식기의 암컷들과 짝짓기를 하기 위해 서로 힘을 합쳐 다른 집단의 수컷들에 맞서기도 한다. 암컷들(종종 서로 혈육 관계인) 역시 그런 수컷들을 피하기 위해 그리고 새끼들을 키우고 상어 공격을 막기 위해 서로 힘을 합치기도 한다.

잠수 동작

· 천천히 헤엄칠 때는 부리 끝이 먼저 수면 위로 올라온다.
· 물을 뿜어 올릴 때 멜론의 윗부분이(때론 눈이) 잠시 보인다.
· 머리가 수면 밑으로 잠기고, 등과 등지느러미가 잠시 드러나며, 종종 꼬리가 거의 보이지 않는다.
· 빠르게 헤엄칠 때는 수면 위로 살짝살짝 튀어 올랐다가 다시 물 밑으로 들어간다.

먹이와 먹이활동

먹이: 다양한 먹이를 먹는데, 특히 해저나 암초에 사는 물고기를 좋아하며 오징어, 문어 같은 두족류도 좋아한다. 가끔은 해저에 사는 작은 상어와 원양성 어종들을 잡아먹기도 하는데, 대부분의 먹이는 길이가 30cm 이내다. 그리고 큰돌고래들과는 좋아하는 먹이가 거의 겹치지 않는다.

먹이활동: 먹이와 장소에 따라 다양한 먹이활동 기법들을 구사한다. '바닥 파헤치기'(머리 앞부분으로 해초밭이나 해저 바닥을 파헤쳐 숨어 있던 먹이들을 잡아먹는 것), '해면 물고 다니기'(부리에 해양 해면 물고 다니기. 먹이활동 중 부리가 해저에 부딪히는 걸 막기 위한 행동으로 추정됨), '껍데기 뒤집기'(커다란 조개껍데기들을 물 밖으로 들어 올려 안에 숨어 있던 물고기를 잡아먹는 것), '좌초시키기'(파도를 일으켜 물고기들을 해변으로 내몬 뒤 잠시 뭍으로 올라가 물고기를 잡는 것), '군것질하기'(물고기를 수면 근처로 몰아 몸을 뒤집어 잡아먹는 것), '문어 던지기'(문어가 목을 감는 걸 피하기 위해 먹기 전에 공중에 던지는 것), '해초밭 내려치기'(해초밭 등에 숨은 물고기들을 꼬리로 내려쳐 거품을 일으켜 놀라게 해 잡는 것) 등이 그 좋은 예이다. 오스트레일리아 동부 지역에서는 새우 저인망 어선 뒤를 따라다니며 버려지는 물고기들을 받아먹기도 한다(가끔 오스트레일리아혹등돌고래들과 힘을 합쳐).

잠수 깊이: 장소와 먹이에 따라 크게 달라진다. 주로 아주 얕은 잠수를 한다. 최고 기록은 200m.

잠수 시간: 대개 30초~2분(최장 기록은 10분).

포식자들

적어도 서식지 내 일부 지역들(예를 들어 남아프리카공화국과 웨스턴오스트레일리아)에서는 백상아리, 황소상어, 뱀상어, 더스키상어가 중요한 포식자들로 추정된다. 웨스턴오스트레일리아 샤크만에서는 새끼를 제외한 돌고래들의 74% 이상이 몸에 상어 이빨 자국들이 있다. 범고래가 남방큰돌고래들을 잡아먹는 게 목격된 적은 없으나, 서식지 내 일부 지역들에서는 충분히 있을 수 있는 일이다.

사진 식별

등지느러미 앞부분과 뒷부분에 있는 각종 홈과 상처, 등지느러미의 크기와 모양 그리고 기타 다른 특유의 표식과 흉터 등으로 식별 가능하다.

개체 수

전 세계의 개체 수 추정치는 없다. 지역별로는 대개 집단 규모가 작고 비교적 고립되어 있으며, 또 그 수가 대개 수십 마리에서 수백 마리 정도에 그친다. 대략적인 지역별 개체 수 추정치는 다음과 같다. 남아프리카공화국 콰줄루-나탈 일대에 520~530마리, 웨스턴오스트레일리아 샤크만 동부 지역에 1,600마리, 오스트레일리아 포인트 룩아웃 일대에 700~1,000마리, 오스트레일리아 모튼만에 334마리, 일본 일대에 380마리, 웨스턴오스트레일리아 번버리에 185마리 그리고 탄자니아 잔지바르에 136~179마리.

종의 보존

세계자연보전연맹의 종 보존 현황: '정보 부족' 상태(2008년). 남방

큰돌고래는 대만 평후 제도에서 대규모 몰이사냥에 희생된 여러 종들 가운데 하나로, 이들에 대한 사냥은 1993년에 금지됐다. 그러나 스리랑카와 솔로몬 제도, 필리핀, 오스트레일리아, 대만, 동아프리카 그리고 인도네시아(추정)에서는 지금도 알 수 없는 수의 남방큰돌고래들이 식용 및 상어 미끼용으로 계속 사냥되고 있다. 남방큰돌고래들은 서식지 내 전 지역에서 자망과 유망, 건착망, 저인망 등 각종 어망과 바늘들을 매단 낚싯줄에 걸려들고 있어 심각한 위험이 되고 있다. 1980년대에는 대만의 상어 유망에 걸려 매년 2,000마리 가까운 남방큰돌고래들이 죽임을 당했다. 이후 오스트레일리아에서는 상어 유망 어업이 금지됐으나, 그 어업이 인도네시아 일대로 옮겨가 별 감시 없이 지속되어 오고 있다. 중국에서도 고래들이 각종 어망에 뜻하지 않게 걸려 죽는 것에 대한 통제가 없는데, 중국과 대만의 해안 지역에는 350만 개 이상의 자망이 설치되어 있어 엄청나게 큰 잠재적 위협이 되고 있다. 남아프리카공화국과 오스트레일리아에서도 해수욕객들을 보호하기 위한 상어 퇴치용 자망으로 인해 상당수의 남방큰돌고래들이 죽임을 당하고 있다.

남방큰돌고래들은 특히 아시아에서 해양 수족관과 휴양 관광지에 전시할 목적으로 많이 생포되는 돌고래 종이다. 그래서 최근 몇 년 사이에도 대만과 인도네시아, 일본 그리고 솔로몬 제도에서는 남방큰돌고래들이 계속 생포되고 있다.

남방큰돌고래들은 주로 해안 근처에 살고 있어 서식지 악화, 선박과의 충돌, 환경오염 물질 및 기타 다른 형태의 공해들, 먹잇감 어종들의 남획 등 다른 여러 위협에 특히 더 취약하다. 일부 지역들에서 별다른 규제도 없이 무책임하게 행해지고 있는 대규모 돌고래 관광(돌고래와 함께 수영하기 체험 행사 포함)도 문제다.

일대기

성적 성숙: 암컷은 12~15년, 수컷은 10~15년.

짝짓기: 남방큰돌고래 수컷들은 서식지 내 전역에서 서로 연합해 발정기 암컷들을 쫓아다닌다(암컷이 자기 집단에서 떨어져 나오면, 수컷들은 그 암컷과 짝짓기를 하기 위해 서로 경쟁하고 싸우는 것). 그리고 수컷들이 암컷들을 쫓는 기간은 여러 주에 이른다. 또한 일부 다른 돌고래들과 마찬가지로, 남방큰돌고래들 역시 자주(암컷을 임신시킬 가능성이 없을 때에도) 교미를 해 사회적 유대감을 강화하는

걸로 보인다.

임신: 12개월.

분만: 3~6년(가끔은 1~2년)마다 연중 새끼 1마리가 태어나며, 가장 많이 태어나는 때는 수온이 가장 높은 계절이다.

젖떼기: 3~5년 후에(가끔은 18~20개월밖에 안 됨). 어미와 새끼의 유대관계가 극도로 강함(암컷들이 죽은 새끼를 오랜 기간 감싸고는 장면들도 관찰됨).

수명: 암컷은 최소 50년, 수컷은 40년(최장수 기록은 50년).

범열대알락돌고래 Pantropical spotted dolphin

학명 스테넬라 아텐누아타 *Stenella attenuata*

(Gray, 1846)

범열대알락돌고래는 나이와 개체와 지역에 따라 생긴 게 아주 다르며, 때론 반점이 거의 없고 때론 반점이 아주 많다. 열대 태평양 동부 지역에서 대형 건착망을 이용한 참치잡이로 인해 그 수가 격감하고 있지만, 여전히 지구상에서 개체 수가 가장 많은 고래들 중 하나다.

분류: 참돌고래과 이빨고래아목

일반적인 이름: 범열대알락돌고래는 영어로 pantropical spotted dolphin으로, pantropical(범열대성)이란 말은 이 돌고래들이 전 세계 열대 바다에 서식하기 때문에 붙은 것이고, spotted(점박이)란 말은 많은 개체들이 몸 여기저기에 짙고 옅은 반점들이 있기 때문에 붙은 것이다.

다른 이름들: Spotter, spotted porpoise, spotted dolphin, bridled dolphin, narrow- snouted dolphin, slender-beaked dolphin, sharp-beaked dolphin, white-spotted dolphin, Graffman's dolphin 등.

학명: 이 고래 학명의 앞부분 *Stenella*는 '좁은'을 뜻하는 그리스어 *stenos*에 '작은'을 뜻하는 그리스어 *ella*가 붙은 것이다. 그리고 학명의 뒷부분 *attenuata*는 '가는 또는 줄어든'을 뜻하는 라틴어 *attenuatus*에서 온 것이다(이 종의 학명을 처음 정한 영국 동물학자 존 에드워드 그레이John E. Gray, 1800~1875가 이 종을 '부리가 뾰족한 돌고래'라 부른 걸 보면, 그가 *attenuata*란 말을 '뾰족한'을 뜻하는 말로 잘못 본 듯함).

세부 분류: spotted dolphin에 대한 분류는 1987년에 개정됐으며, 그 결과 별개의 2종이 인정받게 됐다. 그리고 현재 이 범열대알락돌고래는 두 아종이 인정받고 있다(두개골 측정과 유전학적 데이터를 토대로). 그 하나는 먼바다 아종 *S. a. attenuata*으로 몸이 조금 더 작고 더 날씬하며 옅은 반점들이 있고 전 세계의 열대 바다에서 발견되며, 다른 하나는 해안 아종 *S. a. graffmani*로 몸이 조금 더 크고 더 다부지며 반점이 많고 주로 열대 태평양 동부 해안 바다(멕시코 서부 해안, 중앙아메리카, 남아프리카공화국, 페루 북부 등)에서 발견된다. *Stenella* 고래 속의 분류에 대해선 아직도 이런저런 논란이 있으며, 가까운 장래에 개정될 수도 있다.

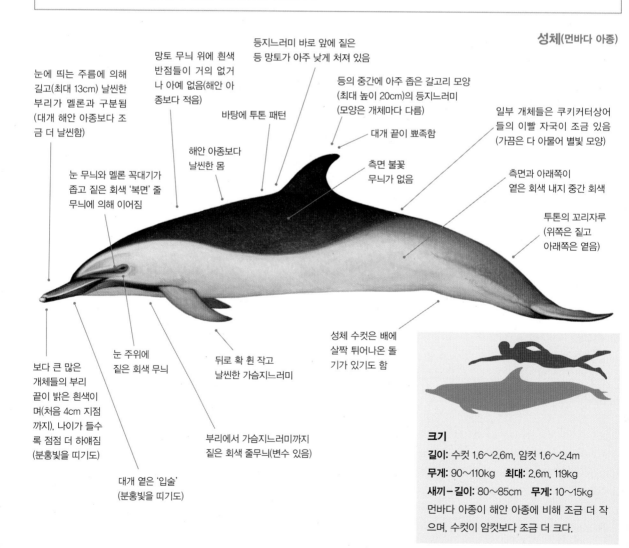

성체(먼바다 아종)

눈에 띄는 주름에 의해 길고(최대 13cm) 날씬한 부리가 멜론과 구분됨 (대개 해안 아종보다 조금 더 날씬함)

눈 무늬와 멜론 꼭대기가 좁고 짙은 회색 '복면' 줄 무늬에 의해 이어짐

망토 무늬 위에 흰색 반점들이 거의 없거나 아예 없음(해안 아종보다 적음)

바탕에 투톤 패턴

해안 아종보다 날씬한 몸

등지느러미 바로 앞에 짙은 등 망토가 아주 낮게 처져 있음

등의 중간에 아주 좁은 갈고리 모양 (최대 높이 20cm)의 등지느러미 (모양은 개체마다 다름)

대개 끝이 뾰족함

측면 불꽃 무늬가 없음

일부 개체들은 쿠키커터상어들의 이빨 자국이 조금 있음 (가끔은 다 아물어 별빛 모양)

측면과 아래쪽이 옅은 회색 내지 중간 회색

투톤의 꼬리자루 (위쪽은 짙고 아래쪽은 옅음)

보다 큰 많은 개체들의 부리 끝이 밝은 흰색이며(처음 4cm 지점까지), 나이가 들수록 점점 더 하얘짐 (분홍빛을 띠기도)

눈 주위에 짙은 회색 무늬

뒤로 확 휜 작고 날씬한 가슴지느러미

성체 수컷은 배에 살짝 튀어나온 돌기가 있기도 함

대개 옅은 '입술' (분홍빛을 띠기도)

부리에서 가슴지느러미까지 짙은 회색 줄무늬(변수 있음)

크기

길이: 수컷 1.6~2.6m, 암컷 1.6~2.4m

무게: 90~110kg   **최대:** 2.6m, 119kg

새끼-길이: 80~85cm   **무게:** 10~15kg

먼바다 아종이 해안 아종에 비해 조금 더 작으며, 수컷이 암컷보다 조금 더 크다.

요점 정리

- 전 세계의 열대 및 온대 바다에 서식
- 작은 크기
- 꼬리자루가 투툰
- 짙은 등 망토 무늬가 등지느러미 바로 앞에서 아주 아래쪽까지 처짐
- 짙고 옅은 반점들(개체마다 다름)
- 길고 날씬한 부리(끝부분은 흰색)
- 흰색 또는 옅은 회색 '입술'
- 바탕에 투툰 패턴
- 측면에 무늬가 없음
- 등의 중간에 갈고리 모양의 높은 등지느러미
- 집단 안에서도 개체마다 겉모습이 아주 다름

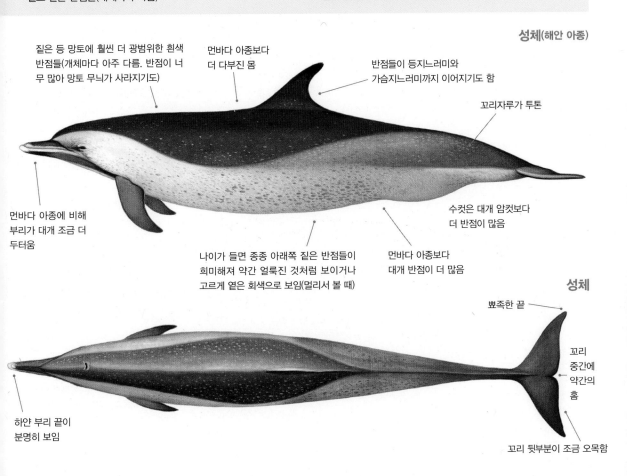

짙은 등 망토에 훨씬 더 광범위한 흰색 반점들(개체마다 아주 다름. 반점이 너무 많아 망토 무늬가 사라지기도)

먼바다 아종보다 더 다부진 몸

반점들이 등지느러미와 가슴지느러미까지 이어지기도 함

꼬리자루가 투툰

먼바다 아종에 비해 부리가 대개 조금 더 두터움

수컷은 대개 암컷보다 더 반점이 많음

나이가 들면 종종 아래쪽 짙은 반점들이 희미해져 약간 얼룩진 것처럼 보이거나 고르게 옅은 회색으로 보임(멀리서 볼 때)

먼바다 아종보다 대개 반점이 더 많음

성체(해안 아종)

성체

뾰족한 끝

꼬리 중간에 약간의 홈

하얀 부리 끝이 분명히 보임

꼬리 뒷부분이 조금 오목함

비슷한 종들

개체에 따라 반점 형태가 워낙 다르기 때문에, 범열대알락돌고래 성체는 짙은 등 망토 무늬(등지느러미 바로 앞에서 아주 밑부분까지 처짐)의 모양과 강도 및 몸 아래쪽에 흰색이 없는 걸 보고 구분할 수 있다. 또한 범열대알락돌고래는 일부 스피너돌고래들과 혼동하기 쉬우나, 색 패턴, 부리 길이 및 두께, 등지느러미 모양 등을 보고 구분 가능하다. 대서양에서는 대서양알락돌고래들과 서식지가 겹치지만, 대서양알락돌고래들은 범열대알락돌고래들에 비해 몸이 더 다부지고, 측면 무늬가 더 옅으며, 전체적으로 폭넓은 쓰리톤 패턴이 있고, 꼬리자루가 짙은 위

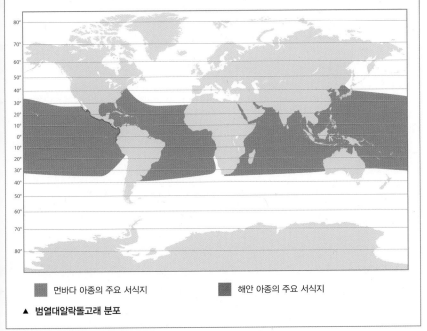

먼바다 아종의 주요 서식지
해안 아종의 주요 서식지

▲ 범열대알락돌고래 분포

주의: 범열대알락돌고래의 색 패턴은 나이에 따라 대개 다음과 같이 네 단계로 변한다.
'투톤'의 새끼 시절(생후 평균 약 3년까지), '작은 반점들이 있는' 어린 시절(생후 평균
약 3~8년), '얼룩덜룩한' 젊은 시절(생후 평균 약 8~10년), '반점들이 합쳐지는' 성체
시절(생후 약 10년 이상).

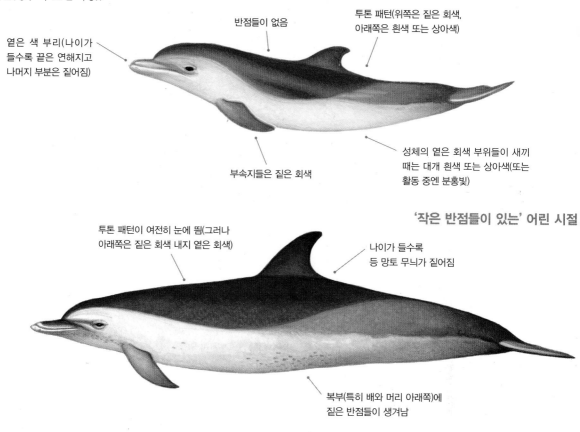

'투톤'의 새끼 시절

옅은 색 부리(나이가 들수록 끝은 연해지고 나머지 부분은 짙어짐)

반점들이 없음

투톤 패턴(위쪽은 짙은 회색, 아래쪽은 흰색 또는 상아색)

부속지들은 짙은 회색

성체의 옅은 회색 부위들이 새끼 때는 대개 흰색 또는 상아색(또는 활동 중엔 분홍빛)

'작은 반점들이 있는' 어린 시절

투톤 패턴이 여전히 눈에 띔(그러나 아래쪽은 짙은 회색 내지 옅은 회색)

나이가 들수록 등 망토 무늬가 짙어짐

복부(특히 배와 머리 아래쪽)에 짙은 반점들이 생겨남

쪽 부분과 옅은 아래쪽 부분으로 나뉘지 않는다. 정도는 다르지만 큰돌고래나 남방큰돌고래들도 몸(주로 배)에 반점이 있는데, 몸의 크기나 겉모습, 부리와 등지느러미 모양 그리고 등 망토 무늬의 모양과 강도에 상당한 차이들이 있다. 그 돌고래들은 측면에 다양한 옅은 무늬들도 있다. 브라질 페르난두 데 노로냐 군도 일대에서는 범열대알락돌고래와 스피너돌고래들 사이에 태어난 잡종들도 목격되고 있다.

분포

북위 약 40도에서 남위 40도 사이의 태평양, 대서양, 인도양 열대 바다 및 일부 아열대 바다에 서식하나, 종종 보다 찬 바다에서도 목격된다는 기록들이 있다. 또한 범열대알락돌고래들은 서식지 내 저위도 지역들에 가장 많이 모여 산다. 그리고 홍해와 페르시아만, 아라비아해에도 살지만, 지중해와 칼리포르니아만에는 살지 않는다. 2009년에 중국 황해에서도 16마리가 발견됐다는 기록이 있다. 북태평양 서식지에 대해서는 비교적 잘 알려져 있

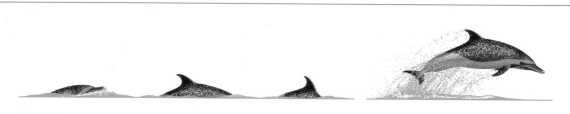

잠수 동작

- 천천히 헤엄칠 때는 부리 끝이 먼저 수면 위로 올라온다.
- 물을 뿜어 올릴 때 멜론의 윗부분이 잠시 보인다.
- 머리가 수면 밑으로 잠긴다.
- 등과 등지느러미가 잠시 드러난다.
- 종종 꼬리가 거의 보이지 않는다.
- 빠르게 헤엄칠 때는 수면 위로 살짝살짝 튀어 올랐다가 다시 물 밑으로 들어간다.

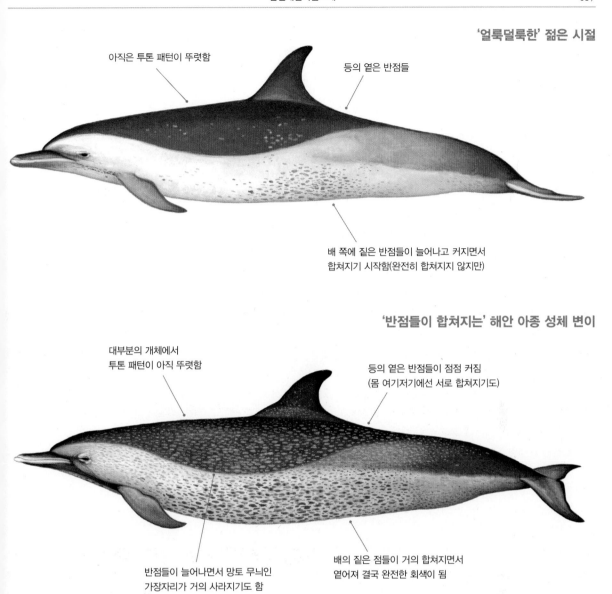

'얼룩덜룩한' 젊은 시절

아직은 투톤 패턴이 뚜렷함

등의 옅은 반점들

배 쪽에 짙은 반점들이 늘어나고 커지면서
합쳐지기 시작함(완전히 합쳐지지 않지만)

'반점들이 합쳐지는' 해안 아종 성체 변이

대부분의 개체에서
투톤 패턴이 아직 뚜렷함

등의 옅은 반점들이 점점 커짐
(몸 여기저기에선 서로 합쳐지기도)

반점들이 늘어나면서 망토 무늬인
가장자리가 거의 사라지기도 함

배의 짙은 점들이 거의 합쳐지면서
옅어져 결국 완전한 회색이 됨

지만, 그 외의 서식지들에 대해서는 그리 잘 알려져 있지 않다.
범열대알락돌고래 먼바다 아종들은 주로 대륙붕 너머의 대양 바다와 하와이, 카리브해, 필리핀, 인도양 같은 곳의 섬들 주변에서 발견되지만, 수심이 어느 정도 되는 해안 근처에서도 발견된다. 또한 주로 해수면 온도가 섭씨 25가 넘고 수심이 얕은(50m 이내) 소온약층thermocline(바다에서 깊이에 따라 수온이 급격하게 내려가는 층—옮긴이) 바다에 서식한다. 반면에 해안 아종들은 라틴 아메리카 서부 해안을 따라(멕시코 남부에서 페루 북부까지)

대개 해안에서 130km 이내(드물게 200km 이상 떨어진)의 바다에 서식하며, 가끔 수심 50m 이내의 얕은 바다에 서식하기도 한다.
범열대알락돌고래들의 이동에 대해선 알려진 바가 거의 없으나, 여러 지역에서 북-남, 동-서, 해안 근처-먼바다 이동이 있다는 증거는 있다. 어떤 개체들은 9~10개월 동안 무려 2,400km를 이동하고 또 어떤 개체들은 특정 장소에 상주하는 걸로 알려져 있다.

먹이와 먹이활동
먹이: 먼바다 아종—주로 표해수층(광합성에 충분한 빛이 침투하는 수심 약 100m까지의 층—옮긴이)과 중심해에 사는 작은 물고기들(특히 랜턴피시와 날치)과 갑각류를 잡아먹는다. 해안 아종—주로 해저에 사는 더 큰 어종들을 잡아먹는 걸로 추정된다.
먹이활동: 주로 밤에 먹이활동을 한다. 먼바다 아종들은 주로 심해 산란층deep scattering layer. DSL.(음파가 산란·반향되는 생물 층—옮긴이)에서 먹이활동을 한다.
잠수 깊이: 대개 낮에는 보다 얕은 물(수심 5~50m)에서, 그리고 밤에는 보다 깊은 물(수심 25~250m)에서 먹이활동을 한다. 가장 깊이 잠수한 기록은 342m.
잠수 시간: 대개 30초~2분. 최장 기록은 5.4분.

일대기

성적 성숙: 암컷은 9~11년, 수컷은 12~15년.

짝짓기: 알려진 바가 없다.

임신: 11~11.5개월.

분만: 2~3년(서태평양에서는 4~6년)마다 연중 새끼 1마리가 태어나며, 지역별로 가장 많이 태어나는 때는 다르다(예를 들어 하와이에서는 7~10월, 열대 태평양 동부에서는 봄에 1마리, 가을에 1마리).

젖떼기: 평균 생후 9개월(일부 개체들의 경우 적어도 2년) 후에. 생후 약 6개월 후면 고형 먹이를 먹는다.

수명: 적어도 40년으로 추정(최장수 기록은 46년).

행동

빠른 속도로 헤엄을 친다(순간순간 시속 22km를 초과하기도 함). 공중곡예에 아주 능하며(뱅뱅 돌지는 않지만) 자주 수면 위로 점프해 측면으로 떨어지기도 한다. 어린 범열대알락돌고래들은 특히 높이(가끔 몸길이의 3배까지) 점프를 하며, 그 점프 중에 몸에 붙은 빨판상어를 떼어내기도 하는 걸로 보인다. 열대 태평양 동부와 인도양 서부에서는 종종 황다랑어 및 가다랑어들과 어울리기도 한다(효과적인 먹이활동을 위해 또는 포식자들로부터 자신들을 보호하기 위한 것으로 추정됨). 또한 스피너돌고래나 큰돌고래, 뱀머리돌고래 또는 다른 고래들과 어울리는 게 목격되기도 한다. 그리고 별 경계심 없이 배에 접근해 뱃머리에서 파도타기를 즐기며(열대 태평양 동부의 참치잡이 지역들은 예외여서, 그곳의 범열대알락돌고래들은 대개 배를 피함), 뱃머리에서 파도타기를 하는 건 수컷보다 암컷과 새끼들이 더 좋아한다.

이빨

위쪽 68~96개

아래쪽 68~94개

집단 규모와 구조

해안 아종들은 대개 10~20마리씩(1마리에서 약 100마리까지) 모인다. 반면에 먼바다 아종들은 수백 또는 수천 마리씩 모이며, 가끔 수 km에 걸친 대집단을 이루기도 한다. 그리고 규모가 큰 집단은 나이와 성별에 따라 다시 어미-새끼 집단, 어린 돌고래와 젊은 돌고래 집단, 성체 수컷 집단 등 여러 하위 집단으로 나뉘기도 하는데, 각 돌고래는 자신이 속한 하위 집단 내에만 머무는 경향이 있다. 그리고 이 범열대알락돌고래들의 집단 규모와 구성은 수시로 변한다.

포식자들

범고래들과 대형 상어들이 중요한 포식자들이며, 범고래붙이와 난쟁이범고래들도 포식자일 것으로 추정된다. 하와이에서는 뱀상어들이, 그리고 브라질 남동부 지역에서는 귀상어들이 알락돌고래 공격에 성공하는 장면들이 목격되고 있다.

▲ 멕시코만의 범열대알락돌고래(먼바다 아종). 반점들이 없고 등지느러미 아주 아래쪽까지 짙은 망토 무늬가 처져 있는 데 주목할 것.

▲ 태평양 동부에서 사진 촬영된 범열대알락돌고래 해안 아종(반점이 더 많음).

사진 식별

나이에 따라 변화하는 알락돌고래 특유의 반점들(만일 있다면), 등지느러미 뒤쪽의 각종 홈과 흉터들 그리고 그 외에 다른 장기적인 표식들 덕에 식별 가능하다.

개체 수

세계에서 개체 수가 가장 많은 돌고래들 중 하나로, 그 수가 최소 250만 마리(아직 집계되지 않은 개체들 미포함)는 될 것으로 추정된다. 그리고 대략적인 지역별 개체 수 추정치는 다음과 같다. 열대 태평양 동부의 경우 해안 아종은 27만 8,000마리, 먼바다 아종은 130만 마리, 일본 일대에 44만 마리, 하와이 일대에 5만 6,000마리, 멕시코만 북부에 5만 1,000마리, 필리핀 술루해 동부에 1만 5,000마리.

종의 보존

세계자연보전연맹의 종 보존 현황: '최소 관심' 상태(2018년). 대형 황다랑어들이 범열대알락돌고래와 스피너돌고래 그리고 참돌고래들(다른 돌고래들보다는 적은 수이지만)과 함께 헤엄을 치는 멕시코와 중앙아메리카 서쪽 열대 태평양 북동부 지역에서는 대형 건착망 고기잡이로 인해 그간 아주 많은 수의 범열대알락돌고래들이 죽임을 당했다. 상업적인 어선단들이 참치와 돌고래들을 함께 잡는 바람에 600만 마리가 넘는 돌고래들이 희생된 것이다. 그중 무려 400만 마리가 범열대알락돌고래였고, 그래서 열대 태평양 북동부의 범열대알락돌고래 수는 76% 가까이 급감했다. 어업 관련 규정들이 바뀌고 어업 장비 및 관행들(생포된 돌고래 풀어주기 등)이 수정되면서, 그리고 또 '돌고래를 보호하는 참치잡이'에 대한 대중의 지지가 이어지면서, 범열대알락돌고래들의 사망률은 크게(연간 1,000마리 이내로) 줄어들었다. 그러나 30년에 걸친 보호 조치에도 불구하고, 범열대알락돌고래 개체 수는 별로 회복되지 못하고 있다. 잡았다 풀어주는 일이 반복되고 새끼들이 자꾸 어미들에게서 분리되는 데서 오는 스트레스가 심한 데다, 범열대알락돌고래 종에 대한 생태계의 수용 능력에 변화가 생겨나고, 또 아직도 행해지는 범열대알락돌고래 사냥에 대한 신고가 부족한 것 등이 그 원인이 아닌가 싶다.

범열대알락돌고래 서식지 내에서는 지금도 여전히 대형 건착망과 자망 그리고 저인망에 뜻하지 않게 걸려드는 범열대알락돌고래들이 많다. 일본과 솔로몬 제도 일대에서는 지금도 상당수의 범열대알락돌고래들(1972년부터 2008년 사이에 일본에서만 2만 7,000마리 이상)이 몰이식 사냥과 작살 사냥으로 죽임을 당하고 있으며, 정확한 수치는 없지만 카리브해와 스리랑카, 인도, 대만, 인도네시아, 필리핀 등지에서는 그보다 적은 수의 범열대알락돌고래들이 식용 및 돌고래 사냥 미끼용으로 사냥되고 있다. 그밖에 범열대알락돌고래들을 위협하는 또 다른 문제들로는 탄성파 탐사로 인한 소음 공해, 선박 운행으로 인한(특히 휴식을 취하는 낮 시간대의) 생태계 교란 등을 꼽을 수 있다.

대서양알락돌고래 Atlantic spotted dolphin

학명 스테넬라 프론탈리스 *Stenella frontalis*   (G. Cuvier, 1829)

대서양알락돌고래는 여러 측면에서 범열대알락돌고래보다는 남방큰돌고래와 더 비슷하다. 또한 겉모습이 나이와 개체와 지역에 따라 많이 다르며, 때론 반점이 거의 없고 때론 반점이 아주 많다.

분류: 참돌고래과 이빨고래아목

일반적인 이름: 대서양알락돌고래는 영어로 Atlantic spotted dolphin 으로, Atlantic(대서양)이란 말은 이 돌고래들이 주로 대서양에 서식하기 때문에 붙은 것이고, spotted(점박이)란 말은 많은 개체들이 몸 여기저기에 짙고 옅은 반점들이 있기 때문에 붙은 것이다.

다른 이름들: spotted dolphin, Gulf Stream spotted dolphin, spotter, spotted porpoise, bridled dolphin, Cuvier's porpoise, long-snouted dolphin 등(또는 이 이름들을 뒤섞은 여러 이름들).

학명: 이 고래 학명의 앞부분 *Stenella*는 '좁은'을 뜻하는 그리스어 *stenos*에 '작은'을 뜻하는 그리스어 *ella*가 붙은 것이다. 그리고 학명의 뒷부분 *frontalis*는 '이마'를 뜻하는 라틴어 *frons*에 '~에 속하는' 을 뜻하는 라틴어 *alis*가 합쳐진 것이다(멜론을 가리키는 것).

세부 분류: spotted dolphin에 대한 분류는 1987년에 개정됐으며, 그 결과 별개의 2종이 인정받게 됐다. 그리고 현재 이 대서양알락돌고래는 별도로 인정된 아종이 없다. 그러나 어쩌면 새로운 아종으로 입증될 수도 있는 대서양알락돌고래 2종이 있다. 주로 북대서양 서부 대륙붕 일대의 보다 따뜻한 바다에서 발견되는 보다 크고 육중하며 반점도 아주 많은 대서양알락고래 종(예전에 *S. plagiodon*으로 알려진)과 주로 멕시코 만류 및 북대서양 중앙부(그리고 아조레스 섬처럼 먼바다 섬들 주변) 대륙사면 일대의 대양에서 발견되는 보다 작고 날씬하며 반점이 조금 있거나 아예 없는 대서양알락고래 종이 바로 그것들. 그리고 *Stenella* 고래속 분류에 대해선 아직도 이런저런 논란이 있으며, 가까운 장래에 개정될 가능성이 높다. 즉, 다른 고래속으로 분류될 수도 있다는 것.

'반점들이 합쳐지는' 성체
(반점이 아주 많은 타입)

조금 볼록한 멜론에 완만하게 경사진 이마

반점들 아래에 흐릿한 쓰리톤 패턴(망토는 짙은 회색, 측면은 중간 회색, 아래쪽은 흰색) 이 보이기도 함

보다 옅어 더 눈에 띄는 측면의 불꽃 무늬가 등 망토 안까지 파고 듦(반점의 수에 따라 그 뚜렷함에 큰 차이가 있음)

등의 중간에 갈고리 모양의 높은(최대 25cm) 등지느러미(모양은 다양함)

둥근 끝부분

옅은 등의 반점들이 온몸에 퍼지면서 합쳐짐(일부 개체들은 반점이 너무 많아 바탕색이 완전히 가려짐)

몸의 모습이 지역에 따라 다름(대체로 반점이 많고 적당히 다부짐)

꼬리자루 바탕은 한 가지 톤의 회색(범열대알락돌고래와 비교됨)

부리와 멜론 사이에 뚜렷한 주름이 있음

많은 개체가 부리 끝은 하얗고 '입술'은 옅음

눈 또는 부리에서부터 가슴지느러미까지 짙은 줄무늬가 있음

뒤로 휜 가슴지느러미

배의 짙은 반점들은 뚜렷이 남아 있고, 그 반점들 사이에 흰색 배경이 보임(범열대알락돌고래와 비교됨)

배의 반점들은 많고 짙으며 등의 반점들은 옅음(나이에 따라 크게 달라짐)

부리가 적당히 길고(최대 13cm) 두터운 게 큰돌고래와 범열대알락돌고래의 중간쯤 됨

부속지들이 범열대알락돌고래에 비해 더 큼

요점 정리

- 대서양의 열대 및 따뜻한 온대 바다에 서식
- 작은 크기
- 대개 범열대알락돌고래보다 땅딸막함
- 많은 개체가 반점이 아주 많음
- 집단 내에서도 겉모습들이 아주 다름
- 측면에 밝은 사선 무늬가 있음
- 전체적으로 쓰리톤 패턴
- 등의 중간에 갈고리 모양의 높은 등지느러미
- 적당한 길이의 부리(끝이 흰색)

성체(반점이 아주 많은 타입)

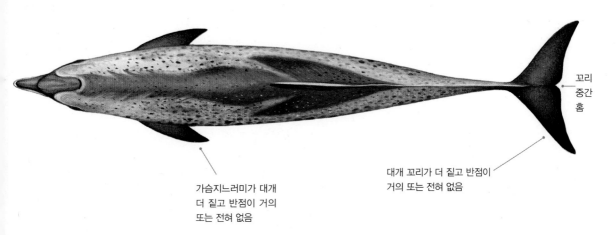

꼬리 중간 홈

가슴지느러미가 대개 더 짙고 반점이 거의 또는 전혀 없음

대개 꼬리가 더 짙고 반점이 거의 또는 전혀 없음

크기

길이: 수컷 1.7~2.3m, 암컷 1.7~2.3m

무게: 110~140kg **최대**: 2.3m, 143kg

새끼 – 길이: 0.8~1.2m **무게**: 약 10~15kg

비슷한 종들

반점 수가 워낙 달라 제대로 구분하지 못할 가능성이 높다. 특히 큰돌고래와 혼동할 여지가 많은데, 몸의 크기와 다부짐의 차이로 구분 가능하지만, 그 차이가 워낙 미묘해 구분하기 쉽지 않다. 반점이 더 많은 쪽이 대서양알락돌고래일 가능성이 높지만, 일부 개체들은 반점이 거의 없고 또 일부 개체들은 반점이 있다는 점에 주의해야 한다. 대서양에 사는 범열대알락돌고래들은 대개 몸이 더 날씬하며 측면에 옅은 불꽃 무늬가 없고 몸 전체가 투톤 패턴이며 꼬리자루가 위쪽은 진하고 아래쪽은 옅어 식별 가능하다. 범열대알락돌고래와 큰돌고래 사이에 태어난 잡종들이 목격됐다는 기록들도 있다.

분포

대서양알락돌고래들은 남반구와 북반구의 북위 약 50도에서 남위 33도에 이르는 대서양의 열대 및 따뜻한 온대 바다에 서식한다. 서쪽으로는 최소 브라질 남부에서부터 북쪽으로 미국 뉴잉글랜드에 이르는 지역에 서식한다(남대서양 서부에서 서식지가 군데군데 불연속적이지만). 그리고 동쪽으로는 최소 가봉에서부터 북쪽으로 최소 모리타니에 이르는 지역에 서식한다(그 정확한 한계에 대해선 별로 알려진 바가 없음). 또한 대서양알락돌고래들은 아조레스섬과 바하마 같은 일부 대양섬들 주변에서도 발견된다.

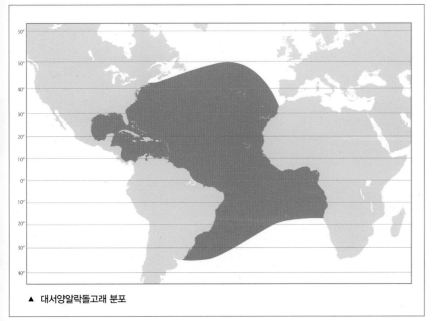

▲ 대서양알락돌고래 분포

주의: 대서양알락돌고래의 색 패턴은 나이에 따라 대개 다음과 같이 네 단계로 변한다.
'투톤'의 새끼 시절(생후 평균 약 3년까지), '작은 반점들이 있는' 어린 시절(생후 평균
약 4~8년), '얼룩덜룩한' 젊은 시절(생후 평균 약 9~15년), '반점들이 합쳐지는' 성체
시절(생후 약 15년 이상).

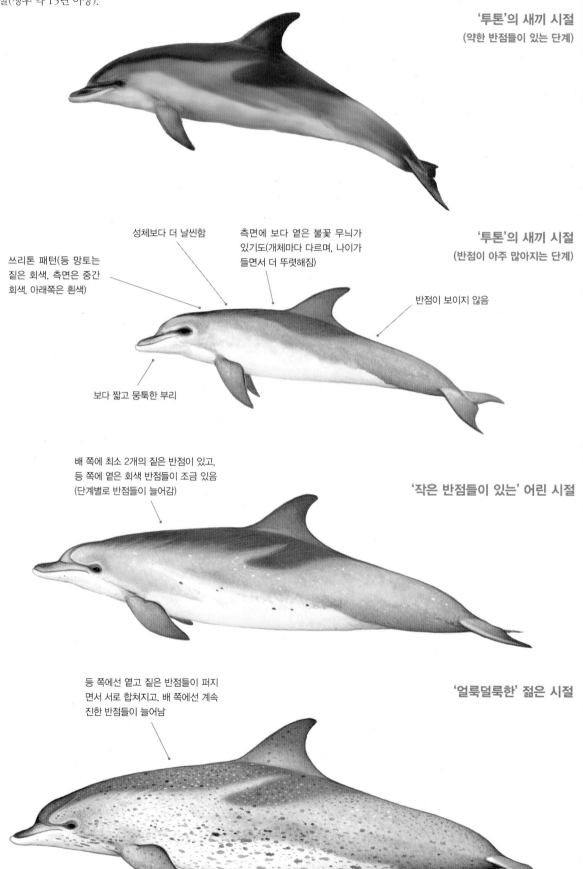

'투톤'의 새끼 시절
(약한 반점들이 있는 단계)

'투톤'의 새끼 시절
(반점이 아주 많아지는 단계)

성체보다 더 날씬함

측면에 보다 옅은 불꽃 무늬가
있기도(개체마다 다르며, 나이가
들면서 더 뚜렷해짐)

쓰리톤 패턴(등 망토는
짙은 회색, 측면은 중간
회색, 아래쪽은 흰색)

반점이 보이지 않음

보다 짧고 뭉툭한 부리

'작은 반점들이 있는' 어린 시절

배 쪽에 최소 2개의 짙은 반점이 있고,
등 쪽에 옅은 회색 반점들이 조금 있음
(단계별로 반점들이 늘어감)

'얼룩덜룩한' 젊은 시절

등 쪽에선 옅고 짙은 반점들이 퍼지
면서 서로 합쳐지고, 배 쪽에선 계속
진한 반점들이 늘어남

반점이 약해지는 '성체' 시절

몸의 모습이 지역에 따라 다름 (대체로 반점들이 약해지고 적당히 날씬함)

보다 옅은 측면 불꽃 무늬가 커져 등 망토 안쪽까지 파고듦

눈에 띄는 쓰리톤 패턴(등 망토는 짙은 회색, 측면은 중간 회색, 아래쪽은 흰색)

반점이 거의 또는 전혀 없음

등지느러미 변이

대서양알락돌고래들은 반점이 아주 많아지는 단계에선 주로 수심 200m의 등심선isobath(지도상에서 같은 깊이의 해저 지점들을 연결해 그린 곡선-옮긴이) 안쪽에 그리고 또 해안에서 최대 250~350km(대개는 해안에서 적어도 8~20km)의 거리에 있는 얕은 대륙붕 바다를 좋아한다. 그리고 반점이 약해지는 단계에선 주로 대륙붕 외곽의 대륙사면 위쪽과 깊은 대양 바다에서 발견된다. 해안 근처의 바다에선 드물게 발견되며(예를 들어 브라질 남부의 일랴그란지만 등은 예외지만), 대양 섬들(예를 들어 수심 6~12m인 바하마의 얕은 모래톱 위의) 주변의 보다 얕은 바다를 좋아하기도 한다. 그리고 대서양알락돌고래들은 계절에 따라 해안 근처에서 먼 바다 쪽으로 이동하는 걸로 추정된다.

행동

대서양알락돌고래들은 공중곡예에 아주 능하며 유별날 만큼 높이 점프할 수도 있다. 가끔 해초인 켈프나 다른 물체들을 가지고 놀기도 한다. 또한 자주 큰돌고래들과 크고 작은 집단을 이루기도 하는데, 큰돌고래들이 거의 2배 더 크며 대서양알락돌고래들에게 공격적인 모습을 보이기도 한다. 아조레스섬에서는 참치, 바닷새, 참돌고래, 큰돌고래는 물론 종종 다른 고래들과도 함께 잠시 집단을 이뤄 먹이활동을 하기도 한다. 그리고 서식지 내 대부분의 지역에서 배 앞머리에서 파도타기 하는 걸 아주 좋아하며, 때론 빠른 속도로 움직이는 배를 따라서 멀리까지 헤엄을 치기도 한다. 바하마에 상주하는 대서양알락돌고래들은 다이빙이

잠수 동작

- 천천히 헤엄칠 때는 부리 끝이 먼저 수면 위로 올라온다.
- 물을 뿜어 올릴 때 멜론의 윗부분이 잠시 보인다.
- 머리가 수면 밑으로 잠긴다.
- 등과 등지느러미가 잠시 드러난다.
- 종종 꼬리가 거의 보이지 않는다.
- 빠르게 헤엄칠 때는 수면 위로 살짝살짝 튀어 올랐다가 다시 물 밑으로 들어간다.

먹이와 먹이활동

먹이: 작은 물고기부터 큰 물고기까지 다양한 물고기들(청어, 멸치, 도다리 포함)과 오징어를 잡아먹으며, 밤에는 날치도 잡아먹고, 가끔 해저에 사는 무척추동물들도 잡아먹는다. 그리고 먹이는 지역에 따라 약간의 차이가 있다.

먹이활동: 먼바다 아종들은 서로 합심해 물고기들을 공처럼 뭉치게 만들며 수면 쪽으로 몰아붙인다. 그리고 바하마에서는 해저의 부드러운 모래밭에 숨은 물고기들을 잡아먹는다(부리로 모래 속을 헤집어서). 또한 일부 지역들에서는 저인망 어선들을 따라다니며 버려지는 물고기들을 받아먹기도 한다.

잠수 깊이: 대개 10m 이내의 얕은 데까지 잠수한다. 가장 깊이 잠수한 기록은 60m.

잠수 시간: 대개 2~4분. 최장 기록은 6분.

나 스노클링을 하는 사람들에게 익숙하다. 대서양알락돌고래들은 그 특유의 휘파람 소리로도 유명한데, 개체마다 다른 그 휘파람 소리는 동료 돌고래들에게 휘파람 부는 게 어떤 돌고래인지를 알려주려 할 때나 동료 돌고래들이 특정 돌고래에게 뭔가 의사전달을 하려 할 때 사용한다.

이빨

위쪽 64~84개

아래쪽 60~80개

집단 규모와 구조

대개 작은 집단이나 중간 규모(최대 50마리. 때론 100마리)의 집단을 이룬다. 집단 규모는 해안에 가까울수록 작고(5~15마리) 해안에서 멀수록 크다. 그리고 집단들은 가끔 나이와 성별에 따라 분리되며, 그 규모와 구성은 수시로 변화된다. 수컷들이 2마리 또는 3마리씩 가까운 유대관계를 유지한다는 증거도 있다.

포식자들

주로 상어(뱀상어, 황소상어 등)와 범고래들이 포식자인 걸로 알려져 있다. 대서양알락돌고래들은 다른 참돌고래과 고래들에게 잡아먹히기도 한다.

사진 식별

그 특유의 반점 패턴, 등지느러미 뒤쪽의 각종 홈과 흉터들 그리고 그 외에 다른 장기적인 표식들 덕에 식별 가능하다. 또한 대서양알락돌고래들의 나이는 반점 패턴을 보면 추정할 수 있다.

개체 수

전반적인 개체 수 추정치는 없으나, 대략적인 지역별 개체 수 추정치는 다음과 같다. 북대서양 서부(펀디만 하류부터 중앙 플로리다까지)에 4만 5,000마리, 멕시코만 북부에 3만 8,000마리(과소평가한 걸로 보임).

▲ 아조레스섬에서 촬영된 대서양알락돌고래들(대개 반점이 없음).

▲ 제한된 증거에 따르면, 대서양알락돌고래들은 대서양 서부보다는 동부 지역의 먼바다에 더 많이 서식하고 있다. 이 개체는 멕시코만에서 촬영된 대서양알락돌고래다.

일대기

성적 성숙: 암컷은 8~15년, 수컷은 18년.

짝짓기: 일부다처제 방식(수컷 1마리가 암컷 여러 마리와 짝짓기를 함).

임신: 약 11~12개월.

분만: 3~4년(최저 1년, 최고 5년)마다. 열대 지역에선 연중 새끼 1마리가 태어난다(계절별 정점은 그 외의 다른 지역).

젖떼기: 3~5년 후에.

수명: 적어도 50년으로 추정(최장수 기록은 55년).

종의 보존

세계자연보전연맹의 종 보존 현황: '최소 관심' 상태(2018년). 정확한 통계 수치는 없지만, 대서양알락돌고래들은 카리브해와 북대서양 서부, 베네수엘라, 브라질, 모리타니, 가나 등지에서 다른 어종을 잡기 위해 설치한 어망 등에 잘못 걸려드는 경우가 많으며, 적어도 그중 일부는 식용과 상어 미끼용으로 쓰이고 있다. 직접적인 사냥은 없다고 알려져 있으나, 카리브해의 소앤틸리스 제도에서(어쩌면 서아프리카 일대에서도)는 지금도 가끔 사냥되고 있다. 그 외에 이 돌고래들을 위협하는 다른 문제들은 알려진 바가 없으나, 유기염소 오염 물질 등이 문제가 되고 있을 걸로 추정된다.

▲ 대서양알락돌고래들은 서식지 내 대부분의 지역에서 뱃머리 파도타기를 아주 좋아한다.

스피너돌고래 Spinner dolphin

학명 스테넬라 론기로스트리스 *Stenella longirostris* (Gray, 1828)

수면 위로 튀어 올라 최대 일곱 차례까지 옆으로 빙빙 돈 뒤 큰 물보라를 일으키며 떨어지는 습관으로 유명한 스피너돌고래는 많은 열대 지역 바다에서 흔히 볼 수 있는 돌고래다. 거의 다른 그 어떤 고래 종보다 몸 형태와 색 패턴이 지역에 따라 다른 돌고래이기도 하다.

분류: 참돌고래과 이빨고래아목

일반적인 이름: 스피너돌고래는 영어로 spinner dolphin으로, spinner란 말은 이 돌고래들이 공중에서 옆으로 빙빙 도는 특징이 있다 하여 붙은 것이다.

다른 이름들: long-snouted spinner dolphin, long-snouted dolphin, long-beaked dolphin, pantropical spinner dolphin, longsnout, spinner, rollover 등.

학명: 이 고래 학명의 앞부분 *Stenella*는 '좁은'을 뜻하는 그리스어 *stenos*에 '작은'을 뜻하는 그리스어 *ella*가 붙은 것이다(부리의 모양을 가리킴). 그리고 학명의 뒷부분 *longirostris*는 '긴'을 뜻하는 라틴어 *longus*에 '부리'를 뜻하는 라틴어 *rostrum*이 합쳐진 것이다(문자 그대로 '좁고 작고 긴 부리'를 뜻함).

세부 분류: 현재 다음과 같은 네 가지 아종이 인정되고 있다. 전 세계 거의 모든 열대 대양 바다에서 발견되는 전형적인 스피너돌고래인 그레이스피너(Gray's spinner 때론 Hawaiian)돌고래 *S. l. longirostris*, 중앙아메리카 태평양 방면 일대에서 발견되는 중앙아메리카(Central American. 예전에는 Coata Rican)스피너돌고래 *S. l. centroamericana*, 열대 태평양 동부의 먼바다에서 발견되는 동부스피너돌고래 *S. l. orientalis* 그리고 동남아시아와 오스트레일리아 북부에서 발견되는 난쟁이스피너돌고래 *S. l. roseiventris*. 그레이스피너돌고래와 동부스피너돌고래 사이에서 태어나는 흰배스피너돌고래(whitebelly 또는 white-bellied spinner dolphin)라는 잡종도 있는데, 그 두 아종이 만나는 열대 태평양 동부에서 주로 발견된다. 그리고 *Stenella* 고래 속 분류에 대해선 아직도 이런저런 논란이 있어 가까운 장래에 개정될 가능성이 높다.

성체(그레이 아종)

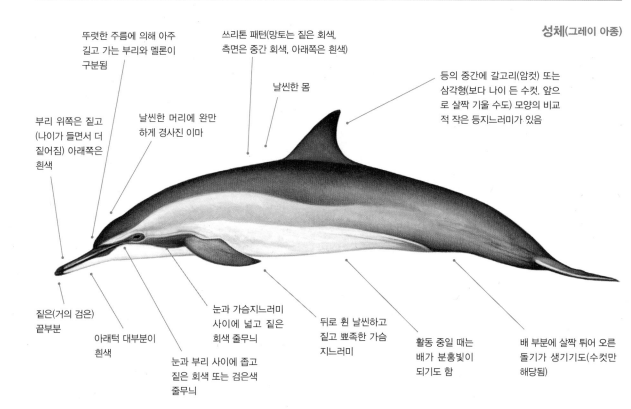

뚜렷한 주름에 의해 아주 길고 가는 부리와 멜론이 구분됨

쓰리톤 패턴(망토는 짙은 회색, 측면은 중간 회색, 아래쪽은 흰색)

날씬한 몸

등의 중간에 갈고리(암컷) 또는 삼각형(보다 나이 든 수컷. 앞으로 살짝 기울 수도) 모양의 비교적 작은 등지느러미가 있음

부리 위쪽은 짙고 (나이가 들면서 더 짙어짐) 아래쪽은 흰색

날씬한 머리에 완만하게 경사진 이마

짙은(거의 검은) 끝부분

아래턱 대부분이 흰색

눈과 가슴지느러미 사이에 넓고 짙은 회색 줄무늬

눈과 부리 사이에 좁고 짙은 회색 또는 검은색 줄무늬

뒤로 휜 날씬하고 짙고 뾰족한 가슴지느러미

활동 중일 때는 배가 분홍빛이 되기도 함

배 부분에 살짝 튀어 오른 돌기가 생기기도(수컷만 해당됨)

요점 정리

- 전 세계의 열대 및 아열대 바다에 서식
- 작은 크기
- 대개 날씬한 몸
- 등 중간에 똑바로 선 등지느러미 (가끔은 앞으로 기움)
- 지역에 따라 겉모습이 아주 다름
- 길고 날씬한 부리
- 완만하게 경사진 멜론
- 빙빙 도는 점프에 아주 능함
- 대개 집단을 이루는 걸 아주 좋아함

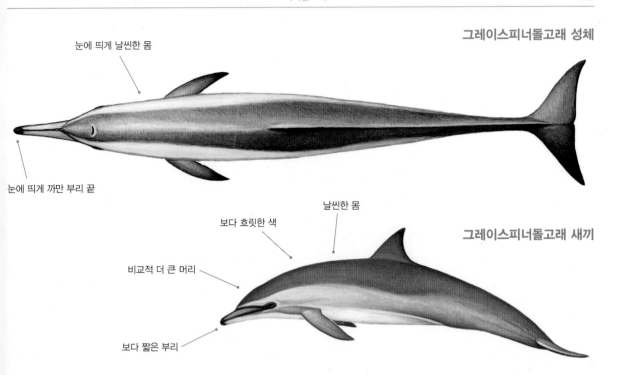

그레이스피너돌고래 성체

눈에 띄게 날씬한 몸

눈에 띄게 까만 부리 끝

보다 흐릿한 색

날씬한 몸

그레이스피너돌고래 새끼

비교적 더 큰 머리

보다 짧은 부리

비슷한 종들

다른 돌고래들도 가끔 공중제비를 돌면서 옆으로 빙글 돌지만, 스피너돌고래는 독특하게도 여러 차례 옆으로 빙빙 돌아 금방 식별 가능하다. 특히 멀리서 볼 땐 부리도 길고 생긴 것도 비슷한 다른 대양돌고래들과 혼동할 여지가 있지만, 스피너돌고래의 경우 부리 길이와 등지느러미 모양, 색 패턴 등에 상당한 차이들이 있다. 그레이스피너돌고래는 서식지가 겹치는 대서양 내 클리멘돌고래와 생긴 게 비슷하지만, 그레이스피너돌고래는 대개 몸이 더 날씬하고 부리가 더 길고 날씬하며 멜론은 덜 둥글고 등지느러미도 덜 휘어져 있으며(개체마다 아주 다름) 색 패턴 역시 다르다. 반면에 클리멘돌고래는 등 망토 무늬가 두 군데 늘어져 있고 부리 꼭대기에 짙은 '콧수염'이 있다. 범열대알락돌고래도 스피너돌고래와 서식지가 아주 비슷하지만 반점이 별로 없는 경우가 많다. 그리고 이 2종의 돌고래들은 부리 길이와 두께, 등지느

러미 모양(스피너돌고래가 덜 휘어졌음), 색 패턴(범열대알락돌고래의 짙은 등 망토 무늬는 늘 등지느러미 바로 앞쪽에서 아주 아래쪽까지 처져 있음) 등으로 식별 가능하다. 또한 중앙아메리카스피너돌고래와 동부스피너돌고래들은 사실상 똑같아, 특히 암컷과 어린 개체의 경우 구분이 안 될 수도 있다.

분포

대략 북위 20~40도에서 남위 20~40도에 이르는 태평양과 대서양 그리고 인도양의 모든 열대 바다와 거의 모든 아열대 바다에서 발견된다. 가장 잘 알려진 스피너돌고래들은 주로 대양 섬들 주변과 얕은 제방들 위쪽 해안 바다에서 발견되지만, 공해상은 물론 탁 트인 바다에서도 아주 많은 수의 스피너돌고래들이 발견된다. 해안, 특히 대양 섬들 주변에 사는 스피너돌고래들은 아침이면 대개 모래가 많은 얕은 만으로 들어가 늦은 오후나 이른 저

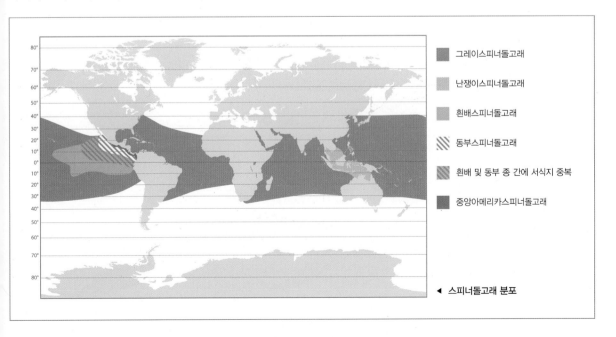

그레이스피너돌고래

난쟁이스피너돌고래

흰배스피너돌고래

동부스피너돌고래

흰배 및 동부 종 간에 서식지 중복

중앙아메리카스피너돌고래

◀ 스피너돌고래 분포

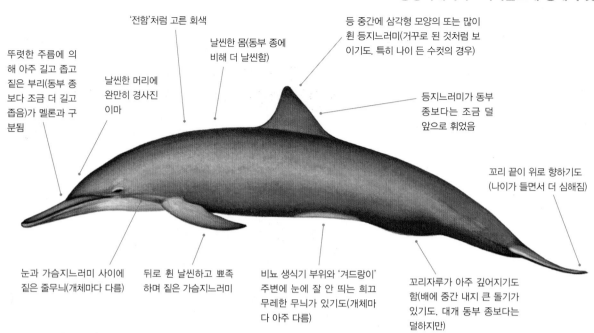

중앙아메리카스피너돌고래 성체 수컷

'전함'처럼 고른 회색

날씬한 몸(동부 종에 비해 더 날씬함)

등 중간에 삼각형 모양의 또는 많이 휜 등지느러미(거꾸로 된 것처럼 보이기도. 특히 나이 든 수컷의 경우)

뚜렷한 주름에 의해 아주 길고 좁고 짙은 부리(동부 종보다 조금 더 길고 좁음)가 멜론과 구분됨

날씬한 머리에 완만히 경사진 이마

등지느러미가 동부 종보다는 조금 덜 앞으로 휘었음

꼬리 끝이 위로 향하기도 (나이가 들면서 더 심해짐)

눈과 가슴지느러미 사이에 짙은 줄무늬(개체마다 다름)

뒤로 휜 날씬하고 뾰족하며 짙은 가슴지느러미

비뇨 생식기 부위와 '겨드랑이' 주변에 눈에 잘 안 띄는 희고 무레한 무늬가 있기도(개체마다 아주 다름)

꼬리자루가 아주 깊어지기도 함(배에 중간 내지 큰 돌기가 있기도. 대개 동부 종보다는 덜하지만)

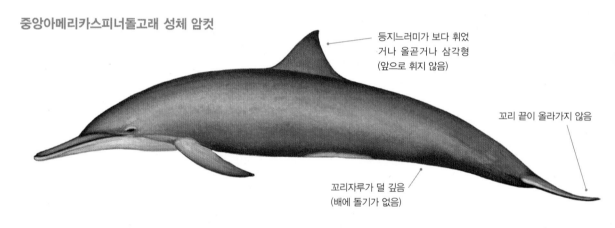

중앙아메리카스피너돌고래 성체 암컷

등지느러미가 보다 휘었거나 올곧거나 삼각형 (앞으로 휘지 않음)

꼬리 끝이 올라가지 않음

꼬리자루가 덜 깊음 (배에 돌기가 없음)

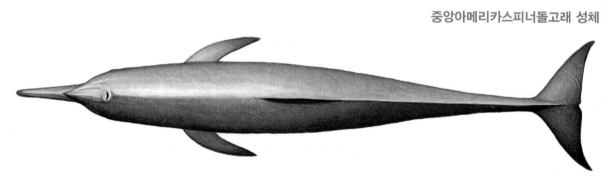

중앙아메리카스피너돌고래 성체

중앙아메리카스피너돌고래 새끼

날씬한 몸

비교적 더 긴 머리

보다 짧은 부리

희끄무레한 목

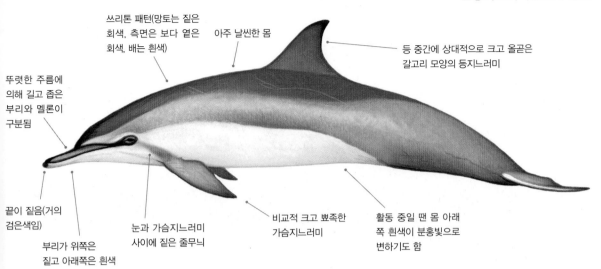

난쟁이스피너돌고래 성체

쓰리톤 패턴(망토는 짙은
회색, 측면은 보다 옅은
회색, 배는 흰색)

아주 날씬한 몸

등 중간에 상대적으로 크고 올곧은
갈고리 모양의 등지느러미

뚜렷한 주름에
의해 길고 좁은
부리와 멜론이
구분됨

끝이 짙음(거의
검은색임)

부리가 위쪽은
짙고 아래쪽은 흰색

눈과 가슴지느러미
사이에 짙은 줄무늬

비교적 크고 뾰족한
가슴지느러미

활동 중일 땐 몸 아래
쪽 흰색이 분홍빛으로
변하기도 함

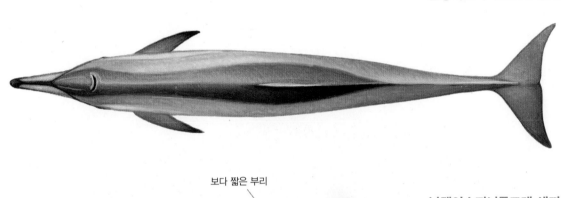

난쟁이스피너돌고래 성체

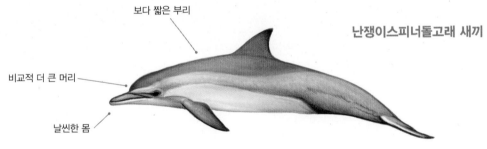

난쟁이스피너돌고래 새끼

보다 짧은 부리

비교적 더 큰 머리

날씬한 몸

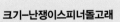

크기-중앙아메리카스피너돌고래
길이: 수컷 1.9~2.2m, 암컷 1.8~2.1m
무게: 55~75kg 최대: 2.2m, 82kg
새끼-길이: 75~80cm 무게: 약 10kg

크기-흰배스피너돌고래
길이: 수컷 1.6~2.4m, 암컷 1.6~2m
무게: 55~75kg 최대: 2.4m, 75kg
새끼-길이: 75~80cm 무게: 약 10kg

크기-그레이스피너돌고래
길이: 수컷 1.6~2.1m, 암컷 1.4~2m
무게: 55~70kg 최대: 2.2m, 80kg
새끼-길이: 75~80cm 무게: 약 10kg

크기-난쟁이스피너돌고래
길이: 수컷 1.4~1.6m, 암컷 1.3~1.5m
무게: 23~35kg 최대: 1.6m, 36kg
새끼-길이: 50~70cm 무게: 5~7kg

크기-동부스피너돌고래
길이: 수컷 1.6~2m, 암컷 1.5~1.9m
무게: 55~70kg 최대: 2m, 75kg
새끼-길이: 75~80cm 무게: 약 10kg

동부스피너돌고래 수컷

뚜렷한 주름에 의해 길고 좁고 짙은 부리(중앙아메리카 종보다는 조금 더 짧고 굵음)가 멜론과 구분됨

'전함'처럼 고른 회색 (햇빛 속에선 보랏빛 또는 푸른빛 도는 회색으로 보이기도)

날씬한 몸(중앙아메리카 종에 비하면 덜 날씬함)

등 중간에 아주 큰 삼각형 모양의 또는 많이 휜 등지느러미(거꾸로 된 것처럼 보이기도. 특히 나이 든 수컷의 경우)

나이 든 수컷은 중앙아메리카 종에 비해 등지느러미가 앞으로 조금 더 휘기도 함

꼬리 끝이 위로 향하기도 함

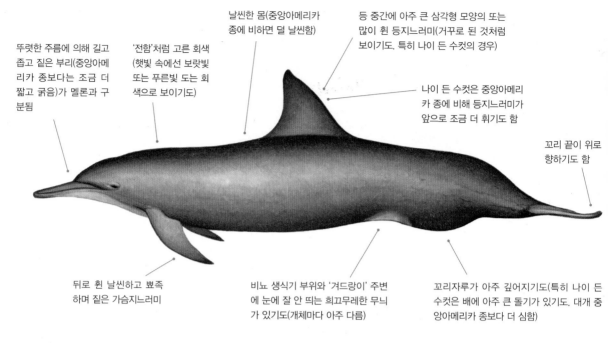

뒤로 휜 날씬하고 뾰족하며 짙은 가슴지느러미

비뇨 생식기 부위와 '겨드랑이' 주변에 눈에 잘 안 띄는 희끄무레한 무늬가 있기도(개체마다 아주 다름)

꼬리자루가 아주 깊어지기도(특히 나이 든 수컷은 배에 아주 큰 돌기가 있기도. 대개 중앙아메리카 종보다 더 심함)

동부스피너돌고래 암컷

등지느러미가 더 올곧고 살짝 휘었거나 삼각형 (앞으로 휘지 않음)

꼬리 끝이 위로 향하지 않음

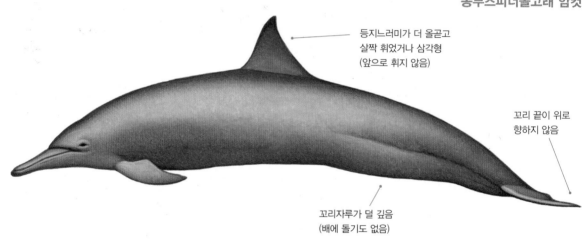

꼬리자루가 덜 깊음 (배에 돌기도 없음)

동부스피너돌고래 성체

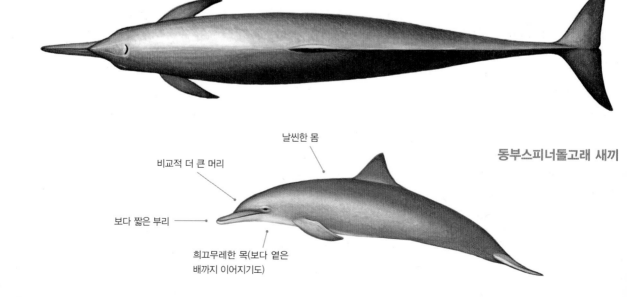

동부스피너돌고래 새끼

날씬한 몸

비교적 더 큰 머리

보다 짧은 부리

희끄무레한 목(보다 옅은 배까지 이어지기도)

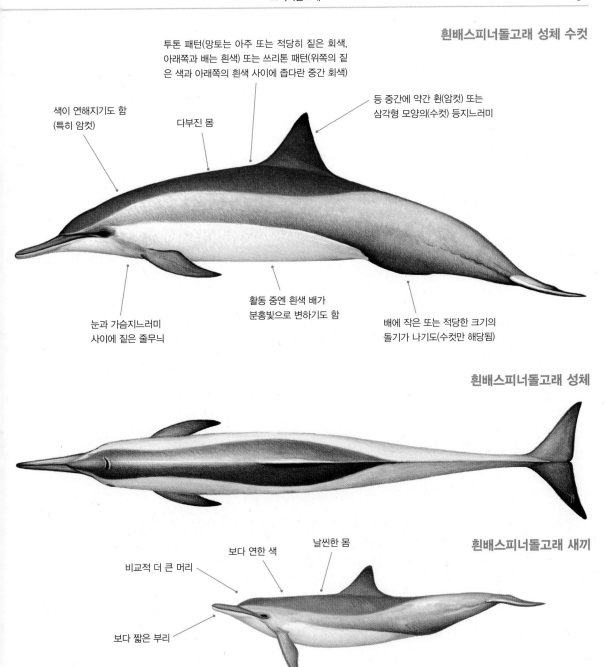

흰배스피너돌고래 성체 수컷

투톤 패턴(망토는 아주 또는 적당히 짙은 회색, 아래쪽과 배는 흰색) 또는 쓰리톤 패턴(위쪽의 짙은 색과 아래쪽의 흰색 사이에 좁다란 중간 회색)

등 중간에 약간 흰(암컷) 또는 삼각형 모양의(수컷) 등지느러미

색이 연해지기도 함 (특히 암컷)

다부진 몸

눈과 가슴지느러미 사이에 짙은 줄무늬

활동 중엔 흰색 배가 분홍빛으로 변하기도 함

배에 작은 또는 적당한 크기의 돌기가 나기도(수컷만 해당됨)

흰배스피너돌고래 성체

흰배스피너돌고래 새끼

보다 연한 색

날씬한 몸

비교적 더 큰 머리

보다 짧은 부리

넉까지 휴식을 취한다. 옅은 색의 모래 덕에 상어가 다가오는 걸 금방 알 수 있는 것이다(이 돌고래들은 낮에 안전한 서식처에서 푹 쉬는 게 필요한 것으로 보임). 그러다 밤이 되면 위험을 무릅쓰고 보다 깊은 바다로 다시 나온다. 일부 지역들에서는 환초 안의 석호들에 들어가 휴식을 취하기도 한다. 또 일부 지역에서는 장소에 대한 충성심이 높다.

중앙아메리카스피너돌고래

이 스피너돌고래들은 주로 150km에 달하는 열대 태평양 동부의 좁다랗고 얕은 해안 지역에서 발견된다. 그리고 멕시코 테우안테펙만에서부터 코스타리카에 이르는 지역에 서식한다.

그레이스피너돌고래

전 세계의 스피너돌고래 서식지 내 거의 모든 지역에서 발견되

나, 열대 아시아와 열대 태평양 동부의 일부 한정된 지역들에서는 발견되지 않는다. 또한 주로 대양 섬들 주변에서 발견되지만 외해에서도 발견된다.

동부스피너돌고래

이 돌고래들은 주로 서경 145도 동쪽의 열대 태평양 동부와 멕시코 바하칼리포르니아에서부터 남쪽으로 에콰도르 남부(대략 적도 부근)까지에 걸쳐 발견된다. 또한 주로 동태평양 웜풀Warm Pool(인도양에서부터 서태평양에 이르는 지구에서 가장 뜨거운 바다-옮긴이) 내 먼바다에서 발견된다.

난쟁이스피너돌고래

열대 인도-태평양 내 동남아시아와 오스트레일리아 북부의 얕은 해안 지역 바다에서만 서식한다. 또한 특히 수심 50m가 넘지 않

는 산호초 지역들을 좋아한다. 그리고 또 그 지역들 내 보다 깊은 먼바다에는 주로 그레이스피너돌고래들이 서식한다.

흰배스피너돌고래

주로 열대 태평양 동부의 먼바다에 서식한다. 또한 대략 동부 종들과 그레이 종들이 만나는 지역에서 발견되며, 동부 지역에서는 이 종들과 서식지가 광범위하게 겹친다.

행동

모든 돌고래들 가운데 가장 공중곡예에 능한 편에 속한다. 보다 전통적인 점프는 물론 옆으로 빙빙 도는 것도 잘하며, 아치형 점프와 몸의 위아래가 뒤집히는 점프도 잘하고, 몸의 측면과 꼬리, 가슴지느러미로 수면을 내려치는 것도 잘한다. 특히 휴식을 취하다 먹이활동에 들어갈 때 공중곡예를 잘한다. 하와이에서는 낮에 모래가 많은 얕은 만 안에서 휴식을 취하던 스피너돌고래들이 종종 전형적인 공중곡예 행동들을 되풀이하며 지그재그로 헤엄을 치는데, 이는 떼 지어 먼바다로 나가기 위한 준비운동 정도로 추정된다. 열대 태평양 동부와 인도양에서는 종종 범열대알락돌고래들은 물론 다른 해양 포유동물들과 어울리기도 한다. 또한 서식지 내 많은 지역에서 배에 다가가 뱃머리에서 파도타기를 하는 경우가 많다(그러나 예외적으로 열대 태평양 동부 내 참치 잡이 지역들에서는 대개 배를 피함).

빙빙 돌기

스피너돌고래들은 공중으로 3m 높이까지 뛰어올라 최대 7번이나 옆으로 빙빙 돈 뒤 다시 물로 떨어지는 걸로 유명하다. 떨어질 때 최대 14번이나 빙빙 돌기도 한다(빙빙 도는 강도는 뒤로 갈수록 떨어짐). 스피너돌고래들은 수면 위로 뛰어오르기 직전에 이미 물속에서 옆으로 빙빙 돌기 시작한다. 모든 나이대의 스피너돌고래들이 빙빙 도는 데 능하며, 1마리가 빙빙 돌기 시작하면 다른 돌고래들 역시 빙빙 돌기 시작

한다. 몇몇 다른 돌고래 종들도 빙빙 돌지만, 스피너돌고래만큼 많이 또는 자주 빙빙 돌지는 않는다.

스피너돌고래들이 왜 빙빙 도는지에 대해선 여러 가지 해석이 있다. 물속으로 다시 들어가면서 몸에 붙은 빨판상어들(늘 붙어 있는 건 아니지만)을 떨쳐버리기 위해서라는 얘기도 있고, 구애활동과 관련된 사회적 과시라는 얘기도 있으며, 밤에 먹이활동을 하기에 앞서 근육을 푸는 거라는 얘기도 있다. 또한 빙빙 돌면서 물로 다시 들어가 물속에 거품 기둥을 일으킴으로써, 광범위하게 퍼져 있는 다른 스피너돌고래들에게 먹잇감들의 위치를 알려주려 하는 거라는 얘기도 있다.

이빨

위쪽 80~124개
아래쪽 80~124개
각 아종들 사이에는 이빨 수에서 약간의 차이들이 있다.

집단 규모와 구조

집단 규모는 하는 행동과 위치에 따라 아주 달라, 10~15마리씩 모이기도 하고 수천 마리씩 모이기도 한다. 또한 가장 큰 집단들은 주로 먼바다에서, 그리고 가장 작은 집단들은 해안 근처에서 형성된다. 그리고 사회 구조는 지역에 따라 아주 다르다. 예를 들어 하와이의 주요 섬들 근처에서는 매일 주기적으로 모였다 흩어졌다 하는 방식을 택하고, 북서 하와이 제도에서는 대개 오랜 기

잠수 동작

- 천천히 헤엄칠 때는 부리 끝이 먼저 수면 위로 올라온다.
- 물을 뿜어 올릴 때 멜론의 윗부분이 잠시 보인다.
- 머리가 수면 밑으로 잠긴다.
- 등과 등지느러미가 잠시 드러난다. 일부 개체들은 앞뒤가 바뀐 것처럼 보인다.
- 꼬리자루가 금방 휘어진다(대개 높이).
- 대개 꼬리는 보이지 않는다.
- 빠르게 헤엄칠 때는 수면 위로 살짝살짝 튀어 올랐다가 다시 물 밑으로 들어간다.
- 큰 집단을 이뤄 움직일 때 가끔 물을 휘저어 거품이 일어나게 한다.

먹이와 먹이활동

먹이: 작은(길이 20cm 이내의) 물고기부터 중간 크기의 물고기에 이르는 다양한 물고기들과 오징어, 새우 등을 잡아먹는다. 난쟁이스피너돌고래는 해저에 사는 암초 물고기들과 무척추동물들을 잡아먹는다.

먹이활동: 대개 밤에 먹이활동을 하며, 낮에는 휴식을 취한다(난쟁이스피너돌고래는 예외로, 낮에도 먹이활동을 함). 일부 개체들은 서로 힘을 합쳐 먹이활동을 한다(하와이 일대에서는 떼 지어 다니는 물고기들을 공 모양으로 만들어 수면으로 밀어붙임).

잠수 깊이: 아종에 따라 다르다. 먼바다에서는 대개 200~300m까지 잠수하지만, 실은 600m 이상도 잠수할 수 있다.

잠수 시간: 휴식을 취할 땐 1~2분(주로 수면에서 시간을 보냄), 먹이활동을 할 땐 3~4분(깊이 잠수할 땐 사이사이에 약 30초씩 수면 위로 올라옴).

간 안정된 집단을 이루는 방식을 택한다. 그리고 또 돌고래들이 나이와 성별에 따라 분리된다는 증거도 있다.

포식자들

스피너돌고래의 가장 중요한 포식자는 대형 상어들일 걸로 추정된다. 게다가 스피너돌고래들의 몸에 치유된 상어 이빨 자국들이 보이지 않는 걸로 보면, 상어 공격을 받았다 하면 거의 다 목숨을 잃는 걸로 보인다. 스피너돌고래들의 몸이 워낙 작기 때문에, 쿠키커터상어의 공격만으로도 목숨을 잃을 수 있는 것이다. 그 외에 범고래는 물론이고 범고래붙이나 심지어 난쟁이범고래도 포식자들일 것으로 추정된다.

사진 식별

등지느러미 뒤쪽의 각종 홈과 흉터들로 식별 가능하다(겨우 약 15%의 스피너돌고래들만이 식별 가능한 특징을 갖고 있지만).

개체 수

전반적인 개체 수 추정치는 없으나, 스피너돌고래는 세계에서 가장 많은 돌고래들 중 하나로 추정된다. 많은 지역을 조사한 건 아니지만, 개체 수가 대략 100만 마리는 넘는 걸로 알려져 있다. 대략적인 지역별 개체 수는 다음과 같다. 열대 태평양 동부에 흰배스피너돌고래 80만 1,000마리와 동부스피너돌고래 61만 3,000마리, 필리핀 술루해 남동부에 3만 1,000마리, 멕시코만 북부에 1만 2,000마리 그리고 하와이 주변에 1,900~2,000마리.

종의 보존

세계자연보전연맹의 종 보존 현황: '최소 관심' 상태(2018년). 동부스피너돌고래 아종들은 '취약' 상태(2008년). 대형 황다랑어들이 스피너돌고래와 범열대알락돌고래 그리고 (드물게는) 참돌고래들과 함께 헤엄을 치는 멕시코와 중앙아메리카 서쪽 열대 태평양 북동부 바다에서는 돌고래들이 대형 건착망에 뜻하지 않게 걸려 죽임을 당하는 경우가 아주 많았다. 상업적인 어선단들이 참치와 돌고래들을 한 번에 잡았고, 그 바람에 총 600만 마리 이상의 돌고래들이 죽임을 당한 것이다. 그중 무려 200만 마리는 스피너돌고래들이었고, 그 결과 열대 태평양 북동부 개체 수는 무려 65% 가까이 줄었다.

어업 관련 규정들이 바뀌고 어업 장비 및 관행들(생포된 돌고래 풀어주기 등)이 수정되면서, 그리고 또 '돌고래를 보호하는 참치잡이'에 대한 대중의 지지가 이어지면서, 이 돌고래들의 사망률은 크게(연간 1,000마리 이내로) 줄어들었다. 그러나 30년에 걸친 보호 조치에도 불구하고, 스피너돌고래 개체 수는 별로 회복되지 못하고 있다. 잡았다 풀어주는 일이 반복되고 새끼들이 자꾸 어미들에게서 분리되는 데서 오는 스트레스가 심한 데다, 스피너돌고래 종에 대한 생태계의 수용 능력에 변화가 생겨나고, 또 아직도 행해지는 스피너돌고래 사냥에 대한 신고가 부족한 것 등이 그 원인이 아닌가 싶다.

스피너돌고래 서식지 내에서는 지금도 여전히 대형 건착망과 자망 그리고 저인망에 뜻하지 않게 걸려드는 스피너돌고래들이 많다. 또한 타이만 내에서는 지금도 난쟁이스피너돌고래들이 새우 저인망에 뜻하지 않게 걸려들고 있으며, 일부 지역들에서는 사고로 잡힌 스피너돌고래들을 이용하게 되면서 적극적인 사냥이 행해지기도 했다. 그리고 솔로몬 제도와 카리브해, 스리랑카, 인도, 대만, 인도네시아, 필리핀은 물론 가끔 일본과 서아프리카에서도 식용 및 상어 미끼용으로 지금도 직접적인 스피너돌고래 사냥이 행해지고 있다. 정확한 수치는 없지만, 인도양의 일부 국가들에서는 매년 수천 마리의 스피너돌고래들이 식용 및 돌고래 사냥 미끼용으로 사냥되고 있다.

그밖에 스피너돌고래들을 위협하는 또 다른 문제들로는 생태계 교란(특히 돌고래들이 휴식을 취하는 일부 얕은 해안 지역들의 돌고래 관광 선박들 및 해수욕객들로 인한), 해양 폐기물 흡입, 화학물질 오염, 소음 공해 등을 꼽을 수 있다.

일대기

성적 성숙: 암컷은 8~9년, 수컷은 7~10년.

짝짓기: 짝짓기 방식은 동부 종과 중앙아메리카 종의 경우 수컷 1마리가 여러 암컷들과 짝짓기를 하는 방식 일부다처제 방식이며, 그레이 종과 난쟁이 종과 흰배 종의 경우 암수 모두 독점적으로 둘 이상의 상대와 짝짓기를 하는 방식이다. 짝짓기를 위한 수컷들 간의 경쟁은 아종에 따라 다르다(공공연한 경쟁에서부터 정자 경쟁에 이르기까지).

임신: 10개월.

분만: 매년 연중 새끼 1마리가 태어난다(지역에 따라 다르지만, 늦봄부터 가을까지가 정점임).

젖떼기: 1~2년 후에.

수명: 25~30년으로 추정(최장수 기록은 26년).

클리멘돌고래 Clymene dolphin

학명 스테넬라 클리메네 *Stenella clymene*   (Gray, 1850)

분자 검사에 따르면, 클리멘돌고래는 스피너돌고래와 줄무늬돌고래 간의 광범위한 이종교배를 거치면서 진화되어온 것으로 보이며, 많은 측면에서 그 2종의 거의 중간 종으로 보인다. 처음에는 스피너돌고래의 변종으로 믿어지다가, 1981년에 이르러 완전한 별개의 종으로 인정받았다.

분류: 참돌고래과 이빨고래아목

일반적인 이름: 클리멘돌고래는 영어로 Clymene dolphin으로, Clymene는 그리스 신화에 나오는 바다의 요정 겸 타이탄 여신의 이름에서 따온 것이며, Clymene의 첫 자 C는 대문자로 써야 하고 보통 클리메네라고 읽는다.

다른 이름들: short-snouted spinner dolphin, Atlantic spinner dolphin, Senegal dolphin, helmet dolphin(부리 끝에서부터 멜론까지 이어진 눈에 띄는 선이 10세기 때의 노르만족 헬멧의 차양을 닮았다 해서).

학명: 이 고래 학명의 앞부분 *Stenella*는 '좁은'을 뜻하는 그리스어 *stenos*에 '작은'을 뜻하는 그리스어 *ella*가 붙은 것이다(부리의 모양을 가리킴). 그리고 학명의 뒷부분 *clymene*는 신화에 나오는 바다 요정의 이름에서 따온 것이다(*clymene*가 '악명 높은'을 뜻하는 그리스어 *klymenos*에서 온 거라고 주장하는 사람들도 있음).

세부 분류: 클리멘돌고래는 이종교배를 거치면서 진화되어 왔다는 증거들이 있는데, 만일 사실이 그렇다면 이 돌고래는 아마 그런 식으로 생겨난 최초의 해양 포유동물일 것이다. 현재 따로 인정된 아종은 없다. 그리고 *Stenella* 고래속 분류에 대해선 아직도 이런저런 논란이 있어 가까운 장래에 개정될 수도 있다.

성체

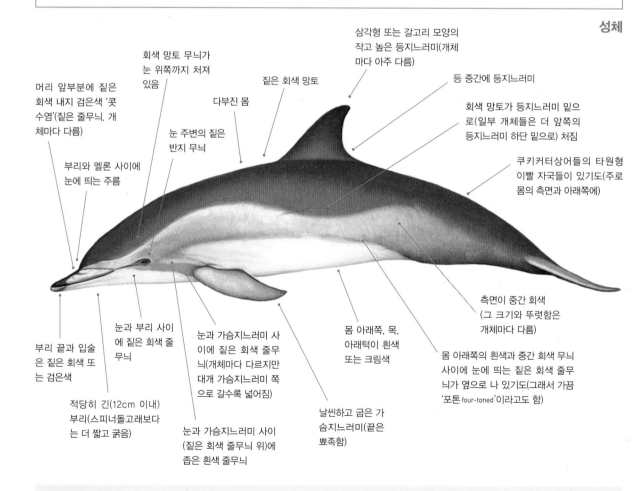

머리 앞부분에 짙은 회색 내지 검은색 '콧수염'(짙은 줄무늬. 개체마다 다름)

회색 망토 무늬가 눈 위쪽까지 처져 있음

다부진 몸

짙은 회색 망토

삼각형 또는 갈고리 모양의 작고 높은 등지느러미(개체마다 아주 다름)

등 중간에 등지느러미

회색 망토가 등지느러미 밑으로(일부 개체들은 더 앞쪽의 등지느러미 하단 밑으로) 처짐

쿠키커터상어들의 타원형 이빨 자국들이 있기도(주로 몸의 측면과 아래쪽에)

부리와 멜론 사이에 눈에 띄는 주름

눈 주변의 짙은 반지 무늬

부리 끝과 입술은 짙은 회색 또는 검은색

눈과 부리 사이에 짙은 회색 줄무늬

눈과 가슴지느러미 사이에 짙은 회색 줄무늬(개체마다 다르지만 대개 가슴지느러미 쪽으로 갈수록 넓어짐)

몸 아래쪽, 목, 아래턱이 흰색 또는 크림색

측면이 중간 회색(그 크기와 뚜렷함은 개체마다 다름)

몸 아래쪽의 흰색과 중간 회색 무늬 사이에 눈에 띄는 짙은 회색 줄무늬가 옆으로 나 있기도(그래서 가끔 '포톤 four-toned'이라고도 함)

적당히 긴(12cm 이내) 부리(스피너돌고래보다는 더 짧고 굵음)

눈과 가슴지느러미 사이(짙은 회색 줄무늬 위)에 좁은 흰색 줄무늬

날씬하고 굽은 가슴지느러미(끝은 뾰족함)

요점 정리

- 대서양의 따뜻한 바다에 서식
- 작은 크기
- 다부진 몸
- 쓰리톤 패턴(개체마다 아주 다름)
- 짙은 망토 무늬가 두 곳에서 눈에 띄게 밑으로 처짐(그래서 물결 모양이 됨)
- 등지느러미가 거의 삼각형이거나 약간 휨
- 중간 길이의 튼튼한 부리
- 부리 표면에 짙은 '콧수염' 무늬가 있음

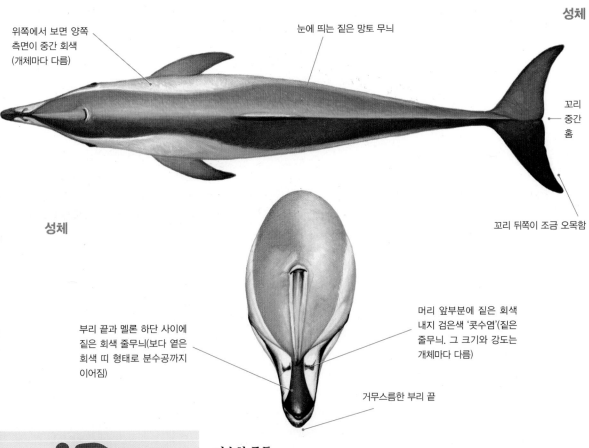

위쪽에서 보면 양쪽 측면이 중간 회색 (개체마다 다름)

눈에 띄는 짙은 망토 무늬

성체

꼬리 중간 홈

꼬리 뒤쪽이 조금 오목함

성체

부리 끝과 멜론 하단 사이에 짙은 회색 줄무늬(보다 옅은 회색 띠 형태로 분수공까지 이어짐)

머리 앞부분에 짙은 회색 내지 검은색 '콧수염'(짙은 줄무늬. 그 크기와 강도는 개체마다 다름)

거무스름한 부리 끝

크기

길이: 수컷 1.8~2m, 암컷 1.7~1.9m

무게: 50~80kg 최대: 2m, 80kg

새끼 - 길이: 0.9~1.2m 무게: 약 10kg

비슷한 종들

클리멘돌고래는 생긴 게 그레이스피너돌고래와 비슷하지만, 몸이 더 작고 다부지며 부리가 더 짧고 튼튼하고 멜론이 더 둥글며 대개 등지느러미가 더 굽은 갈고리 모양이고(개체에 따라 아주 다르지만) 색 패턴도 다르다. 또한 클리멘돌고래의 경우 망토 무늬 두 곳이 아래로 처져 있고 부리 끝에 '콧수염' 같이 생긴 짙은 줄무늬도 있다. '깔끔한' 목 부위 또한 클리멘돌고래를 다른 일부 돌고래들과 구분하는 데 도움이 되지만, 유감스럽게도 스피너돌고래와 구분하는 데는 도움이 되지 않는다(그레이스피너돌고래는 목 부위가 비슷함). 멀리서 보면 생긴 게 비슷한 참돌고래와 혼동할 수도 있지만, 참돌고래의 망토 무늬는 등지느러미 아래쪽으로 날카로운 V자 모양을 그리며 처지는 데 반해 클리멘돌고래의 망토 무늬는 매끄러운 곡선을 그리며 처진다. 그 외에 클리멘돌고래의 깔끔한 목 부위와 흰색 아래턱(그레이스피너돌고래에게도 있음) 그리고 부리에 있는 '콧수염'도 참돌고래와 구분하는 데 도움이 된다. 클리멘돌고래는 얼핏 보면 줄무늬돌고래와도 비슷하지만, 자세히 보면 색 패턴이 아주 다르다. 브라질 페르난두 데 노로냐 군도 일대에서는 클리멘돌고래와 스피너돌고래 사이에 태어난 잡종도 목격되었다.

▲ 클리멘돌고래 분포

분포

클리멘돌고래들은 카리브해와 멕시코만을 포함한 대서양의 열대 바다

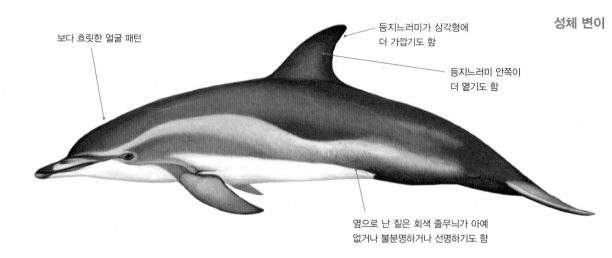

성체 변이

보다 흐릿한 얼굴 패턴

등지느러미가 삼각형에 더 가깝기도 함

등지느러미 안쪽이 더 옅기도 함

옆으로 난 짙은 회색 줄무늬가 아예 없거나 불분명하거나 선명하기도 함

와 아열대 바다는 물론 가끔 따뜻한 온대 바다에서도 발견되지만, 지중해에도 들어간다고 알려져 있지는 않다. 대서양 동쪽의 경우, 클리멘돌고래들의 서식지는 적어도 앙골라 남부(남위 약 14도)에서부터 북쪽으로는 모리타니 중부(북위 약 19도)까지 이어지며 남쪽으로는 아프리카 서부 해안 일대까지(차가운 벵겔라 해류가 경계를 이룸) 이어진다(보다 남쪽으로 해수 온도가 보다 따뜻한 대서양 중앙의 먼바다에서도 발견되지만). 반면에 대서양 서쪽의 경우, 브라질 히우그란지두술(남위 약 30도)에서부터 북쪽으로 미국 뉴저지(북위 약 39도)까지에 이른다. 대서양 중앙 지역에서도 발견됐다는 기록이 두 건 있다. 클리멘돌고래들의 서식지는 해수면 온도가 섭씨 19.6도에서 31.1도 사이인 따뜻한 바다에 국한된다(대부분의 지역에서는 섭씨 25가 넘는 바다를 좋아함). 또한 멕시코만류, 북적도 해류, 브라질 해류 같은 따뜻한 해류들과 아주 밀접한 관련이 있다. 대양 종은 주로 대륙붕의 바다 방면에서 발견되며(대륙사면과 그 너머 바다를 좋아해서) 해안 근처에서는 보기 힘들다(수심이 깊은 해안은 예외). 그리고 수심 400~5,000m에서 발견된다는 기록들이 있다. 1년 내내 열대 지역들에서 발견되며 장거리 이동은 하지 않는 걸로 알려져 있다.

행동

동작이 빠르고 기민하며 종종 공중곡예도 활발히 한다. 수면 위로 점프도 하고 옆으로 빙빙 돌기도 하는데, 최대 네 번 빙빙 돈 뒤 옆이나 뒤로 떨어진다(클리멘돌고래는 스피너돌고래에 비하면 점프 높이도 낮고 점프 빈도수도 적으며 빙빙 보는 동작도 덜 정교하고 어렵지만, 스피너돌고래 외에 유일하게 수시로 옆으로 빙빙 도는 돌고래임). 그리고 먼바다에 사는 다른 돌고래들과 마찬가지로, 클리멘돌고래들 역시 집단을 이룰 때 수면 위에서 비교적 별 움직임 없이 가만히 있는 경우가 많다. 또한 서아프리카에서는 종종 참돌고래들과 어울리며 카리브해 등지에서는 스피너돌고래들과 어울린다. 배에 대한 반응은 다양해, 피하기도 하고 큰 관심을 보이기도 한다. 일부 지역들에서는 뱃머리에서 파도 타는 걸 아주 좋아해 멀리서부터 일부러 배 가까이 다가오기도 한다.

이빨

위쪽 78~104개
아래쪽 76~96개

잠수 동작

• 분수공, 등의 일부, 등지느러미만 드러난다.
• 등을 살짝 굽히면서 앞으로 몸을 굴린다.
• 꼬리자루가 수면 밑으로 사라진다.
• 꼬리를 치켜올리지 않는다.
• 빨리 헤엄칠 때 물 위에 살짝살짝 뜬다.

물 뿜어 올리기

• 물을 뿜어 올리는 게 잘 보이지 않는다.

먹이와 먹이활동

먹이: 중심 해에 사는 작은 물고기들(랜턴피시, 청어, 날개멸 등)과 오징어를 잡아먹는다.

먹이활동: 대개 밤에 먹이활동을 한다. 멕시코만에서는 낮에 서로 힘을 합쳐 먹이활동을 하기도 한다.

잠수 깊이: 알려진 바가 없다.

잠수 시간: 알려진 바가 없다.

집단 규모와 구조

클리멘돌고래들은 대개 1~100마리씩 모이며 평균 약 70~80마리씩(멕시코만에서는 대략 그 절반이지만) 모인다.

포식자들

클리멘돌고래가 잡아먹히는 게 목격됐다는 기록은 없으나, 범고래와 대형 상어들이 포식자들일 걸로 추정된다.

개체 수

전반적인 개체 수 추정치는 없다. 예전에 집계된 개체 수 추정치에 따르면, 멕시코만 북부에 6,575마리(2003~2004년), 미국 동부 해안에 6,086마리 정도가 서식했다. 이처럼 관련 정보가 부족한 것은 조사 노력이 부족했던 데다가 개체 수가 적어서라기보다는 식별에 어려움이 있기 때문인 것으로 보인다.

종의 보존

세계자연보전연맹의 종 보존 현황: '최소 관심' 상태(2018년). 카리브해의 소앤틸리스 제도에서 휴대용 작살에 의한 돌고래 사냥이 행해지고 있는 걸로 알려져 있다. 또한 그 외에 베네수엘라(이곳에선 클리멘돌고래 고기가 상어 미끼용과 식용으로 사용됨)와 기니만 그리고 서식지 내 대부분의 지역에서 어망에 사고로 걸려 잡히는 경우도 많을 걸로 추정된다. 클리멘돌고래는 가나의 어항들에 가장 흔히 하역되는 고래다. 서아프리카에서는 뜻하지 않게 어망에 잡히는 건 물론 직접적인 사냥에 의해서도 죽임을 당하고 있는 걸로 알려져 있으나, 그게 어느 정도인지는 불분명하다. 그리고 클리멘돌고래의 생존을 위협하는 다른 중대한 문제들은 알려져 있지 않으나, 석유와 가스 탐사 및 시추와 관련된 각종 활동과 누출 사고가 잠재적인 위협으로 손꼽힌다.

일대기

사실상 관련 정보가 전무하다시피 하나, 스피너돌고래의 경우와 비슷할 걸로 추정된다. 성적으로 성숙해지는 시기는 몸길이가 약 1.7m가 됐을 때로 추정된다. 최장수 기록은 16년.

▲ 멕시코만에서 수면 위를 오르락내리락하며 나아가는 클리멘돌고래들. 옆으로 난 짙은 회색 줄무늬가 서로 다른 데 주목할 것.

줄무늬돌고래 Striped dolphin

학명 스테넬라 코에루레오알바 *Stenella coeruleoalba* (Meyen, 1833)

고대 그리스인들은 이 줄무늬돌고래들의 아름다운 몸놀림과 색에 감탄했으며, 그래서 수천 년 전에 이미 이 돌고래들의 모습을 자신들의 프레스코화에 담았다. 남반구와 북반구의 따뜻한 바다에 폭넓게 퍼져 서식하며, 개체 수는 200만 마리가 넘는 걸로 추정되고, 세계 각지에서 흔히 볼 수 있는 고래 종이기도 하다.

분류: 참돌고래과 이빨고래아목

일반적인 이름: 줄무늬돌고래는 영어로 striped dolphin으로, striped(줄무늬가 있는)란 말이 붙은 것은 부리에서부터 몸의 양 측면을 따라 항문까지 짙은 줄무늬가 길게 나 있기 때문이다.

다른 이름들: streaker(streak는 '쏜살같이 가다'의 뜻. 일부 지역에선 배만 보면 쏜살같이 달아난다 해서), streaker porpoise, blue-white dolphin, euphrosyne dolphin, Gray's dolphin, Meyen's dolphin, Greek dolphin, whitebelly 등.

학명: 이 고래 학명의 앞부분 *Stenella*는 '좁은'을 뜻하는 그리스어 *stenos*에 '작은'을 뜻하는 그리스어 *ella*가 붙은 것이다(부리의 모양을 가리킴). 그리고 학명의 뒷부분 *coeruleoalba*는 '짙은 파란색' 또는 '하늘색'을 뜻하는 라틴어 *coeruleus*에 '흰색'을 뜻하는 라틴어 *albus*가 합쳐진 것이다(짙고 옅은 각종 색 패턴을 가리킴).

세부 분류: 현재 따로 인정된 아종은 없다. 그러나 지역에 따라 두개골 형태 및 몸 크기에 상당한 차이가 있으며, 특히 지중해에 사는 줄무늬돌고래들과 북대서양 동부에 사는 줄무늬돌고래들은 유전학적으로 서로 구분된다. 그리고 *Stenella* 고래속 분류에 대해선 아직도 이런저런 논란이 있어 가까운 장래에 개정될 가능성이 높다.

성체

대체로 다른 *Stenlla* 종들에 비해 더 다부짐(그러나 아주 날씬함)

약간 볼록한 멜론에 완만하게 경사진 이마

등 망토 무늬가 짙은 회색 또는 푸른빛이나 갈색빛 도는 회색

등 중간에 적당히 높은(최대 27cm) 갈고리 모양의 등지느러미

부리가 적당히 길고(최대 길이 11cm 또는 몸길이의 4.5~5.8%) 아주 뭉툭하며, 부리와 멜론 사이에 눈에 띄는 주름이 있음

옅은 회색 가슴

측면의 옅은 회색 또는 흰색 불꽃 무늬가 가슴부터 등지느러미 하단까지 이어짐(개체마다 아주 다름)

눈부터 가슴지느러미까지 짙은 회색 내지 검은색 줄무늬

뾰족한 끝부분

또 다른 짧은 줄무늬(늘 있는 건 아님)

부리부터 눈을 거쳐 항문까지 옆으로 길게 짙은 회색 또는 검푸른색 줄무늬(뒤로 갈수록 넓어지다가 사라짐)

흐릿한 쿠키커터상어 이빨 자국들이 있기도(다 아물어 바탕색에 가까워져)

뒤로 휜 날씬한 가슴지느러미(옅은 회색 내지 검은색)

배와 목과 아래턱이 흰색 또는 분홍색

요점 정리

- 전 세계의 깊은 열대 및 따뜻한 온대 바다에 서식
- 작은 크기
- 복잡한 쓰리톤 패턴
- 옆으로 난 길고 짙은 줄무늬
- 몸 아래쪽이 밝은 흰색 또는 분홍색
- 측면의 옅은 회색 불꽃 무늬가 뒤쪽 위의 등지느러미 쪽으로 올라감
- 등 중간에 적당히 높은 갈고리 모양의 등지느러미
- 헤엄치는 속도가 빠르며 에너지가 넘치고 활발함

성체

꼬리
중간
홈

꼬리의 양쪽이 옅은
회색 내지 검은색

크기
길이: 수컷 2.2~2.6m, 암컷 2.1~2.4m
무게: 100~150kg **최대**: 2.6m, 156kg
새끼–길이: 90~100cm **무게**: 10~15kg

비슷한 종들

줄무늬돌고래는 다른 여러 돌고래들과 혼동할 여지가 있지만, 지리적으로 또 개체별로 겉모습이 아주 다른 데다가 측면의 짙은 줄무늬와 옅은 불꽃 무늬 덕에 다른 모든 돌고래 종들과 구분 가능하다. 대서양알락돌고래와 큰돌고래 모두 측면에 옅은 불꽃 무늬가 있지만, 대서양알락돌고래는 대개 반점이 아주 많고, 큰돌고래는 불꽃 무늬가 대개 더 흐릿하다. 참돌고래 역시 크기와 모양이 두루 비슷하지만, 색 패턴 자체가 아주 다르다. 또한 프레이저돌고래도 눈부터 항문까지 짙은(그리고 더 넓은) 줄무늬가 나 있지만, 프레이저돌고래는 몸이 훨씬 더 다부지고 부리가 짧으며 등지느러미가 균형이 안 맞을 만큼 작다.

분포

남반구와 북반구의 대서양과 태평양과 인도양 그리고 그 인접한 여러 바다들에 폭넓게 퍼져 서식하고 있다. 또한 대략 북위 50도와 남위 40도 사이에 서식하며, 북태평양에서는 대개 북위 43도 아래쪽에서 발견되고 있다. 그리고 주로 열대 바다에서 따뜻한 온대 바다에 걸쳐 발견되며, 다른 그 어떤 *Stenella* 고래속보다 더 고위도 지역에서 발견된다(줄무늬돌고래는 유럽 북부까지 수시로 올라가는 유일한 고래속이기도 함). 지중해에서 가장 많이 발견되는 돌고래이기도 하다. 인도양의 서식지들에 대해서는 알려진 바가 별로 없고, 동해와 동중국해에는 흔히 발견되지 않는다. 그리고 또 예외적으로 캄차카 반도, 알류샨 열도 서부, 그린란드 북부, 아이슬란드, 페로 제도, 프린스에드워드 제도 등에서도 발견되며, 길을 잘못 든 개체들이 홍해와 페르시아만에서 발견되기도 한다.

줄무늬돌고래들은 대개 수심 1,000m가 넘는 바다에서 발견된다(그리고 많은 지역들에서 수심이 보다 깊은 바다에서 발견되는 수가 급증하고 있음). 또한 주로 대륙붕 바깥쪽(대륙사면에서부터 대양 바다 쪽까지)에서 발견되지만, 수심이 어느 정도 되는 해안 지역에서도 발견된다. 지중해에서는 종종 비교적 더 얕은 해안 근처의 바다에서도 발견된다. 그리고 해수면 온도가 섭씨 18도에서 22도 정도 되는 바다를 좋아하지만, 섭씨 10도에서 26도 정도 되는 바다에서 발견되기도 한다. 그리고 매일 해안 근처에서 먼바다로 이동하며, 대양 해류를 따라 또는 해수면 온도의 변화에 따라 계절별 이동을 하기도 한다.

행동

공중곡예에 아주 능해 종종 수면 위 5~7m 높이까지 점프를 하며, 몸을 뒤집은 채 수면 위에서 몸을 위아래로 움직이며 나아가기도 한다. 그리고 '로토-테일링roto-tailing'(roto는 '회전'의 뜻, tailing은 '꼬리로 내려치기'의 뜻)이란 독특한 행동도 하는데, 그건 꼬리로 원을 그리듯 힘차게 수면을 내려치면서 아치형을 그리며 높이 뛰어오르는 행동이다. 드

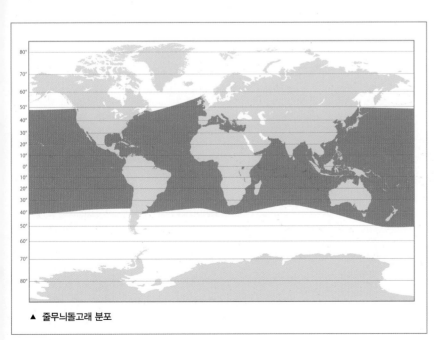

▲ 줄무늬돌고래 분포

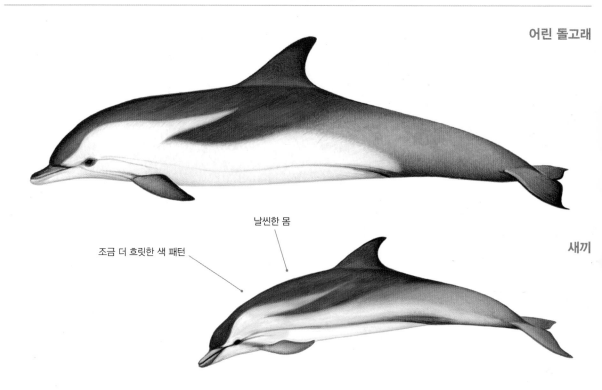

어린 돌고래

날씬한 몸

새끼

조금 더 흐릿한 색 패턴

물긴 하지만 다른 고래들이나 바닷새들과 어울리기도 하며(줄무늬돌고래 성체들은 가끔 참돌고래들과 그리고 드물게는 큰코돌고래들과 어울리며, 어린 줄무늬돌고래들은 가끔 참치 집단과 어울림), 지중해에서는 가끔 긴수염고래들 앞에서 파도타기를 하기도 한다. 열대 태평양 동부 지역에서는 배들에 대해 유난히 예민한 반응을 보이지만, 그 외의 지역에서는 대개 배 앞과 뒤에서 파도 타는 걸 좋아한다. 그러나 다른 열대 지역 돌고래들에 비해서는 보다 자주 겁을 먹어, 별다른 이유 없이 배에서 멀리(낮게 뛰어올라 물보라를 튀기면서) 달아난다.

이빨
위쪽 78~110개
아래쪽 78~110개

집단 규모와 구조
대개 10~100마리씩 그리고 가끔은 500마리까지 조밀한 집단을 이루며, 때론 수천 마리의 집단을 이루기도 한다. 집단 규모는 지역에 따라 아주 달라, 북대서양 동부에서는 집단 규모가 평균 약 10~30마리이며, 지중해 서부에서는 26마리, 하와이의 먼바다에서는 53마리, 일본 일대에서는 100마리다. 또한 대개 해안에서 멀고 수심이 깊을수록 집단 규모 또한 더 커진다. 그리고 각 집단은 나이와 성별에 따라 하위 집단으로 나뉘기도 하며, 각 개체는 이 집단에서 저 집단으로 옮겨 다니기도 한다. 줄무늬돌고래들은 대개 어린 개체 집단, 성체 집단 그리고 어린 개체와 성체들의 혼합 집단(암컷들과 그 새끼들) 이렇게 3개 집단으로 나뉜다. 그리고 성체 집단들은 다시 번식 집단(암컷들과 수컷들)과 비번식 집단(임신 중이거나 수유 중인 암컷들 또는 따로 사는 수컷들)으로 나뉜다. 새끼들은 젖을 뗀 지 1~2년 후에 혼합 집단을 떠나 어린 개체 집단에 합류하며, 그런 다음 성적으로 성숙된 후에 성체 집단에 합류한다.

포식자들
범고래와 상어들이 주요 포식자들이며, 범고래붙이와 난쟁이범고래들 역시 포식자들일 걸로 추정된다.

잠수 동작
- 낮게 멀리 아치형을 그리며 점프하는 등 대개 헤엄치는 속도가 빠른 걸로 보인다.
- 완만한 각도로 수면 위로 오르고 부리 끝 먼저 잠수한다.
- 중간 높이 정도로 점프하면서 꼬리를 높이 치켜올리기도 한다.
- 점프를 할 때 대개 까치돌고래처럼 높은 물보라를 일으킨다.

먹이와 먹이활동

먹이: 여러 작은(대개 길이 17cm 이내의) 물고기들, 특히 랜턴피시를 즐겨 먹으며, 오징어(특히 지중해와 대서양 북동부에서)와 일부 갑각류도 잡아먹는다.

먹이활동: 주로 밤에 먹이활동을 한다.

잠수 깊이: 정보가 제한되어 있으나, 700m까지 잠수할 수 있는 걸로 추정된다.

잠수 시간: 알려진 바가 없다.

사진 식별

사진 식별이 가능하지만 아주 어려운데, 그건 줄무늬돌고래들의 경우 자연적인 특징들이 그리 뚜렷하지 않은 데다가, 큰 집단을 이루고 있어 이전에 목격한 각 개체를 찾아낸다는 게 쉽지 않기 때문이다. 그래도 꼭 식별해야 한다면, 등 표면에 있는 각종 홈과 흉터들 그리고 다양한 색 패턴을 보고 식별해야 한다.

개체 수

전 세계의 줄무늬돌고래 개체 수는 240만 마리가 넘을 걸로 추정된다. 대략적인 지역별 개체 수는 다음과 같다. 열대 태평양 동부에 약 150만 마리, 북태평양 서부에 57만 마리, 지중해 서부(티레니아해 제외)에 11만 8,000마리 그리고 지중해 전 지역에 그 2배 정도, 서유럽 비스케이만에 7만 4,000마리, 미국 캘리포니아, 오리건, 워싱턴주 일대에 2만 9,000마리 그리고 아드리아해 남부에 2만 마리.

종의 보존

세계자연보전연맹의 종 보존 현황: '최소 관심' 상태(2018년). 지중해 아종은 '취약' 상태(2010년). 줄무늬돌고래는 일본에서 소규모 휴대용 작살 사냥 및 몰이식 사냥으로 잡히고 있는 가장 중요한 참돌고래과 돌고래이다. 그렇게 희생되는 줄무늬돌고래 추정치는 일정치 않으나, 1978년(이때부터 적절한 기록 집계가 시작됨) 이후 몇 년간 무려 2만 1,000마리가 죽임을 당했다. 최근 수년간은 매년 평균 500~700마리가 사냥되고 있다. 그 외에 대만, 스리랑카, 솔로몬 제도, 카리브해의 세인트빈센트섬과 그레나딘 제도 등지에서도 소수의 줄무늬돌고래들이 식용 및 어장 보호용으로 그리고 또 새우 통발 미끼용으로 사냥되고 있다. 1970년대와 1980년대에는 수만 마리의 줄무늬돌고래들이 공해에 설치된 유망들에 의해 희생됐으나, 2002년에 이르러 유럽 전역에서 유망 설치가 금지됐다(지중해에서는 지금도 여전히 참치와 황새치를 잡기 위해 유망들이 설치되고 있지만). 많은 지역에서는 유망 외의 다른 어망들(특히 대형 건착망, 원양 저인망 등)이 큰 위협이 되고 있으며, 일부 지역들에서는 실제로 매년 수백 마리에서

수천 마리가 그런 어망들에 의해 죽임을 당하고 있다. 1990년부터 1992년 사이에 지중해에서는 수천 마리의 줄무늬돌고래들이 집단 폐사당했는데, 유기염소 오염 물질들이 그 근본 원인이었던 걸로 보여지고 있다(질병에 대한 면역력이 저하되어). 그 이후에도 규모는 더 작지만 비슷한 사고가 계속 일어나고 있다. 먹잇감 어종들에 대한 남획 또한 줄무늬돌고래들을 위협하는 또 다른 문제다. 생포된 줄무늬돌고래들은 대개 1~2주 내 목숨을 잃는다.

▲ 가까이에서 보이는 뚜렷한 측면 불꽃 무늬.

▲ 카나리아 제도에서 수면 위를 오르락내리락하며 나아가는 줄무늬돌고래.

일대기

성적 성숙: 암컷은 5~13년, 수컷은 7~15년.

짝짓기: 짝짓기 방식은 수컷 1마리가 여러 암컷과 짝짓기를 하는 일부다처제 방식으로 추정된다.

임신: 12~13개월.

분만: 3~4년(때론 2년)마다 연중 새끼 1마리가 태어나며, 계절에 따라 정점이 있다(일본에서는 정점이 여름과 겨울임).

젖떼기: 12~18개월 후에.

수명: 적어도 50년으로 추정(최장수 기록은 58년, 암컷의 최고령 임신 기록은 48년).

참돌고래 Common dolphin

학명 델피누스 델피스 *Delphinus delphis*   Linnaeus, 1758

참돌고래는 그리스 철학자 아리스토텔레스Aristoteles와 로마 철학자 플라이니 디 엘더Pliny the Elder가 자세히 기술함으로써, 과학적으로 설명된 최초의 돌고래 종이 되었다. 그러나 그 이후 이 돌고래가 한 종 또는 2종 이상으로 분류되어야 하는 문제를 둘러싸고 계속 논란이 있어 왔다. 활기 넘치는 이 돌고래들이 큰 집단을 이뤄 물거품을 일으키며 바다 위를 돌아다니는 건 전 세계 도처에서 흔히 볼 수 있는 장면이다.

분류: 참돌고래과 이빨고래아목

일반적인 이름: 참돌고래는 영어로 common dolphin으로, common(흔한)이란 말이 붙은 것은 그만큼 폭넓은 지역에서 흔히 볼 수 있는 종이기 때문이다.

다른 이름들: crisscross dolphin, hourglass dolphin, common porpoise 등. 대서양에서는 Atlantic dolphin, saddleback dolphin, saddleback porpoise, cape dolphin. 태평양에서는 Pacific dolphin, white-bellied(또는 whitebelly) dolphin, Baird's dolphin, Indo-Pacific common dolphin, neritic common dolphin(그리고 이 이름들을 서로 뒤섞은 다양한 이름들).

학명: 이 고래 학명의 앞부분 *Delphinus*는 '돌고래 같은'을 뜻하는 라틴어 *delphinus*에서 온 것이다. 그리고 학명의 뒷부분 *delphis*는 '자궁'(예를 들어 살아 있는 새끼를 밴)을 뜻하는 그리스어 *delphys*

와 관련이 있는 것으로 추정된다.

세부 분류: 1758년 이후로 총 20종이 넘는 별개의 종들이 거론되는 등 종 분류를 둘러싸고 많은 논란이 있어 왔다. 그러나 대부분의 전문가들은 이 돌고래를 한 종 *Delphinus delphis*으로 여겼으며, 그러다가 1994년에 이르러 결국 짧은부리참돌고래 *D. delphis*와 긴부리참돌고래 *D. capensis* 이렇게 2종으로 분류됐다. 그런데 최근의 연구 결과 이 분류에 의문이 제기되었고, 그래서 2016년부터는 다시 한 종으로 여겨지게 됐다. 그러나 이 돌고래의 분류를 둘러싼 논란은 여전하다. 현재 참돌고래는 참돌고래 *D. delphis delphis*, 북태평양동부긴부리참돌고래 *D. d. bairdii*, 인도-태평양참돌고래 *D. d. tropicalis*, 흑해참돌고래 *D. d. ponticus* 이렇게 네 가지 아종들이 인정되고 있다. 그중 캘리포니아 일대에 서식하는 북태평양동부긴부리참돌고래는 아예 독립된 별개의 종으로 분류될 가능성도 있다.

성체 *delphis*
(대서양 (지중해 포함), 태평양)

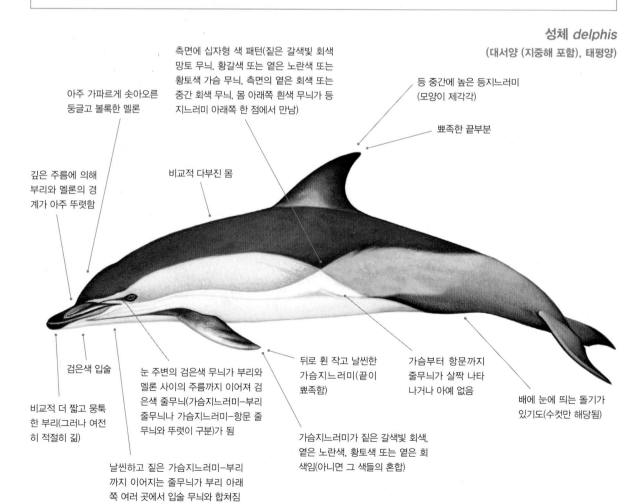

측면에 십자형 색 패턴(짙은 갈색빛 회색 망토 무늬, 황갈색 또는 옅은 노란색 또는 황토색 가슴 무늬. 측면의 옅은 회색 또는 중간 회색 무늬, 몸 아래쪽 흰색 무늬가 등지느러미 아래쪽 한 점에서 만남)

등 중간에 높은 등지느러미 (모양이 제각각)

뾰족한 끝부분

아주 가파르게 솟아오른 둥글고 볼록한 멜론

깊은 주름에 의해 부리와 멜론의 경계가 아주 뚜렷함

비교적 다부진 몸

검은색 입술

비교적 더 짧고 뭉툭한 부리(그러나 여전히 적절히 깊)

눈 주변의 검은색 무늬가 부리와 멜론 사이의 주름까지 이어져 검은색 줄무늬(가슴지느러미-부리 줄무늬나 가슴지느러미-항문 줄무늬와 뚜렷이 구분)가 됨

날씬하고 짙은 가슴지느러미-부리까지 이어지는 줄무늬가 부리 아래쪽 여러 곳에서 입술 무늬와 합쳐짐

뒤로 휜 작고 날씬한 가슴지느러미(끝이 뾰족함)

가슴지느러미가 짙은 갈색빛 회색, 옅은 노란색, 황토색 또는 옅은 회색임(아니면 그 색들의 혼합)

가슴부터 항문까지 줄무늬가 살짝 나타나거나 아예 없음

배에 눈에 띄는 돌기가 있기도(수컷만 해당됨)

요점 정리

- 전 세계의 열대 및 온대 바다에 서식
- 작은 크기
- 측면에 십자가형 또는 '모래시계'형 색 패턴
- 짙은 갈색빛 도는 회색 망토가 등지느러미 아래쪽에서 V자형으로 처짐
- 가슴에 황갈색 또는 옅은 노란색 또는 황토색 무늬
- 측면에 옅은 회색 또는 중간 회색 무늬
- 몸 아래쪽이 흰색
- 세세한 색 패턴은 개체마다 아주 다름
- 등 중간에 적당히 굽은 높은 등지느러미
- 종종 떼 지어 물보라를 일으키며 빠른 속도로 움직임

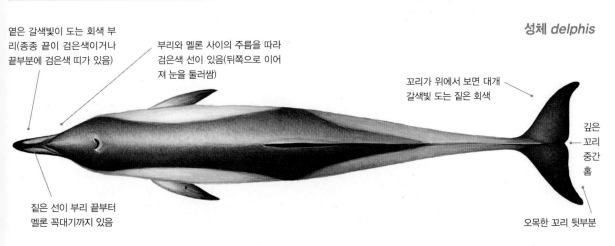

성체 *delphis*

옅은 갈색빛이 도는 회색 부리(종종 끝이 검은색이거나 끝부분에 검은색 띠가 있음)

부리와 멜론 사이의 주름을 따라 검은색 선이 있음(뒤쪽으로 이어져 눈을 둘러쌈)

꼬리가 위에서 보면 대개 갈색빛 도는 짙은 회색

깊은 꼬리 중간 홈

짙은 선이 부리 끝부터 멜론 꼭대기까지 있음

오목한 꼬리 뒷부분

크기–*ponticus*
길이: 수컷 1.5~1.8m, 암컷 1.5~1.7m
무게: 약 150kg 최대: 2.2m

크기–*bairdili*
길이: 수컷 2~2.6m, 암컷 1.9~2.2m
무게: 150~235kg 최대: 2.6m

크기–*delphis*
길이: 수컷 1.7~2.5m, 암컷 1.6~2.4m
무게: 150~200kg 최대: 2.7m, 235kg
북태평양 종보다는 북대서양 종이 더 큼.

크기–*tropicalis*
길이: 수컷 2~2.6m, 암컷 1.9~2.2m
무게: 150~235kg 최대: 2.6m
새끼–길이: 80~93cm 무게: 약 7~10kg

비슷한 종들

참돌고래는 측면에 나 있는 독특한 십자가형 또는 모래시계형 색 패턴 때문에 스피너돌고래와 줄무늬돌고래(생긴 게 비슷함)는 물론 대서양흰줄무늬돌고래(가슴 무늬 색이 비슷하지 않고 꼬리자루에 좁은 황토색 무늬가 있음) 등 거의 모든 다른 돌고래들과 구분이 가능하다. 대서양에서는 멀리서 볼 경우 겉모습이 비슷한 클리멘돌고래와 혼동할 수도 있지만, 클리멘돌고래는 등 망토 무늬가 등지느러미 아래쪽에서 처져 완만한 곡선(날카로운 V자가 아니라)을 이룬다. 게다가 클리멘돌고래는 목 부위가 깔끔하고 아래턱이 흰색이며 부리에 '콧수염'이 있어 참돌고래와 쉽게 구분이 된다. 생포되어 사육되는 참돌고래들과 야생 상태의 더스키돌고래들 사이에서 태어난 잡종들이 목격됐다는 기록들도 있다.

분포

참돌고래들은 대개 북위 약 40도(북태평양)와 북위 60도(북대서양)에서부터 남위 약 50도에 이르는 전 세계의 열대 및 온대 바다에 서식한다. 가끔은 따뜻한 해류를 따라 정상

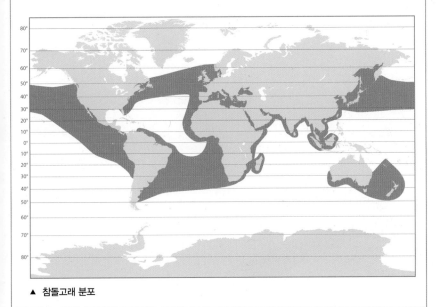

▲ 참돌고래 분포

성체 *delphis* 등지느러미 변이

개체별로 등지느러미가 아주
다름(갈고리형, 올곧은 형,
삼각형 등)

중앙에 옅은 회색 무늬가 있기도
(등지느러미를 거의 꽉 채우거나
아예 없기도)

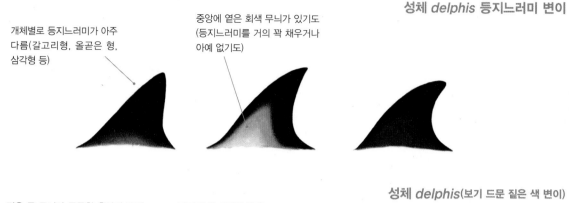

성체 *delphis*(보기 드문 짙은 색 변이)

짙은 등 무늬가 독특한 측면의 모래
시계 패턴을 가림(황갈색 또는 옅은
노란색 또는 황토색이 생기지 않거나
불완전하게 생기기도)

나머지 색 패턴은 정상

큰돌고래나 줄무늬돌고래와
약간 비슷함

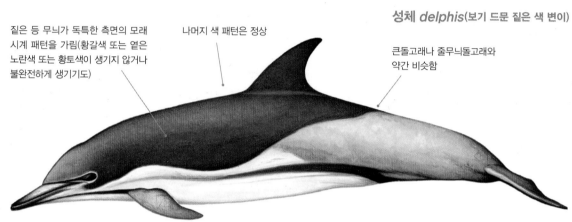

성체 *baridii*(북태평양 동부)

가슴 무늬가 더 짙어 망토 무늬와
덜 대조가 됨(경계가 더 흐릿함)

더 흐릿한 색 패턴

더 평평하고 덜 볼록하고
덜 가파르게 솟아 오른 멜론

비교적 날씬한 몸

대개 등지느러미에 옅은 무늬가
없음(있다 해도 작고 희미함)

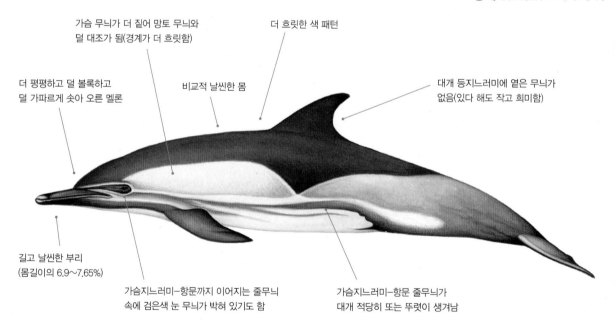

길고 날씬한 부리
(몸길이의 6.9~7.65%)

가슴지느러미-항문까지 이어지는 줄무늬
속에 검은색 눈 무늬가 박혀 있기도 함

가슴지느러미-항문 줄무늬가
대개 적당히 또는 뚜렷이 생겨남

성체 *bairdii* 머리 변이

눈-가슴지느러미 줄무늬가 짙고
넓기도('노상강도 복면'과 비슷)

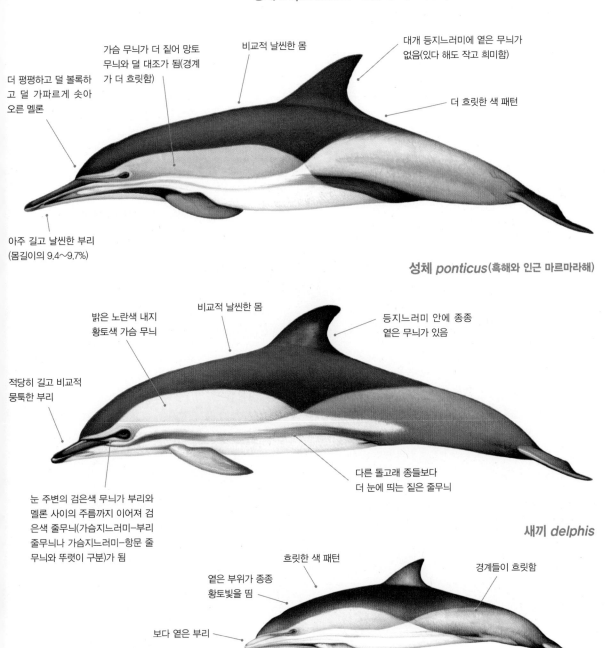

성체 *tropicalis*[인도양(홍해, 페르시아만, 타이만 포함)과 태평양 극서 지역]

더 평평하고 덜 볼록하고 덜 가파르게 솟아오른 멜론

가슴 무늬가 더 짙어 망토 무늬와 덜 대조가 됨(경계가 더 흐릿함)

비교적 날씬한 몸

대개 등지느러미에 옅은 무늬가 없음(있다 해도 작고 희미함)

더 흐릿한 색 패턴

아주 길고 날씬한 부리 (몸길이의 9.4~9.7%)

성체 *ponticus*(흑해와 인근 마르마라해)

밝은 노란색 내지 황토색 가슴 무늬

비교적 날씬한 몸

등지느러미 안에 종종 옅은 무늬가 있음

적당히 길고 비교적 뭉툭한 부리

다른 돌고래 종들보다 더 눈에 띄는 짙은 줄무늬

눈 주변의 검은색 무늬가 부리와 멜론 사이의 주름까지 이어져 검은색 줄무늬(가슴지느러미-부리 줄무늬나 가슴지느러미-항문 줄무늬와 뚜렷이 구분)가 됨

새끼 *delphis*

흐릿한 색 패턴

경계들이 흐릿함

옅은 부위가 종종 황토빛을 띰

보다 옅은 부리

적인 서식지를 벗어나기도 한다. 또한 지중해나 흑해 같이 일부 폐쇄된 바다들에서도 발견되지만, 멕시코만과 카리브해의 거의 모든 지역에서는 발견되지 않는다. 그리고 또 해안 근처의 바다는 물론 수천 km 떨어진 먼바다에서도 발견된다. 일부 종들(예를 들어 북태평양동부긴부리참돌고래 같은)은 수심이 몇 m밖에 안 되는 해안 근처의 얕은 바다에도 들어간다. 그리고 계체 수는 계절은 물론 해수면 온도의 변화에 따라(또는 온도에 맞춰 이동하는 먹잇감 어종들을 따라) 달라진다. 이 돌고래들이 좋아하는 해수면 온도는 섭씨 10도에서 28도 사이다. 또한 대부분의 지역에서는 용승 현상이 강한 지역과 경사가 가파른 해저 지역(해저산과 급경사면 같은)을 아주 좋아한다.

행동

공중곡예에 능해 자주 다양한 점프와 공중제비를 선보이며(때론 6~7m 높이까지), 가슴지느러미나 꼬리로 수면을 내려치는 동작도 자주 한다. 가끔 '피치-폴pitch-pole'(배 등이 '뒤집힌다'는 뜻-옮긴이)이라는 공중곡예도 도는데, 이는 물 위로 똑바로 뛰어 올랐다가 최대한 많은 물보라가 일게 몸 전체가 물에 닿게 떨어지는 것이다. 물보라가 일지 않게 깔끔하게 입수하는 동작도 잘한다. 그리고 빠른 속도로 이동할 때는 대개 수면 위를 오르락내리락하며 내달린다(그간 기록된 최대 속도는 시속 40km). 참돌고래들은 자주 거두고래들과 어울리며, 그 외에 줄무늬돌고래와 스피너돌고래, 큰코돌고래, 다양한 낫돌고래속 돌고래 등 다른 많은 고래들과도 어울린다. 많은 바닷새가 모여드는 가운데 다른 여러 고래들과 어울려 먹이활동을 하기도 한다. 때로 부상을 입은 다른 참돌고래를 돕기도 하며, 다친 참돌고래가 숨을 쉴 수 있게 수면까지 밀어 올려주기도 한다. 또한 참돌고래들은 아주 열정적으로 배의 앞뒤에서 파도 타는 걸 좋아하며, 대형 수염고래 종들이 일으키는 파도를 이용해 파도타기를 하기도 한다. 참돌고래들은 뱃머리에서 파도를 타기 위해 멀리서 일부러 배에 다가오기도 하지만(참치 잡이가 성행하는 열대 태평양 동부 지역들은 제외), 모든 참돌고래가 뱃머리에서 파도타기를 하는 건 아니다.

이빨

위쪽 82~134개
아래쪽 82~128개

집단 규모와 구조

참돌고래들은 적게는 10마리에서 많게는 1만 마리 넘게 집단을 이루는 걸 아주 좋아한다. 집단 구성에 대해선 알려진 바가 별로 없으나, 큰 집단은 대개 20~30마리의 참돌고래들(유전학적으로 꼭 서로 깊은 관련이 있는 건 아닌)이 모인 보다 작은 집단들로 이루어져 있는 걸로 보인다. 유전학적으로 가까운 개체들과 함께 모여 다니기도 하지만, 집단 구성은 유동적인 걸로 추정된다. 또한 참돌고래 집단은 '육아 집단'(유전학적으로는 서로 무관하지만 같은 번식 단계에 있는 성체 암컷들과 그 새끼들)과 '미혼남 집단'(성체 수컷들)으로 나뉘기도 한다. 그러나 가장 흔히 볼 수 있는 집단은 수컷들과 암컷들(새끼들과 어린 참돌고래들 포함)이 뒤섞인 혼합 집단이다. 그리고 집단 규모와 구성은 계절에 따라 변하기도 한다. 태평양 북동부 지역의 경우, 최대 규모의 참돌고래 집단들은 주로 서로 사회활동을 하고 휴식을 취하는 낮 동안에 볼 수 있으나, 늦은 오후와 밤이 되면 보다 작은 집단들로 흩어져 깊은 산란층에서 먹이활동을 하며, 그 작은 먹이활동 집단들은 아침이 되면 다시 큰 집단에 합류한다.

포식자들

참돌고래를 비롯한 작은 범고래들을 위협하는 주요 포식자는 범고래와 상어들이다. 열대 태평양 동부에서는 범고래붙이들로부터 공격당하는 게 목격되고 있다. 가끔은 난쟁이범고래나 거두고래들의 먹이가 되기도 한다.

사진 식별

등지느러미 색(시간이 지나도 일정함)을 보고 식별 가능하다. 또한 등지느러미 앞뒤 쪽에 있는 홈들(특별히 참돌고래에게만 있는 건 아니지만)과 기타 다른 흉터나 표식들을 보고도 어느 정도는 식별 가능하다.

개체 수

참돌고래는 흔히 볼 수 있는 편으로, 개체 수가 적어도 400~500만 마리(비교적 낮은 지역별 추정치이긴 하지만)는 된다. 최근 집계는 없지만, 대략적인 지역별 개체 수 추정치는 다음과 같다(지역별로 서식지가 일부 겹친다는 걸 염두에 둘 것). 열대 태평양 동부에 296만 3,000마리, 미국 서부 해안 일대에 110만 마리, 미국 동부 해안 일대에 7만 마리, 멕시코 바하칼리포르니아 지역(북위 53도와 북위 57도 사이)에 16만 5,000마리, 유럽 대륙붕 바다에 6만 3,000마리, 남아프리카공화국에 1만 5,000마리에서 2만 마리, 지중해 서부에 1만 9,000마리 그리고 북해에 적어도 수만 마리.

긴 부리 아니면 짧은 부리?

세계 각지의 참돌고래들은 그 크기와 모양 그리고 색이 판이하게 달라 종 분류와 관련해 논란의 여지가 많다. 1994년에 발표된 형태학적·유전학적 연구들에 따르면, 태평양 북동부 지역에는 서로 다른 2종의 참돌고래들, 즉 긴부리참돌고래와 짧은부리참돌고래가 살고 있다(서로 어울려 집단을 이루지 않고 번식도 따로 하지만, 같은 시간에 같은 지역에서 목격되는 경우가 많음). 가장 최근에 발견된 증거에 따르면, 태평양 북동부 지역에서는 긴부리참돌고래와 짧은부리참돌고래들이 따로 살아가고 있는 별도의 종인지 몰라도, 그게 전 세계적으로 다 그렇다고 추정하는 건 옳지 않다(일부 지역들에서는 긴부리참돌고래가 유전학적으로 긴부리참돌고래보다는 짧은부리참돌고래에 더 가까움). 결론적으

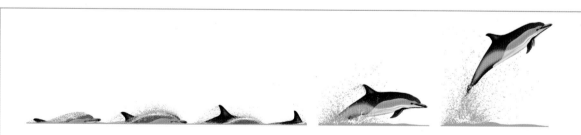

잠수 동작
- 완만한 각도로 수면 위로 오른다(가끔 물속에서 물을 뿜어 올리기 시작하기도 함).
- 머리의 대부분(눈 포함)과 부리 전체가 잠시 보인다.
- 부리 아래쪽이 수면 위를 스치듯 지나간다.
- 머리 양쪽으로 물이 튀어 올라 희미한 벽이 만들어지기도 한다.
- 등을 살짝 구부린 채 미끄러지듯(오르락내리락하지 않고) 나아간다.
- 꼬리는 거의 보이지 않는다.

먹이와 먹이활동

먹이: 떼 지어 다니는 다양한 작은(길이 20cm 이내의) 물고기들(정어리, 청어, 고등어, 멸치, 헤이크, 가다랑어, 바다빙어, 랜턴피시 등)과 오징어 그리고 일부 갑각류(먼바다에 사는 홍게와 크릴새우 등)를 잡아먹는다.

먹이활동: 일부 지역들에서는 주로 밤에 깊은 산란층에 사는 어종들을 상대로 먹이활동을 하며, 또 일부 지역들에서는 주로 표해수층에서 떼 지어 다니는 물고기들을 상대로 먹이활동을 한다. 가끔은 서로 힘을 합쳐 떼 지어 다니는 물고기들을 몰아서 잡기도 한다.

잠수 깊이: 대개 수심 50m 이내의 물에서 먹이활동을 하나, 280m까지 잠수했다는 기록도 있다.

잠수 시간: 대개 약 10초에서 3분 사이. 최장 잠수 기록은 약 8분이다.

로 긴부리참돌고래는 별도의 독립된 종은 아니다. 그러나 태평양 북동부 지역에서는 긴부리참돌고래가 별도의 독립된 종(잠정적인 학명은 *D. bairdii*)일 수도 있다.

종의 보존

세계자연보전연맹의 종 보존 현황: 현재 2종 가운데 짧은부리참돌고래는 '최소 관심' 상태(2008년)(지중해 아종은 '위기' 상태(2003년), 흑해 아종은 '취약' 상태), 긴부리참돌고래는 '정보 부족' 상태다.

서식지 내에서 참돌고래들을 위협하는 가장 큰 문제는 각종 어망에 걸려 죽는 것으로, 특히 원양 유망에 걸려 죽는 참돌고래 수는 매년 수만 마리에 이른다(지브롤터 해협에서 황새치를 잡기 위해 설치된 어망에 걸려 죽는 참돌고래 수만 1만 2,000마리에서 1만 5,000마리에 이름). 예전에는 소규모 자망과 저인망, 대형 건착망 등에 걸려 죽는 경우도 많았다. 특히 열대 태평양 동부 지역에서 많은 참돌고래들이 죽었는데, 그건 그 지역에 사는 참돌고래들(알락돌고래와 스피너돌고래 포함)이 황다랑어를 잡으려고 설치한 대형 건착망에 잡히는 일이 많았기 때문이다. 그러나 1986년(그 해에 1년간 어망에 걸려 죽은 참돌고래 수는 2만 4,307마리였음) 이후 관련 규정들이 강화되면서 참돌고래 사망률은 무려 98%나 줄어들었다.

참돌고래는 적어도 1990년대까지 10개국 이상의 국가에서 사냥되었다. 1931년부터 1966년까지 북해에서 구 소련과 루마니아, 불가리아에 의해 사냥된 참돌고래는 약 157만 마리이며, 그러다 1966년에 그 세 나라 모두에 의해 상업적인 고래 사냥이 금지됐다. 또한 1962년부터 1983년까지 북해에서 터키에 의해 사냥된 참돌고래 수는 약 15만 9,000마리에서 16만 1,000마리이며, 그러다 1983년에 소형 고래 사냥이 금지됐다. 일본(종종 몰이식 고래 사냥이 행해지고 있음), 대만, 베네수엘라(작살을 이용한 고래 사냥이 행해지고 있음), 페루, 멕시코 같은 일부 지역들에서는 지금도 식용 및 상어 미끼 용도의 고래 사냥이 행해지고 있어 참돌고래들을 위협하고 있다.

그 외에 참돌고래들을 위협하는 문제들로는 먹이 어종의 남획, 중금속 및 유기염소 오염, 석유 및 가스 탐사와 군사용 음파 탐지기로 인한 소음 공해(이는 2008년에 영국에서 참돌고래들이 집단 좌초된 원인일 수도 있음) 등을 꼽을 수 있다. 일부 참돌고래들은 전시용으로 생포되기도 한다.

지난 30~40년간 지중해에선 참돌고래 수가 적어도 50% 줄어들었는데, 그건 역사적인 도태 캠페인(특정 동물의 수를 제한하기 위한 캠페인-옮긴이), 남획에 따른 먹이 감소, 열악한 서식지 환경, 어망 등에 의한 뜻하지 않은 사고 등 다양한 요인들 때문이었다.

소리

참돌고래들은 클릭 음과 휘파람 소리, 펄스 신호음 등 다양한 소리를 낸다. 클릭 음은 지속 시간이 짧은 소리(23kHz에서 100kHz 이상)로 일정한 간격으로 빠르게 연이어 나오며, 주로 반향정위에 이용된다. 휘파람 소리(대개 3kHz에서 24kHz 사이에서 위로 올라가거나 내려감)는 주로 커뮤니케이션에 이용되며, 개체마다 특유의 소리가 있다. 또한 참돌고래들은 각기 특유의 휘파람 소리를 내(그래서 '특유의 휘파람'이라 하며, 대개 지속 시간이 1~4초 이내임) 다른 참돌고래들이 들으면 구분 가능하다. 펄스 신호음은 클릭 소리들이 빠른 속도로(반향정위에 이용되는 클릭 소리보다 10배까지 빠름) 이어지는 것으로, 커뮤니케이션에 이용되며, 대개 참돌고래들이 서로 사회생활을 할 때, 그리고 특히 서로 감정 상태(예를 들어 화났다거나 공격적이라거나 흥분했다거나 놀고 싶다는)를 알릴 때 사용되는 걸로 추정된다. 또한 참돌고래들은 특히 공격적인 자세를 취해야 할 대상을 만났을 때 '윙윙 소리buzz'(짖는 소리 같다고 해 bark, yelp, squeal이라고도 함)도 내는데, 이는 너무 빨리 이어지는 클릭 음들로 인간의 귀에는 계속 이어진 소리처럼 들린다.

일대기

성적 성숙: 암컷은 2~10년(북해에서는 2~4년, 태평양 동부와 대서양 서부에서는 6~9년, 대서양 북동부에서는 9~10년), 수컷은 3~12년(북해에서는 3년, 태평양 동부와 대서양 서부에서는 7~12년).

짝짓기: 암수 간에 성적 이형이 심하지 않은 걸로 보아 난잡한 짝짓기 방식을 택할 걸로 추정된다(정자 경쟁에 따라 다름).

임신: 10~11.5개월.

분만: 1~4년(지역에 따라 다름. 예를 들어 북해에서는 1년, 북태평양에서는 2~3년, 북대서양 동부에서는 4년)마다. 일부 지역들에서는 (특히 열대 지역의 경우 더) 연중 새끼 1마리가 태어나며, 다른 지역들에서는 계절에 정점이 있다. 그리고 어린 새끼 육아는 곁에서 도와주는 '이모' 또는 '고모'들에 의해 보강된다.

젖떼기: 10~19개월 후에. 고형 먹이는 생후 2~3개월쯤에 먹는다.

수명: 25~35년으로 추정(암수 모두).

투쿠쉬 Tucuxi

학명 소탈리아 플루비아틸리스 *Sotalia fluviatilis*   (Gervais and Deville in Gervais, 1853)

우리말로 꼬마돌고래인 Tucuxi(발음은 '투쿠쉬')는 민물에서만 발견되는 유일한 참돌고래과 돌고래로, 아마존강 유역에서 발견되는 두 돌고래들 가운데 하나이기도 하다(다른 하나는 아마존강돌고래). 이 돌고래는 생긴 게 아주 비슷하고 유전학적으로도 가까운 기아나돌고래에서 최근에 분류되었다.

분류: 참돌고래과 이빨고래아목

일반적인 이름: 투쿠쉬는 브라질 아마존강 유역의 투피 원주민들이 쓰던 언어로 지금은 사라진 투피어tucuchi-una에서 온 말이다.

다른 이름들: Brazilian dolphin, Guianian river dolphin, grey dolphin, grey river dolphin 등.

학명: 이 고래 학명의 앞부분 *Sotalia*은 임의로 만들어졌다고 알려져 있을 뿐 그 정확한 어원은 밝혀진 바가 없다. 그리고 학명의 뒷부분 *fluviatilis*는 of a river 즉, '강의'란 뜻을 가진 라틴어 *fluviatilis*에서 온 것이다.

세부 분류: 현재 별도로 인정된 아종은 없다. 그리고 *Sotalia* 고래속

분류에 대해서는 140년 넘게 논란이 계속되고 있다. 1800년대 말에는 5종(강돌고래 3종, 해안 돌고래 2종)으로 분류됐으나, 그 뒤 2종으로 줄었고, 다시 *Sotalia fluviatilis*(강 및 바다 아종 또는 생태형) 단 한 종으로 줄었다. 그러다 2007년에 공식적으로 서로 독립된 별개의 2종으로 분류되었다. 그 하나는 아마존강 유역에 사는 투쿠쉬*S. fluviatilis*이고, 다른 하나는 중앙아메리카와 남아메리카 해안 지역 그리고 남아메리카 오리노코강에 사는 기아나돌고래*S. guianensis*다. 이 2종의 돌고래들은 살고 있는 생태계도 다르지만, 유전학적으로도 다르고 두개골 모양도 다르다.

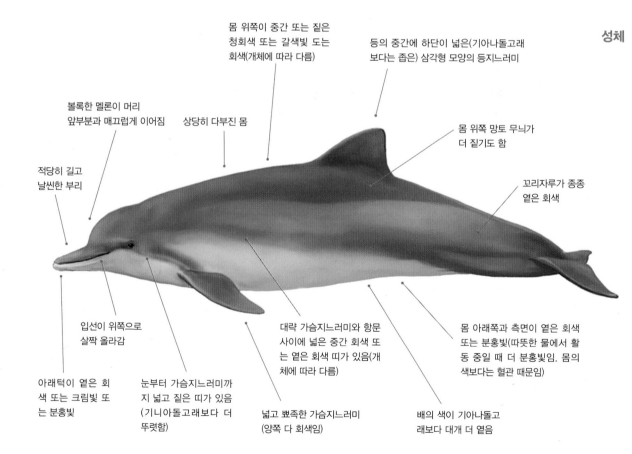

성체

몸 위쪽이 중간 또는 짙은 청회색 또는 갈색빛 도는 회색(개체에 따라 다름)

등의 중간에 하단이 넓은(기아나돌고래보다는 좁은) 삼각형 모양의 등지느러미

볼록한 멜론이 머리 앞부분과 매끄럽게 이어짐

상당히 다부진 몸

몸 위쪽 망토 무늬가 더 짙기도 함

적당히 길고 날씬한 부리

꼬리자루가 종종 옅은 회색

입선이 위쪽으로 살짝 올라감

아래턱이 옅은 회색 또는 크림빛 또는 분홍빛

눈부터 가슴지느러미까지 넓고 짙은 띠가 있음(기니아돌고래보다 더 뚜렷함)

대략 가슴지느러미와 항문 사이에 넓은 중간 회색 또는 옅은 회색 띠가 있음(개체에 따라 다름)

넓고 뾰족한 가슴지느러미(양쪽 다 회색임)

몸 아래쪽과 측면이 옅은 회색 또는 분홍빛(따뜻한 물에서 활동 중일 때 더 분홍빛임. 몸의 색보다는 혈관 때문임)

배의 색이 기아나돌고래보다 대개 더 옅음

요점 정리

- 아마존강 유역에 서식
- 작은 크기(기아나돌고래보다 작음)
- 몸 위쪽은 짙은 회색, 아래쪽은 분홍빛 도는 흰색
- 볼록한 멜론이 머리 앞부분과 매끄럽게 이어짐(주름 없음)

- 적당히 길고 날씬한 부리
- 등의 중간에 하단이 넓은 삼각형 모양의 등지느러미
- 공중곡예에 능하고 활발함

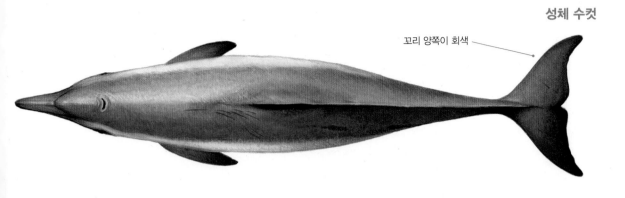

성체 수컷

꼬리 양쪽이 회색

등지느러미 비교

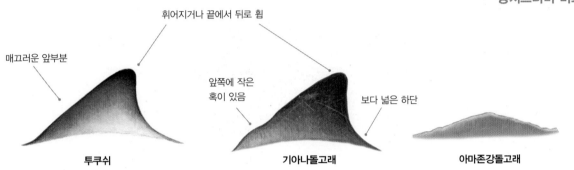

휘어지거나 끝에서 뒤로 휨

매끄러운 앞부분

앞쪽에 작은
혹이 있음

보다 넓은 하단

투쿠쉬   **기아나돌고래**   **아마존강돌고래**

비슷한 종들

투쿠쉬는 겉모습이 눈에 띌 만큼 아주 땅딸막하다. 아마존강돌고래는 서식지가 상당 부분 겹치는 유일한 돌고래지만 크기와 색, 등지느러미 모양, 머리 모양 등이 아주 다르다. 아마존강 어귀 근처에 사는 기아나돌고래와도 서식지가 일부 겹치는데, 2종은 현장에서 구분하는 게 거의 불가능하지만, 투쿠쉬의 경우 몸이 다소 더 작고 배의 색이 더 옅으며 등지느러미 모양도 미세하게 다르다.

분포

투쿠쉬들의 서식지는 아마존강 유역 전역에 걸쳐 있다. 그래서 아마존강 전역에서 발견되며, 콜롬비아의 푸투마요강과 카케타강, 페루의 우카얄리강과 마라뇬강, 에콰도르의 나포강과 쿠야베노강, 브라질의 네그로강, 마데이라강, 푸루스강, 타파조스강 등 대부분의 지류에서도 발견된다. 그러나 볼리비아의 베니/마모레강 유역에서는 발견되지 않으며, 바르셀루스 위쪽 히우네그로강 상류에서도 발견되지 않는다. 또한 투쿠쉬들은 지나갈 수 없는 얕은 지역이나 급류 및 폭포 등에 의해 자연스레 분리된다. 그리고 아마존강 어귀에서는 돌고래 2종의 서식지가 중복될 가능성도 있는 걸로 보인다.

투쿠쉬들은 아마존강에 연결되는 호수와 쇠뿔 모양의 만곡부들에서도 종종 발견된다. 그 지역들에서는 세 종류의 강물(퇴적물이 풍부한 급류, 산성을 띠는 흑수, 비교적 깨끗한 물)이 다 합쳐지며, 특히 급류와 흑수가 만나는 지역들에서 가장 많이 발견

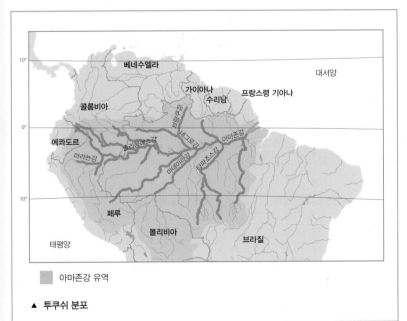

크기
길이: 수컷 1.4〜1.5m, 암컷 1.3〜1.5m
무게: 약 35〜45kg   **최대:** 1.5m, 53kg
새끼 – 길이: 71〜83cm   **무게:** 약 8kg

베네수엘라

대서양

가이아나

프랑스령 기아나

수리남

콜롬비아

에콰도르

마라뇬강

아마존강

네그로강

마데이라강

타파조스강

페루

볼리비아

브라질

태평양

아마존강 유역

▲ 투쿠쉬 분포

분홍빛 강도를 보면 나이대를 알 수 있음
(갓 태어난 새끼는 온몸이 짙은 분홍빛이
고 조금 자란 새끼는 몸 아래쪽과 등지느
러미 일부만 분홍빛을 띰)

새끼

된다. 주요 서식지는 계절별 강 수위의 변화에 따라 달라져, 홍수 철에는 보다 작은 지류나 호수로 들어가기도 하지만, 서식지가 겹치는 아마존강돌고래와는 달리 먹이활동을 위해 물에 잠긴 숲속으로 들어가지는 않는다. 그리고 적어도 일부 지역들에서는 수심 3m가 안 되는 강이나 수심 1.8m가 안 되는 호수에서는 거의 발견되지 않는다. 또한 물이 줄어든 지역, 그러니까 강둑에서 50m 이내 거리의 수로 분기점들(강 중류보다는)을 아주 좋아한다. 그리고 초기의 학설들과는 달리, 최근에 행해진 유전자 연구들에 따르면 오리노코강 하류 지역에 사는 *Sotalia* 돌고래 종은 투쿠쉬가 아니라 기아나돌고래다.

행동

투쿠쉬들은 공중곡예에 아주 능하고 활발하며, 다양한 점프와 공중제비 묘기를 선보인다(특히 강 수위가 낮은 기간에). 틈이 나는 대로 스파이호핑을 하고 수면 위를 오르락내리락하며 달리며 꼬리나 가슴지느러미로 수면을 내려치기도 한다. 대개 서식지가 아마존강돌고래와 겹치지만, 2종의 돌고래가 서로 어울리는 일은 드물다(어쩌다 그런 일이 있을 경우, 투쿠쉬 종이 주도권을 쥐는 듯함). 또한 대개 경계심이 많아 기아나돌고래에 비해 접근하기가 더 어려우며 뱃머리에서 파도타기도 하지 않는 걸로 알려져 있다.

이빨

위쪽 56~70개
아래쪽 52~66개

집단 규모와 구조

대개 성체와 새끼들이 뒤섞인 집단(4마리까지. 간혹 6마리까지도)을 이룬다. 최근에 행해진 광범위한 조사에 따르면, 평균 집단 규모는 3.37마리다. 그러나 간혹 30마리씩 모여 다니는 게 목격됐다는 기록도 있다. 집단 규모는 유동적이며, 개별적으로 오랜 기간 함께하는 경우는 드물다.

포식자들

알려진 바가 없으나, 황소상어들이 포식자들일 걸로 추정된다.

사진 식별

등지느러미에 남아 있는 독특한 특징들(특히 등지느러미 뒤쪽의 홈들)과 측면의 뚜렷한 표식들 그리고 탈색 현상으로 식별 가능하다.

개체 수

전 세계적인 개체 수 추정치는 없으나, 지역별 개체 수 추정치는 다음과 같다. 면적 592km²에 달하는 콜롬비아의 아마존강, 로레토야쿠강, 자바리강에 1,545마리, 면적 554km²에 달하는 페루의 마라논강과 사미리아강에 1,319마리. 브라질의 마미라우아 보호 구역 내에서 행해진 조사에 따르면, 보호구역임에도 불구하고 이곳의 개체 수는 지난 22년간 9년마다 반으로 줄 만큼 급감했다.

종의 보존

세계자연보전연맹의 종 보존 현황: '정보 부족' 상태(2010년). 서식

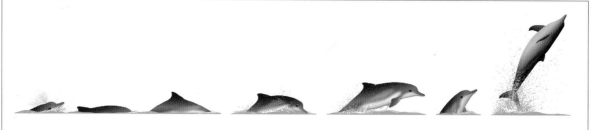

잠수 동작

- 머리와 부리가 45도 각도로 나타난다(가끔 눈도 보임).
- 수면 위에 떠 있는 시간이 짧다(대개 1초 이내만 머묾).
- 물을 뿜어 올릴 때 소리는 크지만 잘 보이진 않는다.
- 등이 휘어진다.
- 꼬리는 거의 보이지 않는다.
- 빨리 이동할 때는 빠른 속도로 오르락내리락하며 나아가기도 한다.

먹이와 먹이활동
먹이: 적어도 13개 과 27종의 물고기(길이 5~37cm)들을 잡아먹는다. 특히 이빨 없는 카라신과 황갈달이, 메기를 좋아한다.
먹이활동: 먹이활동은 혼자 또는 집단으로 하며, 가끔은 서로 힘을 합쳐 먹이활동을 하기도 한다.
잠수 깊이: 알려진 바가 없다.
잠수 시간: 대개 20초에서 2분 사이. 사이사이에 5~10초씩 더 짧은 잠수를 한다.

지의 상당 부분이 인간의 서식지에 가까워, 특히 많은 위협에 노출되어 있다. 대부분의 서식지에서 다른 어종들을 잡기 위해 설치한 어망들 특히 자망과 예인망, 새우 및 물고기 덫 등에 걸려 죽는 경우가 흔하다. 최근 몇 년 사이에는 불법적인 피라카틴가 piracatinga(메기의 일종-옮긴이) 낚시에 미끼로 쓸 돌고래(주로 아마존강돌고래와 투쿠쉬) 고기의 수요가 늘어왔다(이는 브라질, 콜롬비아, 페루, 볼리비아 등지의 대도시들에서 물고기 수요가 계속 늘어나면서 더 심해졌음). 투쿠쉬의 생식기와 이빨 그리고 눈은 부적 또는 사랑의 징표로 소규모 수요가 있으며, 또한 이빨과 뼈는 종종 예술 작품이나 공예품 소재로 쓰인다. 살생을 죄악시하는 신화와 전설들 덕에 어느 정도 보호를 받기도 한다. 또한

댐과 수력발전 시설들로 인해 물고기 이동이 어려워지고 먹잇감 개체 수가 줄어들며 돌고래의 이동이 제한되게 되는데(그로 인해 유전자 흐름도 제한됨), 현재 아마존강의 주요 지류들에서는 200여 개의 댐 건설이 논의 중이다. 그 외에 투쿠쉬들을 위협하는 또 다른 문제들로는 먹이 어종의 남획, 다이너마이트를 이용한 고기잡이, 서식지 감소 및 파괴, 공해(사금 정제에 쓰이는 수은, 살충제, 하수, 산업 폐기물, 각종 오염 물질들로 인한), 날로 늘어가는 선박 운행 등이 손꼽힌다. 과거에는 수족관 등에 전시할 목적으로 생포되기도 했으나, 그러한 관행들은 2005년 이후 불법이 되었다.

일대기
성적 성숙: 암컷은 5~8년, 수컷은 약 7년.
짝짓기: 난잡한 짝짓기 방식을 택하며(정자 경쟁에 따라 다름) 수컷들 간의 싸움은 거의 또는 전혀 없는 걸로 추정된다.
임신: 약 10~11개월.
분만: 2년(때론 3년 또는 4년)마다. 강 수위가 낮은 9월부터 11월 사이에 새끼 1마리가 태어난다.
젖떼기: 7~9개월 후로 추정된다.
수명: 30~35년으로 추정(최장수 기록은 43년).

▲ 투쿠쉬의 아래턱은 대개 옅은 회색이나 크림색 또는 분홍색이다.

기아나돌고래 Guiana dolphin

 학명 소탈리아 기아넨시스 *Sotalia guianensis*   (Van Bénéden, 1864)

민물돌고래 투쿠쉬와 유전학적으로 깊은 관련이 있고 생긴 것도 아주 비슷한 기아나돌고래는 최근에 별개의 종으로 분류되었다. 주로 따뜻한 해안 바다에 살며(최근 들어 오리노코강에서도 그 존재가 확인되었지만) 얼핏 보면 큰돌고래의 축소판 같기도 하다.

분류: 참돌고래과 이빨고래아목

일반적인 이름: 국제적으로 통용되는 이 종의 최종적이며 일반적인 이름에 대해서는 지금도 논란의 여지가 있으며, '코스테로costero' (costal 즉 '해안의'를 뜻하는 스페인어) 또는 '보토-킨자boto-cinza'('회색 돌고래'를 뜻하는 포르투갈어)로 바뀔 수도 있다. Guiana dolphin 즉, 기아나돌고래는 학명 *guianensis*로부터 따온 것이다.

다른 이름들: Costero, estuarine dolphin, marine tucuxi, grey dolphin 등.

학명: 이 고래 학명의 앞부분 *Sotalia*은 임의로 만들어졌다고 알려져 있을 뿐 그 정확한 어원은 밝혀진 바가 없다. 그리고 학명의 뒷부분 *guianensis*는 벨기에 태생의 해양 생물학자 반 베네덴Van Beneden이 수리남과 프랑스령 기아나의 국경 지역을 흐르는 마로베이너강 어귀에서 수집한 3개의 고래 표본을 토대로 이 돌고래를 세상에 처음 알렸기 때문에 생겨난 것이다.

세부 분류: 현재 별도로 인정된 아종은 없다. 그리고 *Sotalia* 고래속 분류에 대해서는 140년 넘게 논란이 계속되고 있다. 1800년대 말에는 5종(강돌고래 3종, 해안 돌고래 2종)으로 분류됐으나, 그 뒤 2종으로 줄었고, 다시 *Sotalia fluviatilis*(강 및 바다 아종 또는 생태형) 단한 종으로 줄었다. 그러다 2007년에 공식적으로 서로 독립된 별개의 2종으로 분류되었다. 그 하나는 아마존강 유역에 사는 투쿠쉬이고, 다른 하나는 중앙아메리카와 남아메리카 해안 지역 그리고 남아메리카 오리노코강에 사는 기아나돌고래다. 이 2종의 돌고래들은 살고 있는 생태계도 다르지만, 유전학적으로도 다르고 두개골 모양도 다르다.

성체

몸 위쪽이 중간 또는 짙은 청회색 또는 갈색빛 도는 회색(개체에 따라 다름)

등지느러미 앞쪽에 작은 혹(투쿠쉬와 비교됨)

등지느러미 끝이 휘어져 있기도 함

볼록한 멜론이 머리 앞부분과 매끄럽게 이어짐(주름은 없음)

상당히 다부진 몸

등의 중간에 하단이 넓은(투쿠쉬보다 넓은) 삼각형 모양의 짧은 등지느러미

적당히 길고 날씬한 부리

등지느러미와 꼬리자루 밑에 회색 불꽃 무늬가 있기도(개체에 따라 아주 다름)

입선이 살짝 위로 휘어짐

아래턱 아래쪽이 옅은 회색 또는 크림빛 또는 분홍빛

넓고 뾰족한 가슴지느러미 (양 끝이 회색임)

눈부터 가슴지느러미까지 넓고 경계가 불분명한(투쿠쉬보다 덜 뚜렷함) 짙은 띠가 있음(개체에 따라 다름)

배 아래쪽과 측면이 옅은 회색 내지 핑크빛

배 부분의 색이 대개 투쿠쉬보다 짙음

요점 정리

- 중앙아메리카의 대서양 쪽 해안과 남아메리카 북부 (그리고 오리노코강)에 서식
- 작은 크기(투쿠쉬보다는 큼)
- 몸 위쪽은 짙은 회색, 아래쪽은 분홍빛 도는 흰색
- 볼록한 멜론이 머리 앞부분과 매끄럽게 이어짐(주름 없음)
- 적당히 길고 날씬한 부리
- 등 중간에 하단이 넓은 삼각형 모양의 등지느러미
- 공중곡예에 능하고 활발함

성체 변이

몸의 색 때문이 아니라 혈관 때문에 따뜻한
물에서 활동 중일 때 더 분홍빛을 띰

성체

꼬리 양쪽이 회색

크기

길이: 수컷 1.6~1.9m, 암컷 1.6~2m

무게: 50~80kg   **최대:** 2.2m, 121kg

새끼-길이: 90~106cm   **무게:** 12~15kg

비슷한 종들

둥근 멜론과 부리를 뚜렷이 구분하는 주름이 없어(대부분의 다른 참돌고래과 고래들
과는 달리) 옆에서 머리를 보면 식별 가능하다. 게다가 몸이 훨씬 더 큰 큰돌고래들에
비해 등지느러미가 더 짧고 더 삼각형이며 하단이 더 넓다. 이 2종 사이에는 가끔 이
종교배가 일어나는 걸로 추정된다. 자세히 보지 않을 경우 라플라타강돌고래와 혼동
할 수도 있지만, 라플라타강돌고래의 경우 몸이 더 작고 부리가 훨씬 더 길며 가슴지
느러미가 더 네모나고 등지느러미는 더 짧고 둥글다. 아마존강 어귀 근처에서 서식지
가 투쿠쉬와 일부 겹치기도 하는데, 2종은 현장에서 보면 거의 구분이 안 되나, 기아나
돌고래가 몸이 조금 더 크며 배가 더 짙고 등지느러미 모양도 약간
다르다.

분포

열대 및 아열대 카리브해, 중앙아메리카의 대서양 쪽 해안, 남아메
리카 북부 일대에서 서식지가 중간중간 단절되는 걸로 보인다. 이
돌고래들은 니카라과 북부(북위 14도) 라야시크사강 어귀에서부
터 브라질 남부(남위 27도) 플로리아노폴리스에 이르는 지역에서
발견된다. 확인된 건 아니나 더 북쪽으로 온두라스(북위 15도)에
서 발견됐다는 기록도 있다. 남쪽으로 흐르는 따뜻한 브라질 해류
와 북쪽으로 흐르는 차가운 포클랜드(말비나스) 해류의 합류 지점
이 서식지의 남쪽 경계에 해당한다. 베네수엘라 북서부 지역에 있
는 반쯤 폐쇄된 하구 시스템인 마라카이보 호수에서도 발견되고
있다. 아마존강 어귀에 사는 두 *Sotalia* 돌고래 종의 경우 서식지가
겹칠 가능성이 있다. 장소에 대한 애착이 큰 기아나돌고래들은 태
어난 지역에서 잘 떠나지 않아, 일부 개체들은 10년 가까이 계속
같은 지역에서 관찰되기도 한다.

기아나돌고래들은 대개 얕은 해안 근처 바다, 특히 강의 지류나 만

▲ 기아나돌고래 분포

분홍빛 강도를 보면 나이대를 알 수 있음
(갓 태어난 새끼는 온몸이 짙은 분홍빛이고
조금 자란 새끼는 몸 아래쪽과 등지느러미
일부만 분홍빛을 띰)

새끼

그리고 다른 얕고 안전한 해안 지역에 서식한다. 다양한 수심과 온도, 염분 함유도, 혼탁도를 가진 물에서 발견되지만, 대개는 수심 5m가 안 되는 보다 얕은(브라질 리우데자이네이루 해안에서는 보다 깊은) 물에서 발견된다. 드물게 육지에서 먼 바다에서도 발견되지만, 대부분은 해안에서 100m 이내의 거리에서 발견된다. 그러나 트리니다드토바고를 비롯한 일부 카리브해 섬들과 브라질 아브롤호스 군도(바히아주 해안에서 70km 떨어진)에서 발견됐다는 기록들도 있다.

유전학적 연구에 따르면, 기아나돌고래들이 오리노코강에도 서식한다는 게 확인되고 있다. *Sotalia* 종 돌고래 1마리가 오리노코강 300km 상류의 베네수엘라 쿠이다드 볼리바르 근처(급류와 폭포들에 의해 아마존강 유역과 완전히 분리된)에서 발견됐다는 기록도 있으나, 최근까지도 그 진위가 가려지지 않고 있다. 그 개체는 해안에 사는 기아나돌고래들과는 완전히 분리된 종으로 보여진다.

행동

기아나돌고래들은 공중곡예에 아주 능하고 활발하며, 다양한 점프와 공중제비 묘기를 선보인다. 또한 틈나는 대로 스파이호핑을 하고 수면 위를 오르락내리락하며 달리며 꼬리나 가슴지느러미로 수면을 내려치기도 한다. 코스타리카 일대에서는 큰돌고래들과 어울리기도 하는 걸로 알려져 있다. 대개 조용한 배들에는 무관심하며 투쿠쉬보다는 접근하기가 더 쉽지만, 엔진이 돌아가며 움직이는 배들은 피하는 경우가 많다. 뱃머리에서 파도타기를 하지 않는 걸로 알려져 있으나, 간혹 배들이 지나간 뒤 생겨나는 파도 속에서 서핑을 즐기기도 한다.

이빨

위쪽 60~72개
아래쪽 56~64개

집단 규모와 구조

대개 성체와 새끼들이 뒤섞인 집단(4~6마리가 가장 흔함)을 이루며, 50~60마리까지 모이는 경우도 드물지 않다. 집단 규모는 유동적이며, 어미와 새끼들의 가족 집단과 육아를 도와주는 성체들은 수개월간 함께하기도 하지만, 개별적으로 오랜 기간 함께하는 경우는 드물다. 브라질 남부, 특히 리우데자이네이루 해안 일대에서는 기아나돌고래들이 보다 큰 집단(바이아 드 세페티바에서는 최대 300마리, 바이아 다 일랴그란지에서는 최대 400마리)을 이뤄 서로 협력해 먹이활동을 하는 경우가 흔히 목격된다.

빨리 헤엄칠 때

잠수 동작

- 머리와 부리가 45도 각도로 나타난다(가끔 눈도 보임).
- 수면 위에 떠 있는 시간이 짧다(대개 1초 이내만 머묾).
- 물을 뿜어 올릴 때 소리는 크지만 잘 보이진 않는다.
- 등이 휘어진다.
- 꼬리는 거의 보이지 않는다.
- 빨리 이동할 때는 빠른 속도로 오르락내리락하며 나아가기도 한다.

느리게 헤엄칠 때

먹이와 먹이활동

먹이: 적어도 13개 과 27종의 물고기(길이 5~37cm)들을 잡아먹는다. 특히 이빨 없는 카라신과 황갈달이, 메기를 좋아한다.

먹이활동: 먹이활동은 혼자 또는 집단으로 하며, 가끔은 서로 힘을 합쳐 먹이활동을 하기도 한다.

잠수 깊이: 알려진 바가 없다.

잠수 시간: 대개 20초에서 2분 사이. 사이사이에 5~10초씩 더 짧은 잠수를 한다.

포식자들

알려진 바가 별로 없으나, 상어와 범고래들이 포식자들일 걸로 추정된다. 기아나돌고래들의 몸에서는 상어들에게 물린 자국들이 보이고 있으며, 황소상어에게 공격당하는 게 목격됐다는 기록도 있었다. 브라질 남부에서 기아나돌고래들과 큰돌고래들이 마주칠 경우 대개 큰돌고래들이 공격하고 기아나돌고래들이 도망간다.

사진 식별

변함없이 남아 있는 등지느러미의 특징들(특히 등지느러미 뒤쪽의 홈들)과 측면의 뚜렷한 표식들로 식별 가능하다.

개체 수

전 세계적인 개체 수 추정치는 없다. 서식지 내 일부 지역들에서는 개체 수가 풍부한 걸로 나타나고 있으나, 일부 지역들에서는 지난 30여 년간 그 수가 상당히 줄어왔다. 대략적인 지역별 개체 수는 과나바라만에 약 420마리, 카라벨라스 강어귀에 57~124마리, 카나네이아 강어귀에 389~430마리, 파라나구아 강어귀에 182마리, 바비통가만에 245마리 그리고 베네수엘라 오리노코강의 면적 1,684km² 지역에 2,205마리.

종의 보존

세계자연보전연맹의 종 보존 현황: '준위협' 상태(2017년). 서식지의 상당 부분이 인간의 서식지에 가까워, 특히 많은 위협에 노출되어 있다. 그리고 서식지의 상당 지역에 설치된 어망들 특히 자망과 예인망, 새우 및 물고기 덫 등에 사고로 걸려 죽는 경우가 많아 심각한 문제로 여겨진다. 한 그물에 80마리 이상의 기아나돌고래가 걸려 죽었다는 기록도 있다. 법적인 보호 조치들에도 불구하고 식용과 상어 및 새우잡이 미끼용으로 쓰기 위해 직접 사냥을 하는 경우들도 있다(특히 브라질 북부 지역에서). 기아나돌고래의 생식기와 이빨 그리고 눈은 부적 또는 사랑의 징표로 소규모 수요가 있으나, 살생을 죄악시하는 신화와 전설들 덕에 어느 정도 보호를 받기도 한다. 기아나돌고래들을 위협하는 또 다른 문제들로는 서식지 감소 및 파괴(특히 새우 양식으로 인한), 먹이 어종의 남획, 각종 공해(살충제, 하수, 산업 폐기물, 오염 물질 등으로 인한), 날로 늘어가는 선박 운행, 고래 관광선에 탄 사람들이 손으로 먹이를 주는 일 등이 손꼽힌다. 과거에는 수족관 등에 전시할 목적으로 생포되기도 했으나, 그러한 관행들은 2005년 이후로 불법이 되었다.

일대기

성적 성숙: 암컷은 5~8년, 수컷은 6~7년.

짝짓기: 난잡한 짝짓기 방식을 택하며(정자 경쟁에 따라 다름) 수컷들 간의 싸움은 거의 또는 전혀 없는 걸로 추정된다.

임신: 약 11.5~12개월.

분만: 2년(때론 3년 또는 4년)마다. 새끼는 연중 1마리가 태어나며, 지역에 따라 계절별로 특히 새끼가 많이 태어나는 때가 있다는 증거도 있다.

젖떼기: 8~10개월 후로 추정.

수명: 30~35년으로 추정(최장수 기록은 수컷 29년, 암컷 33년).

남아시아강돌고래 South Asian river dolphin

학명 플라타니스타 간게티카 *Platanista gangetica*

(Roxburgh, 1801)

멸종 위기에 놓여 있는 남아시아강돌고래는 흙탕물 같은 강물 속에 살며, 시력을 거의 상실한 상태여서(빛의 세기와 방향의 변화를 감지할 수 있는 정도인 걸로 추정됨) 이동을 하거나 먹이활동을 할 때 거의 전적으로 반향정위 능력에 의존한다.

분류: 인도강돌고래과 이빨고래아목

일반적인 이름: 남아시아강돌고래의 영어 이름은 South Asian river dolphin으로, 살고 있는 지역이 남아시아강이라 해서 붙은 이름이다('인도강돌고래'라고도 함). 눈이 워낙 작고 제대로 발달되지 않은 데다가 수정체도 없어 '눈 먼' 돌고래이다. 현지인들은 이 돌고래를 '수수susu'라 부르기도 하는데, 이는 의성어로 수면 위에 올라와 숨을 쉴 때 내는 소리를 본뜬 것이다.

다른 이름들: Ganges river dolphin: susu, Ganga river dolphin, Gangetic dolphin, Indian river dolphin, shushuk, swongsu 등. 그 외에 Indus river dolphin, bhulan, blind river dolphin 같은 지역 이름들도 있음.

학명: 이 고래 학명의 앞부분 *Platanista*는 '평평한' 또는 '넓은'을 뜻하는 그리스어 *platanistes*에서 온 것으로, 비교적 납작한 부리를 가리키는 이름이다(로마의 정치가 플리니 디 엘더는 주로 '물고기'라고 언급했지만). 그리고 학명의 뒷부분 *gangetica*는 '갠지스강의'를 뜻하는 라틴어에서 온 것이다.

세부 분류: 원래 두 아종으로 분류됐으나(1971년부터 1998년까지), 그러다 갠지스강돌고래 *Platanista gangetica*(로스버그Roxburgh, 1801년)와 인더스강돌고래 *Platanista minor* Owen(1853년) 이렇게 2종으로 분류됐으며, 현재는 *Platanista gangetica gangetica*와 *Platanista gangetica minor*가 별도의 두 아종으로 인정되고 있다. 그러나 최근의 연구 결과들에 따라, 이 둘은 DNA와 두개골 모양에 상당한 차이가 있어 별도의 독립된 종으로 분류되어야 한다는 게 밝혀졌다(이 두 돌고래는 약 55만 년 전에 서로 분리되었으나 5,000년쯤 전에 일시적으로 다시 연결된 걸로 추정됨). 두 돌고래가 별도의 독립된 종이 될 경우 종 보존 문제에 상당한 영향을 줄 걸로 예상된다. 인더스강돌고래가 평균적으로 살짝 더 작긴 하나, 그 이외에 다른 외견상의 차이는 없다.

성체 수컷

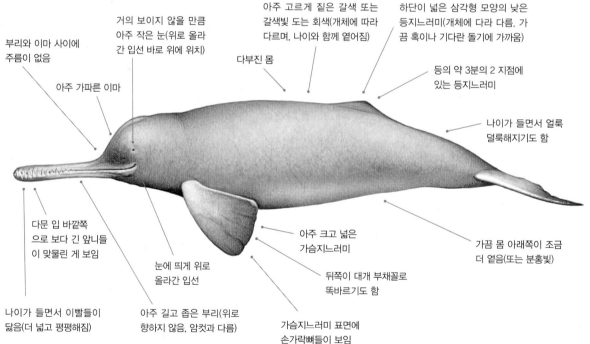

부리와 이마 사이에 주름이 없음

아주 가파른 이마

거의 보이지 않을 만큼 아주 작은 눈(위로 올라간 입선 바로 위에 위치)

아주 고르게 짙은 갈색 또는 갈색빛 도는 회색(개체에 따라 다르며, 나이와 함께 옅어짐)

다부진 몸

하단이 넓은 삼각형 모양의 낮은 등지느러미(개체에 다라 다름. 가끔 혹이나 기다란 돌기에 가까움)

등의 약 3분의 2 지점에 있는 등지느러미

나이가 들면서 얼룩덜룩해지기도 함

다문 입 바깥쪽으로 보다 긴 앞니들이 맞물린 게 보임

눈에 띄게 위로 올라간 입선

나이가 들면서 이빨들이 닳음(더 넓고 평평해짐)

아주 길고 좁은 부리(위로 향하지 않음. 암컷과 다름)

아주 크고 넓은 가슴지느러미

뒤쪽이 대개 부채꼴로 똑바르기도 함

가슴지느러미 표면에 손가락뼈들이 보임

가끔 몸 아래쪽이 조금 더 옅음(또는 분홍빛)

요점 정리

- 인도, 방글라데시, 네팔, 파키스탄 그리고 드물게 부탄의 강들에 서식
- 아주 고르게 짙은 갈색 또는 갈색빛이 도는 회색 (개체에 따라 다름)
- 작은 크기
- 아주 길고 좁은(악어와 조금 비슷) 부리
- 입을 다물 때 부리 앞부분 끝에 긴 이빨들이 보임
- 하단이 넓은 삼각형 모양의 낮은 등지느러미
- 예측 불가할 만큼 은밀하고 조용히 그리고 빨리 수면 위로 떠오름

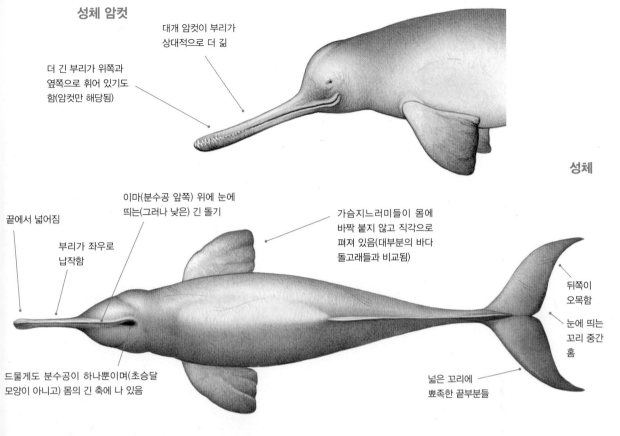

성체 암컷

대개 암컷이 부리가 상대적으로 더 깂

더 긴 부리가 위쪽과 옆쪽으로 휘어 있기도 함(암컷만 해당됨)

성체

이마(분수공 앞쪽) 위에 눈에 띄는(그러나 낮은) 긴 돌기

끝에서 넓어짐

부리가 좌우로 납작함

가슴지느러미들이 몸에 바짝 붙지 않고 직각으로 펴져 있음(대부분의 바다 돌고래들과 비교됨)

뒤쪽이 오목함

눈에 띄는 꼬리 중간 홈

드물게도 분수공이 하나뿐이며(초승달 모양이 아니고) 몸의 긴 축에 나 있음

넓은 꼬리에 뾰족한 끝부분들

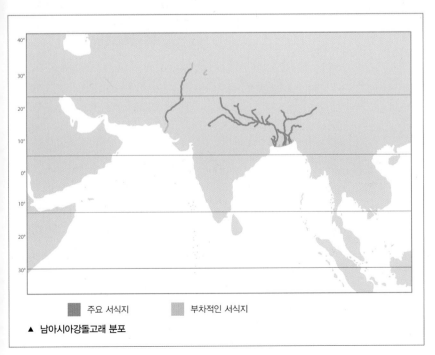

크기
길이: 수컷 1.7~2.2m, 암컷 1.8~2.5m
무게: 70~85kg　**최대:** 2.6m, 114kg
새끼 – 길이: 70~90cm　**무게:** 4~7.5kg

비슷한 종들

남아시아강돌고래는 갠지스강돌고래, 이라와디강돌고래, 큰돌고래, 인도-태평양혹등돌고래 또는 상괭이(주로 순드라반스와 후글리강, 카르나풀리강, 산구강 어귀 근처에 사는)와 혼동할 여지가 있다. 그러나 낮은 등지느러미를 보고 식별 가능하다(몸이 훨씬 큰 큰돌고래와 인도-태평양혹등돌고래의 눈에 띄는 등지느러미나 등지느러미가 전혀 없는 상괭이와는 뚜렷이 구분됨). 이라와디강돌고래 역시 부리가 없어 금방 식별 가능하다. 인더스강돌고래는 다른 그 어떤 고래 종들과도 서식지가 겹치지 않는다.

분포

주로 인도, 방글라데시, 네팔, 파키스탄 그리고 드물게 부탄의 탁하고 비교적 얕은(종종 수심 3m도 안 되는) 강물에 서식한다. 남아시아강돌고래들은 다양한 수온(겨울에는 섭씨 약 5도까지, 여름에는 섭씨 약 35도까지)에서 살 수 있으며, 남쪽으로는 염분 수준이 10ppm도 안 되는 삼각주 지역들로부터 상류 쪽으로는 바위투성이의 지역들, 얕은 물, 빠른 급류 그리고 최근 들어서는 댐과 보(수문이 있는 낮은 취수댐) 때문에 접근하기가 힘든 히말라야 산맥과 카라코람 산맥에 이르는 지역에서까지 발견된다. 또한 특히 작은 섬들과 모래톱들이 있는 지역과 강물이 굽이치는 지역, 그리고 또 유

■ 주요 서식지　■ 부차적인 서식지

▲ 남아시아강돌고래 분포

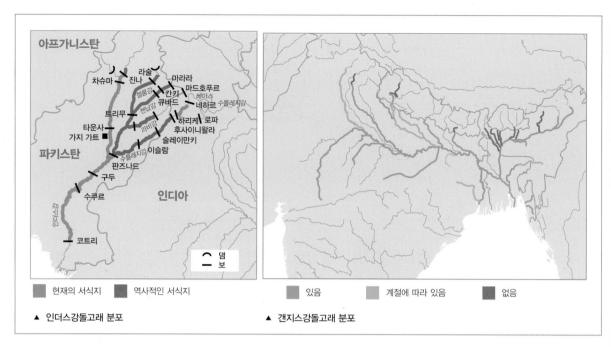

아프가니스탄

파키스탄

인디아

차슈마 라술 마라라
진나 마드호푸르
젤룸강 칸카 큐바드 베아스
트리무 첸납강 네하른 수틀레지강
라비강
타운사 하리케 로파
가지 가트 후사이니왈라
술레이만키
수틀레지강 이슬람
판즈나드
구두
수쿠르
인더스강
코트리

⌒ 댐
◡ 보

■ 현재의 서식지   ■ 역사적인 서식지

■ 있음   ■ 계절에 따라 있음   ■ 없음

▲ 인더스강돌고래 분포   ▲ 갠지스강돌고래 분포

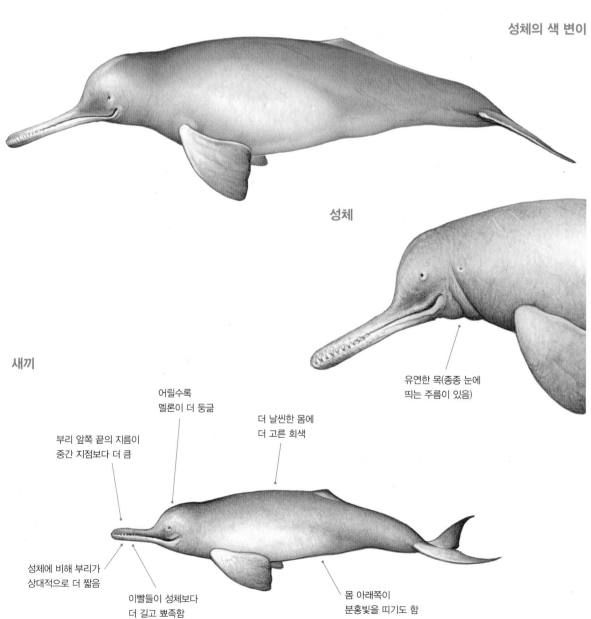

성체의 색 변이

성체

새끼

유연한 목(종종 눈에
띄는 주름이 있음)

어릴수록
멜론이 더 둥긂

더 날씬한 몸에
더 고른 회색

부리 앞쪽 끝의 지름이
중간 지점보다 더 큼

성체에 비해 부리가
상대적으로 더 짧음

이빨들이 성체보다
더 길고 뾰족함

몸 아래쪽이
분홍빛을 띠기도 함

먹이와 먹이활동

먹이: 다양한 물고기(메기, 잉어, 드렁허리 등)와 무척추동물들(민물 새우, 달팽이, 조개 등)을 잡아먹는다. 그리고 지역과 계절에 따라 먹이가 달라진다.

먹이활동: 긴 부리를 이용해 진흙을 뒤지는 등 수면부터 강바닥까지 훑는다. 여름 우기에는 먹이활동이 줄어든다는 증거가 있다. 갠지스강에서는 8~10마리가 힘을 합쳐 먹이 사냥하는 장면이 목격된다.

잠수 깊이: 알려진 바가 없지만, 대개 30m 이내의 얕은 물에서 산다. 순다르반스 지역에 사는 개체들은 대개 수심 12m 정도 되는 물을 좋아한다.

잠수 시간: 평균 잠수 시간은 30초에서 2.5분(최장 잠수 기록은 8분 24초).

속이 느려 피난처 역할을 해줄 수 있고 먹잇감이 풍부한 강과 지류의 합류 지역 등에서 가장 흔히 발견된다. 서식지는 군데군데 몰려 있는 편이며, 그 분포는 계절에 따라 아주 다르다. 비가 오지 않는 겨울 건기에는 강의 큰 지류들 하류에 몰려 있고, 비가 많이 와 범람하는 여름 몬순철에는 상류나 보다 작은 지류들로 이동해간다. 그러나 현재는 많은 지역들에서 댐과 관개용 보들 때문에 이 같은 계절별 이동이 불가능해졌다.

갠지스강돌고래

역사적으로 갠지스강돌고래들은 갠지스강-브라마프투라강-메그나강과 카르나풀리강-산구강 지역 전역, 그러니까 큰 강들은 물론 작은 강들과 큰 지류들에서도 고루 발견되었다. 현재도 인도와 방글라데시 북동부의 비교적 광범위한 지역에서 발견되며, 마하칼리강과 그 지류들(네팔의 남서부)에서도 적은 수의 독립된 별도의 돌고래 집단들이 발견되고, 몬순철에는 부탄에서도 종종 발견된다. 그러나 특히 여러 상류 지역에서는 그 모습이 사라졌다. 갠지스강 상류 지역에선 더 이상 자주 발견되지 않으며, 적어도 10여 군데의 큰 지류들에서는 아예 멸종됐거나 거의 보이지 않는다. 가장 많이 발견되는 곳은 인도 갠지스강의 중류와 하류이며(아직은 많은 강에 대한 조사가 이루어지지 못하고 있지만), 특히 인도 비하르주의 벅사르와 마니하리 사이에 있는 500km에 달하는 기다란 지역에 가장 많은 개체가 모여 산다. 이 갠지스강돌고래들은 인도 동부 해안 지역에 물이 차고 넘치는 몬순철에 벵골만 해안을 따라 이동하는 걸로 알려져 있다.

인더스강돌고래

인더스강돌고래들은 1870년대까지만 해도 인더스강은 물론 파키스탄 및 인도 북서부 지역을 흐르는 5개의 주요 지류들(젤룸강, 첸납강, 라비강, 수틀레지강, 베아스강)을 포함한 길이 총 3,400km의 광범위한 지역에 살았었다. 그러나 지난 세기에 이 역사적인 서식지는 그 규모가 무려 80%나 줄어들었다. 인더스강 상류와 하류는 물론 주요 지류 중 하나를 제외한 모든 지류에서 자취를 감춘 것이다. 방대한 인더스강 유역 관개 시스템 개발로 인더스강돌고래들이 강제 분리되면서 관개용 보들 사이에 갇혀 발생한 일이다(인더스강은 세계에서 가장 심하게 분리되고 변형된 강 중 하나임). 그래서 현재 인더스강돌고래들의 서식지는 인더스강과 파키스탄 내의 연결 수로들, 진나 보와 코트리 보 사이의 강을 합친 690km뿐이다. 그리고 인도 북서부를 흐르는 베아스강에도 아주 적은 수의 인더스강돌고래들이 살아남아 있다. 인더스강돌고래들은 총 17개 집단으로 분리됐으며, 그중 단 6개 집단(파키스탄에 5개 집단, 인도에 1개 집단)만 살아남았다. 그리고 그 6개 집단 중 단 3개 집단(차슈마 보와 타운사 보 사이, 타운사 보와 구두 보 사이, 구두 보와 수쿠르 보 사이에 사는 집단)만 생존이 가능할 것으로 예상된다. 현재 인더스강돌고래들은 파키스탄 신드주의 구두 보와 수쿠르 보 사이(이 돌고래들이 법적으로 보호받는 지역으로, 1974년 '인더스강돌고래 보호구역'으로 지정됨)에 가장 많이 모여 있다.

잠수 동작

- 예측 불가할 만큼 은밀하고 조용하게 그리고 빨리 수면 위로 떠오른다(수면 위에는 1초 정도 머묾).
- 사실상 꼬리는 전혀 보이지 않는다.
- 각 개체는 혼자 수면 위로 떠오른다(아주 어린 새끼들과 함께인 암컷들은 제외).
- 수면 위로 떠오르는 세 가지 유형
  1. 머리 위와 부리만 수면 위로 보인다.
  2. 머리의 대부분, 머리 앞부분, 등과 꼬리자루가 수면 위로 보인다.
  3. 부리가 45도 각도로 올라오고 수면에선 몸의 대부분 또는 전부(꼬리는 거의 제외)를 드러낸 채 힘차게 움직이며, 몸이 크게 휘면서 부리 먼저 다시 물로 들어간다(위의 그림 참조).
- 스트레스를 받을 때 꼬리로 수면을 내려쳐 물보라를 일으키기도 한다.
- 새끼들과 어린 돌고래들은 잠시 수면 위로 뛰어오르기도 한다.

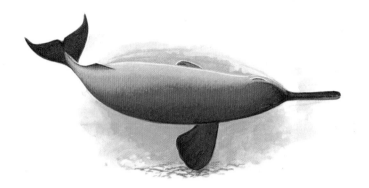

성체의 측면 유영

행동

워낙 은밀히 움직이기 때문에 특히 물이 출렁거리거나 할 경우 야생 상태에서 제대로 관찰하기가 어렵다. 자주 인간들 가까이 다가오지만 뱃머리에서 파도타기를 하지는 않는다. 갠지스강돌고래는 노 젓는 어선을 수 km까지 따라다니기도 하는데, 그건 어선에 놀란 물고기들을 잡기 위한 게 아닌가 싶다. 이 돌고래들은 스파이호핑도 하는 걸로 알려져 있으나, 수면 위로 점프하는 일은 거의 하지 않는다(종종 수면 위에서 머리와 몸을 거의 다 내놓고 활발히 움직임에도 불구하고). 생포되어 사육될 때에는 종종 몸을 옆으로(대개 오른쪽으로) 돌려 헤엄을 치기도 해, 야생 상태에서도 그런 행동을 하는 걸로 추정된다(그러나 물이 너무 탁해 눈으로 관찰하긴 힘듦). 또한 옆으로 헤엄을 칠 때는 한쪽 지느러미를 아래쪽으로 향한 채 계속 머리를 좌우로 흔든다.

이빨

위쪽 26~39개
아래쪽 26~35개
어린 돌고래들은 이빨들이 보다 더 뾰족하다(나이가 들면서 닳아 못 비슷해짐).

집단 규모와 구조

대개 혼자 또는 어미-새끼 짝을 지어 다니며, 아니면 2마리부터 10마리까지 다양한 집단을 이룬다. 느슨한 형태의 집단이지만 30마리까지 모여 다니는 게 목격되는 경우들도 있다.

사진 식별

대부분의 개체들은 눈에 띄는 표식들이 없어, 사진으로 식별한다는 건 거의 불가능하다.

포식자들

알려진 바가 없다.

개체 수

남아시아강돌고래의 전체 개체 수에 대한 정확한 조사 결과는 없다. 서식지의 상당 부분에 대한 조사가 제대로 이루어지지 못한 상태였으나, 갠지스강돌고래 개체 수는 1980년대 초에는 대략 4,000~5,000마리, 그리고 2014년에는 대략 3,500마리로 추산됐다. 현재 그중 약 70%는 갠지스강과 그 지류들에, 20%는 브라마푸트라강과 그 지류들에, 그리고 10% 미만은 순드라반스강에 살고 있다. 2015년 집계에 따르면 네팔에도 50마리 정도가 살고 있다. 파키스탄에 살고 있는 인더스강돌고래 최저 개체 수 추정치는 2001년에 1,200마리, 2006년에 1,550~1,750마리였다. 가장 최근의 개체 수 추정치는 1,300마리이며, 그중 약 75%는 구두 보에서 수쿠르 보에 이르는 126km 길이의 강에 살고 있다(그리고 이 지역의 인더스강돌고래 개체 수는 1974년부터 2008년까지 매년 5.65%가 증가했음). 인도에는 현재 살아남은 인더스강돌고래들 가운데 10%가 채 안 되는 개체들이 살고 있는 것(베아스 보와 하리케 보 사이에서)으로 추정된다.

종의 보존

세계자연보전연맹의 종 보존 현황: '위기' 상태(2017년), *gangetica* 아종도 '위기 상태'(2004년), *minor* 아종도 '위기 상태'(2004년). 남아시아강돌고래들은 세계에서 가장 심한 멸종 위기에 놓인 고래들 중 하나다. 수자원 개발 프로젝트들로 인해 서식지 내 개체 수 및 그 구조에 심대한 타격을 입은 것이다. 특히 댐들과 관개용 보들이 건설되면서 강제로 분리됐으며(일부 개체들은 관개용 보들을 따라 하류로 이동하고 있지만, 댐들은 이 돌고래들의 이동을 철저히 가로막는 장애물임) 강 하류의 서식지 규모가 급감하고 서식지의 질 또한 크게 악화되었다. 인도는 2016년 국가 수로법을 통해 106개의 강에 화물 운송용 수로들과 더 많은 댐과 보들을 건설할 예정이며 대규모 준설 작업도 할 예정인데, 그로 인해 갠지스강돌고래 서식지의 무려 90%가 심대한 타격을 받게 될 전망이다. 그리고 이 같은 일련의 수자원 개발 프로젝트들은 가

일대기

성적 성숙: 암컷과 수컷 모두 10년.
짝짓기: 알려진 바가 거의 없으나, 수컷 4~5마리가 암컷 1마리를 쫓아다니다 결국 1마리와 짝짓기하는 게 목격된 적도 있다.
임신: 약 9~10개월.
분만: 2~3년마다. 새끼는 연중 1마리가 태어나며, 갠지스강돌고래들은 12~1월과 3~5월에, 인더스강돌고래들은 4~5월에 가장 많이 태어나는 걸로 추정된다.
젖떼기: 약 10~12개월 후(생후 약 2~6개월이면 부드러운 곤충 유충과 작은 물고기를 먹기 시작하는 걸로 추정됨).
수명: 약 33~35년으로 추정(최장수 기록은 28년).

▲ 갠지스강돌고래가 유난히 긴 부리와 입을 다물 때 밖에서 보이는 긴 이빨들을 드러낸 채 수면 위로 올라오고 있다.

뜻이나 생사의 기로에 놓인 남아시아강돌고래들에게 마지막 결정타가 될 것으로 보인다. 한편 남아시아강돌고래들은 사고로 어망 같은 데 걸릴 가능성이 특히 높은데, 그건 이 돌고래들이 주요 어장들에서 먹이활동을 하기 때문이다. 많은 지역에서 의도적인 돌고래 사냥은 줄어들었으나, 여전히 적어도 이따금씩은 행해지고 있다(예를 들면 브라마푸트라강 상류와 갠지스강 중류에서). 고래 고기는 인기 있는 고기는 아니며, 아주 가난한 사람들만 먹거나 아니면 (적어도 방글라데시에서는) 가축용 먹이로 쓰이고 있다. 고래 기름은 연고로 또는 물고기 유인용으로 쓰인다. 파키스탄과 인도에서는 1972년에 직접적인 돌고래 사냥이 금지됐다(게다가 갠지스강돌고래는 2010년에 인도의 국가 해양 동물 지위를 획득했음). 그 외에 이 돌고래들을 위협하는 또 다른 문제들로는 화학물질 오염, 소음 공해, 먹이 어종의 남획, 선박 운행 등을 꼽을 수 있다.

소리

남아시아강돌고래들은 거의 끊이지 않고 계속 반향정위를 위한 클릭 음을 낸다. 그 외에 다른 소리를 낸다는 기록은 없다.

▲ 활기차게 수면 위로 올라온 인더스강돌고래의 근접 촬영된 모습.

아마존강돌고래 Amazon river dolphin

학명 이니아 게오프렌시스 *Inia geoffrensis* 　　　　　　　　　　　　　　(Blainville, 1817)

아마존강돌고래는 색깔이 선명한 분홍색을 띠기도 한다. 이 돌고래들은 강에 거주하는 사람들 사이에선 두려움과 존경의 대상이며, 밤의 어둠을 틈타 남자로 변신해 여성들을 유혹한다고(그래서 여성들이 갑작스런 임신을 하기도 한다고) 알려져 있기도 하다. 현재 이 돌고래는 한 종뿐이지만, 앞으로 2~3종으로 분류될 가능성도 있다.

분류: 인도강돌고래과 이빨고래아목

일반적인 이름: 이 돌고래의 영어 이름은 Amazon river dolphin으로, 주로 아마존강에 살고 있다 해서 붙은 이름이다. 이 돌고래는 보토boto라고 불리기도 하는데, boto는 브라질에서 사용되는 포르투갈 어이지만 일반적인 영어 이름으로 받아들여지고 있다.

다른 이름들: boto, boutu(이는 부정확한 표음식 철자임), pink river dolphin, bufeo, tonina 등.

학명: 이 고래 학명의 앞부분 *Inia*는 볼리비아의 구아라요 원주민들이 이 돌고래에 붙인 이름이다. 그리고 학명의 뒷부분 *geoffrensis*는 프랑스 출신의 자연사 교수 에띠엔 조프루아 생–힐레르Etienne Geoffroy Saint-Hilaire, 1772~1844의 이름에서 따온 것이다. 그는 1810년 나폴레옹 보나파르트Napoleon Bonaparte에 의해 포르투갈로 파견되어(프랑스 침공 이후에) 박물관들을 약탈한 인물로, 그 당시 이 돌고래 종의 표본(아마존강 하류에서 발견)도 구입했다.

세부 분류: 이 돌고래 종의 분류를 놓고 최근 수십 년간 많은 논란이 있어 왔다. 현재 브라질, 페루, 에콰도르, 콜롬비아, 베네수엘라의 아마존강과 오리노코강에 사는 아마존강돌고래 또는 보토 *boto. I. g. geoffrensis*, 볼리비아의 마데이라강 배수지와 볼리비아–브라질 국경 일대에 사는 볼리비아강돌고래 또는 볼리비아 부페오*Bolivian bufeo. I. g. boliviensis* 이 2종이 별도의 독립된 아종으로 인정되고 있다. 베네수엘라와 콜롬비아의 오리노코강 유역에 사는 오리노코강돌고래 *I. g. humboldtiana*가 세 번째 아종이라고 주장하는 사람들도 있다. 또한 이 돌고래들을 아마존강돌고래 *I. geoffrensis*, 볼리비아강돌고래 *I. boliviensis*, 아라과이강돌고래 *I. araguaiaensis* 이렇게 세 가지 독립된 종들로 분류해야 한다는 제안도 있지만, 현재의 형태학적 · 유전학적 증거로 봐서는 실제 그렇게 될 가능성은 별로 없다.

성체 수컷

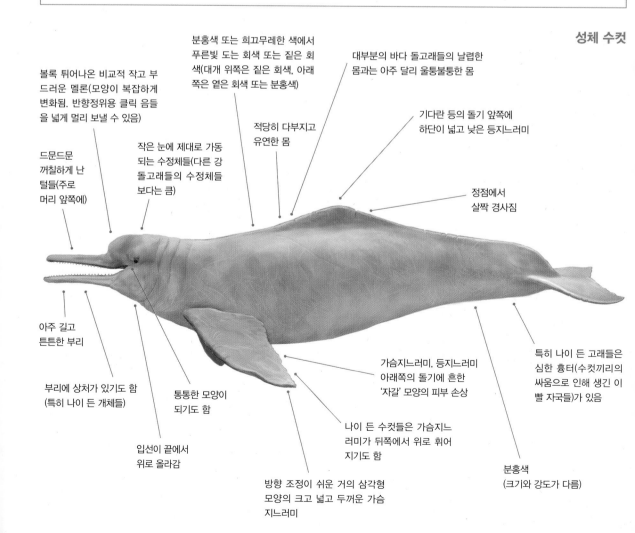

볼록 튀어나온 비교적 작고 부드러운 멜론(모양이 복잡하게 변화됨. 반향정위용 클릭 음들을 넓게 멀리 보낼 수 있음)

분홍색 또는 희끄무레한 색에서 푸른빛 도는 회색 또는 짙은 회색(대개 위쪽은 짙은 회색, 아래쪽은 옅은 회색 또는 분홍색)

대부분의 바다 돌고래들의 날렵한 몸과는 아주 달리 울퉁불퉁한 몸

드문드문 꺼칠하게 난 털들(주로 머리 앞쪽에)

작은 눈에 제대로 가동되는 수정체들(다른 강 돌고래들의 수정체들보다는 큼)

적당히 다부지고 유연한 몸

기다란 등의 돌기 앞쪽에 하단이 넓고 낮은 등지느러미

정점에서 살짝 경사짐

아주 길고 튼튼한 부리

부리에 상처가 있기도 함(특히 나이 든 개체들)

통통한 모양이 되기도 함

입선이 끝에서 위로 올라감

가슴지느러미, 등지느러미 아래쪽의 돌기에 흔한 '자갈' 모양의 피부 손상

나이 든 수컷들은 가슴지느러미가 뒤쪽에서 위로 휘어지기도 함

방향 조정이 쉬운 거의 삼각형 모양의 크고 넓고 두꺼운 가슴지느러미

특히 나이 든 고래들은 심한 흉터(수컷끼리의 싸움으로 인해 생긴 이빨 자국들)가 있음

분홍색(크기와 강도가 다름)

요점 정리

- 남아메리카 북부의 강과 호수들에 서식
- 민물에만 서식
- 작은 크기
- 중간 회색에서 선명한 분홍색
- 아주 길고 날씬한 부리
- 등의 긴 돌기 앞에 하단이 넓고 낮은 등지느러미
- 커다란 가슴지느러미
- 볼록한 이마
- 혼자 다니거나 소집단을 이룸

성체 수컷의 색 변이

몸의 색깔 변화가 아주 심함

대개 수컷은 암컷보다 더 분홍빛을 띰

일부 수컷들은 완전히 선명한 분홍색

가장 활동적일 때 더 분홍빛을 띰 (암수 모두 아주 활발한 움직임 뒤엔 회색에서 분홍색으로 변하고 움직임이 줄면 다시 회색으로 변함)

크기

길이: 수컷 2.2~2.5m, 암컷 1.8~2.3m
무게: 70~185kg   **최대:** 2.7m, 207kg
새끼 - 길이: 70~90cm   **무게:** 10~13kg
수컷이 암컷보다 평균 16% 더 길며, 55% 더 무겁다. 암수의 크기가 가장 다른 고래 중 하나다.

비슷한 종들

다른 돌고래들 가운데 서식지가 겹치는 건 투쿠쉬뿐이다. 그러나 아마존강돌고래가 몸이 더 작고 부리도 더 작으며 갈고리 모양의 높은 등지느러미가 있어 식별 가능하다. 또한 아마존강돌고래가 대체로 더 활동적이며 강 중앙의 보다 깊은 물을 더 좋아한다.

한 종, 2종 혹은 3종?

아마존강돌고래들은 별도의 독립된 종 또는 아종을 인정해야 할 만큼 형태학적 · 유전학적으로 큰 차이들이 있을까? 그럴 만큼 오랜 세월 지리적으로 멀리 떨어져 살아왔을까? 이런 의문들에 확실히 답하긴 어렵다. 형태학적으로 가장 중요한 차이라면 몸의 크기, 부리의 길이, 이빨의 수, 두개골의 너비 등이지만, 이런 특징들의 차이에 대해선 논란의 여지가 많다. 그런 특징들이 워낙 변화가 심한 데다 비교 대상으로 삼은 표본 수도 너무 적기 때문이다. 게다가 이 2종의 서식지가 겹친다는 것 또한 실제 확인하기가 아주 어렵다.

볼리비아강돌고래: 2012년 해양포유류학회는 원래 이 아종을 독립된 별도의 종으로 받아들였다. 그러나 이후 유전학적 증거가 뒷받침되지 않아 다시 아종 상태로 되돌아갔다. 이 볼리비아강돌고래들은 길이 약 400km(볼리비아의 과야라메린과 브라질의 포르투벨류 사이)에 이르는 지역에 위치한 폭포와 급류들에 의해 아마존강돌고래들과 지리적으로 분리되어 있었다고 하며, DNA 연구 결과에 따르면 수만 년(아니 어쩌면 수십만 년) 동안 이종교배도 없었다. 그러나 급류들 사이나 그 아래쪽에서도 이 돌고래들이 발견되기 때문에, 급류들이 완전한 장애물은 되지 못하는 것 같다. 그

지도 범례

- 아마존강 유역
- 타입이 불확실한 지역
- 아마존강돌고래
- 오리노코강돌고래
- 볼리비아강돌고래
- 아라과이강보토

▲ 아마존강돌고래 분포

지도 내 지명: 베네수엘라, 오리노코강, 카시키아레 운하, 가이아나, 프랑스령 기아나, 대서양, 콜롬비아, 수리남, 에콰도르, 솔리몽에스강, 아마존강, 투쿠루이 급류 · 투쿠루이댐, 마라뇨강, 지라우댐, 산토안토니아댐, 마데이라강, 티파조스강, 테오토니오 급류, 페루, 볼리비아, 브라질, 태평양

볼리비아강돌고래

아라과이강돌고래

러나 2013년 브라질 마데이라강에 지라우 수력발전 댐과 산토안토니오 수력발전 댐이 건설되면서 상황은 급변했다. 돌고래들이 양방향으로 이동할 길이 완전히 차단된 것이다. 현재 이 돌고래들은 마데이라강 상류와 테오토니오 급류 상류, 베니강과 마모레강에서만 발견된다. 그래서 이제 볼리비아강돌고래는 아마 육지로 둘러싸인 국가에 서식하는 유일한 고래 종이라 해야 할 것이다.

이빨

위쪽 62~70개
아래쪽 62~70개
(36~44개의 어금니형 이빨들 포함)

아라과이강돌고래: 이 돌고래들이 약 200만 년 전부터 지리적으로 아마존강돌고래와 분리되어 살아왔다는 사실(논란이 많았지만)을 근거로 2014년에 새로운 종으로 분류해야 한다는 안이 상정됐다. 그러나 표본들이 서식지의 극단 지역들에서 수집된 데다 그나마 종 분류 근거가 된 표본 수조차 워낙 적어 해양포유류학회의 승인을 이끌어 내지 못했다. 이 돌고래들은 브라질에 특히 많아, 길이 약 1,500km에 이르는 브라질 아라과이강은 물론 토칸칭스강 유역에도 서식한다(7개의 수력발전 댐들로 분리되어 있는데, 앞으로도 2개의 댐이 더 건설될 계획임). 아라과이강돌고래의 대략적인 개체 수는 975~1,525마리다.

이빨

위쪽 48~56개
아래쪽 48~56개
(24~32개의 어금니형 이빨들 포함)

오리노코강돌고래: 독립된 별도의 아종이라는 주장이 있다. 이 돌고래들은 행동에서 차이가 있으며(예를 들어 다른 아마존강돌고래들보다 공중곡예에 더 능하고 활발함) 등지느러미도 더 높다. 그러나 이 돌고래들은 카시키아레 운하(아마존강의 지류인 네그로강과 오리노코강을 연결해줌)를 통해 오리노코강과 아마존강 유역 사이를 오가는 것으로 추정되며, 아종으로 인정하기 힘들지 않겠는가 하는 의문이 있다.

왜 분홍색인가?

많은 아마존강돌고래들(특히 나이 든 수컷들)은 선명한 분홍색인데, 그건 피부색 때문이 아니다. 그보다는 타고난 회색이 점차 흐려지는 데다 수컷들끼리 싸우면서 점점 더 많은 흉터 조직이 생겨나게 돼, 피부 밑을 흐르는 피가 더 잘 보이게 되기 때문이다. 분홍색 강도는 나이와 수온, 선명도, 지리적 위치 그리고 특히 활동 수준에 따라 크게 달라진다. 분홍색은 높은 성적 성숙도를 알리는 역할을 할 뿐 아니라 일각고래의 엄니와 마찬가지로 과시 기능이 있는 걸로 추정된다. 대개 수컷들이 암컷들보다 훨씬 더 짙은 분홍색을 띠며, 나이 든 수컷들이 가장 짙은 분홍색을 띤다.

분포

아마존강돌고래들은 남아메리카 북부의 오리노코강과 아마존강 유역에서 가장 많이 발견된다. 브라질에서부터 볼리비아, 콜롬비아, 베네수엘라, 페루 그리고 에콰도르에 이르는 약 700만km²의 방대한 지역(그리고 어쩌면 가이아나 남부의 일부 강들도 포함)에서 발견되는 것이다. 아마존강 유역에서는 아마존강 전역과 그 주요 지류들, 보다 작은 강들 그리고 호수들에서 발견된다. 그리고 오리노코강 유역에서는 오리노코강과 그 주요 지류들(베네수엘라의 파라 폭포 위의 카우라강 상류와 카로니강은 제외) 그리

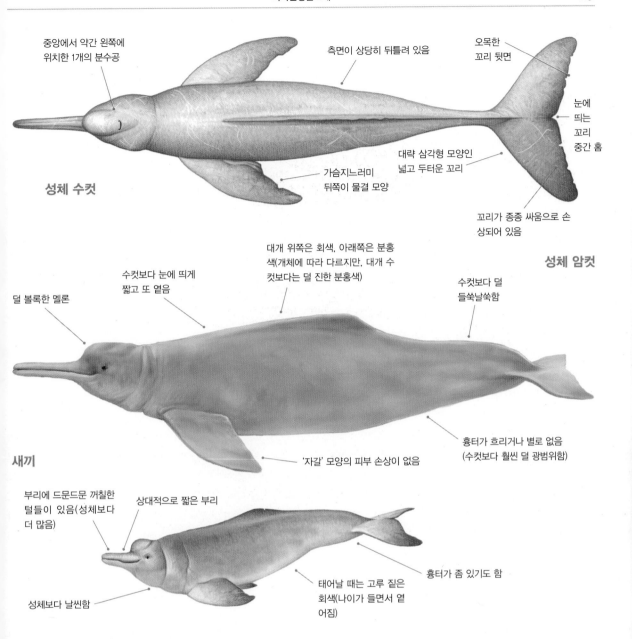

중앙에서 약간 왼쪽에 위치한 1개의 분수공

측면이 상당히 뒤틀려 있음

오목한 꼬리 뒷면

눈에 띄는 꼬리 중간 홈

성체 수컷

가슴지느러미 뒤쪽이 물결 모양

대략 삼각형 모양인 넓고 두터운 꼬리

꼬리가 종종 싸움으로 손상되어 있음

대개 위쪽은 회색, 아래쪽은 분홍색(개체에 따라 다르지만, 대개 수컷보다는 덜 진한 분홍색)

성체 암컷

수컷보다 눈에 띄게 짧고 또 옅음

수컷보다 덜 들쑥날쑥함

덜 볼록한 멜론

흉터가 흐리거나 별로 없음 (수컷보다 훨씬 덜 광범위함)

새끼

'자갈' 모양의 피부 손상이 없음

부리에 드문드문 꺼칠한 털들이 있음(성체보다 더 많음)

상대적으로 짧은 부리

흉터가 좀 있기도 함

성체보다 날씬함

태어날 때는 고루 짙은 회색(나이가 들면서 옅어짐)

고 호수들에서 발견된다.

아마존강돌고래들은 염분이 섞인 물이나 바닷물 안으론 들어가지 않지만, 그 외에 갈 수 있는 데는 거의 다 간다. 건기(대략 7~11월. 지역에 따라 다름)에는 주요 강들에 몰려 있지만, 우기(대략 12~6월)에는 여기저기 침수된 숲과 호수, 수로, 물에 잠긴 평원 등으로 흩어진다. 계절에 따른 연간 수위 변화는 무려 15m에 달하기도 한다. 수위가 낮을 때는 암컷과 수컷들이 모든 서식지를 고루 이용한다. 그러나 수위가 올라가면 암수가 분리되어, 성체 암컷과 그 새끼들은 급류가 줄어들어 작은 물고기들이 차고 넘치는 물에 잠긴 복잡한 평원 지역으로 몰려가며, 성체 수컷과 어린 수컷들은 대개 큰 강의 가장자리 지역들(그래서 대개 수컷이 암컷보다 5배는 더 많음)에 그대로 머문다. 아마존강돌고래들은 장소에 대한 애착이 많지만, 계절별 이동 거리는 수백 km에 이르기도 하며, 보통 하루에 수십 km씩 이동한다.

아마존강돌고래들은 대개 먹이가 풍부한 크림 탄 커피처럼 탁한 물을 좋아하지만, 블랙커피 같은 물에서도(먹이는 덜 풍부하지만) 종종 발견된다. 이 돌고래들이 가장 좋아하는(그러나 가장 흔

하지 않은) 서식지는 검은색 물과 흰색 물이 만나 물고기 밀도가 가장 높은 곳들이다. 그러나 강이 굽이치는 곳이나 호수는 물론 특히 물이 합류하는 지점이라면 다 좋아한다. 또한 일반적으로 먹이가 가장 풍부한 강 가장자리 지역에 가장 많이 몰려 있고, 강 중앙으로 갈수록 그 수가 줄어든다. 아마존강돌고래들은 수심 2m 이내의 얕은 물에서도 헤엄칠 수 있어 강이나 호수 기슭에 아주 바짝 다가가는 경우도 많다.

행동

범람한 숲으로 들어간 아마존강돌고래는 커다란 가슴지느러미들을 따로따로 움직여 아주 큰 기동성을 발휘하며(심지어 뒤로 헤엄칠 수도 있음), 부분적으로 물에 잠긴 나무와 뿌리들 사이를 몸을 구부리고 비틀어가며 잘 헤집고 다닌다. 또한 대개 천천히 움직이며(순간적으로 속도를 올릴 수도 있지만), 수면 위에서 한쪽 가슴지느러미를 흔들거나 스파이호핑을 하거나 꼬리로 수면을 내려치거나 가끔 수면 위로 점프하기도 한다(어린 돌고래들이 더 자주 점프를 함). 볼이 토실토실해 아래쪽을 보는 게 힘든 것

먹이와 먹이활동

먹이: 주로 물고기(길이 5cm부터 80cm에 이르는 물고기 43종. 특히 메기)를 잡아먹으며, 일부 게와 연체동물은 물론 가끔 거북도 잡아먹는다.

먹이활동: 대개 혼자 먹이활동을 하지만, 보다 얕은 물에서는 서로 힘을 합쳐 물고기들을 한쪽으로 몰아 잡기도 한다. 보다 큰 물고기는 통째로 삼키기보다는 조각을 내 먹으며, 이른 아침과 오후 중반부터 오후 늦은 시간까지 가장 활발한 먹이활동을 한다.

잠수 깊이: 알려진 바가 없지만, 깊이 잠수진 않는 걸로 추정된다.

잠수 시간: 대개 1분 이내(보통은 30~40초). 최장 잠수 기록은 1분 50초.

으로 보여지며, 그래서 종종 몸 위아래를 뒤집은 채 헤엄치는 모습이 목격되기도 한다.

성체 수컷들(그리고 종종 덜 자란 수컷들)은 물체를 갖고 다니는 사회적이며 성적인 행동을 하기도 한다. 먹지 못하는 무생물 물체를 부리로 물고 돌아다니는 것이다. 이는 인간을 제외한 다른 그 어떤 포유동물에게서도 볼 수 없는 행동이다. 그 물체는 대개 나뭇가지나 커다란 씨앗 또는 잡초(때론 뱀과 거북)이며, 한참 그렇게 갖고 다니다 보통 되풀이해서 수면 위로 버리거나 아니면 머리를 세차게 움직여 던져버린다. 아니면 강바닥에서 가져온 딱딱한 찰흙 덩어리들을 부리로 꽉 물고 있기도 한다. 그 경우 수컷은 수면 위로 천천히 올라오며, 때론 몸을 똑바로 세운 채 빙빙 돈 뒤 다시 수면 아래로 내려간다. 수컷들이 물체를 갖고 다니는 행동은 1년 내내(특히 3월과 6~8월에 더 자주) 행해지지만, 집단 내에 암컷들의 수가 많아지면 더 자주 행해진다. 짝짓기 상대를 찾는 암컷들의 관심을 끌기 위해 경쟁적으로 벌이는 일종의 구애 행동으로 추정된다. 물체를 물고 다니는 행동을 하는 수컷들(주로 성체 수컷들)은 그렇지 않은 수컷들에 비해 무려 40배나 더 큰 공격성을 보인다. 수컷들은 암컷들을 향해서도 다소 공격

적인 행동(성희롱 형태의)을 하기도 한다.

아마존강돌고래들은 사람들을 상대로 경계하기도 하고 호기심을 보이기도 하며 장난을 치기도 한다. 뱃머리에서 파도타기를 하진 않지만, 종종 배들 가까이(때론 수상 가옥이나 강둑에 서 있는 사람들에게도) 다가오며, 이따금 어부들의 노를 붙잡거나 목재 카누에 몸을 비비기도 한다. 또한 가끔 투쿠쉬들과 함께 힘을 합쳐 먹이 사냥을 하기도 한다.

이빨

위쪽 46~70개
아래쪽 48~70개

고래치고는 특이하게도 두 종류의 이빨, 즉 원뿔 모양의 앞니 66~104개와 어금니 같은 뒷니 24~44개를 갖고 있다(몸이 단단한 먹이들을 으깨기 위해서임).

집단 규모와 구조

대개 혼자 다니며 가끔 2~3마리씩 다니기도 하는데, 대부분의 쌍들은 어미와 새끼다. 먹이가 풍부한 곳에서는 최대 19마리까지 느

잠수 동작

- 대개 1초도 안 되는 시간 동안 수면에 떠오른다.
- 꼬리는 거의 보이지 않는다(오리노코강에서는 가끔 보임).
- 물을 뿜어 올리는 게 아주 시끄럽고(콧김 또는 재채기 소리 같음) 잘 보이거나(최대 2m 높이) 조용하고 잘 보이지 않는다.
- 종종 점프를 한다(몸이 완전히 수면 위로 올라가진 않음).

수면 위로 떠오르는 두 가지 타입의 동작

'살금살금' 타입(위의 그림들 참조)

- 가장 흔하다.
- 완만한 각도로 천천히 수면 위로 오른다.
- 멜론의 윗부분, 분수공, 머리 앞부분 끝쪽 그리고 때론 등의 돌기가 동시에 보인다(몸은 비교적 수평).
- 잠수할 때 등이 살짝 휜다.

'몸을 구부려서 오르락내리락' 타입(위의 그림들 참조)

- 머리가 먼저 수면 위로 오른다.
- 종종 부리 전체가 드러난다.
- 등이 분명히 드러나며, 잠수하기 위해 등을 크게 구부리기에 앞서 등의 긴 돌기가 전부 보인다.

순한 집단을 이루는 게 목격되기도 한다. 장기적인 관계를 맺는다고 알려져 있지는 않다(암컷과 그 암컷에 의존하는 새끼들은 예외).

포식자들

알려진 바가 없으나, 검은카이만, 재규어, 아나콘다, 황소상어가 잠재적인 포식자로 추정된다.

사진 식별

사진 식별이 쉽진 않지만, 등지느러미에 나 있는 홈들과 상처 그리고 그 특유의 등 부분 색 패턴으로 식별 가능하기는 하다.

개체 수

알려진 바가 없으나, 한 추정치에 따르면 전체 개체 수는 1만 5,000마리쯤 되며, 어쩌면 수만 마리에 이를 수도 있다. 2006년과 2007년에 행해진 한 조사에 따르면, 지역별 개체 수 추정치는 다음과 같았다. 볼리비아에는 면적 1,113.5km²와 389km² 지역에 각 3,201마리와 1,369마리, 페루에는 면적 554.4km² 지역에 917마리, 에콰도르에는 면적 144km² 지역에 147마리, 콜롬비아에는 면적 592.6km²와 1,231.1km² 지역에 각 1,115마리와 1,016마리, 베네수엘라에는 면적 1,684km² 지역에 1,779마리. 이를 다 합치면 9,544마리이다. 일부 지역들에서는 면적 1km²당 5.9마리가 발견되어, 그 어떤 고래 종들보다 단위 면적당 밀도가 높은 걸로 알려져 있다. 그러나 전체 개체 수는 계속 줄고 있다 (일부 지역들에서는 연간 최소 10%)는 명확한 징후들이 있다.

종의 보존

세계자연보전연맹의 종 보존 현황: '위기' 상태(2018년). 아마존강돌고래들은 아직 서식지 내 많은 지역에 퍼져 있고 비교적 많은 개체 수를 유지하고 있지만, 해당 지역들에서 인간의 지역사회들이 확산되고 있고 강 생태계에서 더 많은 자원을 빼내 가고 있어 점점 더 큰 위협에 시달리고 있다. 그 외에 어망 등에 사고로 걸려드는 일, 먹이 감소, 댐 건설, 삼림 벌채, 유기염소 및 중금속으로 인한 화학물질 오염 등을 이 돌고래들을 위협하는 또 다른 문제들로 꼽을 수 있다. 매년 수천 마리의 아마존강돌고래들이 자

▲ 분홍빛 몸, 긴 부리, 작은 눈, 둥근 이마, 구부러진 목은 아마존강돌고래의 독특한 특징이다.

망을 비롯한 여러 어망에 걸려 죽고 있다. 자망은 1960년대에 이 지역에 처음 도입됐으며, 지금은 거의 모든 강변 가구들에 의해 사용되고 있다. 특히 브라질과 페루에서는 적어도 그만큼 많은 아마존강돌고래들이 작살이나 총포를 이용해 사냥되고 있다. 주로 메기의 일종인 피라카틴가를 잡기 위한 미끼용으로 쓰기 위해, 또한 물고기를 놓고 벌어진다고 생각되는 돌고래들과의 경쟁을 줄이기 위해, 그리고 또 어망들을 손상시키는 데 대한 보복으로 사냥되고 있는 것이다. 이는 아마 현재 아마존강돌고래의 생존을 위협하는 가장 큰 문제일 것이다. 폭발물을 이용한 고기잡이는 불법이지만, 일부 지역들에서는 지금도 자주 행해지고 있다. 아마존강 일대에서는 불법적인 채굴 과정에서 흙과 바위로부터 금을 분리해 내기 위해 수은이 자주 쓰이는데, 그 바람에 강물의 수은 농도가 높아지고 있는 것도 우려할 만한 일이다. 점점 심각해지는 또 다른 큰 위협은 수력발전 댐 건설로 인한 서식지 감소와 강제 분리다. 이미 13개의 댐이 건설되어 아마존강돌고래들에게 타격을 주고 있는데, 현재 3개의 댐이 건설 중이며 7개의 댐이 추가 건설될 예정이다. 브라질 현지 주민들은 1990년대 말부터 아마존강돌고래들에게 정기적으로 먹이를 주고 있으며, 그 덕에 관광객들이 모여들고 있다. 돌고래들에게 먹이를 주는 건 허가받은 일이긴 하나, 그 일에 대한 규제가 충분히 이뤄지지 않아 돌고래들이 서로 먹이를 먹기 위해 몰려들어 돌고래들 사이에서(그리고 때론 돌고래들과 관광객들 사이에서) 사고가 나는 경우가 많다. 아마존강돌고래들은 한때 해양 수족관에 전시할 목적으로 수요가 많았으나(1956년부터 1970년대 초까지 미국과 유럽에만 100마리 넘게 수출됨), 아마존강돌고래 매매 행위는 현재 중단된 상태다.

일대기

성적 성숙: 암컷과 수컷 모두 5년.

짝짓기: 암컷들이 수컷들을 선택하는 경우가 많으며, 그래서 수컷들이 서로 싸우고 성적 과시를 할 때 내내 수컷들에 대해 우위를 점한다. 수컷들 사이에선 아주 공격적인 성적 행동들이 행해진다.

임신: 약 10~11개월.

분만: 2~3년마다(가끔은 매년). 연중 새끼 1마리가 태어나며, 가장 많이 태어나는 시기는 지역에 따라 다르다(페루와 볼리비아에서는 수위가 낮아질 때, 베네수엘라에서는 수위가 올라갈 때, 브라질에서는 수위가 높을 때).

젖떼기: 약 12개월 후. 암컷들은 종종 임신을 하면서 동시에 젖이 분비된다.

수명: 10~30년으로 추정(최장수 기록은 45년).

라플라타강돌고래 Franciscana

학명 **폰토포리아 블라인빌레이** *Pontoporia blainvillei*   (Gervais and d'Orbigny, 1844)

라플라타강돌고래는 강돌고래로 분류되어 있음에도 불구하고, 주로 대양에 사는 돌고래 종이다. 이 돌고래는 세계에서 가장 작은 돌고래들 중 하나로 어부들에게는 white ghost 즉, '흰 유령'으로 알려져 있는데, 그건 이 돌고래가 종종 옅은 색을 띠고 인간을 보면 스르르 사라지기 때문이다.

분류: 라플라타강돌고래과 이빨고래아목

일반적인 이름: 이 돌고래의 영어 이름은 Franciscana로, 그 피부색이 프란치스코회 수도승들의 옷을 연상케 하기 때문이다. 1842년 이 돌고래의 표본이 수집된 곳이 라플라타강La Plata River(아르헨티나와 우루과이 사이를 흐르는 강—옮긴이)이어서 흔히 라플라타강돌고래라 한다.

다른 이름들: La Plata river dolphin, La Plata dolphin, toninha 등.

학명: 이 고래 학명의 앞부분 *Pontoporia*는 open sea 즉, '공해'를 뜻하는 그리스어 *pontos*에 '통로' 또는 '교차점'을 뜻하는 그리스어 *poros*가 합쳐진 것이다(이 돌고래들이 민물과 바닷물 사이를 오간

다고 믿은 데서). 그리고 학명의 뒷부분 *blainvillei*는 프랑스 동식물 연구가 앙리 마리 뒤크로테 드 블랭빌Henri Marie Ducrotay de Blainville, 1777~1850의 이름에서 따온 것이다.

세부 분류: 현재 별도로 인정된 아종은 없으나, 적어도 지리적으로 (그리고 유전학적으로) 분리된 돌고래 2종이 있다. 남위 27도 북쪽 브라질 중앙 및 북부 지역에 사는 보다 작은 라플라타강돌고래 종과 남위 27도 남쪽 우루과이, 아르헨티나, 브라질 남부에 사는 보다 큰 라플라타강돌고래 종이 바로 그것이다. 북단 지역에 사는 라플라타강돌고래들은 몸 크기가 그 중간 정도이다.

성체 수컷

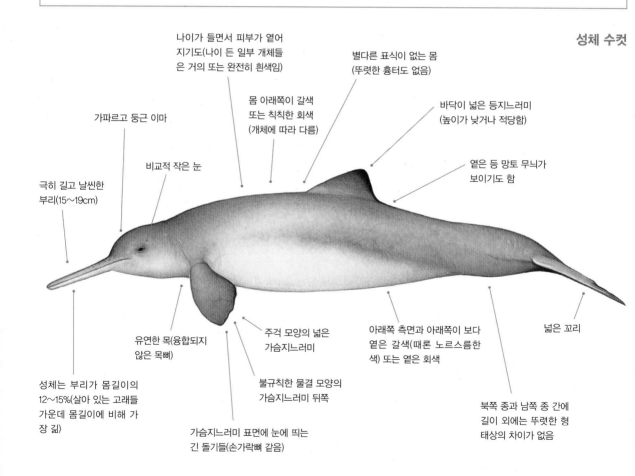

나이가 들면서 피부가 옅어지기도(나이 든 일부 개체들은 거의 또는 완전히 흰색임)

별다른 표식이 없는 몸(뚜렷한 흉터도 없음)

가파르고 둥근 이마

몸 아래쪽이 갈색 또는 칙칙한 회색(개체에 따라 다름)

바닥이 넓은 등지느러미(높이가 낮거나 적당함)

비교적 작은 눈

옅은 등 망토 무늬가 보이기도 함

극히 길고 날씬한 부리(15~19cm)

유연한 목(융합되지 않은 목뼈)

주걱 모양의 넓은 가슴지느러미

아래쪽 측면과 아래쪽이 보다 옅은 갈색(때론 노르스름한 색) 또는 옅은 회색

넓은 꼬리

성체는 부리가 몸길이의 12~15%(살아 있는 고래들 가운데 몸길이에 비해 가장 깊)

불규칙한 물결 모양의 가슴지느러미 뒤쪽

북쪽 종과 남쪽 종 간에 길이 외에는 뚜렷한 형태상의 차이가 없음

가슴지느러미 표면에 눈에 띄는 긴 돌기들(손가락뼈 같음)

요점 정리

- 남아메리카 동부 해안 일대의 수심 얕은 열대 및 온대 물에 서식
- 몸 위쪽은 약간 짙고 아래쪽은 옅은 간단한 색 패턴
- 작은 크기

- 아주 긴 부리(수면 위에 오를 때 종종 공중으로 올라감)
- 하단이 넓고 둥근 등지느러미
- 은밀하면서도 조용히 수면 위로 올라와 물이 거의 또는 전혀 튀지 않음

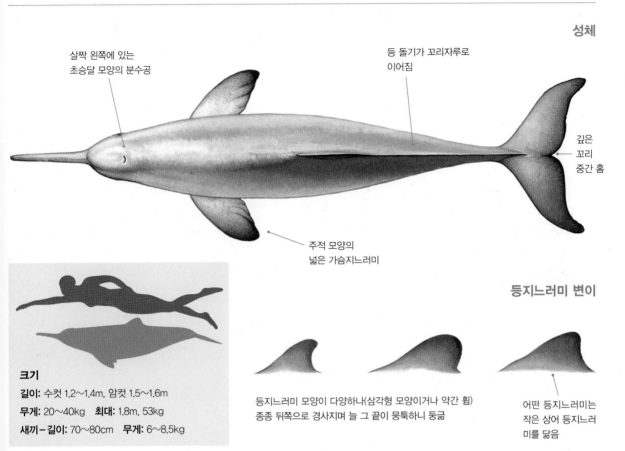

성체

살짝 왼쪽에 있는
초승달 모양의 분수공

등 돌기가 꼬리자루로
이어짐

깊은
꼬리
중간 홈

주적 모양의
넓은 가슴지느러미

등지느러미 변이

등지느러미 모양이 다양하나(삼각형 모양이거나 약간 휨)
종종 뒤쪽으로 경사지며 늘 그 끝이 뭉툭하니 둥굶

어떤 등지느러미는
작은 상어 등지느러
미를 닮음

크기

길이: 수컷 1.2~1.4m, 암컷 1.5~1.6m

무게: 20~40kg **최대:** 1.8m, 53kg

새끼-길이: 70~80cm **무게:** 6~8.5kg

비슷한 종들

서식지는 다른 여러 작은 고래들과 겹치지만, 아주 긴 부리와 작은 눈 그리고 하단이 넓고 둥근 등지느러미 등을 보고 식별이 가능하다. '손가락 모양'의 가슴지느러미는 서식지 내 다른 그 어떤 돌고래와도 다르지만 바다에서는 관찰하기 어렵다. 비교적 부리가 짧은 어린 라플라타강돌고래는 기아나돌고래와 혼동할 여지가 있지만, 기아나돌고래의 경우 몸이 더 크고 부리는 더 짧고 뭉툭하며 등지느러미 모양도 다르다.

분포

라플라타강돌고래들은 남아메리카 동부 해안 일대의 열대 및 온대 바다에서 흔히 발견되며, 파도 너머 수심 30m 정도 되는 바다에 이르는 좁고 기다란 지역의 얕고 혼탁한 물을 좋아한다. 수심 50m가 넘는 바다와 해안에서 55km 떨어진 지역(특히 서식지의 북쪽 지역)에서도 발견되지만, 깊고 맑고 찬 물은 꺼려하는 편이다. 이 돌고래들은 브라질 남동부(남위 18도 25분)의 이스피리투산투주 이타우나스강에서부터 아르헨티나 중부(남위 41도 10분)의 골포산 마티아스만에 이르는 지역에 서식한다(여기저기서 서식지가 끊기지만). 그러나 서식지 내 북쪽 두 지역, 그러니까 브라질 이스피리투산투주 산타크루즈(남위 19도 57분)의 피라쿠-아쿠강 어귀에서부터 리우데자네이루주 바라데이타바포아나강(남위 21도 18분)까지의 지역과 아르마상두스부지오스(남위 22도 44분)에서부터 리우데자네이루주의 피라쿠아라데덴트로(남위 22도 59분)까지에는 라플라타강돌고래들이 극도로 드물거나 아예 없다. 이 돌고래들의 이동에 대해선 알려진 바가 없으나, 일부 지역들에서는 계절별로 해안 근처와 앞바다 사이를 오가는 게 관찰된다. 자신들이 태어난 지역은 떠나지 않는데, 그런 지역이 수십 km밖에 안 되는 걸로 추정된다.

행동

일반적으로 아주 은밀히 움직여 야생 상태에서는 관찰하기가 어려우며, 그래서 그 행동에 대해서도 알려진 바가 거의 없다. 대개 경계심이 많아 배를 피하기 때문에 뱃머리에서 파도타기를 하는 경우도 없다. 공중곡예를 활발히 하는 것 같지 않으며, 다른 고래 종들과 어울리는 경우도 드물거나 아예 없다. 그리고 바닷물이

▲ 라플라타강돌고래 분포(자세한 설명은 개체 수 참고)

FMA-Ia
FMA-Ib
FMA-II
FMA-III
FMA-IV

▲ 라플라타강돌고래는 살아 있는 고래들 중 가장 부리가 길다(몸 크기에 비해).

성체 암컷

암컷이 부리가 더 긺
(17~22cm)

새끼

색이 조금 더 짙기도 함

보다 고른 색

성체보다 부리가 훨씬
더 짧고 통통함

성체보다 날씬함

성체에 비해 상대적으로 더 큰
가슴지느러미와 등지느러미와
꼬리

가슴지느러미 표면에 긴 돌기
(손가락뼈 같은)들이 보임

잠수 동작

- 부리와 머리가 수면 위로 먼저 올라온다(종종 부리가 공중으로 떠올라 분명히 보임).
- 등과 등지느러미가 잠깐 나타난다(옆에서 본 수면 위의 모습이 낮음).
- 은밀하고 조용히 수면 위로 올라와 물이 거의 또는 전혀 튀지 않는다.
- 종종 같은 집단에 속한 개체들이 동시에 수면 위로 올라와 숨을 내쉰다.
- 이동할 땐 평균 15~21초간 잠수를 한다(짧은 잠수 3~4회 후에 보다 오랜 잠수 1회).

먹이와 먹이활동

먹이: 다양한 종류(적어도 63종)의 작은 바다 물고기(특히 민어과)와 오징어, 문어(7종) 그리고 갑각류(6종)도 잡아먹는다. 먹이들은 대개 그 길이가 10cm를 넘지 않는다. 그리고 먹이활동은 계절별 먹이 개체 수에 따라 바뀐다. 어린 돌고래들은 주로 새우를 잡아먹고, 그러다가 생후 1년쯤 되면 물고기를 잡아먹는다.

먹이활동: 주로 해저 근처에서 먹이활동을 하지만, 먼바다로 나가 먹이활동을 하기도 한다. 아르헨티나에서는 서로 협력해 먹이활동을 하는 모습이 목격되곤 한다.

잠수 깊이: 알려진 바가 없지만, 수심 30m 이상 잠수하는 경우는 흔치 않다.

잠수 시간: 먹이활동을 할 때는 평균 22초(2~83초 사이)를 잠수한다. 아르헨티나에서는 전체 시간의 최대 75%를 잠수와 먹이활동을 하면서 보낸다.

들어올 때와 만조 때는 돌아다니는 일이 줄고 먹이활동이 느는 걸로 추정된다.

이빨

위쪽 53~58개
아래쪽 51~56개

집단 규모와 구조

대개 혼자 다니거나 2~5마리씩 소집단을 이루지만, 집단 규모가 30마리까지 됐다는 기록도 있다.

포식자들

범고래와 여러 종의 상어들(칠성상어, 귀상어, 모래뱀상어, 뱀상어 등)이 포식자들일 걸로 추정된다.

일대기

성적 성숙: 암컷은 2~5년, 수컷은 3~4년.

짝짓기: 수컷들은 일부일처제를 택하는 듯하며, 그래서 싸움으로 인한 상처도 없다. 수컷들은 암컷과 새끼를 보호하기도 하는데, 그건 짝짓기를 하거나 자기 새끼를 보호하기 위한 행동인 걸로 추정된다(그렇다면 독특한 행동임).

임신: 10.5~11.2개월.

분만: 1~2년마다. 새끼는 서식지 북쪽 지역에서는 연중 1마리가 태어나며, 남쪽 지역에서는 10월부터 2월 사이에 가장 많이 태어난다. 고래들 가운데 번식 주기가 가장 짧은 편에 속한다.

젖떼기: 6~9개월 후.

수명: 대개 12년으로 미만(최장수 기록은 암컷은 23년, 수컷은 16년).

개체 수

종의 보존을 위해 라플라타강돌고래 서식지는 크게 4개의 FMA Franciscana Management Areas 즉, '라플라타강돌고래 관리 지역들'로 나뉘었다(469쪽의 지도 참조). 그 네 지역의 최신 개체 수 추정치들은 다음과 같다. FMA-I은 2,000마리 이내(2011년), FMA-II는 약 8,500마리(2008~2009년), FMA-III는 약 4만 2,000마리(1996년), FMA-IV는 약 1만 4,000마리(2003~2004년). 그리고 라플라타강돌고래 전체 개체 수가 계속 줄어들고 있다는 강력한 증거가 있다.

종의 보존

세계자연보전연맹의 종 보존 현황: '취약' 상태(2017년). 라플라타강돌고래는 수심이 얕은 해안을 좋아하기 때문에, 인간으로 인해 생겨나는 각종 위협에 아주 취약하다. 가장 큰 위협은 사고로 자망에 걸려 죽는 것으로, 이는 적어도 1940년대 초 이후 계속되는 문제다. 최근 통계치는 거의 없지만, 매년 최소 수천 마리의 라플라타강돌고래들이 자망에 걸려 익사하는 걸로 추정된다. 이는 매년 새로 태어나는 라플라타강돌고래 수보다 많은 것이어서, 이 돌고래들은 계속 줄어들 수밖에 없다.

그 외의 다른 위협들로는 서식지 생태계 악화와 교란, 화학약품 오염, 소음 공해, 남획으로 인한 먹잇감 감소 등을 꼽을 수 있다. 이 돌고래들의 위를 열어보면 버려진 어망, 셀로판, 플라스틱 등 많은 종류의 쓰레기들이 나온다. 라플라타강돌고래들을 대놓고 사냥하는 경우는 없는 걸로 보인다.

▲ 라플라타강돌고래가 수면 위로 오를 땐 종종 부리가 또렷이 보인다.

양쯔강돌고래 Yangtze river dolphin

학명 리포테스 벡실리퍼 *Lipotes vexillifer*   Miller, 1918

양쯔강돌고래는 인간의 활동으로 인해 멸종된 최초의 고래라는 안타까운 종이다. 가끔 목격됐다는 보고가 있지만, 대개 진짜 양쯔강돌고래가 맞는지 의문이다.

분류: 양쯔강돌고래과 이빨고래아목

일반적인 이름: 이 돌고래의 영어 이름은 Yangtze river dolphin으로, 역사적으로 최근 서식지가 중국이라는 데서 붙은 이름이다. 양쯔강돌고래 대신 흔히 '바이지baiji'라고도 불리는데, 이는 '흰색'을 뜻하는 중국어 '바이bai'에 '강돌고래' 또는 '민물돌고래'(특히 양쯔강에서)를 뜻하는 중국어 '지ji'가 붙은 것이다. 비슷한 이름을 가진 홍콩의 중국흰돌고래는 인도-태평양혹등고래의 아종이다.

다른 이름들: baiji('바이지'로 발음. Yangtze river dolphin 대신 흔

히 쓰임), Chinese river dolphin, 드물게 Changjiang dolphin, whitefin dolphin, whiteflag dolphin, ji, peh ch'i(baiji를 중국어 발음으로 옮긴 것).

학명: 이 고래 학명의 앞부분 *Lipotes*는 '뚱뚱한'을 뜻하는 그리스어 *lipos*에서 온 것이다. 그리고 학명의 뒷부분 *vexillifer*는 '깃발'을 뜻하는 라틴어 *vexillum*에 '가지고 다니는'을 뜻하는 라틴어 *fer*가 합쳐진 것이다(등지느러미를 가리킴).

세부 분류: 현재 별도로 인정된 아종은 없다.

성체

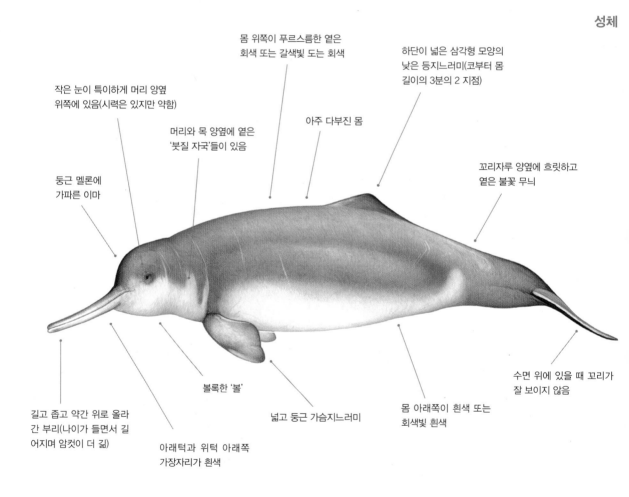

몸 위쪽이 푸르스름한 옅은 회색 또는 갈색빛 도는 회색

하단이 넓은 삼각형 모양의 낮은 등지느러미(코부터 몸 길이의 3분의 2 지점)

작은 눈이 특이하게 머리 양옆 위쪽에 있음(시력은 있지만 약함)

아주 다부진 몸

머리와 목 양옆에 옅은 '붓질 자국'들이 있음

꼬리자루 양옆에 흐릿하고 옅은 불꽃 무늬

둥근 멜론에 가파른 이마

길고 좁고 약간 위로 올라간 부리(나이가 들면서 길어지며 암컷이 더 깊)

볼록한 '볼'

아래턱과 위턱 아래쪽 가장자리가 흰색

넓고 둥근 가슴지느러미

몸 아래쪽이 흰색 또는 회색빛 흰색

수면 위에 있을 때 꼬리가 잘 보이지 않음

요점 정리

- 멸종된 것으로 보임
- 중국 양쯔강 하류와 중류에 서식했던 것으로 추정
- 작은 크기
- 몸 위쪽이 푸르스름한 옅은 회색 또는 갈색빛 도는 회색
- 길고 좁고 약간 위로 올라간 부리
- 삼각형 모양의 낮은 등지느러미
- 서식지 내에 살고 있는 다른 고래 종은 양쯔강상괭이뿐임

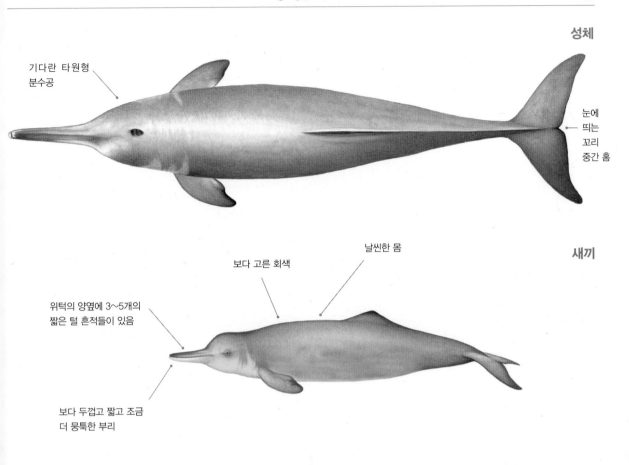

성체

기다란 타원형
분수공

눈에
띄는
꼬리
중간 홈

새끼

날씬한 몸

보다 고른 회색

위턱의 양옆에 3~5개의
짧은 털 흔적들이 있음

보다 두껍고 짧고 조금
더 뭉툭한 부리

크기
길이: 수컷 1.8~2.3m, 암컷 1.85~2.5m
무게: 40~170kg **최대:** 2.6m, 240kg
새끼-길이: 80~95cm **무게:** 2.5~4.8kg

비슷한 종들

양쯔강에 상시 거주하는 다른 고래는 양쯔강상괭이밖에 없다(하류에서는 인도-태평양혹등돌고래가 목격된다는 얘기들도 있지만). 분자 분석에 따르면, 양쯔강돌고래는 남아시아강돌고래보다는 아마존강돌고래나 라플라타강돌고래와 더 밀접한 관련이 있다.

분포

역사적으로 양쯔강돌고래들은 길이 1,700km에 달하는 중국 양쯔강 중류와 하류, 보다 작은 연결 지류들 그리고 장강삼협 지역에서부터 상하이 부근 강어귀에 걸쳐 살았다. 1958년에 수력발전소 건설이 시작되기 전까지만 해도 양쯔강 남쪽의 첸탕강(푸춘강)에서도 발견됐고, 양쯔강에 연결된 큰 호수 두 곳(둥팅호와 포양호)에서도 발견됐다. 이전에는 양쯔강 어귀에서도 발견됐다. 광범위한 서식지에도 불구하고 양쯔강돌고래들이 어떤 식으로 이동했는지에 대해선 알려진 바가 없으나(한 개체는 최소 200km를 여행했음), 사람들의 목격담에 따르면 봄에는 상류로 이동했고 겨울에는 하류로 이동했다고 한다. 양쯔강돌고래들이 좋아하는 서식지는 물 흐름이 완만해 생물의 다

황해

양쯔강

상하이

동중국해

삼협댐

삼협댐 저수지

첸탕강

둥팅 호수

포양 호수

▲ 양쯔강돌고래의 역사적 분포

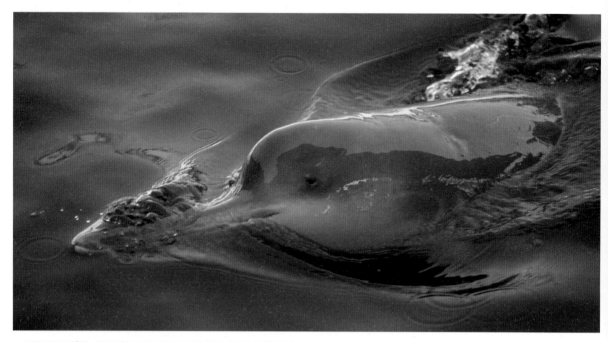

▲ 양쯔강돌고래(또는 바이지)는 2007년에 '기능적 멸종' 상태라고 발표됐다.

양성이 보장되고 강한 급류로부터 피신할 수 있는 곳들(강물이 굽이치는 곳이나 진흙 제방 또는 모래톱 아래쪽) 부근이었다.

행동

양쯔강돌고래는 경계심이 많아 가까이 다가가기 어려우며, 대개 오랜 시간 잠수를 하고 물속에서 방향을 바꾼다. 낮에 가장 활발히 움직이며, 밤이면 물 흐름이 느린 지역에서 휴식을 취한다. 수면 위로 점프하는 등의 공중곡예를 한다는 증거는 없다. 그리고 양쯔강상괭이와 함께 관찰되는 경우가 많았다(2종이 함께 있는 건 공식적으로 목격된 경우의 63%였음).

이빨

위쪽 62~68개
아래쪽 64~72개

집단 규모와 구조

대개 3~4마리(최소 2마리, 최대 6마리)가 한 집단을 이루며, 기록으로 남은 최대 규모는 16마리의 집단이었다(1980년 이후에는 10마리 이내).

사진 식별

얼굴 패턴과 등지느러미의 홈과 상처 등으로 식별 가능하다.

개체 수

멸종된 것으로 보인다. 진 왕조 때의 학자 궈푸(서기 276~324년)는 한때 양쯔강에는 돌고래가 차고 넘쳤다고 적었다. 유전학적 분석에 따르면, 약 1,000년 전에 양쯔강돌고래 개체 수는 10만 마리가 넘었던 걸로 추정된다. 그러던 것이 1950년대 들어 수천 마리로 줄어든 것으로 추정되며, 1980년에 이르러 약 400마리로, 1990년에 다시 100마리 이내로, 그리고 1997년에 급기야 13마리(새끼 1마리 포함)로 줄어든 것이다. 2001년에 임신한 채 좌초된 암컷이 마지막으로 확인된 양쯔강돌고래였으며, 2002년에는 살아 있는 양쯔강돌고래 1마리가 사진에 찍히기도 했다. 중국 정부는 2006년 11월 6일부터 12월 13일까지 조사선 두 척을 동원해 서식지 전역을 대상으로 시청각 장치를 활용한 강도 높은 조사를 벌였으나, 살아 있는 돌고래가 있다는 그 어떤 증거도 찾지 못했다. 2017년 11월부터 12월까지 다시 또 광범위한 조사가 이루어졌으나, 역시 증거를 찾긴 못했다. 산 채로 사로잡은 양쯔강돌고래도 전혀 없다. 결국 2007년 양쯔강돌고래에 대한 '기능적 멸종' 선언이 내려졌다. 그러니까 설사 몇 마리가 살아 있다

잠수 동작

- 천천히 그리고 부드럽게 수면 위로 올라 물이 튀지 않는다.
- 대개 머리 윗부분과 등지느러미와 등의 일부만 드러난다(가끔 머리와 부리 전체가 보임).
- 잠깐씩 자주(10~30초 간격으로) 잠수하며, 그 후에 보다 오래(3분 20초까지) 잠수한다.
- 물을 뿜어 올리는 걸 거의 볼 수 없다(그러나 가까이에서는 날카로운 재채기 소리 같은 게 들림).

먹이와 먹이활동

먹이: 민물 물고기들을 잡아먹는다.

먹이활동: 알려진 바가 없다.

잠수 깊이: 알려진 바가 없다.

잠수 시간: 대개 10~30초. 최장 잠수 기록은 3분 20초.

해도 개체 수를 회복할 희망은 없다는 결론이 내려진 것이다.

종의 보존

세계자연보전연맹의 종 보존 현황: '위급' 상태(어쩌면 '멸종' 상태) (2017년). 현재 세계자연보전연맹은 이따금 확인되지 않은 양쯔 강돌고래 목격담이 들려오는 걸 감안해, 예방적 접근방식을 취하고 있는 중이다. 아마 어업이 양쯔강돌고래가 급감한 주원인이었을 것이다. 1970년대와 1980년대에 알려진 양쯔강돌고래의 죽음 중 최소 절반은 긴 낚싯줄에 많은 낚싯바늘들을 매달아 고기를 잡는 주낙에 걸려 죽거나 다른 어망에 걸려 익사해 죽은 경우들이었다. 1990년대에는 직류 전원으로 집어를 하는 전류 어법 때문에 죽은 양쯔강돌고래가 40%나 됐다. 20세기 이전까지만 해도 양쯔강돌고래를 사냥하는 건 기름을 얻기 위해서였다(고래 기름은 배의 틈새를 메우고 불을 밝히는 데 쓰였고 전통적인 약제에도 쓰였음). 그러다가 비록 소규모이긴 했으나 고래 피부를 상업적인 가죽 생산에 이용하기도 했고, 1950년대부터 1970년대까지는 식량이 부족해지거나 기근이 들 때 고래 고기를 식용으로 쓰기도 했다. 양쯔강돌고래들을 위협한 또 다른 문제들로는 남획으로 인한 먹이 감소, 배들과의 충돌, 소음 공해, 농지 유출수, 산업계 오염 및 가정 오염, 제방 건설, 강바닥 준설 등을 꼽을 수 있다. 게다가 양쯔강돌고래들은 댐 건설로 인해 강제 분리됐고 중요한 먹이활동 및 번식 지역들도 이용할 수 없게 되었다. 엎친 데 덮친 격으로 1990년대에는 삼협댐이 건설되어 강 수위와 성층stratification(서로 다른 밀도의 물이 층을 이루는 것-옮긴이), 물의 흐름, 모래톱 등에 급격한 변화가 일어났다. 물론 그때쯤 양쯔강돌고래는 이미 거의 멸종 상태가 되어 있었다. 1975년 중국 정부는 양쯔강돌고래에 대한 공식적인 보호에 나섰고, 이 돌고래 종을 '국보'로 지정했다. 그러나 터무니없이 적은 예산, 비효율적인 프로젝트 관리, 자연보호 단체들과 서방 과학자들 그리고 중국 당국 간의 협력 부족과 의견 불일치로 양쯔강돌고래의 운명은 이미 결정 나 있었다. 모든 게 너무 늦었고 결과는 참담했다.

일대기

성적 성숙: 암컷은 6년, 수컷은 4년.

짝짓기: 1~6월.

임신: 10~11개월.

분만: 2년마다. 주로 2~4월에 새끼 1마리가 태어남.

젖떼기: 8~20개월 후에 젖을 떼는 걸로 추정.

수명: 20년 넘는 걸로 추정(최장수 기록은 약 24년).

▲ 양쯔강돌고래 수컷 '치치'는 1980년 낚시 바늘에 상처를 입은 뒤 중국 우한의 수생물연구소에서 22년간 살았다. 치치는 2002년 죽을 때까지 양쯔강돌고래 연구에 없어선 안 될 존재였다.

까치돌고래 Dall's porpoise

학명 포코에노이데스 달리 *Phocoenoides dalli*   (True, 1885)

까치돌고래는 아마 소형 고래 중 가장 빠른 고래로, 빠른 속도로 수면 위로 오를 때면 대개 흐릿해 보인다. 그리고 다른 돌고래들과는 달리, 종종 배로 다가가 그 앞뒤에서 파도타기를 한다.

분류: 쇠돌고래과 이빨고래아목

일반적인 이름: 이 돌고래의 영어 이름은 Dall's porpoise로, 1873년 알래스카에서 최초의 이 고래 종 표본을 수집한 미국인 동식물 학자 윌리엄 H. 달William H. Dall, 1845~1927의 이름에서 따온 것이다.

다른 이름들: Dall porpoise, True's porpoise, True porpoise 등.

학명: 이 고래 학명의 앞부분 *Phocoenoides*는 porpoise 즉, '알락돌고래'를 뜻하는 그리스어 *phokaina* 또는 라틴어 *phocaena*에 like 즉, '〜 같은'을 뜻하는 그리스어 *eides*가 합쳐진 것이다. 그리고 학명의 뒷부분 *dalli*는 William H. Dall의 이름에서 따온 것이다.

세부 분류: 현재 별도로 인정된 아종은 *P. d. dalli*(달리 타입)과 *P. d. truei*(트루에이 타입) 이렇게 2종이다. 달리 타입은 색이 조금 다른 2종이 있는데, 흰색 무늬의 크기로 구분한다(그 무늬가 큰 것은 북태평양-베링해 종이고 작은 것은 동해-오호츠크해 종임).

성체 수컷(달리 타입)

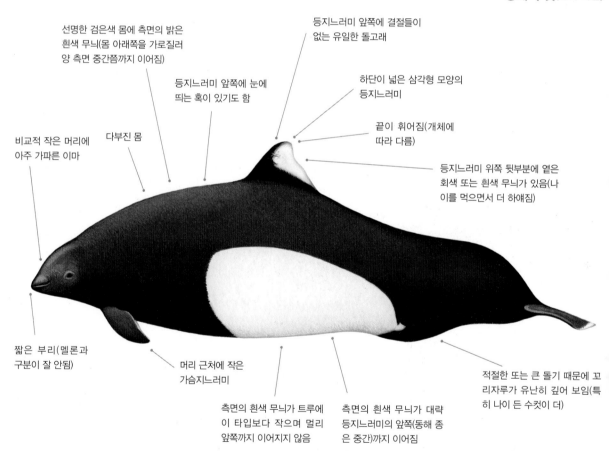

선명한 검은색 몸에 측면의 밝은 흰색 무늬(몸 아래쪽을 가로질러 양 측면 중간쯤까지 이어짐)

등지느러미 앞쪽에 결절들이 없는 유일한 돌고래

등지느러미 앞쪽에 눈에 띄는 혹이 있기도 함

하단이 넓은 삼각형 모양의 등지느러미

비교적 작은 머리에 아주 가파른 이마

다부진 몸

끝이 휘어짐(개체에 따라 다름)

등지느러미 위쪽 뒷부분에 옅은 회색 또는 흰색 무늬가 있음(나이를 먹으면서 더 하얘짐)

짧은 부리(멜론과 구분이 잘 안됨)

머리 근처에 작은 가슴지느러미

측면의 흰색 무늬가 트루에이 타입보다 작으며 멀리 앞쪽까지 이어지지 않음

측면의 흰색 무늬가 대략 등지느러미의 앞쪽(동해 종은 중간)까지 이어짐

적절한 또는 큰 돌기 때문에 꼬리자루가 유난히 깊어 보임(특히 나이 든 수컷이 더)

요점 정리

- 북태평양과 그 인근 바다들의 선선하고 깊은 바다에 서식
- 선명한 검은색 몸에 눈에 띄는 측면의 흰색 무늬
- 수면 위로 떠오를 때 대개 눈에 띄게 높은 물보라가 생김
- 작은 크기
- 힘이 넘치며 거의 과도할 만큼 활동적임 (행동이 돌고래에 가까움)
- 하단이 넓은 삼각형 모양의 투톤 등지느러미
- 유난히 깊은 꼬리자루

성체 수컷(달리 타입)

조그만 머리가 위에서 보면 삼각형으로 보임

나이가 들면서 꼬리 양끝이 아주 둥글어짐

수컷은 작은 꼬리 뒷부분이 볼록볼록함(나이가 들면 더 뚜렷하고 암컷은 보다 곧음)

눈에 띄는 꼬리 중간 홈

꼬리의 나머지 부분과 꼬리자루는 대개 검은색(옅은 회색 또는 흰색이 되기도)

뱃머리에서 파도타기를 할 때 양 측면의 흰색 무늬가 보임

꼬리 뒷부분의 위쪽 가장자리가 흰색 또는 옅은 회색

크기

길이: 수컷 1.8~2.4m, 암컷 1.7~2.2m
무게: 135~200kg   **최대:** 2.4m, 218kg
새끼-길이: 0.9~1.2m   **무게:** 약 11kg
몸길이가 동쪽에서 서쪽으로 갈수록 커지는 걸로 보임. 그리고 동해의 개체들이 가장 큼.

비슷한 종들

태평양흰줄무늬돌고래도 까치돌고래처럼 수면 위로 오를 때 눈에 띄게 높은 물보라가 일지만, 태평양흰줄무늬돌고래는 등지느러미만 봐도 금방 알 수 있다. 또한 경험이 없는 관찰자들은 까치돌고래를 범고래 새끼로 잘못 보는 경우가 많다. 까치돌고래가 천천히 오르락내리락하며 앞으로 나아갈 땐 얼핏 쥐돌고래 비슷해 보이기도 한다(멀리서 역광 상태에서 볼 경우). 그러나 까치돌고래는 등지느러미의 흰색 부분이 워낙 눈에 띄며, 쥐돌고래는 대개 보다 얕은 물에 서식한다. 특히 캐나다 브리티시 콜롬비아에선 까치돌고래 암컷과 쥐돌고래 수컷 사이에 태어난 잡종이 발견되는데, 그 잡종은 자체 번식도 가능한 것으로 보여지며, 대개 까치돌고래들과 함께 지내고, 하는 행동들도 까치돌고래 같다. 그러나 달리 타입과 트루에이 타입 사이에 잡종이 태어나는 경우는 드물다.

분포

까치돌고래들은 북태평양 북부와 그 주변 바다들(동해, 베링해 남부 그리고 오호츠크 해)의 깊고 선선한 온대 및 아북극 바다에 서식한다. 섭씨 17도 아래의 찬 물을 좋아하며, 섭씨 13도 아래의 물에 가장 많이 모여 산다. 주로 해안에서 멀리 떨어진 바다에 서식하지만, 수심이 100m가 넘는 해안 지역에도 서식한다. 그리고 계절별 이동은 지역에 따라 달라진다(북-남, 해안 근처-먼 바다 이동 또는 상주형). 특히 조수가 합쳐지는 지역, 대륙붕 일대, 바닥이 경사진 바다에 많이 모여 산다.

달리 타입: 북위 63도 베링해 중심부에서부터 북위 35도 일본 남부 및 북위 30도 캘리포니아 남부에 이르는 지역(예외적으로 찬물이 유입될 경우 때론 북위 28도 멕시코 바하칼리포르니아 지역에도)에 서식한다. 그리고 그 지역에서는 트루에이 타입과 서식지가 겹치는 경우가 드물

■ 달리 타입   ■ 달리 타입과 트루에이 타입

▲ 까치돌고래 분포

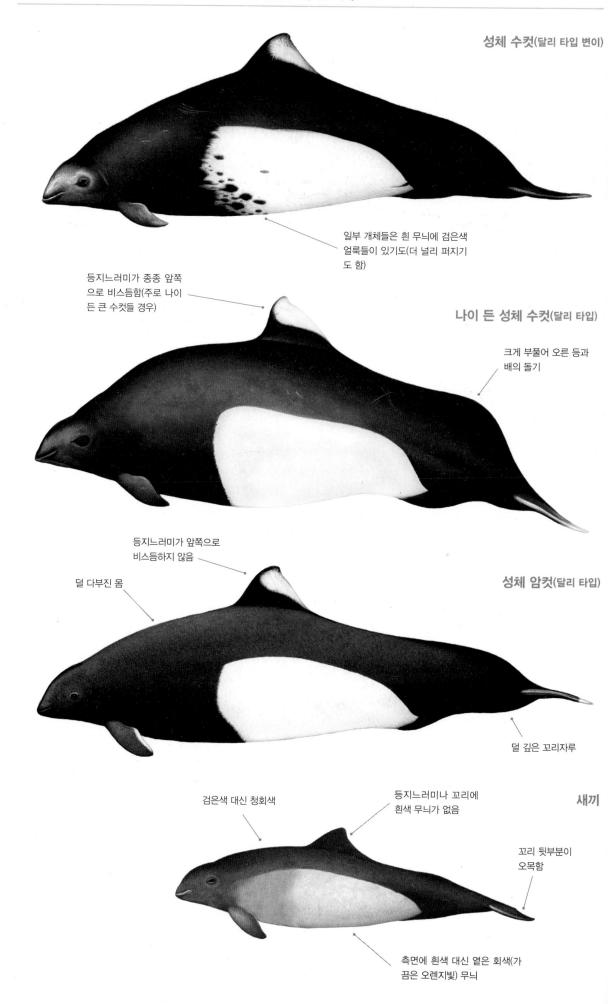

성체 수컷(달리 타입 변이)

일부 개체들은 흰 무늬에 검은색 얼룩들이 있기도 함(더 널리 퍼지기도 함)

등지느러미가 종종 앞쪽으로 비스듬함(주로 나이 든 큰 수컷들 경우)

나이 든 성체 수컷(달리 타입)

크게 부풀어 오른 등과 배의 돌기

등지느러미가 앞쪽으로 비스듬하지 않음

덜 다부진 몸

성체 암컷(달리 타입)

덜 깊은 꼬리자루

검은색 대신 청회색

등지느러미나 꼬리에 흰색 무늬가 없음

새끼

꼬리 뒷부분이 오목함

측면에 흰색 대신 옅은 회색(가끔은 오렌지빛) 무늬

성체 수컷(트루에이 타입)

몸이 달리 타입보다 조금 더 날씬하지만 더 길다람(적어도 일본 해안에선)

측면의 보다 큰 흰색 무늬가 앞쪽까지 (최소 가슴지느러미까지) 이어짐

성체 암컷(트루에이 타입)

다(지역에 따라 4~20%). 동해에 사는 까치돌고래들은 쓰가루 해협과 소야 해협을 지나 홋카이도의 태평양 방면 해안 지역과 오호츠크해 남쪽 일대의 여름 번식지들까지 이동한다.

트루에이 타입: 주로 북위 35도부터 북위 54도 사이 북태평양 서부와 오호츠크해에서 발견되며, 동해에서는 발견되지 않는다. 일본 중부와 북부의 태평양 방면 해안 일대에서 겨울을 나며, 그런 뒤 쿠릴 열도를 지나 오호츠크해 남쪽 및 중앙 지역의 번식지들에서 여름을 난다. 서쪽에서 동쪽으로 갈수록 보기가 더 힘들어지며, 동경 170도 동쪽에서는 가장 보기 힘들다. 아주 가끔은 멀리 동쪽 알류샨 열도에서도 발견되며, 1989년에는 캘리포니아에서 1마리가 발견됐다는 기록도 있다.

행동

까치돌고래는 아주 힘이 넘치며 거의 과도할 정도로 활동적이다. 아주 빠른 속도로(최대 시속 55km로) 움직이며 지그재그를 그리면서 헤엄치기도 한다. 아마 짧은 순간 가장 빠른 속도를 내는 소형 고래일 것이다. 뱃머리에서 파도 타는 걸 아주 좋아하며(실제로 종종 뱃머리에서 파도를 타는 유일한 돌고래이기도 함), 빨리(시속 20km 이상) 움직이는 배들에는 관심을 보이지만 느리게 움직이는 배들에는 별 관심을 보이지 않는다. 또한 어디선가 갑자기 나타났다가 갑자기 사라진다. 심지어 대형 고래들이 보는 데서도 뱃머리에서 파도타기를 하며, 빨리 달리는 배 뒤를 따라가며 파도타기를 하기도 한다. 그러나 수면 위로 뛰어오르거나

꼬리로 수면을 내려치거나 물 위를 떠가듯 헤엄치는 동작 등은 아주 보기 힘들다. 까치돌고래들은 가끔 북아메리카 해안 일대에서 태평양흰줄무늬돌고래들(북위 50도 남쪽에서)이나 들쇠고래들(북위 40도 남쪽에서)과 어울리기도 한다.

▲ 바다가 잔잔한 날 배 앞에서 파도타기를 즐기는 까치돌고래.

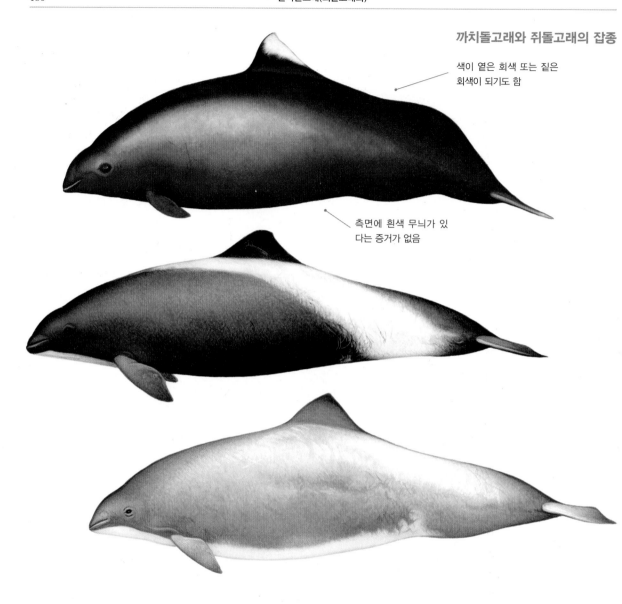

까치돌고래와 쥐돌고래의 잡종

색이 옅은 회색 또는 짙은
회색이 되기도 함

측면에 흰색 무늬가 있
다는 증거가 없음

잠수 동작

빨리 헤엄칠 때

- **가장 흔함:** 빠른 속도로 수면을 가를 때 꼬리 쪽에서 특유의 V자 물보라가 일어난다(숨을 쉬러 수면 위로 올라올 때 머리에서 쏟아져 내리는 원뿔 모양의 물줄기가 만들어내는 물보라와 비슷함).
- 고요한 바다에선 그 물보라가 너무 선명해 멀리서도 까치돌고래라는 걸 금방 알 수 있다(물보라 때문에 몸의 극히 일부만 보이지만).
- 물을 뿜어 올리는 게 잘 보이지 않는다.

천천히 헤엄칠 때

- 쥐돌고래처럼 오르락내리락하며 천천히 나아간다.
- 쥐돌고래에 비해 꼬리자루를 수면 위로 더 높이 들어 올려 특유의 네모난 옆모습이 눈에 띈다.
- 거의 또는 전혀 소란을 피우지 않으며 물을 뿜어 올리는 게 불분명하다.
- 대개 빠른 속도로 연이어 짧고(각 15초 이내) 얕은 잠수를 하며, 그 뒤 더 오래 더 깊은 잠수를 한다.

먹이와 먹이활동

먹이: 대개 수면과 물 중간 지점에 사는 길이 30cm 이내의 작은 물고기(랜턴피시와 다양한 정어리들, 명태, 멸치, 헤이크, 까나리, 열빙어, 청어, 고등어 등)와 오징어(특히 고나티드 오징어 등)를 잡아먹는다. 그러나 크릴새우나 새우 그리고 다른 갑각류는 거의 먹지 않는다.

먹이활동: 대개 밤에 먹이활동을 한다. 최근 조사에 따르면 일부 지역들에서는 낮에도 먹이활동을 한다.

잠수 깊이: 위성 위치추적 장치가 부착된 개체들에 대한 최근 조사들에 따르면, 대부분의 먹이활동은 수심 100m 이내의 물에서 이루어진다. 그러나 보다 깊은 데까지 잠수할 수 있어, 수심 500m가 넘는 물에서도 먹이활동을 하는 걸로 보여진다.

잠수 시간: 대개 1~2분. 그러나 먹이활동을 할 때 가끔 잠수 시간이 5분 이상 되기도 한다.

이빨

달리 타입
위쪽 46~56개
아래쪽 48~56개

트루에이 타입
위쪽 38~46개
아래쪽 40~48개

다른 모든 돌고래들과 마찬가지로 이빨은 주걱 모양이다. 그 어떤 고래 이빨보다 작은 이빨들을(쌀알같이 생김)이 '잇몸 이빨gum teeth'이라 불리는 뾰족하고 단단한 돌출부들에 의해 분리되어 있다.

집단 규모와 구조
집단 규모가 대개 2마리에서 10마리까지(대개 5마리 이내)로 유동적이다. 보다 큰 집단들은 먹이가 집중된 지역에 형성되며(그러나 이 경우 각 개체 간의 응집력은 없음), 가장 큰 집단들은 대양에 형성된다. 한 보고에 따르면, 아직 번식을 하지 않은 성체 수컷은 종종 최근에 새끼를 낳은 성체 암컷과 긴밀한 유대 관계를 유지해(짝짓기 상대 보호), 다른 성체 수컷들을 향해 공격적인 모습을 보인다.

포식자들
범고래들이 포식자로 추정된다. 까치돌고래들은 범고래 생태형들을 구분할 줄 안다. 상주 범고래 생태형들을 보면 가까이 다가가 함께 어울리기도 하지만, 일시 거주 범고래 생태형(빅스 범고래)들을 보면 빠른 속도로 도망간다. 대형 상어들을 봐도 도망간다.

사진 식별
등지느러미의 색과 특이한 형태 그리고 몸의 특이한 색 패턴으로 식별 가능하다.

개체 수
전체 개체 수는 120만 마리 정도로 추산된다. 가장 최근에 행해진 지역별 추정치에 따르면, 오호츠크해에 55만 4,000마리, 일본에 10만 4,000마리, 미국 서부 해안 일대에 10만 마리 그리고 알래스카에 8만 6,000마리가 서식한다.

종의 보존
세계자연보전연맹의 종 보존 현황: '최소 관심' 상태(2017년). 까치돌고래는 아마 다른 그 어떤 소형 고래보다 많은 수가 사냥되었을 것이다. 집계가 시작된 이후 1979년부터 2016년 사이에만 휴대용 작살을 이용한 일본의 고래 사냥으로 32만 3,013마리가 인간의 식용 및 애완동물 먹이용으로 사냥되었다. 1년간 가장 많은 까치돌고래가 사냥된 건 1988년의 4만 367마리다. 1992년부터는 사냥 할당제가 도입되어(2015~2016년의 사냥 할당은 달리 타입 6,212마리, 트루에이 타입 6,152마리), 까치돌고래는 현재 세계에서 가장 많은 수가 대놓고 사냥되는 고래 종이 되었다(달리 타입 1마리, 트루에이 타입 6,152마리가 사냥됐음). 그리고 그 대부분은 포경선 앞쪽에 생기는 파도를 타다 작살에 맞은 까치돌고래들이다. 주로 1950년대와 1980년대에 일본과 러시아 공해에서 연어 및 오징어잡이용 유망(현재는 그 사용이 금지되고 있음)에 걸려 죽은 까치돌고래 수도 최소 1~2만 마리에 달한다. 요즘에는 일본과 러시아에서 매년 수천 마리가, 그리고 미국과 캐나다에서는 수백 마리가 어망에 걸려 죽고 있다. 오염물질들(특히 유기염소와 수은) 또한 까치돌고래를 위협하는 또 다른 문제다.

소리
까치돌고래들은 인간이 들을 수 있는 주파수 범위를 몇 배 넘는 주파수대의 반향정위 클릭 음(120~140kHz의 좁은 주파수대까지도 올라가며, 때론 거의 200kHz까지도 올라감)을 내는데, 이는 범고래의 청력 한계보다 높은 소리다.

일대기

성적 성숙: 암컷은 4~7년, 수컷은 3.5~8년(지역에 따라 아주 다름).

짝짓기: 주로 여름에 짝짓기를 하지만, 1년 내내 짝짓기를 한다고 알려져 있다. 수컷들은 암컷을 차지하기 위해 직접 경쟁을 하며, 그런 다음 다른 잠재적 구혼자들로부터 그 암컷을 지킨다.

임신: 10~12개월.

분만: 1~3년마다(지역에 따라 다름) 주로 늦봄이나 여름(6~8월)에 새끼 1마리가 태어난다. 암컷은 새끼를 낳고 한 달도 안 돼 다시 번식할 준비가 되는 경우가 많다.

젖떼기: 젖 떼는 시기에 대해선 의견이 분분하나, 11~12개월 후에 젖을 떼는 걸로 추정된다.

수명: 15년 이내(최장수 기록은 22년).

쥐돌고래 Harbour porpoise

학명 포코에나 포코에나 *Phocoena phocoena*　　　　　　　　　　　　　　　　　(Linnaeus, 1758)

쥐돌고래는 아마 모든 알락돌고래들 가운데 자장 널리 퍼져 있고 가장 흔히 볼 수 있는 고래일 것이다. 그런데도 제대로 관찰하기가 놀랄 만큼 힘들 수 있다. 수면 위에 떠 있는 시간이 짧아 그 모습을 보기 힘든 데다 배에 접근하는 일도 거의 없어, 목격했다고 해봐야 잠깐 슬쩍 보는 게 전부이기 때문이다.

분류: 쇠돌고래과 이빨고래아목

일반적인 이름: 이 알락돌고래의 영어 이름은 harbour porpoise(항구 돌고래)로, 이 돌고래가 항구와 만, 강어귀, 피오르드, 갯골 등으로 들어가는 습관이 있다 해서 붙은 이름이다.

다른 이름들: 흔히 harbor porpoise(미국식 철자) 또는 common porpoise라 부르며, 드물게 herring hog(특히 미국 메인주에서), puffing pig(특히 캐나다 대서양 방면에서) 또는 puffer(재채기하듯 물을 뿜어 올린다 해서)라고도 한다.

학명: 이 고래의 학명 *phocoena*는 porpoise 즉, '알락돌고래'를 뜻하는 그리스어 *phokaina* 또는 라틴어 *phocaena*에서 온 것이다.

세부 분류: 현재 별도로 인정된 아종은 대서양쥐돌고래 *P. p. phocoena*, 흑해쥐돌고래 *P. p. relicta*, 동태평양쥐돌고래 *P. p. vomerina*, 서태평양쥐돌고래(아직 이름이 정해지지 않은 아종임), 아프리카-이베리아쥐돌고래(아직 이름이 정해지지 않은 아종이지만, 이베리아 반도 남부와 모리타니에서 산다고 해서 *P. p. meridionalis*라고 명명될 가능성이 있음) 이렇게 5종이다. 이 5종은 DNA, 두개골 형태, 턱 형태 등에서 가장 큰 차이가 있다.

성체

전체적으로 별 특징이 없는 투톤 색 패턴

보다 긴 등지느러미 앞부분에 12~19개의 작은 혹들이 있음(결절 또는 상아질이라 부름. 유체역학적 기능을 하는 걸로 추정)

결절 개수는 지역에 따라 다름(예를 들어 대서양 종보다는 흑해 종이 더 적음)

비대칭적인 색 패턴(다양함)

원뿔형 작은 머리(대개 태평양 종보다 대서양 종이 조금 더 큼)

삼각형 모양의 낮은 등지느러미(수면 위로 오를 때 드러나는 등 부위에 비해 커 보임)

개체마다 색 패턴이 아주 다름

등지느러미가 회색에서 검은색까지

불분명한 부리(대개 태평양 종보다 대서양 종이 조금 더 짧음)

몸 위쪽이 중간 회색에서 짙은 회색까지

오목한 뒷부분(개체에 따라 다름)

다부진 몸

넓은 등지느러미 하단

중앙에 위치한 등지느러미

등지느러미부터 꼬리 자루까지 낮고 기다란 등 돌기가 있음

짙은 회색 또는 검은색 '입술'

몸의 흰색 부위 안에 작고 짙은 가슴지느러미가 있음

몸 아래쪽과 턱 부분이 흰색 또는 옅은 회색

쭉 뻗은 입선이 눈 쪽으로 올라가 있음

턱에 한 줄에서 세 줄의 짙은 줄무늬들(입술부터 뒤쪽으로 가슴지느러미 사이까지)이 있기도 함

입에서 가슴지느러미까지 짙은 회색 줄무늬(다양한 너비의)가 있음(현장에선 거의 보이지 않음)

반점들 또는 탈색으로 인해 몸 색깔이(다양한 회색을 띠면서) 짙은 색에서 옅은 색으로 바뀜

요점 정리

- 북반구의 선선한 온대 및 아북극 바다에 서식
- 작은 크기에 다부진 몸
- 짙은 등과 삼각형 모양의 낮은 등지느러미
- 불분명한 부리
- 대개 경계심이 강하며 감정 표현을 잘 안 함
- 대개 혼자 다니거나 느슨한 형태의 소집단을 이룸
- 수면 위에서 오르락내리락하며 천천히 앞으로 나감

성체

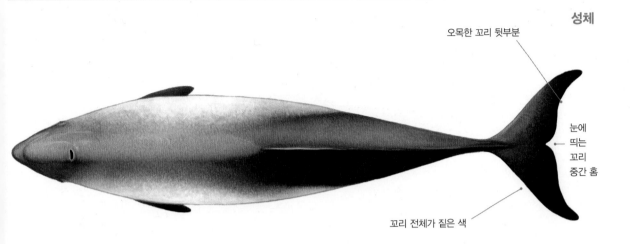

오목한 꼬리 뒷부분

눈에 띄는 꼬리 중간 홈

꼬리 전체가 짙은 색

크기

길이: 수컷 1.2~1.8m, 암컷 1.5~1.9m
무게: 45~70kg　**최대:** 2m, 75kg
새끼 - 길이: 70~90cm　**무게:** 약 5~6kg
지역에 따라 아주 다름.

비슷한 종들

쥐돌고래는 북반구에 사는 대부분의 다른 그 어떤 고래보다 아주 작으며, 북대서양에는 이 쥐돌고래들 외에 다른 porpoise(알락돌고래)는 없다. 멀리 떨어져 역광 속에서 볼 경우 까치돌고래와 혼동할 수도 있으나, 대개의 경우 수면 위에서 하는 행동들을 보면 충분히 구분할 수 있다(천천히 헤엄칠 때면 까치돌고래 역시 종종 수면 위에서 몸을 위아래로 움직이며 나아가는 동작을 하지만). 특히 캐나다 브리티시컬럼비아에서는 까치돌고래 암컷과 쥐돌고래 수컷 사이에 태어난 잡종이 목격되기도 하는데, 그렇게 태어난 잡종들은 대개 까치돌고래들과 함께 지내며 또한 까치돌고래처럼 행동한다.

분포

쥐돌고래들은 북반구의 선선한 온대 및 아북극 바다 여기저기에(주로 대륙붕 위 지역에) 몰려 산다. 또한 해안 일대의 바다를 좋아하며, 비교적 얕은 만과 강어귀, 피오르드, 갯골은 물론 심지어 항구에서도 자주 발견된다(그리고 일부 지역들에서는 상당히 먼 상류까지 헤엄쳐 올라가기도 함). 수심 200m가 넘는 바다에서는 거의 발견되지 않지만, 일부 해안 근처 지역들(알래스카 남동부 지역, 노르웨이 서부의 피오르드 지역, 그린란드 일대의 수심 깊은 지역 등)에서는 깊은 바다에서도 발견되며, 대륙과 대륙 사이에서도 목격됐다는 보고들이 있다. 쥐돌고래들

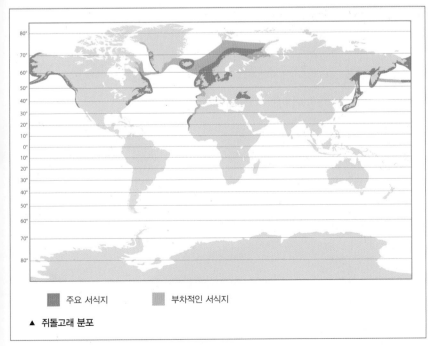

주요 서식지　　부차적인 서식지

▲ 쥐돌고래 분포

성체 변이

각 개체 사이에 색의
미묘한 차이가 많음

새끼

성체보다 날씬함

성체보다 색이
더 칙칙하고 흐릿함

등지느러미에
결절들이 없음

입과 가슴지느러미 사이에
다양한 짙은 회색 줄무늬가 있음

성체 쥐돌고래와 까치돌고래의 잡종들

이 띠는 개체마다 다름

은 조류가 쎈 지역들, 특히 조류가 해저 지형과 어우러져 먹잇감이 풍부한 섬 근처나 곶 근처 지역을 좋아한다. 또한 일부 개체들은 특정 지역에(특히 폐쇄된 수로 지역에) 상주하지만, 또 일부 개체들은 먹이 공급, 해수 온도 또는 결빙 여부와 관련해 계절별 이동을 한다(여름에는 해안 가까이로 또는 북쪽으로, 겨울에는 해안에서 멀리 또는 남쪽으로). 쥐돌고래들의 행동 범위는 그 면적이 수천 km²에 달한다.

북대서양 종: 북대서양 서쪽의 경우, 미국 남동부(북위 약 34도 노스캐롤라이나)에서부터 배핀섬 남동부와 그린란드 남부 및 서부에 걸쳐 서식하며, 허드슨만에는 들어가지 않는 걸로 보인다. 그리고 북대서양 동쪽의 경우에는 세네갈에서부터 노바야 제믈랴 제도에 걸쳐 여기저기 몰려 서식하며, 발트해에서(지난 100여 년간 그 수가 급감했지만) 자주 발견되는 유일한 고래이기도 하다. 최근 들어서는 발트해 연안에서 떨어진 제방들 안쪽과 그 주변에서도 발견되고 있다.

흑해 종: 흑해와 그 인근 바다들(아조프해, 케르치 해협, 보스포루스 해협, 마르마라해)에는 고립된 채 살아가는 쥐돌고래들이 있다. 대서양 북동부에서 지중해에 의해 가장 가까운 쥐돌고래들과 분리된 채 살아가고 있는 것이다(에게해 북부에 살고 있는 소수의 쥐돌고래들을 제외하곤, 지중해엔 일반적으로 쥐돌고래가 살지 않음). 그리고 매년 많은 개체들이 이동을 해, 여름에는 흑해 북서부와 아조우해 쪽으로, 그리고 겨울에는 흑해 남동쪽으로 이동한다.

북태평양 종: 북태평양 동쪽의 경우 보퍼트해 남부와 추크치해 서부터 미국 캘리포니아주 중부에 걸쳐, 그리고 서쪽의 경우 일

본 혼슈 동부와 북부에 서식한다. 제한된 수이긴 하나, 한국 쪽에서도 사고로 어망 등에 걸려 죽는 경우들이 있다.

행동

배가 나타나면 대개 피하거나 아예 무관심하며, 그래서 접근하거나 추적 관찰하기가 어렵다(샌프란시스코만 지역이나 캐나다 동부 펀디만 등 일부 지역에서는 접근하기가 보다 쉽지만). 이 쥐돌고래들은 활동을 하지 않는 기간 중, 특히 바다가 고요한 날에는 수면 위에서 가만히 움직이지 않고 휴식을 취해(이럴 때는 몸이 약간 뒤로 기울어져 몸 중에서 분수공이 가장 높은 데 위치하게 됨) 접근하기가 가장 쉽다. 배의 앞이나 뒤에서 파도타기를 하는 경우란 거의 없다. 먹이를 쫓아갈 때 가끔 아치형을 그리며 뛰어오르고, 서로 사회활동을 할 때 아주 종종 꼬리로 수면을 내려치기도 하지만, 공중곡예를 하는 경우는 드물다. 드물긴 하지만 다른 고래들과 어울리는 모습이 목격되며(일부 지역에선 커먼밍크고래 같은 일부 고래들과 먹이활동이 겹쳐서), 일부 지역에선 큰돌고래들이 나타나면 적극적으로 피한다(큰돌고래들이 공격적인 데다 가끔 치명상을 입히기도 해서).

이빨

위쪽 38~56개
아래쪽 38~56개
다른 모든 알락돌고래들과 마찬가지로 이빨은 주걱 모양이다.

집단 규모와 구조

대개 어미-새끼가 짝을 지어 다니거나 느슨하고 유동적인 집단(1~3마리, 일부 지역에선 흔히 6~8마리씩 보다 큰 집단을 이루기도 함)을 이룬다. 쥐돌고래들은 나이와 성별에 따라 분리되기

▲ 쥐돌고래의 전형적인 모습. 특징 없는 색과 삼각형 모양의 낮은 등지느러미를 보라.

도 하며, 먹이가 풍부한 지역에서는 수백 마리씩 몰려다니는 게 목격되기도 한다.

포식자들

백상아리와 다른 대형 상어들 그리고 범고래들이 포식자로 추정된다. 어느 정도는 회색바다표범들도.

사진 식별

등지느러미의 상처와 홈들 그리고 몸의 흉터와 색의 미묘한 차이로 식별해야 하지만, 아주 어렵다.

개체 수

일부 지역들에서는 개체 수가 크게 줄어들고 있지만, 전 세계적으로 최소 약 70만 마리는 될 걸로 추정된다. 쥐돌고래는 개체 수 추정이 어려운 걸로 유명하나, 아주 대략적인 지역별 개체 수 추

일대기

성적 성숙: 암컷과 수컷 모두 3~4년(지역과 먹이의 풍부함에 따라 다름).

짝짓기: 난잡한 짝짓기(서로 다른 여러 개체와 짝짓기를 함). 정자 경쟁이 암컷에게 수정시키기 위한 수컷들 간의 주요 경쟁 방식인 걸로 추정된다.

임신: 약 10~11개월.

분만: 1~2년마다(대서양에서는 주로 매년, 태평양에서는 2년마다) 주로 5~8월에 새끼 1마리가 태어난다.

젖떼기: 8~12개월 후에. 생후 몇 개월이 지나면 고형 먹이를 먹기 시작하는 걸로 추정된다.

수명: 8~12년(최장수 기록은 24년).

정치는 다음과 같다. 영국 해협의 4만 1,000마리를 비롯해 북해에 34만 5,000마리, 메인만-펀디만-세인트로렌스만에 10만

잠수 동작

- 대개 연이어 3~4회 빠른 속도로 수면 위로 올라오고, 그런 뒤 거의 또는 전혀 물을 튀기지 않으며 잠수한다(대개 1분 이내).
- 수면 위에 올랐을 때 천천히 몸을 위아래로 움직이며 나아간다(마치 등지느러미가 회전하는 바퀴 위에 붙어 있어 잠깐씩 수면 위로 올라왔다 내려갔다 하는 듯).
- 머리 위쪽과 등 앞쪽 그리고 등지느러미 외에는 좀체 수면 위로 드러나지 않는다(일부 지역들에서는 안 그렇지만).
- 몸을 위아래로 움직이며 앞으로 나아갈 때 꼬리자루가 물 위로 높이 올라가지 않는다.
- 먹이활동을 할 때(빠른 속도로 이리저리 헤엄쳐) 물보라(이를 소위 'pop-splashing'이라 하며 까치돌고래가 꼬리로 일으키는 물보라와는 아주 다름)를 일으키기도 한다.

물 뿜어 올리기

- 물을 뿜어 올리는 게 눈에 잘 안 띔(바다가 고요한 날에는 마치 재채기하는 듯 날카로운 소리가 들리기도 함).

먹이와 먹이활동

먹이: 다양한 먹이를 잡아먹지만, 지역과 계절에 따라 다르다(어떤 지역에서든 먹이는 1년 중 특정 기간에 단 몇 종의 고래들에 의해 독점되는 경향이 있음). 특히 떼 지어 다니는 물고기(청어, 열빙어, 작은청어, 고등어, 까나리, 헤이크 등)와 일부 오징어 및 문어를 좋아한다. 해저에 사는 무척추동물도 먹는다(무심코 흡입하는 걸로 추정됨). 새끼들은 젖떼기 초기에 작은 갑각류를 잡아먹기도 한다.

먹이활동: 주로 해저 근처에 사는 먹이들을 먹지만, 수면 근처나 중간쯤에 사는 먹이들도 먹는다. 또한 대개 독립적으로 먹이활동을 하지만, 20마리까지 집단을 이뤄 떼 지어 다니는 물고기들을 협력해 잡기도 한다.

잠수 깊이: 대개 수심 20∼130m까지 잠수한다(최대 410m).

잠수 시간: 대개 1분 정도 잠수하며, 최장 잠수 기록은 6분이다.

2,500마리, 알래스카에 8만 9,000마리(알래스카 남동부에 1만 1,000마리, 알래스카만에 3만 500마리, 베링해에 4만 7,500마리), 아이슬란드 일대에 2만 7,000마리, 카테갓 해협과 대벨트 해협에 1만 8,500마리, 노르웨이 해안에 2만 5,000마리, 스코틀랜드 서부 일대에 2만 4,000마리, 북해와 아조우해에 3,000마리에서 1만 2,000마리, 발트해에 500~600마리.

종의 보존

세계자연보전연맹의 종 보존 현황: '최소 관심' 상태(2008년). 발트해 아종은 '위급' 상태(2008년), 흑해 아종도 '위급' 상태(2008년). 다른 아종들에 대해선 별도로 보존 상태를 조사한 적이 없다. 쥐돌고래들은 한때 유럽에서(특히 흑해, 발트해와 덴마크벨트해, 아이슬란드와 그린란드에서), 그리고 또 캐나다에서(특히 퓨젓사운드, 펀디만, 세인트로렌스만, 래브라도와 뉴펀들랜드에서) 고기와 지방을 얻을 목적으로 대량 사냥되었다. 최근 들어서는 1973년부터 1983년 사이에 흑해에서만 16만 3,000마리에서 21만 1,000마리가 죽임을 당했다. 쥐돌고래들은 현재 서식지 내 대부분의 지역에서 보호받고 있으나, 그린란드 서부에서는 지금도 여전히 별 규제 없이 사냥되고 있어, 매년 수백 마리에서 수천 마리가 사냥되고 있으며, 서식지 내 다른 지역들에서도 보다 적은 수의 쥐돌고래들이 은밀히 사냥되고 있는 걸로 추정된다. 오늘날 쥐돌고래들을 위협하는 가장 큰 문제는 자망과 삼중망, 대구 잡이용 덫 등의 어망에 걸리는 것으로, 그 결과 매년 수천 마리가 질식사하고 있다. 가장 중요한 문제 지역은 알래스카 남동부, 일본, 러시아, 터키, 우크라이나 그리고 발트해다(이 지역들에서는 이미 개체수가 급감했음). 일부 지역들에서는 수중 음향경보기(일명 'pinger') 설치 및 다른 완화 조치들로 쥐돌고래 사망률이 줄어들고 있다. 그 외에 쥐돌고래를 위협하는 또 다른 문제들로는 선박 운항, 다양한 형태의 오염, 남획에 의한 먹이 감소, 소음 공해, 기후 변화(이는 특히 까나리 개체 수에 악영향을 주고 있음), 서식지 생태계 악화와 파괴 등을 꼽을 수 있다. 특히 북해에서는 최근 먼바다에 풍력발전 지대들이 개발되고 있어 새로운 위협으로 떠오르고 있다.

▲ 쥐돌고래는 수면 위에 있을 때 좀체 몸의 많은 부위를 드러내지 않는다(캐나다 동부에 위치한 펀디만 등 일부 지역에서는 종종 몸을 물 밖으로 완전히 드러내기도 하지만).

바키타돌고래 Vaquita

학명 포코에나 시누스 *Phocoena sinus*   **Norris and McFarland, 1958**

바키타돌고래는 당장 멸종 위기에 놓여 있어 세계에서 가장 큰 위험에 처한 해양 포유동물이다. 최후의 보존 노력이 성공을 거두지 못한다면, 아마 더 이상 살아남지 못할 것이다. 게다가 이 돌고래의 삶과 서식지에 대해선 알려진 바가 거의 없다.

분류: 쇠돌고래과 이빨고래아목

일반적인 이름: 바키타돌고래의 영어 이름은 Vaquita이며, 이는 '어린 암소'를 뜻하는 스페인어로 현지 어민들이 즐겨 쓰는 이름이다. 바키타 마리나(vaquita marina. '어린 바다 암소')라 부르기도 한다.

다른 이름들: Gulf of California(또는 harbour) porpoise, cochito('어린 돼지'의 뜻), Gulf porpoise, desert porpoise 등.

학명: 이 고래의 학명 *phocoena*는 porpoise 즉, '알락돌고래'를 뜻하는 그리스어 *phokaina* 또는 라틴어 *phocaena*에서 온 것이다. 그리고 학명의 뒷부분 *sinus*는 '만'을 뜻하는 라틴어다(이 돌고래의 서식지가 멕시코 칼리포르니아만에 한정되어 있다는 의미에서).

세부 분류: 현재 별도로 인정된 아종은 없다.

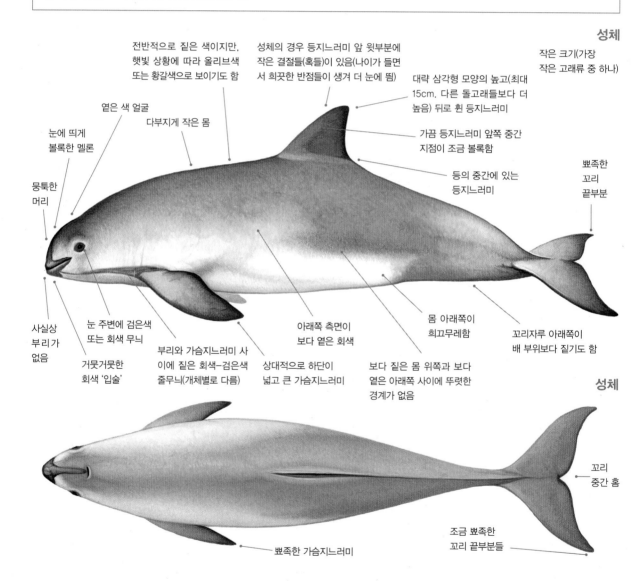

성체

- 전반적으로 짙은 색이지만, 햇빛 상황에 따라 올리브색 또는 황갈색으로 보이기도 함
- 성체의 경우 등지느러미 앞 윗부분에 작은 결절들(혹들)이 있음(나이가 들면서 희끗한 반점들이 생겨 더 눈에 띔)
- 작은 크기(가장 작은 고래류 중 하나)
- 옅은 색 얼굴
- 다부지게 작은 몸
- 대략 삼각형 모양의 높고(최대 15cm. 다른 돌고래들보다 더 높음) 뒤로 휜 등지느러미
- 눈에 띄게 볼록한 멜론
- 가끔 등지느러미 앞쪽 중간 지점이 조금 볼록함
- 뭉툭한 머리
- 등의 중간에 있는 등지느러미
- 뾰족한 꼬리 끝부분
- 사실상 부리가 없음
- 눈 주변에 검은색 또는 회색 무늬
- 아래쪽 측면이 보다 옅은 회색
- 몸 아래쪽이 희끄무레함
- 꼬리자루 아래쪽이 배 부위보다 길기도 함
- 거뭇거뭇한 회색 '입술'
- 부리와 가슴지느러미 사이에 짙은 회색-검은색 줄무늬(개체별로 다름)
- 상대적으로 하단이 넓고 큰 가슴지느러미
- 보다 짙은 몸 위쪽과 보다 옅은 아래쪽 사이에 뚜렷한 경계가 없음

성체

- 꼬리 중간 홈
- 뾰족한 가슴지느러미
- 조금 뾰족한 꼬리 끝부분들

요점 정리

- 칼리포르니아만의 북단 지역에 서식
- 아주 작은 크기
- 밝은 빛 속에선 전신이 회색 또는 회색빛 도는 갈색으로 보임
- 눈에 띄는 등지느러미
- 눈에 띄는 부리가 없음
- 입술과 눈 주변에 짙은 무늬
- 대개 1~3마리의 집단을 이룸
- 대개 눈에 띄지 않게 천천히 수면 위로 오름

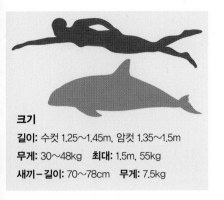

크기
길이: 수컷 1.25~1.45m, 암컷 1.35~1.5m
무게: 30~48kg **최대:** 1.5m, 55kg
새끼 – 길이: 70~78cm **무게:** 7.5kg

새끼

대개 성체보다
색이 더 짙음

비슷한 종들

바키타돌고래와 서식지가 겹치는 알락돌고래는 없지만, 큰돌고래나 참돌고래와 함께 있는 게 가끔 보이며 멀리서 보면 비슷해 보이기도 한다. 그러나 자세히 보면 바키타돌고래의 등지느러미가 더 높다. 게다가 부리도 눈에 띄지 않고, 집단 규모도 더 작으며, 경계심이 강해 가까이 다가가기도 어렵다.

분포

바키타돌고래들은 멕시코 서부 칼리포르니아만 최북단(대개 북위 30도 45분 북쪽, 서경 14도 20분 서쪽)에 서식한다. 또한 강한 조류가 뒤섞이는 얕고(수심 40m를 넘는 경우가 드묾) 탁하고 침전물이 쌓이는 먼바다를 좋아한다. 이런 조건의 서식지는 그 어떤 고래들에게도 아주 살기 힘든 곳으로, 역사적으로 그 서식지가 줄어들었다는 증거는 없다(이 바키타돌고래들이 카보 산 루카스 남동쪽 375km에 위치한 이슬라스 마리아스 제도에서 발견됐다는 기록들도 있음). 전체 서식지는 그 폭이 65km가 안 되며, 산펠리페에서 동북동쪽으로 27km 떨어진 90m 높이의 화강암 노출부인 로카콘사그 주변에 가장 많이 모여 산다. 가장 최근에는 로카콘사그와 산펠리페 사이의 지역에서(거의 모두 로카콘사그가 보이는 지역 내에서) 그리고 해안에서 25km도 안 떨어

진 지역에서 목격되기도 했다.

행동

바키타돌고래들은 경계심이 많은 데다 내성적이어서 배들이 나타나면 대개 그곳을 피한다. 특히 모터로 움직이는 큰 배들은 피하는 경향이 있지만, 조용히 떠다니는 배들은 가까이 다가가기도 한다. 뱃머리에서 파도를 타는 경우는 거의 없으며 수면 위로 점프하는 등의 공중곡예도 하지 않는 걸로 알려져 있다. 또한 목격된다 해도 잠시 단 한 번뿐이다.

이빨

위쪽 32~44개
아래쪽 34~40개
다른 모든 알락돌고래들과 마찬가지로 이빨은 주걱 모양이다.

집단 규모와 구조

집단 규모는 대개 1~3마리이며, 일시적이며 느슨한 집단이긴 하나 10마리까지 모이기도 한다. 그리고 종종 어미와 새끼 쌍들이 여럿 합쳐져 소집단들을 이루기도 한다.

포식자들

바키타돌고래들은 그간 적어도 6종의 대형 상어들(백상아리, 청상아리, 레몬상어, 블랙-팁드상어, 큰눈환도상어, 칠성상어)의 위에서 발견되었다. 그 외에 범고래들도 포식자들일 걸로 추정된다.

사진 식별

바키타돌고래 성체의 등과 등지느러미에는 여기저기 눈에 띄는 흉터 및 기타 표식들이 있어, 앞으로는 사진 식별이 가능할 수도 있다.

개체 수

바키타돌고래들은 어쩌면 애초부터 드문 종인지도 모른다. 그간 시청각 장비들을 동원한 조사들이 많았으

티후아나 · 멕시코

미국 멕시코

콜로라도강

엔세나다 ·

바하
칼리포르니아

엘 골포 드 산타 클라라

· 푸에르토페냐스코

산펠리페 · 로가콘사그

소노라

칼리포르니아만

태평양

■ 주요 서식지   ■ 부차적인 서식지

▲ 바키타돌고래 분포

잠수 동작

- 눈에 띄지 않게 조용히 수면 위로 오른다(죽은 듯이 고요한 상황이 아니면 본다는 게 거의 불가능함).
- 대개 부리가 수면 위로 나오지 않으며, 몸은 천천히 위아래로 움직여 아치형을 그리면서 나타났다가 사라진다.
- 눈은 수면 위로 거의 나타나지 않는다(호기심이 있을 때는 제외하고).
- 대개 3~5회 수면 위로 오르며, 그 뒤 1~3분간 보다 오래 잠수한다.
- 물을 뿜어 올리는 게 잘 보이지 않는다(그러나 쥐돌고래처럼 크고 날카로운 소리를 냄).

먹이와 먹이활동

먹이: 21종의 작은 물고기(주로 바닥에 사는 물고기, 특히 군평선이와 황갈달이)와 오징어 그리고 일부 갑각류를 잡아먹는다.

먹이활동: 알려진 바가 없다.

잠수 깊이: 얕은 잠수를 한다(수심 40m 이상 내려가는 일은 드묾).

잠수 시간: 최대한 적어도 3분.

며, 대략적인 개체 수 추정치는 다음과 같다. 1988~1989년에 885마리, 1997년에 567마리, 2008년에 245마리, 2015년에 59마리. 가장 최근인 2018년의 추정치는 6~22마리(어쩌면 10마리)였으나, 그 이후 더 많은 개체들이 죽었다.

종의 보존

세계자연보전연맹의 종 보존 현황: '위급' 상태(2017년). 지난 수십 년간 바키타돌고래들을 위협한 가장 큰 문제는 작은 어촌 세 곳(산펠리페, 엘 골포 드 산타 클라라 그리고 조금 더 작은 규모의 푸에르토페나스코)의 어부들이 설치한 자망에 걸려 질식사하는 것이다. 자망은 여러 어종들(상어와 꽃새우 포함)을 잡기 위해 설치되는데, 최근에 특히 문제가 되고 있는 건 배스처럼 생긴 2m 길이의 물고기 토토아바를 잡기 위해 설치하는 자망들이다. 멕시코 칼리포르니아만에 주로 서식하며 그 자체가 위급 상태인 물고기 토토아바는 그 부레가 중국 전통 의학에서 사용되어 아주 비싼 값에 팔린다. 그간 바키타돌고래 보호구역을 설정하고 대체

어망들을 개발하며 바키타돌고래 안전을 보장하는 해산물 판매를 장려하고 포경 어선들을 매입해 주며 기존 규정들의 적용을 강화하고 바키타돌고래 보존으로 인한 어부들의 수입 감소를 보상해 주는 등의 많은 조치들이 취해졌다. 2015년 5월에 도입된 긴급 자망 금지 및 토토아바 잡이 금지에도 불구하고, 불법적인 어업 활동은 아주 높은 수준으로 계속 행해져왔다. 그러나 바키타돌고래 종 보존 노력들은 너무 늦게 취해졌으며, 2007년 이후 멕시코 정부에 의해 취해진 최소한도의 조치들 역시 너무 늦었고 너무 부족했다. 살아남은 마지막 바키타돌고래들 중 일부를 생포해 사육 가능성을 타진하는 프로그램은 비극적이게도 한 암컷의 죽음으로 막을 내렸다. 그리고 인공 번식을 통해 바키타돌고래 종을 보존하려던 희망 또한 덧없이 사라져 버렸다. 칼리포르니아만 지역에서 적절한 어업 규정들이 적절히 시행되지 못할 경우, 바키타돌고래는 아마 향후 몇 년 내에 멸종되고 말 것이다.

일대기

성적 성숙: 암컷과 수컷 모두 3~6년.

짝짓기: 5~6월에 짝짓기를 하는 것으로 추정된다.

임신: 10~11개월.

분만: 2년마다 3~4월에 새끼 1마리가 태어난다(3월 말부터 4월 초에 가장 많이 태어남).

젖떼기: 알려진 바가 없으나, 생후 6~8개월 이후로 추정.

수명: 최장수 기록은 21년(암컷).

▲ 아마 살아 있는 바키타돌고래의 모습이 가장 잘 담긴 사진일 것이다.

버마이스터돌고래 Burmeister's porpoise

학명 포코에나 스피니핀니스 *Phocoena spinipinnis* **Burmeister, 1865**

버마이스터돌고래는 눈에 잘 띄지 않아 간과하기 쉬운 돌고래이다. 살아 있는 개체를 상대로 과학적인 관찰이 행해진 적도 거의 없으나, 남아메리카 해안 일대에 아주 흔하며 광범위하게 퍼져 있는 걸로 추정된다.

분류: 쇠돌고래과 이빨고래아목

일반적인 이름: 버마이스터돌고래의 영어 이름은 Burmeister's porpoise로, 1865년에 살아 있는 이 돌고래의 표본 5마리(아르헨티나 라플라타강 어귀에서 잡힘)를 세상에 처음 알린 독일계 아르헨티나 동물학자 카를 헤르만 콘라드 버마이스터Karl Hermann Konrad Burmeister, 1807~1892의 이름에서 따온 것이다.

다른 이름들: Black porpoise(대부분의 표본들이 죽어서 몸 색깔이 진해진 후 보고 붙인 이름으로, 잘못된 이름임).

학명: 이 고래의 학명 *phocoena*는 porpoise 즉, '알락돌고래'를 뜻하는 그리스어 *phokaina* 또는 라틴어 *phocaena*에서 온 것이다. 그리고 학명의 뒷부분 *spinipinnis*는 '가시가 달린'의 뜻을 가진 라틴어 *spina*에 '지느러미' 또는 '날개'를 뜻하는 라틴어 *pinna*가 합쳐진 것이다(등지느러미 앞쪽에 가시 같은 혹들이 있다 해서).

세부 분류: 현재 별도로 인정된 아종은 없으나, 최근에 행해진 유전학적 조사에 따르면 페루 종과 칠레-아르헨티나 종(2종은 몸 크기가 다름) 이렇게 2종이 존재하는 걸로 보인다.

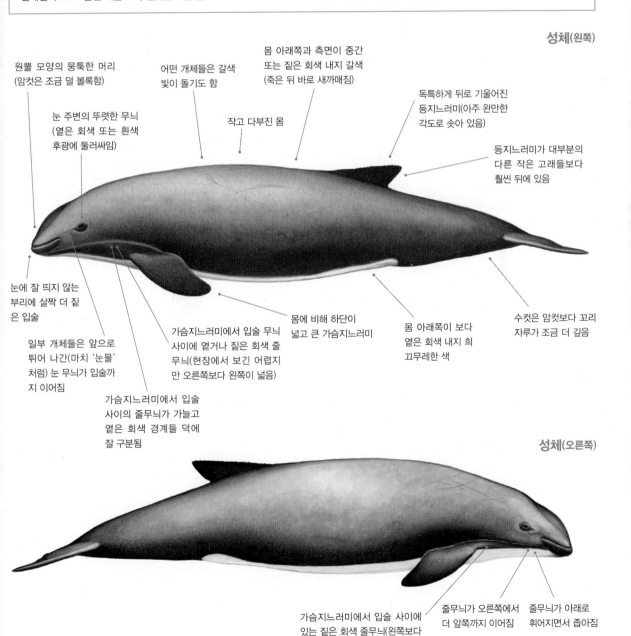

성체(왼쪽)

원뿔 모양의 뭉툭한 머리 (암컷은 조금 덜 볼록함)

어떤 개체들은 갈색 빛이 돌기도 함

몸 아래쪽과 측면이 중간 또는 짙은 회색 내지 갈색 (죽은 뒤 바로 새까매짐)

독특하게 뒤로 기울어진 등지느러미(아주 완만한 각도로 솟아 있음)

눈 주변의 뚜렷한 무늬 (옅은 회색 또는 흰색 후광에 둘러싸임)

작고 다부진 몸

등지느러미가 대부분의 다른 작은 고래들보다 훨씬 뒤에 있음

눈에 잘 띄지 않는 부리에 살짝 더 짙은 입술

가슴지느러미에서 입술 무늬 사이에 옅거나 짙은 회색 줄무늬(현장에서 보긴 어렵지만 오른쪽보다 왼쪽이 넓음)

몸에 비해 하단이 넓고 큰 가슴지느러미

몸 아래쪽이 보다 옅은 회색 내지 희끄무레한 색

수컷은 암컷보다 꼬리자루가 조금 더 깊음

일부 개체들은 앞으로 튀어 나간(마치 '눈물'처럼) 눈 무늬가 입술까지 이어짐

가슴지느러미에서 입술 사이의 줄무늬가 가늘고 옅은 회색 경계들 덕에 잘 구분됨

성체(오른쪽)

가슴지느러미에서 입술 사이에 있는 짙은 회색 줄무늬(왼쪽보다 오른쪽이 더 좁음)

줄무늬가 오른쪽에서 더 앞쪽까지 이어짐

줄무늬가 아래로 휘어지면서 좁아짐

요점 정리

- 남아메리카 해안 지역에 서식
- 작은 크기
- 다부진 몸

- 바다에선 아주 짙은 색으로 보임
- 몸 중앙에서 꽤 뒤쪽에 뒤로 기울어진 독특한 등지느러미
- 수면에 별 변화를 주지 않아 대체로 눈에 잘 안 띔

성체

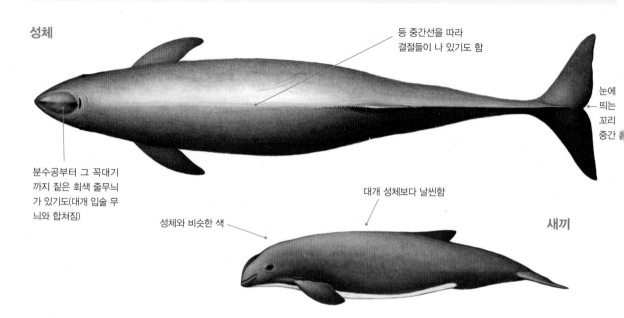

등 중간선을 따라
결절들이 나 있기도 함

눈에
띄는
꼬리
중간

분수공부터 그 꼭대기
까지 짙은 회색 줄무늬
가 있기도(대개 입술 무
늬와 합쳐짐)

대개 성체보다 날씬함

성체와 비슷한 색

새끼

크기

길이: 수컷 1.4~1.9m　**무게:** 70~80kg　**최대:** 2m, 105kg

새끼 – 길이: 80~90cm　**무게:** 4~7kg

수컷이 암컷보다 조금 더 크다. 그리고 대서양 종이 태평양 종보
다 평균적으로 조금 더 크다.

비슷한 종들

가까이 있어 등지느러미가 보인다면 혼동할 수가 없다. 그러나
멀리서 볼 경우 칠레돌고래, 안경돌고래, 머리코돌고래와 혼동할
여지가 있다. 라플라타강돌고래의 경우 부리가 길어 충분히 구분
가능하다. 그런데 남아메리카 바다사자가 잠깐 슬쩍 보일 때 혼
동하지 않게 조심해야 한다(수면 위에서 헤엄칠 때 남아메리카
바다사자는 꼭 버마이스터돌고래처럼 몸을 위아래로 움직이며
앞으로 나아가며, 가슴지느러미 역시 버마이스터돌고래의 등지
느러미와 아주 비슷함).

분포

주요 서식지

특정한 바다 환경에서만 서식하는 지역

▲ 버마이스터돌고래 분포

버마이스터돌고래들은 주로 남아메리카의 해안 지역과 대륙붕
위에 서식하며, 대서양보다는 태평양 쪽에서 더 흔히 볼 수 있다.
그간 버마이스터돌고래는 칠레 남부에서 120회 넘게 발견됐는
데, 대개 해안에서 최소 500m 이상 떨어진 수심 40m 이상의 바
다에서(보다 깊은 해협을 좋아함) 발견됐다. 해안에서 더 먼 바다
에서도 발견된다(아르헨티나에서는 해안에서 50km 떨어진 데
서도 발견됐음). 서식지는 페루 북부의 바히아데파이타(남위 5도
01분)에서부터 남쪽으로 태평양 연안의 케이프혼까지, 그리고
또 북쪽으로는 아르헨티나 대서양 연안의 라플라타강 분지(남위
약 37도)까지 걸쳐 있다. 북쪽 경계는 북쪽으로 흐르는 훔볼트
해류(태평양)가 서쪽으로 방향을 트는 지점과 북쪽으로 흐르는
포클랜드 해류(대서양)가 동쪽으로 방향을 트는 지점과 일치한
다. 가끔 멀리 북쪽 브라질 리오우루칸가(남위 28도 48분)에서
도 발견되는데, 이는 대서양 아열대 수렴대와 관련된 보다 찬물
이 일시 유입되는 것과 관계가 있다. 그리고 적어도 일부 개체들
은 특정 지역(예를 들어 비글 해협)에 상주하는 걸로 보이지만,

성체 등지느러미 변이

등지느러미 모양이 대략 삼각형이
지만 개체별로 다름(가끔 수컷이
더 크지만 암수가 다르지 않음)

등지느러미 앞쪽 전체에(그리고 종종 등의
중앙선을 따라) 작은 결절(혹)들이 2~7열(한
열에서 등지느러미의 넓은 부위로 가면서 여
러 열로)로 나 있고 가끔은 바다에서도 보임

나이가 들면서 결절들이
더 커지고 날카로워짐

앞쪽이 길게 쭉 뻗었거나
눈에 띄게 오목함

뒷부분은 대개 쭉 뻗었거나
조금 볼록함

성체 수컷

배에 줄무늬들이 쌍으로 나 있음
(회음부 홈까지 평행으로)

꼬리의 아래쪽이 더 옅기도 함
(개체별로 다름)

성체 암컷

배에 줄무늬들이 쌍으로 나 있음
(젖 구멍에서 끝남)

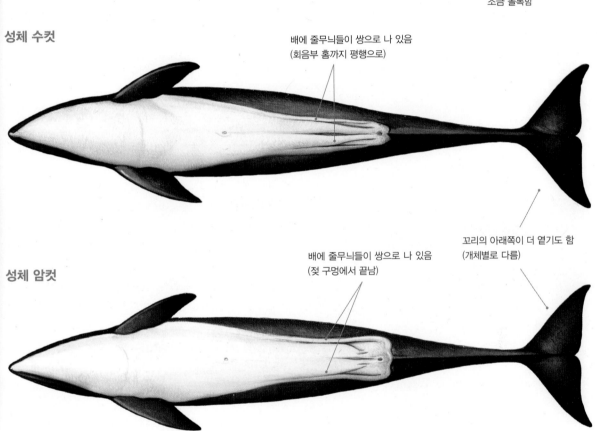

잠수 동작

- 수면 위로 오를 때 별 표가 안 난다.
- 몸의 일부만 보인다(대개 등지느러미는 분명히 보이지만).
- 몸이 위아래로 움직이며 천천히 앞으로 나아간다(쥐돌고래와는 다름).
- 칠레에서는 대개 작은 지역 안에서 3~4회 수면으로 오른 뒤 3분 이상 잠수해 50~100m 밖에서 다시 나타난다.
- 아르헨티나에서는 대개 작은 지역 안에서 7~8회 수면으로 오른 뒤 1~3분 동안 잠수해 적어도 17m 밖에서 다시 나타난다.
- 전반적인 느낌이 올라갔다 내려갔다 하는 바다사자 같다.

물 뿜어 올리기

- 물을 뿜어 올리는 게 불분명하지만, 고요한 날에는 물 뿜는 소리가 짧게짧게 들린다.

먹이와 먹이활동

먹이: 주로 멸치, 헤이크, 은줄멸, 정어리, 전갱이 같은 물고기들을 먹으며, 일부 오징어와 새우 그리고 크릴새우도 먹는다.

먹이활동: 알려진 바가 없다.

잠수 깊이: 대개 수심 200m 이내의 얕은 바다까지 잠수한다.

잠수 시간: 제한된 정보를 토대로 기록이지만 평균 1~3분.

또 다른 지역들에서는 여름엔 해안 가까이로 이동하고 겨울엔 먼 바다로 이동하는 걸로 보인다.

행동

버마이스터돌고래들은 대체로 눈에 잘 띄지 않으며, 수면 위에서 몸을 위아래로 움직이며 나아간다든가 수면 위로 점프를 한다든가 하는 공중곡예도 거의 하지 않는다(일부 개체들은 해안에서 큰 파도를 타고 그 과정에서 종종 수면 위로 점프를 하기도 하지만). 또한 이 돌고래들은 날씨가 험한 날에는 거의 보는 게 불가능하다. 그리고 먹이활동을 할 땐 순간적으로 속도를 높이기도 한다. 놀랐을 때(특히 배가 다가올 때)는 집단을 이루었던 버마이스터돌고래들이 종종 서로 흩어져 더 속도를 높인다.

이빨

위쪽 20~46개

아래쪽 28~46개

다른 모든 알락돌고래와 마찬가지로 이빨은 주걱 모양이다. 그리고 어린 돌고래들은 대개 성체보다 이빨 수가 더 많다(잘 보이지 않고 깊이 뿌리내리지 않는 작은 이빨 12~20개는 저절로 빠짐).

집단 규모와 구조

대개 혼자 다니지만, 짝을 지어 다니거나 소집단(1~4마리. 때론 8마리까지도)을 이루기도 하며, 일시적으로 보다 큰 집단을 이루기도 한다(먹이가 밀집되어 있을 때). 1982년에는 칠레 북부의 메히요네스만에서 약 70마리가 모여 있는 게 목격됐고, 2001년에는 페루 북부-중앙 지역의 이슬라 구아나페 수르 근처에서 약 150마리가 모여 있는 게(몇 km²에 걸쳐 흩어진 채) 목격되기도 했다.

포식자들

범고래와 대형 상어들이 포식자들일 걸로 추정되지만 관련 기록은 전혀 없다.

사진 식별

특별히 구분할 만한 특징들이 별로 없는 데다 사진 찍기도 아주 어려워 사진 식별은 쉽지 않다.

개체 수

알려진 바가 없으나 좌초되거나 사냥당하거나 사고로 잡힌 버마이스터돌고래들을 통해 얻은 자료에 따르면, 목격되는 개체 수는 적지만 실제로는 생각보다 더 많을 것으로 추정된다.

종의 보존

세계자연보전연맹의 종 보존 현황: '준위협' 상태(2018년). 페루에서는 그물과 작살로 사냥되고 있으며(그 규모는 덜하지만 다른 곳에서도), 그 고기가 식용으로 또는 상어 및 게를 잡기 위한 미끼용으로 팔리고 있다. 페루에서는 1996년에 소형 고래 사냥이 금지됐지만, 제대로 이행되진 못하고 있다. 서식지 전체에 걸쳐 다양한 어망(특히 자망)에 사고로 잡히는 경우도 많다(적어도 페루에선 사고로 잡힌 버마이스터돌고래들이 식용으로 널리 이용되고 있음). 현재 서식지 곳곳에서 사냥과 어망 사고로 인해 매년 수천 마리의 버마이스터돌고래들이 죽임을 당하는 걸로 추정된다.

일대기

성적 성숙: 알려진 바가 없다.

짝짓기: 여름 중순부터 초가을 사이에 짝짓기하는 것으로 추정된다.

임신: 11~12개월.

분만: 매년 새끼를 낳는 걸로 추정(암컷들이 임신하면서 동시에 젖이 분비됐다는 기록들이 있음). 주로 늦여름부터 초가을 사이에 새끼 1마리가 태어난다.

젖떼기: 알려진 바가 없다.

수명: 알려진 바가 없다(최장수 기록은 12년).

▲ 아주 드물게 카메라에 잡힌 버마이스터돌고래. 전반적으로 짙은 몸, 뒤로 구부러진 독특한 등지느러미, 눈에 띄는 결절들이 보인다.

안경돌고래 Spectacled porpoise

 학명 포코에나 디오프트리카 *Phocoena dioptrica*   Lahille, 1912

안경돌고래는 그 뚜렷한 검은색-흰색 패턴과 수컷의 아주 큰 등지느러미 덕에 금방 알아볼 수 있다. 그러나 평소 눈에 거의 띄지 않아 가장 알려진 바가 적은 고래 중 하나이기도 하다.

분류: 쇠돌고래과 이빨고래아목

일반적인 이름: 안경돌고래는 영어로 Spectacled porpoise로, 이는 눈에 띄는 눈 주변의 흰색 '안경' 때문에 붙은 이름이다.

다른 이름들: 없음.

학명: 이 고래의 학명 *phocoena*는 porpoise 즉, '알락돌고래'를 뜻하는 그리스어 *phokaina* 또는 라틴어 *phocaena*에서 온 것이다. 그리고 학명의 뒷부분 *dioptrica*는 '광학 기기'를 뜻하는 그리스어

*dioptra*에서 온 것이다(안경처럼 생긴 2개의 '아이 링eye ring' 즉, 눈 주변의 테를 가리킴).

세부 분류: 현재 별도로 인정된 아종은 없다. 한때(1985년부터 1995년까지) *Australophocaena*라는 속명이 주어졌으나, 유전학적 검사와 형태학적 검사 결과 다시 *Phocoena*라는 속명으로 되돌아가게 됐다.

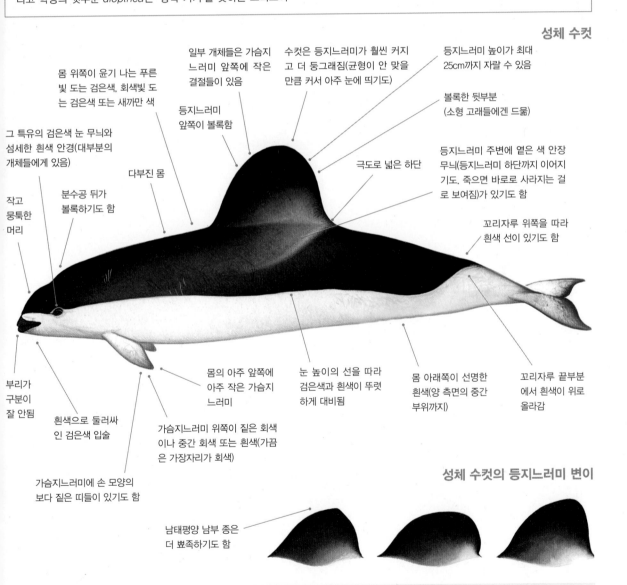

성체 수컷

일부 개체들은 가슴지느러미 앞쪽에 작은 결절들이 있음

수컷은 등지느러미가 훨씬 커지고 더 둥그래짐(균형이 안 맞을 만큼 커서 아주 눈에 띄기도)

등지느러미 높이가 최대 25cm까지 자랄 수 있음

몸 위쪽이 윤기 나는 푸른 빛 도는 검은색, 회색빛 도는 검은색 또는 새까만 색

등지느러미 앞쪽이 볼록함

볼록한 뒷부분 (소형 고래들에겐 드묾)

그 특유의 검은색 눈 무늬와 섬세한 흰색 안경(대부분의 개체들에게 있음)

다부진 몸

극도로 넓은 하단

등지느러미 주변에 옅은 색 안장 무늬(등지느러미 하단까지 이어지기도. 죽으면 바로로 사라지는 걸로 보여짐)가 있기도 함

작고 뭉툭한 머리

분수공 뒤가 볼록하기도 함

꼬리자루 위쪽을 따라 흰색 선이 있기도 함

부리가 구분이 잘 안됨

흰색으로 둘러싸인 검은색 입술

몸의 아주 앞쪽에 아주 작은 가슴지느러미

눈 높이의 선을 따라 검은색과 흰색이 뚜렷하게 대비됨

몸 아래쪽이 선명한 흰색(양 측면의 중간 부위까지)

꼬리자루 끝부분에서 흰색이 위로 올라감

가슴지느러미 위쪽이 짙은 회색이나 중간 회색 또는 흰색(가끔은 가장자리가 회색)

가슴지느러미에 손 모양의 보다 짙은 띠들이 있기도 함

성체 수컷의 등지느러미 변이

남태평양 남부 종은 더 뾰족하기도 함

요점 정리

- 남반구의 선선한 바다에 서식
- 위쪽은 검은색이고 아래쪽은 밝은 흰색으로 투톤임(뚜렷이 구분됨)
- 작은 크기
- 수컷의 경우 등지느러미가 터무니없을 만큼 크고 둥글
- 암수 모양 차이가 크게 남
- 가까이에서 보면 흰색 '안경'이 눈에 띔

분수공부터 멜론 꼭대기 사이에 옅은 회색 줄무늬가 한두 줄 있거나 아예 없기도 함

등지느러미 주변에 옅은 안장 무늬가 있기도 함

일부 개체들의 등지느러미는 비교적 옅은 색(회색 또는 갈색)

꼬리의 위쪽이 대개 회색이지만 흰색이기도 함(아래쪽은 대개 흰색이지만 회색이기도)

성체 수컷

눈에 띄는 꼬리 중간 홈

작은 꼬리에 아주 쭉 뻗은 꼬리 앞부분

대개 수컷보다 등이 더 옅음(밝은 빛 속에선 더 분명함)

대개 등지느러미 앞뒤 쪽이 조금 볼록함

등지느러미가 더 작고 더 낮고 (최대 12cm) 더 삼각형에 가까움(수컷과 비교됨)

성체 암컷

암수의 모양이 아주 다른 유일한 알락돌고래

암수 모두 입술 주변부터 가슴지느러미 사이에 눈에 띄는 한두 줄의(또는 보다 넓은) 회색 줄무늬가 있기도(나이가 들면서 옅어지거나 일부 개체들에는 아예 없어짐)

크기
길이: 수컷 1.9~2.2m, 암컷 1.3~2m
무게: 85~115kg **최대:** 2.2m, 약 120kg
새끼–길이: 0.9~1.2m **무게:** 10~15kg(추정)

비슷한 종들

가까이에서 자세히 보면 다른 고래와 혼동할 수가 없지만, 멀리서 보면 머리코돌고래, 칠레돌고래, 버마이스터돌고래와 혼동할 여지가 있다. 얼핏 보면 남방고추돌고래와도 비슷하지만, 그 돌고래는 등지느러미가 없다. 결국 등지느러미 모양과 색 차이가 안경돌고래를 다른 고래들과 구분해 주는 가장 큰 특징이다.

분포

선선한 온대 및 극지 바다(반드시는 아니지만 거의 남극 수렴대 북쪽)에 서식하는 걸로 추정된다. 섭씨 0.9에서 10.3도까지의 수온을 좋아하며, 대부분이 섭씨 4.9도와 6.2도 사이에서 발견된다. 그리고 안경돌고래들에 대한 정보는 주로 티에라 델 푸에고의 동부 해안과 아르헨티나 남부 일대에 좌초된 개체들을 통해 얻은 것이다. 남극 환류(남극 대륙을 둘러싸고 흐르는 해류–옮긴이) 여기저기에 흩어져 있는 먼바다의 섬들(포클랜드 제도, 사우스조지아섬, 케르겔렌 제도, 허드섬과 맥쿼리섬, 오클랜드 제도)에서도 발견되고 있다. 소수지만 뉴질랜드의 남섬과 아남극 섬들, 사우스오스트레일리아와 태즈메이니아에서도 발견됐다는 보고가 있다. 안경돌고래가 발견되는 최북단은 남위 32도 지역(브라질 남부의 산타카타리나)이고, 최남단은 남위 64도 33분 지역(뉴질랜드와 남극 대륙 사이)이다. 주로 해안 지역에(해안 근처의 일부 강과 탁한 해협에도) 살고 있는 걸로 알려져

80°
70°
60°
50°
40°
30°
20°
10°
0°
10°
20°
30°
40°
50°
60°
70°
80°

예상 서식지   서식 가능한 지역

▲ 안경돌고래 분포

새끼

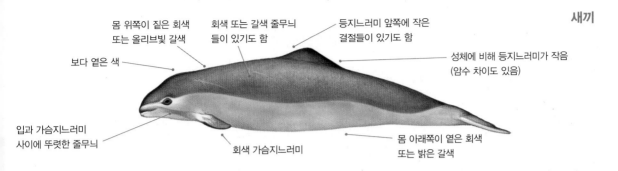

몸 위쪽이 짙은 회색 또는 올리브빛 갈색

회색 또는 갈색 줄무늬들이 있기도 함

등지느러미 앞쪽에 작은 결절들이 있기도 함

보다 옅은 색

성체에 비해 등지느러미가 작음 (암수 차이도 있음)

입과 가슴지느러미 사이에 뚜렷한 줄무늬

회색 가슴지느러미

몸 아래쪽이 옅은 회색 또는 밝은 갈색

있지만, 가장 중요한 서식지는 역시 수심이 깊은 먼바다 지역인 걸로 보여진다. 안경돌고래들의 이동에 대해선 알려진 바가 없다.

행동
바다에서 확실하게 안경돌고래를 목격한 게 십여 차례밖에 안 된다. 공중곡예는 물론 뱃머리 파도 타기도 하지 않는 걸로 알려져 있다. 배가 다가오면 대개 피한다(연구선들에 다가오기도 했지만).

이빨
위쪽 32~52개
아래쪽 34~46개
다른 모든 알락돌고래들과 마찬가지로 이빨이 주걱 모양 또는 못 모양이며 종종 잇몸 안에 감춰져 있다.

집단 규모와 구조
대개 1~3마리(평균 2마리)씩 몰려다니며, 5마리까지 몰려다니는 게 목격된 적도 있지만, 좌초된 경우들을 보면 거의 혼자다. 또한 종종 어미-새끼 쌍에 성체 수컷 1~2마리가 동행한다(그 수컷들이 새끼들의 친아빠여서 그런 건 아니며, 까치돌고래의 경우와 마찬가지로 짝짓기 상대를 보호하는 행동으로 추정됨).

포식자들
범고래와 대형 상어와 레오파드바다표범, 상어들이 포식자들일

먹이와 먹이활동
관련 정보가 거의 없으나, 멸치를 비롯해 떼 지어 다니는 다른 물고기들(갯가재, 오징어 등)을 잡아먹는 걸로 알려져 있다.

걸로 추정된다.

사진 식별
현재까지 별 연구가 없었다.

개체 수
세계적인 개체 수 추정치는 없으나, 좌초된 개체들의 수가 많은 데다(티에라 델 푸에고에 좌초된 안경돌고래 표본만 300개 이상) 유전학적 다양성이 있는 걸로 보아 개체 수가 더 잘 알려진 다른 알락돌고래들 정도는 될 것으로 추정된다.

종의 보존
세계자연보전연맹의 종 보존 현황: '최소 관심' 상태(2018년). 가장 큰 위협은 특히 티에라 델 푸에고 해안에 설치된 자망에 사고로 걸리는 것으로 보여진다. 과거에는 아르헨티나와 칠레 남부 일대에서 식용 목적이나 게를 잡기 위한 미끼용으로 작살 사냥이 행해졌으나, 그 수와 파급력이 어느 정도였는지 그리고 현재 상황이 어떤지에 대해선 알려진 바가 없다. 다른 위협들로는 점점 늘어가는 남극해 어업으로 인한 어망 사고, 석유 및 광물 탐사, 각종 오염 등이 꼽힌다.

일대기
성적 성숙: 암컷은 약 2년, 수컷은 약 4년.
짝짓기: 알려진 바가 없다. **임신:** 8~11개월로 추정.
분만: 매년 새끼를 낳는 걸로 추정. 남반구의 봄과 여름(11~2월)에 새끼 1마리가 태어난다.
젖떼기: 6~15개월 후로 추정. **수명:** 알려진 최장수 기록은 27년.

잠수 동작
- 수면 위로 오를 때 눈에 잘 띄지 않는다(쥐돌고래처럼 몸을 위아래로 움직이며 천천히 나아감).
- 부리 끝이 먼저 수면 위로 올라온 뒤, 잠수할 때마다 큰 아치형을 그린다.
- 등을 구부릴 때 측면의 흰색이 보이기도 한다.

- 몸을 위아래로 움직이며 빠른 속도로 헤엄칠 수 있다(가끔 수면 위로 올라감).

물 뿜어 올리기
- 물을 뿜어 올리는 게 눈에 잘 띄지 않는다.

좁은돌기상괭이 Narrow-ridged finless porpoise

학명 네오포카에나 아시아에오리엔탈리스 *Neophocaena asiaeorientalis* (Pilleri and Gihr, 1972)

2009년에 finless porpoise 즉, 상괭이는 한 종이 아니라 2종(현재의 좁은돌기상괭이와 인도-태평양상괭이)이라는 것에 대한 공식 합의가 이루어졌다. 이 2종의 상괭이는 서로 독립적으로 번식되고 있으며 야생 상태에서도 구분이 갈 정도로 다른 점들도 있다. 그런데 양쯔강에 살고 있는 상괭이가 조만간 세 번째 상괭이 종이 될 가능성도 있다.

분류: 쇠돌고래과 이빨고래아목

일반적인 이름: 좁은돌기상괭이는 영어로 narrow-ridged finless porpoise로, 등에 등지느러미가 없고 비교적 좁은 긴 돌기가 있다는 데서 붙은 이름이다.

다른 이름들: Yangtze finless porpoise, East Asian finless porpoise, sunameri, black finless porpoise(죽으면 바로 몸 색깔이 짙어진다는 데서 온 이름) 등.

학명: 이 고래의 학명 *Neophocaena*는 '새로운'을 뜻하는 그리스어 *neos*에 '알락돌고래'를 뜻하는 그리스어 *phokaina* 또는 라틴어 *phocaena*가 합쳐진 것이다. 그리고 학명의 뒷부분 *asiaeorientalis*

는 주 서식지가 동양이라는 데서 온 것이다.

세부 분류: 현재 별도로 인정된 아종은 동아시아상괭이 또는 수나메리 *sunameri. N. a. unameri*와 양쯔강상괭이 *N. a. asiaeorientalis* 이렇게 2종이다. 그러나 최근에 행해진 유전학적 연구(전체 게놈 염기서열 분석을 이용한)에 따르면, 양쯔강상괭이는 유전학적으로 또 번식학적으로 바다에 사는 상괭이와는 전혀 다른 상괭이며, 별도의 독립된 종으로 간주해야 하는 상황이다. 그렇게 될 경우, 좁은돌기상괭이는 동아시아상괭이 *N. sunameri*와 양쯔강상괭이 *N. asiaorientalis*로 나뉘게 될 것이다.

성체(동아시아 아종)

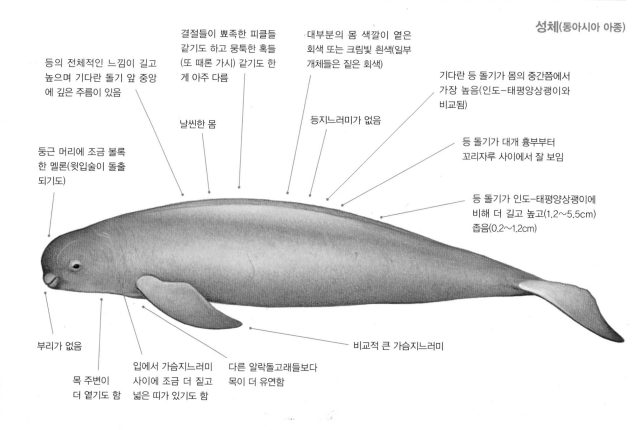

- 등의 전체적인 느낌이 길고 높으며 기다란 돌기 앞 중앙에 깊은 주름이 있음
- 결절들이 뾰족한 피클들 같기도 하고 뭉툭한 혹들(또 때론 가시) 같기도 한 게 아주 다름
- 대부분의 몸 색깔이 옅은 회색 또는 크림빛 흰색(일부 개체들은 짙은 회색)
- 기다란 등 돌기가 몸의 중간쯤에서 가장 높음(인도-태평양상괭이와 비교됨)
- 날씬한 몸
- 등지느러미가 없음
- 둥근 머리에 조금 볼록한 멜론(윗입술이 돌출되기도)
- 등 돌기가 대개 흉부부터 꼬리자루 사이에서 잘 보임
- 등 돌기가 인도-태평양상괭이에 비해 더 길고 높고(1.2~5.5cm) 좁음(0.2~1.2cm)
- 부리가 없음
- 목 주변이 더 옅기도 함
- 입에서 가슴지느러미 사이에 조금 더 짙고 넓은 띠가 있기도 함
- 다른 알락돌고래들보다 목이 더 유연함
- 비교적 큰 가슴지느러미

요점 정리

- 북태평양 서부의 얕은 해안 지역과 양쯔강에 서식
- 작은 크기
- 개체와 지역 또는 나이에 따라 색이 크게 다르지만(크림빛 흰색부터 거의 검은색까지), 전체적인 색은 대개 인도-태평양상괭이에 비해 더 옅음
- 등지느러미 대신 눈에 띄는 높고 기다란 등 돌기가 있음
- 색이 더 옅은 개체들은 얼핏 보기에 작은 흰고래 같음
- 머리는 둥글고 부리는 없음
- 물에 별 변화를 주지 않음(물이 탁하면 거의 보이지 않음)
- 대개 혼자 다니거나 소그룹을 이룸

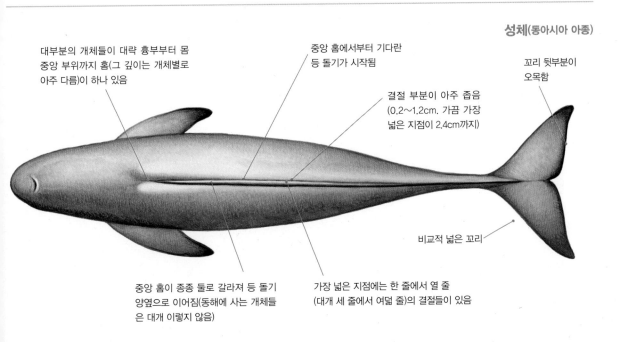

성체(동아시아 아종)

대부분의 개체들이 대략 흉부부터 몸 중앙 부위까지 홈(그 깊이는 개체별로 아주 다름)이 하나 있음

중앙 홈에서부터 기다란 등 돌기가 시작됨

꼬리 뒷부분이 오목함

결절 부분이 아주 좁음 (0.2~1.2cm. 가끔 가장 넓은 지점이 2.4cm까지)

비교적 넓은 꼬리

중앙 홈이 종종 둘로 갈라져 등 돌기 양옆으로 이어짐(동해에 사는 개체들은 대개 이렇지 않음)

가장 넓은 지점에는 한 줄에서 열 줄 (대개 세 줄에서 여덟 줄)의 결절들이 있음

길이: 1.6~2.3m **무게:** 40~70kg **최대:** 2.27m, 110kg(동아시아 아종), 1.77m(양쯔강 아종)

새끼-길이: 75~85m **무게:** 5~10kg

두 상괭이 아종들 중에서 더 크다(대만 해협의 마쭈 열도 주변의 상괭이는 예외). 동아시아 아종은 양쯔강 아종보다 아주 더 크며, 평균적으로 암컷보다는 수컷이 더 크다.

비슷한 종들

좁은돌기상괭이는 등지느러미가 없어 같은 지역 내 다른 고래들과는 비교적 쉽게 구분이 된다. 또한 서식지가 보다 온대 지역이며(대만 해협 주변에서만 서식지가 겹침), 등이 더 좁고, 등 돌기 정상이 보다 앞쪽에 위치하며, 종종 색이 더 옅고, 수면 위로 오르는 동작이 다른 점 등 여러 면에서 인도-태평양상괭이와 구분된다. 듀공과 가장 혼동하기 쉬운데, 듀공은 등 돌기가 없는 데다 코끝에 콧구멍이 2개고 입 모양이 아주 달라 구분 가능하다. 그리고 좁은돌기상괭이는 죽으면 바로 색이 짙어진다는 걸 잊지 말라.

분포

양쯔강 아종: 이 아종들은 주로 중국 양쯔강 중류와 하류에서 발견된다. 최근까지만 해도 상하이 부근 강어귀에서부터 1,600km 상류까지에 걸쳐 발견됐으나, 서식지가 급격히 줄어들어 이제 약 1,000km 상류의 이창 너머 지역에서는 더 이상 발견되지 않는다. 현재는 포양 호수와 동팅 호수 그리고 간장강과 상강 등이 주요 서식지다. 양쯔강 아종은 민물에서만 서식하는 유일한 돌고래며, 현존하는 양쯔강의 유일한 고래이기도 하다. 이 돌고래들은 강과 호수의 합류 지역, 모래톱 인근 지역, 주요 해협 내에서 강둑에 가까운 지역 등을 특히 좋아한다. 그리고 서식지는 계절에 따라 변화한다.

동아시아 아종: 이 아종은 주로 북태평양 서부의 얕고 선선한 온대 해안 및 하구의 물에 서식한다. 그리고 대만 해협(특히 마쭈 군도와 진먼 군도)에서부터 동중국해와 황해(보하이해 포함)를 거쳐 북쪽으로 한국과 일본에 이르는 지역이 주요 서식지

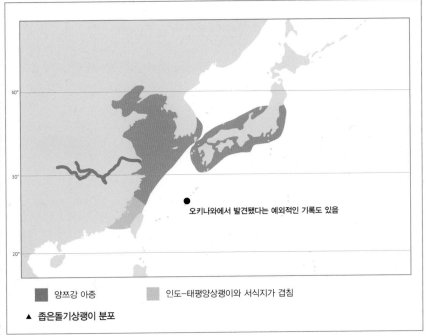

오키나와에서 발견됐다는 예외적인 기록도 있음

■ 양쯔강 아종　　■ 인도-태평양상괭이와 서식지가 겹침

▲ 좁은돌기상괭이 분포

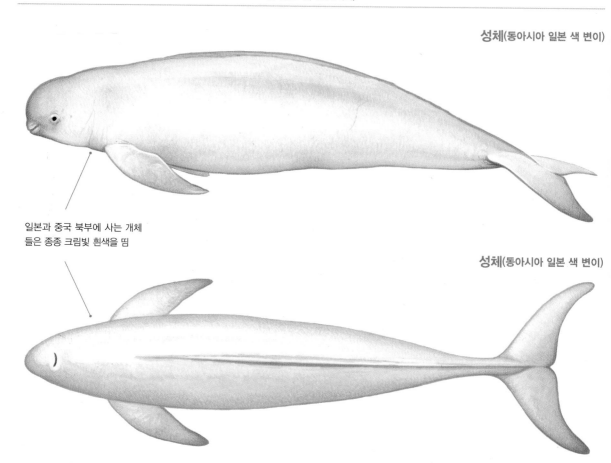

성체(동아시아 일본 색 변이)

일본과 중국 북부에 사는 개체
들은 종종 크림빛 흰색을 띰

성체(동아시아 일본 색 변이)

다. 일본 해안 일대의 서식지는 오무라만, 센다이만-도쿄만, 내륙해-히비키나다, 이세만-미카와만, 아리아케 해협-타치바나만 이렇게 다섯 곳이다. 예외적인 경우지만 일본 남쪽 오키나와섬에서 발견됐다는 기록도 있었다. 그러나 이 동아시아 아종은 대한해협 중심부에서는 발견되지 않아, 대한해협을 중심으로 중국-한국 아종과 일본 아종이 자연스레 나뉜다. 동아시아 아종들은 주로 얕은 만과 커다란 강 하구 일대에 가장 많이 모여 살지만, 맹그로브 습지로 들어가기도 한다. 또한 대개 수심 50m 이내의 물에서 살지만, 인도-태평양상괭이에 비해서는 훨씬 더 자주 먼바다로도 나간다. 특히 보하이만과 황해에 사는 동아시아 아종은 특히 겨울이면 해안에서 240km 떨어진 데서도 자주 발견되는데, 그 지역의 물은 수심이 200m도 안 된다. 동아시아 아종은 모래로

덮인 또는 흙이 부드러운 해저 지역을 아주 좋아하지만, 일부 개체들은 수심이 깊거나 바위가 많은 해저 지역 등 살기에 부적절한 서식지들에 의해 분리되어 따로 산다. 또한 일부 지역들에서는 계절에 따라 개체 수에 변화가 생긴다고 알려져 있다. 그리고 동아시아 아종과 인도-태평양상괭이는 대만 해협에서만 서식지가 겹친다.

행동

양쯔강 아종들은 경계심이 덜 해 부산한 선박 운행에도 익숙하지만, 동아시아 아종들은 많은 지역들에서 대개 배를 피한다(일본에서는 상업적인 목적의 돌고래 관광선에는 잘 다가가지만). 또한 이 좁은돌기상괭이들은 뱃머리에서 파도타기를 하지 않고 수

잠수 동작
- 잠시(인도-태평양상괭이보다 조금 짧게) 조용히 수면 위로 올라와 물이 별로 튀지 않는다.
- 몸이 거의 보이지 않는다(일부 개체들은 머리가 수면 위에 드러나기도 함).
- 제한된 증거에 따르면, 대개 등을 아주 둥근 형태로 유지하며 잠수할 때도 거의 그 상태 그대로 물속으로 들어간다.
- 대개 3~4회 숨을 내쉬며 그런 다음 평균 30초간 잠수를 한다.

물 뿜어 올리기
- 물을 뿜어 올리는 게 잘 보이지 않는다.

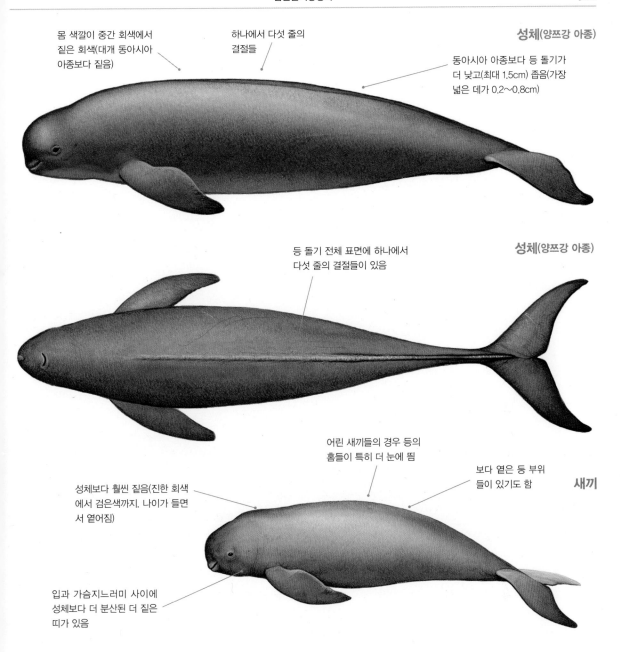

몸 색깔이 중간 회색에서 짙은 회색(대개 동아시아 아종보다 짙음)

하나에서 다섯 줄의 결절들

성체(양쯔강 아종)

동아시아 아종보다 등 돌기가 더 낮고(최대 1.5cm) 좁음(가장 넓은 데가 0.2~0.8cm)

성체(양쯔강 아종)

등 돌기 전체 표면에 하나에서 다섯 줄의 결절들이 있음

어린 새끼들의 경우 등의 홈들이 특히 더 눈에 띔

보다 옅은 등 부위 들이 있기도 함

새끼

성체보다 훨씬 짙음(진한 회색에서 검은색까지. 나이가 들면서 옅어짐)

입과 가슴지느러미 사이에 성체보다 더 분산된 더 짙은 띠가 있음

면 위로 점프하는 행동도 잘하지 않는다(양쯔강 아종들은 수면 위로 점프하거나 꼬리로 서 있는 행동을 하는 게 목격됐지만). 일반적으로는 그리 소란스럽지 않으나, 뭔가에 놀랄 때는 마치 까치돌고래처럼 사방에 물을 튀기며 급히 피하기도 하며, 빠른 속도로 물고기를 쫓을 때는 수면 밑에서 방향을 급선회해 급가속을 하기도 한다. 확인된 사실은 아니나, 새끼들이 어미 등에 올라탄다는 얘기도 있다(거칠거칠한 등 표면에 엎드려 있으려 하는 걸로 추정됨).

이빨

위쪽 32~42개
아래쪽 30~40개
다른 모든 알락돌고래들과 마찬가지로 이빨이 주걱 모양이다.

집단 규모와 구조

대개 혼자 다니지만, 짝을 이뤄 다니거나(어미와 새끼 또는 두 성체끼리) 20마리까지 집단을 이루기도 한다. 또한 먹이가 풍부한 지역에서는 느슨한 형태지만 50마리 넘는 집단을 이루기도 한다.

포식자들

범고래와 대형 상어들이 포식자들일 걸로 추정된다.

사진 식별

사진 식별과 관련해 현재까지 특별히 이루어진 조사는 없다.

등지느러미가 없는 상괭이의 등

상괭이의 등 표면은 독특하며, 그런 특징은 현존하는 다른 그 어떤 고래에게서도 찾아볼 수 없다. 등지느러미가 없는 대신, 등의 중간 바로 앞부분부터 꼬리자루까지 이어지는 기다란 돌기가 있다. 종과 아종들 그리고 개체들에 따라 아주 다르긴 하지만, 세 가지 중요한 특징들이 있다(종종 그런 특징들이 없기도 함).

먹이와 먹이활동

먹이: 다양한 종류의 물고기와 오징어, 갑오징어, 갑각류를 잡아먹는다. 그리고 양쯔강에서는 주로 물고기와 새우를 잡아먹는다.

먹이활동: 알려진 바가 없다.

잠수 깊이: 대부분의 개체가 수심 50m 이상은 거의 잠수하지 않는다.

잠수 시간: 최대 4분.

1. 등 돌기: 거의 등지느러미 같이 생긴 가는 돌기가 등 중앙을 따라 길게 이어져 있다.
2. 등의 홈들: 등의 가운데 부분을 따라(등 돌기 앞쪽에) '중앙 홈'이 있는 경우가 있는데, 등 돌기가 분명히 있을 경우 이 중앙 홈은 '측면 홈들'로 갈라져 등의 돌기 양옆으로 이어진다.
3. 결절 부위: 등 표면의 가운데 부분 일대 피부에는 결절이라 불리는 물사마귀 비슷한 돌기들(뭉툭한 혹들 같기도 하고, 뾰족한 피클들 같기도 하고, 가시 비슷한 것들이 달린 피클들 같기도 함)이 여기저기 넓게 퍼져 있기도 하다. 그리고 그 돌기들은 줄을 지어 거의 등 돌기(등 돌기가 있다면) 전체와 꼬리자루는 물론 때론 양 측면 피부까지 늘어 서 있다. 왜 그런 돌기들이 나는지 그 이유는 아직 밝혀지지 않았다.

개체 수

전체 개체 수에 대해선 알려진 바가 없으나, 대략적인 지역별 개체 수 추정치는 다음과 같다. 양쯔강에 약 1,000마리, 일본의 5개 지역에 약 1만 9,000마리, 한국-황해 지역의 먼바다에 2만 1,500마리, 해안 근처에 5,500마리.

종의 보존

세계자연보전연맹의 종 보존 현황: '위기' 상태(2017년). 양쯔강 아종은 '위급' 상태(2012년). 동아시아 아종에 대해선 별도로 조사된 게 없다. 다른 어종을 잡기 위해 설치되는 어망, 특히 자망은 아주 중요한 위협이며, 그 외에 삼중망과 주낙, 전기를 이용한 어업 등도 큰 위협이다. 그 밖의 다른 위협들로는 연안 개발(특히 무분별한 항구 건설), 새우 양식을 위한 광범위한 해안선 변경, 선박 운행으로 인한 생태계 교란, 배와의 충돌, 집중적이고 광범위한 모래 준설, 수자원 개발, 다양한 형태의 오염(일부 개체들의 몸에서 검출되는 아주 높은 수치의 유독 오염물질들이 그 증거임) 등을 꼽을 수 있다. 한국에서는(그리고 어쩌면 다른 데서도)

사고로 어망 등에 잡힌 상괭이들이 일부 어항들에서 판매되고 또 소비된다. 또한 상당수의 개체들이 해양 공원 및 수족관에 전시할 목적으로 생포되고 있다. 전반적으로 지난 50년간 전체의 최소 30%가 줄어들었으며(일부 지역들에서는 그보다 더 심해, 동해에서는 1978년부터 2000년 사이에 무려 70%나 줄었음), 그 결과 일부 지역의 개체들은 생존 그 자체를 위협받고 있다.

양쯔강 아종들의 경우 1950년대 말에 들어와 짧은 기간 동안 의도적인 사냥이 행해졌으나, 오늘날에는 직접적인 대규모 사냥이 행해지고 있다는 증거는 없다. 그러나 양쯔강돌고래의 전철을 밟아 10년 이내에 멸종될 수 있다는 두려움도 있다. 과도한 선박 운행, 모래 채굴, 각종 공해, 불법 조업, 댐 건설 등의 위협이 계속 더 늘어가고 있어, 그 개체 수는 1991년의 2,550마리에서 2006년에는 1,225마리 이내로 줄어들었고, 2012년에 마지막 집계를 냈을 때 약 1,000마리까지 줄어드는 등, 계속 매년 14%씩 줄어들고 있다. 또한 이 상괭이들은 현재 계속 점점 더 단편화되고 있기도 하다. 1990년 이후 개체 이동 작업이 행해지면서, 생포된 개체들이 계속 쇠뿔 모양의 만곡부인 티안에조우 우각호(1990년 이후)와 지청유안 우각호(2015년 이후) 등 자립이 가능한 보다 안전한 곳으로 이동되고 있는 것이다. 현재 티안에조우 우각호에는 60마리, 지청유안 우각호에는 8마리가 생존해 있다.

일대기

성적 성숙: 암컷과 수컷 모두 3~6년.

짝짓기: 알려진 바가 없다.

임신: 약 11개월.

분만: 2년마다. 지역별로 다르지만(예를 들어 양쯔강에서는 4~5월, 일본 규슈에서는 11~12월), 대개 3~8월에 새끼 1마리가 태어난다.

젖떼기: 6~7개월 후.

수명: 18~25년(최장수 기록은 33년).

▲ 동아시아상괭이의 등 돌기와 결절들이 클로즈업된 사진.

▲ 중국 포양 호수에서 촬영된 양쯔강상괭이의 드문 사진.

인도-태평양상괭이 Indo-Pacific finless porpoise

학명 네오포카에나 포카에노이데스 *Neophocaena phocaenoides*

(G. Cuvier, 1829)

인도-태평양상괭이는 애초부터 베일에 싸여 있는 고래다. 대만 해협 안쪽과 그 일대에서만 비슷한 종인 좁은돌기상괭이와 서식지가 겹치는데, 그곳에선 이 2종의 고래가 서로 수십 m 이내의 거리에 있는 모습이 목격되고 있다.

분류: 쇠돌고래과 이빨고래아목

일반적인 이름: 인도-태평양상괭이는 영어로 Indo-Pacific finless porpoise로, 등에 등지느러미 대신 긴 돌기가 있어 finless porpoise 즉, 상괭이라는 이름이 붙었다.

다른 이름들: wide-ridged finless porpoise 또는 black finless porpoise(죽으면 바로 몸 색깔이 짙어진다는 데서 온 이름) 등.

학명: 이 고래의 학명 *Neophocaena*는 '새로운'을 뜻하는 그리스어 *neos*에 '알락돌고래'를 뜻하는 그리스어 *phokaina* 또는 라틴어 *phocaena*가 합쳐진 것이다. 그리고 학명의 뒷부분 *phocaenoides*

에서 *oides*는 '~ 같은'을 뜻하는 그리스어 *eides*에서 온 것이다.

세부 분류: 현재 별도로 인정된 아종은 없으나, 지역에 따라 몸의 크기와 형태에 차이가 있다. 또한 이 인도-태평양상괭이는 2009년에 좁은돌기상괭이에서 공식적으로 분리되어 별도의 종이 되었다(이 2종은 마지막 주요 빙하기인 1만 8,000년 전 이후 서로 이종교배된 적이 없으며, 그래서 그간 새로운 2종 사이에 잡종이 태어났다는 기록은 전혀 없었음). 그러나 종 분류 작업을 좀 더 하다 보면, 아직 알려지지 않은 새로운 아종 또는 심지어 새로운 종이 발견될 수도 있을 걸로 보인다.

성체

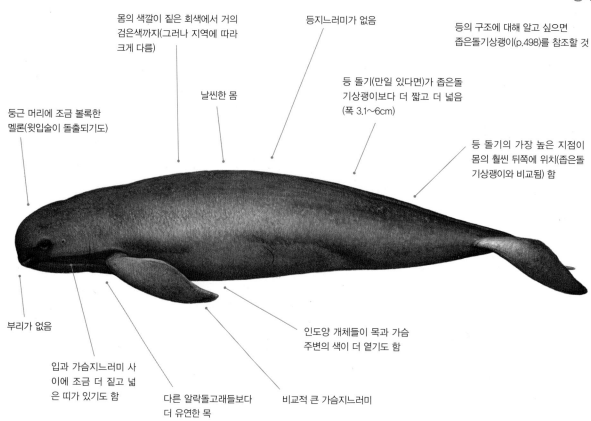

몸의 색깔이 짙은 회색에서 거의 검은색까지(그러나 지역에 따라 크게 다름)

등지느러미가 없음

등의 구조에 대해 알고 싶으면 좁은돌기상괭이(p.498)를 참조할 것

날씬한 몸

등 돌기(만일 있다면)가 좁은돌기상괭이보다 더 짧고 더 넓음(폭 3.1~6cm)

둥근 머리에 조금 볼록한 멜론(윗입술이 돌출되기도)

등 돌기의 가장 높은 지점이 몸의 훨씬 뒤쪽에 위치(좁은돌기상괭이와 비교됨) 함

부리가 없음

인도양 개체들이 목과 가슴 주변의 색이 더 옅기도 함

입과 가슴지느러미 사이에 조금 더 짙고 넓은 띠가 있기도 함

다른 알락돌고래들보다 더 유연한 목

비교적 큰 가슴지느러미

요점 정리

- 인도양과 동남아시아의 얕고 따뜻한 해안 및 하구의 물에 서식
- 짙은 회색에서 거의 검은색까지(좁은돌기상괭이에 비해 전체적인 몸 색깔이 더 짙음)
- 작은 크기
- 등지느러미가 없음
- 짧고 낮은 등 돌기 앞 부위가 전반적으로 더 평평하게 느껴짐
- 머리는 둥글고 부리는 없음
- 물에 별 변화를 주지 않음(물이 탁하면 거의 보이지 않음)
- 대개 혼자 다니거나 소그룹을 이룸

성체

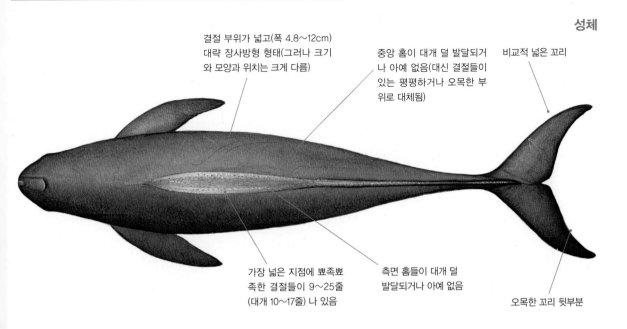

결절 부위가 넓고(폭 4.8~12cm) 대략 장사방형 형태(그러나 크기와 모양과 위치는 크게 다름)

중앙 홈이 대개 덜 발달되거나 아예 없음(대신 결절들이 있는 평평하거나 오목한 부위로 대체됨)

비교적 넓은 꼬리

가장 넓은 지점에 뾰족뾰족한 결절들이 9~25줄(대개 10~17줄) 나 있음

측면 홈들이 대개 덜 발달되거나 아예 없음

오목한 꼬리 뒷부분

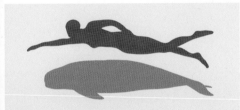

크기
길이: 1.4~1.7m **무게:** 45~50kg **최대:** 1.71m, 60kg
새끼-길이: 75~85cm **무게:** 5~10kg
두 상괭이 아종들 중에서 더 작다(대만 해협의 마쭈 열도 주변의 상괭이는 예외). 북쪽의 개체들이 남쪽의 개체들보다 더 크며, 평균적으로 암컷보다는 수컷이 조금 더 크다.

비슷한 종들
인도-태평양상괭이는 등지느러미가 없어 같은 지역 내 다른 고래들과는 비교적 쉽게 구분이 된다. 또한 서식지가 보다 열대 지역이며(대만 해협 주변에서만 서식지가 겹침), 등이 더 넓고, 등 돌기 정상이 보다 뒤쪽에 위치하며, 종종 색이 더 진하고, 수면 위로 오르는 동작이 다른 점 등, 여러 면에서 좁은돌기상괭이와 구분된다. 듀공과 가장 혼동하기 쉬운데, 듀공은 등 돌기가 없는 데다 코끝에 콧구멍이 2개고 입 모양이 아주 달라 구분 가능하다. 그리고 인도-태평양상괭이는 죽으면 바로 색이 짙어진다는 걸 잊지 말라.

분포

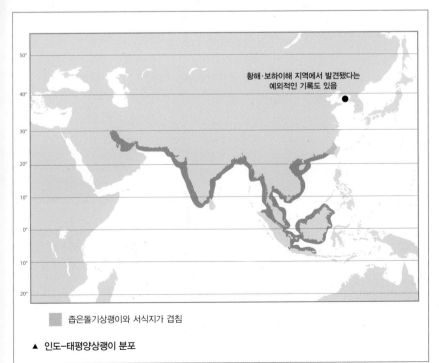

황해·보하이해 지역에서 발견됐다는 예외적인 기록도 있음

좁은돌기상괭이와 서식지가 겹침

▲ 인도-태평양상괭이 분포

인도-태평양상괭이들은 인도양과 동남아시아의 얕은 열대 및 온대 해안의 좁다란 지역을 따라 여기저기 모여 산다. 또한 좁은돌기상괭이들보다 더 광범위한 열대 지역에 산다. 세상에 처음 알려진(1829년 프랑스 해부학자 조르즈 퀴비에에 의해) 표본들은 남아프리카공화국에서 온 것으로 알려져 있으나, 이 고래들이 아프리카에서 왔다는 다른 기록은 전혀 없어 원래의 표본 발견 장소(아프리카가 아닌 인도 말라바르 해안으로 추정)가 잘못 알려진 게 아닌가 싶다. 인도-태평양상괭이들은 오만과 필리핀에서도 발견될 가능성이 있는데, 현재까지는 발견됐다는 보고가 없다. 또한 일부 지역들

새끼

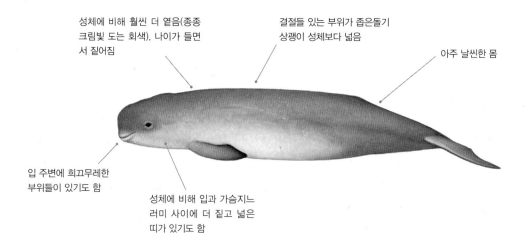

성체에 비해 훨씬 더 옅음(종종 크림빛 도는 회색). 나이가 들면서 짙어짐

결절들 있는 부위가 좁은돌기상괭이 성체보다 넓음

아주 날씬한 몸

입 주변에 희끄무레한 부위들이 있기도 함

성체에 비해 입과 가슴지느러미 사이에 더 짙고 넓은 띠가 있기도 함

먹이와 먹이활동
먹이: 다양한 종류의 물고기와 오징어, 갑오징어, 갑각류를 잡아 먹는다.
먹이활동: 알려진 바가 없다.
잠수 깊이: 수심 50m 이상은 거의 잠수하지 않는다.
잠수 시간: 대개 1분 이내이며, 최대 잠수 시간은 4분.

(대부분의 중국 일대)에서는 계절별 이동이 있다고 알려져 있으나, 일부 개체들은 주로 같은 지역에 계속 상주하는 걸로 보인다. 그리고 얕은 만과 일부 큰 강들의 하류, 그러니까 대개 수심이 50m가 안 되는 물에 가장 많이 몰려 산다. 맹그로브 습지와 큰 강들로(브라마푸트라강의 40km 상류, 인더스강의 60km 상류까지) 들어가기도 한다. 모래로 덮인 또는 흙이 부드러운 해저 지역을 아주 좋아하지만, 일부 개체들은 수심이 깊거나 바위가 많은 해저 지역 등 살기에 부적절한 서식지들에 의해 분리되어 따로 산다.

행동
인도-태평양상괭이들은 많은 지역에서 대개 배를 피하며 그래서 뱃머리에서 파도타기도 하지 않는다(빨리 달리는 배 뒤에서 파도타기를 하는 경우는 종종 있지만). 수면 위로 점프하는 행동도 잘하지 않는다. 일반적으로는 그리 소란스럽지 않으나, 뭔가에

놀랄 때는 마치 까치돌고래처럼 사방에 물을 튀기며 급히 피하기도 하며, 빠른 속도로 물고기를 쫓을 때는 수면 밑에서 방향을 급선회해 급가속을 하기도 한다. 확인된 사실은 아니나, 새끼들이 어미 등에 올라탄다는 얘기도 있다(거칠거칠한 등 표면에 엎드려 있으려 하는 걸로 추정됨).

이빨
위쪽 30~44개
아래쪽 32~44개
다른 모든 알락돌고래들과 마찬가지로 이빨이 주걱 모양이다.

집단 규모와 구조
대개 혼자 다니지만, 짝을 이뤄 다니거나(어미와 새끼 또는 두 성체끼리) 20마리까지 집단을 이루기도 한다. 또한 먹이가 풍부한 지역(특히 중국)에서는 느슨한 형태지만 50마리 넘는 집단을 이루기도 한다.

포식자들
범고래와 대형 상어들이 포식자들일 걸로 추정된다.

사진 식별
사진 식별과 관련해 현재까지 특별히 이루어진 조사는 없다.

잠수 동작
- 잠시(좁은돌기상괭이보다는 조금 더 오래) 조용히 수면 위로 올라와 물도 별로 튀지 않으며 몸도 밖으로 거의 드러내지 않는다.
- 제한된 증거에 따르면, 대개 등을 쫙 편 뒤 물속에 잠시 더 머물다가 잠수한다(좁은돌기상괭이와 비교됨).
- 대개 3~4회 숨을 내쉬며 그런 다음 평균 30초간 잠수를 한다.

물 뿜어 올리기
- 물을 뿜어 올리는 게 잘 보이지 않는다.

개체 수

전체 개체 수에 대해선 알려진 바가 없으나, 대략 1만 마리는 넘을 걸로 보여진다. 지역별로는 홍콩에 최소 217마리, 방글라데시에 약 1,400마리가 살고 있는 걸로 추정된다.

종의 보존

세계자연보전연맹의 종 보존 현황: '취약' 상태(2017년). 이 종에 대한 대규모 사냥이 일어나고 있다는 얘기는 없으나, 서식지 곳곳에서 어망 특히 자망에 걸려 죽는 경우가 종종 있다. 개체 수가 급감하고 있어(전반적으로 지난 50년간 최소 30%는 줄었음) 일부 개체들은 생존 그 자체를 위협받을 정도라는 명확한 증거도 있다. 또한 서식지 감소 및 악화, 각종 오염, 선박 운행 등도 위협 요소로 꼽는다. 그리고 그간 많은 인도-태평양상괭이들이 해양 공원과 수족관 등에 전시할 목적으로 생포되었다.

일대기

성적 성숙: 암컷 5~6년, 수컷 4~5년.

짝짓기: 알려진 바가 없다.

임신: 약 11개월.

분만: 2년마다 대개 6~3월에 새끼 1마리가 태어난다(홍콩과 남중국해에서는 10~1월).

젖떼기: 6~7개월 후.

수명: 18~25년(최장수 기록은 33년).

▲ 근접 촬영된 인도-태평양상괭이의 등 돌기와 결절들.

고래, 돌고래, 알락돌고래 보살피기

인간은 지금 지구의 대양들 구석구석에까지 영향을 미치고 있다. 특히 상업적인 포경과 다른 형태들의 고래 사냥, 어망 사고를 비롯한 많은 어업상의 문제들, 물고기 남획, 각종 오염, 서식지 악화 및 교란, 수중 소음 공해, 해양 쓰레기 흡입, 선박과의 충돌, 기후 변화 등은 전 세계의 고래와 돌고래 그리고 알락돌고래들을 위협하는 큰 문제들이다.

세계자연보전연맹(IUCN) 적색 목록(멸종 위기에 처한 종들의 목록-옮긴이)에 따르면, 현재 최소 20종의 고래들이 위급 상태, 위기 상태, 위협 상태, 취약 상태 등 생존을 위협받는 상태에 놓여 있다. 그 외에 모든 고래 종들의 거의 절반에 가까운 43종의 고래들이 또 정보 부족 상태에 놓여 있다. 그러니까 그 고래들에게 문제가 있는지 없는지조차 제대로 알지 못하고 있는 것이다(그만큼 우리가 알아야 할 게 많다는 뜻도 됨). 2종의 고래들은 적색 목록에 올라 있지 않고, 그 나머지 몇 안 되는 종의 고래들은 준위협 상태 또는 비교적 안전한 상태에 있는 걸로(최소 관심 상태로 분류) 보여진다.

우리가 아는 한, 한 고래 종, 그러니까 중국에 살던 양쯔강돌고래(또는 '바이지')는 현대에 들어오면서 멸종되었다. 그러나 현재 놀랄 만큼 많은 고래 종들이 심각한 문제를 겪고 있으며, 또 어떤 고래 종들은 한때 자주 보이던 많은 서식지들에서 거의 자취를 감추었다. 다음에는 멕시코 서부 칼리포르니아만 북단에 사는 작은 알락돌고래인 바키타돌고래들이 양쯔강돌고래의 전철을 밟을 가능성이 높다. 온갖 역경에도 불구하고 단 10마리 정도가 생존해 있는 걸로 추정되는 것이다.

게다가 우리는 보다 큰 대형 고래 종들의 상당수를 거의 다 잃어버렸다. 막판까지 고래 사냥을 멈추지 않는다면, 회색고래와 대왕고래, 참고래, 북극고래를 비롯한 다른 여러 고래 종들은 결국 멸종되고 말 것이다. 회색고래의 경우에만 1900년부터 1999년

▲ 포경업자들은 영리 목적으로 수백만 마리의 대형 고래들을 죽음으로 몰아넣었다.

사이에 거의 290만 마리(북대서양에서 27만 6,442마리, 북태평양에서 56만 3,696마리 그리고 남반구에서 205만 3,956마리)가 살육됐다. 그리고 그 피비린내 나는 살육이 끝났을 때 우리에게는 그야말로 폐허만 남았다. 상당수의 고래 종들이 원래 개체 수의 고작 5~10%만 남은 것이다. 아마 일부 종들은 영원히 개체 수를 회복하지 못할 것이다. 예를 들어 현재 북대서양참고래는 430마리 정도밖에 안 남았고, 현재의 개체 수 추이와 현재 직면한 위협들이 너무도 심각해 20년 이내에 기능적 멸종 상태에 이를 수도 있다.

고래들을 보호하는 건 결코 쉬운 일이 아니다. 고래들이 정치적 경계들을 무시하고 광범위한 지역을 돌아다니는 데다, 아주 복잡하면서도 은밀하고 점점 커지는 위협들에 직면해 있기 때문이다. 현재 고래들은 살아남을 가능성이 크지 않으며, 적어도 일부 고래 종들은 그 미래가 매우 암울하다.

▲ 브리티시컬럼비아에서 거대한 유조선 옆에서 꼬리로 수면을 내려치고 있는 범고래.

▲ 물고기 남획과 어망 사고는 고래들을 위협하는 가장 큰 문제들이다.

▲ 양쯔강돌고래(바이지)는 현재 멸종 상태다.

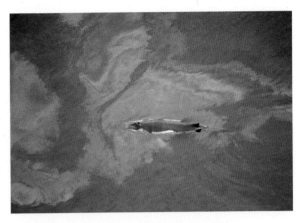

▲ 아이슬란드에서 혹등고래가 기름띠를 헤쳐 나가고 있다.

어떻게 도울 것인가?

자원봉사에 참여하기: 크든 작든 대부분의 고래 종 보존 단체들은 헌신적인 자원봉사자들의 소중한 도움 없이는 살아남을 수가 없다. 당신에게 만일 여유 시간이 좀 있다면, 도움을 줄 방법은 얼마든지 있다. 일주일에 한나절이나 하루 또는 여러 날 동안 좋아하는 고래 종 보존 단체 사무실에서 일을 할 수도 있다. 복사를 한다거나 환경을 생각하는 아이들로부터 온 편지에 답장을 해준다거나 전기에 대해 좀 안다면 사무실 전선을 전부 교체해 준다거나 그야말로 온갖 도움을 다 줄 수 있는 것이다. 아니면 교육을 받아 해양 포유동물 의료 전문가가 되어, 좌초된 고래들을 구해달라는 요청에 응하거나 다친 고래나 길 잃은 고래들을 도와주는 건 어떤가? 아니면 예를 들어 사진을 잘 찍는다면, 고래 관련 사진들을 고래 종 보존 단체에 기부해 사진 구매 비용을 절약시켜 줄 수도 있다.

긴급히 필요한 기금 모금하기: 고래 종 보존 단체들은 늘 자금이 부족하다. 간단히 말해, 돈이 더 많다면 좋은 일을 더 많이 할 수 있을 것이다. 전반적인 고래 종 보존을 위해 모금 활동을 할 수도 있고 아니면 특히 관심 있는 고래 종이나 장소 또는 프로젝트를 위해 모금 활동을 할 수도 있다. 모금 활동을 할 시간적 여유가 없다면, 괜찮은 여러 고래 입양 계획 중 하나를 통해 어떤 고래 또는 돌고래를 입양할 수도 있고, 아니면 자동 이체를 통해 정기적으로 매달 기부를 할 수도 있다.

캠페인에 참여하기: 고래들에게 도움을 줄 수 있는 또 다른 좋은 방법은 고래 종 보존 캠페인에 참여하는 것이다. 좋아하는 고래 종 보존 단체를 통해 현재 벌이고 있는 캠페인에 대한 구체적인 내용을 알 수 있는데, 대개 그 단체들의 웹사이트가 좋은 출발점이 된다. 예를 들어 그들의 요청에 따라 편지를 쓰거나 청원서에 서명할 수도 있을 것이고, 아니면 당신 마음에 와닿는 다른 어떤 문제에 팔을 걷어붙일 수도 있을 것이다.

경각심 높이기: 고래 종 보존 문제에 대한 사람들의 경각심이 높아질수록 더 좋다. 고래들을 더 잘 보살피게 되기 때문. 또한 한 개인이 수백 명의 사람들을 교육시킬 수 있으며, 그 결과 세상을 보는 그 사람들의 생각까지 바꿀 수 있다. 여기 몇 가지 좋은 아이디어들이 있다. 전국적인 언론사에 당신이 큰 관심을 갖고 있는 환경 문제 및 이야기들에 대한 편지를 보내라. 아니면 지역 신문에 기사를 쓰거나 지역 라디오와 인터뷰를 하거나 지역 환경 단체 등에서 강연 또는 강의를 하라.

환경 중심의 삶 살기: 세계의 대양들에 대한 당신 자신의 악영향을 줄일 수 있는 비교적 쉬운 방법들은 많다. 예를 들어 엉뚱하게 고래를 죽이는 일 없는 고기잡이 방식으로 잡은 물고기만 먹고 플라스틱 사용량을 줄이며 제품 구입에 신중을 기하도록 하라(그러니까 과대포장을 하는 제품들은 구입하지 말고 환경에 해로운 일들을 하는 기업들은 손절하도록 하라).

연구에 참여하기: 당신이 살고 있는 데가 어디인가에 따라, 고래 종 보존 또는 고래 연구에 직접 힘을 보탤 기회들을 가질 수도 있다. 한 가지 쉬운 방법은 사진 식별 카탈로그를 만드는 데 필요한 사진들을 보내줌으로써 연구원들을 돕는 것이다. 현장 사진 촬영을 비롯한 현장 연구에는 많은 비용이 들어가며, 사진 식별 카탈로그용 사진이 많을수록 더 많은 정보를 제공할 수 있다. 예를 들어 남극해와 저위도 지역에 사는 혹등고래들의 움직임을 조사하는 데 도움이 되는 남극혹등고래 카탈로그에는 관광객들이 유람선 관광 중에 찍은 많은 사진들이 담겨 있다. 사진 식별용 사진들을 제출하기 더없이 좋은 곳, 그리고 고래 관련 정보들의 출처로 더없이 좋은 곳은 happywhale.com(행복한고래닷컴)으로, 사진을 촬영한 사람들은 자신이 찍은 고래 사진들을 제출해 그 고래가 어떤 고래인지를 정확히 알 수 있다. 각 고래 종의 사진을 어떻게 찍어야 하는지(예를 들어 꼬리의 아래쪽을 찍는지 몸의 어떤 특정 부위를 찍어야 하는지)를 알아보도록 하고, 사진을 제출할 때는 당신 자신의 이름과 주소, 고래를 목격한 일자와 장소(정확한 좌표까지 적으면 더없이 좋음), 사진을 찍었을 때 탔던 배의 이름 등 관련 정보를 적는 걸 잊지 말라.

당신이 할 수 있는 일이 무엇이든, 다 도움이 될 것이다.

용어 사전

심해 평원 대륙붕 너머의 대양저로, 일반적으로 수심 1,000m가 넘음. 대개 평평하거나 완만한 경사가 있음.

공중곡예 고래 몸의 일부 또는 전부가 수면 위로 떠오르는 모든 동작.

용연향 향유고래의 장 안에서 형성되는 밀랍 같은 물질로, 한때 향수를 만드는 데 널리 쓰임.

단각류 작은 새우 같은 갑각류로, 일부 고래들의 먹잇감.

닻 무늬 일부 보다 작은 이빨고래류의 가슴에 있는 닻 모양 또는 W자 모양의 무늬(회색 또는 흰색임).

남극 수렴대 남극의 자연스러운 대양 경계로, 이 경계의 남쪽에서 흘러오는 보다 차고 염도가 낮은 물이 북쪽에서 흘러오는 보다 따뜻하고 염도가 높은 물 밑으로 가라앉는다. '생물학적 남극 대륙'의 북쪽 한계로 여겨진다. 대략 남위 50도와 남위 60도 사이에 위치하나, 그 위치는 장소에 따라 매년 달라지며 계절에 따라서도 달라진다. '극 전선대'라고도 함.

긴수염고래 수염고래과(Balaenopteridae)에 속한 고래로, rorqual 이라 부르기도 함.

수염판 대부분의 대형 고래들(수염고래류에 속한 수염고래들)의 윗턱에 매달려 있는 빗처럼 촘촘한 구조물로, 과거에는 '고래수염'으로 알려졌음. 케라틴(털, 손톱, 뿔을 구성하는 단백질과 동일한 단백질)으로 만들어져 있음. 수백 개의 수염판들이 빽빽히 들어차 있고 그 안쪽 표면들을 따라 섬유로 된 술들이 나 있어, 먹이활동을 할 때 작은 먹이들을 걸러내는 거대한 체 역할을 함.

수염고래 수염고래류에 속한 고래. 이빨들 대신 수염판들이 나 있는 아주 큰 대형 고래임.

점심해 수면 아래로 1,000~4,000m 정도 되는 바닷물 층.

부리 많은 고래들의 긴 주둥이. 윗턱과 아래턱 모두를 포함하는 두개골 앞부분.

저서성 생물 해저 또는 해저 바로 위에 서식하는 생물.

해저에 사는 단각류 해저 침전물 속에 묻혀 사는 새우 비슷한 갑각류.

블랙피시 겉보기에 비슷한 돌고래과의 고래 6종(범고래, 범고래붙이, 난쟁이범고래, 고양이고래, 들쇠고래, 참거두고래)을 일컫는 일반적인 용어.

불꽃 무늬 고래의 몸 측면에 있는 밝은 줄무늬. 대개 등지느러미 밑에서 시작해 망토 무늬 속으로 들어감.

물 뿜어 올리기 고래가 숨을 쉬는(숨을 들이마신 뒤 바로 폭발적으로 내뱉는) 동작 또는 고래가 숨을 쉴 때 나타나는 안개처럼 뽀얀 물방울들(응축된 물, 폐 안에서 나오는 고운 점액 물보라, 분수공에 갇혀 있던 바닷물로 이루어진)을 가리키는 말.

분수공 고래의 머리 위에 있는 호흡 구멍 또는 콧구멍. 수염고래

류는 2개고 이빨고래류는 1개임.

고래 지방 대부분의 해양 포유동물들의 피부와 그 밑의 근육 사이에 있는 지방 조직층. 단열을 위해 털 대신 필요함.

뱃머리에서 파도타기 배(또는 가끔 대형 고래) 앞쪽에 생겨나는 파도 위에서 헤엄을 치거나 그 파도를 타는 것.

브리칭 몸이 수면 위로 완전히 (또는 거의 완전히) 떠오르게 점프하는 것. 공식적으로는, 고래 몸의 40% 이상이 수면 위로 떠오를 때를 브리칭이라 함.

거품 포획망 만들기 혹등고래들이 사용하는 먹이활동 기법 중 하나로, 물속에서 거품들을 쏴 어망을 만드는 것.

어망 사고 다른 어종을 잡기 위해 설치한 어망에 사고로 또는 뜻하지 않게 고래 등이 잡히는 것.

경결 참고래의 머리 위의 조직이 케라틴화되어 거칠어진 부분으로, 많은 수의 고래이들이 서식함.

꼬리지느러미 영어로 caudal fin 또는 tail fin이라 함.

꼬리자루 영어로 caudal peduncle 또는 tailstock이라 함.

두족류 해저에 사는 또는 물속을 헤엄쳐 다니는 연체동물들(오징어, 갑오징어, 문어 등). 껍데기가 있기도 하고 없기도 함.

고래목 고래류에 속하는 모든 포유동물. 모든 고래, 돌고래, 알락돌고래를 포함하는 수생 포유동물 집단.

V자 무늬 고래의 등 또는 측면에 있는 옅은 색 V자 또는 U자 무늬.

대륙붕 대륙 가장자리 일대의 해저 지역으로, 해안선에서부터 완만한 경사를 이루다가 '대륙붕단'(해저는 여기서부터 '대륙사면'을 지나면서 가팔라져 대양저에 이름)이라 불리는 지점에서 경사가 심해진다. 대륙붕의 폭은 1km 이내에서 1,290km에 이르기까지 천차만별이며(평균 폭은 약 65km), 수심은 평균 60m며 드물게 200m가 넘기도 한다. 대륙의 실질적인 경계는 대륙붕 가장자리임(해안선이 아니라).

대륙사면 거대한 절벽이나 산등성이처럼 경사가 가팔라지는 기다란 대양저 지역으로, 종종 많은 고래들(그리고 다른 야생 동물들)이 모여 있음.

쿠키커터상어 아열대 및 열대 바다에서 주로 발견되는 작은 상어(길이가 최대 50cm)로, 해양 포유동물들에 들러붙어 살점(대략 아이스크림 떠내는 기구 크기로, 대개 지름이 4~8cm)을 물어뜯는다. 그 이빨 자국(때론 '분화구형 상처'라 부름)은 원형 또는 타원형으로 남음.

요각류 새우처럼 생긴 아주 작은 갑각류(대개 플랑크톤처럼 물에 떠다님)로, 바다에 아주 많이 살며 일부 고래들에게 중요한 먹이다. '바다의 벼룩'이라 부르기도 함.

갑각류 거의 7만 종에 달하는 무척추동물(등뼈가 없는 동물) 집단으로, 바닷가재, 게, 새우, 따개비 등이 갑각류에 속한다. 아가

미(또는 그와 유사한 부위로)로 숨을 쉬며, 분절된 몸, 키틴질로 된 외골격, 마디가 있는 다리, 한 쌍의 더듬이 등이 특징이다. 주로 물속에서 살며, 많은 포유동물들의 중요한 먹이다.

십각류 문자 그대로 다리가 10개인 동물. 가재, 게, 바닷가재, 새우 등 총 8,000종이 넘는 갑각류가 십각류에 해당함.

참돌고래과 대양돌고래과인 참돌고래과에 속하는 고래.

심해 산란층(DSL) 엄청나게 많은 작은 물고기, 오징어, 갑각류, 플랑크톤 등이 모여 있는 아래위 폭 최대 200m의 생물 층으로, 전세계의 대양에서 발견할 수 있다. 심해 산란층의 생물들은 24시간 동안 바닷물 층을 따라 위아래로 이동한다. 낮에는 보다 깊은 (대개 수심 400~600m) 중층수에서 휴식을 취하거나 떠다니며 해 질 녘 무렵에는 수면 가까이 올라가고 새벽이 되면 다시 아래로 내려온다. 그리고 또 이곳의 생물들은 대개 빛을 피한다(심해 산란층은 달빛이 환할 때는 수심 더 깊은 데로 내려감). 심해 산란층이란 이름은 이 층에서 음향측심기의 음파들이 반사되거나 산란된다는 데서 붙은 것임(그래서 종종 이 심해 산란층을 해저로 오인하기도 함).

규조류 현미경으로나 보이는 단세포 조류로, 바다나 민물 환경에서 흔히 발견되며 세포벽이 실리카 즉, 이산화규소로 되어 있다. 일부 고래들의 몸에 얇은 막처럼 덮이는 경우가 많으며, 그러면 고래 몸이 옅은 노란색이나 갈색 또는 녹색으로 변하게 됨.

등 망토 일부 이빨고래류, 돌고래, 알락돌고래의 등에 나 있는 눈에 띄는 짙은 부위. 대개 등지느러미(때론 그 뒤쪽까지 뻗음) 앞쪽에 있으며 정도는 다르지만 몸의 측면까지 이어지기도 한다. 안장 무늬와 혼동하지 말 것.

등지느러미 대부분의 고래들(그리고 다른 다양한 바다 및 민물 척추동물들)의 등에 솟아 있는 부위. 뼈로 지탱되는 게 아님.

등 돌기 등에 또는 등지느러미 대신 나 있는 긴 돌기. 많은 수염고래류의 머리 앞부분 위에 나 있는 돌기를 가리키기도 함.

유망 물속에 수직으로 길게 설치한 그리고 사실상 눈에 띄지도 않고 탐지할 수도 없는 어망으로, 해류와 바람이 자유롭게 드나들 수 있게 되어 있다. 고정시키지 않은 기다란 사각형 그물인 자망도 유망이라 한다. 이 어망은 흔히 '죽음의 벽'이라 불리며, 바닷새와 거북이에서부터 고래와 돌고래에 이르기까지 지나가는 모든 것을 잡아들이는 걸로 악명 높음.

몰이식 고래 사냥 돌고래와 기타 작은 이빨고래류를 잡기 위해 사용하는 기법으로, 대개 쾌속정들을 동원해 고래들을 만이나 얕은 물로 몬다. 그런 다음 만 입구에 그물을 쳐 빠져나가지 못하게 한 뒤, 어부들이 물로 들어가 고래들을 죽임.

동안경계류 대륙 서쪽 해안에 인접한 대양 분지 동쪽 고위도 지역에서 열대 지역으로 흐르는 해류. 비교적 차고 얕고 넓으며 천천히 흐른다. 또한 동안경계류 지역에서는 서안경계류 지역에 비해 영양분이 더 풍부한 용승 현상이 일어나 먹이가 더 풍부함.

반향정위 수중 음파 탐지기 등에서처럼 고주파 음을 내보낸 뒤 되돌아오는 반향음을 해석해 '음 이미지'를 그리는 일. 많은 고래들이 방향을 잡아 이동하거나 먹이를 찾아낼 때 사용함.

생태형 범고래(그리고 경우에 따라 다른 일부 종들)의 종 분류와 관련해 과학적으로 불확실한 면들을 확인하는 데 쓰이는 용어. 아종이나 종을 서둘러 발표하지 않고 진행 중인 연구나 조사를 꼼꼼히 살핌.

엘니뇨 현상 열대 태평양 중부와 동부의 해수 온도 상승에 영향을 미치는 복잡한 지구 기후 패턴. 남아메리카의 어부들이 몇 년간 매년 크리스마스 즈음에 해안 해수 온도가 조금씩 올라가는 걸 보고 만들어낸 용어(엘니뇨는 스페인어로 '어린 사내애'란 뜻으로, 아기 예수를 가리킴).

표해수층 원양 바다에서 수면으로부터 200m 이내의 바다 층.

난바다곤쟁이 난바다곤쟁이목에 속하는 동물성 플랑크톤. 난바다곤쟁이목은 크릴새우라 불리는 새우 모양의 생물 86종으로 이루어짐.

예외적인 발견 어떤 종이 정상적인 서식지 밖에서 발견되는 것.

갈고리 모양의 또는 낫 모양의 또는 뒤로 휘어진 뒷부분이 오목한 등지느러미의 모양을 표현할 때 종종 쓰임.

고착빙 육지에 단단히 고착된 안정된 바다 얼음. 가끔 해안에서 수 km에 걸쳐 형성됨.

여과 섭식 수염고래류 고래들이 물에 떠다니는 작은 먹이들을 걸러서 먹는 것.

가슴지느러미 다양한 모양의 노처럼 납작한 고래 앞다리(영어로는 flipper, pectoral fin 또는 pec fin이라고 함).

가슴지느러미 주머니 부리고래류 측면의 움푹 패인 곳으로, 이곳에 가슴지느러미를 넣을 수 있다. 향유고래의 주머니는 눈에 덜 띈다. 이 주머니는 깊이 잠수할 때 항력을 줄여주는 역할을 하는 걸로 추정됨.

가슴지느러미 내려치기 뒤로 또는 옆으로 누워 한쪽 또는 양쪽 가슴지느러미를 물 밖으로 들어 올린 뒤 수면을 내려치는 것. 영어로 flipper-slapping, flipper-flopping, flippering, pectoral-slapping 또는 pec-slapping이라 함.

꼬리 수평으로 평평한 고래 꼬리(수직으로 평평한 물고기의 꼬리와는 대조됨). 고래의 꼬리는 양쪽 꼬리로 이루어짐.

꼬리 들어올리기 고래들이 깊이 잠수할 때 자연스레 나오는 동작. 고래는 오래 잠수할 때 몸을 위아래로 움직이며 나아가다가 몸을 해저 쪽으로 구부리는데, 그때 꼬리가 자동적으로 수면 위로 올라간다. 혹등고래, 참고래, 북극고래, 회색고래, 향유고래처럼 보다 크고 통통한 고래들이 자주 꼬리를 들어 올리며, 날씬한 고래들은 꼬리를 전혀 또는 거의 들어 올리지 않음.

꼬리 흔적 윤기 나는 기름처럼 보이는 잔잔한 물의 소용돌이. 고래가 잠수할 때 꼬리가 물 밑으로 내려가면서 수면에 생겨남.

자망 물속에 수직으로 늘어뜨린 어망으로, 물고기가 그물망에서 빠져나가려고 몸부림치다 아가미(또는 몸의 다른 부위)가 걸리게 된다. 대개 해안 근처나 강에 설치한다. 아주 많은 돌고래와 알락돌고래들이 이 자망에 걸려듦.

대형 고래 몸이 큰 고래(모든 수염고래류와 향유고래 등 포함).

돌진하며 삼키기 일부 수염고래들이 사용하는 기법으로, 많은 먹이를 향해 돌진해 한 번에 한입 가득 먹이를 삼키는 기법이다. 떼지어 다니는 물고기나 크릴새우 등을 잡아먹을 때 특히 효과적임.

머리 내려치기 고래가 부분적으로 물 밖으로 뛰어 올랐다가 목 부분으로 힘차게 떨어져 수면 위에 큰 물보라를 일으키는 것. '턱 내려치기'라고도 함.

활동 범위 동물들이 자주 순찰을 도는 지역.

음파 탐지기 고래들이 내는 소리(또는 다른 소리)를 찾기 위해 물속에서 사용하는 방수 마이크 장치.

초저주파 인간이 들을 수 있는 주파수 아래의 낮은 주파수 소리(20Hz 아래).

등심선 수심이 같은 지점들을 전부 연결한 지도상의 가상선(수중 등고선과 비슷함). 예를 들어 200m 등심선은 수심 200m인 지점들을 전부 연결한 것임.

국제포경위원회(IWC) 1946년 포경업체들은 '질서 있는 포경 산업 발전'을 위해 국제포경규제협약을 채택했다. 그리고 동시에 그 협약의 의사결정 기구인 국제포경위원회가 설립됐다. 이 위원회는 포경 규제를 위해(그리고 보다 최근에는 고래 종 보존을 위해) 노력해 오고 있다.

꼬리자루 돌기 꼬리 근처 꼬리자루에 나 있는 눈에 띄는 돌기. 등의 돌기일 수도 있고 배의 돌기일 수도 있다. 몸 아래쪽에 날 경우 '항문 뒤 혹'이라 하기도 함.

절취기생 문자 그대로 도둑질로 기생하는 것이다. 잡아놓은 물고기를 낚아채는 행위도 이 절취기생에 포함됨.

크릴새우 작은 새우처럼 생긴 갑각류로, 대양 동물성 플랑크톤의 상당 부분을 차지하며, 많은 대형 고래들의 중요한 먹이이기도 하다. 약 86종이 존재하며, 길이는 8mm에서부터 60mm까지 다양하다. '난바다곤쟁이'로 알려져 있기도 함.

젖 분비 새끼들을 먹이기 위해 어미 포유동물에게서 젖이 나오는 것.

칠성장어 턱이 없는 원시 물고기로, 장어를 닮았으며 늘 입이 열려 있고 이빨들이 아주 많다. 43종이 알려져 있으며, 그중 18종은 다른 해양 동물들의 몸에 기생한다(고래와 다른 동물들의 살에 구멍을 내 그 피를 빨아먹음). 주로 온대 바다에 서식함.

라니냐 열대 태평양 중부와 동부의 해수 온도 하강에 영향을 미치는 복잡한 지구 기후 패턴. '엘니뇨'를 뒤따라오는 경우가 많음.

측면의 몸의 옆면의.

위도 지구의 적도로부터 얼마나 북쪽인지 또는 남쪽인지 상대적인 위치를 나타낸 것. 적도 지역이 0도이며, 북극은 북위 90도, 남극은 남위 90도이다. 위도 1도는 약 111km이다. 그리고 '고위도' 지역은 대개 북위 약 60도 또는 남위 60도에서부터 극지까지의 지역, '저위도' 지역은 적도에서부터 북위 약 30도 또는 남위 약 30도 안쪽 지역을 뜻함.

뛰어오르기 돌고래나 다른 작은 이빨고래류 고래들이 뛰어오르는 것은 '브리칭'(수면 위로 점프하는 것)이라 함.

꼬리 내려치기 꼬리를 물 밖으로 들어 올린 뒤 수면 위로 내려치는 것. 대개 반복해서 그리고 종종 아주 힘차게 행해진다. 영어로는 lobtailing, tail-slapping, fluke-slapping이라 하는데, 보통보다 작은 고래들과 관련이 있지만 전부 비슷한 동작들임.

통나무처럼 떠 있기 수면에서 또는 수면 바로 밑에서 대개 수평으로 꼼짝하지 않고 있는 것 또는 휴식을 취하는 것.

주낙 아주 긴 낚싯줄에 보다 짧은 낚싯줄들을 매달고 많은 낚싯바늘에 미끼들을 꿰어 놓은 것. 황새치나 참치, 큰넙치, 상어 같은 대형 원양 물고기를 잡기 위해 설치한다. 낚싯줄 길이가 수십 km에, 낚싯바늘 수도 수천 개에 달하기도 해, 돌고래나 다른 고래 종들이 사고로 걸려드는 경우가 아주 많음.

반半 브리칭 공식적으로는 고래 몸 전체의 40% 이내만 수면 위로 뛰어오를 경우를 말하며, 영어로는 lunging이라 한다. 아니면 half-breaching 또는 belly-flopping이라고도 하는데, 이게 정확한 표현으로 보임.

상악골 이빨들이 나는 위턱뼈.

멜론 이빨고래류의 '이마'를 형성하는 볼록한 지방 조직. 반향정위 소리들을 집중시키고 조절하는 데 쓰이는 걸로 보여짐.

중심해 대개 중간 깊이(수심 200~1,000m)의 바다. 중심해 지역에는 먹이가 부족하기 때문에, 여기에 사는 대부분의 생물들은 밤에 먹이활동을 위해 수면 쪽으로 올라가거나 그 위층 바다에서 떨어지는 찌꺼기들을 먹고 산다. 또한 중심해 지역은 '표해수층' 지역 아래쪽에 '점심해' 지역 위쪽이다.

이빨부리고래 이빨부리고래속에 속하는 부리고래류.

입선 턱 윗부분 앞쪽부터 입 가장자리까지 이어지는 선.

보리새우 보리새우목에 속하는 작은 새우처럼 생긴 갑각류(약 12,000종이 있음). 암컷이 새끼주머니에 수정란들을 갖고 다닌다 해서 '주머니쥐 새우'라고도 한다. 대개 해저에 살며, 회색고래나 북극고래 같은 일부 고래들의 먹이이기도 함.

수염고래류 고래의 2대 집단들 중 하나로, 모든 이빨 없는 고래와 수염고래들이 포함됨. 영어로는 Mysticeti 또는 mysticetes라고 함.

유영성 동물 급류와 파도 도움 없이 자유롭게 헤엄칠 수 있는 바다(또는 민물) 동물로, 물고기, 거북, 고래 등이 해당됨.

이빨고래류 고래의 2대 집단들 중 하나로, 이빨고래, 돌고래, 알락돌고래가 포함됨. 영어로는 odontoceti 또는 odeontocetes라고 함.

발정기 대부분의 포유동물(고래들 포함. 그러나 인간은 포함되지 않음)인 암컷들에게 주기적으로 찾아오는 번식 가능한 시기. 이 시기에는 배란과 짝짓기가 행해진다. 발정기를 맞았다는 건 짝짓기의 적기라는 뜻임.

먼바다 해안에서 멀리 떨어진 바다.

기생 동물 다른 생명체(숙주)에 기생해(대개 숙주가 죽게 되지 않을 정도까지만) 사는 생명체. 기생 동물은 숙주로부터 영양분과 보호를 받지만, 그 대가로 숙주에게 어떤 이득을 주진 않음.

폴리염화바이페닐(PCB) 극한 기온과 압력에 견딜 수 있게 인공적으로 만든 화학물질로, 산업적으로 많은 곳에 활용된다. 1970년대와 1980년대 이후 많은 국가에서 그 사용이 금지됐지만, 지구의 환경 속에는 그간 생산된 200만t의 PCB 가운데 10% 정도가 여전히 남아 있어(쉽게 분해되지 않아서), 야생 동물들과 사람들에게 악영향을 미치고 있다.

원양의 '대륙붕 너머 먼바다의'라는 뜻. 대개 바닷물 층의 위쪽에 사는 동식물 얘기를 할 때 쓴다. 해안 근처도 아니고 해저 근처도 아님.

원양 저인망 (해저에서 떨어져) 바닷물 층의 중간 또는 윗부분에서 배로 끌고 지나가는 원뿔 모양의 봉투 같은 그물.

사진 식별 사진들을 영구적인 개체 식별 기록으로 활용해 고래를 연구하는 기법.

식물성 플랑크톤 식물 형태의 플랑크톤.

수중 음향 경보기(pinger) 고래들이 어망에 걸려 죽는 걸 막기 위해 고래들에게 어망의 존재를 경고해 주는 음향 경보 장치. 대개 어망에 일정 간격으로 부착하는 배터리로 작동되는 소형 장치로, 반복적으로 신호음을 발산함.

플랑크톤 물속에서 수동적으로 밀려다니거나 미약하게나마 헤엄을 치는 동식물로, 대개 공해상의 수면 근처에서 떼 지어 다님.

포드 서로 긴밀한 관계를 가진 범고래 집단. 이는 사회적으로 서로 연계된 중간 규모의 이빨고래류에 대해 쓰는 용어이기도 함.

극지 북극 또는 남극 주변 지역(예를 들어 북극 대륙 또는 남극 대륙). 찬 바다 또는 종종 얼음 덮인 바다가 그 특징임.

극 전선대 남극 수렴대.

일부다처제 가장 강력한 수컷들이 대개 여러 암컷들과 짝짓기를 하는 번식 시스템.

폴리니아 '얼음으로 둘러싸인 얼지 않은 물'을 뜻하는 러시아어로, 흔히 '빙호'라 한다. 1년 내내 얼지 않는 총빙 내의 호수 같은 곳으로, 고래들이 숨을 쉬기 위해 나오는 피신처 역할을 해줌.

다모류 해저 침전물의 맨 위쪽 몇 cm 안에 모여 사는 갯지렁이 같은 해양 벌레들로, 기다란 구멍 같은 데 숨어 산다. 회색고래를 비롯한 일부 고래들이 좋아하는 먹이기도 함.

몸을 위아래로 움직이며 나아가기 돌고래들은(그리고 덜 흔하긴 하지만 일부 다른 고래들도) 빠른 속도로 움직이며 숨을 쉴 때마다 물 위로 낮게 떠올랐다 다시 머리 먼저 물속으로 들어가는 식으로 앞으로 나아간다. 이를 영어로 보통 porpoising이라 하며 가끔 running이라 하기도 함.

대형 건착망 물고기 떼 주변에 수직으로 둥글게 치는 어망. 그런 다음 어망 바닥 쪽을 한데 모으며 끌어올리면 지갑처럼 오므라들어 물고기들이 빠져나가질 못한다. 지난 50여 년간 다른 그 어떤 인간의 활동보다 더 많은 돌고래를 죽음으로 몰아넣은 고기잡이 방식(그러나 새로운 규칙과 규정들 덕에 돌고래들이 대형 건착망에 걸려 죽는 일이 크게 줄어들었음).

이빨 자국 같은 종(특히 수컷들) 간의 싸움으로 인해 또는 범고래 공격으로 인해(대개 꼬리나 가슴지느러미 또는 등지느러미에 촘촘하게 생긴 세 줄 이상의 흉터로 식별이 가능함) 생겨난 이빨 자국. 상어들의 이빨 자국은 보다 활 모양에 가까우면서 삐죽삐죽함.

빨판상어 등지느러미가 빨판으로 변해(그래서 영어로 sharksucker, whalesucker 또는 suckerfish라고도 함) 고래와 돌고래 같은 대형 해양 동물들(그리고 거북부터 잠수함에 이르는 다른 모든 것들)에 들러붙을 수 있는 물고기.

긴수염고래 긴수염고래과에 속하는 수염고래류로, 턱에서부터 배꼽까지 길게 많은 주름 또는 홈들이 있는 게 특징이다. 그 주름들은 먹이활동 중에 늘어나 입이 더 커진다. 영어로는 rorqual이라 하는데, 이는 '주름이 있는 고래'를 뜻하는 노르웨이어 *rørkval*에서 온 것. 긴수염고래는 balaenopterid라 부르기도 함.

머리 앞부분 고래의 머리 앞쪽에 있는 부리 모양의 돌출부. 위턱을 가리키는 말로 쓰기도 함.

안장 무늬 일부 고래들의 등지느러미 뒤쪽 등에 있는 옅은 색 무늬로 안장 비슷하게 생겼으며, 정도는 다르지만 그 무늬가 몸 측면까지 이어지기도 하며, 가끔 그냥 '안장'이라 부르기도 한다. 등 망토 무늬와 혼동하지 말 것.

집단 함께 헤엄치고 함께 어울리며 공동생활을 하는 돌고래들의 무리. 영어로는 school이나 herd 또는 group이라 함.

해저산 주변 심해 바닥에서 1,000m 이상 솟아오른 물속의 산. 대개 사화산으로, 그 정상이 수면 아래며, 많은 바다 생물들이 살고 있음.

성적 이형 같은 종의 암컷과 수컷이 크기 또는 겉모습이 다른 것. 향유고래가 극단적인 예임.

대륙붕단 대륙붕 가장자리의 급경사면(여기에서부터 해저 경사가 가팔라지면서 '대륙사면'을 거쳐 대양저에 이름). 영어로는 shelf break 또는 shelf edge라 함.

대륙붕 바다 '대륙붕' 위의 바다.

걷어내듯 먹기 일부 수염고래류 고래들이 쓰는 먹이활동 기법. 대개 수면을 따라 또는 수면 바로 아래에서 입을 크게 벌린 채 헤엄을 치며 끊임없이 물고기들을 걸러 먹는다. 요각류 같은 작은 동물성 플랑크톤들(크기가 몇 mm밖에 안 됨)을 먹을 때 특히 효과적임.

경사면 바다 '대륙사면' 위의 바다.

주둥이 고래의 부리.

수중 음파 탐지 반향정위.

깊은 잠수 일련의 얕은 잠수 후의 깊은(그리고 대개 더 오랜) 잠수. 영어로는 sounding dive 또는 terminal dive라고 함.

물 튀김 막이 수염고래류 고래의 분수공 바로 앞에 솟아 있는 돌출부로, 분수공이 열릴 때 물이 쏟아져 들어오는 걸 막아주는 역할을 한다. 대왕고래의 경우 놀랄 정도로 큼.

스파이호핑 고래가 머리를 물 밖으로 똑바로 밀어 올려 눈을 밖으로 내미는 것. 그런 다음 물을 많이 튀기지 않고 조용히 물 밑으로 들어간다. 고래들은 머리를 물 밖으로 내민 채 천천히 몸을 돌려 주변 지역을 살핀다. 영어로 head rise 또는 eye-out이라고도 함.

좌초 고래가 산 채 또는 죽은 채 고의로 또는 사고로 해변 위로 올라오는 것.

해저 협곡 물속의 협곡. 해저 안에 깊고 좁고 가파른 계곡이 있는 것.

꼬리 높이 들어올렸다 내려치기 꼬리를 비롯한 몸의 뒷부분을 물 밖으로 높이 들어올렸다 내려쳐 큰 물보라를 일으키는 것. 영어로는 tail breahing, peduncle-throw, peduncle slap 또는 rear-body throw라고 함.

꼬리자루 등지느러미와 꼬리 사이의 꼬리 근육 부분. 영어로 tailstock이나 caudal peduncle 또는 peduncle이라 함.

온대 지역 아열대와 아극 지역 사이의 중간 위도 지역으로, 계절별로 변화하는 따뜻한 기후가 특징이다. 찬 온대 지역은 극지역에 가깝고, 따뜻한 온대 지역은 열대 지역에 가까움.

목의 홈들 목에 있는 V자 모양의 홈들(피부와 지방 사이의 깊은 주름들)로, 부리고래와 회색고래의 특징임.

목의 주름들 많은 수염고래들의 몸 아래쪽에(턱에서부터 뒤쪽으로) 길게 나란히 나 있는 주름 또는 홈들로, 먹이를 잡기 위해 많은 양의 물을 삼킬 때 목을 늘려주는 역할을 한다. 영어로 throat pleats 또는 ventral pleats라고 함.

이빨고래 영어로 thoothed whale 또는 Odontoceti라고 함.

열대 지역 남회귀선(남위 23도 27분)과 북회귀선(북위 23도 27분) 사이의 저위도 지역으로, 따뜻한 기후와 단 두 계절(습한 계절과 건조한 계절)밖에 없는 게 특징이다.

결절 일부 고래들의 몸에서(대개 가슴지느러미와 등지느러미 테두리는 물론 혹등고래의 머리에서) 발견되는 원형 돌기 또는 혹.

탁한 침전물이나 다른 부유 물질들 때문에 가시성이 떨어지는 물에 대해 얘기할 때 쓰는 용어.

초음파 인간이 들을 수 있는 주파수대를 넘어서는(20kHz 이상의) 고주파 음.

용승 해류나 바람 또는 밀도 변화 때문에 해저로부터 바닷물이 위로 상승하는 현상. 이 현상으로 인해 영양분들(죽은 해양 동식물들이 해저로 가라앉아 부패하면서 퇴비처럼 변하면서 생겨난)이 수면으로 올라오게 된다. 수면 근처의 물은 비교적 영양분이 없으나 햇빛(광합성에 꼭 필요한 또 다른 요소)에 노출되며, 영양분과 햇빛이 합쳐져 식물성 플랑크톤이 자라나 먹을 게 풍부해지게 된다. 이런 용승 현상은 대륙붕 가장자리와 해저 협곡 일대에서 가장 많이 발생함.

비뇨 생식기 부위 배설 및 생식 구멍 근처와 그 일대의 아래쪽 부위.

배 뒤에서 파도타기 고래들이 배 뒤에 생겨나는 파도 속에서 헤엄치는 것.

바닷물 층 바다의 수면과 해저 사이의 모든 바닷물 층.

서안경계류 대륙의 동쪽 해안들 근처 대양 분지 서쪽에서 발견되는 해류로, 열대 지역에서 고위도 지역으로 흘러간다. 비교적 따뜻하고 깊고 좁고 빨리 흐른다. 대개 동안경계류에 비해 영양분 풍부한 용승 지역이 적으며, 그래서 먹을 것도 덜 풍부함.

고래수염 고래의 수염판.

고래이 고래의 피부에 붙어사는 다각 갑각류(곤충이 아님).

동물성 플랑크톤 식물 형태의 '플랑크톤'.

고래 종 체크리스트

수염고래아목(Mysticeti)

참고래와 북극고래(긴수염고래과)
- ☐ 북대서양참고래(*Eubalaena glacialis*)
- ☐ 북태평양참고래(*Eubalaena japonica*)
- ☐ 남방참고래(*Eubalaena australis*)
- ☐ 북극고래(*Balaena mysticetus*)

꼬마긴수염고래(꼬마긴수염고래과)
- ☐ 꼬마긴수염고래(*Caperea marginata*)

회색고래(귀신고래과)
- ☐ 회색고래(*Eschrichtius robustus*)

긴수염고래(수염고래과)
- ☐ 대왕고래(*Balaenoptera musculus*)
- ☐ 긴수염고래(*Balaenoptera physalus*)
- ☐ 정어리고래(*Balaenoptera borealis*)
- ☐ 브라이드고래(*Balaenoptera edeni*)
- ☐ 오무라고래(*Balaenoptera omurai*)
- ☐ 커먼밍크고래(*Balaenoptera acutorostrata*)
- ☐ 남극밍크고래(*Balaenoptera bonaerensis*)
- ☐ 혹등고래(*Megaptera novaeangliae*)

이빨고래아목(Odontoceti)

향유고래(향고래과)
- ☐ 향유고래(*Physeter macrocephalus*)

꼬마향유고래와 난쟁이향유고래(꼬마향고래과)
- ☐ 꼬마향유고래(*Kogia breviceps*)
- ☐ 난쟁이향유고래(*Kogia sima*)

일각고래와 흰돌고래(일각고래과)
- ☐ 일각고래(*Monodon monoceros*)
- ☐ 흰돌고래(*Delphinapterus leucas*)

부리고래(부리고래과)
- ☐ 망치고래(*Berardius bairdii*)
- ☐ 아르누부리고래(*Berardius arnuxii*)
- ☐ 난쟁이망치고래(*Berardius sp.*)
- ☐ 민부리고래(*Ziphius cavirostris*)
- ☐ 북방병코고래(*Hyperoodon ampullatus*)
- ☐ 남방병코고래(*Hyperoodon planifrons*)
- ☐ 셰퍼드부리고래(*Tasmacetus shepherdi*)
- ☐ 롱맨부리고래(*Indopacetus pacificus*)
- ☐ 페린부리고래(*Mesoplodon perrini*)
- ☐ 페루부리고래(*Mesoplodon peruvianus*)
- ☐ 데라니야갈라부리고래(*Mesoplodon hotaula*)
- ☐ 그레이부리고래(*Mesoplodon grayi*)
- ☐ 은행이빨부리고래(*Mesoplodon ginkgodens*)
- ☐ 헥터부리고래(*Mesoplodon hectori*)
- ☐ 허브부리고래(*Mesoplodon carlhubbsi*)
- ☐ 혹부리고래(*Mesoplodon densirostris*)
- ☐ 소워비부리고래(*Mesoplodon bidens*)
- ☐ 트루부리고래(*Mesoplodon mirus*)
- ☐ 큰이빨부리고래(*Mesoplodon stejnegeri*)
- ☐ 제르베부리고래(*Mesoplodon europaeus*)
- ☐ 앤드류부리고래(*Mesoplodon bowdoini*)
- ☐ 끈이빨부리고래(*Mesoplodon layardii*)
- ☐ 스페이드이빨고래(*Mesoplodon traversii*)

대양돌고래(참돌고래과)
- ☐ 범고래(*Orcinus orca*)
- ☐ 들쇠고래(*Globicephala macrorhynchus*)
- ☐ 참거두고래(*Globicephala melas*)
- ☐ 범고래붙이(*Pseudorca crassidens*)
- ☐ 난쟁이범고래(*Feresa attenuata*)
- ☐ 고양이고래(*Peponocephala electra*)
- ☐ 큰코돌고래(*Grampus griseus*)
- ☐ 프레이저돌고래(*Lagenodelphis hosei*)
- ☐ 대서양흰줄무늬돌고래(*Lagenorhynchus acutus*)
- ☐ 태평양흰줄무늬돌고래(*Lagenorhynchus obliquidens*)
- ☐ 더스키돌고래(*Lagenorhynchus obscurus*)
- ☐ 모래시계돌고래(*Lagenorhynchus cruciger*)
- ☐ 흰부리돌고래(*Lagenorhynchus albirostris*)
- ☐ 필돌고래(*Lagenorhynchus australis*)
- ☐ 칠레돌고래(*Cephalorhynchus eutropia*)
- ☐ 머리코돌고래(*Cephalorhynchus commersonii*)
- ☐ 헤비사이드돌고래(*Cephalorhynchus heavisidii*)
- ☐ 헥터돌고래(*Cephalorhynchus hectori*)
- ☐ 홀쭉이돌고래(*Lissodelphis borealis*)
- ☐ 남방고추돌고래(*Lissodelphis peronii*)
- ☐ 오스트레일리아스넙핀돌고래(*Orcaella heinsohni*)
- ☐ 이라와디돌고래(*Orcaella brevirostris*)
- ☐ 뱀머리돌고래(*Steno bredanensis*)
- ☐ 대서양혹등돌고래(*Sousa teuszii*)

☐ 인도-태평양혹등돌고래(*Sousa chinensis*)

☐ 인도양혹등돌고래(*Sousa plumbea*)

☐ 오스트레일리아혹등돌고래(*Sousa sahulensis*)

☐ 큰돌고래(*Tursiops truncatus*)

☐ 남방큰돌고래(*Tursiops aduncus*)

☐ 범열대알락돌고래(*Stenella attenuata*)

☐ 대서양알락돌고래(*Stenella frontalis*)

☐ 스피너돌고래(*Stenella longirostris*)

☐ 클리멘돌고래(*Stenella clymene*)

☐ 줄무늬돌고래(*Stenella coeruleoalba*)

☐ 참돌고래(*Delphinus delphis*)

☐ 투쿠쉬(*Sotalia fluviatilis*)

☐ 기아나돌고래(*Sotalia guianensis*)

남아시아강돌고래(인도강돌고래과)

☐ 남아시아강돌고래(*Platanista gangetica*)

아마존강돌고래(아마존강돌고래과)

☐ 아마존강돌고래(*Inia geoffrensis*)

라플라타강돌고래(라플라타강돌고래과)

☐ 라플라타강돌고래(*Pontoporia blainvillei*)

양쯔강돌고래(양쯔강돌고래과)

☐ 양쯔강돌고래(*Lipotes vexillifer*)

알락돌고래(쇠돌고래과)

☐ 까치돌고래(*Phocoenoides dalli*)

☐ 쥐돌고래(*Phocoena phocoena*)

☐ 바키타돌고래(*Phocoena sinus*)

☐ 버마이스터돌고래(*Phocoena spinipinnis*)

☐ 안경돌고래(*Phocoena dioptrica*)

☐ 좁은돌기상괭이(*Neophocaena asiaeorientalis*)

☐ 인도-태평양상괭이(*Neophocaena phocaenoides*)

환산 단위들

℃	℉	℃	℉	℃	℉
0	32.0	14	57.2	28	82.4
1	33.8	15	59.0	29	84.2
2	35.6	16	60.8	30	86.0
3	37.4	17	62.6	31	87.8
4	39.2	18	64.4	32	89.6
5	41.0	19	66.2	33	91.4
6	42.8	20	68.0	34	93.2
7	44.6	21	69.8	35	95.0
8	46.4	22	71.6	36	96.8
9	48.2	23	73.4	37	98.6
10	50.0	24	75.2	38	100.4
11	51.8	25	77.0	39	102.2
12	53.6	26	78.8	40	104.0
13	55.4	27	80.6		

m	ft	m	ft	km	mile	km	mile
1	3.3	18	59.1	1	0.6	400	248.6
2	6.6	19	62.3	2	1.2	500	310.7
3	9.8	20	65.6	3	1.9	600	372.8
4	13.1	30	98.4	4	2.5	700	435.0
5	16.4	40	131.2	5	3.1	800	497.1
6	19.7	50	164.0	6	3.7	900	559.2
7	23.0	100	328.1	7	4.4	1,000	621.4
8	26.2	200	656.2	8	5.0		
9	29.5	300	984.3	9	5.6		
10	32.8	400	1,312.3	10	6.2		
11	36.1	500	1,640.4	20	12.4		
12	39.4	600	1,968.5	30	18.6		
13	42.7	700	2,296.6	40	24.9		
14	45.9	800	2,624.7	50	31.1		
15	49.2	900	2,952.8	100	62.1		
16	52.5	1,000	3,280.8	200	124.3		
17	55.8			300	186.4		

kg	lb
1	2.2
2	4.4
3	6.6
4	8.8
5	11.0
6	13.2
7	15.4
8	17.6
9	19.8
10	22.0
20	44.1
30	66.1
40	88.2
50	110.2
60	132.3
70	154.3
80	176.4
90	198.4
100	220.5

t	t (영국)	t (미국)
1	1.0	1.1
2	2.0	2.2
3	3.0	3.4
4	3.9	4.4
5	4.9	5.5
6	5.9	6.6
7	6.9	7.7
8	7.9	8.8
9	8.9	10.0
10	9.8	11.0
20	19.7	22.0
30	29.5	33.0
40	39.4	44.1
50	49.2	55.1
60	59.1	66.2
70	68.9	77.2
80	78.7	88.1
90	88.6	99.2
100	98.4	110.2

참고 문헌과 출처

바다와 연구실에서 수없이 많은 시간을 보내면서 고래에 관한 우리의 지식을 늘려준 수많은 과학자에게 깊은 감사를 드린다. 나는 이 책을 준비하면서 그들의 많은 과학 논문을 읽었다. 그래서 결국 이 책은 그 사람들의 모든 노력과 연구의 결집체라고 할 수 있다. 여기에 그 많은 참고 문헌을 다 다루려면 책 분량이 2배 이상 늘어나게 될 것이고, 따라서 안타깝지만 모든 걸 다 소개할 수는 없을 것 같다. 해서 여기서는 고래에 대해 좀 더 알아보고 싶을 때 참고하면 좋을 만한 웹사이트와 책들을 조금 소개하고자 한다.

웹사이트

- 해양포유동물협회(Society for Marine Mammalogy): marinemammalscience.org (2018 해양 포유동물 종 및 아종 분류 목록을 위한 위원회)
- 미국고래협회(American Cetacean Society): acsonline.org
- 유럽고래협회(European Cetacean Society): europeancetaceansociety.eu
- ORCA: orcaweb.org.uk
- 고래 및 돌고래 보존(Whale and Dolphin Conservation): uk.whales.org
- 해양보존협회(Marine Conservation Society): mcsuk.org
- 적색 목록(Red Data List): iucnredlist.org
- NOAA Fisheries: fisheries.noaa.gov/whales
- 행복한 고래(Happy Whale): happywhale.com

책

- Baird, R. W. 2016. *The Lives of Hawai'i's Dolphins and Whales: Natural History and Conservation.* University of Hawaii Press.
- Berta, A., J. L. Sumich and K. M. Kovacs. 2015 (Third Edition). *Marine Mammals: Evolutionary Biology.* Academic Press.
- Bortolotti, D. 2009. *Wild Blue: A Natural History of the World's Largest Animal.* Thomas Allen Publishers.
- Brakes, P. and M. P. Simmonds. 2011. *Whales and Dolphins: Cognition, Culture, Conservation and Human Perceptions.* Earthscan.
- Burns, J. J., J. J. Montague, and C. J. Cowles (eds). 1993. *The Bowhead Whale.* Society for Marine Mammalogy.
- Carwardine, M. 2016 (Second Edition). *Mark Carwardine's Guide to Whale Watching in Britain and Europe.* Bloomsbury.
- Carwardine, M. 2017. *Mark Carwardine's Guide to Whale Watching in North America: USA, Canada, Mexico.* Bloomsbury.
- Darling, J. 2009. *Humpbacks: Unveiling the Mysteries.* Granville Island Publishing.
- Ellis, R. 2011. *The Great Sperm Whale: A Natural History of the Ocean's Most Magnificent and Mysterious Creature.* University Press of Kansas.
- Ellis, R. and J. G. Mead. 2017. *Beaked Whales: A Complete Guide to their Biology and Conservation.* Johns Hopkins University Press.
- Fitzhugh, W. W. and M. T. Nweeia (eds). 2017. *Narwhal: Revealing an Arctic Legend.* IPI Press & Arctic Studies Center, National Museum of Natural History, Smithsonian Institution.
- Ford, J. K. B. *Marine Mammals of British Columbia.* Royal BC Museum, 2014.
- Heide-Jørgensen, M. P. and K. Laidre. 2006. *Greenland's Winter Whales.* Greenland Institute of Natural Resources.
- Hoyt, E. 2011 (Second Edition). *Marine Protected Areas For Whales, Dolphins and Porpoises: A World Handbook for Cetacean Habitat Conservation and Planning.* Earthscan.
- Hoyt, E. 2017. *Encyclopedia of Whales, Dolphins and Porpoises.* Firefly Books.
- Jefferson, T. A., M. A. Webber and R. J. Pitman. 2015 (Second Edition). *Marine Mammals of the World: A Comprehensive Guide to Their Identification.* Academic Press.
- Kraus, S. D. and R. M. Rolland (eds). 2007. *The Urban Whale: North Atlantic Right Whales at the Crossroads.* Harvard University Press.

- Laist, D. W. 2017. *North Atlantic Right Whales: From Hunted Leviathan to Conservation Icon*. John Hopkins University Press.
- McLeish, T. 2013. *Narwhals: Arctic Whales in a Melting World*. University of Washington Press.
- Reynolds, J. E. III, R. S. Wells and S. D. Eide. 2000. *The Bottlenose Dolphin: Biology and Conservation*. University Press of Florida.
- Ridgway, S. H. and R. Harrison (eds). 1985. *Handbook of Marine Mammals, Vol. 3: The Sirenians and Baleen Whales*. Academic Press.
- Ridgway, S. H. and R. Harrison (eds). 1989. *Handbook of Marine Mammals, Vol. 4: River Dolphins and the Larger Toothed Whales*. Academic Press.
- Ridgway, S. H. and R. Harrison (eds). 1994. *Handbook of Marine Mammals, Vol. 5: The First Book of Dolphins*. Academic Press.
- Ridgway, S. H. and R. Harrison (eds). 1999. *Handbook of Marine Mammals, Vol. 6: The Second Book of Dolphins and the Porpoises*. Academic Press.
- Ruiz-Garcia, M. and J. M. Shostell (eds). 2010. *Biology, Evolution and Conservation of River Dolphins Within South America and Asia*. Nova Science Publishers.
- Sumich, J. 2014. *E. robustus: Biology and Human History of Gray Whales*. James Sumich at Amazon.
- Swartz, S. L. 2014. *Lagoon Time: A Guide to Gray Whales and the Natural History of San Ignacio Lagoon*. The Ocean Foundation.
- Turvey, S. 2008. *Witness to Extinction: How We Failed to Save the Yangtze River Dolphin*. Oxford University Press.
- Whitehead, H. 2003. *Sperm Whales: Social Evolution in the Ocean*. University of Chicago Press.
- Wilson, D. E. and R. A. Mittermeier. 2014. *Handbook of the Mammals of the World: 4. Sea Mammals*. Lynx Edicions.
- Würsig, B., J. G. M. Thewissen and K. M. Kovacs (eds). 2018. *Encyclopedia of Marine Mammals*. Academic Press.
- Würsig, B. and M. Würsig (eds). 2010. *The Dusky Dolphin: Master Acrobat of Different Shores*. Academic Press.

아티스트 약력

마틴 캠(Martin Camm) 영국 베드퍼드셔 출생. 세계에서 가장 유명한 수중 생물 삽화가들 중 한 명으로, 특히 고래 그림을 전문적으로 그린다. 그는 수백 권의 책과 잡지, 저널에 자신의 삽화들을 실었으며, 그의 작품들은 유엔, BBC, 그린피스, 국제동물복지기금(IFAW), 고래·돌고래보존협회(WDC), 야생동물신탁 등의 많은 단체들에 의해 널리 사용됐다.

토니 로벳(Toni Llobet) 스페인 카탈루냐 출생. 그는 스스로를 아티스트라기보다는 동식물 연구가로 생각한다. 그의 정교한 작품들을 보면 알겠지만, 그는 삽화와 동식물학 모두에 아주 조예가 깊다. 20여 년간 야생 동물 삽화가로 활동해 오면서, 그 유명한『세계 포유동물 편람(Handbook of the Mammals of the World)』(Lynx Edicions 사에서 출간)에 삽화를 제공하는 등 방대한 규모의 프로젝트들에 참여해 왔다.

레베카 로빈슨(Rebecca Robinson) 오스트레일리아 태즈메이니아 출생. 대학에서 동물학 이학사 학위를 취득했다. 그리고 또 미술과 자연에 대한 열정을 좇기 위해 야생 동물 삽화 분야에서 미술 학사 학위를(우수한 성적으로) 취득했다. 그런 다음 캘리포니아대학교 산타바바라 캠퍼스 해양학 연구소의 디자인 부서에서 일했으며, 그 이후 프리랜서 자연과학 삽화가로 활동 중이다.

감사의 글

이 책이 나오기까지 많은 사람들이 도움을 주었습니다. 그들이 아니었다면 나는 아마 이 책을 쓸 수 없었을 것입니다. 또한 그들의 그 모든 시간, 그 모든 열정, 그 모든 따뜻한 지원에 감사드리고 싶습니다. 친구이자 동료인 고래 생물학자들의 이름은 뒤에 따로 정리해 올립니다.

1,000점이 넘는 삽화를 밤낮없이 그려준 뛰어난 야생 동물 삽화가 마틴 캠과 토니 로벳 그리고 레베카 로빈슨에게 특히 고마움을 전하고 싶습니다. 마틴과 나는 그간 인정하기 힘들 만큼 오랜 기간 많은 책을 함께 작업했고, 그때마다 정말 행복했습니다. 토니와 레베카는 함께 작업한 건 이번이 처음이었지만 더없이 좋았습니다. 놀랄 만큼 유능한 내 매니저 레이첼 애쉬턴, 당신의 그 엄청난 참을성과 끈기, 격려, 열정 그리고 그 뛰어난 재능에 깊은 감사의 마음 전합니다. 레이첼, 당신이 없었다면 난 이 일을 할 수 없었을 겁니다. 내 저작권 대리인인 도린 몽고메리도 지난 25년간 늘 그랬듯 정말 큰 힘이 되어주었습니다. 너무 슬프게도 이 책을 쓰는 동안 그는 세상을 떠났지만, 앞으로도 늘 그리울 겁니다. 고맙게도 도린의 딸 캐롤라인 몽고메리가 엄마 일을 이어받아 몽고메리 가의 전통을 잘 이어가고 있습니다. 내 아이디어에 늘 변함없는 믿음을 보여 주었고 자연에 대해 늘 순수한 사랑과 열정을 보여준 블룸즈버리의 짐 마틴에게 특히 많은 신세를 졌습니다(그가 아니었으면, 이 책은 결코 탄생하지 못했을 것입니다). 이 책을 내는 일이 우리 모두가 예상한 것보다 다섯 배나 길어졌을 때조차, 그의 얼굴에선 늘 미소가 떠나지 않았고 적어도 겉으로는 대수롭지 않게 여겼습니다. 짐, 그 모든 것에 대해 고마워요. 모든 걸 순탄하게 만들어준 앨리스 워드(블룸즈버리 와일드라이프 사의 원고 의뢰 편집자), 당신에게도 고마움 전합니다. 앨리스, 당신과 함께 일해 너무 좋았습니다. 에밀리 커언즈가 교열 담당자가 되어주고, 줄리 단도가 디자이너가 되어준 건 큰 행운이었습니다. 두 뛰어난 전문가는 자신들이 맡은 일 이상을 해주었습니다. 고마워요. 진심으로 감사하게 생각합니다.

일이 잘 풀릴 때면 자기 일처럼 기뻐해 주었고 실의에 빠질 때 격려를 아끼지 않은 사랑하는 친구들과 가족들에게도 고마움을 전하고 싶습니다. 특히 클리프턴 리도에서 커피를 마시며 이런저런 많은 얘기를 나눈 피터 바셋과 존 루스벤, 고래와 돌고래, 알락돌고래, 고래분포도, 삽화들, 과학 논문 등에 대한 내 끝없는 수다를 참고 들어준 존 크레이븐과 닉 미들턴, 마크 라일리, 그리고 나를 이해해 주고 많은 조언을 해준 로즈 키드먼 콕스에게도 고마움을 전합니다. 또한 늘 따뜻한 마음으로 격려해 주시는 멋진 내 부모님 데이비드와 베티 두 분께 특히 큰 감사를 전하고 싶습니다. 두 분의 전폭적인 지지와 격려가 없었다면, 내 삶은 전혀 달라졌을 것입니다. 그리고 또 '영원히 끝나지 않을 것 같은 프로젝트'가 되어버린 이 책 출간에 내가 그렇게 오랜 시간 매달리는데도 끝까지 참고 견뎌준 내 형 애덤과 형수 바네사, 조카 제시카와 조, 베릴, 알 그리고 주드와 플로렌스, 밀러에게도 고마움 전합니다. 마지막으로, 내 인생 반려자 데브라 테일러, 당신에게 다른 그 누구보다 큰 그리고 진심 어린 고마움 전해요. 당신이 있어 늘 모든 게 더 나아지고 있어요.

이 책을 최대한 정확하고 완전한 책으로 만들기 위해 엄청난 노력을 기울였지만, 혹시 모를 어떤 실수나 소홀함 또는 모순된 점이 있다면 그건 온전히 다 제 책임입니다. 그 어떤 생각과 조언과 제안이든 환영하니, www.markcarwardine.com으로 보내주십시오. 개선된 다음 판을 내는 데 참고하겠습니다. 정말 감사합니다.

다음 분들에게 특별히 감사드립니다.

로버트 L. 피트먼
찰스 앤더슨

그리고 각 고래 종에 대해 유용한 조언 주신
다음 과학자분들 모두에게도 감사드립니다.

알렉스 아길라
보즈텍 바차라
로빈 W. 베어드
이자벨 비슬리
치아라 키울리아 베르툴리
아르네 비요리
낸시 블랙
모이라 브라운
삼바토레 케르치오
윌리엄 키오피
필립 J. 클래펌
다이앤 클라리지
로셀 콘스탄틴
바바라 E. 커리
메렐 달레보우트
질 달링
나탈리아 델라비안카
데이비드 M. 도넬리
사이먼 H. 엘웬
루스 에스테반
제임스 페어
이반 D. 페투딘
앤드류 풋
R. 이완 포다이스
아리 프리들랜더
소냐 하인리히
데니스 헤르징
사샤 후커
에리히 호이트
미구엘 이니구에즈
마리아 이버슨
토마스 A. 제퍼슨
이브 주르댕
캐서린 켐퍼
이언 커

제레미 키스즈카
크리스틴 라이드레
잭 로슨
롭 롯
도널드 맥알파인
콜린 D. 매클레오드
아만다 마드로
아니술 이슬람 마흐무드
실비아 S. 몬테이로
힐러리 무어스-머피
더크 R. 뉴만
스테파니 A. 노먼
주세페 노타르바르톨로 디 스키아라
그레고리 오코리-크로우
윌리엄 F. 페린
신디 피터
로이신 핀필드
앤드류 J. 리드
빅토리아 로운트리
필리파 사마라
제로드 A. 산토라
마르코스 케사르 드 올리베이라 산토스
리처드 시어스
케이코 세키구치
태미 L. 실바
티우 시밀라
라빈드라 쿠마르 신하
엘리자베스 슬루텐
케이트 로즈-앤 스포로기스
스티븐 스와츠
제시카 K. D. 테일러
오우티 테르보
커스틴 톰슨
폴 톰슨
페르란도 트루질로
그리고리 A. 트시둘코
사무엘 투르베이
코엔 반 바에레비크
캐롤라인 R. 위어
할 화이트헤드
토냐 윔머
베른트 비르시크

이미지 출처

아래 페이지에 열거된 사진들은 예외지만, 이 책에 실린 나머지 모든 사진에 대한 저작권은 마크 카워다인에게 있다.

p52 (top) p121 (bottom) © Nick Hawkins/naturepl.com; p52 (bottom) Sea to Shore Alliance, NOAA Permit 15488; p53 (top) Allison Henry/NOAA, MMPA Permit 17335; p53 (bottom) © Peter Flood; p59 (top) Robert Pitman/NOAA; p59 (bottom) Brenda K Rone/NOAA/AFSC/NMML Permit 782-1719; p65, p126, © Gabriel Rojo/natuepl.com; p66, p335, p479 Hiroya Minakuchi/Minden Pictures; p67 (top left) © Buteo/shutterstock.com; p67 (top right) © Mogens Trolle/shutterstock.com; p67 (bottom), p424 © Gérard Soury/Biosphoto; p73 (top right) © NOAA/Alamy Stock Photo; p73 (bottom), p167, p451 © Flip Nicklin/Minden Pictures; p98 © Verborgh-CIRCE.INFO; p99 (top right) © Luis Quinta/naturepl.com; p99 (bottom) NOAA Fisheries/Brenda Rone; p104 NOAA Fisheries/Peter Duley/ MMPA Permit 17355; p105 (top) NOAA Fisheries/ Christin Khan/ MMPA Permit 17355; p105 (bottom) © Falklands Conservation/Caroline R Weir; p111 (top), p145 © Tony Wu/naturepl.com; p115 © Alex Lindbloom; p127 (top) © Graeme Snow/shutterstock.com; p127 (bottom), p287 (bottom), p441 (bottom) © robertharding/Alamy Stock Photo; p151 © Patrick Griffin/Ocean Sounds – Marine Mammal Research & Conservation; p168 © New Sue Productions/naturepl.com; p169 © Brandon Cole/naturepl.com; p174, p351, p371 (top), p418, p425 (top), p437 © Todd Pusser/naturepl.com; p178 © James Kemp; p181 © Reid Brewer; p186, p235 (top) © Robin W Baird/Cascadia Research; p195 © Robert L Pitman/SeaPics.com (top); p195 (bottom) © Matt Eade; p199 © Allan Cronin; p203, p419 © Anthony Pierce/Alamy Stock Photo; p215 © Charles Anderson; p219 © Michael S Nolan; p225 © Nick Gales; p234 Brittany D Guenther/Cascadia Research, NMFS ESA/MMPA Permit 20605; p235 (bottom) © BIOSPHOTO/ Alamy Stock Photos; p251 © Brian Patteson; p279 © Malcolm Schuyl/Alamy Stock Photo; p282 © Kathryn Jeffs/naturepl. com; p285 © Robert Pitman; p287 (top) © Jean-Pierre Sylvestre; p297, p325 © Heike Vester/Ocean Sounds – Marine Mammal Research & Conservation; p299 © Jan Baks/NiS/Minden Pictures; p307 © David Fleetham/naturepl.com; p311 © Cyril di Bisceglie/Wikimedia Commons; p356 © Mike Read/naturepl.com; p357 (top) © Solvin Zankl/naturepl.com; p357 (bottom) © Pete Oxford/Minden Pictures; p371 (bottom) © Richard Herrmann/Minden Pictures; p375 © Dennis Buurman Photography; p378, p507 © Carefordolphins/Alamy Stock Photo; p379 © Alex Brown, Murdoch University/WWFAustralia; p383 © aDam Wildlife/shutterstock.com; p391 Caroline R Weir/Ketos Ecology; p399 © Danielle S Conry/ORCA Foundation; p425 (bottom) © Alex Mustard/naturepl.com; p441 (top) © Jordi Chias/naturepl.com; p461 (top) © Grant Abel; p461 (bottom) © Zahoor Salmi/WWF-Pakistan; p470, p471 © Projeto Toninhas/UNIVILLE; p490 © Thomas Jefferson; p494 © Sonja Heinrich; p503 (top) © Jean-Pierre Sylvestre/Biosphoto; p503 (bottom) © Grant Abel.

아래 페이지에 열거된 작품들은 예외지만, 이 책에 실린 나머지 모든 작품에 대한 저작권은 마틴 캠(www.markcarwadine.com)에게 있다.

© Rebecca Robinson (www.markcarwardine.com): all dive sequences and whale blows.
© Toni Llobet: p28, p29, p63, p118 (top two), p122, p123, p124, p125, p259, p260, p385, p386, p422 (top), p423 (top); flukes on p11, p30, p31, p48, p56, p64 (left), p70, p81, p90, p96, p133, p142, p266; p63.
© Toni Llobet from: Wilson, D.E. & Mittermeier, R.A. eds. (2014). Handbook of the Mammals of the World. Vol. 4. Sea Mammals. Lynx Edicions, Barcelona: p11 (second from top), p60, p63 (top), p100, p102, p164, p312, p314 (top), p328 (second from top), p384, p392, p448, p452, p462, p463, p464, p465 (middle).
© Jack Ashton: p25 (bottom), p26, p27 (lice).
© Marc Dando, Fluke Art: p19 (top).

색인

옮긴이 엄성수

경희대 영문과 졸업 후 집필 활동을 하고 있으며 다년간 출판사에서 편집자로 근무했다. 현재 번역에이전 시 엔터스코리아에서 출판 기획 및 전문 번역가로 활동하고 있다. 주요 역서로는 『하트 오브 비즈니스』, 『하이프 머신』, 『우리의 뇌는 어떻게 배우는가』, 『테슬라 모터스』, 『인공지능 혁명 2030』, 『유튜브 컬처』, 『E3』, 『자동차 혁명 2030』, 『EVO 세계의 슈퍼카』, 『Guinness World Records 2017(기네스 세계기록 2017)』, 『아틀라스 옵스큐라』, 『황금비』, 『창조하는 뇌』, 『러브 팩추얼리』 등의 역서가 있으며, 저서로는 『왕 초보 영어회화 누워서 말문 트기』, 『기본을 다시 잡아주는 영문법 국민 교과서』, 『1분 영어 회화』, 『친절쟁이 영어 첫걸음』, 『초보탈출 독학 영어 첫걸음』이 있다.

이 세상의 모든 고래 이야기

1판 1쇄 인쇄 2025년 1월 8일
1판 1쇄 발행 2025년 1월 31일

지은이 마크 카워다인
삽화 마틴 캠 **추가 삽화** 레베카 로빈슨, 토니 로벳
옮긴이 엄성수

발행인 양원석 **편집장** 차선화
디자인 최승원, 김미선 **영업마케팅** 윤송, 김지현, 백승원, 이현주, 유민경
해외저작권 임이안, 이은지, 안효주

펴낸 곳 ㈜알에이치코리아
주소 서울시 금천구 가산디지털2로 53, 20층 (가산동, 한라시그마밸리)
편집문의 02-6443-8861   **도서문의** 02-6443-8800
홈페이지 http://rhk.co.kr
등록 2004년 1월 15일 제2-3726호

ISBN 978-89-255-7411-0 (03490)